U0022707

洪錦魁簡介

一位跨越電腦作業系統與科技時代的電腦專家，著作等身的作家。

- ❑ DOS 時代他的代表作品是 IBM PC 組合語言、C、C++、Pascal、資料結構。
- ❑ Windows 時代他的代表作品是 Windows Programming 使用 C、Visual Basic。
- ❑ Internet 時代他的代表作品是網頁設計使用 HTML。
- ❑ 大數據時代他的代表作品是 R 語言邁向 Big Data 之路。
- ❑ AI 時代他的代表作品是機器學習 Python 實作。
- ❑ 通用 AI 時代，國內第 1 本「ChatGPT」、「AI + ChatGPT」、「ChatGPT + 設計機器人程式」作品的作者。

作品曾被翻譯為簡體中文、馬來西亞文，英文，近年來作品則是在北京清華大學和台灣深智同步發行：

1：C、Java、Python、C#、R 最強入門邁向頂尖高手之路王者歸來

2：OpenCV 影像創意邁向 AI 視覺王者歸來

3：Python 網路爬蟲：大數據擷取、清洗、儲存與分析王者歸來

4：演算法邏輯思維 + Python 程式實作王者歸來

5：Python 從 2D 到 3D 資料視覺化

6：網頁設計 HTML+CSS+JavaScript+jQuery+Bootstrap+Google Maps 王者歸來

7：機器學習基礎數學、微積分、真實數據專題 Python 實作王者歸來

8：Excel 完整學習、Excel 函數庫、Excel VBA 應用王者歸來

9：Python 操作 Excel 最強入門邁向辦公室自動化之路王者歸來

10：Power BI 最強入門 – AI 視覺化 + 智慧決策 + 雲端分享王者歸來

他的多本著作皆曾登上天瓏、博客來、Momo 電腦書類，不同時期暢銷排行榜第 1 名，他的著作特色是，所有程式語法或是功能解說會依特性分類，同時以實用的程式範例做說明，不賣弄學問，讓整本書淺顯易懂，讀者可以由他的著作事半功倍輕鬆掌握相關知識。

Excel x ChatGPT
入門到完整學習 X 邁向最強職場應用
王者歸來
（全彩印刷）第 3 版

序

這是目前市面上內容最完整的 Excel 書籍，全書有 33 個主題，使用約 608 個實例，完整解說 ChatGPT 輔助學習、資料輸入、格式化儲存格、建立表單、函數與公式、製作專業圖表、建立吸睛報表、Office 整合應用、職場相關應用、加值你的 Excel – 增益集、Excel VBA、在 Excel 內開發聊天機器人等，完整的 Excel 知識。這本書的 2020 年 1 月 /2021 年 10 版皆曾經登上博客來暢銷排行榜第一名，這是第 3 版的書籍，相較於第 2 版增加與修訂了超過 60 處，主要是增加下列資料：

- 多了約 50 個實例解說更完整的 Excel 知識
- ChatGPT 輔助學習 Excel、函數與 Excel VBA
- 認識網路版的 Excel
- 用選單輸入資料
- 2D 區域地圖
- 3D 地圖
- 加值你的 Excel – 增益集
- 整合 ChatGPT 功能，在 Excel 內建立聊天機器人

這是一本適用零基礎的人開始解說的 Excel 書籍，整本書從 Excel 視窗說起、儲存格輸入資料、建立表單與圖表、一步一步引導讀者建立淺顯易懂、美觀、設計感、專業資料呈現的表單與圖表，最後成為令人尊重的專業職場達人。本書除了說明各功能用法，更強調解說 Excel 功能的內涵與精神

- 全書約 2600 張 Excel 說明畫面
- 約 608 個 Excel 檔案實例
- 全書約 170 個圖表
- 講解基本 Excel 功能，同時專業化報表與圖表
- 完整解說人事、財會、業務、管理、分析

- ❑ 解說註解與附註的用法與原始精神
- ❑ 為特定儲存格的進行資料驗證
- ❑ 建立、編輯、美化工作表
- ❑ 充分發揮公式、函數功能，高效率使用工作表
- ❑ 建立與編輯專業的圖表，同時解析適用時機
- ❑ 建立清單統計資料
- ❑ 建立專業的樞紐分析表
- ❑ 用 Excel 執行規劃與求解，執行業績預測分析
- ❑ 認識分析藍本管理員
- ❑ Excel 圖表嵌入 PowerPoint 簡報檔案
- ❑ Excel 與 Word 合併列印文件
- ❑ 處理大型 Excel 工作表，可以使用分頁預覽
- ❑ 巨集與巨集病毒解說
- ❑ Excel VBA 基礎
- ❑ 資料剖析
- ❑ 保護儲存格區間、工作表、活頁簿
- ❑ 不同語言的翻譯與轉換
- ❑ 圖片、圖案、圖示與 3D 模型
- ❑ SmartArt 圖形的應用
- ❑ 將圖片嵌入儲存格
- ❑ Excel 的浮水印
- ❑ Excel 與 Word、PowerPoint 軟體協同作業
- ❑ Excel 與文字檔、CSV 檔
- ❑ Bar Code 條碼設計
- ❑ 2D 與 3D 地圖
- ❑ Excel 增益集
- ❑ 整合 ChatGPT 建立聊天機器人

寫過許多的電腦書著作，本書沿襲筆者著作的特色，解說實例豐富，相信讀者只要遵循本書內容必定可以在最短時間精通 Microsoft Excel，編著本書雖力求完美，但是學經歷不足，謬誤難免，尚祈讀者不吝指正。

洪錦魁 2023/10/20
jiinkwei@me.com

教學資源說明

教學資源有教學投影片，內容超過 2000 頁。

如果您是學校老師同時使用本書教學，歡迎與本公司聯繫，本公司將提供教學投影片。請老師聯繫時提供任教學校、科系、Email、和手機號碼，以方便深智數位股份有限公司業務單位協助您。

臉書粉絲團

歡迎加入：王者歸來電腦專業圖書系列

歡迎加入：iCoding 程式語言讀書會 (Python, Java, C, C++, C#, JavaScript, 大數據，人工智慧等不限)，讀者可以不定期獲得本書籍和作者相關訊息。

歡迎加入：穩健精實 AI 技術手作坊

讀者資源說明

請至本公司網頁 deepwisdom.com.tw 下載本書程式實例。

目錄

0 ChatGPT 輔助學習 Excel

0-1 詢問 Excel 基本操作 0-2
0-2 詢問函數庫使用方法 0-3
0-3 搜尋缺失值 0-4
0-4 業績加總 0-5
0-5 業績排名 0-6

1 Excel 基本觀念

1-0 建議未來延伸閱讀 1-2
1-1 啟動 Microsoft Excel 中文版 1-2
1-2 認識 Excel 的工作環境 1-4
1-3 再看功能群組 1-7
1-4 顯示比例 1-10
1-5 再談活頁簿與工作表 1-10
1-6 觸控 / 滑鼠模式 1-11
1-7 結束 Excel 1-11
1-8 結束與開啟新的活頁簿 1-12
1-9 開新視窗 1-13
1-10 視窗的切換 1-14
1-11 讓所選儲存格區間填滿視窗 1-14
1-12 快速功能鍵 1-15
1-12-1 鍵盤快速鍵 1-15
1-12-2 訪問鍵 1-16
1-13 常見問題說明 1-17
1-14 啟動網路版 Excel 1-20
1-15 Excel 當機的處理與強制關閉 1-21

2 建立一個簡單的工作表

2-1 Microsoft Excel 螢幕說明 2-2
2-2 簡單資料的輸入與修改 2-6
2-3 正式建立工作表資料 2-11
2-3-1 資料的輸入 2-11
2-3-2 檔案的儲存基本觀念 2-12
2-3-3 考慮舊版 Excel 軟體 2-14
2-3-4 PDF 或 XPS 檔案儲存 2-14
2-3-5 自動儲存檔案的觀念 2-15
2-3-6 設定檔案密碼 2-15
2-3-7 刪除檔案作者姓名 2-16
2-4 開啟舊檔 2-18
2-4-1 基本開啟舊檔 2-18
2-4-2 開啟選項 2-19
2-5 進一步建立工作表 2-20
2-5-1 加總按鈕 2-20
2-5-2 公式的拷貝 2-22
2-5-3 選定某區間 2-22
2-6 建立表格的基本框線 2-23
2-7 將標題置中 2-24
2-8 建立圖表 2-25
2-8-1 建立直條圖表 2-25
2-8-2 快速版面配置 2-26
2-8-3 圖表樣式 2-27
2-8-4 標題設計 2-28
2-8-5 座標軸標題 2-29
2-8-6 修改 " 數列 1" 2-30
2-8-7 建立數值標記 2-30
2-9 移動及更改圖表大小 2-32
2-10 更改工作表標籤 2-33
2-11 列印與列印的基本技巧 2-33
2-11-1 設定縮放比例 2-34
2-11-2 自訂邊界和對齊方式 2-35

2-12 Microsoft 的雲端磁碟空間服務 2-36
2-12-1 申請 Microsoft 帳號 2-36
2-12-2 已有 Microsoft 帳號 2-37
2-12-3 使用另存新檔將檔案存入 OneDrive 2-37
2-12-4 驗證前一小節上傳的檔案 2-38
2-12-5 直接拖曳將檔案上傳至 OneDrive 2-38
2-12-6 在 OneDrive 中開啟 Excel 檔案 2-39
2-12-7 與他人共享 OneDrive 上的 Excel 文件 2-40
2-13 顯示與隱藏格線 2-41
2-14 調整工作表的顯示比例 2-42

3 資料輸入

3-1 輸入資料的技巧 3-2
3-1-1 基礎資料輸入 3-2
3-1-2 輕鬆輸入與上一列相同的資料 3-5
3-1-3 選擇輸入數據 3-5
3-2 儲存格內容的修改 3-6
3-3 選定某區間的儲存格 3-7
3-4 常數資料的輸入 3-9
3-5 以相同值填滿相鄰的儲存格 3-12
3-6 以遞增方式填滿相鄰的儲存格 3-13
3-6-1 數值資料的遞增 3-13
3-6-2 以等差趨勢填滿相鄰的儲存格 3-13
3-6-3 自動填滿連續數據 3-13
3-6-4 商業應用 3-14
3-7 智慧標籤 3-15
3-7-1 基本應用 3-15
3-7-2 月底日期填滿儲存格的應用 3-16
3-7-3 填充工作日 3-17
3-8 自訂自動填滿或依規則快速填入 3-18
3-8-1 自訂自動填滿 3-18
3-8-2 依規則填滿 3-21
3-8-3 智慧標籤的自動填滿選項 – 快速填入 3-21
3-9 附註與註解功能 3-22
3-9-1 註解 3-22
3-9-2 附註 3-25
3-10 資料驗證 3-26
3-10-1 資料驗證的基本觀念 3-26
3-10-2 設計錯誤提醒的對話方塊內容 3-28
3-10-3 設定輸入錯誤的提醒樣式 3-29
3-10-4 清除資料驗證 3-29
3-11 自動校正 3-30
3-12 輸入特殊符號或特殊字元 3-30
3-12-1 輸入特殊符號 3-30
3-12-2 特殊字元 3-31
3-13 輸入數學公式 3-31
3-14 輸入特殊格式的資料 3-32
3-14-1 建立手機號碼欄位 3-32
3-14-2 建立一般室內電話欄位 3-33
3-14-3 國字金額數字的呈現 3-34
3-15 輸入特殊數字 3-35
3-15-1 輸入前方是 0 的數字 3-35
3-15-2 輸入負值 3-36
3-15-3 輸入含分數的數值 3-36

4 公式與基本函數觀念

4-1 再談加總按鈕 4-2
4-1-1 自動加總使用技巧 4-2
4-1-2 由自動加總認識公式的結構 4-2
4-1-3 直接輸入計算式 4-3
4-1-4 插入函數 4-3
4-1-5 自動加總應用實作 4-4
4-1-6 函數引數的工具提示 4-5
4-1-7 加總指定區間 4-6

4-1-8 加總多組資料區間 4-7
4-2 建立簡單的數學公式 4-8
4-3 擴充的加總功能 4-9
4-4 以其他函數建立公式 4-10
4-4-1 SUM 函數實例 4-11
4-4-2 AVERAGE 函數實例 4-12
4-4-3 MAX 函數實例 4-13
4-4-4 MIN 函數實例 4-14
4-5 定義範圍名稱 4-15
4-5-1 定義單一儲存格為一個名稱 4-16
4-5-2 定義一個連續儲存格區間為名稱 4-17
4-5-3 公式與範圍名稱的應用 4-18
4-5-4 同時定義多個範圍名稱 4-20
4-5-5 以名稱來快速選定儲存格區間 4-21
4-5-6 刪除名稱 4-21
4-6 再談公式的拷貝 4-22
4-6-1 基本觀念 4-22
4-6-2 參照位址的觀念 4-25
4-7 比較符號公式 4-28
4-8 排序資料 4-30
4-8-1 基本排序應用 4-30
4-8-2 繼續成績排序應用 4-31
4-8-3 表格資料快速排序 4-34
4-8-4 多欄位的排序 4-35
4-8-5 使用自訂排序執行表格的多欄排序 4-35
4-8-6 無法排序列資料 4-37
4-9 再談框線處理 4-37
4-9-1 補足框線 4-37
4-9-2 刪除部分框線 4-38
4-9-3 結束清除框線功能 4-38
4-9-4 繪製跨欄斜線 4-39
4-10 建立含斜線的表頭 4-41
4-10-1 先建立文字再建立斜線 4-41
4-10-2 先建立斜線再建立文字 4-42

5 編輯工作表

5-1 插入列 5-2
5-2 刪除列 5-3
5-3 插入欄 5-4
5-4 刪除欄 5-5
5-5 插入儲存格 5-7
5-5-1 插入單一儲存格 5-7
5-5-2 插入連續儲存格區間 5-8
5-5-3 插入功能表的儲存格指令 5-9
5-6 刪除儲存格 5-10
5-6-1 刪除連續儲存格區間 5-10
5-6-2 刪除單一儲存格 5-11
5-7 儲存格的移動 5-12
5-7-1 以滑鼠拖曳儲存格 5-12
5-7-2 剪下和貼上指令 5-14
5-8 儲存格的複製 5-15
5-8-1 滑鼠的拖曳 5-15
5-8-2 複製和貼上指令 5-16
5-8-3 注意事項 5-19
5-9 選擇性貼上指令 5-19
5-9-1 貼上-值 5-20
5-9-2 貼上-全部 5-21
5-9-3 運算–乘 5-22
5-9-4 複製格式 5-23
5-9-5 複製貼上公式與格式 5-25
5-9-6 複製貼上不含公式 5-25
5-9-7 貼上除法 5-26
5-9-8 轉置表格 5-27
5-10 清除儲存格 5-29
5-11 認識 Office 剪貼簿 5-30
5-12 複製成圖片 5-32
5-13 欄資料的改變 5-34
5-14 列資料的改變 5-35
5-15 複製保持來源寬度實例 5-36

6 資料格式的設定

6-1 欄位寬度 ... 6-2
6-2 列高的設定 ... 6-7
6-3 格式化字型 ... 6-10
6-3-1 字型大小 ... 6-10
6-3-2 字型 ... 6-11
6-3-3 粗體 ... 6-11
6-3-4 斜體 ... 6-12
6-3-5 底線 ... 6-12
6-3-6 放大與縮小字型 ... 6-12
6-3-7 框線鈕 ... 6-13
6-3-8 與字型有關的儲存格格式對話方塊 ... 6-13
6-4 前景色彩及背景色彩的處理 ... 6-15
6-4-1 填滿色彩按鈕 ... 6-15
6-4-2 字形色彩按鈕 ... 6-17
6-4-3 交錯處理表單背景 ... 6-17
6-4-4 與儲存格有關的背景圖樣及顏色的設定 ... 6-18
6-5 設定資料對齊方式 ... 6-23
6-5-1 靠右對齊 ... 6-24
6-5-2 靠左對齊 ... 6-24
6-5-3 置中對齊 ... 6-25
6-5-4 增加縮排與減少縮排 ... 6-25
6-5-5 跨欄置中 ... 6-28
6-5-6 靠上、置中、靠下對齊 ... 6-30
6-5-7 文字方向 ... 6-30
6-5-8 與對齊有關的儲存格指令 ... 6-32
6-5-9 自動換行 ... 6-35
6-5-10 特定位置強制換行 ... 6-36
6-6 框線的設定 ... 6-36
6-6-1 框線按鈕 ... 6-36
6-6-2 手繪框線 ... 6-38
6-6-3 與外框有關的儲存格格式指令 ... 6-42
6-6-4 含框線的人事資料表 ... 6-45
6-7 儲存格格式的應用 ... 6-45
6-7-1 會計數字格式 ... 6-46
6-7-2 百分比樣式 ... 6-48
6-7-3 千分位樣式 ... 6-48
6-7-4 增加小數位數 ... 6-48
6-7-5 減少小數位數 ... 6-49
6-7-6 與數值格式有關的儲存格格式指令 6-49
6-7-7 日期格式 ... 6-52
6-7-8 自訂數字格式 ... 6-53
6-7-9 讓儲存格資料小數點對齊 ... 6-57
6-7-10 輸入超過 11 位數字的處理 ... 6-58
6-8 設定儲存格的樣式 – 凸顯資料 ... 6-59
6-9 佈景主題 ... 6-61
6-9-1 套用佈景主題 ... 6-61
6-9-2 自建佈景主題色彩 ... 6-63
6-10 複製格式 ... 6-63

7 使用格式化建立高效、易懂的報表

7-1 醒目提示儲存格規則 ... 7-2
7-2 資料橫條 ... 7-4
7-3 色階 ... 7-6
7-4 前段 / 後段項目規則 ... 7-8
7-5 圖示集 ... 7-14
7-6 找出特定的資料 ... 7-18
7-6-1 等於 ... 7-18
7-6-2 包含下列的文字 ... 7-19
7-7 格式化重複的值 – 找出重複的資料 ... 7-20
7-8 清除格式化條件的儲存格與工作表的規則 ... 7-22
7-9 格式化錯誤值 ... 7-23

8 ChatGPT 輔助公式與函數執行數據運算

8-1 基本函數功能加強實作 8-2
8-1-1 找出最高與最低評價 MAX 和 MIN 函數 8-2
8-1-2 計算小計與總計 SUM 函數 8-4
8-1-3 產品銷售報表實作 PRODUCT 函數 ... 8-4
8-1-4 平均值的計算 AVERAGE 和 AVERAGEA 8-8
8-1-5 四捨五入 ROUND 與無條件捨去 ROUNDDOWN 8-11
8-2 用 Excel 處理日期與時間計算 8-13
8-2-1 動態顯示現在日期與時間 - 使用 TODAY 和 NOW 8-13
8-2-2 年資與年齡計算使用 DATEDIF 8-17
8-2-3 月底收款截止通知使用 EOMONTH 函數 8-19
8-3 條件運算 8-22
8-3-1 IF 函數 8-22
8-3-2 邏輯運算子 AND 8-24
8-3-3 邏輯運算子 OR 8-27
8-3-4 以月為單位總計每月業績 SUMIF 8-28
8-3-5 計算符合多個條件 SUMIFS 8-30
8-3-6 計算儲存格區間含數字的個數 COUNT 8-31
8-3-7 計算儲存格區間含特定條件的個數 COUNTIF 8-33
8-3-8 COUNTIF 和 WEEKDAY 組合使用將假日以不同顏色顯示 8-35
8-3-9 計算空白儲存格 COUNTBLANK 與非空白儲存格 COUNTA 8-41
8-3-10 依據商品編號取得商品名稱和單價 VLOOKUP 8-45
8-4 排序處理 RANK.EQ 8-48
8-5 英文字母大小寫調整 PROPER/UPPER/LOWER 8-51
8-6 身分證號碼判斷性別 MID 8-53
8-7 公式稽核 8-55
8-7-1 Excel 自動校正 8-55
8-7-2 F2 鍵可以追蹤工作表的公式 8-56
8-7-3 前導參照與從屬參照 8-57
8-7-4 追蹤錯誤 8-58
8-7-5 錯誤檢查 8-60
8-7-6 顯示公式 8-61
8-7-7 評估值公式 8-61
8-8 Excel 常見錯誤訊息與處理方式 8-63
8-9 數據陷阱 - 平均值與中位數 8-64
8-10 數據陷阱 – 平均值與加權平均 8-65

9 數據篩選與排序

9-1 基本定義 9-2
9-2 進入與離開篩選環境 9-2
9-3 篩選資料實作 9-3
9-4 自訂篩選 9-6
9-5 工作表單排序 9-8
9-6 依色彩篩選 9-11
9-7 表格資料 9-12
9-8 格式化為表格 9-13
9-9 依照色彩排序 9-15
9-10 中文字的排序 9-16

10 工作表技巧實戰

10-1 刪除空白字元 10-2
10-2 尋找或取代特定字串 10-3
10-3 同欄位上一筆內容填滿空白儲存格 ... 10-6
10-4 填寫重複性資料使用下拉式清單 10-7
10-5 使用 ASC 函數將全形轉半形 10-12
10-6 檢查資料區間是否含文字資料 10-15
10-7 設定儲存格的輸入長度 10-17
10-8 設定公司統編的輸入格式 10-19

10-9 設定不能輸入重複的資料 10-20
10-10 設定不能輸入未來日期 10-22
10-11 設定交錯列底色的表單背景 10-24

11 活頁簿的應用

11-1 活用多個工作表 11-3
11-2 新增色彩到工作表索引標籤 11-4
11-3 插入工作表 11-5
11-4 刪除工作表 11-6
11-5 移動工作表 11-7
11-6 複製工作表 11-8
11-7 不同工作表間儲存格的複製 11-10
11-8 參考不同工作表的公式 11-12
11-9 監看視窗 11-13

12 建立圖表

12-1 圖表的類別 12-2
12-2 建立圖表的步驟 12-3
12-3 直條圖 12-6
12-3-1 建立直條圖的實例 12-6
12-3-2 圖表樣式 12-9
12-3-3 將圖表移動到其它工作表 12-10
12-3-4 編修圖表鈕 12-12
12-3-5 建立圖表標題 12-13
12-3-6 建立座標軸標題 12-13
12-3-7 快速版面配置 12-14
12-3-8 建議的圖表 12-15
12-3-9 堆疊直條圖 12-16
12-3-10 數列線 12-17
12-4 橫條圖 12-18
12-5 折線圖與區域圖 12-20
12-6 圓形圖與環圈圖 12-26
12-7 散佈圖或泡泡圖 12-30
12-8 雷達圖 12-33
12-9 曲面圖 12-34
12-10 股票圖 12-36
12-11 瀑布圖 12-42
12-12 漏斗圖 12-45
12-13 走勢圖 12-46
12-14 地圖 12-49
12-15 建立 3D 地圖 12-50

13 編輯與格式化圖表

13-1 圖表資料浮現 13-2
13-2 顯示與刪除標題 13-3
13-3 格式化圖表與座標軸標題 13-4
13-3-1 字型功能格式化標題 13-4
13-3-2 圖表標題格式設定 13-5
13-3-3 圖表標題框線設定 13-8
13-3-4 圖表標題效果 13-9
13-3-5 大小與屬性 – 標題文字方向 13-12
13-3-6 更改圖表標題的位置 13-14
13-4 座標軸 13-14
13-4-1 顯示與隱藏座標軸標題 13-14
13-4-2 顯示與隱藏座標軸 13-15
13-4-3 座標軸刻度單位 13-16
13-4-4 座標軸刻度範圍 13-17
13-4-5 顯示與隱藏主要格線與次要格線 13-18
13-4-6 調整主要格線與次要格線的數值間距 13-19
13-4-7 座標軸標記數量與角度的調整 13-20
13-5 圖例 13-24
13-5-1 顯示 / 隱藏圖例 13-24
13-5-2 調整圖例位置 13-24

13-6 刪除與增加圖表的資料數列 13-26
13-6-1 刪除圖表的資料數列 13-26
13-6-2 變更或增加圖表的資料數列 13-27
13-7 改變資料數列順序 13-28
13-8 資料標籤 13-30
13-8-1 顯示資料標籤 13-30
13-8-2 調整資料標籤的位置 13-30
13-8-3 格式化資料標籤 13-31
13-8-4 拖曳資料標籤 13-32
13-8-5 活用圖表 – 單點顯示資料標籤 13-33
13-8-6 活用圖表 – 將資料標籤改為數列名稱 13-33
13-8-7 活用圖表 – 堆疊直條圖增加總計數據 13-35
13-9 使用色彩或圖片編輯數列 13-38
13-9-1 更換數列的色彩 13-38
13-9-2 漸層色彩填滿 13-38
13-9-3 材質填滿 13-39
13-9-4 圖片填滿 13-40
13-9-5 編輯資料長條外框 13-41
13-9-6 負值數列使用紅色 13-41
13-9-7 配色知識 13-43
13-10 圖表區背景設計 13-44
13-10-1 設計數據繪圖區的背景顏色 13-44
13-10-2 圖片填滿數據繪圖區 13-45
13-10-3 圖表背景圖片透明度處理 13-46
13-10-4 為圖表設計外框 13-47
13-11 建立趨勢預測線 13-48
13-12 顯示資料表 13-50
13-13 使用篩選凸顯資料數列 13-50
13-14 進一步編修圓形圖表 13-52
13-14-1 適度調整圖表區 13-52
13-14-2 將扇形資料區塊從圓形圖分離 13-52
13-14-3 爆炸點 13-53
13-14-4 旋轉圓形圖 13-54
13-14-5 配色應用實例 13-55
13-15 圖表範本 13-55

14 工作表的列印

14-1 示範文件說明 14-2
14-2 預覽列印 14-2
14-2-1 選擇列印範圍 14-3
14-2-2 直向與橫向列印 14-4
14-2-3 列印邊界的設定 14-4
14-3 真實的列印環境 14-5
14-3-1 解析此列印環境 14-7
14-3-2 分頁模式 14-7
14-3-3 變更列印比例 14-8
14-4 版面設定 14-10
14-4-1 頁面的設定 14-11
14-4-2 邊界的設定 14-11
14-4-3 頁首 / 頁尾的設定 14-13
14-4-4 工作表的設定 14-19
14-5 再談列印工作表 14-22
14-5-1 選擇印表機 14-22
14-5-2 列印範圍與份數的設定 14-22
14-6 一次列印多個工作表實例 14-24
14-6-1 一次列印多個活頁簿 14-24
14-6-2 一次列印多張工作表 14-25
14-7 合併列印 14-27
14-7-1 先前準備工作 14-27
14-7-2 合併列印信件 14-28
14-7-3 合併列印信封 14-32

15 樣式與多檔案的應用

15-1 一般樣式簡介 15-2
15-2 先前準備工作 15-2
15-3 應用系統內建的樣式 15-3
15-4 建立樣式與應用樣式 15-4

15-5 樣式的快顯功能表 15-9
15-6 修改樣式 15-9
15-7 視窗含多組活頁簿的應用 15-10
15-8 切換活頁簿的應用 15-11
15-9 參照其他活頁簿的儲存格 15-13

16 建立清單統計資料

16-1 小計指令 16-2
16-2 顯示或隱藏清單的明細資料 16-8
16-3 利用小計清單建立圖表 16-12
16-4 刪除大綱結構 16-13

17 樞紐分析表

17-1 建立樞紐分析表的步驟 17-3
17-1-1 使用基本功建立樞紐分析表 17-3
17-1-2 Excel 建議的樞紐分析表 17-5
17-2 建立樞紐分析表 17-6
17-2-1 第一次建立樞紐分析表 17-6
17-2-2 隱藏或顯示樞紐分析表欄位 17-8
17-2-3 隱藏欄標籤和列標籤 17-8
17-2-4 建立易懂的列標籤和欄標籤名稱 17-9
17-2-5 一系列樞紐分析表實作 17-10
17-2-6 顯示或隱藏鈕 17-14
17-2-7 建立分頁欄表 17-14
17-3 修訂樞紐分析表 17-16
17-3-1 增加列或欄 17-17
17-3-2 刪除列或欄 17-17
17-3-3 增加分頁欄位 17-18
17-3-4 刪除分頁欄位 17-18
17-3-5 組成群組或取消群組 17-19
17-3-6 更改列區數列順序 17-20
17-3-7 更改資料區域的數字格式 17-21
17-3-8 找出年度最好的業務員 17-22
17-3-9 分頁的顯示 17-23
17-3-10 更新資料 17-25
17-3-11 套用樞紐分析表樣式 17-26
17-4 樞紐分析圖 17-28

18 規劃求解的應用

18-1 目標 18-2
18-1-1 基本觀念 18-2
18-1-2 企業案例 – 需要達到多少業績才可達到獲利目標 18-4
18-2 資料表的應用 18-5
18-2-1 PMT() 函數 18-5
18-2-2 單變數資料表 18-6
18-2-3 雙變數資料表 18-9
18-2-4 企業業績預估計畫 18-13
18-3 分析藍本管理員 18-16
18-3-1 先前準備工作 18-16
18-3-2 建立分析藍本 18-18
18-3-3 顯示分析藍本的結果 18-22
18-3-4 編輯所建的分析藍本 18-22
18-3-5 分析藍本的摘要報告 18-23

19 建立與套用範本（電子書）

19-1 使用 Excel 內建的範本 19-2
19-2 網路搜尋範本 19-4
19-3 公司預算 19-5
19-4 個人每月預算 19-6
19-5 建立自訂範本 19-7

20 巨集

20-1 先前準備工作 20-2
20-2 建立巨集 20-3
20-3 執行巨集 20-6
20-4 巨集的儲存 20-8
20-5 巨集病毒 20-9

21 VBA 設計基礎（電子書）

21-1 開發人員索引標籤 21-2
21-2 一步一步建立一個簡單的 VBA 碼 21-3
21-3 選取儲存格的觀念 21-8
21-4 設定特定儲存格的內容 21-9
21-5 資料型態 21-10
21-6 If ... Then ... End If 21-11
21-7 Select Case ... End Select 21-12
21-8 Do ... Loop Until 21-13
21-9 Do ... Loop while 21-14
21-10 For ... Next 21-15
21-11 清除儲存格內容 21-16
21-12 列出對話方塊 MsgBox 21-17
21-13 讀取輸入資訊 InputBox 21-18
21-14 範圍物件 21-20
21-15 目前活頁簿 ActiveWorkbook 21-22
21-16 程式物件 Application 21-24
21-17 VBA 應用 21-24
21-17-1 為分數填上成績 21-24
21-17-2 超商來客數累計 21-25
21-17-3 血壓檢測 21-25
21-18 ChatGPT 輔助 Excel VBA- Line 訊息貼到工作表 21-26

22 翻譯功能

22-1 中文繁體與簡體的轉換 22-2
22-2 翻譯工具 22-3

23 凍結、分割與隱藏視窗

23-1 凍結窗格 23-2
23-2 分割視窗 23-5
23-3 隱藏與取消隱藏部分欄位區間 23-7
23-4 隱藏與顯示視窗 23-9

24 插入圖片、圖案、圖示與 3 D 模型

24-1 圖片 24-2
24-1-1 圖片來源 24-2
24-1-2 影像庫 24-2
24-1-3 線上圖片 24-5
24-1-4 插入圖片實例 24-5
24-2 圖示 24-6
24-3 3D 模型 24-6
24-4 圖案 24-7
24-4-1 插入圖案功能 24-7
24-4-2 建立圖案 24-8
24-5 編輯圖案 24-8
24-5-1 圖案填滿 24-8
24-5-2 建立圖案外框 24-9
24-5-3 圖案效果 24-10
24-5-4 編輯圖案端點 24-11
24-5-5 編輯圖片文字 24-11
24-5-6 圖案內插入圖片 24-12
24-6 將圖案應用在報表 24-13
24-6-1 世界地圖人口比率與箭號符號圖案 24-13

24-6-2 美化連鎖店業績工作表 24-14
24-7 建立含圖片的人事資料表................. 24-16
24-7-1 建立含圖片的人事資料表 24-16
24-7-2 將圖片固定在儲存格內 24-17
24-8 文字藝術師 24-18
24-9 建立 Excel 工作表的浮水印 24-19
24-9-1 建立文字格式的浮水印 24-19
24-9-2 建立圖片格式的浮水印 24-22
24-10 編輯圖片 24-23
24-10-1 圖片樣式功能群組 24-24
24-10-2 色彩效果 24-25
24-10-3 美術效果 24-26
24-10-4 透明度 24-27
24-10-5 壓縮圖片 24-27
24-10-6 變更圖片 24-27
24-10-7 重設圖片 24-27
24-10-8 大小功能群組 24-28
24-10-9 另存圖片 24-28
24-11 建立 Excel 表格的圖片背景 24-29

25 視覺化圖形 Smart Art 的應用

25-1 插入 SmartArt 圖形 25-2
25-2 實際建立 SmartArt 圖形 25-3
25-2-1 插入 SmartArt 圖形........................... 25-3
25-2-2 插入文字資料 25-4
25-2-3 插入圖片.. 25-4
25-3 變更色彩 25-6
25-4 變更 SmartArt 樣式 25-6
25-5 新增圖案 25-7
25-6 針對個別清單調整圖案格式 25-8
25-7 版面配置 25-9

26 文件的保護

26-1 唯讀保護 26-2
26-2 保護工作表 26-3
26-2-1 保護完整工作表 26-3
26-2-2 保護部分工作表 26-5
26-3 保護活頁簿 26-7
26-4 標示為完稿 26-7

27 尋找 / 取代與前往指定儲存格

27-1 字串的尋找 27-2
27-2 字串的取代 27-4
27-3 前往指定的儲存格............................. 27-5
27-4 公式 27-8
27-5 常數 27-9
27-6 設定格式化的條件............................. 27-9
27-7 特殊目標 27-10

28 Word 與 Excel 協同工作

28-1 在 Word 內編輯 Excel 表格.................. 28-2
28-1-1 在 Word 內編輯 Excel 表格............ 28-2
28-1-2 裁剪 Excel 物件多餘區域............... 28-3
28-2 在空白 Word 視窗插入 Excel 圖表 28-4
28-3 將 Word 表格插入 Excel....................... 28-6
28-3-1 保留來源格式 28-6
28-3-2 符合目的格式設定 28-6
28-4 將圖表嵌入 PowerPoint 檔案 28-7

29 Excel 環境設定（電子書）

29-1 建立開啟 Excel 的超連結 29-2
29-2 建立新活頁簿時字型、字型大小與工作表份數的設定 29-2
29-3 Office 背景設定 29-2
29-4 開啟舊檔的技巧 – 釘選檔案 29-3
29-5 顯示最近的活頁簿個數 29-4
29-6 幫活頁簿減肥 29-4
29-6-1 刪除選取區域 29-4
29-6-2 清除選取儲存格區間以外的資料或格式 29-5

30 Excel 其他技巧總結

30-1 摘要資訊 30-2
30-2 剖析資料 30-3
30-3 擷取視窗或部份螢幕畫面 30-8
30-3-1 擷取可用的視窗 30-8
30-3-2 擷取部份螢幕畫面 30-9
30-4 條碼設計 30-10
30-5 Excel 的安全設定 30-12
30-6 文字檔與 Excel 30-13
30-6-1 Excel 檔案用文字檔儲存 30-13
30-6-2 用 Excel 開啟文字檔案 30-14
30-7 CSV 檔與 Excel 30-16
30-7-1 Excel 檔案用 CSV 檔儲存 30-17
30-7-2 用 Excel 開啟 CSV 檔案 30-18
30-8 再談雲端共用 30-18

31 加值你的 Excel - 增益集

31-1 認識 Excel 增益集 31-2
31-2 安裝 People Graph 增益集 31-2
31-3 People Graph 增益集 31-3
31-3-1 認識 People Graph 增益集 31-3
31-3-2 下載 People Graph 增益集 31-4
31-3-3 應用 People Graph 增益集 31-5
31-4 People Graph 的設定功能 31-7
31-4-1 類型的應用 31-8
31-4-2 佈景主題的應用 31-8
31-4-3 圖形的應用 31-8

32 在 Excel 內開發聊天機器人

32-1 取得 API 密鑰 32-2
32-1-1 取得 API Key 32-2
32-1-2 API Key 的收費 32-3
32-2 Excel 內執行 ChatGPT 功能 32-3
32-3 設計 Excel VBA 程式的步驟重點 32-4
32-4 建立 HTTP 物件 32-6
32-5 第一次在 Excel 執行 ChatGPT 功能 32-8
32-5-1 建立或開啟程式 32-8
32-5-2 下載與導入 JasonConverter 模組 ... 32-9
32-5-3 認識 Json 格式資料 32-11
32-5-4 執行程式 32-12
32-5-5 輸出 json 資料 32-12
32-6 情感分析 32-13
32-7 在 Excel 內建立含功能鈕的 ChatGPT 聊天機器人 32-15

CHAPTER

ChatGPT輔助學習 Excel

0-1 詢問 Excel 基本操作

0-2 詢問函數庫使用方法

0-3 搜尋缺失值

0-4 業績加總

0-5 業績排名

Excel 是辦公室最常用的軟體，有時候我們忘記如何操作、如何使用函數，這時可以將 ChatGPT 當作工作助理，將問題精準的描述，讓 ChatGPT 告訴你執行方式或步驟。

註

1. 這一章內容是講解使用 ChatGPT 輔助學習 Excel，讀者可以大致瀏覽閱讀，未來閱讀後面章節，有需要時可以回到此章閱讀。
2. 本書在第 8 章也會大量使用 ChatGPT 做公式與函數輔助解說。
3. 讀者需要了解，ChatGPT 有時也會錯誤，所以使用上也需要小心，在第 8 章的對話過程，筆者會列出 ChatGPT 的錯誤或不完美，同時提醒 ChatGPT 改進。

0-1 詢問 Excel 基本操作

筆者詢問「我想將 B2 儲存格的內容可以在 B2:G2 間置中對齊，同時前景顏色設為藍色，背景顏色設為淺黃色，應該如何操作」，可以得到下列 ChatGPT 的回答。

我想將B2儲存格的內容可以在B2:G2間置中對齊，同時前景顏色設為藍色，背景顏色設為淺黃色，應該如何操作

要將B2儲存格的內容在B2至G2間置中對齊，並設定前景和背景顏色，您可以按照以下步驟操作：

1. **合併儲存格並置中:**
   - 選擇B2至G2的儲存格。
   - 在Excel的工具列上找到"合併和置中"的按鈕（或在"首頁"選項卡中的"對齊"分組中找到）。
   - 點擊"合併和置中"。此時B2至G2儲存格將會合併成一個儲存格，並且內容會置中。
2. **設定前景顏色:**
   - 確保合併後的儲存格 (B2) 仍然被選中。
   - 在"首頁"選項卡中，尋找"字型"分組。
   - 點擊字型顏色的下拉箭頭（通常是一個字母A的圖標）。
   - 從顏色選擇器中選擇藍色。
3. **設定背景顏色:**
   - 確保合併後的儲存格 (B2) 仍然被選中。
   - 在"首頁"選項卡中，尋找"填滿色"的工具（它看起來像一個油漆桶）。
   - 點擊其下拉箭頭。
   - 從顏色選擇器中選擇淺黃色。

完成上述步驟後，B2至G2的內容將會置中對齊，前景顏色為藍色，並且背景顏色為淺黃色。

從上述答案，筆者確定 ChatGPT 可以勝任辦公室助手，協助我們處理 Excel 基礎操作事宜。

0-2 詢問函數庫使用方法

Excel 函數有幾百個，坦白說即便是每天使用 Excel 辦公室的人，也很難記住應該如何使用，下列筆者詢問 MAX 函數的用法，得到下列結果。

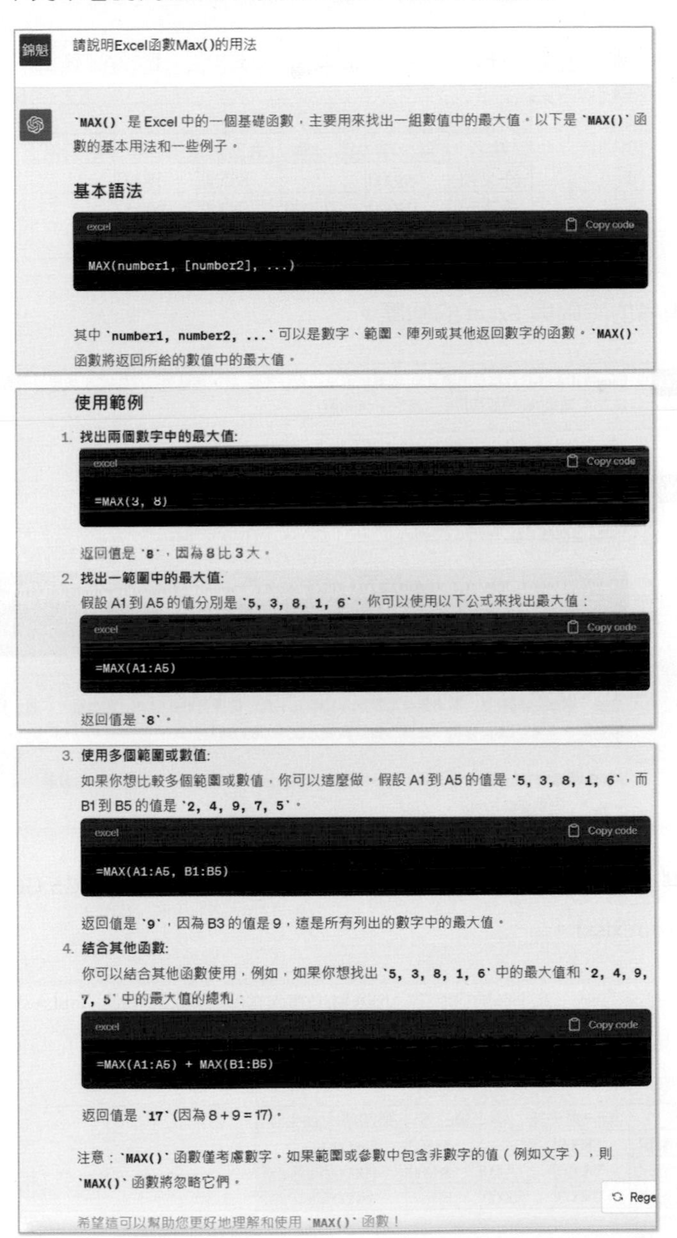

從上述實例，我們可以確認 ChatGPT 的確可以當作我們 Excel 函數庫的活字典。

0-3 搜尋缺失值

有一個 Excel 檔案 ch0_1.xlsx 工作表內容如下，假設我想要找尋 C4:F6 儲存格間的缺失值，如果找到則在該列 (G 列) 填上 Yes，否則填上 No。

	A	B	C	D	E	F	G
1							
2		深智業務業績表					
3		姓名	第一季	第二季	第三季	第四季	缺失值
4		許家禎	88000		88560	58000	
5		黃清元	98010	77000	88900	90000	
6		葉家家	78000	56000		48000	

下列是筆者的詢問與 Excel 的回應。

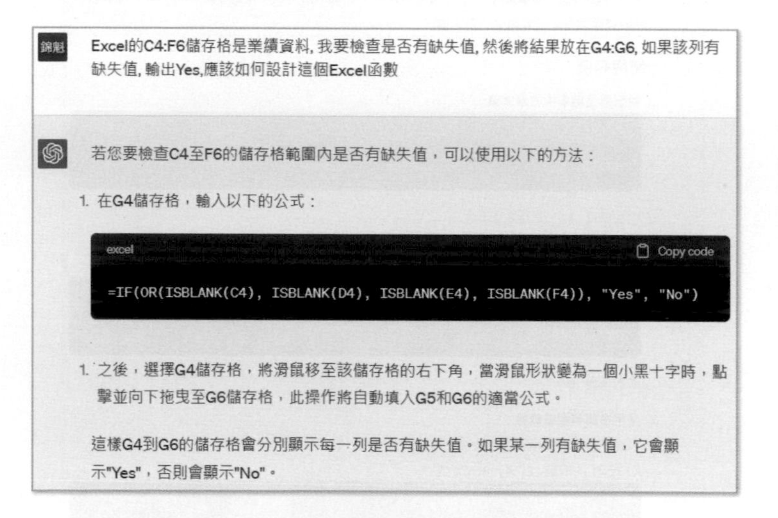
Excel的C4:F6儲存格是業績資料, 我要檢查是否有缺失值, 然後將結果放在G4:G6, 如果該列有缺失值, 輸出Yes,應該如何設計這個Excel函數

若您要檢查C4至F6的儲存格範圍內是否有缺失值，可以使用以下的方法：

1. 在G4儲存格，輸入以下的公式：

```excel
=IF(OR(ISBLANK(C4), ISBLANK(D4), ISBLANK(E4), ISBLANK(F4)), "Yes", "No")
```

1. 之後，選擇G4儲存格，將滑鼠移至該儲存格的右下角，當滑鼠形狀變為一個小黑十字時，點擊並向下拖曳至G6儲存格，此操作將自動填入G5和G6的適當公式。

這樣G4到G6的儲存格會分別顯示每一列是否有缺失值。如果某一列有缺失值，它會顯示"Yes"，否則會顯示"No"。

筆者複製上述公式，貼到 G4 儲存格，然後複製此公式到 G5:G6，可以得到下列結果 (ch0_1out.xlsx)。

G4 =IF(OR(ISBLANK(C4), ISBLANK(D4), ISBLANK(E4), ISBLANK(F4)), "Yes", "No")

	A	B	C	D	E	F	G	H	I	J	K	L
1												
2		深智業務業績表										
3		姓名	第一季	第二季	第三季	第四季	缺失值					
4		許家禎	88000		88560	58000	Yes					
5		黃清元	98010	77000	88900	90000	No					
6		葉家家	78000	56000		48000	Yes					

0-4 業績加總

有一個 Excel 檔案 ch0_2.xlsx 工作表內容如下，假設我要計算業績加總，然後將結果存入 G4:G6。

	A	B	C	D	E	F	G
1							
2		深智業務業績表					
3		姓名	第一季	第二季	第三季	第四季	總計
4		許家禎	88000	68000	88560	58000	
5		黃清元	98010	77000	88900	90000	
6		葉家家	78000	56000	75400	48000	

下列是筆者的詢問與 ChatGPT 的回答。

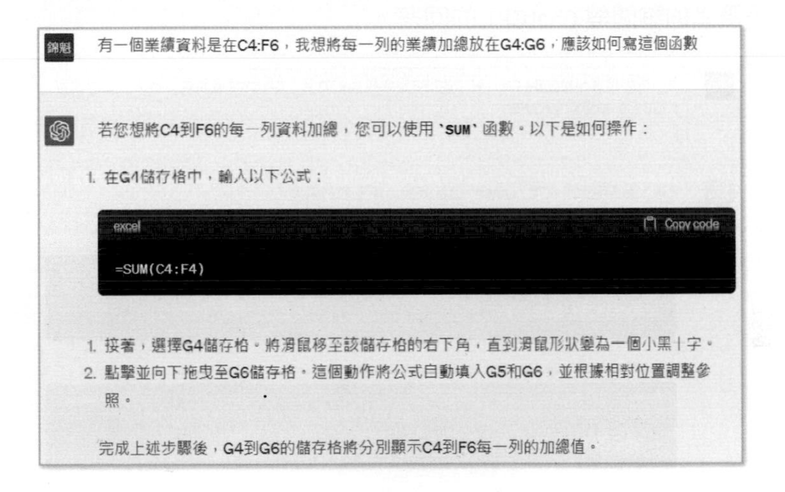

有一個業績資料是在C4:F6，我想將每一列的業績加總放在G4:G6，應該如何寫這個函數

若您想將C4到F6的每一列資料加總，您可以使用 `SUM` 函數。以下是如何操作：

1. 在G4儲存格中，輸入以下公式：

```excel
=SUM(C4:F4)
```

1. 接著，選擇G4儲存格。將滑鼠移至該儲存格的右下角，直到滑鼠形狀變為一個小黑十字。
2. 點擊並向下拖曳至G6儲存格。這個動作將公式自動填入G5和G6，並根據相對位置調整參照。

完成上述步驟後，G4到G6的儲存格將分別顯示C4到F6每一列的加總值。

筆者複製上述公式，貼到 G4 儲存格，然後複製此公式到 G5:G6，可以得到下列結果 (ch0_2out.xlsx)。

G4 =SUM(C4:F4)

	A	B	C	D	E	F	G
1							
2		深智業務業績表					
3		姓名	第一季	第二季	第三季	第四季	總計
4		許家禎	88000	68000	88560	58000	302560
5		黃清元	98010	77000	88900	90000	353910
6		葉家家	78000	56000	75400	48000	257400

0-5 業績排名

有一個 Excel 檔案 ch0_3.xlsx 工作表內容如下，假設我要計算業績排名，然後將結果存入 F4:F6，同時將名次的姓名填入 G4:G6。

	A	B	C	D	E	F	G
1							
2		深智業績表			前3名		
3		姓名	業績		名次	業績	姓名
4		王德勝	89200		1		
5		陳新興	91000		2		
6		許嘉容	88300		3		
7		李家家	79200				
8		王浩	99800				

下列是筆者的詢問與 ChatGPT 的回答。

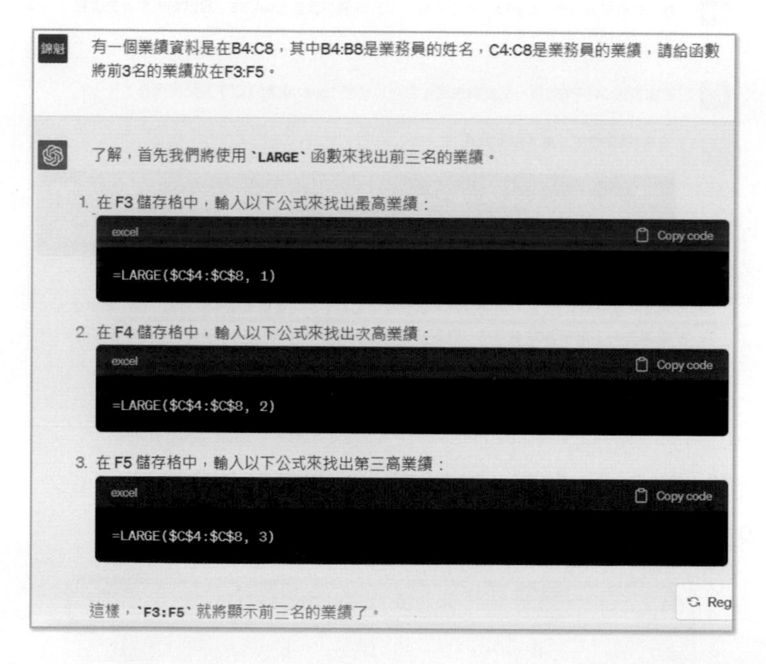

從上述看雖然可以完成此工作，但這不是一個好的設計，因此筆者要求重新設計。

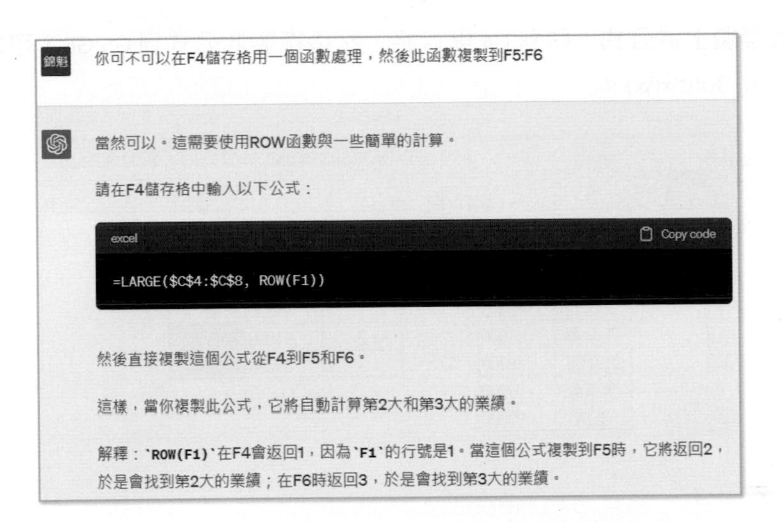

你可不可以在F4儲存格用一個函數處理，然後此函數複製到F5:F6

當然可以。這需要使用ROW函數與一些簡單的計算。

請在F4儲存格中輸入以下公式：

```excel
=LARGE($C$4:$C$8, ROW(F1))
```

然後直接複製這個公式從F4到F5和F6。

這樣，當你複製此公式，它將自動計算第2大和第3大的業績。

解釋：`ROW(F1)`在F4會返回1，因為`F1`的行號是1。當這個公式複製到F5時，它將返回2，於是會找到第2大的業績；在F6時返回3，於是會找到第3大的業績。

筆者複製上述公式，貼到 F4 儲存格，然後複製此公式到 F5:F6，可以得到下列結果。

F4 =LARGE($C$4:$C$8, ROW(F1))

	A	B	C	D	E	F	G
1							
2		深智業績表			前3名		
3		姓名	業績		名次	業績	姓名
4		王德勝	89200		1	99800	
5		陳新興	91000		2	91000	
6		許嘉容	88300		3	89200	
7		李家家	79200				
8		王浩	99800				

下一步是將名字放在 G4:G6，下列是筆者的輸入與 ChatGPT 的輸出。

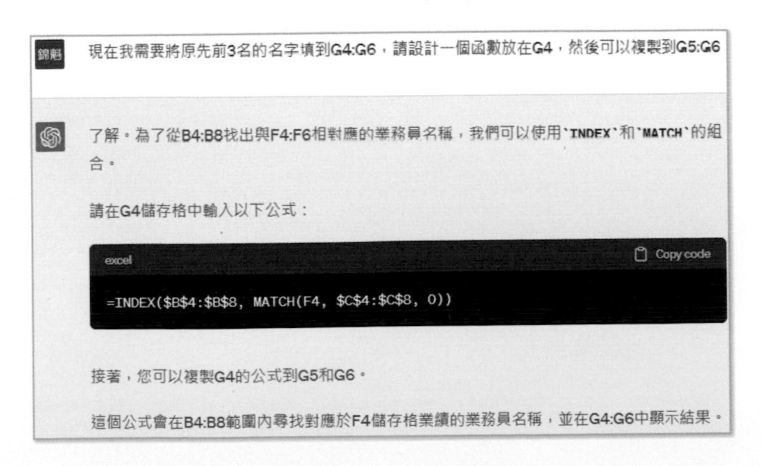

現在我需要將原先前3名的名字填到G4:G6，請設計一個函數放在G4，然後可以複製到G5:G6

了解。為了從B4:B8找出與F4:F6相對應的業務員名稱，我們可以使用`INDEX`和`MATCH`的組合。

請在G4儲存格中輸入以下公式：

```excel
=INDEX($B$4:$B$8, MATCH(F4, $C$4:$C$8, 0))
```

接著，您可以複製G4的公式到G5和G6。

這個公式會在B4:B8範圍內尋找對應於F4儲存格業績的業務員名稱，並在G4:G6中顯示結果。

筆者複製上述公式，貼到 G4 儲存格，然後複製此公式到 G5:G6，可以得到下列結果 (ch0_3out.xlsx)。

G4 =INDEX($B$4:$B$8, MATCH(F4, $C$4:$C$8, 0))

	A	B	C	D	E	F	G	H	I
1									
2		深智業績表			前3名				
3		姓名	業績		名次	業績	姓名		
4		王德勝	89200		1	99800	王浩		
5		陳新興	91000		2	91000	陳新興		
6		許嘉容	88300		3	89200	王德勝		
7		李家家	79200						
8		王浩	99800						

CHAPTER

1

Excel基本觀念

1-0 建議未來延伸閱讀
1-1 啟動 Microsoft Excel 中文版
1-2 認識 Excel 的工作環境
1-3 再看功能群組
1-4 顯示比例
1-5 再談活頁簿與工作表
1-6 觸控 / 滑鼠模式
1-7 結束 Excel
1-8 結束與開啟新的活頁簿
1-9 開新視窗
1-10 視窗的切換
1-11 讓所選儲存格區間填滿視窗
1-12 快速功能鍵
1-13 常見問題說明
1-14 啟動網路版 Excel
1-15 Excel 當機的處理與強制關閉

Microsoft Excel 是目前市面上使用最廣的電子試算表軟體，此軟體除了可做資料統計、整理、分析，同時圖表功能更可讓您可以很方便執行商業分析與決策。

1-0 建議未來延伸閱讀

儘管本書內容紮實，但是本書並沒有完整介紹 Excel 函數庫，未來若是想要更進一步更便利的使用 Excel，建議閱讀下方左圖筆者所著的 Excel 函數庫，內容紮實、實例豐富。

在辦公室使用 Excel，我們可能會碰上經常需要處理重複的工作，這時最好有巨集的觀念，同時學會使用 Excel VBA 建立與操作巨集。雖然本書也會使用 2 個章節解說，若是想要有更完整的知識，建議可以閱讀上方右圖筆者所著的 Excel VBA 上、下冊，內容淺顯易懂、實例豐富。

1-1 啟動 Microsoft Excel 中文版

點選 Excel 程式圖示之後，可看到下列視窗。

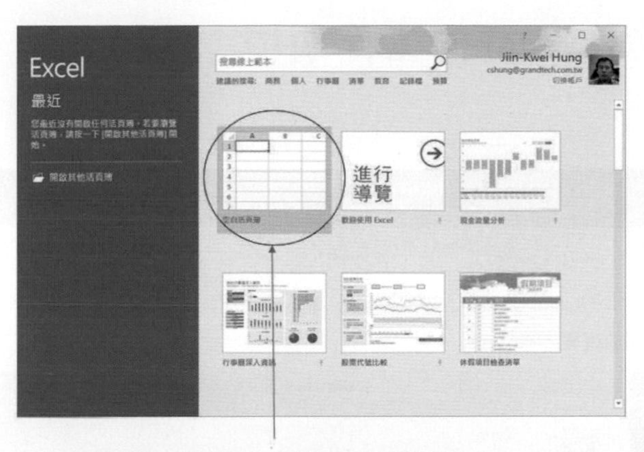

由於筆者是建立新的活頁簿所以點選此項目

點選空白活頁簿後，可以看到下列畫面。

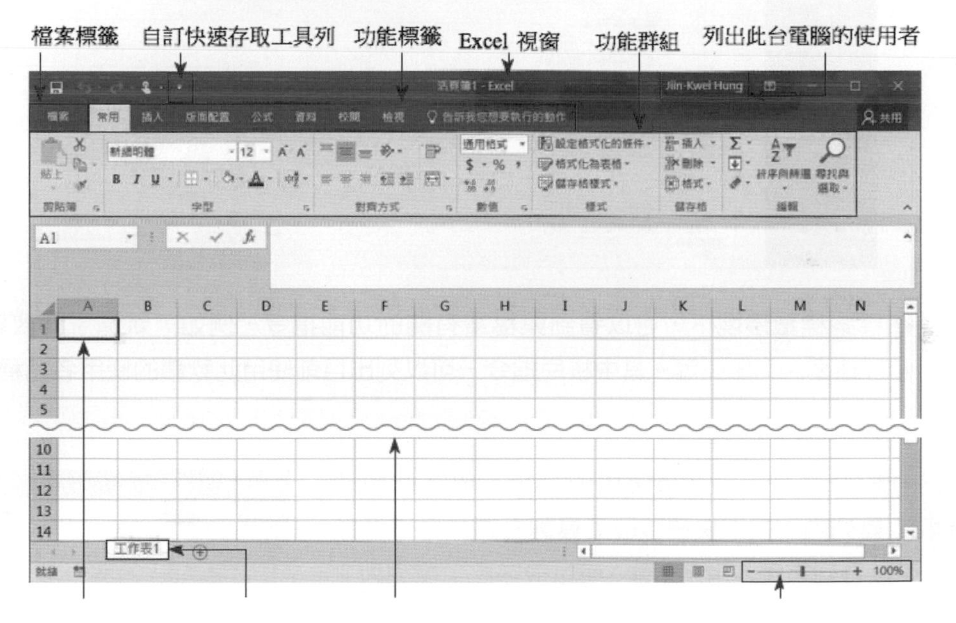

1-2 認識 Excel 的工作環境

❑ 檔案標籤

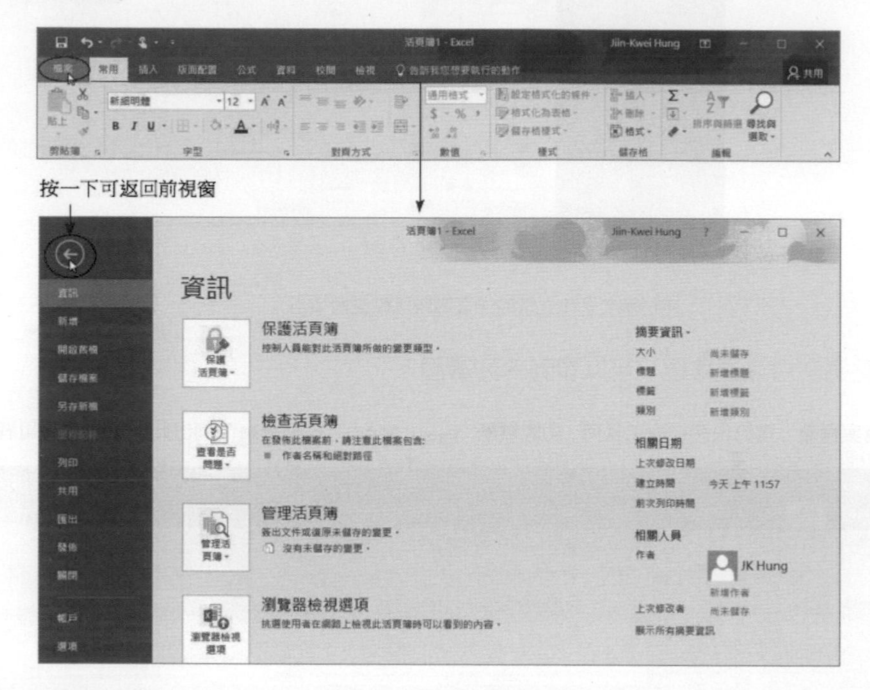

在檔案標籤環境下，可以看到與檔案有關的功能指令，例如，新增、開啟舊檔、儲存檔案、列印…等。其中帳戶指令，可以列出目前使用此軟體的使用者名稱。

❑ 快速存取工具列

一般我們可以將習慣常用的功能，放在此快速存取工具列內。按下快速存取工具列右邊的向下箭頭鈕，可以看到有哪些常用功能，可以放在此工具列內。

上述儲存檔案、復原、取消復原和觸控 / 滑鼠模式指令左邊有 ✓ 符號，表示目前快取工具列上有顯示這些指令，您也可以自行增加或減少快速存取工具列上的功能指令。

實例一 設定快速存取工具列顯示新增指令圖示，以及結束顯示新增指令圖示。

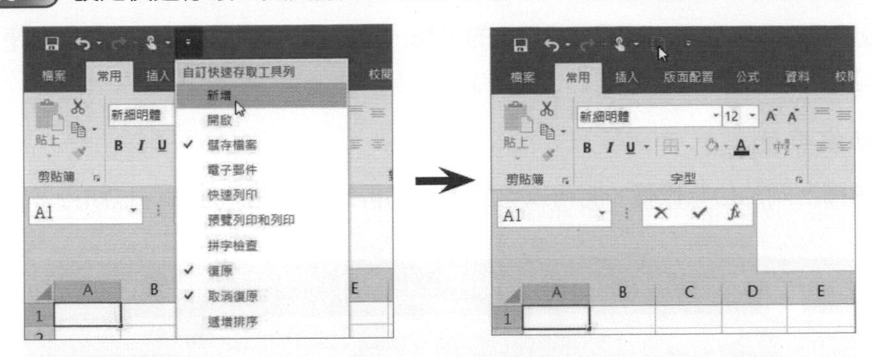

由上方右圖可以看到快速存取工具列顯示新增指令圖示了，下圖則是結束顯示新增指令圖示。

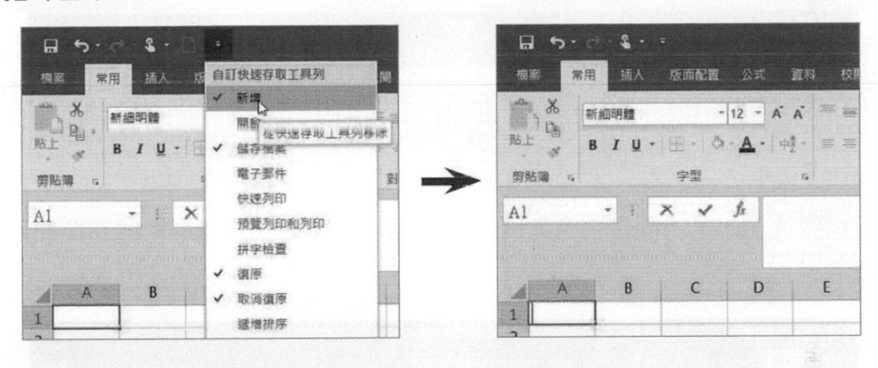

另外，也可以設定快速存取工具列在功能區下方顯示。

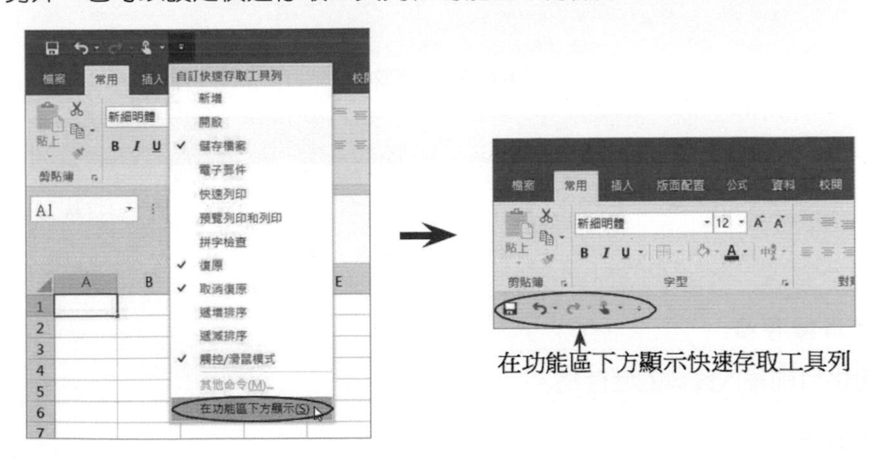

當快速存取工具列在功能區下方顯示後，此時指令名稱變成在功能區上方顯示，可執行此指令復原快速存取工具列在功能區上方顯示。

❑ Excel 視窗

列出此 Excel 檔案 (又稱活頁簿) 的名稱，在未命名之前系統預設的名稱是活頁簿 1 (其中編號會隨時以遞增方式更新)。

❑ 功能標籤

選擇不同的功能標籤，將可以看到不同的群組功能鈕，由此可以執行不同的功能。

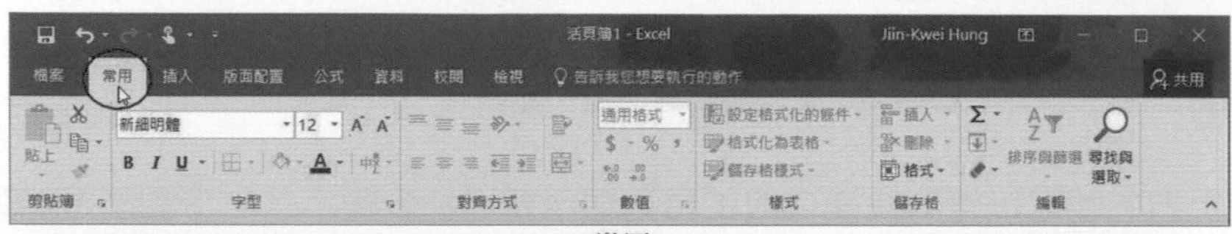

常用

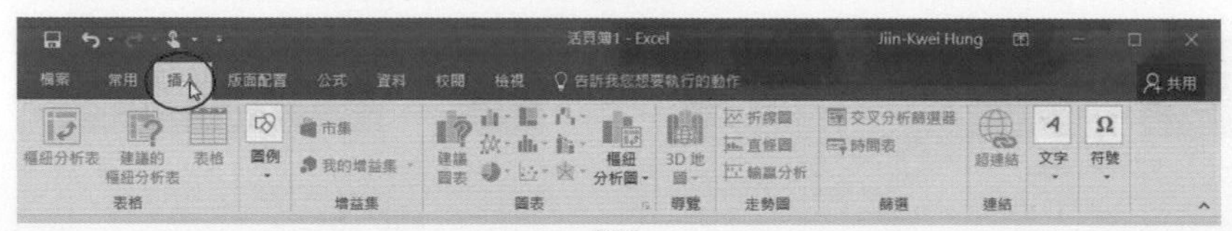

插入

特別要注意的是所開啟視窗寬度若是不同，可能造成功能群組的功能鈕以不同方式顯示。

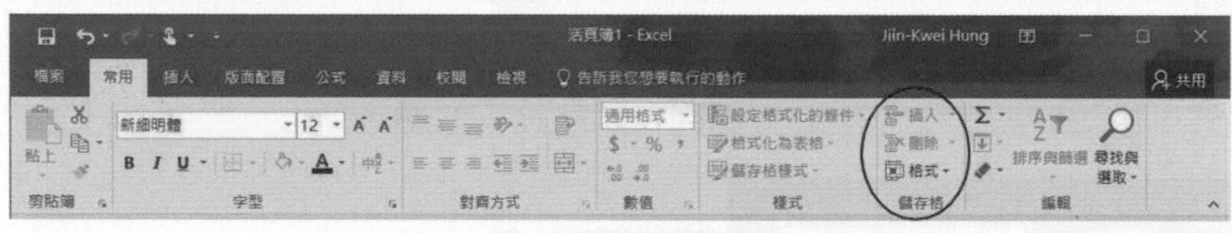

Excel 視窗寬度較小

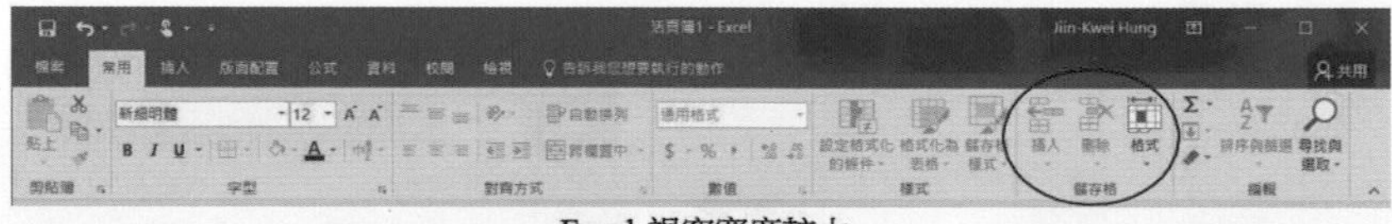

Excel 視窗寬度較大

❑ 作用儲存格

可供目前輸入資料的儲存格。

❑ 工作表

供輸入大量資料的表格，Excel 最多可支援 1048576 列 (row，阿拉伯數字稱列) 及 16384 欄 (column，A、B、C，…… 等稱欄)

❑ 工作表標籤

每一個活頁簿 (Excel 的檔案又稱活頁簿)，內可含有許多工作表，此區域可看到目前是編輯哪一個工作表。

1-3 再看功能群組

在 Microsoft 公司的貼心設計觀念內，若將滑鼠游標指向任一功能鈕，皆可看到軟體所附加的說明功能，如下所示：

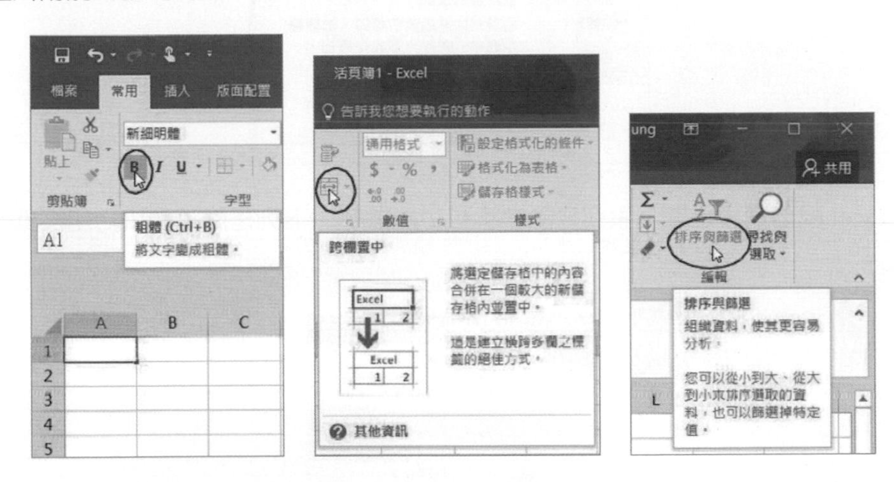

有的功能群組右下角有 鈕，表示按下此鈕可以看到一個對話方塊，供做進一步之設定，如下所示。

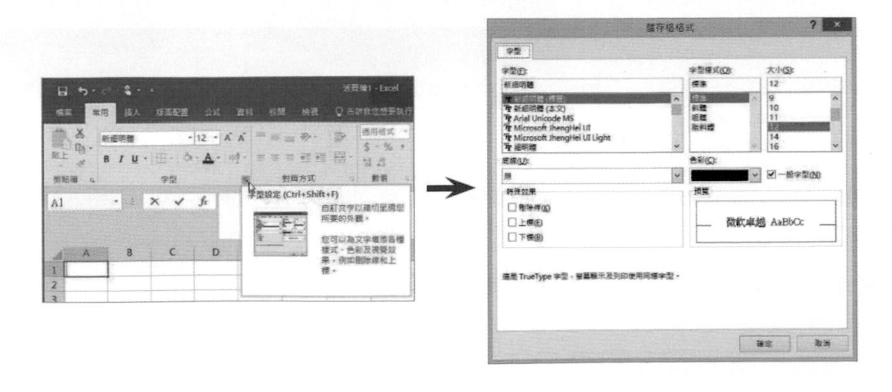

❑ 顯示與隱藏功能

系統預設是有顯示功能群組區，但是有時我們可能需要顯示更多的工作表內容，此時可以暫時隱藏索引和功能群組區。在 Excel 視窗右上角有功能區顯示選項鈕，點選可選擇是否顯示功能群組區。

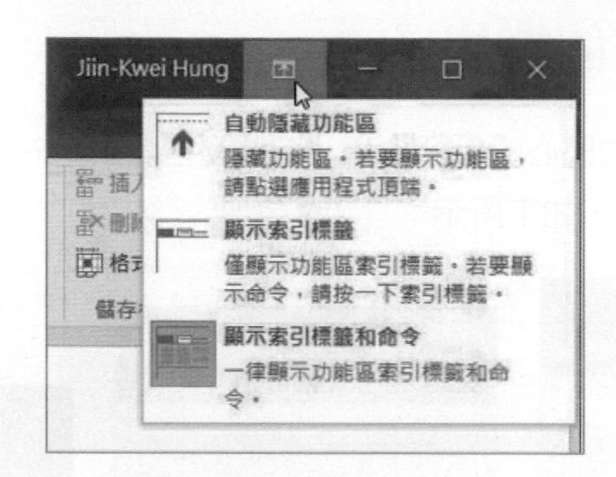

Excel 視窗預設是顯示索引功能標籤和功能指令，下列是顯示索引功能標籤的結果。

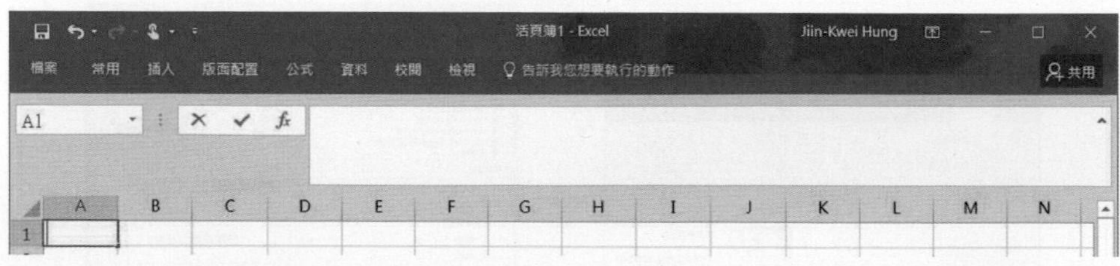

另外，折疊功能鈕，也可將功能群組區隱藏。

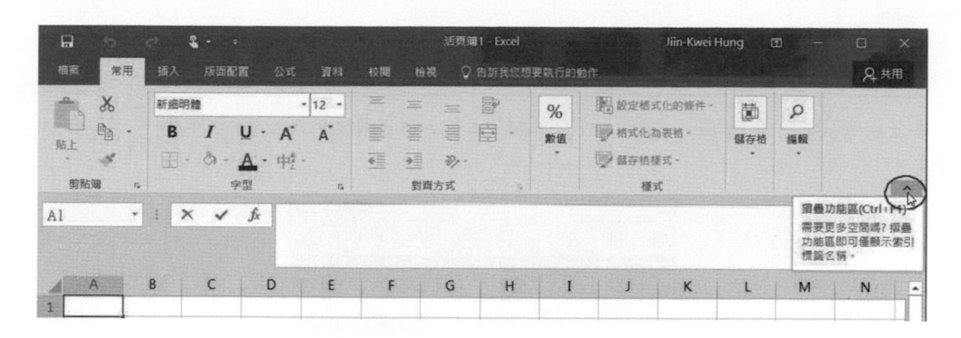

若想復原顯示，索引功能標籤和功能指令 (命名)，請執行顯示索引標籤和命令指令。

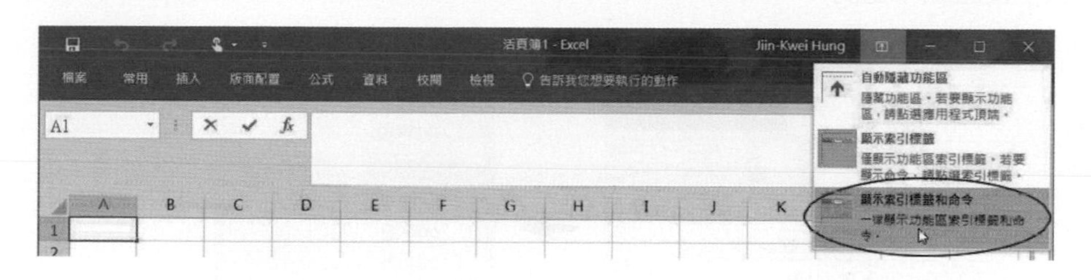

註 其實連按二下功能標籤，也可以隱藏 / 顯示功能群組區。

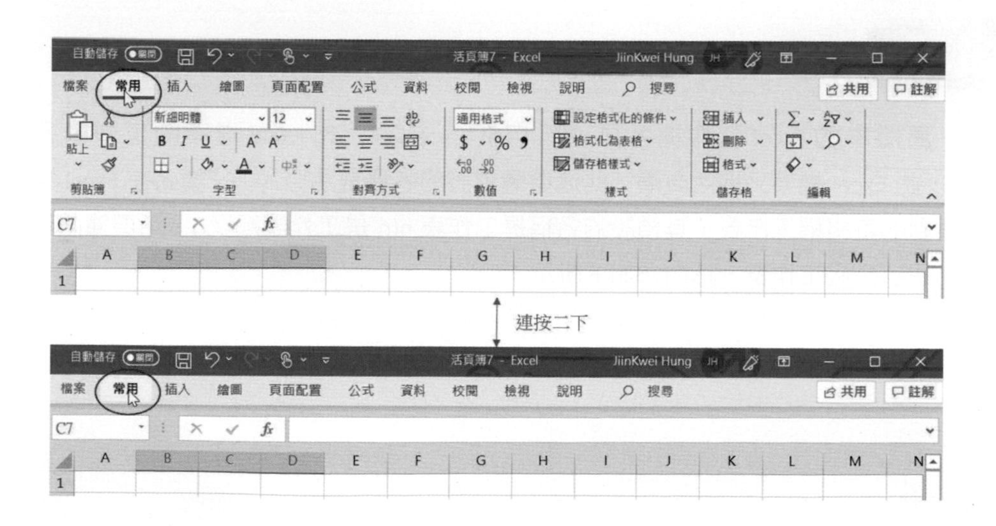

1-4 顯示比例

Excel 視窗右下角有一個顯示比例區，可以移動捲軸更改顯示比例。

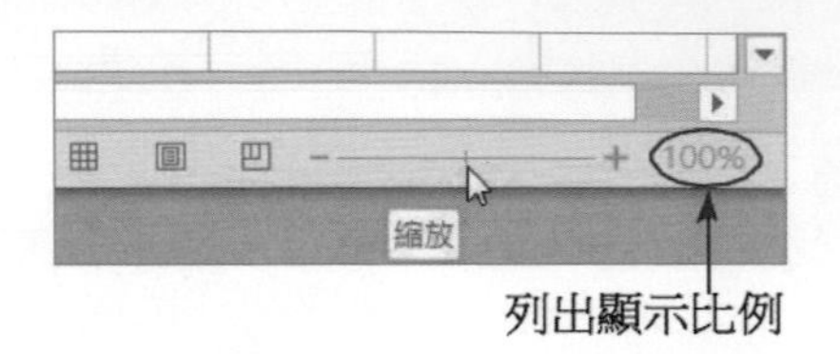

此外，若選擇檢視標籤，然後按顯示比例鈕，將出現顯示比例對話方塊，供設定工作表的顯示比例。

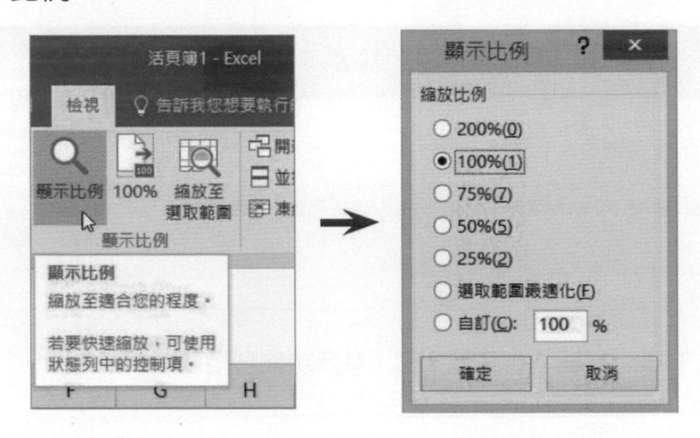

1-5 再談活頁簿與工作表

舊版本的 Excel 延伸檔名是 xls，自從 Excel 2007 起 Excel 檔案的延伸檔名是 xlsx，此 Excel 檔案又稱活頁簿，此活頁簿預設的名稱是活頁簿 1，讀者在 Excel 視窗內看到的表格稱工作表，其預設的名稱是工作表 n(n 是工作表編號)，活頁簿內可以有一個到多個工作表，其觀念如下所示：

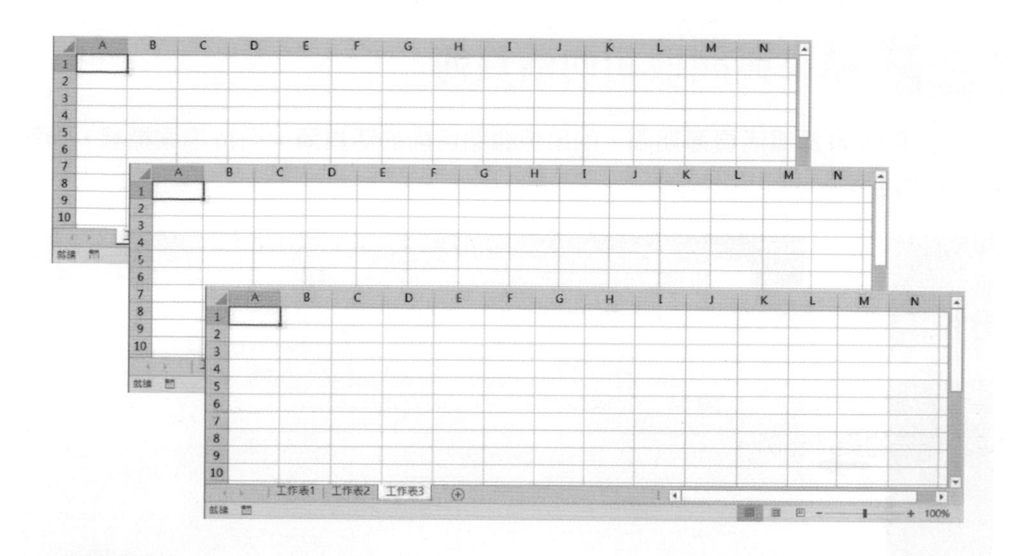

1-6 觸控 / 滑鼠模式

許多電腦已配有觸控功能，為了回應此趨勢，Microsoft 公司特別在視窗增加此功能，預設讀者所看到的視窗是滑鼠模式。在視窗上方有觸控 / 滑鼠模式鈕，按此鈕，可切換視窗在觸控模式或滑鼠模式。當視窗切換至觸控模式鈕時，各功能鈕和指令之間距將較大。

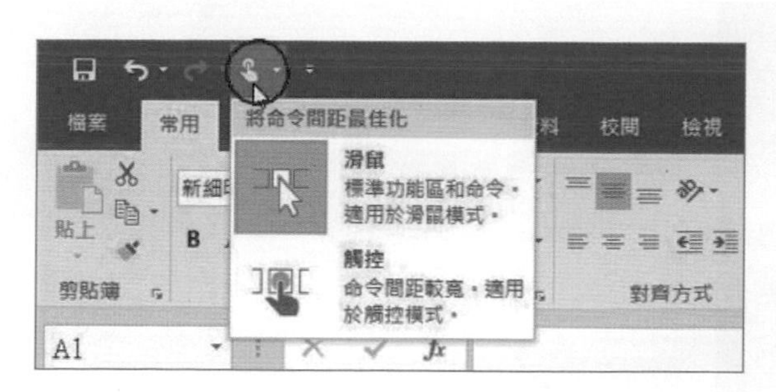

1-7 結束 Excel

若想離開 Excel 視窗，可以按視窗右上角的 ✕ 鈕，即可結束執行 Excel。

1-8 結束與開啟新的活頁簿

使用 Excel 編輯活頁簿期間，如果想關閉目前的活頁簿，可按檔案標籤，再執行關閉指令。

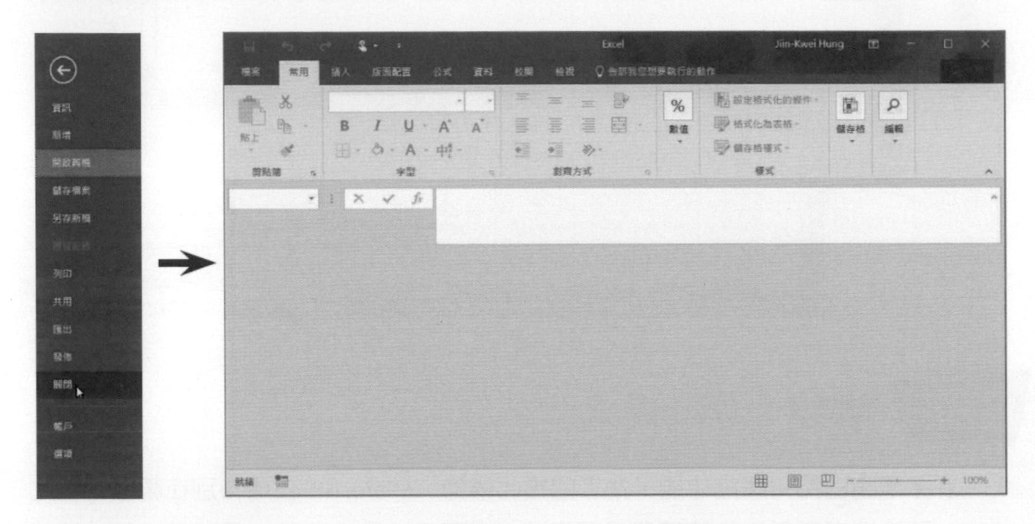

此時螢幕一片空白，無法執行任何工作，如果想編輯新的活頁簿內容。可按檔案標籤，再執行新增指令，未來將以檔案 / 新增代替此表達方式。

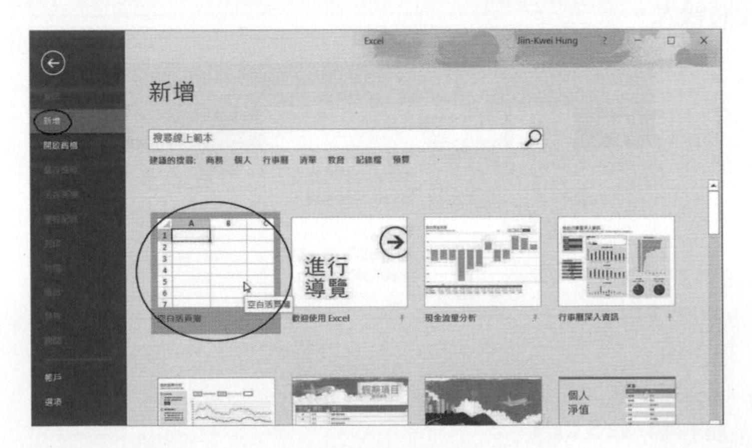

1-9 開新視窗

如果您編輯一個活頁簿的工作表，此工作表資料量很大，無法用一個視窗畫面顯示，此時您可以使用檢視 / 視窗 / 開新視窗指令，為此工作表再開啟一個視窗，如此可以檢視同一工作表的不同位置內容。

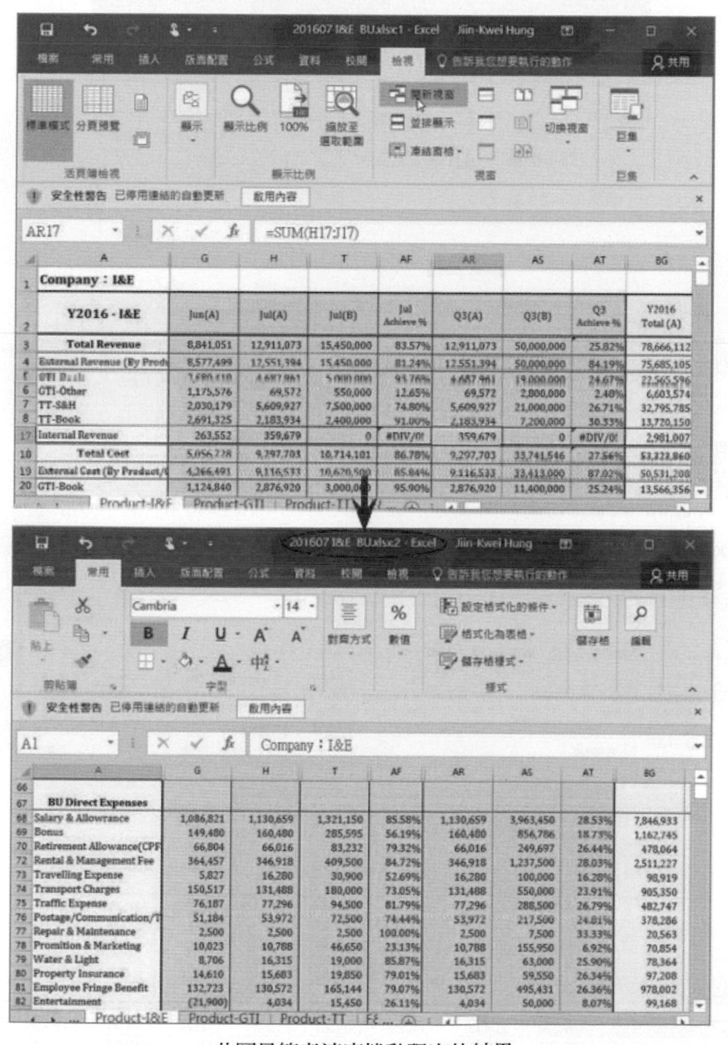

此圖是筆者適度捲動視窗的結果

請留意上述 2 個視窗是顯示相同的工作表，當執行開新視窗指令後新視窗檔案名稱會增加 :2，標出是第 2 個視窗。

1-10 視窗的切換

Excel 在執行過程常常需要開啟多個活頁簿，如果要切換目前工作視窗可以執行檢視 / 視窗 / 切換視窗然後選擇要執行的檔案。

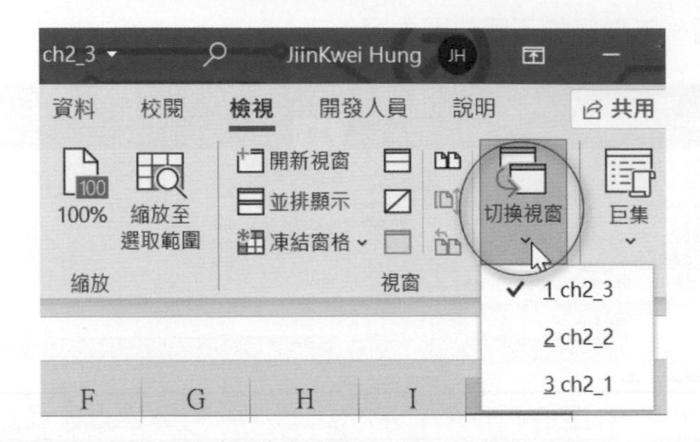

所選擇檔案的視窗會變為目前工作視窗。

1-11 讓所選儲存格區間填滿視窗

使用 Excel 時，可以讓所選的儲存格區間填滿整個 Excel 視窗，例如有一個視窗，目前是選取 A1:E7。

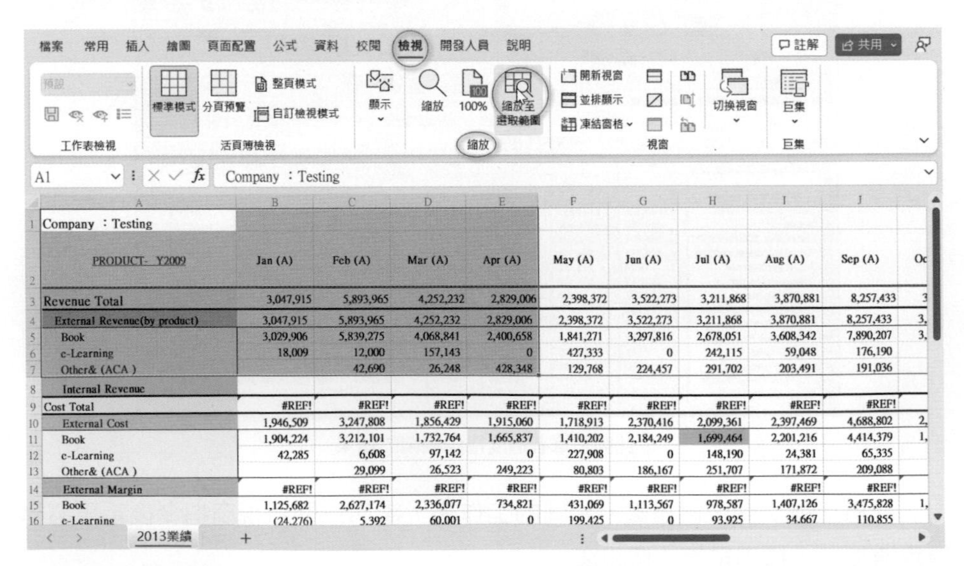

請執行檢視 / 縮放 / 縮放至選取範圍，可以得到下列結果。

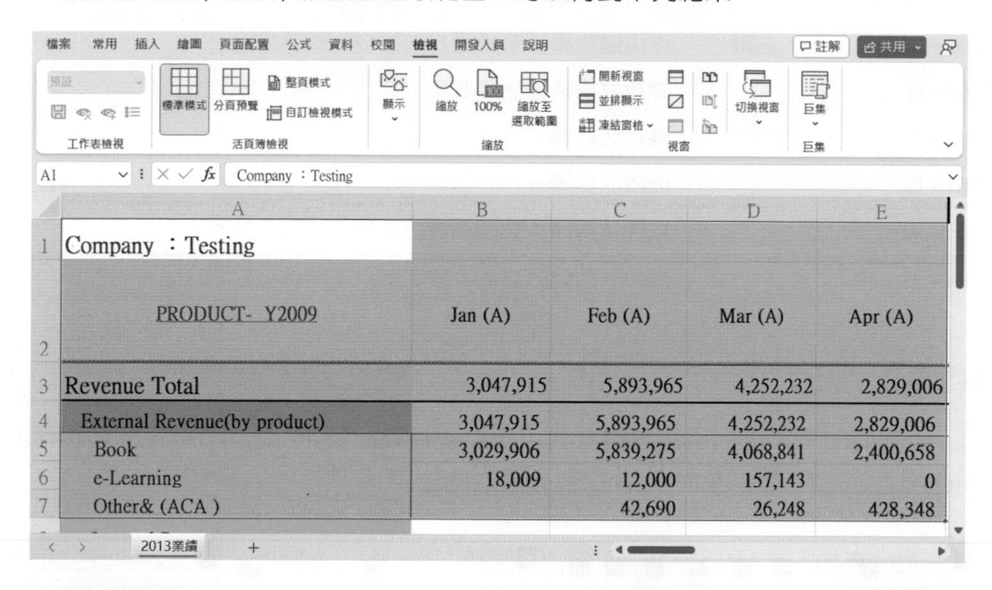

1-12 快速功能鍵

如果讀者習慣使用滑鼠操作 Excel，可以忽略此節說明，操作 Excel 時可以使用鍵盤快速鍵功能，執行特定功能操作，下列分成兩小節解說。

1-12-1 鍵盤快速鍵

下表是操作 Excel 時，常使用的快速鍵。

功能鍵	說明
F1	列出說明窗格。
Del	刪除儲存格內容。
Ctrl + X	剪下。
Ctrl + C	複製。
Ctrl + V	貼上。
Ctrl + Z	復原。
Ctrl + Home	作用儲存格移至 A1。

Ctrl + End	作用儲存格移至最後一個儲存格。
Ctrl + 上、下、左、右鍵	作用儲存格移至所選方向最後一個儲存格。
Ctrl + N	開新視窗建立活頁簿。
Ctrl + S	儲存活頁簿。
Ctrl + O	開啟活頁簿。
Ctrl + W	關閉活頁簿，關閉前會詢問是否儲存活頁簿。
Ctrl + 1	開啟作用儲存格的「設定儲存格格式」對話方塊。

1-12-2 訪問鍵

所謂的訪問鍵是指用快速鍵方式，可以快速執行特定 Excel 功能表及其底下的功能。按 Alt 鍵，可以顯示 Excel 功能表的訪問鍵。

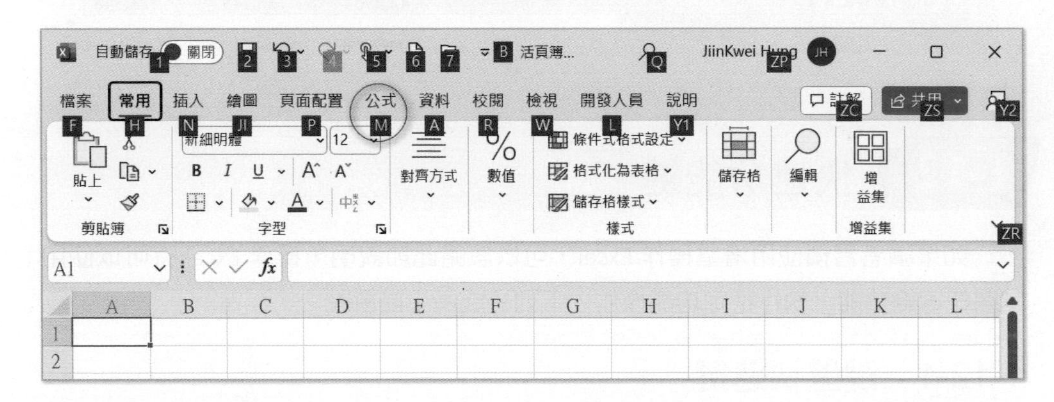

上述黑底白字就是訪問鍵，例如：按 M 鍵可以開啟「公式」功能，可以得到下列結果。

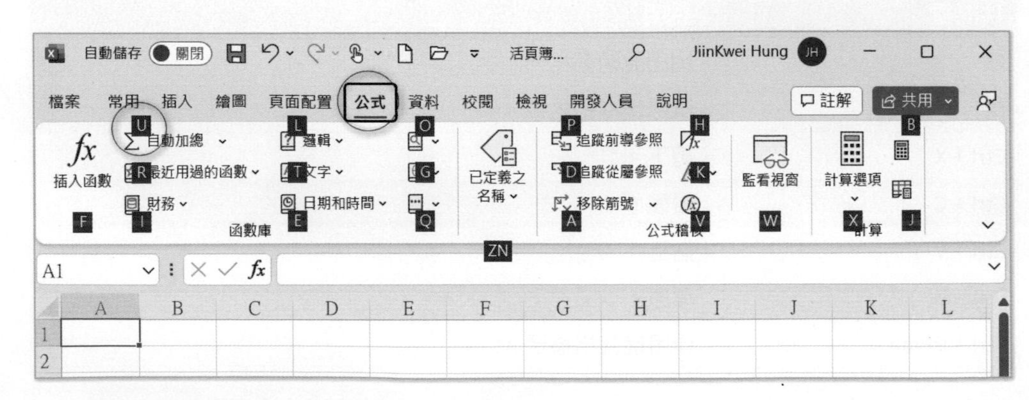

上述若是按 U 鍵可以開啟「自動加總」功能。

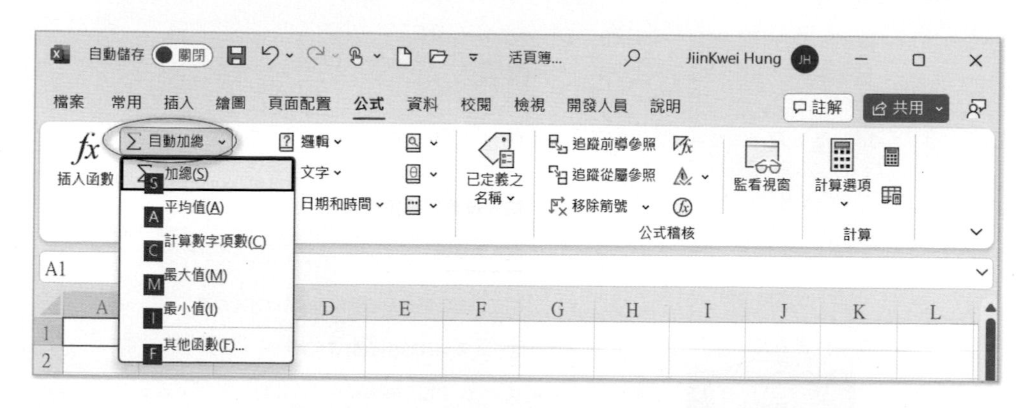

1-13 常見問題說明

在操作 Excel 時常常會碰上問題，此時可以使用說明 / 說明 / 說明的功能鈕解決。註：如果讀者參考了 1-11-1 節說明，可以用 F1 鍵，進入此功能。

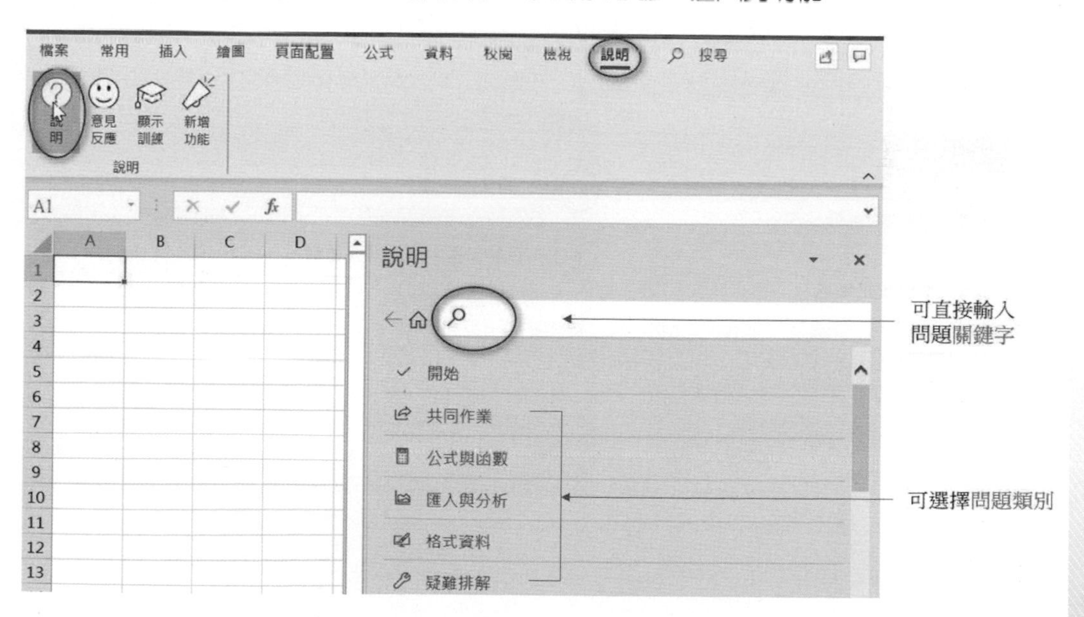

假設筆者選擇格式資料類別，將看到下列畫面。

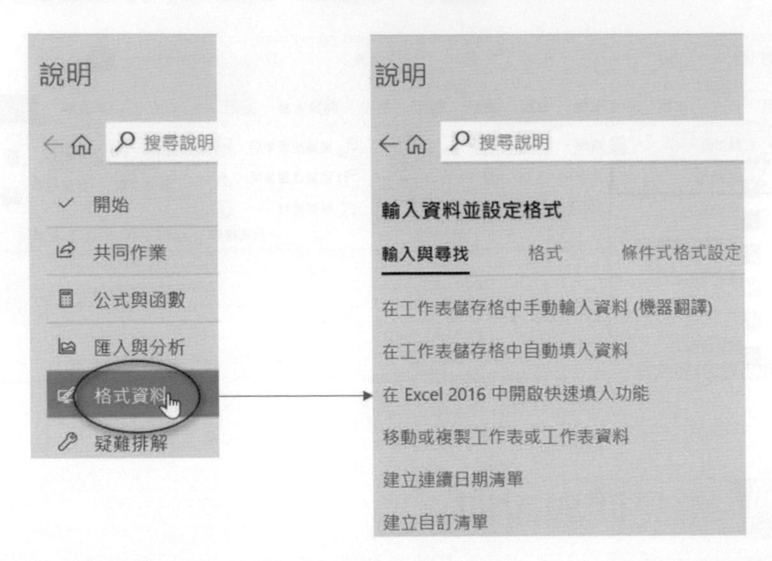

然後使用者可以依自己想求解的問題，選擇藍色文字的項目。下列是筆者選擇 " 在工作表儲存格中自動填入資料 " 的實例。

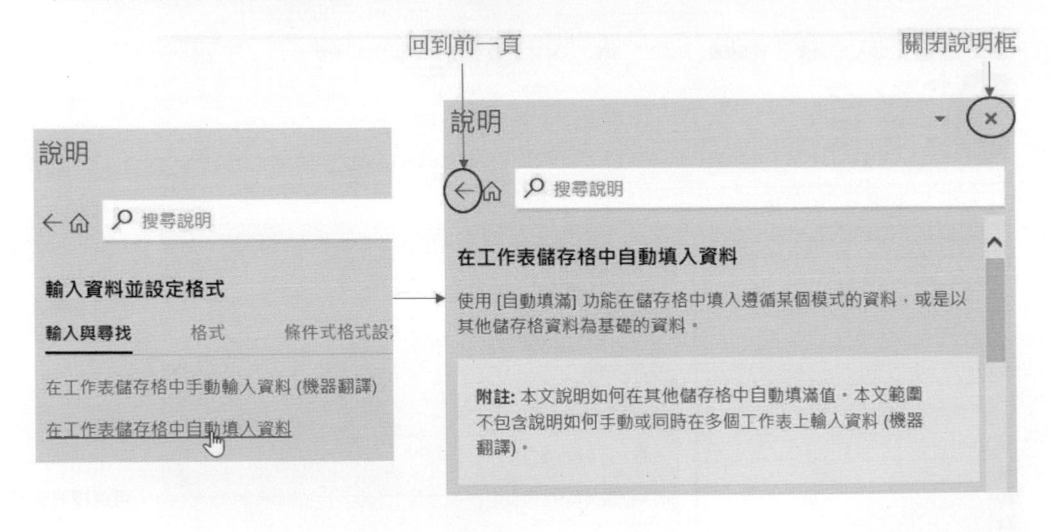

❑ 更完整的說明

往下捲動說明框，可以看到更完整的解說。

1. 選取您要做為填滿其他儲存格之內容基礎的一或多個儲存格。

   若要輸入 1、2、3、4、5... 這樣的數列，請在前兩個儲存格中輸入 1 和 2。如果是類似 2、4、6、8... 的數列，則請輸入 2 和 4。

   若要填入 2、2、2、2...這樣的數列，請在第一個儲存格輸入 2 就好。

2. 拖曳填滿控點 。

3. 如有需要，請按一下 [自動填滿選項] ，並選擇您想要的選項。

❑ 到社群尋求更多協助

往下捲動說明框，可以點選圖示到不同社群尋求更多協助。

您可以隨時詢問 Excel 技術社群中的專家、在 Answers 社群取得支援，或是在 Excel User Voice 上建議新功能或增強功能。

❑ 瀏覽器閱讀文章

一般說明框的文字比較小，如果不習慣，可以選擇在瀏覽器閱讀此說明，繼續往下捲動可以點選圖示然後在瀏覽器閱讀此文章。

這項資訊有幫助嗎？

是　否

在瀏覽器中閱讀文章

1-14 啟動網路版 Excel

目前 Windows 11 的 Edges 瀏覽器已經將 Office 365 整合到側邊欄，我們可以點選側邊欄的 Office 365 圖示 ，開啟網路版的 Office 365，如下所示：

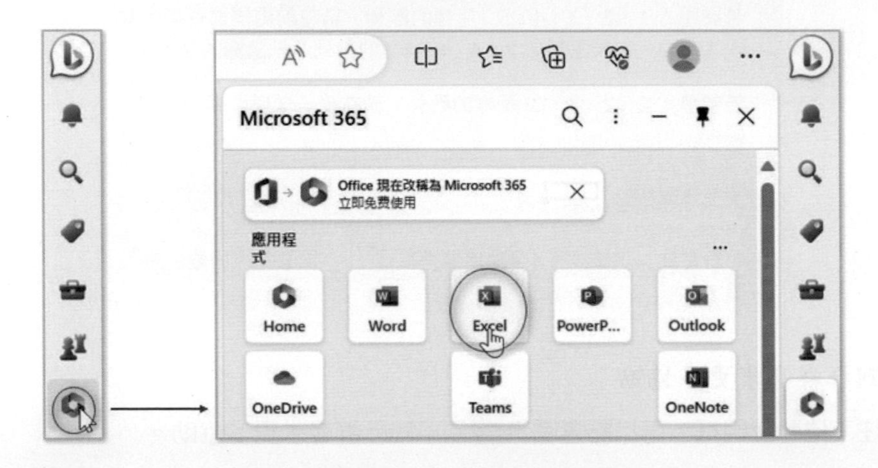

請點選 Excel 圖示，就可以使用 Edges 瀏覽器，開啟 Excel 365。

網路版 Excel 和 Windows 版 Excel 之間有一些差異，網路版 Excel 是一個以瀏覽器為頁面的應用程式，可以在任何地方使用，只要有網路連接。它是 Microsoft 365 的一部分，因此需要訂閱才能使用。它提供了一個簡化的用戶界面，並且不需要安裝在本地計算機上。但是，它可能會受到網絡連接速度的影響，並且可能無法提供與 Windows 版 Excel 相同的功能。

Windows 版 Excel 是一個桌面應用程式，需要安裝在本地計算機上，它提供了更多的功能和自定義選項，並且可以在沒有網路連接的情況下使用，這也是本書撰寫的主要依據。

1-15 Excel 當機的處理與強制關閉

坦白說，不論讀者是使用 Windows 10 或是最新版本的 Windows 11 作業系統操作 Excel，一定會遇上 Excel 當機，讀者無法操作 Excel，這時可以使用 Windows 作業系統工作管理員的強制關閉功能，關閉 Excel。其步驟如下，首先同時按 Ctrl + Alt + Del 鍵，然後點選「工作管理員」，可以看到下列畫面。

工作管理員　輸入要搜尋的處理序名稱、應...

處理程序　執行新工作　結束工作　效能模式

名稱	狀態	6% CPU	76% 記憶體	2% 磁碟	0% 網路
應用程式 (10)					
Avast Secure Browser (13)		0%	44.5 MB	0 MB/秒	0 Mbps
Google Chrome (10)		0%	276.8 MB	0.1 MB/秒	0 Mbps
LINE (32 位元) (4)		0%	55.7 MB	0 MB/秒	0 Mbps
Microsoft Edge (35)		0%	120.2 MB	0 MB/秒	0 Mbps
Microsoft Excel (2)		0%	78.1 MB	0 MB/秒	0 Mbps

可以看到工作管理員視窗，此視窗內可以看到目前作業系統有哪些應用程式在執行，請將滑鼠游標指向 Microsoft Excel，按一下滑鼠右鍵，如下所示：

請執行結束工作指令，就可以強制結束 Excel，未來讀者可以重新開啟 Excel。

CHAPTER

建立一個簡單的工作表

2-1 Microsoft Excel 螢幕說明
2-2 簡單資料的輸入與修改
2-3 正式建立工作表資料
2-4 開啟舊檔
2-5 進一步建立工作表
2-6 建立表格的基本框線
2-7 將標題置中
2-8 建立圖表
2-9 移動及更改圖表大小
2-10 更改工作表標籤
2-11 列印與列印的基本技巧
2-12 Microsoft 的雲端磁碟空間服務
2-13 顯示與隱藏格線
2-14 調整工作表的顯示比例

本章首先將進一步介紹 Microsoft Excel 的使用環境，當讀者對 Microsoft Excel 環境了解後，筆者將以一步步的方式快速介紹建立工作表的方法，期望讀者可先對 Microsoft Excel 有一份實際操作的基本體驗，然後在下一章起，才正式詳細的介紹 Microsoft Excel 更多的功能。

2-1 Microsoft Excel 螢幕說明

當您成功的啟動 Microsoft Excel 後，可以看到下列視窗畫面。

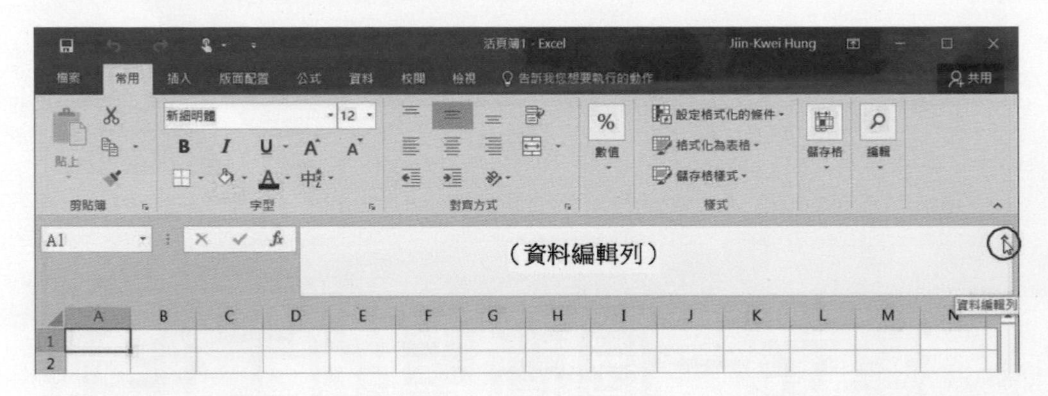

從上圖可以看到資料編輯列高度較大，可以點選右上方的 ⌃ 鈕，縮小資料編輯列，如下所示：

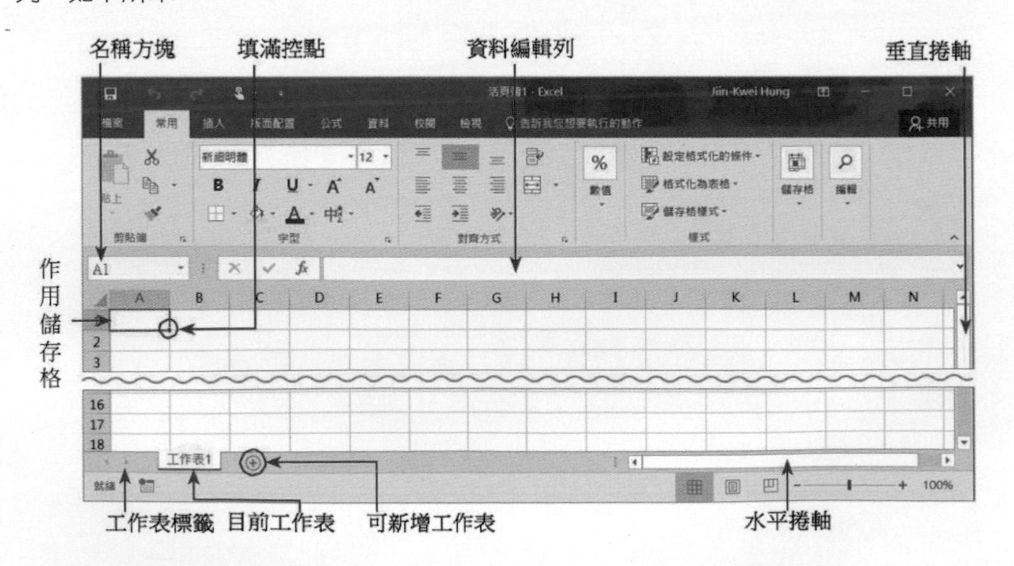

❑ 工作表（worksheet）

活頁簿在預設情況下將包含 1 個工作表，其名稱是工作表 1。在工作表底端將可看到這些工作表標籤(可以想像成是工作表的名稱)，而目前正在使用中的工作表標籤則以白底顯示。若以上述圖示可知，目前正在使用中的工作表標籤是工作表 1。

工作表內基本上將顯示目前正在使用中工作表標籤的內容，如果想更改目前使用的工作表標籤，可以用滑鼠按一下其它工作表標籤。如果工作表很多時，可能由於受到寬度限制工作表底端無法一次顯示所有的工作表標籤，不過可以使用標籤捲動按鈕，以捲動工作表標籤。

◀ 鈕：顯示下一個左邊的工作表標籤

▶ 鈕：顯示下一個右邊的工作表標籤

❑ 儲存格（cell）

在工作表內有許多方格，這些方格又被稱為是儲存格。在工作表內，是以某欄某列來稱呼某個儲存格的。

工作表內橫向的稱之為列 (row)，一個工作表最多可以有 1048576 列，而列是以連續的阿拉伯數字為編號。工作表內縱向的稱之為欄 (column)，一個工作表內最多可以有 16384 個欄，而欄是以英文字母為編號。

由於螢幕的寬度及高度有限，因此無法一次在螢幕內看到所有的儲存格，若是想看到其它的儲存格內容，必須使用垂直與水平捲軸。

註 Excel 預設欄位是以 A、B、… 代表，其實也可以很酷的使用 1、2、… 代表欄位名稱，這種方式稱 R1C1 格式。設定方式如下：

1：檔案 / 選項指令。

2：選公式。

3：設定 [R1C1] 選項，按確定鈕。

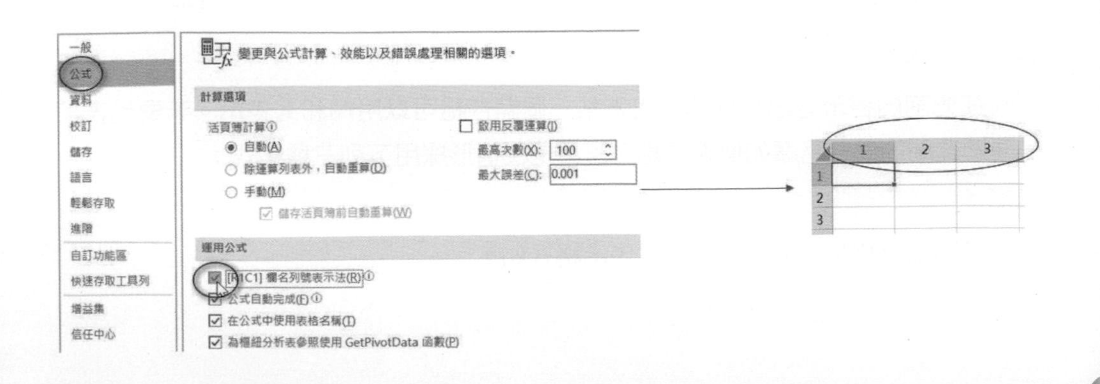

如果要復原以 A、B… 顯示欄位名稱，請重複上述步驟，但是取消 [R1C1] 設定。

❑ 作用儲存格（active cell）

在眾多的儲存格內，其中有一個儲存格含有粗外框，這個儲存格稱為作用儲存格。作用儲存格通常是用於輸入或編輯資料，例如：若是你想在某個儲存格輸入資料，可以將該儲存格設定為作用儲存格再輸入資料。若是你想修改某個儲存格資料，也可先將該儲存格設定為作用儲存格，然後再予以編修此作用儲存格的內容。

❑ 填滿控點

在作用儲存格粗框的右下角有一個黑方塊，這個黑方塊稱為填滿控點，利用此填滿控點可以填滿某區間儲存格的內容，後面章節會詳細說明。

❑ 垂直與水平捲軸

可供以垂直或水平方向捲動工作表內的儲存格。

❑ 名稱方塊

顯示作用儲存格的位址 (欄列)，例如，若從 2-1 節的第一個圖可知，作用儲存格在 A1(A 欄 1 列) 位址。在使用 Microsoft Excel 時，有時為了方便，你也可以給某區間的儲存格一個名稱，而此名稱方塊欄有時也可列出代表某區間儲存格的名稱。

❑ 資料編輯列

將顯示作用儲存格目前的內容，或是在作用儲存格輸入的內容，你也可以利用它來編輯作用儲存格的內容。

❑ 滑鼠游標

在使用 Microsoft Excel 時，常可以看到下列兩種不同的游標。

✚：當滑鼠游標在工作表時，它的外形。

↖：當滑鼠游標在功能表列、工具列、捲軸、視窗標題時，它的外形。

❑ 儲存格區間的表示法

在先前內容筆者已經介紹欲代表某一個儲存格可以用欄和列表示。若要代表某一連續區間的儲存格應如何表示呢？答案是視情形採用下列三種格式：

情形 1

連續儲存格是位於同一欄，其表示格式如下：

頂欄儲存格：底欄儲存格

例如：A1:A5 代表 A1、A2、A3、A4、A5 等 5 個儲存格。

	A	B
1		
2		
3		
4		
5		
6		

情形 2

連續儲存格是位於同一列，其表示格式如下：

最左儲存格：最右儲存格

例如：A3:C3 代表 A3、B3、C3 等 3 個儲存格。

	A	B	C	D
1				
2				
3				
4				
5				

情形 3

連續儲存格同時含有多欄和多列，其表示格式如下：

左上角儲存格：右下角儲存格

例如：A2:C3 代表 6 個儲存格、C6:F9 代表 16 個儲存格。

	A	B	C	D
1				
2				
3				
4				
5				

C6

	A	B	C	D	E	F	G
1							
2							
3							
4							
5							
6							
7							
8							
9							
10							

有時候若想代表位於不同連續區間的儲存格，可以用上述方式代表個別連續區間，然後彼此再用逗號隔開即可。

例如：："A2:B3,A10:B12" 代表下列 10 個儲存格。

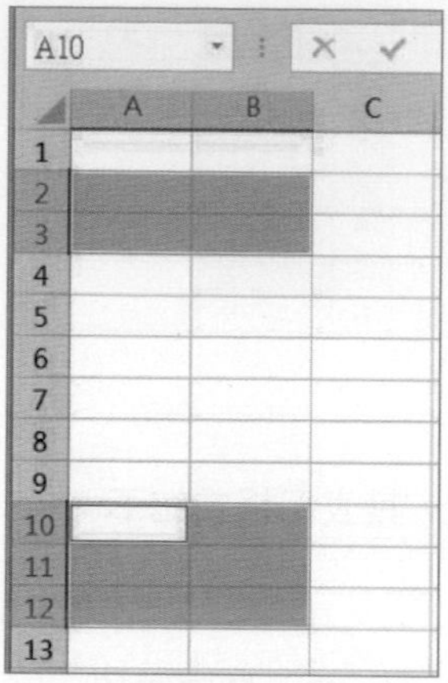

2-2 簡單資料的輸入與修改

❑ 資料輸入不要從 A1 開始

提示：在輸入資料時為了美觀，請盡量不要在第 1 列或第 A 欄輸入資料。這個觀念另一個好處是，未來在表格增加格線時，我們可以很清楚地知道表格外框的格線是否正確。下方左圖不是好觀念，下方右圖是好觀念。

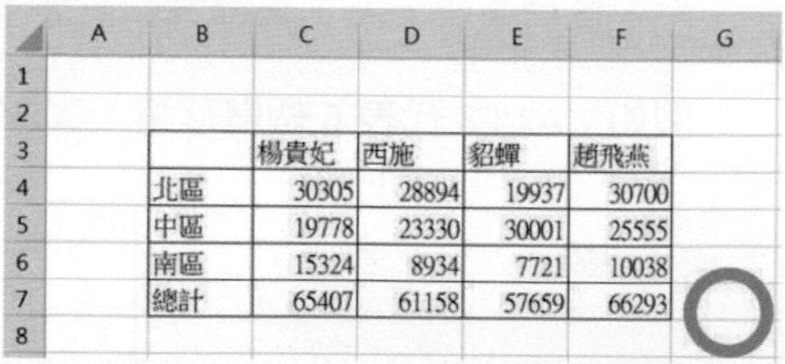

	A	B	C	D	E
1		楊貴妃	西施	貂蟬	趙飛燕
2	北區	30305	28894	19937	30700
3	中區	19778	23330	30001	25555
4	南區	15324	8934	7721	10038
5	總計	65407	61158	57659	66293

	B	C	D	E	F
3		楊貴妃	西施	貂蟬	趙飛燕
4	北區	30305	28894	19937	30700
5	中區	19778	23330	30001	25555
6	南區	15324	8934	7721	10038
7	總計	65407	61158	57659	66293

❑ 資料的輸入

最簡單的資料輸入，其步驟如下：

1： 將作用儲存格移至欲輸入資料的位置。可按鍵盤↑、↓、←或→鍵，或是直接在某儲存格按一下。

2：輸入資料。

3：按 Enter 鍵。

實例一：在 B2 儲存格輸入鋼鐵人。

1： 將作用儲存格移至 B2。

2： 輸入鋼鐵人。

3： 按 Enter 鍵。

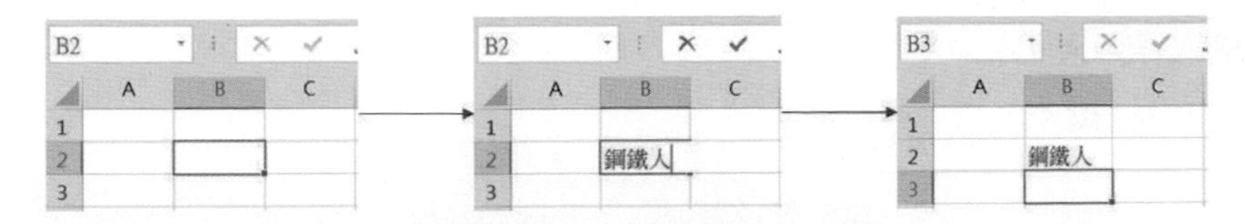

從上述可以看到筆者已經成功的在 B2 儲存格輸入資料了。而從上述圖例也可以看到，輸入完資料且按 Enter 鍵後，作用儲存格將跳至 B3 供輸入下一筆資料。

❑ 更改儲存格的內容

簡單更改儲存格內容的步驟如下：

1： 將作用儲存格移至欲更改內容的儲存格位置，此時資料編輯列將顯示作用儲存格的內容。

2： 將滑鼠游標移至資料編輯列再按一下，此時將促使垂直游標出現在資料編輯列。

3： 當垂直游標在資料編輯列時，若按 Backspace 鍵可促使刪除游標左邊的字。若按 Del，可促使刪除目前游標所在的字。刪除某些字後，只要重新輸入正確的資料即可。

4： 修改完後可按 Enter 鍵。

註 也可以連按兩下儲存格，插入點會出現在該儲存格，然後直接在儲存格內修改資料。

實例二：將 B2 儲存格的內容由鋼鐵人改成綠巨人。

1： 將作用儲存格移至 B2。

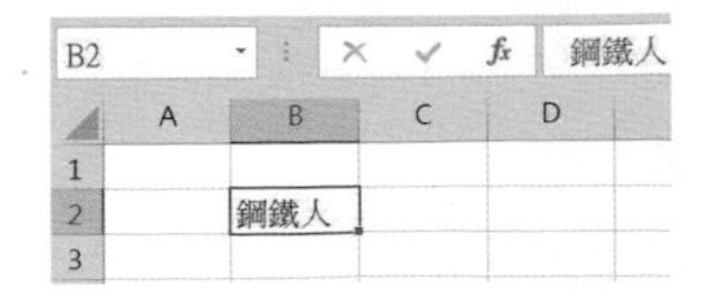

2： 將滑鼠移游標至資料編輯列按一下。

3： 按 Backspace 鍵 3 次。

4： 輸入綠巨人。

5： 按 Enter 鍵。

另一種更改儲存格內容的方法如下：

1： 連按兩次欲更改的儲存格。

2： 此時垂直游標將出現在儲存格內。

3： 可直接在儲存格內執行修改。

4： 修改完成後可按 Enter 鍵。

實例三：將 B2 儲存格的內容由綠巨人改成綠豆湯。

1： 連按兩次 B2 儲存格。

2： 按 2 次 Backspace 鍵，將垂直游標移至綠右邊。

3： 輸入豆湯。

4： 按 Enter 鍵。

❑ 刪除某個儲存格的內容

若想刪除某個儲存格，其步驟如下：

1： 將作用儲存格移至欲刪除內容的儲存格位置。

2： 按鍵盤的 Del 鍵。

實例四：刪除 B2 儲存格的內容。

1： 將作用儲存格移至 B2。

2： 按一下鍵盤的 Del 鍵。

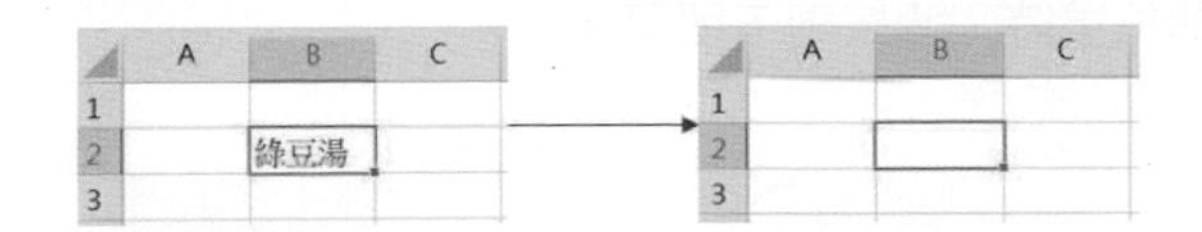

❑ 輸入資料超出儲存格範圍

資料輸入時，有時候會發生所輸入的資料超出儲存格的範圍，如果此時它右邊的儲存格不含資料，則可完整的顯示所輸入的資料。如果此時它右邊的儲存格有資料時，則超出範圍的文字會被截斷。例如，請輸入下列文字。

B2：看圖例學 Excel 2016

B3：看圖例學 Excel 2016

C3：簡單易學

上述在 B3 儲存格輸入時，當輸入完「看」後按 Enter 鍵，工作表內容將如下所示：

	A	B	C	D	E	F	G
1							
2		看圖例學Exccel 2016					
3		看圖例學Exccel 2016					
4							

也就是它將根據工作表的先前輸入內容，自動填入字串，如此可以減少資料輸入錯誤及加快重覆輸入速度。

當 B2、B3、C3 儲存格內容輸入完後，將可以得到下列執行結果。

	A	B	C	D	E	F	G
1							
2		看圖例學Exccel 2016					
3		看圖例學	簡單易學				
4							
5							

從上面的執行結果可以很明顯的看到，儘管 B2 和 B3 儲存格資料內容相同，但 B3 儲存格右邊的儲存格有資料，因此促使 B3 儲存格無法顯示完整的內容。若想解決上述困擾可以使用下列兩種方法之任一種。

方法 1：

更改欄寬，促使儲存格足夠寬以容納文字資料，後面章節會詳細說明。下列是簡易調整欄寬的方法，將滑鼠游標移至欄名列，欲調整欄寬的右端，當滑鼠游標變成✛左右雙向箭頭符號時，連按兩下即可。

方法 2：

儘量安排讓有超出文字儲存格的右邊儲存格不要含有資料，或是執行縮小字型以適合欄寬功能。

實例五：使用縮小字型以適合欄寬功能，處理儲存格內容。

1： 請在 B2 儲存格輸入深智數位公司，可以得到下方左圖。

	A	B	C
1			
2		深智數位公司	
3			

	A	B	C
1			
2		深智數位	Deepmind
3			

2： 請在 C2 儲存格輸入 Deepmind，可以得到上方右圖，原先 B2 儲存格超出的內容將不顯示。

3： 請將作用儲存格放在 B2。

4： 執行檔案 / 儲存格 / 格式 / 儲存格格式。

5： 出現設定儲存格格式對話方塊，請選擇對齊方式標籤，設定文字控制欄位的縮小字型以適合欄寬。

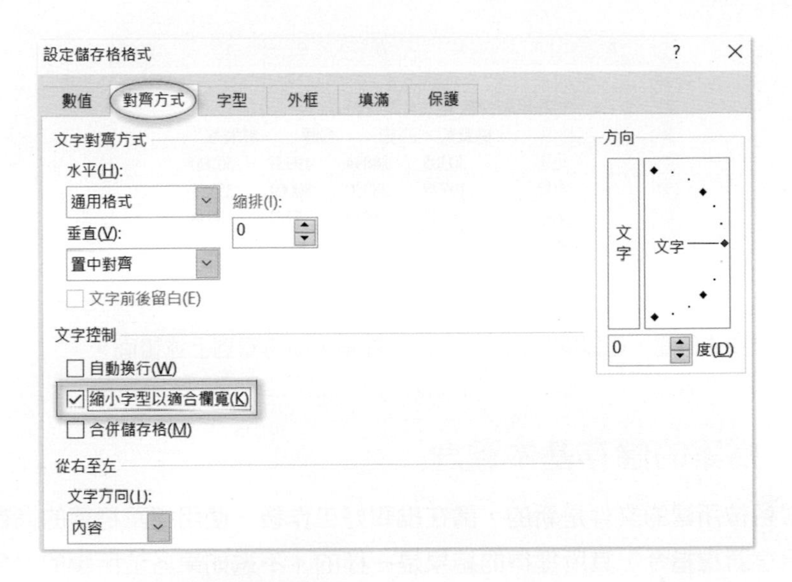

5：請按確定鈕，可以得到下列結果。

	A	B	C
1			
2		深智數位公司	Deepmind
3			

2-3 正式建立工作表資料

2-3-1 資料的輸入

實例一：請輸入下列資料。

B2：2022 年最受歡迎美女票選結果

B4：北區	B5：中區	B6：南區	B7：總計
C3：楊貴妃	C4：30305	C5：19778	C6：15324
D3：西施	D4：28894	D5：23330	D6：8934
E3：貂蟬	E4：19937	E5：30001	E6：7721
F3：趙飛燕	F4：30700	F5：25555	F6：10038

資料輸入完後，可得到下列結果。

	A	B	C	D	E	F	G
1							
2		2022年最受歡迎美女票選結果					
3			楊貴妃	西施	貂蟬	趙飛燕	
4		北區	30305	28894	19937	30700	
5		中區	19778	23330	30001	25555	
6		南區	15324	8934	7721	10038	
7		總計					

註 如果想要省時間，可以開啟此 ch2_1.xlsx 檔案，即可看到上述畫面。

2-3-2 檔案的儲存基本觀念

如果各位所建的文件是新的，請在編輯好工作後，使用檔案標籤的儲存檔案指令或是另存新檔指令，其所獲得的結果是一樣的。不過如果各位所編的是舊檔，則在編輯好檔案後，使用儲存檔案指令或是另存新檔指令，則將獲得不一樣的結果。

註 未來筆者將用檔案 / 儲存檔案，代表使用檔案標籤的儲存檔案指令。

如果此時使用儲存檔案指令，則原先磁碟內的舊檔案內容將被更新，因此舊檔案內容將不見。如果此時使用另存新檔指令，則你可以使用另一個檔名儲存此檔案，而舊檔案內容仍然保留在磁碟內。

實例一：請儲存前一節所編的檔案。

1： 請執行檔案 / 另存新檔，然後點選瀏覽。

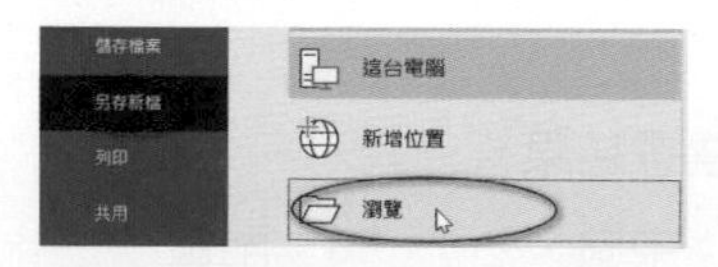

2： 請選擇欲儲存的資料夾是 ch2，同時在檔案名稱欄位輸入欲存的檔名，此例是 ch2_1(可省略延伸檔名 .xlsx)。

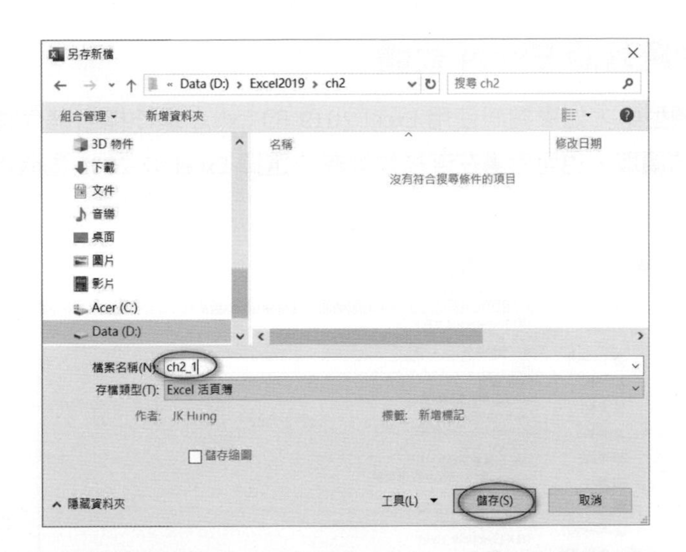

3： 按儲存鈕，可在標題欄看到所存的檔名。

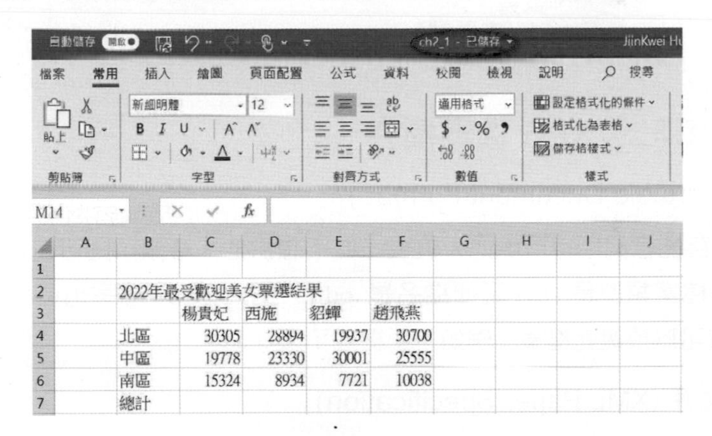

此外，在 Excel 視窗上有一個儲存檔案鈕，也具有儲存檔案的功能。

註 在企業上班，筆者建議可以使用檔案類型 + 編輯日期 + 版本編號，作為檔案的名稱，例如：假設今天是 2020 年 5 月 5 日，這是今天第一個版本，檔案類型是博客來業務報告則檔案名稱是博客來業務 20200505_01.xlsx。

2-3-3 考慮舊版 Excel 軟體

在存檔類型中，如果擔心使用 Excel 2019 的 (.xlsx) 延伸檔名儲存時，造成舊版 Excel 軟體無法讀取，也可考慮在存檔類型欄位選擇 Excel 97-2003 舊版本的類型的活頁簿儲存。

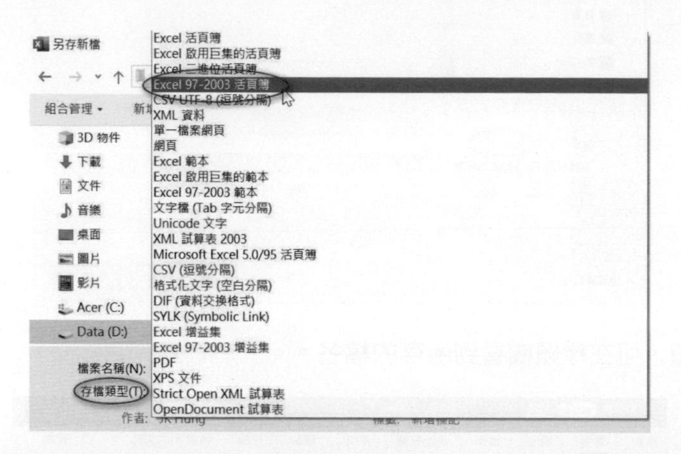

2-3-4 PDF 或 XPS 檔案儲存

❑ PDF(Portable Document Format)

如果所存的檔案期待可供他人檢視，但不想供他人修改，則可在存檔類型欄位選擇所存的檔案類型是 PDF(延伸檔名是 .pdf)。此外，PDF 檔案也可以供沒有安裝 Excel 的裝置可以預覽此檔案，例如：手機或平板 iPad。

❑ XPS 文件 (XML Paper Specification)

這是 Microsoft 開發的一種靜態文件格式，類似 PDF，可以固定版面配置、檔案共享。

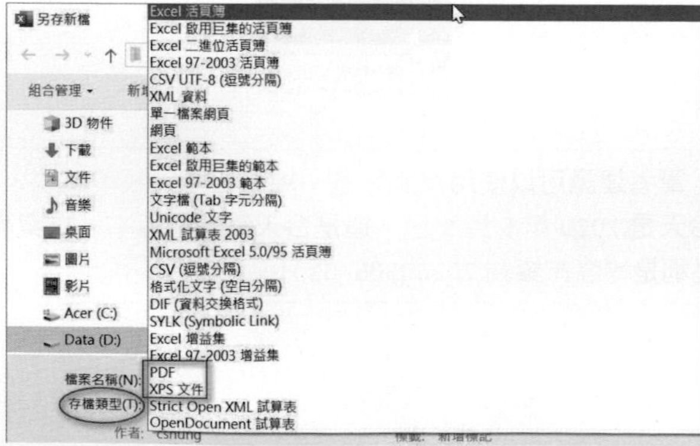

除了可以使用另存新檔指令外，也可以執行檔案 / 匯出 / 建立 PDF/XPS 文件。

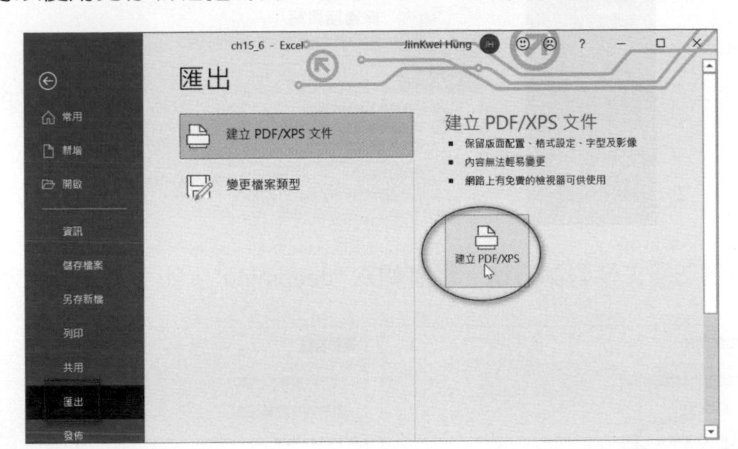

2-3-5 自動儲存檔案的觀念

在預設環境下 Excel 是每隔 10 分鐘自動儲存檔案一次，這可以在突然當機時，不會整個須重新輸入，可以使用下列方式瞭解設定的方法。

請執行檔案 / 選項 / 儲存。

2-3-6 設定檔案密碼

對於資深的辦公室職員，常常需要將工作保密，或是使用電子郵件傳送時，不希望其他不相關的人士看到，這時可以使用將檔案加密碼功能，方法如下。

請執行檔案 / 資訊 / 保護活頁簿 / 以密碼加密。

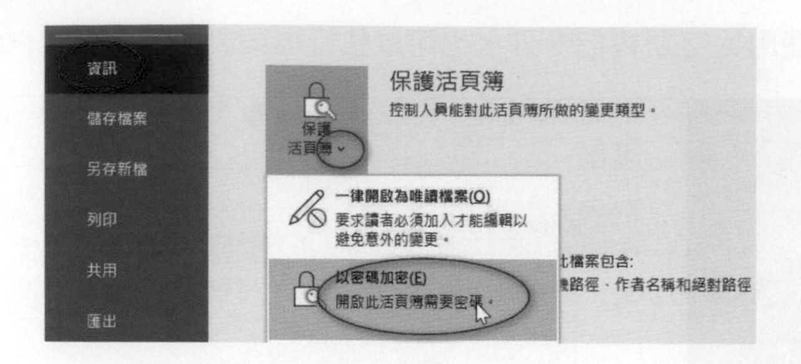

可以看到加密文件對話方塊，筆者輸入 "deepmind"，如下方左圖所示：

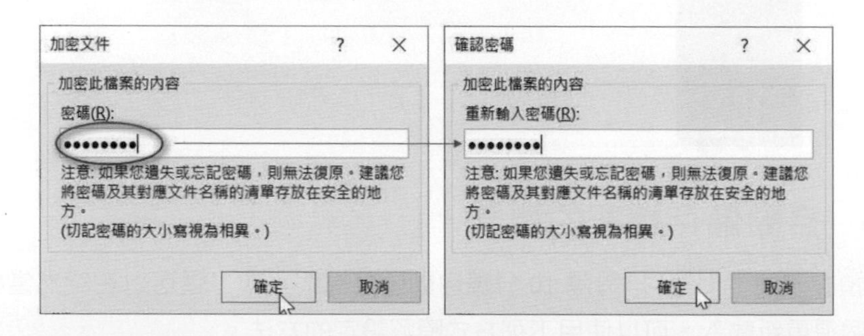

上述案確定鈕後，會出現確認密碼對話方塊，可參考上方右圖，請輸入相同的密碼 "deepmind"，再按確定鈕。然後可以看到視窗列出保護活頁簿以黃框顯示，同時註明開啟此活頁簿需要密碼。

如果要為檔案解除密碼，可以重複上述步驟，但是讓密碼欄位空白，筆者將上述檔案儲存為 ch2_2.xlsx。

2-3-7 刪除檔案作者姓名

每一個 Excel 所建立的檔案，皆可以看到目前此檔案的作者，如果這份檔案是要寄給客戶、媒體 … 等，建議刪除作者姓名，方法如下：

請執行檔案 / 資訊 / 檢查問題 / 檢查文件。

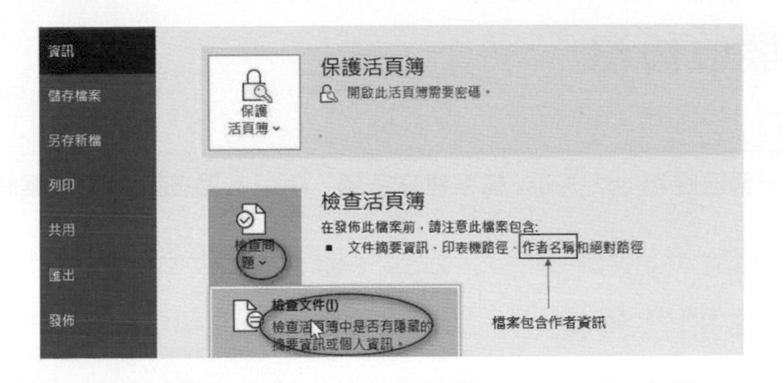

可以看到下列對話方塊。

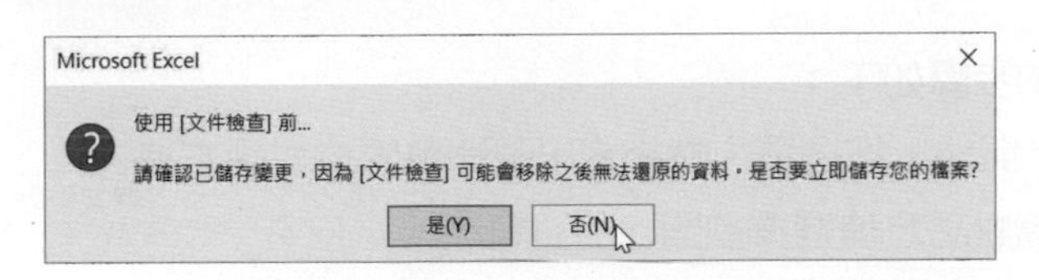

由於筆者已經儲存此檔案了，所以上述筆者按否鈕。

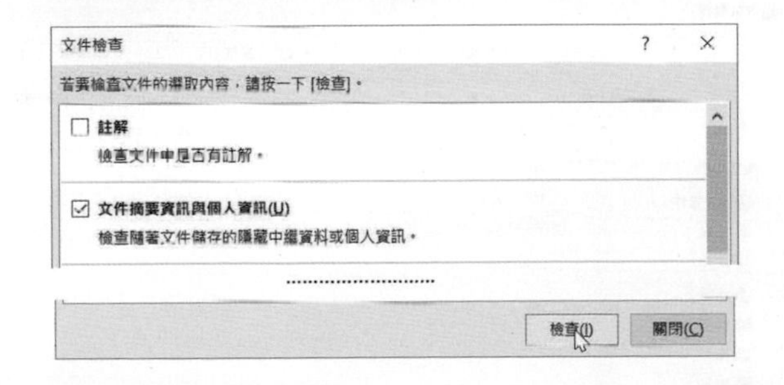

上述只保留檢查文件摘要資訊與個人資訊，請按檢查鈕，可以看到下列資訊。

請按全部刪除鈕，這樣就可以刪除檔案作者資訊了。執行完後可以按關閉鈕，筆者將上述執行結果儲存至 ch2_3.xlsx。為了方便下一節的解說，請關閉上述 ch2_3.xlsx 檔案。

2-4 開啟舊檔

註 由於前一節已經為 ch2_3.xlsx 檔案建立密碼，所以本節在開啟此檔案時需要輸入密碼。

2-4-1 基本開啟舊檔

在電腦使用的觀念裡，所謂的開啟舊檔是指將檔案從磁碟載入電腦軟體的工作環境內。

開啟舊檔的步驟如下：

1： 執行檔案 / 開啟，按瀏覽，然後將出現開啟舊檔對話方塊。

2： 在開啟舊檔對話方塊選擇欲開檔的資料夾。

3： 按開啟鈕。

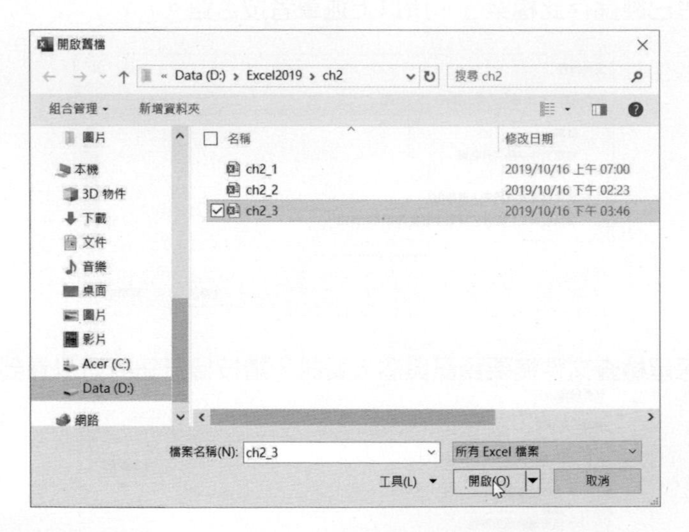

註 如果是最近使用過的活頁簿，通常剛啟動後，可看到最近使用過的活頁簿，也可以直接點選開啟。這個功能就好像我們使用手機一樣，可以在電話通話紀錄看到最近通話的號碼，可以直接在此搜尋再撥號。

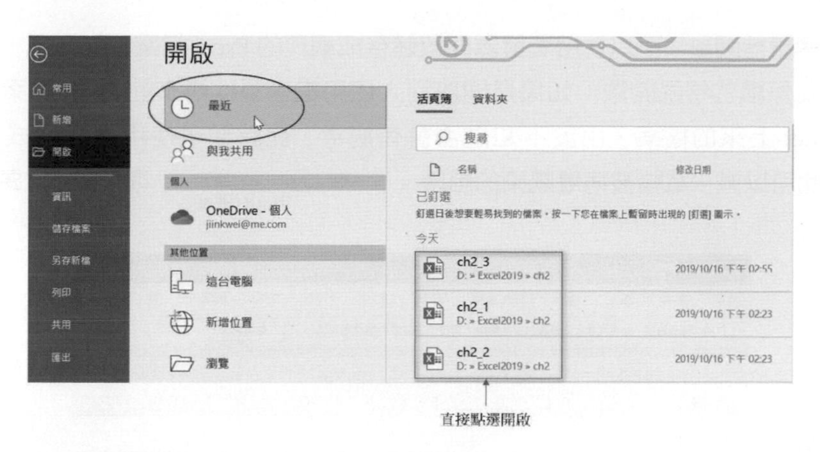

直接點選開啟

2-4-2 開啟選項

在開啟舊檔時，按一下開啟鈕右邊的 開啟(O) 鈕有一系列選項可以使用。

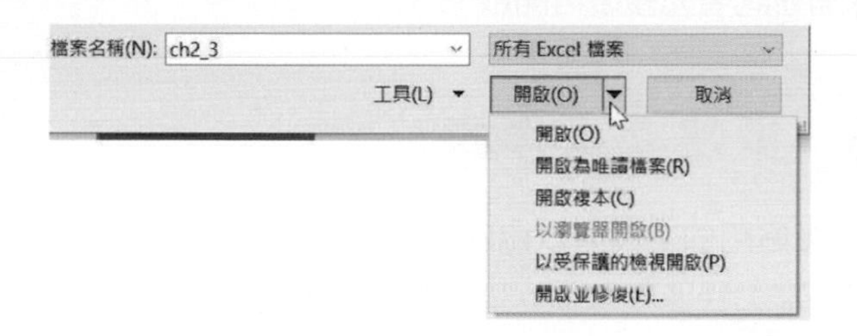

上述各選項的意義如下：

開啟：相當於直接按開啟鈕，以預設方式開啟檔案。

開啟為唯讀檔案：以唯讀方式開啟這個檔案，這種方式開啟時，不能使用儲存檔案功能儲存修改結果。但是可以用另存新檔方式以另一個檔名儲存修改結果。

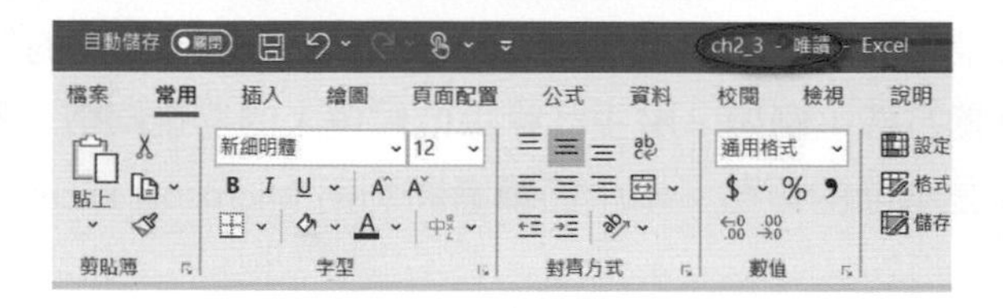

開啟複本：會開啟一個複本檔案，可以在檔案名稱前方看到複本字串。

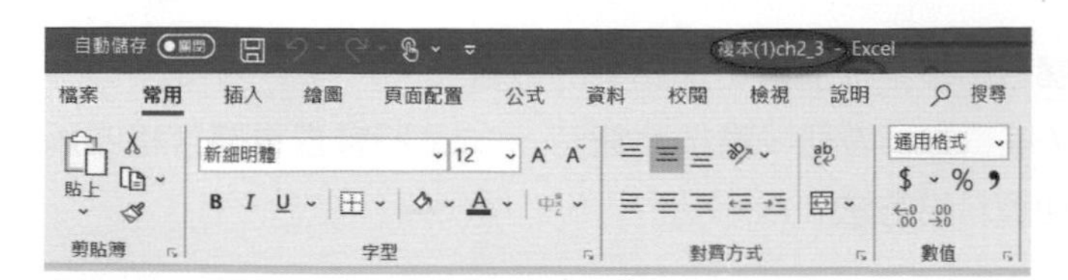

以瀏覽器開啟：可以使用瀏覽器開啟儲存成網頁的 Excel 檔案。

以受保護的檢視開啟：如果是開啟別人使用電子郵件傳來的 Excel 檔案，或是從 Internet 上來的檔案，由於不知是否會有病毒，此時便可使用這種方式開啟檔案，如此可以減少電腦被病毒感染的風險。

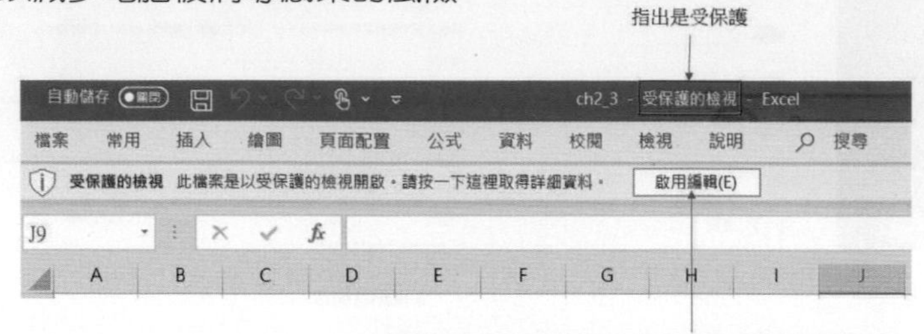

開啟並修復：這個選項可以修復無法正常開啟的檔案，Excel 會自行檢查檔案是否有毀損，如果有會試著先修復再開啟。

2-5 進一步建立工作表

Excel 內有許多好用的工具可以協助我們很方便建立工作表，這一節將快速簡短說明，方便讀者有能力快速具備建立工作表與圖表能力。

2-5-1 加總按鈕

註

Excel 2019 起將按鈕 ∑ 改名為加總按鈕，先前版本稱自動加總按鈕。

從前一節所得到的資料輸入可以知道，尚缺乏每位候選人的得票總計，當然您可以使用最笨的方法，例如，用手計算每位候選人的得票總數，然後再將總數輸入，不過這並不是本節的重點。本小節筆者將利用 Microsoft Excel 所提供的功能執行選票的總計。

在 Microsoft Excel 內若想執行一系列相連續儲存格的資料相加，最簡單的步驟如下：

1：將作用儲存格移至欲放置相加結果的位置。

2：按常用 / 編輯的加總鈕，當按此鈕時，Excel 將會查看儲存格四周的資料，並推測欲相加資料的方法。

3： 按 Enter 鍵以接受公式。

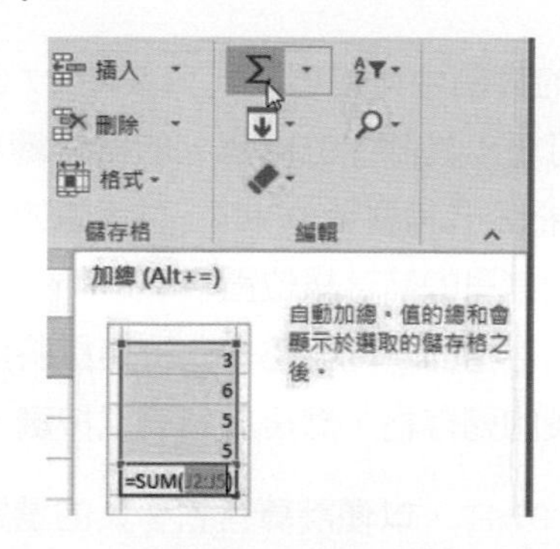

實例一：執行楊貴妃選票相加，並將相加結果放至 C7 儲存格。

1： 將作用儲存格移至 C7。

	A	B	C	D	E	F
1						
2		2022年最受歡迎美女票選結果				
3			楊貴妃	西施	貂蟬	趙飛燕
4		北區	30305	28894	19937	30700
5		中區	19778	23330	30001	25555
6		南區	15324	8934	7721	10038
7		總計				

2： 按常用 / 編輯 / 加總鈕。

	A	B	C	D	E	F
1						
2		2022年最受歡迎美女票選結果				
3			楊貴妃	西施	貂蟬	趙飛燕
4		北區	30305	28894	19937	30700
5		中區	19778	23330	30001	25555
6		南區	15324	8934	7721	10038
7		總計	=SUM(C4:C6)			
8			SUM(**number1**, [number2], ...)			

3： 按 Enter 鍵，C7 儲存格將列出選票相加的結果。

	A	B	C	D	E	F
1						
2		2022年最受歡迎美女票選結果				
3			楊貴妃	西施	貂蟬	趙飛燕
4		北區	30305	28894	19937	30700
5		中區	19778	23330	30001	25555
6		南區	15324	8934	7721	10038
7		總計	65407			
8						

2-5-2 公式的拷貝

很明顯的，前一小節的實例中可以看到，只要將 C7 儲存格計算選票總計方法應用到 D7:F7 儲存格，即可算出其餘 3 位候選人的得票總計。不過本節將介紹一個更簡便的方法，將 C7 儲存格公式拷貝至 D7:F7，其步驟如下：

1： 請將作用儲存格移至欲拷貝的儲存格位置。

2： 將滑鼠游標移至作用儲存格的填滿控點，此時游標將變成十字形。

3： 拖曳填滿控點至欲複製的儲存格，然後放鬆滑鼠按鍵。

實例一：將 C7 公式拷貝至 D7:F7，以便計算其它 3 人的選票總計。

1： 將作用儲存格移至 C7。

	A	B	C	D	E	F
1						
2		2022年最受歡迎美女票選結果				
3			楊貴妃	西施	貂蟬	趙飛燕
4		北區	30305	28894	19937	30700
5		中區	19778	23330	30001	25555
6		南區	15324	8934	7721	10038
7		總計	65407			

2： 游標移至作用儲存格右下角的填滿控點，此時游標將變為十字形。

3： 拖曳填滿控點經過 D7:F7，放開滑鼠按鍵後，可以得到下列結果。

	A	B	C	D	E	F	G
1							
2		2022年最受歡迎美女票選結果					
3			楊貴妃	西施	貂蟬	趙飛燕	
4		北區	30305	28894	19937	30700	
5		中區	19778	23330	30001	25555	
6		南區	15324	8934	7721	10038	
7		總計	65407	61158	57659	66293	
8							

這是智慧標籤將在3-7節做更進一步說明

註 在此例，智慧標籤可供執行複製儲存格、僅以格式填滿或填滿但不填入格式。當執行其它工作後，智慧標籤會自動消失。

2-5-3 選定某區間

選定某區間的儲存格目的有許多，例如，可方便資料的輸入、可移動區間資料、可複製區間資料、可令資料對齊等。本小節筆者將簡單的講解選定某區間儲存格的步驟如下：

1： 將作用儲存格移至欲選定區間的左上角儲存格。

2： 拖曳滑鼠游標至欲選定區間的右下角儲存格，然後放鬆滑鼠按鍵。

只要在其它儲存格按一下，即可令原先被選的區間變為不是被選取。

實例一：選定 B3:F7 區間。

1： 將作用儲存格移至 B3。

2： 將滑鼠游標拖曳至 F7，再放鬆滑鼠按鍵。

	A	B	C	D	E	F	G
1							
2		2022年最受歡迎美女票選結果					
3			楊貴妃	西施	貂蟬	趙飛燕	
4		北區	30305	28894	19937	30700	
5		中區	19778	23330	30001	25555	
6		南區	15324	8934	7721	10038	
7		總計	65407	61158	57659	66293	
8							
9							

這是快速分析工具未來會說明

2-6 建立表格的基本框線

在工作表我們可以看到虛線的格線，這是 Excel 為了方便我們建立資料的預設格線，實際在列印工作表時這些格線不會顯示，這一節筆者將介紹建立可以實際顯示的實體框線。

有了基本表格工作表後，本節筆者將介紹為這個表格建立基本框線 (未來章節筆者還會更詳細介紹美化表格的知識)。

實例一：為所建的表格加上最簡單的框線。

1： 選取 B3:F7 區間，再按一下繪製框線鈕 ，再選所有框線指令。

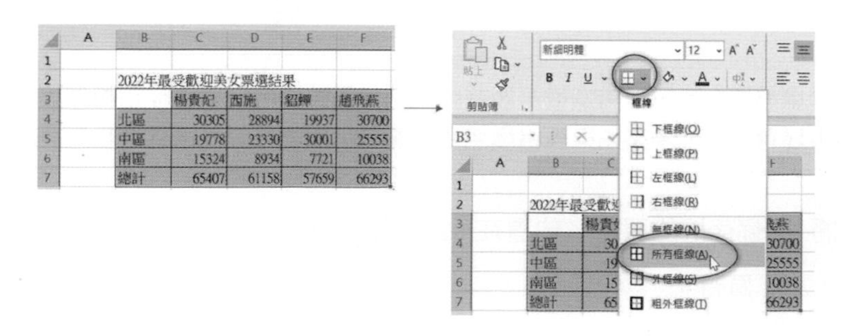

註 上述下拉式框線功能表可以看到完整的框線圖示，圖示右邊有框線名稱，讀者可以由此選擇所要建立框線的類別，上述框線基本觀念如下：

下框線：在儲存格或所選區間的儲存格下方建立框線。

上框線：在儲存格或所選區間的儲存格上方建立框線。

左框線：在儲存格或所選區間的儲存格左邊建立框線。

右框線：在儲存格或所選區間的儲存格右邊建立框線。

無框線：為儲存格或所選區間的儲存格取消框線。

所有框線：為儲存格或所選區間的儲存格建立所有框線。

外框線：儲存格或所選區間的儲存格四周建立框線。

粗外框線：儲存格或所選區間的儲存格四周建立粗的框線。

2： 取消所選的儲存格後，可以得到下列結果，很明顯整個框線已經建置完成。

	A	B	C	D	E	F
1						
2		2022年最受歡迎美女票選結果				
3			楊貴妃	西施	貂蟬	趙飛燕
4		北區	30305	28894	19937	30700
5		中區	19778	23330	30001	25555
6		南區	15324	8934	7721	10038
7		總計	65407	61158	57659	66293

2-7 將標題置中

Microsoft Excel 的跨欄置中鈕，可將儲存格內的資料放在選定區間的中央，其步驟如下：

1： 請選定區間範圍。

2： 按跨欄置中鈕。

註 在設計標題置中時，應用選取範圍置中對齊。不要使用合併儲存格再做置中對齊。因為合併儲存格後，未來如果表格發生插入欄或列或是複製表格皆會變得很麻煩。

實例一：將 B2 儲存格的資料，放置在 B2:F2 的中央。

1： 選定 B2:F2 區間。

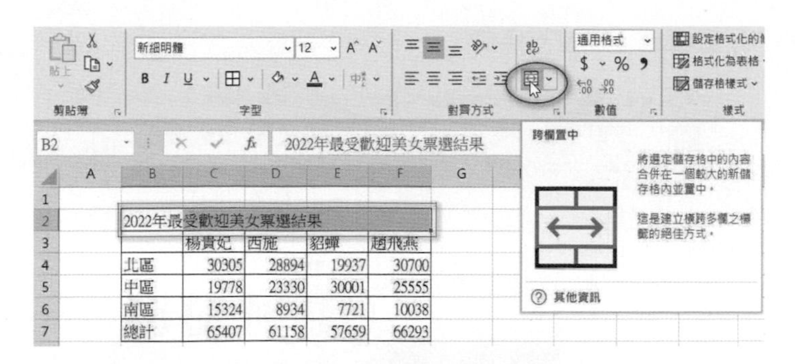

2： 按跨欄置中鈕，取消所選的儲存格區間，可以得到下列結果。

	A	B	C	D	E	F
1						
2		2022年最受歡迎美女票選結果				
3			楊貴妃	西施	貂蟬	趙飛燕
4		北區	30305	28894	19937	30700
5		中區	19778	23330	30001	25555
6		南區	15324	8934	7721	10038
7		總計	65407	61158	57659	66293

請將上述執行結果存至 ch2_4.xlsx 檔案內。

2-8 建立圖表

2-8-1 建立直條圖表

先前所建的數據資料儘管好用，可是若想讓一般人可以很清楚的了解數據資料，最好是同時輔以圖表功能，Excel 所提供的圖表類型相當多。一個資深的員工，應該要思考如何選用最容易表達讓他人理解的圖表。由於我們想要找出得票最高的人員，直條圖是適合的，所以本節筆者將以直條圖類型，直接以實例說明。更詳細的圖表建立將在第 12 章解說。讀者目前只要了解建立圖表的基本步驟即可。

實例一：將 4 位候選人的得票總計以圖表方式建立在得票數表格資料的下方。

1： 選取 C3:F3，目的是取得欲建圖表的標記。

2： 按住 Ctrl 鍵，選取 C7:F7，目的是取得欲建圖表的資料範圍，經過前 2 個步驟後，相當於可以同時選取 C3:F3 和 C7:F7 的資料區。

	A	B	C	D	E	F
1						
2		2022年最受歡迎美女票選結果				
3			楊貴妃	西施	貂蟬	趙飛燕
4		北區	30305	28894	19937	30700
5		中區	19778	23330	30001	25555
6		南區	15324	8934	7721	10038
7		總計	65407	61158	57659	66293

3： 選擇插入 / 直條圖 / 立體直條圖。

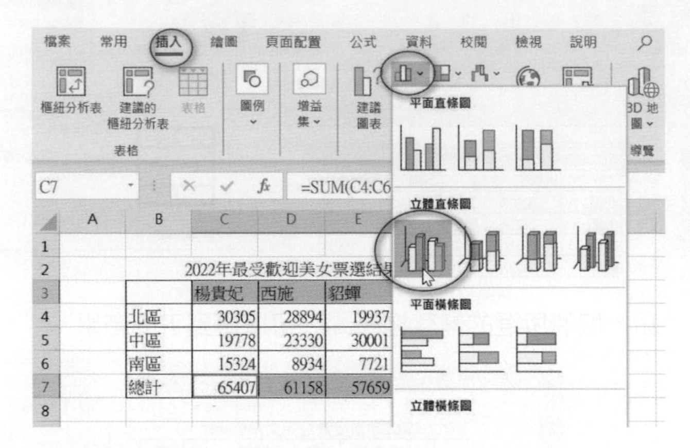

4： 可以得到下列結果。

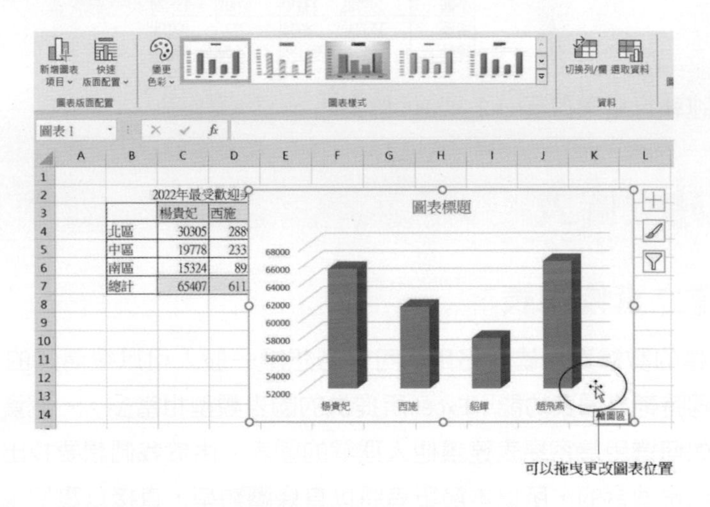

筆者將上述執行結果存入 ch2_5.xlsx。

2-8-2 快速版面配置

此外，您也可以先用快速版面配置選擇版面再用圖表樣式群組功能選擇樣式，此例所選樣式含有得票數據，可以更明確展示所建的圖表。

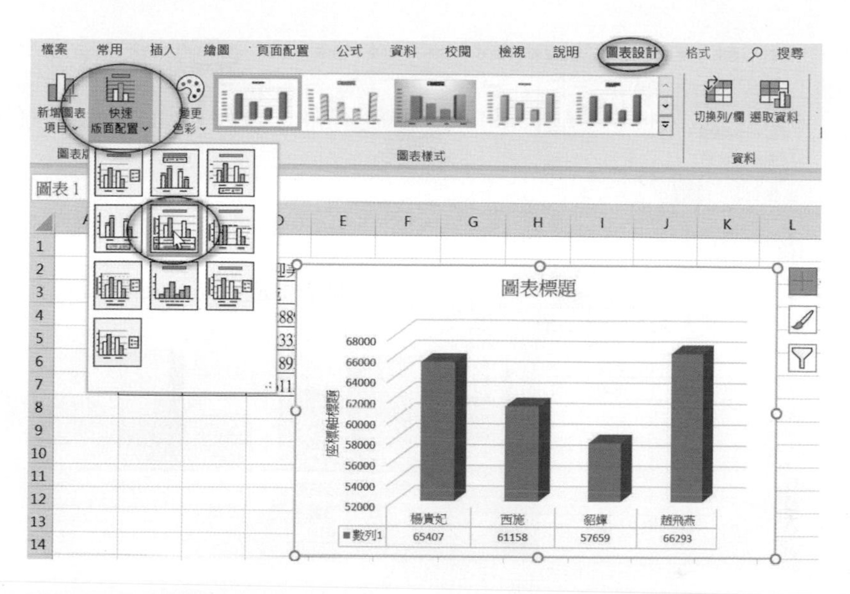

可以得到下列結果。

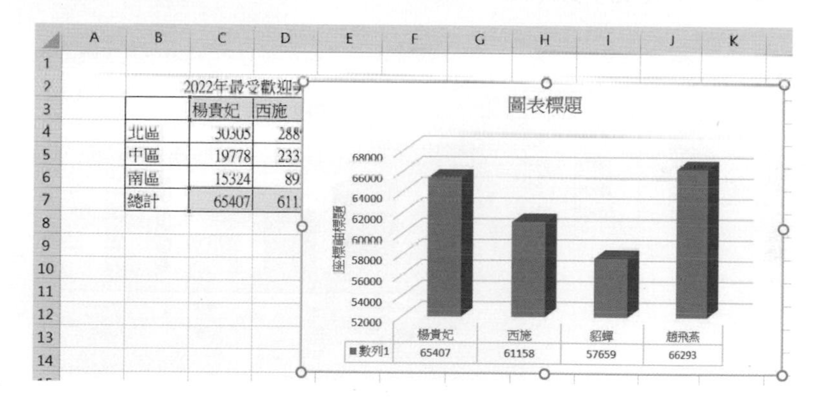

2-8-3 圖表樣式

有了圖表，可以進一步選擇樣式，此時可以使用圖表設計 / 圖表樣式，下列是筆者的選擇。

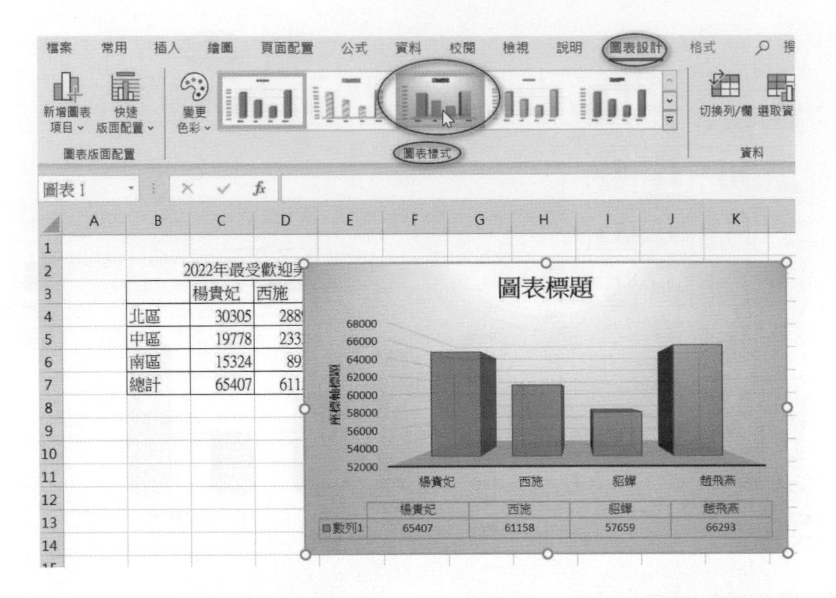

取消選取，可以得到下列結果。

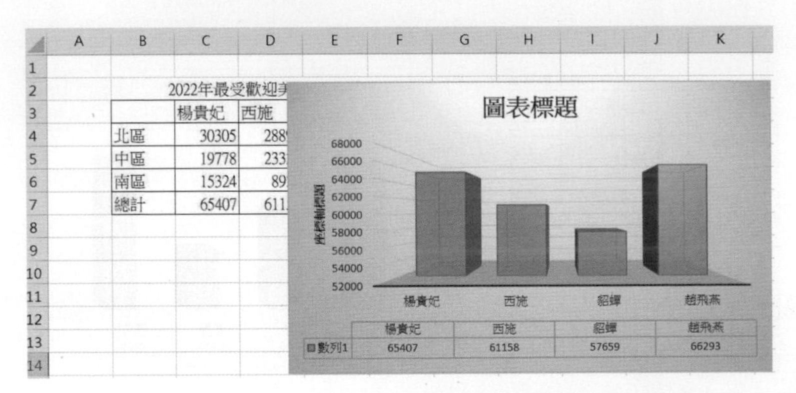

2-8-4 標題設計

目前標題字樣是預設的 " 圖表標題 "，可以直接點選修訂，下列是筆者點選。

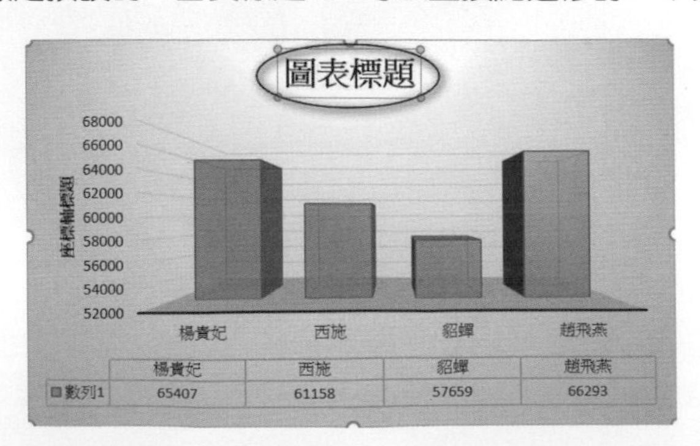

下列是直接輸入 "2020 年最受歡迎美女票選結果 "，修訂的結果。

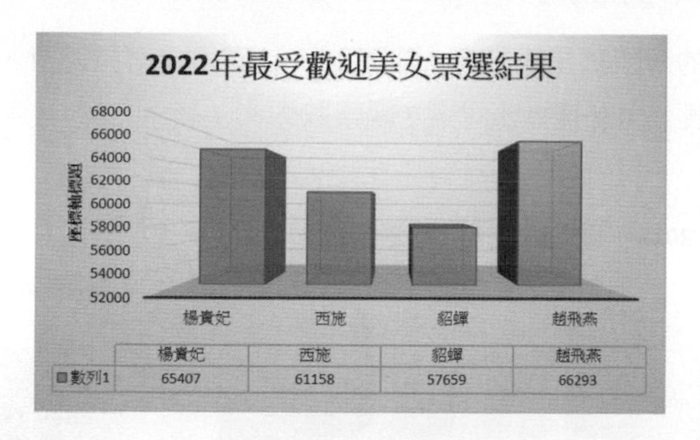

2-8-5 座標軸標題

我們也可以直接點選修改座標軸標題，下列是點選結果。

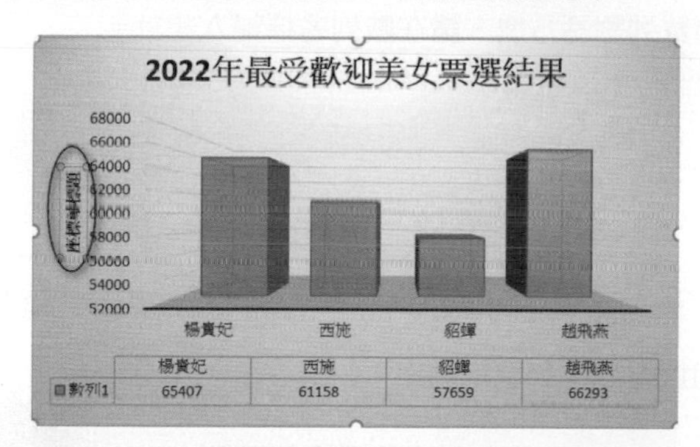

請修改為 " 票數總計 "。

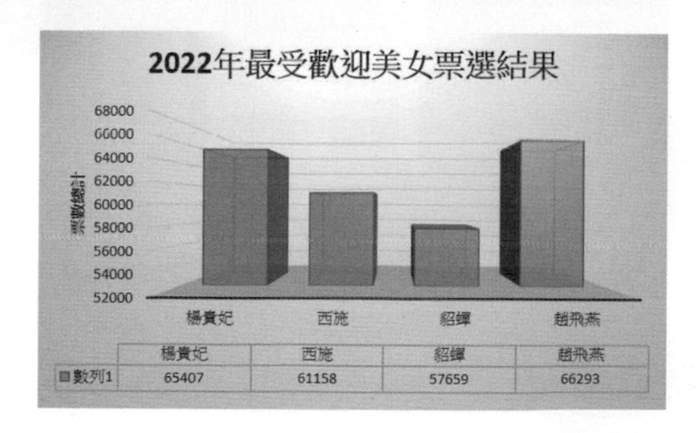

筆者將上述執行結果存入 ch2_6.xlsx。

2-8-6 修改 " 數列 1"

目前最下方的得票數是標記為 " 數列 1"，其實這是得票總計，下列步驟是改為總計，請點選圖表，再點選圖表篩選 / 編輯數列。

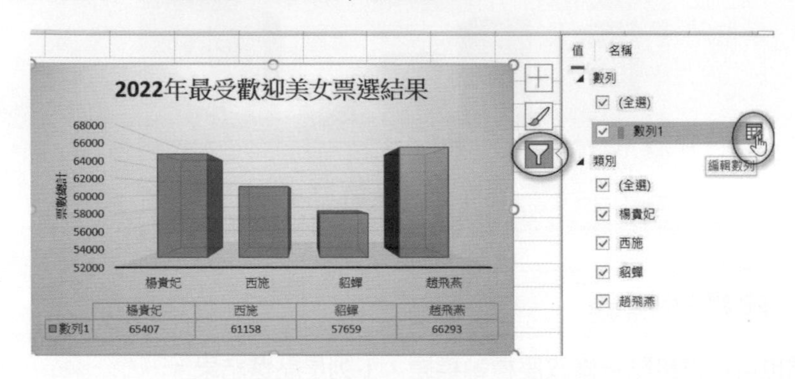

可以看到編輯數列對話方塊，請在數列名稱輸入總計。

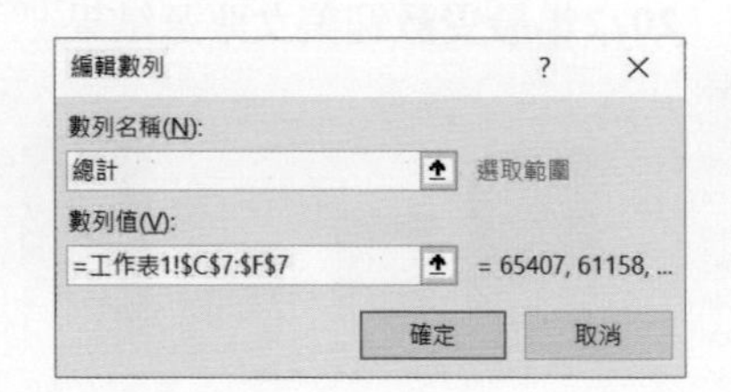

按確定鈕，可以得到下列執行結果。

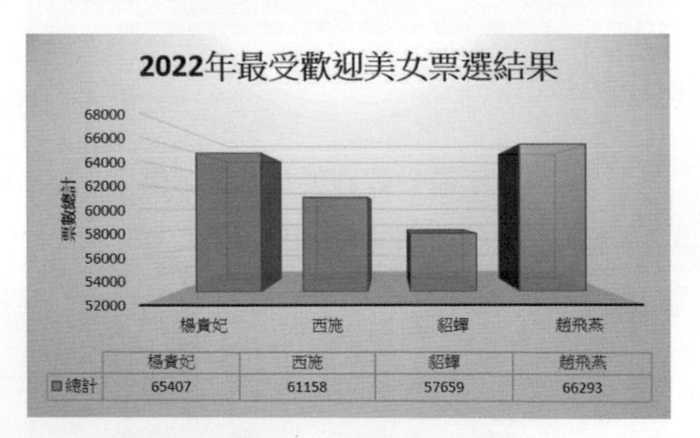

2-8-7 建立數值標記

上述建立完成，如果將滑鼠游標移至任一數列，可以立即顯示此數列的數據，如下所示：

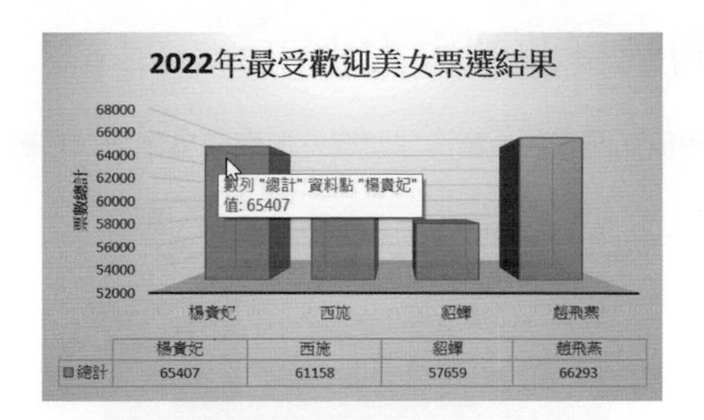

Excel 也允許我們直接在數列上建立數值標記，請點選此圖表，然後執行圖表項目 / 資料標籤。

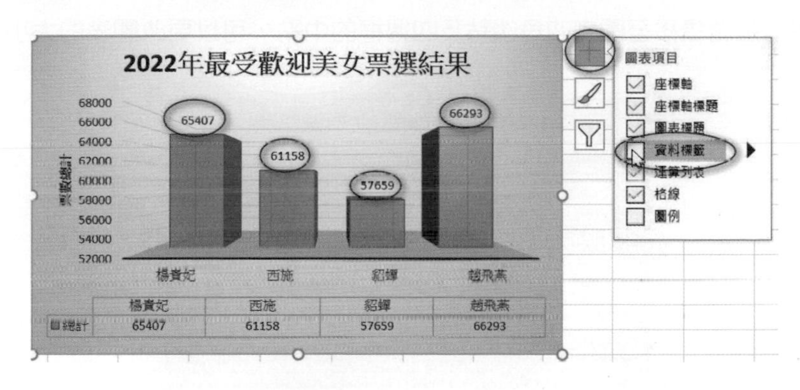

取消選取後可以得到下列結果。

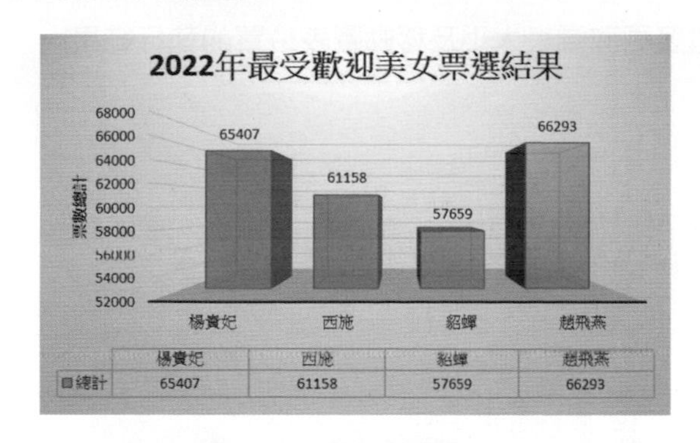

筆者將上述執行結果存入 ch2_7.xlsx。

2-9 移動及更改圖表大小

若將滑鼠游標放在圖表內，當滑鼠游標外形變成✥，可以移動圖表。

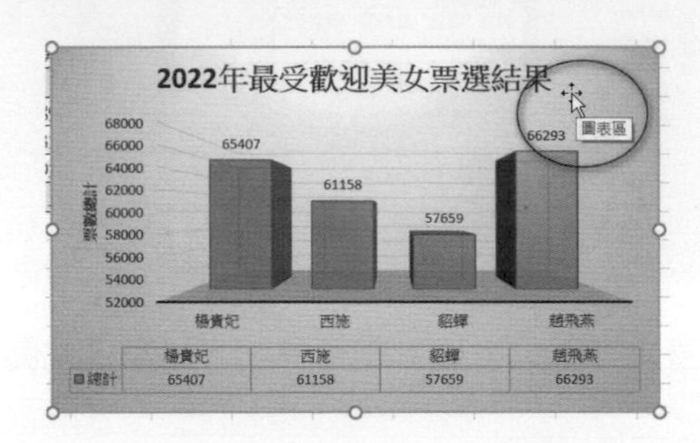

若將滑鼠游標移至圖表四角端點及四週框的中點，可以更改圖表的大小。

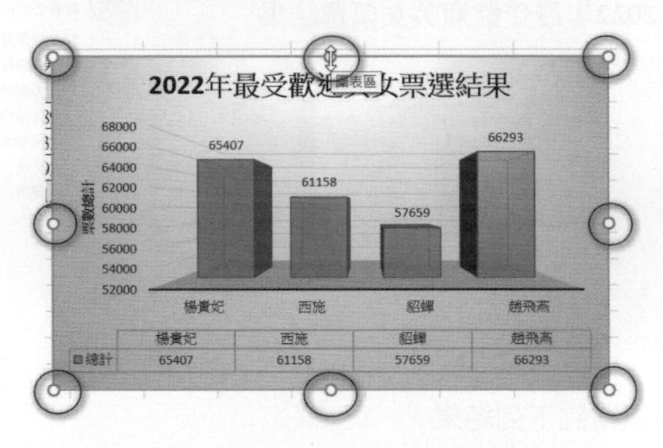

下列是筆者適度更改圖表大小及移動圖表位置的執行結果。

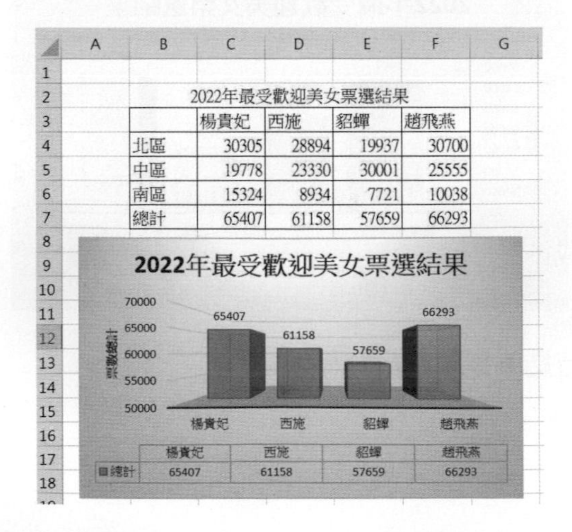

2022年最受歡迎美女票選結果

	楊貴妃	西施	貂蟬	趙飛燕
北區	30305	28894	19937	30700
中區	19778	23330	30001	25555
南區	15324	8934	7721	10038
總計	65407	61158	57659	66293

2-10 更改工作表標籤

在 Microsoft Excel 視窗下方可以看到目前所編工作表標籤(可想成是工作名稱)仍是預設的工作表 1，如下所示：

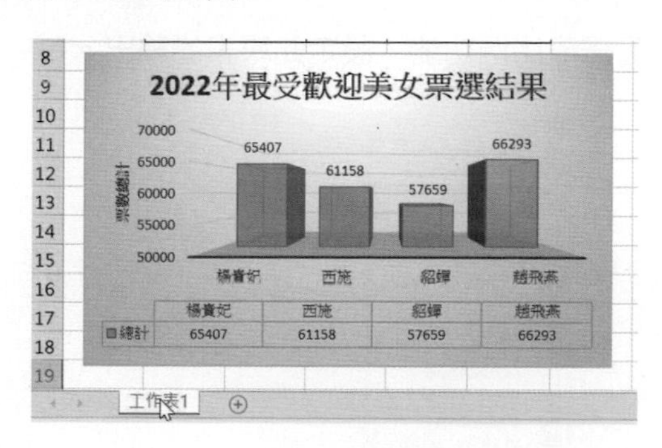

請不要選取工作表任意項目，可以使用連按兩次 " 工作表 1"，此時 " 工作表 1" 以灰底顯示，請輸入最受歡迎美女票選，可以得到下列結果。

筆者將上述執行結果存入 ch2_8.xlsx。

2-11 列印與列印的基本技巧

工作表建立完成後，可以使用印表機予以列印，請執行檔案 / 列印。

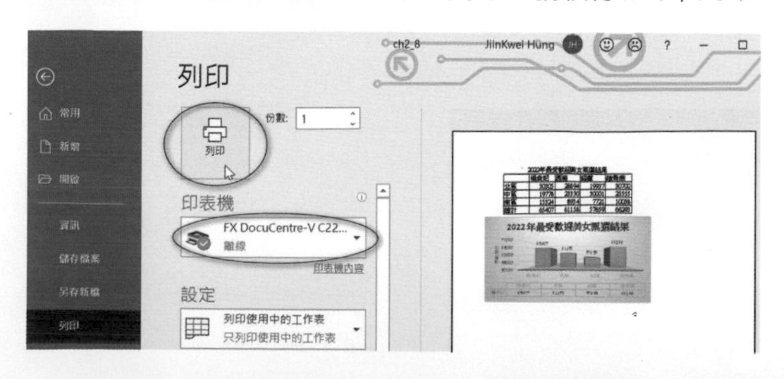

右邊是預覽輸出，選擇好印表機後，按列印鈕即可列印，上述是可以列印，但是可以從預覽輸出看到版面沒有置中對齊，所以上述仍不完美。

2-11-1 設定縮放比例

我們可以使用自訂縮放比例功能，設定此報表的輸出。

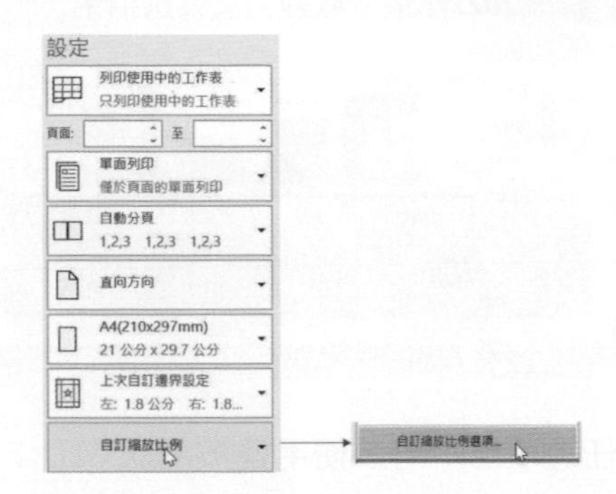

上述執行後，可以看到版面設定對話方塊，在頁面標籤下，請適度設定縮放比例，此例是設定 140%。

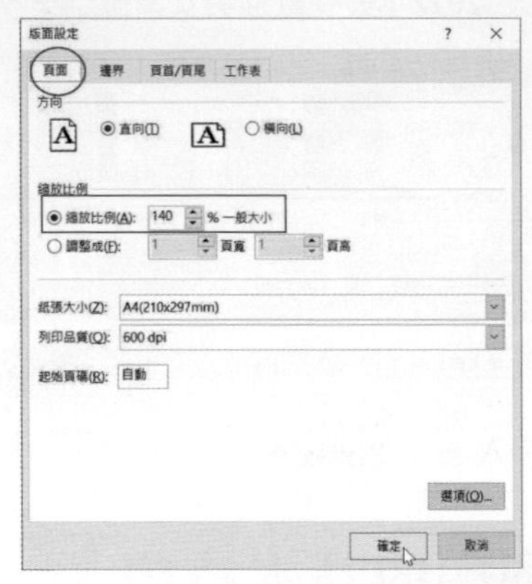

上述按確定鈕，可以得到下列幾乎已經置中對齊的預覽結果。

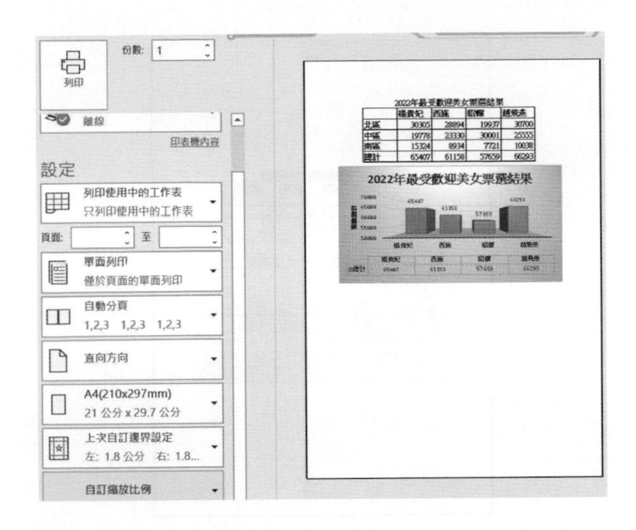

2-11-2 自訂邊界和對齊方式

此外，我們也可以在版面設定對話方塊中，設定所建立報表的對齊方式，請選擇邊界標籤，同時執行下列設定。

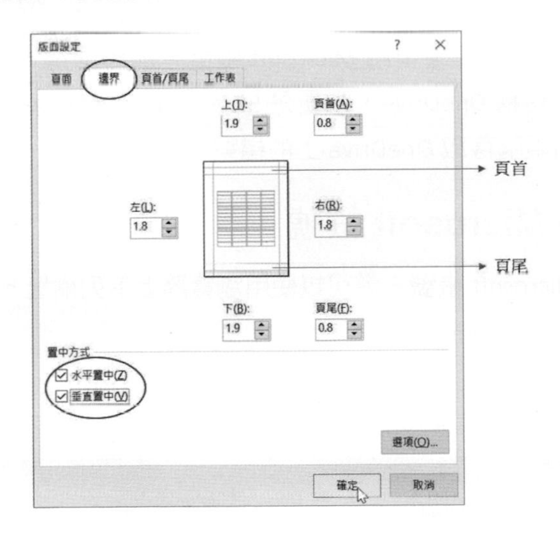

在上述對話方塊，可以設定上、下、左、右邊界，也可以設定頁首和頁尾的大小，同時也可以由置中方式欄位，直接設定所建立的報表是水平置中或垂直置中。上述按確定鈕後，可以得到下列預覽結果。

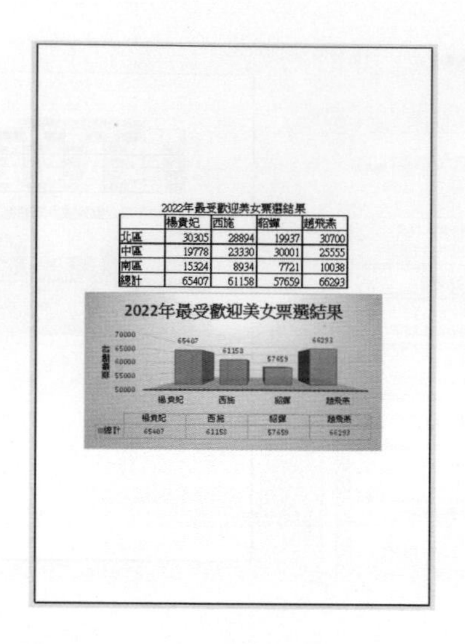

2022年最受歡迎美女票選結果

	楊貴妃	西施	貂蟬	趙飛燕
北區	30305	28894	19937	30700
中區	19778	23330	30001	25555
南區	15324	8934	7721	10038
總計	65407	61158	57659	66293

筆者將上述預覽結果存入 ch2_9.xlsx 檔案內。

2-12 Microsoft 的雲端磁碟空間服務

只要你向 Microsoft 公司申請 Microsoft 帳號，即可獲得 Microsoft 公司所提供的雲端磁碟空間服務稱 OneDrive，容量是 5G。未來不論您身在何處，只要可以上 Internet，即可使用電腦存取 OneDrive 上的檔案。

2-12-1 申請 Microsoft 帳號

如果您沒有 Microsoft 帳號，您可以使用瀏覽器上下列網址。

http://onedrive.live.com

申請 Microsof 帳號。

2-12-2 已有 Microsoft 帳號

如果您有 Microsoft 帳號，且是使用這個帳號登入 Windows，則在執行檔案標籤的另存新檔指令後，可以看到 OneDrive，如下所示：

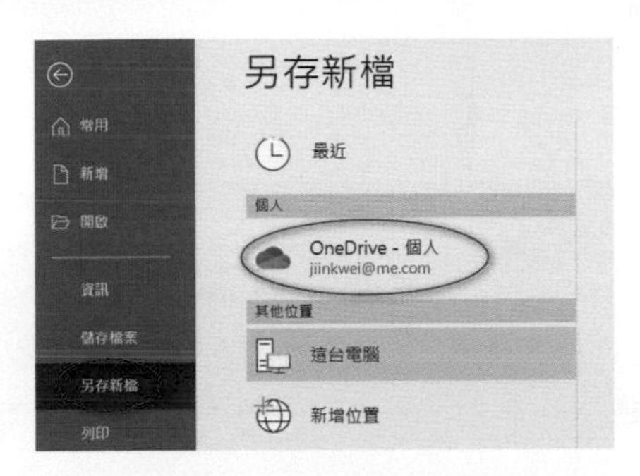

或是開啟 Windows 的檔案管理員時，可以看到 OneDrive。

2-12-3 使用另存新檔將檔案存入 OneDrive

實例一：將 ch2_9.xlsx 檔案存入 OneDrive 的 Excel2019 文件資料夾。

1：延續前面章節，執行檔案 / 另存新檔。

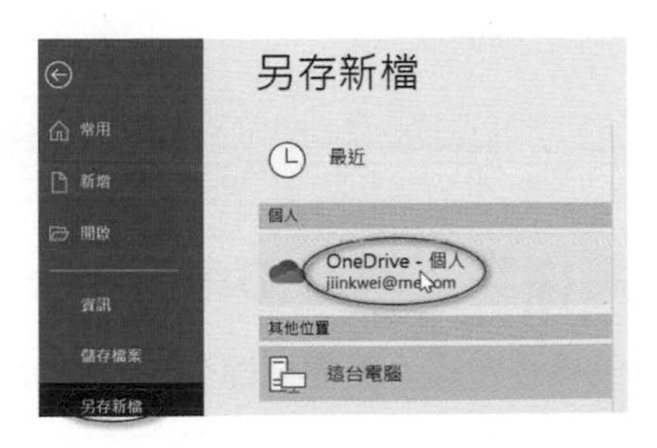

2： 請點選 OneDrive。

3： 請點選文件，建立 Excel2019 資料夾，

4： 在檔案名稱欄位輸入 "ch2_9"。

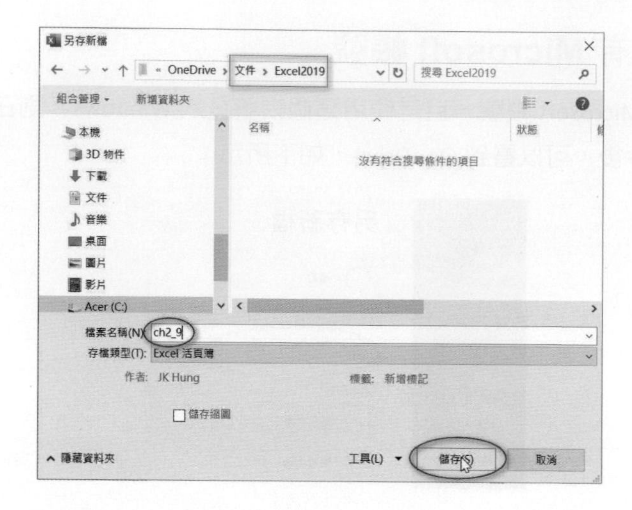

5： 最後按儲存鈕即可。

2-12-4 驗證前一小節上傳的檔案

我們可以直接連上雲端驗證前一小節所上傳的檔案，請使用瀏覽器，連上下列網址。

https://onedrive.live.com

預設是讀者電腦保持連線，即可進入自己的 Microsoft OneDrive 空間，讀者點選文件 /Excel2019，進入此資料夾，即可看到先前所存的檔案。

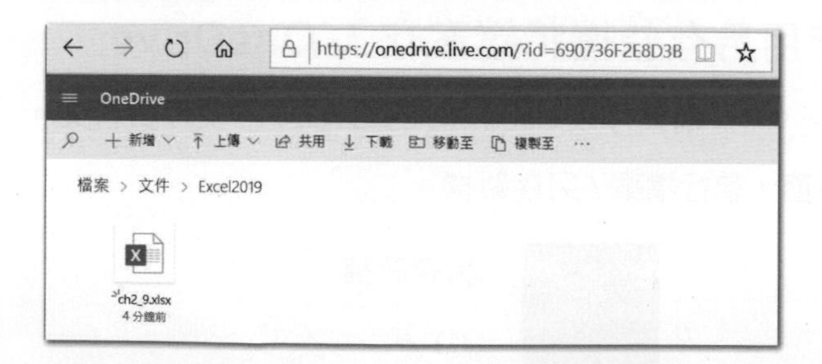

2-12-5 直接拖曳將檔案上傳至 OneDrive

您也可以使用直接拖曳檔案方式，將檔案儲存在 OneDrive。

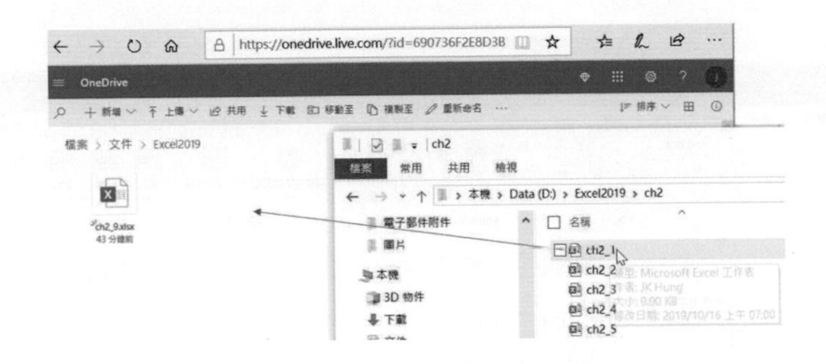

可以得到下列結果。

2-12-6 在 OneDrive 中開啟 Excel 檔案

在 OneDrive 環境點選檔案，再執行開啟，可以選擇使用 Online 的 Excel 或是直接使用 Excel 開啟，如果你身在外面，手上電腦沒有 Excel，則可以使用 Online 的 Excel 開啟此檔案。

❑ 在 Excel Online 中開啟

這是使用雲端的 Excel 開啟您在 OneDrive 上的檔案，下列是先點選 ch2_1.xlsx 檔案，再用 Excel Online 開啟的結果。

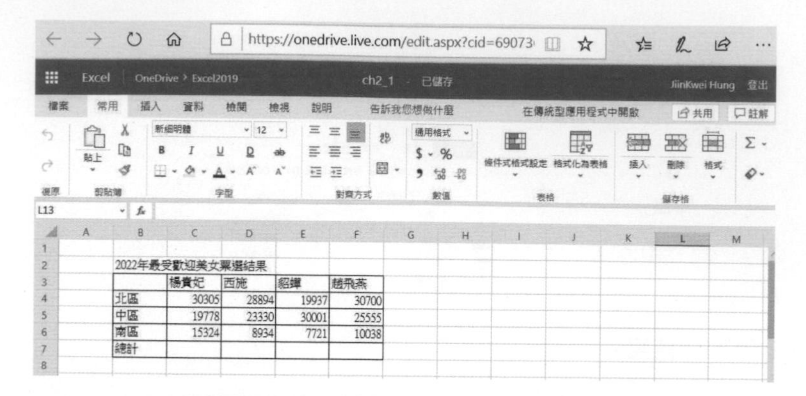

使用 Excel Online 編輯時，它的功能比正常的 Excel 軟體少，執行修改時，所修改部份將自動儲存，如果想要另存一份，才需使用另存新檔指令。

❑ 在 Excel 中開啟

如果您的電腦內有安裝 Excel 軟體，則可以選擇使用 Excel 中開啟功能。

2-12-7 與他人共享 OneDrive 上的 Excel 文件

將檔案上傳到 OneDrive，另一個優點，可將此檔案與他人共享，他人即可利用 OneDrive 的 Excel Online 觀賞你所分享的 Excel 檔案內容。

實例一：將 ch2_2.xlsx 與他人分享。

1： 點選 ch2_1.xlsx，再點選共用。

2： 請輸入連結傳送的對象，此例請輸入對象的電子郵件地址。

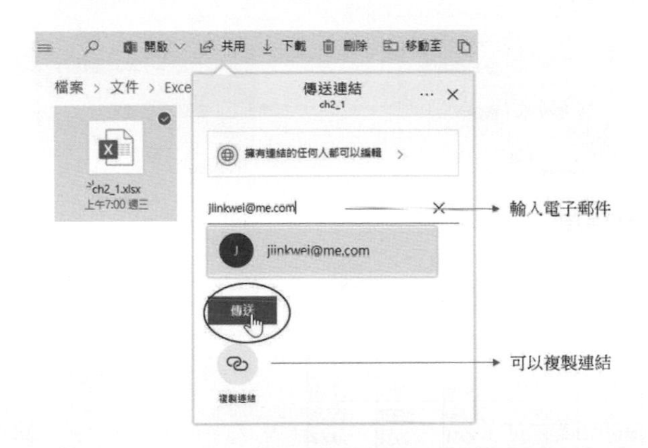

上述可以直接將連結傳給分享對象，也可以將複製的連結傳給分享對象。

2-13 顯示與隱藏格線

這一章筆者教導讀者建立表格，同時也講解了建立表格的框線，其實專業的職員在使用 Excel 建立表格後，通常會將原先工作表的列印時不會顯示的格線進行隱藏，這樣更可以凸顯所建立的表格。

此外，如果所建立的表格要與他人共享或是轉寄他人時，也可以隱藏 Excel 預設的表格格線。假設目前顯示 ch2_9.xlsx 活頁簿檔案，如下所示：

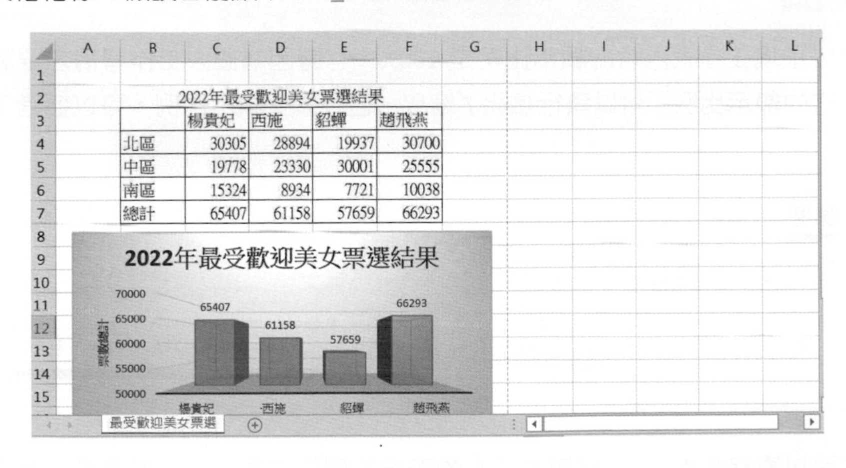

	楊貴妃	西施	貂蟬	趙飛燕
北區	30305	28894	19937	30700
中區	19778	23330	30001	25555
南區	15324	8934	7721	10038
總計	65407	61158	57659	66293

請執行檢視 / 顯示 / 格線，取消顯示格線，觀念如下：

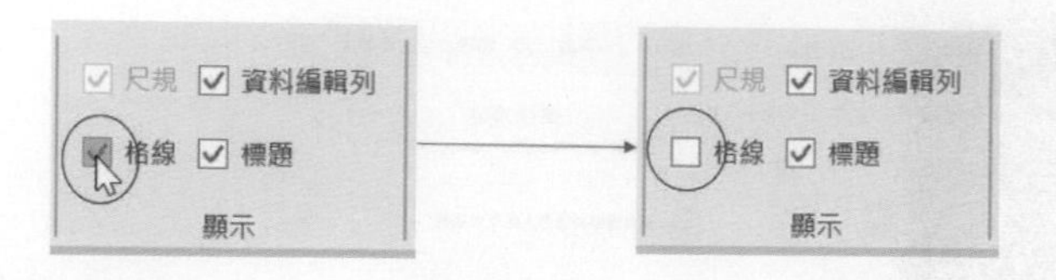

可以得到下列結果。

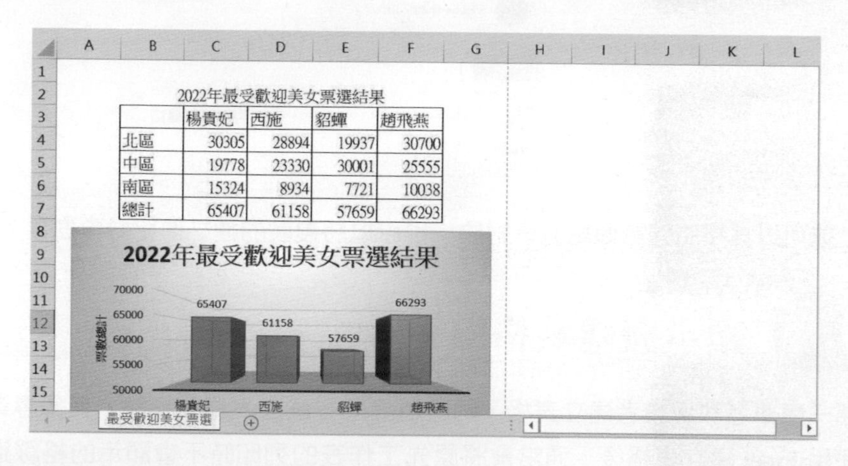
2022年最受歡迎美女票選結果

	楊貴妃	西施	貂蟬	趙飛燕
北區	30305	28894	19937	30700
中區	19778	23330	30001	25555
南區	15324	8934	7721	10038
總計	65407	61158	57659	66293

筆者將上述不含格線的活頁簿儲存至 ch2_10.xlsx。

2-14 調整工作表的顯示比例

預設環境工作表內容的顯示比例是 100%，有時因為個人工作習慣想要調整工作表內容的顯示比例，可以執行檢視 / 縮放，自行調整顯示比例，可以參考下方左圖。

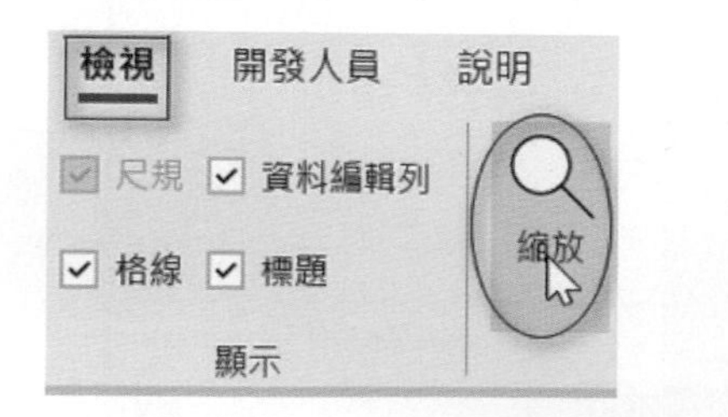

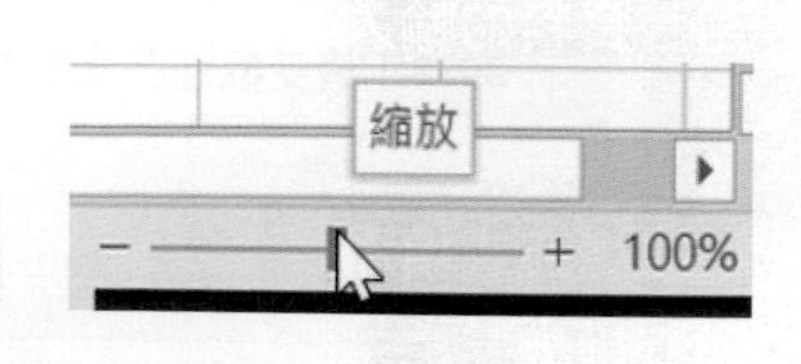

也可以直接拖曳 Excel 視窗右下方的顯示比例的縮放鈕，可以參考上方右圖。

註：顯示比例只是改變 Excel 視窗內容顯示的大小，不會改變印表機列印的結果。

CHAPTER 3

資料輸入

3-1 輸入資料的技巧
3-2 儲存格內容的修改
3-3 選定某區間的儲存格
3-4 常數資料的輸入
3-5 以相同值填滿相鄰的儲存格
3-6 以遞增方式填滿相鄰的儲存格
3-7 智慧標籤
3-8 自訂自動填滿或依規則快速填入
3-9 附註與註解功能
3-10 資料驗證
3-11 自動校正
3-12 輸入特殊符號或特殊字元
3-13 輸入數學公式
3-14 輸入特殊格式的資料
3-15 輸入特殊數字

其實讀者研讀本書第二章後，已具有在 Microsoft Excel 內輸入資料的能力了，本章筆者仍將繼續介紹輸入資料，而本章重點則在介紹與輸入資料相關的完整知識。

3-1 輸入資料的技巧

3-1-1 基礎資料輸入

❑ 作用儲存格的移動

在 2-2 節筆者曾說過，資料輸入完成後若按 Enter 鍵就算輸入完成了，然後作用儲存格將往下移動供輸入新的資料。其實在 Excel 內，輸入完資料後可以按 4 種鍵如下表所示，而這 4 種鍵主要是促使作用儲存格往不同方向移動。

按鍵	作用儲存格移動方向
Enter	由上往下
Shift+Enter	由下往上
Tab	由左往右
Shift+Tab	由右往左

下列是輸入玩命關頭後按不同鍵的實例。

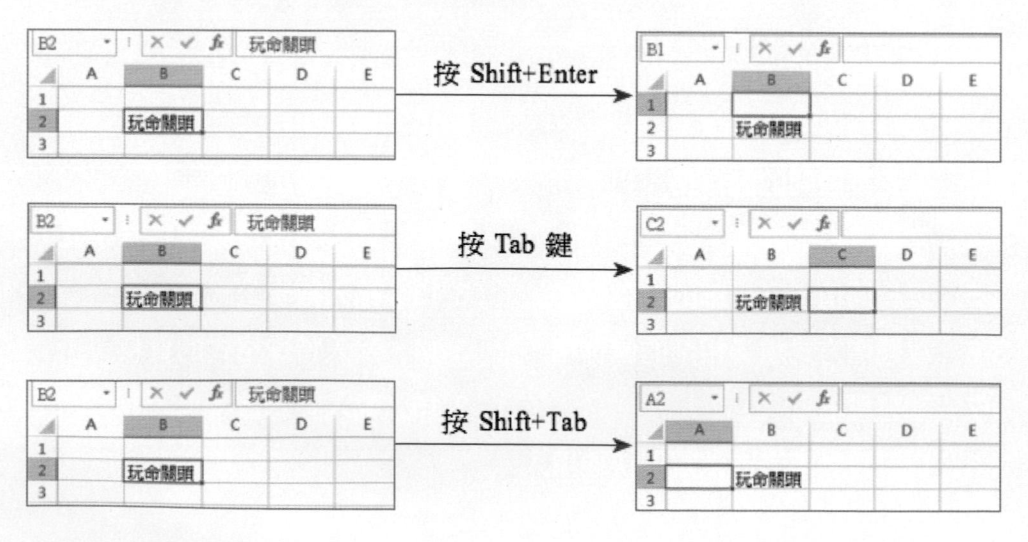

上述是預設輸入，其實輸入資料完成使用者最習慣的是按 Enter，這時作用儲存格將往下方移動，如果輸入的是橫向的資料，雖然輸入完成後可以按 Tab 鍵讓作用儲存格往右移動，但是這不符合一般輸入習慣。Excel 允許使用者在輸入完成按 Enter 鍵後，可以更改作用儲存格的移動方向。

請執行檔案 / 選項，出現 Excel 選項對話方塊後，請選進階，然後參考下列選擇更改作用儲存格移動方向。

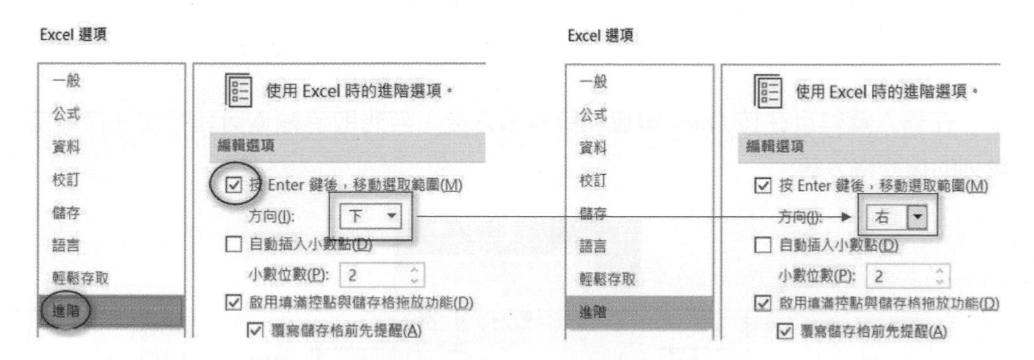

經上述設定後，未來輸入資料完成按 Enter 鍵後，作用儲存格將往右移動。

如果不想使用上述更改選項設定方式，但仍想讓作用儲存格往右移動，可以先選取輸入區間，然後再執行輸入，也可以讓輸入完成後讓作用儲存格往右移動。

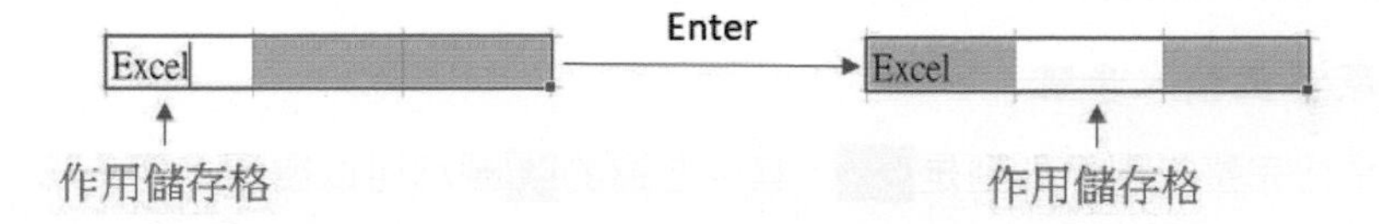

❑ 確認與取消輸入鈕

在某個儲存格輸入資料過程中，可以在資料編輯列左邊看到「✕」和「✓」鈕，它們分別代表取消輸入且作用儲存格將留在原位址。或確定輸入，同時作用儲存格將留在原位址。

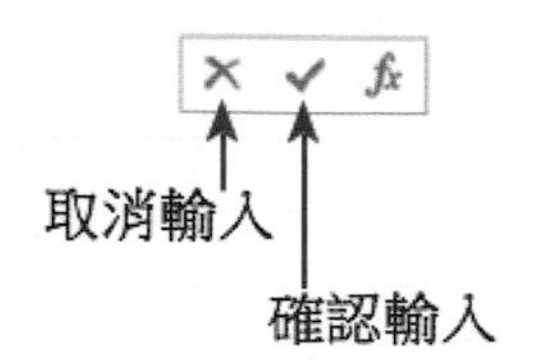

❑ 取消輸入

在輸入資料過程中且在按 Enter 鍵確認資料輸入前，若想取消輸入除了可以按前述的「✕」鈕外，也可以按 Esc 鍵取消輸入的。取消輸入後，作用儲存格將留在原處。下列是輸入資料濃情巧克力後，按 Esc 鍵取消輸入。

在輸入資料且在按 Enter 鍵確認資料輸入後，若想取消輸入可執行快速存取工具列的復原輸入鈕。

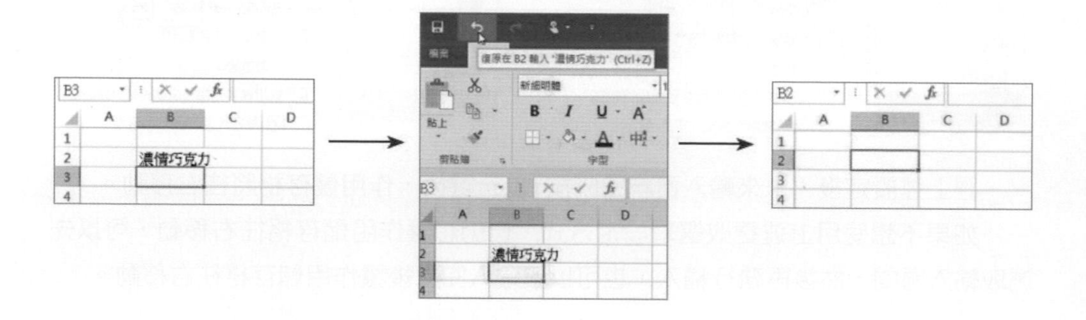

❑ 復原多個輸入步驟

復原鈕完整的圖示外型是↶⌄，其中左邊的↶圖示可以復原一個步驟，點選右邊的⌄圖示可以復原多個步驟，下列是在 A1:A3 分別輸入 aaa、bbb、ccc，然後點選右邊的⌄，一次復原輸入 3 個步驟的過程。

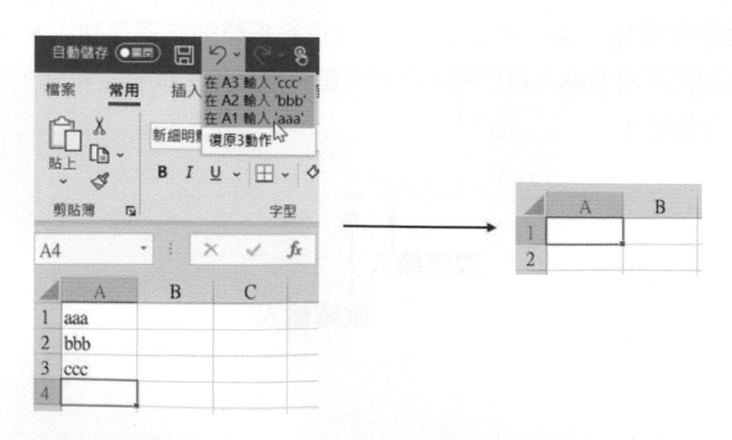

❑ 取消復原

取消復原鈕完整的圖示外型是，其中左邊的圖示可以取消復原一個步驟，點選右邊的圖示可以取消復原多個步驟。

3-1-2 輕鬆輸入與上一列相同的資料

從前面輸入觀念可以知道，輸入完儲存格內容後，按 Enter 可以讓作用儲存格移到下一列的相同欄位，這時可以用同時按 Ctrl + D 鍵，重複輸入與前一列相同的資料。

2	iPhone 15
3	

Enter →

2	iPhone 15
3	

Ctrl + D →

2	iPhone 15
3	iPhone 15

上述觀念也可以應用在將相同資料在下方儲存格區間輸入。

	書籍名稱	定價
3	Python王者歸來	$ 1,080
4	C#王者歸來	
5	Java王者歸來	
6	C語言王者歸來	

Ctrl + D →

	書籍名稱	定價
3	Python王者歸來	$ 1,080
4	C#王者歸來	$ 1,080
5	Java王者歸來	$ 1,080
6	C語言王者歸來	$ 1,080

3-1-3 選擇輸入數據

如果要用選擇方式輸入上面列已經輸入過的鍵，可以使用 Ctrl + ▽(向下鍵)。

	銷售時間	產品名稱	售價
3	13:10	iPhone	43000
4	13:25	iPad	16000
5	14:05	iWatch	18000
6	14:20		

Alt + ▽ →

	銷售時間	產品名稱	售價
3	13:10	iPhone	43000
4	13:25	iPad	16000
5	14:05	iWatch	18000
6	14:20		
7		iPad iPhone iWatch	
8			

註 10-4 節還會介紹使用下拉式清單，填寫重複的資料。

3-2 儲存格內容的修改

對於儲存格的內容而言，基本上有下列 3 種修改方法。

1： 修改部分資料，可參考 2-2 節。

2： 清除儲存格的資料。

3： 以新資料蓋住舊資料。

❑ 清除儲存格的資料

若想清除某個儲存格內容，可以將作用儲存格移至該位置，再按 Del 鍵，下列是以按 Del 鍵清除某個儲存格資料的實例。

如果你想一次清除多個儲存格，也可以先選定它們，然後再按 Del 鍵。

註 下一節會解說一次選取多個儲存格的方式。

❑ 新資料蓋住舊資料

如果希望某個儲存格以新資料取代舊資料，可以將作用儲存格移至該位置，再直接輸入新資料即可。下列是以新資料「雷神索爾」取代原先儲存格的舊資料「美國隊長」。

B2 美國隊長 → 直接輸入「雷神索爾」 → B2 雷神索爾

3-3 選定某區間的儲存格

在 2-5-3 節筆者已經講解過選定某區間儲存格的基本法則了，本節筆者將針對選定某儲存格做一完整的說明。

❑ 選定單一儲存格

事實上所謂的選定單一儲存格，指的是將作用儲存格移至某一儲存格的位置。

❑ 選定整列儲存格

按一下列號可以選定整列儲存格，下列是選定第 2 列儲存格的實例。

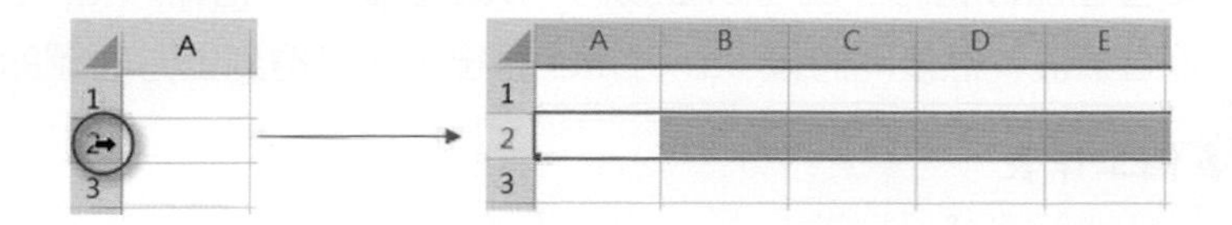

若想取消選定儲存格，滑鼠可在任意其它儲存格位置按一下即可。

❑ 選定整欄儲存格

按一下欄名可以選定整欄儲存格，下列是選定 B 欄所有儲存格的實例。

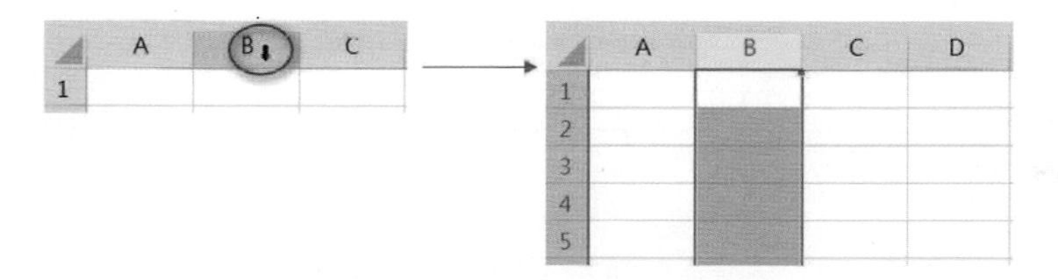

❑ 選定儲存格的目的

選定儲存格的目的有很多，例如，可以刪除、移動或複製所選定的儲存格。後面章節將會介紹這些觀念。

本部份要介紹選定儲存格的目的是，方便資料輸入。例如，假設要在 B2:D5 間輸入資料，則可以在輸入資料前先選定 B2:D5，然後再輸入資料，以這種方式輸入資料最大的好處是區間範圍縮小，能較容易集中精神輸入資料，同時每輸入完一筆資料在按 Enter 鍵後，作用儲存格一定保存在選定區間內供輸入下一筆資料，作用儲存格不會移到資料輸出區外。

❑ 選取多個儲存格區間

我們也可以將選取儲存格區間的功能擴充到一次選取多個儲存格區間，方法是選取第 2 個儲存格區間起，必須同時按 Ctrl 鍵。下方左圖是同時選取 B2、C3、D4 儲存格的結果。

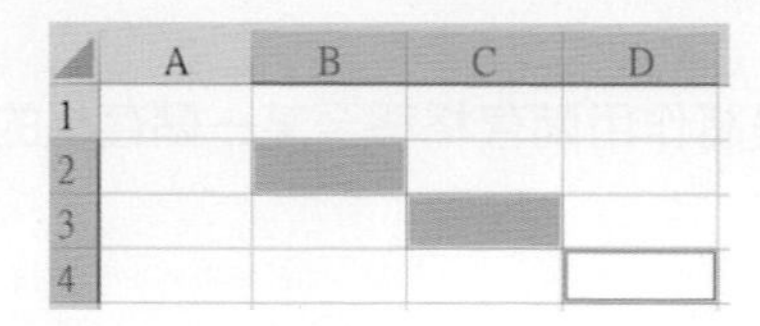

同時選取多個儲存格時，就可以讓我們一次在多個儲存格輸入相同的內容，假設現在輸入深智數位，然後同時按 Ctrl + Enter 鍵後，可以得到上方右圖的結果。

❑ 選取多個工作表

其實可以將選取多個儲存格的觀念應用到選取多個工作表，在選取第 2 個工作表起請同時按 Ctrl 鍵，就可以選取多個工作表。當選取多個工作表後，在某一個工作表輸入內容，此內容將同時出現在其他被選取的工作表的相同儲存格內。下列是同時選取工作表 1、工作表 2、工作表 3 的結果。

請在 B2 儲存格輸入深智數位，請按 Enter 鍵，可以在工作表 1、工作表 2、工作表 3 獲得相同的結果。

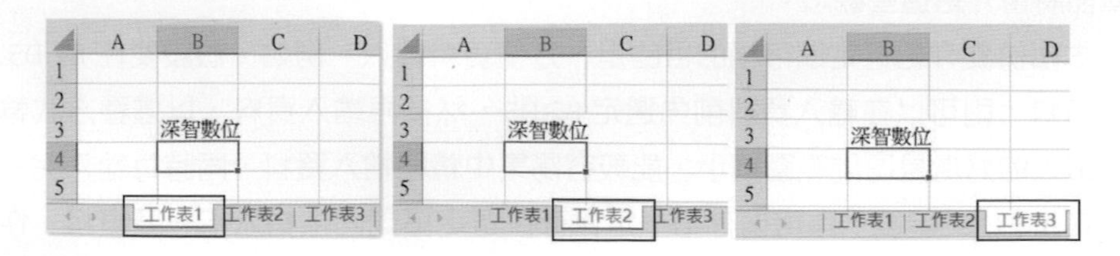

3-4 常數資料的輸入

在儲存格內輸入資料，一般可將輸入資料分成下列兩種類型。

1： 常數，例如：數值、日期、時間、貨幣格式、百分比或是文字皆算是常數型態的資料。

2： 公式，將在下一章做完整的說明。

❑ 數字的輸入

在儲存格輸入數字時，所輸入的數字將靠右對齊，可以輸入下列字元：

0 ~ 9、+、-、( )、/、$，%、.、E、e

數字輸入的一般規則如下：

- 若所輸入的數字是正值，可以忽略正號。
- 若所輸入的數字是負值，需在數字前加上負號，或是用括號代表負號。
- 可以將逗號放在數字間，例如：50,000。

鍵入內容	預設的顯示結果
1.780	1.78
1.789%	1.79
50e3	5.00E+04
4/5	4 月 5 日
0 4/5	4/5
$7.6	$7.60
-8.3	-8.3
-$8.3	-$8.30

輸入數字時，須留意下列規則：

- 輸入分數時，以帶分數方式處理，也就是左邊一定要有數字，若值是 4/5，必須寫為 "0 4/5"，否則會被視為是日期資料。
- 如果在輸入數字前加上 (') 號，則所輸入的資料將被視為是文字格式。文字格式的資料將在儲存格式左邊切齊。
- 以上鍵入內容與儲存格所顯示的結果是預設數值格式的結果，當然你也可以修改此格式。

- 如果數字太長無法在儲存格內顯示，將促使儲存格以 "###" 顯示，此時若想完整的顯示，需更改欄寬。

F	G
########	
########	
########	

滑鼠游標移置欄位中間 → 連按二下

F	G
2020/10/31	
2020/11/30	
2020/12/31	

❑ 日期或時間的輸入

輸入日期與時間的一般規則如下：

- 輸入日期時需使用『/』或『-』符號。
- 在同一儲存格內可以同時輸入日期與時間，不過彼此間至少要空一格。Microsoft Excel 會忽略所輸入字元的大小寫。
- 原則上 Microsoft Excel 會以 24 小時格式顯示時間，若是你希望以 12 小時格式顯示時間，需在時間後加上 AM(A) 或 PM(P)。例如，5:00 AM 代表早上 5 點。注意：在 A 或 P 與時間之間要空一格。

下面是常見的日期與時間的輸入格式。

輸入內容	意義
2022/2/20	2020 年 2 月 20 日
2020/2/5 18:45	2020 年 2 月 5 日下午 6 點 45 分
6:30 PM	下午 6 點 30 分
7:20:56 AM	早上 7 點 20 分 56 秒

註 如果輸入日期與時間格式正確，則所輸入的日期與時間將在儲存格右邊切齊。如果所輸入的日期與時間格式錯誤，則此所輸入的將被視為是輸入文字而左邊對齊儲存格。如果所輸入日期是現在日期，或是現在時間可以使用快捷鍵。

Ctrl + ;：可以輸入現在日期。

Ctrl + :：可以輸入現在時間。

上述功能必須在英文 (EN) 輸入環境方可運作，可惜 Windows 10 的微軟注音輸入法，目前即使在英文輸入環境也無法運作。原先可以顯示現在日期，轉成只顯示全形 "；"，原先可以顯示現在時間，轉成只顯示全形 "："。

❑ 文字的輸入

一個儲存格最多可以輸 255 個字元，有關文字輸入的一般規則如下：

- 所輸入的文字將在儲存格左邊切齊。

- 如果輸入數字而想將它當做文字處理，例如：郵遞區號，可在輸入數字前加上 (') 號，或是員工編號也可以使用數字前加上 (') 號。例如：若是以 ch3_1.xlsx 而言，下列的員工編號輸入方式是『'001』。

輸入方式是：'001

深智數位股份有限公司		
員工編號	姓名	任職日期
001	洪錦魁	2019/10/1
002	洪冰雨	2019/10/1

此外，在儲存格左上方可以看到錯誤檢查符號，這是提醒使用者，按一下此儲存格可以看到提醒圖示。

深智數位股份有限公司		
員工編號	姓名	任職日期
001	洪錦魁	2019/10/1

此儲存格內的數字其格式為文字或開頭為單引號。

然後執行略過錯誤，此錯誤檢查符號會消失。

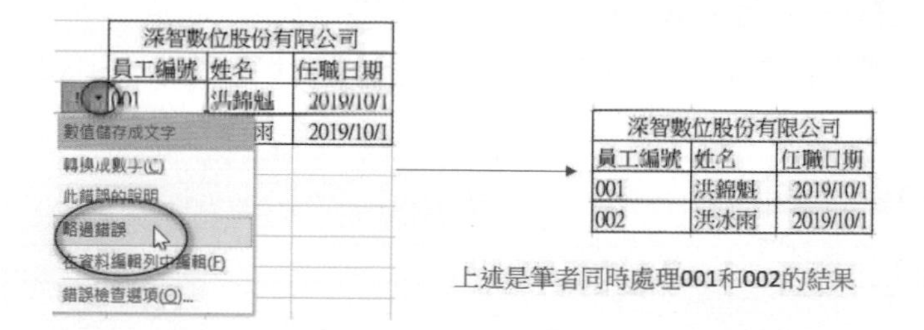

上述是筆者同時處理001和002的結果

上述執行結果儲存至 ch3_2.xlsx。

- 只要所輸入的資料內含有非數字字元，則輸入將被視為是文字。

原則上若所輸入的文字資料太長時，將溢到相鄰右邊的儲存格。不過你可以設定文字自動換列功能促使輸入資料太長時，能自動換列顯示。其方法是使用常用 / 對齊方式 / 自動換列鈕，此功能可促使資料太長時，可以自動換列顯示。

註 如果讀者將滑鼠移至上述鈕，可能看到上述鈕顯示自動換行鈕，這是大陸的用法，這應該是 Microsoft 公司的疏忽，筆者已經將此反應給 Microsoft 公司，所以如果讀者看到上述是顯示自動換列鈕，表示 Microsoft 公司已經更新。

Excel 2016用法

ab 自動換行

Excel 2019用法

3-5 以相同值填滿相鄰的儲存格

在 Excel 內，您可以利用拖曳作用儲存格的填滿控點或是執行常用 / 編輯 / 填滿 ，將作用儲存格的內容複製到其它相鄰的儲存格，這個功能可以大大降低輸入相同資料的時間，增加工作效率。

實例一：利用拖曳控點將 A1 儲存格的內容拷貝至 B1:F1。

1： 假設 A1 儲存格內容是 101。

2： 將滑鼠游標移至填滿控點，此時滑鼠游標將變為十字型。

	A	B	C	D	E	F	G	H
1	101							
2								
3								

3： 將填滿控點拖曳至 F1，才放鬆滑鼠按鍵，取消所選儲存格可得到下列結果。

	A	B	C	D	E	F	G	H
1	101	101	101	101	101	101		
2								
3								

這是智慧標籤 3-7 節說明

上述是最常用的向右填滿，常用的填滿功能有向下填滿、向右填滿、向上填滿及向左填滿。

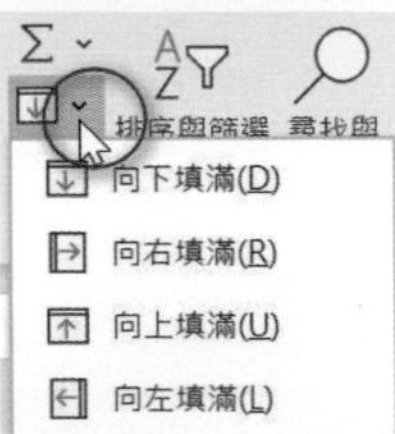

我們可以先選取區間，再執行填滿方式即可。

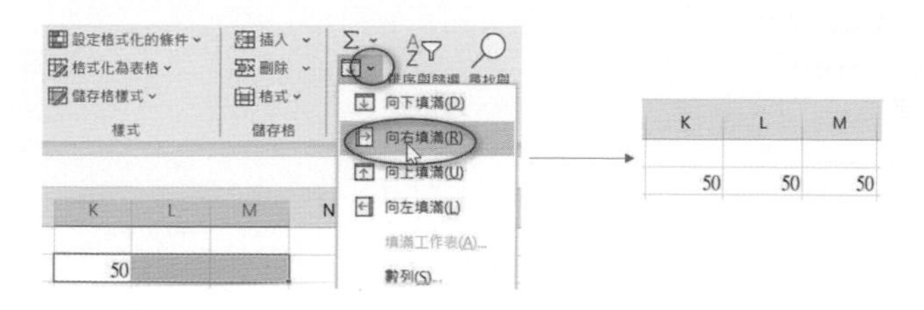

3-6 以遞增方式填滿相鄰的儲存格

3-6-1 數值資料的遞增

如果儲存格的資料是數字，而希望每次都遞增 1，可在拖曳填滿控點時同時按 Ctrl 鍵。

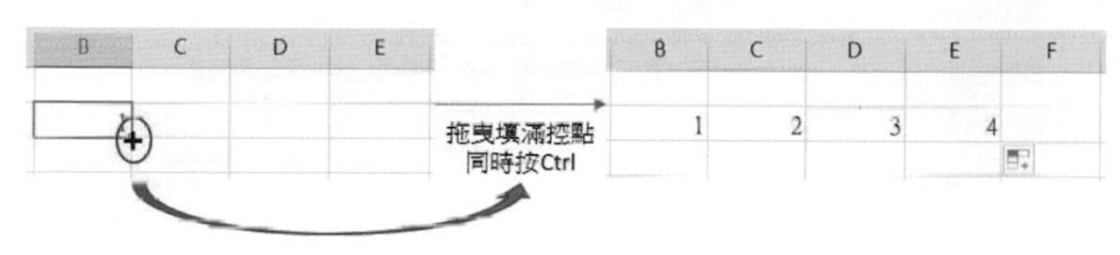

註 以上觀念也可以建立遞減數列的，只要將填滿控點往上或往左拖曳即可。

3-6-2 以等差趨勢填滿相鄰的儲存格

如果希望相鄰儲存格以異於 1 的方式遞增，則可在相鄰儲存格間先建立等差值的數值，再拖曳填滿控點即可。

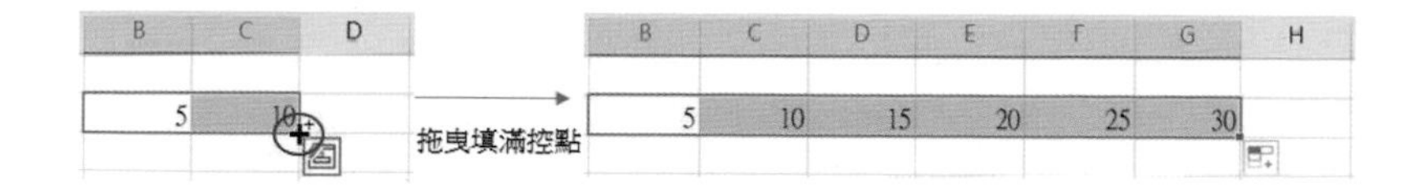

3-6-3 自動填滿連續數據

Microsoft Excel 內有些資料，當你拖曳它的填滿控點時，將促使儲存格內的資料在拖曳範圍內有遞增現象。這類遞增傾向的資料有下列幾種。

Sun, Mon, ……

Sunday, Monday, ……

Jan, Feb, ……
January, February, ……
週日 , 週一 , ……
星期日 , 星期一 , ……
一月 , 二月 , ……
第一季 , 第二季 , ……
子 , 丑 , ……
甲 , 乙 , ……
2020/5/1, 2020/5/2, ……

下列是操作實例。

B	C
Jan	
January	
Sun	
Sunday	
週日	
一月	
第一季	
子	
甲	
2020/5/1	

ch3_3.xlsx

拖曳填滿控點

B	C	D	E	F	G	H
Jan	Feb	Mar	Apr	May	Jun	
January	February	March	April	May	June	
Sun	Mon	Tue	Wed	Thu	Fri	
Sunday	Monday	Tuesday	Wednesda	Thursday	Friday	
週日	週一	週二	週三	週四	週五	
一月	二月	三月	四月	五月	六月	
第一季	第二季	第三季	第四季	第一季	第二季	
子	丑	寅	卯	辰	巳	
甲	乙	丙	丁	戊	己	
2020/5/1	2020/5/2	2020/5/3	2020/5/4	2020/5/5	2020/5/6	

ch3_4.xlsx

上述若是數據達到末端，將重新計數，例如：季節欄位在第四季後，將從第一季開始計數。

3-6-4 商業應用

以等差級數填滿相鄰儲存格可以應用在員工請款序號，請款序號一般是連續編號，可以參考下列操作實例。

B	C	D	E	F	G	H	I
深智數位股份有限公司							
員工編號	姓名	部門	任職日期	請款日期	請款單號	品項	金額
001	洪錦魁	總經理	2019/10/1	2020/1/3	2020010301	書籍	1000
002	洪冰雨	編輯	2019/10/1	2020/1/5		公文夾	120
002	洪冰雨	編輯	2019/10/1	2020/1/9		圖釘	80

ch3_5.xlsx

拖曳填滿控點同時按Ctrl

B	C	D	E	F	G	H	I
深智數位股份有限公司							
員工編號	姓名	部門	任職日期	請款日期	請款單號	品項	金額
001	洪錦魁	總經理	2019/10/1	2020/1/3	2020010301	書籍	1000
002	洪冰雨	編輯	2019/10/1	2020/1/5	2020010302	公文夾	120
002	洪冰雨	編輯	2019/10/1	2020/1/9	2020010303	圖釘	80

ch3_6.xlsx

3-7 智慧標籤

3-7-1 基本應用

當執行完公式拷貝、儲存格資料複製或是遞增方式填滿相鄰的儲存格之後，細心的讀者一定會發現，在所選儲存格右下角可以看到一個符號，這個符號就是所謂的智慧標籤。它通常會主動出現在工作表內，有了它您可以很方便執行貼上選項、自動填滿選項、插入選項和公式錯誤檢查。

	A	B	C	D	E	F	G
1	1	2	3	4			
2							
3							
4							
5							
6							
7							

- 複製儲存格(C)
- 以數列方式填滿(S)
- 僅以格式填滿(F)
- 填滿但不填入格式(O)

而智慧標籤，一般是在您需要它時才出現，而它的智慧性則只限在執行此選項的時候，當您執行其它的任務後，它就會自動消失，取而代之的是新的智慧標籤，後面章節讀者將陸續看到不同功能的智慧標籤，例如：5-8-2 節 … 等。按一下此智慧標籤，可以看到下拉式功能表，然後您可以執行此智慧標籤所蘊藏的功能，上述 4 個選項的意義如下：

複製儲存格：將儲存格內容複製至其它儲存格。

以數列方式填滿：以數列遞增方式填滿儲存格。

僅以格式填滿：不填入實際數字，但儲存格格式則被填滿。

填滿但不填入格式：填入數字，但儲存格格式則保持預設狀況。

假設 A1 儲存格內容是 1，您將 B1:E1 複製為皆是 1，下列是智慧標籤的選項的執行結果。

	A	B	C	D	E	F
1	1	1	1	1	1	
2						
3						
4						
5						
6						
7						

- 複製儲存格(C)
- 以數列方式填滿(S)
- 僅以格式填滿(F)
- 填滿但不填入格式(O)

→

	A	B	C	D	E	F
1	1	2	3	4	5	
2						
3						
4						
5						
6						
7						

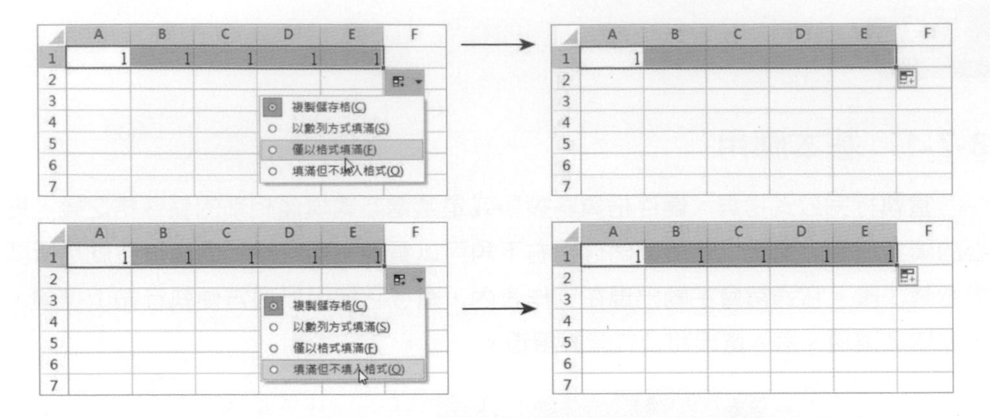

上述第 3 例的執行結果中，看似相同，但是如果您將 A1 儲存格的數字改成紅色，或是字型大小是 8 點，則填滿後，您會發現 B1:E1 間的儲存格字體仍是通用格式的黑色和 12 點字。後面章節讀者將看到更多儲存格格式的知識。

註 智慧標籤會因所操作的數據或方式不同，而有不同選項內容。

3-7-2 月底日期填滿儲存格的應用

在商業應用上，可能會有零用金結算，如果結算日期是月底，可以使用下列觀念處理結算日期，讀者可以開啟 ch3_7.xlsx 檔案。

2020年零用金支出統計表				
總經理室	財務部	編輯部	業務部	結算日
10895	3300	2300	9600	2020/1/31
33650	2800	1900	9580	
19000	3200	2200	10020	
8800	1900	3100	10000	
9600	4100	4000	21000	
10200	4200	800	8000	
7900	5900	920	9000	
12000	1200	8100	7800	
16500	800	4200	8100	
9200	980	3600	8200	
8100	1100	2100	6800	
7500	630	2000	8100	

→

2020年零用金支出統計表				
總經理室	財務部	編輯部	業務部	結算日
10895	3300	2300	9600	2020/1/31
33650	2800	1900	9580	2020/2/1
19000	3200	2200	10020	2020/2/2
8800	1900	3100	10000	2020/2/3
9600	4100	4000	21000	2020/2/4
10200	4200	800	8000	2020/2/5
7900	5900	920	9000	2020/2/6
12000	1200	8100	7800	2020/2/7
16500	800	4200	8100	2020/2/8
9200	980	3600	8200	2020/2/9
8100	1100	2100	6800	2020/2/10
7500	630	2000	8100	2020/2/11

上述只是連續日期，我們可以使用智慧標籤內的以月填滿指令，讓結算日顯示月底日期。

2020年零用金支出統計表				
總經理室	財務部	編輯部	業務部	結算日
10895	3300	2300	9600	2020/1/31
33650	2800	1900	9580	2020/2/1
19000	3200	2200	10020	2020/2/2
8800	1900	3100		
9600	4100	4000		
10200	4200	800		
7900	5900	920		
12000	1200	8100		
16500	800	4200		
9200	980	3600		
8100	1100	2100		
7500	630	2000		

複製儲存格(C)
以數列填滿(S)
僅以格式填滿(F)
填滿但不填入格式(O)
以天數填滿(D)
以工作日填滿(W)
以月填滿(M)
以年填滿(Y)
快速填入(F)

2020年零用金支出統計表				
總經理室	財務部	編輯部	業務部	結算日
10895	3300	2300	9600	2020/1/31
33650	2800	1900	9580	2020/2/29
19000	3200	2200	10020	2020/3/31
8800	1900	3100	10000	2020/4/30
9600	4100	4000	21000	2020/5/31
10200	4200	800	8000	2020/6/30
7900	5900	920	9000	2020/7/31
12000	1200	8100	7800	2020/8/31
16500	800	4200	8100	2020/9/30
9200	980	3600	8200	2020/10/31
8100	1100	2100	6800	2020/11/30
7500	630	2000	8100	2020/12/31

筆者將上述執行結果儲存至 ch3_8.xlsx 檔案內。

3-7-3 填充工作日

小公司可能會碰上，大家輪流值班清潔公司的公共區域，此時可以使用填充工作日的功能。請參考下方左圖 ch3_8_1.xlsx，請拖曳 B3 儲存格的填滿控點到 B7。

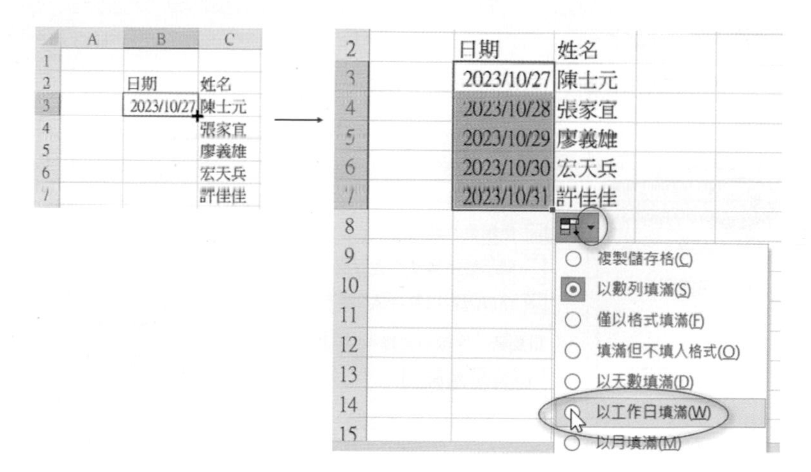

然後使用智慧標籤的以工作日填滿指令，可以得到下列 ch3_8_2.xlsx 結果。

	日期	姓名
3	2023/10/27	陳士元
4	2023/10/30	張家宜
5	2023/10/31	廖義雄
6	2023/11/1	宏天兵
7	2023/11/2	許佳佳

3-8 自訂自動填滿或依規則快速填入

3-8-1 自訂自動填滿

如果您需要經常使用某些特殊的資料數列，也可以建立自訂的自動填滿清單，然後未來可以應用它們。

實例一：自訂自動填滿清單的資料，個人資料、姓名、出生日期、電話、地址。

1： 首先請依下列方式輸入以上資料，同時選取 A1:A5 資料。

	A	B	C
1	個人資料		
2	姓名		
3	出生日期		
4	電話		
5	地址		

2： 執行檔案 / 選項指令。

3： 選進階，適度捲動捲軸，再按編輯自訂清單鈕。

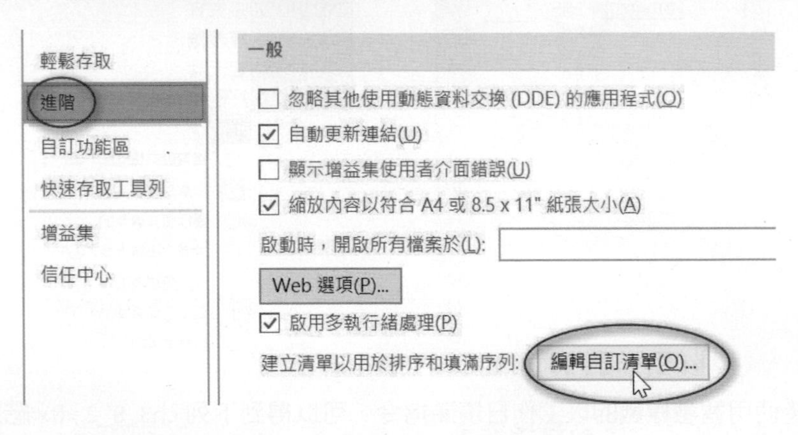

4： 選自訂清單標籤。

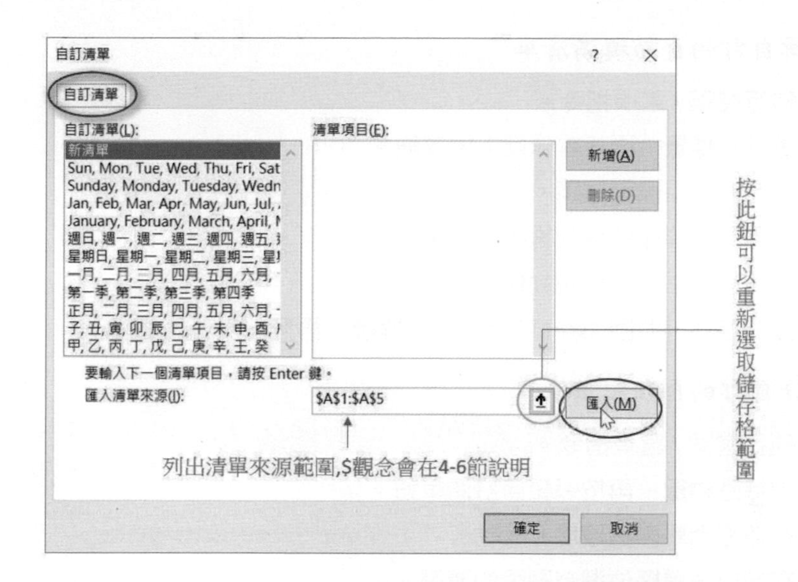

5： 按一下匯入鈕。

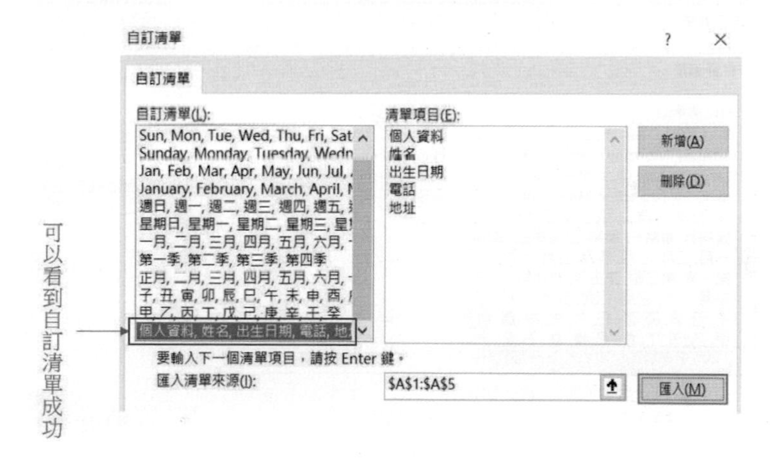

6： 按確定鈕，返回 Excel 選項對話方塊，再按一次確定鈕。

❑ 實驗先前所建的自動填滿清單

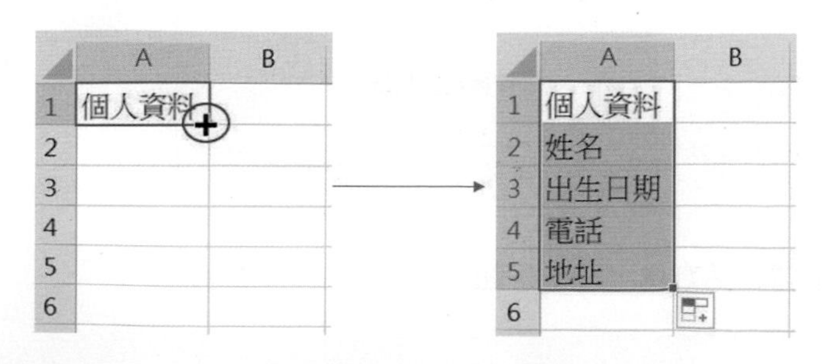

❑ 編輯自訂的自動填滿清單

1：執行檔案 / 選項指令。

2：選進階標籤，再按編輯自訂清單鈕。

3：在自訂清單標籤環境。

4：在自訂清單欄位選欲編輯的清單。

5：在清單項目執行編輯動作。

6：按確定鈕，返回 Excel 選項對話方塊後，再按一次確定鈕。

❑ 刪除自訂的自動填滿清單

1：執行檔案 / 選項指令。

2：選進階標籤，再按編輯自訂清單鈕。

3：在自訂清單標籤環境。

4：在自訂清單欄位選欲刪除的清單。

5：按刪除鈕。

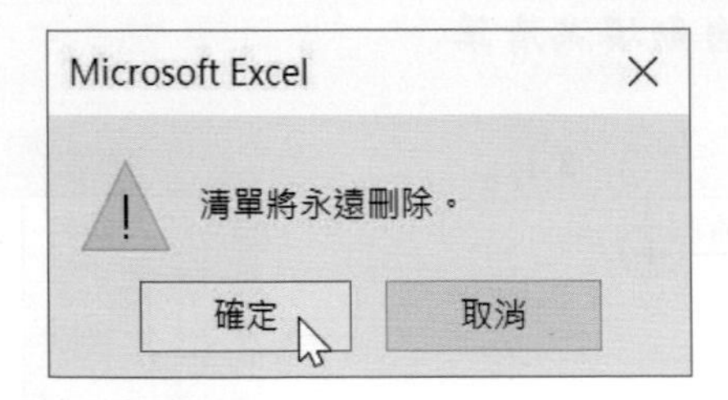

6：出現上述對話方塊，按確定鈕。

3-8-2 依規則填滿

我們也可以讓 Excel 依據規則自動填滿數據，請開啟 ch3_8_3.xlsx 內容，可以參考下方左圖。請在 D3 輸入「信義區」，D4 輸入「天母區」，請選取 D3:D7，可以參考下方右圖。

	A	B	C	D
1				
2		店名	店長姓名	所在地
3		信義店	陳加加	
4		天母店	李信廣	
5		中正店	張天佑	
6		北投店	林市民	
7		三重店	李廣義	

	A	B	C	D
1				
2		店名	店長姓名	所在地
3		信義店	陳加加	信義區
4		天母店	李信廣	天母區
5		中正店	張天佑	
6		北投店	林市民	
7		三重店	李廣義	

執行常用 / 編輯 / 填滿 / 快速填充指令，請參考下方左圖，可以得到下方右圖的結果，此結果存入 ch3_8_4.xlsx。

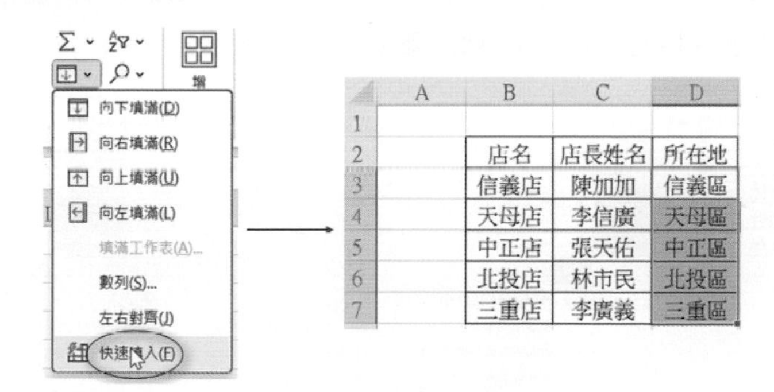

3-8-3 智慧標籤的自動填滿選項 – 快速填入

請開啟 ch3_8_5.xlsx，可以參考下方左圖，請在 C3 填入「洪」，然後拖曳填滿控點到 C7，可以得到下方右圖的結果。

	A	B	C	D
1				
2		姓名	姓	名
3		洪錦魁		
4		陳士元		
5		張嘉德		
6		李季軒		
7		吳文章		

	A	B	C	D
1				
2		姓名	姓	名
3		洪錦魁	洪	
4		陳士元	洪	
5		張嘉德	洪	
6		李季軒	洪	
7		吳文章	洪	
8				

這時在 C7 儲存格右下方會出現智慧標籤，點選智慧標籤 / 快速填入指令，如下方左圖。然後 C3:C7 儲存格可以得到快速填入 B3:B7 儲存格的「姓」，可以參考下方右圖。

姓名	姓	名
洪錦魁	洪	
陳士元	洪	
張嘉德	洪	
李季軒	洪	
吳文章	洪	

複製儲存格(C)
僅以格式填滿(F)
填滿但不填入格式(O)
快速填入(F)

姓名	姓	名
洪錦魁	洪	
陳士元	陳	
張嘉德	張	
李季軒	李	
吳文章	吳	

下一步是在 D3 儲存格輸入「錦魁」，拖曳填滿控點到 D7，請點選 D7 儲存格右下方的智慧標籤 / 快速填入指令，可以參考下方左圖。然後 D3:D7 儲存格可以得到快速填入 B3:B7 儲存格的「名字」，可以參考下方右圖。

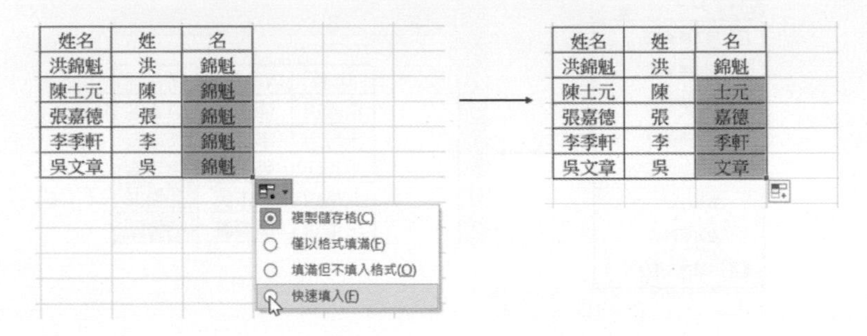

3-9 附註與註解功能

自 Excel 2019 起 Excel 已經變更了註解的操作，註解是使用對話方式，當多人編輯同一檔案時，可以使用註解進行討論。附註則和舊版 Excel 觀念相同，是用來註釋或是說明資料。

3-9-1 註解

如前所述，多人編輯時可以使用註解功能，讓多人使用對話方式針對某儲存格的內容使用對話方式討論。

3-9-1-1 註解

實例一：請開啟 ch3_9.xlsx 檔案，為 C3 儲存格輸入註解唐朝時代的美女。

	A	B	C	D	E	F	G
1							
2		2022年最受歡迎美女票選結果					
3			楊貴妃	西施	貂蟬	趙飛燕	
4		北區	30305	28894	19937	30700	
5		中區	19778	23330	30001	25555	
6		南區	15324	8934	7721	10038	
7		總計	65407	61158	57659	66293	

1： 將作用儲存格移至 C3，再執行校閱 / 註解 / 新增註解。

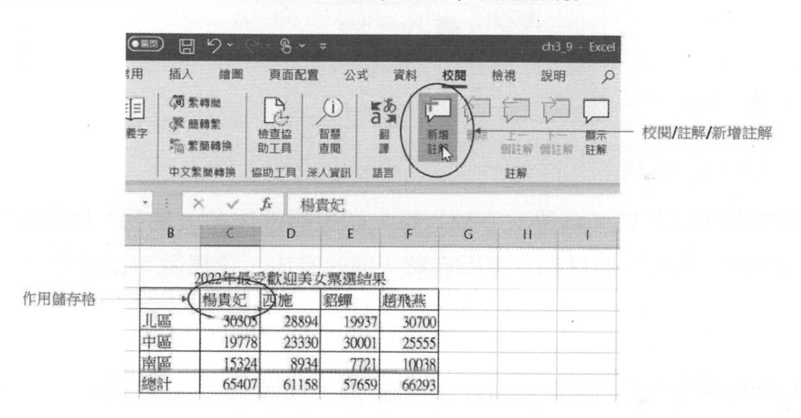

註 也可以按一下滑鼠右鍵，開啟快顯功能表再執行新增註解。

2： 輸入唐朝時代的美女，然後按張貼鈕 。

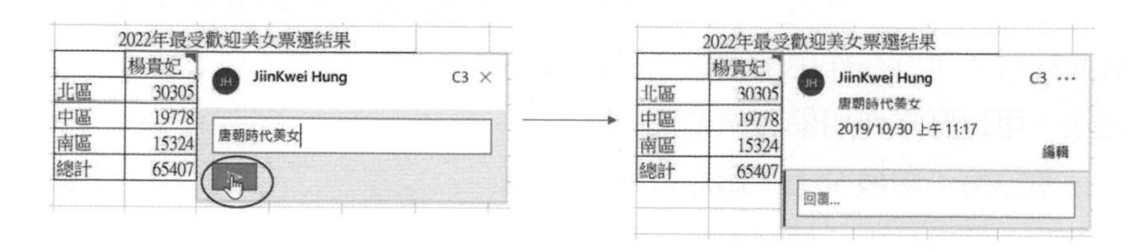

註 上方右圖可以看到回覆框，任一個編輯者均可以使用此功能，進行對話討論。

3： 輸入完再按其它位置即完成 C3 儲存格的註解輸入。

2022年最受歡迎美女票選結果				
	楊貴妃	西施	貂蟬	趙飛燕
北區	30305	28894	19937	30700
中區	19778	23330	30001	25555
南區	15324	8934	7721	10038
總計	65407	61158	57659	66293

存儲格右上方含紫色區塊,表示含註解

註解輸入完成後，未來只要將滑鼠游標指向此儲存格即可自動顯示註解，滑鼠移開則隱藏註解。

2022年最受歡迎美女票選結果	
	楊貴妃
北區	30305
中區	19778
南區	15324
總計	65407

JiinKwei Hung C3 ···
唐朝時代美女
2019/10/30 上午 11:17
回覆...

上述註解有回覆框，這是文字輸入區，如果檔案是多人編輯，則可以自己增加註解或是其他人可以在此框輸入不同註解，彼此交流，這樣就可以建立多個註解。

3-9-1-2 註解功能群組

若將作用儲存格放在 C3，含有註解的位置，此時若選校閱標籤，可以看到下列的註解功能群組。

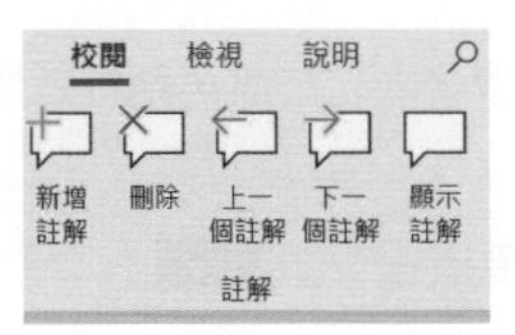

新增註解：可以在作用儲存格位置新增註解。

刪除：可以刪除作用儲存格位置的註解。

上一個註解：切換至上一個註解。

下一個：切換至下一個註解。

顯示註解：在工作表右邊開啟窗格顯示註解。

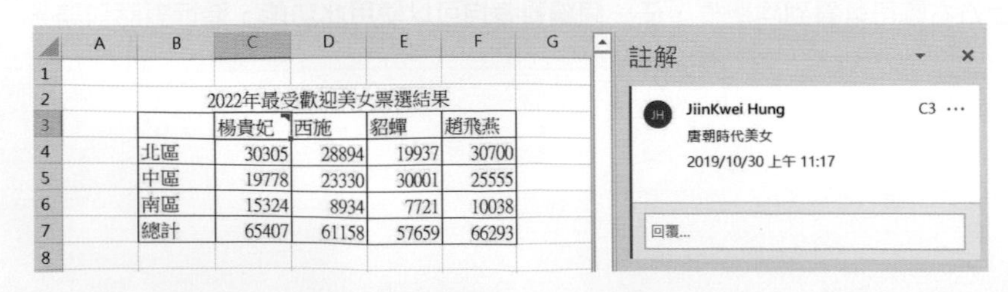

	A	B	C	D	E	F	G
1							
2		2022年最受歡迎美女票選結果					
3			楊貴妃	西施	貂蟬	趙飛燕	
4		北區	30305	28894	19937	30700	
5		中區	19778	23330	30001	25555	
6		南區	15324	8934	7721	10038	
7		總計	65407	61158	57659	66293	
8							

3-9-2 附註

附註主要是為某個儲存格作補充說明。

3-9-2-1 建立附註

實例一：請為 B2 儲存格 2022 年最受歡迎美女票選結果增加附註。

1： 將作用儲存格移至 B2，再執行校閱 / 附註 / 新增附註。

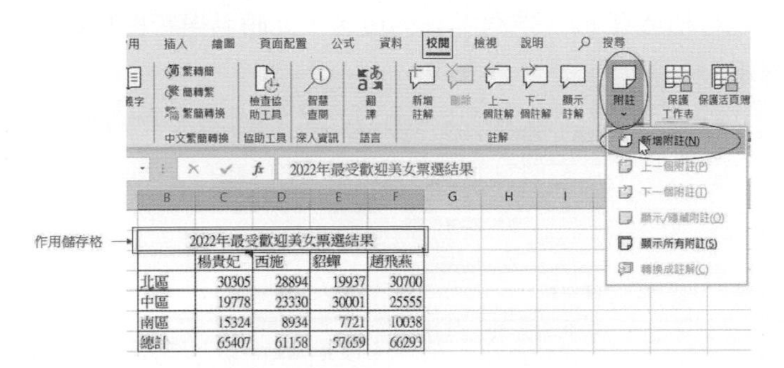

註 也可以按一下滑鼠右鍵，開啟快顯功能表再執行新增附註。

2： 輸入舉辦地點在西安。

	A	B	C	D	E	F	G	H	I
1									
2		2022年最受歡迎美女票選結果					cshung: 舉辦地點在西安		
3			楊貴妃	西施	貂蟬	趙飛燕			
4		北區	30305	28894	19937	30700			
5		中區	19778	23330	30001	25555			
6		南區	15324	8934	7721	10038			
7		總計	65407	61158	57659	66293			

3： 輸入完再按其它位置即完成 B2 儲存格的附註輸入。

2022年最受歡迎美女票選結果				
	楊貴妃	西施	貂蟬	趙飛燕
北區	30305	28894	19937	30700
中區	19778	23330	30001	25555
南區	15324	8934	7721	10038
總計	65407	61158	57659	66293

儲存格右上方含紅色三角形,表示含附註

附註輸入完成後，未來只要將滑鼠游標指向此儲存格即可自動顯示附註，滑鼠移開則隱藏附註。

2022年最受歡迎美女票選結果

cshung:
舉辦地點在西安

	楊貴妃	西施	貂蟬	趙飛燕
北區	30305	28894	19937	30700
中區	19778	23330	30001	25555
南區	15324	8934	7721	10038
總計	65407	61158	57659	66293

3-9-2-2 附註功能群組

若將作用儲存格放在 B2，含有附註的位置，此時若選校閱標籤，可以看到下列的附註功能群組。

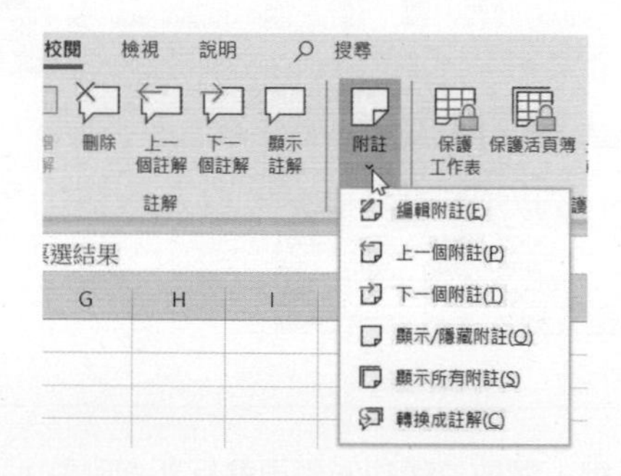

編輯附註：可以編輯此附註。

上一個附註：如果有多個附註，可跳至上一個附註。

下一個附註：如果有多個附註，可跳至下一個附註。

顯示 / 隱藏附註：可以顯示或隱藏此附註。

顯示所有附註：可以顯示所有附註。

轉換成註解：將附註轉成註解。

筆者將上述含註解與附註的執行結果儲存至 ch3_10.xlsx 檔案內。

3-10 資料驗證

3-10-1 資料驗證的基本觀念

有時候為了方便他人在使用 Excel 時，可很清楚知道各欄位應該輸入資料的類型及內容，我們可以在建立資料時，事先限定儲存格的內容限制。例如：公司為限制業務單位乘坐計程車車資報帳，不可浮報，可以限制車資報帳金額需在 500 元以下，目前計程車起跳價是 75 元，所以我們可以設定此欄位內容是在 75 元和 500 元間。

實例一：請開啟 ch3_11.xlsx 檔案，將業務單位的報帳車資設為：

標題：請輸入計程車車資

內容：輸入 75-500 之間的整數。

1： 請先選取 D3:D4，再點選資料 / 資料工具 / 資料驗證。

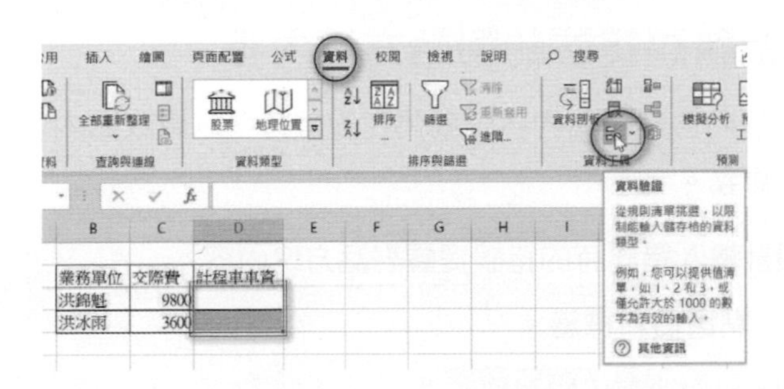

2： 出現資料驗證對話方塊，請點選輸入訊息標籤，同時參考下列左邊方式輸入。然後點選設定標籤，同時參考下列右邊方式輸入。

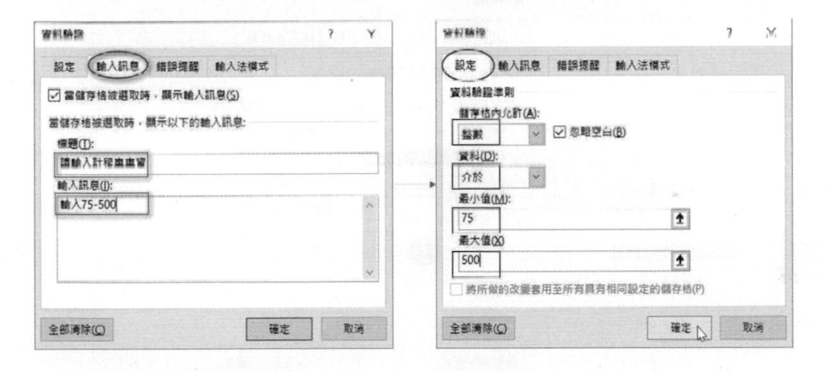

3： 按確定鈕。

筆者將上述執行結果儲存至 ch3_12.xlsx，未來只要作用儲存格在 D3:D4 間，即可看到提示訊息。

業務單位	交際費	計程車車資
洪錦魁	9800	
洪冰雨	3600	

請輸入計程車車資
輸入75-500

業務單位	交際費	計程車車資
洪錦魁	9800	
洪冰雨	3600	

請輸入計程車車資
輸入75-500

若是資料輸入錯誤，將出現下列錯誤訊息提醒對話方塊。

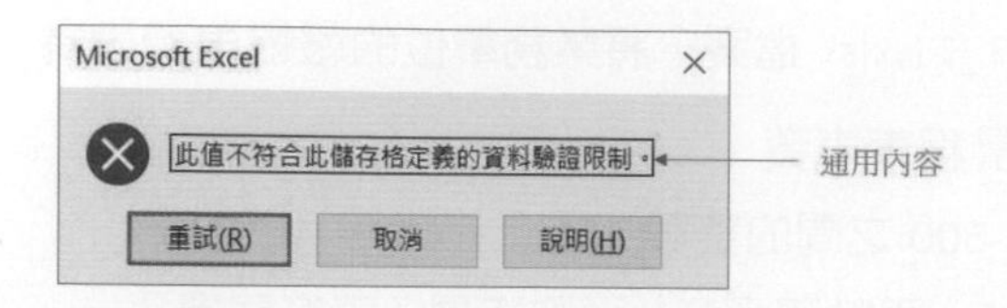

3-10-2 設計錯誤提醒的對話方塊內容

上述對話方塊內容是通用內容，我們在設計時可以更改此內容，整個設計更容易讓使用者了解意義。

實例一：自行設計輸入錯誤時的錯誤提醒對話方塊內容。

1： 選取 B2:B7，點選資料標籤。

2： 按一下資料 / 資料工具 / 資料驗證。

3： 出現資料驗證對話方塊。

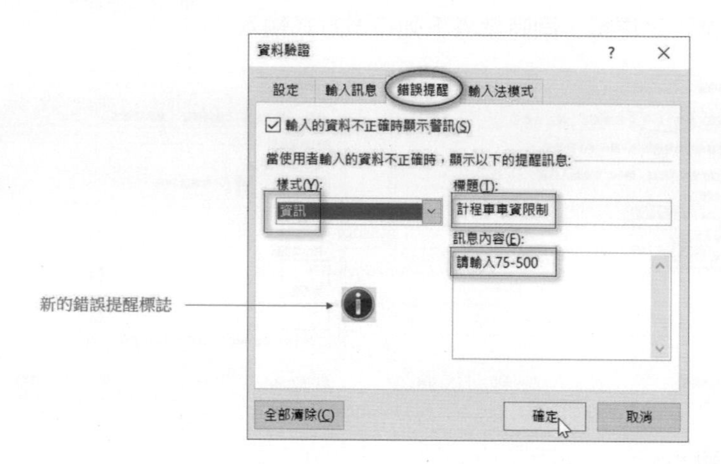

4： 按確定鈕。

未來若是在 B2:B7 儲存格間，有輸入資料錯誤時，將看到下列錯誤提醒對話方塊。

計程車車資限制

請輸入75-500

確定 取消 說明(H)

須留意這是提醒資訊，如果輸入 900 將看到上述訊息，如果上述按確定鈕，仍可輸入 900。按取消鈕則可取消輸入。為了保留上述執行結果，可將上述執行結果存入 ch3_13.xlsx 檔案內。

3-10-3 設定輸入錯誤的提醒樣式

在資料驗證對話方塊，錯誤提醒標籤環境的樣式欄位，有 3 個選項，分別是停止、警告和資訊。這 3 個選項的意義如下：

- 停止： 主要是防止使用者在儲存格內格輸入無效的資料，此時對話方塊有 2 個選項，分別是再試一次或取消。
- 警告： 主要是警告所輸入的資料無效，此時使用者可以選擇接受不正確的項目或是移除不正確的項目。
- 資訊： 這個類型是最有彈性，相當於通知使用者輸入錯誤，使用者可以確定接受或是按取消不接受輸入。

3-10-4 清除資料驗證

可以先選取有資料驗證的儲存格，然後按一下資料 / 資料工具 / 資料驗證鈕。

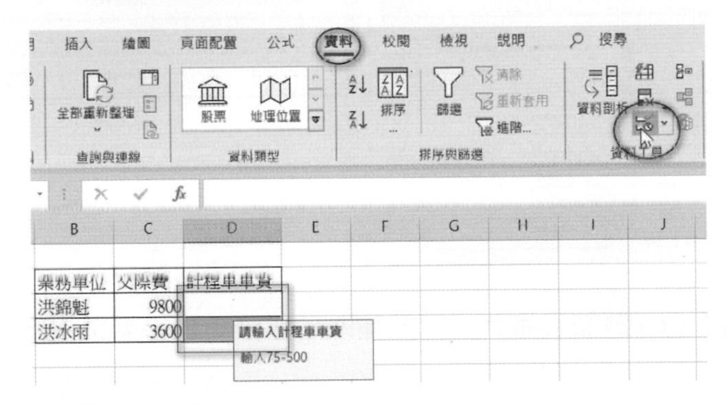

當出現資料驗證對話方塊時，按一下全部清除鈕，再按確定鈕。

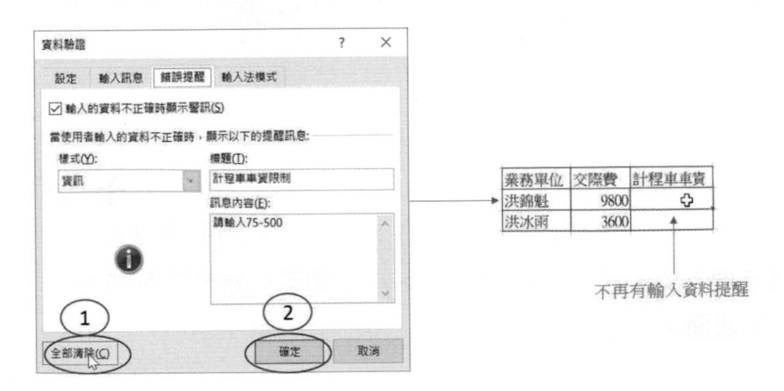

筆者將上述執行結果存入 ch3_14.xlsx 檔案內。

3-11 自動校正

Excel 有自動校正功能，當輸入錯誤或是輸入特定字串時，這個功能會做自動校正。請執行檔案 / 其他 / 選項 / 校訂，可以看到下列自動校正選項欄位，請點選自動校正選項鈕，可以看到下列左邊的自動校正對話方塊，下列右方則是在自動取代字串欄位捲動視窗的垂直捲軸，可以看到更多輸入字串將被取代的字串內容。

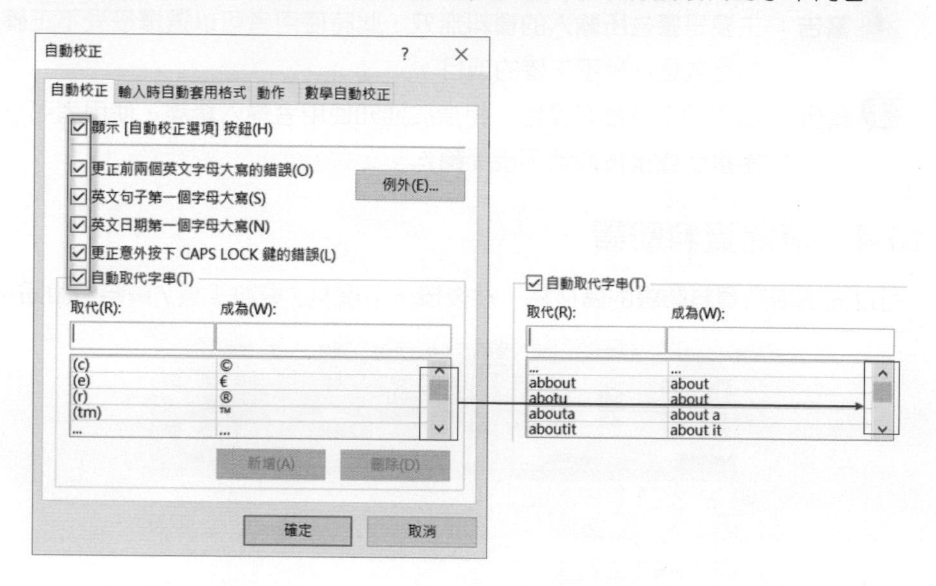

例如：輸入 (c) 將被© 取代，以及輸入了部分錯誤的英文將被正確的英文取代。

3-12 輸入特殊符號或特殊字元

3-12-1 輸入特殊符號

所謂的特殊符號是指鍵盤上沒有的字元，例如：拉丁文 ¥、希臘文 β、… 等，有許多字母在我們傳統鍵盤上是無法輸入。請執行插入 / 符號 / 符號，可以看到符號對話方塊，請選擇符號標籤，在下方左圖可以看到系列符號，下方右圖是捲動符號窗格的畫面。

選好特殊符號後，按插入鈕，就可以將所選特殊符號插入儲存格。

3-12-2 特殊字元

在符號對話方塊選擇特殊字元標籤，可以看到系列特殊字元，使用者可以點選，再按插入鈕就可以將所選的特殊字元插入儲存格內。

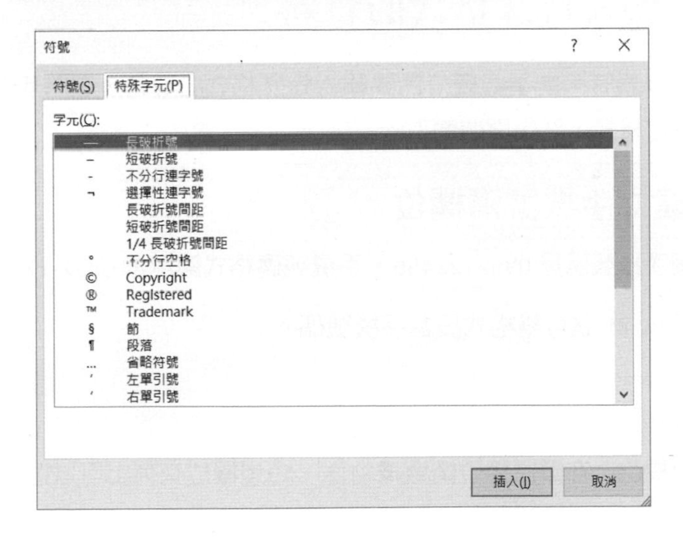

3-13 輸入數學公式

請執行插入 / 符號 / 方程式，可以看到方程式標籤，進入可以輸入方程式的 Excel 環境。

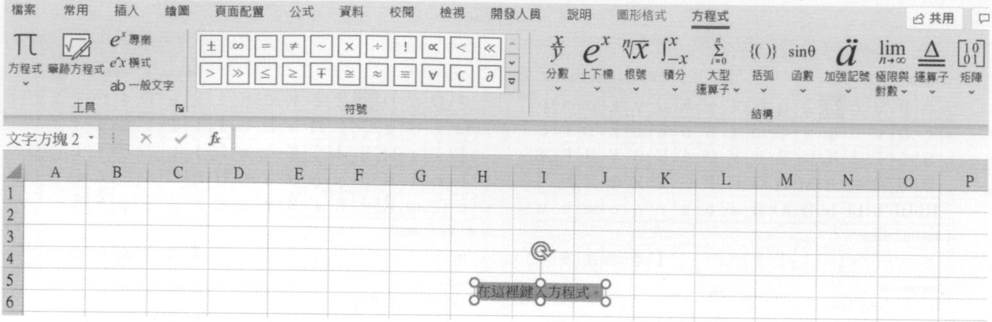

下列是筆者建立$\sqrt{5}$的畫面，數學公式對 Excel 而言是一個物件，所以無法單獨存在特定儲存格內，不過可以讓我們自動移動位置。

$$\sqrt{5}$$

3-14 輸入特殊格式的資料

在建立工作表時可能某些欄位需要輸入特殊格式的資料，這時可以將這些欄位先格式化為指定格式，然後再做輸入。

3-14-1 建立手機號碼欄位

假設一個手機號碼是 0952123456，手機號碼格式顯示是 0952-123-456。

實例一：請將 B2:B5 儲存格格式設為手機號碼。

1： 選取 B2:B5。

2： 請執行常用 / 儲存格 / 格式 / 儲存格格式，出現設定儲存格格式對話方塊，請選擇數值標籤，在類別欄位請選擇特殊，類型欄位有列出可以選擇格式類型。

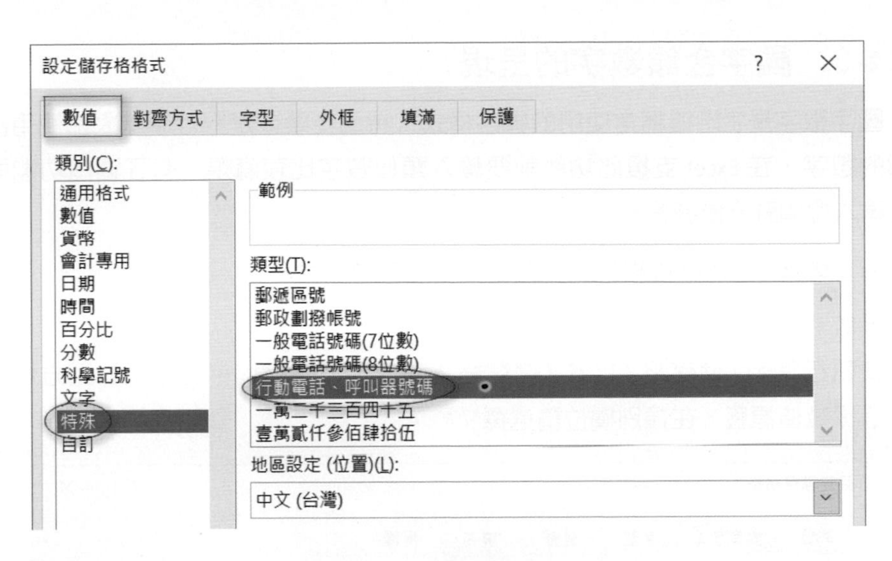

3： 請選擇行動電話、呼叫器號碼，然後按確定鈕。

4： 請在 B2 儲存格輸入 0952123456，可以得到下列結果。

	A	B	C
1			
2		0952-123-456	
3			
4			
5			

上述執行結果存入 ch3_15.xlsx，現在在 B2:B5 儲存格區間輸入手機號碼，會自動呈現格式化號碼的結果。

3-14-2 建立一般室內電話欄位

前一小節的觀念可以擴充到一般室內電話，例如：若是選擇一般電話號碼 (8 位數)，若是輸入 02345678，可以得到下列結果，結果存入 ch3_16.xlsx。

	A	B	C
1			
2		0212345678	
3			
4			
5			

Enter →

	A	B	C
1			
2		(02) 1234-5678	
3			
4			
5			

3-14-3 國字金額數字的呈現

國字數字是金融機構常使用的數字格式，特別支票或是銀行領款大都使用國字金額的數字，在 Excel 支援此功能前要輸入類似數字比較麻煩，有了這個功能財務單位輸入金額就方便許多。

實例一：請將 B2:B5 儲存格格式設為支票金額數字格式。

1： 選取 B2:B5。

2： 請執行常用 / 儲存格 / 格式 / 儲存格格式，出現設定儲存格格式對話方塊，請選擇數值標籤，在類別欄位請選擇特殊。

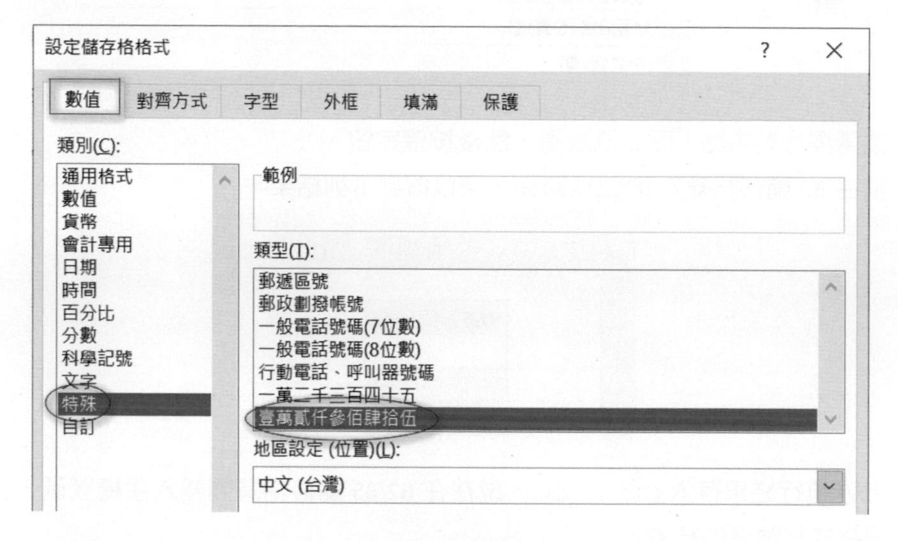

3： 請選擇壹萬貳仟參佰肆拾伍，然後按確定鈕。

4： 請在 B2 儲存格輸入 12345，可以得到下列結果。

	A	B	C
1			
2		壹萬貳仟參佰肆拾伍	
3			
4			
5			

上述執行結果存入 ch3_17.xlsx，現在在 B2:B5 儲存格間輸入數字，會自動呈現國字數字的結果。

3-15 輸入特殊數字

3-15-1 輸入前方是 0 的數字

如果輸入 0952123456，例如：手機號碼，Excel 會認為是輸入 952123456，所以儲存格呈現 952123456 的結果。

	A	B	C
1			
2		095212345	

→

	A	B	C
1			
2		95212345	

如果希望輸入 0952123456 可以呈現 0952123456 的結果，必須要將儲存格格式改為文字格式。

實例一：請將 B2 儲存格格式設為文字格式。

1： 將作用儲存格放在 B2。

2： 請執行常用 / 儲存格 / 格式 / 儲存格格式，出現設定儲存格格式對話方塊，請選擇數值標籤，在類別欄位請選擇文字。

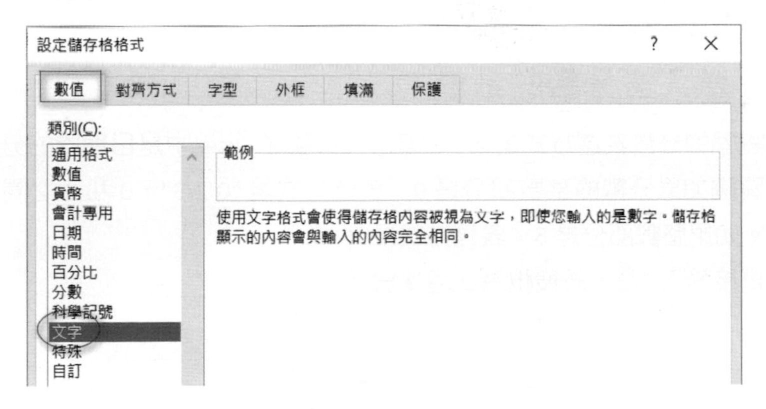

3： 然後按確定鈕。

4： 請在 B2 儲存格輸入 0123，可以得到下列結果，結果存入 ch3_18.xlsx，可以參考下方左圖。

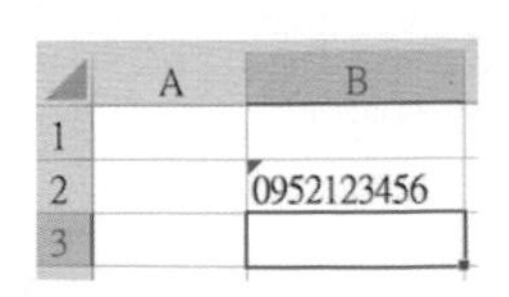

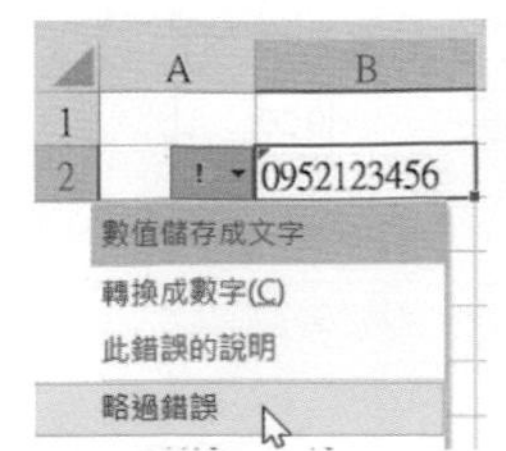

上述 B2 儲存格左上方有綠色三角形，表示這個儲存格的內容是可能有問題。現在如果將作用儲存格放在 B2，可以在 B2 儲存格左邊看到 ! 符號，因為這是測試我們想要忽略此錯誤，請將滑鼠游標指向 ! 符號，這時會出現向下符號 ▾，請執行略過錯誤，可以參考上方右圖，請將所輸入的號碼置中對齊，最後可以得到下列結果，結果存入 ch3_19.xlsx。

	A	B	C
1			
2		0952123456	
3			

3-15-2 輸入負值

除了可以正常輸入負值外，也可以用小括號框住數值產生負值的效果。

	A	B	C
1			
2		(99)	
3			

Enter →

	A	B	C
1			
2		-99	
3			

3-15-3 輸入含分數的數值

一般數學的分數表達方式是 2/3，但是 / 符號在 Excel 中是日期間的分隔符號，為了有所區隔如果分數的整數部分是 0，表達方式是 "0 2/3"，0 和 2 之間要有一格半形空白。如果整數部分是 5，表達方式是 "5 2/3"。

如果直接輸入 2/3，將被視為 2 月 3 日。

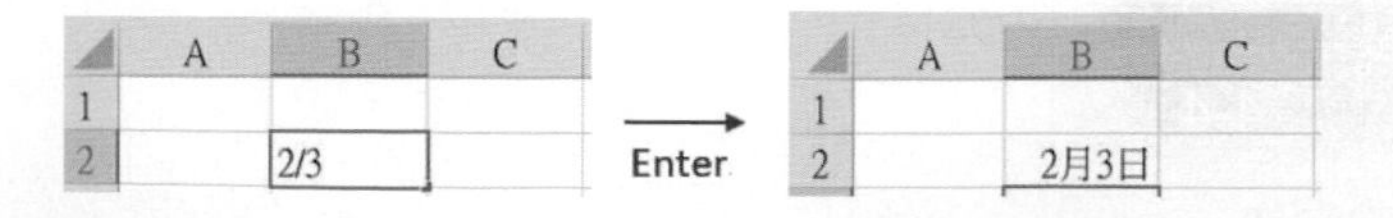

要產生分數結果，請輸入 "0 2/3"，可以得到下列結果。

	A	B	C
1			
2		0 2/3	

Enter →

	A	B	C
1			
2		2/3	

CHAPTER

4

公式與基本函數觀念

4-1 再談加總按鈕

4-2 建立簡單的數學公式

4-3 擴充的加總功能

4-4 以其他函數建立公式

4-5 定義範圍名稱

4-6 再談公式的拷貝

4-7 比較符號公式

4-8 排序資料

4-9 再談框線處理

4-10 建立含斜線的表頭

在本書 3-4 節筆者已經介紹過，一般可將輸入的資料分成常數和公式，本章則是針對所輸入的資料為公式的情形，做一基礎應用說明。所謂的函數是指，系統內部已經寫好的公式，我們可以直接調用，本章也將對簡單的函數做說明。Excel 內建的函數有許多，當筆者介紹更多 Excel 功能後，未來章節還會對更多函數用實際企業應用做解說。

4-1 再談加總按鈕

在本書 2-5-1 節筆者已經大致以實例說明了加總鈕的基本功能了。也就是當按下加總鈕時，Excel 將自動向左或是向上搜尋連續數字，然後予以相加，最後再將相加結果顯示在作用儲存格內。

4-1-1 自動加總使用技巧

如果在執行自動加總時，中間碰上儲存格是空的，將造成加總資料中斷。

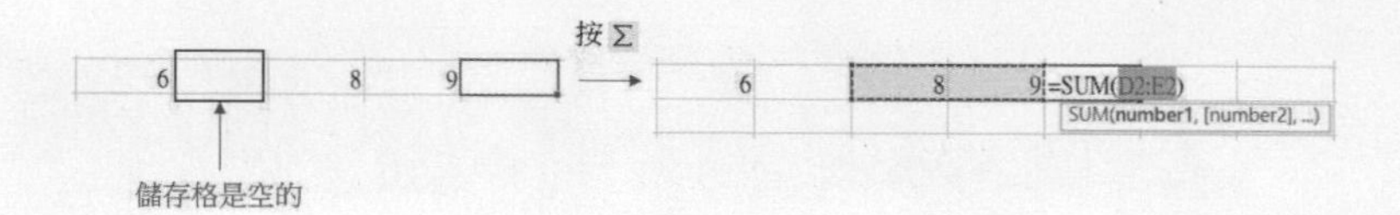

從上述可以看到加總的區間使用虛線方框，實際儲存格內容 6，不在虛線框內，此時如果希望 6 也可以被加總，可以拖曳虛線框，框住 6，至於 6 和 8 之間的空白儲存格內容會被視為 0。

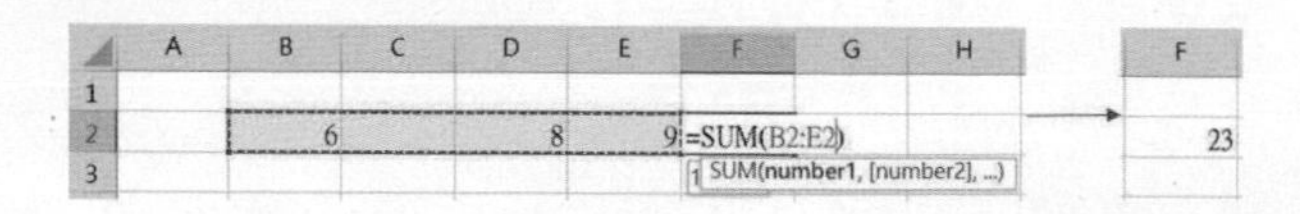

4-1-2 由自動加總認識公式的結構

其實函數的結構如下：

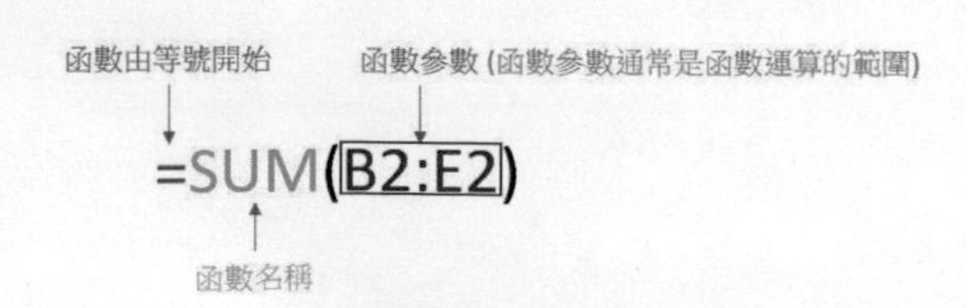

也就是需要先輸入等號 (=)，然後是函數名稱 (大小寫均可)，在函數內需要註明計算的範圍，下列是實例。

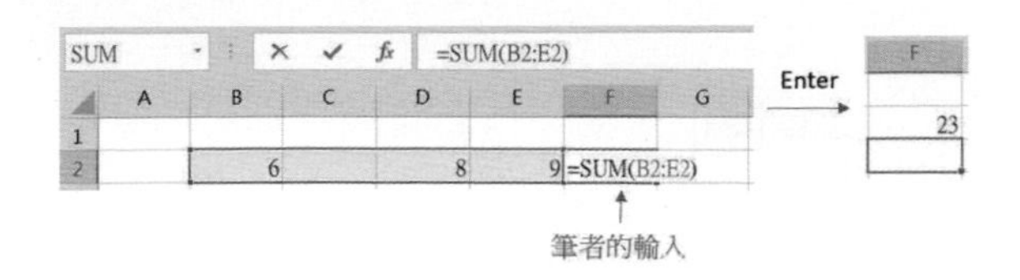

4-1-3 直接輸入計算式

其實也可以直接在儲存格輸入計算公式，可以參考下列實例。

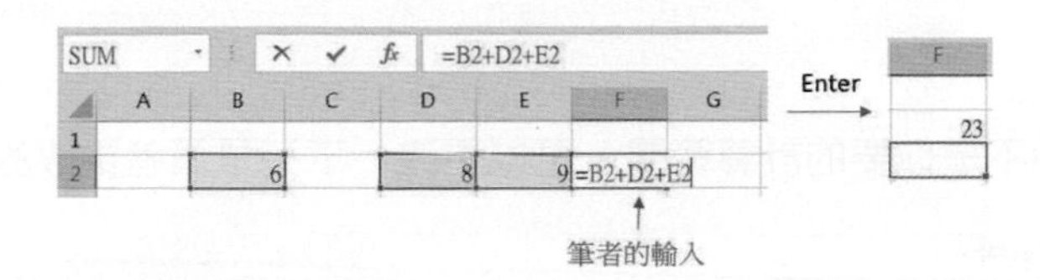

上述公式也可以使用下列 SUM(B2, D2:E2) 函數方式處理。

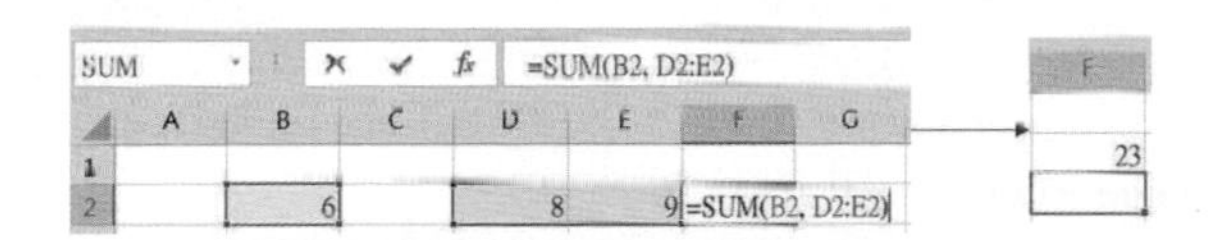

4-1-4 插入函數

Excel 也允許直接按 *fx* 圖示插入函數，如下所示：

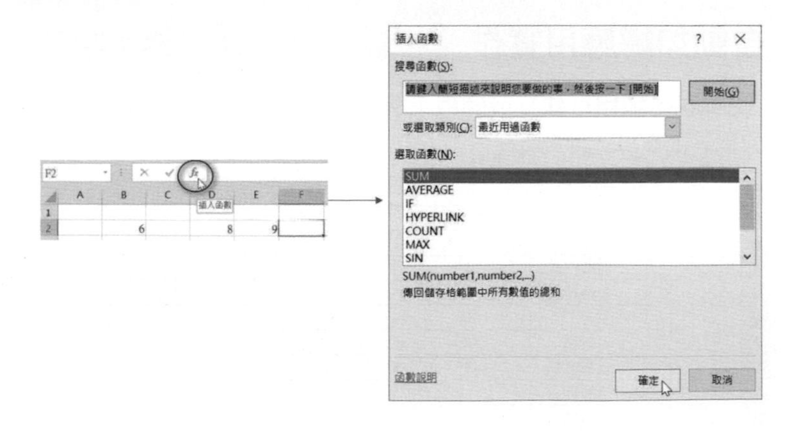

上述請先在選取函數欄位選 SUM，當按確定鈕後，將看到系統預設的計算結果。

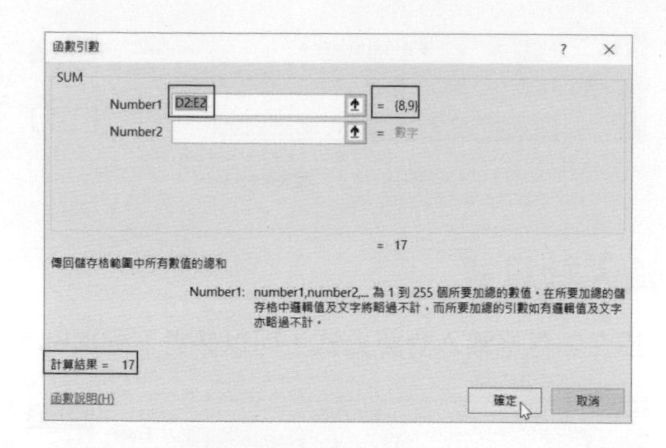

如果覺得這不是你要的計算範圍，可以更改，下列是筆者更改的結果。

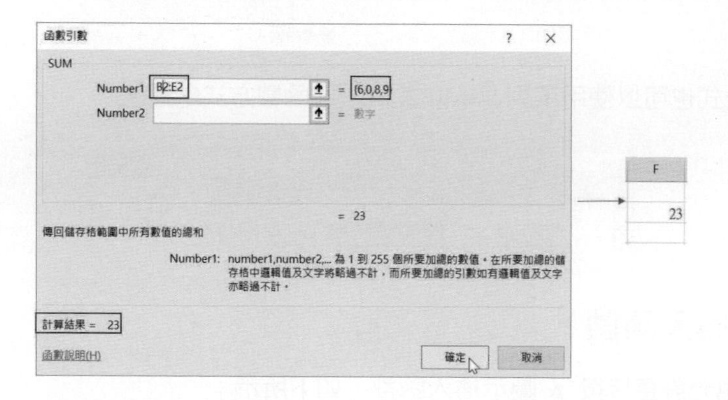

4-1-5 自動加總應用實作

為了方便解說，請自行建立或開啟下列 ch4_1.xlsx 資料。

	A	B	C	D	E	F	G	H	I	J
1										
2		微軟高中第一次月考成績表								
3		座號	姓名	國文	英文	數學	總分	平均	名次	
4		1	歐巴馬	73	93	75				
5		2	希拉蕊	68	95	80				
6		3	普丁	70	94	82				
7		4	布希	54	86	73				
8		5	華盛頓	82	65	90				
9			最高分							
10			最低分							

實例一：計算歐巴馬先生的總分。

1： 將作用儲存格移至 G4。

2： 按加總鈕。

座號	姓名	國文	英文	數學	總分	平均	名次
1	歐巴馬	73	93	75			
2	希拉蕊	68	95	80			
3	普丁	70	94	82			
4	布希	54	86	73			
5	華盛頓	82	65	90			
	最高分						
	最低分						

由於 Excel 採用向左或向上搜尋數字再予以相加的功能，並不一定適用在所有情況，因此，此時出現相加函數 (SUM)，同時在此函數內列出 D4:F4 參數，表示欲將 D4:F4 區間內的值加起來。若這並不是你想要，你可以自行修改參數的相加範圍。

座號	姓名	國文	英文	數學	總分	平均	名次
1	歐巴馬	73	93	75	=SUM(D4:F4)		
2	希拉蕊	68	95	80	SUM(number1, [number2], ...)		
3	普丁	70	94	82			

3： 如果這正是您需要的，則可以按 Enter 鍵，表示確定。

座號	姓名	國文	英文	數學	總分	平均	名次
1	歐巴馬	73	93	75	241		
2	希拉蕊	68	95	80			
3	普丁	70	94	82			

4-1-6 函數引數的工具提示

這個功能可以連上 Internet，它會列出該函數的所有引數，以及該使用函數說明。

	A	B	C	D	E	F	G	H	I
1									
2		微軟高中第一次月考成績表							
3		座號	姓名	國文	英文	數學	總分	平均	名次
4		1	歐巴馬	73	93	75	241		
5		2	希拉蕊	68	95	80	=SUM(D5:F5)		
6		3	普丁	70	94	82	SUM(number1, [number2], ...)		
7		4	布希	54	86	73			

上述點選 SUM 函數，可以連上 Internet，然後列出 SUM 函數的使用解說。

SUM 函數

SUM 函數會加總值。 您可以新增個別的值、儲存格參照或範圍，或混合新增這三種。

例如：

- **=SUM(A2:A10)** 將儲存格 A2：10中的值相加。
- **=SUM(A2:A10, C2:C10)** 將儲存格 A2：10及儲存格 C2： C10 中的值相加。

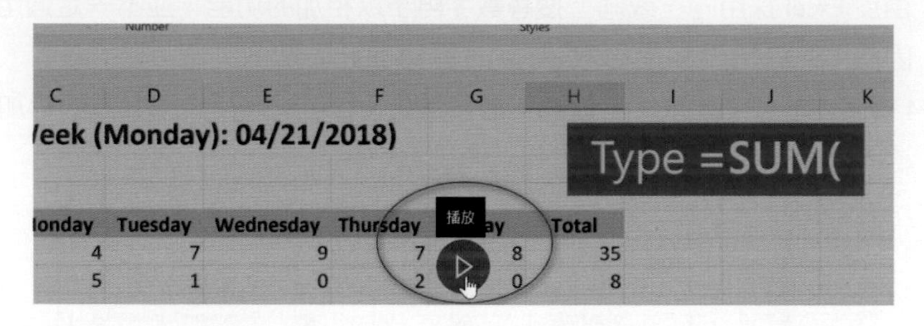

4-1-7　加總指定區間

加總鈕另一種使用方式是，在按此鈕前，你可以先選定欲加總的範圍及欲填上加總結果的儲存格，再按此鈕。

實例一：計算希拉蕊的總分。

1：　選定 D5:G5 區間的儲存格。

	A	B	C	D	E	F	G	H	I
1									
2		微軟高中第一次月考成績表							
3		座號	姓名	國文	英文	數學	總分	平均	名次
4		1	歐巴馬	73	93	75	241		
5		2	希拉蕊	68	95	80			
6		3	普丁	70	94	82			
7		4	布希	54	86	73			
8		5	華盛頓	82	65	90			
9			最高分						
10			最低分						

工作表1

就緒　平均值: 81　項目個數: 3　加總: 243

選取區間

已經自動執行基本運算

2： 上述選定區間時，Excel 已經指定欲執行運算的儲存格，以及在狀態列列出基本運算結果。按加總鈕，請取消所選的儲存格，將直接列出執行結果。

	A	B	C	D	E	F	G	H	I
1									
2		微軟高中第一次月考成績表							
3		座號	姓名	國文	英文	數學	總分	平均	名次
4		1	歐巴馬	73	93	75	241		
5		2	希拉蕊	68	95	80	243		
6		3	普丁	70	94	82			

4-1-8 加總多組資料區間

除了可以選定某組區間再予以加總外，你也可以一次選取多組區間，再按加總鈕，予以一次執行多組資料的加算。

實例一：同時計算普丁和布希的總分。

1： 請選定 D6:G7 區間的儲存格。

	A	B	C	D	E	F	G	H	I
1									
2		微軟高中第一次月考成績表							
3		座號	姓名	國文	英文	數學	總分	平均	名次
4		1	歐巴馬	73	93	75	241		
5		2	希拉蕊	68	95	80	243		
6		3	普丁	70	94	82			
7		4	布希	54	86	73			
8		5	華盛頓	82	65	90			

2： 按加總鈕，請取消所選的儲存格。

	A	B	C	D	E	F	G	H	I
1									
2		微軟高中第一次月考成績表							
3		座號	姓名	國文	英文	數學	總分	平均	名次
4		1	歐巴馬	73	93	75	241		
5		2	希拉蕊	68	95	80	243		
6		3	普丁	70	94	82	246		
7		4	布希	54	86	73	213		
8		5	華盛頓	82	65	90			
9			最高分						
10			最低分						

4-2 建立簡單的數學公式

你也可以利用數學運算符號，在儲存格內執行簡單的數學運算，常見的數學運算符號有下列幾種。

+：加法　　　　-：減法

*：乘法　　　　/：除法

%：百分比　　　^：乘冪

在儲存格的使用中，必須以等號 (=) 做為數學運算公式的起始字元。若有需要時，你也可以將數學運算的括號觀念放在公式內。

實例一：利用數學運算符號計算歐巴馬先生的平均成績。

1： 將作用儲存格移至 H4。

2： 輸入公式 "=(D4+E4+F4)/3"。

	A	B	C	D	E	F	G	H	I
1									
2		微軟高中第一次月考成績表							
3		座號	姓名	國文	英文	數學	總分	平均	名次
4		1	歐巴馬	73	93	75	241	=(D4+E4+F4)/3	
5		2	希拉蕊	68	95	80	243		
6		3	普丁	70	94	82	246		

3： 按 Enter 鍵。

H5

	A	B	C	D	E	F	G	H	I
1									
2		微軟高中第一次月考成績表							
3		座號	姓名	國文	英文	數學	總分	平均	名次
4		1	歐巴馬	73	93	75	241	80.33333	
5		2	希拉蕊	68	95	80	243		
6		3	普丁	70	94	82	246		

4-3 擴充的加總功能

在加總功能右邊有⌄鈕，若按此鈕，可以看到常用函數的下拉式清單。由此清單可以看到可執行加總、平均值、計數、最大值、最小值或是其它函數(下一節說明)。

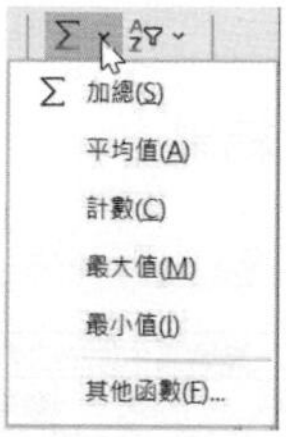

Σ 加總(S)
平均值(A)
計數(C)
最大值(M)
最小值(I)
其他函數(F)...

使用此擴充式功能步驟如下：

1： 按一下欲存放執行結果的儲存格。

2： 選擇欲執行的功能。

3： 選取欲計算的儲存格區間，再按 Enter 鍵。

實例一：計算希拉蕊的平均，將結果放在 H5。

1： 按一下 H5，再執行加總內的平均值功能。

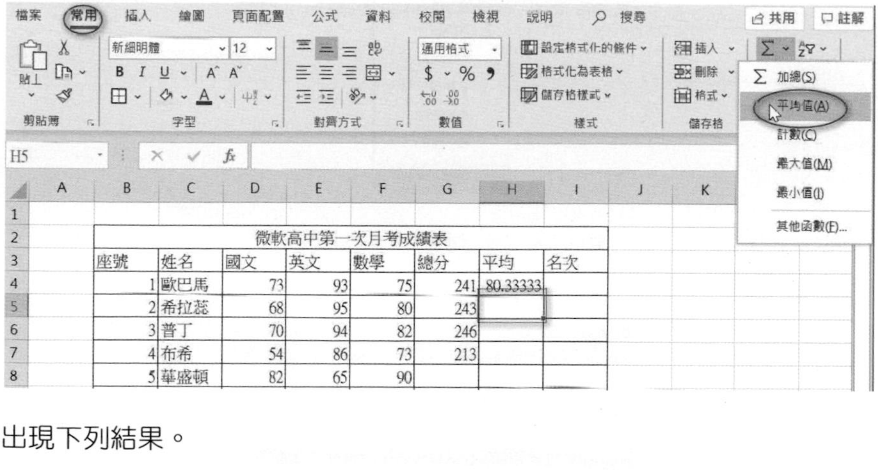

	A	B	C	D	E	F	G	H	I
1									
2		微軟高中第一次月考成績表							
3		座號	姓名	國文	英文	數學	總分	平均	名次
4		1	歐巴馬	73	93	75	241	80.33333	
5		2	希拉蕊	68	95	80	243		
6		3	普丁	70	94	82	246		
7		4	布希	54	86	73	213		
8		5	華盛頓	82	65	90			

2： 出現下列結果。

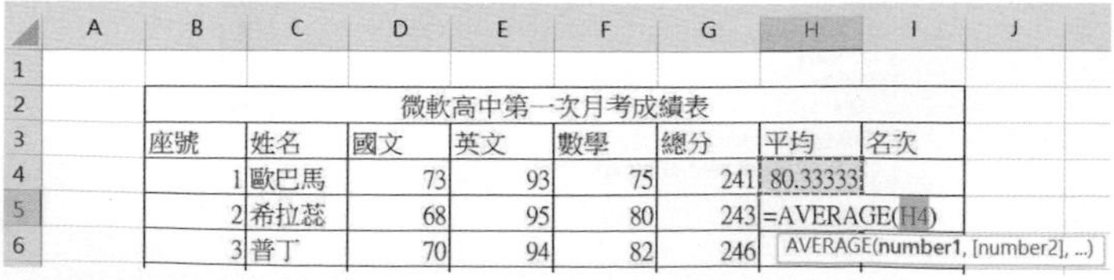

	A	B	C	D	E	F	G	H	I
1									
2		微軟高中第一次月考成績表							
3		座號	姓名	國文	英文	數學	總分	平均	名次
4		1	歐巴馬	73	93	75	241	80.33333	
5		2	希拉蕊	68	95	80	243	=AVERAGE(H4)	
6		3	普丁	70	94	82	246	AVERAGE(number1, [number2], ...)	

3： 再選取 D5:F5 儲存格區間。

	A	B	C	D	E	F	G	H	I	J
1										
2		微軟高中第一次月考成績表								
3		座號	姓名	國文	英文	數學	總分	平均	名次	
4		1	歐巴馬	73	93	75	241	80.33333		
5		2	希拉蕊	68	95	80	243	=AVERAGE(D5:F5)		
6		3	普丁	70	94	82	246	AVERAGE(number1, [number2], ...)		

4： 按 Enter 鍵，可以得到下列執行結果。

	A	B	C	D	E	F	G	H	I
1									
2		微軟高中第一次月考成績表							
3		座號	姓名	國文	英文	數學	總分	平均	名次
4		1	歐巴馬	73	93	75	241	80.33333	
5		2	希拉蕊	68	95	80	243	81	
6		3	普丁	70	94	82	246		

4-4 以其他函數建立公式

Excel 的其它函數指令包含各種類別的內建函數，使用這些內建函數，可以很方便的建立公式得到所想要的結果。

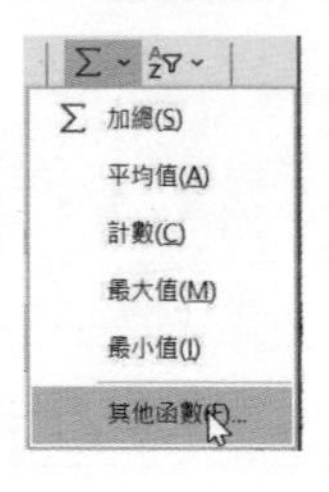

若執行上述指令，可以看到插入函數對話方塊。

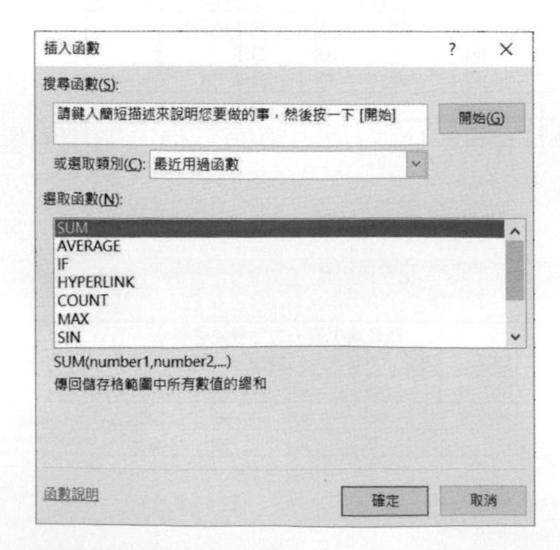

選取類別欄內包含函數所有內建公式的種類，而選取函數欄內則包含目前所選函數類別所提供的函數。在選取函數欄位下方可以看到目前所選的函數名稱，此例是 SUM，同時也列出此 SUM 函數的用法，因此可從此位置了解所有函數的用法。

如果您還是不知道如何使用特定函數，可以先選取，再點選左下角的函數說明。此時畫面將連結到 Excel 的說明中，此功能非常實用也可以節省時間喔！

4-4-1 SUM 函數實例

實例一：計算華盛頓的總分。

1： 將作用儲存格移至 F8。

2： 按加總右邊的 ⌄ 鈕，再選其他函數指令。

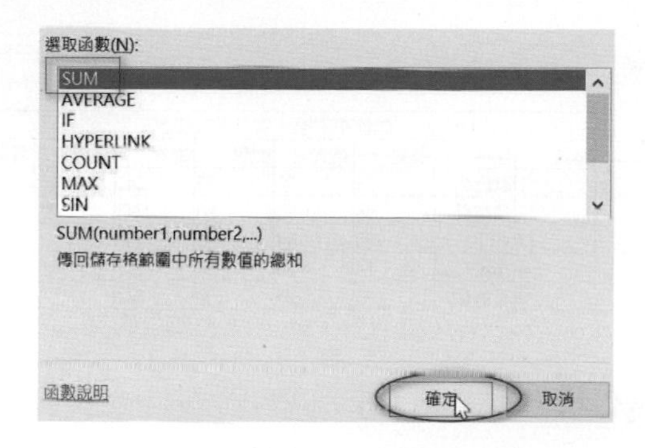

3： 在選取函數欄選 SUM，再按確定鍵。

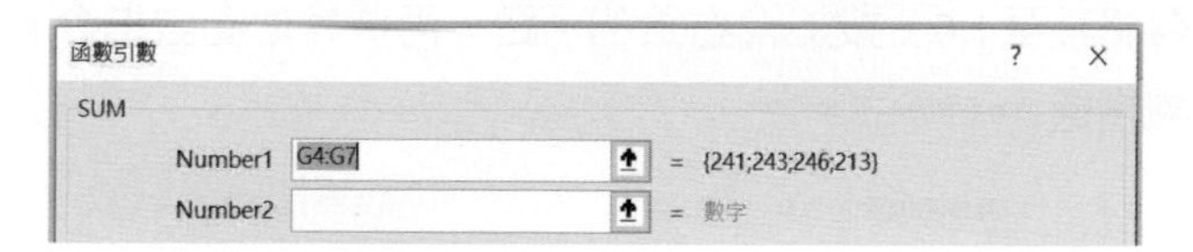

4： 很明顯上述預設相加範圍不是我們想要的，請將上述函數引數對話方塊拖曳到不會遮蓋主視窗畫面的地方。

5： 選定 D8:F8，此時的 Number1 欄位也將顯示你所選定的區間。同時計算結果欄位，已經顯示出 SUM 函數的計算結果了。

函數引數

SUM

Number1 D8:F8 = {82,65,90}

Number2 = 數字

= 237

傳回儲存格範圍中所有數值的總和

Number1: number1,number2,... 為 1 到 255 個所要加總的數值。在所要加總的儲存格中邏輯值及文字將略過不計，而所要加總的引數如有邏輯值及文字亦略過不計。

計算結果 = 237

函數說明(H) 確定 取消

6： 按確定鈕。

	A	B	C	D	E	F	G	H	I
1									
2		微軟高中第一次月考成績表							
3		座號	姓名	國文	英文	數學	總分	平均	名次
4		1	歐巴馬	73	93	75	241	80.33333	
5		2	希拉蕊	68	95	80	243	81	
6		3	普丁	70	94	82	246		
7		4	布希	54	86	73	213		
8		5	華盛頓	82	65	90	237		

4-4-2 AVERAGE 函數實例

實例一：AVERAGE 函數的實例。

1： 將作用儲存格移至 H6，按加總右邊的⌄鈕，再選其他函數指令。

2： 在選取函數欄選 AVERAGE。

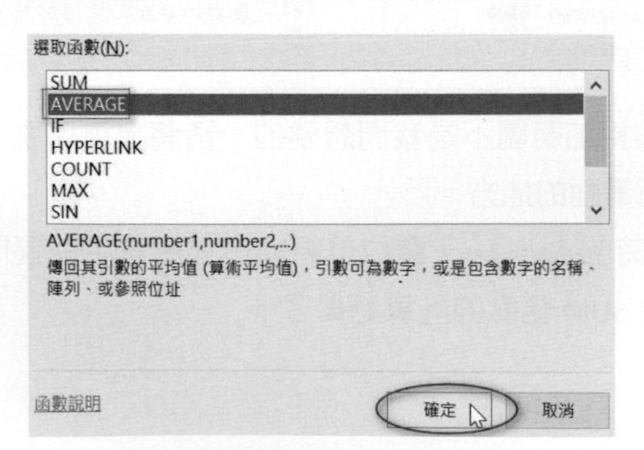

3： 按確定鈕。

4： 請將函數引數對話方塊拖曳到不會遮住主視窗畫面的地方。

5： 選定 D6:F6，此時 Number1 欄位將顯示你所選定的區間。同時計算結果欄位，將顯示 AVERAGE 函數的計算結果。

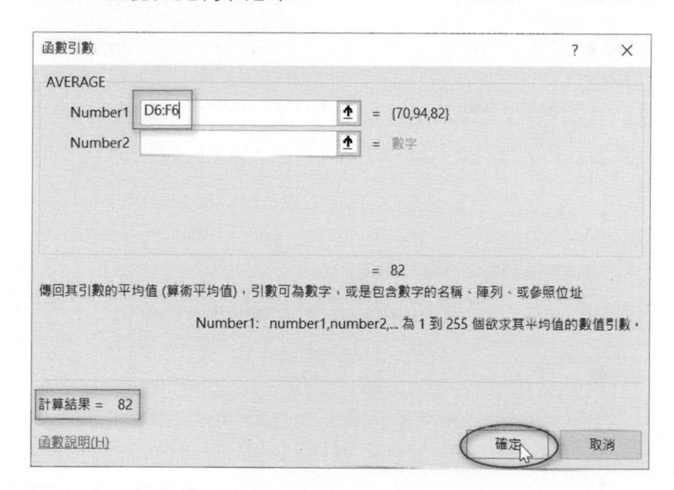

6： 按確定鈕。

	A	B	C	D	E	F	G	H	I
1									
2		微軟高中第一次月考成績表							
3		座號	姓名	國文	英文	數學	總分	平均	名次
4		1	歐巴馬	73	93	75	241	80.33333	
5		2	希拉蕊	68	95	80	243	81	
6		3	普丁	70	94	82	246	82	
7		4	布希	54	86	73	213		

4-4-3 MAX 函數實例

實例一：計算國文成績的最高分。

1： 將作用儲存格移至 D9，再按加總右邊的 ⌄ 鈕，再選其他函數指令。

2： 在選取函數欄選 MAX。

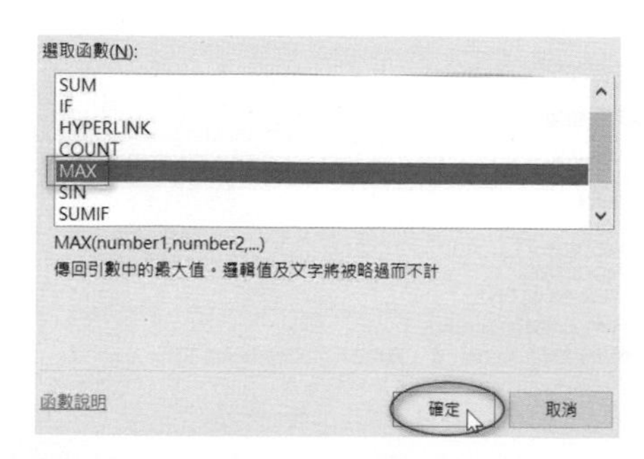

3： 按確定鈕。

4： 選定 D4:D8，此時 Number1 欄位將顯示你所選定的區間。同時計算結果欄位，將顯示 MAX 函數的計算結果。

函數引數 ? ×

MAX

Number1 D4:D8 = {73;68;70;54;82}

Number2 = 數字

= 82

傳回引數中的最大值。邏輯值及文字將被略過而不計

Number1: number1,number2,... 為 1 到 255 個引數，其內容可為數值、空白儲存格、邏輯值、文字字串。此函數將傳回這些引數的最大值。

計算結果 = 82

函數說明(H) 確定 取消

5： 按確定鈕。

	A	B	C	D	E	F	G	H	I
1									
2		微軟高中第一次月考成績表							
3		座號	姓名	國文	英文	數學	總分	平均	名次
4		1	歐巴馬	73	93	75	241	80.33333	
5		2	希拉蕊	68	95	80	243	81	
6		3	普丁	70	94	82	246	82	
7		4	布希	54	86	73	213		
8		5	華盛頓	82	65	90	237		
9			最高分	82					
10			最低分						

4-4-4 MIN 函數實例

實例一：計算國文成績的最低分。

1： 將作用儲存格移至 D10，再按加總右邊的 ⌄ 鈕，再選其他函數指令。

2： 在選取函數欄選 MIN。

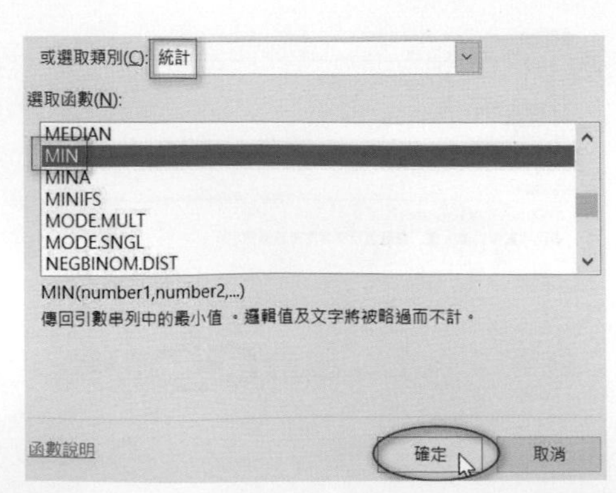

3： 按確定鈕。

4： 選定 D4:D8，此時 Number1 欄位將顯示你所選定的區間。同時計算結果欄位，將顯示 MIN 函數的計算結果。

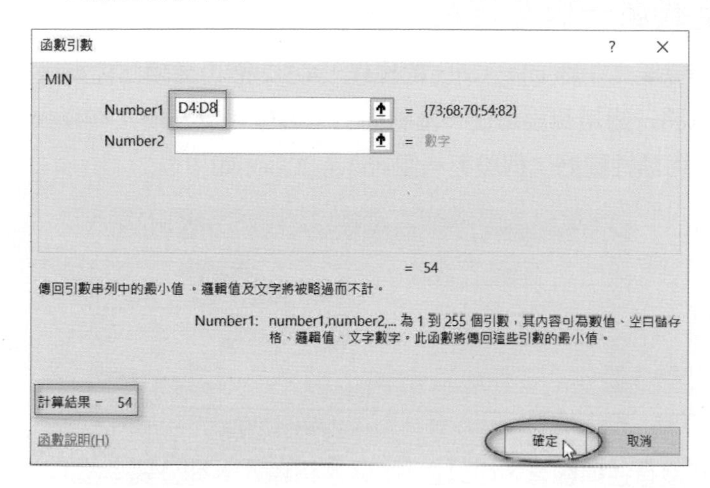

5： 按確定鈕。

	A	B	C	D	E	F	G	H	I
1									
2		微軟高中第一次月考成績表							
3		座號	姓名	國文	英文	數學	總分	平均	名次
4		1	歐巴馬	73	93	75	241	80.33333	
5		2	希拉蕊	68	95	80	243	81	
6		3	普丁	70	94	82	246	82	
7		4	布希	54	86	73	213		
8		5	華盛頓	82	65	90	237		
9			最高分	82					
10			最低分	54					

4-5 定義範圍名稱

在 Excel 的工作表內，又可將單一個儲存格或連續的儲存格區間稱之為範圍，同時給予範圍一個名稱，而未來公式運算時，則以名稱代表儲存格區間。名稱通常採用易於記憶的名稱命名之，例如：採用該列或該欄的名稱予以命名。

名稱的命名原則如下：

1： 名稱的第一個字元，可以是英文字母、中文或是底線 (_) 字元。

2： 英文字母大小寫視為一樣，例如：Name 和 NAME 視為相同名稱。

3： 不可用儲存格的表示方式代表名稱，例如：A2 或 $A$2 是不允許的。

所定義的名稱除了可以讓這張工作表使用外，也可以讓相同活頁簿的其他工作表使用，如果活頁簿內有許多工作表需要使用名稱時，建議統一在第一個工作表建立名稱，這樣可以更統一名稱的使用，不會太雜亂。

4-5-1 定義單一儲存格為一個名稱

這一小節需要先中斷 ch4_1.xlsx 的操作，4-5-2 節再繼續此檔案操作。

通常可以將一個常數設定在一個名稱上，這樣可以方便工作表公式使用，同時讓工作表未來可讀性更好，假設有一個 ch4_1_1.xlsx 如下：

	A	B	C	D	E	F	G	H
1								
2		營業稅	0.05		深智銷售表			
3					品項	單價	數量	小計
4					滑鼠	200	1	200
5					鍵盤	350	2	700
6							小計	900
7							營業稅	
8							總計	

如果我們沒有名稱觀念，可以在 H7 儲存格輸入下列公式：

= C2 * H6

上述按 Enter 後可以得到下列結果。

	A	B	C	D	E	F	G	H
1								
2		營業稅	0.05		深智銷售表			
3					品項	單價	數量	小計
4					滑鼠	200	1	200
5					鍵盤	350	2	700
6							小計	900
7							營業稅	45
8							總計	

筆者將上述執行結果存入 ch4_1_2.xlsx 檔案內，請重新開啟 ch4_1_1.xlsx 檔案。

碰上這類問題，更專業的做法是可以將 C2 儲存格名稱設為營業稅。請將作用儲存格放在 C2，然後在左上角的名稱方塊輸入營業稅，這樣就可以將 C2 儲存格設為營業稅。

營業稅 ▾ | × ✓ *fx* | 0.05

	A	B	C	D	E	F	G	H
1								
2		營業稅	0.05		深智銷售表			
3					品項	單價	數量	小計
4					滑鼠	200	1	200
5					鍵盤	350	2	700
6							小計	900
7							營業稅	
8							總計	

未來就可以使用下列方式建立 H7 儲存格的內容。

= H6 * 營業稅

= H6 * 營業稅

	A	B	C	D	E	F	G	H
1								
2		營業稅	0.05		深智銷售表			
3					品項	單價	數量	小計
4					滑鼠	200	1	200
5					鍵盤	350	2	700
6							小計	900
7							營業稅	營業稅
8							總計	

按 Enter 鍵後可以得到下列結果。

	A	B	C	D	E	F	G	H
1								
2		營業稅	0.05		深智銷售表			
3					品項	單價	數量	小計
4					滑鼠	200	1	200
5					鍵盤	350	2	700
6							小計	900
7							營業稅	45
8							總計	

請將結果存入 ch4_1_3.xlsx，筆者會在未來章節講解一個活頁簿建立多個工作表的觀念，在建立大型活頁簿時，可以在第一個工作表統一建立名稱，其他工作表則可引用。

註　4-5-6 節筆者會講解刪除名稱的方法。

4-5-2　定義一個連續儲存格區間為名稱

這一小節需要恢復 ch4_1.xlsx 的操作。

實例一：定義 E4:E8 儲存格區間的範圍名稱為英文。

1：　選定欲命名為英文名稱的儲存格區間 E4:E8。

2：　在資料編輯列左邊的名稱方塊按一下，然後輸入英文。

3： 按 Enter 鍵後，E4:E8 範圍就稱為英文了。

英文 | 93

	A	B	C	D	E	F	G	H	I
1									
2		微軟高中第一次月考成績表							
3		座號	姓名	國文	英文	數學	總分	平均	名次
4		1	歐巴馬	73	93	75	241	80.33333	
5		2	希拉蕊	68	95	80	243	81	
6		3	普丁	70	94	82	246	82	
7		4	布希	54	86	73	213		
8		5	華盛頓	82	65	90	237		
9			最高分	82					
10			最低分	54					

工作表1

就緒 平均值: 86.6 項目個數: 5 加總: 433 ←系統自動列出

4-5-3 公式與範圍名稱的應用

實例一：以範圍名稱的觀念，計算英文成績的最高分。

1： 將作用儲存格移至 E9。

2： 按加總右邊的 ⌄ 鈕，再選其他函數指令。

3： 在選取函數欄選 MAX。

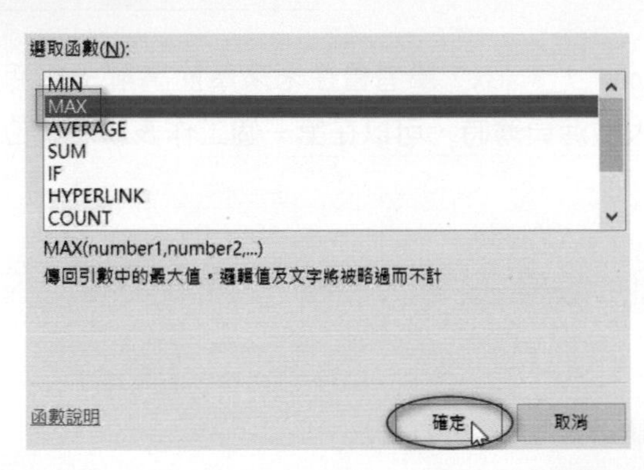

4： 按確定鈕。

5： 請在函數引數對話方塊的 Number1 欄位輸入英文。

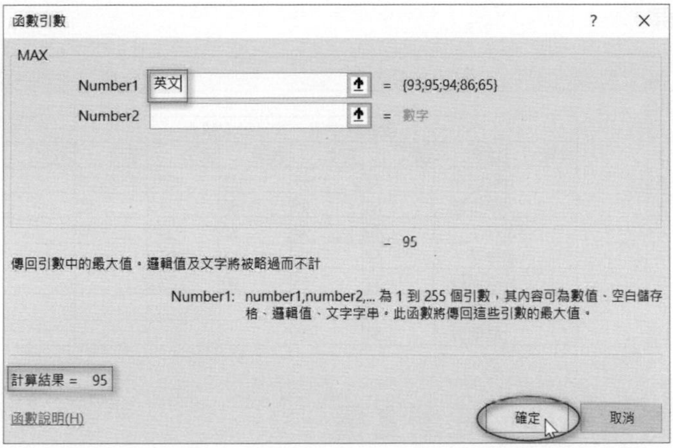

函數引數 ? ×

MAX

Number1 英文 = {93;95;94;86;65}

Number2 = 數字

= 95

傳回引數中的最大值。邏輯值及文字將被略過而不計

Number1: number1,number2,... 為 1 到 255 個引數，其內容可為數值、空白儲存格、邏輯值、文字字串。此函數將傳回這些引數的最大值。

計算結果 = 95

函數說明(H) 確定 取消

6： 按確定鈕。

	A	B	C	D	E	F	G	H	I
1									
2		微軟高中第一次月考成績表							
3		座號	姓名	國文	英文	數學	總分	平均	名次
4		1	歐巴馬	73	93	75	241	80.33333	
5		2	希拉蕊	68	95	80	243	81	
6		3	普丁	70	94	82	246	82	
7		4	布希	54	86	73	213		
8		5	華盛頓	82	65	90	237		
9			最高分	82	95				
10			最低分	54					

實例二：將範圍名稱應用在函數內，直接輸入函數公式計算英文成績的最低分。

1： 將作用儲存格移至 E10。

2： 輸入 "=MIN(英文)"。

	A	B	C	D	E	F	G	H	I
1									
2		微軟高中第一次月考成績表							
3		座號	姓名	國文	英文	數學	總分	平均	名次
4		1	歐巴馬	73	93	75	241	80.33333	
5		2	希拉蕊	68	95	80	243	81	
6		3	普丁	70	94	82	246	82	
7		4	布希	54	86	73	213		
8		5	華盛頓	82	65	90	237		
9			最高分	82	95				
10			最低分	54	=MIN(英文)				

3： 按 Enter 鍵。

	A	B	C	D	E	F	G	H	I
1									
2		微軟高中第一次月考成績表							
3		座號	姓名	國文	英文	數學	總分	平均	名次
4		1	歐巴馬	73	93	75	241	80.33333	
5		2	希拉蕊	68	95	80	243	81	
6		3	普丁	70	94	82	246	82	
7		4	布希	54	86	73	213		
8		5	華盛頓	82	65	90	237		
9			最高分	82	95				
10			最低分	54	65				

4-5-4 同時定義多個範圍名稱

通常為了方便，我們可以一次定義多個範圍名稱，定義名稱的方式是以欄位名稱定義該欄相關儲存格或以列名稱定義該列相關儲存格。

實例一：同時定義多個範圍名稱，本實例執行後各範圍名稱的定義如下：

國文 = D4:D8　　英文 = E4:E8
數學 = F4:F8　　歐巴馬 = D4:F4
希拉蕊 = D5:F5　　普丁 = D6:F6
布希 = D7:F7　　華盛頓 = D8:F8

1： 請選取 C3:F8，這區間應包含欄名稱及列名稱。

	A	B	C	D	E	F	G	H	I
1									
2		微軟高中第一次月考成績表							
3		座號	姓名	國文	英文	數學	總分	平均	名次
4		1	歐巴馬	73	93	75	241	80.33333	
5		2	希拉蕊	68	95	80	243	81	
6		3	普丁	70	94	82	246	82	
7		4	布希	54	86	73	213		
8		5	華盛頓	82	65	90	237		
9			最高分	82	95				
10			最低分	54	65				

2： 按公式 / 已定義之名稱 / 從選取範圍建立鈕。

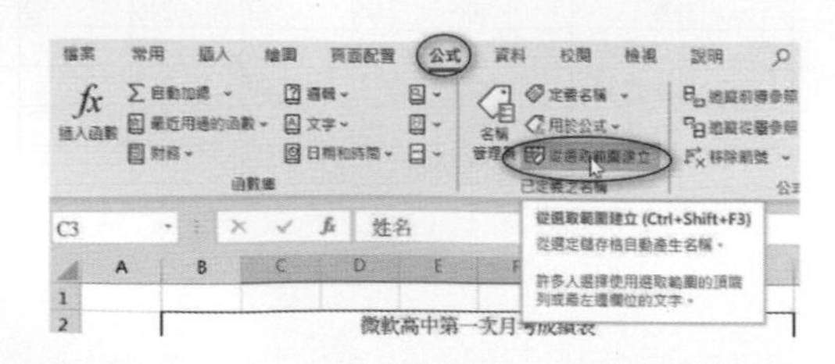

3： 在對話方塊內設定頂端列和最左欄。

4： 按確定鈕。

若想驗證上述定義名稱的結果，可以按名稱方塊的⌄鈕，你可以看到所建立成功的範圍名稱。

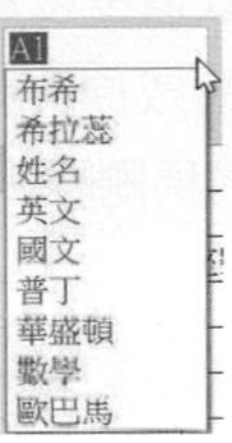

4-5-5 以名稱來快速選定儲存格區間

由於每個範圍名稱均代表某個儲存格區間，因此只要在名稱方塊內選定某個名稱，相當於可以選定該名稱所代表的儲存格區間。

實例一：以選定名稱希拉蕊的方式，選定 D5:F5。

1： 開啟名稱方塊，選希拉蕊，結果如下：

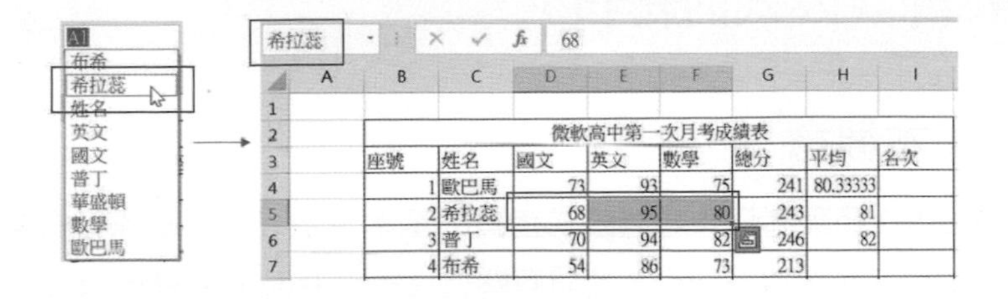

4-5-6 刪除名稱

若想刪除定義的名稱，請執行公式 / 已定義之名稱 / 名稱管理員：

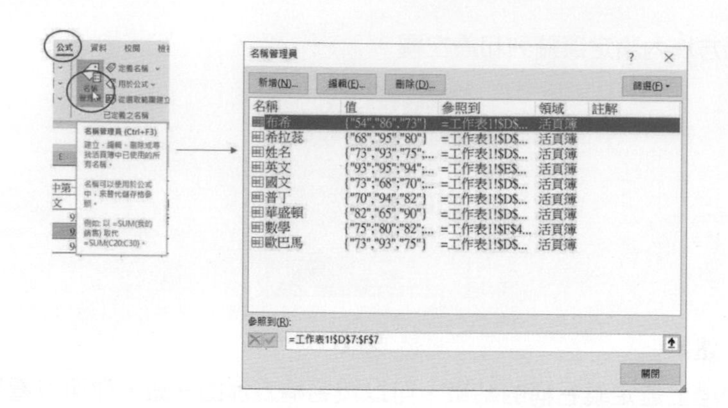

在名稱管理員對話方塊內，可以選擇欲刪除的名稱，再按刪除鈕。需特別注意的是，如果發生刪除名稱，則將造成原先參照此名稱的公式發生錯誤。例如：ch4_1_3.xlsx 工作表，若是將營業稅名稱刪除，將造成下列參照的公式產生錯誤，如下所示：

	A	B	C	D	E	F	G	H
1								
2		營業稅	0.05		深智銷售表			
3					品項	單價	數量	小計
4					滑鼠	200	1	200
5					鍵盤	350	2	700
6							小計	900
7							營業	#NAME?
8							總計	

所以任何編輯名稱的工作要特別小心。

4-6 再談公式的拷貝

4-6-1 基本觀念

在本書 2-5-2 節筆者已介紹過公式拷貝的基本方法了，本節筆者將再用實例說明公式的拷貝同時也將講解與公式拷貝有關位址參照 (address reference) 的知識。

從先前的 2-5-2 節相信讀者已經了解，可以利用拖曳填滿控點的方式達到公式拷貝的目的。

實例一：將 H6 求成績平均的公式拷貝至 H7:H8。

1： 延續上一個實例的結果，請將作用儲存格移至 H6。

2： 將滑鼠游標移至作用儲存格右下角的填滿控點，此時游標將變為十字形。

	A	B	C	D	E	F	G	H	I
1									
2		微軟高中第一次月考成績表							
3		座號	姓名	國文	英文	數學	總分	平均	名次
4		1	歐巴馬	73	93	75	241	80.33333	
5		2	希拉蕊	68	95	80	243	81	
6		3	普丁	70	94	82	246	82	
7		4	布希	54	86	73	213		
8		5	華盛頓	82	65	90	237		

3： 拖曳填滿控點至 H8，然後放鬆滑鼠按鍵，取消所選的儲存格，可以得到下列結果。

	A	B	C	D	E	F	G	H	I
1									
2		微軟高中第一次月考成績表							
3		座號	姓名	國文	英文	數學	總分	平均	名次
4		1	歐巴馬	73	93	75	241	80.33333	
5		2	希拉蕊	68	95	80	243	81	
6		3	普丁	70	94	82	246	82	
7		4	布希	54	86	73	213	71	
8		5	華盛頓	82	65	90	237	79	
9			最高分	82	95				
10			最低分	54	65				

原先 H6 儲存格的值是 D6+E6+F6 除以 3 的結果，而經拷貝公式後可以得到下列結果。

H7 = (D7+E7+F7) / 3
H8 = (D8+E8+F8) /3

為什麼會有這樣的結果呢？原因是，對於計算 H6 儲存格的平均值而言，所採用的是相對參照的關係。也就是說 H6 儲存格的內容是由它左邊第 4 個儲存格加上第 3 個儲存格加上第 2 個儲存格的和，再除以 3 而得到。而在公式拷貝時，也是將這個觀念拷貝至 H7:H8 儲存格的，拷貝的結果相當於下列所示。

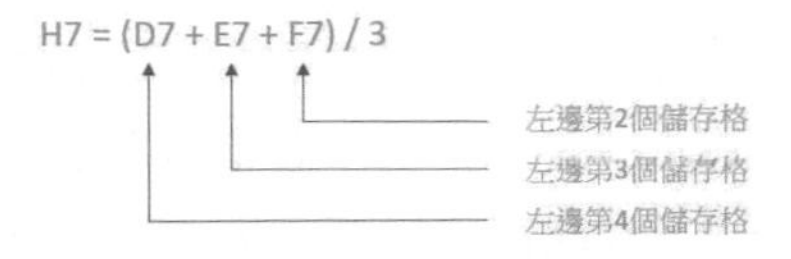

H8 儲存格計算方式和上述類似。以拖曳填滿控點方式達到公式拷貝的觀念，是否適用將 E9 公式拷貝至 F9:H9 呢 (分別求數學、總分、平均的最高分)？結果請看下面實例。

實例一：以拖曳填滿控點方式將 E9 公式拷貝至 F9:H9。

1： 將作用儲存格移至 E9。

2： 將滑鼠游標移至作用儲存格右下角的填滿控點，此時游標變成十字形。

	A	B	C	D	E	F	G	H	I
1									
2		微軟高中第一次月考成績表							
3		座號	姓名	國文	英文	數學	總分	平均	名次
4		1	歐巴馬	73	93	75	241	80.33333	
5		2	希拉蕊	68	95	80	243	81	
6		3	普丁	70	94	82	246	82	
7		4	布希	54	86	73	213	71	
8		5	華盛頓	82	65	90	237	79	
9			最高分	82	95				
10			最低分	54	65				

3： 拖曳填滿控點經過 F9:H9，然後放鬆滑鼠按鍵，取消所選的儲存格區間後，可以得到下列結果。

	A	B	C	D	E	F	G	H	I
1									
2		微軟高中第一次月考成績表							
3		座號	姓名	國文	英文	數學	總分	平均	名次
4		1	歐巴馬	73	93	75	241	80.33333	
5		2	希拉蕊	68	95	80	243	81	
6		3	普丁	70	94	82	246	82	
7		4	布希	54	86	73	213	71	
8		5	華盛頓	82	65	90	237	79	
9			最高分	82	95	95	95	95	
10			最低分	54	65				

從上述的拷貝結果可以看到，我們並沒有獲得想要的結果，F9:H9 各儲存格所獲得的仍是英文成績的最高分。為什麼會這樣呢？

因為對於 E9 儲存格而言，其公式如下：

E9=MAX(英文)　　--- 英文是指 E4:E8

值得注意的是英文範圍名稱是一個絕對參照 (absolute reference)，代表範圍是 E4:E8(正式的表達格式是 $E$4:$E$8，下一小節會說明 $ 符號的意義)。當以拖曳填滿控點方式執行拷貝時，由於 E9 儲存格的公式是絕對參照，促使 F9:H9 的拷貝結果公式與 E9 一樣如下所示：

F9=MAX(英文)

G9=MAX(英文)

H9=MAX(英文)

所以 F9:H9 儲存格的值皆是 95。由於上述並不是我們想要的結果，所以請執行 ↶，予以復原 F9:H9 為空白或是分別清除 F9:H9 儲存格的內容。

4-6-2 參照位址的觀念

在 Excel 內基本上可以看到下列 3 種位址參照的觀念。

❑ 相對參照

在公式的應用中，直接以欄列名稱所表達的儲存格位址觀念，皆算是相對參照。例如：對 A 欄 1 列儲存格，其表達方式是 A1。參照位址的觀念主要是指從包含公式的儲存格位址出發，以便尋找與公式有關其它儲存格的資料。

例如：假設 A5 儲存格的公式是 A3+A4 的總和，相當於 A5 是它上方兩個儲存格相加的結果。若將 A5 儲存格公式拷貝至 B5，則可得到 B5 儲存格是它上方兩個儲存格相加的結果，也就是 B5 是 B3+B4 的總和。

❑ 絕對參照

在公式的應用中，將欄和列左邊各加上 $ 符號以表達儲存格位址觀念，皆算是絕對參照。例如，對 A 欄 1 列儲存格，其表達方式是 $A$1。當在執行公式拷貝時，若原公式所含的儲存格是絕對參照位址，則被拷貝的儲存格將與原儲存格有相同的結果。

例如：假設 A5 儲存格的公式是 $A$3+$A$4 的總和，若將 A5 儲存格公式拷貝至 B5，則 B5 儲存格的內容也將會是 $A$3+$A$4 的總和。

❑ 混合參照

在公式的應用中，欄或列一定有一個且僅有一個左邊加上 $ 符號，其表達方式是 $A1(A 欄是絕對參照，1 列是相對參照) 或是 A$1(A 欄是相對參照，1 列是絕對參照)。

要想更改參照位址的類型，可以將作用儲存格移至指定位址，在資料編輯列選取公式所含欲更改參照的位址，再按 F4 鍵，其更改方式如下：

或是你也可以將作用儲存格移至指定位址，然後再直接更改資料編輯列的參照格式。

實例一：將 E9 儲存格公式的參照位址由絕對參照改成相對參照。

1： 將作用儲存格移至 E9。

E9 | =MAX(英文)

	A	B	C	D	E	F	G	H	I
1									
2		微軟高中第一次月考成績表							
3		座號	姓名	國文	英文	數學	總分	平均	名次
4		1	歐巴馬	73	93	75	241	80.33333	
5		2	希拉蕊	68	95	80	243	81	
6		3	普丁	70	94	82	246	82	
7		4	布希	54	86	73	213	71	
8		5	華盛頓	82	65	90	237	79	
9			最高分	82	95				
10			最低分	54	65				

由資料編輯列可知 D9 的公式是「=MAX(英文)」，當公式內的位址以範圍名稱顯示時，是無法更改參照位址型式的，請將「英文」改成 $E$4:$E$8。更改後請按 Enter 鍵，同時將作用儲存格移回 E9。

MAX | =MAX($E$4:$E$8)

MAX(number1, [number2], ...)

	A	B	C	D	E	F	G	H	I
1									
2		微軟高中第一次月考成績表							
3		座號	姓名	國文	英文	數學	總分	平均	名次
4		1	歐巴馬	73	93	75	241	80.33333	
5		2	希拉蕊	68	95	80	243	81	
6		3	普丁	70	94	82	246	82	
7		4	布希	54	86	73	213	71	
8		5	華盛頓	82	65	90	237	79	
9			最高分	82	$E$8)				
10			最低分	54	65				

2： 選定資料編輯列的 $E$4:$E$8。

MAX | =MAX($E$4:$E$8)

MAX(number1, [number2], ...)

	A	B	C	D	E	F	G	H	I
1									
2		微軟高中第一次月考成績表							
3		座號	姓名	國文	英文	數學	總分	平均	名次
4		1	歐巴馬	73	93	75	241	80.33333	
5		2	希拉蕊	68	95	80	243	81	
6		3	普丁	70	94	82	246	82	
7		4	布希	54	86	73	213	71	
8		5	華盛頓	82	65	90	237	79	
9			最高分	82	$E$8)				
10			最低分	54	65				

3： 按 3 次 F4 鍵，資料編輯列將出現公式含相對參照位址 E4:E8。

MAX　=MAX(E4:E8)　MAX(number1, [number2], ...)

	A	B	C	D	E	F	G	H	I
1									
2		微軟高中第一次月考成績表							
3		座號	姓名	國文	英文	數學	總分	平均	名次
4		1	歐巴馬	73	93	75	241	80.33333	
5		2	希拉蕊	68	95	80	243	81	
6		3	普丁	70	94	82	246	82	
7		4	布希	54	86	73	213	71	
8		5	華盛頓	82	65	90	237	79	
9			最高分	82	E4:E8)				
10			最低分	54	65				

當將 D9 儲存格位址的公式由絕對參照位址改成相對參照位址後，就很方便可以利用拖曳填滿控點達到拷貝公式的目的了，可參考下面實例。

實例二：將 E9 公式拷貝至 F9:H9。

1： 延續上一個實例的結果，請將作用儲存格移至 E9。

2： 將滑鼠游標移至作用儲存格右下角，此時游標變成十字形。

3： 拖曳填滿控點經過 F9:H9，然後放鬆滑鼠按鍵可以得到下列結果。

E9　=MAX(E4:E8)

	A	B	C	D	E	F	G	H	I
1									
2		微軟高中第一次月考成績表							
3		座號	姓名	國文	英文	數學	總分	平均	名次
4		1	歐巴馬	73	93	75	241	80.33333	
5		2	希拉蕊	68	95	80	243	81	
6		3	普丁	70	94	82	246	82	
7		4	布希	54	86	73	213	71	
8		5	華盛頓	82	65	90	237	79	
9			最高分	82	95	90	246	82	
10			最低分	54	65				

請參考前兩個實例，自行練習下列工作。

1： 將 E10 作用儲存格公式的位址由範圍名稱的英文改成相對參照位址 E4:E8。

2： 以拖曳 E10 填滿控點方式拷貝公式至 F10:H10，最後可得到下列結果。

	A	B	C	D	E	F	G	H	I
1									
2		微軟高中第一次月考成績表							
3		座號	姓名	國文	英文	數學	總分	平均	名次
4		1	歐巴馬	73	93	75	241	80.33333	
5		2	希拉蕊	68	95	80	243	81	
6		3	普丁	70	94	82	246	82	
7		4	布希	54	86	73	213	71	
8		5	華盛頓	82	65	90	237	79	
9			最高分	82	95	90	246	82	
10			最低分	54	65	73	213	71	

4-7 比較符號公式

除了 4-2 節筆者所介紹的一般數學運算符號外，你也可以在公式內加上下列比較符號。

= 等於
> 大於
< 小於
>= 大於或等於
<= 小於或等於
<> 不等於

上述比較運算的結果如果是真，則傳回 TRUE，如果是假，則傳回 FALSE。

如果一個公式內含有多個運算符號時，Microsoft Excel 將以下列的順序執行這些運算符號。

-	(負號)
%	(百分比)
^	(乘冪)
* 和 /	(乘法與除法)
+ 和-	(加法減法)
= 、< 、> 、>= 、<= 、<>	(比較運算符號)

和一般數學觀運算念一樣，你也可以用括號更改運算的先後順序。

本節筆者將以實例說明比較符號公式，在正式以實例說明前，筆者想介紹函數 COUNTIF() 的意義。

COUNTIF(範圍 , " 標準 ")

上述函數將傳回某範圍內符合某標準的儲存格個數，例如，若是想得到 D4:D8 儲存區間內 60 分以下的儲存格個數，其函數公式應如下所示：

COUNTIF(C4:C8, "<60")

上述公式正式應用在儲存格時，左邊要加上等號 (=)。

實例一：分別計算國文、英文、數學的不及格人數。

1： 延續上一個實例的結果，請將作用儲存格移至 C11。

2： 輸入不及格人數。

	A	B	C	D	E	F	G	H	I
1									
2		微軟高中第一次月考成績表							
3		座號	姓名	國文	英文	數學	總分	平均	名次
4		1	歐巴馬	73	93	75	241	80.33333	
5		2	希拉蕊	68	95	80	243	81	
6		3	普丁	70	94	82	246	82	
7		4	布希	54	86	73	213	71	
8		5	華盛頓	82	65	90	237	79	
9			最高分	82	95	90	246	82	
10			最低分	54	65	73	213	71	
11			不及格人數						

3： 將滑鼠游標移至 C 和 D 欄間。

4： 連按 2 下，可以擴充 C 欄位的寬度，如下所示：

	A	B	C	D	E	F	G	H	I
1									
2		微軟高中第一次月考成績表							
3		座號	姓名	國文	英文	數學	總分	平均	名次
4		1	歐巴馬	73	93	75	241	80.33333	
5		2	希拉蕊	68	95	80	243	81	
6		3	普丁	70	94	82	246	82	
7		4	布希	54	86	73	213	71	
8		5	華盛頓	82	65	90	237	79	
9			最高分	82	95	90	246	82	
10			最低分	54	65	73	213	71	
11			不及格人數						

5： 將作用儲存格將移至 D11。

6： 在 D11 輸入 =COUNTIF(D4:D8, "<60")，這個函數公式將求出在 D4:D8 儲存格區間內，低於 60 的儲存格個數。

=COUNTIF(D4:D8, "<60") ← 同步顯示

	A	B	C	D	E	F	G	H	I
1									
2		微軟高中第一次月考成績表							
3		座號	姓名	國文	英文	數學	總分	平均	名次
4		1	歐巴馬	73	93	75	241	80.33333	
5		2	希拉蕊	68	95	80	243	81	
6		3	普丁	70	94	82	246	82	
7		4	布希	54	86	73	213	71	
8		5	華盛頓	82	65	90	237	79	
9			最高分	82	95	90	246	82	
10			最低分	54	65	73	213	71	
11			不及格人數	=COUNTIF(D4:D8, "<60")					

← 輸入

7： 按 Enter 鍵後，可以看到 D11 儲存格的值是 1，將作用儲存格移回 D11。

8： 將滑鼠移至 D11 儲存格右下角的填滿控點，此時游標將變為十字形。

9： 拖曳填滿控點經過 E11:F11。取消所選的儲存格區間後，可以得到下列執行結果。

	A	B	C	D	E	F	G	H	I
1									
2		微軟高中第一次月考成績表							
3		座號	姓名	國文	英文	數學	總分	平均	名次
4		1	歐巴馬	73	93	75	241	80.33333	
5		2	希拉蕊	68	95	80	243	81	
6		3	普丁	70	94	82	246	82	
7		4	布希	54	86	73	213	71	
8		5	華盛頓	82	65	90	237	79	
9			最高分	82	95	90	246	82	
10			最低分	54	65	73	213	71	
11			不及格人數	1	0	0			

4-8 排序資料

排序資料可以讓我們很快獲得數據的關鍵訊息，或是增加數據的可讀性，本節將對此做基本說明。如果您是學校老師，可以利用排序功能，迅速將學生成績的名次定出。如果您是公司的營銷人員，可以迅速利用排序功能列出各產品的銷售排行榜。因此，筆者決定將此簡單好用的功能安排在本節，促使讀者讀完本章，可立刻將所獲得的知識應用在自己工作的領域內。

註 1 如果拿到一個檔案，想要執行排序處理，建議先做備份，使用備份檔案做資料處理，這樣未來處理若是有失誤，無法復原時，可以有一份原始檔案重新處理。

註 2 8-4 節筆者會介紹一個很好用的排序函數 RANK。

4-8-1 基本排序應用

此外，在常用 / 編輯 / 排序與篩選功能鈕內，可以看到下列 2 個指令。

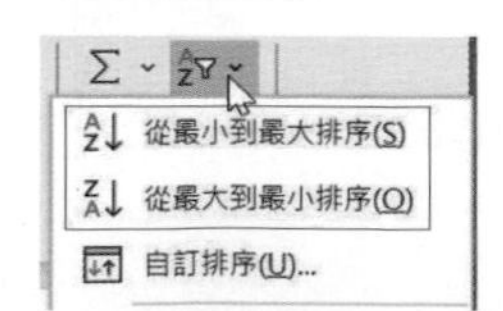

註 排序名稱不是一成不變，例如：如果將插入點放在日期欄位，指令名稱改為從最舊到最新排序和從最新到最舊排序。

❑ 從最小到最大排序

作用儲存格所在欄位依數值（或字元）特性，由最小排到最大。

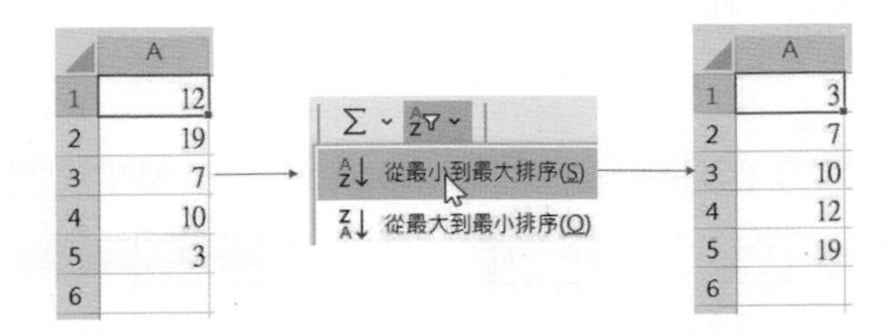

❑ 從最大到最小排序

作用儲存格所在欄位依數值（或字元）特性，由大排到小。

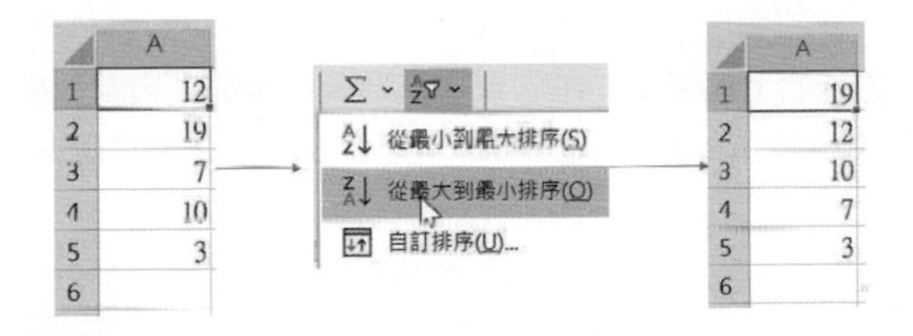

4-8-2 繼續成績排序應用

實例一：將所編的資料以總分由高排至低，同時建立名次。

1： 選取 B3:H8 儲存格。

	A	B	C	D	E	F	G	H	I
1									
2		微軟高中第一次月考成績表							
3		座號	姓名	國文	英文	數學	總分	平均	名次
4		1	歐巴馬	73	93	75	241	80.33333	
5		2	希拉蕊	68	95	80	243	81	
6		3	普丁	70	94	82	246	82	
7		4	布希	54	86	73	213	71	
8		5	華盛頓	82	65	90	237	79	
9			最高分	82	95	90	246	82	
10			最低分	54	65	73	213	71	
11			不及格人數	1	0	0			

2： 執行常用 / 編輯 / 排序與篩選內的自訂排序指令。

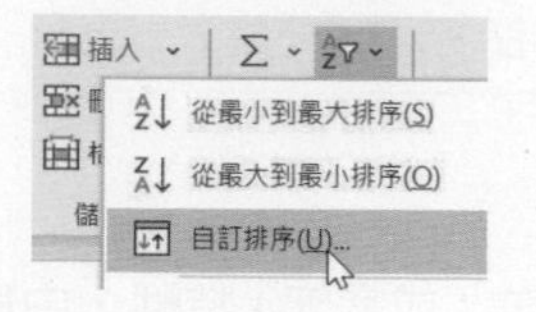

3： 出現排序對話方塊，執行下列設定。

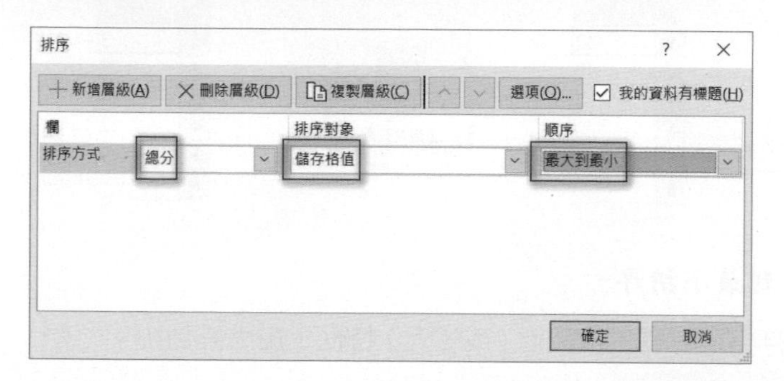

註 上述排序對話方塊右上角預設勾選了我的資料有標題列，標題列是步驟 1 所選的第 3 列，此列不在排序範圍。如果取消勾選，則標題列，此例是第 3 列，也將是排序範圍。

4： 按確定鈕。

5： 請在 I4:I8 依次輸入名次 1、2、3、4、5。適度調整視窗後可得到下列結果。

	A	B	C	D	E	F	G	H	I
1									
2		微軟高中第一次月考成績表							
3		座號	姓名	國文	英文	數學	總分	平均	名次
4		3	普丁	70	94	82	246	82	1
5		2	希拉蕊	68	95	80	243	81	2
6		1	歐巴馬	73	93	75	241	80.33333	3
7		5	華盛頓	82	65	90	237	79	4
8		4	布希	54	86	73	213	71	5
9			最高分	82	95	90	246	82	
10			最低分	54	65	73	213	71	
11			不及格人數	1	0	0			

上述 H6 儲存格左上方有綠色三角形標記，此例是提醒可能儲存格的公式與相鄰儲存格有不同的公式造成。若是將作用儲存格移至此儲存格 H6，左側儲存格會出現圖示 。

41 80.33333

我們可以將滑鼠游標移至圖示再按一下，此例，是顯示公式不一致，可以執行略過錯誤，然後執行左上方的綠色三角形標記就會消失。

註 如果我們自認公式正確不理會，繼續往下編輯此綠色符號也會消失。

實例二：將先前的資料依座號，由小排到大。

1： 選取 B3:I8 儲存格。

	A	B	C	D	E	F	G	H	I
1									
2		微軟高中第一次月考成績表							
3		座號	姓名	國文	英文	數學	總分	平均	名次
4		3	普丁	70	94	82	246	82	1
5		2	希拉蕊	68	95	80	243	81	2
6		1	歐巴馬	73	93	75	241	80.33333	3
7		5	華盛頓	82	65	90	237	79	4
8		4	布希	54	86	73	213	71	5
9			最高分	82	95	90	246	82	
10			最低分	54	65	73	213	71	
11			不及格人數	1	0	0			

2： 執行常用 / 編輯 / 排序與篩選內的自訂排序指令。

3： 出現排序對話方塊，請執行下列設定。

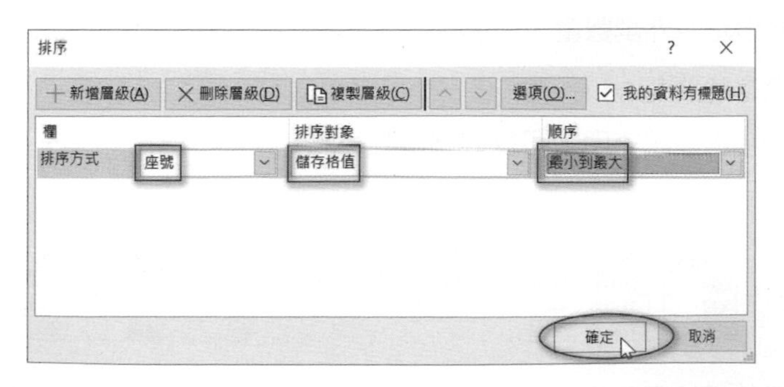

4： 按確定鈕，取消所選的儲存格區間，可以得到下列執行結果。

	A	B	C	D	E	F	G	H	I
1									
2		微軟高中第一次月考成績表							
3		座號	姓名	國文	英文	數學	總分	平均	名次
4		1	歐巴馬	73	93	75	241	80.33333	3
5		2	希拉蕊	68	95	80	243	81	2
6		3	普丁	70	94	82	246	82	1
7		4	布希	54	86	73	213	71	5
8		5	華盛頓	82	65	90	237	79	4
9			最高分	82	95	90	246	82	
10			最低分	54	65	73	213	71	
11			不及格人數	1	0	0			

為了保存上述執行結果，可將上述執行結果存入 ch4_2.xlsx 檔案內。

4-8-3 表格資料快速排序

4-8-2 節筆者使用中規中矩的排序方法，其實我們可以簡化上述排序方式，更快速達到排序方法，請開啟 ch4_3.xlsx 檔案。當執行從小排到大功能時，表格的各列將隨著排序的鍵值移動。

實例一：依據主機板的外銷數量，由大排到小。

1： 將作用儲存格放在 C3。

2： 執行從最大到最小排序，可以得到下列結果。

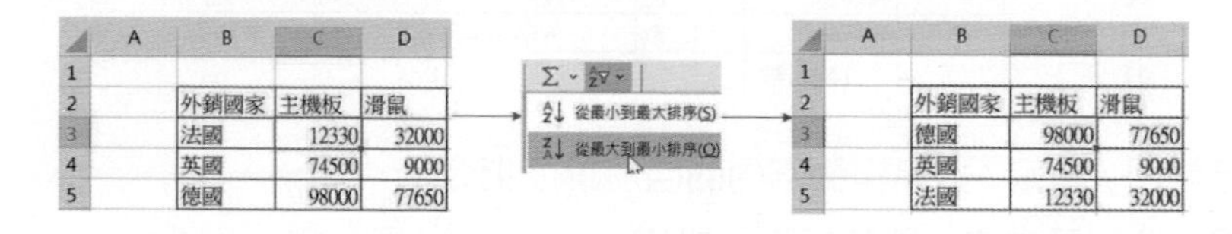

	A	B	C	D
1				
2		外銷國家	主機板	滑鼠
3		法國	12330	32000
4		英國	74500	9000
5		德國	98000	77650

	A	B	C	D
1				
2		外銷國家	主機板	滑鼠
3		德國	98000	77650
4		英國	74500	9000
5		法國	12330	32000

實例二：依據滑鼠的外銷數量，由小排到大。

1： 將作用儲存格放在 D3。

2： 執行從最小到最大排序，可以得到下列結果。

	A	B	C	D
1				
2		外銷國家	主機板	滑鼠
3		德國	98000	77650
4		英國	74500	9000
5		法國	12330	32000

從最小到最大排序(S)
從最大到最小排序(O)

	A	B	C	D
1				
2		外銷國家	主機板	滑鼠
3		英國	74500	9000
4		法國	12330	32000
5		德國	98000	77650

請將上述執行結果存入 ch4_4.xlsx。

4-8-4 多欄位的排序

在多欄位排序中，我們將最先排序的欄位稱主鍵值排序，第二個排序的欄位稱次鍵值，其他依此類推。請開啟 ch4_5.xlsx 檔案，這是一個連鎖店在不同日期銷售商品的總表。

實例一：依據銷售日期 (由最舊到最新) 排序。

1： 將插入點放在 C3。

2： 執行從最舊到最新排序，可以得到下列結果。

	A	B	C	D
1				
2		店名	銷售日期	銷售商品
3		台北	2020/7/10	NB
4		台中	2020/5/9	PC
5		台北	2020/12/11	NB
6		高雄	2020/7/10	PC
7		新竹	2020/6/10	NB
8		台北	2020/7/10	NB

從最舊到最新排序(S)
從最新到最舊排序(O)

	A	B	C	D
1				
2		店名	銷售日期	銷售商品
3		台中	2020/5/9	PC
4		新竹	2020/6/10	NB
5		台北	2020/7/10	NB
6		高雄	2020/7/10	PC
7		台北	2020/7/10	NB
8		台北	2020/12/11	NB

實例二：依據店名排序，這時發生店名相同的資料會以銷售日期從最舊到最新排序。

1： 將插入點放在 B3。

2： 執行從 A 到 Z 排序，可以得到下列結果。

	A	B	C	D
1				
2		店名	銷售日期	銷售商品
3		台中	2020/5/9	PC
4		新竹	2020/6/10	NB
5		台北	2020/7/10	NB
6		高雄	2020/7/10	PC
7		台北	2020/7/10	NB
8		台北	2020/12/11	NB

從 A 到 Z 排序(S)
從 Z 到 A 排序(O)

	A	B	C	D
1				
2		店名	銷售日期	銷售商品
3		台中	2020/5/9	PC
4		台北	2020/7/10	NB
5		台北	2020/7/10	NB
6		台北	2020/12/11	NB
7		高雄	2020/7/10	PC
8		新竹	2020/6/10	NB

筆者將上述執行結果存入 ch4_6.xlsx 檔案內。

4-8-5 使用自訂排序執行表格的多欄排序

我們也可以使用自訂排序指令執行表格的多欄排序，不過要留意設定鍵值的順序。

實例一：執行店名排序，如果店名相同時，依照產品的銷售日期排序，相當於執行前一小節實例二的結果。

1： 請開啟 ch4_5.xlsx，選取 B2:D8。

	A	B	C	D
1				
2		店名	銷售日期	銷售商品
3		台北	2020/7/10	NB
4		台中	2020/5/9	PC
5		台北	2020/12/11	NB
6		高雄	2020/7/10	PC
7		新竹	2020/6/10	NB
8		台北	2020/7/10	NB

2： 執行常用 / 編輯 / 排序與篩選內的自訂排序指令。

3： 出現排序對話方塊，筆者選擇事先排序店名，如下所示：

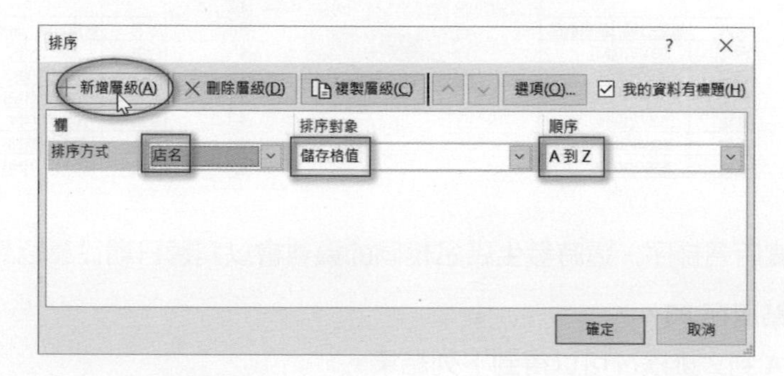

4： 請按新增層級鈕，然後執行下列設定。

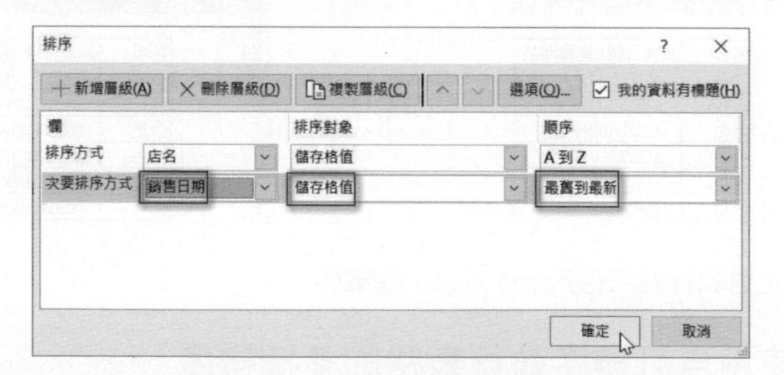

5： 按確定鈕後，可以得到和 ch4_6.xlsx 一樣的結果。

	A	B	C	D
1				
2		店名	銷售日期	銷售商品
3		台中	2020/5/9	PC
4		台北	2020/7/10	NB
5		台北	2020/7/10	NB
6		台北	2020/12/11	NB
7		高雄	2020/7/10	PC
8		新竹	2020/6/10	NB

筆者將上述執行結果存入 ch4_6.xlsx 檔案內。

4-8-6 無法排序列資料

讀者須留意，列 (row) 的資料是無法排序的。

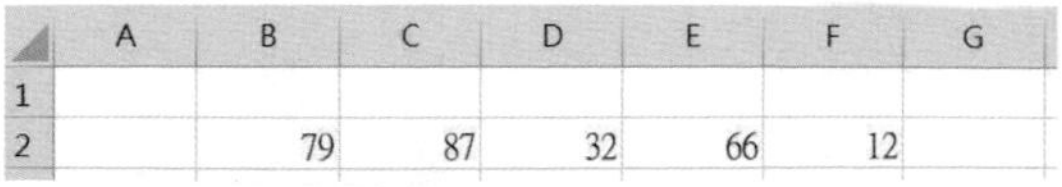

	A	B	C	D	E	F	G
1							
2		79	87	32	66	12	

例如：上述 B2:F12 是無法排序的。

4-9 再談框線處理

這一節將繼續使用 ch4_2.xlsx 檔案。

4-9-1 補足框線

上述表格因為多了第 11 列，可以選取此列 B11:I11，然後使用所有框線補足表格框線。

剪貼簿　對齊方式　數值

框線
- 下框線(O)
- 上框線(P)
- 左框線(L)
- 右框線(R)
- 無框線(N)
- 所有框線(A)
- 外框線(S)
- 粗外框線(T)
- 底端雙框線(B)
- 粗下框線(H)
- 上框線及下框線(D)

B11

	A	B	C	F	G	H	I
1							
2				次月考成績表			
3		座號	姓名	數學	總分	平均	名次
4		1	歐巴	75	241	80.33333	3
5		2	希拉	80	243	81	2
6		3	普丁	82	246	82	1
7		4	布希	73	213	71	5
8		5	華盛	90	237	79	4
9			最高	90	246	82	
10			最低	73	213	71	
11			不及	0			

可以得到下列結果。

	A	B	C	D	E	F	G	H	I
1									
2		微軟高中第一次月考成績表							
3		座號	姓名	國文	英文	數學	總分	平均	名次
4		1	歐巴馬	73	93	75	241	80.33333	3
5		2	希拉蕊	68	95	80	243	81	2
6		3	普丁	70	94	82	246	82	1
7		4	布希	54	86	73	213	71	5
8		5	華盛頓	82	65	90	237	79	4
9			最高分	82	95	90	246	82	
10			最低分	54	65	73	213	71	
11			不及格人數	1	0	0			

4-9-2 刪除部分框線

其實上述 ch4_2.xlsx 工作表有些框線是多餘的，可以使用常用 / 字型 / 所有框線鈕田 ˅內的 清除框線(E) 刪除部分不需要的框線。選取清除框線指令後，游標變成橡皮擦，使用橡皮擦點選某線條，該線條就會被刪除。

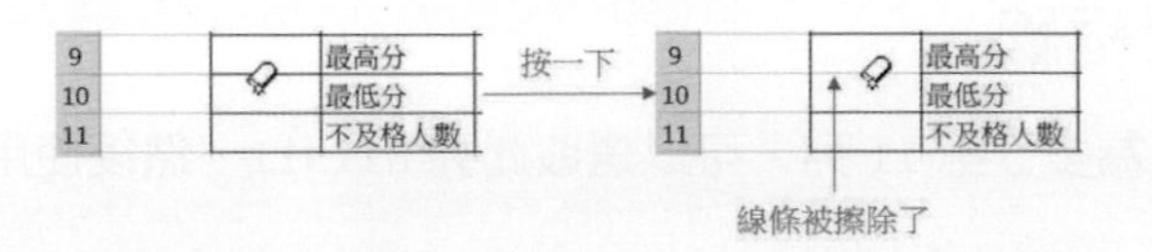

下列是筆者以上述觀念，刪除部分線條框線的結果。

	A	B	C	D	E	F	G	H	I
1									
2		微軟高中第一次月考成績表							
3		座號	姓名	國文	英文	數學	總分	平均	名次
4		1	歐巴馬	73	93	75	241	80.33333	3
5		2	希拉蕊	68	95	80	243	81	2
6		3	普丁	70	94	82	246	82	1
7		4	布希	54	86	73	213	71	5
8		5	華盛頓	82	65	90	237	79	4
9			最高分	82	95	90	246	82	
10			最低分	54	65	73	213	71	
11			不及格人數	1	0	0			

4-9-3 結束清除框線功能

在清除框線功能使用時，框線鈕變為清除框線圖示：

B I U ˅ ◇ ˅ A ˅
字型

可以點選此圖示，即可結束使用清除框線功能，游標將恢復預設。Excel 軟體，預設是顯示下框線，所以也可以點選此鈕的顯示下框線恢復顯示原圖示。

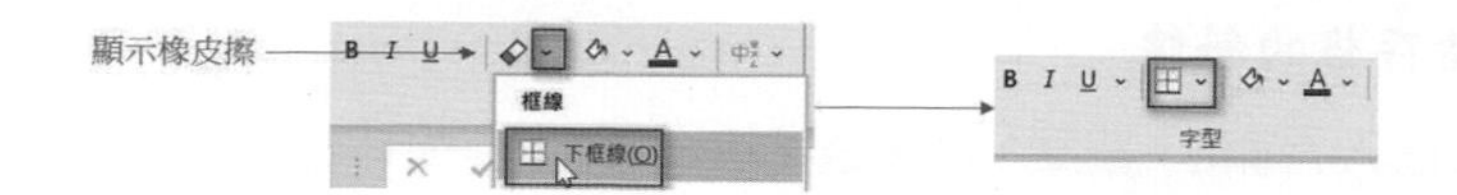

4-9-4 繪製跨欄斜線

某些儲存格如果不需要填上資料，可以使用繪製斜線，這時會碰上單一儲存格不需要填上資料或是連續儲存格不需要填上資料，下列將分別說明。

❑ 單一空格的斜線

可以執行常用 / 字型 / 框線內的其他框線指令，當按框線鈕後，然後往下捲動到最下面可以看到其他框線指令。

往下捲動道最下面 其他框線(M)

執行後可以看到設定儲存格格式對話方塊，請選外框標籤，可以看到繪製斜線框的功能鈕 。

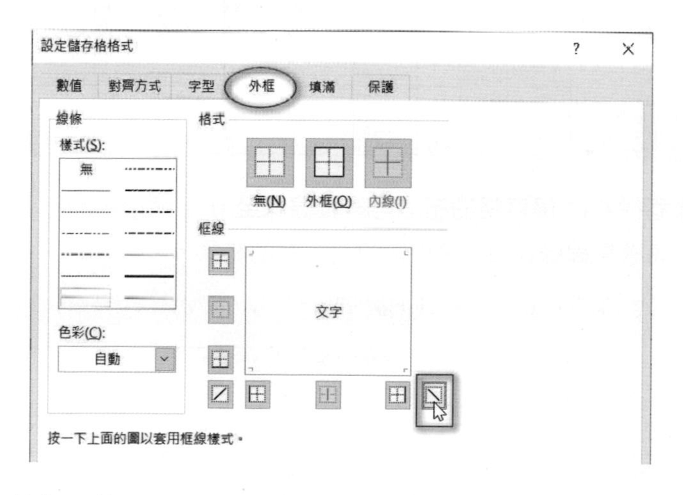

上述選取執行再按確定鈕後，可以讓目前作用儲存格增加此斜線。

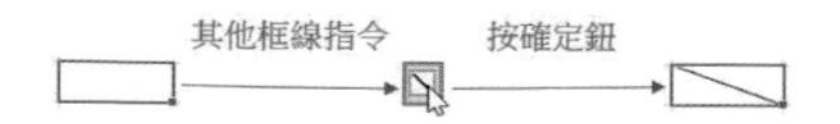

註 上述樣式欄位，主要是可以選擇表格框線樣式，框線欄位主要是選擇要建立的框線，其中粗線位置就是實質表格的框線。

❑ 連續儲存格的斜線

請執行插入 / 圖例 / 圖案，然後選擇線條。

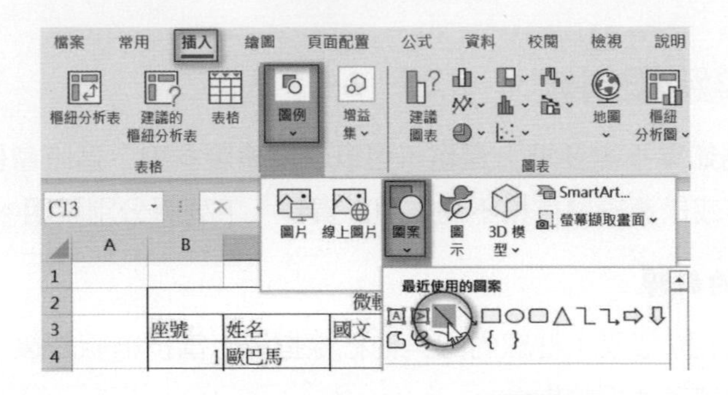

筆者從 B9 儲存格的左上角繪製線條至 B11 儲存格的右下角，可以得到下列結果。

	A	B	C	D	E	F	G	H	I
1									
2		微軟高中第一次月考成績表							
3		座號	姓名	國文	英文	數學	總分	平均	名次
4		1	歐巴馬	73	93	75	241	80.33333	3
5		2	希拉蕊	68	95	80	243	81	2
6		3	普丁	70	94	82	246	82	1
7		4	布希	54	86	73	213	71	5
8		5	華盛頓	82	65	90	237	79	4
9			最高分	82	95	90	246	82	
10			最低分	54	65	73	213	71	
11			不及格人數	1	0	0			

下列是筆者從 G11 儲存格的左上角繪製線條至 H11 儲存格的右下角，以及從 I9 儲存格的左上角繪製線條至 I11 儲存格的右下角的結果。

	A	B	C	D	E	F	G	H	I
1									
2		微軟高中第一次月考成績表							
3		座號	姓名	國文	英文	數學	總分	平均	名次
4		1	歐巴馬	73	93	75	241	80.33333	3
5		2	希拉蕊	68	95	80	243	81	2
6		3	普丁	70	94	82	246	82	1
7		4	布希	54	86	73	213	71	5
8		5	華盛頓	82	65	90	237	79	4
9			最高分	82	95	90	246	82	
10			最低分	54	65	73	213	71	
11			不及格人數	1	0	0			

其實上述只是表格的基本操作，未來筆者介紹更多 Excel 編輯知識後，還會講解建立高水準表格的知識，為了保存上述執行結果，筆者將上述執行結果儲存至 ch4_8.xlsx。

4-10 建立含斜線的表頭

4-10-1 先建立文字再建立斜線

這是使用下標與上標的方式，再加上 Excel 的智慧調整功能建立含斜線的表頭。

實例一：建立含斜線的表頭。

1： 請在 B2 先輸入座號，空 3 格，再輸入姓名，再按 Enter 健。

2： 連按兩下 B2，可以讓插入點在 B2，選取座號，可以參考下方左圖。

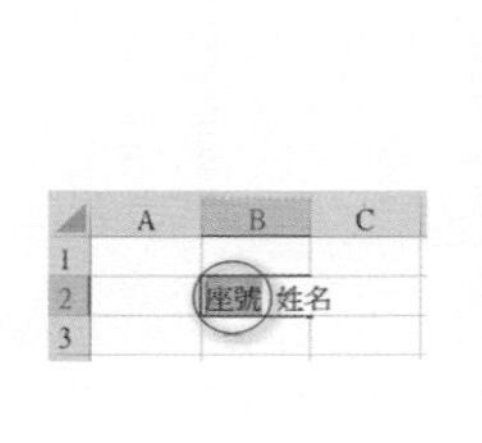

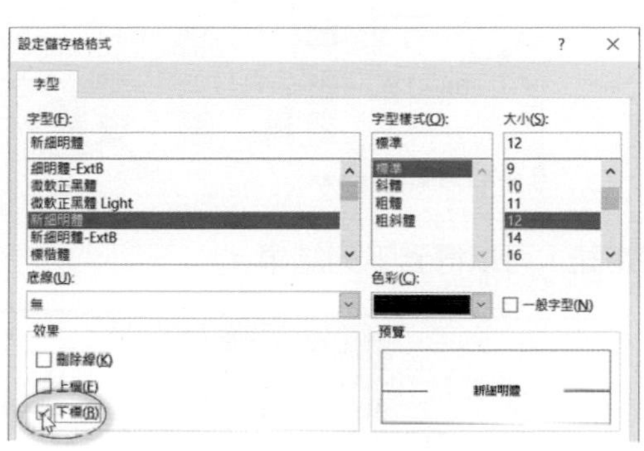

3： 執行常用 / 儲存格 / 格式 / 儲存格格式，可以出現設定儲存格格式對話方塊，請設定效果欄位的下標，可以參考上方右圖。

4： 請按確定鈕。

5： 請選取姓名，可以參考下方左圖。

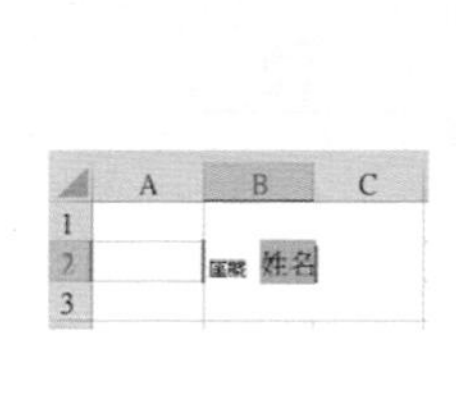

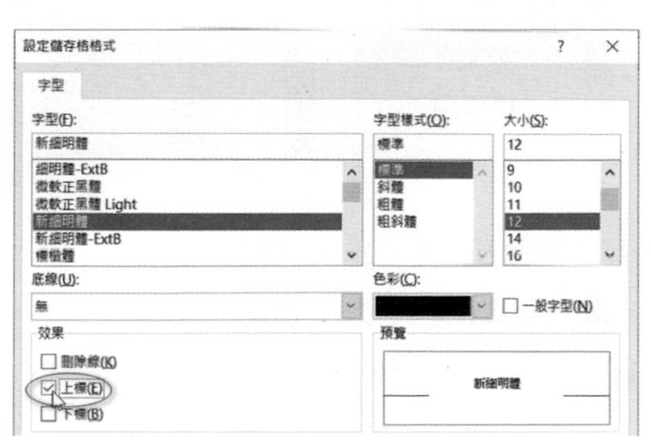

6： 然後執行常用 / 儲存格 / 格式 / 儲存格格式，可以出現設定儲存格格式對話方塊，請設定效果欄位的上標，可以參考上方右圖。

7： 請按確定鈕，再按 Enter 健，可以得到下列結果。

	A	B	C
1			
2		座號 姓名	

8： 請將作用儲存格放在 B2，然後執行常用 / 字型 / 框線 / 其他框線工具，可以看到設定儲存格格式對話方塊，請選擇外框標籤，然後選左上到右下的框線。

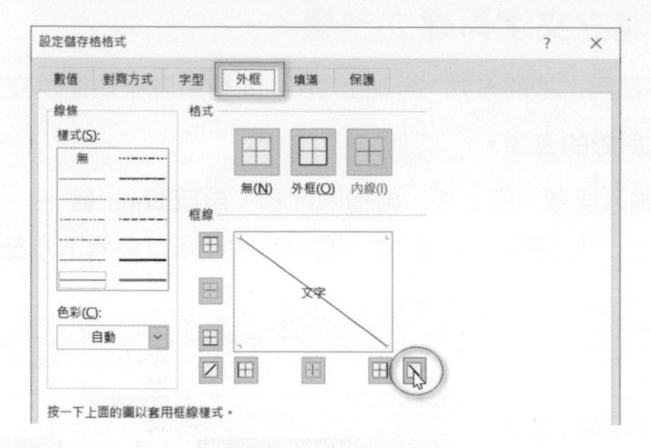

9： 請按確定鈕，可以得到下列結果。

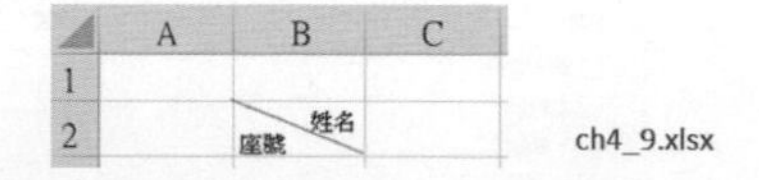

ch4_9.xlsx

4-10-2 先建立斜線再建立文字

實例一：建立含斜線的表頭。

1： 請參考前一小節在 B2 儲存格建立左上到右下的線條，可以參考下方左圖。

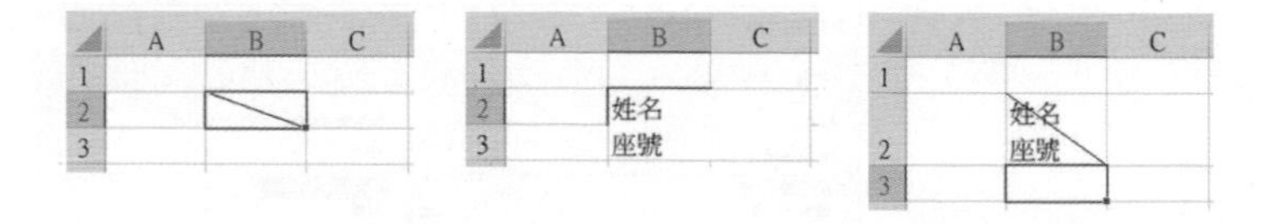

2： 輸入姓名，同時按 Alt + Enter 鍵強制換行，輸入座號，請參考上方中間圖。請按 Enter 鍵，可以得到上方右邊圖。

3： 按空白鍵調整姓名的位置，可以參考下方左圖。

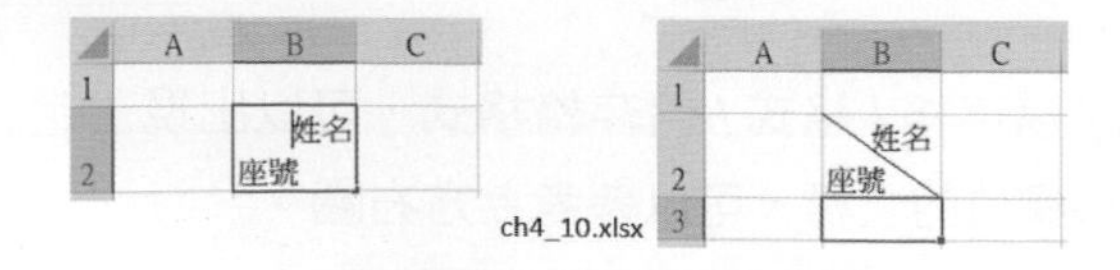

ch4_10.xlsx

4： 調整完成後請按 Enter 鍵，可以得到上方右圖的結果。

CHAPTER

5

編輯工作表

5-1 插入列

5-2 刪除列

5-3 插入欄

5-4 刪除欄

5-5 插入儲存格

5-6 刪除儲存格

5-7 儲存格的移動

5-8 儲存格的複製

5-9 選擇性貼上指令

5-10 清除儲存格

5-11 認識 Office 剪貼簿

5-12 複製成圖片

5-13 欄資料的改變

5-14 列資料的改變

5-15 複製保持來源寬度實例

為了方便解說，以利於觀察執行的情形，請建立或開啟 ch5_1.xlsx 檔案。

	A	B	C	D	E	F	G
1							
2		深智數位公司					
3		2022年支出帳目表					
4		月份	文具費	車馬費	薪資	雜費	每月總計
5		一月	500	4500	54320	850	
6		二月	450	6000	88860	2300	
7		三月	450	5500	54320	1600	
8		第一季					
9		四月					
10		五月					
11		六月					
12		第二季					
13		總計					

5-1 插入列

當插入一列時，原先儲存格會往下移一列。本小節筆者將以實例介紹兩種插入空白列的方法。

實例一：將原先第 2 列和第 3 列間插入一空白列，所插入的空白列是在第 3 列。

1： 將作用儲存格移至 A3。

	A	B	C	D	E	F	G
1							
2		深智數位公司					
3		2022年支出帳目表					
4		月份	文具費	車馬費	薪資	雜費	每月總計
5		一月	500	4500	54320	850	

2： 執行常用 / 儲存格 / 插入 / 插入工作表列指令，可以得到下列結果。

另一種插入列的方法是利用快顯功能表，將滑鼠游標指向作用儲存格，再按一下滑鼠右鍵即可出現快顯功能表。

實例二：以快顯功能表的方式在第 4 列和第 5 列間插入一空白列，插入的空白列是出現在第 5 列。

1： 將作用儲存格移至 A5。

	A	B	C	D	E	F	G
1							
2				深智數位公司			
3							
4				2022年支出帳目表			
5		月份	文具費	車馬費	薪資	雜費	每月總計
6		一月	500	4500	54320	850	

2： 將滑鼠游標指向作用儲存格，然後按一下滑鼠右邊鍵，此時可看到快顯功能表，執行插入指令。

插入(I)...
刪除(D)...
清除內容(N)
快速分析(Q)
篩選(E) >
排序(O) >

3： 在插入對話方塊的插入欄位選擇整列，按確定鈕。

5-2 刪除列

當刪除某列時，原先下方的儲存格將會往上移一列。

實例一：刪除第 3 列空白列。

1： 將作用儲存格移至 A3(欲刪除列的任一儲存格)。

	A	B	C	D	E	F	G
1							
2				深智數位公司			
3							
4				2022年支出帳目表			

2： 執行常用 / 儲存格 / 刪除 / 刪除工作表列指令，可以得到下列結果。

刪除
刪除儲存格(D)...
刪除工作表列(R)

	A	B	C	D	E	F	G
1							
2				深智數位公司			
3				2022年支出帳目表			

實例二：使用快顯功能表刪除第 4 列。

1： 將作用儲存格移至 A4。

	A	B	C	D	E	F	G
1							
2				深智數位公司			
3				2022年支出帳目表			
4							
5		月份	文具費	車馬費	薪資	雜費	每月總計

2： 將滑鼠游標指向作用儲存格，然後按一下滑鼠右邊鍵，此時可看到快顯功能表，執行刪除指令。

刪除(D)...
清除內容(N)
快速分析(Q)

3		22年支出帳目表				
4						
5		馬費	薪資	雜費	每月總計	
6		4500	54320	850		

3： 在刪除對話方塊的刪除欄位選擇整列，按確定鈕。

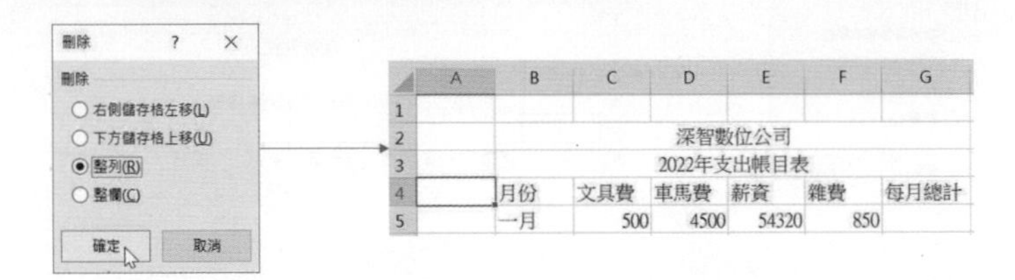

5-3 插入欄

當你插入一欄時，原先儲存格會往右移一欄，本小節筆者將以實例介紹兩種插入空白欄的方法。

實例一：在 C 欄插入一空白欄，插入的空白欄是在 C 欄。

1： 將作用儲存格移至 C 欄任意的儲存格，本例是移至 C4。

	A	B	C	D	E	F	G
1							
2				深智數位公司			
3				2022年支出帳目表			
4		月份	文具費	車馬費	薪資	雜費	每月總計
5		一月	500	4500	54320	850	

2： 執行常用 / 儲存格 / 插入 / 插入工作表欄指令，可以得到下列結果。

	A	B	C	D	E	F	G	H
1								
2					深智數位公司			
3					2022年支出帳目表			
4		月份		文具費	車馬費	薪資	雜費	每月總計
5		一月		500	4500	54320	850	

另一種插入列的方法是利用快顯功能表，將滑鼠游標指向作用儲存格，再按一下滑鼠右鍵即可出現快顯功能表。

實例二：使用快顯功能表在 D 和 E 欄之間插入空白欄，所插入空白欄是在 E 欄。

1： 將作用儲存格移至 E 欄的任意儲存格，本實例是移至 E4。

	A	B	C	D	E	F	G	H
1								
2					深智數位公司			
3					2022年支出帳目表			
4		月份		文具費	車馬費	薪資	雜費	每月總計
5		一月		500	4500	54320	850	

2： 將滑鼠游標指向作用儲存格，然後按一下滑鼠右邊鍵，此時可看到快顯功能表，執行插入指令。

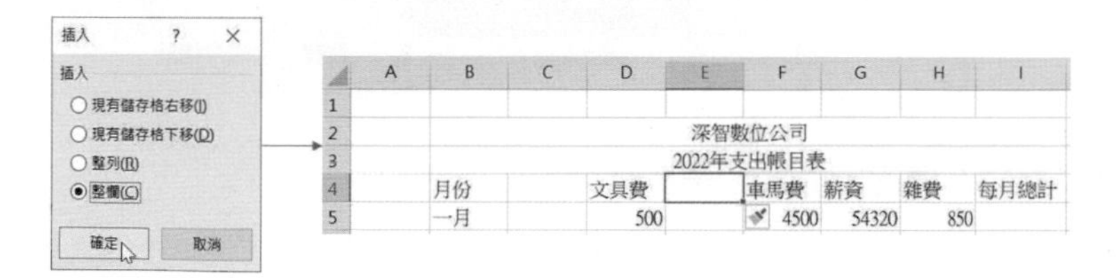

3： 在插入對話方塊的插入欄位選擇整欄，按確定鈕。

	A	B	C	D	E	F	G	H	I
1									
2						深智數位公司			
3						2022年支出帳目表			
4		月份		文具費		車馬費	薪資	雜費	每月總計
5		一月		500		4500	54320	850	

5-4 刪除欄

當你刪除某欄時，原先右邊的儲存格將會往左移一欄，本小節筆者將以實例說明兩種刪除欄的方法。

實例一：以刪除工作表欄指令刪除 E 欄的實例。

1： 將作用儲存格移至 E4(欲刪除欄的任一儲存格)。

	A	B	C	D	E	F	G	H	I
1									
2		深智數位公司							
3		2022年支出帳目表							
4		月份		文具費		車馬費	薪資	雜費	每月總計
5		一月		500		4500	54320	850	

2： 執行常用 / 儲存格 / 刪除 / 刪除工作表欄指令，可以得到下列結果。

刪除
刪除儲存格(D)...
刪除工作表列(R)
刪除工作表欄(C)

	A	B	C	D	E	F	G	H
1								
2		深智數位公司						
3		2022年支出帳目表						
4		月份		文具費	車馬費	薪資	雜費	每月總計
5		一月		500	4500	54320	850	

實例二：以快顯功能表的刪除指令刪除 C 欄的實例。

1： 將作用儲存格移至 C 欄的任意儲存格，本實例是移至 C4。

	A	B	C	D	E	F	G	H
1								
2		深智數位公司						
3		2022年支出帳目表						
4		月份		文具費	車馬費	薪資	雜費	每月總計
5		一月		500	4500	54320	850	

2： 將滑鼠游標指向作用儲存格，然後按一下滑鼠右邊鍵，此時可看到快顯功能表，執行刪除指令。

刪除(D)...
清除內容(N)

3： 在刪除對話方塊的刪除欄位選擇整列，按確定鈕。

5-5 插入儲存格

在執行插入儲存格時，需考慮到現有儲存格是往右移或往下移，下面筆者將以實例做說明。

5-5-1 插入單一儲存格

實例一：在 B4 插入一空白儲存格，同時令現有儲存格往右移。

1： 將作用儲存格移至 B4。

	A	B	C	D	E	F	G
1							
2		深智數位公司					
3		2022年支出帳目表					
4		月份	文具費	車馬費	薪資	雜費	每月總計
5		一月	500	4500	54320	850	

2： 將滑鼠游標指向作用儲存格，然後按一下滑鼠右邊鍵，此時可看到快顯功能表，執行插入指令。

插入(I)...
刪除(D)...
清除內容(N)
翻譯

3： 在插入對話方塊的插入欄位選擇現有儲存格右移，按確定鈕。

插入 ? ×
插入
◉ 現有儲存格右移(I)
○ 現有儲存格下移(D)
○ 整列(R)
○ 整欄(C)
確定 取消

	A	B	C	D	E	F	G	H
1								
2		深智數位公司						
3		2022年支出帳目表						
4			月份	文具費	車馬費	薪資	雜費	每月總計
5		一月	500	4500	54320	850		

實例二：在 D4 插入一空白儲存格，同時令現有儲存格下移。

1： 將作用儲存格移至 D4。

	A	B	C	D	E	F	G	H
1								
2		深智數位公司						
3		2022年支出帳目表						
4			月份	文具費	車馬費	薪資	雜費	每月總計
5		一月	500	4500	54320	850		

2： 將滑鼠游標指向作用儲存格，然後按一下滑鼠右邊鍵，此時可看到快顯功能表，執行插入指令。

3： 在插入對話方塊的插入欄位選擇現有儲存格下移，按確定鈕。

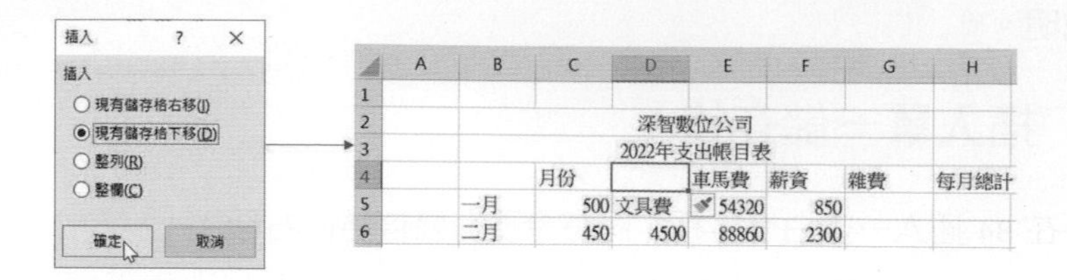

5-5-2 插入連續儲存格區間

除了一次可插入一個空白的儲存格區間外，你也可以一次插入連續區間的空白儲存格。同樣的在插入連續區間的儲存格時，需要考慮到現有儲存格是往右移或是往下移。

實例一：在 C4:C7 插入一空白的連續儲存格區間，同時令現有儲存格區間往右移。

1： 選取 C4:C7 儲存格區

	A	B	C	D	E	F	G	H
1								
2				深智數位公司				
3				2022年支出帳目表				
4			月份		車馬費	薪資	雜費	每月總計
5		一月	500	文具費	54320	850		
6		二月	450	4500	88860	2300		
7		三月	450	6000	54320	1600		
8		第一季		5500				

2： 將滑鼠游標指向作用儲存格，然後按一下滑鼠右邊鍵，此時可看到快顯功能表，執行插入指令。

3： 在插入對話方塊的插入欄位選擇現有儲存格右移，按確定鈕。

5-5-3 插入功能表的儲存格指令

除了上述以快顯功能表的插入指令可執行插入空白儲存格外，也可以使用常用 / 儲存格 / 插入內的插入儲存格指令，插入空白的儲存格。此時其步驟如下：

1： 將作用儲存格移至欲插入空白儲存格的位址 (如果欲插入一連續儲存格區間，則必須先選定它們)。

2： 執行常用 / 儲存格 / 插入內的插入儲存格指令。

3： 在插入對話方塊的插入欄內選擇現有儲存格移動方式 (往下或往右)。

4： 按確定鈕。

實例一：以常用 / 儲存格 / 插入內的插入儲存格指令，執行在 F4:G5 區間插入空白儲存格的實例，同時令現有儲存格往下移。

1： 選取 F4:G5 儲存格區間。

	A	B	C	D	E	F	G	H	I
1									
2				深智数位公司					
3				2022年支出帳目表					
4				月份		車馬費	薪資	雜費	每月總計
5		一月		500	文具費	54320	850		
6		二月		450	4500	88860	2300		
7		三月		450	6000	54320	1600		

2： 執行常用 / 儲存格 / 插入內的插入儲存格指令。

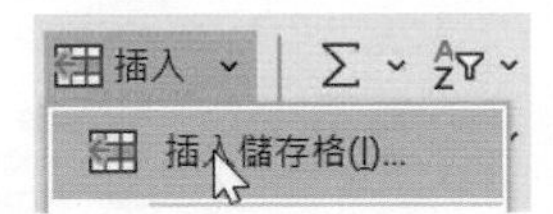

3： 在插入對話方塊的插入欄位選擇現有儲存格下移，然後按確定鈕。

5-6 刪除儲存格

在刪除儲存格時需考慮到下方儲存格上移或是右邊儲存格左移，本節筆者將以實例做說明。

5-6-1 刪除連續儲存格區間

實例一：刪除 F4:G5 區間的儲存格，同時令下方儲存格上移。

1： 選定 F4:G5 儲存格區間。

	A	B	C	D	E	F	G	H	I
1									
2				深智數位公司					
3				2022年支出帳目表					
4				月份				雜費	每月總計
5		一月		500	文具費				
6		二月		450	4500	車馬費	薪資		
7		三月		450	6000	54320	850		

2： 將滑鼠游標指向作用儲存格，然後按一下滑鼠右邊鍵，此時可看到快顯功能表，執行刪除指令。

3： 在刪除對話方塊的刪除欄位選擇下方儲存格上移，按確定鈕。

刪除 ? ×
刪除
○ 右側儲存格左移(L)
◉ 下方儲存格上移(U)
○ 整列(R)
○ 整欄(C)
確定 取消

	A	B	C	D	E	F	G	H	I
1									
2				深智數位公司					
3				2022年支出帳目表					
4				月份		車馬費	薪資	雜費	每月總計
5		一月		500	文具費	54320	850		
6		二月		450	4500	88860	2300		
7		三月		450	6000	54320	1600		

實例二：刪除 C4:C7 的儲存格區間，同時令右側儲存格左移。

1： 選定 C4:C7 儲存格區間。

	A	B	C	D	E	F	G	H	I
1									
2				深智數位公司					
3				2022年支出帳目表					
4				月份		車馬費	薪資	雜費	每月總計
5		一月		500	文具費	54320	850		
6		二月		450	4500	88860	2300		
7		三月		450	6000	54320	1600		
8		第一季		5500					

2： 將滑鼠游標指向作用儲存格，然後按一下滑鼠右邊鍵，此時可看到快顯功能表，執行刪除指令。

3： 在刪除對話方塊的刪除欄位選擇右側儲存格左移，按確定鈕。

刪除 ? ×
刪除
◉ 右側儲存格左移(L)
○ 下方儲存格上移(U)
○ 整列(R)
○ 整欄(C)
確定 取消

	A	B	C	D	E	F	G	H
1								
2				深智數位公司				
3				2022年支出帳目表				
4			月份		車馬費	薪資	雜費	每月總計
5		一月	500	文具費	54320	850		
6		二月	450	4500	88860	2300		
7		三月	450	6000	54320	1600		
8		第一季		5500				

5-6-2 刪除單一儲存格

實例一：刪除 D4 儲存格，同時令下方儲存格上移。

1： 將作用儲存格移至 D4。

	A	B	C	D	E	F	G	H
1								
2				深智數位公司				
3				2022年支出帳目表				
4			月份		車馬費	薪資	雜費	每月總計
5		一月	500	文具費	54320	850		
6		二月	450	4500	88860	2300		
7		三月	450	6000	54320	1600		
8		第一季		5500				

2： 將滑鼠游標指向作用儲存格，然後按一下滑鼠右邊鍵，此時可看到快顯功能表，執行刪除指令。

3： 在刪除對話方塊的刪除欄位選擇下方儲存格上移，按確定鈕。

	A	B	C	D	E	F	G	H
1								
2				深智數位公司				
3				2022年支出帳目表				
4			月份	文具費	車馬費	薪資	雜費	每月總計
5		一月	500	4500	54320	850		
6		二月	450	6000	88860	2300		
7		三月	450	5500	54320	1600		
8		第一季						

除了上述以快顯功能表的刪除指令可執行插入空白儲存格外，也可以使用常用 / 儲存格 / 刪除內的刪除儲存格指令，刪除空白的儲存格。此時其步驟如下：

1： 將作用儲存格移至欲刪除空白儲存格的位址 (如果欲刪除一連續儲存格區間，則必須先選定它們)。

2： 執行常用 / 儲存格 / 刪除內的刪除儲存格指令。

3： 在刪除對話方塊的刪除欄內選擇右側或下方的儲存格移動方式 (往左或往上)。

4： 按確定鈕。

實例二：刪除 B4 儲存格，同時令右側儲存格左移。

1： 將作用儲存格移至 B4。

	A	B	C	D	E	F	G	H
1								
2		深智數位公司						
3		2022年支出帳目表						
4			月份	文具費	車馬費	薪資	雜費	每月總計
5		一月	500	4500	54320	850		

2： 執行常用 / 儲存格 / 刪除內的刪除儲存格指令。

3： 在刪除對話方塊的刪除欄位選擇右側儲存格左移，按確定鈕。

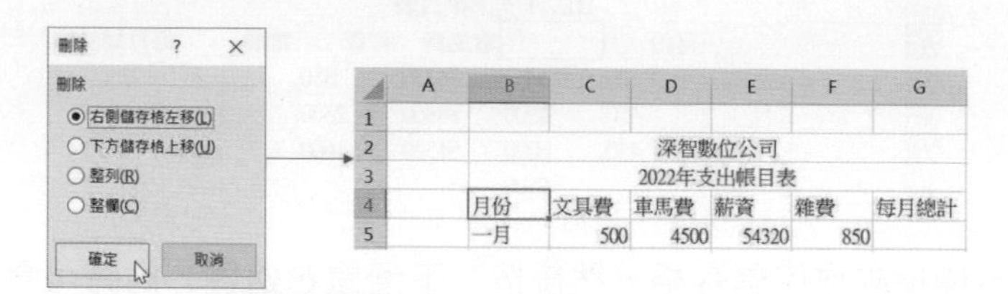

	A	B	C	D	E	F	G
1							
2		深智數位公司					
3		2022年支出帳目表					
4		月份	文具費	車馬費	薪資	雜費	每月總計
5		一月	500	4500	54320	850	

5-7 儲存格的移動

要移動儲存格可以使用下面兩種方式之任一種。

1： 使用滑鼠拖曳。

2： 使用剪下和貼上指令。

5-7-1 以滑鼠拖曳儲存格

以滑鼠拖曳方式移動儲存格時，步驟如下：

1： 將作用儲存格移至欲移動的儲存格位址，若是欲移動連續儲存格區間則需選定欲移動的儲存格區間。

2： 將滑鼠游標移至選定儲存格區間的框線上。

3： 拖曳 (注意：所謂的拖曳是按住滑鼠左邊鍵再移動滑鼠) 框線至新位置。

4： 放開滑鼠按鍵後，儲存格區間的內容便會移到新位置。

實例一：將 C5:F7 儲存格區間移至 C9:F11 儲存格區間。

1： 選定 C5:F7 儲存格區間。

	A	B	C	D	E	F	G
1							
2				深智數位公司			
3				2022年支出帳目表			
4		月份	文具費	車馬費	薪資	雜費	每月總計
5		一月	500	4500	54320	850	
6		二月	450	6000	88860	2300	
7		三月	450	5500	54320	1600	
8		第一季					

2： 將滑鼠游標移至所選定儲存格區間的框線上。

	A	B	C	D	E	F	G
1							
2				深智數位公司			
3				2022年支出帳目表			
4		月份	文具費	車馬費	薪資	雜費	每月總計
5		一月	500	4500	54320	850	
6		二月	450	6000	88860	2300	
7		三月	450	5500	54320	1600	
8		第一季					

滑鼠游標外形

3： 拖曳框線至新位置，拖曳過程虛框線旁將列出新位置。

	A	B	C	D	E	F	G
1							
2				深智數位公司			
3				2022年支出帳目表			
4		月份	文具費	車馬費	薪資	雜費	每月總計
5		一月	500	4500	54320	850	
6		二月	450	6000	88860	2300	
7		三月	450	5500	54320	1600	
8		第一季					
9		四月					
10		五月					
11		六月					C9:F11

顯示新位置

4： 放開滑鼠按鍵，可以得到下列結果。

	A	B	C	D	E	F	G
1							
2		深智數位公司					
3		2022年支出帳目表					
4		月份	文具費	車馬費	薪資	雜費	每月總計
5		一月					
6		二月					
7		三月					
8		第一季					
9		四月	500	4500	54320	850	
10		五月	450	6000	88860	2300	
11		六月	450	5500	54320	1600	

5-7-2 剪下和貼上指令

使用剪下與貼上指令可達到移動儲存格的目的，其步驟如下：

1： 將作用儲存格移至欲移動的儲存格位址，若是欲移動連續的儲存格區間，則需選定欲移動的儲存格區間。

2： 執行剪下指令。

3： 將作用儲存格移至欲放置儲存格的目標位址(若是連續儲存格區間則移至連續儲存格的左上角)。

4： 執行貼上指令。

一般所謂的剪下指令，只是將目前儲存格內容剪下，然後將它放到剪貼簿內。而所謂的貼上指令，則是將剪貼簿的內容放回指定位址。

在 Excel 內基本上有 2 種方式可以執行剪下與貼上指令。

❑ 方法 1

按下列功能鈕。

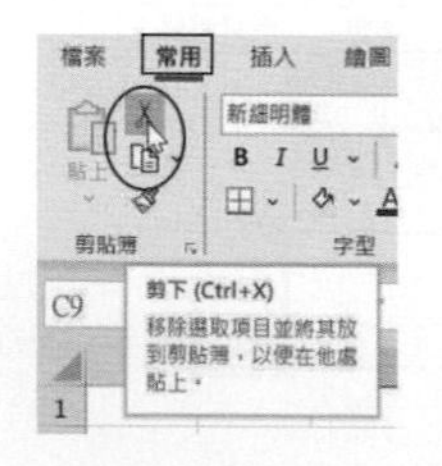

❑ 方法 2

當你選定某區間時，在此區間內若按滑鼠右邊鍵時可以看到快顯功能表，此快顯功能表內含剪下與貼上指令。

實例一：利用剪下與貼上鈕將 C9:F11 內容移至 C5:F7 儲存格區間。

1： 選定 C9:F11 儲存格區間。

2： 按剪下鈕，此時所選定區間將含移動的虛線外框。註：如果不想執行了，按 Esc 鍵可以取消此動作，虛線外框將恢復正常顯示。

3： 在 C5 位址按一下，相當於將作用儲存格移至 C5。

4： 按貼上鈕。

	A	B	C	D	E	F	G
1							
2		深智數位公司					
3		2022年支出帳目表					
4		月份	文具費	車馬費	薪資	雜費	每月總計
5		一月	500	4500	54320	850	
6		二月	450	6000	88860	2300	
7		三月	450	5500	54320	1600	

5-8 儲存格的複製

要複製儲存格可以使用下列兩種方式之任一種。

1： 以拖曳滑鼠方式複製。

2： 使用複製和貼上指令。

5-8-1 滑鼠的拖曳

以滑鼠拖曳方式複製儲存格時，步驟如下：

1： 將作用儲存格移至欲複製的儲存格位址，若是欲複製連續儲存格區間時，則需選定欲複製的儲存格區間。

2： 將滑鼠游標移至選定儲存格區間的框線上，同時按 Ctrl 鍵及滑鼠左邊鍵，此時滑鼠游標右上方將含小 + 字形，如下圖所示：

3： 拖曳所選取的儲存格框線至複製的目標位置。

4： 先放開滑鼠按鍵再放開 Ctrl 按鍵。注意，若是先放開 Ctrl 按鍵再放開滑鼠按鍵，則將變成移動儲存格的動作。

實例一：將 C5:F7 儲存格複製到 C9:F11 儲存格位址。

1： 選定 C5:F7 儲存格區間。

	A	B	C	D	E	F	G
1							
2		深智數位公司					
3		2022年支出帳目表					
4		月份	文具費	車馬費	薪資	雜費	每月總計
5		一月	500	4500	54320	850	
6		二月	450	6000	88860	2300	
7		三月	450	5500	54320	1600	
8		第一季					

2： 將滑鼠游標移至選定儲存格區間的框線上，同時按住 Ctrl 鍵及滑鼠左邊鍵，此時滑鼠游標右上角將含小 + 字形。

3： 拖曳框線至 C9:F11。

4： 先放鬆滑鼠按鍵，再放鬆所按的 Ctrl 鍵。

	A	B	C	D	E	F	G
1							
2		深智數位公司					
3		2022年支出帳目表					
4		月份	文具費	車馬費	薪資	雜費	每月總計
5		一月	500	4500	54320	850	
6		二月	450	6000	88860	2300	
7		三月	450	5500	54320	1600	
8		第一季					
9		四月	500	4500	54320	850	
10		五月	450	6000	88860	2300	
11		六月	450	5500	54320	1600	

以上所述複製儲存格的功能不僅可適用於複製含普通文字資料的儲存格，也非常適用於複製含公式且不相鄰的儲存格 (相鄰儲存格公式的複製可參 4-6 節)，下一小節將予以說明。

5-8-2 複製和貼上指令

使用複製與貼上指令可達到複製儲存格的目的，其步驟如下：

1： 將作用儲存格移至欲複製的儲存格位址，或是若欲複製的是連續的儲存格區間則需選定此連續的儲存格區間。

2： 執行複製指令。

3： 將作用儲存格移至欲複製儲存格的目標位址。(若是連續儲存格區間，則移至連續儲存格的左上角)。

4： 執行貼上指令。

在 Microsoft Excel 內基本上有 2 種方式可以執行複製指令。

❑ 方法 1

按下列複製鈕。

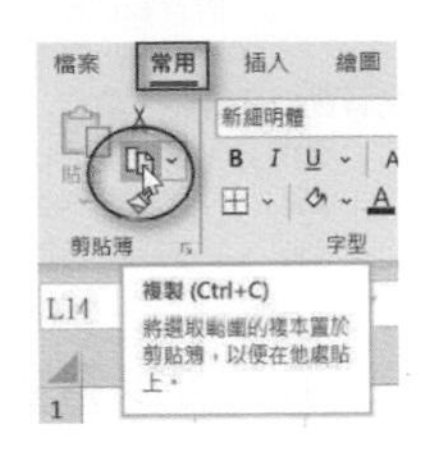

❑ 方法 2

當選定某區間時，在此區間內若按滑鼠右邊鍵可以看到快顯功能表，此快顯功能表內含複製指令。

深智数位公司				
2022年支出帳目表				
月份	文具費	車馬費	薪資	雜費
一月	500	4500	54320	8
二月	450	6000	88860	23
三月	450	5500	54320	16

剪下(T)
複製(C)
貼上選項:
選擇性貼上(S)...

在正式講解本節的實例前，請先計算 C5:F5 的總和，並將結果放在 G5。

1： 將作用儲存格移至 G5。

2： 按加總鈕。

3： 按 Enter 鍵，上述執行完後，可得到下列結果。

實例一：將 G5 儲存格複製到 G7 儲存格，讀者可想成將 G5 儲存格內容拷貝至 F7。

1： 將作用儲存格移至 G5。

	A	B	C	D	E	F	G
1							
2		深智数位公司					
3		2022年支出帳目表					
4		月份	文具費	車馬費	薪資	雜費	每月總計
5		一月	500	4500	54320	850	60170
6		二月	450	6000	88860	2300	
7		三月	450	5500	54320	1600	

2： 執行複製功能，此時原先作用儲存格所在位址將含移動的虛線外框。

3： 在 G7 位址按一下，相當於將作用儲存格移至 G7。

4： 執行貼上功能。

5： 執行完步驟 4 就算複製完成，不過原先 G5 儲存格仍含移動的虛線外框，表示你可以重複步驟 (3) 和 (4) 繼續將 G5 儲存格複製到其它位置。若在步驟 (4) 或是本步驟直接按 Enter 鍵，就算複製動作結束，下面是本實例的執行結果。

	A	B	C	D	E	F	G
1							
2		深智數位公司					
3		2022年支出帳目表					
4		月份	文具費	車馬費	薪資	雜費	每月總計
5		一月	500	4500	54320	850	60170
6		二月	450	6000	88860	2300	
7		三月	450	5500	54320	1600	61870

在上圖中，若是尚未按下 Enter 鍵，可以看到 G7 儲存格右下方有一個智慧標籤，這個智慧標籤又稱貼上選項鈕，也可利用此鈕選擇複製的方法。

	A	B	C	D	E	F	G	H
1								
2		深智數位公司						
3		2022年支出帳目表						
4		月份	文具費	車馬費	薪資	雜費	每月總計	
5		一月	500	4500	54320	850	60170	
6		二月	450	6000	88860	2300		
7		三月	450	5500	54320	1600	61870	
8		第一季						(Ctrl)

貼上選項鈕

點選貼上選項鈕，可以看到貼上選項鈕的完整內容。

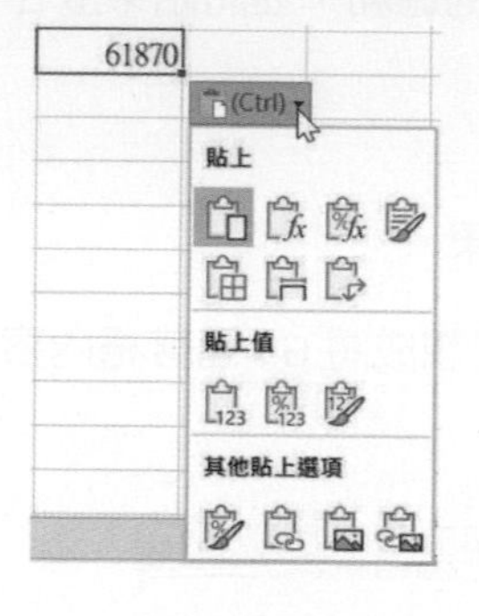

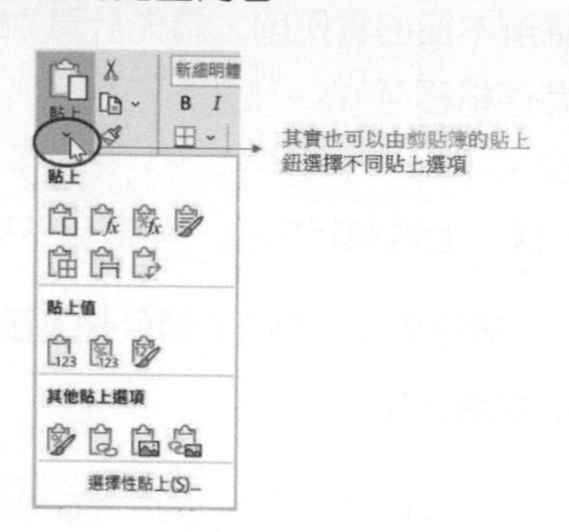

上述各鈕的意義如下：

貼上：這是預設選項，相當於是執行公式的拷貝。

公式：相當於是執行公式的拷貝。

公式與數字設定：在執行公式拷貝時，同時複製原始數字的格式。

保持來源格式設定：在執行公式拷貝時，同時複製原始儲存格的格式。

無框線：在執行公式拷貝時，同時複製原始儲存格的格式，但是儲存格不含框線。

保持來源欄寬：在執行公式拷貝時，同時複製原始儲存格的樣式，同時儲存格的寬度將不更改。

轉置：轉置的觀念可參考 5-9-8 節，適用在拷貝矩陣型的儲存格。

值：相當於是拷貝儲存格的值。

值與數字的格式：在執行值的拷貝時，同時被複製了值的格式。

值與來源格式設定：在執行值的拷貝時，同時複製原始儲存格的格式。

設定格式：只複製格式。

5-8-3 注意事項

在複製儲存格時，如果原先目標儲存格有其它資料，則複製後，來源儲存格內容將取代目標儲存格的內容。

在複製過程中 (按下複製鈕後)，若想取消複製動作，可以按 Esc 鍵。

5-9 選擇性貼上指令

選取某儲存格，按一下滑鼠右邊鍵在快顯功能表內有選擇性貼上指令，此指令主要是當你使用複製指令後。可供你對貼上的儲存格設定其選項。

註：這一節的觀念和 5-8-2 節貼上選項鈕的觀念類似，讀者可以選擇使用任一種方式，不過此節提供更多好用的功能。

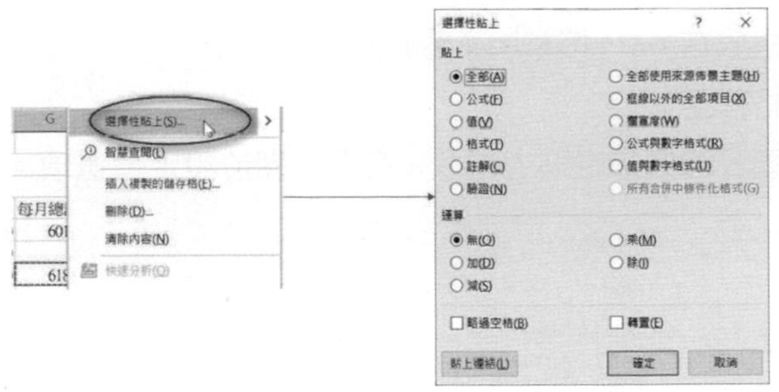

下列是幾個重要功能。

❑ 貼上

全部：所複製的儲存格包含公式、格式、附註選項。

公式：相當於複製公式。

值：僅複製儲存格的值。

格式：複製儲存格的格式，有關儲存格格式的觀念第六章會做更多說明。

註解：複製儲存格的註解。

公式與數字格式：複製的儲存格包含公式與格式。

值與數字格式：複製的儲存格包含值與格式。

❑ 運算欄位

可供將複製的儲存格與目標位置的儲存格作運算，其運算方法如下：

目標儲存格 = 目標儲存格　運算選項　複製儲存格

運算選項可以是無、加、減、乘、除。

❑ 略過空格

核對框預設是未設定，若設定此核對框可防止複製區域的空白儲存格覆蓋住目標儲存格原有內容。

❑ 轉置

核對框預設是未設定，若設定則在執行貼上時，可促使複製的列和欄在目標儲存格區間內互相對調。

5-9-1 貼上 - 值

實例一：將 G5 儲存格的值複製至 G6，在選擇性貼上對話方塊的貼上欄位使用值選項。

1： 將作用儲存格放在 G5，按常用 / 剪貼簿 / 複製鈕。

2： 將作用儲存格移至 G6。

3： 執行快顯功能表的選擇性貼上指令，在貼上欄位設定值選項。

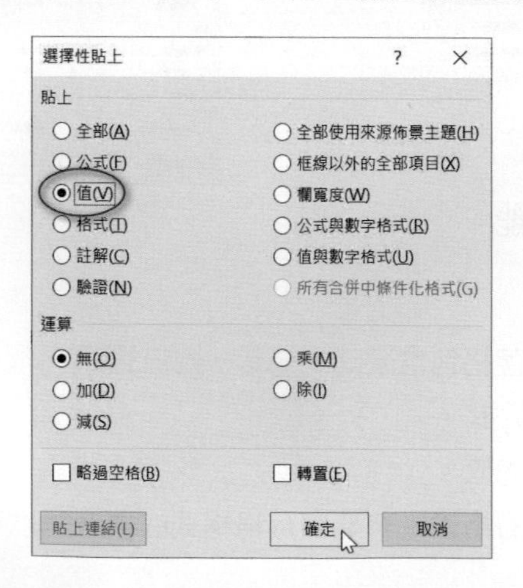

4： 按確定鈕。

	A	B	C	D	E	F	G
1							
2		深智數位公司					
3		2022年支出帳目表					
4		月份	文具費	車馬費	薪資	雜費	每月總計
5		一月	500	4500	54320	850	60170
6		二月	450	6000	88860	2300	60170
7		三月	450	5500	54320	1600	61870

複製完畢後，G5 儲存格仍可以看到移動的虛線外框表示仍可以繼續複製，若不想複製可以按 Esc 鍵。在上述可以看到 G5 儲存格的值被拷貝到 G6 儲存格了，不過這個 G6 值並不是我們想要的狀況，所以請執行復原選擇性貼上。

5-9-2 貼上 - 全部

使用這種方式可以將公式拷貝到新的目標儲存格，而獲得正確的結果。

實例一：在選擇性貼上對話方塊內，以貼上欄位的全部選項，將 G5 儲存格的內容複製到 F6。

1： 將作用儲存格放在 G5，按常用 / 剪貼簿 / 複製鈕。

2： 將作用儲存格移至 G6。

3： 執行快顯功能表的選擇性貼上指令，在貼上欄位設定全部選項。

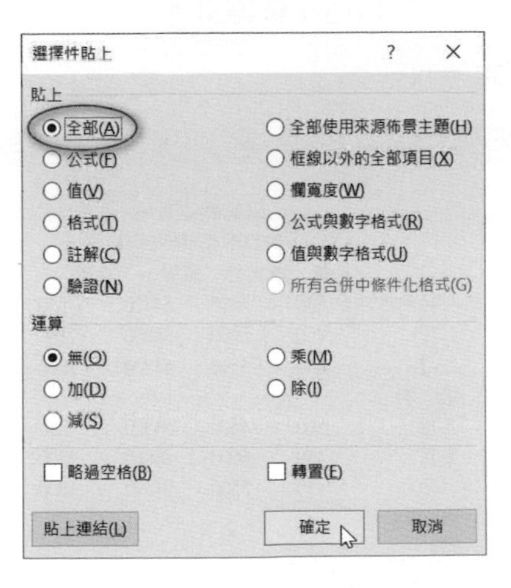

4： 按確定鈕，按 Esc 鍵。

	A	B	C	D	E	F	G
1							
2		深智數位公司					
3		2022年支出帳目表					
4		月份	文具費	車馬費	薪資	雜費	每月總計
5		一月	500	4500	54320	850	60170
6		二月	450	6000	88860	2300	97610
7		三月	450	5500	54320	1600	61870

由本節實例與前一小節實例，讀者應該了解彼此的差異，在繼續下一節內容前，請計算第一季花費總計，結果放在 G8 儲存格，如下所示：

	A	B	C	D	E	F	G
1							
2		深智數位公司					
3		2022年支出帳目表					
4		月份	文具費	車馬費	薪資	雜費	每月總計
5		一月	500	4500	54320	850	60170
6		二月	450	6000	88860	2300	97610
7		三月	450	5500	54320	1600	61870
8		第一季					219650

5-9-3 運算 – 乘

請先在 G13 儲存格填上 4，這一節主要是將一季的支出乘以 4，計算預估一年的支出。

實例一：在 G13 儲存格計算全年預估花費總計。

1： 將作用儲存格放在 G8。

	A	B	C	D	E	F	G
1							
2		深智數位公司					
3		2022年支出帳目表					
4		月份	文具費	車馬費	薪資	雜費	每月總計
5		一月	500	4500	54320	850	60170
6		二月	450	6000	88860	2300	97610
7		三月	450	5500	54320	1600	61870
8		第一季					219650
9		四月	500	4500	54320	850	
10		五月	450	6000	88860	2300	
11		六月	450	5500	54320	1600	
12		第二季					
13		總計					4

2： 按常用 / 剪貼簿 / 複製鈕。

3： 將作用儲存格移至 G13。

4： 執行快顯功能表的選擇性貼上指令，在貼上欄位設定值選項，在運算欄位設定乘。

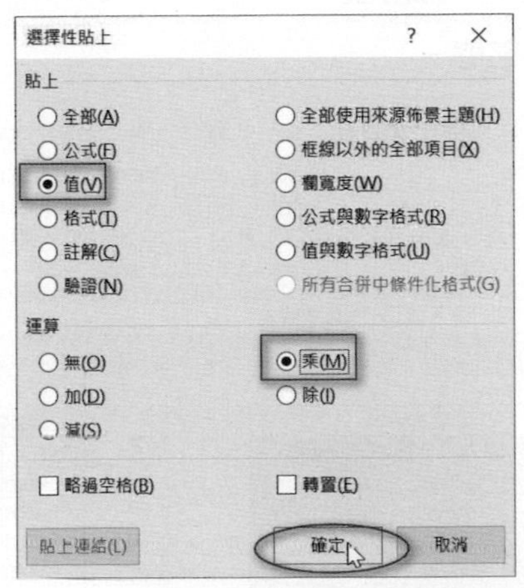

5： 按確定鈕，按 Esc 鍵，下列結果存入 ch5_2.xlsx。

	A	B	C	D	E	F	G
1							
2		深智數位公司					
3		2022年支出帳目表					
4		月份	文具費	車馬費	薪資	雜費	每月總計
5		一月	500	4500	54320	850	60170
6		二月	450	6000	88860	2300	97610
7		三月	450	5500	54320	1600	61870
8		第一季					219650
9		四月	500	4500	54320	850	
10		五月	450	6000	88860	2300	
11		六月	450	5500	54320	1600	
12		第二季					
13		總計					878600

5-9-4 複製格式

請開啟 ch5_3.xlsx，可以看到下列工作表內容。

	A	B	C	D	E	F	G	H	I	J
1										
2		北區業績表					南區業績表			
3		月份	業績	費用	獲利		月份	業績	費用	獲利
4		一月	110000	61000	49000		一月	130000	61000	69000
5		二月	98000	58000	40000		二月	138000	58000	80000
6		三月	112000	61000	51000		三月	132000	61000	71000
7		四月	100000	59000	41000		四月	120000	59000	61000
8		五月	88000	47000	41000		五月	108000	47000	61000
9		六月	95000	52000	43000		六月	115000	52000	63000

實例一：左邊是已經格式化的表單，本節將講解將右邊表單格式化為左邊樣式，至於表單格式化的知識將在下一節解說。

1： 請選取 B2:E9 儲存格區間。

B2 北區業績表

	A	B	C	D	E	F	G	H	I	J
1										
2		北區業績表					南區業績表			
3		月份	業績	費用	獲利		月份	業績	費用	獲利
4		一月	110000	61000	49000		一月	130000	61000	69000
5		二月	98000	58000	40000		二月	138000	58000	80000
6		三月	112000	61000	51000		三月	132000	61000	71000
7		四月	100000	59000	41000		四月	120000	59000	61000
8		五月	88000	47000	41000		五月	108000	47000	61000
9		六月	95000	52000	43000		六月	115000	52000	63000

2： 按常用 / 剪貼簿 / 複製。

3： 選取 G2:J9 儲存格區間。

	A	B	C	D	E	F	G	H	I	J
1										
2		北區業績表					南區業績表			
3		月份	業績	費用	獲利		月份	業績	費用	獲利
4		一月	110000	61000	49000		一月	130000	61000	69000
5		二月	98000	58000	40000		二月	138000	58000	80000
6		三月	112000	61000	51000		三月	132000	61000	71000
7		四月	100000	59000	41000		四月	120000	59000	61000
8		五月	88000	47000	41000		五月	108000	47000	61000
9		六月	95000	52000	43000		六月	115000	52000	63000

4： 執行快顯功能表的選擇性貼上指令，在貼上欄位設定值選項。或是按常用 / 剪貼簿 / 貼上 / 設定格式。

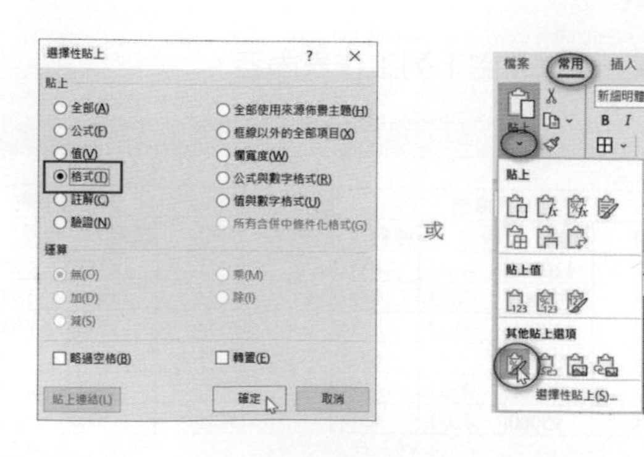

5： 按確定鈕，按 Esc 鍵，取消選取後可以得到下列結果。

	A	B	C	D	E	F	G	H	I	J
1										
2		北區業績表					南區業績表			
3		月份	業績	費用	獲利		月份	業績	費用	獲利
4		一月	110000	61000	49000		一月	130000	61000	69000
5		二月	98000	58000	40000		二月	138000	58000	80000
6		三月	112000	61000	51000		三月	132000	61000	71000
7		四月	100000	59000	41000		四月	120000	59000	61000
8		五月	88000	47000	41000		五月	108000	47000	61000
9		六月	95000	52000	43000		六月	115000	52000	63000

筆者將上述執行結果檔案儲存至 ch5_4.xlsx 檔案內。

5-9-5 複製貼上公式與格式

前幾章節筆者有介紹多次拖曳填滿控點達到複製的目的，使用該種方式在執行複製時，就是複製貼上公式與格式，可以參考下列 ch5_5.xlsx 的工作表。

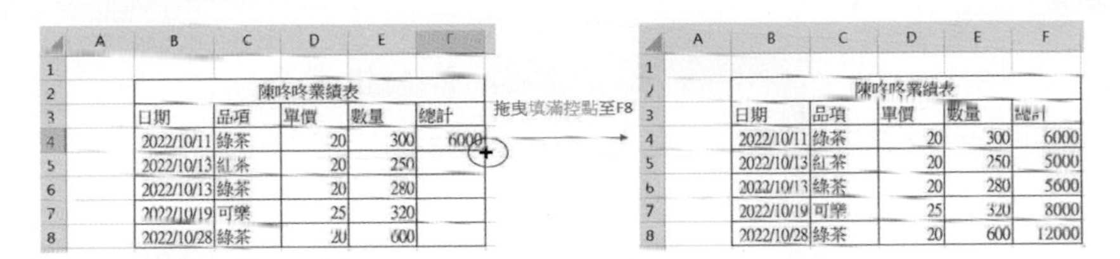

	A	B	C	D	E	F
1						
2		陳咚咚業績表				
3		日期	品項	單價	數量	總計
4		2022/10/11	綠茶	20	300	6000
5		2022/10/13	紅茶	20	250	
6		2022/10/13	綠茶	20	280	
7		2022/10/19	可樂	25	320	
8		2022/10/28	綠茶	20	600	

	A	B	C	D	E	F
1						
2		陳咚咚業績表				
3		日期	品項	單價	數量	總計
4		2022/10/11	綠茶	20	300	6000
5		2022/10/13	紅茶	20	250	5000
6		2022/10/13	綠茶	20	280	5600
7		2022/10/19	可樂	25	320	8000
8		2022/10/28	綠茶	20	600	12000

筆者將上述執行結果儲存至 ch5_6.xlsx。

5-9-6 複製貼上不含公式

有時候有些資料我們指向複製公式，但是不想複製格式，可以繼續前一節的實例，在執行完複製貼上公式與格式後，右下方有貼上選項鈕。

	A	B	C	D	E	F	G
1							
2		陳咚咚業績表					
3		日期	品項	單價	數量	總計	
4		2022/10/11	綠茶	20	300	6000	
5		2022/10/13	紅茶	20	250	5000	
6		2022/10/13	綠茶	20	280	5600	
7		2022/10/19	可樂	25	320	8000	
8		2022/10/28	綠茶	20	600	12000	

複製儲存格(C)
僅以格式填滿(F)
填滿但不填入格式(O)
快速填入(F)

執行填滿但不填入格式，取消選取後可以得到下列結果。

	A	B	C	D	E	F	G
1							
2		陳咚咚業績表					
3		日期	品項	單價	數量	總計	
4		2022/10/11	綠茶	20	300	6000	
5		2022/10/13	紅茶	20	250	5000	
6		2022/10/13	綠茶	20	280	5600	
7		2022/10/19	可樂	25	320	8000	
8		2022/10/28	綠茶	20	600	12000	
9							

筆者將上述執行結果儲存至 ch5_7.xlsx。

5-9-7 貼上除法

下列是 ch5_8.xlsx 的工作表內容，由下表可以看到單位是 1 元，所以整體數字不易閱讀。

	A	B	C	D	E
1					
2			飲料公司業績表		
3					
4		單位:元	1		
5					
6		商品/年度	2020	2021	2022
7		綠茶	2345000	2567000	2667000
8		紅茶	1023000	1359000	1667000
9		可樂	3300000	3682000	4132000

實例一：將上述工作表的內容改為單位是 1000 元。

1： 請將 C3 改為 1000，然後按常用 / 剪貼簿 / 複製鈕。

2： 選取想要修改的資料範圍，此例是 C7:E9。

	A	B	C	D	E
1					
2			飲料公司業績表		
3					
4		單位:元	1000		
5					
6		商品/年度	2020	2021	2022
7		綠茶	2345000	2567000	2667000
8		紅茶	1023000	1359000	1667000
9		可樂	3300000	3682000	4132000

3： 執行快顯功能表的選擇性貼上指令，在貼上欄位設定值選項。

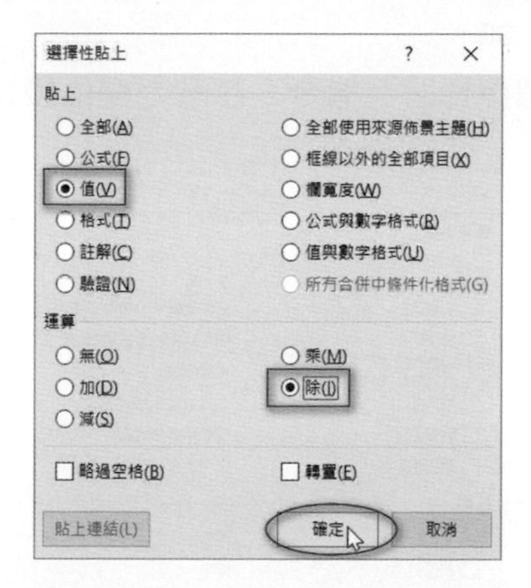

4： 按確定鈕，按 Esc 鍵，取消選取後可以得到下列結果。

	A	B	C	D	E
1					
2		飲料公司業績表			
3					
4		單位:元	1000		
5					
6		商品/年度	2020	2021	2022
7		綠茶	2345	2567	2667
8		紅茶	1023	1359	1667
9		可樂	3300	3682	4132

筆者將上述執行結果儲存至 ch5_9.xlsx。

5-9-8 轉置表格

所謂的轉置是在執行貼上時，可促使複製的列和欄在目標儲存格區間內互相對調，請開啟 ch5_10.xlsx 檔案。

實例一：請將 B6:E9 儲存格區間的表單執行轉置。

1： 請選取 B6:E9 儲存格區間。

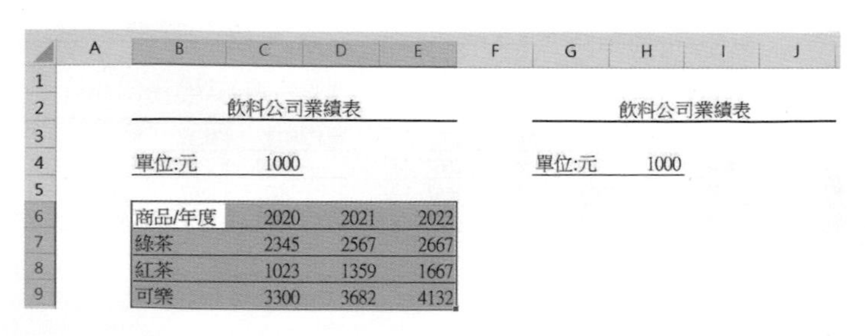

	A	B	C	D	E	F	G	H	I	J
1										
2		飲料公司業績表					飲料公司業績表			
3										
4		單位:元	1000				單位:元	1000		
5										
6		商品/年度	2020	2021	2022					
7		綠茶	2345	2567	2667					
8		紅茶	1023	1359	1667					
9		可樂	3300	3682	4132					

2： 請按常用 / 剪貼簿 / 複製鈕。

3： 請將作用儲存格放置 G6。

4： 執行快顯功能表的選擇性貼上指令，在貼上欄位設定值選項，設定轉置核對框。

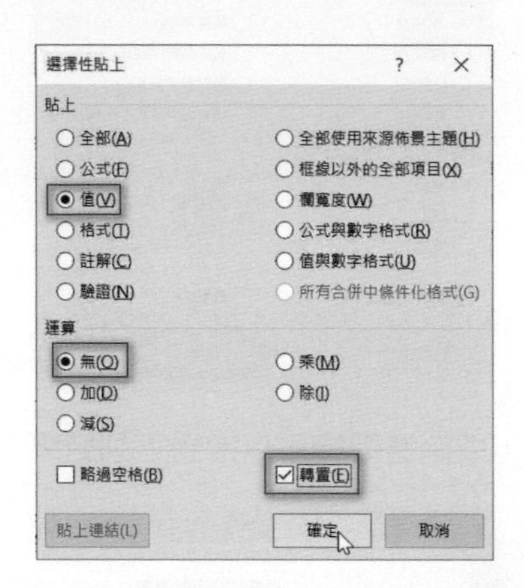

5： 按確定鈕，按 Esc 鍵，取消選取後，請將滑鼠游標放在 G 和 H 欄中間 G ✛ H，連按二下，可以擴充 G 欄寬度，可以得到下列結果。

	A	B	C	D	E	F	G	H	I	J
1										
2			飲料公司業績表					飲料公司業績表		
3										
4		單位:元	1000				單位:元	1000		
5										
6		商品/年度	2020	2021	2022		商品/年度	綠茶	紅茶	可樂
7		綠茶	2345	2567	2667		2020	2345	1023	3300
8		紅茶	1023	1359	1667		2021	2567	1359	3682
9		可樂	3300	3682	4132		2022	2667	1667	4132

不過要留意有對齊的問題，下列是處理對齊完成後的結果，筆者將下列執行結果儲存至 ch5_11.xlsx。

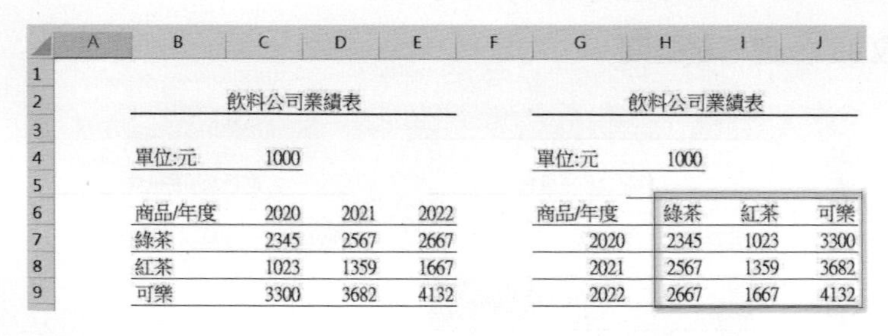

	A	B	C	D	E	F	G	H	I	J
1										
2			飲料公司業績表					飲料公司業績表		
3										
4		單位:元	1000				單位:元	1000		
5										
6		商品/年度	2020	2021	2022		商品/年度	綠茶	紅茶	可樂
7		綠茶	2345	2567	2667		2020	2345	1023	3300
8		紅茶	1023	1359	1667		2021	2567	1359	3682
9		可樂	3300	3682	4132		2022	2667	1667	4132

5-10 清除儲存格

清除儲存格 5-6 節的刪除儲存格最大的不同在於，刪除儲存格時可造成原先右側的儲存格左移，或是下面的儲存格上移。而清除儲存格則只是清除儲存格的資料，並不造成右側或下邊的儲存格移動。

1： 如果欲清除的是單一儲存格內容，請將作用儲存格移至該儲存格位置。如果欲清除的是連續的儲存格區間，則需先選定此儲存格區間。

2： 按 Del 鍵或是執行快顯功能表清除內容指令。

實例一：請開啟 ch5_12.xlsx 檔案，清除 C3 儲存格內容。

1： 將作用儲存格移至 C3。

	A	B	C	D	E	F
1						
2		日期	品項	單價	數量	總計
3		2022/10/11	綠茶	20	300	6000
4		2022/10/13	紅茶	20	250	5000
5		2022/10/13	綠茶	20	280	5600

2： 按 Del 鍵或是執行快顯功能表清除內容指令。

	A	B	C	D	E	F
1						
2		日期	品項	單價	數量	總計
3		2022/10/11		20	300	6000
4		2022/10/13	紅茶	20	250	5000
5		2022/10/13	綠茶	20	280	5600

可以看到 C3 儲存格內容被刪除了，同時並沒有造成下方或右邊的儲存格移動。

實例二：清除 D3:E4 儲存格的內容。

1： 選取 D3:E4 儲存格區間。

	A	B	C	D	E	F
1						
2		日期	品項	單價	數量	總計
3		2022/10/11		20	300	6000
4		2022/10/13	紅茶	20	250	5000
5		2022/10/13	綠茶	20	280	5600

2： 按 Del 鍵或是執行快顯功能表清除內容指令。

	A	B	C	D	E	F
1						
2		日期	品項	單價	數量	總計
3		2022/10/11				0
4		2022/10/13	紅茶			0
5		2022/10/13	綠茶	20	280	5600

可以看到 D3:E4 儲存格內容被刪除了，同時並沒有造成下方或右邊的儲存格移動。同時也可以發現 F3 和 F4 的內容變為 0，這是因為 F3 和 F4 是使用公式執行加法運算，當 D3:E4 的儲存格是空的時，會被視為 0。

筆者將上述執行結果儲存至 ch5_13.xlsx。

5-11 認識 Office 剪貼簿

Microsoft Office 軟體均有剪貼簿功能，此剪貼簿主要是存放經剪下、複製之資料，未來您可以利用此剪貼簿的部份或全部資料在 Office 各軟體的檔案間執行貼上。

為了觀察剪貼簿的運作，您可以按一下剪貼簿右方的 ↘ 圖示，以啟動顯示剪貼簿。

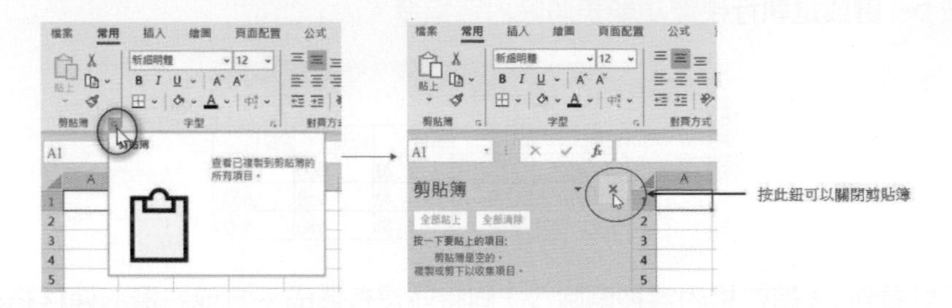

請開啟 ch5_14.xlsx，同時開啟剪貼簿，然後將作用儲存格放在 B2 如下所示：

剪貼簿
全部貼上 全部清除
按一下要貼上的項目:
剪貼簿是空的。
複製或剪下以收集項目。

	A	B	C	D	E	F
1						
2		深智數位公司				
3		2022年第一季支出帳目表				
4		月份	文具費	車馬費	薪資	每月總計
5		一月	500	4500	54320	59320
6		二月	450	6000	88860	95310
7		三月	450	5500	54320	60270

請按一下常用 / 剪貼簿 / 複製鈕，可以看到 B2 儲存格內容被複製，同時在剪貼簿可以看到所複製的內容。

剪貼簿

全部貼上　全部清除

按一下要貼上的項目:

深智數位公司

	A	B	C	D	E	F
1						
2		深智數位公司				
3		2022年第一季支出帳目表				
4		月份	文具費	車馬費	薪資	每月總計
5		一月	500	4500	54320	59320
6		二月	450	6000	88860	95310
7		三月	450	5500	54320	60270

若選擇 B4:F7 儲存格區間，再按一下常用 / 剪貼簿 / 複製鈕，可以看到下列結果。

剪貼簿

全部貼上　全部清除

按一下要貼上的項目:

月份 文具費 車馬費 薪資 每月總計 一月 500 4500 54320 59320 二月 450 6000 88860 95310 三月 450 5500 54320 60270

深智數位公司

	A	B	C	D	E	F
1						
2		深智數位公司				
3		2022年第一季支出帳目表				
4		月份	文具費	車馬費	薪資	每月總計
5		一月	500	4500	54320	59320
6		二月	450	6000	88860	95310
7		三月	450	5500	54320	60270

若想要利用剪貼簿執行貼上工作，其步驟如下：

1： 將作用儲存格移至欲放置貼上結果的儲存格。

2： 按一下剪貼簿內欲貼上的資料。

實例一：將深智數位公司字串貼至 B9 儲存格。

1： 按一下 B9，將作用儲存格移至 B9。

2： 滑鼠游標移至剪貼簿欲貼上的項目。

剪貼簿

全部貼上　全部清除

按一下要貼上的項目:

月份 文具費 車馬費 薪資 每月總計 一月 500 4500 54320 59320 二月 450 6000 88860 95310 三月 450 5500 54320 60270

深智數位公司

	A	B	C	D	E	F
1						
2		深智數位公司				
3		2022年第一季支出帳目表				
4		月份	文具費	車馬費	薪資	每月總計
5		一月	500	4500	54320	59320
6		二月	450	6000	88860	95310
7		三月	450	5500	54320	60270
8						
9						

3： 按一下，可以得到下列結果。

剪貼簿

全部貼上　全部清除

按一下要貼上的項目:

月份 文具費 車馬費 薪資 每月總計 一月 500 4500 54320 59320 二月 450 6000 88860 95310 三月 450 5500 54320 60270

深智數位公司

	A	B	C	D	E	F
1						
2		深智數位公司				
3		2022年第一季支出帳目表				
4		月份	文具費	車馬費	薪資	每月總計
5		一月	500	4500	54320	59320
6		二月	450	6000	88860	95310
7		三月	450	5500	54320	60270
8						
9		深智數位公司				

筆者將上述執行結果儲存至 ch5_15.xlsx。

在剪貼簿視窗內，若是將滑鼠游標指向任一項目，按一下滑鼠右邊鍵，可以看到快顯功能表，此功能表內有貼上及刪除指令，可供執行貼上及刪除功能。或是按一下項目右邊的鈕。

Microsoft Office 軟體內的剪貼功能是互通的，下面是筆者開啟 Word 及 Excel 軟體，同時開啟剪貼簿所得到的結果。

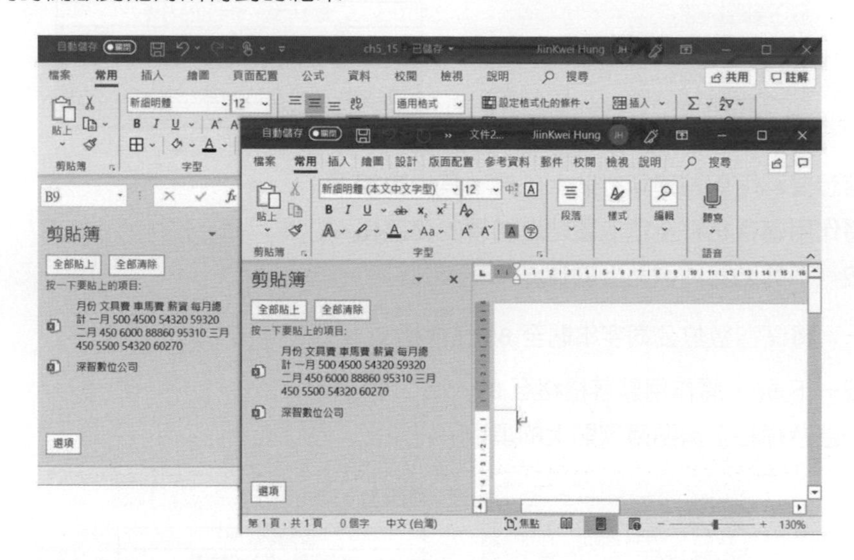

5-12 複製成圖片

有時候我們建立 Excel 表單，想將表單貼在 Word 文件或 PowerPoint 簡報，可以先將此表單複製為圖片，再執行貼上功能，貼在 Word 文件或 PowerPoint 簡報內。

按一下複製鈕右邊的⌄鈕，可以看到複製和複製成圖片指令，複製成圖片指令是本節的重點，這個功能相當於將儲存格的內容複製成一個圖片。

實例一：請將 ch5_16.xlsx 內的 B2:F7 表單儲存成圖片，同時拷貝至 Word 檔案的 ex5_1.docx。

1： 開啟 ch5_16.xlsx 檔案，選取 B2:F7。

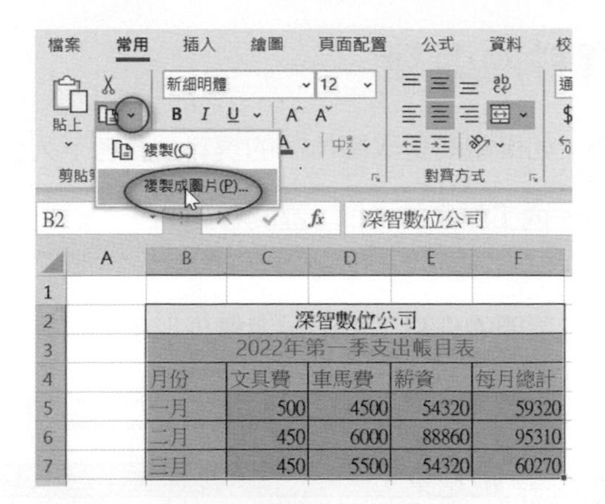

2： 執行常用 / 剪貼簿 / 複製 / 複製成圖片。

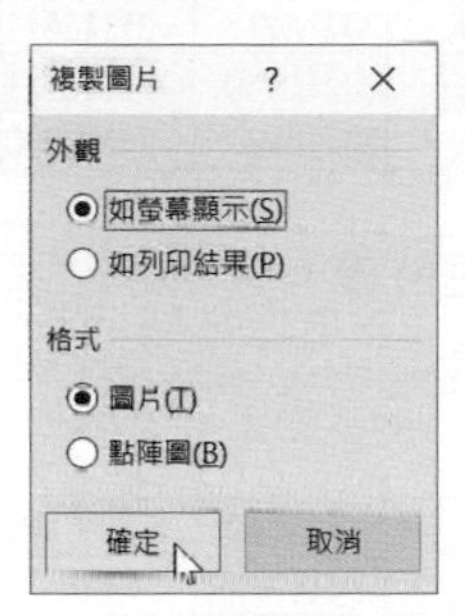

3： 按確定鈕。

4： 開啟 Word，按貼上鈕，可以得到下列結果。

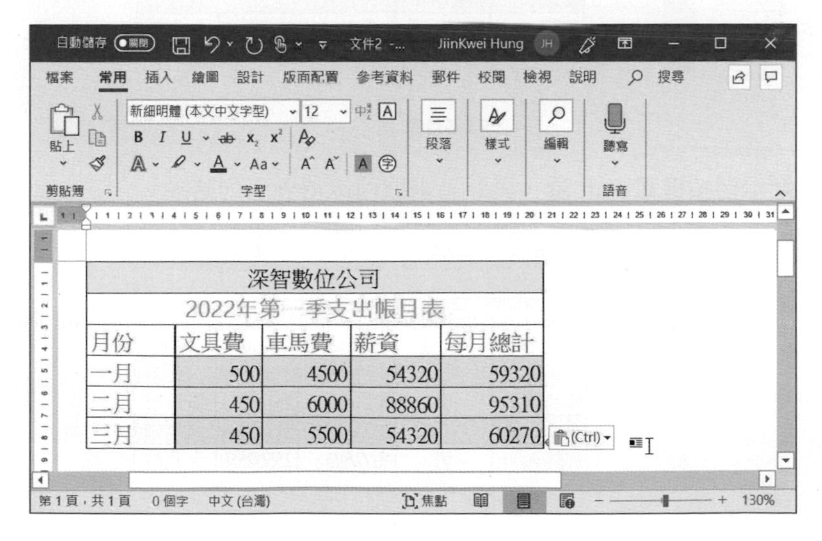

筆者將上述 Word 的執行結果存至 ex5_1.docx 檔案內。

5-13 欄資料的改變

資料建立完成後，如果想要更改欄位間的資料，參考下列步驟。

實例一：將 ch5_17.xlsx 內工作表的 E3:E7 區間移到 C3:C7 區間。

1： 選取 E3:E7。

2： 滑鼠游標指向選取區間的外框，當滑鼠游標外形是 ✥。

	A	B	C	D	E	F
1						
2		深智公司員工資料表				
3		員工姓名	到職日期	電話	性別	地址
4		洪錦魁	2021/4/1	23822382	男	台北市
5		陳曉溪	2021/8/1	25112511	男	新竹市
6		李冰	2021/5/10	31113111	女	台北市
7		郝院人	2022/9/3	25502550	男	台北市

3： 按住 Shift 和拖曳滑鼠至指定位置。

	A	B	C	D	E	F
1						
2		深智公司員工資料表				
3		員工姓名	到職日期	電話	性別	地址
4		洪錦魁	2021/4/1	23822382	男	台北市
5		陳曉溪	2021/8/1	25112511	男	新竹市
6		李冰	2021/5/10	31113111	女	台北市
7		郝院人	2022/9/3	25502550	男	台北市
8			C3:C7			

標出新位置

4： 再放鬆滑鼠按鍵和 Shift 鍵，與取消選取可以得到下列結果。

	A	B	C	D	E	F
1						
2		深智公司員工資料表				
3		員工姓名	性別	到職日期	電話	地址
4		洪錦魁	男	2021/4/1	23822382	台北市
5		陳曉溪	男	2021/8/1	25112511	新竹市
6		李冰	女	2021/5/10	31113111	台北市
7		郝院人	男	2022/9/3	25502550	台北市

5-14 列資料的改變

資料建立完成後，如果想要更改列的資料，可參考下列步驟。

實例一：繼續前一個實例，將工作表的 B5:F5 區間和 B6:F6 區間對調。

1： 選取 B6:F6。

2： 滑鼠游標指向選取區間的外框，當滑鼠游標外形是 ✥。

	A	B	C	D	E	F
1						
2		深智公司員工資料表				
3		員工姓名	性別	到職日期	電話	地址
4		洪錦魁	男	2021/4/1	23822382	台北市
5		陳曉溪	男	2021/8/1	25112511	新竹市
6		李冰	女	2021/5/10	31113111	台北市
7		郝院人	男	2022/9/3	25502550	台北市

3： 按住 Shift 和拖曳滑鼠至指定位置。

	A	B	C	D	E	F	G
1							
2		深智公司員工資料表					
3		員工姓名	性別	到職日期	電話	地址	
4		洪錦魁	男	2021/4/1	23822382	台北市	
5		陳曉溪	男	2021/8/1	25112511	新竹市	B5:F5
6		李冰	女	2021/5/10	31113111	台北市	
7		郝院人	男	2022/9/3	25502550	台北市	

4： 再放鬆滑鼠按鍵和 Shift 鍵，與取消選取可以得到下列結果。

	A	B	C	D	E	F
1						
2		深智公司員工資料表				
3		員工姓名	性別	到職日期	電話	地址
4		洪錦魁	男	2021/4/1	23822382	台北市
5		李冰	女	2021/5/10	31113111	台北市
6		陳曉溪	男	2021/8/1	25112511	新竹市
7		郝院人	男	2022/9/3	25502550	台北市

上述可以看到網底沒有隔列顯示，將在下一節講解處理這方面的技巧，筆者將上述執行結果儲存至 ch5_18.xlsx。

5-15 複製保持來源寬度實例

在結束本章前，筆者將舉一個企業朋友常常碰到的錯誤實例。

實例一：使用一般複製，將 B2:C3 儲存格複製到 E2 儲存格位址。

1： 開啟 ch5_19.xlsx，選取 B2:C3，執行常用 / 剪貼簿 / 複製 / 複製。

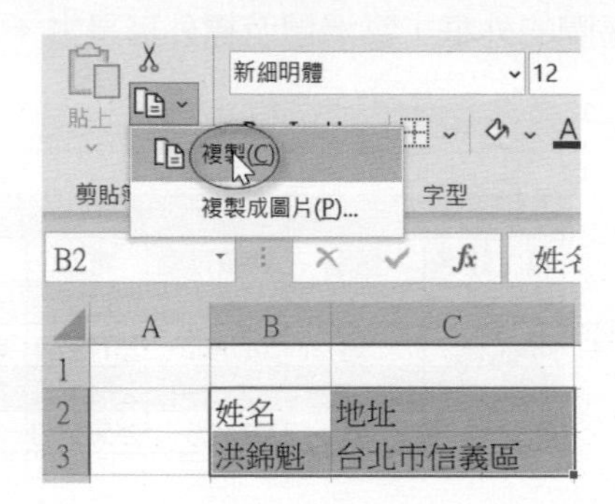

2： 將作用儲存格移至 E2。

3： 執行常用 / 剪貼簿，按貼上鈕，可以得到下列結果。

ch5_20.xlsx

上述可以得到地址寬度不對的複製結果，如果在步驟 3 的複製時，使用保持來源寬度鈕，可以得到下列正確的結果。

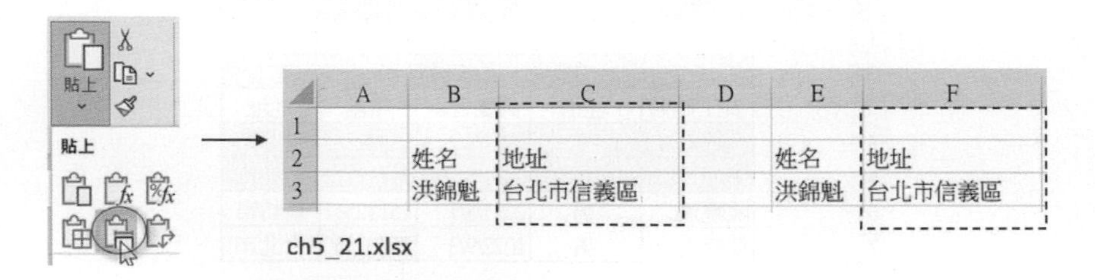

ch5_21.xlsx

CHAPTER

資料格式的設定

6-1 欄位寬度
6-2 列高的設定
6-3 格式化字型
6-4 前景色彩及背景色彩的處理
6-5 設定資料對齊方式
6-6 框線的設定
6-7 儲存格格式的應用
6-8 設定儲存格的樣式 – 凸顯資料
6-9 佈景主題
6-10 複製格式

有了前 5 章的觀念，讀者應該有能力建立一個基本工作表了，但是這對於一位讓主管欣賞的職場員工，是不足的，讀者應該朝向可以建立下列格式的工作表。

- ❑ 淺顯易懂
- ❑ 美觀、設計感
- ❑ 專業資料呈現

要想達到上述效果，基本上需遵循下列資料建立的基本重點：

- ❑ 選擇適合的字型
- ❑ 正確設定對齊方式
- ❑ 正確使用資料格式
- ❑ 適度使用縮排技巧，讓數據有階層效果
- ❑ 正確設定欄寬與列高，與設定字型大小
- ❑ 完美的框線設計，可以讓表單有設計感和專業性
- ❑ 數據顏色的使用
- ❑ 儲存格背景顏色的選用

Excel 的常用標籤，有 4 個功能群組，與格式化工作表資料有關，如下所示：

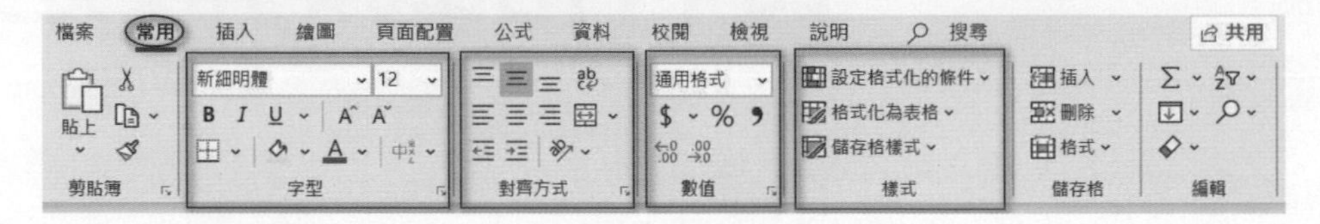

本章除了將講解上述功能外，同時也將講解其它與格式化工作表資料有關的功能。

6-1 欄位寬度

建立工作表時，沒有一定要設定多少欄寬，基本上是採用方便閱讀的寬度處理欄寬，須留意是相同功能的欄位一定要有相同的欄寬，筆者筆電搭配 Excel 2019 的預設欄寬是 8.09(96 像素)。1 個單位約可以放一個英文字母，2 個單位約可以放一個中文字，但是儲存格要有左右留白，所以只要放 4 個中文字就超出儲存格的容納範圍。

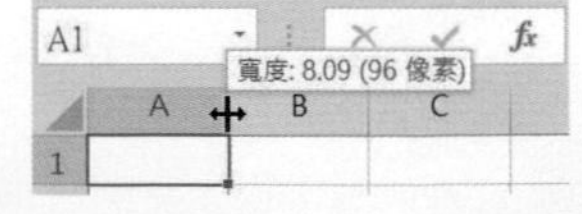

常見的欄寬設定有下列幾種。

❑ 自動調整欄寬

若想更改某欄的欄寬可以將滑鼠游標移至該欄名右框邊界線，此時游標外形是 ✛，再連按二下，Excel 會自動依該欄位資料適度調整欄寬。

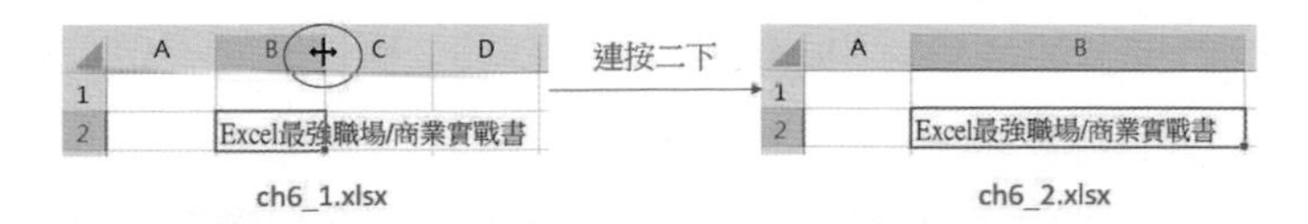

其實這是最常見調整欄寬的方式，特別是如果所設計的表單只希望可以足夠容納資料，不讓資料溢出，或是欄寬不夠容納公式運算結果。

❑ 手動調整欄寬

與自動調整欄寬相同，可以將滑鼠游標移至該欄名右框邊界線，此時游標外形是 ✛，拖曳滑鼠可以看到欄寬的變化，拖到目標寬度放開滑鼠按鍵即可。

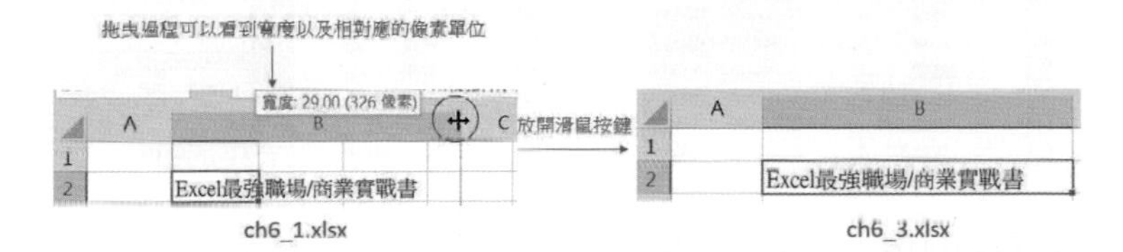

❑ 快顯功能表的欄寬指令

欄寬指令可以應用在調整單欄的寬度，也可以一次調整多欄的寬度，更改欄寬的步驟如下：

1： 選取調整的欄，如果一次要調整多欄，則請先選定這些欄。

2： 將滑鼠游標移至已選取的欄，按一下滑鼠右邊鍵，開啟快顯功能表執行欄寬指令。

3： 在欄寬對話方塊的欄寬欄位輸入新欄寬值。

4： 按確定鈕。

實例一：將的 B 欄欄寬改成 30。

1： 請開啟 ch6_1.xlsx，選取 B 欄。

2： 將滑鼠游標移至 B 欄，按一下滑鼠右鍵，執行快顯功能表內的欄寬指令。

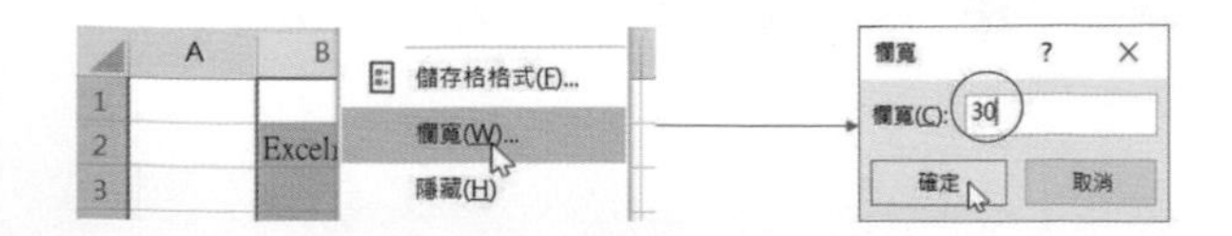

3： 請在欄寬欄位輸入 30。

4： 按確定鈕，可以得到下列結果，筆者將結果存至 ch6_4.xlsx。

	A	B	C
1			
2		Excel最強職場/商業實戰書	

實例二：請開啟 ch6_5.xlsx，這個檔案的工作表 D 和 E 欄位空間不足，請修改 D 和 E 等多欄位寬度，將寬度改為 10。

1： 可以先選 D 欄，按住 Shift 往右拖曳滑鼠至 E 欄，就可以選取 D - E 欄。

2： 將滑鼠游標移所選取的欄位區間，按一下滑鼠右鍵，執行快顯功能表內的欄寬指令。

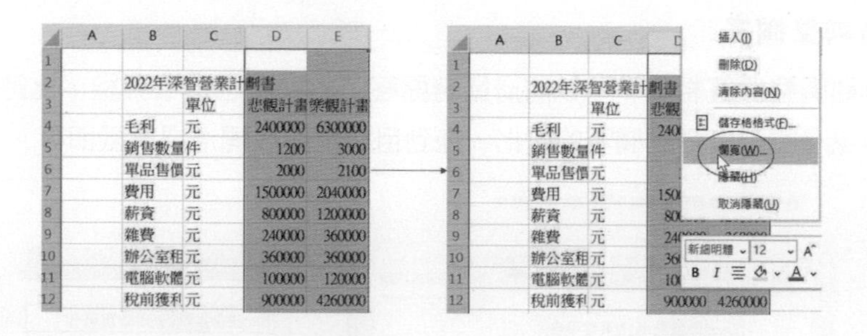

3： 出現欄寬對話方塊，請在欄寬欄位輸入 10。

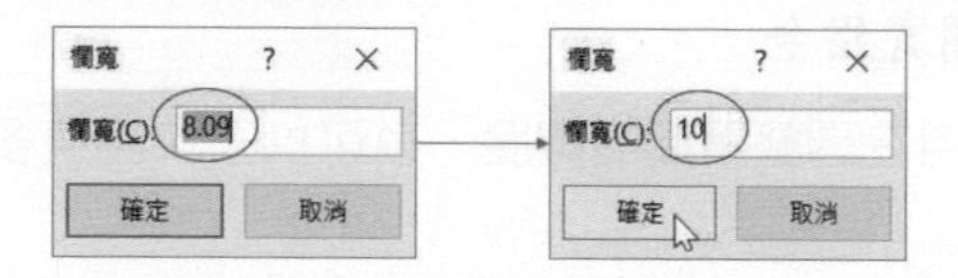

4： 按確定鈕再取消選取，可以得到下列結果。

	A	B	C	D	E
1					
2		2022年深智營業計劃書			
3			單位	悲觀計畫	樂觀計畫
4		毛利	元	2400000	6300000
5		銷售數量	件	1200	3000
6		單品售價	元	2000	2100
7		費用	元	1500000	2040000
8		薪資	元	800000	1200000
9		雜費	元	240000	360000
10		辦公室租	元	360000	360000
11		電腦軟體	元	100000	120000
12		稅前獲利	元	900000	4260000

筆者將結果存入 ch6_6.xlsx。

❑ 常用標籤的欄寬指令

此外，也可以直接將作用儲存格放在所要更改欄寬的儲存格，然後執行常用 / 儲存格 / 格式 / 欄寬指令，此時會出現欄寬對話方塊，然後就可以更改欄寬。

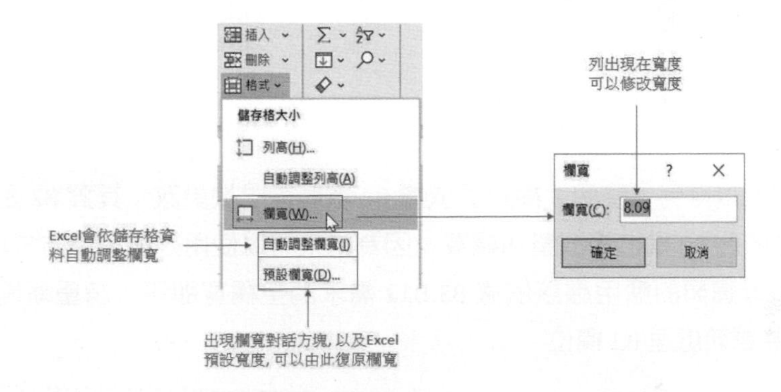

有時候調整欄寬時，並不是調整整個欄寬，此時就需要使用儲存格 / 格式的欄寬或自動調整欄寬指令更適合應用在表單內部。

實例一：延續使用 ch6_6.xlsx，使用自動調整欄寬處理 B 欄位。

1： 將作用儲存格放在 B1。

2： 執行常用 / 儲存格 / 格式 / 自動調整欄寬指令。

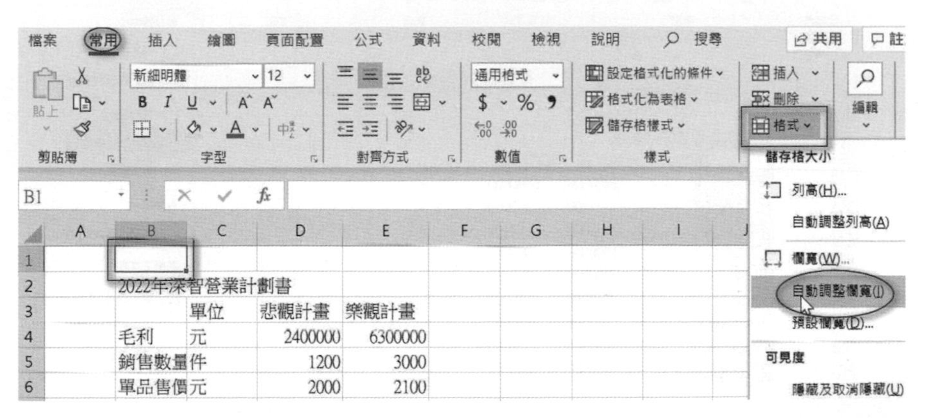

3： 可以得到下列結果，筆者儲存至 ch6_7.xlsx。

	A	B	C	D	E
1					
2		2022年深智營業計劃書			
3			單位	悲觀計畫	樂觀計畫
4		毛利	元	2400000	6300000
5		銷售數量	件	1200	3000
6		單品售價毛利	元	2000	2100
7		費用	元	1500000	2040000
8		薪資	元	800000	1200000
9		雜費	元	240000	360000
10		辦公室租金	元	360000	360000
11		電腦軟體租金	元	100000	120000
12		稅前獲利	元	900000	4260000

由上述可以得到，整個 B 欄寬度依據 B2 寬度需求被更改，其實 B2 是表單的標題，不適合依此 B2 欄位更改整個欄寬，因為未來可以使用跨欄置中方式處理 B2 表單標題，所以這類的應用應該依據 B3:B12 需求調整欄寬即可。請重新開啟 ch6_6.xlsx，筆者將重新處理 B2 欄位。

實例二：依據 B3:B12 調整 ch6_6.xlsx 內工作表的 B 欄寬度。

1： 選取 B3:B12 區間。

2： 執行常用 / 儲存格 / 格式 / 自動調整欄寬指令。

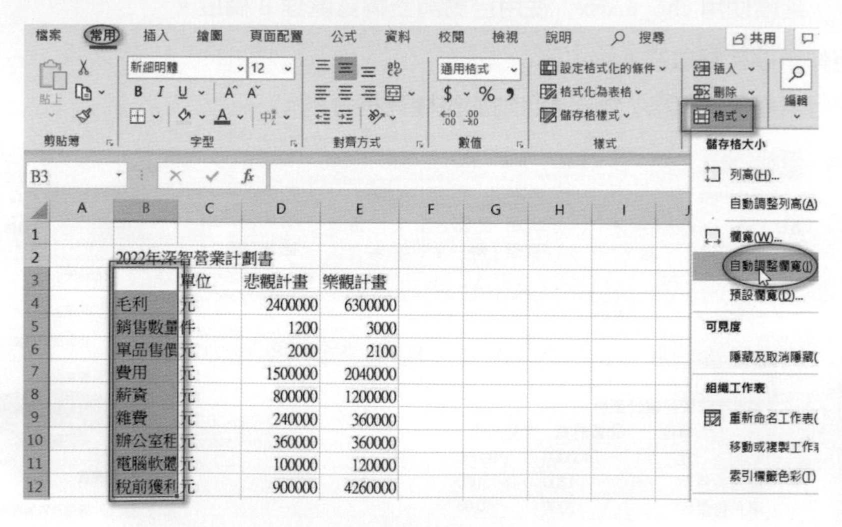

3： 可以得到下列結果，筆者儲存至 ch6_8.xlsx。

	A	B	C	D	E
1					
2		2022年深智營業計劃書			
3			單位	悲觀計畫	樂觀計畫
4		毛利	元	2400000	6300000
5		銷售數量	件	1200	3000
6		單品售價毛利	元	2000	2100
7		費用	元	1500000	2040000
8		薪資	元	800000	1200000
9		雜費	元	240000	360000
10		辦公室租金	元	360000	360000
11		電腦軟體租金	元	100000	120000
12		稅前獲利	元	900000	4260000

自動調整欄寬並不一定會增加欄位寬度，有時也會依據儲存格內容，縮減欄位寬度，例如：C 欄寬度只需要放 2 個中文字，我們使用自動調整欄寬可以得到下列結果。

	A	B	C	D	E
1					
2		2022年深智營業計劃書			
3			單位	悲觀計畫	樂觀計畫
4		毛利	元	2400000	6300000
5		銷售數量	件	1200	3000
6		單品售價毛利	元	2000	2100
7		費用	元	1500000	2040000
8		薪資	元	800000	1200000
9		雜費	元	240000	360000
10		辦公室租金	元	360000	360000
11		電腦軟體租金	元	100000	120000
12		稅前獲利	元	900000	4260000

筆者將執行結果存至 ch6_9.xlsx。

❑ 更改所有欄寬

如果想要一次更改所有欄寬，可以點選儲存格左上角。

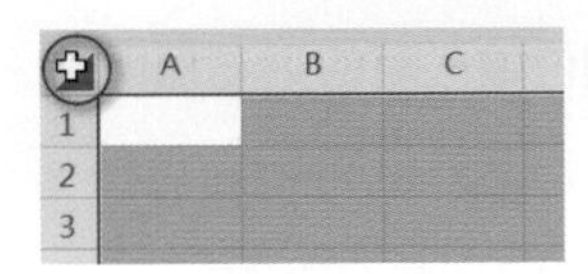

再執行欄寬指令，上述觀念也可以應用在下一節的列的高度設定。

6-2 列高的設定

其實需要設定多少列高，也沒有一定標準，重點是所設定的列高可以讓所設計的表單賞心悅目、容易閱讀，筆者筆電搭配 Excel 2019 的預設列高是 17(34 像素)。

高度: 17.00 (34 像素)

常見的列高設定有下列幾種。

❑ 自動調整列高

在預設情況下，儲存格的內容是放在上下置中的位置，上下皆有相同區間的留白，如果我們為標題或特殊儲存格增加字型大小，Excel 會在輸入完資料同時字型放大後，自動調整列高。

此外，將滑鼠游標移至該列高下框邊界線，此時游標外形是╪，再連按二下，也可以讓 Excel 自動依字型大小自動調整列高。

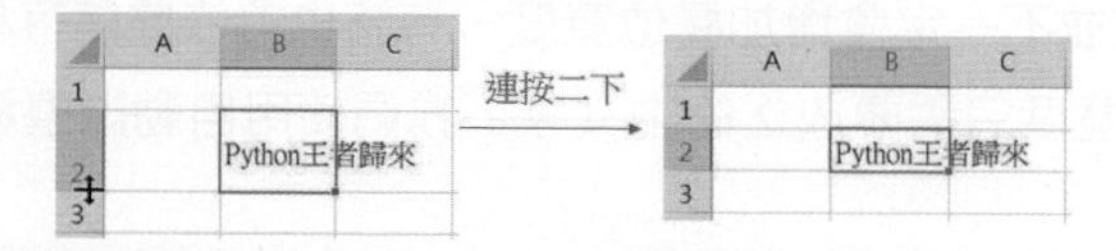

❑ 手動調整列高

若想手動更改某列的列高可以將滑鼠游標移至該列高下框邊界線，此時游標外形是╪，再上下拖曳，即可調整列高。

❑ 快顯功能表的列高指令

列高指令可以應用在調整單列的高度，也可以一次調整多列的高度，更改列高的步驟如下：

1： 選取欲調整的列，如果一次要調整多列，則請先選定這些列。

2： 將滑鼠游標移至已選取的列，按一下滑鼠右邊鍵，開啟快顯功能表執行列高指令。

3： 在列高對話方塊的列高欄位輸入新的列高值。

4： 按確定鈕。

實例一：將 ch6_9.xlsx 內工作表的列高改為 19。

1： 選取整個工作表。

2： 將滑鼠游標移至工作表內，按一下滑鼠右鍵開啟快顯功能表，執行列高指令。

3： 出現設定列高對話方塊，在列高欄位輸入 19。

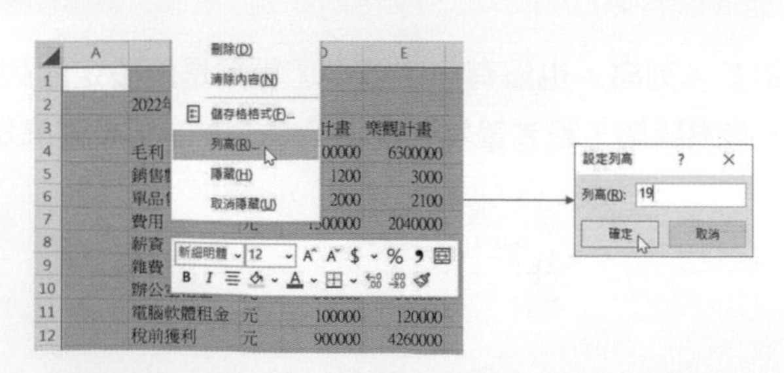

4： 按確定鈕，取消所選儲存格，可以得到下列結果。

	A	B	C	D	E
1					
2		2022年深智營業計劃書			
3			單位	悲觀計畫	樂觀計畫
4		毛利	元	2400000	6300000
5		銷售數量	件	1200	3000
6		單品售價毛利	元	2000	2100
7		費用	元	1500000	2040000
8		薪資	元	800000	1200000
9		雜費	元	240000	360000
10		辦公室租金	元	360000	360000
11		電腦軟體租金	元	100000	120000
12		稅前獲利	元	900000	4260000

❑ 常用標籤的列高指令

此外，也可以直接將作用儲存格放在所要更改欄寬的儲存格，然後執行常用 / 儲存格 / 格式 / 列高指令，此時會出現列高對話方塊，然後就可以更改列高。

實例二：將第 2 列列高改為 22。

1： 選取第 2 列。

2： 執行常用 / 儲存格 / 格式 / 列高指令。

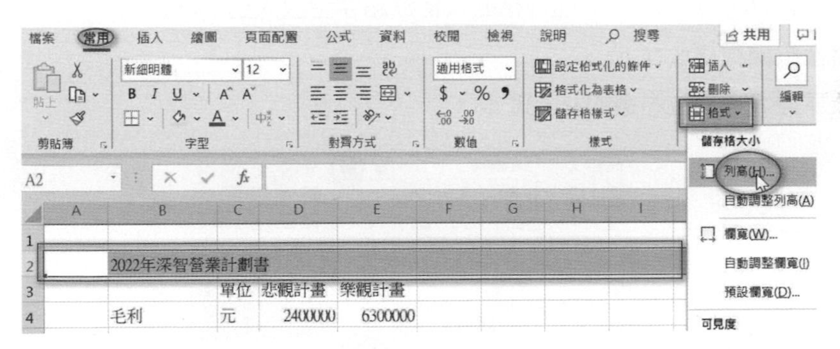

3： 出現設定列高對話方塊，在列高欄位輸入 22。

4： 按確定鈕，取消所選的儲存格，可以看到下列結果。

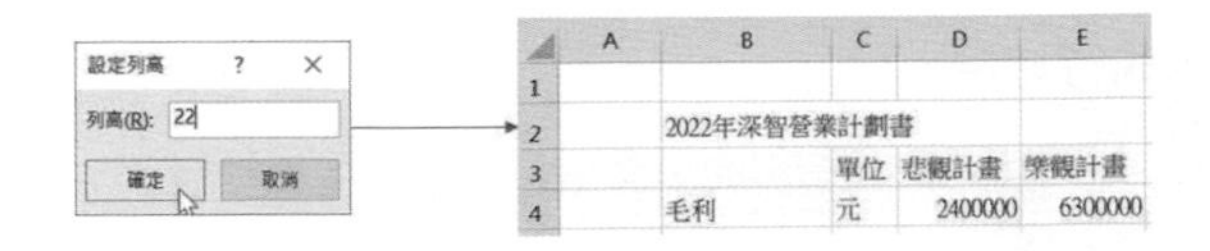

其實應該可以看到第 2 列的列高有比較高了，上述將存入 ch6_10.xlsx。

6-3 格式化字型

在 Excel 常用標籤的字型功能群組內有一系列功能與格式化字型有關。

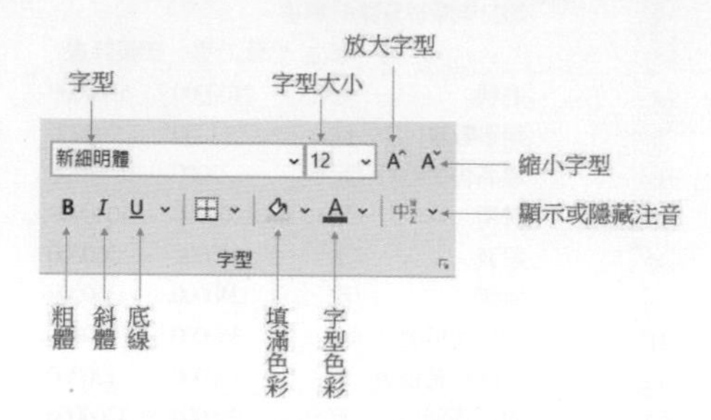

格式化字型的基本步驟如下：

1： 將作用儲存格移至欲格式化字型的儲存格內，或是選取欲格式化的連續儲存格區間。

2： 格式化處理。

6-3-1 字型大小

在建立表格過程中，一般會將標題性的資料適度放大。

實例一：將 ch6_10.xlsx，B2 儲存格的表格標題字型放大到 14。

1： 將作用儲存格放在 B2。

2： 按字型大小欄位右邊的 ⌄，選 14。

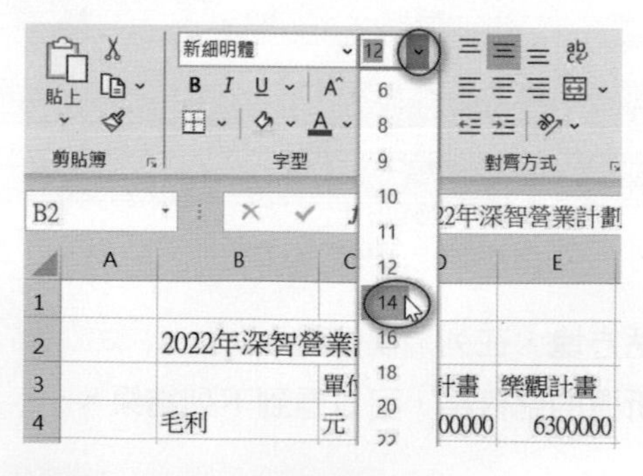

3： 可以得到下列執行結果。

	A	B	C	D	E
1					
2		2022年深智營業計劃書			
3			單位	悲觀計畫	樂觀計畫
4		毛利	元	2400000	6300000

6-3-2 字型

其實一個表單是否專業，字型有很大的關鍵，Microsoft Excel 在中文 Windows 系統下，其預設字型是新細明體，筆者的感覺是這個字型已經夠好用了，除非在你的中文 Windows 下有另外安裝其它中文字型。當然如果要建立更專業的表單，建議可以買專業字型，例如：華康系列字型 … 等。

在英文或是阿拉伯數字字型，筆者建議使用 Arial 字型。另外，Windows 內有 Old English Text MT 字型，這是一般莊嚴的證書，例如：美國大學畢業證書、國際證照證書，大都使用此類字型，下列是實例。

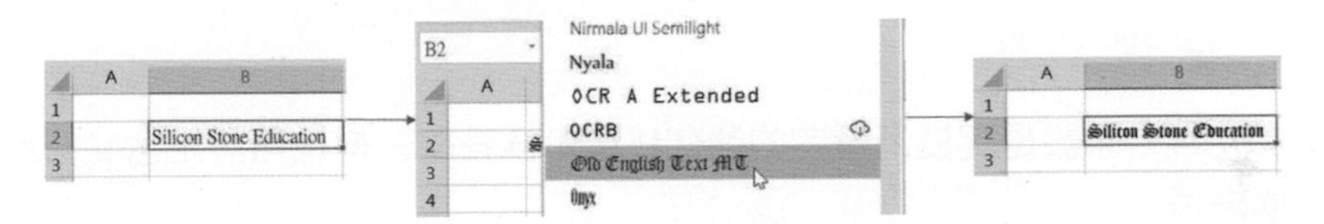

實例一：延續 ch6_10.xlsx，將 B2 儲存格的表格字體改為微軟正黑體。

1： 將作用儲存格放在 B2。

2： 在字型欄位選微軟正黑體。

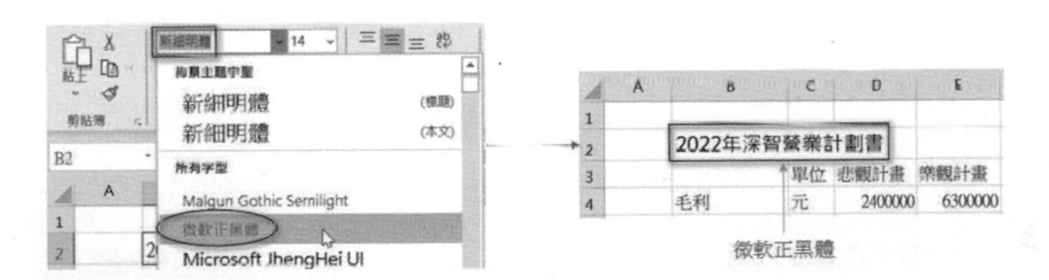

筆者將結果儲存至 ch6_11.xlsx。

6-3-3 粗體

使用前請將作用儲存格放在欲處理的儲存格，或是選取欲處理的字串，下列是將 B2 儲存格格式化成粗體的實例。

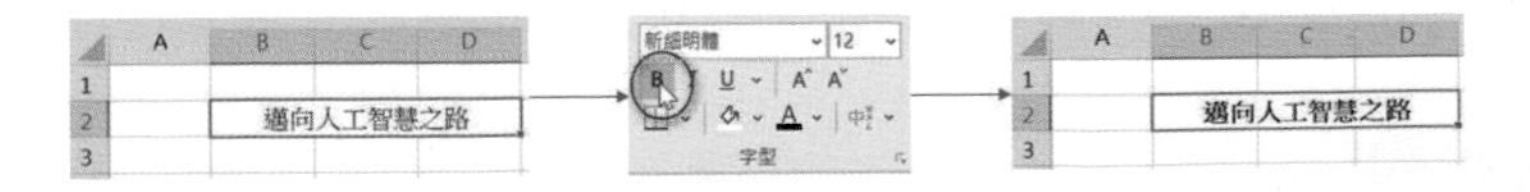

若重覆上述步驟可復原粗體為標準字體。

6-3-4 斜體

使用前請將作用儲存格放在欲處理的儲存格，或是選取欲處理的字串，下列是將 B2 儲存格的字串人工智慧格式化成斜體的實例。

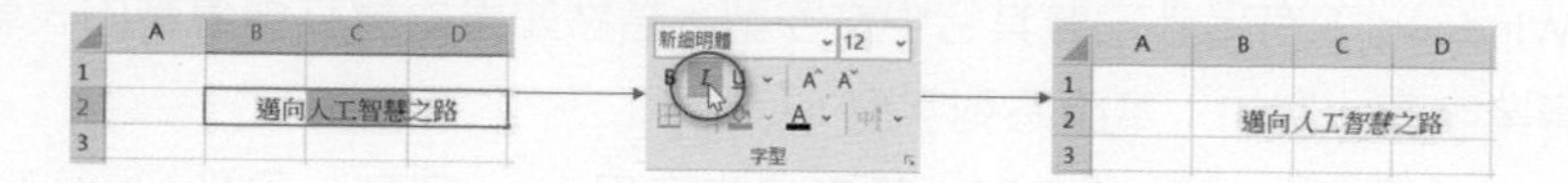

若是重覆執行上述實例，可將字由斜體改成不含斜體。有一點要注意的是，一個字是可能同時具有粗體、斜體或是含底線字體特性。

6-3-5 底線

底線功能，預設是促使所選定的儲存格字串含底線，但也可設定含雙底線，如下方圖例所示：

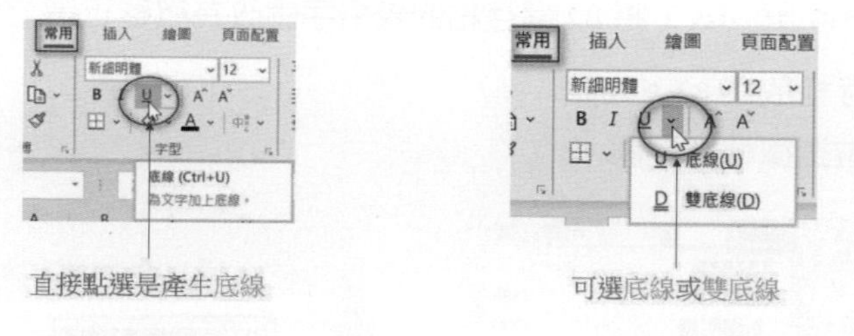

下列是設定 B2 儲存格含底線的實例。

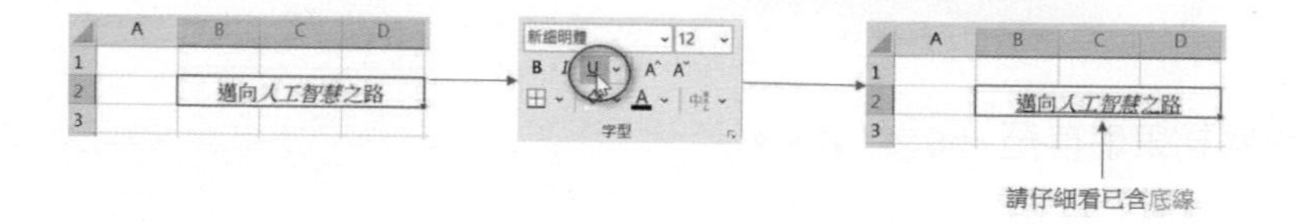

6-3-6 放大與縮小字型

放大字型 A^ 可一次將字型大小放大 2，縮小字型 Aˇ 則是將字型大小縮小 2，下列是將字型大小放大至 14、16，以及縮小回 14、12 的實例。

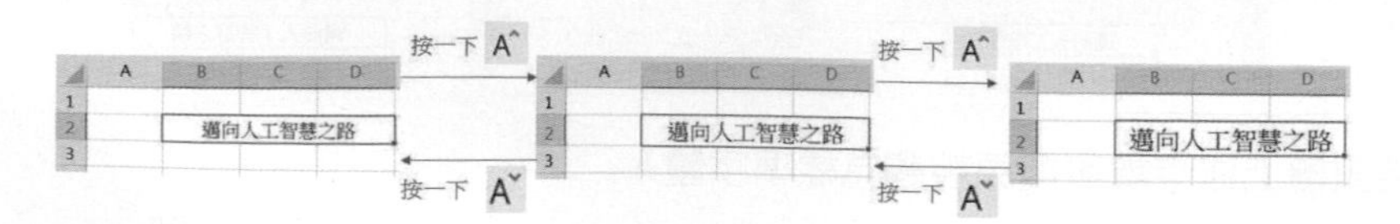

6-3-7 框線鈕

在字型功能群組內有框線鈕，此功能將在 6-6 節做完整解說。

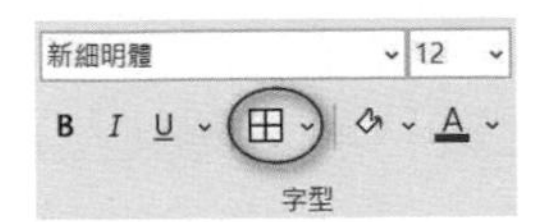

6-3-8 與字型有關的儲存格格式對話方塊

可使用開啟某儲存格的快顯功能表的方式執行儲存格格式指令，或使用下列方式開啟設定儲存格格式對話方塊。

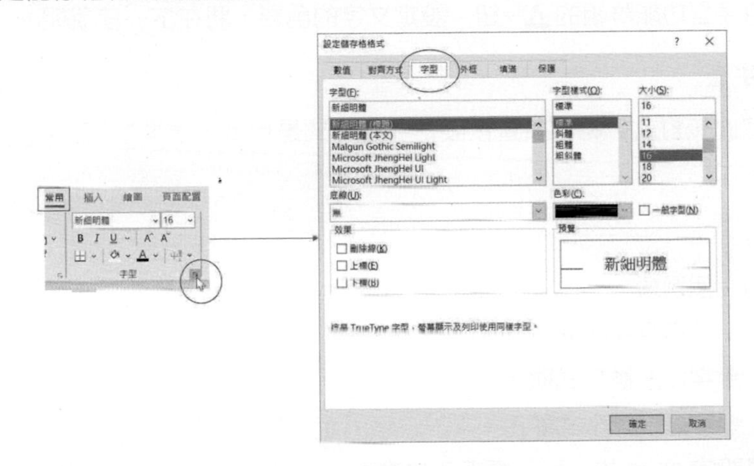

此對話方塊包含 6 項子功能分別是數值、對齊方式、字型、外框、填滿、保護，本小節將介紹字型標籤功能，此功能可用於執行下列各欄位的設定。

❑ 字型

可在字型欄位選擇字型。

❑ 字型樣式

可選擇字型樣式的格式，可以選擇標準、斜體、粗體、粗斜體。

❑ 大小

可選擇字的大小。

❑ 底線

可選擇儲存格內容是否含底線或底線樣式，可以選擇無、單線、雙線、會計用單線、會計用雙線。

底線 → 適向人工智慧之路　　適向人工智慧之路 ← 會計用底線

雙線 → 適向人工智慧之路　　適向人工智慧之路 ← 會計用雙線

❑ 色彩

可選擇儲存格文字的色彩，我們又將此稱前景色彩，不過一般 Excel 使用者喜歡直接使用字型功能群組的 A 鈕，設定文字的色彩，將在下一節說明。

❑ 一般字型

若設定此核對盒，相當於直接設定字型樣式是標準，字型是新細明體，大小是 12。

❑ 效果

有下列 3 個選項。

刪除線：令字含刪除線。

上標：令字以上標型式顯示。

下標：令字以下標型式顯示。

下列是設定 85oC 的 o 以上標顯示的實例。

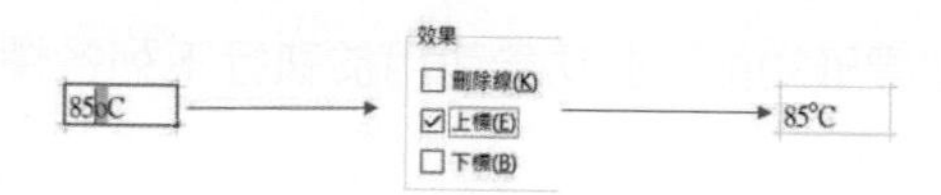

下列是設定 H2O 的 2 以下標顯示的實例。

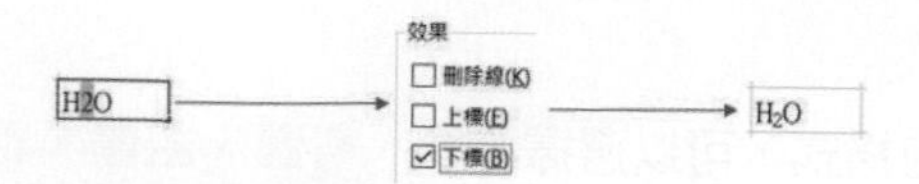

❑ 預覽

預先顯示以上字型選項的設定結果。

6-4 前景色彩及背景色彩的處理

若有企業標準色應用在前景顏色可以直接使用此標準色，若是將企業標準色應用在背景顏色可以使用較淡的企業標準色。

若無上述考量，一般可以將表格標題或是欄位標題使用不同色彩，增加表單的活力。或是將欄位標題使用較淡的背景色彩處理，以凸顯和資料欄間的層次與差異。另外，Excel 也流行各列資料交錯使用不同的背景色彩。

Excel 字型功能群組內有兩個工具按鈕分別與儲存格的前景 (字型色彩) 與背景顏色 (填滿色彩) 有關如下所示：

填滿色彩→ [填滿色彩按鈕] [字型色彩按鈕] ←字型色彩

上述填滿色彩鈕主要目的是供你設定儲存格的背景顏色，而字型色彩鈕則是供設定儲存格資料文字的前景顏色。設定儲存格內資料色彩的步驟如下：

1：　將作用儲存格移至欲做色彩處理的儲存格，或是選取儲存格的文字，或是選定欲做色彩處理的連續儲存格區間。

2：　色彩處理。

6-4-1　填滿色彩按鈕

儲存格的背景顏色預設是無色，填滿色彩按鈕可用於設定儲存格的背景顏色，在填滿色彩按鈕右邊有 ⌄ 鈕，按此鈕後可以看到色彩選擇框，只要按一下某色彩方塊即可更改所選定儲存格的背景顏色。

實例一：將 ch5_18.xlsx 內的工作表 B5:F5 的背景改為無色。

1：　選取 B5:F5。

2：　按填滿色彩鈕，選無填滿。

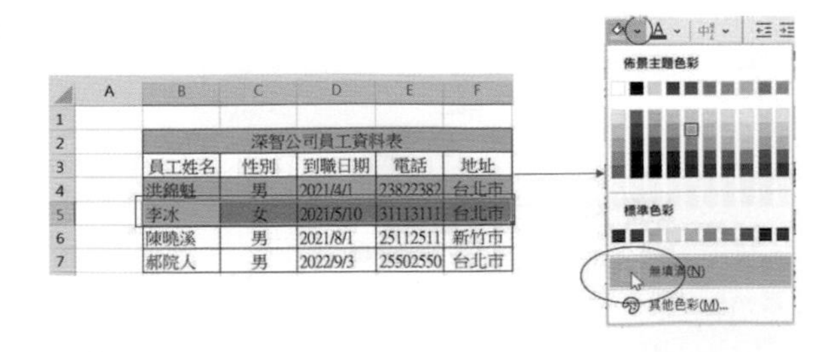

3： 可以得到下列結果。

	A	B	C	D	E	F
1						
2		深智公司員工資料表				
3		員工姓名	性別	到職日期	電話	地址
4		洪錦魁	男	2021/4/1	23822382	台北市
5		李冰	女	2021/5/10	31113111	台北市
6		陳曉溪	男	2021/8/1	25112511	新竹市
7		郝院人	男	2022/9/3	25502550	台北市

實例二：將 B6:F6 儲存格背景改為藍色、輔色 1、較淺 60%。

1： 選取 B6:F6 儲存格區間。

2： 按填滿色彩鈕，選藍色、輔色 1、較淺 60%。

	A	B	C	D	E	F
1						
2		深智公司員工資料表				
3		員工姓名	性別	到職日期	電話	地址
4		洪錦魁	男	2021/4/1	23822382	台北市
5		李冰	女	2021/5/10	31113111	台北市
6		陳曉溪	男	2021/8/1	25112511	新竹市
7		郝院人	男	2022/9/3	25502550	台北市

3： 可以得到下列結果。

	A	B	C	D	E	F
1						
2		深智公司員工資料表				
3		員工姓名	性別	到職日期	電話	地址
4		洪錦魁	男	2021/4/1	23822382	台北市
5		李冰	女	2021/5/10	31113111	台北市
6		陳曉溪	男	2021/8/1	25112511	新竹市
7		郝院人	男	2022/9/3	25502550	台北市

上述我們獲得了有層次底色的表單了，筆者將上述執行結果存至 ch6_12.xlsx。

❑ 其他色彩

在填滿色彩的下拉式色彩選項內，可以看到其它色彩指令選項，按下此鈕可以看到色彩對話方塊，您也可以利用點選或拖曳方式選擇所想要的色彩。

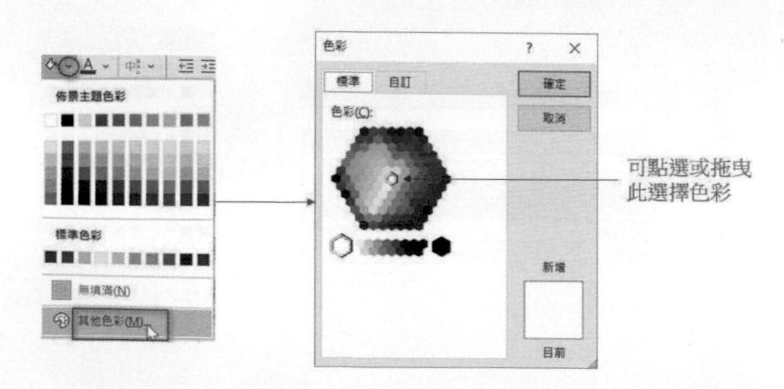

6-4-2 字形色彩按鈕

儲存格內文字資料預設的顏色是黑色，字型色彩鈕主要是用於設定儲存格內資料文字的前景顏色，在字型色彩鈕右邊有 ⌄ 鈕，按此鈕後可以看到色彩選擇框，只要按一下某色彩方塊即可更改目前作用儲存格文字或所選文字的前景顏色。

實例一：請使用 ch6_11.xlsx，將 B2 儲存格的文字處理成藍色。

1： 選取 B2 儲存格。

2： 按字型色彩鈕，選藍色。

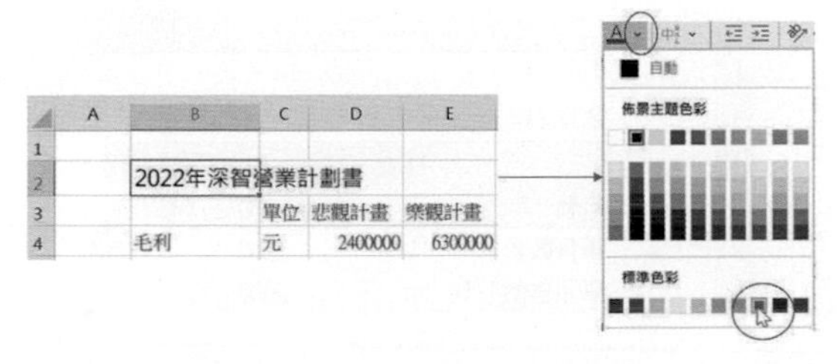

3： 可以得到下列結果。

	A	B	C	D	E
1					
2		2022年深智營業計劃書			
3			單位	悲觀計畫	樂觀計畫
4		毛利	元	2400000	6300000

6-4-3 交錯處理表單背景

6-4-1 節所建立的 ch6_12.xlsx 的工作表所呈現的就是交錯的表單背景，表單是淺藍色和無色交錯，其實我們可以使用 6-4 節所學的觀念配合僅以格式填滿的觀念，建立這類的文件。延續前一小節實例，首先請參考 6-4-1 節實例 2 處理 B3:E3 為藍色、輔色 1、較淺 60% 的背景。

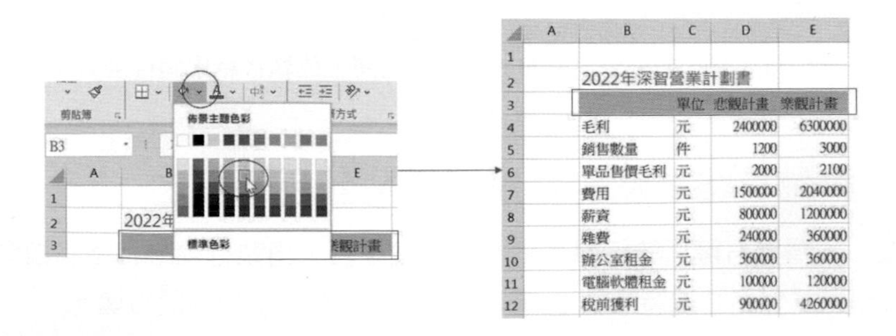

實例一：為 B3:E12 儲存格建立交錯的表單背景。

1： 選取 B3:E4 儲存格區間。

	A	B	C	D	E
1					
2		2022年深智營業計劃書			
3			單位	悲觀計畫	樂觀計畫
4		毛利	元	2400000	6300000

2： 將滑鼠游標移至 E4 儲存格右下方，當滑鼠游標變為十字形。

	A	B	C	D	E
1					
2		2022年深智營業計劃書			
3			單位	悲觀計畫	樂觀計畫
4		毛利	元	2400000	6300000
5		銷售數量	件	1200	3000
6		單品售價毛利	元	2000	2100

3： 拖曳滑鼠游標至 E12 儲存格。

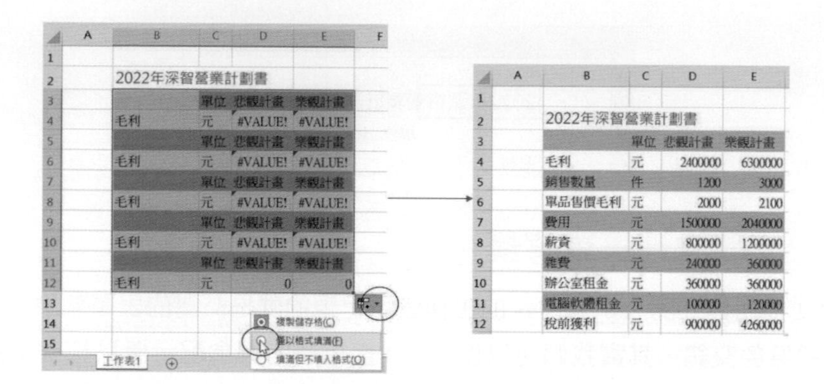

4： 在右下方的智慧標籤選僅以格式填滿，可以得到上述右方結果。

註 這個表單仍有缺點，未來筆者還會改良，筆者將上述執行結果儲存至 ch6_13.xlsx。

6-4-4 與儲存格有關的背景圖樣及顏色的設定

若按一下滑鼠右鍵，執行儲存格的快顯功能表，再執行儲存格格式指令，出現設定儲存格格式對話方塊時，請選填滿標籤，可以看到下列對話方塊。

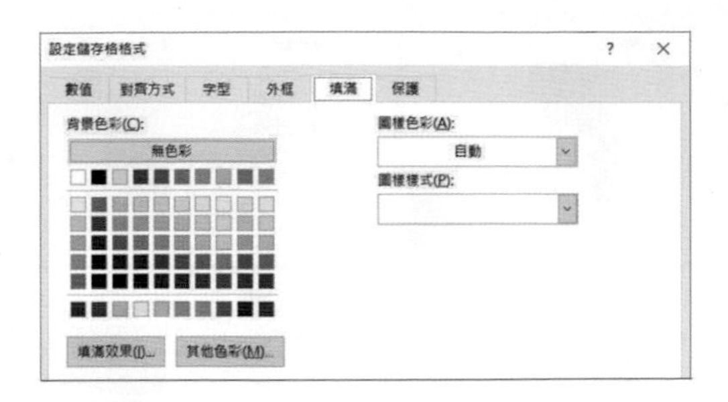

上述填滿標籤可用於執行下列設定。

❑ 背景色彩

主要是供選擇儲存格背景的顏色，與 6-4-1 節相同。

❑ 填滿效果鈕

可以選擇背景的漸層效果，如下：

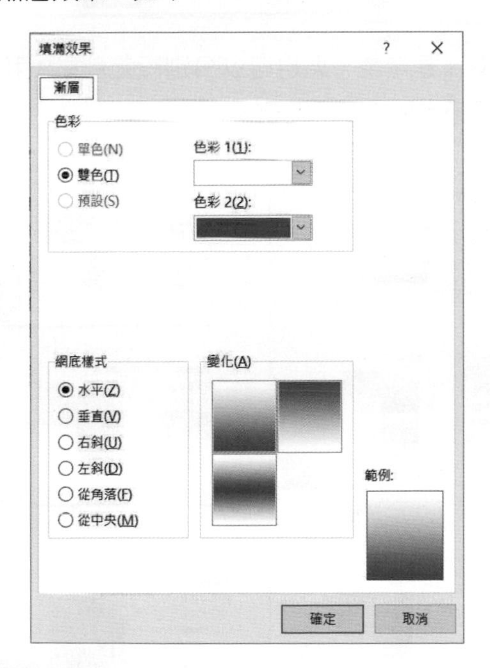

下列是不同網底樣式的漸層變化。

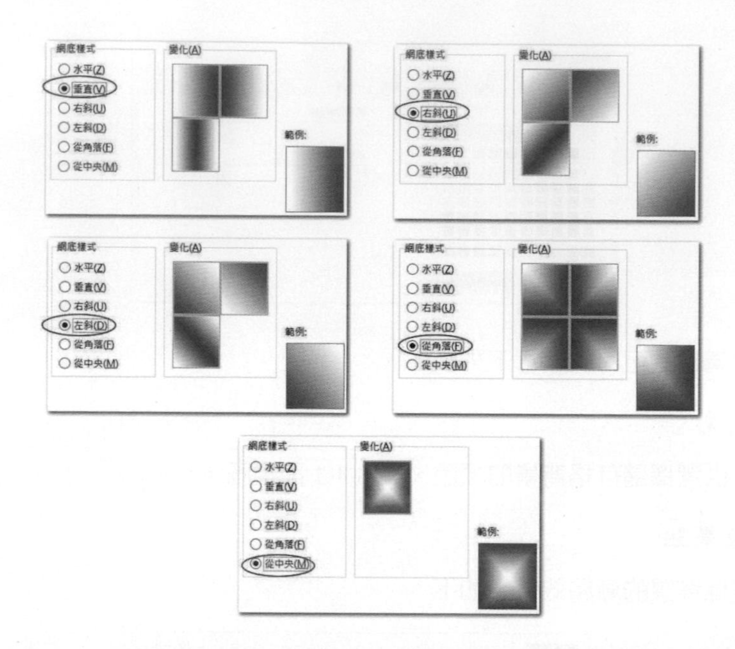

前面的實例，色彩 1 是無色，您也可以分別設定色彩 1 和色彩 2 的顏色，自行調配網底樣式，下列是筆者所設定的範例。

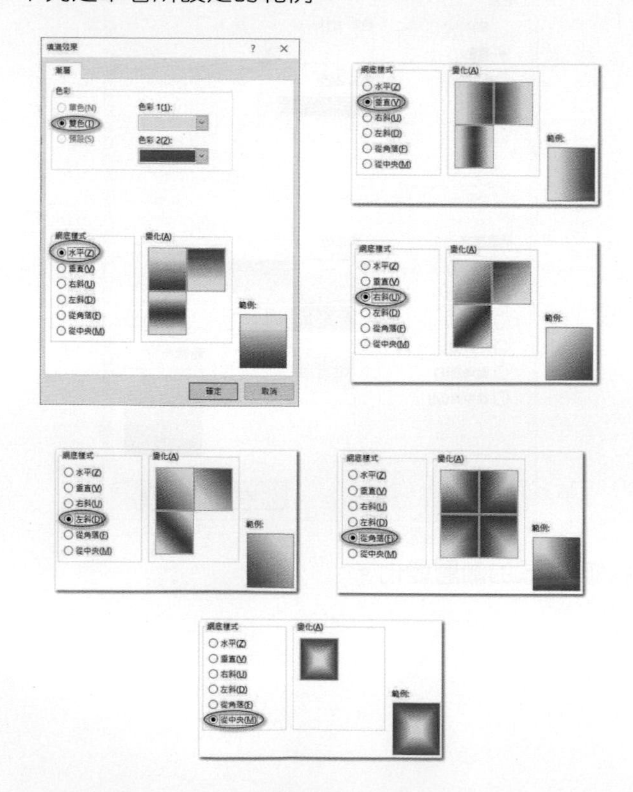

實例一：請開啟 ch6_14.xlsx，為 B2 儲存格的字串 2022 年全球熱門歌手跨年演唱會設定漸層效果。

1： 選取 B2 儲存格空間。

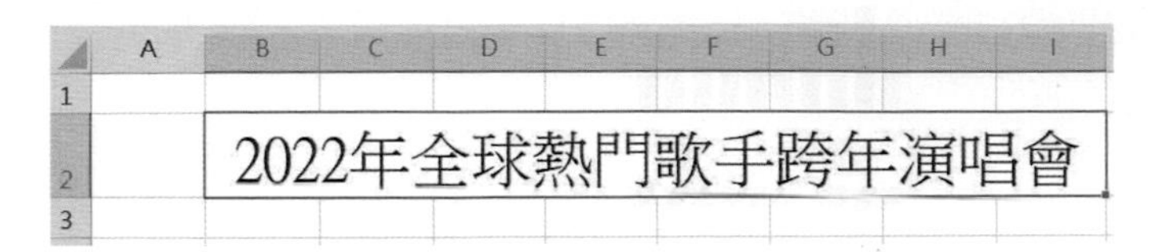

2： 執行快顯功能表的儲存格格式指令，同時選取填滿標籤，再執行下列設定。

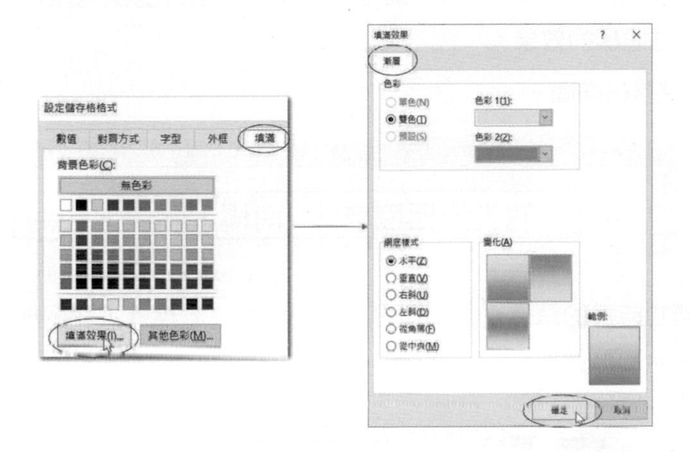

3： 按確定鈕，返回設定儲存格格式對話方塊後，再按一次確定鈕。取消所選的 B2 儲存格，可以得到下列結果。

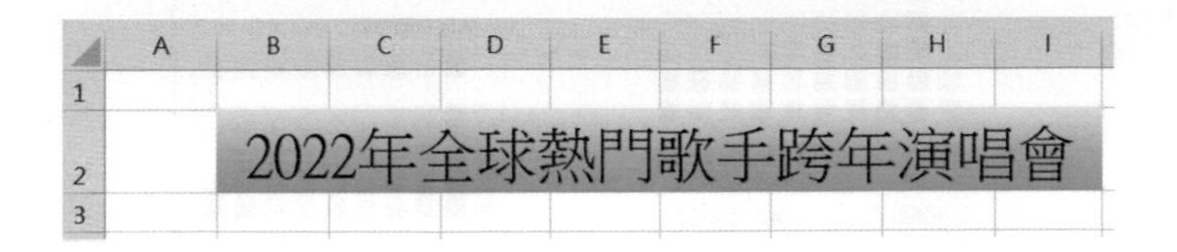

筆者將上述執行結果儲存至 ch6_15.xlsx。

❑ 圖樣色彩和圖樣樣式

這兩個功能是共同使用，一個是指定背景圖樣的樣式，另一個則是選定此樣式的色彩。圖樣色彩與我們先前看到的色彩選擇一樣，圖樣樣式的選項如下：

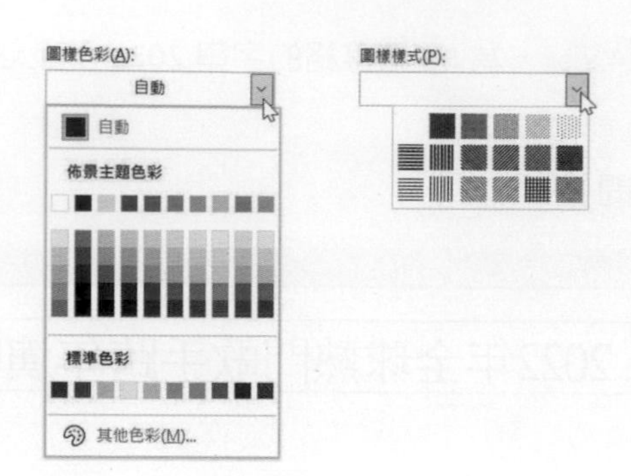

實例二：請開啟 ch6_16.xlsx，為 B2 儲存格的字串一個人的極境旅行 – 南極大陸與北極海設定網底圖樣的效果。

1： 選取 B2 儲存格空間。

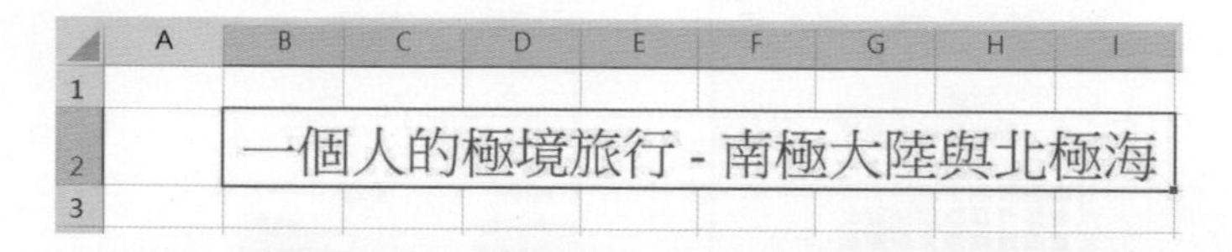

2： 執行快顯功能表的儲存格格式指令，同時選取填滿標籤，在圖樣色彩欄位執行下列設定。

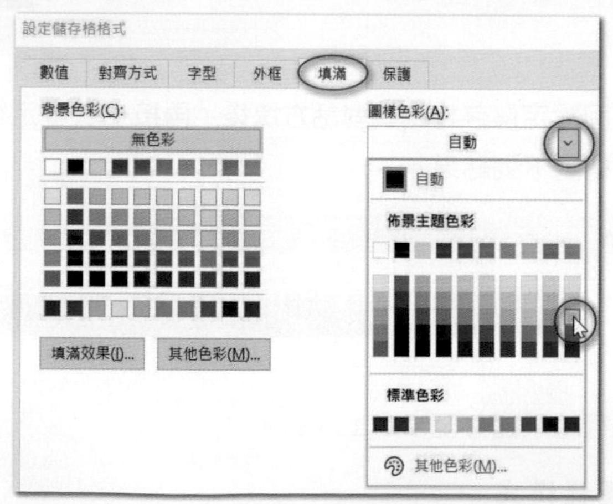

3： 在圖樣樣式欄位執行下列選項。

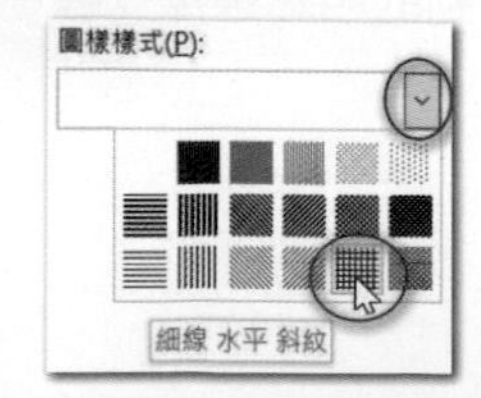

4：　按確定鈕，取消所選的 B2 儲存格，可以得到下列結果。

	A	B	C	D	E	F	G	H	I
1									
2		一個人的極境旅行 - 南極大陸與北極海							
3									

筆者將上述執行結果儲存至 ch6_17.xlsx。

6-5 設定資料對齊方式

在儲存格輸入資料，Excel 預設是文字靠左對齊，數字靠右對齊。其實為了製作出方便閱讀的表單，必須適度處理，讓相同屬性的資料對齊，可以參考下列 ch6_18.xlsx 示範表單。

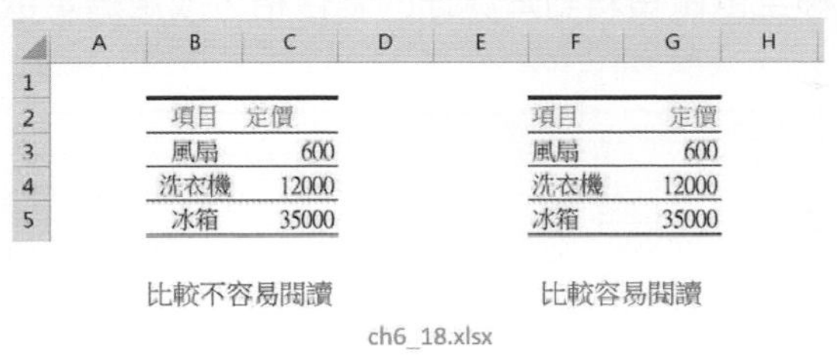

	B	C
2	項目	定價
3	風扇	600
4	洗衣機	12000
5	冰箱	35000

比較不容易閱讀

	F	G
2	項目	定價
3	風扇	600
4	洗衣機	12000
5	冰箱	35000

比較容易閱讀

ch6_18.xlsx

上述表單另一個特色是，上下有粗框，這可以讓閱讀者一眼就看出資料的範圍。

一樣是表單，B2:C5 儲存格區間的表單筆者在項目欄位使用置中對齊，定價欄位使用文字靠左、數字靠右，結果比較不容易閱讀。F2:G5 儲存格區間的表單筆者在項目欄位使用靠左對齊，定價欄位使用靠右對齊則比較專業與容易閱讀，特別是定價欄位，字串定價需要靠右比較容易閱讀。本節將講解建立專業與容易閱讀表單的相關知識。

在對齊方式功能群組內有一系列功能鈕，供設定資料對齊方式。

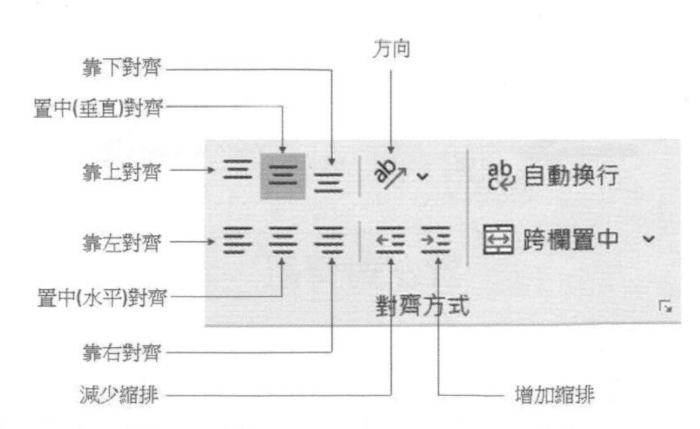

下列是 ch6_19.xlsx 各種資料對齊的實例畫面。

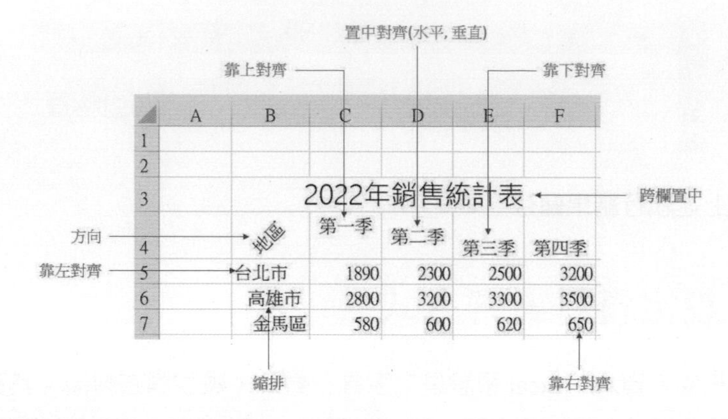

基本上設定資料對齊步驟如下：

1： 將作用儲存格移至欲做資料對齊處理的儲存格，或是選定欲做資料對齊的連續儲存格區間。

2： 資料對齊處理。

6-5-1 靠右對齊

實例一：令 A1 儲存格的資料在儲存格內是靠右對齊。

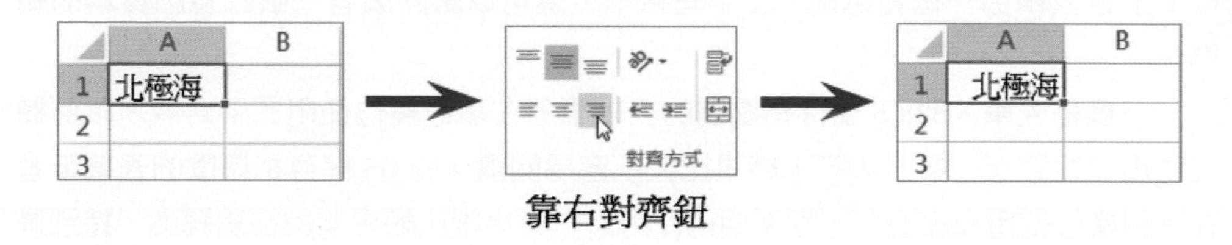

靠右對齊鈕

6-5-2 靠左對齊

實例一：令 A1 儲存格的資料在儲存格內是靠左對齊。

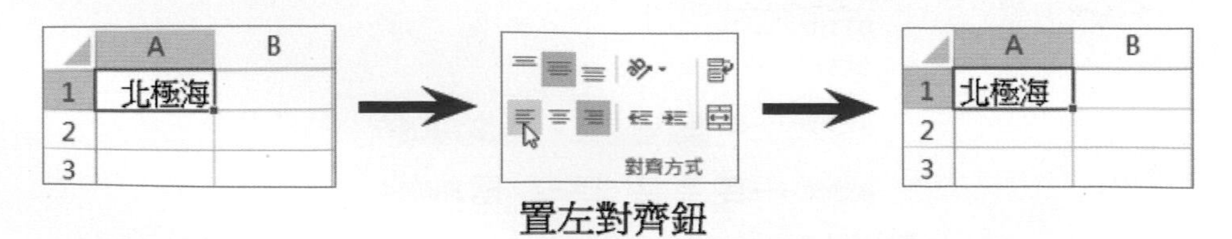

置左對齊鈕

6-5-3 置中對齊

實例一：令 A1 儲存格的資料在儲存格內是置中對齊。

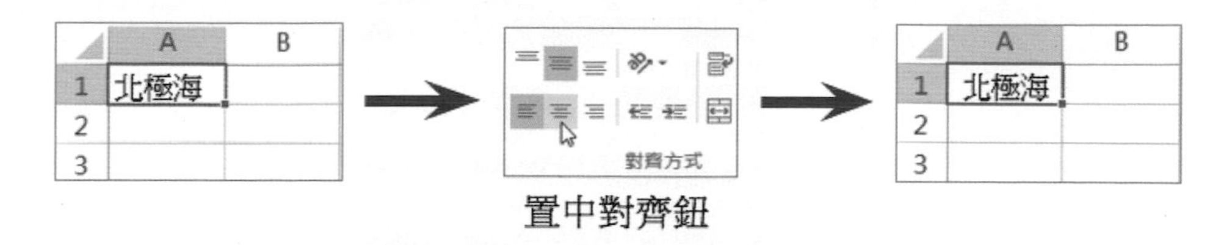

置中對齊鈕

6-5-4 增加縮排與減少縮排

縮排功能很重要是可以區分欄位產生階層標題的效果，同時讓欄位間的關係更加明確。筆者此小節先說明縮排方式，再以實例說明如何應用此功能。增加縮排功能可以一次增加縮排一個字，減少縮排則是一次可以減少縮排一個字。

實例一：令 A2 儲存格縮排一個字。

增加縮排鈕

實例二：令 A2 儲存格減少縮排一個字。

減少縮排鈕

請參考 ch6_13.xlsx，畫面如下：

	A	B	C	D	E
1					
2		2022年深智營業計劃書			
3			單位	悲觀計畫	樂觀計畫
4		毛利	元	2400000	6300000
5		銷售數量	件	1200	3000
6		單品售價毛利	元	2000	2100
7		費用	元	1500000	2040000
8		薪資	元	800000	1200000
9		雜費	元	240000	360000
10		辦公室租金	元	360000	360000
11		電腦軟體租金	元	100000	120000
12		稅前獲利	元	900000	4260000

其實毛利的計算方式如下：

銷售數量 * 單品售價毛利

在這個條件下，我們可以讓 B5:B6 儲存格內縮，創造表單元素階層關係的效果。

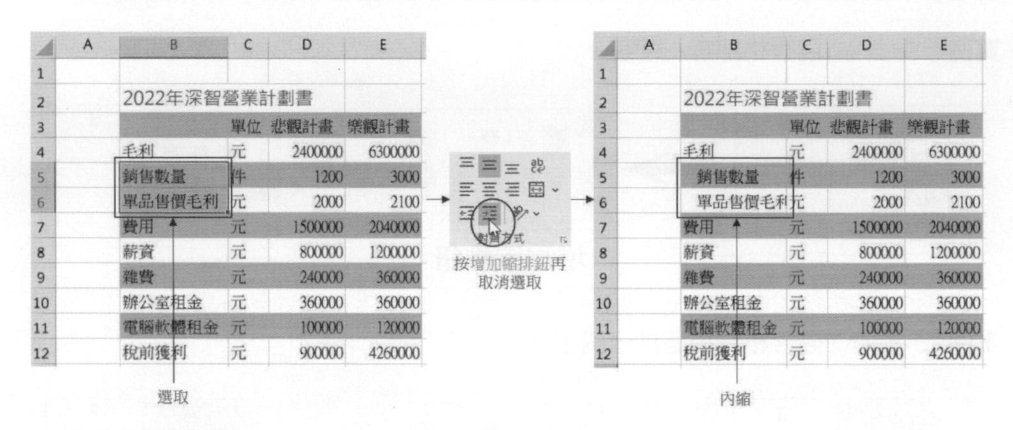

此外，費用的計算方式如下：

薪資 + 雜費 + 辦公室租金 + 電腦軟體租金

在這個條件下，我們可以讓 B8:B11 儲存格內縮，創造表單元素階層關係的效果。

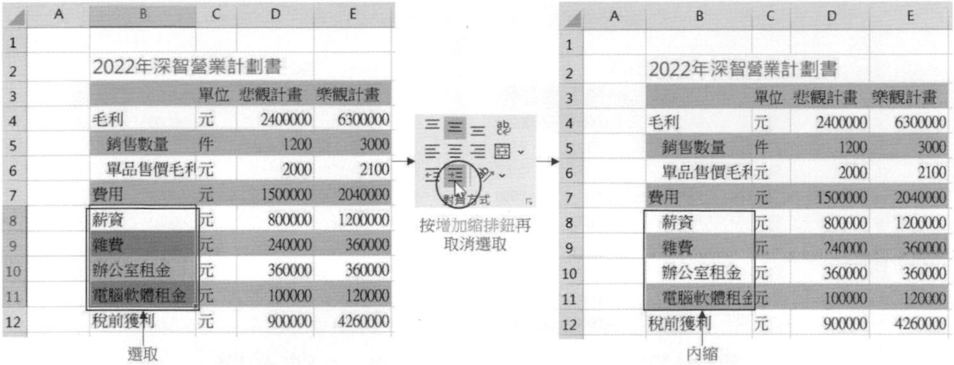

	A	B	C	D	E
1					
2		2022年深智營業計劃書			
3			單位	悲觀計畫	樂觀計畫
4		毛利	元	2400000	6300000
5		銷售數量	件	1200	3000
6		單品售價毛利	元	2000	2100
7		費用	元	1500000	2040000
8		薪資	元	800000	1200000
9		雜費	元	240000	360000
10		辦公室租金	元	360000	360000
11		電腦軟體租金	元	100000	120000
12		稅前獲利	元	900000	4260000

選取

對齊方式

按增加縮排鈕再取消選取

	A	B	C	D	E
1					
2		2022年深智營業計劃書			
3			單位	悲觀計畫	樂觀計畫
4		毛利	元	2400000	6300000
5		銷售數量	件	1200	3000
6		單品售價毛利	元	2000	2100
7		費用	元	1500000	2040000
8		薪資	元	800000	1200000
9		雜費	元	240000	360000
10		辦公室租金	元	360000	360000
11		電腦軟體租金	元	100000	120000
12		稅前獲利	元	900000	4260000

內縮

如果上述表單還有缺點，那就是在內縮後，B5 和 B11 儲存格部分字串被切斷無法完全顯示，可以適度增加 B 欄位寬度，可以選取 B3:B12，再適度增加欄位寬度即可。

	A	B	C	D	E
1					
2		2022年深智營業計劃書			
3			單位	悲觀計畫	樂觀計畫
4		毛利	元	2400000	6300000
5		銷售數量	件	1200	3000
6		單品售價毛利	元	2000	2100
7		費用	元	1500000	2040000
8		薪資	元	800000	1200000
9		雜費	元	240000	360000
10		辦公室租金	元	360000	360000
11		電腦軟體租金	元	100000	120000
12		稅前獲利	元	900000	4260000

適度拖曳增加寬度

	A	B	C	D	E
1					
2		2022年深智營業計劃書			
3			單位	悲觀計畫	樂觀計畫
4		毛利	元	2400000	6300000
5		銷售數量	件	1200	3000
6		單品售價毛利	元	2000	2100
7		費用	元	1500000	2040000
8		薪資	元	800000	1200000
9		雜費	元	240000	360000
10		辦公室租金	元	360000	360000
11		電腦軟體租金	元	100000	120000
12		稅前獲利	元	900000	4260000

筆者將上述執行結果儲存至 ch6_20.xlsx。

❑ 表單設計要有彈性

ch6_13.xlsx 的表單筆者主要是說明建立交錯底色的表單，ch6_20.xlsx 筆者主要是說明建立欄位內縮的表單，建議可以為第 4 列毛利、第 7 列費用、第 12 列稅前獲利建立底色圖案，此底色圖案顏色可以比第 3 列稍淡，其他列則是無底色圖案處理，這樣整個表單更加清爽，下方左圖是 ch6_21.xlsx 執行結果。此外，下方右圖是 ch6_22.xlsx 執行結果，筆者將 B2 標題 2022 年深智營業計畫書置中對齊，另外，D3 和 E3 內容靠右對齊的結果。

	A	B	C	D	E
1					
2		2022年深智營業計劃書			
3			單位	悲觀計畫	樂觀計畫
4		毛利	元	2400000	6300000
5		銷售數量	件	1200	3000
6		單品售價毛利	元	2000	2100
7		費用	元	1500000	2040000
8		薪資	元	800000	1200000
9		雜費	元	240000	360000
10		辦公室租金	元	360000	360000
11		電腦軟體租金	元	100000	120000
12		稅前獲利	元	900000	4260000

ch6_21.xlsx

	A	B	C	D	E
1					
2		2022年深智營業計劃書			
3			單位	悲觀計畫	樂觀計畫
4		毛利	元	2400000	6300000
5		銷售數量	件	1200	3000
6		單品售價毛利	元	2000	2100
7		費用	元	1500000	2040000
8		薪資	元	800000	1200000
9		雜費	元	240000	360000
10		辦公室租金	元	360000	360000
11		電腦軟體租金	元	100000	120000
12		稅前獲利	元	900000	4260000

ch6_22.xlsx

6-5-5 跨欄置中

跨欄置中特別適合應用在表單的標題，在 2-7 節筆者已簡單介紹跨欄置中的使用方法了，下列是介紹更完整的跨欄置中鈕功能。如果儲存格空間不夠，跨欄置中鈕將造成儲存格資料往左右兩邊延伸。如果儲存格空間足夠，跨欄置中鈕可以將儲存格的資料，放在指定儲存格區間的中央。

❑ 儲存格空間不足

請在 B2 儲存格輸入 2020 年奧運在東京。

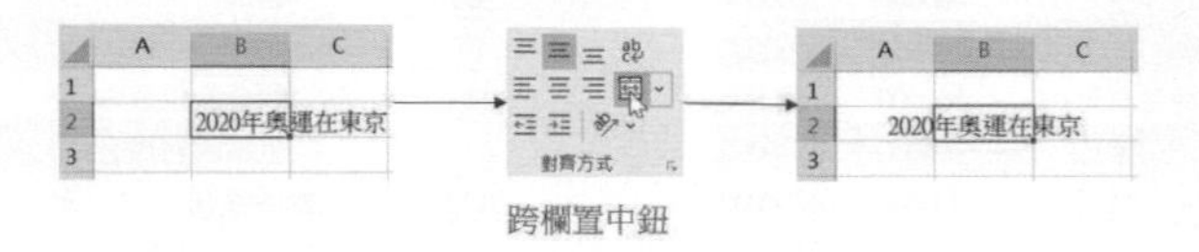

跨欄置中鈕

❑ 儲存格空間足夠

❑ 不合併儲存格執行跨欄置中

這是 2-7 節所用的觀念，再執行跨欄置中前須先選取所想跨欄的區間，下列是在 B2 輸入 2020 年奧運在東京，執行跨 B2:D2 的實例。

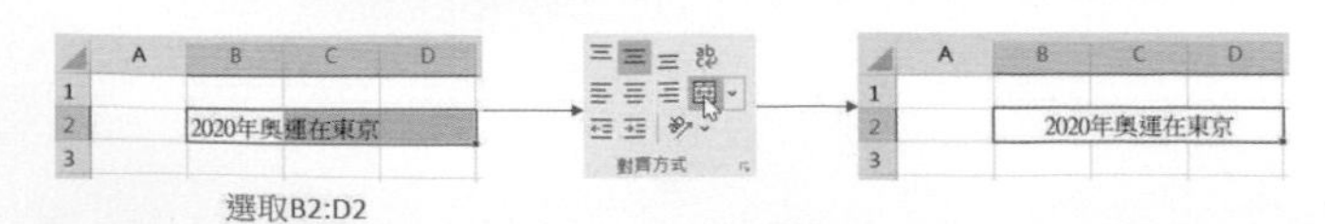

選取B2:D2

❑ 合併同列儲存格

下列是合併同列儲存格 B2:D2 的實例，須留意這是合併同列的儲存格。

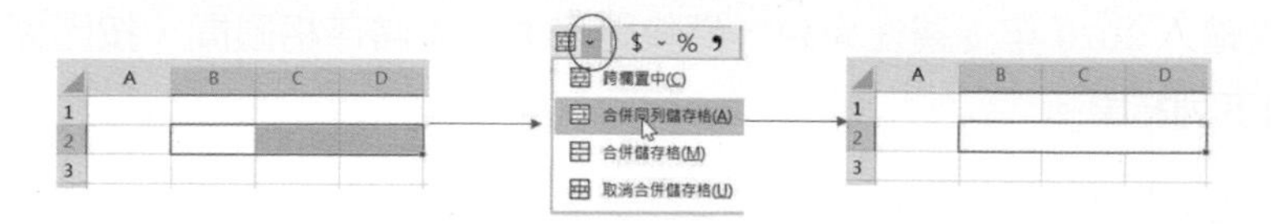

❑ 取消合併儲存格

下列是取消合併儲存格，取消先前合併的 B2:D2 的實例。

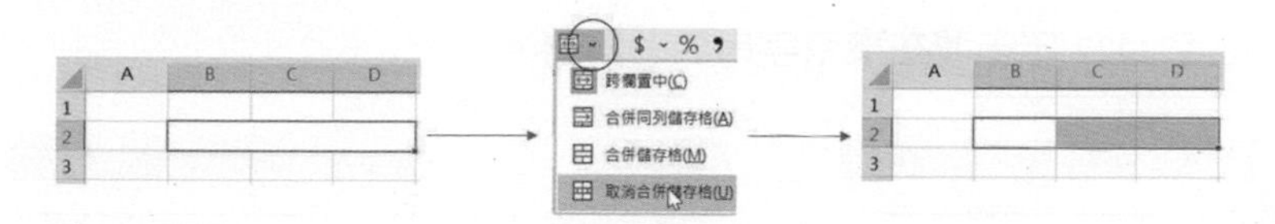

❑ 合併儲存格

這個合併不限於同列的儲存格。

❑ 取消合併儲存格

儲存格合併後若是想取消合併可以使用此功能。

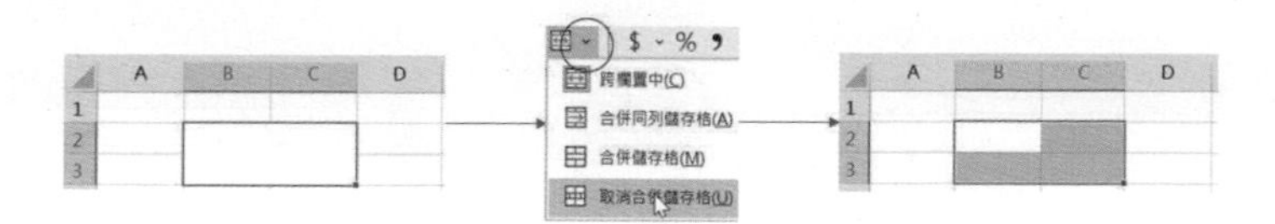

適度合併儲存格可以建立表單，下列是 ch6_22_1.xlsx。

	A	B	C	D	E	F	G
1							
2		深智公司人事資料表					
3		個人近照		個人資料			
4				姓名			
5				出生日期			
6				性別			
7				聯絡電話			
8				地址			
9		填表日期					

6-5-6 靠上、置中、靠下對齊

這節觀念特別適合儲存格高度較高的狀況，本節筆者將直接以實例解說，請在 B2 儲存格輸入 2020 年奧運在東京，然後選取 B2:D4 儲存格區間，按跨欄置中鈕，可以得到下列結果。

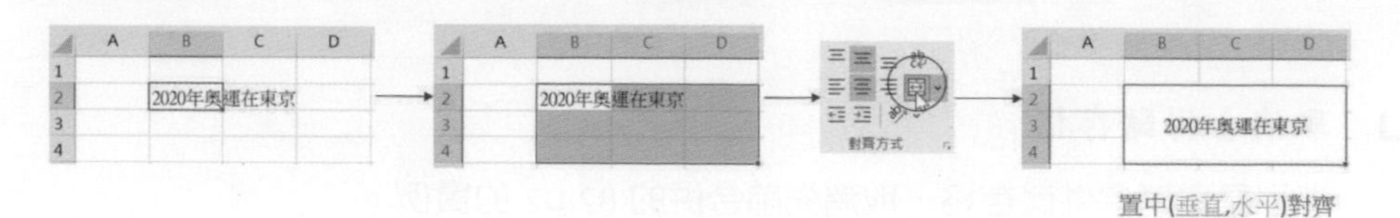

實例一：設定 2022 年奧運在東京字串靠上對齊。

實例二：設定 2022 年奧運在東京字串靠下對齊。

實例三：設定 2022 年奧運在東京字串置中對齊。

6-5-7 文字方向

此功能可令文字旋轉至對角或垂直方向。

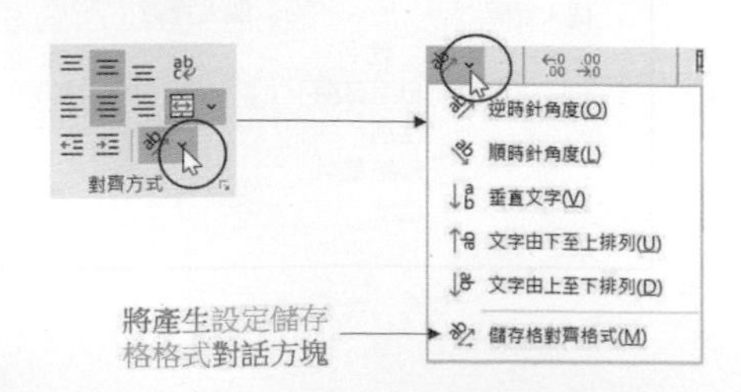

請在 B2 儲存格輸入萬里長城，然後選取 B2:D6，再按跨欄置中鈕，可以得到下列結果。

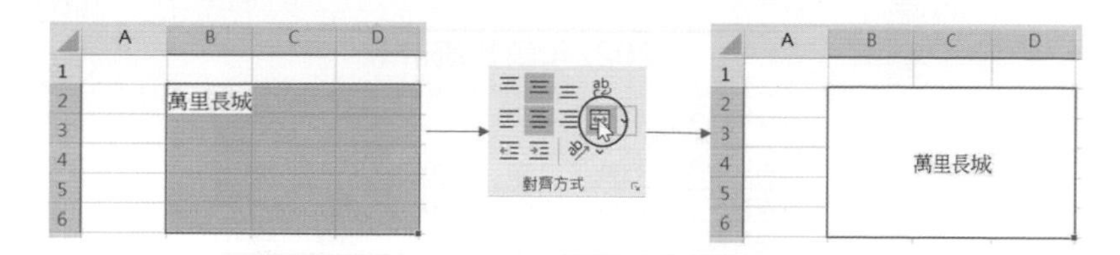

由上述結果執行方向功能內的各指令，效果如下。

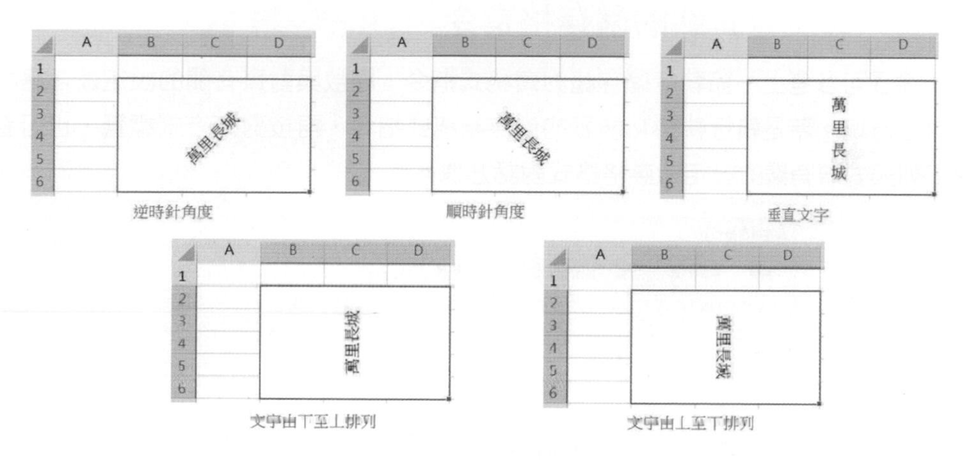

逆時針角度　　順時針角度　　垂直文字

文字由下至上排列　　文字由上至下排列

實例一：請開啟 ch6_23.xlsx，請為 C3:F3 儲存格建立逆時針角度的字。

1： 請選取 C3:F3 儲存格區間。

2022年銷售統計表

地區	第一季	第二季	第三季	第四季	總計
台北市	1890	2300	2500	3200	9890
高雄市	2800	3200	3300	3500	12800
金馬區	580	600	620	650	22690

2： 請執行常用 / 對齊方式 / 方向 / 逆時針角度。

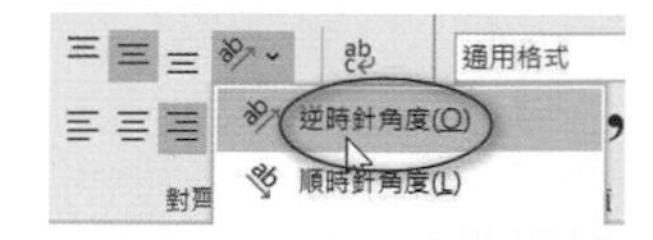

3： 可以得到下列執行結果，筆者將結果儲存至 ch6_24.xlsx。

	A	B	C	D	E	F	G
1							
2		2022年銷售統計表					
3		地區	第一季	第二季	第三季	第四季	總計
4		台北市	1890	2300	2500	3200	9890
5		高雄市	2800	3200	3300	3500	12800
6		金馬區	580	600	620	650	22690

6-5-8 與對齊有關的儲存格指令

除了可參考上一節執行儲存格對齊格式指令，開啟與對齊有關的設定儲存格格式對話方塊。若是執行快顯功能表的儲存格格式指令，再按對齊方式標籤，也可看到下列與對齊有關的設定儲存格格式對話方塊。

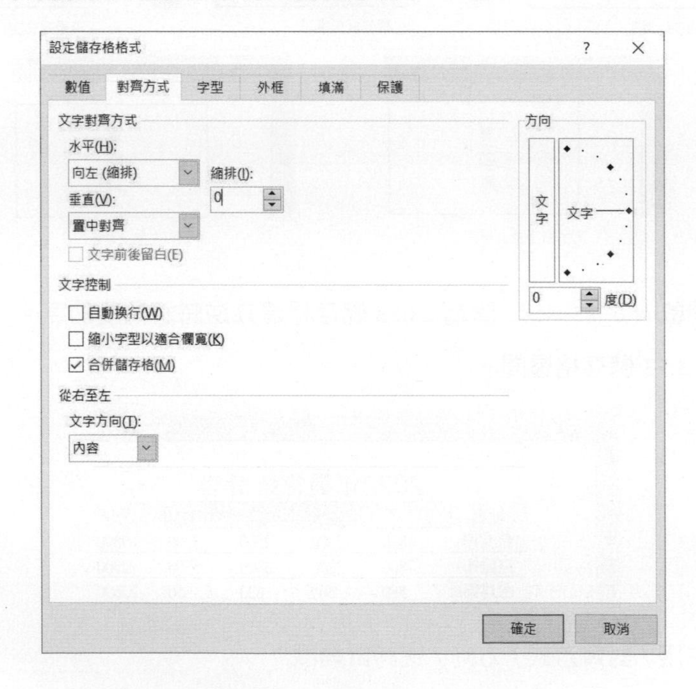

❑ 文字對齊方式

有下列欄位：

水平：可設定水平方向的對齊關係，基本上有下列幾個選項。

通用格式：這是預設項，文字是靠左對齊，數字是靠右對齊，邏輯值和誤差值則是置中。

向左 (縮排)：儲存格內容向左切齊。

置中對齊：儲存格內容置於中間。

向右 (縮排)：儲存格內容向右切齊。

填滿：不斷的重覆儲存格的內容，直到儲存格被填滿。例如，假設原先儲存格內容是王，則執行此設定後，可得到下列結果。

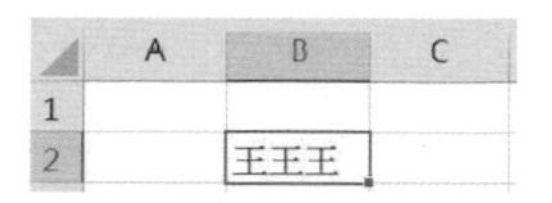

左右對齊：如果一個儲存格內含長的字串，例如：I like it. 重複 6 次，須使用多行顯示時，若設定可以在顯示時左右切齊。

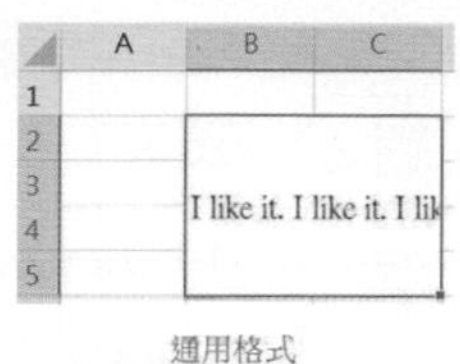

通用格式

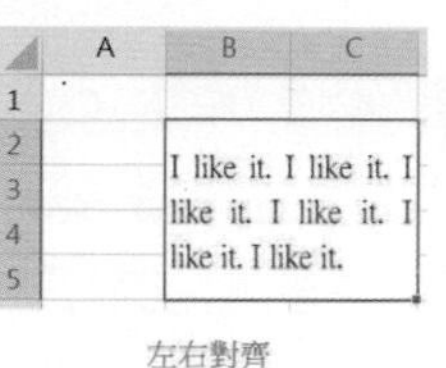

左右對齊

跨欄置中：將某儲存格內容放在選定的連續儲存格區間的中央。

分散對齊：促使第一個字向左切齊，最後一個字向右切齊，其它的字則散佈在儲存格內。如果只有一個字，則將該字放在中央。

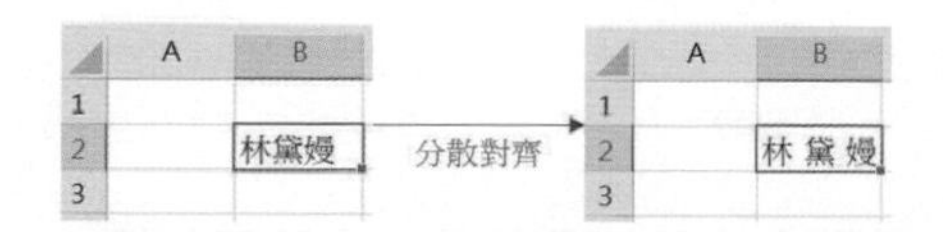

垂直：由於 Excel 具有自動調整列高的功能，因此，一般我們是比較少用到此項設定，一般只有列高較儲存格的文字高出許多時，使用垂直對齊內的選項設定才比較具有意義。在垂直對齊內有下列選項可以設定。

靠上：延著儲存格的頂端，對齊儲存格的內容。

置中對齊：將儲存格的內容放在儲存格垂直位置的中央。

靠下：沿著儲存格的底端，對齊儲存格的內容。

左右對齊：如果一個儲存格內含長的字串，須使用多行顯示時，若設定可以在顯示時左右切齊。

分散對齊：可依垂直方向令字串分散對齊。

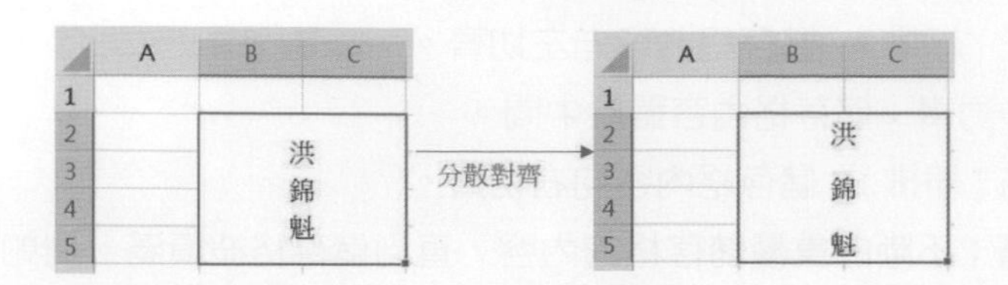

縮排：可以設定縮排量，在中文 Windows 下單位是一個中文字寬度。

❑ 文字控制

有下列欄位：

自動換行：預設是未設定，如果設定將促使文字超出儲存格寬度時，超出文字將自動換列輸出。

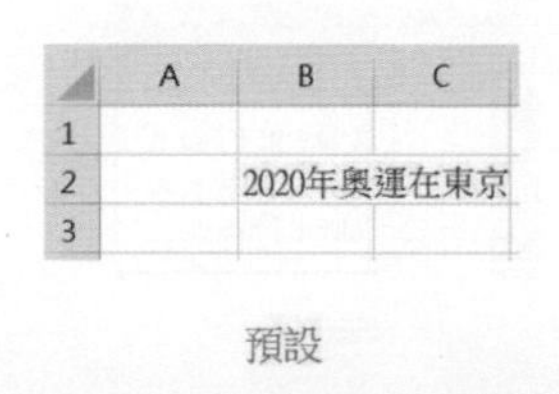

預設

設定自動換行

縮小字型以適合欄寬：為配合欄寬，將自動縮小字型。

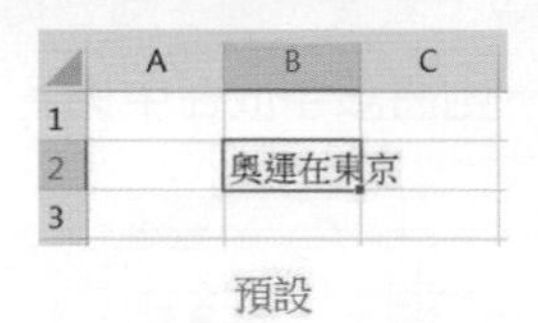

預設

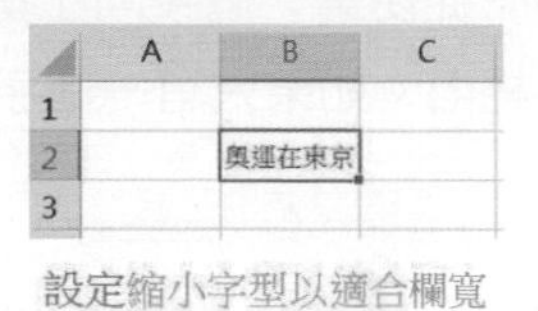

設定縮小字型以適合欄寬

合併儲存格：可以將所選的儲存格合併為一個儲存格。

❑ 從右至左

有下列欄位：

文字方向：可由此欄位設定讀取順序及對齊方式，預設是內容，但可以將它變更為從左至右或從右至左。

❑ 方向

除了可以讓文字以水平或垂直方式放在儲存格，您也可以用拖曳刻度的方式，設定文字的角度，下列是 2 個實例。

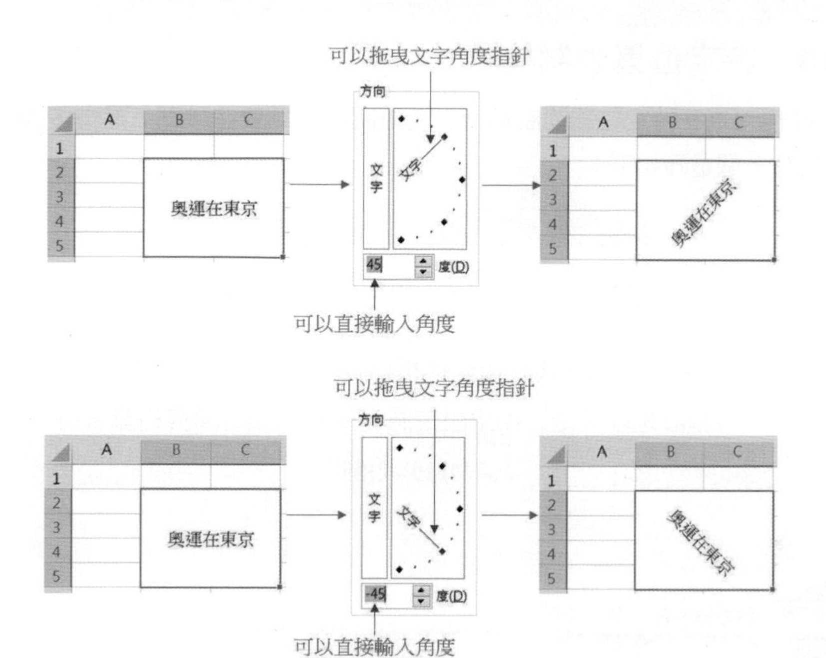

6-5-9 自動換行

前一小節設定儲存格格式對話方塊內文字控制區塊有自動換行欄位，可以設定自動換行相關設定，其實在對齊方式功能群組有自動換行鈕，可以更方便執行此操作，這也是常用的操作方式。

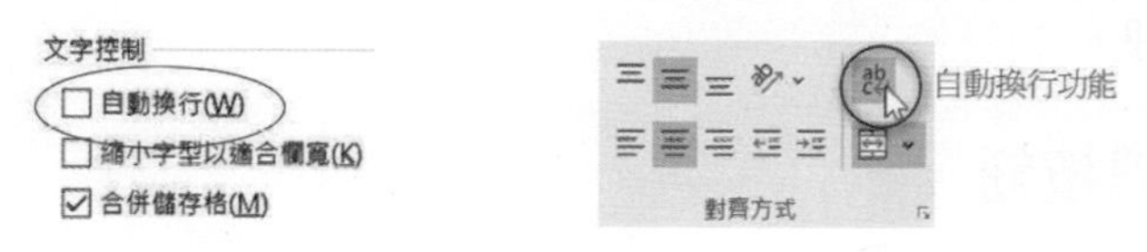

上述2個皆是自動換行功能

下列是實例畫面：

6-5-10 特定位置強制換行

Excel 也可以在特定位置強制換行，請先將插入點放在該點，然後按 Alt + Enter 鍵。假設有一個畫面如下：

請同時按 Alt + Enter 鍵，將作用儲存格移到其他位置，可以得到下列結果。

2		1:請勿交談 2:請勿錄影或拍照
3		

6-6 框線的設定

2-6 節筆者已經對框線有過基本說明，4-9 節也做了更進一步框線解說，其實瞭解使用框線功能，另一個重點的由框線功能設計具有專業與設計感的表單，本節將擴充至完整解說。

基本上設定儲存格外框的步驟如下：

1： 選定欲做外框處理的儲存格區間。

2： 做外框處理。

6-6-1 框線按鈕

框線按鈕可針對所選定的區間對外框處理，在 Excel 內是允許某儲存格區間具有不同外框格式設定。

實例一：請開啟 ch6_25.xlsx，將 B2:F6 儲存格區間加上框線。

1： 選定 B2:F6 儲存格區間。

	A	B	C	D	E	F
1						
2		深智公司業績表				
3		地區	第一季	第二季	第三季	第四季
4		台北市	1890	2300	2500	3200
5		高雄市	2800	3200	3300	3500
6		金馬區	580	600	620	650

2： 按框線右邊的⌄鈕，選擇所有框線，再取消所選的 B2:F6 儲存格區間，可以得到下列結果。

框線
下框線(O)
上框線(P)
左框線(L)
右框線(R)
無框線(N)
所有框線(A)
取消選取B2:F6

	A	B	C	D	E	F
1						
2		深智公司業績表				
3		地區	第一季	第二季	第三季	第四季
4		台北市	1890	2300	2500	3200
5		高雄市	2800	3200	3300	3500
6		金馬區	580	600	620	650

有時候表單設計讓最外框的框線變粗，也是一個設計表單的風格。

實例二：延續先前實例，令 B2:F6 儲存格區間含粗外框。

1： 選定 B2:F6 儲存格區間。

	A	B	C	D	E	F
1						
2		深智公司業績表				
3		地區	第一季	第二季	第三季	第四季
4		台北市	1890	2300	2500	3200
5		高雄市	2800	3200	3300	3500
6		金馬區	580	600	620	650

2： 按框線右邊的⌄鈕，選擇粗外框線，再取消所選的 B2:F6 儲存格區間。

	A	B	C	D	E	F
1						
2		深智公司業績表				
3		地區	第一季	第二季	第三季	第四季
4		台北市	1890	2300	2500	3200
5		高雄市	2800	3200	3300	3500
6		金馬區	580	600	620	650

從前面的執行結果很明顯的可以看到 B2:F6 儲存格區間不僅包含格線，同時其外圍的框線具有粗框特性。

實例三：延續先前實例，令 B3:F3 儲存格區間的下端外框線具有雙線特性，而上端外框特性則保持不變。

1： 選定 B3:F3 儲存格區間。

	A	B	C	D	E	F
1						
2		深智公司業績表				
3		地區	第一季	第二季	第三季	第四季
4		台北市	1890	2300	2500	3200
5		高雄市	2800	3200	3300	3500
6		金馬區	580	600	620	650

2： 按框線右邊的⌄鈕，選擇底端雙框線，再取消所選的 B3:F3 儲存格區間。

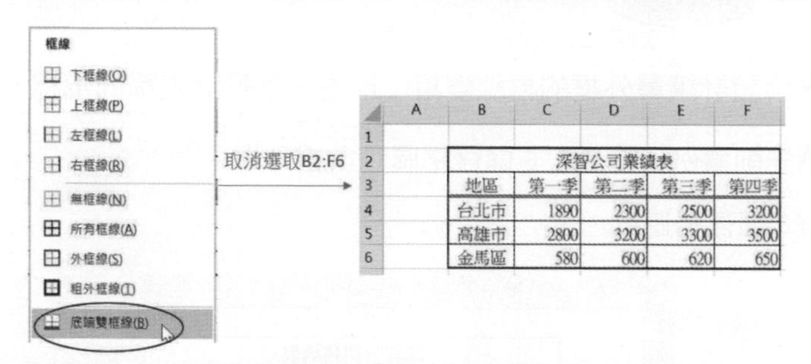

筆者將結果儲存至 ch6_26.xlsx。

6-6-2 手繪框線

按框線右邊的⌄鈕，在下拉功能表的下半部可以看到一系列工具供手動繪製及清除框線。

❑ 繪製框線

若選此則滑鼠游標變成一支筆，將這支筆指向任何框線按一下，此框線即依所選定的線條色彩及樣式繪製完成。如果是拖曳，可以建立經過區間的外框線。

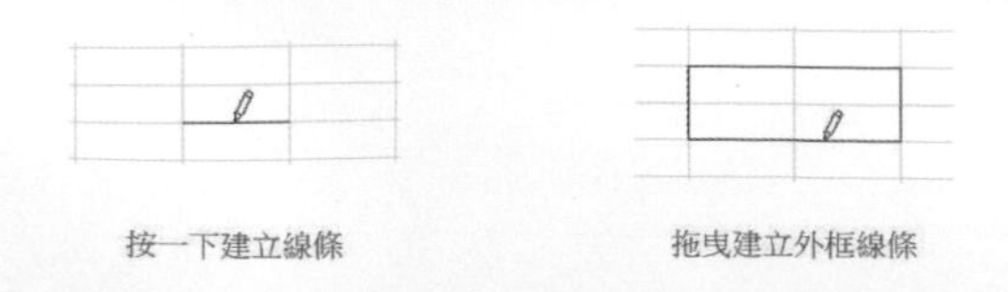

❑ 繪製框線格線

若選此則滑鼠游標變成一支旁有框線的筆，您可以用拖曳的方式建立框線，所拖曳過的儲存格將依所選定的線條色彩及樣式繪製完成。

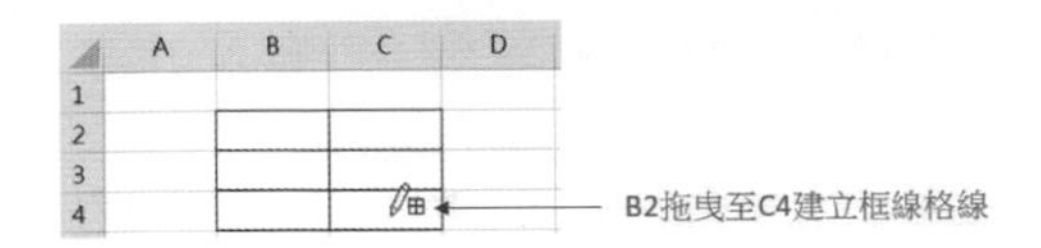

❑ 清除框線

若選此則滑鼠游標變成一個橡皮擦，若是用橡皮擦按一下某框線，該框線就會被清除。若是用橡皮擦拖曳，則橡皮擦經過的儲存格外框線將被清除。

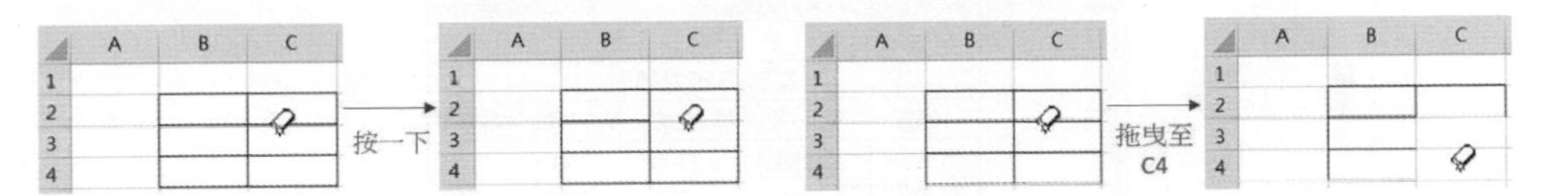

須留意上述右邊橡皮擦的起點在 C 欄，第 2 和 3 列分隔線上。如果橡皮擦起點在 C2，則拖曳至 C4 時，將造成 C2:C4 所有框線被清除。

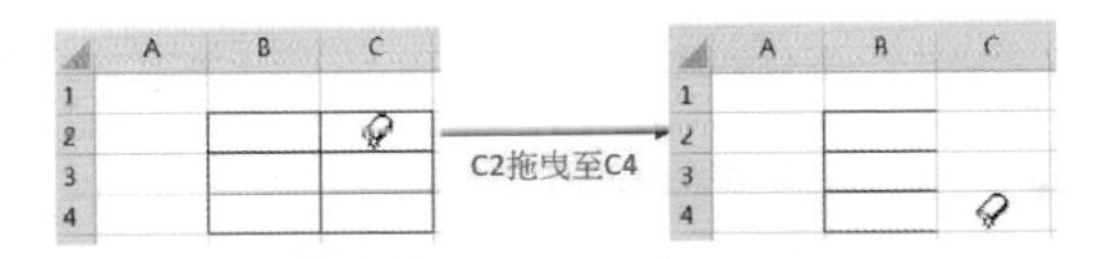

❑ 線條色彩

可供選擇欲繪製框線的顏色，可參考下方左圖。

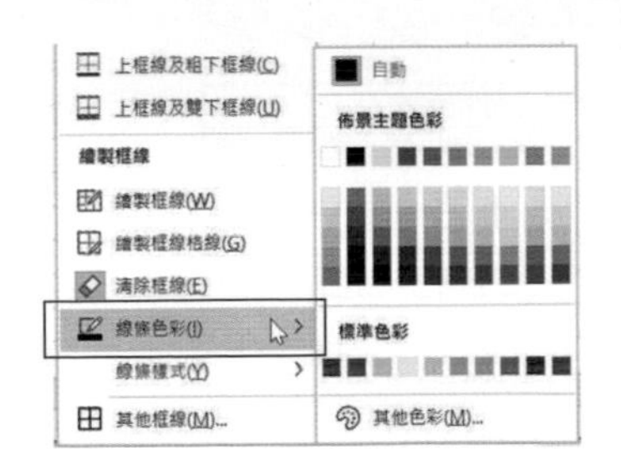

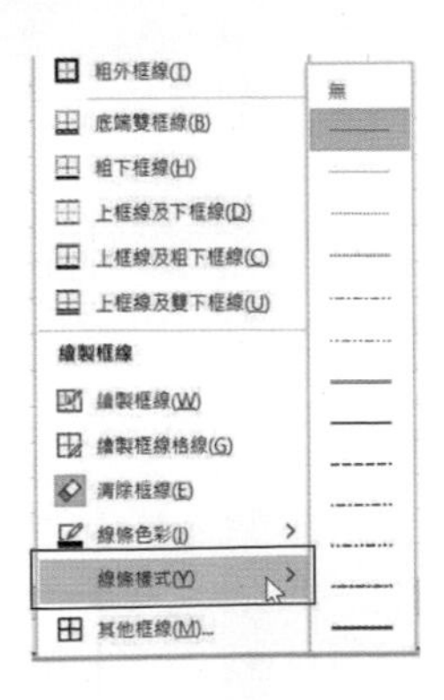

❑ 線條樣式

可供選擇欲繪製框線的樣式，可參考上方右圖。

實例一：請使用 ch6_25.xlsx，使用繪製框線格線工具，繪製整個表格線。

1： 選擇繪製框線格線工具。

2： 將繪製框線格線工具放在 B2。

	A	B	C	D	E	F
1						
2			深智公司業績表			
3		地區	第一季	第二季	第三季	第四季
4		台北市	1890	2300	2500	3200
5		高雄市	2800	3200	3300	3500
6		金馬區	580	600	620	650

3： 拖曳繪製框線格線工具到 F6。

	A	B	C	D	E	F
1						
2			深智公司業績表			
3		地區	第一季	第二季	第三季	第四季
4		台北市	1890	2300	2500	3200
5		高雄市	2800	3200	3300	3500
6		金馬區	580	600	620	650

實例二：延續前一實例，為表格繪製粗外框。

1： 執行框線內的線條樣式，再選粗線。

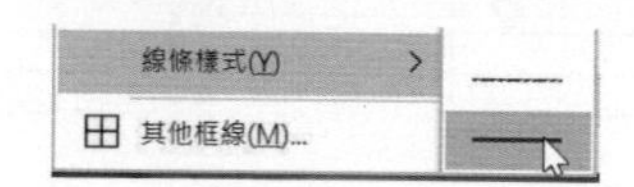

2： 選繪製框線工具，同時將此工具放在 B2。

	A	B	C	D	E	F
1						
2			深智公司業績表			
3		地區	第一季	第二季	第三季	第四季
4		台北市	1890	2300	2500	3200
5		高雄市	2800	3200	3300	3500
6		金馬區	580	600	620	650

3： 拖曳繪製框線工具到 F6。

	A	B	C	D	E	F
1						
2			深智公司業績表			
3		地區	第一季	第二季	第三季	第四季
4		台北市	1890	2300	2500	3200
5		高雄市	2800	3200	3300	3500
6		金馬區	580	600	620	650

實例三：使用藍色與雙虛單實線條樣式處理第 2 和 3 列的線條。

1： 選擇藍色 (下方左圖) 與雙虛單實線條樣式 (下方右圖)。

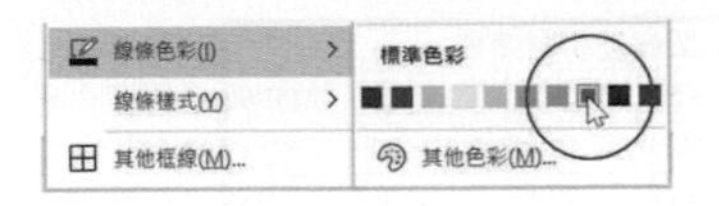

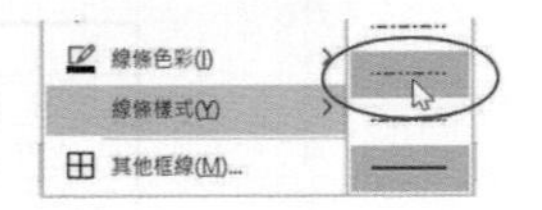

2： 選取繪製框線工具分別點 B2 至 F2 儲存格下方線。

	A	B	C	D	E	F
1						
2		深智公司業績表				
3		地區	第一季	第二季	第三季	第四季
4		台北市	1890	2300	2500	3200
5		高雄市	2800	3200	3300	3500
6		金馬區	580	600	620	650

3： 分別點選 B3 至 F3 儲存格下方線。

	A	B	C	D	E	F
1						
2		深智公司業績表				
3		地區	第一季	第二季	第三季	第四季
4		台北市	1890	2300	2500	3200
5		高雄市	2800	3200	3300	3500
6		金馬區	580	600	620	650

實例四：為 B3 至 F3 間隔欄位建立藍色的雙線垂直格線。

1： 由於是延續前一實例，所以只要選擇與前一實例不同的雙線即可，框線工具與線條顏色會被沿用。

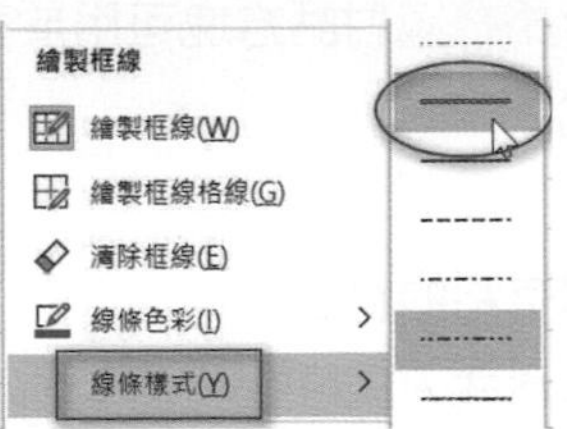

2： 分別點選 B3 至 F3 的間隔線條即可。

深智公司業績表				
地區	第一季	第二季	第三季	第四季
台北市	1890	2300	2500	3200
高雄市	2800	3200	3300	3500
金馬區	580	600	620	650

深智公司業績表				
地區	第一季	第二季	第三季	第四季
台北市	1890	2300	2500	3200
高雄市	2800	3200	3300	3500
金馬區	580	600	620	650

3： 下列是最後執行結果，筆者將執行結果儲存至 ch6_27.xlsx。

	A	B	C	D	E	F
1						
2		深智公司業績表				
3		地區	第一季	第二季	第三季	第四季
4		台北市	1890	2300	2500	3200
5		高雄市	2800	3200	3300	3500
6		金馬區	580	600	620	650

6-6-3 與外框有關的儲存格格式指令

將滑鼠游標指向儲存格按一下滑鼠右鍵，可以開啟快顯功能表的請選儲存格格式指令，再按外框標籤可以看到下列與外框設定有關的設定儲存格格式對話方塊。

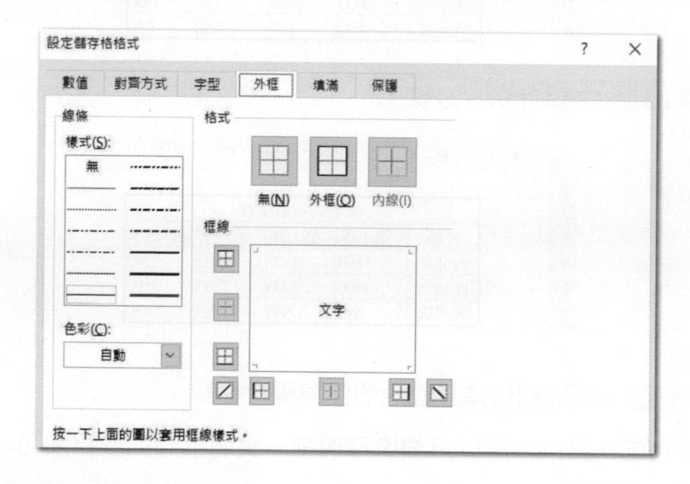

上述外框標籤的設定儲存格格式對話方塊可用於執行下列設定。

樣式：可選擇線條的樣式。

色彩：可選擇框線的顏色。

格式：可直接在此選擇儲存格的格式。

框線：可由此選擇框線的格式。

對於 ch6_22.xlsx 的表單而言，其實可以在上下方增加粗線條，這樣可以更清楚看出資料範圍。

實例一：為 ch6_22.xlsx 的 B2 上方增加粗框線。

1： 將作用儲存格放在 B2。

	A	B	C	D	E
1					
2		2022年深智營業計劃書			
3			單位	悲觀計畫	樂觀計畫
4		毛利	元	2400000	6300000
5		銷售數量	件	1200	3000

2： 執行快顯功能表的儲存格格式指令，出現設定儲存格格式對話方塊，按外框標籤，樣式欄位選粗線，框線欄位選上框線。

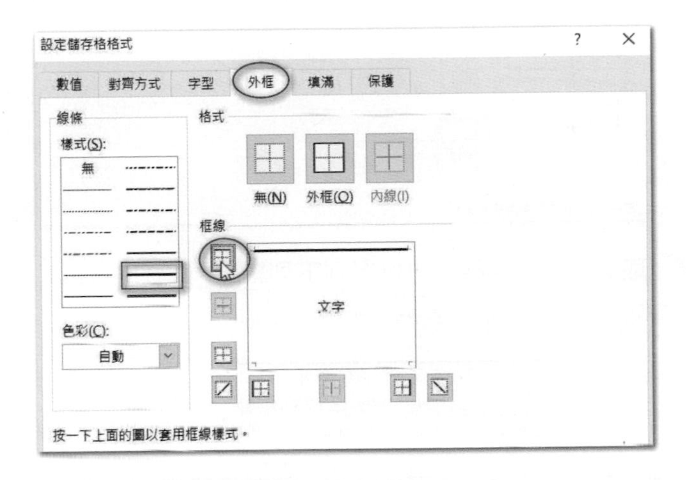

3： 按確定鈕，取消選取儲存格，可以得到下列上框粗線結果。

	A	B	C	D	E
1					
2		2022年深智營業計劃書			
3			單位	悲觀計畫	樂觀計畫
4		毛利	元	2400000	6300000
5		銷售數量	件	1200	3000

實例二：可以為此表單的 B3:E3 下方建立一般下框線。

1： 選取 B3:E3 儲存格區間。

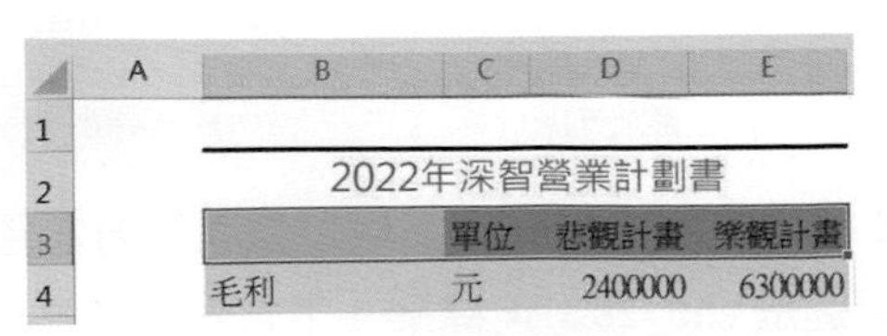

	A	B	C	D	E
1					
2		2022年深智營業計劃書			
3			單位	悲觀計畫	樂觀計畫
4		毛利	元	2400000	6300000

2： 執行快顯功能表的儲存格格式指令，出現設定儲存格格式對話方塊，按外框標籤，樣式欄位選粗線，框線欄位選上框線。

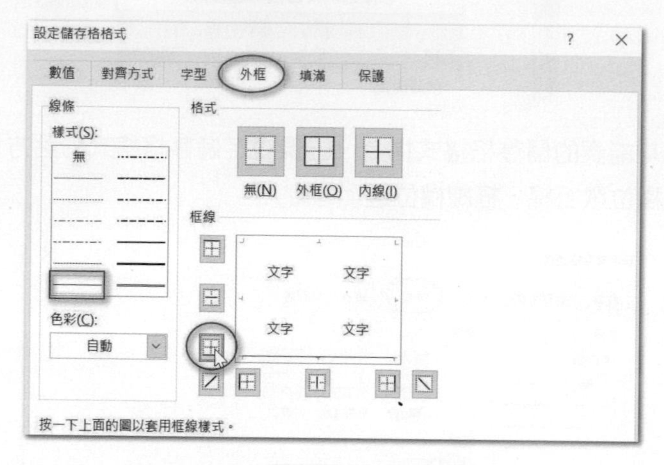

3： 按確定鈕，取消選取儲存格，可以得到下列結果。

	A	B	C	D	E
1					
2		2022年深智營業計劃書			
3			單位	悲觀計畫	樂觀計畫
4		毛利	元	2400000	6300000

← 所建立的下框線

請參考上述實例二，為 B4:E4 至 B11:E11 儲存格建立一般下框線。其實也可以直接選取預設單線，再使用工具下框線鈕可以更便利，下列是執行結果。

	A	B	C	D	E
1					
2		2022年深智營業計劃書			
3			單位	悲觀計畫	樂觀計畫
4		毛利	元	2400000	6300000
5		銷售數量	件	1200	3000
6		單品售價毛利	元	2000	2100
7		費用	元	1500000	2040000
8		薪資	元	800000	1200000
9		雜費	元	240000	360000
10		辦公室租金	元	360000	360000
11		電腦軟體租金	元	100000	120000
12		稅前獲利	元	900000	4260000

此外可以為 B12:E12 建立粗外框底線，可以參考下方左圖，上下增加粗外框底線可以讓資料更明確，這是 ch6_28.xlsx 檔案。下方右圖示為此表單右邊增加 F 欄，F 欄寬度可以適度縮減，這樣可以讓表單易讀性增加，這是 ch6_29.xlsx 檔案，讀者可以參考。

增加欄位,可以讓表單更加容易閱讀

	A	B	C	D	E
1					
2		2022年深智營業計劃書			
3			單位	悲觀計畫	樂觀計畫
4		毛利	元	2400000	6300000
5		銷售數量	件	1200	3000
6		單品售價毛利	元	2000	2100
7		費用	元	1500000	2040000
8		薪資	元	800000	1200000
9		雜費	元	240000	360000
10		辦公室租金	元	360000	360000
11		電腦軟體租金	元	100000	120000
12		稅前獲利	元	900000	4260000

ch6_28.xlsx

	A	B	C	D	E	F
1						
2		2022年深智營業計劃書				
3			單位	悲觀計畫	樂觀計畫	
4		毛利	元	2400000	6300000	
5		銷售數量	件	1200	3000	
6		單品售價毛利	元	2000	2100	
7		費用	元	1500000	2040000	
8		薪資	元	800000	1200000	
9		雜費	元	240000	360000	
10		辦公室租金	元	360000	360000	
11		電腦軟體租金	元	100000	120000	
12		稅前獲利	元	900000	4260000	

ch6_29.xlsx

對於上述要簡單增加 F2:F12 儲存格區間，可以使用複製格式方式，將 E2:E12 儲存格區間複製至 F2:F12。

6-6-4 含框線的人事資料表

先前實例 ch6_22_1.xlsx 是一個不含內框線的人事資料表，下列 ch6_30.xlsx 則是將合併儲存格與框線功能整合應用的人事資料表。

	A	B	C	D	E	F	G
1							
2		深智公司人事資料表					
3		個人近照		個人資料			
4				姓名			
5				出生日期			
6				性別			
7				聯絡電話			
8				地址			
9		填表日期					

6-7 儲存格格式的應用

當你在工作表的儲存格內輸入數字資料時，所有儲存格的預設數字格式都是通用格式。在通用格式內，數字是以整數 (例如：123)、小數 (例如：1.28) 或科學記號 (例如：1.28E+05) 方式顯示，且通用格式最多可以顯示 11 位數字 (當輸入超過 11 位數字時，Excel 會自行將數字轉成科學記號方式顯示。

	A	B	C
1		12345678901	
2		123456789012	

Enter →

	A	B	C
1		12345678901	
2		1.23457E+11	

當作用儲存格放在此儲存格時，可以在資料編輯列看到完整的數字。

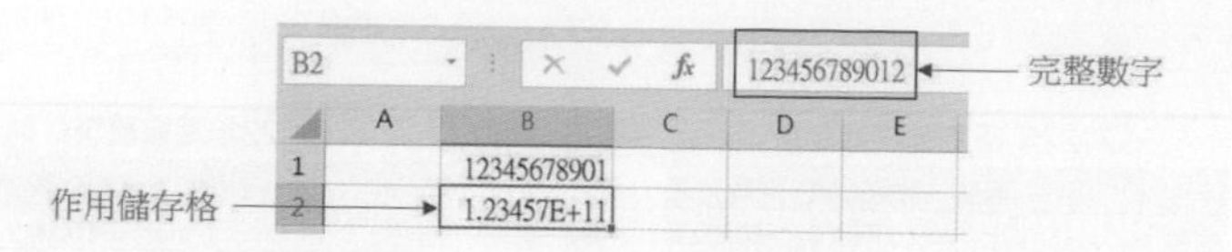

此外，我們也可以將儲存格內的資料，由通用格式改成其它內建格式，或是自行設定數字格式。本節將予以說明。

在 Excel 的數值功能群組內有 5 個按鈕與應用數字格式有關，另外數值格式框則顯示目前儲存格的數值格式。

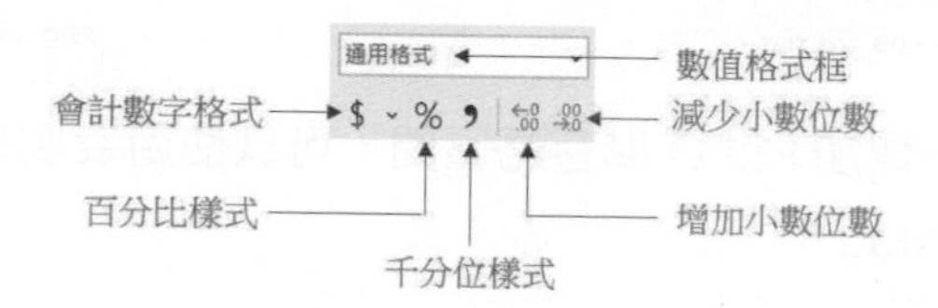

本節除了說明以上觀念外，同時也將說明快顯功能表的儲存格格式指令內與數字格式有關的部份，基本上格式化數字的步驟如下：

1： 將作用儲存格移至欲格式化數字格式的儲存格內，或是選定欲格式化的連續儲存格區間。

2： 格式化處理。

6-7-1 會計數字格式

❑ 切換通用格式與預設台幣的會計數字格式

在會計數字格式中，預設會有 $ 符號、2 位小數、0 用虛線 (-) 表示、如果是負數會在 $ 左邊出現負號 (-)。

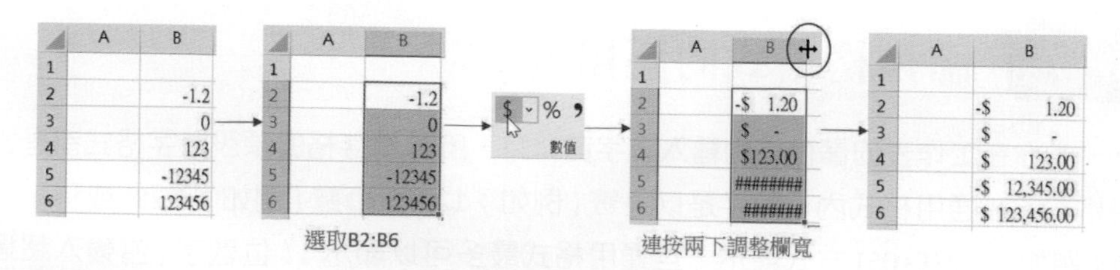

須留意當儲存格空間無法容納數字時，數字會以 # 填滿儲存格表示，此時可以調整欄寬為最適欄寬方式處理，可以參考上方右邊算起第 2 個小圖，下列實例可以依此處理，筆者將省略此過程。

當數值格式以會計數字格式顯示時，在數值格式框可以看到目前的數值格式，如果想要將會計數字格式復原為通用格式，可以在數值格式框選取一般。

這個觀念可以用在其他小節。

❑ 其他外幣的會計數字格式

$符號預設是台灣的會計數字格式，可以按$右邊的⌄，選擇其他貨幣的會計數字格式。下列是英鎊的實例：

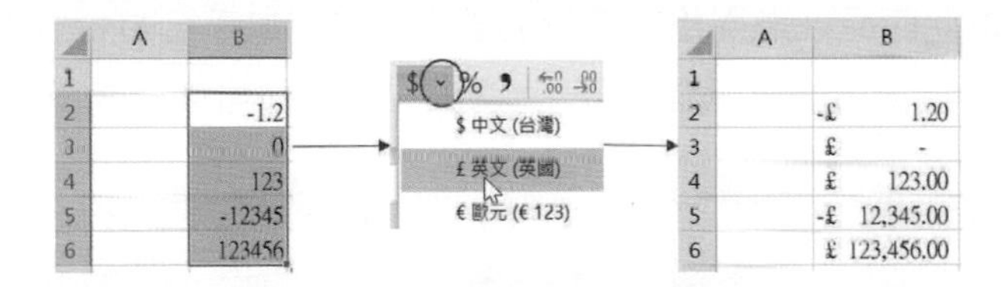

下列是歐元的實例：

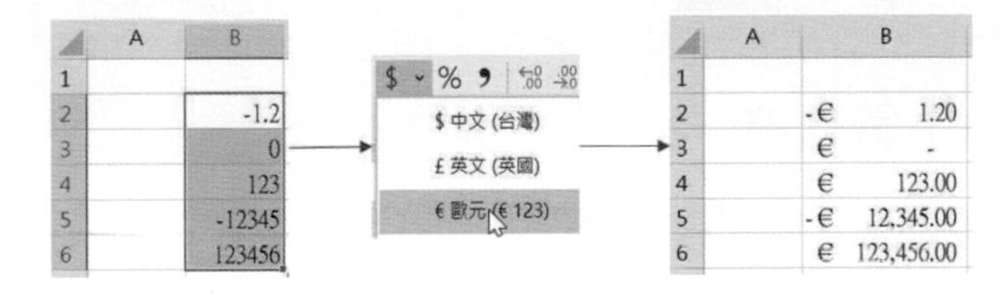

下列是人民幣的實例：

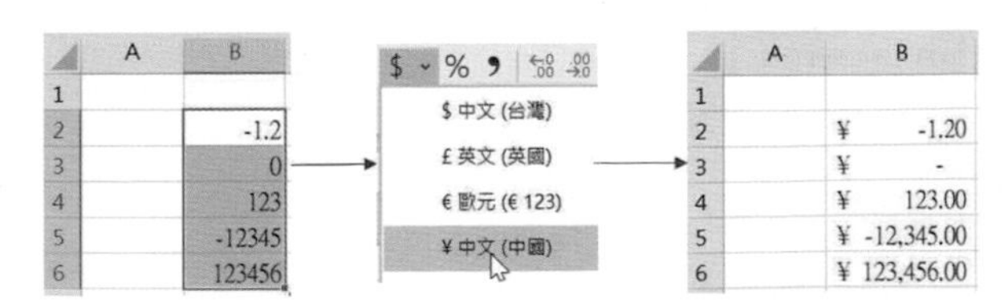

下列是瑞士法郎的實例：

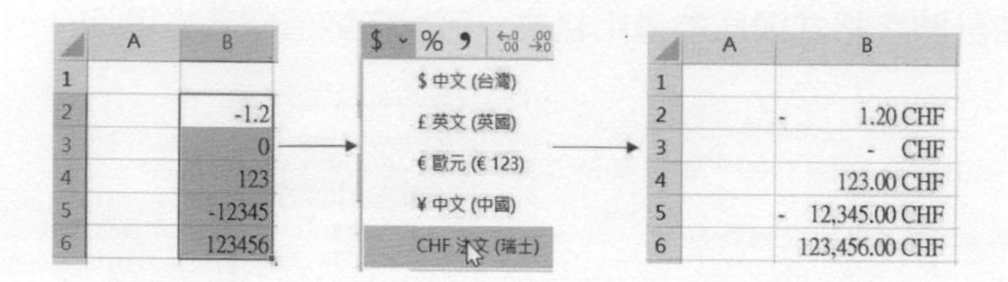

6-7-2 百分比樣式

按%鈕可以促使原以通用格式顯示的數字，改成以百分比樣式顯示。

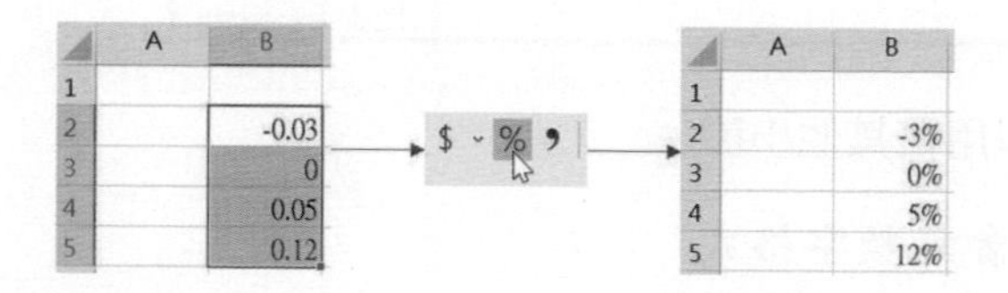

6-7-3 千分位樣式

按,鈕可以促使原以通用格式顯示的數字，改成以千分位樣式 (每三位數有 1 個逗點) 顯示、有 2 位小數，請留意 0 用虛線 (-) 表示 (可參考 B 下列 B3 儲存格)。

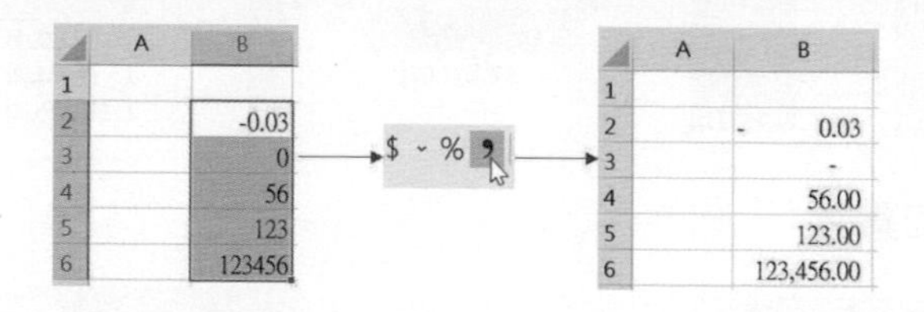

6-7-4 增加小數位數

此按鈕可促使原儲存格所顯示的數字，能以增加一個小數位數方式顯示。

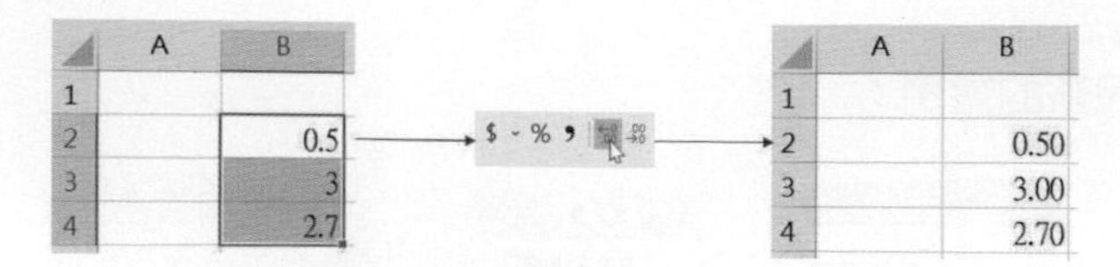

6-7-5 減少小數位數

此按鈕可促使原儲存格所顯示的數字，能以減少一個小數位方式顯示。

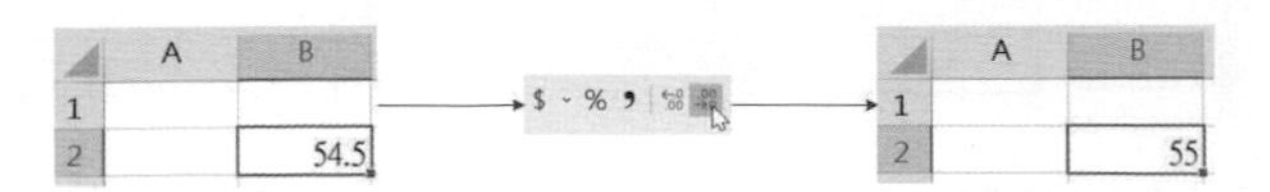

從上述實例各位應注意，如果某小數位數遞減而暫時消失時，將以四捨五入方式顯示，不過在儲存格內部仍然會記住四捨五入前的正確數字，因此，若以上述實例而言，若按增加小數位數鈕，A1 儲存格的數字會由 55 變回原數字 54.5，如下所示。

6-7-6 與數值格式有關的儲存格格式指令

雖然在常用 / 數值功能群組可以執行儲存格的格式設定，此功能已經很好用了，Excel 其實也可以使用設定儲存格格式對話方塊，執行更多設定，這將是本小節的主題。若是執行快顯功能表的儲存格格式指令，再按數值標籤可以看到下列與數字格式設定有關的設定儲存格格式對話方塊。

上述類別欄位可以選擇格式化資料類型，範例欄位會列出示範輸出。類別欄位包含所有數字資料格式的類別，使用者可以從此框內選擇任一種想要的資料格式的類別。通常當您選好某個類別後，您可以再執行某些細節設定。

實例一：數值格式可以讓小數增加 2 個小數位數。

數值格式可以直接設定，在設定儲存格格式對話方塊則可以執行更進一步的設定。

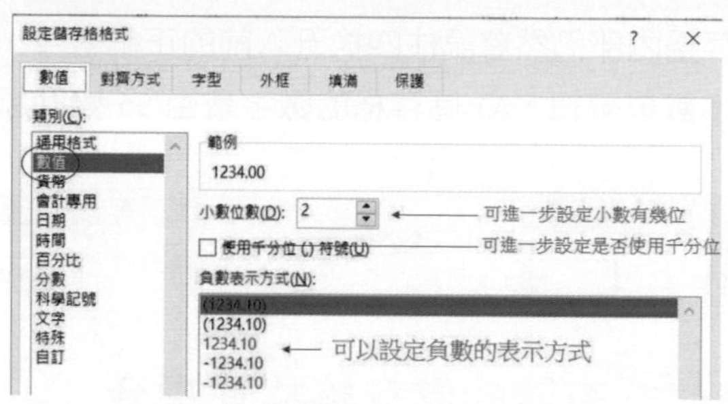

下列是系列輸出結果。

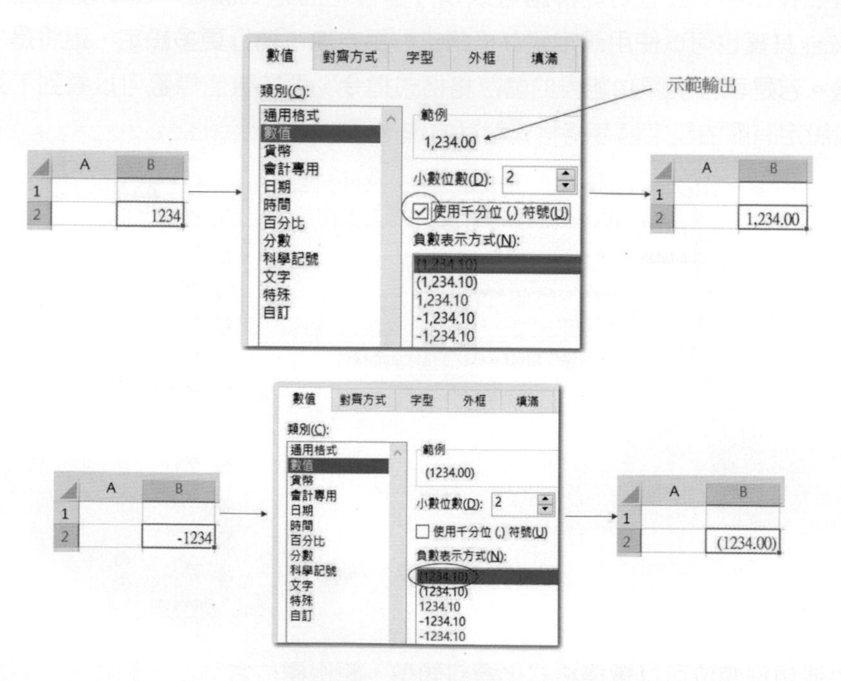

上述設定後，若是要復原儲存格在常用 / 數值 / 數值格式欄位選一般無特定格式或在設定儲存格格式對話方塊可以選擇通用格式。

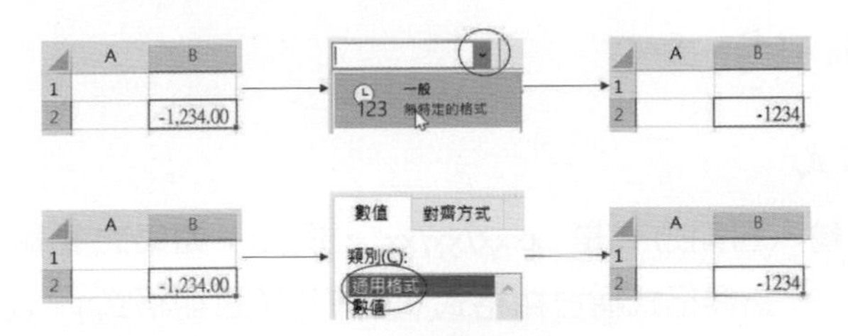

在 6-7-1 節筆者有說明數據以會計格式顯示，下列將直接使用設定儲存格格式對話方塊做更多的設定。

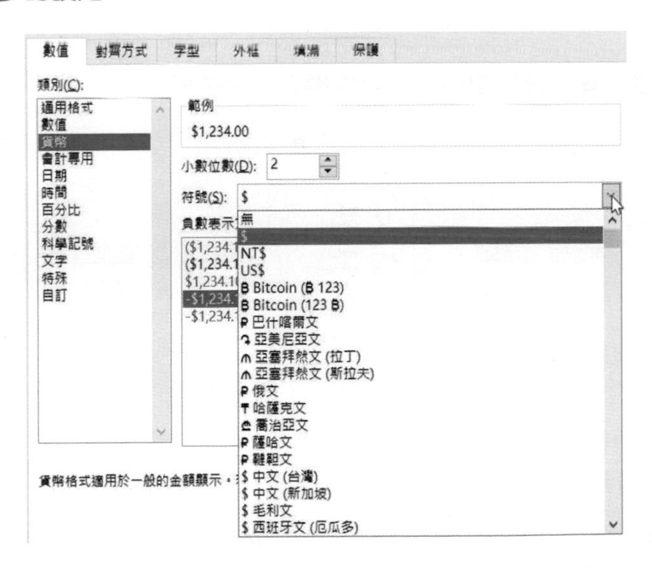

實例二：將數據以貨幣格式顯示，符號是 NT$。

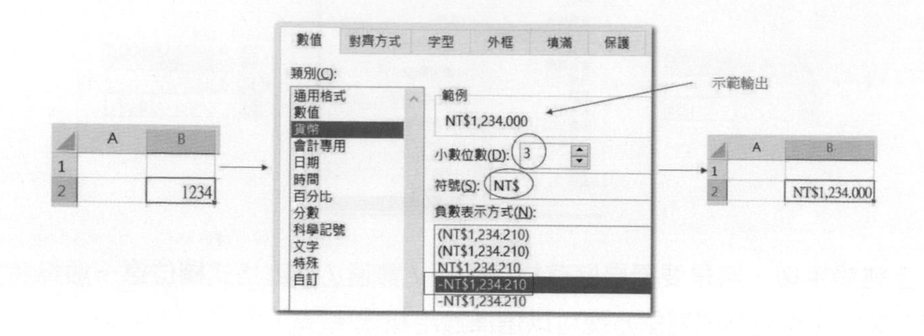

6-7-7 日期格式

❑ 基本日期格式

在儲存格內輸入日期方式是 "xxxx/xx/xx"，例如：如果想要輸入 2022 年 1 月 3 日可以用 2022/1/3，這個格式稱日期格式 (又稱簡短日期格式)，此時儲存格如下：

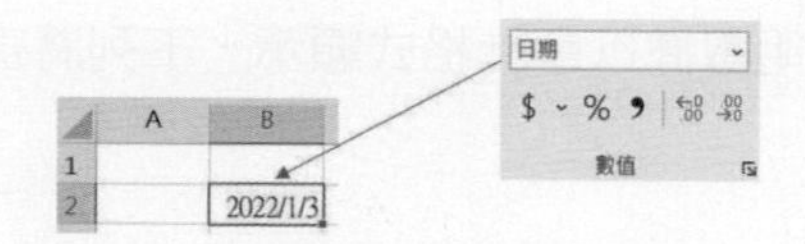

在日期格式中有詳細日期格式，可以得到下列結果。

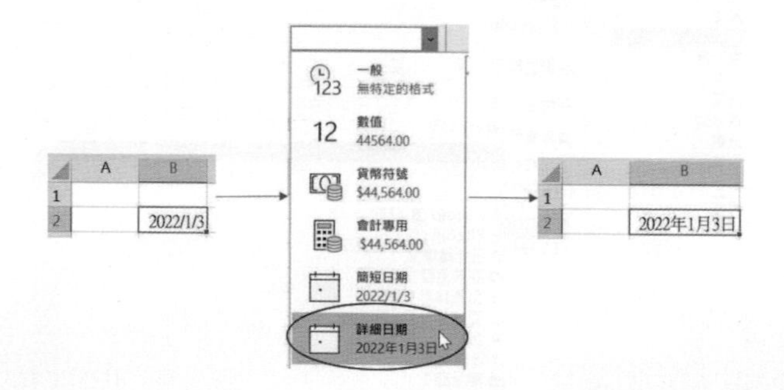

❑ 完整的日期格式

在設定儲存格格式對話方塊，在類別欄位選擇日期，可以在類型欄位看到各種日期類型，每個選項皆有示範輸出，所以可以有更完整的日期格式選擇。

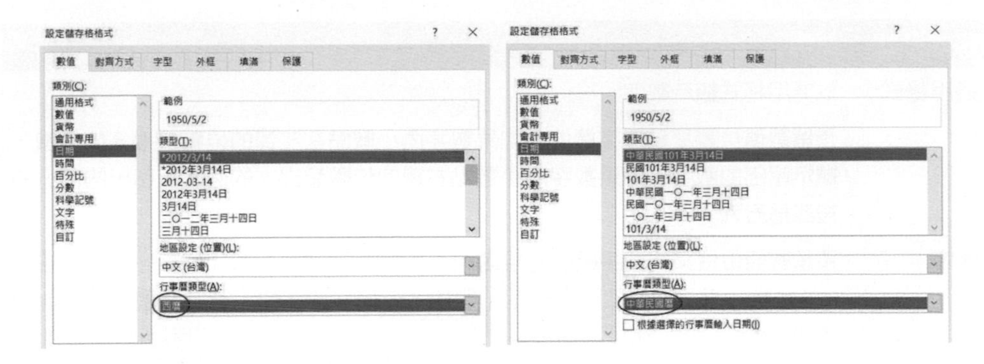

上圖左邊是通用日期格式，如果在行事曆類型欄位選擇中華民國曆，則可以看到專屬中華民國國家的日曆類型。

6-7-8 自訂數字格式

在設定儲存格格式時，有時您可能會發現有的類別欄位格式，並沒有您想要的數字格式 (這個機會不多啦 !)。此時可以在類別欄位選自訂，然後自行選定儲存格的資料格式，如下所示：

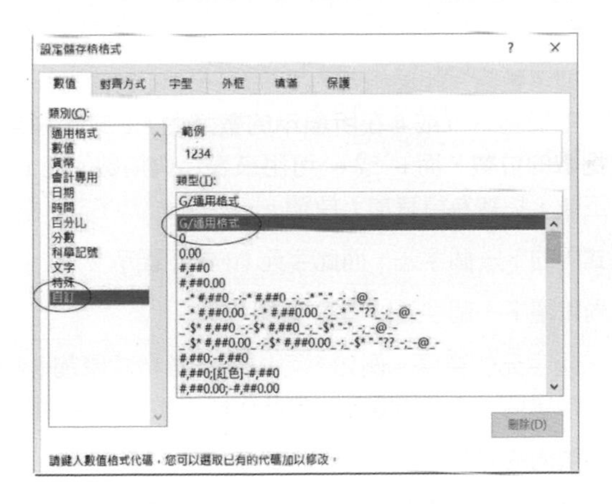

Microsoft Excel 在自訂內建的格式中 (在上述對話方塊內可以看到)，使用了許多符號，這些符號的意義如下所示。

格式符號	說明
通用格式	以通用格式顯示數字
#	預留數值位置又稱數字標位。如果數字內小數點在左邊的位數超過 # 的個數，顯示超出的數字。如果數字內小數點右邊的位數超出 # 的個數，超出的部分將被四捨五入。
0(零)	預留數值位置又稱數字標位。規則與 # 相同，不過若是數字位數少於格式設定 0 的個數，不足的位數以 0 表示。例如，若是格式 #.00，若數字是 36.5，則顯示 36.50。
?	預留數值位置又稱數字標籤。規則與 0 相同，但是對於小數點兩邊不影響實際數字的 0 會以空格取代，促使小數點可以對齊。
. (小數點)	這個小數點符號可用於設定小數點的左和右兩邊各要顯示多少位數 (由 # 和 0 數量而定)。
%	百分比，所顯示的結果是數字乘以 100，然後加上 % 符號。
, (逗號)	千位分節符號。如果逗號前後均有 # 或 0，所顯示的數字將會每 3 位以逗號分開。如果逗號是跟在數字標位的後面，表示以千為單位顯示數字，例如：# 格式會以千為單位，而 #,, 會以百萬為單位顯示數字。0.00,, 會將 25,500,00 以 25.50 顯示。
E- E+ e- e+	科學記號顯示數值。如果格式內 E-、e-、e+ 的右邊加 0 或 #，將以科學記號顯示數字，並將插入 0 或 # 在所顯示的數字內。E 或 e 右邊的 #(或 0) 個數可用於設定指數的位數，而 E- 或 e- 可用來表示負指數。而 E+ 或 e+ 可在指數為正時加上正號，指數為負時加上負號。
\	顯示格式內的下一個字元，而此字元 (\) 並不顯示。
*	在格式內重覆下一個字元以填滿欄寬。
_ (底線)	跳過下一個字元的寬度。例如，可以在正數格式尾加 (_)，如此 _(底線) 顯示數字時會跳過括弧字元的寬度，如此可使正數和此括號顯示的負數對齊。
" 文字 "	顯示雙引號內的文字。
@	文字預留位置，如果在儲存格內輸入文字，則所輸入的文字將被放在 @ 字元位置。
m	以前面不加 0 的方式顯示月份 (1-12)。如果你緊接在 h 或 hh 符號之後加上 m，此 m 將被視為分鐘。
mm	以前面加上 0 的方式顯示月份 (1-12)。如果你緊接在 h 或 hh 符號之後加上 m，此 m 將被視為分鐘。
mmm	以英文縮寫的方式顯示月份 (Jan-Dec)。
mmmm	以完整的英文名稱顯示月份 (January-Decmeber)。

格式符號	說明
d	以前面不加 0 的方式顯示日期 (1-31)。
ddd	以英文縮寫的方式顯示日期 (Sun-Sat)。
dddd	以完整的英文名稱顯示日期 (Sunday-Saturday)。
yy 或 yyyy	以二位數字 (00-99) 或是四位數字 (1900-2078) 顯示年份。
h 或 hh	以前面不加 0 的方式 (0-23) 或是前面加上 0 的方式 (00-23) 顯示時 (Hour)，如果格式內加上 AM 或 PM 指示碼，則使用 12 小時制，否則使用 24 小時制。
m 或 mm	以前面不加 0 的方式 (0-59) 或是前面加上 0 的方式 (00-59) 顯示分 (minute)，m 或 mm 必須緊跟在 h 或 hh 後面，否則會被視為是月份。
s 或 ss	以前面不加 0 的方式 (0-59) 或是前面加上 0 的方式 (00-59) 顯示秒 second。
[ ]	顯示大於 24 的小時數或大於 60 的分數或秒數。例如，[h]:mm:ss 可以顯示大於 24 的小時數。
AM/am/A/a	使用 12 時制顯示時鐘，AM 或 am 或 A 或 a 代表午夜至中午的時間，PM 或 pm 或 P 或 p 代表中午至午夜的時間。若不加上此符號，則代表使用 24 小時。
[黑色]	儲存格以黑色顯示。
[藍色]	儲存格以藍色顯示。
[青色]	儲存格以青色顯示。
[綠色]	儲存格以綠色顯示。
[紫紅色]	儲存格以紫紅色顯示。
[紅色]	儲存格以紅色顯示。
[白色]	儲存格以白色顯示。
[黃色]	儲存格以黃色顯示。
[顏色 n]	n 或 0 到 256 的數字，不同數字有相對應的色彩。

此外，有一點要注意的是數字格式最多可以有三個區段，若含第四個區段則第四個區段是供文字使用。數字格式各區段間是以分號 (;) 隔開，一般數字格式會以 " 正數、負數、零、文字 " 等順序決定儲存格的格式。如果數字格式只有兩個區段，則第一個區段是設定正數和零的格式，第二個區段是設定負數的格式。如果只有一個數字區段，則所有的數字皆會使用該種格式。

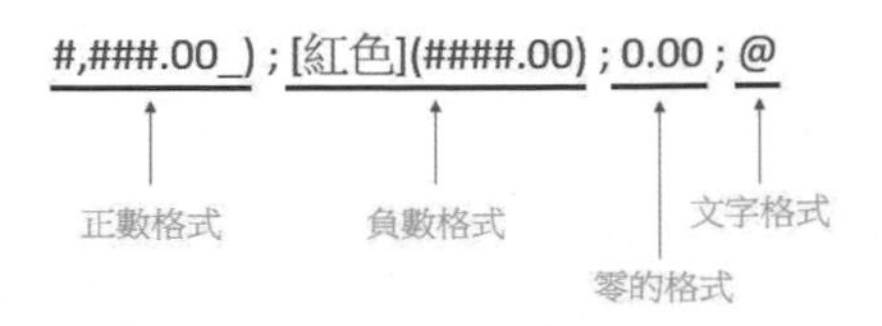

上述設定相當於若所輸入的是正數則使用下列格式。

#,###.00_)

若是輸入負數則使用下列格式。

[紅色](#,###.00)

上述相當於以括號配合紅色顯示數字。若所輸入的是零，則使用下列格式。

0.00

若是輸入文字則使用下列格式。

@

應用時可以在類型欄位輸入數值格式代碼，或是選擇現有的代碼加以修改，下列是自訂數字，時間與日期格式的實例。

格式設定	輸入數字	顯示結果
#.##	139.764	139.76
	0.4	.4
#0.##	139.764	139.76
	0.4	0.4
#,	125,000	125
0.00,,	12,500,000	12.50
"A="0.00;"B="#.00;0.00	50	A=50.00
	-78	B=78.00
	0	0.00
[dbnum1]	765.23	七百六十五 . 二三
[dbnum2]	765.23	柒佰陸拾伍 . 貳參
[dbnum3]	765.23	7 百 6+5.23
mmm d,yyy	6/21/94	Jun 21,1994
mmmm d,yyyy	6/21/94	June 21,1994
d mmmm yy	6/21/94	21 June 94
yyyy " 年 "m" 月 "d" 日 "	6/21/94	1994 年 6 月 21 日
hh:mm AM/PM	16:32	04:32PM
上午 / 下午 h" 時 "mm" 分 "	16:32	下午 4 時 32 分

6-7-9 讓儲存格資料小數點對齊

在工作表內若是某個欄位含有小數資料，若是可以讓小數點對齊可以讓該欄位資料比較清楚。

實例一：小數點對齊。

1： 請開啟 ch6_30_1.xlsx，然後選取 B2:B4。

	A	B	C
1			
2		2.345	
3		5.3	
4		6.25	

2： 執行常用 / 儲存格 / 格式 / 儲存格格式指令，出現儲存格格式對話方塊，請點選數值標籤，在類別欄選數值，在小數位數欄位設定 3，如下所示：

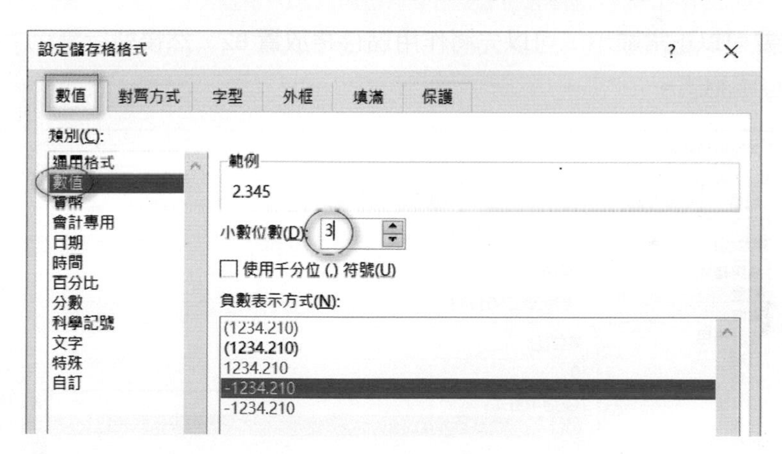

3： 點選對齊方式標籤，在水平欄位選擇向右 (縮排)。

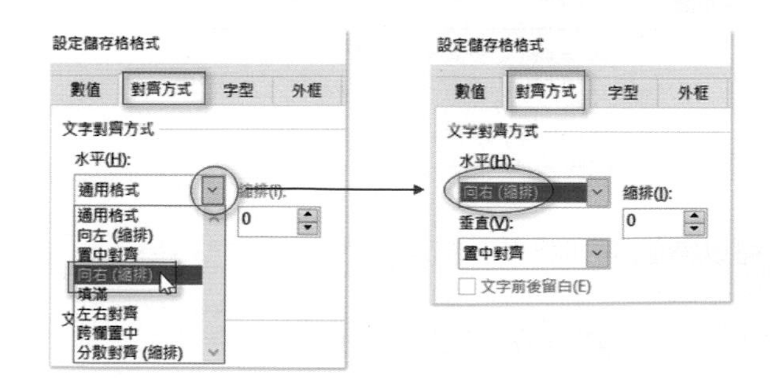

4： 按確定鈕，就可以得到小數點對齊的結果。

	A	B	C
1			
2		2.345	
3		5.300	
4		6.250	

ch6_30_2.xlsx

6-7-10 輸入超過 11 位數字的處理

使用 Excel，如果輸入超過 11 位數字，Excel 將自動使用科學記號 E 方式表示，下列是輸入 9789865501143 的結果。

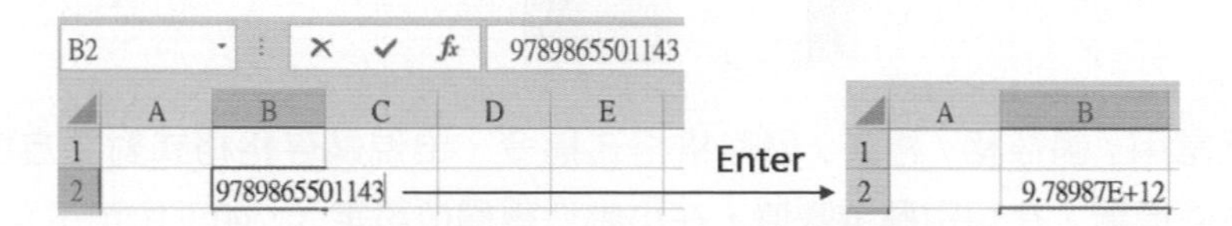

如果要可以正常顯示，可以先將作用儲存格放置 B2，然後執行常用 / 儲存格 / 格式 / 儲存格格式。

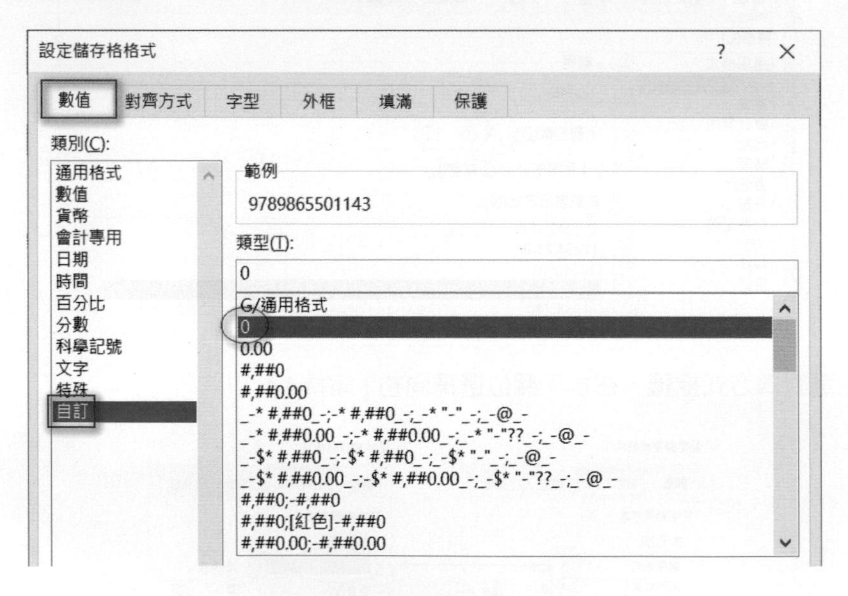

按確定鈕，可以得到下列結果，結果存入 ch6_30_3.xlsx。

	A	B	C
1			
2		9789865501143	

6-8 設定儲存格的樣式 – 凸顯資料

先前各節筆者有說明儲存格前景與背景顏色、儲存格樣式、也說明了字型與框線，其實這些皆算是儲存格的樣式，Excel 的常用 / 樣式 / 儲存格樣式，也可以直接套用設定選定區間儲存格的樣式。

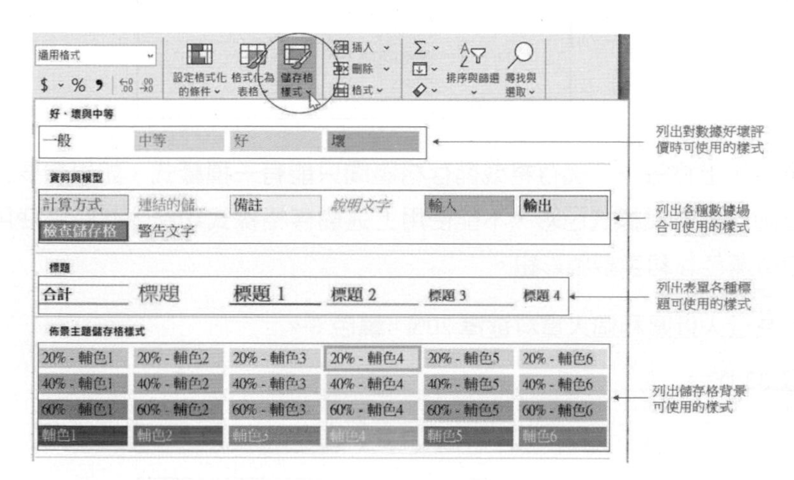

也可以直接使用上述功能，套用在所建立的表格。

實例一：為 ch6_30.xlsx 建立標題格式。

1： 將作用儲存格放在 B2。

2： 執行常用 / 樣式 / 儲存格格式。

3： 可以得到下列結果。

	A	B	C	D	E	F	G
1							
2		深智公司人事資料表					
3		個人近照		個人資料			
4				姓名			
5				出生日期			
6				性別			
7				聯絡電話			
8				地址			
9		填表日期					

須留意，上述每一個儲存格或儲存格區間只能有一種樣式，如果想要為上述標題欄加上前景或背景樣式色彩，不能使用上述儲存格樣式功能，此時應使用字型功能群組的填滿色彩和字型色彩鈕。

實例二：為個人近照和個人資料選擇 20% - 輔色 6。

1： 選取 B3:D3。

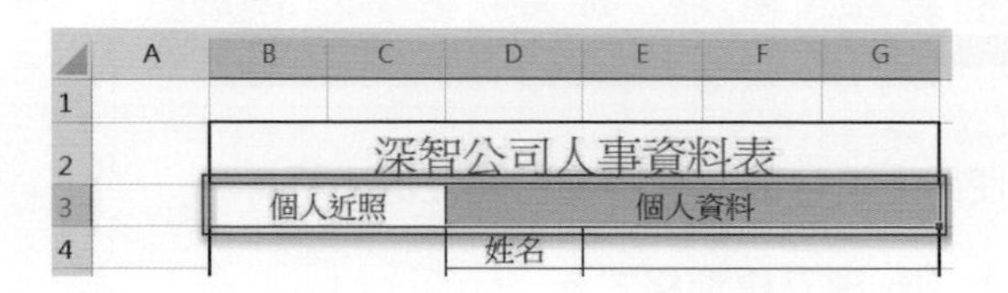

2： 執行儲存格樣式功能選擇 20% - 輔色 6。

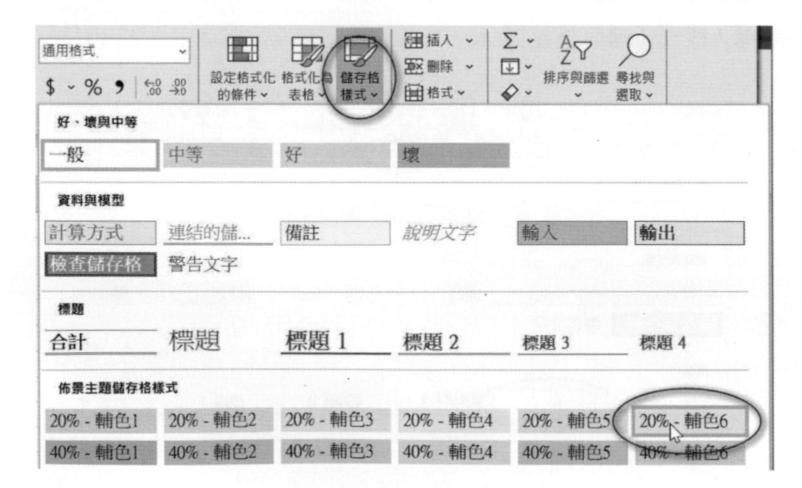

3： 可以得到下列結果。

	A	B	C	D	E	F	G
1							
2		深智公司人事資料表					
3		個人近照		個人資料			
4				姓名			
5				出生日期			
6				性別			
7				聯絡電話			
8				地址			
9		填表日期					

下列是為 B4 儲存格建立 20% - 輔色 3、D4:D8 儲存格建立 20% - 輔色 5、B9 儲存格建立 40% - 輔色 6 的執行結果，筆者存入 ch6_31.xlsx。

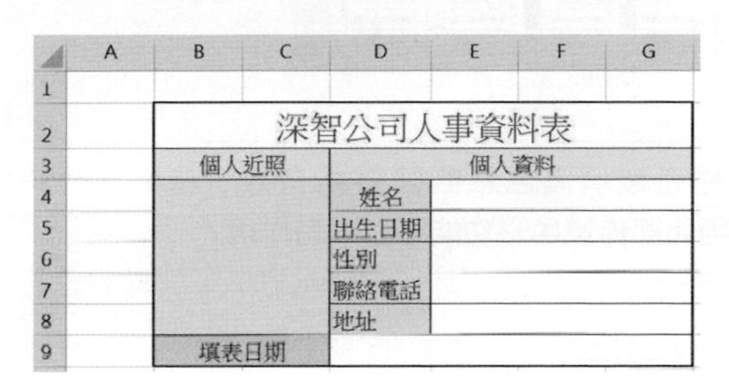

	A	B	C	D	E	F	G
1							
2		深智公司人事資料表					
3		個人近照		個人資料			
4				姓名			
5				出生日期			
6				性別			
7				聯絡電話			
8				地址			
9		填表日期					

6-9 佈景主題

6-9-1 套用佈景主題

如果對於前一小節所建的儲存格樣式不滿意，您也可以利用佈景主題功能，重新設定整個表格的配色效果，佈景主題是由色彩、字型和效果 3 個子功能所組成。在 Excel 視窗選擇頁面配置標籤，可以看到佈景主題功能群組。按一下佈景主題鈕，可以看到佈景主題選項。

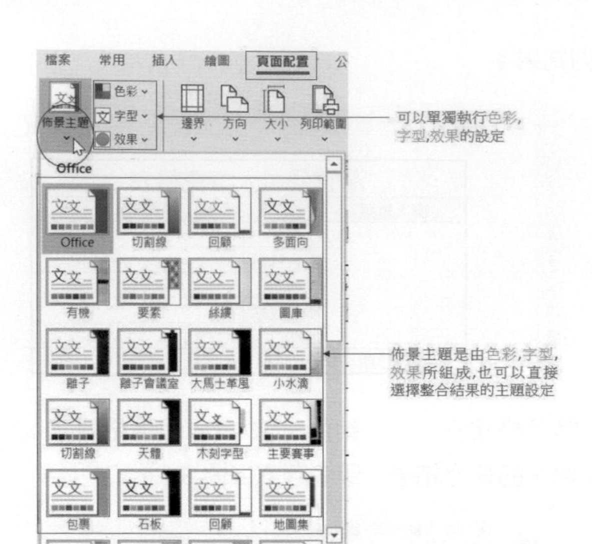

註 此功能只限表格有被填滿色彩的儲存格有效，若是儲存格尚未填色彩(例如：ch6_30.xlsx)，則此節佈景色彩功能將對沒有作用。

實例一：為 ch6_31.xlsx 選擇離子會議室佈景主題。

1： 選取整個表格 B2:G9。

2： 執行頁面配置 / 佈景主題，選擇離子會議室佈景，可以得到下列結果。

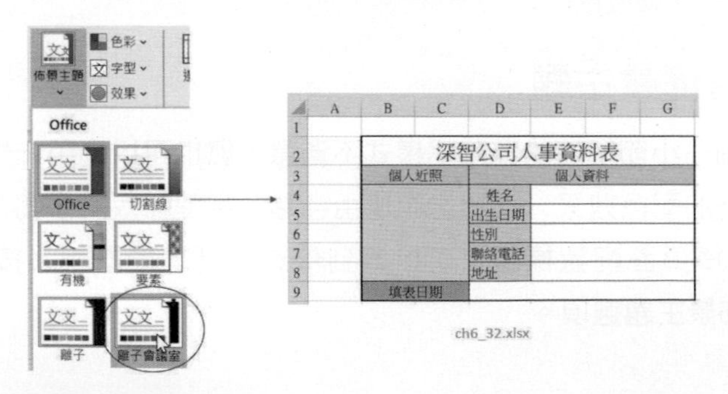

ch6_32.xlsx

下列是一系列不同主題的結果。

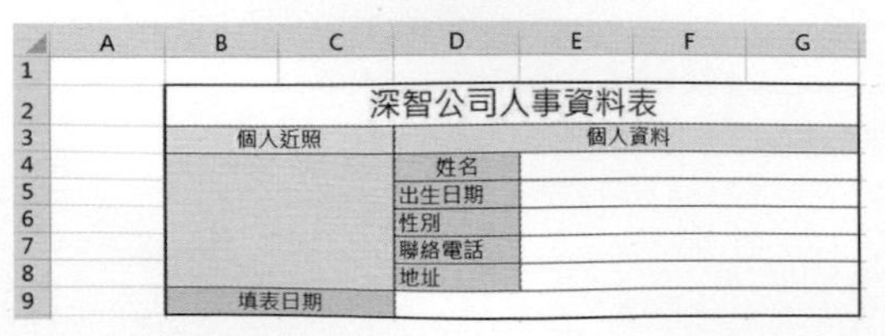

ch6_33.xlsx佈景主題是石板

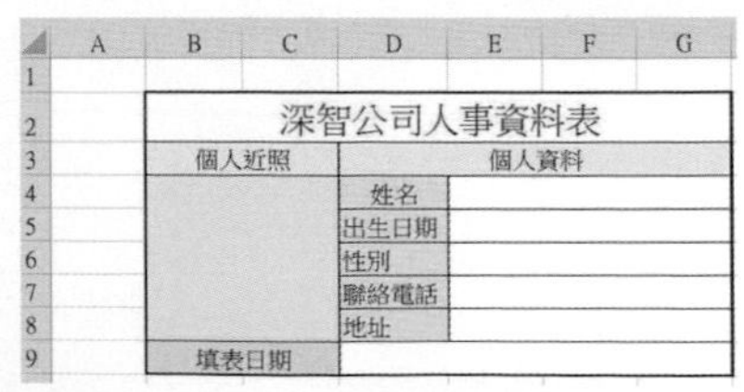

ch6_34.xlsx佈景主題是麥迪遜

6-9-2 自建佈景主題色彩

前一小節是 Excel 軟體依據主題自行設計的主題效果，使用者也可以使用佈景主題 / 色彩鈕自行針對每個項目調配色彩，調配完成甚至可以將自行調配的色彩儲存。

6-10 複製格式

讀到本節相信讀者已經對於儲存格的資料格式有相當程式的了解了，在使用 Excel 時，如果喜歡某項目的資料格式，其實可以使用常用 / 剪貼簿 / 複製格式將喜歡的資料格式應用在其他項目。

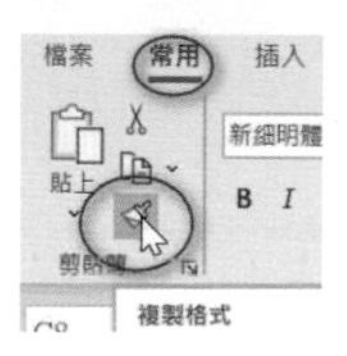

實例一：開啟 ch6_35.xlsx 將 B2 儲存格的格式複製到 C2:E2。

1： 將作用儲存格移至 B2，按複製格式鈕。

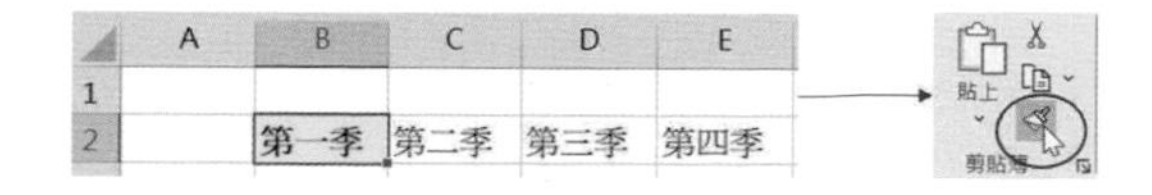

2： 此時 B2 外框含有會移動的虛線框，拖曳選定 C2:E2。

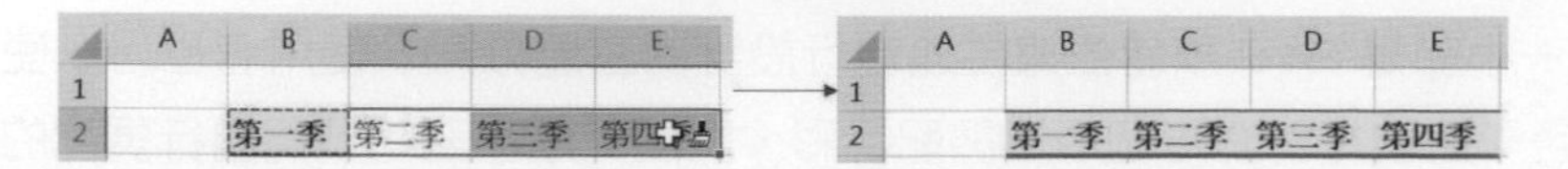

3： 放開滑鼠按鍵，再取消選取，可以得到上述右邊的結果，結果存入 ch6_36.xlsx。

CHAPTER

7

使用格式化建立高效、易懂的報表

7-1 醒目提示儲存格規則

7-2 資料橫條

7-3 色階

7-4 前段 / 後段項目規則

7-5 圖示集

7-6 找出特定的資料

7-7 格式化重複的值 – 找出重複的資料

7-8 清除格式化條件的儲存格與工作表的規則

7-9 格式化錯誤值

一個好的報表要可以強調重點，讓主管或是他人可以一眼就看到想要的數據，這一章筆者將介紹 Excel 格式化設定的功能，可以輕鬆製作專業、清晰易懂的數據報表。本章筆者將說明常用 / 樣式 / 條件式格式設定功能。

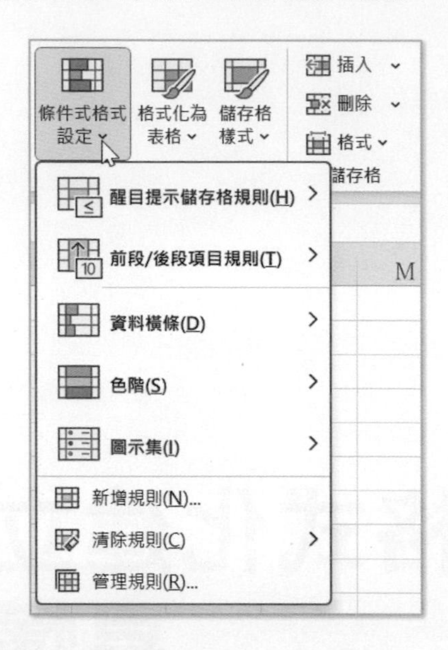

7-1 醒目提示儲存格規則

本節將使用的 ch7_1.xlsx 內容如下：

	A	B	C	D	E	F
1						
2		深智數位業務員銷售業績表				
3		姓名	一月	二月	三月	總計
4		李安	4560	5152	6014	15726
5		李連杰	8864	6799	7842	23505
6		成祖名	5797	4312	5500	15609
7		張曼玉	4234	8045	7098	19377
8		田中千繪	7799	5435	6680	19914
9		周華健	9040	8048	5098	22186
10		張學友	7152	6622	7452	21226

在真實的例子內，可能包含更多的業務員，若是一家公司業務一個月至少要業績 5000 元才算合格，此時若能將不合格業績以特別色 (例如：紅色) 標示出來，則更可令工作表清晰易懂。

實例一：將一至三月業績低於 5000 元，以紅色系標示出來。

1： 選取 C4:E10 儲存格區間。

2： 執行常用 / 樣式 / 條件式格式設定，在醒目提示儲存格規則內執行小於指令。

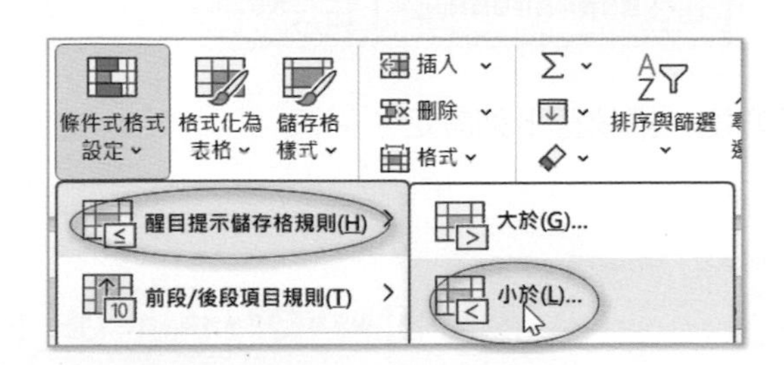

3： 出現小於對話方塊，請執行下列設定。

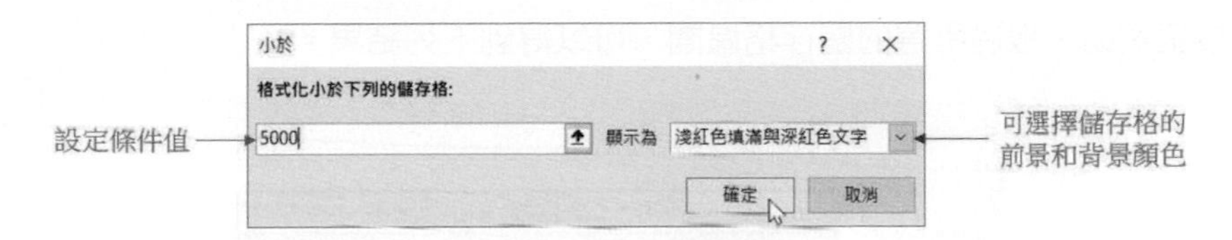

4： 按確定鈕，取消所選的儲存格區間，可以得到下列結果。

	A	B	C	D	E	F
1						
2		深智數位業務員銷售業績表				
3		姓名	一月	二月	三月	總計
4		李安	4560	5152	6014	15726
5		李連杰	8864	6799	7842	23505
6		成祖名	5797	4312	5500	15609
7		張曼玉	4234	8045	7098	19377
8		田中千繪	7799	5435	6680	19914
9		周華健	9040	8048	5098	22186
10		張學友	7152	6622	7452	21226

如果大於 8000 元業績，表示該月該業務員業績可以表揚，可以選擇使用特別顏色標示出來。

實例二：將一至三月業績大於 8000 元以綠色系顯示。

1： 選取 C4:E10 儲存格區間。

2： 執行常用 / 樣式 / 條件式格式設定，在醒目提示儲存格規則內執行大於指令。

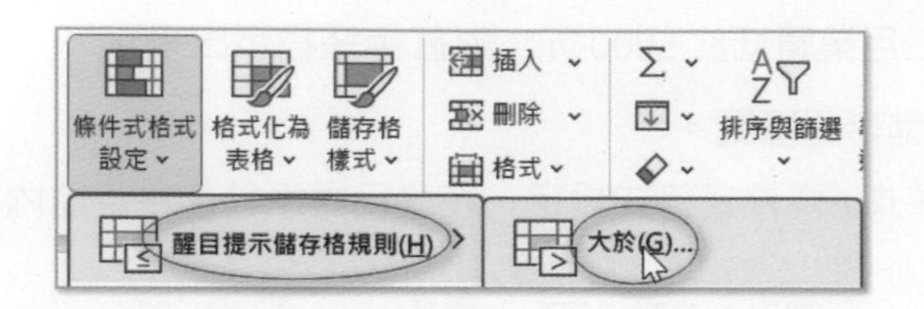

3： 出現大於對話方塊，請執行下列設定。

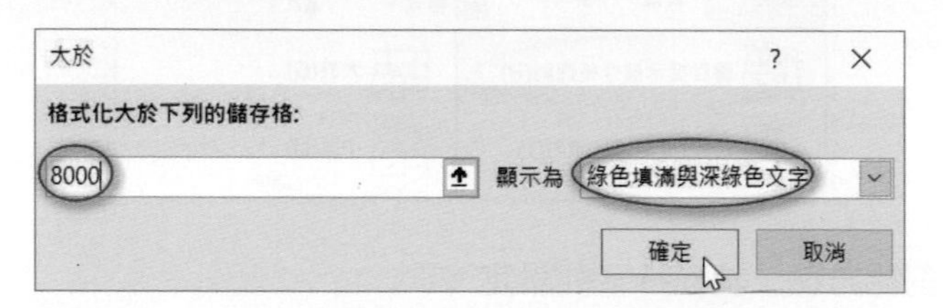

4： 按確定鈕，取消所選的儲存格區間，可以得到下列結果。

	A	B	C	D	E	F
1						
2		深智數位業務員銷售業績表				
3		姓名	一月	二月	三月	總計
4		李安	4560	5152	6014	15726
5		李連杰	8864	6799	7842	23505
6		成祖名	5797	4312	5500	15609
7		張曼玉	4234	8045	7098	19377
8		田中千繪	7799	5435	6680	19914
9		周華健	9040	8048	5098	22186
10		張學友	7152	6622	7452	21226

從上述 2 個實例，我們可以很快速看到表現好的業務員和月份，以及金額。

7-2 資料橫條

在條件式格式設定鈕內有資料橫條指令，這個指令會以不同長度的色條來代表數值的大小，數值越大色條越長，數值越小色條越小。其中有漸層填滿與實心填滿，由於橫條所在儲存格一般會有數值資料，所以建議採用漸層填滿的色彩橫條。

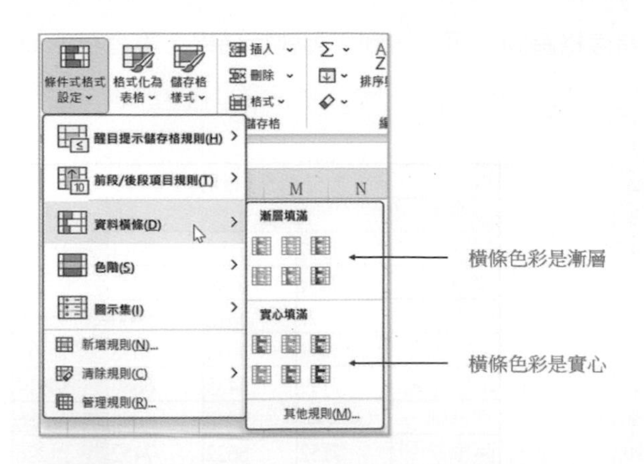

實例一：以資料橫條的觀念格式化業務員前三個月的銷售總計。

1： 選取 F4:F10 儲存格區間。

深智數位業務員銷售業績表

姓名	一月	二月	三月	總計
李安	4560	5152	6014	15726
李連杰	8864	6799	7842	23505
成祖名	5797	4312	5500	15609
張曼玉	4234	8045	7098	19377
田中千繪	7799	5435	6680	19914
周華健	9040	8048	5098	22186
張學友	7152	6622	7452	21226

2： 執行常用 / 樣式 / 條件式格式設定，選擇資料橫條，此例筆者選擇漸層填滿的色彩橫條，如下所示：

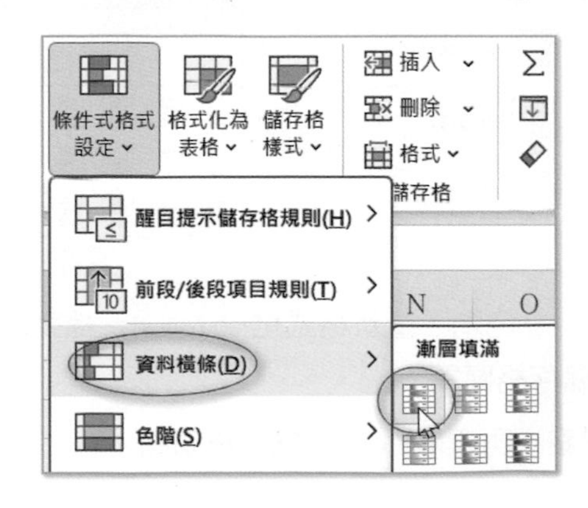

3： 取消所選的儲存格區間，可以得到下列執行結果，筆者存入 ch7_2.xlsx。

深智數位業務員銷售業績表				
姓名	一月	二月	三月	總計
李安	4560	5152	6014	15726
李連杰	8864	6799	7842	23505
成祖名	5797	4312	5500	15609
張曼玉	4234	8045	7098	19377
田中千繪	7799	5435	6680	19914
周華健	9040	8048	5098	22186
張學友	7152	6622	7452	21226

7-3 色階

在條件式格式設定鈕內有色階指令，這個功能主要是以不同深淺或色系來顯示數據資料，如果是單一色則儲存格數值是白色至該色之間範圍的位置，如果是多色則色彩可列出該儲存格值在色彩範圍的位置。

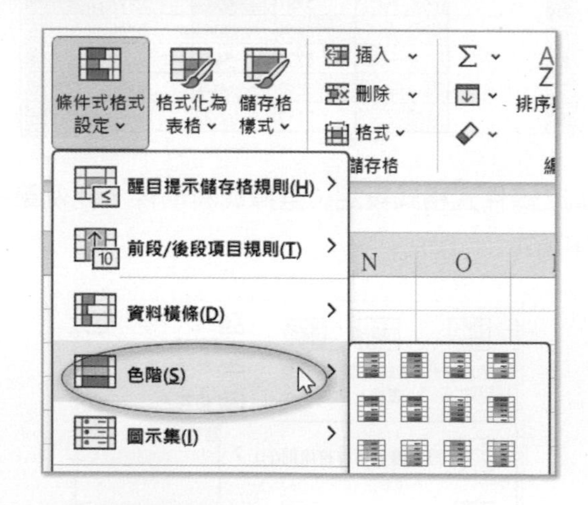

實例一：請使用綠 - 黃 - 紅色階，重新格式化 ch7_1.xlsx 檔案內的一月至三月銷售資料，此區間是 C4:E10 儲存格區間。

1： 開啟 ch7_1.xlsx 檔案，再選取 C4:E10 儲存格區間。

	A	B	C	D	E	F
1						
2		深智數位業務員銷售業績表				
3		姓名	一月	二月	三月	總計
4		李安	4560	5152	6014	15726
5		李連杰	8864	6799	7842	23505
6		成祖名	5797	4312	5500	15609
7		張曼玉	4234	8045	7098	19377
8		田中千繪	7799	5435	6680	19914
9		周華健	9040	8048	5098	22186
10		張學友	7152	6622	7452	21226

2： 執行常用 / 樣式 / 條件式格式設定，選擇色階，此例筆者選擇綠 - 黃 - 紅色階，如下所示：

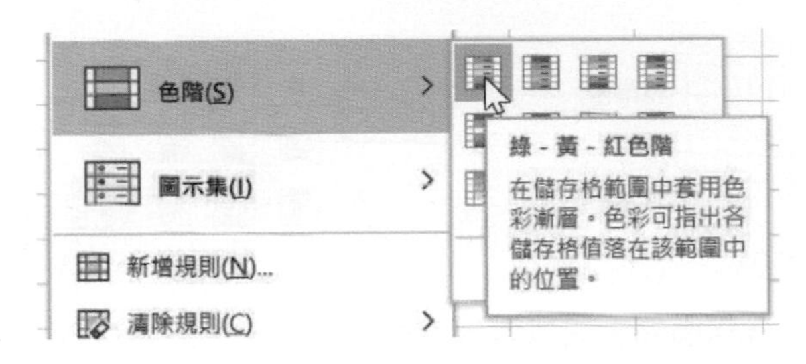

3： 取消所選的儲存格區間，可以得到下列執行結果。

	A	B	C	D	E	F
1						
2		深智數位業務員銷售業績表				
3		姓名	一月	二月	三月	總計
4		李安	4560	5152	6014	15726
5		李連杰	8864	6799	7842	23505
6		成祖名	5797	4312	5500	15609
7		張曼玉	4234	8045	7098	19377
8		田中千繪	7799	5435	6680	19914
9		周華健	9040	8048	5098	22186
10		張學友	7152	6622	7452	21226

實例二：以綠 - 黃色階格式化 F4:F10 的銷售總計資料。

1： 選取 F4:F10 儲存格區間。

	A	B	C	D	E	F
1						
2		深智數位業務員銷售業績表				
3		姓名	一月	二月	三月	總計
4		李安	4560	5152	6014	15726
5		李連杰	8864	6799	7842	23505
6		成祖名	5797	4312	5500	15609
7		張曼玉	4234	8045	7098	19377
8		田中千繪	7799	5435	6680	19914
9		周華健	9040	8048	5098	22186
10		張學友	7152	6622	7452	21226

2： 執行常用 / 樣式 / 條件式格式設定，選擇色階，此例筆者選擇綠 - 黃色階，如下所示：

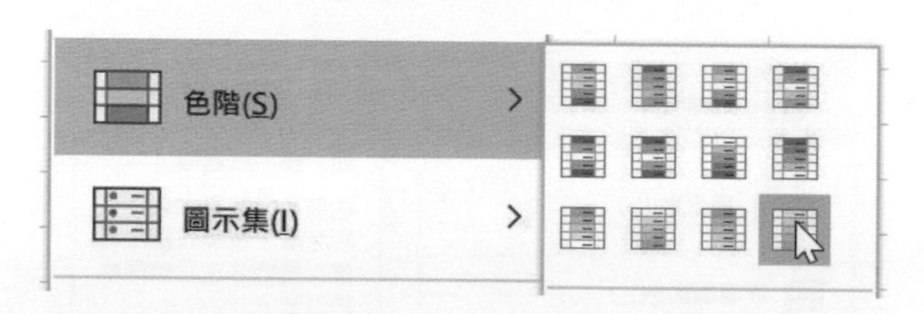

3： 取消所選的儲存格區間，可以得到下列執行結果，筆者存入 ch7_3.xlsx。

	A	B	C	D	E	F
1						
2		深智數位業務員銷售業績表				
3		姓名	一月	二月	三月	總計
4		李安	4560	5152	6014	15726
5		李連杰	8864	6799	7842	23505
6		成祖名	5797	4312	5500	15609
7		張曼玉	4234	8045	7098	19377
8		田中千繪	7799	5435	6680	19914
9		周華健	9040	8048	5098	22186
10		張學友	7152	6622	7452	21226

7-4 前段 / 後段項目規則

在條件式格式設定鈕內有前段 / 後段項目規則指令，如下所示：

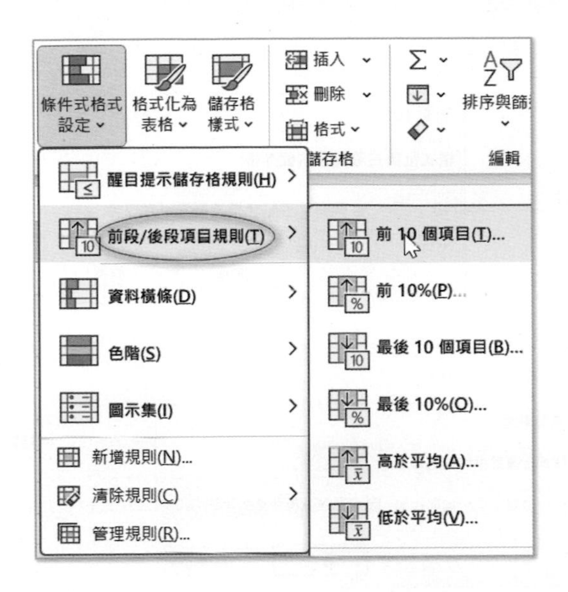

此指令可執行下列 6 個次指令。

1： 前 10 個項目

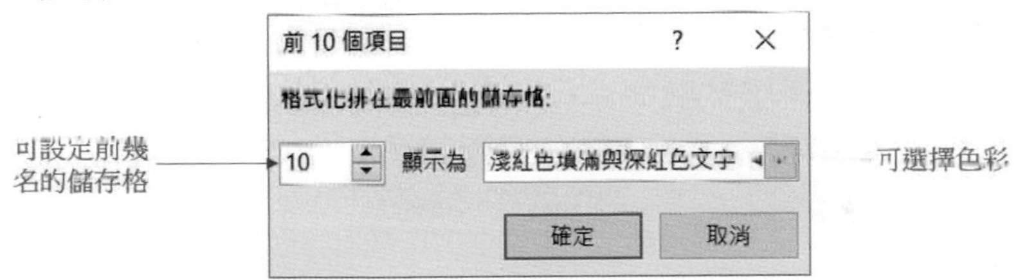

2： 前 10%

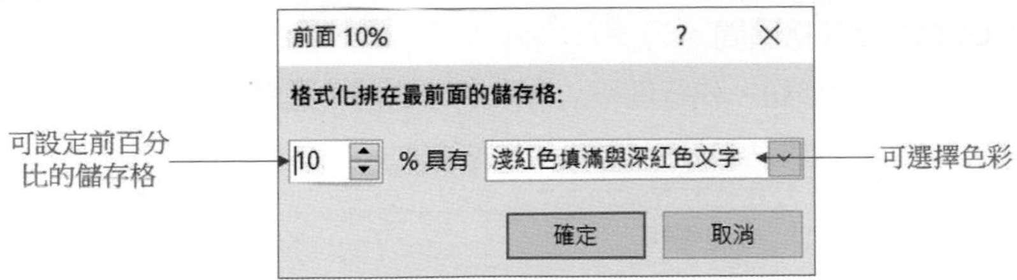

3： 最後 10 個項目

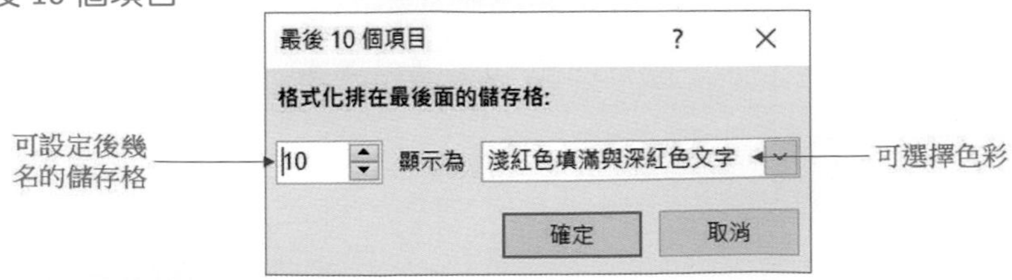

4： 最後 10%

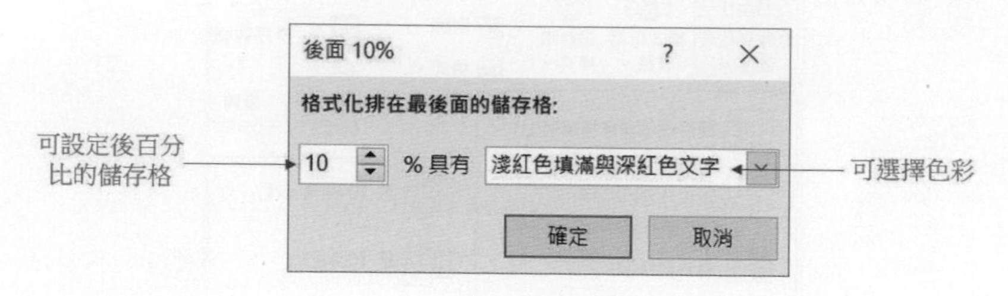

5： 高於平均

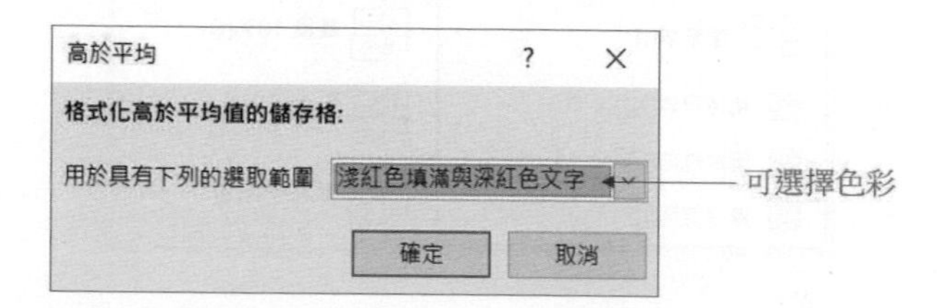

6： 低於平均

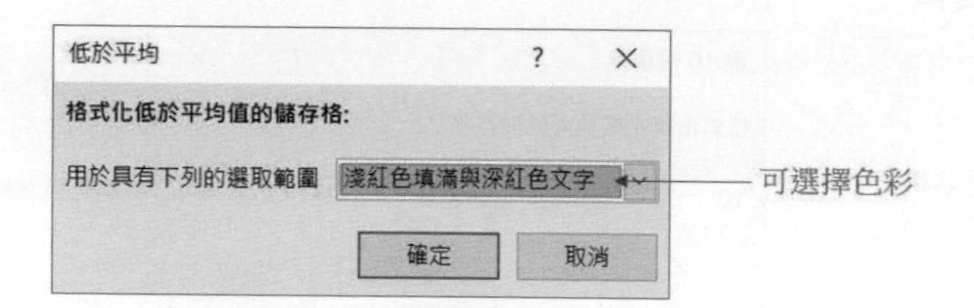

實例一：使用 ch7_1.xlsx 列出一月份銷售前 3 名以綠色填滿及深綠色文字。

1： 選取 C4:C10 儲存格區間。

2： 按條件式格式設定鈕，執行前段 / 後段項目規則，選擇前 10 個項目。

3： 出現前 10 個項目對話方塊，請執行下列設定。

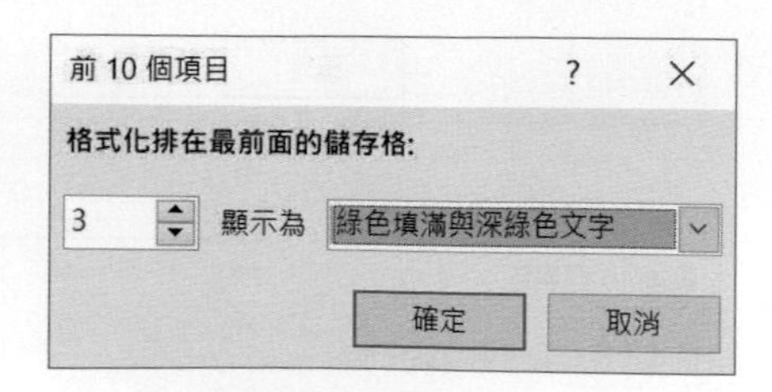

4： 按確定鈕，取消所選的儲存格，可以得到下列執行結果。

	A	B	C	D	E	F
1						
2		深智數位業務員銷售業績表				
3		姓名	一月	二月	三月	總計
4		李安	4560	5152	6014	15726
5		李連杰	8864	6799	7842	23505
6		成祖名	5797	4312	5500	15609
7		張曼玉	4234	8045	7098	19377
8		田中千繪	7799	5435	6680	19914
9		周華健	9040	8048	5098	22186
10		張學友	7152	6622	7452	21226

實例二：設定一月份銷售後 3 名以淺紅色填滿與深紅色文字。

1： 選取 C4:C10 儲存格區間。

2： 按條件式格式設定鈕，執行前段 / 後段項目規則，選擇最後 10 個項目。

3： 出現最後 10 個項目對話方塊，請執行下列設定。

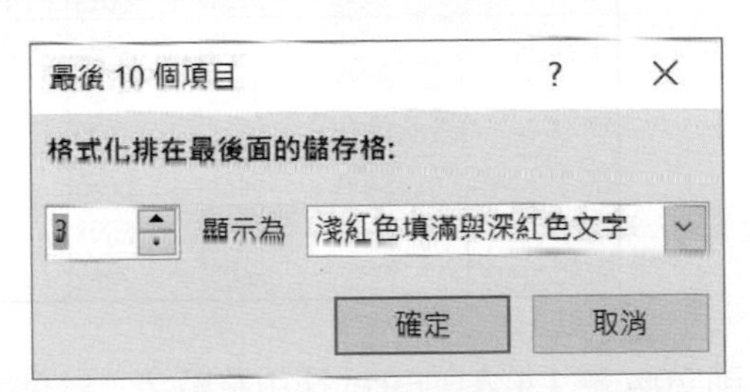

4： 按確定鈕，取消所選的儲存格，可以得到下列執行結果。

	A	B	C	D	E	F
1						
2		深智數位業務員銷售業績表				
3		姓名	一月	二月	三月	總計
4		李安	4560	5152	6014	15726
5		李連杰	8864	6799	7842	23505
6		成祖名	5797	4312	5500	15609
7		張曼玉	4234	8045	7098	19377
8		田中千繪	7799	5435	6680	19914
9		周華健	9040	8048	5098	22186
10		張學友	7152	6622	7452	21226

實例三：列出二月份銷售前 20% 以綠色填滿及深綠色文字。

1： 選取 D4:D10 儲存格區間。

2： 按條件式格式設定鈕，執行前段 / 後段項目規則，選擇前 10%。

3： 出現前 10% 對話方塊，請執行下列設定。

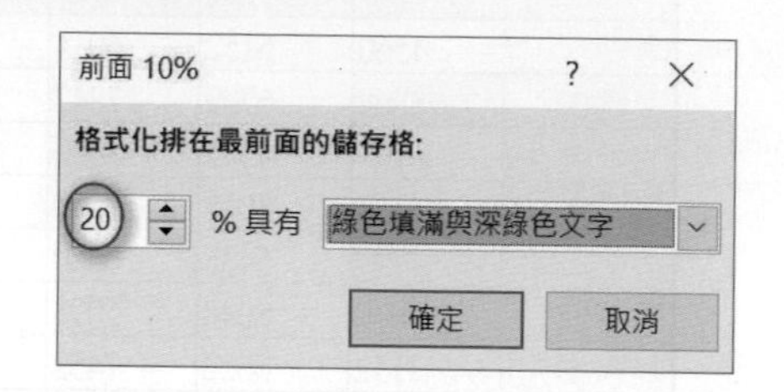

4： 按確定鈕，取消所選的儲存格，可以得到下列執行結果。

	A	B	C	D	E	F
1						
2		深智數位業務員銷售業績表				
3		姓名	一月	二月	三月	總計
4		李安	4560	5152	6014	15726
5		李連杰	8864	6799	7842	23505
6		成祖名	5797	4312	5500	15609
7		張曼玉	4234	8045	7098	19377
8		田中千繪	7799	5435	6680	19914
9		周華健	9040	8048	5098	22186
10		張學友	7152	6622	7452	21226

上述只有 7 人，前 20% 是 1.4 人，Excel 採用整數法，只列出 1 筆資料。

實例四：列出二月份銷售後 30% 以綠色填滿及深綠色文字。

1： 選取 D4:D10 儲存格區間。

2： 按條件式格式設定鈕，執行前段 / 後段項目規則，選擇最後 10%。

3： 出現最後 10% 對話方塊，請執行下列設定。

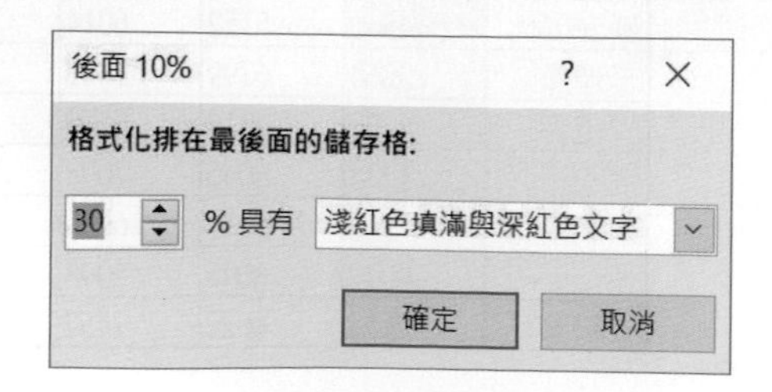

4： 按確定鈕，取消所選的儲存格，可以得到下列執行結果。

	A	B	C	D	E	F
1						
2		深智數位業務員銷售業績表				
3		姓名	一月	二月	三月	總計
4		李安	4560	5152	6014	15726
5		李連杰	8864	6799	7842	23505
6		成祖名	5797	4312	5500	15609
7		張曼玉	4234	8045	7098	19377
8		田中千繪	7799	5435	6680	19914
9		周華健	9040	8048	5098	22186
10		張學友	7152	6622	7452	21226

實例五：設定三月份業績高於平均的以綠色填滿與深綠色文字，低於平均以淺紅色填滿與深紅色文字。

1： 選取 E4:E10 儲存格區間。

2： 按條件式格式設定鈕，執行前段 / 後段項目規則，選擇高於平均。

3： 出現高於平均對話方塊，請執行下列設定。

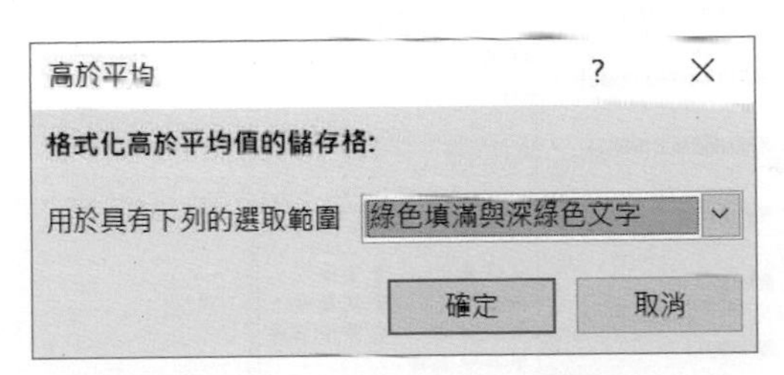

4： 按確定鈕。

5： 按條件式格式設定鈕，執行前段 / 後段項目規則，選擇低於平均。

6： 出現低於平均對話方塊，請執行下列設定。

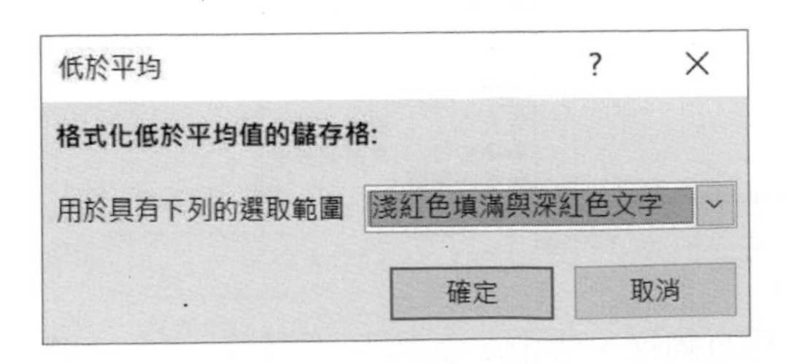

7： 按確定鈕，取消所選的儲存格，可以得到下列執行結果，筆者存入 ch7_4.xlsx。

	A	B	C	D	E	F
1						
2		深智數位業務員銷售業績表				
3		姓名	一月	二月	三月	總計
4		李安	4560	5152	6014	15726
5		李連杰	8864	6799	7842	23505
6		成祖名	5797	4312	5500	15609
7		張曼玉	4234	8045	7098	19377
8		田中千繪	7799	5435	6680	19914
9		周華健	9040	8048	5098	22186
10		張學友	7152	6622	7452	21226

7-5 圖示集

在條件式格式設定鈕內有圖示集指令，如下所示：

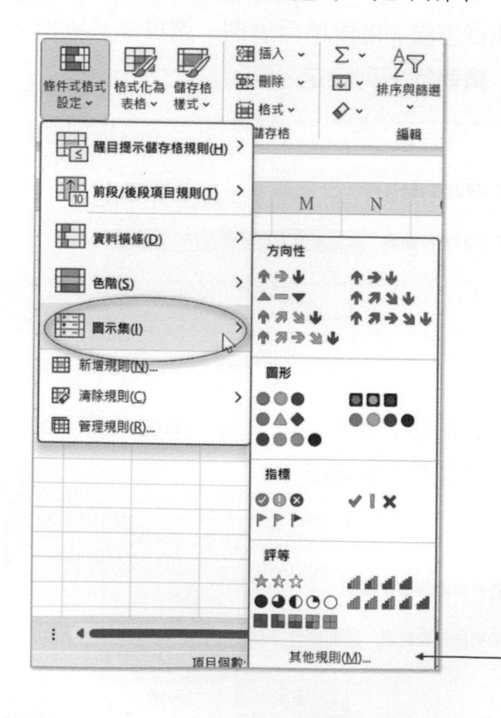

可執行更多細部操作
可參考實例一後說明

Excel 圖示集內有方向性、圖形、指標、評等等，共 20 種子類型圖示類型可供使用，引用後這些圖示會出現在數值資料的左邊，您也可以由此很容易辨別出分數區間，基本上 Excel 會用數值區間的百分比平均切割顯示圖示，當然您也可以更改此設定。

實例一：使用 ch7_1.xlsx，以方向性圖示的方式設定一月份銷售。

1： 選取 C4:C10 儲存格區間。

2： 按條件式格式設定鈕，執行圖示集，選擇方向性圖示如下：

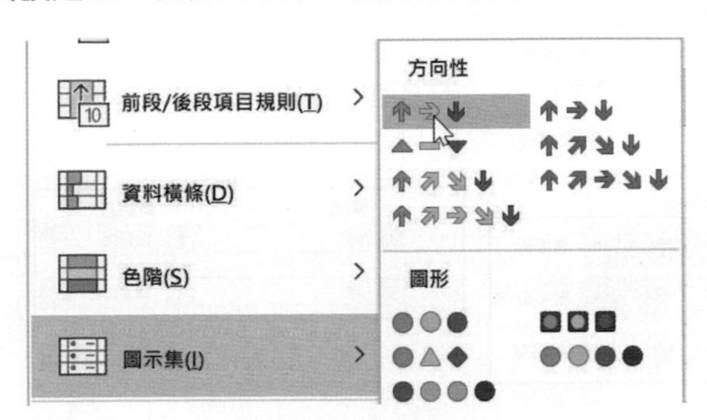

3： 取消所選的儲存格，可以得到下列執行結果。

	A	B	C	D	E	F
1						
2		深智數位業務員銷售業績表				
3		姓名	一月	二月	三月	總計
4		李安	↓ 4560	5152	6014	15726
5		李連杰	↑ 8864	6799	7842	23505
6		成祖名	↓ 5797	4312	5500	15609
7		張曼玉	↓ 4234	8045	7098	19377
8		田中千繪	↑ 7799	5435	6680	19914
9		周華健	↑ 9040	8048	5098	22186
10		張學友	→ 7152	6622	7452	21226

在上述究竟哪一種分數區間使用哪一種圖示，可在開啟圖示集後，執行其他規則指令，此時會出現新增格式化規則對話方塊，您可以由此對話方塊，進行設定。

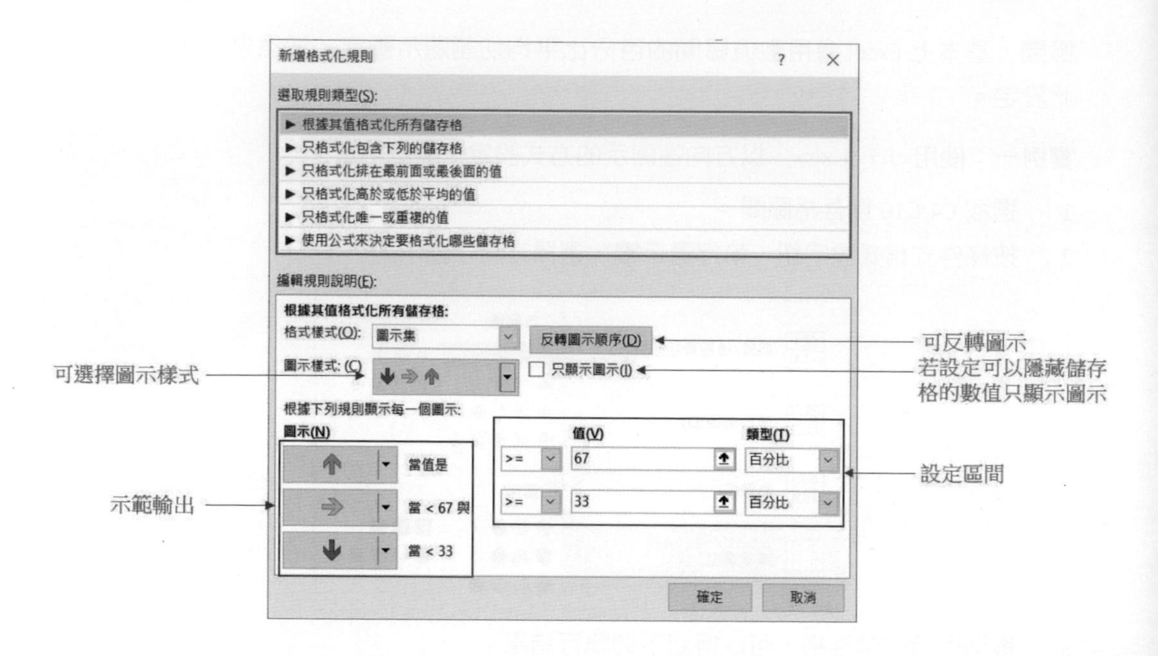

實例二：使用以圖形圖示的方式設定二月份銷售。

1： 選取 D4:D10 儲存格區間。

2： 按條件式格式設定鈕，執行圖示集，選擇圖形圖示如下：

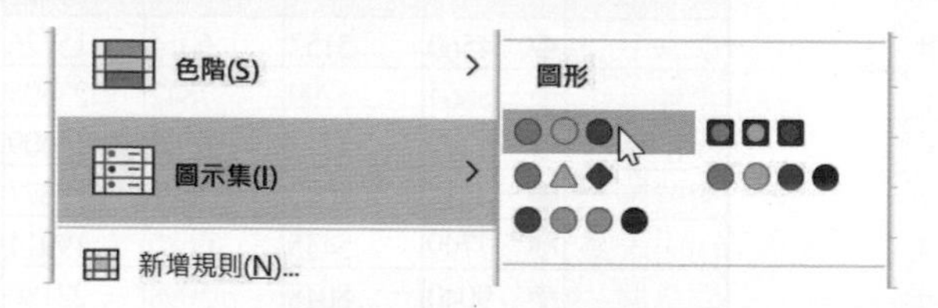

3： 取消所選的儲存格，可以得到下列執行結果。

	A	B	C	D	E	F
1						
2		深智數位業務員銷售業績表				
3		姓名	一月	二月	三月	總計
4		李安	4560	5152	6014	15726
5		李連杰	8864	6799	7842	23505
6		成祖名	5797	4312	5500	15609
7		張曼玉	4234	8045	7098	19377
8		田中千繪	7799	5435	6680	19914
9		周華健	9040	8048	5098	22186
10		張學友	7152	6622	7452	21226

實例三：使用以指標圖示的方式設定三月份銷售。

1： 選取 E4:E10 儲存格區間。

2： 按條件式格式設定鈕，執行圖示集，選擇指標圖示如下：

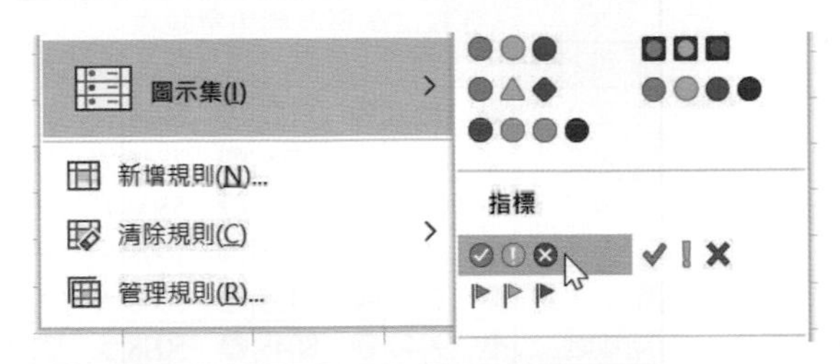

3： 取消所選的儲存格，可以得到下列執行結果。

	A	B	C	D	E	F
1						
2		深智數位業務員銷售業績表				
3		姓名	一月	二月	三月	總計
4		李安	4560	5152	6014	15726
5		李連杰	8864	6799	7842	23505
6		成祖名	5797	4312	5500	15609
7		張曼玉	4234	8045	7098	19377
8		田中千繪	7799	5435	6680	19914
9		周華健	9040	8048	5098	22186
10		張學友	7152	6622	7452	21226

實例四：使用以評等圖示的方式設定總計銷售。

1： 選取 F4:F10 儲存格區間。

2： 按條件式格式設定鈕，執行圖示集，選擇指標圖示如下：

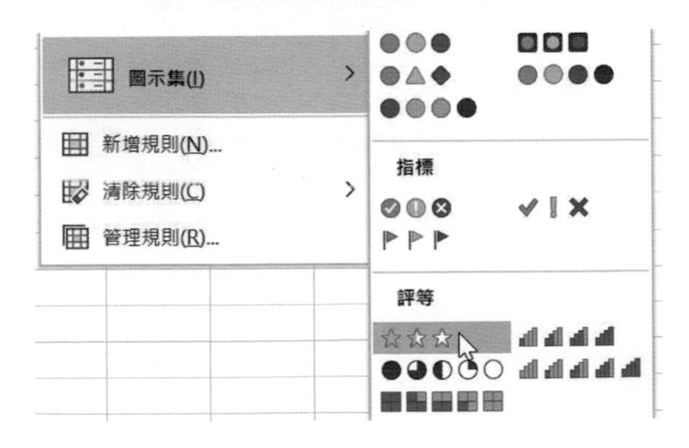

3： 取消所選的儲存格，可以得到下列執行結果，筆者存入 ch7_5.xlsx。

	A	B	C	D	E	F
1						
2		深智數位業務員銷售業績表				
3		姓名	一月	二月	三月	總計
4		李安	4560	5152	6014	15726
5		李連杰	8864	6799	7842	23505
6		成祖名	5797	4312	5500	15609
7		張曼玉	4234	8045	7098	19377
8		田中千繪	7799	5435	6680	19914
9		周華健	9040	8048	5098	22186
10		張學友	7152	6622	7452	21226

7-6 找出特定的資料

7-6-1 等於

可以將報表內等於某一字串或數字的資料凸顯出來，以特別顏色顯示。

實例一：使用 ch7_6.xlsx 人事資料檔案，列出部門是表演組的儲存格以黃色填滿與深黃色文字。

1： 選取 F4:F9。

	A	B	C	D	E	F	G	H
1								
2		飛馬傳播公司員工表						
3		員工代號	姓名	出生日期	到職日期	部門	職位	月薪
4		1001	陳二郎	1950/5/2	1991/1/1	行政	總經理	$86,000
5		1002	周海媚	1966/7/1	1991/1/1	表演組	演員	$65,000
6		1010	劉德華	1964/8/20	1991/3/1	表演組	歌星	$77,000
7		1018	張學友	1965/10/13	1991/6/1	行政	專員	$55,000
8		1025	林憶蓮	1972/3/12	1991/8/15	表演組	歌星	$48,000
9		1096	張曼玉	1976/7/22	1994/9/18	表演組	演員	$83,000

2： 按條件式格式設定鈕，在醒目提示儲存格規則內執行等於指令。

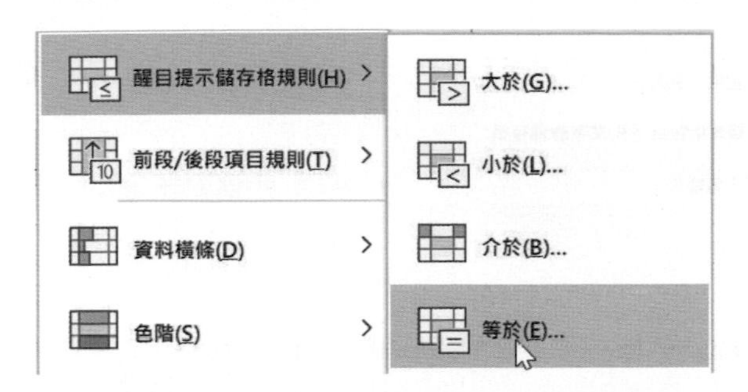

3： 出現等於對話方塊，輸入表演組，選擇黃色填滿與深黃色文字，如下：

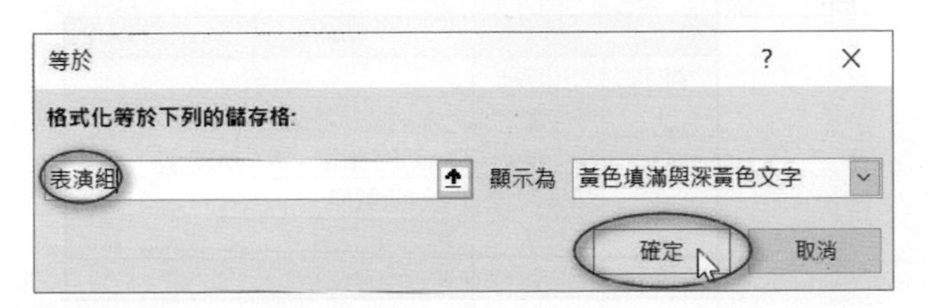

4： 按確定鈕，取消選取可以得到下列結果，筆者存入 ch7_7.xlsx。

	A	B	C	D	E	F	G	H
1								
2		飛馬傳播公司員工表						
3		員工代號	姓名	出生日期	到職日期	部門	職位	月薪
4		1001	陳二郎	1950/5/2	1991/1/1	行政	總經理	$86,000
5		1002	周海媚	1966/7/1	1991/1/1	表演組	演員	$65,000
6		1010	劉德華	1964/8/20	1991/3/1	表演組	歌星	$77,000
7		1018	張學友	1965/10/13	1991/6/1	行政	專員	$55,000
8		1025	林憶蓮	1972/3/12	1991/8/15	表演組	歌星	$48,000
9		1096	張曼玉	1976/7/22	1994/9/18	表演組	演員	$83,000

7-6-2 包含下列的文字

可以將報表內包含某一文字的資料凸顯出來，以特別顏色顯示。

實例一：請使用 ch7_8.xlsx，列出書名包含王者歸來的儲存格以綠色填滿與深綠色文字。

1： 選取 D4:D8，按條件式格式設定鈕，在醒目提示儲存格規則內執行包含下列的文字指令。

2： 出現包含下列文字對話方塊，輸入王者歸來，選擇綠色填滿與深綠色文字，如下：

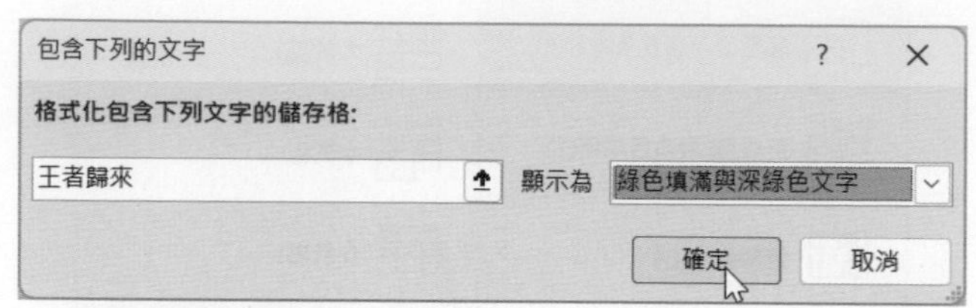

3： 按確定鈕，取消選取可以得到下列結果，筆者存入 ch7_9.xlsx。

	A	B	C	D
1				
2		暢銷書排行榜		
3		排名	出版社	書名
4		1	深智數位	Python王者歸來
5		2	深智數位	ChatGPT領軍 - 邁向AI之路
6		3	深智數位	Excel函數庫
7		4	深智數位	C語言王者歸來
8		5	深智數位	C#王者歸來

7-7 格式化重複的值 – 找出重複的資料

Excel 可以將表格內重複的值以特別顏色顯示。

實例一：請開啟 ch7_10.xlsx 將暢銷書排行榜內，有重複二本書進榜的作者以綠色填滿與深綠色文字。

1： 選取 E4:F13。

	A	B	C	D	E
1					
2		暢銷書排行榜			
3		排名	出版社	書名	作者
4		1	大塊文化	海角七號典藏套書	魏德聖
5		2	皇冠	哈利波特(7)：死神的聖物	J.K.羅琳
6		3	時報文化	高地密碼	艾絲特班馬
7		4	皇冠	吟遊詩人皮陀故事集	J.K.羅琳
8		5	遠流	貨幣戰爭	宋宏兵
9		6	皇冠	哈利波特(6)：混血王子的背判	J.K.羅琳
10		7	皇冠	只要一分鐘	原田舞葉
11		8	遠流	天龍八部	金庸
12		9	三采	西伯利亞歷險記	洪在徹
13		10	東立	烏龍派出所	秋本治

2： 按條件式格式設定鈕，在醒目提示儲存格規則內執行重複的值指令。

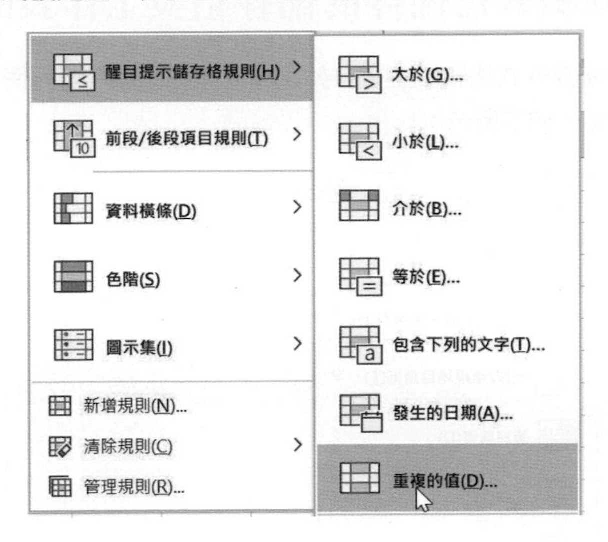

3： 出現重複的值對話方塊，設定如下：

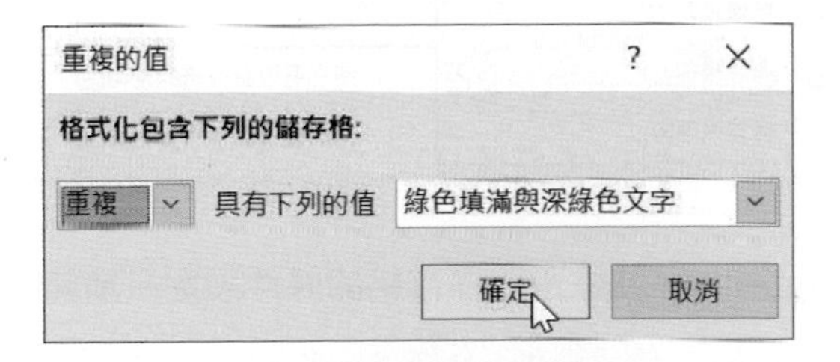

4： 按確定鈕，取消選取可以得到下列結果，筆者存入 ch7_11.xlsx。

	A	B	C	D	E
1					
2		暢銷書排行榜			
3		排名	出版社	書名	作者
4		1	大塊文化	海角七號典藏套書	魏德聖
5		2	皇冠	哈利波特(7)：死神的聖物	J.K.羅琳
6		3	時報文化	高地密碼	艾絲特班馬
7		4	皇冠	吟遊詩人皮陀故事集	J.K.羅琳
8		5	遠流	貨幣戰爭	宋宏兵
9		6	皇冠	哈利波特(6)：混血王子的背判	J.K.羅琳
10		7	皇冠	只要一分鐘	原田舞葉
11		8	遠流	天龍八部	金庸
12		9	三采	西伯利亞歷險記	洪在徹
13		10	東立	烏龍派出所	秋本治

7-8 清除格式化條件的儲存格與工作表的規則

針對儲存格做條件式格式設定後，如果想要清除此條件可以使用條件式格式設定鈕下的清除規則，如下所示：

實例一：請開啟 ch7_5.xlsx，清除選取儲存格的條件設定，請清除一月的條件設定。

1： 選取 C4:C10。

	A	B	C	D	E	F
1						
2		深智數位業務員銷售業績表				
3		姓名	一月	二月	三月	總計
4		李安	4560	5152	6014	15726
5		李連杰	8864	6799	7842	23505
6		成祖名	5797	4312	5500	15609
7		張曼玉	4234	8045	7098	19377
8		田中千繪	7799	5435	6680	19914
9		周華健	9040	8048	5098	22186
10		張學友	7152	6622	7452	21226

2： 按條件式格式設定鈕，執行清除規則 / 清除選取儲存格的規則。

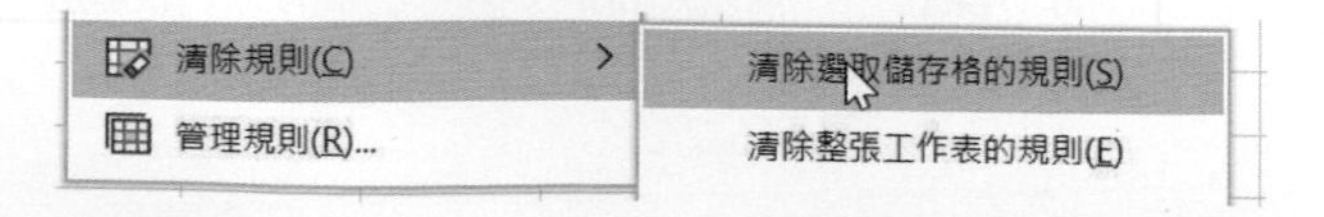

3： 取消選取可以得到下列 C4:C10 的格式化條件被清除的結果。

	A	B	C	D	E	F
1						
2		深智數位業務員銷售業績表				
3		姓名	一月	二月	三月	總計
4		李安	4560	5152	6014	15726
5		李連杰	8864	6799	7842	23505
6		成祖名	5797	4312	5500	15609
7		張曼玉	4234	8045	7098	19377
8		田中千繪	7799	5435	6680	19914
9		周華健	9040	8048	5098	22186
10		張學友	7152	6622	7452	21226

實例二：清除整個工作表儲存格的條件設定。

1： 按條件式格式設定鈕，執行清除規則 / 清除整張工作表的規則。

清除規則(C) >
管理規則(R)...
清除選取儲存格的規則(S)
清除整張工作表的規則(E)

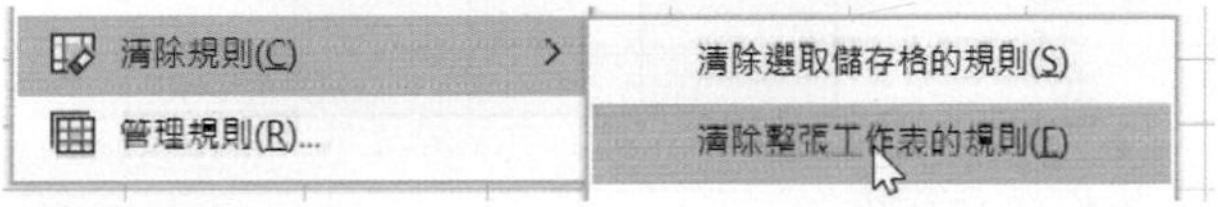

2： 可以得到下列整張工作表的格式化條件被清除的結果，結果存入 ch7_14.xlsx。

	A	B	C	D	E	F
1						
2		深智數位業務員銷售業績表				
3		姓名	一月	二月	三月	總計
4		李安	4560	5152	6014	15726
5		李連杰	8864	6799	7842	23505
6		成祖名	5797	4312	5500	15609
7		張曼玉	4234	8045	7098	19377
8		田中千繪	7799	5435	6680	19914
9		周華健	9040	8048	5098	22186
10		張學友	7152	6622	7452	21226

7-9 格式化錯誤值

有時候工作表可能錯誤，我們可以使用格式化錯誤值，很快、很方便找出錯誤，此節筆者將以實例解說。

實例一：在製作報表過程中常看到的錯誤是執行 YoY(Year of Year) 年度比較時，發生除數為 0 的錯誤，例如：請參考下列 ch7_13.xlsx 工作表，田中千繪和張學友由於在 2021 年沒有銷售資料所以 C8 和 C10 儲存格銷售是 0，但是在做 2022 年與 2021 年的 YoY 比較時，公式如下：

(D8 – C8) / C8

所以造成公式錯誤，E10 儲存格列出錯誤。

	A	B	C	D	E
1					
2		深智數位業務員銷售業績表			
3		姓名	2021	2022	YoY
4		李安	4560	5152	13%
5		李連杰	8864	6799	-23%
6		成祖名	5797	4312	-26%
7		張曼玉	4234	8045	90%
8		田中千繪	0	5435	#DIV/0!
9		周華健	9040	8048	-11%
10		張學友	0	6622	#DIV/0!

這個實例會格式化錯誤的地方。

1： 選取 C4:E10 儲存格區間。

2： 按條件式格式設定鈕，執行新增規則。

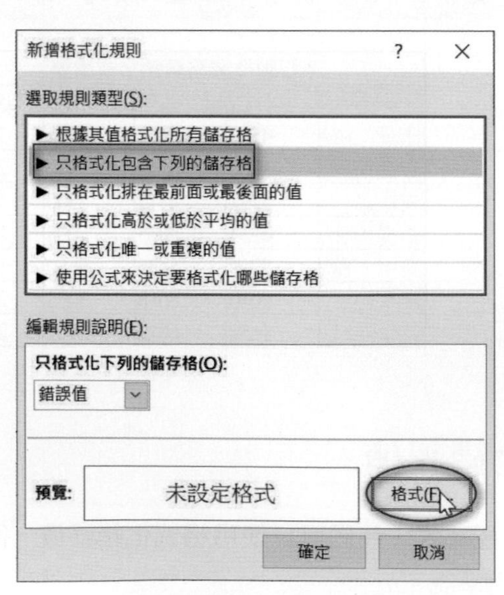

3： 按格式鈕。

4： 出現設定儲存格格式對話方塊，使用者可以在此設定錯誤值的顯示方式。筆者設定紅色加上刪除線，如下所示：

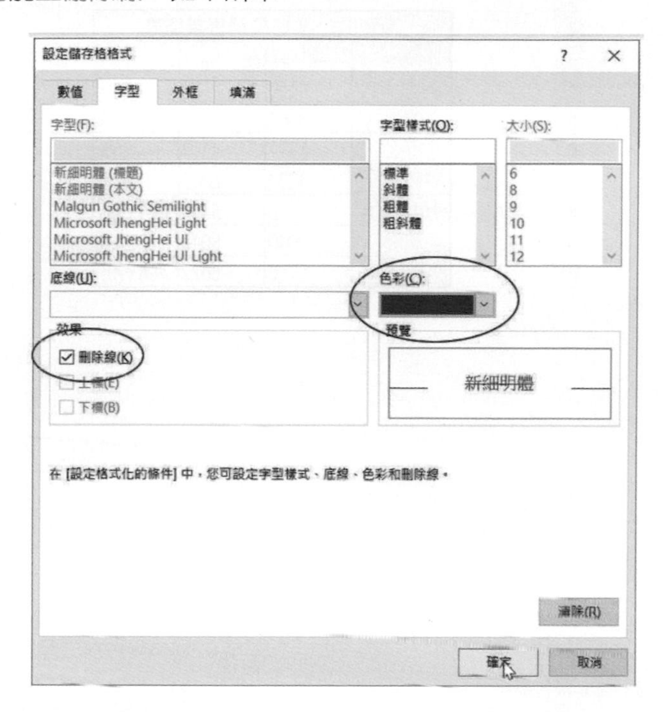

5： 按確定鈕。

6： 按確定鈕，可以得到下列結果，結果存入 ch7_14.xlsx。

	A	B	C	D	E
1					
2		深智數位業務員銷售業績表			
3		姓名	2021	2022	YoY
4		李安	4560	5152	13%
5		李連杰	8864	6799	-23%
6		成祖名	5797	4312	-26%
7		張曼玉	4234	8045	90%
8		田中千繪	0	5435	#DIV/0!
9		周華健	9040	8048	-11%
10		張學友	0	6622	#DIV/0!

CHAPTER

ChatGPT輔助公式與函數執行數據運算

8-1 基本函數功能加強實作

8-2 用 Excel 處理日期與時間計算

8-3 條件運算

8-4 排序處理 RANK.EQ

8-5 英文字母大小寫調整 PROPER/UPPER/LOWER

8-6 身分證號碼判斷性別 MID

8-7 公式稽核

8-8 Excel 常見錯誤訊息與處理方式

8-9 數據陷阱 - 平均值與中位數

8-10 數據陷阱 – 平均值與加權平均

8-1 基本函數功能加強實作

這一節會介紹基礎常用函數，部分函數雖然先前章節已有解說，但是本節會針對商業導向，做更進一步應用。

8-1-1 找出最高與最低評價 MAX 和 MIN 函數

在 4-4-3 節和 4-4-4 節筆者已經有實例解說，讀者應該知道這兩個函數的用法，其實在商業應用中，更常見的是在儲存格區間中找出最大值與最小值，甚至也可以因此找出異常值。求最大值 MAX 或求最小值 MIN 語法如下：

MAX(數值 1, 數值 2, …)

MIN(數值 1, 數值 2, …)

數值可以是數字、儲存格或儲存格區間。

請參考下列 ch8_1.xlsx 工作表內容。

	A	B	C	D	E	F	G	H	I
1									
2		旅遊市場調查報告						最高評價	
3		評分：0 -10分						最低評價	
4				西班牙旅遊	瑞士旅遊	法國旅遊			
5		問卷報告							
6		導遊專業度	分數	10	7	5			
7		餐點	分數	8	7	6			
8		住宿	分數	7	9	5			
9		行程安排	分數	5	7	3			

實例一：列出旅遊市場調查報告的最高評價和最低評價，將結果分別儲存在 I2 和 I3。

1： 請在 I2 儲存格輸入 "=MAX(D6:F9)"

2： 請在 I3 儲存格輸入 "=MIN(D6:F9)"

3： 可以得到下列結果，筆者存入 ch8_2.xlsx。

	A	B	C	D	E	F	G	H	I
1									
2		旅遊市場調查報告						最高評價	10
3		評分：0-10分						最低評價	3
4				西班牙旅遊	瑞士旅遊	法國旅遊			
5		問卷報告							
6		導遊專業度	分數	10	7	5			
7		餐點	分數	8	7	6			
8		住宿	分數	7	9	5			
9		行程安排	分數	5	7	3			

上述函數我們可以列出最高評價與最低評價，其實調查報告每一個項目的評分應該落在 0-10 分之間，所以有時若是輸入超過 10 分或是負分數，也可以由上述函數找出異常。

註 輸入函數名稱也可以用小寫，如果輸入正確，Excel 會自動轉成大寫。如果輸入錯誤，會出現 #NAME? 錯誤。

上述實例，如果使用 ChatGPT 學習，可以用下列方式詢問，同時獲得解答。

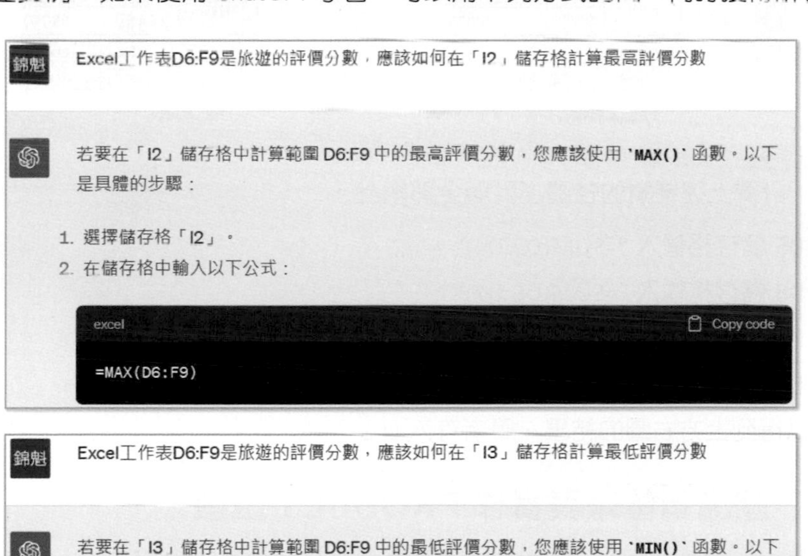

8-1-2 計算小計與總計 SUM 函數

在 2-5-1 節筆者就有使用 SUM 函數了，在 4-1 節也補充此函數的用法，本節將此函數做企業應用實例解說，一個企業很可能會需要計算各區業務業績的小計與全部業務業績的總計，這也是使用 SUM 函數的時機。SUM 的語法如下：

SUM(數值 1, 數值 2, …)

數值可以是數字、儲存格或儲存格區間。

請開啟 ch8_3.xlsx 檔案，可以看到下列左圖工作表內容。

	A	B	C	D
1				
2		區域	姓名	業績
3		北區	洪錦魁	98700
4			洪冰儒	123980
5			小計	
6		中區	洪雨星	88800
7			洪冰雨	102360
8			小計	
9		南區	陳咚咚	77880
10			李阿桑	88950
11			小計	
12			總計	

ch8_3.xlsx

	A	B	C	D
1				
2		區域	姓名	業績
3		北區	洪錦魁	98700
4			洪冰儒	123980
5			小計	222680
6		中區	洪雨星	88800
7			洪冰雨	102360
8			小計	191160
9		南區	陳咚咚	77880
10			李阿桑	88950
11			小計	166830
12			總計	580670

ch8_4.xlsx

實例一：計算上述業績的各區小計與全部總計。

1： 在 D5 儲存格輸入 "=SUM(D3:D4)"。

2： 在 D8 儲存格輸入 "=SUM(D6:D7)"。

3： 在 D11 儲存格輸入 "=SUM(D9:D10)"。

4： 在 D12 儲存格輸入 "=SUM(D5, D8, D11)"。

5： 可以得到上方右圖的結果，筆者存入 ch8_4.xlsx。

8-1-3 產品銷售報表實作 PRODUCT 函數

在真實的產品銷售中，我們常會看到單品銷售計算公式如下：

產品業績 (未稅) = 產品數量 * 產品單價 * 產品折扣

稅金 = 產品業績 (未稅) * 0.05

產品業績 (含稅) = 產品業績 (未稅) + 稅金

當碰上有多數值相乘的場合，就是使用 PRODUCT 函數的好時機，此函數的語法如下：

PRODUCT(數值 1, 數值 2, …)

數值 1 是必要可以是數字、儲存格或儲存格區間，當需要相乘多組數字或儲存格或儲存格區間時才需要，數值 1 與數值 2 用逗號隔開。請開啟 ch8_5.xlsx 檔案，此檔案的工作表內容如下：

	A	B	C	D	E	F	G	H
1								
2		品項	數量	單價	折扣	供應價	營業稅	小計
3		滑鼠	300	300	0.7			
4		鍵盤	150	900	沒有折扣			
5		充電器	500	700	0.8			
6							總計	

在上述工作表可以看到 E4 儲存格內容是沒有折扣，PRODUCT 函數會自動將這類的儲存格用 1 取代，或是說忽略此儲存格。

實例一：計算上述 F3、G3、H3 表格內容，然後用複製方式計算 F4:H5 儲存格內容，最計算總計內容。

1： 將作用儲存格放在 F3，然後輸入 "=PRODUCT(C3:E3)"，按 Enter 鍵。

2： 將作用儲存格放在 G3，然後輸入 "=F3 * 0.05"，按 Enter 鍵。

3： 將作用儲存格放在 H3，然後輸入 "=F3 + G3"，按 Enter 鍵。

	A	B	C	D	E	F	G	H
1								
2		品項	數量	單價	折扣	供應價	營業稅	小計
3		滑鼠	300	300	0.7	63000	3150	66150
4		鍵盤	150	900	沒有折扣			
5		充電器	500	700	0.8			
6							總計	

4： 選取 F3:H3，拖曳填滿控點到 H5，取消選取可以得到下列結果。

	A	B	C	D	E	F	G	H
1								
2		品項	數量	單價	折扣	供應價	營業稅	小計
3		滑鼠	300	300	0.7	63000	3150	66150
4		鍵盤	150	900	沒有折扣	135000	6750	141750
5		充電器	500	700	0.8	280000	14000	294000
6							總計	

5： 將作用儲存格放在 H6，按加總鈕，可以得到下列結果，筆者儲存在 ch8_6.xlsx。

	A	B	C	D	E	F	G	H
1								
2		品項	數量	單價	折扣	供應價	營業稅	小計
3		滑鼠	300	300	0.7	63000	3150	66150
4		鍵盤	150	900	沒有折扣	135000	6750	141750
5		充電器	500	700	0.8	280000	14000	294000
6							總計	501900

註 上述是相鄰儲存格應用在 PRODUCT 函數，如果不是相鄰儲存格，可以使用逗號隔開各儲存格即可，可參考下列方式：

PRODUCT(C3, D3, E3)

上述公式相當於 C3 * D3 * E3。上述實例，如果使用 ChatGPT 學習，可以用下列方式詢問，同時獲得解答。

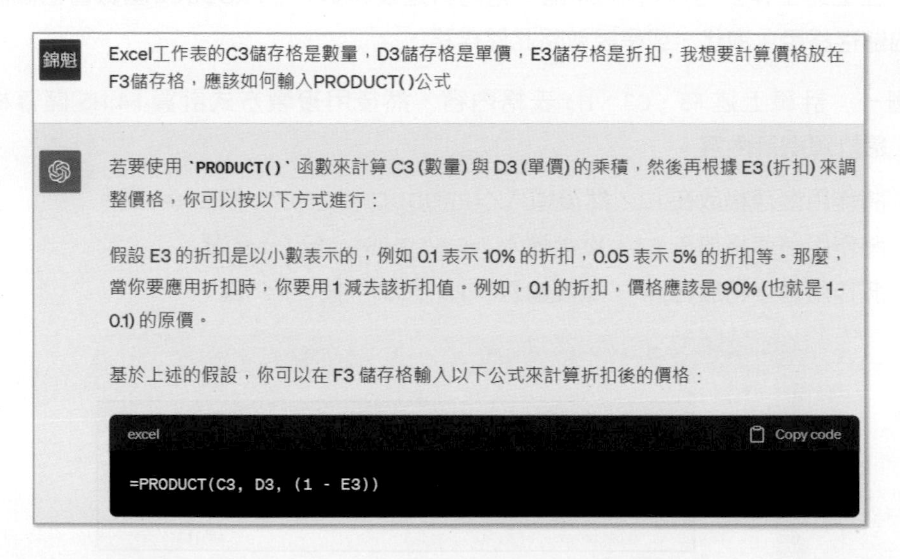

從上述回答可以看到 ChatGPT 誤會筆者敘述「折扣」的意義，因此筆者用「售價的乘數」重新敘述 E3 的說明，然後得到下列結果。

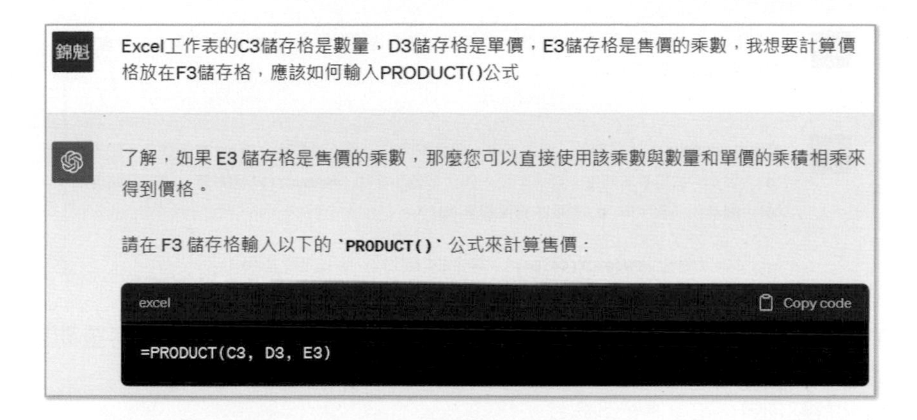

下列是計算 G3 儲存格的營業稅詢問與所得到的結果。

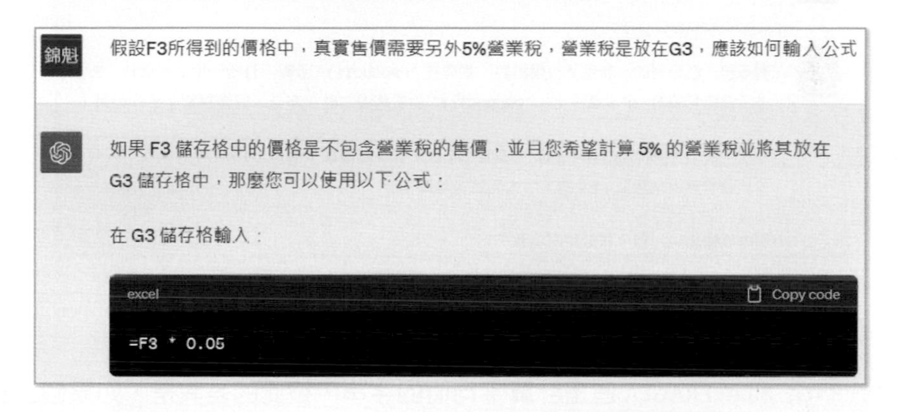

計算 H3 儲存格實際售價，可以參考下列與 ChatGPT 的對話。

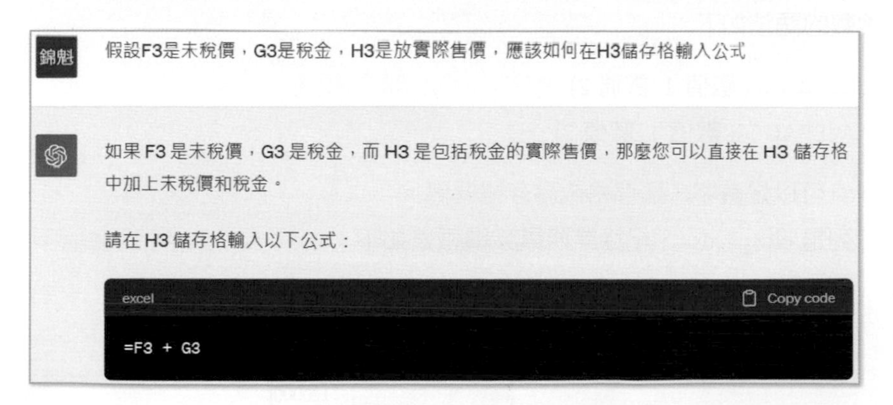

在將 F3:H3 儲存格內容複製到 F5:H5 的過程，會碰上需了解 E4 儲存格內容是文字資料，這時我們需了解 PRODUCT( ) 方法，如何處理非數字資料。

錦魁 如果使用「=PRODUCT(C4:E4)」時，E4儲存格的內容是文字，PRODUCT()函數會如何處理E4儲存格的內容

當使用 `PRODUCT()` 函數時，如果其中一個參數是文字而不是數字，Excel 會將該文字值視為 `0`。因此，當您對多個值（包括至少一個文字值）使用 `PRODUCT()` 函數時，結果將始終為 `0`，因為任何數字與 `0` 相乘的結果都是 `0`。

所以，如果使用 `=PRODUCT(C4:E4)`，其中 E4 是文字，則結果將是 `0`。

從 ch8_6.xlsx 的實例可以知道，上述 ChatGPT 的回應是錯誤，筆者重新詢問，可以得到下列結果。

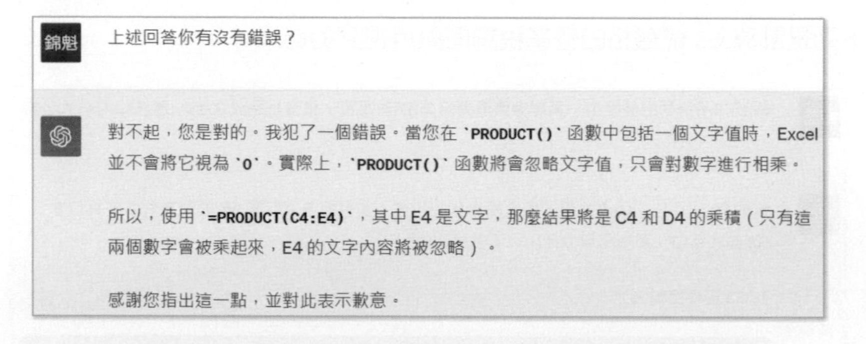

8-1-4 平均值的計算 AVERAGE 和 AVERAGEA

AVERAGE 和 AVERAGEA 皆是計算平均值的字串，彼此的差異是，如果碰上計算區間儲存格有字串時，AVERAGE 函數會忽略，AVERAGEA 函數會將字串視為 0。這兩個函數的語法如下：

AVERAGE(數值 1, 數值 2)

AVERAGEA(數值 1, 數值 2)

數值可以是數字、儲存格或儲存格區間。

下列是 ch8_7.xlsx，紀錄業務員業績報表如下：

	A	B	C
1			
2		業務員	業績
3		陳咚咚	120000
4		黃溪其	220000
5		葉良雨	實習中
6		黃哲星	80000
7		平均(排除實習)	
8		平均(含實習)	

實例一：分別使用 AVERAGE 函數和 AVERAGEA 函數計算上述平均業績。

1： 將作用儲存格移至 C7，輸入 "=AVERAGE(C3:C6)"，按 Enter 鍵。

2： 將作用儲存格移至 C8，輸入 "=AVERAGEA(C3:C6)"，按 Enter 鍵。

3： 可以得到下列結果，筆者存入 ch8_8.xlsx。

	A	B	C
1			
2		業務員	業績
3		陳咚咚	120000
4		黃溪其	220000
5		葉良雨	實習中
6		黃哲星	80000
7		平均(排除實習)	140000
8		平均(含實習)	105000

下列是問 ChatGPT 忽略文字資料的函數公式應用。

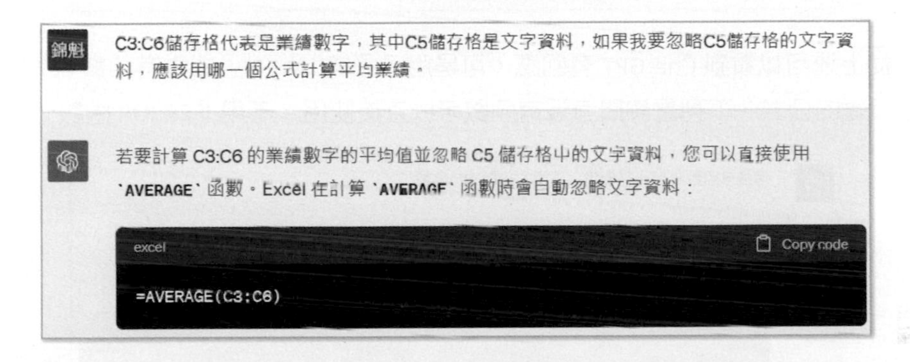

下列是詢問 ChatGPT，將文字資料的儲存格視為 0，這時筆者可以看到 ChatGPT 無法很快速使用簡單易用的 AVERAGEA( ) 函數。

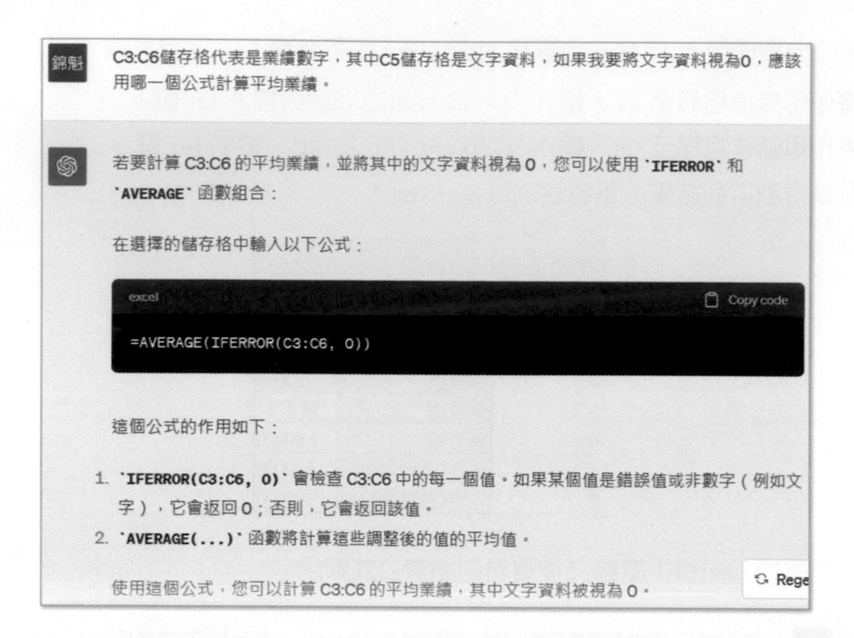

從上述可以看到 ChatGPT 有回應，可是用了函數 (AVERAGE) 內有函數 (IFERROR) 比較複雜的公式，下列是詢問有沒有函數可以直接使用，不用 IFERROR 函數。

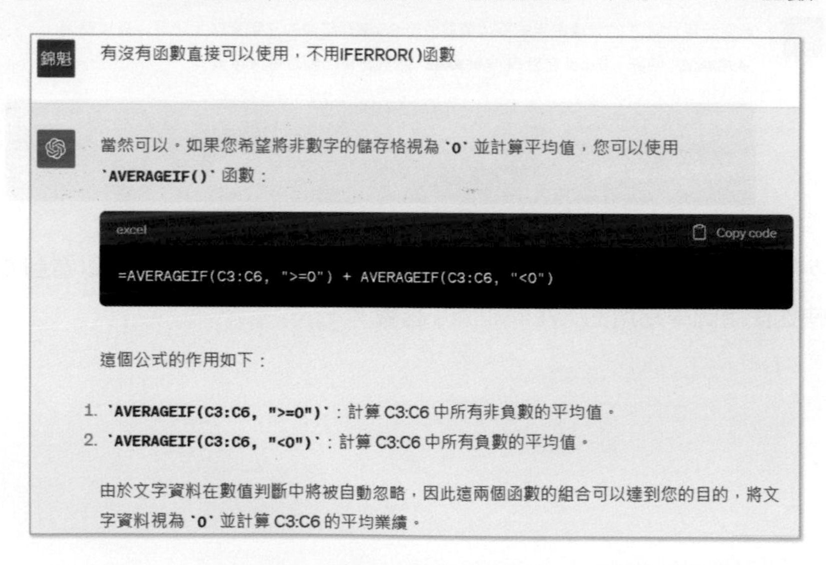

下列是詢問有沒有更簡單的函數可以使用的結果，終於得到 ChatGPT 建議使用 AVERAGEA 函數了。

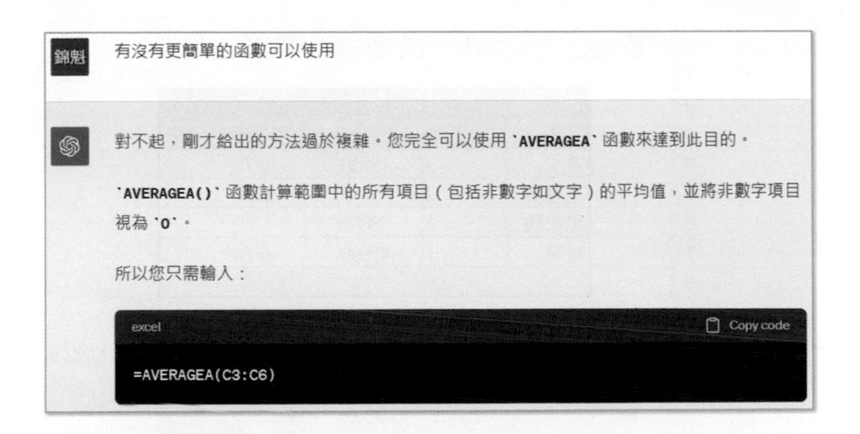

8-1-5 四捨五入 ROUND 與無條件捨去 ROUNDDOWN

在採購或銷售產品時，為了符合公平或是方便計算，可以將特定位數金額計算結果採用四捨五入方式處理，在這種情況可以使用 ROUND 函數。有的公司為了讓客戶窩心，採用特定位數金額自動折讓也就是無條件捨去，此時可以使用 ROUNDDOWN 函數。

ROUND 和 ROUNDDOWN 函數語法如下：

ROUND(數值 , 位數)
ROUNDDOWN(數值 , 位數)

上述函數內的數值可以是數值、儲存格、運算式。位數則是表示要四捨五入的地方，常見的位數數值如下：

-2：表示百位數，例如：ROUND(3255,-2) = 3300，ROUNDDOWN(3255,-2) = 3200

-1：表示十位數，例如：ROUND(3255,-1) = 3260，ROUNDDOWN(3255,-1) = 3250

0：表示個位數，例如：ROUND(325.5, 0) = 326，ROUNDDOWN(325.5, 0) = 325

1：表示小數下一位，例如：ROUND(32.55, 1) = 325.6，ROUNDDOWN(32.55, 1) = 32.5

實例一：百貨公司週年慶，所有商品打 7 折，打折後所有商品百位數金額全部捨去。有一個 ch8_9.xlsx 檔案如下：

	A	B	C	D	E	F
1						
2		百貨公司周年慶				
3		品項	數量	單價	折扣	小計
4		香水	3	5550	0.7	
5		充電器	2	770	0.7	
6		洗衣機	1	23000	0.7	
7		電視	1	45000	0.7	
8					總計	

1： 將作用儲存格放在 F4，輸入公式 "=ROUNDDOWN(C4*D4*E4, -2)"，按 Enter 鍵。

	A	B	C	D	E	F
1						
2		百貨公司周年慶				
3		品項	數量	單價	折扣	小計
4		香水	3	5550	0.7	11600
5		充電器	2	770	0.7	
6		洗衣機	1	23000	0.7	
7		電視	1	45000	0.7	
8					總計	

2： 執行複製，將作用儲存格放在 F4，拖曳填滿控點到 F7，取消選取。

	A	B	C	D	E	F
1						
2		百貨公司周年慶				
3		品項	數量	單價	折扣	小計
4		香水	3	5550	0.7	11600
5		充電器	2	770	0.7	1000
6		洗衣機	1	23000	0.7	16100
7		電視	1	45000	0.7	31500
8					總計	

3： 將作用儲存格放到 F8，按加總鈕可以得到下列結果，筆者存入 ch8_10.xlsx。

	A	B	C	D	E	F
1						
2		百貨公司周年慶				
3		品項	數量	單價	折扣	小計
4		香水	3	5550	0.7	11600
5		充電器	2	770	0.7	1000
6		洗衣機	1	23000	0.7	16100
7		電視	1	45000	0.7	31500
8					總計	60200

這一小節則是詢問 ChatGPT 有關 ROUND 和 ROUNDDOWN 函數的差異。

請說明ROUND()和ROUNDDOWN()函數的差異

當您在 Excel 中處理數字時，`ROUND()` 和 `ROUNDDOWN()` 是兩個常用的函數來調整數字的小數點。以下是這兩個函數的差異：

1. `ROUND()`

- 功能：`ROUND()` 函數將數字四捨五入到指定的小數位數。
- 語法：`=ROUND(number, num_digits)`
  - `number`：要四捨五入的數字。
  - `num_digits`：小數位數。正數表示小數點後的位數；0 表示取整到最接近的整數；負數表示取整到最接近的十位、百位等。
- 範例：`=ROUND(123.4567, 2)` 會返回 123.46。

2. `ROUNDDOWN()`

- 功能：`ROUNDDOWN()` 函數將數字向下取整到指定的小數位數，而不考慮該數位的數值。
- 語法：`=ROUNDDOWN(number, num_digits)`
  - `number`：要向下取整的數字。
  - `num_digits`：小數位數。正數表示小數點後的位數；0 表示取整到最接近的整數；負數表示取整到最接近的十位、百位等。
- 範例：`=ROUNDDOWN(123.4567, 2)` 會返回 123.45。

主要差異

- `ROUND()` 根據四捨五入的規則調整數字，這意味著它可能會增加或減少數字的值。
- `ROUNDDOWN()` 始終向下取整，這意味著它永遠不會增加數字的值。

希望這可以幫助您更好地理解 `ROUND()` 和 `ROUNDDOWN()` 函數之間的差異！

8-2 用 Excel 處理日期與時間計算

8-2-1 動態顯示現在日期與時間 - 使用 TODAY 和 NOW

❑ 基礎觀念

TODAY 函數可以傳回目前系統日期，NOW 函數可以傳回目前系統日期和時間，這兩個函數最大的特色是，日期與時間不是寫死的，每次開啟這個檔案時，皆可以顯示開啟檔案時的日期與時間。如果我們想要建立現在時間，可以使用下列公式：

= NOW( ) – TODAY( )

實例一：請開啟 ch8_11.xlsx，分別建立現在日期、現在日期與時間、現在時間。

	A	B	C
1			
2		現在日期	
3		現在日期與時間	
4		現在時間	

1： 將作用儲存格移至 C2，輸入 "=TODAY()"，按 Enter 鍵。

2： 將作用儲存格移至 C3，輸入 "=NOW()"，按 Enter 鍵，需增加最適欄寬。

3： 將作用儲存格移至 C4，輸入 " =NOW( ) – TODAY( )"，按 Enter 鍵。

	A	B	C
1			
2		現在日期	2019/12/3
3		現在日期與時間	2019/12/3 00:49
4		現在時間	0.034103588

4： 接著我們可以將滑鼠游標移至 C4，按滑鼠右鍵，開啟 C4 儲存格的快顯功能表，執行儲存格格式指令，出現設定儲存格格式對話方塊，在類別欄位選擇時間，在類型欄位選擇一個時間類型。

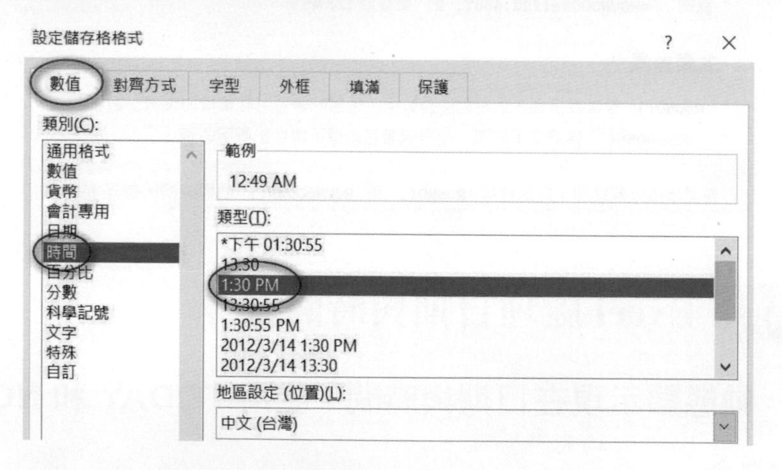

5： 在上述對話方塊按確定鈕，可以得到下列結果，筆者存入 ch8_12.xlsx。

	A	B	C
1			
2		現在日期	2019/12/3
3		現在日期與時間	2019/12/3 00:49
4		現在時間	12:49 AM

註 上述日期與時間不會變化，但是關閉上述檔案，然後重新開啟就可以得到新的時間。下列是筆者關閉了上述 ch8_12.xlsx 檔案，然後再開啟所獲得的結果，可以看到時間已經不一樣了。

	A	B	C
1			
2		現在日期	2019/12/3
3		現在日期與時間	2019/12/3 01:02
4		現在時間	1:02 AM

❑ 工程單位的時間計算

工程單位每天常會將 Excel 檔案開啟，然後可以從此工作表時時警惕自己，了解工期剩餘的天數，請開啟下列 ch8_13.xlsx 檔案。

	A	B	C	D	E	F
1						
2		今天日期		建築工程報表		
3				工程項目	預估完工日期	剩餘天數
4				地下室工程	2022/1/10	
5				1F工程	2022/6/30	
6				2F工程	2022/12/31	

實例二：為 ch8_13.xlsx 的工程進度表建立今天日期以及各項工程項目的剩餘天數。

1： 將作用儲存格移至 B3，輸入 "=TODAY()"，按 Enter 鍵。

	A	B	C	D	E	F
1						
2		今天日期		建築工程報表		
3		2019/12/3		工程項目	預估完工日期	剩餘天數
4				地下室工程	2022/1/10	
5				1F工程	2022/6/30	
6				2F工程	2022/12/31	

2： 將作用儲存格移至 F4，輸入 "=E4-$B$3"，按 Enter 鍵。

	A	B	C	D	E	F
1						
2		今天日期		建築工程報表		
3		2019/12/3		工程項目	預估完工日期	剩餘天數
4				地下室工程	2022/1/10	769
5				1F工程	2022/6/30	
6				2F工程	2022/12/31	

註 上述 F4 儲存格公式有關 B3 儲存格的參照是用絕對參照的日期。

3： 將作用儲存格移至 F4，拖曳填滿控點到 F6，可以得到下列結果，筆者存入 ch8_14.xlsx。

	A	B	C	D	E	F
1						
2		今天日期		建築工程報表		
3		2019/12/3		工程項目	預估完工日期	剩餘天數
4				地下室工程	2022/1/10	769
5				1F工程	2022/6/30	940
6				2F工程	2022/12/31	1124

上述檔案最大特色是每天開啟，均可看到不同的今天日期和剩餘天數。下列是筆者在 12 月 4 日開啟這個檔案時所看到的結果。

	A	B	C	D	E	F
1						
2		今天日期		建築工程報表		
3		2019/12/4		工程項目	預估完工日期	剩餘天數
4				地下室工程	2022/1/10	768
5				1F工程	2022/6/30	939
6				2F工程	2022/12/31	1123

下列是詢問 ChatGPT，同時輸出 ChatGPT 的回應與結果。

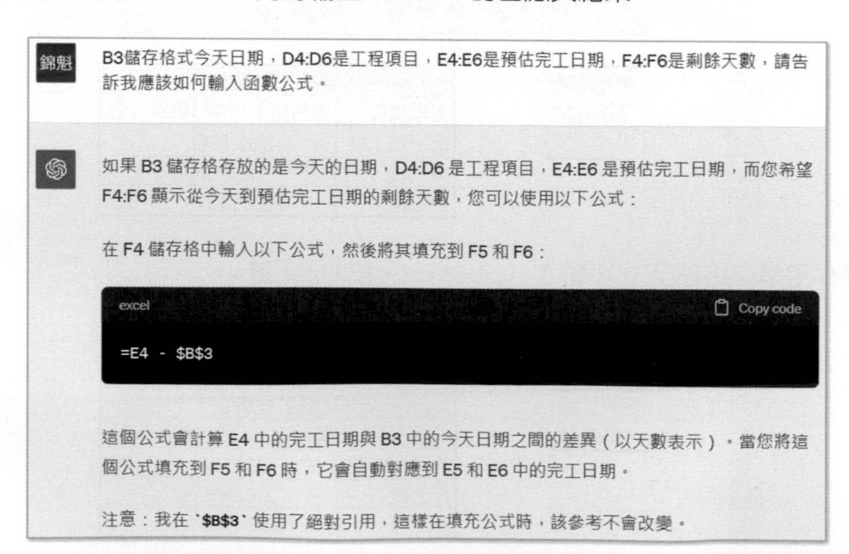
錦魁

B3儲存格式今天日期，D4:D6是工程項目，E4:E6是預估完工日期，F4:F6是剩餘天數，請告訴我應該如何輸入函數公式。

如果 B3 儲存格存放的是今天的日期，D4:D6 是工程項目，E4:E6 是預估完工日期，而您希望 F4:F6 顯示從今天到預估完工日期的剩餘天數，您可以使用以下公式：

在 F4 儲存格中輸入以下公式，然後將其填充到 F5 和 F6：

excel Copy code

```excel
=E4 - $B$3
```

這個公式會計算 E4 中的完工日期與 B3 中的今天日期之間的差異（以天數表示）。當您將這個公式填充到 F5 和 F6 時，它會自動對應到 E5 和 E6 中的完工日期。

注意：我在 `$B$3` 使用了絕對引用，這樣在填充公式時，該參考不會改變。

8-2-2 年資與年齡計算使用 DATEDIF

使用 DATEDIF 函數可以計算兩個時間的差距，此差距可以返回年、月、日、不滿一年的月數、不滿一年的日數、不滿一個月的日數，函數的使用格式如下：

DATEDIF(起始日 , 終止日 , 單位)

上述參數單位使用方式如下：

Y：傳回完整的年數

M：傳回完整的月數

D：傳回完整的日數

YM：傳回不滿一年的月數

YD：傳回不滿一年的日數

MD：傳回不滿一個月的日數

有一個人事資料檔案 ch8_15.xlsx 如下：

	A	B	C	D	E	F	G
1							
2		深智員工表					
3		今天日期					
4		員工編號	姓名	到職日期	年資		
5					年	月	日
6		20001002	李四	2009/1/1			
7		20001010	張三	2010/10/3			
8		20001021	王武	2010/12/5			
9		20001131	晨星	2012/10/10			

這個工作表的 E6:G9 已經處理成置中對齊。

實例一：計算 ch8_15.xlsx 的各類年資資訊。

1： 將作用儲存個移至 C3，輸入 "=TODAY()"，按 Enter 鍵。

	A	B	C	D	E	F	G
1							
2		深智員工表					
3		今天日期	2019/12/3				

2： 將作用儲存個移至 E6，輸入 "=DATEDIF(D6,$C$3, “Y")"，按 Enter 鍵。

3： 將作用儲存個移至 F6，輸入 "=DATEDIF(D6,$C$3, “YM")"，按 Enter 鍵。

4： 將作用儲存個移至 G6，輸入 "=DATEDIF(D6,$C$3, “MD")"，按 Enter 鍵。

	A	B	C	D	E	F	G
1							
2		深智員工表					
3		今天日期	2019/12/3				
4		員工編號	姓名	到職日期	年資		
5					年	月	日
6		20001002	李四	2009/1/1	10	11	2
7		20001010	張三	2010/10/3			
8		20001021	王武	2010/12/5			
9		20001131	晨星	2012/10/10			

5： 選取 E5:G5，拖曳填滿控點至 G9，可以得到下列結果，筆者存入 ch8_16.xlsx。

	A	B	C	D	E	F	G
1							
2		深智員工表					
3		今天日期	2019/12/3				
4		員工編號	姓名	到職日期	年資		
5					年	月	日
6		20001002	李四	2009/1/1	10	11	2
7		20001010	張三	2010/10/3	9	2	0
8		20001021	王武	2010/12/5	8	11	28
9		20001131	晨星	2012/10/10	7	1	23

下列是詢問 ChatGPT，同時輸出 ChatGPT 的回應與結果。

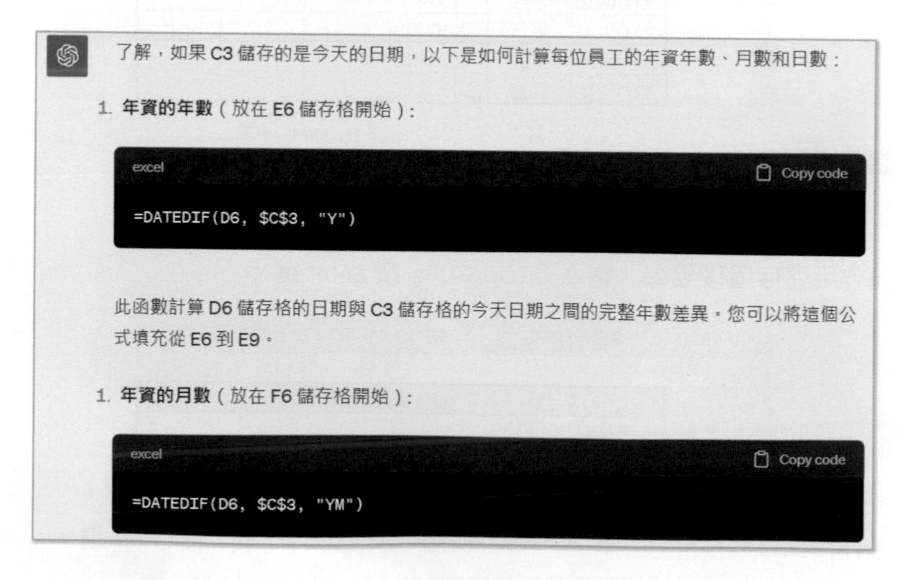

了解，如果 C3 儲存的是今天的日期，以下是如何計算每位員工的年資年數、月數和日數：

1. **年資的年數**（放在 E6 儲存格開始）：

```excel
=DATEDIF(D6, $C$3, "Y")
```

此函數計算 D6 儲存格的日期與 C3 儲存格的今天日期之間的完整年數差異。您可以將這個公式填充從 E6 到 E9。

1. **年資的月數**（放在 F6 儲存格開始）：

```excel
=DATEDIF(D6, $C$3, "YM")
```

此函數計算 D6 儲存格的日期與 C3 儲存格的今天日期之間的月數差異，這個差異是除去完整年數後的月份。您可以將這個公式填充從 F6 到 F9。

1. **年資的日數**（放在 G6 儲存格開始）：

```excel
=DATEDIF(D6, $C$3, "MD")
```

此函數計算 D6 儲存格的日期與 C3 儲存格的今天日期之間的日數差異，這個差異是除去完整年數和月數後的日數。您可以將這個公式填充從 G6 到 G9。

注意：我在 `$C$3` 使用了絕對引用，這樣在填充公式時，該參考不會改變。這確保了所有計算都是基於 C3 儲存格中的日期進行的。

8-2-3 月底收款截止通知使用 EOMONTH 函數

在設計報表時，我們會針對客戶設計銷售報表，也可以在此報表內增加收款日期，EOMONTH 函數可以設定月底當作收款日，同時可以設定是本月月底、下個月底或更久的月底。此函數語法如下：

EOMONTH(起始日 , 月數)

如果月數是 0 代表本月底、1 代表次月底、2 代表 2 個月後的月底，… 其他依此類推。有一張銷售報表 ch8_17.xlsx 如下：

	A	B	C	D	E	F	G	H
1								
2		大大數位公司銷售單						
3		日期	2019年12月3日					
4		品項	數量	單價	折扣	供應價	營業稅	小計
5		滑鼠	300	300	0.7	63000	3150	66150
6		鍵盤	150	900	沒有折扣	135000	6750	141750
7		充電器	500	700	0.8	280000	14000	294000
8							總計	501900
9		入帳截止日期						

實例一：上述銷售單工作表日期是 12 月 3 日的，入帳截止日期規則是下個月月底，相當於 2020 年 1 月 31 日。

1： 請將作用儲存格移至 D9，然後輸入 "=EOMONTH(C3,1)"，按 Enter 鍵。

	A	B	C	D	E	F	G	H
1								
2		大大數位公司銷售單						
3		日期	2019年12月3日					
4		品項	數量	單價	折扣	供應價	營業稅	小計
5		滑鼠	300	300	0.7	63000	3150	66150
6		鍵盤	150	900	沒有折扣	135000	6750	141750
7		充電器	500	700	0.8	280000	14000	294000
8							總計	501900
9		入帳截止日期		43861				

2： 接下來要更改 D9 儲存格的日期格式，請將滑鼠游標移至 D9，按滑鼠右鍵，開啟 D9 儲存格的快顯功能表，執行儲存格格式指令，出現設定儲存格格式對話方塊，在類別欄位選擇時間，在類型欄位選擇一個時間類型。

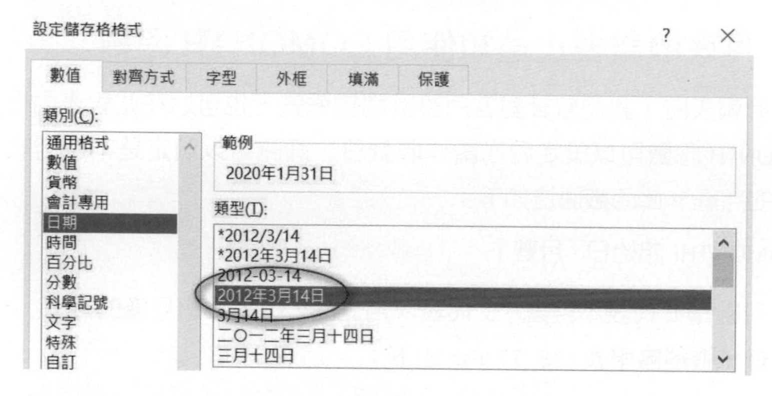

3： 按確定鈕，可以得到下列結果，筆者存入 ch8_18.xlsx。

	A	B	C	D	E	F	G	H
1								
2		大大數位公司銷售單						
3		日期	2019年12月3日					
4		品項	數量	單價	折扣	供應價	營業稅	小計
5		滑鼠	300	300	0.7	63000	3150	66150
6		鍵盤	150	900	沒有折扣	135000	6750	141750
7		充電器	500	700	0.8	280000	14000	294000
8							總計	501900
9		入帳截止日期		2020年1月31日				

這個問題詢問 ChatGPT 時，先有錯誤的結果，第 2 次詢問 ChatGPT 才給了正確的結果。

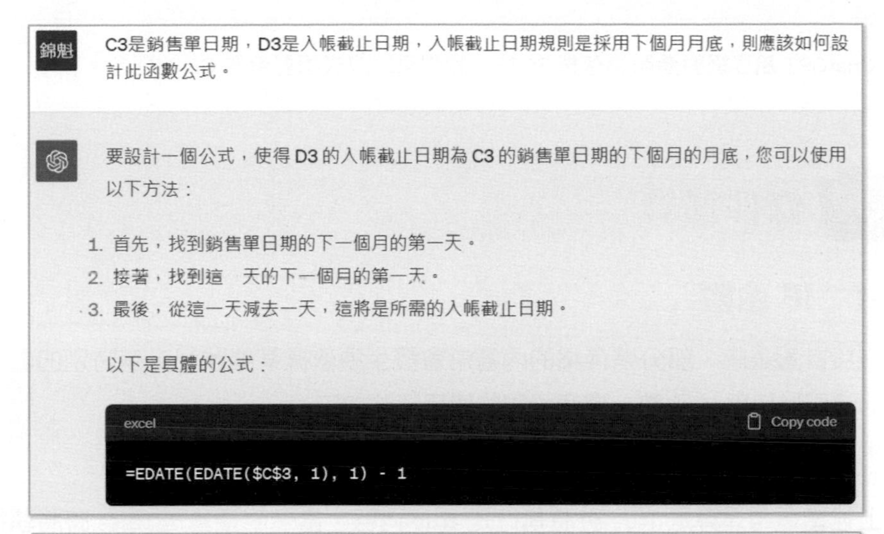

錦魁

C3是銷售單日期，D3是入帳截止日期，入帳截止日期規則是採用下個月月底，則應該如何設計此函數公式。

要設計一個公式，使得 D3 的入帳截止日期為 C3 的銷售單日期的下個月的月底，您可以使用以下方法：

1. 首先，找到銷售單日期的下一個月的第一天。
2. 接著，找到這 天的下一個月的第一天。
3. 最後，從這一天減去一天，這將是所需的入帳截止日期。

以下是具體的公式：

excel　Copy code

```
=EDATE(EDATE($C$3, 1), 1) - 1
```

在這裡：

- `EDATE($C$3, 1)` 會找到 C3 日期的下一個月的相同日期。
- 再一次使用 `EDATE` 會找到此日期的下一個月的相同日期。
- 然後減去一天，我們會得到上一個月的最後一天，這就是所需的入帳截止日期。

輸入這個公式到 D3，您將得到 C3 的下個月的月底日期。

上述結果是錯的，下列是告知錯誤，然後獲得正確的結果。

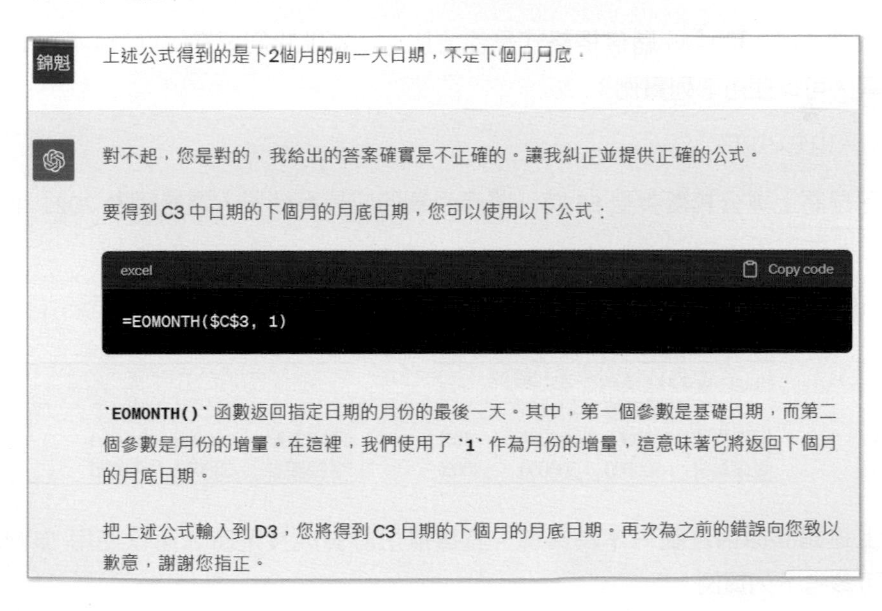

錦魁

上述公式得到的是下2個月的前一天日期，不是下個月月底。

對不起，您是對的，我給出的答案確實是不正確的。讓我糾正並提供正確的公式。

要得到 C3 中日期的下個月的月底日期，您可以使用以下公式：

excel　Copy code

```
=EOMONTH($C$3, 1)
```

`EOMONTH()` 函數返回指定日期的月份的最後一天。其中，第一個參數是基礎日期，而第二個參數是月份的增量。在這裡，我們使用了 `1` 作為月份的增量，這意味著它將返回下個月的月底日期。

把上述公式輸入到 D3，您將得到 C3 日期的下個月的月底日期。再次為之前的錯誤向您致以歉意，謝謝您指正。

註 ChatGPT 給了絕對參照儲存格 $C$3，我們可以改成相對參照 C3 的觀念。

8-3 條件運算

8-3-1 IF 函數

在設計報表時，部分儲存格的內容常會發生須依據某些狀況，有特別的處理方式，此時可以使用 IF 函數，這個函數的使用語法如下：

IF(邏輯運算 , 是 True 內容 , 是 False 內容)

上述當邏輯運算是 True 時將執行是 True 內容，當邏輯運算是 False 時將執行是 False 內容。請開啟 ch8_19.xlsx，內容如下：

	A	B	C	D	E	F	G	H	I	J
1										
2		深智公司2022年獲利報告					深智公司2022年獲利報告			
3			2021年	2022年	YoY			2021年	2022年	YoY
4		國際證照	2000000	3000000			國際證照	2000000	3000000	
5		電腦圖書	-500000	500000			電腦圖書	-500000	500000	

上述 E4:E5 和 J4:J5 儲存格格式是百分比 %，如果我們要在 E4 儲存格計算年度成長率，可以使用下列實例：

= (D4-C4)/C4

可是將上述公式複製至 E5 時，將產生負的成長率結果，這是因為 2021 年獲利是負值，如下所示：

	A	B	C	D	E	F	G	H	I	J
1										
2		深智公司2022年獲利報告					深智公司2022年獲利報告			
3			2021年	2022年	YoY			2021年	2022年	YoY
4		國際證照	2000000	3000000	50%		國際證照	2000000	3000000	
5		電腦圖書	-500000	500000	-200%		電腦圖書	-500000	500000	

上述錯誤原因是前一年為負值，其實無法計算成長率時，可以使用 "N.M." 表示，可參考下列實例。

實例一：使用 IF 函數列出年成長率 (YoY)，當發生無法計算成長率時，用 "N.M." 表示。

1： 請將作用儲存格放至 J4，輸入 " = IF(H4<0,"N.M.",(I4-H4)/H4)"，按 Enter 可以得到下列結果。

	A	B	C	D	E	F	G	H	I	J
1										
2		深智公司2022年獲利報告					深智公司2022年獲利報告			
3			2021年	2022年	YoY			2021年	2022年	YoY
4		國際證照	2000000	3000000	50%		國際證照	2000000	3000000	50%
5		電腦圖書	-500000	500000	-200%		電腦圖書	-500000	500000	

2： 將滑鼠游標移至 J4 儲存格，拖曳填滿控點到 J5 儲存格，可以得到下列結果，筆者存入 ch8_20.xlsx。

	A	B	C	D	E	F	G	H	I	J
1										
2		深智公司2022年獲利報告					深智公司2022年獲利報告			
3			2021年	2022年	YoY			2021年	2022年	YoY
4		國際證照	2000000	3000000	50%		國際證照	2000000	3000000	50%
5		電腦圖書	-500000	500000	-200%		電腦圖書	-500000	500000	N.M.

這個問題一開始詢問 ChatGPT 時，ChatGPT 一樣沒有考慮負值的年度成長率。更精準的描述後，ChatGPT 給了比上述實例更好的函數公式結果。

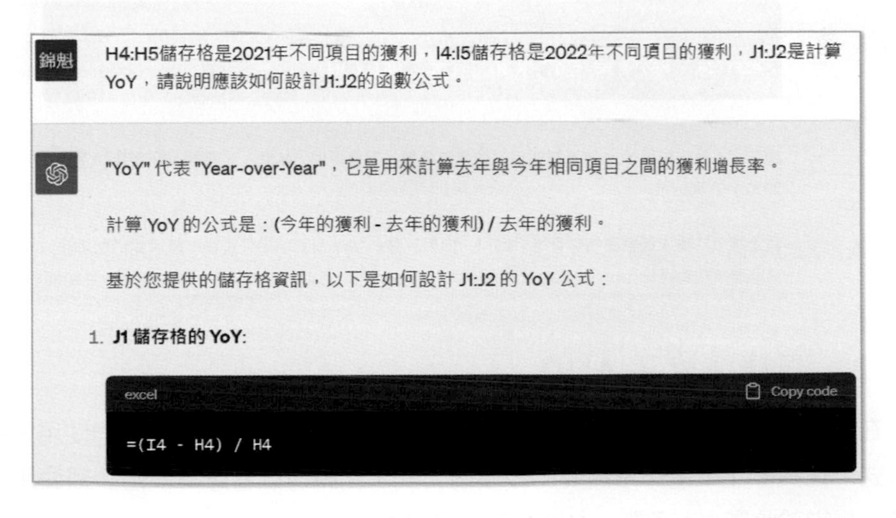

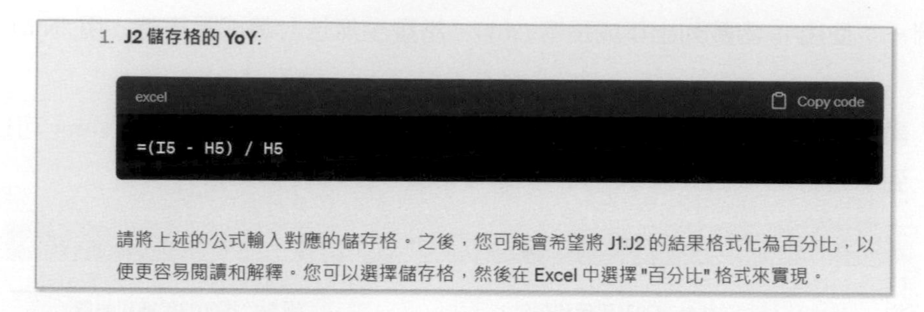

下列是筆者重新詢問與結果。

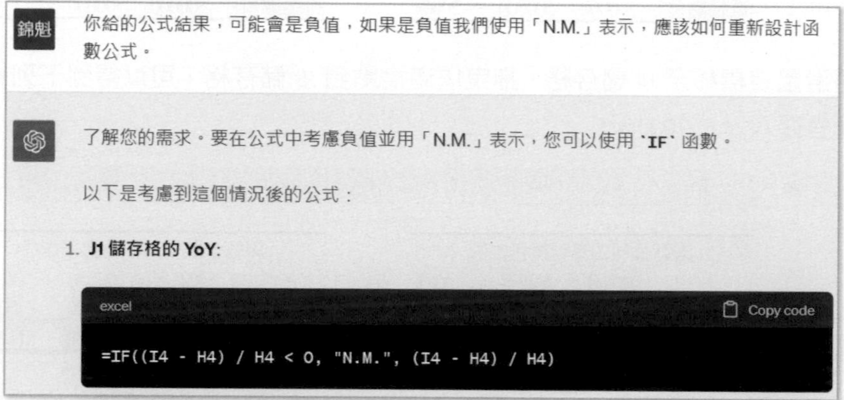

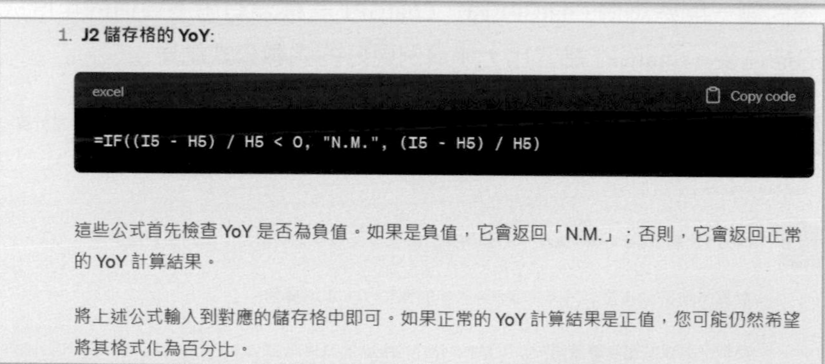

8-3-2 邏輯運算子 AND

在前一節使用 IF 函數時，第一個參數是邏輯運算，在該運算中我們使用一個比較公式，在實際企業運作常需要比較多個公式，此時可以考慮第一個參數使用 AND 函數，相當於函數內有函數，AND 函數的語法如下：

AND(邏輯運算 1, 邏輯運算 2, …)

當所有邏輯運算是 True，這個 AND 函數才會傳回 True，否則傳回 False。有一家連鎖超商總公司到各地門市調查各門市的服務品質，所獲得的數據紀錄在 ch8_21.xlsx，內容如下：

	A	B	C	D	E	F
1						
2		8-12連鎖超商門市服務調查				
3		門市	環境清潔	結帳速度	服務品質	總評分
4		忠孝	8	7	9	
5		天母	4	7	6	
6		大安	4	3	7	
7		項目平均	5.33	5.67	7.33	

實例一：連鎖超商服務調查表，可參考 ch8_21.xlsx，如果在調查中有一項得分小於項目平均就是不及格，如果全部皆大於項目平均，則列出總評分。

1： 將作用儲存格放在 F4，輸入下列公式，然後按 Enter 鍵。

=IF(AND(C4>$C$7,D4>$D$7,E4>$E$7),SUM(C4:E4)," 不及格 ")

	A	B	C	D	E	F
1						
2		8-12連鎖超商門市服務調查				
3		門市	環境清潔	結帳速度	服務品質	總評分
4		忠孝	8	7	9	24
5		天母	4	7	6	
6		大安	4	3	7	
7		項目平均	5.33	5.67	7.33	

2： 將滑鼠游標移至 F4 儲存格，拖曳填滿控點到 F6 儲存格，可以得到下列結果，筆者存入 ch8_22.xlsx。

	A	B	C	D	E	F
1						
2		8-12連鎖超商門市服務調查				
3		門市	環境清潔	結帳速度	服務品質	總評分
4		忠孝	8	7	9	24
5		天母	4	7	6	不及格
6		大安	4	3	7	不及格
7		項目平均	5.33	5.67	7.33	

下列是筆者詢問 ChatGPT 與所獲得的結果。

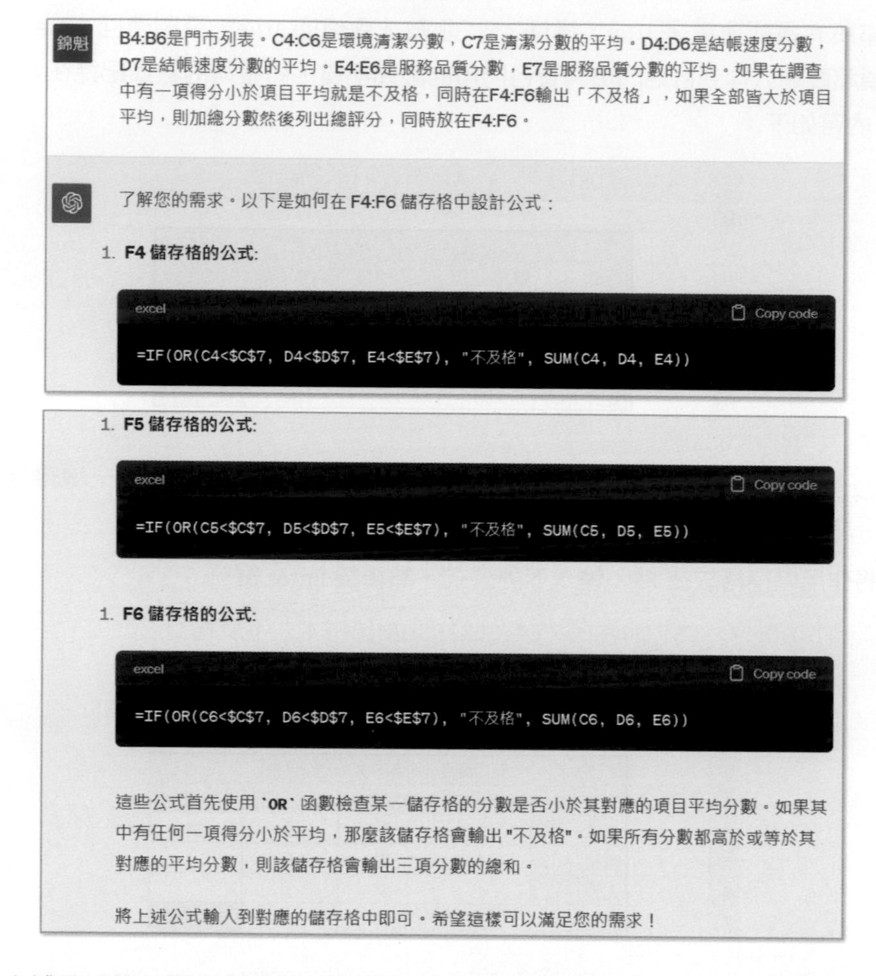

錦魁 B4:B6是門市列表。C4:C6是環境清潔分數，C7是清潔分數的平均。D4:D6是結帳速度分數，D7是結帳速度分數的平均。E4:E6是服務品質分數，E7是服務品質分數的平均。如果在調查中有一項得分小於項目平均就是不及格，同時在F4:F6輸出「不及格」，如果全部皆大於項目平均，則加總分數然後列出總評分，同時放在F4:F6。

了解您的需求。以下是如何在 F4:F6 儲存格中設計公式：

1. **F4 儲存格的公式:**

```excel
=IF(OR(C4<$C$7, D4<$D$7, E4<$E$7), "不及格", SUM(C4, D4, E4))
```

1. **F5 儲存格的公式:**

```excel
=IF(OR(C5<$C$7, D5<$D$7, E5<$E$7), "不及格", SUM(C5, D5, E5))
```

1. **F6 儲存格的公式:**

```excel
=IF(OR(C6<$C$7, D6<$D$7, E6<$E$7), "不及格", SUM(C6, D6, E6))
```

這些公式首先使用 `OR` 函數檢查某一儲存格的分數是否小於其對應的項目平均分數。如果其中有任何一項得分小於平均，那麼該儲存格會輸出 "不及格"。如果所有分數都高於或等於其對應的平均分數，則該儲存格會輸出三項分數的總和。

將上述公式輸入到對應的儲存格中即可。希望這樣可以滿足您的需求！

上述 ChatGPT 在 IF 函數內使用了 OR 函數，筆者要求改為用 AND 函數。

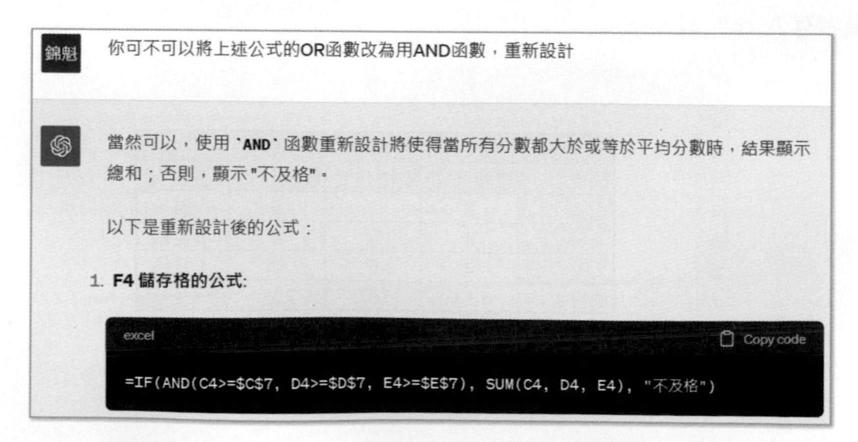

錦魁 你可不可以將上述公式的OR函數改為用AND函數，重新設計

當然可以，使用 `AND` 函數重新設計將使得當所有分數都大於或等於平均分數時，結果顯示總和；否則，顯示 "不及格"。

以下是重新設計後的公式：

1. **F4 儲存格的公式:**

```excel
=IF(AND(C4>=$C$7, D4>=$D$7, E4>=$E$7), SUM(C4, D4, E4), "不及格")
```

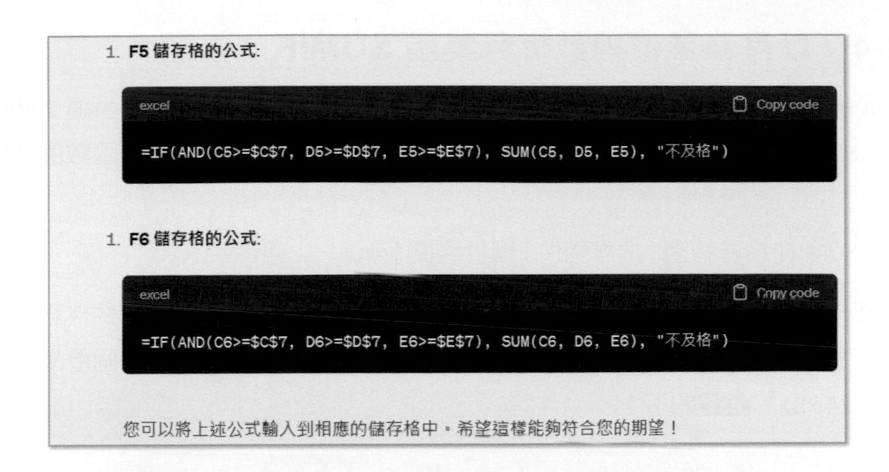
1. **F5 儲存格的公式:**

```excel
=IF(AND(C5>=$C$7, D5>=$D$7, E5>=$E$7), SUM(C5, D5, E5), "不及格")
```

1. **F6 儲存格的公式:**

```excel
=IF(AND(C6>=$C$7, D6>=$D$7, E6>=$E$7), SUM(C6, D6, E6), "不及格")
```

您可以將上述公式輸入到相應的儲存格中。希望這樣能夠符合您的期望！

8-3-3 邏輯運算子 OR

在前一節使用 IF 函數時，第一個參數是邏輯運算，在該運算中我們使用一個比較公式，在實際企業運作常需要比較多個公式，此時可以考慮第一個參數使用 OR 函數，相當於函數內有函數，OR 函數的語法如下：

OR(邏輯運算 1, 邏輯運算 2, …)

當有任一邏輯運算是 True，這個 OR 函數會傳回 True，所有邏輯運算是 False 則回傳 False。

實例一：使用 ch8_21.xlsx 檔案內的工作表，這次評鑑方式是，所有評鑑分數皆低於平均分數才算不及格，如果及格則列出評鑑分數。

1： 將作用儲存格放在 F4，輸入下列公式，然後按 Enter 鍵。

=IF(OR(C4>$C$7,D4>$D$7,E4>$E$7),SUM(C4:E4)," 不及格 ")

2： 將滑鼠游標移至 F4 儲存格，拖曳填滿控點到 F6 儲存格，可以得到下列結果，筆者存入 ch8_23.xlsx。

	A	B	C	D	E	F
1						
2		8-12連鎖超商門市服務調查				
3		門市	環境清潔	結帳速度	服務品質	總評分
4		忠孝	8	7	9	24
5		天母	4	7	6	17
6		大安	4	3	7	不及格
7		項目平均	5.33	5.67	7.33	

8-3-4 以月為單位總計每月業績 SUMIF

從這函數字義可以看到是由 SUM 和 IF 函數組成，其實功能也是由這 2 個函數組成，SUMIF 函數真實的內涵是可以加總符合特定條件的儲存格。此函數的語法如下：

SUMIF(搜尋範圍 , 搜尋條件 , 總計範圍)

第一個參數搜尋範圍是指針對搜尋條件的範圍，第二個參數搜尋條件可以是數值或儲存格位址，第三個參數總計範圍是指加總儲存格的範圍。有一個產品銷售記錄 ch8_24.xlsx，內容如下：

	A	B	C	D	E	F	G
1							
2		充電器日銷售紀錄				充電器月銷售紀錄	
3		銷售日期	月份	數量		月份	總計
4		2020/1/3	1	12		1	
5		2020/1/4	1	21		2	
6		2020/1/10	1	15		3	
7		2020/2/5	2	18			
8		2020/2/21	2	9			
9		2020/3/1	3	25			
10		2020/3/2	3	13			
11		2020/3/9	3	11			

實例一：將充電器前 3 個月的銷售總計，記錄在 G4:G6。

1： 將作用儲存格放在 G4，輸入 "=SUMIF($C$4:$C$11,F4,$D$4:$D$11)"，按 Enter 鍵。

	A	B	C	D	E	F	G
1							
2		充電器日銷售紀錄				充電器月銷售紀錄	
3		銷售日期	月份	數量		月份	總計
4		2020/1/3	1	12		1	48
5		2020/1/4	1	21		2	
6		2020/1/10	1	15		3	
7		2020/2/5	2	18			
8		2020/2/21	2	9			
9		2020/3/1	3	25			
10		2020/3/2	3	13			
11		2020/3/9	3	11			

註　上述公式的第 2 個參數也可以直接使用 1，相當於指定 1 月份。

2：將滑鼠游標移至 G4 儲存格，拖曳填滿控點到 G6 儲存格，可以得到下列結果，筆者存入 ch8_25.xlsx。

	A	B	C	D	E	F	G
1							
2		充電器日銷售紀錄				充電器月銷售紀錄	
3		銷售日期	月份	數量		月份	總計
4		2020/1/3	1	12		1	48
5		2020/1/4	1	21		2	27
6		2020/1/10	1	15		3	49
7		2020/2/5	2	18			
8		2020/2/21	2	9			
9		2020/3/1	3	25			
10		2020/3/2	3	13			
11		2020/3/9	3	11			

下列是筆者詢問 ChatGPT 和所獲得的結果。

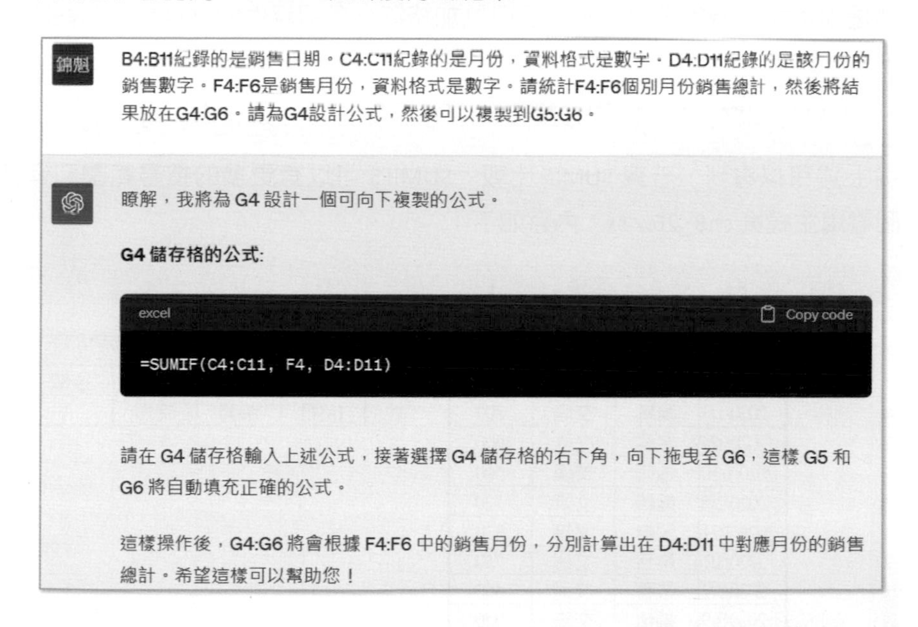

錦魁

B4:B11紀錄的是銷售日期。C4:C11紀錄的是月份，資料格式是數字。D4:D11紀錄的是該月份的銷售數字。F4:F6是銷售月份，資料格式是數字。請統計F4:F6個別月份銷售總計，然後將結果放在G4:G6。請為G4設計公式，然後可以複製到G5:G6。

瞭解，我將為 G4 設計一個可向下複製的公式。

G4 儲存格的公式:

```excel
=SUMIF(C4:C11, F4, D4:D11)
```

請在 G4 儲存格輸入上述公式，接著選擇 G4 儲存格的右下角，向下拖曳至 G6，這樣 G5 和 G6 將自動填充正確的公式。

這樣操作後，G4:G6 將會根據 F4:F6 中的銷售月份，分別計算出在 D4:D11 中對應月份的銷售總計。希望這樣可以幫助您！

從上述 ChatGPT 的回應可以看到，ChatGPT 忽略了未來公式複製到 G5:G6 時，所參照的 C4:C11 與 D4:D11 儲存格會有錯誤。筆者提醒需留意相對參照與絕對參照的觀念，然後可以得到與先前實例相同的結果。

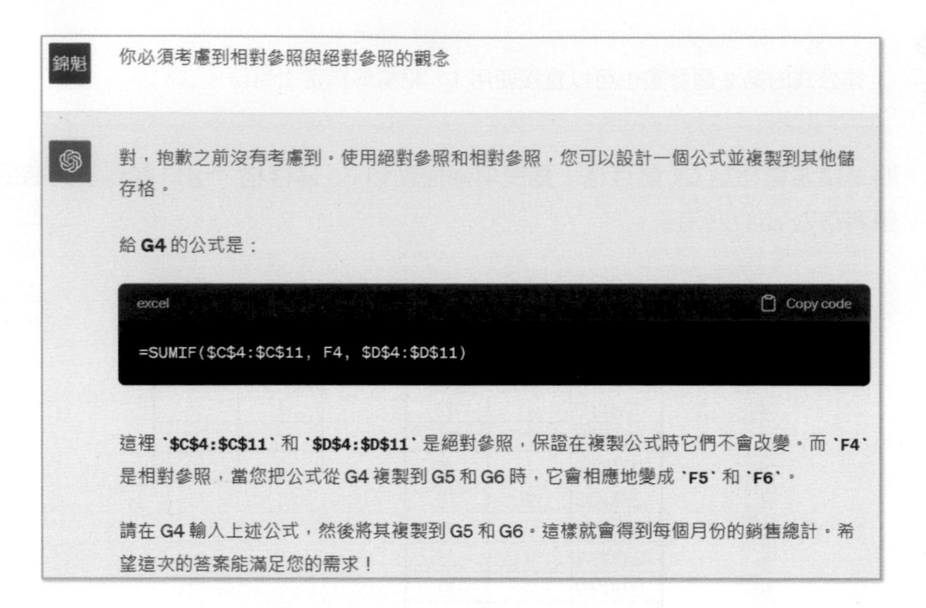

8-3-5 計算符合多個條件 SUMIFS

這是 SUMIF 函數的擴充，主要是可以加總符合多個條件的儲存格，這個函數語法如下：

SUMIFS(加總 , 搜尋範圍 1, 搜尋條件 1, 搜尋範圍 2, 搜尋條件 2, …)

從上述可以看到，若與 SUMIF 比較，SUMIFS 可以有更多的搜尋範圍和條件，有一個零用金檔案 ch8_26.xlsx，內容如下：

	A	B	C	D	E	F	G	H	I	J
1										
2		零用金支出					零用金紀錄			
3		發票日期	部門	品項	金額		月份	部門	品項	金額
4		2020/1/3	編輯	交際	800		1-3月	編輯	交際	
5		2020/1/4	業務	交際	600					
6		2020/1/10	編輯	交際	500					
7		2020/2/5	編輯	文筆	120					
8		2020/2/21	編輯	文筆	310					
9		2020/3/1	業務	交通	750					
10		2020/3/2	業務	交通	460					
11		2020/3/9	編輯	交際	900					

實例一：計算 1-3 月份業務部門交際費用的支出。

1： 將作用儲存格移至 J4，輸入 "=SUMIFS(E4:E11,C4:C11,H4,D4:D11,I4)"，按 Enter 鍵。可以得到下列結果，筆者存入 ch8_27.xlsx。

	A	B	C	D	E	F	G	H	I	J
1										
2		零用金支出					零用金紀錄			
3		發票日期	部門	品項	金額		月份	部門	品項	金額
4		2020/1/3	編輯	交際	800		1-3月	編輯	交際	2200
5		2020/1/4	業務	交際	600					
6		2020/1/10	編輯	交際	500					
7		2020/2/5	編輯	文筆	120					
8		2020/2/21	編輯	文筆	310					
9		2020/3/1	業務	交通	750					
10		2020/3/2	業務	交通	460					
11		2020/3/9	編輯	交際	900					

下列是筆者詢問 ChatGPT 與所得到的公式結果。

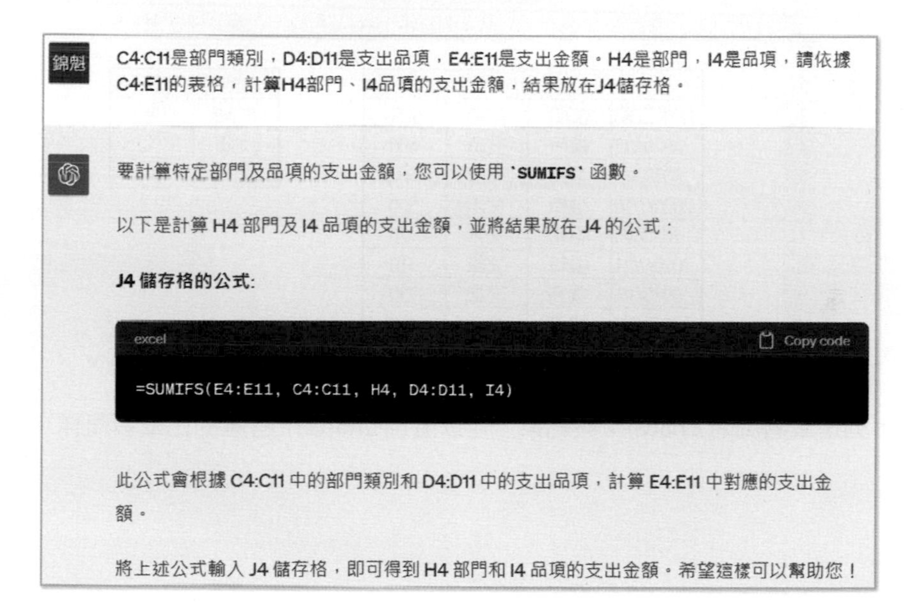

8-3-6 計算儲存格區間含數字的個數 COUNT

COUNT 函數可以計算某儲存格區間含有數字的個數，這個函數的語法如下：

COUNT(範圍)

有一個零用金檔案 ch8_28.xlsx 內容如下：

	A	B	C	D	E	F	G	H
1								
2		零用金支出					零用金紀錄	
3		發票日期	部門	品項	金額		總筆數	
4		2020/1/3	編輯	交際	800		交際	
5		2020/1/4	業務	交際	600		交通	
6		2020/1/10	編輯	交際	500			
7		2020/2/5	編輯	文筆	120			
8		2020/2/21	編輯	文筆	310			
9		2020/3/1	業務	交通	750			
10		2020/3/2	業務	交通	460			
11		2020/3/9	編輯	交際	900			

實例一：計算零用金總共筆數。

1： 將作用儲存格移至 H3，輸入 "=COUNT(E4:E11)"，按 Enter 鍵。

	A	B	C	D	E	F	G	H
1								
2		零用金支出					零用金紀錄	
3		發票日期	部門	品項	金額		總筆數	8
4		2020/1/3	編輯	交際	800		交際	
5		2020/1/4	業務	交際	600		交通	
6		2020/1/10	編輯	交際	500			
7		2020/2/5	編輯	文筆	120			
8		2020/2/21	編輯	文筆	310			
9		2020/3/1	業務	交通	750			
10		2020/3/2	業務	交通	460			
11		2020/3/9	編輯	交際	900			

下列是筆者詢問 ChatGPT 與結果，可以發現 ChatGPT 考慮的比筆者周詳。

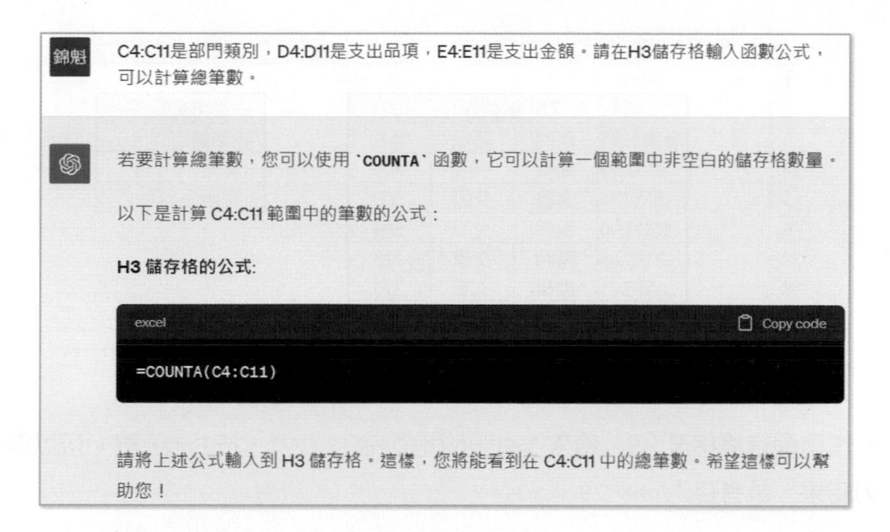

下列是筆者詢問使用 COUNT 函數的結果。

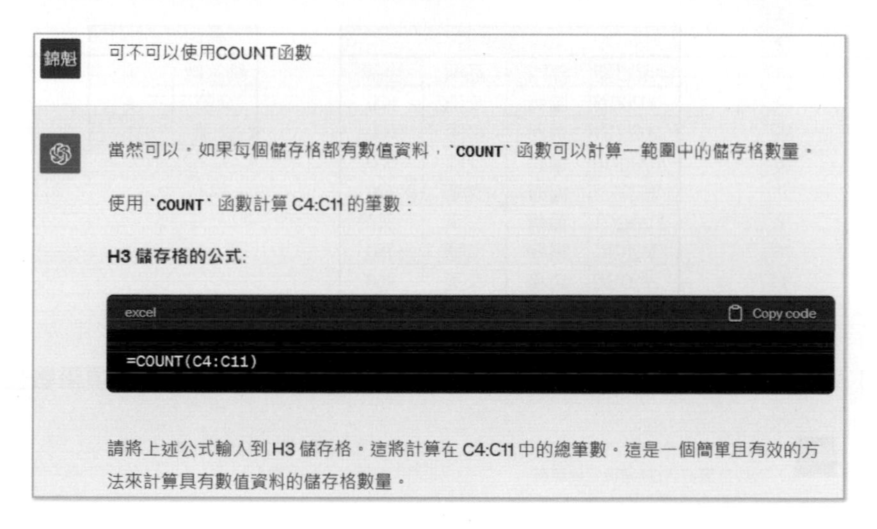

8-3-7　計算儲存格區間含特定條件的個數 COUNTIF

4-7 節筆者已經對 COUNTIF 函數有說明，本節將繼續實例，COUNTIF 函數可以計算某儲存格區間符合某條件的個數。

實例一：延續前一個實例，計算交際與交通筆數。

1：　將作用儲存格移至 H4，輸入 "=COUNTIF(D4:D11,G4)"，按 Enter 鍵。

	A	B	C	D	E	F	G	H
1								
2		零用金支出					零用金紀錄	
3		發票日期	部門	品項	金額		總筆數	8
4		2020/1/3	編輯	交際	800		交際	4
5		2020/1/4	業務	交際	600		交通	
6		2020/1/10	編輯	交際	500			
7		2020/2/5	編輯	文筆	120			
8		2020/2/21	編輯	文筆	310			
9		2020/3/1	業務	交通	750			
10		2020/3/2	業務	交通	460			
11		2020/3/9	編輯	交際	900			

2： 將作用儲存格移至 H5，輸入 "=COUNTIF(D4:D11,G5)"，按 Enter 鍵。可以得到下列結果，筆者存入 ch8_29.xlsx。

	A	B	C	D	E	F	G	H
1								
2		零用金支出					零用金紀錄	
3		發票日期	部門	品項	金額		總筆數	8
4		2020/1/3	編輯	交際	800		交際	4
5		2020/1/4	業務	交際	600		交通	2
6		2020/1/10	編輯	交際	500			
7		2020/2/5	編輯	文筆	120			
8		2020/2/21	編輯	文筆	310			
9		2020/3/1	業務	交通	750			
10		2020/3/2	業務	交通	460			
11		2020/3/9	編輯	交際	900			

下列是詢問符合 G4 品項筆數公式，此觀念可以應用在符合 G5 品項筆數公式。

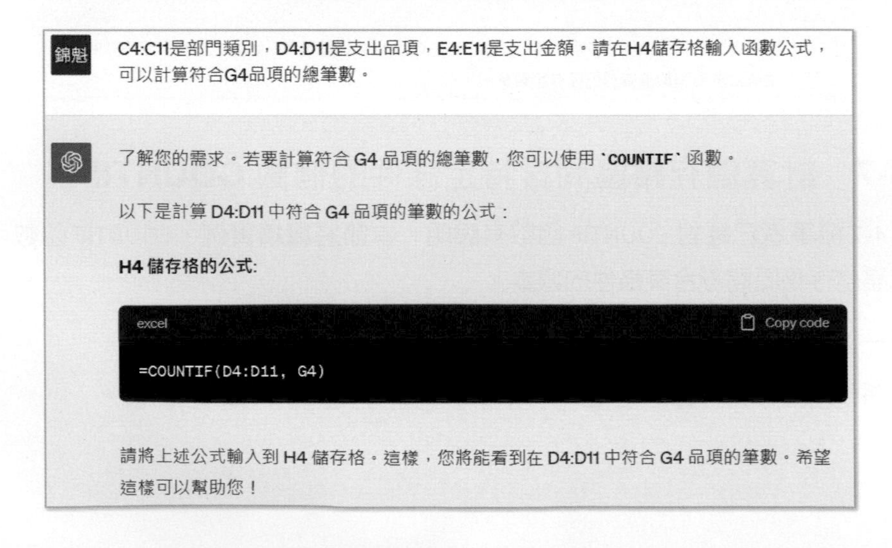

8-3-8 COUNTIF 和 WEEKDAY 組合使用將假日以不同顏色顯示

在設計日曆時，我們可能需要將週六、週日、和國定假日使用不同顏色顯示，想要設計這方面的應用需要使用第 7 章設定格式化條件的知識、COUNTIF 判斷是否假日，然後本節將說明 WEEKDAY 函數，這個函數的語法如下：

WEEKDAY(序列值 , 回傳值)

序列值必須是日期格式，回傳值輸入 1 或省略表示數字 1(星期一) 到數字 7(星期日)。有一個 ch8_29_1.xlsx 內容如下：

	A	B	C	D	E	F	G
1							
2		快樂旅店				國定假日	
3		日期	星期	住宿定價		2020/1/1	元旦
4		2020/1/1	星期三	1500		2020/2/28	和平紀念日
5		2020/1/2	星期四	1500		2020/4/5	清明節
6		2020/1/3	星期五	2500		2020/10/10	雙十節
7		2020/1/4	星期六	2500			
8		2020/1/5	星期日	2000			
9		2020/1/6	星期一	1500			
10		2020/1/7	星期二	1500			
11		2020/1/8	星期三	1500			
12		2020/1/9	星期四	2500			
13		2020/1/10	星期五	2500			

實例一：將星期六設為粗體字、藍色。

1： 選取 B4:D13 儲存格區間。

2： 執行常用 / 樣式 / 設定格式化條件 / 新增規則。

3： 出現新增格式化規則對話方塊，請在選取規則類型欄位選擇使用公式來決定要格式化哪些儲存格。由於要設定週六是藍色，請輸入 "=WEEKDAY($B4)=6"，然後按格式鈕。

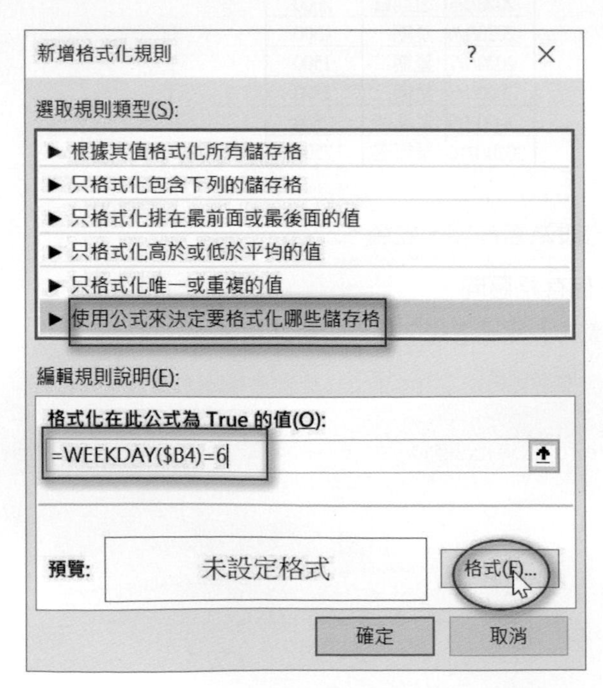

4： 出現設定儲存格式對話方塊，請在字型樣式選擇粗體、色彩欄位選藍色。

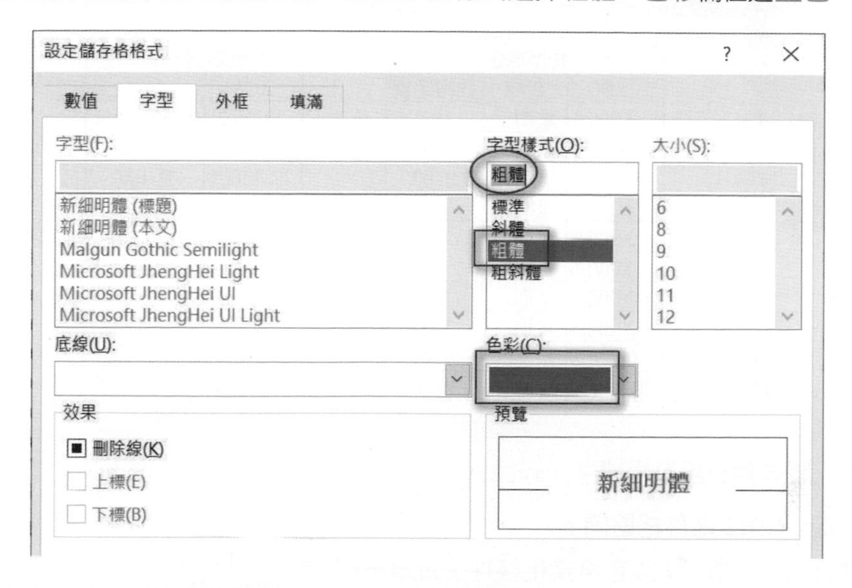

5： 按確定鈕，可以返回新增格式化規則對話方塊。

6： 按確定鈕，再取消選取，由於部分字串改粗體所以需要適度增加儲存格空間，可以得到下列結果。

	A	B	C	D	E	F	G
1							
2		快樂旅店				國定假日	
3		日期	星期	住宿定價		2020/1/1	元旦
4		2020/1/1	星期三	1500		2020/2/28	和平紀念日
5		2020/1/2	星期四	1500		2020/4/5	清明節
6		2020/1/3	星期五	2500		2020/10/10	雙十節
7		2020/1/4	星期六	2500			
8		2020/1/5	星期日	2000			
9		2020/1/6	星期一	1500			
10		2020/1/7	星期二	1500			
11		2020/1/8	星期三	1500			
12		2020/1/9	星期四	2500			
13		2020/1/10	星期五	2500			

實例二：將星期日設為粗體字、綠色。

1：選取 B4:D13 儲存格區間。

2：執行常用 / 樣式 / 設定格式化條件 / 新增規則。

3：出現新增格式化規則對話方塊，請在選取規則類型欄位選擇使用公式來決定要格式化哪些儲存格。由於要設定週日是綠色，請輸入 "=WEEKDAY($B4)=7"，然後按格式鈕。

4： 出現設定儲存格式對話方塊，請在字型樣式選擇粗體、色彩欄位選綠色。

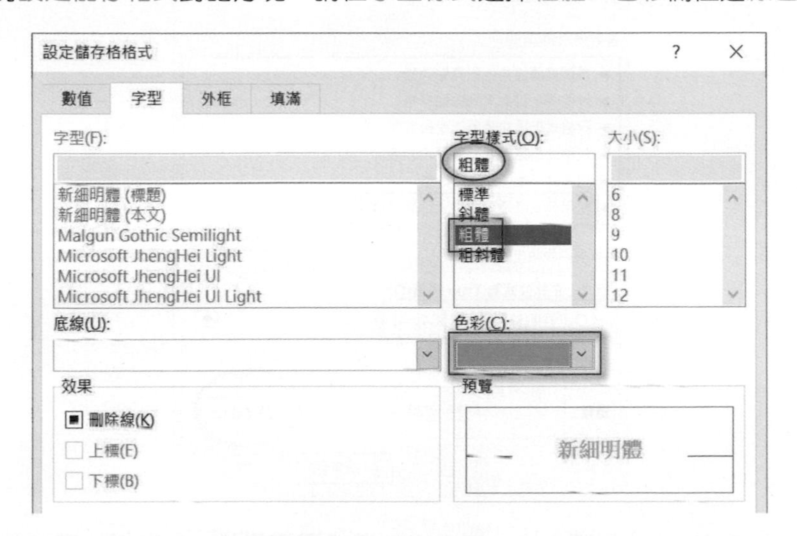

5： 按確定鈕，可以返回新增格式化規則對話方塊。

6： 按確定鈕，再取消選取，可以得到下列結果。

	A	B	C	D	E	F	G
1							
2		快樂旅店				國定假日	
3		日期	星期	住宿定價		2020/1/1	元旦
4		2020/1/1	星期三	1500		2020/2/28	和平紀念日
5		2020/1/2	星期四	1500		2020/4/5	清明節
6		2020/1/3	星期五	2500		2020/10/10	雙十節
7		2020/1/4	星期六	2500			
8		2020/1/5	星期日	2000			
9		2020/1/6	星期一	1500			
10		2020/1/7	星期二	1500			
11		2020/1/8	星期三	1500			
12		2020/1/9	星期四	2500			
13		2020/1/10	星期五	2500			

實例三：將國定假日設為斜體字、紅色。

1： 選取 B4:D13 儲存格區間。

2： 執行常用 / 樣式 / 設定格式化條件 / 新增規則。

3： 出現新增格式化規則對話方塊，請在選取規則類型欄位選擇使用公式來決定要格式化哪些儲存格。請輸入 "=COUNTIF(F:$F$9,$B4)=1"，然後按格式鈕。

4： 出現設定儲存格式對話方塊，請在字型樣式選擇斜體、色彩欄位選紅色。

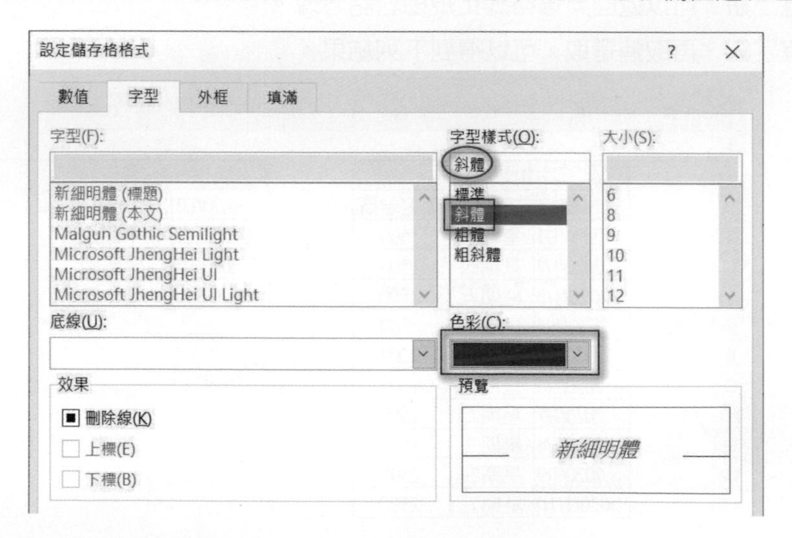

5： 按確定鈕，可以返回新增格式化規則對話方塊。

6： 按確定鈕，再取消選取儲存格，可以得到下列結果筆者存入 ch8_29_2.xlsx。

	A	B	C	D	E	F	G
1							
2		快樂旅店				國定假日	
3		日期	星期	住宿定價		2020/1/1	元旦
4		2020/1/1	星期三	1500		2020/2/28	和平紀念日
5		2020/1/2	星期四	1500		2020/4/5	清明節
6		2020/1/3	星期五	2500		2020/10/10	雙十節
7		2020/1/4	星期六	2500			
8		2020/1/5	星期日	2000			
9		2020/1/6	星期一	1500			
10		2020/1/7	星期二	1500			
11		2020/1/8	星期三	1500			
12		2020/1/9	星期四	2500			
13		2020/1/10	星期五	2500			

❑ 管理規則

為某一儲存格區間建立管理規則後，如果想要編輯此規則，可以先選取此儲存格區間，再執行常用 / 樣式 / 設定格式化的條件 / 管理規則，可以看到設定格式化的條件規則管理員對話方塊。

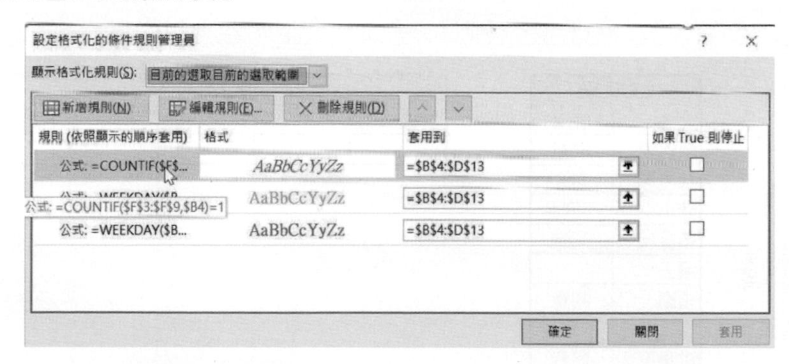

上述可以看到此區間每一個規則、樣式、所套用的儲存格區間，如果將滑鼠游標移至公式項目還可以看到公式內容，若是想修訂公式可以連按兩下公式，這是很好的管理工具。

8-3-9 計算空白儲存格 COUNTBLANK 與非空白儲存格 COUNTA

COUNTBLANK 函數可以統計區間空白儲存格數量，COUNTA 函數可以統計非空白儲存格數量，這兩個函數的語法如下：

COUNTBLANK(範圍)

COUNTA(範圍)

上述功能可以應用在企業會議，統計會議人數、參加人數、缺席人數、同意人數或不同意人數。有一個會議記錄檔案 ch8_30.xlsx 如下：

	A	B	C	D	E	F	G	H	I
1									
2		會議紀錄			表決紀錄				
3		姓名	表決		會議人數	實到人數	缺席人數	同意	不同意
4		陳雨雨	同意						
5		孫桂芳	同意						
6		陳小小	不同意						
7		張星溪	同意						
8		梁三							
9		張雨	同意						
10		李二	不同意						
11		洪東東	同意						

實例一：計算會議參加、實到、缺席、同意、不同意人數。

1： 將作用儲存格移至 E4，輸入 "=COUNTA(B4:B11)"，按 Enter 鍵。

	A	B	C	D	E	F	G	H	I
1									
2		會議紀錄			表決紀錄				
3		姓名	表決		會議人數	實到人數	缺席人數	同意	不同意
4		陳雨雨	同意		8				
5		孫桂芳	同意						
6		陳小小	不同意						
7		張星溪	同意						
8		梁三							
9		張雨	同意						
10		李二	不同意						
11		洪東東	同意						

2： 將作用儲存格移至 F4，輸入 "=COUNTA(C4:C11)"，按 Enter 鍵。

	A	B	C	D	E	F	G	H	I
1									
2		會議紀錄			表決紀錄				
3		姓名	表決		會議人數	實到人數	缺席人數	同意	不同意
4		陳雨雨	同意		8	7			
5		孫桂芳	同意						
6		陳小小	不同意						
7		張星溪	同意						
8		梁三							
9		張雨	同意						
10		李二	不同意						
11		洪東東	同意						

3： 將作用儲存格移至 G4，輸入 "=COUNTBLANK(C4:C11)"，按 Enter 鍵。

	A	B	C	D	E	F	G	H	I
1									
2		會議紀錄			表決紀錄				
3		姓名	表決		會議人數	實到人數	缺席人數	同意	不同意
4		陳雨雨	同意		8	7	1		
5		孫桂芳	同意						
6		陳小小	不同意						
7		張星溪	同意						
8		梁三							
9		張雨	同意						
10		李二	不同意						
11		洪東東	同意						

4： 將作用儲存格移至 H4，輸入 "=COUNTIF(C4:C11,H3)"，按 Enter 鍵。

	A	B	C	D	E	F	G	H	I
1									
2		會議紀錄			表決紀錄				
3		姓名	表決		會議人數	實到人數	缺席人數	同意	不同意
4		陳雨雨	同意		8	7	1	5	
5		孫桂芳	同意						
6		陳小小	不同意						
7		張星溪	同意						
8		梁三							
9		張雨	同意						
10		李二	不同意						
11		洪東東	同意						

5： 將作用儲存格移至 I4，輸入 "=COUNTIF(C4:C11,I3)"，按 Enter 鍵。可以得到下列結果，筆者存入 ch8_31.xlsx。

	A	B	C	D	E	F	G	H	I
1									
2		會議紀錄			表決紀錄				
3		姓名	表決		會議人數	實到人數	缺席人數	同意	不同意
4		陳雨雨	同意		8	7	1	5	2
5		孫桂芳	同意						
6		陳小小	不同意						
7		張星溪	同意						
8		梁三							
9		張雨	同意						
10		李二	不同意						
11		洪東東	同意						

下列是分別問了 ChatGPT 5 次，獲得 E4:I4 儲存格內容的公式。

錦魁
B4:B11是參加會議的成員姓名，請在E4儲存格輸入函數公式，可以統計會議人數。
要計算會議的參加人數，您可以使用 `COUNTA` 函數來計算 B4:B11 中非空白儲存格的數量。
以下是計算 B4:B11 範圍中的會議人數的公式：
E4 儲存格的公式:
excel
Copy code
=COUNTA(B4:B11)
請將上述公式輸入到 E4 儲存格。這樣，您將能看到在 B4:B11 中的會議人數。希望這樣可以幫助您！
錦魁
C4:C11是參加會議的表決結果，請在F4儲存格輸入函數公式，可以統計會議表決人數。
了解。若要計算會議的表決人數，您可以使用 `COUNTA` 函數來計算 C4:C11 中非空白儲存格的數量，因為空白表示該成員沒有表決。
以下是計算 C4:C11 範圍中的會議表決人數的公式：
F4 儲存格的公式:
excel
Copy code
=COUNTA(C4:C11)
請將上述公式輸入到 F4 儲存格。這樣，您將能看到在 C4:C11 中的會議表決人數。希望這樣可以幫助您！
錦魁
C4:C11是參加會議的表決結果，請在G4儲存格輸入函數公式，可以統計會議缺席表決人數。
若要計算會議缺席表決的人數，您可以使用 `COUNTBLANK` 函數來計算 C4:C11 中空白儲存格的數量，因為空白表示該成員缺席且未進行表決。
以下是計算 C4:C11 範圍中的會議缺席表決人數的公式：
G4 儲存格的公式:
excel
Copy code
=COUNTBLANK(C4:C11)
請將上述公式輸入到 G4 儲存格。這樣，您將能看到在 C4:C11 中的會議缺席表決人數。希望這樣可以幫助您！

8-3-10 依據商品編號取得商品名稱和單價 VLOOKUP

一個公司營運久了一定會有許多商品，有的商品品名很長，如果每次出貨均要輸入品名稱，是一件麻煩的事，其實可以使用 VLOOKUP 函數，我們可以輸入商品編號時就帶出商品名稱和單價，這樣可以省去許多時間。VLOOKUP 函數的語法如下：

VLOOKUP(搜尋值 , 參照範圍 , 欄編號 , 檢視方法)

搜尋值是指在參照範圍要比對的值，找到搜尋值後由第三個參數欄編號傳回參照範圍最左算起第幾欄的資料，檢視方法可以是 TRUE 意義是大約相符即可，若是 FALSE 是指需完全相符。有一個產品銷售報表 ch8_32.xlsx 如下：

	A	B	C	D	E	F	G	H	I	J	K
1											
2		銷售報表							產品列表		
3		ID	品項	單價	數量	小計			ID	品項	單價
4		A001							A001	滑鼠	300
5		B002							B001	鍵盤	600
6		A001							B002	充電器	750

實例一：在銷售報表由 B 欄位的 ID 商品編號，帶出品項和單價。

1： 將作用儲存格移至 C4，輸入 "=VLOOKUP(B4,$I$4:$K$6,2,FALSE)"，按 Enter 鍵。

	A	B	C	D	E	F	G	H	I	J	K
1											
2		銷售報表							產品列表		
3		ID	品項	單價	數量	小計			ID	品項	單價
4		A001	滑鼠						A001	滑鼠	300
5		B002							B001	鍵盤	600
6		A001							B002	充電器	750

註 上述區間要用絕對參照，因為參考位置是固定，未來需要複製此公式。

2： 將作用儲存格移至 D4，輸入 "=VLOOKUP(B4,$I$4:$K$6,3,FALSE)"，按 Enter 鍵。

	A	B	C	D	E	F	G	H	I	J	K
1											
2		銷售報表							產品列表		
3		ID	品項	單價	數量	小計			ID	品項	單價
4		A001	滑鼠	300					A001	滑鼠	300
5		B002							B001	鍵盤	600
6		A001							B002	充電器	750

3： 選取 C4:D4，拖曳填滿控點至 D6，可以得到下列結果，筆者存入 ch8_33.xlsx。

	A	B	C	D	E	F	G	H	I	J	K
1											
2		銷售報表							產品列表		
3		ID	品項	單價	數量	小計			ID	品項	單價
4		A001	滑鼠	300					A001	滑鼠	300
5		B002	充電器	750					B001	鍵盤	600
6		A001	滑鼠	300					B002	充電器	750

了解上述操作，在處理銷售報表時只剩下輸入數量就可以了。下列是筆者詢問 ChatGPT 的方式與結果。

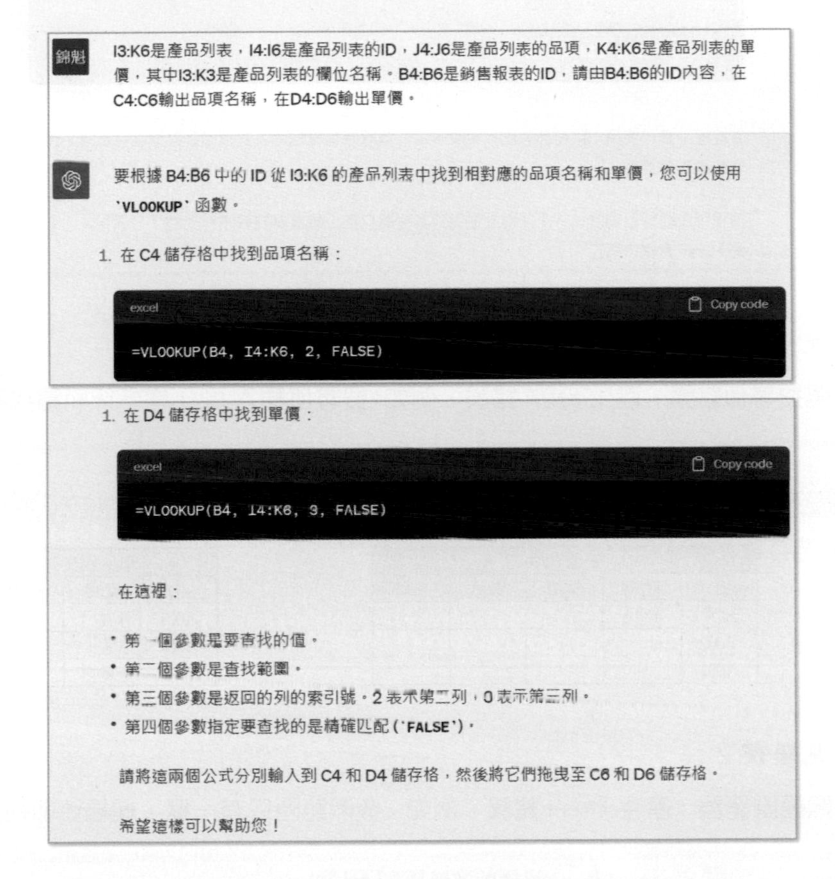

上述 ChatGPT 使用相對參照的觀念，在執行複製時會有錯誤產生，下列是筆者告知 ChatGPT 會有問題，同時 ChatGPT 的回應結果。

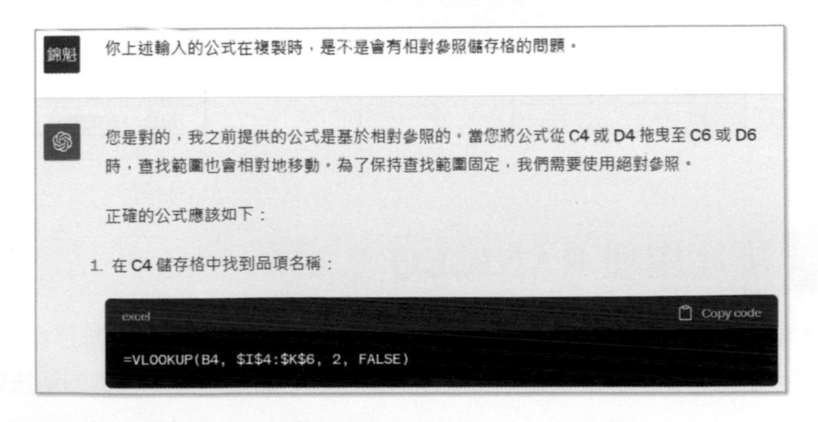

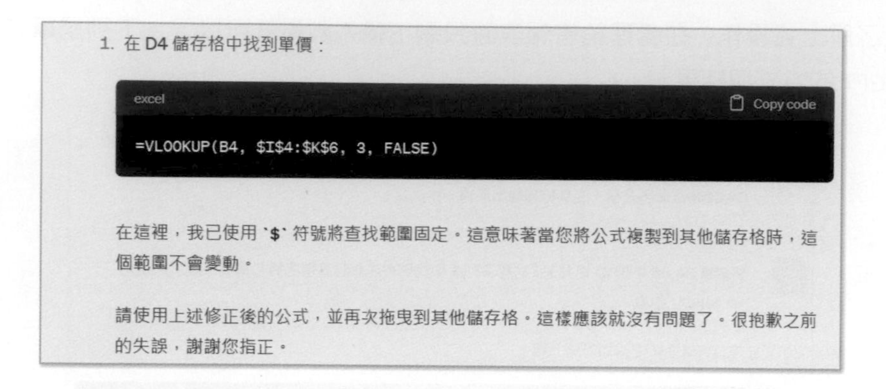
1. 在 D4 儲存格中找到單價：

```excel
=VLOOKUP(B4, $I$4:$K$6, 3, FALSE)
```

在這裡，我已使用 `$` 符號將查找範圍固定。這意味著當您將公式複製到其他儲存格時，這個範圍不會變動。

請使用上述修正後的公式，並再次拖曳到其他儲存格。這樣應該就沒有問題了。很抱歉之前的失誤，謝謝您指正。

❑ 常見錯誤 1

參照搜尋值錯誤，產生 #N/A 錯誤，例如：搜尋值輸入 B3，在參照範圍找不到。

C4 =VLOOKUP(B3,I4:K6,2,FALSE)

	A	B	C	D	E	F	G	H	I	J	K
1											
2		銷售報表							產品列表		
3		ID	品項	單價	數量	小計			ID	品項	單價
4		A0	#N/A						A001	滑鼠	300
5		B002							B001	鍵盤	600
6		A001							B002	充電器	750

❑ 常見錯誤 2

參照範圍錯誤，產生 #REF! 錯誤，例如：參照範圍只有一欄，欄編號卻輸入 2。

C4 =VLOOKUP(B4,I4:I6,2,FALSE)

	A	B	C	D	E	F	G	H	I	J	K
1											
2		銷售報表							產品列表		
3		ID	品項	單價	數量	小計			ID	品項	單價
4		A0	#REF!						A001	滑鼠	300
5		B002							B001	鍵盤	600
6		A001							B002	充電器	750

8-4 排序處理 RANK.EQ

在 4-8 節筆者做過簡單排序成績資料，其實 Excel 提供更好的排序函數 RANK.EQ，我們可以由這個函數很快速列出商品的銷售排名資料。這個函數的語法如下：

RANK.EQ(數值 , 範圍 , 排序方法)

上述第一個參數數值是找出此值在範圍的排名，第二個參數則是所要找尋的儲存格區間，第三個參數是排序方法若是省略或是 0 代表由大排到小，如果不是 0 則由小排到大。

註 舊版的函數是 RANK 函數也可以執行此工作，不過此函數已被標記為未來可能不支援。

有一個百貨公司銷售報表 ch8_34.xlsx 內容如下：

	A	B	C	D	E
1					
2		百貨公司產品銷售報表			
3		產品編號	名稱	銷售數量	排名
4		A001	香水	56	
5		A003	口紅	72	
6		B004	皮鞋	27	
7		C001	襯衫	32	
8		C003	西裝褲	41	
9		D002	領帶	50	

實例一：列出所有產品的排名。

1： 將作用儲存格放在 E4，輸入 "=RANK.EQ(D4,$D$4:$D$9)"，按 Enter 鍵。

	A	B	C	D	E
1					
2		百貨公司產品銷售報表			
3		產品編號	名稱	銷售數量	排名
4		A001	香水	56	2
5		A003	口紅	72	
6		B004	皮鞋	27	
7		C001	襯衫	32	
8		C003	西裝褲	41	
9		D002	領帶	50	

2： 將作用儲存格放在 E4，拖曳填滿控點至 E9，可以得到下列結果，筆者存入 ch8_35.xlsx。

	A	B	C	D	E
1					
2		百貨公司產品銷售報表			
3		產品編號	名稱	銷售數量	排名
4		A001	香水	56	2
5		A003	口紅	72	1
6		B004	皮鞋	27	6
7		C001	襯衫	32	5
8		C003	西裝褲	41	4
9		D002	領帶	50	3

下列是筆者的詢問與 ChatGPT 的回應。

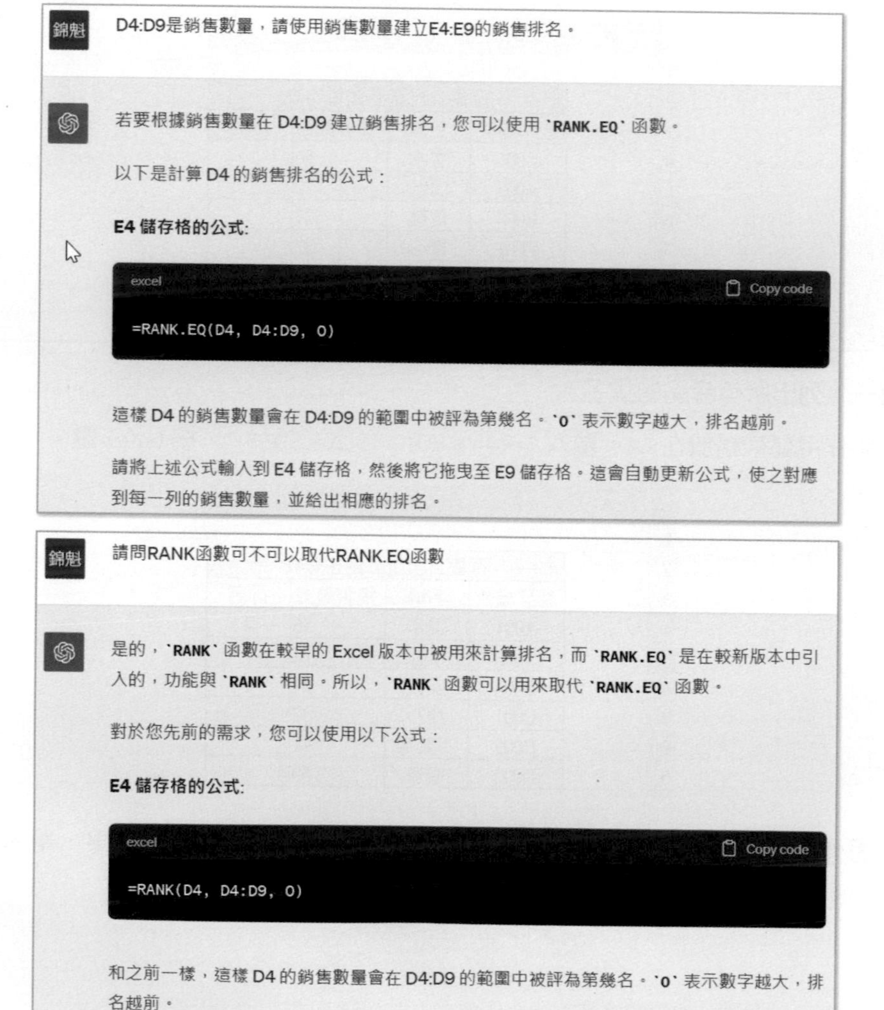

> 您可以將上述公式輸入到 E4 儲存格，然後將它拖曳至 E9 儲存格。
>
> 不過，如果您使用的是較新版本的 Excel，建議使用 `RANK.EQ` 函數，因為 `RANK` 函數已被標記為可能在未來的版本中被移除。但在當前版本，兩者都可以正常使用。

8-5 英文字母大小寫調整 PROPER/UPPER/LOWER

PROPER 函數可以將字串英文首字大寫，其他保持小寫。UPPER 函數可以將英文字串全部用大寫顯示、LOWER 函數可以將英文字串全部用小寫顯示。語法如下：

PROPER(字串)

UPPER(字串)

LOWER(字串)

有一個檔案 ch8_36.xlsx 內容如下：

	A	B	C	D	F	F
1						
2		天天電腦培訓中心		天天電腦培訓中心		天天電腦培訓中心
3		photoshop徹底研究課程				
4		illustrator徹底研究課程				
5		dreamweaver徹底研究課程				

實例一：將上述處理成首字母大寫其他小寫，以及全部字母大寫，讀者可由此實例了解這幾個函數的用法。

1：　將作用儲存格放在 D3，輸入 "=PROPER(B3)"，按 Enter 鍵。

	A	B	C	D	E	F
1						
2		天天電腦培訓中心		天天電腦培訓中心		天天電腦培訓中心
3		photoshop徹底研究課程		Photoshop徹底研究課程		
4		illustrator徹底研究課程				
5		dreamweaver徹底研究課程				

2：　將作用儲存格放在 D3，拖曳右下方的填滿控點到 D5。

	A	B	C	D	E	F
1						
2		天天電腦培訓中心		天天電腦培訓中心		天天電腦培訓中心
3		photoshop徹底研究課程		Photoshop徹底研究課程		
4		illustrator徹底研究課程		Illustrator徹底研究課程		
5		dreamweaver徹底研究課程		Dreamweaver徹底研究課程		

3： 將作用儲存格放在 F3，輸入 "=UPPER(B3)"，按 Enter 鍵。

	A	B	C	D	E	F
1						
2		天天電腦培訓中心		天天電腦培訓中心		天天電腦培訓中心
3		photoshop徹底研究課程		Photoshop徹底研究課程		PHOTOSHOP徹底研究課程
4		illustrator徹底研究課程		Illustrator徹底研究課程		
5		dreamweaver徹底研究課程		Dreamweaver徹底研究課程		

4： 將作用儲存格放在 F3，拖曳右下方的填滿控點到 F5。因為是大寫寬度較寬，所以需要適度增加欄寬，可以得到下列結果，筆者存入 ch8_37.xlsx。

	A	B	C	D	E	F
1						
2		天天電腦培訓中心		天天電腦培訓中心		天天電腦培訓中心
3		photoshop徹底研究課程		Photoshop徹底研究課程		PHOTOSHOP徹底研究課程
4		illustrator徹底研究課程		Illustrator徹底研究課程		ILLUSTRATOR徹底研究課程
5		dreamweaver徹底研究課程		Dreamweaver徹底研究課程		DREAMWEAVER徹底研究課程

下列是與 ChatGPT 對話內容，主要是將字串改為英文首字大寫，其他保持小寫。

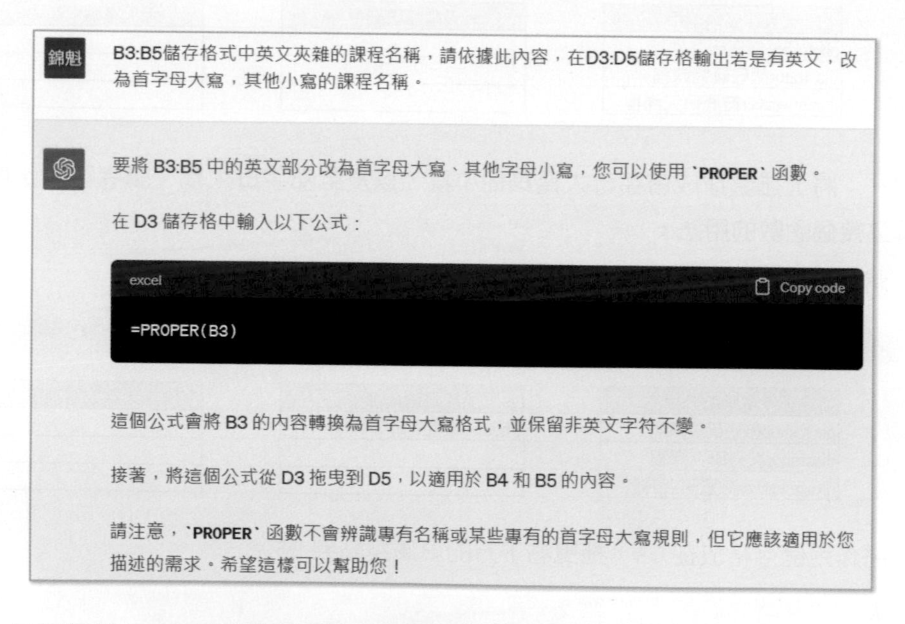

下列是與 ChatGPT 對話內容，主要是將字串改為全部大寫。

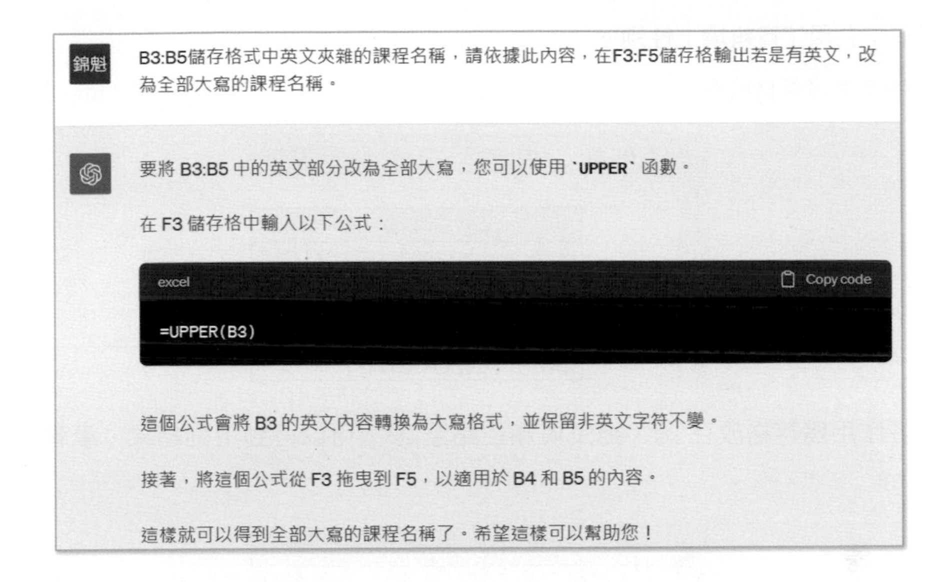

8-6 身分證號碼判斷性別 MID

對國人而言身分證號碼是由一個英文字母加上 9 個阿拉伯數字組成，所以共有 10 個字元，第一個阿拉伯數字如果是 1 代表男生，如果是 2 代表女生，所以可知在這 10 個身分證號碼字元中，可以由第 2 個字元判斷此身分證號碼是男生或女生。在 Excel 內有 MID 函數，這個函數可以從字串中取得其中一個字元，此函數語法如下：

MID(字串 , 字元位置 , 字元數)

有一個員工資料檔案 ch8_38.xlsx 如下：

	A	B	C	D
1				
2		深智員工資料表		
3		姓名	身分證號碼	性別
4		陳雨雨	J231641777	
5		李咚咚	J231641999	
6		賴研析	K123456711	

實例一：為員工資料填上性別。

1： 將作用儲存格放在 D4，輸入 "=IF(MID(C4,2,1)="1"," 男 "," 女 ")"，按 Enter 鍵。

	A	B	C	D
1				
2		深智員工資料表		
3		姓名	身分證號碼	性別
4		陳雨雨	J231641777	女
5		李咚咚	J231641999	
6		賴研析	K123456711	

2： 將作用儲存格放在 D4，拖曳填滿控點至 D6，可以得到下列結果，筆者存入 ch8_39.xlsx。

	A	B	C	D
1				
2		深智員工資料表		
3		姓名	身分證號碼	性別
4		陳雨雨	J231641777	女
5		李咚咚	J231641999	女
6		賴研析	K123456711	男

下列是筆者詢問 ChatGPT 的對話過程。

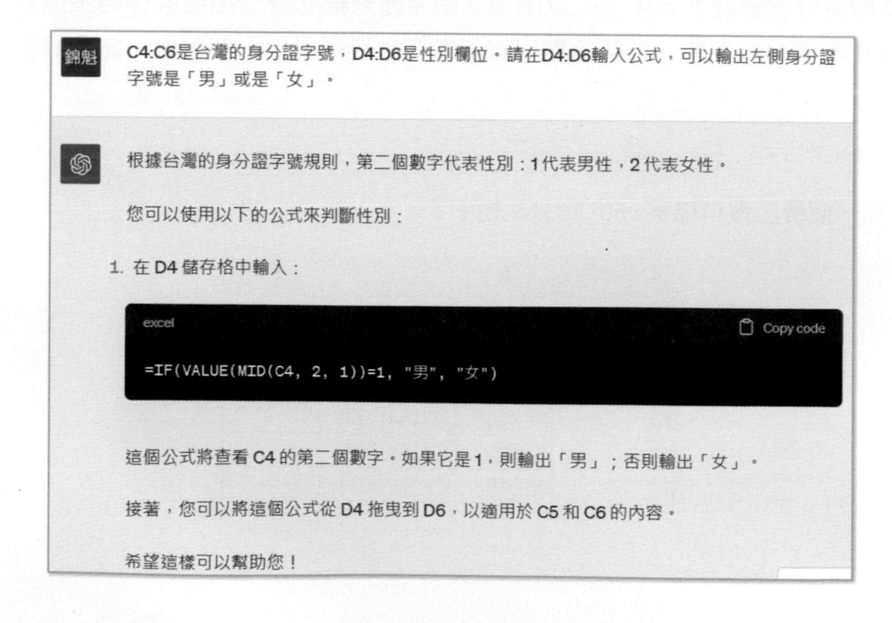

錦魁

C4:C6是台灣的身分證字號，D4:D6是性別欄位。請在D4:D6輸入公式，可以輸出左側身分證字號是「男」或是「女」。

根據台灣的身分證字號規則，第二個數字代表性別：1代表男性，2代表女性。

您可以使用以下的公式來判斷性別：

1. 在 D4 儲存格中輸入：

excel　Copy code

```
=IF(VALUE(MID(C4, 2, 1))=1, "男", "女")
```

這個公式將查看 C4 的第二個數字。如果它是 1，則輸出「男」；否則輸出「女」。

接著，您可以將這個公式從 D4 拖曳到 D6，以適用於 C5 和 C6 的內容。

希望這樣可以幫助您！

上述雖然可以得到結果，但是 IF 函數內的 VALUE 函數是多餘的，下列是筆者告知與 ChatGPT 的改進結果。

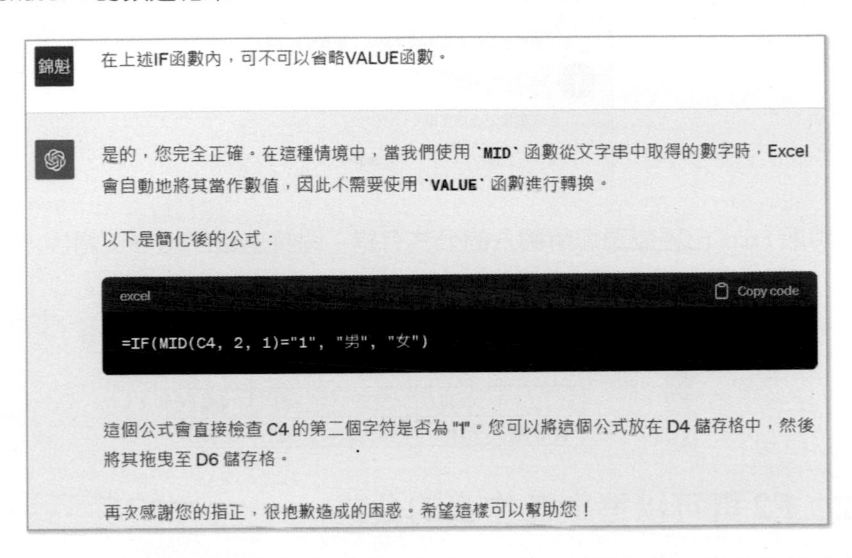

8-7 公式稽核

先前各節筆者在輸入公式時，皆假設輸入正確的情況，然而在正式輸入公式時，難免會有一些錯誤，本節筆者將介紹一些輸入錯誤狀況，同時講解解決的方法。

8-7-1 Excel 自動校正

請開啟 ch8_40.xlsx 檔案，有一個工作表內容如下：

	A	B	C	D	E	F
1						
2			一月	二月	三月	總計
3		賀破鐵	98000	56782	78922	

假設您在 F3 儲存格輸入 "=C3+D3+=E3"。

SUM | =C3+D3+=E3

	A	B	C	D	E	F	G
1							
2			一月	二月	三月	總計	
3		賀破鐵	98000	56782		=C3+D3+=E3	

輸入好後，請按 Enter 鍵，將看到下列對話方塊。

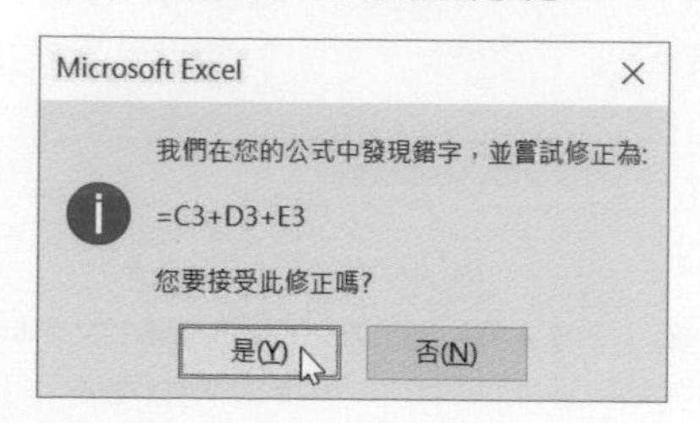

很明顯 Excel 已經發現您所輸入的公式有錯，同時也協助您修正錯誤，上述請按是鈕，即可自動完成工作。筆者將執行結果存入 ch8_41.xlsx 檔案內。

	A	B	C	D	E	F
1						
2			一月	二月	三月	總計
3		賀破鐵	98000	56782	78922	233704

8-7-2 F2 鍵可以追蹤工作表的公式

建立工作表後，最好在呈現給主管或客戶前可以先檢查，若想確認儲存格的內容是否正確，特別是公式函數的部分，可以將作用儲存格移至要確認的位置，然後按 F2 鍵。此時所有與這個儲存格公式參照的儲存格皆會被框起來，供進一步檢查，例如：請開啟 ch8_10.xlsx，將作用儲存格移至 F4。

	A	B	C	D	E	F
1						
2		百貨公司周年慶				
3		品項	數量	單價	折扣	小計
4		香水	3	5550	0.7	11600
5		充電器	2	770	0.7	1000
6		洗衣機	1	23000	0.7	16100
7		電視	1	45000	0.7	31500
8					總計	60200

然後按 F2 鍵，可以看到下列公式所參照的儲存格，以及相對應的公式。

	A	B	C	D	E	F	G	H	I
1									
2		百貨公司周年慶							
3		品項	數量	單價	折扣	小計			
4		香水	3	5550	0.7	=ROUNDDOWN(C4*D4*E4, -2)			
5		充電器	2	770	0.7	1000			
6		洗衣機	1	23000	0.7	16100			
7		電視	1	45000	0.7	31500			
8					總計	60200			

上述稱儲存格編輯模式，每個公式的參數 C4、D4、E4 等皆使用不同顏色顯示，同時皆有相對應的顏色的儲存格，讀者可以自行檢查公式是否正確，驗證結束可以按 Esc 鍵解除儲存格編輯模式。

8-7-3 前導參照與從屬參照

在正式使用公式稽核前，讀者可能要先了解下列兩個名詞。

前導參照：影響某個儲存格公式或函數的所有儲存格，皆稱前導參照。

從屬參照：被某儲存格影響到的儲存格，稱從屬參照。

請開啟 ch8_42.xlsx 檔案，然後將作用儲存格放在 C7 位址。

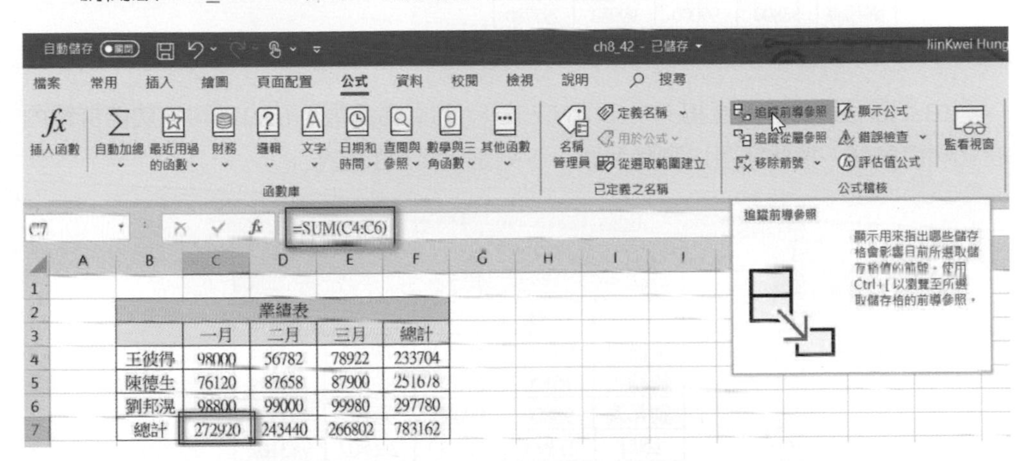

業績表				
	一月	二月	三月	總計
王彼得	98000	56782	78922	233704
陳德生	76120	87658	87900	251678
劉邦渙	98800	99000	99980	297780
總計	272920	243440	266802	783162

由上圖可知，C7 實際上是 C4+C5+C6 的結果，也就是 C4、C5 和 C6 是 C7 儲存格的前導參照。執行公式 / 公式稽核 / 追蹤前導參照，可以看到下列箭號線條。

業績表				
	一月	二月	三月	總計
王彼得	98000	56782	78922	233704
陳德生	76120	87658	87900	251678
劉邦渙	98800	99000	99980	297780
總計	272920	243440	266802	783162

上述前導參照已被藍色框框起來了。持續上述畫面，若按公式稽核 / 追蹤從屬參照，可看到下列畫面。

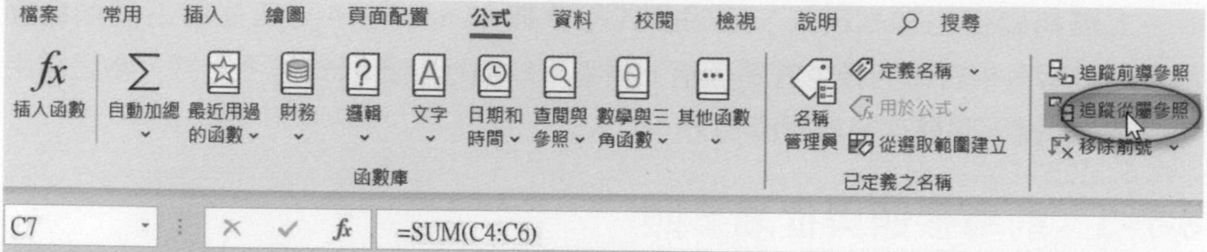

	A	B	C	D	E	F
1						
2		業績表				
3			一月	二月	三月	總計
4		王彼得	98000	56782	78922	233704
5		陳德生	76120	87658	87900	251678
6		劉邦淣	98800	99000	99980	297780
7		總計	272920	243440	266802	783162

由上圖可看到箭頭直指 F7，表示 C7 是 F7 的從屬參照，在公式稽核功能群組內有移除箭號鈕，按此鈕可以刪除箭號，下列是按此鈕的結果。

	A	B	C	D	E	F
1						
2		業績表				
3			一月	二月	三月	總計
4		王彼得	98000	56782	78922	233704
5		陳德生	76120	87658	87900	251678
6		劉邦淣	98800	99000	99980	297780
7		總計	272920	243440	266802	783162

請關閉上述檔案。

8-7-4 追蹤錯誤

請開啟 ch8_43.xlsx 檔案。

	A	B	C	D	E	F
1						
2		業績表				
3			一月	二月	三月	總計
4		王彼得	98000	56782	78922	233704
5		陳德生	76120	87658	87900	251678
6		劉邦淣	98800	99000	99980	297780
7		總計	#NAME?	243440	266802	#NAME?

儲存格若是有錯誤時，此錯誤的儲存格左上角有綠色標記。請將作用儲存格移至 F7，然後按公式稽核 / 錯誤檢查鈕，再執行追蹤錯誤指令。

可以得到下列結果。

錯誤檢查選項鈕

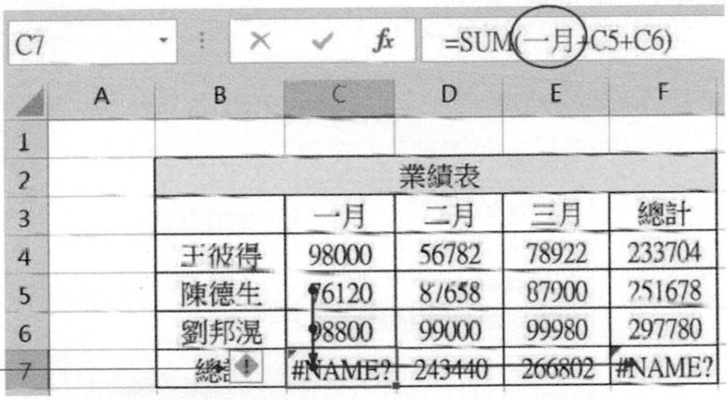

上述直接將 F7 儲存格的前導參照列出，同時選取了錯誤來源的儲存格 C7，在資料編輯列也列出錯誤的儲存格內容。此外，錯誤的儲存格將自動被選取，此時其左邊會自動出現錯誤檢查選項鈕，將滑鼠游標指向此鈕，將自動出現註解文字，說明錯誤的原因。

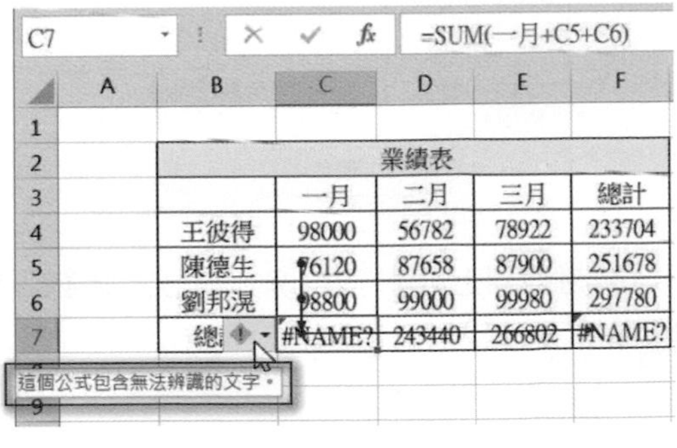

有了上述註解相信可很方便您修訂錯誤。

8-7-5 錯誤檢查

請按公式稽核 / 移除箭號鈕，再將作用儲存格移至 F7，再按公式稽核 / 錯誤檢查鈕，再執行錯誤檢查指令。

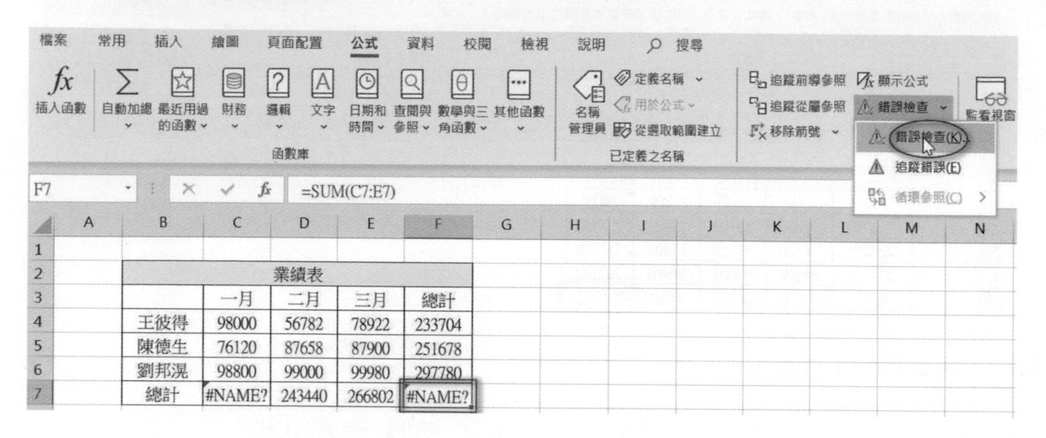

出現錯誤檢查對話方塊。

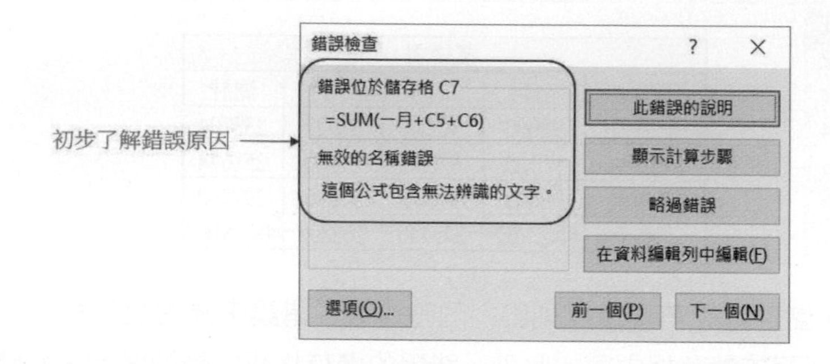

請按下一個鈕，當再按一次下一個鈕，將看到下列對話方塊。

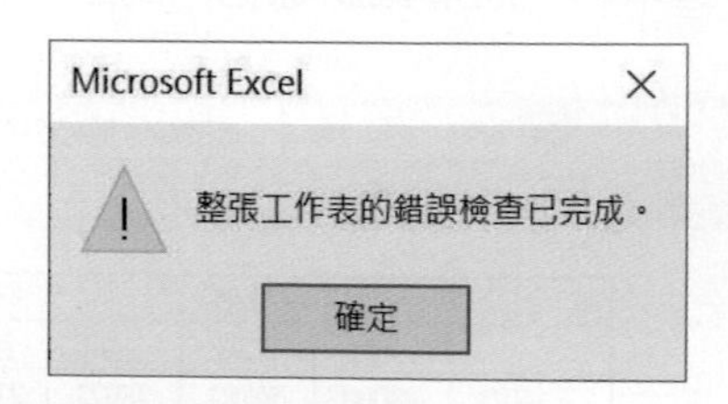

若不再有錯誤，然後將看到上述對話方塊，有了上述錯誤檢查功能，相信對您稽核公式一定有所幫助。

8-7-6 顯示公式

當按下公式 / 公式稽核 / 顯示公式鈕，所有由公式所組成的儲存格均會顯示公式，此時也可以更方便我們了解各儲存格的真正內容，同時如果感覺資料有問題，也方便偵測錯誤。

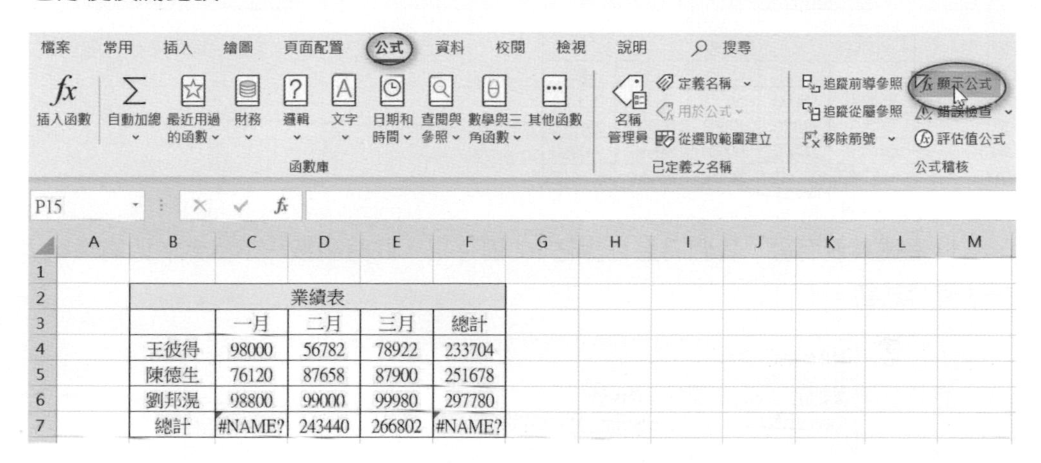

業績表				
	一月	二月	三月	總計
王彼得	98000	56782	78922	233704
陳德生	76120	87658	87900	251678
劉邦淇	98800	99000	99980	297780
總計	#NAME?	243440	266802	#NAME?

上述按一下顯示公式鈕後，可以得到下列結果。

業績表				
	一月	二月	三月	總計
王彼得	98000	56782	78922	=SUM(C4:E4)
陳德生	76120	87658	87900	=SUM(C5:E5)
劉邦淇	98800	99000	99980	=SUM(C6:E6)
總計	=SUM(一月+C5+C	=SUM(D4:D6)	=SUM(E4:E6)	=SUM(C7:E7)

由上述執行結果，可以很清楚看到原來 C7 儲存格的公式是錯的，造成了一系列的錯誤。在儲存格顯示公式時，如果再按一次顯示公式鈕，可結束顯示公式。

8-7-7 評估值公式

有時候如果公式很複雜時，一時要找出錯誤是很困難的，此時可以借用評估值公式，由 Excel 代替你檢查公式中的語法錯誤，留意的是評估值公式一次只能評估一個儲存格。

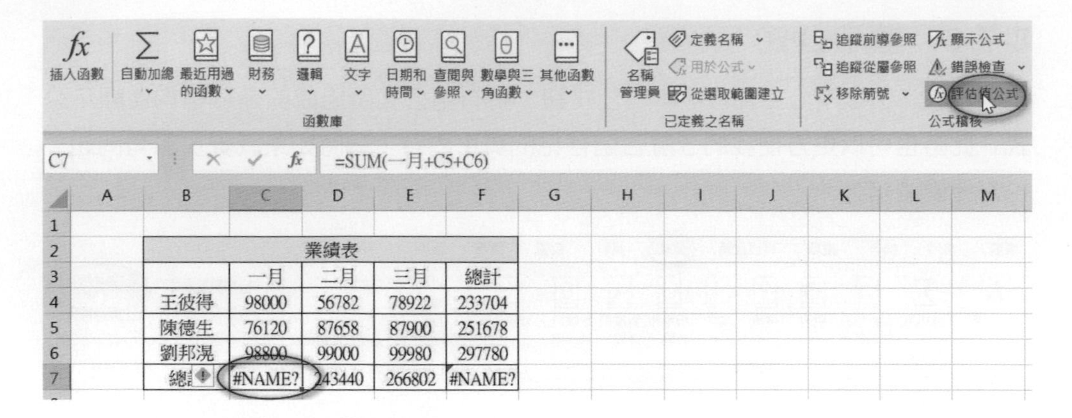

以上述實例而言，我們將進行評估 B7 儲存格，此時請按一下公式 / 公式稽核 / 評估值公式鈕。

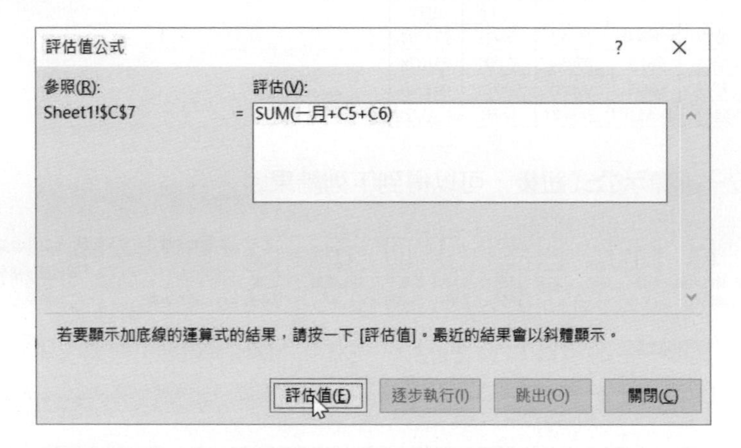

上述按一下評估值鈕，即可看到評估的結果。

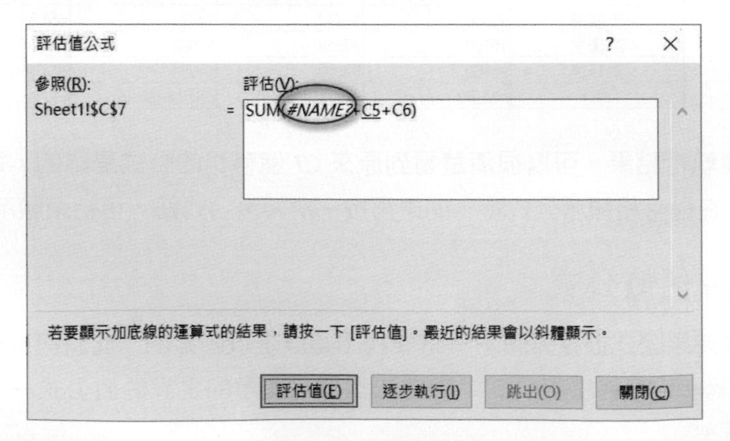

上述已直接指出第一個 SUM 函數的參數有問題，如果是一個複雜的公式，您可以按上述逐步執行鈕，一步一步執行工作驗證與檢查。

8-8 Excel 常見錯誤訊息與處理方式

❑ 錯誤 1 -

數值資料太長超出儲存格可以呈現寬度，可以使用擴增儲存格寬度解決。儲存格內若是日期或時間為負值，也可造成此錯誤，可以修改公式解決。

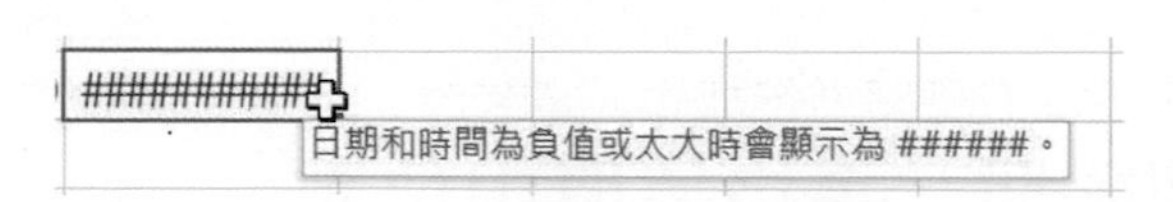

❑ 錯誤 2 - #NAME?

輸入函數名稱錯，建議輸入函數名稱可以使用小寫，如果輸入正確，Excel 自動轉為大寫。

❑ 錯誤 3 - #DIV/0!

除法公式發生分母為 0 得錯誤，解決方式修改公式。

	A	B	C	D
1				
2		總獎金	人數	每人可得
3		6000000	0	=B3/C3

→

	A	B	C	D
1				
2		總獎金	人數	每人可得
3		6000000	0	#DIV/0!

❑ 錯誤 4 - #N/A!

在使用 LOOKUP、VLOOKUP、HLOOKUP、MATCH 函數時找不到搜尋的值，可參考 8-3-9 節。

❑ 錯誤 5 - #REF!

在使用 LOOKUP、VLOOKUP、HLOOKUP、MATCH 函數時參照到不對的儲存格，可參考 8-3-9 節。

❑ 錯誤 6 - #NUM!

函數或公式內的數值太大、太小或空白… 等錯誤。

- ❑ 錯誤 7 - #NULL!

  參照了不正確的儲存格。

- ❑ 錯誤 8 - #VALUE!

  公式資料不正確，例如：應該數數值卻使用字串。

	A	B	C
1			
2		深智	=B2 * 5

→

	A	B	C
1			
2		深智	#VALUE!

8-9 數據陷阱 - 平均值與中位數

AVERAGE 函數可以計算平均值，但是在數據的使用中常常會被極端值誤導，可以參考下列 ch8_44.xlsx 檔案。例如：下列是在 F3 儲存格計算網頁瀏覽次數的平均，筆者使用公式是 "=AVERAGE(C4:C13)"，如下所示：

	A	B	C	D	E	F	G
1							
2		網頁瀏覽數據記錄			網頁瀏覽統計表		
3		日期	次數		平均數	=AVERAGE(C4:C13)	
4		1月1日	1800		中位數		
5		1月2日	1855				
6		1月3日	1780				
7		1月4日	2240				
8		1月5日	1900				
9		1月6日	2600				
10		1月7日	33187				
11		1月8日	3120				
12		1月9日	2950				
13		1月10日	2366				

→

E	F
網頁瀏覽統計表	
平均數	5379.8
中位數	

上述 1 月 10 日的瀏覽次數比平日增加許多，這就是所謂的極端值，因此造成瀏覽的平均數是 5369.8 次，筆者將這個執行結果存入 ch8_45.xlsx，其實有些政府提供的數據也是隱藏極端值的陷阱。

因為平均值有這個問題，所以在使用 Excel 計算這類問題常常會使用中位數觀念，中位數就是將系列數據依大小排列後，位於中間的值，Excel 計算中位數的函數式 MEDIAN(也就是中位數的英文)。下列是筆者使用中位數觀念計算瀏覽次數的結果，筆者存入 ch8_46.xlsx。

	A	B	C	D	E	F	G
1							
2		網頁瀏覽數據記錄			網頁瀏覽統計表		
3		日期	次數		平均數	5379.8	
4		1月1日	1800		中位數	=MEDIAN(C4:C13)	
5		1月2日	1855				
6		1月3日	1780				
7		1月4日	2240				
8		1月5日	1900				
9		1月6日	2600				
10		1月7日	33187				
11		1月8日	3120				
12		1月9日	2950				
13		1月10日	2366				

E	F
網頁瀏覽統計表	
平均數	5379.8
中位數	2303

8-10 數據陷阱 – 平均值與加權平均

使用 AVERAGE 函數計算平均值時必須留意，不要使用個別的平均計算整體的平均，例如：請參考下列 ch8_47.xlsx，有女學生 30 人考 Excel 平均是 88 分，男學生 10 人考 Excel 平均是 60 分，下列是直接使用 AVERAGE 函數造成錯誤的實例，結果存入 ch8_48.xlsx。

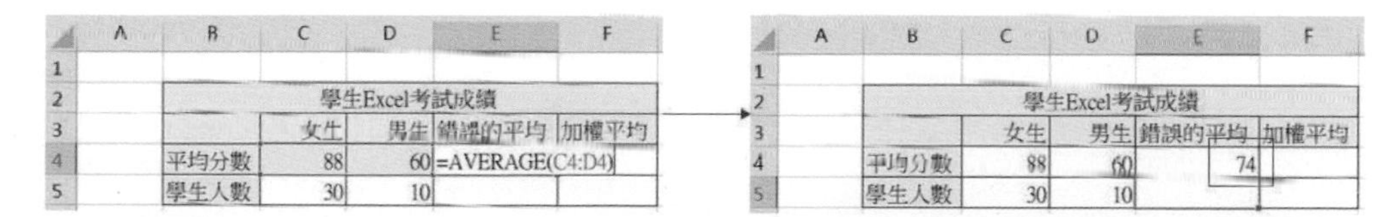

	A	B	C	D	E	F
1						
2		學生Excel考試成績				
3			女生	男生	錯誤的平均	加權平均
4		平均分數	88	60	=AVERAGE(C4:D4)	
5		學生人數	30	10		

	A	B	C	D	E	F
1						
2		學生Excel考試成績				
3			女生	男生	錯誤的平均	加權平均
4		平均分數	88	60	74	
5		學生人數	30	10		

實際上應該使用下列數學公式計算全體學生的平均分數：

(88 * 30 + 60 * 10) / 40

Excel 計算加權平均是使用 SUMPRODUCT 函數，實例如下：

	A	B	C	D	E	F	G	H	I	J
1										
2		學生Excel考試成績								
3			女生	男生	錯誤的平均	加權平均				
4		平均分數	88	60	74	=SUMPRODUCT(C4:D4,C5:D5)/SUM(C5:D5)				
5		學生人數	30	10						

上述公式 "SUMPRODUCT(C4:D4,C5:D5)"，可以產生下列公式效果。

88 * 30 + 60 * 10

SUM(C5:D5) 可以產生下列公式效果。

30 + 10

所以上述按 Enter 鍵後可以得到加權平均是 81，筆者存入 ch8_49.xlsx。

	A	B	C	D	E	F
1						
2		學生Excel考試成績				
3			女生	男生	錯誤的平均	加權平均
4		平均分數	88	60	74	81
5		學生人數	30	10		

CHAPTER

數據篩選與排序

9-1 基本定義

9-2 進入與離開篩選環境

9-3 篩選資料實作

9-4 自訂篩選

9-5 工作表單排序

9-6 依色彩篩選

9-7 表格資料

9-8 格式化為表格

9-9 依照色彩排序

9-10 中文字的排序

實施電腦化管理前，若想篩選符合某些規定的表格資料是必須一筆一筆資料逐步核對過濾，雖然不經濟，但這卻是唯一的方法。有了 Excel，欲完成資料的篩選以列出符合規定的資料是輕而易舉的，本章將一一解說。最後筆者也會解說 Excel 的表格功能，其實表格功能主要也是執行資料篩選與排序。

9-1 基本定義

有一個人事資料檔案 ch9_1.xlsx，內容如下：

	A	B	C	D	E	F	G	H
1								
2		飛馬傳播公司員工表						
3		員工代號	姓名	出生日期	到職日期	部門	職位	月薪
4		1001	陳二郎	1950/5/2	1991/1/1	行政	總經理	$86,000
5		1002	周海媚	1966/7/1	1991/1/1	表演組	演員	$65,000
6		1010	劉德華	1964/8/20	1991/3/1	表演組	歌星	$77,000
7		1018	張學友	1965/10/13	1991/6/1	行政	專員	$55,000
8		1025	林憶蓮	1972/3/12	1991/8/15	表演組	歌星	$48,000
9		1043	張清芳	1970/4/3	1992/3/7	宣傳組	專員	$55,000
10		1056	蘇有朋	1974/7/9	1992/5/10	表演組	演員	$72,000
11		1079	吳奇隆	1974/1/20	1993/2/1	宣傳組	助理專員	$42,000
12		1091	林慧萍	1969/3/25	1993/7/10	表演組	歌星	$66,000
13		1096	張曼玉	1976/7/22	1994/9/18	表演組	演員	$83,000
14		1103	陳亞倫	1973/12/8	1994/12/20	表演組	歌星	$63,000

稱欄位名稱

單一列又稱一筆紀錄

相同欄位有相同屬性的資料

有的 Excel 的使用者將上述工作表想像成是一個簡單的資料庫，而直欄是被想成個別的欄位，橫列則是一筆記錄。至於篩選和排序資料，則是表示從資料庫中擷取想要的資料或是加以整理資料。

9-2 進入與離開篩選環境

在常用 / 編輯 / 排序與篩選內有篩選鈕，如下所示：

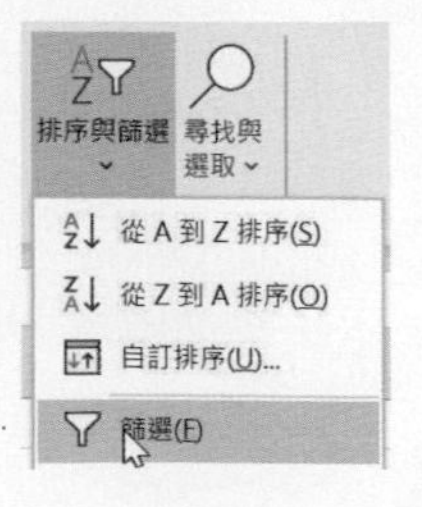

選取一個工作表區間，再點選上述鈕可以進入篩選環境。請選取 B3:H14 儲存格區間，再點選上述篩選鈕可以進入篩選環境，取消選取後可以得到下列結果：

	A	B	C	D	E	F	G	H
1								
2		飛馬傳播公司員工表						
3		員工代號	姓名	出生日期	到職日期	部門	職位	月薪
4		1001	陳二郎	1950/5/2	1991/1/1	行政	總經理	$86,000
5		1002	周海媚	1966/7/1	1991/1/1	表演組	演員	$65,000
6		1010	劉德華	1964/8/20	1991/3/1	表演組	歌星	$77,000
7		1018	張學友	1965/10/13	1991/6/1	行政	專員	$55,000
8		1025	林憶蓮	1972/3/12	1991/8/15	表演組	歌星	$48,000
9		1043	張清芳	1970/4/3	1992/3/7	宣傳組	專員	$55,000
10		1056	蘇有朋	1974/7/9	1992/5/10	表演組	演員	$72,000
11		1079	吳奇隆	1974/1/20	1993/2/1	宣傳組	助理專員	$42,000
12		1091	林慧萍	1969/3/25	1993/7/10	表演組	歌星	$66,000
13		1096	張曼玉	1976/7/22	1994/9/18	表演組	演員	$83,000
14		1103	陳亞倫	1973/12/8	1994/12/20	表演組	歌星	$63,000

在篩選環境最大的特色是欄位名稱上有▾鈕，這個鈕又稱自動篩選鈕，我們可以按此鈕執行篩選資料。如果要離開篩選環境，只要再執行一次常用 / 編輯 / 排序與篩選 / 篩選鈕即可。

註

資料 / 排序與篩選功能群組內也有篩選鈕，可以執行相同的功能。

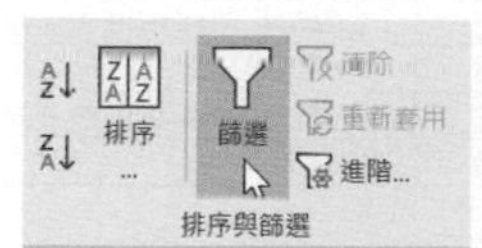

9-3 篩選資料實作

在欄位名稱內有一個▾鈕 (自動篩選鈕)，若按此鈕將出現下拉式選單，此選單下方將列出該欄位所有資料，及是否在顯示狀態。下列是點選部門欄的▾鈕，所得到的結果。

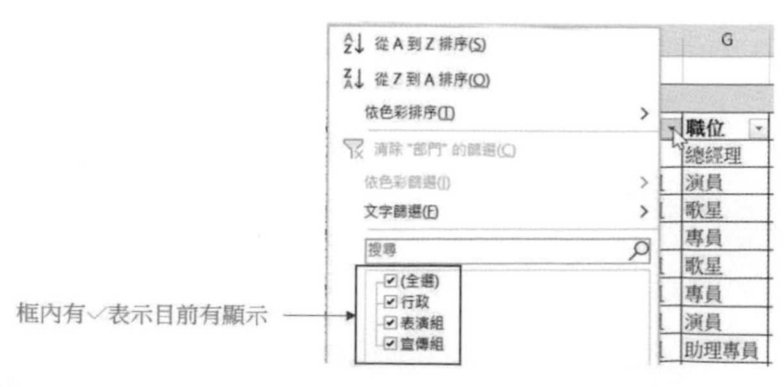

實例一：列出表演組所有員工記錄。

1： 按部門欄的▾鈕。

2： 選定下拉式選單設定只顯示表演組。

3： 按確定鈕，可以得到下列結果。

	A	B	C	D	E	F	G	H
1								
2		飛馬傳播公司員工表						
3		員工代號	姓名	出生日期	到職日期	部門	職位	月薪
5		1002	周海媚	1966/7/1	1991/1/1	表演組	演員	$65,000
6		1010	劉德華	1964/8/20	1991/3/1	表演組	歌星	$77,000
8		1025	林憶蓮	1972/3/12	1991/8/15	表演組	歌星	$48,000
10		1056	蘇有朋	1974/7/9	1992/5/10	表演組	演員	$72,000
12		1091	林慧萍	1969/3/25	1993/7/10	表演組	歌星	$66,000
13		1096	張曼玉	1976/7/22	1994/9/18	表演組	演員	$83,000
14		1103	陳亞倫	1973/12/8	1994/12/20	表演組	歌星	$63,000

自動篩選鈕外形更改為漏斗圖示

原先記錄編號

實例二：延續前面的實例，列出所有員工記錄。

1： 按部門欄的▾鈕。

2： 在下拉式選單執行設定。

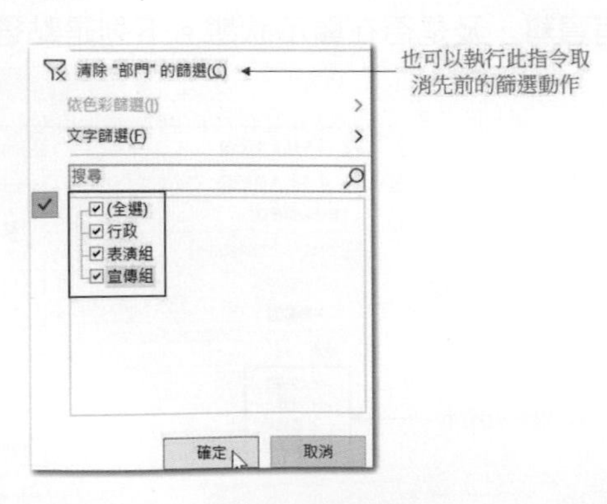

3： 按確定鈕，可以得到下列結果。

	A	B	C	D	E	F	G	H
1								
2		飛馬傳播公司員工表						
3		員工代號	姓名	出生日期	到職日期	部門	職位	月薪
4		1001	陳二郎	1950/5/2	1991/1/1	行政	總經理	$86,000
5		1002	周海媚	1966/7/1	1991/1/1	表演組	演員	$65,000
6		1010	劉德華	1964/8/20	1991/3/1	表演組	歌星	$77,000
7		1018	張學友	1965/10/13	1991/6/1	行政	專員	$55,000
8		1025	林憶蓮	1972/3/12	1991/8/15	表演組	歌星	$48,000
9		1043	張清芳	1970/4/3	1992/3/7	宣傳組	專員	$55,000
10		1056	蘇有朋	1974/7/9	1992/5/10	表演組	演員	$72,000
11		1079	吳奇隆	1974/1/20	1993/2/1	宣傳組	助理專員	$42,000
12		1091	林慧萍	1969/3/25	1993/7/10	表演組	歌星	$66,000
13		1096	張曼玉	1976/7/22	1994/9/18	表演組	演員	$83,000
14		1103	陳亞倫	1973/12/8	1994/12/20	表演組	歌星	$63,000

在篩選環境也可以篩選多個欄位，可參考下列實例。

實例三：列出部門欄位是表演組，職位欄位是演員的員工記錄。

1： 按部門欄的▾鈕，在下拉式選單設定表演組，可參考下方左圖，按確定鈕。

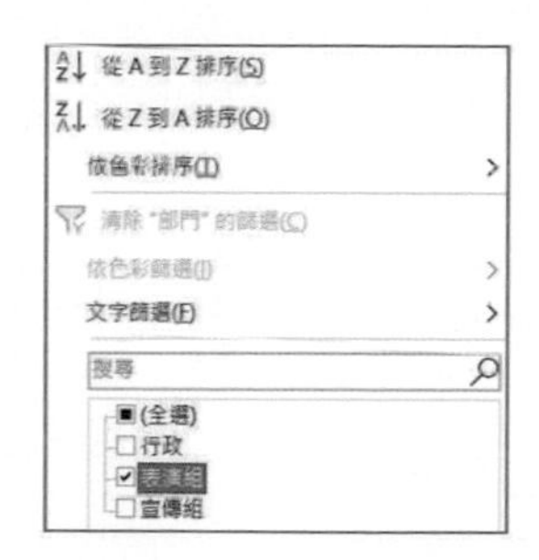

2： 按職位欄的▾鈕，在下拉式選單設定演員，可參考上方右圖，按確定鈕。

	A	B	C	D	E	F	G	H
1								
2		飛馬傳播公司員工表						
3		員工代號	姓名	出生日期	到職日期	部門	職位	月薪
5		1002	周海媚	1966/7/1	1991/1/1	表演組	演員	$65,000
10		1056	蘇有朋	1974/7/9	1992/5/10	表演組	演員	$72,000
13		1096	張曼玉	1976/7/22	1994/9/18	表演組	演員	$83,000

實例四：延續先前實例，列出所有員工記錄。

1： 按職位欄的▾鈕，在下拉式選單設定顯示全部，可參考下方左圖，按確定鈕。

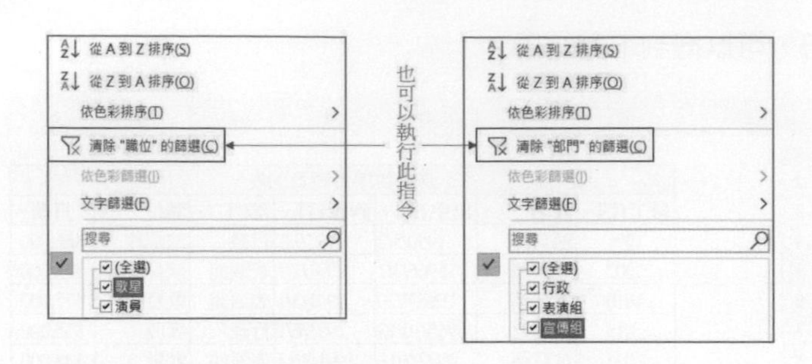

2： 按部門欄的▾鈕，在下拉式選單設定顯示全部，可參考上方右圖，按確定鈕。

實例五：列出職位欄位是專員的員工記錄。

1： 按職位欄的▾鈕，在下拉式選單的設定專員。

2： 按確定鈕。

	A	B	C	D	E	F	G	H
1								
2		飛馬傳播公司員工表						
3		員工代號	姓名	出生日期	到職日期	部門	職位	月薪
7		1018	張學友	1965/10/13	1991/6/1	行政	專員	$55,000
9		1043	張清芳	1970/4/3	1992/3/7	宣傳組	專員	$55,000

在正式閱讀下一小節前，請列出所有員工記錄。

9-4 自訂篩選

雖然在大部份情況下，可以使用前一小節的方式篩選到所想要的資料，不過有時候仍需利用自訂選項，自行設定篩選標準以便可列出所想要的員工記錄。特別是一些不等式 >、<、>=、<=、<> 的篩選格式，一定要使用自訂選項才可。

實例一：列出 1966 年 8 月 1 日以前出生的員工記錄。

1： 按出生日期欄位的▾鈕，選定下拉式選單的日期篩選內的之前（或自訂篩選）指令。

2： 出現自訂自動篩選對話方塊，請執行下列設定。

自訂自動篩選

顯示符合條件的列:

出生日期

之前　1966/8/1

◉ 且(A)　○ 或(O)

可使用 ? 代表任何單一字元

可使用 * 代表任何連續字串

確定　取消

3： 按確定鈕。

	A	B	C	D	E	F	G	H
1								
2		飛馬傳播公司員工表						
3		員工代號	姓名	出生日期	到職日期	部門	職位	月薪
4		1001	陳二郎	1950/5/2	1991/1/1	行政	總經理	$86,000
5		1002	周海媚	1966/7/1	1991/1/1	表演組	演員	$65,000
6		1010	劉德華	1964/8/20	1991/3/1	表演組	歌星	$77,000
7		1018	張學友	1965/10/13	1991/6/1	行政	專員	$55,000

在繼續下一個實例前，請復原列出所有員工記錄。

實例二：列出表演組內，月薪超過 70000 元或是月薪未滿 50000 元的員工記錄。

1： 按部門欄位的 ▾ 鈕，在下拉式選單設定顯示表演組。

	A	B	C	D	E	F	G	H
1								
2		飛馬傳播公司員工表						
3		員工代號	姓名	出生日期	到職日期	部門	職位	月薪
5		1002	周海媚	1966/7/1	1991/1/1	表演組	演員	$65,000
6		1010	劉德華	1964/8/20	1991/3/1	表演組	歌星	$77,000
8		1025	林憶蓮	1972/3/12	1991/8/15	表演組	歌星	$48,000
10		1056	蘇有朋	1974/7/9	1992/5/10	表演組	演員	$72,000
12		1091	林慧萍	1969/3/25	1993/7/10	表演組	歌星	$66,000
13		1096	張曼玉	1976/7/22	1994/9/18	表演組	演員	$83,000
14		1103	陳亞倫	1973/12/8	1994/12/20	表演組	歌星	$63,000

2： 按月薪欄的 ▾ 鈕，選定下拉式選單的日期篩選內的自訂篩選指令。

3： 出現自訂自動篩選對話方塊，請執行下列設定。

4： 按確定鈕。

	A	B	C	D	E	F	G	H
1								
2		飛馬傳播公司員工表						
3		員工代號	姓名	出生日期	到職日期	部門	職位	月薪
6		1010	劉德華	1964/8/20	1991/3/1	表演組	歌星	$77,000
8		1025	林憶蓮	1972/3/12	1991/8/15	表演組	歌星	$48,000
10		1056	蘇有朋	1974/7/9	1992/5/10	表演組	演員	$72,000
13		1096	張曼玉	1976/7/22	1994/9/18	表演組	演員	$83,000

在正式閱讀下一小節前，請列出所有員工記錄。

9-5 工作表單排序

在本書 4-8 節筆者曾介紹排序資料的方法，對於該節的實例而言，由於在連續儲存格區間的第 9 列起的資料有不同於第 3 列至第 8 列的屬性特性，因此在執行排序時，需先選定某特定區間。由於在此例的工作表單內，所有連續儲存格區間屬性均有相同的屬性，因此執行排序時，是不必選定儲存格區間，軟體本身會將所有連續儲存格的區間自動予以排序處理。

在 Excel 內有兩個排序功能。

遞增排序：將資料值依小排到大。

遞減排序：將資料值依大排到小。

如果所排序的資料是中文資料，則排序時是依字的內碼來排序的。對於資料工作表單而言，由於有許多欄位，在排序時作用儲存格所在欄位做排序標準。

實例一：將工作表資料依月薪，由高薪資排至低薪資，相當於遞減排序。

1： 按月薪欄位的▾鈕，執行從最大到最小排序指令，可以得到下列結果。

	A	B	C	D	E	F	G	H
1								
2		飛馬傳播公司員工表						
3		員工代號	姓名	出生日期	到職日期	部門	職位	月薪
4		1001	陳二郎	1950/5/2	1991/1/1	行政	總經理	$86,000
5		1096	張曼玉	1976/7/22	1994/9/18	表演組	演員	$83,000
6		1010	劉德華	1964/8/20	1991/3/1	表演組	歌星	$77,000
7		1056	蘇有朋	1974/7/9	1992/5/10	表演組	演員	$72,000
8		1091	林慧萍	1969/3/25	1993/7/10	表演組	歌星	$66,000
9		1002	周海媚	1966/7/1	1991/1/1	表演組	演員	$65,000
10		1103	陳亞倫	1973/12/8	1994/12/20	表演組	歌星	$63,000
11		1018	張學友	1965/10/13	1991/6/1	行政	專員	$55,000
12		1043	張清芳	1970/4/3	1992/3/7	宣傳組	專員	$55,000
13		1025	林憶蓮	1972/3/12	1991/8/15	表演組	歌星	$48,000
14		1079	吳奇隆	1974/1/20	1993/2/1	宣傳組	助理專員	$42,000

實例二：依員工代號，由低代號排至高代號。

1： 按員工代號欄位的 ▼ 鈕，從最小到最大排序指令，可以得到下列結果。

	A	B	C	D	E	F	G	H
1								
2		飛馬傳播公司員工表						
3		員工代號	姓名	出生日期	到職日期	部門	職位	月薪
4		1001	陳二郎	1950/5/2	1991/1/1	行政	總經理	$86,000
5		1002	周海媚	1966/7/1	1991/1/1	表演組	演員	$65,000
6		1010	劉德華	1964/8/20	1991/3/1	表演組	歌星	$77,000
7		1018	張學友	1965/10/13	1991/6/1	行政	專員	$55,000
8		1025	林憶蓮	1972/3/12	1991/8/15	表演組	歌星	$48,000
9		1043	張清芳	1970/4/3	1992/3/7	宣傳組	專員	$55,000
10		1056	蘇有朋	1974/7/9	1992/5/10	表演組	演員	$72,000
11		1079	吳奇隆	1974/1/20	1993/2/1	宣傳組	助理專員	$42,000
12		1091	林慧萍	1969/3/25	1993/7/10	表演組	歌星	$66,000
13		1096	張曼玉	1976/7/22	1994/9/18	表演組	演員	$83,000
14		1103	陳亞倫	1973/12/8	1994/12/20	表演組	歌星	$63,000

另外在資料 / 排序與篩選功能群組內有排序鈕，可用它執行更進一步的排序設定。

按排序鈕後，可以看到下列對話方塊

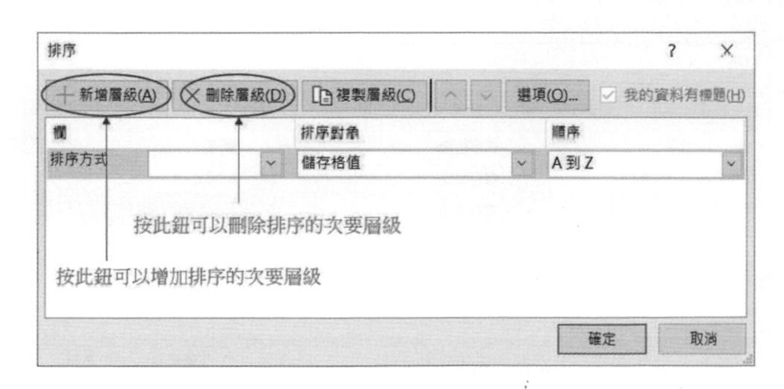

一般情況使用一個主要鍵值做為排序的參考即可，不過有時可能主要鍵值相同，此時即可考慮使用次要鍵 (第二鍵) 做為排序資料的依據，按新增層級鈕，可增加設定次要鍵的排序層級。

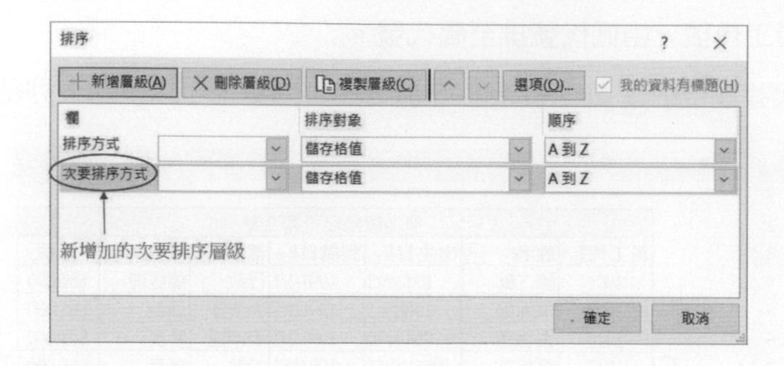

實例三：將表格資料依部門遞增排序，如果部門相同，則依月薪遞減排序。

1： 選取 B3:H14 儲存格。

2： 按資料 / 排序與篩選 / 排序鈕，出現排序對話方塊，請先執行下列設定。

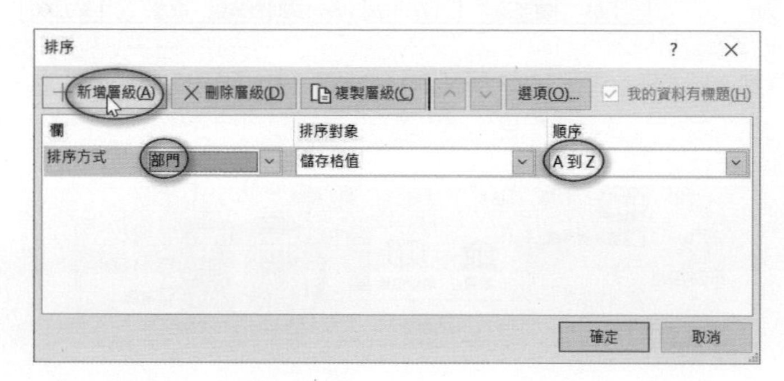

3： 按新增層級鈕，再執行下列設定。

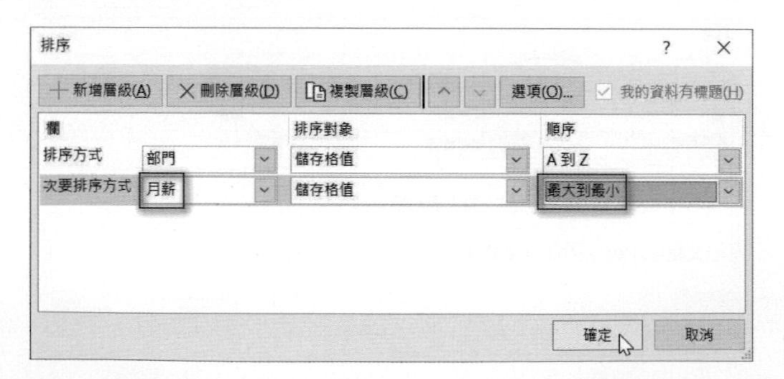

4： 按確定鈕，可以得到下列結果，筆者存入 ch9_2.xlsx。

	A	B	C	D	E	F	G	H
1								
2		飛馬傳播公司員工表						
3		員工代號	姓名	出生日期	到職日期	部門	職位	月薪
4		1001	陳二郎	1950/5/2	1991/1/1	行政	總經理	$86,000
5		1018	張學友	1965/10/13	1991/6/1	行政	專員	$55,000
6		1096	張曼玉	1976/7/22	1994/9/18	表演組	演員	$83,000
7		1010	劉德華	1964/8/20	1991/3/1	表演組	歌星	$77,000
8		1056	蘇有朋	1974/7/9	1992/5/10	表演組	演員	$72,000
9		1091	林慧萍	1969/3/25	1993/7/10	表演組	歌星	$66,000
10		1002	周海媚	1966/7/1	1991/1/1	表演組	演員	$65,000
11		1103	陳亞倫	1973/12/8	1994/12/20	表演組	歌星	$63,000
12		1025	林憶蓮	1972/3/12	1991/8/15	表演組	歌星	$48,000
13		1043	張清芳	1970/4/3	1992/3/7	宣傳組	專員	$55,000
14		1079	吳奇隆	1974/1/20	1993/2/1	宣傳組	助理專員	$42,000

9-6 依色彩篩選

如果某系列儲存格內有被賦與第 7 章所述格式化條件的圖示或色彩時，才可使用下拉式選單的依色彩篩選指令執行篩選工作。首先請開啟 ch7_5.xlsx 檔案，請選取 B3:F10，執行資料 / 排序與篩選，進入篩選環境，取消選取可以得到下列結果。

	A	B	C	D	E	F
1						
2		深智數位業務員銷售業績表				
3		姓名	一	二	三	總
4		李安	4560	5152	6014	15726
5		李連杰	8864	6799	7842	23505
6		成祖名	5797	4312	5500	15609
7		張曼玉	4234	8045	7098	19377
8		田中千繪	7799	5435	6680	19914
9		周華健	9040	8048	5098	22186
10		張學友	7152	6622	7452	21226

如果此時您按總計欄位的▼鈕，再執行依色彩篩選指令，可以看到儲存格圖示，然後可以依據自己的需求選擇欲篩選的圖示，假設選擇如下所示：

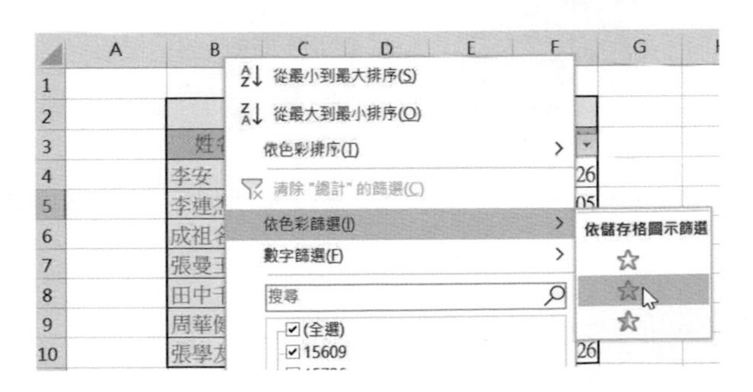

可以得到下列執行結果，筆者存入 ch9_3.xlsx。

	A	B	C	D	E	F
1						
2		深智數位業務員銷售業績表				
3		姓名	一	二	三	總
5		李連杰	8864	6799	7842	23505
9		周華健	9040	8048	5098	22186
10		張學友	7152	6622	7452	21226

9-7 表格資料

Excel 有提供表格資料的觀念，請開啟 ch9_1.xlsx，在 Excel 內又稱下列資料為一般工作表資料。

	A	B	C	D	E	F	G	H
1								
2		飛馬傳播公司員工表						
3		員工代號	姓名	出生日期	到職日期	部門	職位	月薪
4		1001	陳二郎	1950/5/2	1991/1/1	行政	總經理	$86,000
5		1002	周海媚	1966/7/1	1991/1/1	表演組	演員	$65,000
6		1010	劉德華	1964/8/20	1991/3/1	表演組	歌星	$77,000
7		1018	張學友	1965/10/13	1991/6/1	行政	專員	$55,000
8		1025	林憶蓮	1972/3/12	1991/8/15	表演組	歌星	$48,000
9		1043	張清芳	1970/4/3	1992/3/7	宣傳組	專員	$55,000
10		1056	蘇有朋	1974/7/9	1992/5/10	表演組	演員	$72,000
11		1079	吳奇隆	1974/1/20	1993/2/1	宣傳組	助理專員	$42,000
12		1091	林慧萍	1969/3/25	1993/7/10	表演組	歌星	$66,000
13		1096	張曼玉	1976/7/22	1994/9/18	表演組	演員	$83,000
14		1103	陳亞倫	1973/12/8	1994/12/20	表演組	歌星	$63,000

可以使用插入 / 表格 / 表格指令將上述工作表資料轉成表格資料，首先請選取 B3:H13 儲存格區間，再執行插入 / 表格 / 表格指令，將看到選取表格資料的範圍。

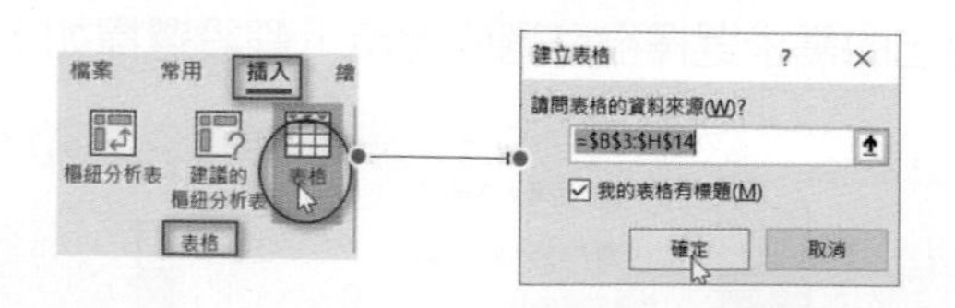

上述就是我們選取的區間，這格區間未來就是所建立的表格，請按確定鈕。

	A	B	C	D	E	F	G	H
1								
2		飛馬傳播公司員工表						
3		員工代號	姓名	出生日期	到職日期	部門	職位	月薪
4		1001	陳二郎	1950/5/2	1991/1/1	行政	總經理	$86,000
5		1002	周海媚	1966/7/1	1991/1/1	表演組	演員	$65,000
6		1010	劉德華	1964/8/20	1991/3/1	表演組	歌星	$77,000
7		1018	張學友	1965/10/13	1991/6/1	行政	專員	$55,000
8		1025	林憶蓮	1972/3/12	1991/8/15	表演組	歌星	$48,000
9		1043	張清芳	1970/4/3	1992/3/7	宣傳組	專員	$55,000
10		1056	蘇有朋	1974/7/9	1992/5/10	表演組	演員	$72,000
11		1079	吳奇隆	1974/1/20	1993/2/1	宣傳組	助理專員	$42,000
12		1091	林慧萍	1969/3/25	1993/7/10	表演組	歌星	$66,000
13		1096	張曼玉	1976/7/22	1994/9/18	表演組	演員	$83,000
14		1103	陳亞倫	1973/12/8	1994/12/20	表演組	歌星	$63,000

上述就是我們所見的表格，其實上述就是篩選環境，我們可以使用先前的知識篩選表格的資料，上述執行結果將存入 ch9_4.xlsx。上述若是執行資料 / 排序與篩選 / 篩選，可以離開篩選環境，取消選取後可以得到下列結果：

	A	B	C	D	E	F	G	H
1								
2		飛馬傳播公司員工表						
3		員工代號	姓名	出生日期	到職日期	部門	職位	月薪
4		1001	陳二郎	1950/5/2	1991/1/1	行政	總經理	$86,000
5		1002	周海媚	1966/7/1	1991/1/1	表演組	演員	$65,000
6		1010	劉德華	1964/8/20	1991/3/1	表演組	歌星	$77,000
7		1018	張學友	1965/10/13	1991/6/1	行政	專員	$55,000
8		1025	林憶蓮	1972/3/12	1991/8/15	表演組	歌星	$48,000
9		1043	張清芳	1970/4/3	1992/3/7	宣傳組	專員	$55,000
10		1056	蘇有朋	1974/7/9	1992/5/10	表演組	演員	$72,000
11		1079	吳奇隆	1974/1/20	1993/2/1	宣傳組	助理專員	$42,000
12		1091	林慧萍	1969/3/25	1993/7/10	表演組	歌星	$66,000
13		1096	張曼玉	1976/7/22	1994/9/18	表演組	演員	$83,000
14		1103	陳亞倫	1973/12/8	1994/12/20	表演組	歌星	$63,000

9-8 格式化為表格

Excel 也允許使用常用 / 樣式 / 格式化為表格，將一般資料格式化為表格資料，請開啟 ch9_1.xlsx，然後選取 B3:H14 儲存格區間。

	A	B	C	D	E	F	G	H
1								
2		飛馬傳播公司員工表						
3		員工代號	姓名	出生日期	到職日期	部門	職位	月薪
4		1001	陳二郎	1950/5/2	1991/1/1	行政	總經理	$86,000
5		1002	周海媚	1966/7/1	1991/1/1	表演組	演員	$65,000
6		1010	劉德華	1964/8/20	1991/3/1	表演組	歌星	$77,000
7		1018	張學友	1965/10/13	1991/6/1	行政	專員	$55,000
8		1025	林憶蓮	1972/3/12	1991/8/15	表演組	歌星	$48,000
9		1043	張清芳	1970/4/3	1992/3/7	宣傳組	專員	$55,000
10		1056	蘇有朋	1974/7/9	1992/5/10	表演組	演員	$72,000
11		1079	吳奇隆	1974/1/20	1993/2/1	宣傳組	助理專員	$42,000
12		1091	林慧萍	1969/3/25	1993/7/10	表演組	歌星	$66,000
13		1096	張曼玉	1976/7/22	1994/9/18	表演組	演員	$83,000
14		1103	陳亞倫	1973/12/8	1994/12/20	表演組	歌星	$63,000

執行常用 / 樣式 / 格式化為表格，選擇如下：

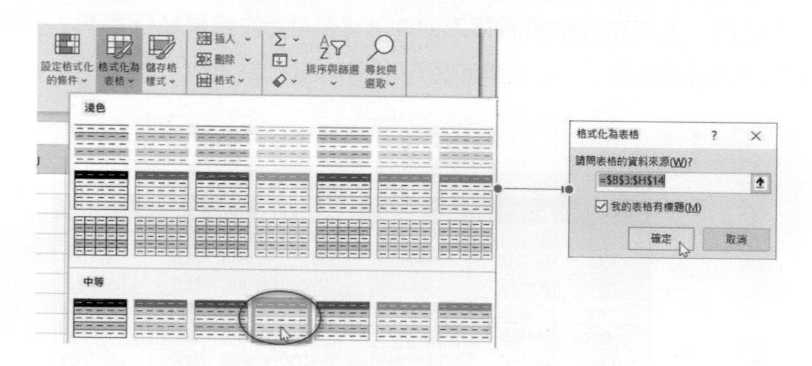

讀者可以由上述選擇各種表格樣式，當看到格式化為表格對話方塊，選擇適當的儲存格區間後，請按確定鈕，取消選取後可以得到下列結果，執行結果將存入 ch9_5.xlsx。

	A	B	C	D	E	F	G	H
1								
2		飛馬傳播公司員工表						
3		員工代號	姓名	出生日期	到職日期	部門	職位	月薪
4		1001	陳二郎	1950/5/2	1991/1/1	行政	總經理	$86,000
5		1002	周海媚	1966/7/1	1991/1/1	表演組	演員	$65,000
6		1010	劉德華	1964/8/20	1991/3/1	表演組	歌星	$77,000
7		1018	張學友	1965/10/13	1991/6/1	行政	專員	$55,000
8		1025	林憶蓮	1972/3/12	1991/8/15	表演組	歌星	$48,000
9		1043	張清芳	1970/4/3	1992/3/7	宣傳組	專員	$55,000
10		1056	蘇有朋	1974/7/9	1992/5/10	表演組	演員	$72,000
11		1079	吳奇隆	1974/1/20	1993/2/1	宣傳組	助理專員	$42,000
12		1091	林慧萍	1969/3/25	1993/7/10	表演組	歌星	$66,000
13		1096	張曼玉	1976/7/22	1994/9/18	表演組	演員	$83,000
14		1103	陳亞倫	1973/12/8	1994/12/20	表演組	歌星	$63,000

9-9 依照色彩排序

Excel 也支援依照色彩排序，下列將以實例解說。

實例一：將藍色底的儲存格排在最上層。

1： 請開啟 ch9_6.xlsx。

	A	B	C	D	E	F	G	H
1								
2		飛馬傳播公司員工表						
3		員工代號	姓名	出生日期	到職日期	部門	職位	月薪
4		1001	陳二郎	1950/5/2	1991/1/1	行政	總經理	$86,000
5		1002	周海媚	1966/7/1	1991/1/1	表演組	演員	$65,000
6		1010	劉德華	1964/8/20	1991/3/1	表演組	歌星	$77,000
7		1018	張學友	1965/10/13	1991/6/1	行政	專員	$55,000
8		1025	林憶蓮	1972/3/12	1991/8/15	表演組	歌星	$48,000
9		1043	張清芳	1970/4/3	1992/3/7	宣傳組	專員	$55,000
10		1056	蘇有朋	1974/7/9	1992/5/10	表演組	演員	$72,000
11		1079	吳奇隆	1974/1/20	1993/2/1	宣傳組	助理專員	$42,000
12		1091	林慧萍	1969/3/25	1993/7/10	表演組	歌星	$66,000
13		1096	張曼玉	1976/7/22	1994/9/18	表演組	演員	$83,000
14		1103	陳亞倫	1973/12/8	1994/12/20	表演組	歌星	$63,000

2： 執行資料 / 排序與篩選 / 排序，可以看到排序對話方塊。

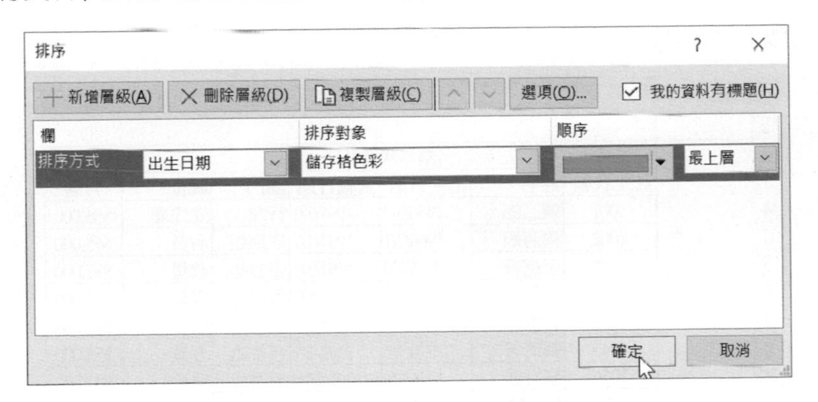

3： 請在排序方式欄位選擇出生日期，在排序對象欄位選擇儲存格色彩，在排序色塊選擇海藍色，在位置選擇最上層，如上所示。

4： 請按確定鈕，可以得到下列結果，結果存入 ch9_7.xlsx。

	A	B	C	D	E	F	G	H
1								
2		飛馬傳播公司員工表						
3		員工代號	姓名	出生日期	到職日期	部門	職位	月薪
4		1025	林憶蓮	1972/3/12	1991/8/15	表演組	歌星	$48,000
5		1043	張清芳	1970/4/3	1992/3/7	宣傳組	專員	$55,000
6		1056	蘇有朋	1974/7/9	1992/5/10	表演組	演員	$72,000
7		1079	吳奇隆	1974/1/20	1993/2/1	宣傳組	助理專員	$42,000
8		1096	張曼玉	1976/7/22	1994/9/18	表演組	演員	$83,000
9		1103	陳亞倫	1973/12/8	1994/12/20	表演組	歌星	$63,000
10		1001	陳二郎	1950/5/2	1991/1/1	行政	總經理	$86,000
11		1002	周海媚	1966/7/1	1991/1/1	表演組	演員	$65,000
12		1010	劉德華	1964/8/20	1991/3/1	表演組	歌星	$77,000
13		1018	張學友	1965/10/13	1991/6/1	行政	專員	$55,000
14		1091	林慧萍	1969/3/25	1993/7/10	表演組	歌星	$66,000

9-10 中文字的排序

Excel 中文字的排序有 2 種，分別是依筆劃排序與依注音排序，預設是使用依筆劃排序。

實例一：設定依筆劃排序。

1： 請開啟 ch9_8.xlsx。

	A	B	C	D	E	F	G	H
1								
2		飛馬傳播公司員工表						
3		員工代號	姓名	出生日期	到職日期	部門	職位	月薪
4		1001	陳二郎	1950/5/2	1991/1/1	行政	總經理	$86,000
5		1002	周海媚	1966/7/1	1991/1/1	表演組	演員	$65,000
6		1010	王德華	1964/8/20	1991/3/1	表演組	歌星	$77,000
7		1018	張學友	1965/10/13	1991/6/1	行政	專員	$55,000
8		1025	林憶蓮	1972/3/12	1991/8/15	表演組	歌星	$48,000
9		1043	張清芳	1970/4/3	1992/3/7	宣傳組	專員	$55,000
10		1056	蘇有朋	1974/7/9	1992/5/10	表演組	演員	$72,000
11		1079	吳奇隆	1974/1/20	1993/2/1	宣傳組	助理專員	$42,000
12		1091	林慧萍	1969/3/25	1993/7/10	表演組	歌星	$66,000
13		1096	張曼玉	1976/7/22	1994/9/18	表演組	演員	$83,000
14		1103	李亞倫	1973/12/8	1994/12/20	表演組	歌星	$63,000

2： 執行資料 / 排序與篩選 / 排序，可以看到排序對話方塊。

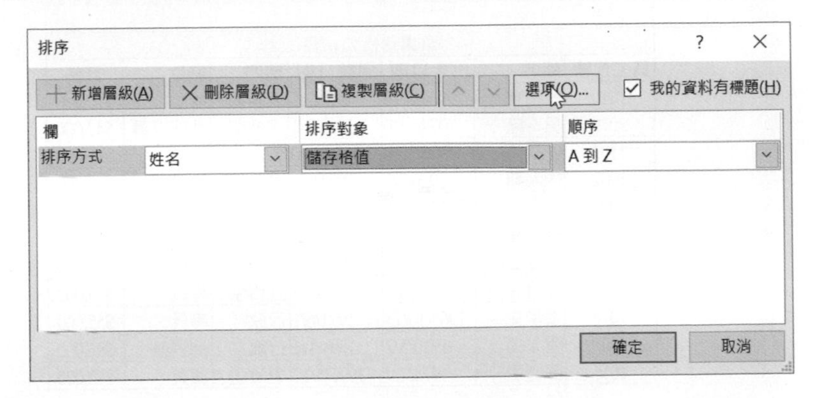

3： 請在排序方式欄位選擇姓名，在排序對象欄位選擇儲存格值，如上所示。

4： 請按選項鈕，可以看到排序選項對話方塊，在方法欄選依筆劃排序，其實這也是預設。

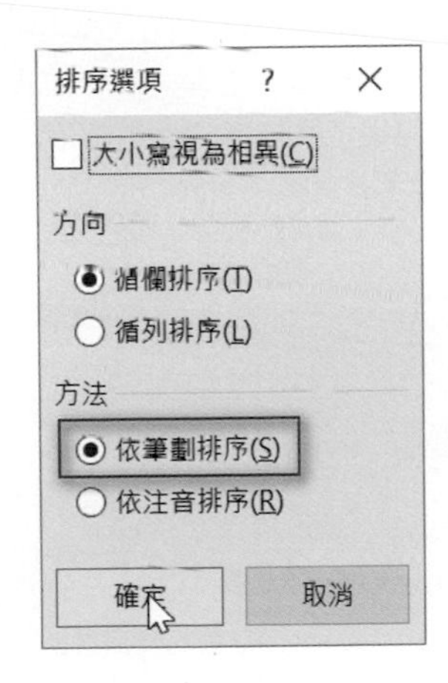

5： 按確定鈕可以關閉排序選項對話方塊。

6： 返回排序對話方塊，請再按一次確定鈕，可以得到下列排序結果。

	A	B	C	D	E	F	G	H
1								
2		飛馬傳播公司員工表						
3		員工代號	姓名	出生日期	到職日期	部門	職位	月薪
4		1010	王德華	1964/8/20	1991/3/1	表演組	歌星	$77,000
5		1079	吳奇隆	1974/1/20	1993/2/1	宣傳組	助理專員	$42,000
6		1103	李亞倫	1973/12/8	1994/12/20	表演組	歌星	$63,000
7		1002	周海媚	1966/7/1	1991/1/1	表演組	演員	$65,000
8		1091	林慧萍	1969/3/25	1993/7/10	表演組	歌星	$66,000
9		1025	林憶蓮	1972/3/12	1991/8/15	表演組	歌星	$48,000
10		1096	張曼玉	1976/7/22	1994/9/18	表演組	演員	$83,000
11		1043	張清芳	1970/4/3	1992/3/7	宣傳組	專員	$55,000
12		1018	張學友	1965/10/13	1991/6/1	行政	專員	$55,000
13		1001	陳二郎	1950/5/2	1991/1/1	行政	總經理	$86,000
14		1056	蘇有朋	1974/7/9	1992/5/10	表演組	演員	$72,000

CHAPTER

10

工作表技巧實戰

10-1 刪除空白字元

10-2 尋找或取代特定字串

10-3 同欄位上一筆內容填滿空白儲存格

10-4 填寫重複性資料使用下拉式清單

10-5 使用 ASC 函數將全形轉半形

10-6 檢查資料區間是否含文字資料

10-7 設定儲存格的輸入長度

10-8 設定公司統編的輸入格式

10-9 設定不能輸入重複的資料

10-10 設定不能輸入未來日期

10-11 設定交錯列底色的表單背景

在建立工作表資料過程難免錯誤，也許是輸入錯誤，也許是此資料從別的軟體拷貝時造成錯誤，本章將講解使用這類問題使用 Excel 的解決技巧，當你了解本章內容，未來可以不用一筆一筆修訂，讓 Excel 讓你效率升級。

10-1 刪除空白字元

有時候從排版檔案拷貝資料至 Office 軟體，最常見的就是多了一些空白，或是使用者也可能輸入錯誤造成有空白，這時呈現的是資料不整齊或是計算結果錯誤，如下列 ch10_1.xlsx 所示。

	A	B	C	D
1				
2		區域	姓名	業績
3		北區	洪 錦魁	9 87 00
4			洪冰 儒	12 398 0
5			小計	0

實例一：刪除 ch10_1.xlsx 工作表儲存格內的多餘空白字元，同時可獲得正確的報表。

1： 將作用儲存格移至任一表單位置，筆者放在 B2。

2： 執行常用 / 編輯 / 尋找與取代 / 取代。

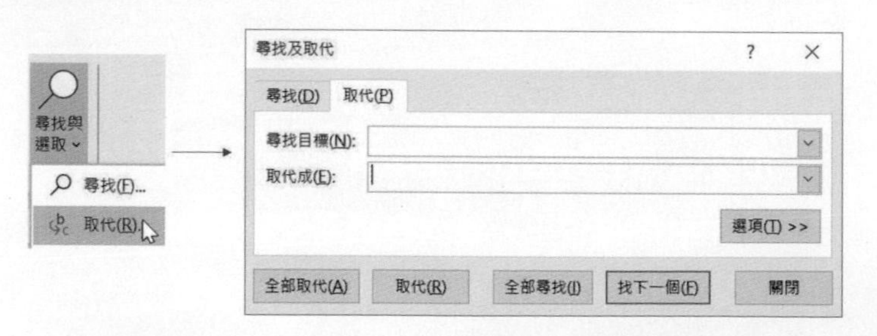

3： 出現尋找與取代對話方塊，請按此對話方塊的選項鈕。

4： 請在尋找目標欄位輸入一個空白，這是要尋找的目標。

5： 請在取代成欄位不要做任何輸入，沒有動作未來相當於刪除所搜尋到的空白字元。

6： 請按全部搜尋鈕，可以看到所有找到含多餘空白字元的儲存格列表。

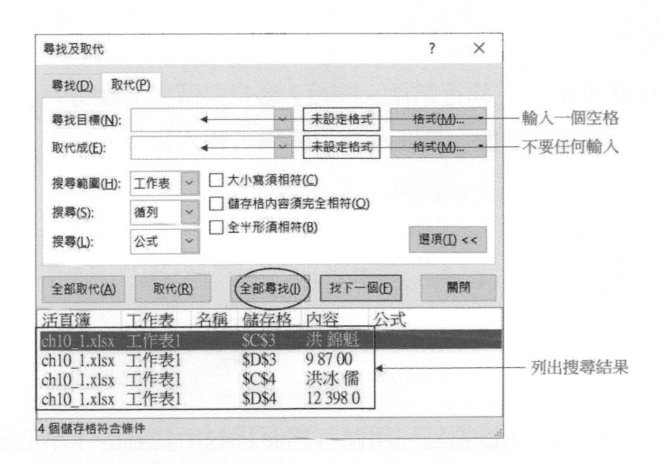

7： 按全部取代鈕，可以看到完成多少筆取代，不僅 C3:C4 中文字與 D3:D4 業績數字內的空白被刪除了同時工作表可以看到 D5 儲存格的業績小計也可以得到正確的結果了。

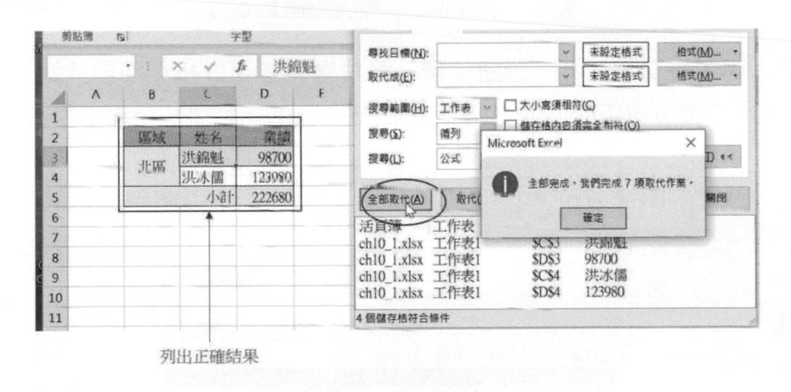

8： 請按確定鈕，再按關閉鈕，上述結果存入 ch10_2.xlsx。

10-2 尋找或取代特定字串

一個工作表建立完成，可能要修改部分地方，此時可以使用此功能快速找尋。如果要將所有字一次修改，也可以使用此功能。請開啟 ch10_3.xlsx 檔案。

	A	B	C	D
1				
2		股票名稱	資料來源	股價
3		台塑	台灣証卷交易所	105
4		南亞	台灣証卷交易所	90
5		台化	台灣証卷交易所	120

實例一：搜尋証卷。

1： 將作用儲存格放在 B2，執行常用 / 編輯 / 尋找與取代 / 尋找。

2： 出現尋找與取代對話方塊，請在尋找目標欄位輸入証卷。

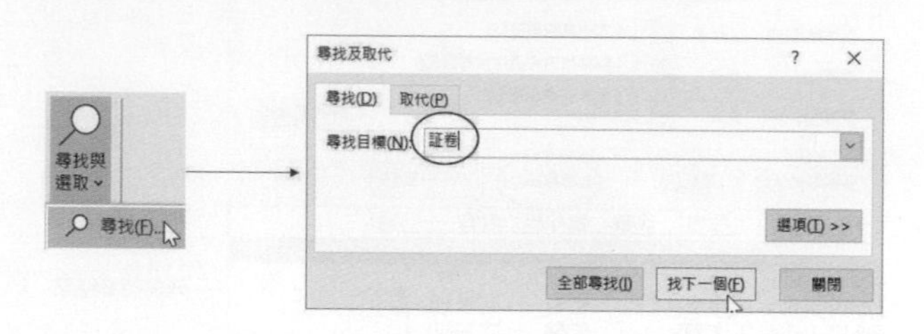

3： 如果按找下一個鈕，可以看到作用儲存格將移到所找到的字串位置。

	A	B	C	D
1				
2		股票名稱	資料來源	股價
3		台塑	台灣証卷交易所	105
4		南亞	台灣証卷交易所	90
5		台化	台灣証卷交易所	120

使用者可以每次按找下一個鈕一筆一筆找尋，也可以按全部尋找鈕，一次找出所有的字串，下列列出所找到的 3 筆資料以及所在的工作表 / 儲存格位置。

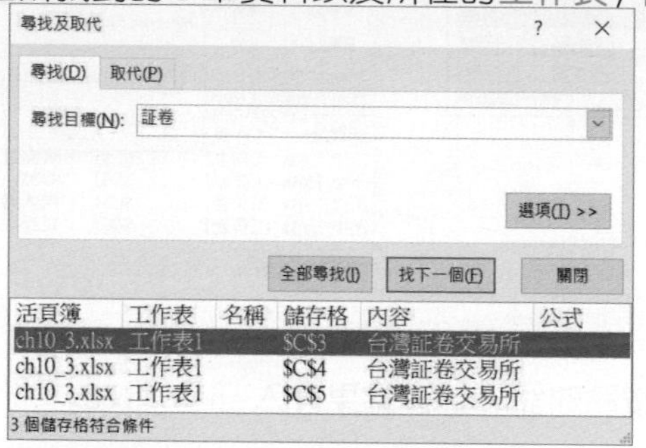

上述如果搜尋結束可以按關閉鈕，其實當我們找尋字串時，很多情況是要用新字串取代此字串，此時要用取代功能。

實例二：使用證券取代証卷。

1： 將作用儲存格放在 B2，執行常用 / 編輯 / 尋找與取代 / 取代。

2： 出現尋找與取代對話方塊，請在尋找目標欄位輸入証卷，在取代成欄位輸入證券。

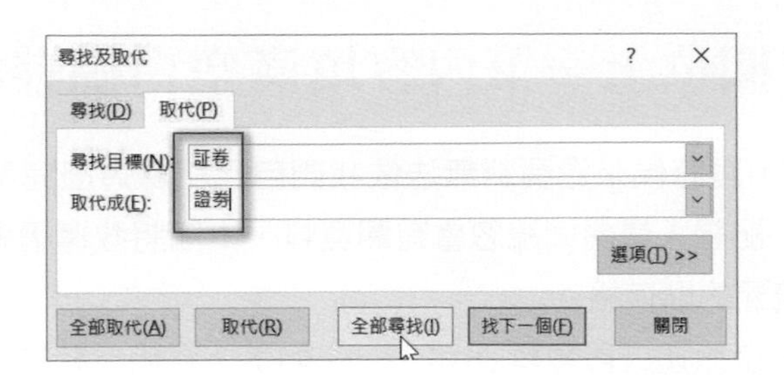

3： 按全部搜尋鈕，可以列出所有找到的字串。

註 在真實工作環境，讀者可以直接全部取代或一筆一筆取代，目前是在教學，所以筆者先列出所有找到的結果。

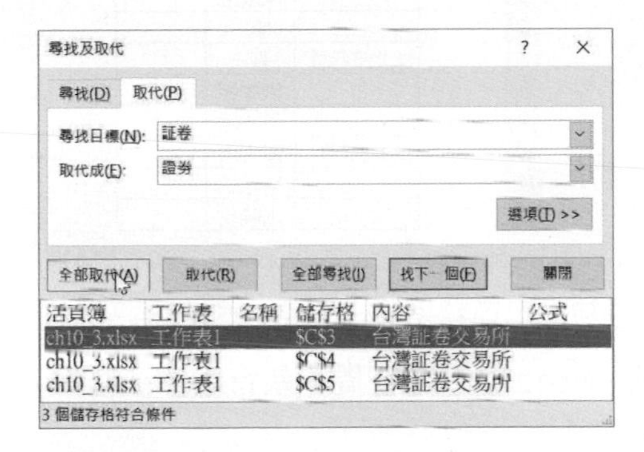

4： 按全部取代鈕，可以看到完成 3 個取代項目作業。

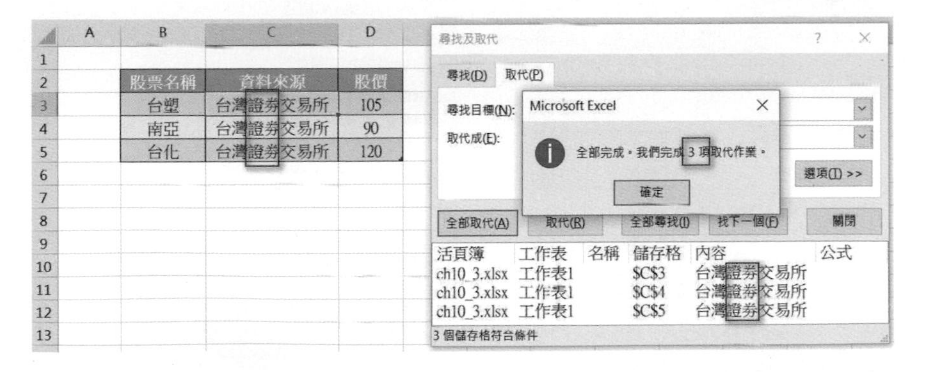

5： 請按確定鈕，再按關閉鈕，上述執行結果將存入 ch10_4.xlsx 檔案。

10-3 同欄位上一筆內容填滿空白儲存格

使用 Excel 時，有時候來源資料無法像我們自己記錄這麼完整，又或是記錄龐大的大數據資料，記錄人員偶爾疏忽會有漏資料，本節將教導讀者可以用同欄位的上一筆資料填此疏漏的儲存格。

有一個日本東京旅遊成員資料 ch10_5.xlsx 如下，在旅行社欄位空白，代表這位成員是上一筆資料相同的旅行社，性別則全部是女性。

	A	B	C	D
1				
2		日本東京旅遊成員資料表		
3		旅行社	姓名	性別
4		西北旅行社	賴紛紛	女
5			陳雨雨	
6			李一	
7		東北旅行社	張三	
8			陳霏霏	
9			洪冰冰	
10		快樂旅行社	謝雨雨	
11			謝冰柔	
12			湯曉玫	

實例一：使用相同欄位前一筆資料填滿上述空白儲存格。

1： 選取不含標題的 B4:D12 儲存格空間，執行常用 / 編輯 / 尋找與取代 / 特殊目標。

2： 出現特殊目標對話方塊，請選擇空格。

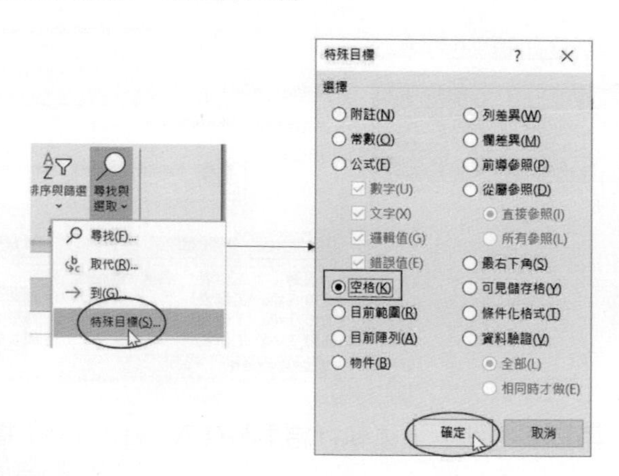

3： 請按確定鈕，然後此表單的空白部份呈現選取狀態，請按鍵盤右上方的 "=" 鈕，現在如果按鍵盤上的向上△鈕，空白儲存格會產生相同欄位上一筆資料的公式。

4： 請同時按 Ctrl + Enter 鍵，取消選取可以得到下列結果。

	A	B	C	D
1				
2		日本東京旅遊成員資料表		
3		旅行社	姓名	性別
4		西北旅行社	賴紛紛	女
5		=B4	陳雨雨	
6			李一	
7		東北旅行社	張三	
8			陳霏霏	
9			洪冰冰	
10		快樂旅行社	謝雨雨	
11			謝冰柔	
12			湯曉玫	

同時按
Ctrl + Enter

	A	B	C	D
1				
2		日本東京旅遊成員資料表		
3		旅行社	姓名	性別
4		西北旅行社	賴紛紛	女
5		西北旅行社	陳雨雨	女
6		西北旅行社	李一	女
7		東北旅行社	張三	女
8		東北旅行社	陳霏霏	女
9		東北旅行社	洪冰冰	女
10		快樂旅行社	謝雨雨	女
11		快樂旅行社	謝冰柔	女
12		快樂旅行社	湯曉玫	女

上述執行結果將存入 ch10_6.xlsx 檔案

10-4 填寫重複性資料使用下拉式清單

使用 Excel 建立出貨單時，雖然可以為每一筆資料輸入產品名稱和產品細項資料，這種方式雖可以運作但是容易輸入錯誤，最好的方式是使用下拉式清單用勾選方式輸入產品名稱和產品細項資料，這樣不僅增加工作效率，也不會出錯。如下所示：

	A	B	C	D
1				
2		快樂3C出貨單		
3		日期	產品	明細
4		2020/10/10	Apple	iPhone 12
5		2020/10/12	Acer	
6		2020/10/15	Apple Sony Acer	
7				
8				
9				
10				

	A	B	C	D
1				
2		快樂3C出貨單		
3		日期	產品	明細
4		2020/10/10	Apple	iPhone 12
5		2020/10/12	Acer	
6		2020/10/15	Sony	Swift 7 Swift 5 Swift 3
7				
8				
9				
10				

請開啟 ch10_7.xlsx 檔案，這個工作表有產品清單和出貨單，產品清單內有所有的銷售商品，出貨單則是一般表單可以填寫相關產品出貨資料。

	A	B	C	D	E	F	G	H	I	J
1										
2		快樂3C出貨單					快樂3C專賣店產品清單			
3		日期	產品	明細			產品	Apple	Sony	Acer
4		2020/10/10	Apple				Apple	iPhone 12	KD-85Z9G	Swift 7
5		2020/10/12	Acer				Sony	iPhone 11	KD-65A9G	Swift 5
6		2020/10/15	Sony				Acer	iPhone X	KD-65A9F	Swift 3
7										
8										
9										
10										

實例一：為產品清單建立儲存格範圍名稱，在 4-5 節已有相關說明，本實例將直接實作。

1： 選取 G3:J3 儲存格區間。

2： 執行公式 / 已定義之名稱 / 從選取範圍建立。

3： 出現以選取範圍建立名…對話方塊，由於計畫使用最上方的列當作範圍名稱，所以這裡設定頂端列。

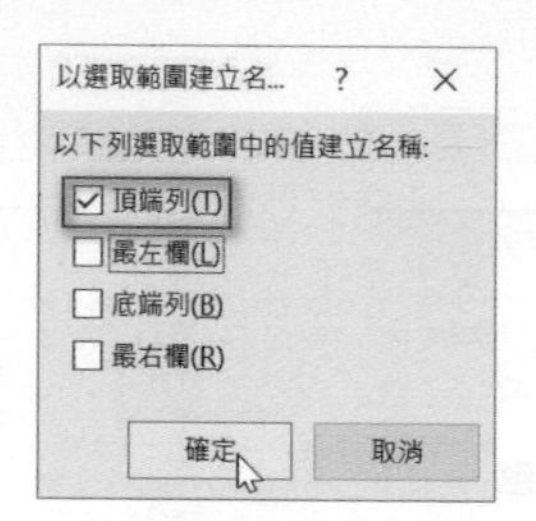

4： 請按確定鈕，這樣建立範圍名稱就算完成。

如果現在選取 H4:H6 名稱方塊會顯示 Apple，選取 I4:I6 名稱方塊會顯示 Sony，選取 J4:J6 名稱方塊會顯示 Acer。

實例二：為每個產品建立下拉式可勾選清單。

1： 選取 C4:C10 儲存格區間。

2： 執行資料 / 資料工具 / 資料驗證 / 資料驗證。

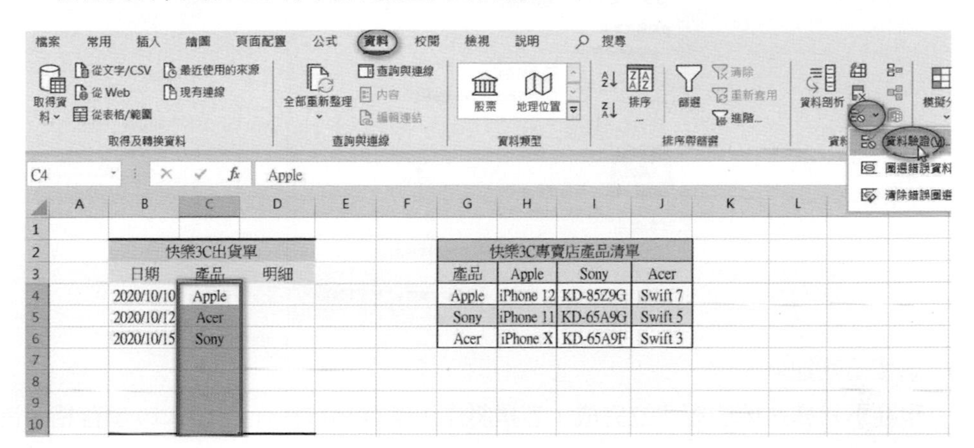

3： 出現資料驗證對話方塊，選設定標籤，在儲存格內允許欄位選擇清單。

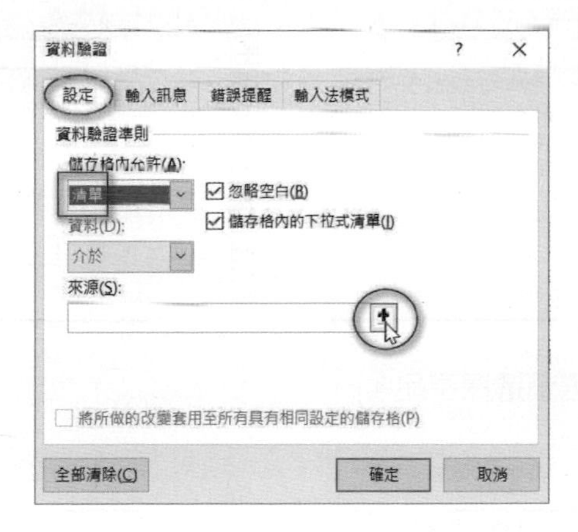

4： 請參考上述對話方塊按 ⬆ 鈕。

5： 接著需要選擇產品項目的清單內容，此例：請選取儲存格區間 G4:G6。

6： 請按資料驗證對話方塊右邊的鈕，可以回到資料驗證對話方塊。

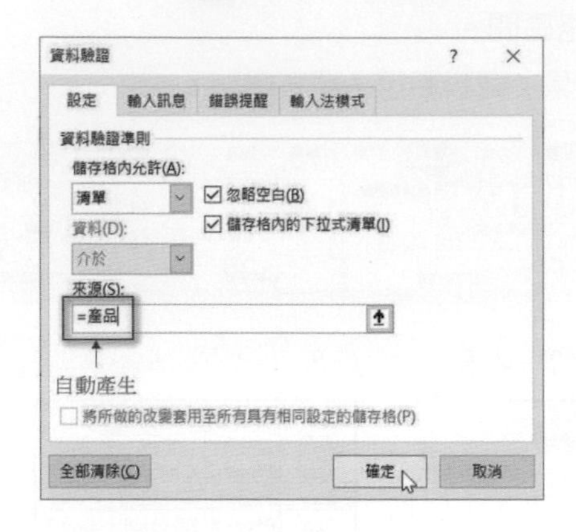

7： 請按確定鈕。

現在下拉式選單已經建立完成，若是將作用儲存格放在任一 C4:C10 儲存格，皆可以看到鈕。

	A	B	C	D
1				
2		快樂3C出貨單		
3		日期	產品	明細
4		2020/10/10	Apple	
5		2020/10/12	Acer	
6		2020/10/15	Sony	
7				
8				
9				
10				

	A	B	C	D
1				
2		快樂3C出貨單		
3		日期	產品	明細
4		2020/10/10	Apple	
5		2020/10/12	Acer	
6		2020/10/15	Sony	
7				
8				
9				
10				

可以點選下拉式選單選擇產品。

	A	B	C	D
1				
2		快樂3C出貨單		
3		日期	產品	明細
4		2020/10/10	Apple	
5		2020/10/12	Acer	
6		2020/10/15	Sony	
7				
8			Apple	
9			Sony	
10			Acer	

	A	B	C	D
1				
2		快樂3C出貨單		
3		日期	產品	明細
4		2020/10/10	Apple	
5		2020/10/12	Acer	
6		2020/10/15	Sony	
7			Apple	
8				
9				
10				

接下來是建立產品下拉式選單明細，此例我們需要使用 INDIRECT 函數，此函數語法如下：

INDIRECT(字串)

函數參數可以是字串或儲存格位址，此函數會傳回字串或儲存格內容。

實例三：建立 Apple 產品下拉式選單明細。

1： 選取出貨單明細欄位的儲存格區間 D4:D10。

2： 執行資料 / 資料工具 / 資料驗證 / 資料驗證。

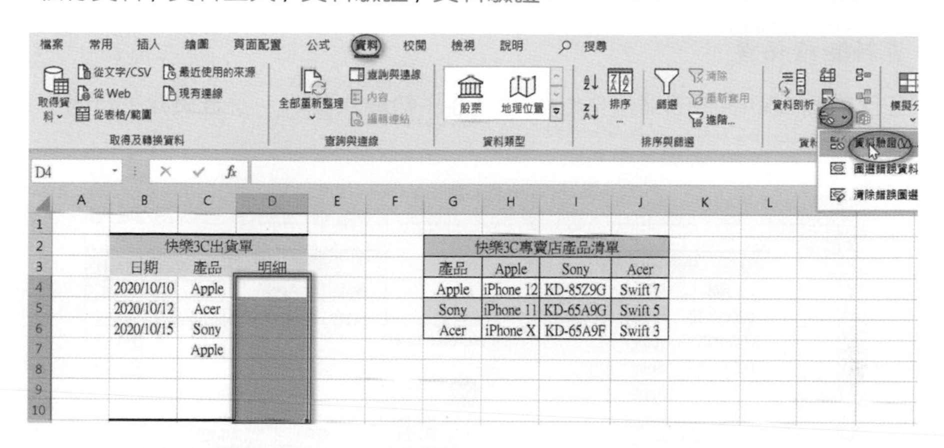

3： 出現資料驗證對話方塊，選設定標籤，在儲存格內允許欄位選擇清單。

4： 請在來源欄位輸入 "=INDIRECT(C4)"(這裡必須輸入參數的第一筆資料位址)。

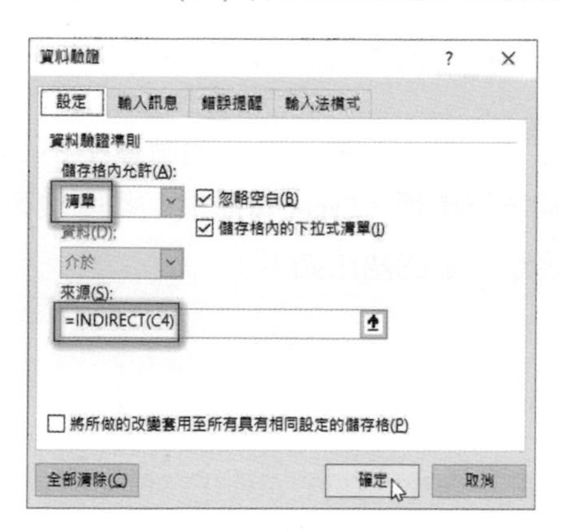

5： 請按確定鈕，上述就算是建立產品細項的下拉式選單完成，結果存入 ch10_8.xlsx。

日期	產品	明細
2020/10/10	Apple	iPhone 12 / iPhone 11 / iPhone X
2020/10/12	Acer	
2020/10/15	Sony	
	Apple	

日期	產品	明細
2020/10/10	Apple	iPhone 11
2020/10/12	Acer	
2020/10/15	Sony	
	Apple	

上述讀者可以自行使用下拉式選單做測試。

❑ 取消儲存格資料驗證

未來如果想要取消儲存格的資料驗證，可以選取已完成資料驗證的儲存格，執行資料 / 資料工具 / 資料驗證 / 資料驗證，出現資料驗證對話方塊，按全部清除鈕。

❑ 資料驗證保護

在已經有資料驗證的儲存格也可以自行手動輸入資料，若是資料不符將出現警告對話方塊。

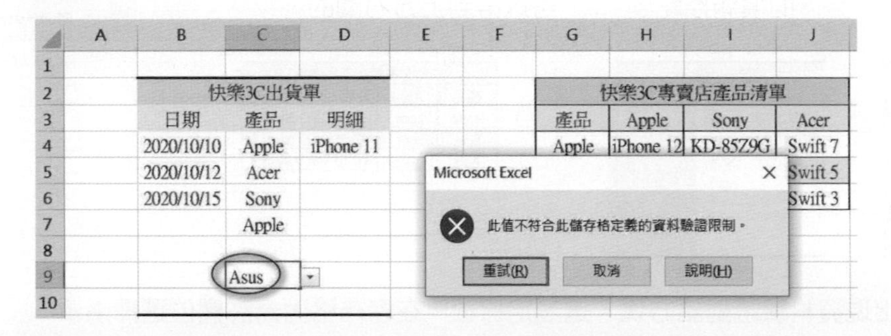

10-5 使用 ASC 函數將全形轉半形

使用中文輸入英文字母或阿拉伯數字時，有時會不小心交雜使用半形或全形，筆者建議這類的資料使用半形處理，Excel 有提供 ASC 函數可以將全形的英文字母或阿拉伯數字轉成半形，這個函數的語法如下：

ASC(字串)

有一個人事資料表檔案 ch10_9.xlsx 如下：

	A	B	C	D	E
1					
2		人人數據公司人事資料表			
3		姓名	身分證號碼	出生日期	地址
4		洪錦魁	Ｊ１２０５３１７７７	1999/1/1	台北市
5		洪冰雨	Ｑ２３１１５５４７７	2000/12/31	台北市
6		洪星宇	Ｊ１２０５３１７７９	2003/9/15	台北市

從上述可以看到 C4:C6 儲存格區間的身分證號碼是全形的英文字母和阿拉伯數字。

實例一：將上述全形的英文字母和阿拉伯數字改為半形。

1： 將作用儲存格放在 G4，在此儲存格輸入 "=ASC(C4)"，按 Enter 鍵，適度增加 G 欄位的儲存格寬度可以得到下列左圖的結果。

	A	B	C	D	E	F	G
1							
2		人人數據公司人事資料表					
3		姓名	身分證號碼	出生日期	地址		
4		洪錦魁	Ｊ１２０５３１７７７	1999/1/1	台北市		J120531777
5		洪冰雨	Ｑ２３１１５５４７７	2000/12/31	台北市		
6		洪星宇	Ｊ１２０５３１７７９	2003/9/15	台北市		

拖曳G4填滿控點到G6

G
J120531777
Q231155477
J120531779

2： 拖曳 G4 的填滿控點到 G6，可以得到上方右圖的結果。

3： 選取 G4:G6，按常用 / 剪貼簿 / 複製鈕。

4： 選取 C4:C6 儲存格區間，執行常用 / 剪貼簿 / 貼上 / 貼上值鈕。

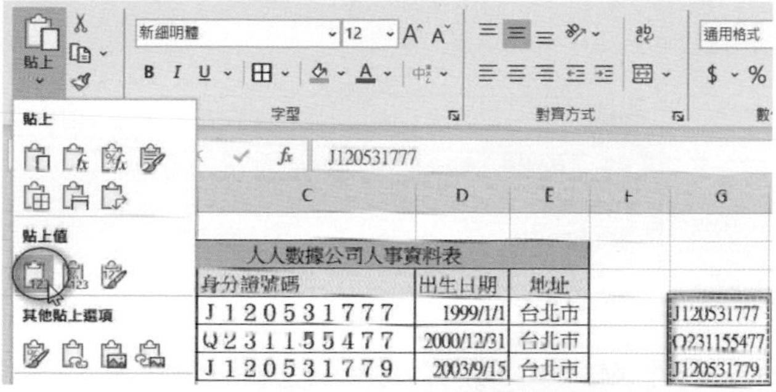

貼上
貼上值
其他貼上選項

C	D	E	F	G
人人數據公司人事資料表				
身分證號碼	出生日期	地址		
Ｊ１２０５３１７７７	1999/1/1	台北市		J120531777
Ｑ２３１１５５４７７	2000/12/31	台北市		Q231155477
Ｊ１２０５３１７７９	2003/9/15	台北市		J120531779

5： 取消選取，適度更改 C 欄的寬度，可以得到下列結果筆者存入 ch10_10.xlsx。

	A	B	C	D	E	F	G
1							
2		人人數據公司人事資料表					
3		姓名	身分證號碼	出生日期	地址		
4		洪錦魁	J120531777	1999/1/1	台北市		J120531777
5		洪冰雨	Q231155477	2000/12/31	台北市		Q231155477
6		洪星宇	J120531779	2003/9/15	台北市		J120531779

上述我們是先有資料再執行 ASC 函數，檢查與修正全形字為半形字，其實我們也可以在儲存格區間先設定此儲存格區間只能輸入半形字，有一個 ch10_11.xlsx 資料檔案內容如下：

	A	B	C	D	E	F	G
1							
2		環保署PM2.5觀測站					
3		監測站	08:00	22:00	12:00	14:00	16:00
4		陽明山					
5		內湖					
6		萬華					
7		汐止					
8		三重					

實例一：設定 C4:G8 儲存格區間只能輸入半形字元，如果輸入全形字元將出現示警對話方塊，這個對話方塊內容是必須輸入半形數字。

1： 選取 C4:G8 儲存格區間。

	A	B	C	D	E	F	G
1							
2		環保署PM2.5觀測站					
3		監測站	08:00	22:00	12:00	14:00	16:00
4		陽明山					
5		內湖					
6		萬華					
7		汐止					
8		三重					

2： 執行資料 / 資料工具 / 資料驗證 / 資料驗證。

3： 出現資料驗證對話方塊，請在儲存格內允許選自定，公式欄位輸入 "=C4=ASC(C4:G8)"。

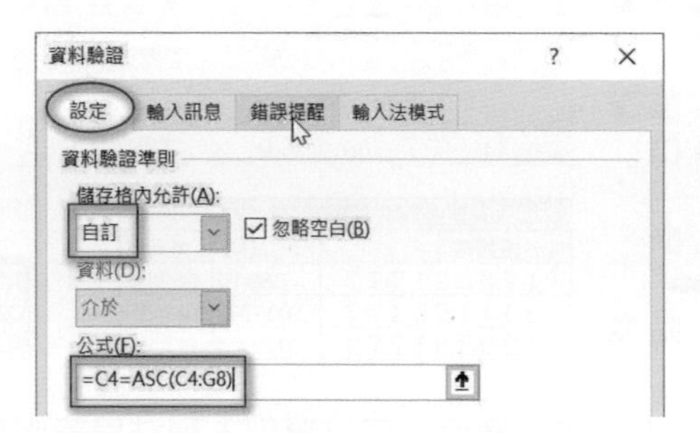

4： 請按錯誤提醒標籤，請在訊息內容欄位輸入必須輸入半形數字。

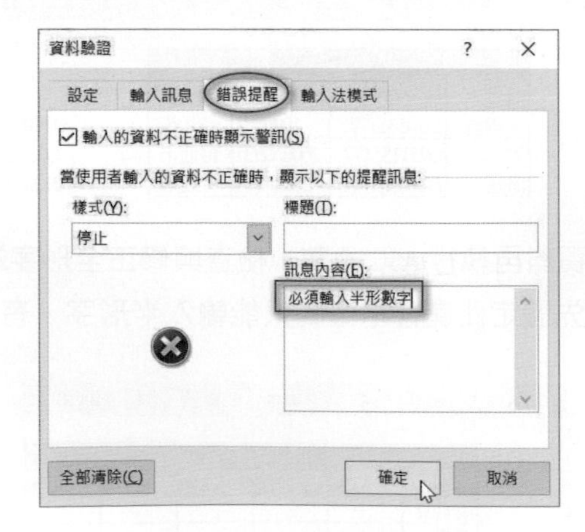

5： 請按確定鈕上述設定就算完成。

未來若是在 C4:G8 儲存格區間輸入全形數字，將出現提示的錯誤對話方塊。

	A	B	C	D	E	F	G	H	I	J
1										
2		環保署PM2.5觀測站								
3		監測站	08:00	22:00	12:00	14:00	16:00			
4		陽明山								
5		內湖								
6		萬華		２０						
7		汐止								
8		三重								
9										

Microsoft Excel

必須輸入半形數字

重試(R)　取消　說明(H)

上述執行結果將儲存至 ch10_12.xlsx 檔案。

10-6 檢查資料區間是否含文字資料

有時候在資料收集過程可能會發生數據儲存格區間因為輸入錯誤，造成應該輸入數字，結果輸入文字資料，最後獲得了錯誤的結論。Excel 提供 ISTEXT 函數，可以判別儲存格內容是否為文字，此函數語法如下：

ISTEXT(儲存格或儲存格區間)

有一個環保署 PM2.5 監測的資料檔案 ch10_13.xlsx 內容如下：

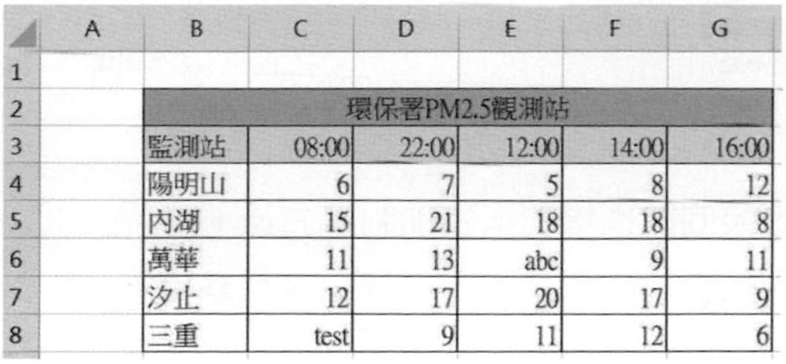

	A	B	C	D	E	F	G
1							
2		環保署PM2.5觀測站					
3		監測站	08:00	22:00	12:00	14:00	16:00
4		陽明山	6	7	5	8	12
5		內湖	15	21	18	18	8
6		萬華	11	13	abc	9	11
7		汐止	12	17	20	17	9
8		三重	test	9	11	12	6

實例一：將 PM2.5 的數據用紅色標示出來。

1： 選取 C4:G8 儲存格區間。

2： 執行常用 / 樣式 / 設定格式化條件 / 新增規則。

3： 出現新增格式化規則對話方塊，請在選取規則類型欄位選擇使用公式來決定要格式化哪些儲存格。請輸入 "=ISTEXT(C4)"，ISTEXT 函數參數應該填上所選區間的左上角儲存格，然後按格式鈕。

新增格式化規則

選取規則類型(S):

▶ 根據其值格式化所有儲存格
▶ 只格式化包含下列的儲存格
▶ 只格式化排在最前面或最後面的值
▶ 只格式化高於或低於平均的值
▶ 只格式化唯一或重複的值
▶ 使用公式來決定要格式化哪些儲存格

編輯規則說明(E):

格式化在此公式為 True 的值(O):

=ISTEXT(C4)

預覽: 未設定格式 格式(F)...

確定 取消

4： 出現設定儲存格格式對話方塊，請在字型樣式選擇標準、色彩欄位選紅色。

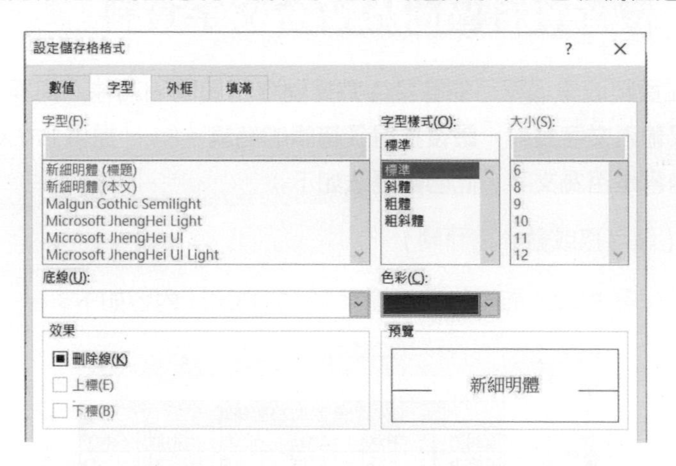

5： 按確定鈕，可以返回新增格式化規則對話方塊。

6： 按確定鈕，再取消選取儲存格，可以得到下列結果筆者存入 ch10_14.xlsx。

	A	B	C	D	E	F	G
1							
2		環保署PM2.5觀測站					
3		監測站	08:00	22:00	12:00	14:00	16:00
4		陽明山	6	7	5	8	12
5		內湖	15	21	18	18	8
6		萬華	11	13	abc	9	11
7		汐止	12	17	20	17	9
8		三重	test	9	11	12	6

很明顯非數字部分的資料已經用紅色顯示了。

10-7 設定儲存格的輸入長度

一個經營國際行銷的大盤商出貨時單品至少要 1000 個 (含) 以上，這時系統最好設計出貨數量的儲存格至少需輸入 4 個字元長，以防止輸入錯誤。要設計這類程式需要使用 LEN 函數，這個函數的用法如下：

LEN(字串)

上述可以傳回字串的長度 (字數)。有一個出貨單 ch10_15.xlsx 內容如下：

	A	B	C	D	E
1					
2		太陽國際公司出貨單			
3		品項	數量	單價	小計
4		滑鼠		150	0
5		充電器		300	0
6		鍵盤		220	0
7				總計	0

目前讀者可以在上述工作表的 C4:C6 儲存格區間輸入任意數量的銷售數字，工作表將在 E7 列出銷售總計。

	A	B	C	D	E
1					
2		太陽國際公司出貨單			
3		品項	數量	單價	小計
4		滑鼠	10	150	1500
5		充電器	10	300	3000
6		鍵盤	100	220	22000
7				總計	26500

實例一：設定銷售數量至少要 1000，此出貨單才可以使用。

1： 選取 C4:C6 儲存格區間。

2： 執行資料 / 資料工具 / 資料驗證 / 資料驗證。

3： 出現資料驗證對話方塊，在儲存格內允許選自定，公式欄位輸入 "=LEN(C4)>=4"。

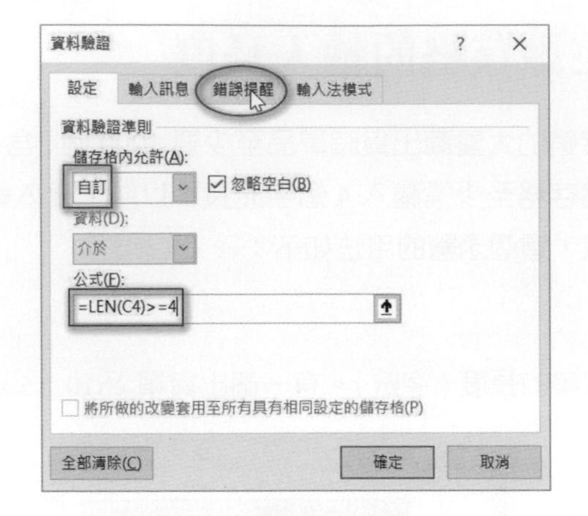

註 LEN 函數參數必須輸入儲存格區間最上方儲存格位址。

4： 請按錯誤提醒標籤，請在訊息內容欄位輸入出貨數量必須在 1000(含) 以上。

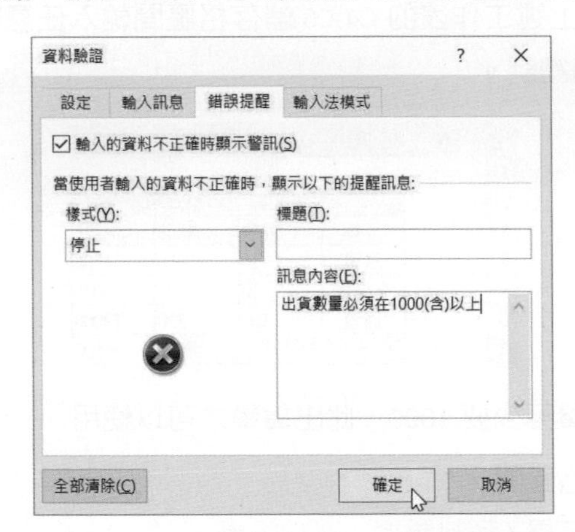

5： 請按確定鈕上述設定就算完成，執行結果將儲存至 ch10_16.xlsx 檔案。

未來若是在 C4:C6 儲存格區間輸入少於 1000 數量，將出現提示的錯誤對話方塊。

	A	B	C	D	E
1					
2		太陽國際公司出貨單			
3		品項	數量	單價	小計
4		滑鼠	1000	150	150000
5		充電器	2500	300	750000
6		鍵盤	950	220	0
7				總計	900000

Microsoft Excel

出貨數量必須在1000(含)以上

重試(R) 取消 說明(H)

10-8 設定公司統編的輸入格式

所有的企業在成立的時候皆可以獲得一個統一編號，這個編號是由 8 位數的數字所組成，我們在建立供應商或客戶時皆要輸入此統一編號，如果使用 Excel 建立此欄位資料時，可以限定此欄位必須是數字以及長度是 8，這樣可以避免錯誤。有一個供應商的檔案 ch10_17.xlsx 內容如下：

	A	B	C	D	E	F
1						
2		供應商資料表				
3		廠商	廠商統編	負責人	連絡電話	地址
4		阿萬印刷		陳阿萬	02-25551111	新北市中和區
5		宗和裝訂		張家軍	02-33333333	新北市泰山區
6		大業紙廠		陳林令	02-99999999	新北市永和區
7		昶捷物流		許家捷	03-25620000	桃園市龜山區

此實例需要使用 ISNUMBER 函數，這個函數的功能是可以判斷儲存格內容是否為數字，如果是則傳回 True 否則傳回 False，此語法格式如下：

ISNUMBER(物件)

物件是所要判斷的儲存格內容。

實例一：使用者目前可以在 C4:C7 儲存格的廠商統編欄位輸入任意資料，這個實例會將廠商統編欄位限制為只能輸入 8 位數的數字，否則會出現警告訊息。

1： 選取 C4:C7 儲存格區間。

2： 執行資料 / 資料工具 / 資料驗證 / 資料驗證。

3： 出現資料驗證對話方塊，在儲存格內允許選自定，公式欄位輸入 "=AND(LEN(C4)=8,ISNUMBER(C4))"。

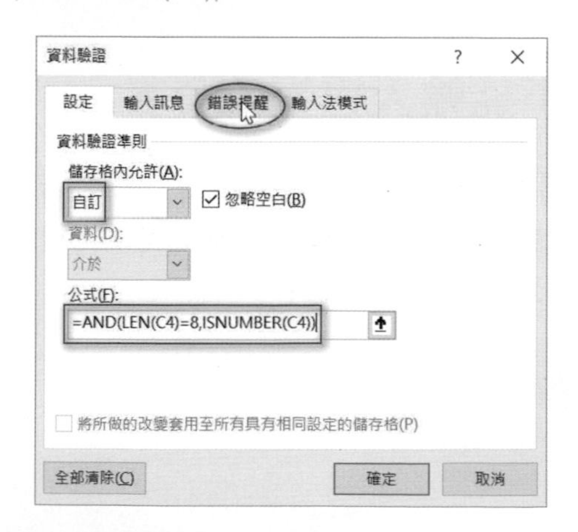

註 LEN 和 ISNUMBER 函數參數必須輸入儲存格區間最上方儲存格位址。

4： 請按錯誤提醒標籤，請在訊息內容欄位輸入公司統一編號輸入錯誤。

5： 請按確定鈕上述設定就算完成，執行結果將儲存至 ch10_18.xlsx 檔案。

未來若是在 C4:C7 儲存格區間輸入非 8 個位數數字，將出現提示的錯誤對話方塊。

10-9 設定不能輸入重複的資料

在表單內輸入資料時，有些資料不能重複的，例如：建立員工資料時員工編號、身份證號碼是不能重複的。本節筆者將說明如何防止相同員工編號不要重複，有一個員工資料檔案 ch10_19.xlsx 內容如下：

	A	B	C	D	E	F
1						
2		中強企業員工資料表				
3		員工編號	姓名	部門	電話	地址
4		E19011	陳興星	總務	02-22556677	台北市士林區忠誠路1號
5		E19012	張家維	業務	0932-333-666	台北市中正區
6		E10332	洪星宇	會計	0951-000-111	台北市信義區
7			洪冰雨	會計	03-5998774	新北市板橋區
8			謝家捷	人事	0952-555777	新北市中和區
9			湯梅英	業務	02-99999999	新北市永和區

實例一：為 B4:B9 儲存格區間設定不能有重複的資料輸入。

1： 選取 B4:B9 儲存格區間。

2： 執行資料 / 資料工具 / 資料驗證 / 資料驗證。

3： 出現資料驗證對話方塊，在儲存格內允許選自定，公式欄位輸入 "=COUNTIF($B$4:$B$9,B4)=1"。

4： 請按錯誤提醒標籤，請在訊息內容欄位輸入員工編號重複。

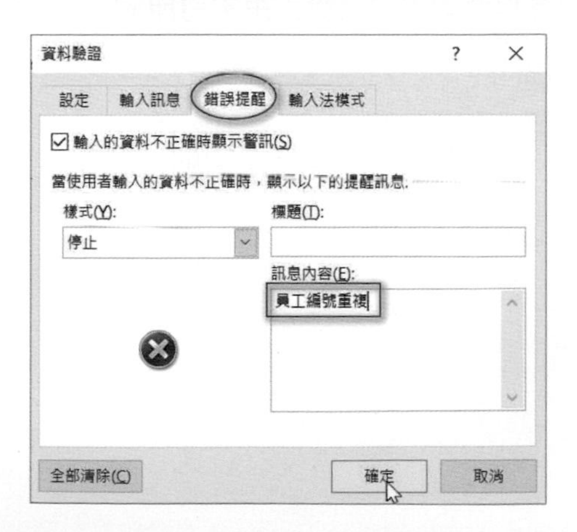

5： 請按確定鈕上述設定就算完成，執行結果將儲存至 ch10_20.xlsx 檔案。

未來若是在 C4:C7 儲存格區間輸入重複員工編號，將出現提示的錯誤對話方塊。

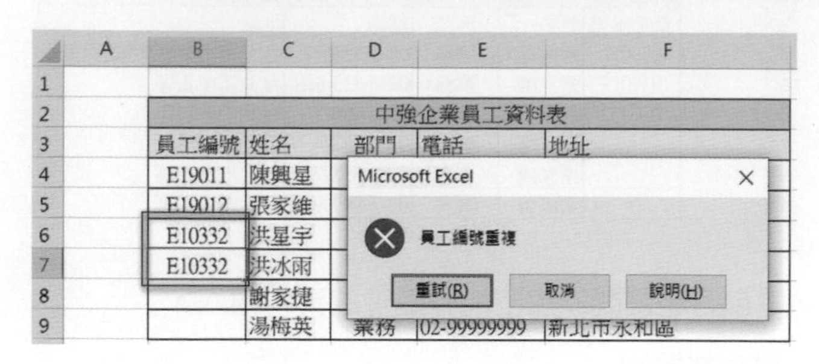

10-10 設定不能輸入未來日期

我們在建立員工資料的到職日期時，不可以輸入未來日期，所以我們也可以先做防範，設定不可以輸入未來日期。本節筆者將說明如何防止員工到職日期欄位不能輸入未來日期，有一個員工資料檔案 ch10_21.xlsx 內容如下：

	A	B	C	D	E	F	G
1							
2		中強企業員工資料表					
3		員工編號	姓名	部門	到職日期	電話	地址
4		E19011	陳興星	總務		02-22556677	台北市士林區忠誠路1號
5		E19012	張家維	業務		0932-333-666	台北市中正區
6		E10332	洪星宇	會計		0951-000-111	台北市信義區
7		E10441	洪冰雨	會計		03-5998774	新北市板橋區
8		E10443	謝家捷	人事		0952-555777	新北市中和區
9		E10500	湯梅英	業務		02-99999999	新北市永和區

上述判斷輸入日期不能是未來日期所使用的函數式 TODAY，可以參考 8-2-1 節。

實例一：設定 E4:E9 儲存格區間不可以輸入未來日期。

1： 選取 E4:E9 儲存格區間。

2： 執行資料 / 資料工具 / 資料驗證 / 資料驗證。

3： 出現資料驗證對話方塊，在儲存格內允許選日期，在資料欄位選擇小於或等於，在結束日期欄位輸入 "=TODAY()"。

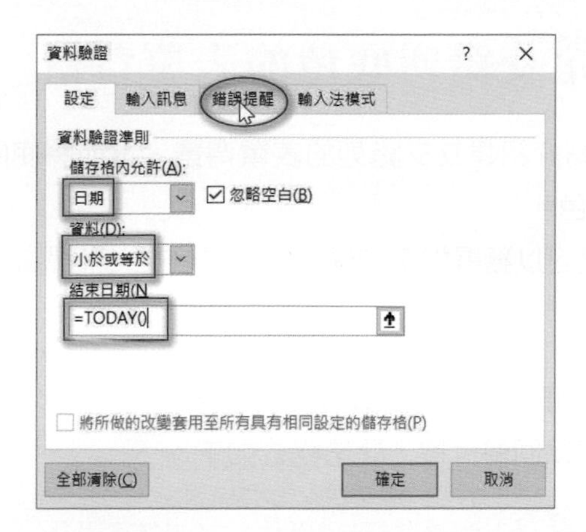

4： 請按錯誤提醒標籤，請在訊息內容欄位輸入不能輸入未來日期。

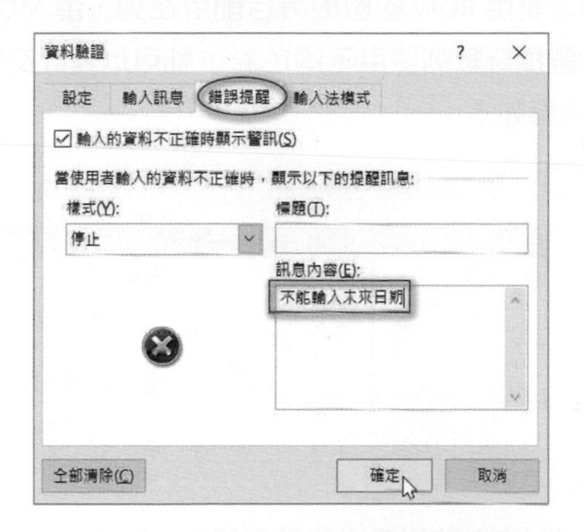

5： 請按確定鈕上述設定就算完成，執行結果將儲存至 ch10_22.xlsx 檔案。

未來若是在 E4:E7 儲存格區間輸入未來日期，將出現提示的錯誤對話方塊。

10-11 設定交錯列底色的表單背景

在 6-4-3 節筆者有介紹建立交錯列的表單背景，本節將使用 ROW 和 MOD 函數建立交錯列的表單底色。

ROW 函數功能是可以獲得指定的儲存格列號，語法格式如下：

ROW(儲存格)

如果省略參數，則傳回 ROW 函數所在列號。

MOD 函數則是可以回傳餘數，語法格式如下：

MOD(被除數 , 除數)

建立交錯底色觀念是由 ROW 函數取得目前所在列，由 MOD 函數判斷是奇數列或偶數列，最後只要選擇奇數列使用不同色彩，就可以建立交錯列底色。有一個檔案 ch10_23.xlsx 表單內容如下：

	A	B	C	D	E	F
1						
2		員工資料表				
3		員工編號	姓名	部門	電話	地址
4		E19011	陳興星	總務	02-22556677	台北市士林區忠誠路1號
5		E19012	張家維	業務	0932-333-666	台北市中正區
6		E10332	洪星宇	會計	0951-000-111	台北市信義區
7		E10441	洪冰雨	會計	03-5998774	新北市板橋區
8		E10443	謝家捷	人事	0952-555777	新北市中和區
9		E10500	湯梅英	業務	02-99999999	新北市永和區

實例一：建立第 3-9 列間的奇數列使用淺黃色底。

1： 選取 B3:F9 儲存格區間。

2： 執行常用 / 樣式 / 設定格式化條件 / 新增規則。

3： 出現新增格式化規則對話方塊，請在選取規則類型欄位選擇使用公式來決定要格式化哪些儲存格。請輸入 "=MOD(ROW(),2)=1"，然後按格式鈕。

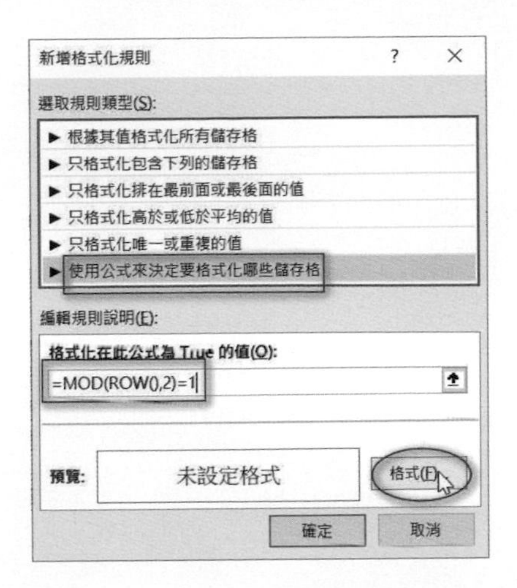

4： 出現設定儲存格式對話方塊，請選擇填滿標籤、背景色彩欄位選淺黃色。

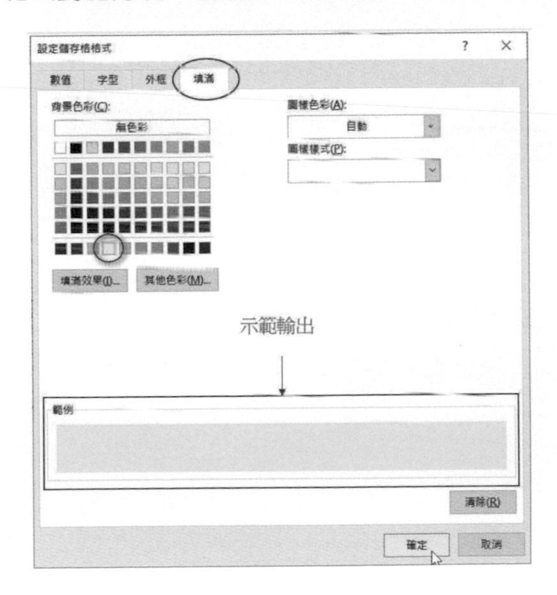

5： 按確定鈕，可以返回新增格式化規則對話方塊。

6： 按確定鈕，再取消選取儲存格，可以得到下列結果筆者存入 ch10_24.xlsx。

	A	B	C	D	F	F
1						
2		員工資料表				
3		員工編號	姓名	部門	電話	地址
4		E19011	陳興星	總務	02-22556677	台北市士林區忠誠路1號
5		E19012	張家維	業務	0932-333-666	台北市中正區
6		E10332	洪星宇	會計	0951-000-111	台北市信義區
7		E10441	洪冰雨	會計	03-5998774	新北市板橋區
8		E10443	謝家捷	人事	0952-555777	新北市中和區
9		E10500	湯梅英	業務	02-99999999	新北市永和區

CHAPTER 11

活頁簿的應用

11-1 活用多個工作表

11-2 新增色彩到工作表索引標籤

11-3 插入工作表

11-4 刪除工作表

11-5 移動工作表

11-6 複製工作表

11-7 不同工作表間儲存格的複製

11-8 參考不同工作表的公式

11-9 監看視窗

Microsoft Excel 所建的檔案又稱活頁簿 (work book)，當你進入 Microsoft Excel 視窗時，預設情形是每一個活頁簿皆有 1 張工作表 (work-sheet) 稱工作表 1，而這些工作表的標籤 (可想成是工作表的名稱) 可以在活頁簿底端的標籤區上看到。

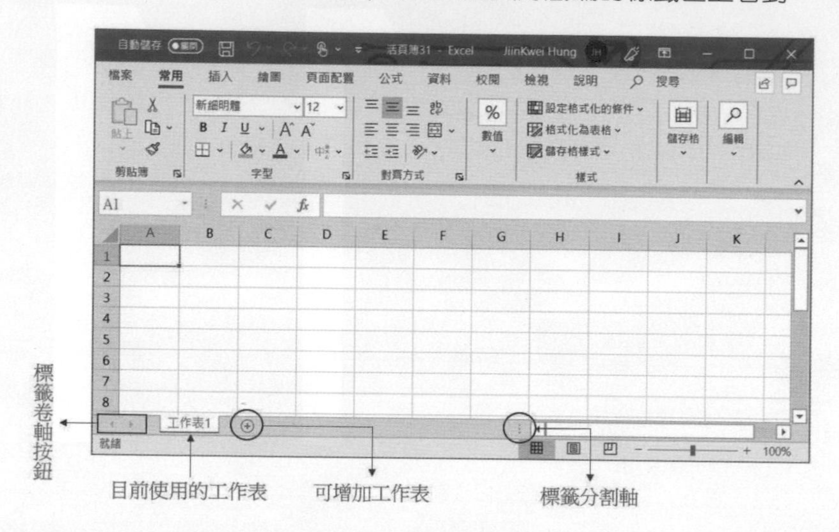

在上圖標籤分割軸和標籤捲動按鈕間的區域又工作表標籤區，此區域將顯示工作表的標籤。透過用滑鼠拖曳標籤分割軸，可促使增大或縮減工作表標籤區域。按 ⊕ 鈕可增加工作表如下所示：

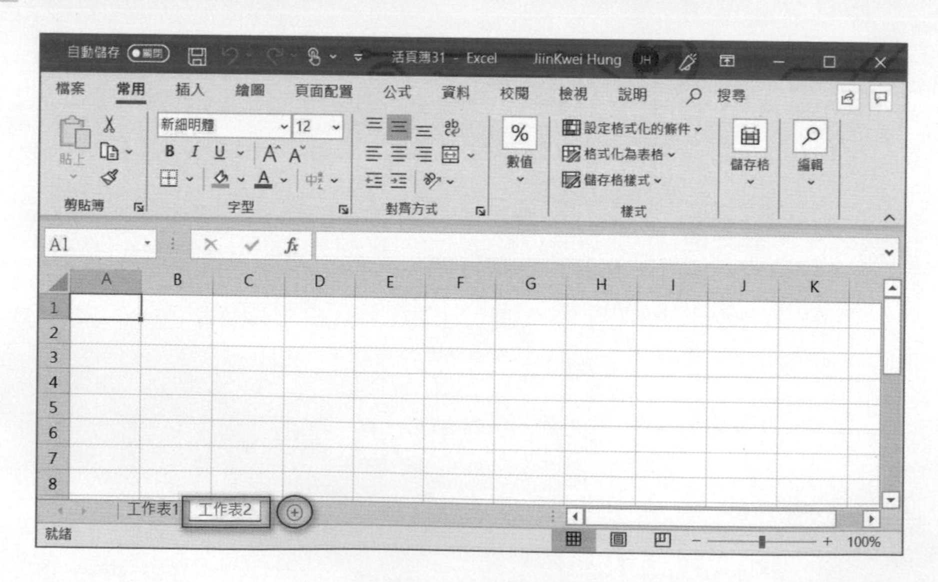

11-1 活用多個工作表

截至目前為止，我們所建的活頁簿檔案只有一個工作表含有資料，其實一個活頁簿含有多個工作表的主要目的是供使用者方便，可將相關的工作記錄放在同一活頁簿但不同工作表內。

例如：在前一章的 ch10_7.xlsx 檔案內，在一個工作表內有出貨單和產品清單，其實我們懂本章觀念後，可以使用另一個工作表存放產品清單，相當於一個工作表只放一個單據，如下 ch11_1.xlsx，此例筆者建立出貨單工作表內含出貨單，產品清單工作表內含產品清單。

	A	B	C	D
1				
2		快樂3C出貨單		
3		日期	產品	明細
4		2020/10/10	Apple	
5		2020/10/12	Sony	
6		2020/10/15	Acer	
7				

	A	B	C	D	E
1					
2		快樂3C專賣店產品清單			
3		產品	Apple	Sony	Acer
4		Apple	iPhone 12	KD-85Z9G	Swift 7
5		Sony	iPhone 11	KD-65A9G	Swift 5
6		Acer	iPhone X	KD-65A9F	Swift 3
7					

出貨單 產品清單

如果您是一位老師，可以將班上第一次月考成績放在一張工作表內，將第二次月考成績放在另一張工作表內，期末考成績也獨立放在一張工作表內，然而它們均屬於同一活頁簿，如此，相當於只要透過一個活頁簿即可管理該班上所有成績資料。

一個活頁簿究竟可以放多少工作表，一般視記憶體的容量決定。

註 1　也可以使用常用 / 儲存格 / 插入 / 插入工作表指令增加工作表。

註 2　也可以使用常用 / 儲存格 / 刪除 / 刪除工作表指令刪除工作表。

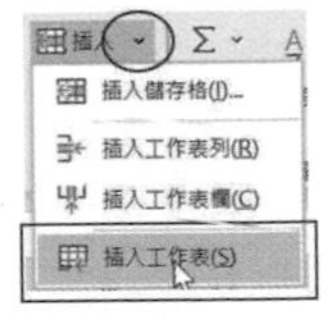

增加工作表

刪除工作表

為了接下來的解說，請開啟 ch11_2.xlsx 檔案，這個檔案有 2 個工作表，分別是第一次月考和第二次月考，內容分別如下：

微軟高中第一次月考成績表					
座號	姓名	國文	英文	數學	總分
1	田千繪	77	90	75	242
2	范逸成	82	92	78	252
3	魏得聖	84	69	92	245
4	茂伯	75	62	96	233

第一次月考　第二次月考

微軟高中第二次月考成績表					
座號	姓名	國文	英文	數學	總分
1	田千繪	80	82	92	254
2	范逸成	74	88	87	249
3	魏得聖	83	60	98	241
4	茂伯	86	62	90	238

第一次月考　第二次月考

11-2 新增色彩到工作表索引標籤

我們可以將索引標籤用不同的顏色來標示，如此一來我們便能夠輕易區分某種顏色的索引標籤屬於某類資料，對於往後在資料的查詢上真的方便不少喔！我們就來試試看吧！

實例一：請將第一次月考索引標籤的顏色改成藍色。

1： 將滑鼠移至第一次月考索引標籤上，按滑鼠右鍵，並在快顯功能表內選擇索引標籤色彩功能指令，同時選擇藍色，選擇過程可以看到索引標籤有示範輸出。

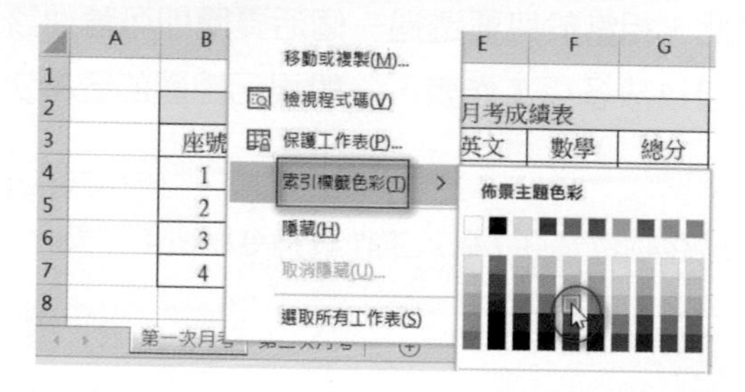

2： 可以得到下列結果。

微軟高中第一次月考成績表					
座號	姓名	國文	英文	數學	總分
1	田千繪	77	90	75	242
2	范逸成	82	92	78	252
3	魏得聖	84	69	92	245
4	茂伯	75	62	96	233

第一次月考　第二次月考

實例二：請將第二次月考索引標籤的顏色改成橄欖綠色。

1： 將滑鼠移至第二次月考索引標籤上，按滑鼠右鍵，並在快顯功能表內選擇索引標籤色彩功能指令，同時選擇橄欖綠色。

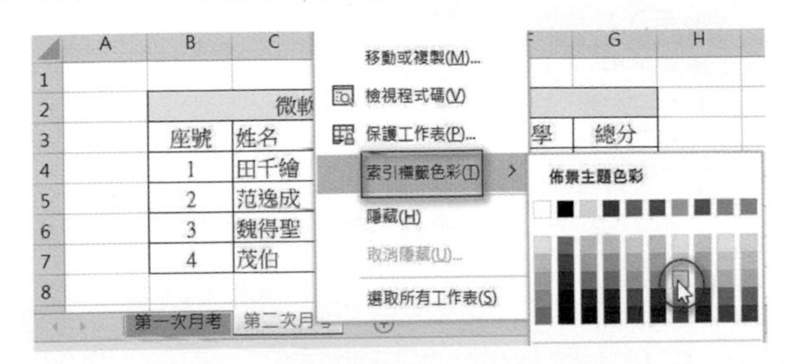

2： 可以得到下列結果，筆者存入 ch11_3.xlsx。

	A	B	C	D	E	F	G
1							
2		微軟高中第二次月考成績表					
3		座號	姓名	國文	英文	數學	總分
4		1	田千繪	80	82	92	254
5		2	范逸成	74	88	87	249
6		3	魏得聖	83	60	98	241
7		4	茂伯	86	62	90	238
8							

第一次月考　第二次月考

11-3 插入工作表

若欲插入新的工作表，必須選定欲插入位置右邊的工作表為目前作用中的工作表，再執行常用 / 儲存格 / 插入 / 插入工作表指令。

實例一：在第一次月考和第二次月考工作表間插入一個工作表。

1： 令目前作用中的工作表為第二次月考。

	A	B	C	D	E	F	G
1							
2		微軟高中第二次月考成績表					
3		座號	姓名	國文	英文	數學	總分
4		1	田千繪	80	82	92	254
5		2	范逸成	74	88	87	249
6		3	魏得聖	83	60	98	241
7		4	茂伯	86	62	90	238
8							

第一次月考　第二次月考

2： 執行插入 / 插入工作表指令。由於所插入的工作表將被視為是目前作用的工作表，而所插入的工作表是不含資料的，所以工作表內容將是空白。

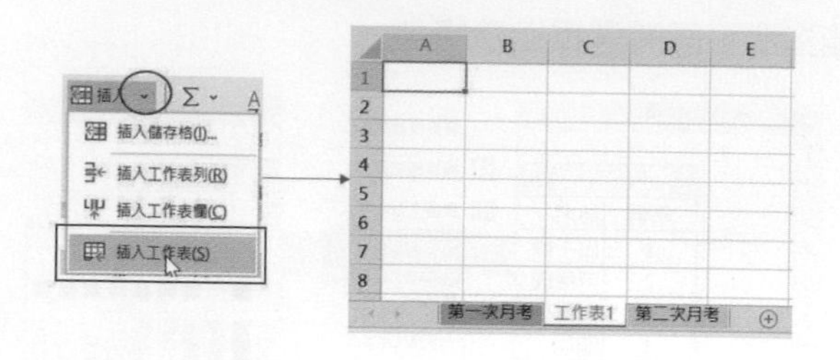

11-4 刪除工作表

若想刪除某個工作表，必須先將它選定為目前作用中的工作表，再執行常用 / 儲存格 / 刪除 / 刪除工作表指令。

實例一：刪除工作表 1。

1： 令目前作用中的工作表為工作表 1。

2： 常用 / 儲存格 / 刪除 / 刪除工作表指令，如果我們沒有對工作表有任何編輯動作，Excel 會直接刪除此工作表。如果有做過編輯動作，會出現對話方塊詢問是否要永久刪除此工作表。

3： 按刪除鈕可以刪除工作表，同時原被刪除工作表右邊的工作表將變為作用中的工作表。

	A	B	C	D	E	F	G
1							
2		微軟高中第二次月考成績表					
3		座號	姓名	國文	英文	數學	總分
4		1	田千繪	80	82	92	254
5		2	范逸成	74	88	87	249
6		3	魏得聖	83	60	98	241
7		4	茂伯	86	62	90	238
8							

第一次月考　第二次月考

11-5 移動工作表

你可以移動活頁簿內的工作表以便重新安排它的順序，也可以將工作表移到另外一個活頁簿中，本節將以實例做說明。

❑ 利用滑鼠移動工作表

利用滑鼠移動工作表，主要是將工作表移至相同活頁簿的不同位置，在執行下列實例前，首先請按⊕鈕，先建立一個空白工作表。

實例一：將工作表第一次月考移至工作表 3 的右邊。

1： 選定第一次月考標籤。

第一次月考　第二次月考　工作表3

2： 沿著標籤區進行拖曳，此時滑鼠游標將變成白色方塊與箭頭的組合。同時螢幕將出現一個黑色倒放的三角形，此三角形將指出工作表所要插入的位置。

3： 放鬆滑鼠按鍵後，可得到下列移動結果。

第二次月考　工作表3　第一次月考

註 你也可以一次選取多張工作表，然後利用拖曳的方式移動位置。假設原先工作表是不相鄰的，移動後，所有工作表將一起插入新的位置。若想選定多張工作表，在選定第二張工作表起，在按下滑鼠左邊鍵時需同時按鍵盤的 Ctrl 鍵。

❑ 利用移動或複製工作表指令移動工作表

實例二：將工作表第一次月考移至第二次月考的左邊。

1： 選定第一次月考標籤。

2： 執行工作表標籤的快顯功能表的移動或複製指令。同時在選取工作表之前欄位選第二次月考。在上述對話方塊的活頁簿欄位，主要是供選擇將工作表移至那一個活頁簿內，由於目前只是將工作表在相同活頁簿內移動，所以此欄是採用預設活頁簿 ch11_3.xlsx。註：不要設定建立副本框。

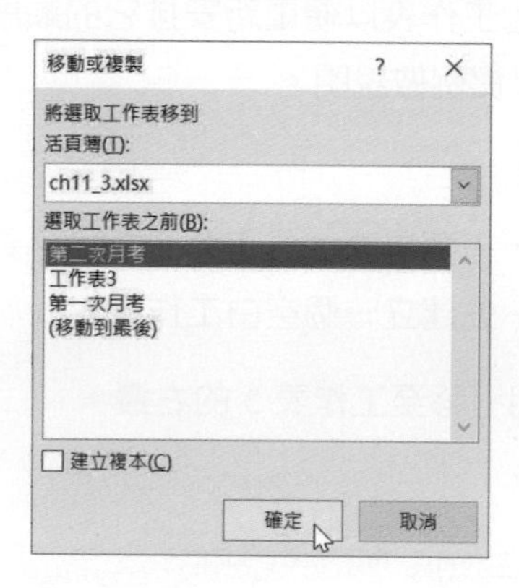

3： 請按確定鈕，可得到下列執行結果。

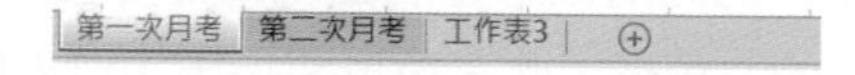

註 剪下或貼上指令是無法用來移動工作表。

11-6 複製工作表

你可以很輕易的在活頁簿內複製工作表，或是將工作表複製到其它活頁簿內，本節將以實例說明。

❑ 利用滑鼠複製工作表

利用滑鼠複製工作表，主要是將工作表複製至相同活頁簿的不同位置。

實例一：另外複製一份第一次月考工作表，同時將它放在工作表 3 的右邊。

1： 選定第一次月考標籤。

第一次月考 | 第二次月考 | 工作表3 | ⊕

2： 沿著標籤區進行拖曳時需同時按 Ctrl 鍵，此時滑鼠游標將變成白色方塊（此方塊內含✚符號）與箭頭的組合。同時螢幕將出現一個黑色倒放的三角形，此三角形將指出所複製工作表所要安插的位置。

第一次月考 | 第二次月考 | 工作表3 | ⊕

3： 放鬆滑鼠按鍵和所按的 Ctrl 鍵後，可得到下列複製結果。

第一次月考 | 第二次月考 | 工作表3 | 第一次月考 (2) | ⊕

而所複製的工作表通常被稱為工作表副本，副本的工作表最大的特色是它的標籤（名稱）含有小括號和編號。

❑ 利用移動或複製工作表指令複製工作表

快顯功能表的移動或複製指令除了可以移動工作表外，同時也可以利用它複製工作表。先前筆者已經介紹利用指令移動工作表的實例了。本節將著重在利用此指令複製工作表。

實例二：另外複製一份第二次月考工作表，同時將它放在工作表 3 的左邊。

1： 選定第二次月考標籤。

第一次月考 | 第二次月考 | 工作表3 | 第一次月考 (2) | ⊕

2： 執行快顯功能表的移動或複製指令。

3： 出現移動或複製對話方塊，在選取工作表之前欄位選工作表 3，同時設定建立複本的核對框。如果您希望工作表複製到其它活頁簿，請在活頁簿欄位選擇不同的活頁簿名稱。

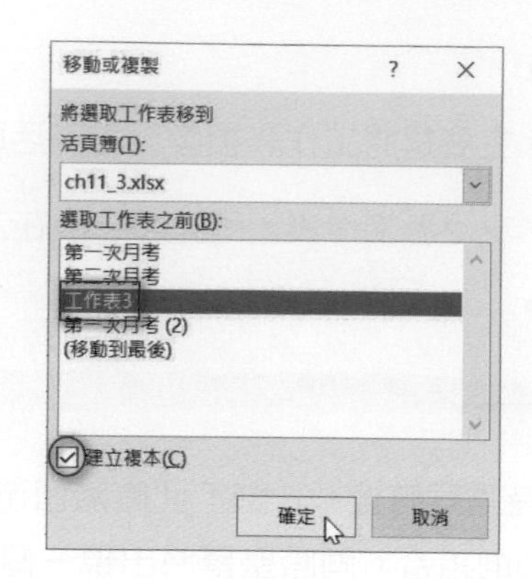

4： 按確定鈕。

註 1 你也可以同時複製多張工作表，即使所選定的工作表並不相鄰所複製的工作表仍會一起被插入新的位置。

註 2 你不可以使用複製或貼上指令來複製工作表。

在繼續研讀下一小節前，請刪除本節所複製的兩個工作表第一次月考 (2) 和第二次月考 (2)。

11-7 不同工作表間儲存格的複製

在正式講解本章主題前，請將工作表 3 標籤改成學期成績，同時在 B2 儲存格輸入微軟高中學期成績表。

在 5-8-2 節筆者曾經介紹可以利用複製或貼上指令執行儲存格的複製，本節筆者將以實例說明，不同工作表間複製儲存格的方法。

實例一：將第一次月考工作表的 B3:G3 儲存格複製到學期成績工作表內。

1： 選定第一次月考工作表的 B3:G3 儲存格區間。

微軟高中第一次月考成績表					
座號	姓名	國文	英文	數學	總分
1	田千繪	77	90	75	242
2	范逸成	82	92	78	252
3	魏得聖	84	69	92	245
4	茂伯	75	62	96	233

2： 執行所選儲存格快顯功能表的複製指令，也可以按一下常用 / 剪貼簿 / 複製鈕。

3： 按一下學期成績標籤，以便切換到學期成績工作表，將作用儲存格移至 B3。

4： 如果你想繼續將複製的儲存格貼到其它地方，可執行快顯功能表的貼上指令，否則直接按 Enter 鍵便可完成複製的工作。此例請按 Enter 鍵，取消選取後，下面是執行結果。

微軟高中學期成績表

座號	姓名	國文	英文	數學	總分

請參考前面實例，將第一次月考工作表的 B4:C7 儲存格複製到學期成績工作表的相同位址內，下圖是執行結果。

微軟高中學期成績表

座號	姓名	國文	英文	數學	總分
1	田千繪				
2	范逸成				
3	魏得聖				
4	茂伯				

11-8 參考不同工作表的公式

依據先前所建的活頁簿可以知道，對於學期成績工作表的 B4:G7 儲存格而言，它們每一格均是第一次月考加上第二次月考然後除以 2 的結果，本節將探討這些儲存格的建立方式。

首先讀者要了解參考不同工作表儲存格位址的方法如下：

工作表標籤 ! 儲存格　　　　　　　　（這是相對參照）

例如：若想參照第一次月考的 D4 儲存格，應如下所示：

第一次月考 !D4

有了以上觀念後，相信讀者應可了解本節接下來的實例了。

實例一：以公式計算學期成績工作表 D4 儲存格的內容。

1： 將作用儲存格移至學期成績工作表的 D4 位址。

	A	B	C	D	E	F	G	H
1								
2		微軟高中學期成績表						
3		座號	姓名	國文	英文	數學	總分	
4		1	田千繪					
5		2	范逸成					
6		3	魏得聖					
7		4	茂伯					
8								

第一次月考　第二次月考　學期成績

2： 在 D4 儲存格輸入下列公式：

=(第一次月考 !D4+ 第二次月考 !D4)/2

下面是輸入公式的結果。

	A	B	C	D	E	F	G	H
1								
2		微軟高中學期成績表						
3		座號	姓名	國文	英文	數學	總分	
4		1	田千繪	=(第一次月考!D4+第二次月考!D4)/2				
5		2	范逸成					
6		3	魏得聖					
7		4	茂伯					
8								

第一次月考　第二次月考　學期成績

3： 按 Enter 鍵後，可得到下列結果。

	A	B	C	D	E	F	G	H
1								
2		微軟高中學期成績表						
3		座號	姓名	國文	英文	數學	總分	
4		1	田千繪	78.5				
5		2	范逸成					
6		3	魏得聖					
7		4	茂伯					
8								

第一次月考 第二次月考 學期成績

由於 D4 公式所參照的位址是相對參照的觀念，因此只要將 D4 儲存格拷貝到 D4:G7 的其它儲存格，便可以得到下面執行結果，筆者存入 ch11_4.xlsx。

	A	B	C	D	E	F	G	H
1								
2		微軟高中學期成績表						
3		座號	姓名	國文	英文	數學	總分	
4		1	田千繪	78.5	86	83.5	248	
5		2	范逸成	78	90	82.5	250.5	
6		3	魏得聖	83.5	64.5	95	243	
7		4	茂伯	80.5	62	93	235.5	
8								

第一次月考 第二次月考 學期成績

下列是筆者先將 B2 儲存格跨欄置中，選取所有儲存格再加上所有框線，為 B2 儲存格增加淡紫 20% 輔色 4 的結果，標籤也是紫色的結果，筆者存入 ch11_5.xlsx。

	A	B	C	D	E	F	G	H
1								
2		微軟高中學期成績表						
3		座號	姓名	國文	英文	數學	總分	
4		1	田千繪	78.5	86	83.5	248	
5		2	范逸成	78	90	82.5	250.5	
6		3	魏得聖	83.5	64.5	95	243	
7		4	茂伯	80.5	62	93	235.5	
8								

第一次月考 第二次月考 學期成績

11-9 監看視窗

在使用 Excel 時，有時某個工作表包含許多工作列，一個視窗是無法容納，為此可能需要不斷的捲動視窗，以查看部份儲存格的變化，此時可以利用監看視窗功能，這類儲存格最大的特色是含有公式。

若以本書的檔案 ch11_6.xlsx 為例，此檔案主要是供計算美國總統大選，此檔案的前半段及後半段內容分別如下：

	A	B	C	D	E
1					
2		2016年美國總統大選開票統計			
3			希拉蕊	川普	
4		Alabama	0	0	
5		Alaska	0	0	
6		Arizona	0	0	
7		Arkansas	0	0	
8		California	0	0	
9		Colorado	0	0	
10		Connecticut	0	0	
11		Delaware	0	0	
12		Florida	0	0	
13		Georgia	0	0	
14		Hawaii	0	0	
15		Idaho	0	0	

2016美國總統大選

	A	B	C	D	E
41		Pennsylvania	0	0	
42		Rhode Island	0	0	
43		South Carolina	0	0	
44		South Dakota	0	0	
45		Tennessee	0	0	
46		Texas	0	0	
47		Utah	0	0	
48		Vermont	0	0	
49		Virginia	0	0	
50		Washington	0	0	
51		Washington D.C.	0	0	
52		West Virginia	0	0	
53		Wisconsin	0	0	
54		Wyoming	0	0	
55		總計	0	0	

2016美國總統大選

其中 C55 儲存格的公式是 "=SUM(C4:C54)"，D55 儲存格的公式是 "=SUM(D4:D55)"，相當於 C55 儲存格存放的是希拉芯各州開票的總計，D55 存放的是川普各州開票的總計。當您在使用上述檔案輸入各州得票時，很可能會發現最想了解的將是 C55 和 D55 儲存格的總計，但由於視窗大小受到限制，視窗將無法持續呈現 C55 和 D55 儲存格的內容，為了解決這個問題，筆者的建議是使用監看視窗，令此監看視窗顯示 C55 和 D55 儲存格的內容，如此輸入各州開票時，將可以密切注意 C55 和 D55 儲存格的開票總計。

實例一：建立監看視窗，此視窗將顯示 C55 和 D55 的儲存格內容。

1： 執行公式 / 公式稽核 / 監看視窗鈕。

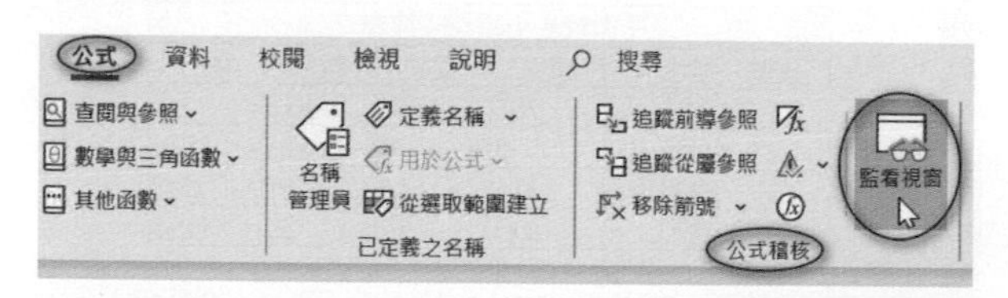

2： 出現監看視窗，如下所示：

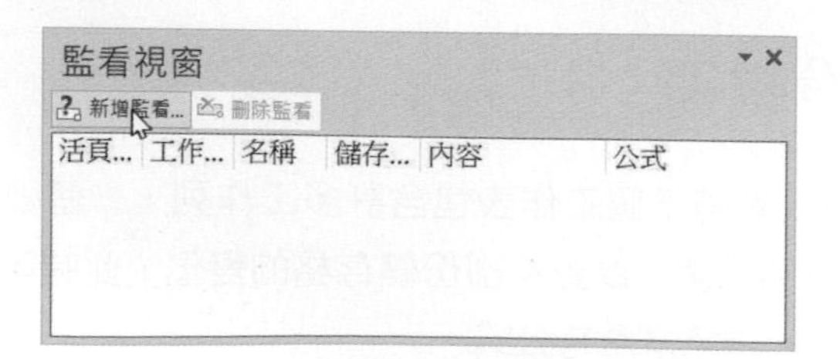

3： 目前監看視窗已開啟，接下來要設立監看的內容，請按新增監看鈕，然後執行下列設定。

4： 按新增鈕，可以得到下列結果。

	A	B	C	D
41		Pennsylvania	0	0
42		Rhode Island	0	0
43		South Carolina	0	0
44		South Dakota	0	0
45		Tennessee	0	0
46		Texas	0	0
47		Utah	0	0
48		Vermont	0	0
49		Virginia	0	0
50		Washington	0	0
51		Washington D.C.	0	0
52		West Virginia	0	0
53		Wisconsin	0	0
54		Wyoming	0	0
55		總計	0	0

監看視窗

新增監看... 刪除監看

活頁...	工作...	名稱	儲存...	內容	公式
ch11_...	2016...		C55	0	=SUM(C4:C54)
ch11_...	2016...		D55	0	=SUM(D4:D54)

2016美國總統大選

未來只要在 C4:D54 儲存格區間輸入資料，皆可以在監看視窗看到 C55 和 D55 儲存格的內容。例如：筆者在 C6 輸入 50，C7 輸入 60，D6 輸入 99，D7 輸入 38，可以看到下列結果。

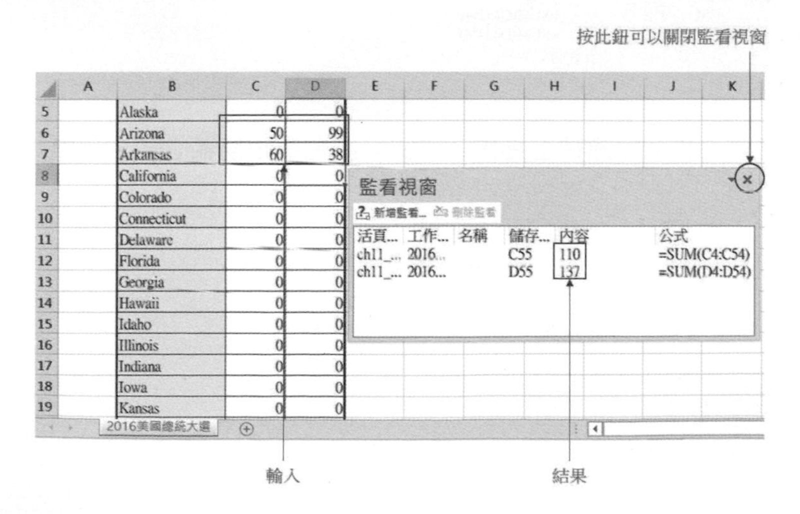

為了保存上述執行結果，可將上述執行結果存入 ch11_7.xlsx 檔案內。

用監看視窗時，若將監看視窗拖曳至 Excel 視窗底部或右邊，則監看視窗將融入 Excel 視窗內。

	A	B	C	D
5		Alaska	0	0
6		Arizona	50	99
7		Arkansas	60	38
8		California	0	0
9		Colorado	0	0
10		Connecticut	0	0
11		Delaware	0	0
12		Florida	0	0
13		Georgia	0	0
14		Hawaii	0	0
15		Idaho	0	0
16		Illinois	0	0
17		Indiana	0	0
18		Iowa	0	0
19		Kansas	0	0

2016美國總統大選

監看視窗

新增監看... 刪除監看

活頁...	工作...	名稱	儲存...	內容	公式
ch11_...	2016...		C55	110	=SUM(C4:C54)
ch11_...	2016...		D55	137	=SUM(D4:D54)

下列是監看視窗融入底部的視窗畫面。

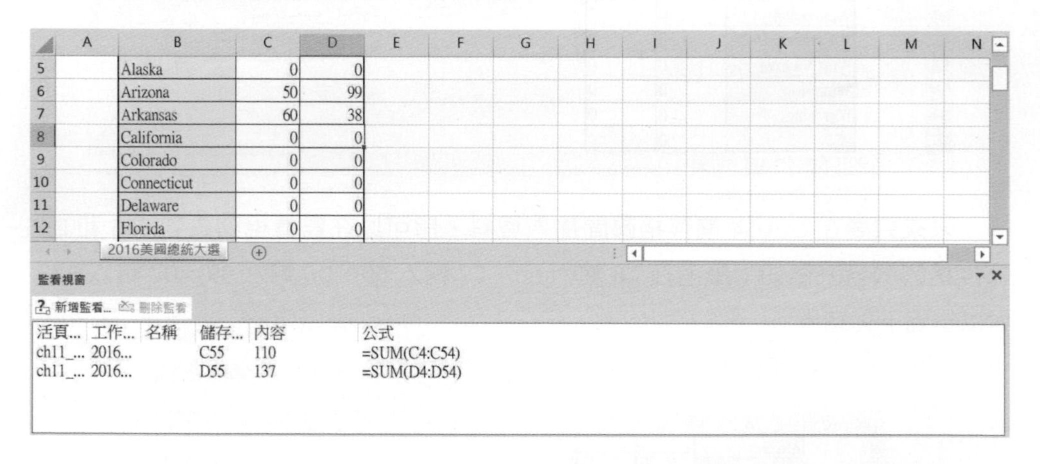

如果將監看視窗標題往上拖曳，則又可將監看視窗獨立出來，讀者可自行練習。

CHAPTER

12

建立圖表

12-1 圖表的類別

12-2 建立圖表的步驟

12-3 直條圖

12-4 橫條圖

12-5 折線圖與區域圖

12-6 圓形圖與環圈圖

12-7 散佈圖或泡泡圖

12-8 雷達圖

12-9 曲面圖

12-10 股票圖

12-11 瀑布圖

12-12 漏斗圖

12-13 走勢圖

12-14 地圖

12-15 建立 3D 地圖

將工作表的資料以專業圖表方式表示，相當於讓資料以視覺化方式表達，讓無法很快瞭解的資料，可以瞬間變得清楚、易懂。同時也可方便供其它人比較及了解各工作表資料間的差異。所以建立圖表或是說建立專業圖表已經是職場上的必備技能。

在 2-8 節起筆者就曾以實例說明圖表的建立方法了，本章筆者將對建立圖表的知識做一完整的說明。

12-1 圖表的類別

Microsoft Excel 中文版提供了下列圖表及走勢圖供您選擇，如下所示：

直條圖	折線圖	圓形圖
橫條圖	區域圖	XY 散佈圖
股票圖	曲面圖	雷達圖
矩形式樹狀結構圖	放射環狀圖	長條圖
盒鬚圖	瀑布圖	漏斗圖
組合圖		

而上述每一個圖表類別都包含數種圖表副類型供選用，例如：以直條圖為例，此直條圖又包含下列數種圖表副類型可以選用。

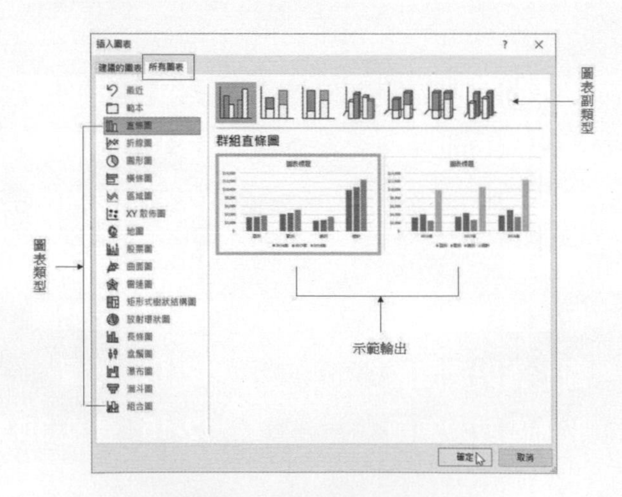

不同的圖表類別通常可適用不同特性的資料，本章未來在介紹圖表類別時，將指出其適用什麼類別的資料，此外，Excel 也會針對目前數據建議您的資料應採用何種圖表，如下所示：

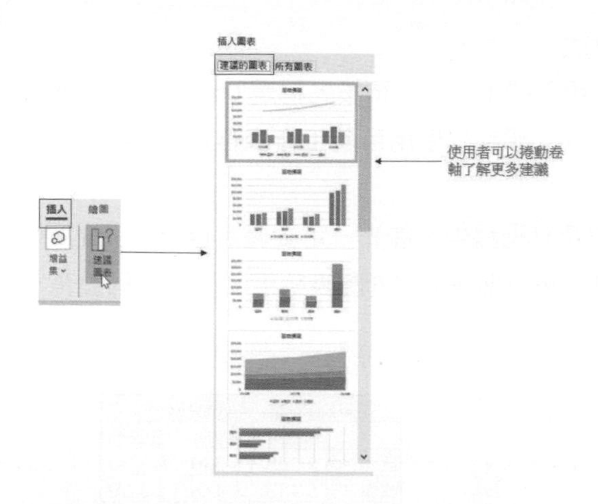

12-2 建立圖表的步驟

在 Excel 內，若選插入標籤，可以看到圖表功能群組，可以在此選擇欲建的圖表。

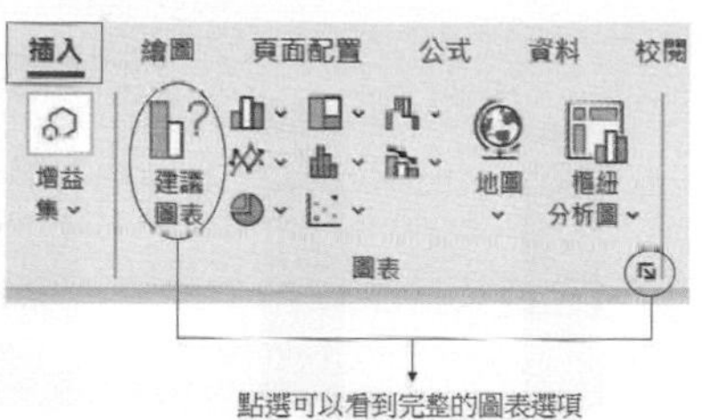

而所建立的圖表可以和原工作表資料放在同一張工作表內，也可以將所建的圖表獨立的放在一張新的工作表內，建立圖表完成後，可以看到圖表設計標籤，此標籤內有移動圖表鈕，若按此鈕可以選擇放置圖表的位置。

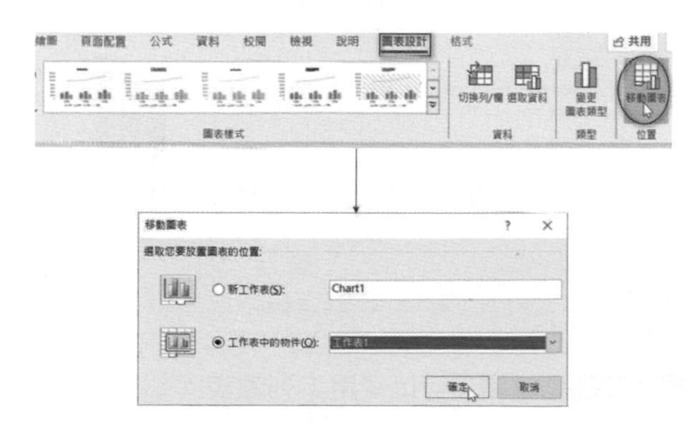

上圖有兩個選項。

新工作表：使用新的工作表，預設名稱是 Chart1，存放此圖表。

工作表中的物件：預設是使用目前工作表存放此圖表，也可以選擇其它工作表存放此圖表。

同時在圖表的建立過程中，首先一定要確定自己所建的圖表著重點在那裡。因為選定不同的資料，將可獲得不同的圖表結果，例如，假設有一工作表資料如下：

	A	B	C	D	E
1					
2		阿拉伯石油公司外銷統計表			
3			2020年	2021年	2022年
4		亞洲	$ 3,350	$ 3,460	$ 3,780
5		歐洲	$ 4,120	$ 4,480	$ 5,200
6		美洲	$ 2,500	$ 2,800	$ 3,500
7		總計	$ 9,970	$10,740	$12,480

若你只要強調 2020 年至 2022 年的外銷總計，則可製作下列的圖表。

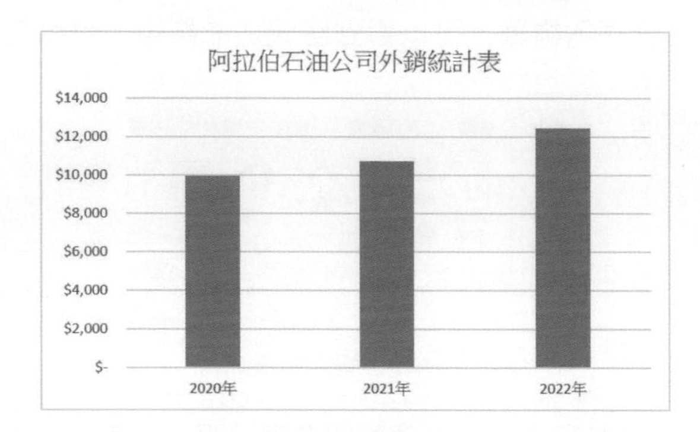

如果你希望將各區銷售金額和全部銷售金額全部列出做比較，可以製作下列的圖表。

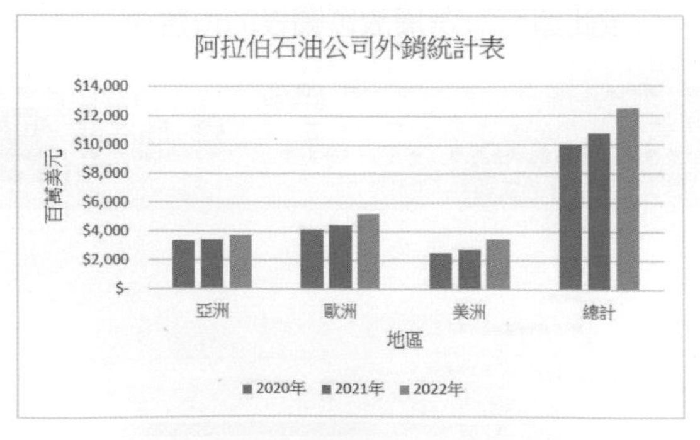

如果希望有總計的趨勢線圖，可以使用下列圖表。

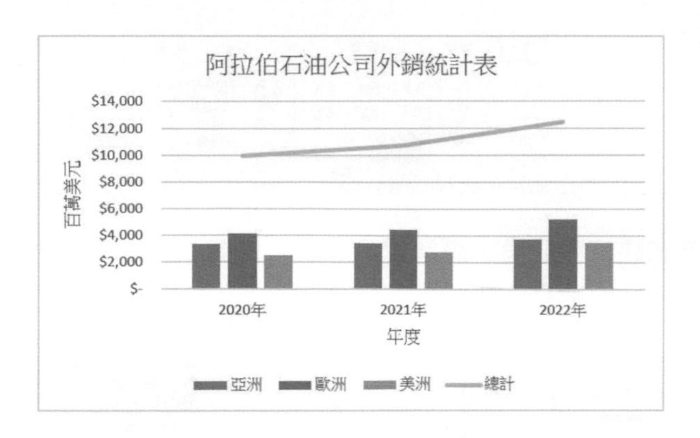

此外，在製作圖表時，讀者應依情況決定是否在圖表內建立下列資料。

1： 圖表標題

2： 圖例

3： X、Y、Z 軸標題

有時適時的在圖表內加上上述資料，是可以讓圖表更清楚易懂，專業的圖表設計一般皆會加上標題。

❑ 建立圖表的步驟

方法 1：

如果要使用 Excel 的建議，可以直接執行插入 / 建議圖表。如果要自己選擇圖表，可以在插入標籤的圖表功能群組內選擇圖表，或是進入插入圖表對話方塊後選所有圖表標籤，再選擇圖表。

1： 選定欲建立圖表的標記及資料。有時標記與資料是在連續的儲存格區段，有時標記與資料是在不相鄰的儲存格區段，下列左圖是選取 B3:E7 儲存格區間的實例，下列右圖是選取 B3:E3 和 B7:E7 的實例。

	A	B	C	D	E
1					
2		阿拉伯石油公司外銷統計表			
3			2020年	2021年	2022年
4		亞洲	$ 3,350	$ 3,460	$ 3,780
5		歐洲	$ 4,120	$ 4,480	$ 5,200
6		美洲	$ 2,500	$ 2,800	$ 3,500
7		總計	$ 9,970	$10,740	$12,480

	A	B	C	D	E
1					
2		阿拉伯石油公司外銷統計表			
3			2020年	2021年	2022年
4		亞洲	$ 3,350	$ 3,460	$ 3,780
5		歐洲	$ 4,120	$ 4,480	$ 5,200
6		美洲	$ 2,500	$ 2,800	$ 3,500
7		總計	$ 9,970	$10,740	$12,480

2： 選插入標籤，在圖表功能群組，選擇一個圖表類別，及此圖表的副類型。

方法 2

直接選擇插入 / 圖表功能群組內的圖表圖示：

使用這種方式建立圖表時，將滑鼠游標放在圖表上可以看到各個圖表適用的資料型態說明。

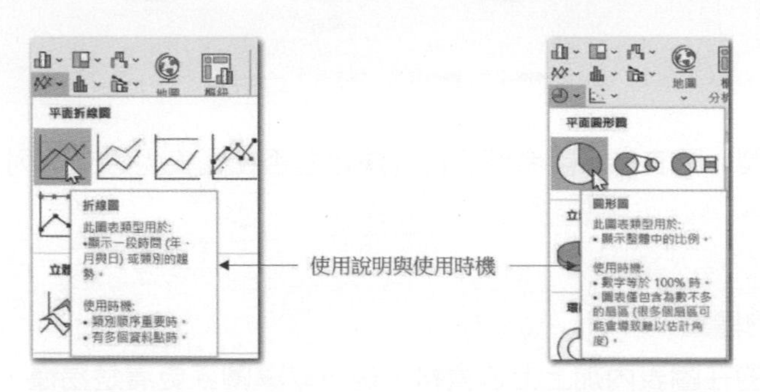

12-3 直條圖

直條圖適用於顯示多組資料於一段期間內的變化，從此類型的圖也可以了解各組資料間比較的情形。對於直條圖而言，通常數值資料是位於縱軸 (Y 軸) 上，而標記是位於橫軸 (X 軸) 上。

下圖是直條圖的圖表副類型，從副類型可知，有平面或立體，有的是以並排方式顯示資料，有的則以堆疊方式顯示資料。

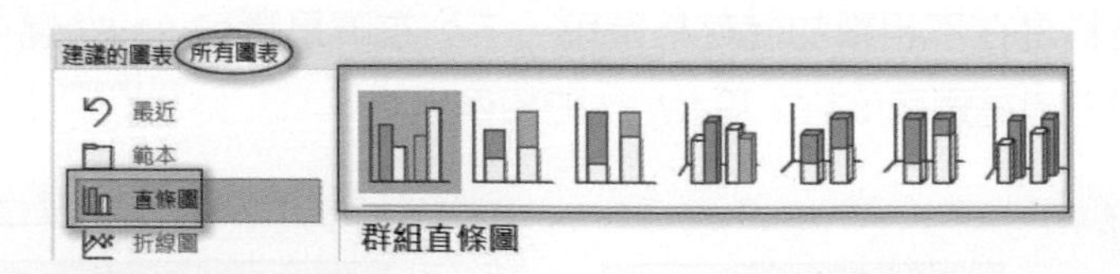

筆者將在下一節介紹插入橫條圖的實例。

12-3-1 建立直條圖的實例

實例一：請開啟 ch12_1.xlsx 活頁簿，此活頁簿的工作表 1 含下列資料，請利用下列資料建立各地區 (及統計) 和各年度的外銷統計表。

	A	B	C	D	E
1					
2		阿拉伯石油公司外銷統計表			
3			2020年	2021年	2022年
4		亞洲	$ 3,350	$ 3,460	$ 3,780
5		歐洲	$ 4,120	$ 4,480	$ 5,200
6		美洲	$ 2,500	$ 2,800	$ 3,500
7		總計	$ 9,970	$10,740	$12,480

1： 選定 B3:E7 儲存格區間 (此區間包含了標記與資料)。

2： 執行插入 / 建議圖表點選所有圖表標籤後選直條圖，同時執行下列選擇。

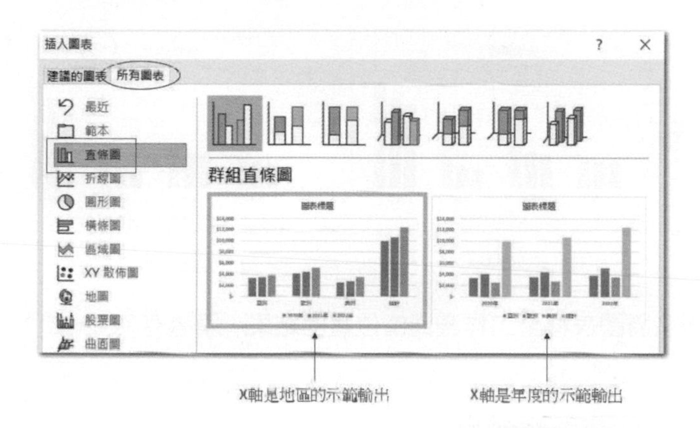

3： 按確定鈕可以得到下列結果。

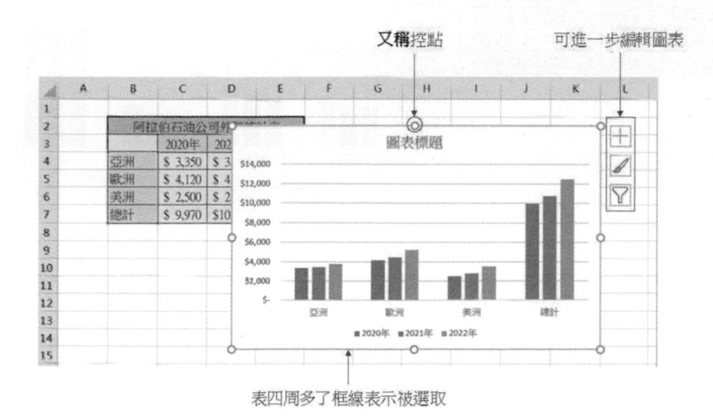

註 圖表建立完成後，此圖表和原先工作表內容是連結的，如果更動工作表的數據，圖表也將更新。

系統預設是將所建的圖表與原先的工作表放在一起，圖表建立完成後，四周端點及邊線的中點又稱控點，若將滑鼠游標移向控點，滑鼠游標外形是雙向箭頭，此時可用拖曳方式更改圖表的大小。如果想要精確的設定圖表的大小，可以選取圖表，然後在格式 / 大小功能群組內設定。

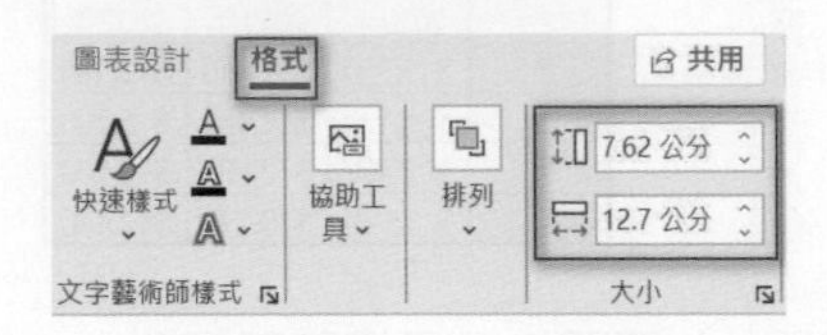

若將滑鼠游標放在圖表區，滑鼠游標外形是 ，此時若拖曳滑鼠可移動圖表的位置。

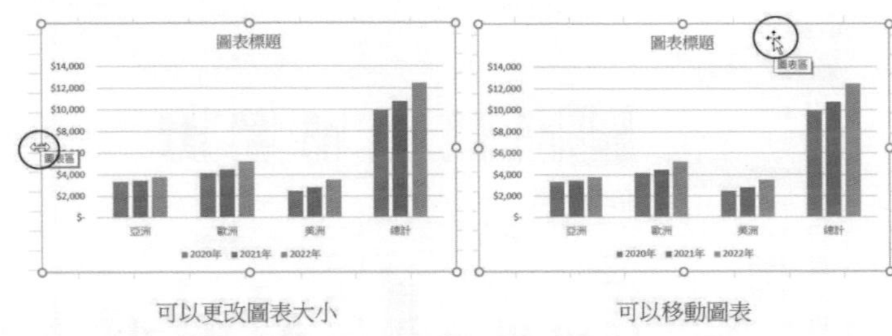

可以更改圖表大小　　可以移動圖表

下面是筆者將圖表移至工作表適當位置的結果，筆者存入 ch12_2.xlsx。

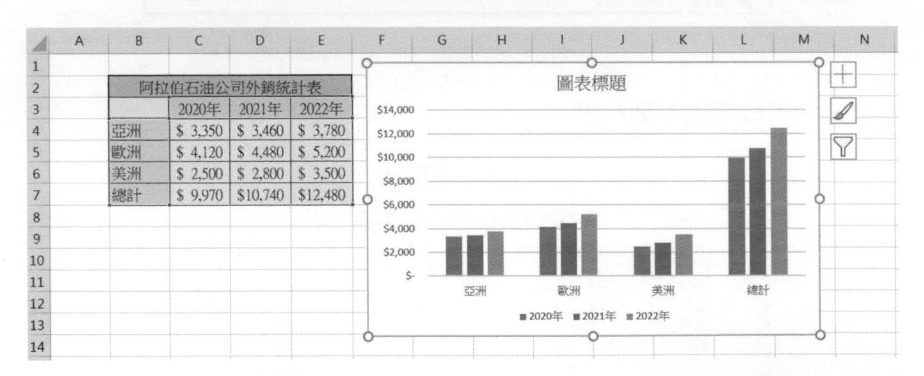

阿拉伯石油公司外銷統計表			
	2020年	2021年	2022年
亞洲	$ 3,350	$ 3,460	$ 3,780
歐洲	$ 4,120	$ 4,480	$ 5,200
美洲	$ 2,500	$ 2,800	$ 3,500
總計	$ 9,970	$10,740	$12,480

圖表建立完成後，只要將滑鼠游標放在資料數列，可以看到此資料數據細節。

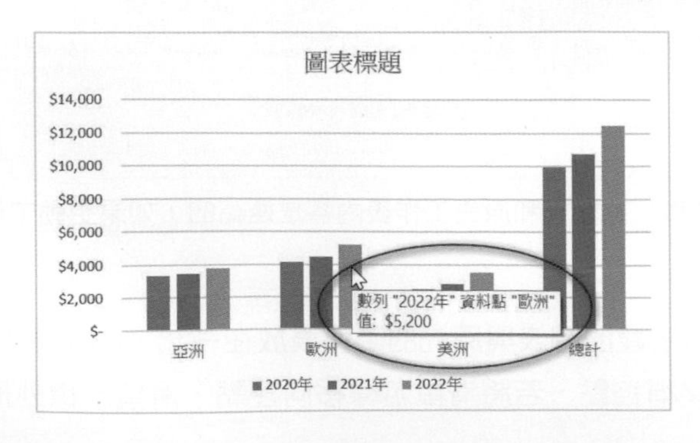

下列是一系列使用直條圖，但是筆者選擇不同圖表副類型的實例。

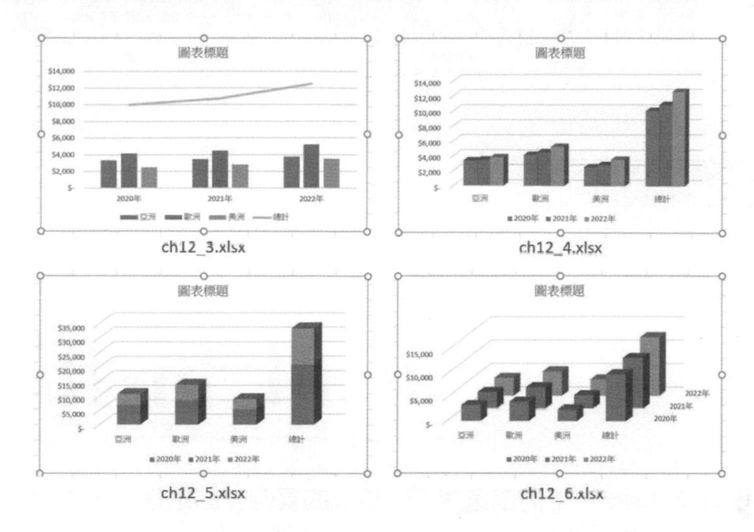

12-3-2 圖表樣式

圖表建立完成後，若選圖表設計標籤，可以看到圖表樣式功能群組，可用此選擇圖表樣式。

註 圖表需在選取狀態。

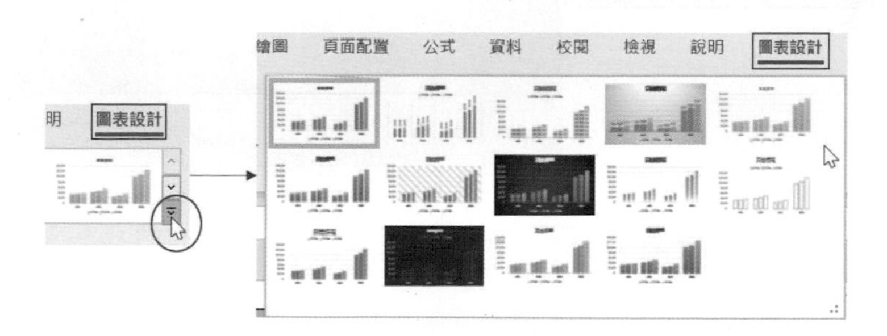

請使用 ch12_2.xlsx，下列是選擇不同樣式的實例，結果存入 ch12_7.xlsx。

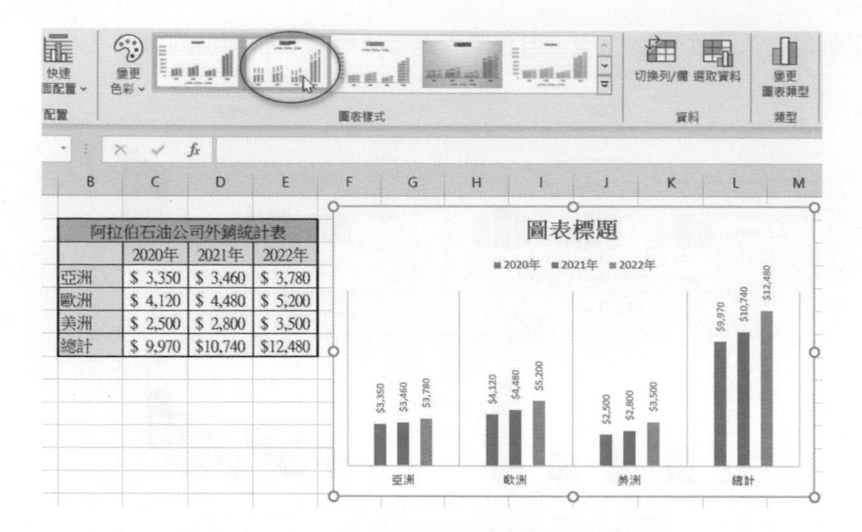

請使用 ch12_2.xlsx，下列是選擇不同樣式的實例，結果存入 ch12_8.xlsx。

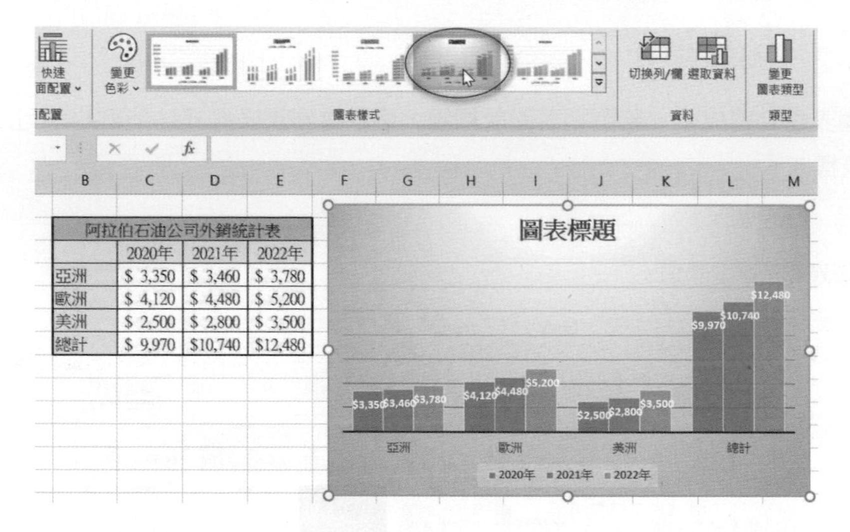

12-3-3 將圖表移動到其它工作表

有時工作表資料很多，可能不適合將圖表和工作表資料放在同一工作表內，此時可考慮將圖表放在另一工作表內。

實例一：請使用 ch12_2.xlsx，將所建的圖表放在工作表 2 內。

1： 先建立工作表 2，再選取工作表 1 的圖表。

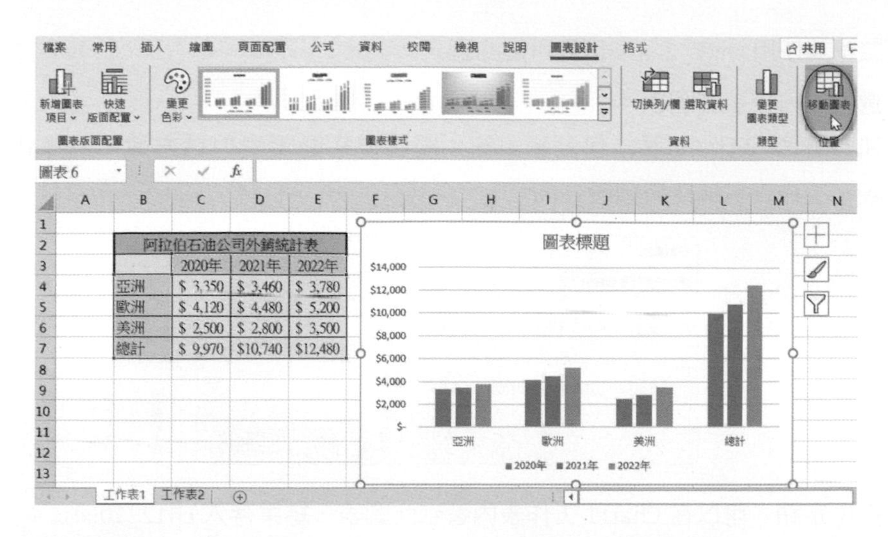

2： 執行圖表設計 / 位置 / 移動圖表鈕，將出現移動圖表對話方塊，在工作表中的物件欄位選工作表 2。

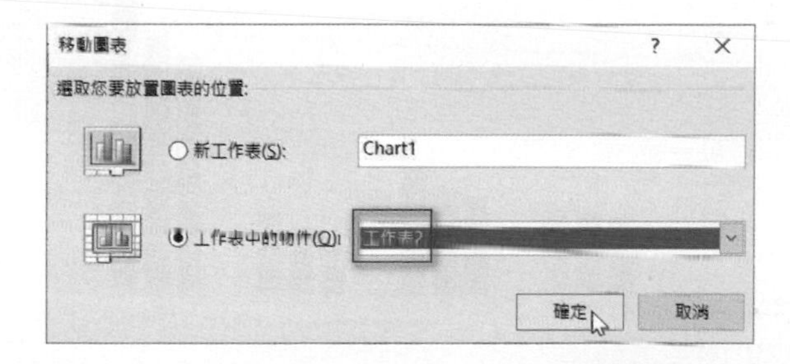

3： 按確定鈕，可以在工作表 2 內看到此圖表，下列是筆者適度移動位置的結果，結果存入 ch12_9.xlsx。

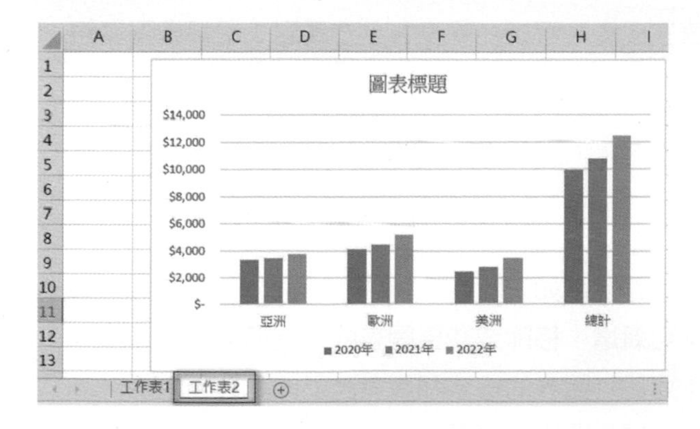

在上述範例中，筆者先建立工作表 2，您也可以不要建立新的工作表，直接在移動圖表對話方塊中建立新的工作表。

實例二：請使用 ch12_2.xlsx 移動所建的圖表。

1： 選取工作表 1 的圖表。

2： 執行圖表設計 / 位置 / 移動圖表鈕，將出現移動圖表對話方塊，選擇新工作表，工作表名稱使用預設 Chart1。

移動圖表

選取您要放置圖表的位置:

◉ 新工作表(S): Chart1

○ 工作表中的物件(O): 工作表1

確定 取消

3： 按確定鈕，可以在 Chart1 工作表內看到此圖表，結果存入 ch12_10.xlsx。

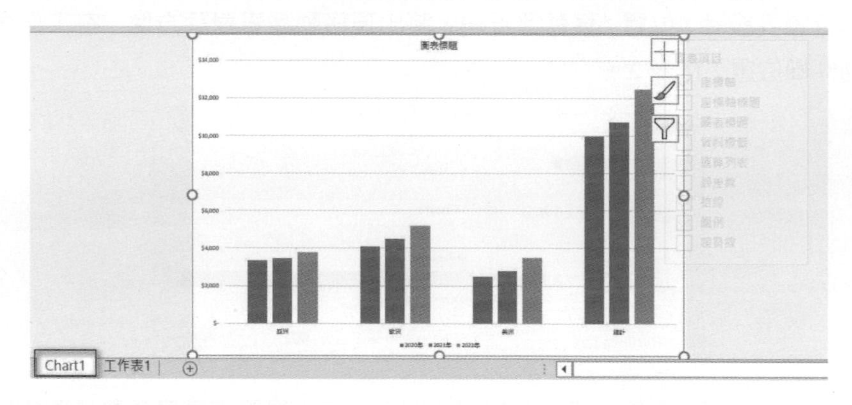

12-3-4 編修圖表鈕

當建立圖表完成後，可以在圖表右上方看到 3 個編修圖表鈕：

- 圖表項目
- 圖表樣式
- 圖表篩選

上述 3 個編修鈕功能如下：

圖表項目：可新增、移除或變更圖表的所有項目。

圖表樣式：可設定圖表的樣式和所有色彩的配置。

圖表篩選：可編輯圖表上要顯示哪些資料點和名稱。

12-3-5 建立圖表標題

上述圖表建立完成後，預設有圖表標題，可點選它，然後直接編輯。

實例一：使用 ch12_2.xlsx，將圖表名稱改為阿拉伯石油公司外銷統計表。

1： 選取此圖表。

2： 點選圖表標題。

3： 直接將圖表標題改成阿拉伯石油公司外銷統計表。

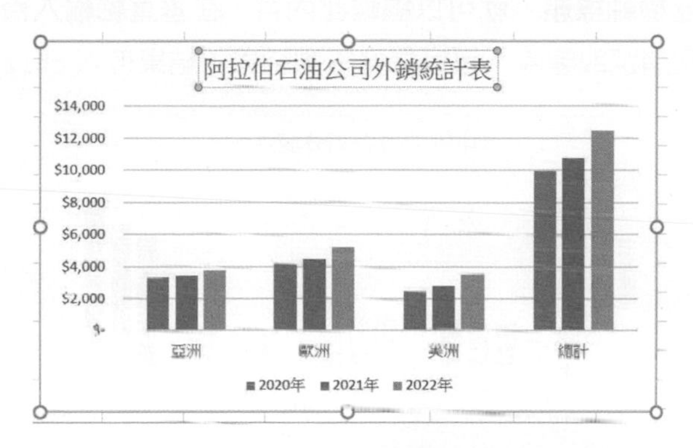

圖表標題建立完成後，可發現圖表更容易看懂了，此外，您也可以按常用標籤，格式化圖表標題的大小、顏色或字型等。

12-3-6 建立座標軸標題

由上圖可以發現若能適度的在水平或垂直座標軸加上標題，可令圖表更加清析易懂。

實例一：建立水平軸標題地區，垂直軸標題百萬美元。

1： 按圖表項目鈕，同時設定座標軸標題框。

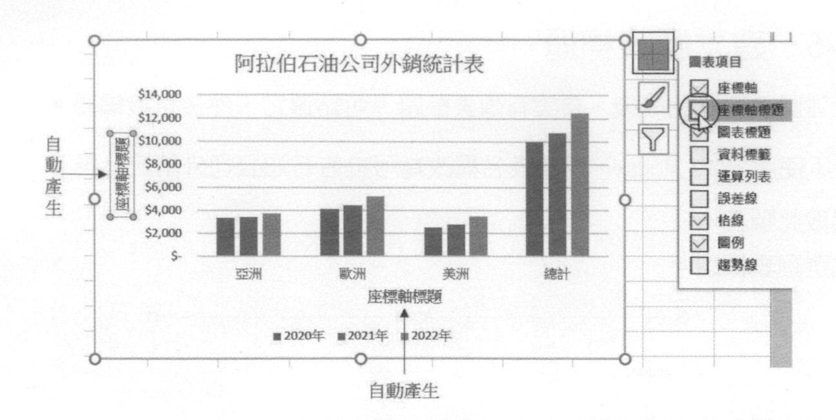

2： 可以點一下座標軸標題，就可以編輯此內容，在垂直軸輸入百萬美元，水平軸輸入地區，取消選取圖表，可以得到下列結果，結果存入 ch12_11.xlsx。

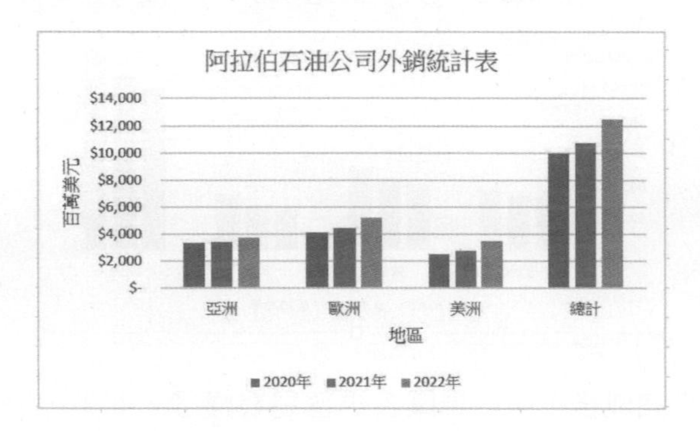

12-3-7 快速版面配置

當圖表建立完成後，您也可以直接使用 Excel 圖表設計 / 圖表版面配置 / 快速版面配置功能，快速的選取版面。

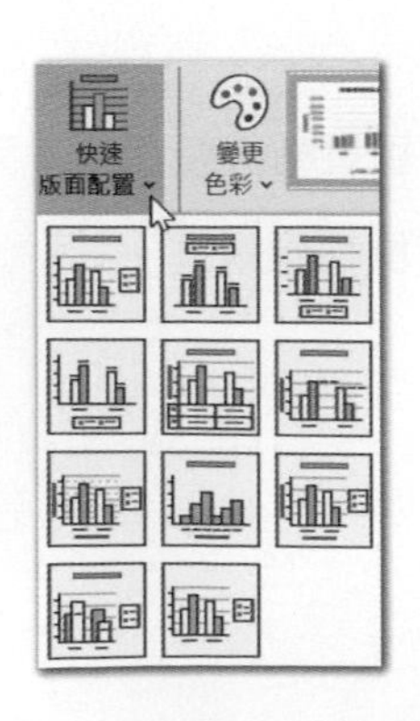

若以 ch12_11.xlsx 檔案工作表的圖表為例，若選擇不同版面配置，可以看到下列結果，結果存入 ch12_12.xlsx。

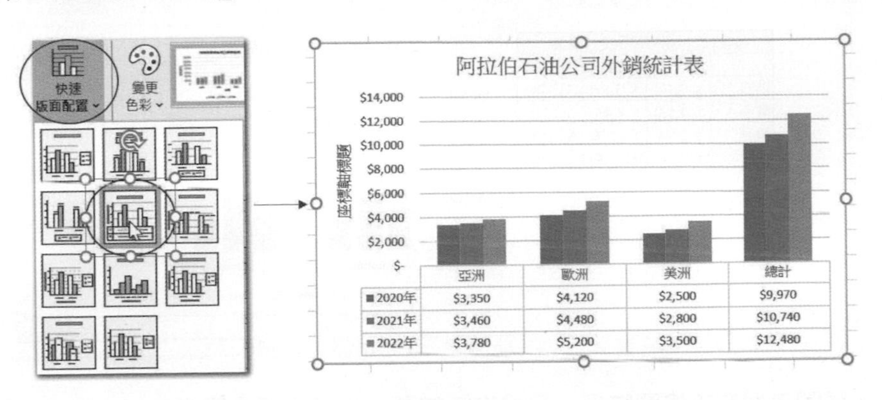

12-3-8 建議的圖表

筆者在先前的實例主要是教導讀者學會自己建立圖表，Excel 2013 起新增建議的圖表，也許可跳脫個人思考獲得更多更適切表達圖表方法。例如：若以 ch12_1.xlsx 為例，選取 B3:E7 儲存格區間，執行插入 / 圖表 / 建議的圖表，使用預設建議的圖表標籤可以獲得下列結果。

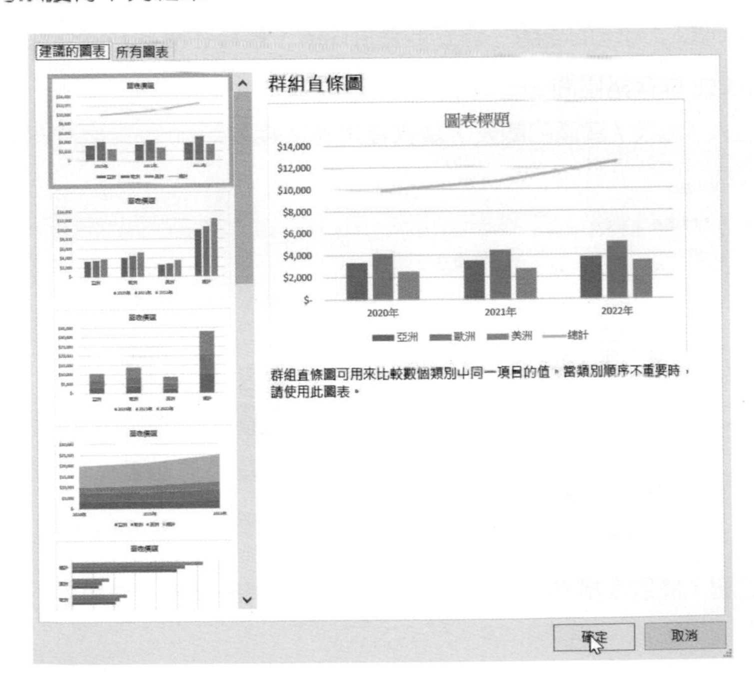

按確定鈕，可以得到下列結果，筆者存入 ch12_13.xlsx。

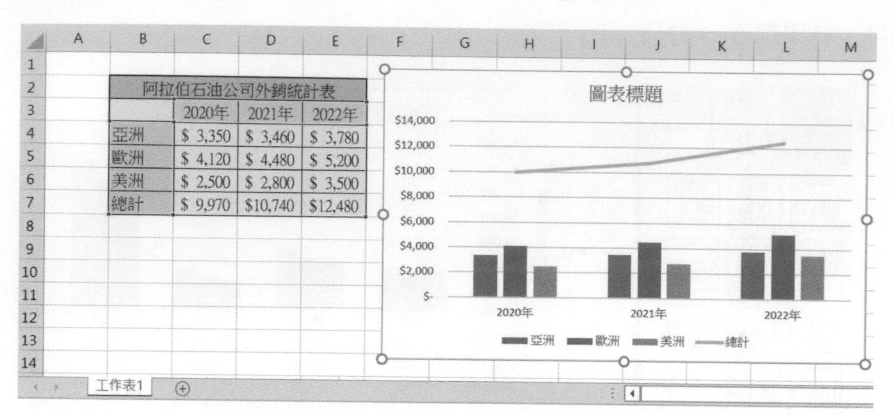

上述圖表具有直條圖特色，又具有折線圖，也可稱組合圖表。

12-3-9 堆疊直條圖

在直條圖中有一個圖表副類型是堆疊直條圖，這種圖表最大特色是可以展示整體成長。在先前實例雖然我們有使用總計數列，使用這種方式，可以簡化圖表數列項目。

實例一：為 ch12_1.xlsx 的表單，建立堆疊直條圖，最後在最上方增加總計。

1： 選取 B3:E6 儲存格區間。

2： 執行插入 / 圖表 / 建議的圖表，請選擇堆疊直條圖：

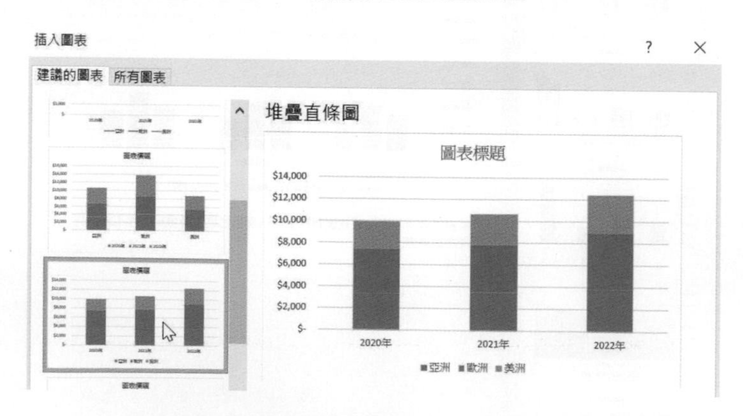

3： 按確定鈕，將圖表標題改為阿拉伯石油公司外銷統計表，結果存入 ch12_13_1.xlsx。

12-3-10 數列線

對於堆疊直條圖而言，如果增加數列線可以讓各項目的趨勢變的更明顯，可以使用圖表設計 / 圖表版面配置 / 新增圖表項目 / 線條 / 數列線指令。

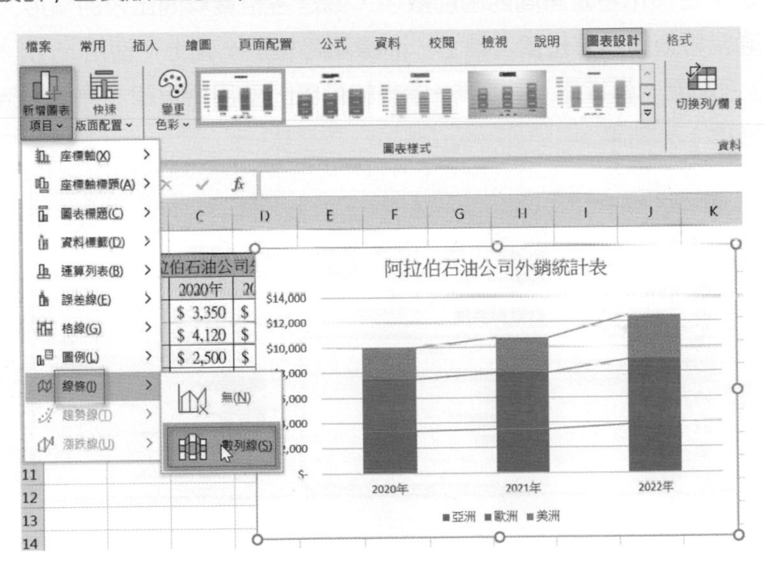

可以得到下列結果，筆者存入 ch12_13_2.xlsx。

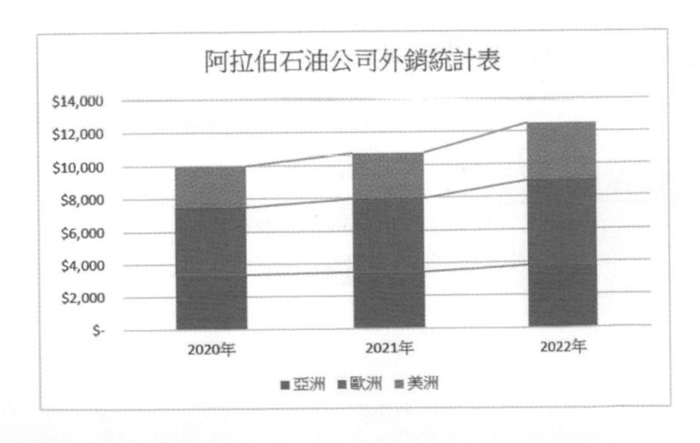

下列是使用 ch12_13_2.xlsx 筆者使用圖表設計 / 圖表樣式 / 樣式 4 的結果，這個圖表最大特色是每個年度區塊皆含銷售數據，筆者存入 ch12_13_3.xlsx。

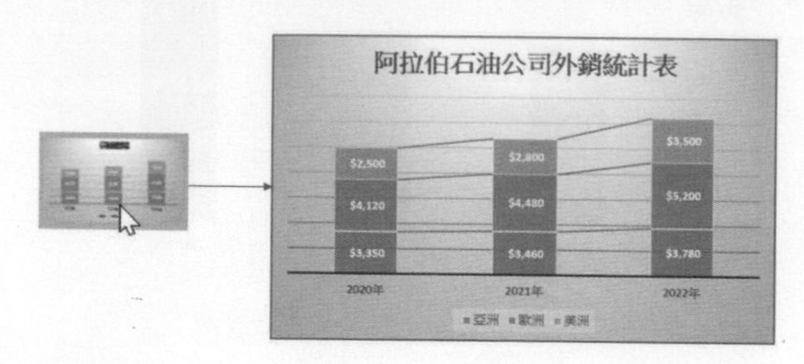

12-4 橫條圖

通常是用在顯示特定時間內個別數字，或是各組資料間比較的情形。對於橫條圖而言，通常數值資料是位於 X 軸上，而標記是位於 Y 軸上。使用 ch12_1.xlsx 選取 B3:E7 儲存格區間，執行插入 / 圖表 / 建議的圖表，使用所有圖表標籤，請選擇橫條圖，可以獲得下列結果。

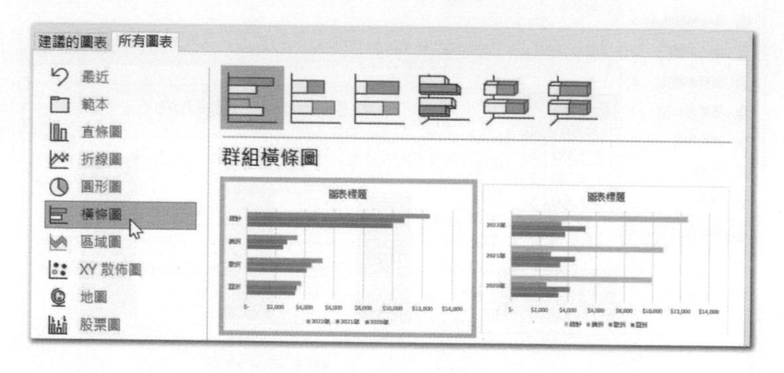

上述使用預設，按確定鈕後可以得到下列結果，結果存入 ch12_14.xlsx。

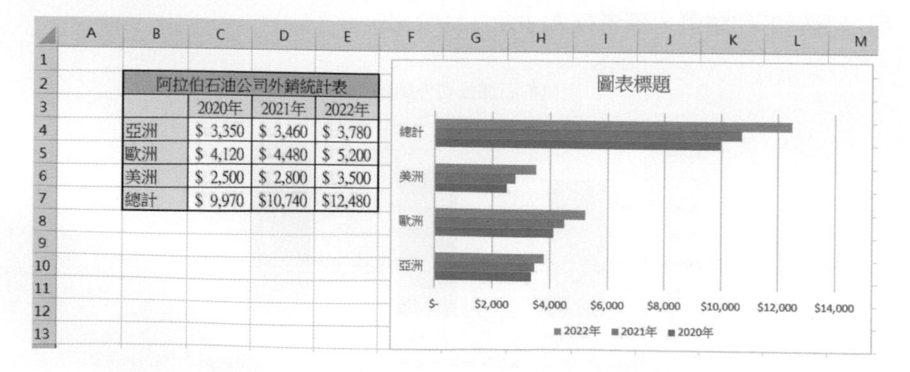

阿拉伯石油公司外銷統計表			
	2020年	2021年	2022年
亞洲	$ 3,350	$ 3,460	$ 3,780
歐洲	$ 4,120	$ 4,480	$ 5,200
美洲	$ 2,500	$ 2,800	$ 3,500
總計	$ 9,970	$10,740	$12,480

實例一：請利用 ch12_1.xls 活頁簿工作表 1 的資料建立阿拉伯石油公司 2022 年外銷 3 個洲的統計表，同時圖表類別是使用立體橫條圖。

1： 選定 B4:B6 供標記用和 E4:E6 供資料用的儲存格區間。

	A	B	C	D	E
1					
2		阿拉伯石油公司外銷統計表			
3			2020年	2021年	2022年
4		亞洲	$ 3,350	$ 3,460	$ 3,780
5		歐洲	$ 4,120	$ 4,480	$ 5,200
6		美洲	$ 2,500	$ 2,800	$ 3,500
7		總計	$ 9,970	$10,740	$12,480

2： 執行插入 / 圖表 / 建議的圖表，使用所有圖表標籤，請選擇橫條圖，圖表副類型如下：

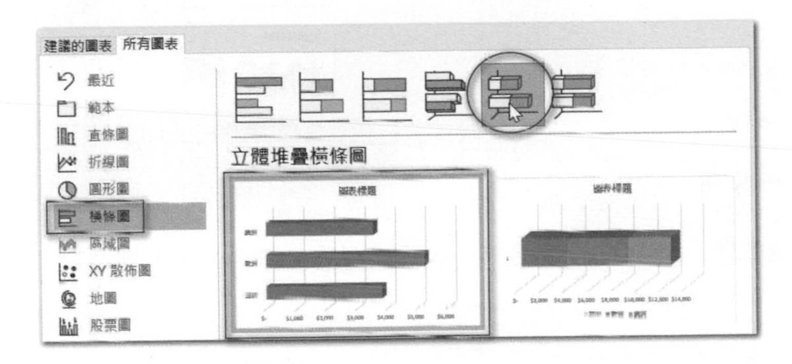

3： 按確定鈕，可以得到下列結果，結果存入 ch12_15.xlsx。

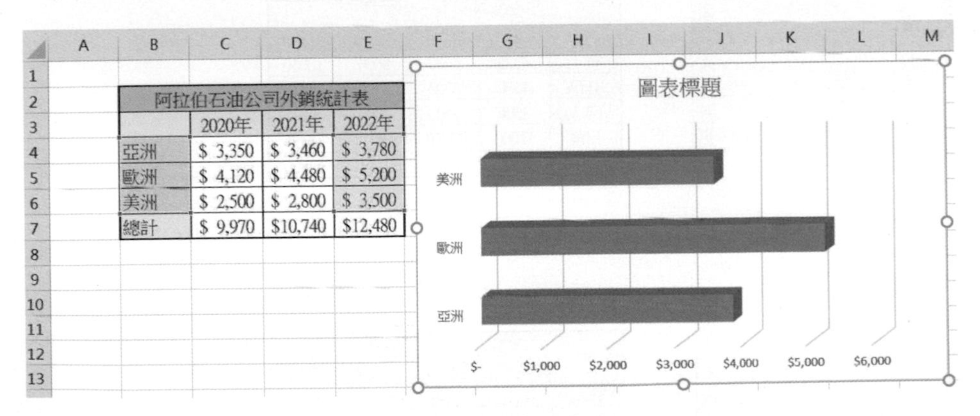

	A	B	C	D	E
1					
2		阿拉伯石油公司外銷統計表			
3			2020年	2021年	2022年
4		亞洲	$ 3,350	$ 3,460	$ 3,780
5		歐洲	$ 4,120	$ 4,480	$ 5,200
6		美洲	$ 2,500	$ 2,800	$ 3,500
7		總計	$ 9,970	$10,740	$12,480

12-5 折線圖與區域圖

折線圖與區域圖均是適用於顯示某段期間內，資料的變動情形及趨勢。在插入 / 圖表功能群組內有插入折線圖或區域圖鈕，讀者可以選擇任一功能。

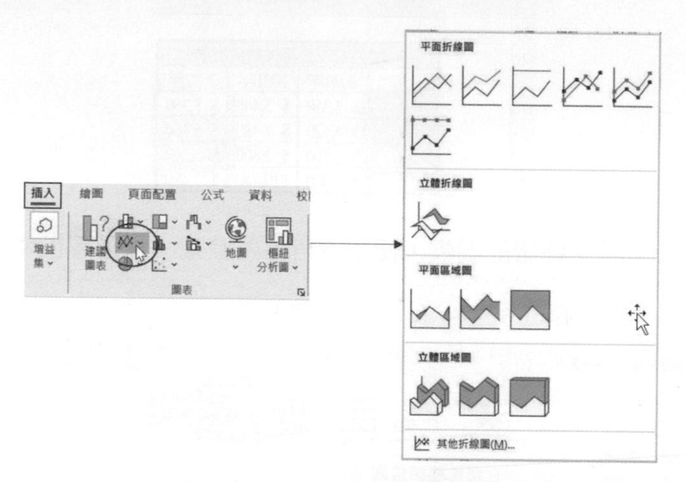

❑ 建立折線圖

實例一：請開啟 ch12_16.xls 活頁簿，此活頁簿的工作表 1 含下列資料，然後利用下述資料建立折線圖圖表。

	A	B	C	D	E	F
1						
2		2020-2023汽車銷售表				
3			2020年	2021年	2022年	2023年
4		賓士	4320	5200	8600	10050
5		BMW	4600	5300	7500	8600
6		VOLVO	2500	3600	4000	5500
7		裕隆	12000	12400	11000	9000
8		三陽	8000	9200	10050	12000

1：選取 B3:F8 儲存格區間。

	A	B	C	D	E	F
1						
2		2020-2023汽車銷售表				
3			2020年	2021年	2022年	2023年
4		賓士	4320	5200	8600	10050
5		BMW	4600	5300	7500	8600
6		VOLVO	2500	3600	4000	5500
7		裕隆	12000	12400	11000	9000
8		三陽	8000	9200	10050	12000

2： 執行插入 / 圖表 / 插入折線圖或區域圖鈕，同時選擇下列圖表副類型，可以得到下列結果。

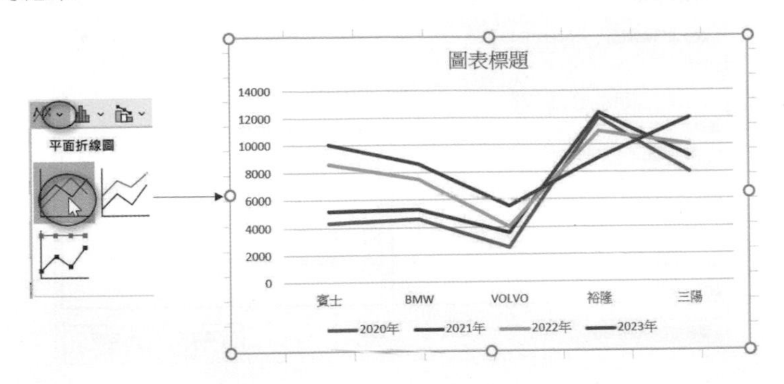

從上圖可以看到折線圖的線條，若能以車的品牌，依各年度銷售做變化會更好，此時相當於要調整圖例，由年份改成車子的品牌，可參考下列實例。

實例二：調整上例的折線圖的線條，期待水平軸是年份，圖例是車子的品牌。

1： 選取圖例，將滑鼠游標指向圖例，按滑鼠右邊鍵，開啟圖例的快顯功能表，執行選取資料指令。

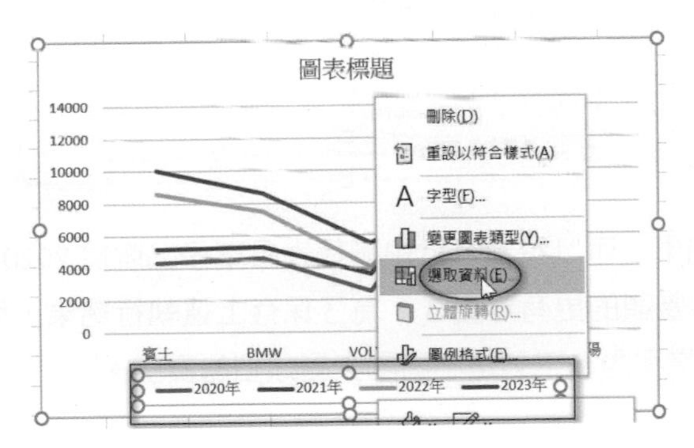

2： 出現選取資料來源對話方塊。

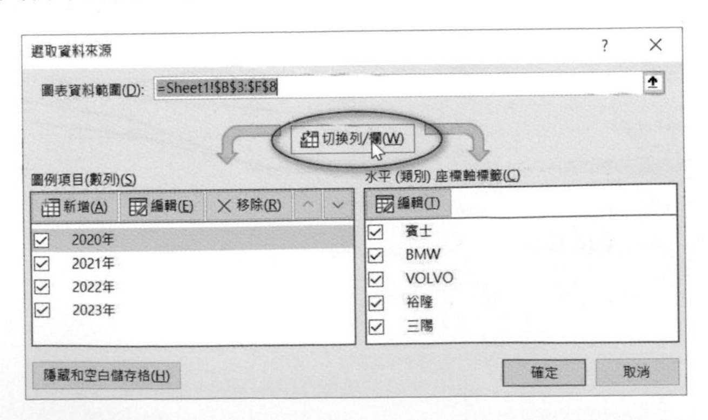

3： 按切換列 / 欄鈕，可以得到圖例項目欄位內已改成車子的品牌。

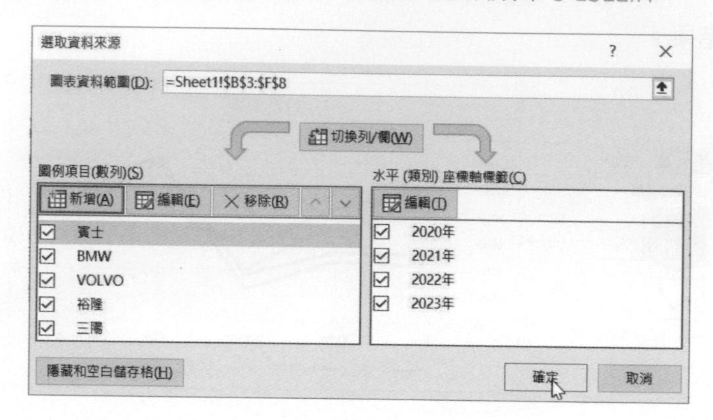

4： 按確定鈕。

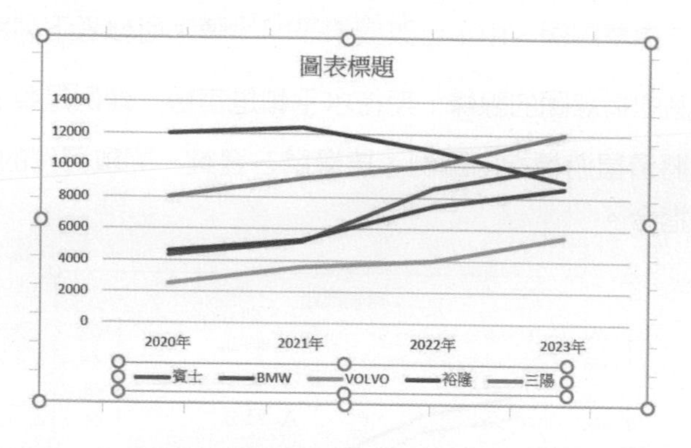

由上述執行結果，可以看到各折線圖代表各車子品牌於 2020 年至 2023 年間的銷售變化，此折線圖顯的更有意義了，為了保存上述執行結果，可將上述執行結果存至 ch12_17.xlsx 檔案內。下列是不同圖表副類型的實例。

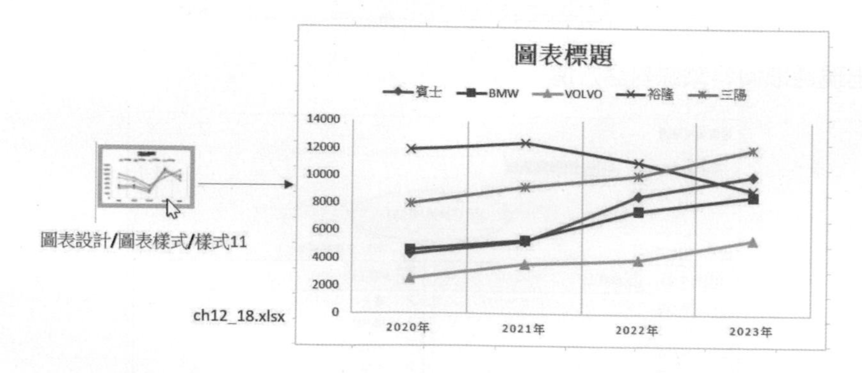

選了上述樣式後，下列是使用 ch12_18.xlsx，不同版面配置的結果。

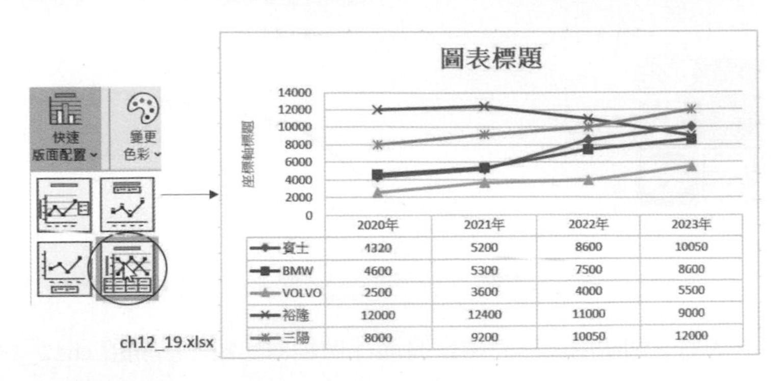

假設你喜歡投資黃金，也可以使用折線圖紀錄過去 20 年或更久週期的黃金價格，然後由此判斷買進 / 賣出時機。

實例三：請開啟 ch12_20.xlsx 活頁簿，此活頁簿工作表 1 含下列資料，然後用下述資料建立黃金價格折線圖圖表。

	A	B	C	D	E	F	G
1							
2		國際黃金價格表					
3			2000年	2005年	2010年	2015年	2020年
4		價格	270	450	1100	1250	1400

1： 選取 B3:G4 儲存格區間。

2： 執行插入 / 圖表 / 插入折線圖或區域圖鈕，同時選擇下列圖表副類型，下列是筆者將圖表標題改為國際黃金價格表的結果，上述執行結果存入 ch12_21.xlsx。

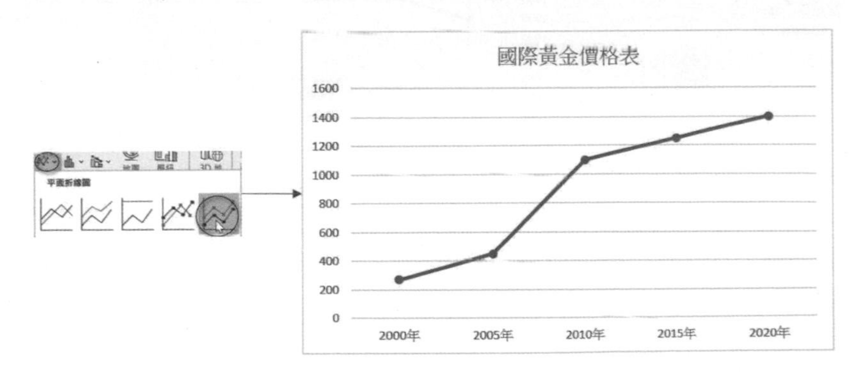

建立這類數據，如果可以在折線圖上加註數字標記將更好，下列是 2 個圖表的快速版面配置的結果。

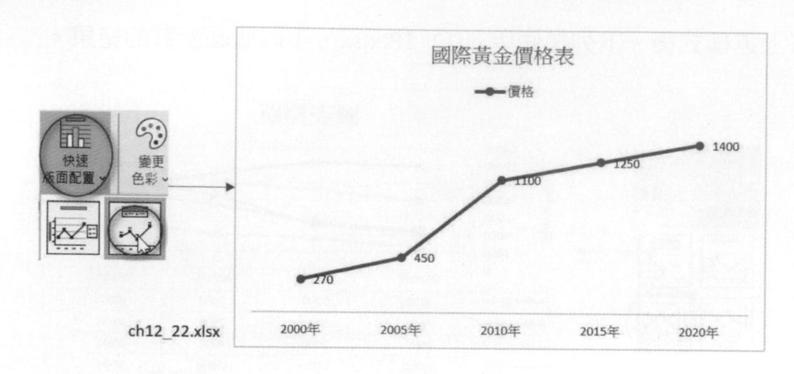

ch12_22.xlsx

實例四：折線圖另一個使用的好時機是將產品做銷售比較，請開啟 ch12_23.xlsx。

	A	B	C	D	E	F	G	H
1								
2		本公司產品與競爭產品銷售分析						
3			一月	二月	三月	四月	五月	六月
4		公司產品	1200	1440	1420	1600	1650	1800
5		競品	1680	1630	1590	1540	1580	1650

1： 選取 B3:H5 儲存格區間。

2： 執行插入 / 圖表 / 插入折線圖或區域圖鈕，同時選擇下列圖表副類型，下列是筆者將圖表標題改為公司產品與競品銷售分析的結果，上述執行結果存入 ch12_24.xlsx。

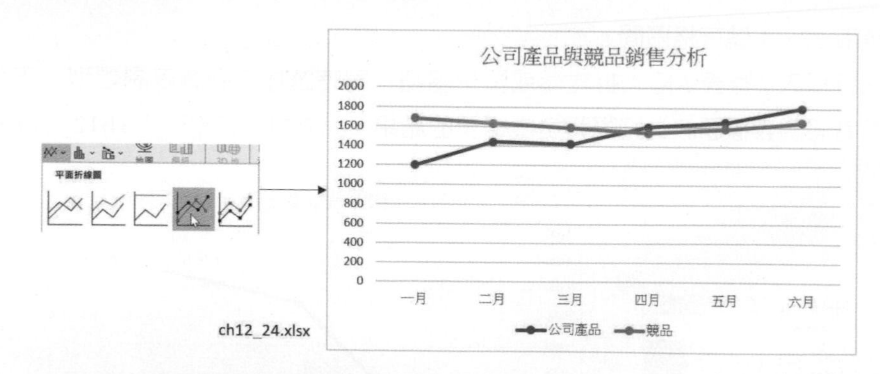

ch12_24.xlsx

下列是將公司產品與競品資料點的標記用不同的符號做區隔，筆者使用圖表設計 / 圖表樣式 / 樣式 11 的結果。

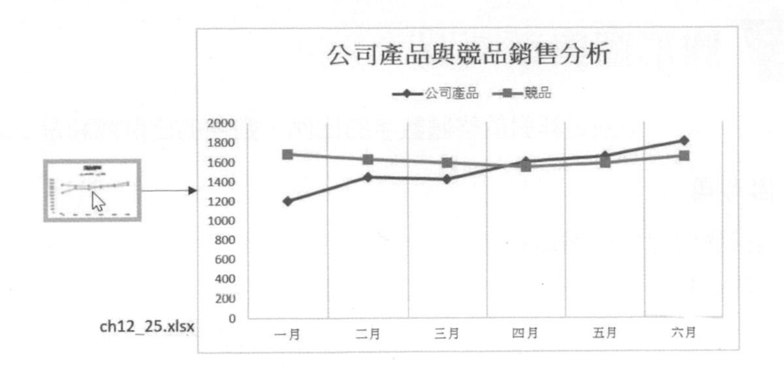

❑ 建立區域圖

實例五：請開啟 ch12_26.xlsx 活頁簿，此活頁簿工作表 1 含下列資料，然後用下述資料建立區域圖圖表。

	A	B	C	D	E	F	G	H
1								
2		深山牌礦泉水2020-2022產品銷售表						
3			高雄市	屏東縣	台南市	台中市	台北市	總計
4		2020年	4100	2200	1800	500	1500	10100
5		2021年	6200	2250	1900	1250	2500	14100
6		2022年	8200	2400	2025	2000	4150	18775

1： 選定 B3:H6 儲存格區間。

2： 執行插入 / 圖表 / 插入折線圖或區域圖鈕，同時選擇下列圖表副類型，下列是筆者將圖表標題改為深山牌礦泉水 2020-2022 產品銷售表的結果，可以得到下列結果。

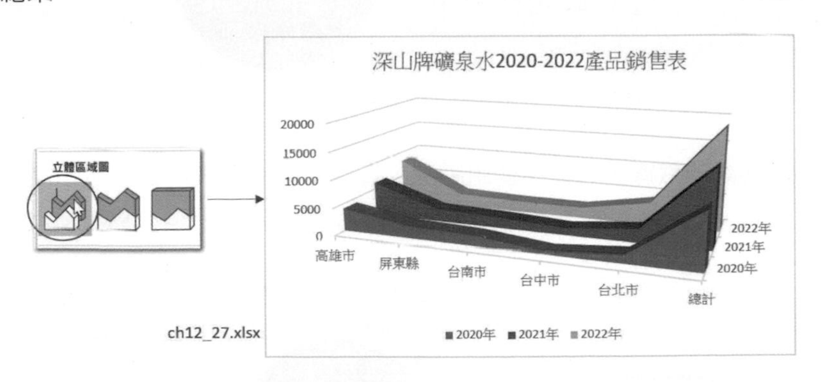

12-6 圓形圖與環圈圖

主要是可以顯示個別資料對於整體數字的比例，數字的比例總和是 100%。

❑ 建立圓形圖

圓形圖只適用包含一個資料數列，若是在您的工作表內有許多資料數列，也只能選定一個資料數列。圓形圖非常適合使用在想了解某一筆資料對整體資料數列的比例，建議是資料數不要太多時使用，因為可以看出每筆資料的扇形圓形圖。

實例一：請開啟 ch12_28.xlsx，然後利用下述資料建立圓形圖圖表。

	A	B	C	D	E	F	G	H
1								
2		五月份國外旅遊調查表						
3		地點	大陸	東南亞	東北亞	美國	歐洲	澳紐
4		人次	12000	18600	9600	7500	2100	1200

1： 選取 C3：H4 儲存格區間。

2： 執行插入 / 圖表 / 插入圓形圖或環圈圖鈕，同時選擇下列圖表副類型，下列是筆者將圖表標題改為五月份國外旅遊調查表的結果，可以得到下列結果。

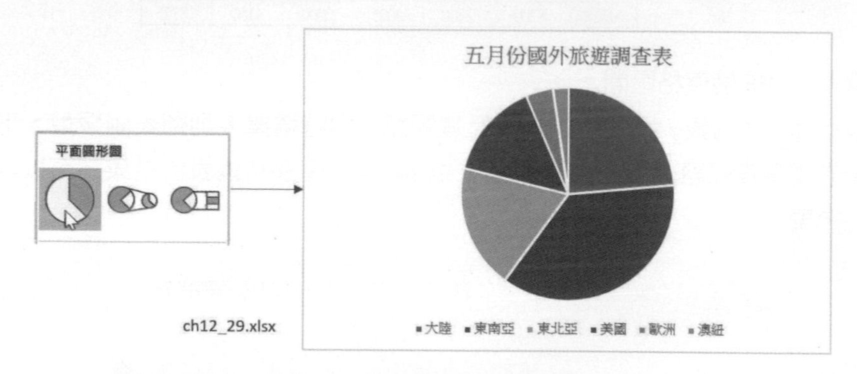

ch12_29.xlsx

其實對這類的數據，可以不使用圖例，直接將區塊代表的地區標示在區塊旁更好，下列是 ch12_29.xlsx 筆者使用圖表設計 / 圖表樣式 / 樣式 9 的結果。

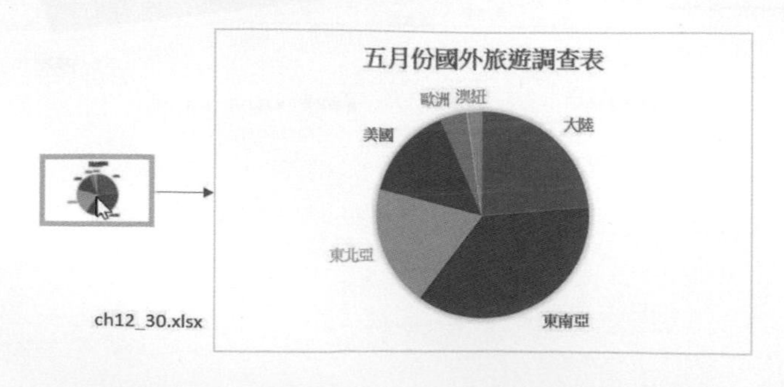

ch12_30.xlsx

如果上述圖表仍有不完美，應該是給各個扇形區所佔的數據或比例，可能更佳，下列是 ch12_29.xlsx 筆者使用圖表設計 / 圖表版面配置 / 快速版面配置 / 版面配置 1 的結果。

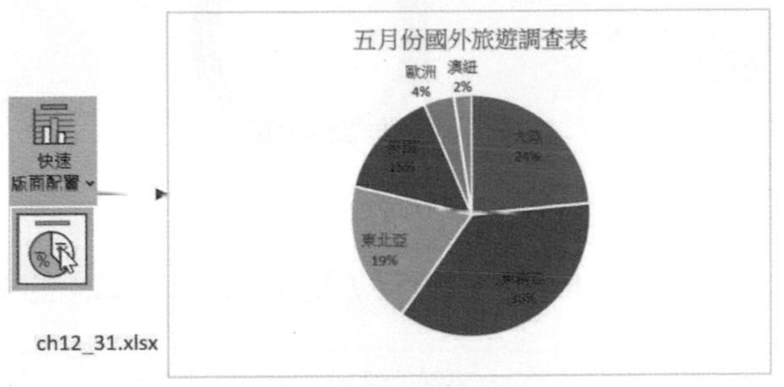

ch12_31.xlsx

上述圖表歐洲和紐澳部分佔比比較小，可以使用子母圓形圖處理，下列是 ch12_31.xlsx 筆者使用插入 / 圖表 / 插入圓形圖或環圈圖選擇子母圓形圖的結果。

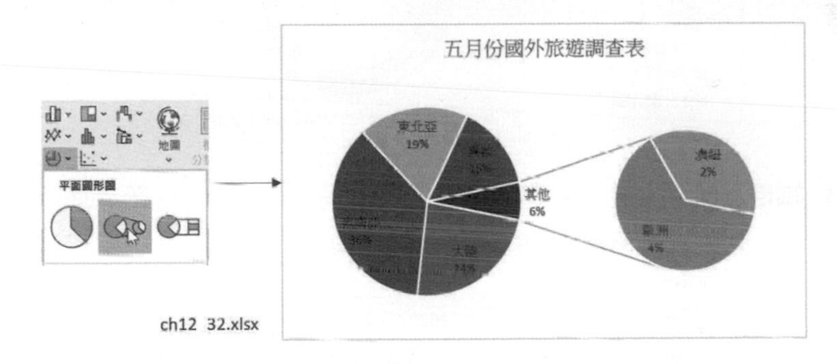

ch12_32.xlsx

❑ 建立環圈圖

如果有多個資料數列時，建議可以使用環圈圖，下列是 ch12_33.xlsx，這個工作表有 2020 年和 2021 年的旅遊數據資料數列。

	A	B	C	D	E	F	G	H
1								
2		2020年 - 2021年國外旅遊調查表						
3			大陸	東南亞	東北亞	美國	歐洲	澳紐
4		2020年	12000	18600	9600	7500	2100	1200
5		2021年	17000	21000	15000	8600	3000	2500

實例二：以環圈圖處理 ch12_33.xlsx 的資料數列。

1： 選取 C3：H5 儲存格區間。

2： 執行插入 / 圖表 / 插入圓形圖或環圈圖鈕，同時選擇下列圖表副類型，下列是筆者將圖表標題改為五月份國外旅遊調查表的結果，可以得到下列結果。

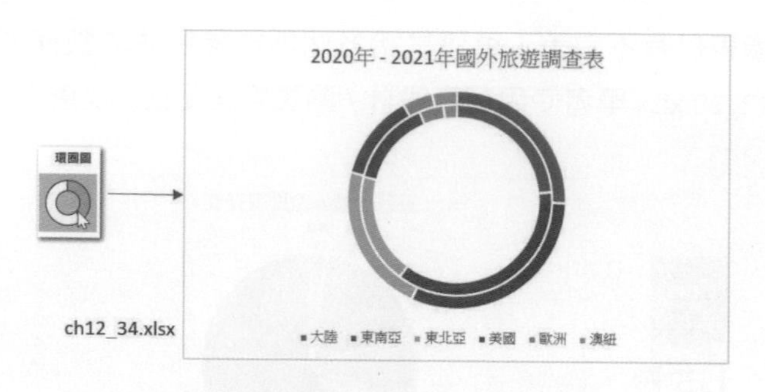

下列是 ch12_34.xlsx 筆者使用圖表設計 / 圖表樣式 / 樣式 4 的結果。

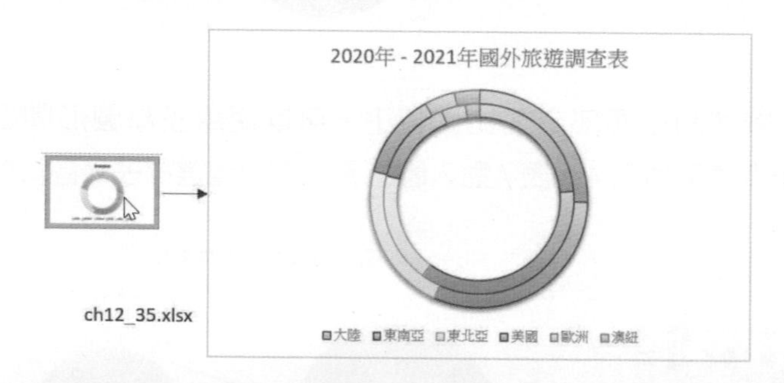

有時候為環圈圖加上佔比數字將更好，下列是 ch12_35.xlsx 筆者使用圖表設計 / 圖表版面配置 / 快速版面配置 / 版面配置 6 的結果。

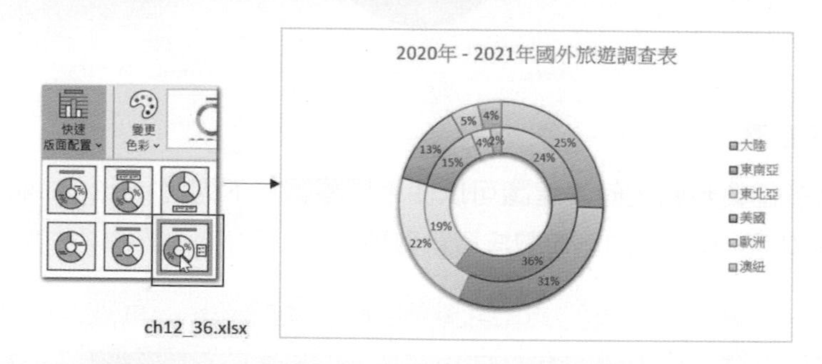

❑ 為圖表加上箭號線條和說明文字

上述圖表雖然好，但是閱讀者不知道那一環圈圖是代表 2020 年或 2021 年，我們可以使用插入 / 圖例 / 圖案然後選擇線條箭號。

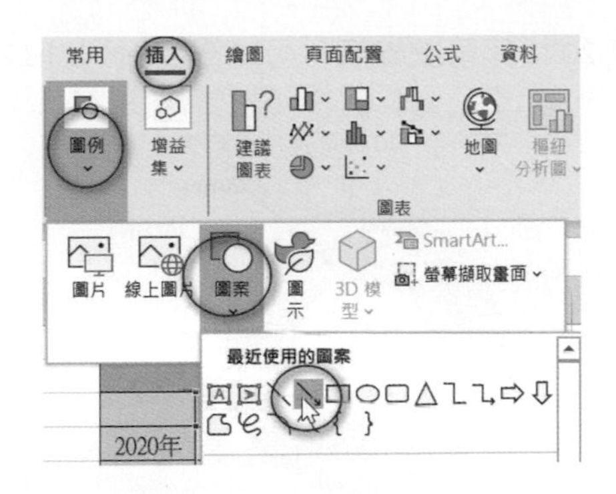

然後拉一條箭號線條指向內圈，接著點選圖形格式 / 圖案樣式 / 圖案外框，線條選擇紅色。

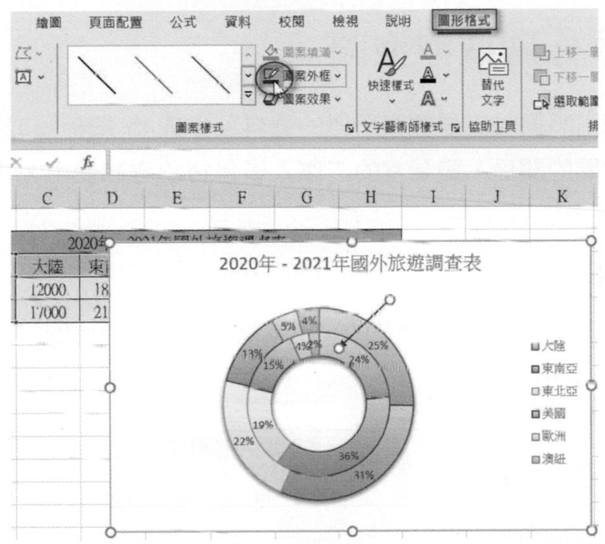

執行插入 / 文字 / 文字方塊 / 繪製水平文字方塊，在箭號邊建立文字方塊然後輸入 2020 年，此時文字方塊有外框，接著執行圖形格式 / 圖案樣式 / 圖案外框 / 無外框，這樣就可以取消圖案外框。

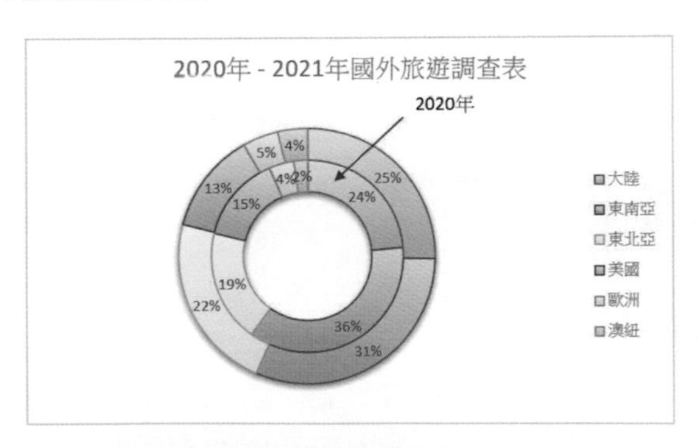

重複上述步驟建立 2021 年箭號線條，可以得到下列 ch12_37.xlsx 的結果。

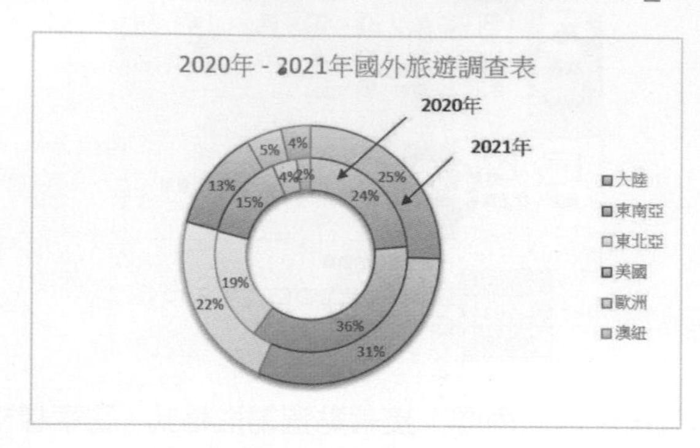

12-7 散佈圖或泡泡圖

一般人常利用將實驗或是觀察所得的資料製作成 XY 散佈圖或泡泡圖，然後再分析所建的數據間的關係，實驗室的工作人員是特別喜歡使用 XY 散佈圖表或泡泡圖。

❑ 建立散佈圖

下列 ch12_38.xlsx 是一個連鎖超商在不同氣溫時冰品銷售的統計數字。

	A	B	C	D	E	F	G	H
1								
2		冰品銷售與天氣的調查表						
3		氣溫	10	15	20	25	30	35
4		數量	60	75	100	160	250	395

實例一：為 ch12_38.xlsx 的工作表冰品銷售與天氣調查表建立散佈圖。

1： 選取 B3：H4 儲存格區間。

2： 執行插入 / 圖表 / 插入 XY 散佈圖或泡泡圖鈕，同時選擇下列圖表副類型，下列是筆者將圖表標題改為冰品銷售與天氣調查表的結果，可以得到下列結果。

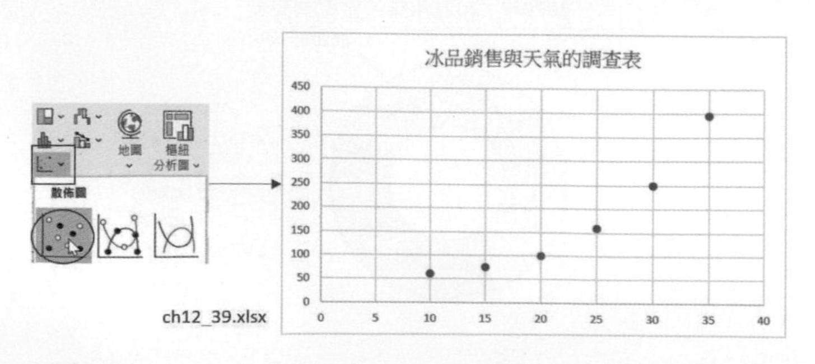

下列是 ch12_39.xlsx 筆者使用圖表設計 / 圖表樣式 / 樣式 8 的結果。

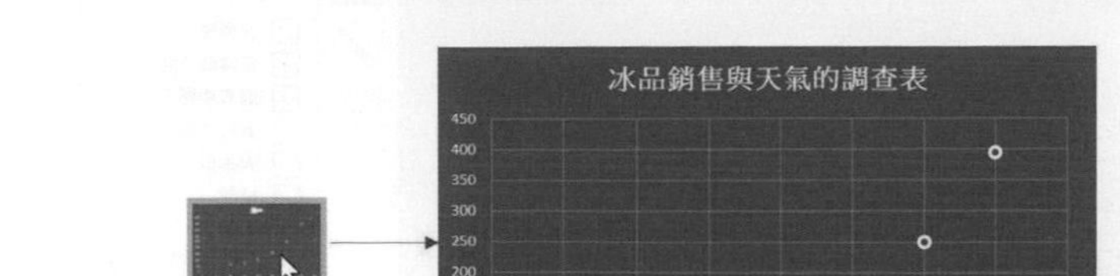

有時候可以為散佈圖建立趨勢線，下列是 ch12_40.xlsx 筆者使用圖表設計 / 圖表版面配置 / 快速版面配置 / 版面配置 3 的結果，同時增加 x 軸為氣溫，y 軸為數量。

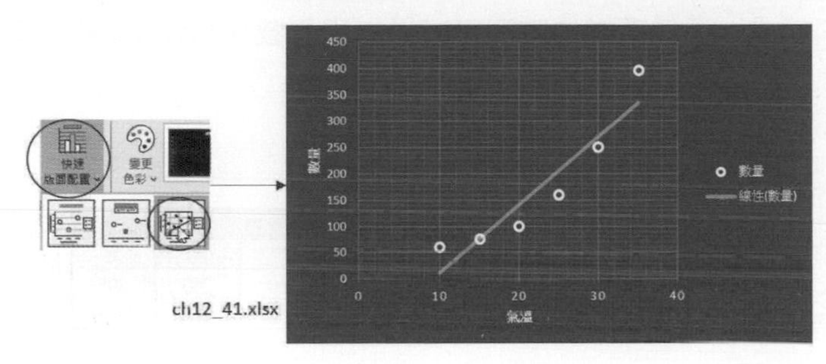

有時候也可以為散佈圖的點增加數據，下列是 ch12_40.xlsx 筆者使用圖表設計 / 圖表版面配置 / 快速版面配置 / 版面配置 5 的結果，同時增加 x 軸為氣溫，y 軸為數量。

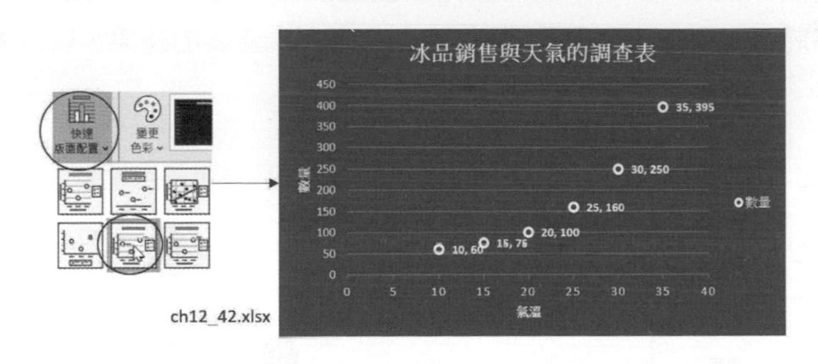

❑ 建立散佈圖使用圖表項目

先前 ch12_41.xlsx 我們使用版面配置，建立趨勢線，也可以使用圖表項目鈕 ＋，建立趨勢線，這次繼續使用 ch12_42.xlsx，下列是點選圖表項目鈕再設定趨勢線框的結果畫面，筆者存入 ch12_43.xlsx。

❑ 建立泡泡圖

泡泡圖基本上是 XY 散佈圖的延伸，工作表必須多一個數列，相當於每個數據點由 3 個資料組成，這個新增的數列可以增加視覺感。ch12_44.xlsx 是 ch12_38.xlsx 檔案的擴充，主要是增加第 3 個資料數列獲利數據。

	A	B	C	D	E	F	G	H
1								
2		冰品銷售/天氣/獲利調查表						
3		氣溫	10	15	20	25	30	35
4		數量	60	75	100	160	250	395
5		獲利	1200	1500	2000	3200	5000	7900

實例二：為 ch12_44.xlsx 的工作表冰品銷售與天氣調查表建立泡泡圖。

1： 選取 B3：H4 儲存格區間。

2： 執行插入 / 圖表 / 插入 XY 散佈圖或泡泡圖鈕，同時選擇下列圖表副類型，下列是筆者將圖表標題改為冰品銷售 / 天氣 / 獲利調查表的結果，可以得到下列結果。

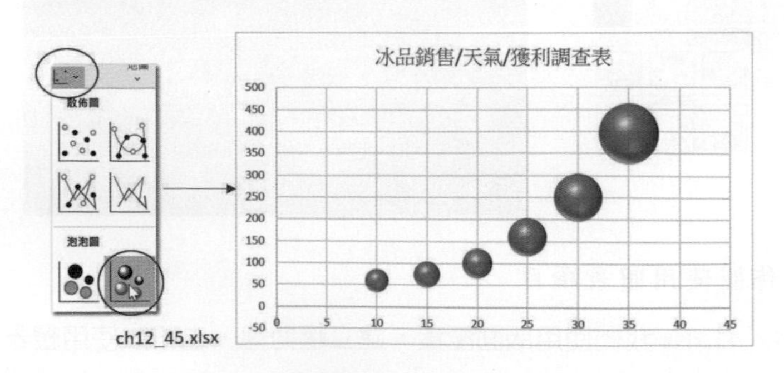

ch12_45.xlsx

下列是 ch12_45.xlsx 筆者使用圖表設計 / 圖表樣式 / 樣式 3 的結果。

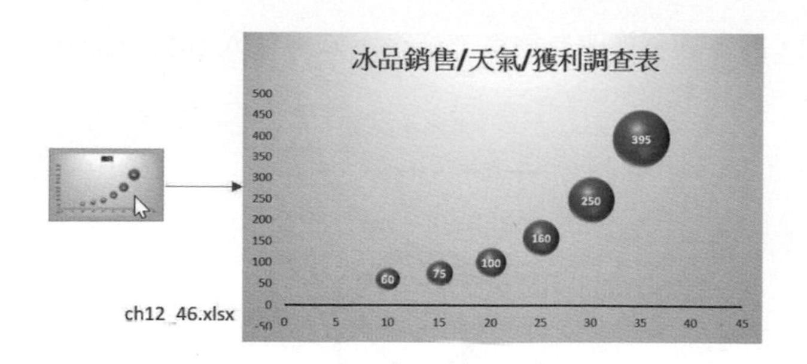

12-8 雷達圖

雷達圖主要是應用在四維以上數據，同時每一維度的數據可以排序，此外雷達圖限制最多 6 個數據點，否則無法識別。每一種類別的數值軸均是由中心點放射出來，然後此一數列的資料點再彼此連接，由此雷達圖是可以看出數列間的變動。如果所做的數據越大是代表越好，則最後雷達圖的面積越大代表產品越好，下列 ch12_47.xlsx 是飲料市調表。

	A	B	C	D	E	F	G
1							
2		飲料市調表					
3			口感	容量	設計外觀	包裝	價格
4		飲料A	8	7	9	5	10
5		飲料B	7	6	3	7	8
6		飲料C	5	9	7	10	5

實例一：為 ch12_47.xlsx 的飲料市調表建立雷達圖。

1： 選取 B3:G6 儲存格區間。

2： 執行插入 / 圖表 / 建議圖表，出現插入圖表對話方塊，請選所有圖表標籤，選雷達圖，同時選擇下列圖表副類型。

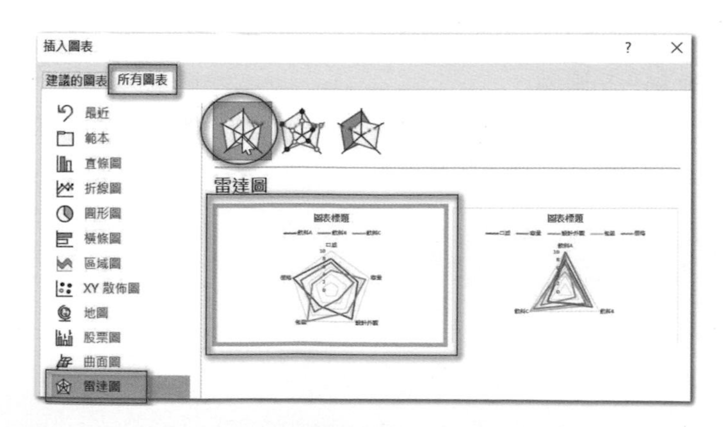

3： 按確定鈕，將圖表標題改為飲料市調表，結果存入 ch12_48.xlsx。

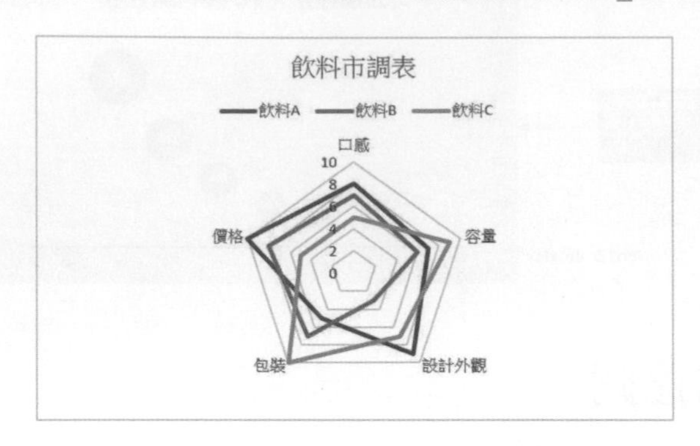

下列是 ch12_48.xlsx 筆者使用圖表設計 / 圖表樣式 / 樣式 2 的結果。

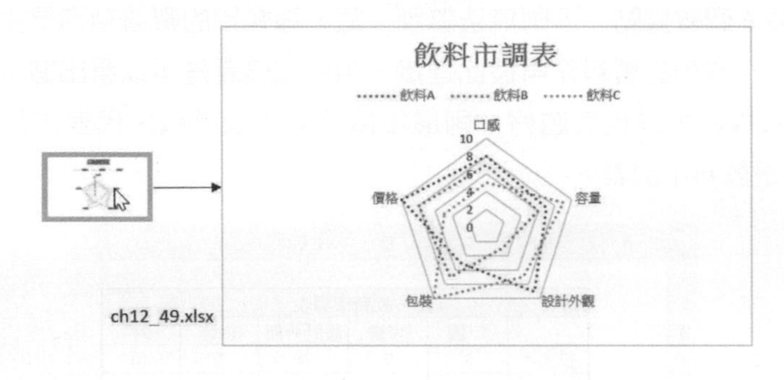

12-9 曲面圖

曲面圖適用於看出大量資料間的關係，並進而可以找出資料間最佳組合。

實例一：使用 ch12_1.xlsx 建立曲面圖，供讀者了解曲面圖的基本外觀。註：其實類似 ch12_1.xlsx 的資料是不必以曲面圖表示。

1： 選取 B3:E7 儲存格區間。

2： 執行插入 / 圖表 / 建議圖表，出現插入圖表對話方塊，請選所有圖表標籤，選曲面圖，同時選擇下列圖表副類型。

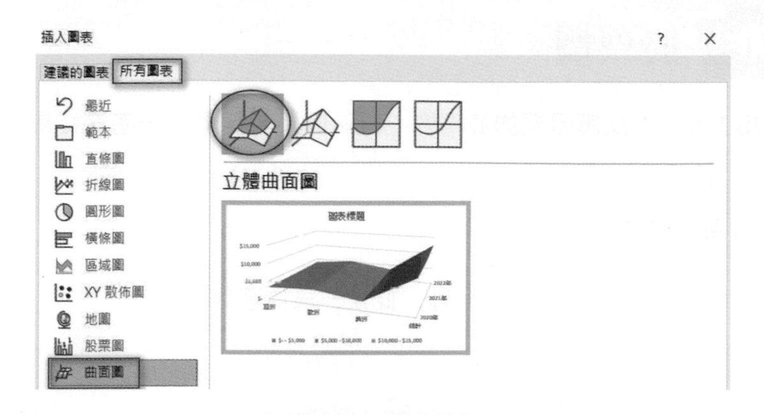

3： 按確定鈕，將圖表標題改為阿拉伯石油公司外銷統計表，結果存入 ch12_50.xlsx。

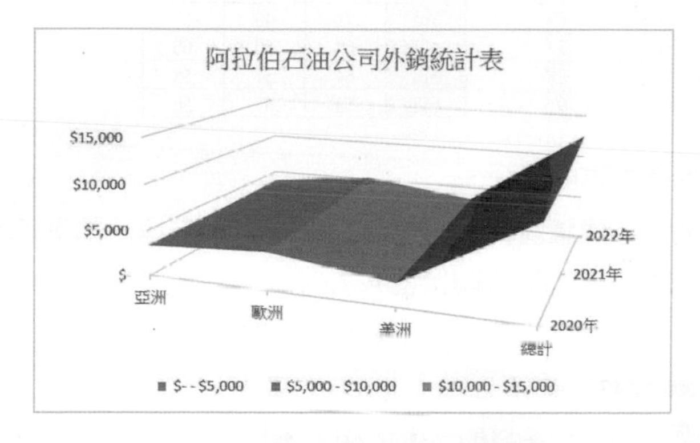

在圖表設計 / 資料 / 切換列 / 欄鈕，可令圖表資料軸轉換，下列是執行結果。

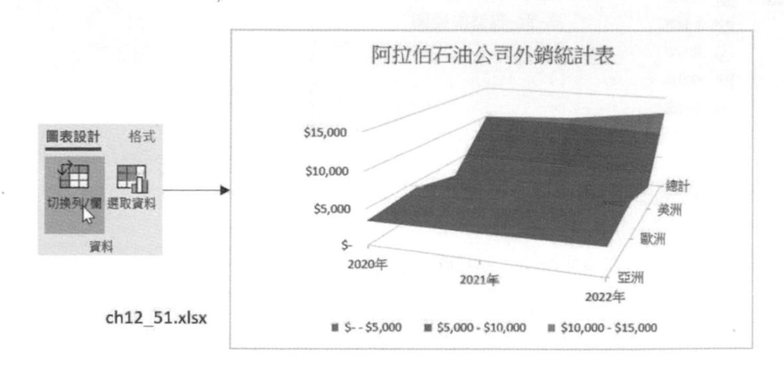

12-10 股票圖

股票圖主要是可反應股票的最高價、最低價及收盤價，筆者將從最簡單的股票圖說起。

❑ 建立簡易的股票圖

實例一：使用 ch12_52.xlsx 建立股票圖，此工作表內容如下。

	A	B	C	D	E
1					
2		天網公司股票價格表			
3			最高價	最低價	收盤價
4		1日	68	55	60
5		2日	72	58	68
6		3日	71	40	67
7		4日	67	50	65
8		5日	64	51	58
9		6日	58	47	56

1： 選取 B3:E9 儲存格區間。

2： 執行插入 / 圖表 / 建議圖表，出現插入圖表對話方塊，請選所有圖表標籤，選股票圖，同時選擇下列圖表副類型。

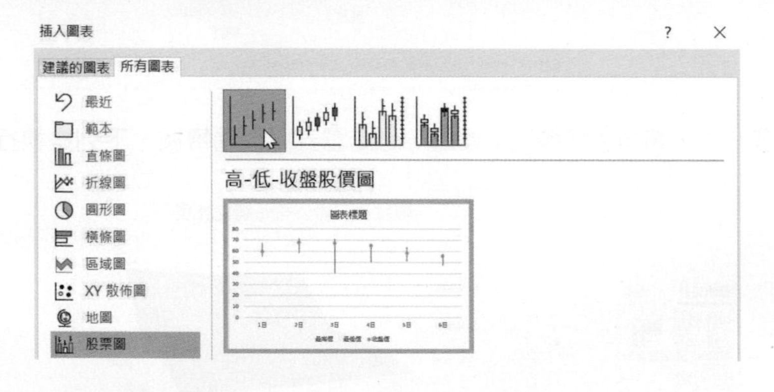

3： 按確定鈕，將圖表標題改為天網公司股票價格表，結果存入 ch12_53.xlsx。

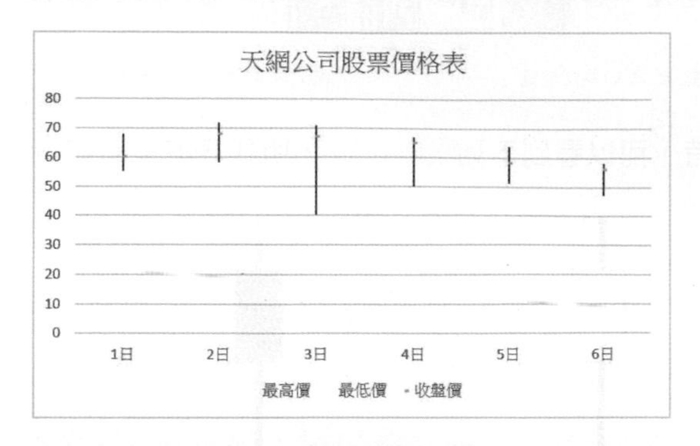

下列是 ch12_53.xlsx 筆者使用圖表設計 / 圖表樣式 / 樣式 5 的結果。

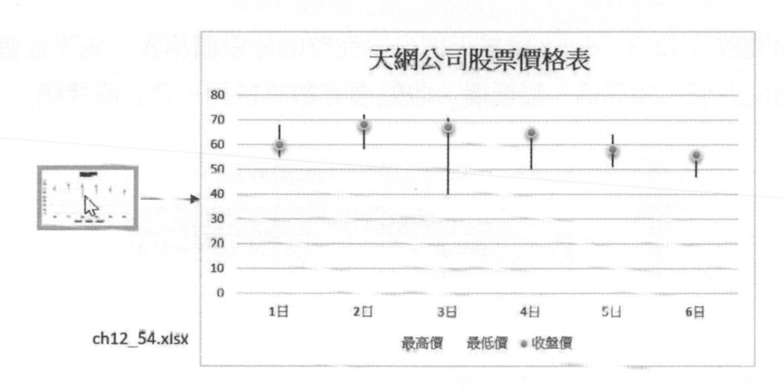

下列是 ch12_54.xlsx 筆者使用圖表設計 / 圖表版面配置 / 快速版面配置 / 版面配置 4 的結果。

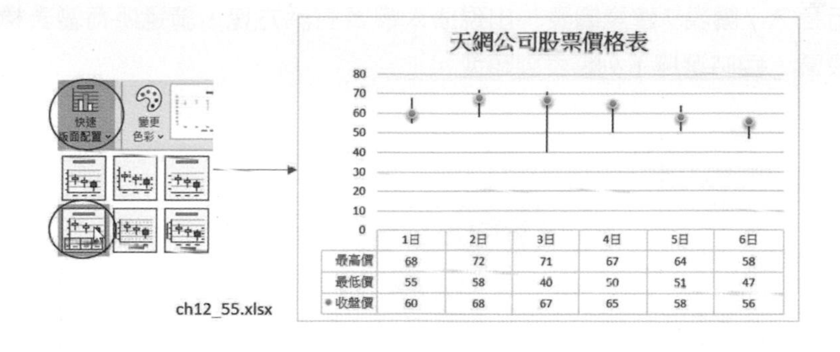

	1日	2日	3日	4日	5日	6日
最高價	68	72	71	67	64	58
最低價	55	58	40	50	51	47
收盤價	60	68	67	65	58	56

❑ 建立完整的股票圖

在插入圖表對話方塊，選擇所有圖表標籤和股票圖後，可以看到下列 4 個圖表副類型，這些圖表副類型需要有特定的數據數列才可以使用。

高-低-收盤價格圖
成交量-開盤-最高-最低-收盤價格圖
開盤-高-低-收盤價格圖
成交量-最高-最低-收盤價格圖

建立股票圖時，可以看到下列股票符號，所代表的意義如下：

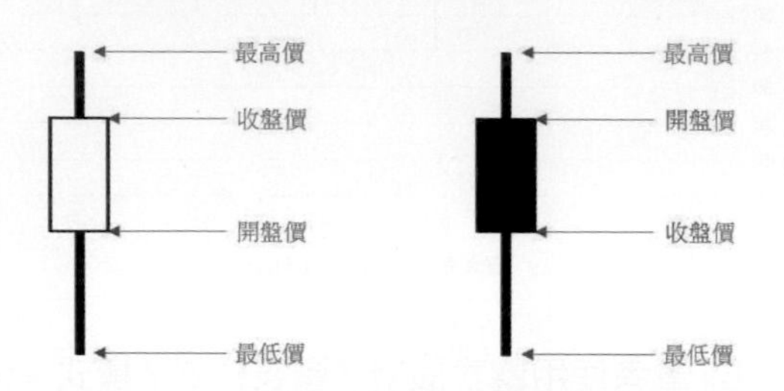

實例二：請開啟 ch12_56.xlsx，這是天網公司完整的股票價格表，先不理會成交量，此例會使用開盤價、最高價、最低價、收盤價等數據數列，建立股票圖。

	A	B	C	D	E	F	G
1							
2		天網公司股票價格表					
3			成交量	開盤	最高價	最低價	收盤價
4		1日	102400	59	68	55	56
5		2日	221000	61	72	58	68
6		3日	18000	50	71	40	67
7		4日	123450	51	67	50	65
8		5日	98000	54	64	51	58
9		6日	165400	55	58	47	56

1： 選取 B3:B9 和 D3:G9 儲存格區間，選擇第二個儲存格區間須同時按 Ctrl 鍵。

2： 執行插入 / 圖表 / 建議圖表，出現插入圖表對話方塊，請選所有圖表標籤，選股票圖，同時選擇下列圖表副類型。

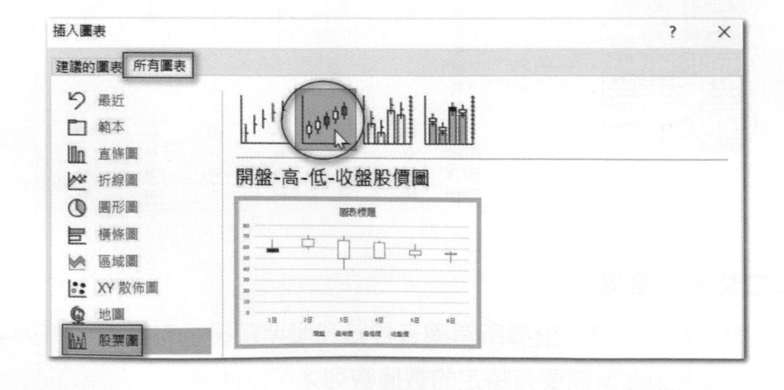

3： 按確定鈕，將圖表標題改為天網公司股票價格表，結果存入 ch12_57.xlsx。

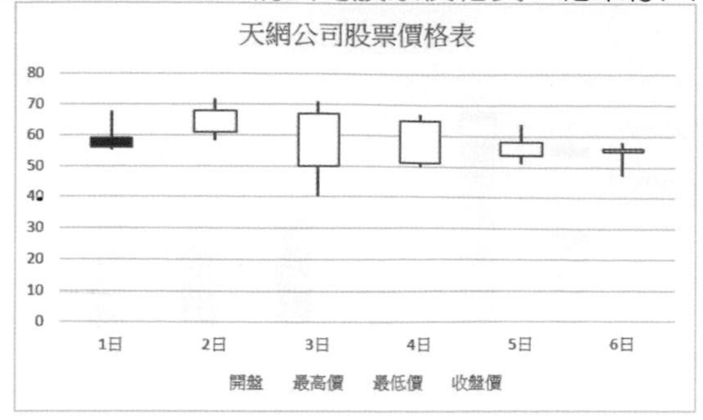

下列是 ch12_57.xlsx 筆者使用圖表設計 / 圖表樣式 / 樣式 8 的結果。

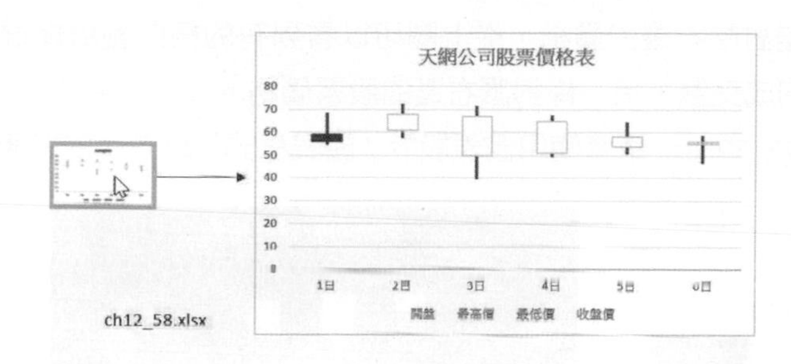

實例三：請開啟 ch12_56.xlsx，這是天網公司完整的股票價格表，此例會使用成交量、開盤價、最高價、最低價、收盤價等數據數列，建立股票圖。

1： 選取 B3:G9 儲存格區間。

2： 執行插入 / 圖表 / 建議圖表，出現插入圖表對話方塊，請選所有圖表標籤，選股票圖，同時選擇下列圖表副類型。

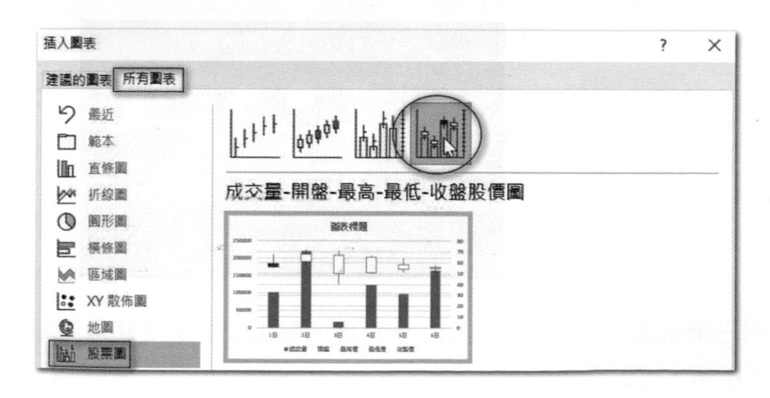

3： 按確定鈕，將圖表標題改為天網公司股票價格表，結果存入 ch12_59.xlsx。

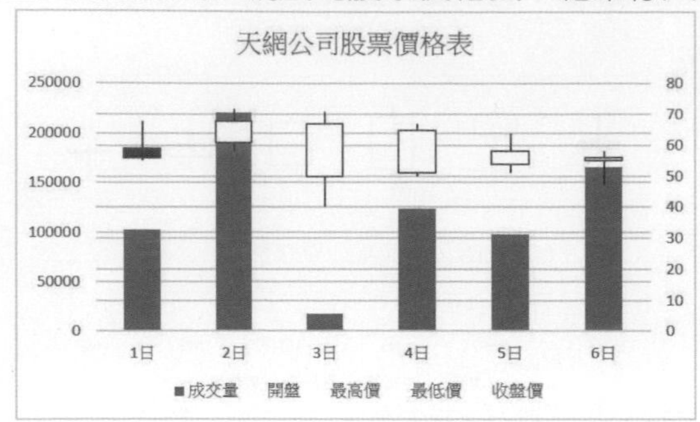

上述圖表左邊 Y 軸是成交量，右邊 Y 軸是價格，藍色直條是對應左邊的成交量，股票符號是對應右邊的價格，從上圖可以看到有的橫向軸線條很近，這是因為一條對應左邊的成交量，另一條對應右邊的股票價格。

下列是 ch12_59.xlsx 筆者使用圖表設計 / 圖表樣式 / 樣式 7 的結果。

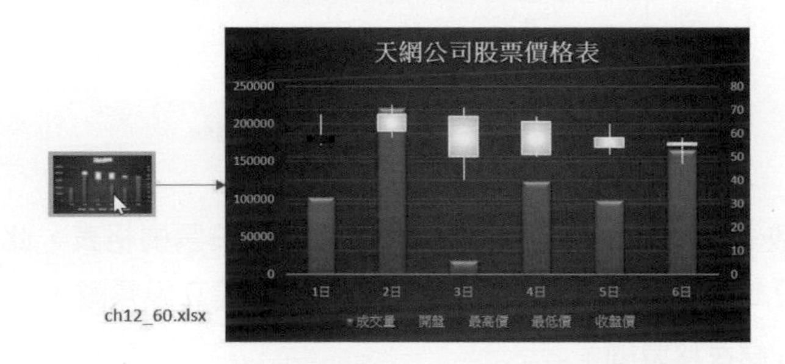

ch12_60.xlsx

下列是 ch12_60.xlsx 筆者使用圖表設計 / 圖表版面配置 / 快速版面配置 / 版面配置 4 的結果。

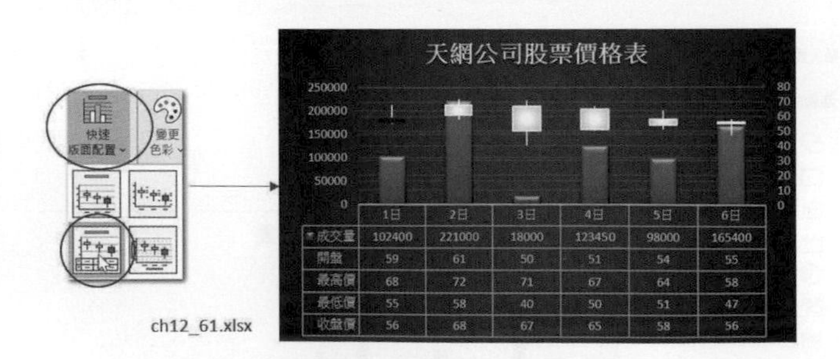

	1日	2日	3日	4日	5日	6日
成交量	102400	221000	18000	123450	98000	165400
開盤	59	61	50	51	54	55
最高價	68	72	71	67	64	58
最低價	55	58	40	50	51	47
收盤價	56	68	67	65	58	56

ch12_61.xlsx

在實例三筆者是使用簡單的日期，更真實的職場環境是要使用完整日期，則工作表將如下所示，可以參考 ch12_61_1.xlsx：

	A	B	C	D	E	F	G
1							
2		天網公司股票價格表					
3			成交量	開盤	最高價	最低價	收盤價
4		2022年12月1日	102400	59	68	55	56
5		2022年12月2日	221000	61	72	58	68
6		2022年12月3日	18000	50	71	40	67
7		2022年12月4日	123450	51	67	50	65
8		2022年12月5日	98000	54	64	51	58
9		2022年12月6日	165400	55	58	47	56

實例四：參考實例三，使用 ch12_61_1.xlsx 的股票數據建立股票圖。

1： 選取 B3:G9 儲存格區間。

2： 執行插入 / 圖表 / 建議圖表，出現插入圖表對話方塊，請選所有圖表標籤，選股票圖，同時選擇下列圖表副類型。

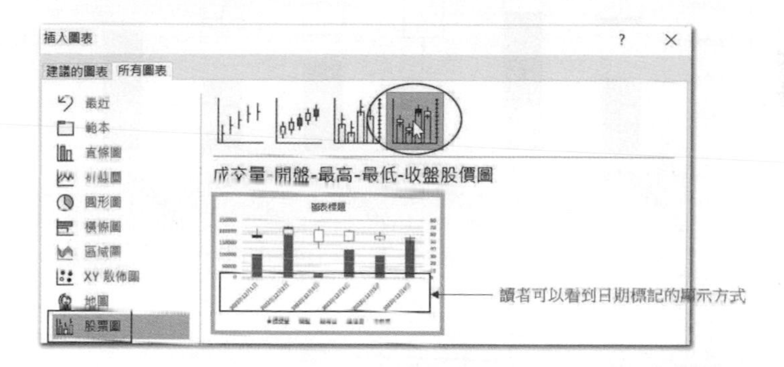

3： 按確定鈕，將圖表標題改為天網公司股票價格表，結果存入 ch12_61_2.xlsx。

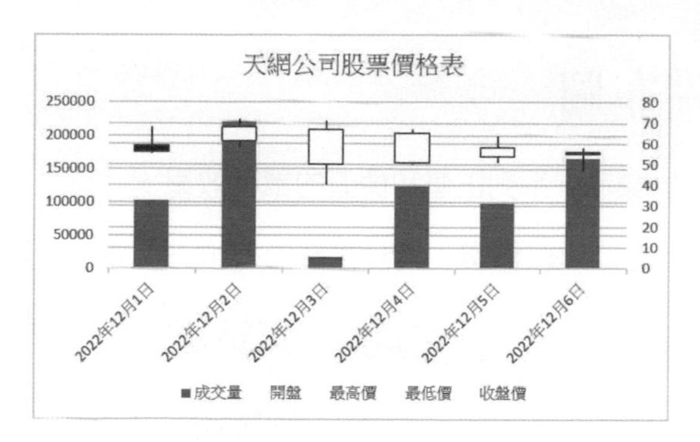

由上述實例可以看到，當日期標記變長時，Excel 會自動轉動日期方向的角度。下列是 ch12_61_2.xlsx 筆者使用圖表設計 / 圖表版面配置 / 快速版面配置 / 版面配置 4 的結果。

缺點1:圖表嚴重擠壓　缺點2:日期被拆成2行

天網公司股票價格表

	2022年12月1日	2022年12月2日	2022年12月3日	2022年12月4日	2022年12月5日	2022年12月6日
■成交量	102400	221000	18000	123450	98000	165400
開盤	59	61	50	51	54	55
最高價	68	72	71	67	64	58
最低價	55	58	40	50	51	47
收盤價	56	68	67	65	58	56

碰到上述狀況只要適度增加圖表寬和高即可，下列結果存入 ch12_61_3.xlsx。

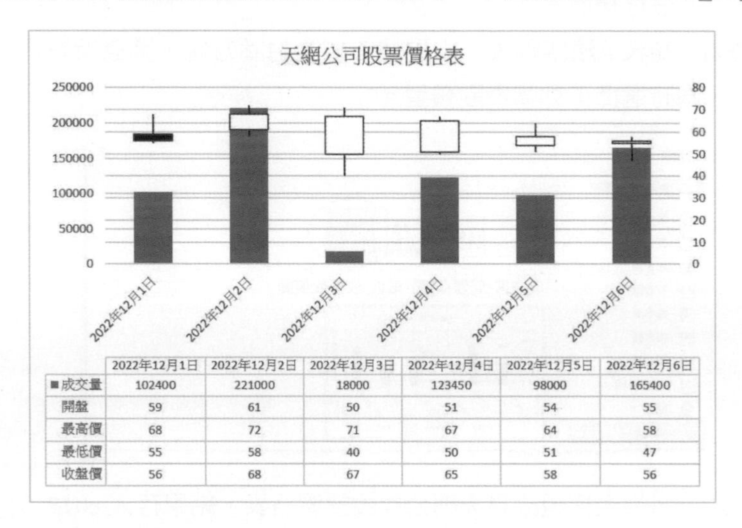

	2022年12月1日	2022年12月2日	2022年12月3日	2022年12月4日	2022年12月5日	2022年12月6日
■成交量	102400	221000	18000	123450	98000	165400
開盤	59	61	50	51	54	55
最高價	68	72	71	67	64	58
最低價	55	58	40	50	51	47
收盤價	56	68	67	65	58	56

12-11 瀑布圖

使用這個圖可以顯示一系列正值和負值的累積效果。

實例一：請開啟 ch12_62.xlsx 檔案，這是深智公司的收入與支出表，請為此表建立瀑布圖。

	A	B	C
1			
2		深智公司	
3		銷貨收入	56000
4		貨品成本	-32000
5		毛利	24000
6		行政費用	-8000
7		獲利	16000

1： 選取 B3:C7 儲存格區間。

2： 執行插入 / 圖表 / 建議圖表，出現插入圖表對話方塊，請選所有圖表標籤，選瀑布圖，同時選擇下列圖表副類型。

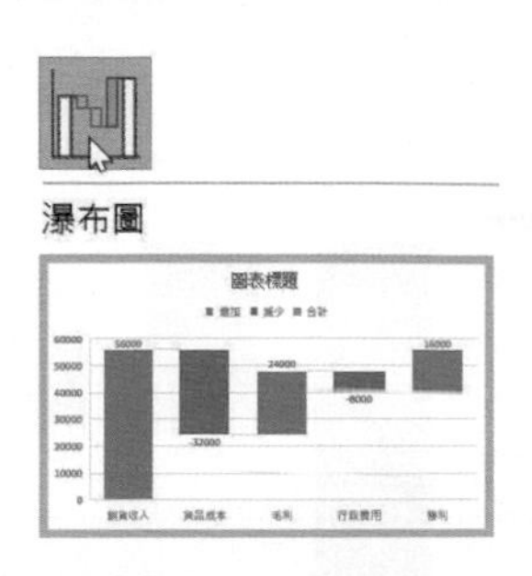

3： 按確定鈕，將圖表標題改為深智公司，結果存入 ch12_63.xlsx。

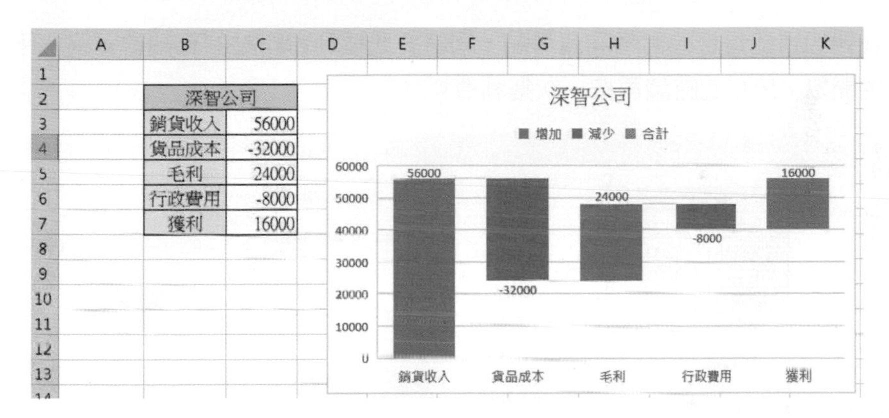

對瀑布圖的精神而言，起始值與最終值應該從水平座標軸開始，而中間的稱飄浮欄。所以上述獲利應該設為從水平座標軸開始，有時將上述圖稱為橋圖表。

實例二：將上一實例的獲利，設為從水平座標軸開始。

1： 將滑鼠游標移至獲利的資料點。

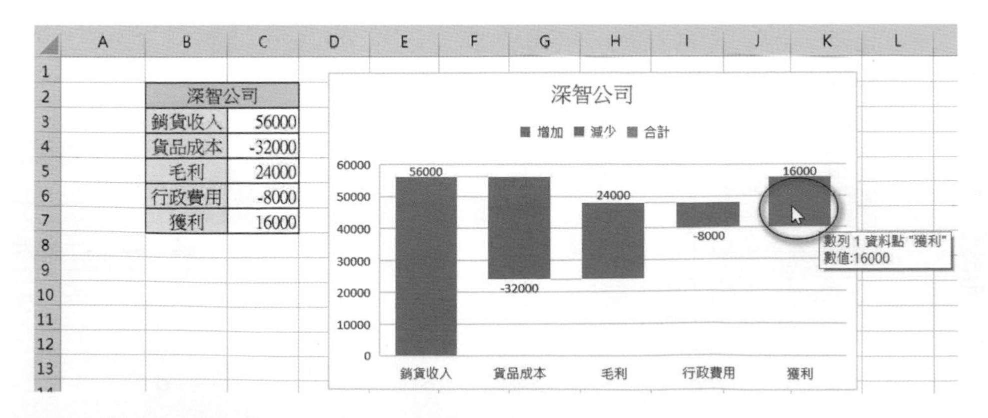

2： 按一下，可以選取所有資料數列。

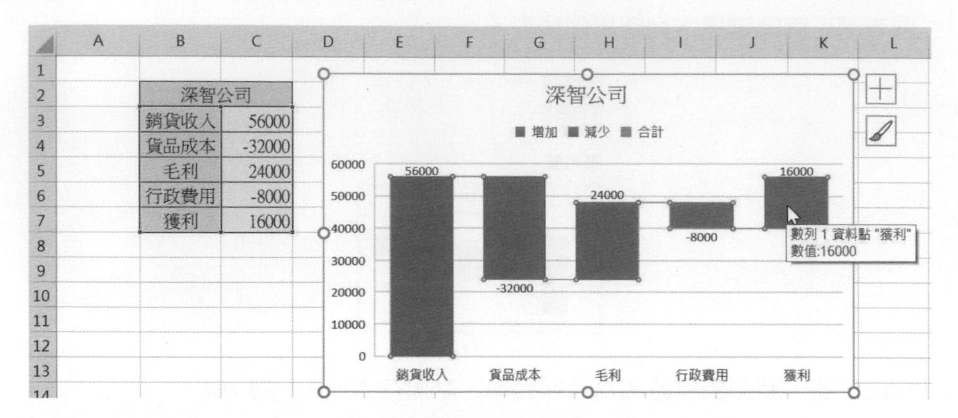

3： 我們的目的是想取得獲利資料點，同時將此獲利資料點的起始位置從水平座標軸開始，所以此時請再按一次獲利資料點。

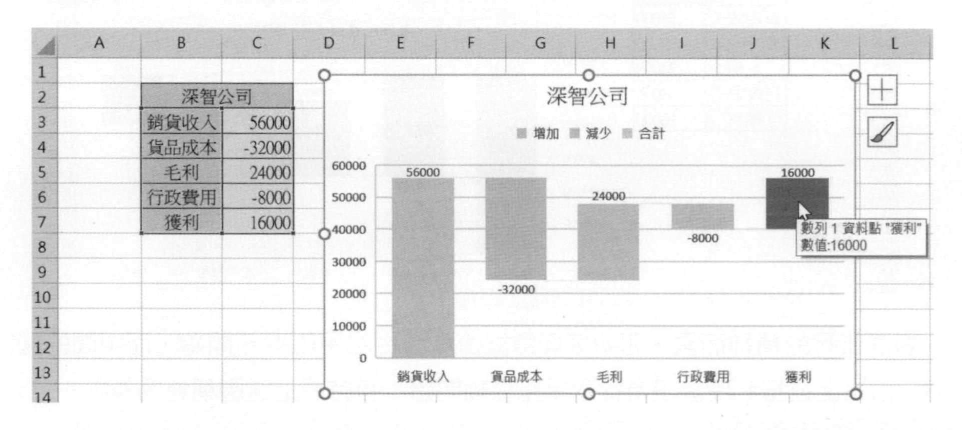

4： 上圖已經成功選取獲利資料點了，此時滑鼠游標仍在此資料點，按一下滑鼠右鍵，開啟快顯功能表，同時設定設為總計。

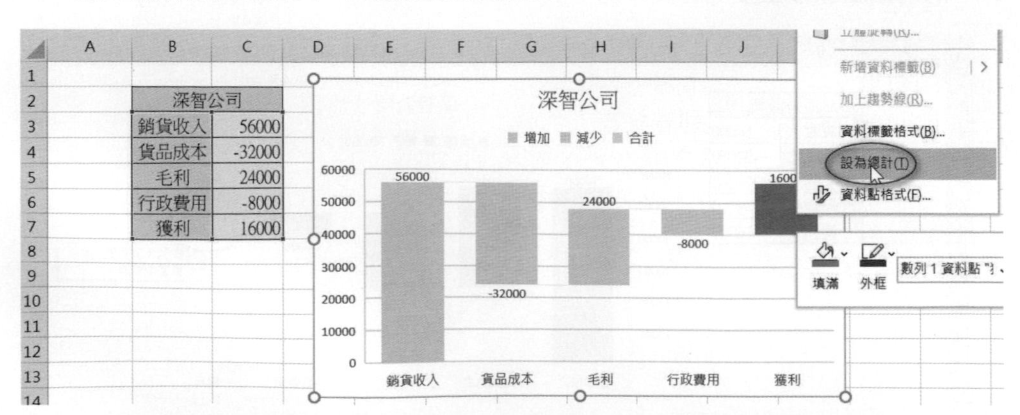

5： 可以得到獲利資料點從水平座標軸開始了，結果存入 ch12_64.xlsx。

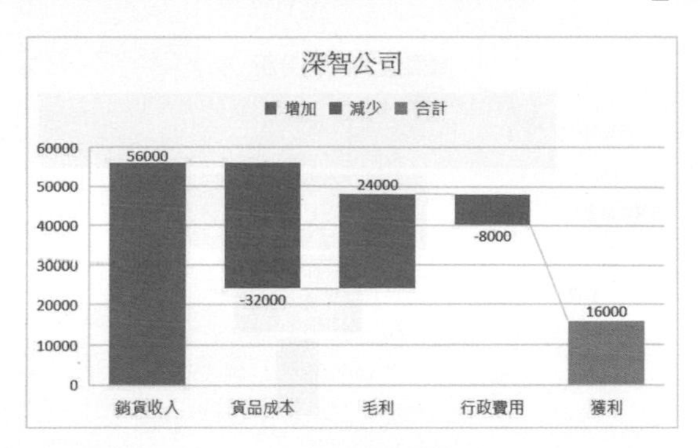

12-12 漏斗圖

業務單位在做經營分析時，可能會先發掘潛在客戶，假設有 500 個客戶，然後經過拜訪瞭解客戶是否感興趣、報價、最後完成剩下 50 個客戶成交，此時可以使用下列 ch12_65.xlsx 表達。

	A	B	C
1			
2		國際證照業務分析	
3		階段	數量
4		潛在客戶	600
5		有興趣的客戶	300
6		報價	150
7		交易完成	50

這類的圖可以使用漏斗圖處理。

實例一：使用漏斗圖處理 ch12_65.xlsx。

1： 選取 B3:C7 儲存格區間。

2： 執行插入 / 圖表 / 建議圖表，出現插入圖表對話方塊，請選所有圖表標籤，選漏斗圖，同時選擇下列圖表副類型。

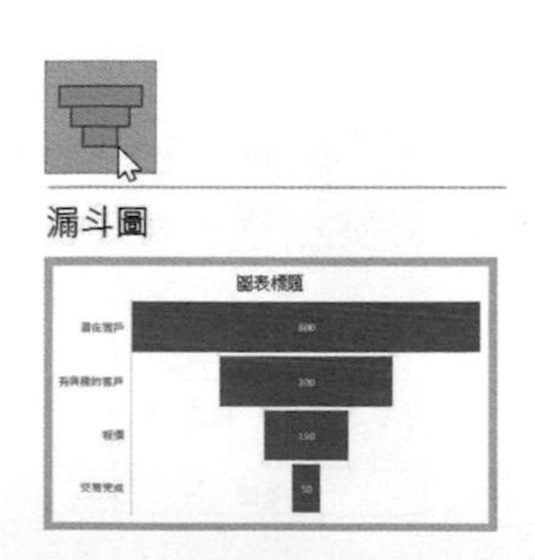

3： 按確定鈕，將圖表標題改為國際證照業務分析，結果存入 ch12_66.xlsx。

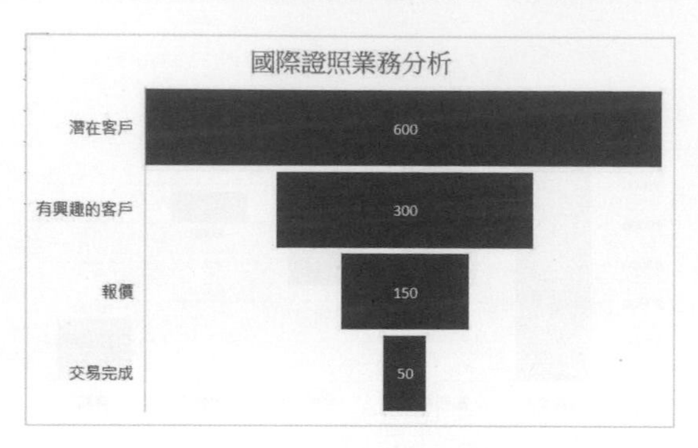

12-13 走勢圖

Excel 有走勢圖功能，且此走勢圖可以建立在單一儲存格內，有了這個功能，您可以很方便分析所建資料的走勢，可增加商業決策的效率。

❑ 建立走勢圖

實例一：請開啟 ch12_67.xlsx 活頁簿，然後在 I4:I9 儲存格列出每位業務員的銷售走勢圖。

	A	B	C	D	E	F	G	H	I
1									
2		深智數位2022年銷售報表							
3		James	一月	二月	三月	四月	五月	六月	
4		Joe	3900	4500	7820	9910	6340	12000	
5		Alicia	4120	7730	13200	11000	9800	14320	
6		Rebeca	2839	2900	4100	7784	9330	6420	
7		Nelson	4148	5600	7400	9200	8200	2890	
8		Frank	8600	8000	5600	4000	5000	9200	
9		Frankie	7800	8400	9200	6200	7800	15000	

1： 選取要放置走勢圖的 I4:I9 儲存格區間。

2： 執行插入 / 走勢圖 / 折線。

3： 接著看到建立走勢圖對話方塊，請選擇建立走勢圖的資料範圍。

4： 請選 C4:H9 儲存格區間。

深智數位2022年銷售報表						
James	一月	二月	三月	四月	五月	六月
Joe	3900	4500	7820	9910	6340	12000
Alicia	4120	7730	13200	11000	9800	14320
Rebeca	2839	2900	4100	7784	9330	6420
Nelson	4148	5600	7400	9200	8200	2890
Frank	8600	8000	5600	4000	5000	9200
Frankie	7800	8400	9200	6200	7800	15000

建立走勢圖
選擇您所要的資料
資料範圍(D): C4:H9
選擇要放置走勢圖的位置
位置範圍(L): $I$4:$I$9
確定 取消

選C4:H9儲存格區間　　自動產生

5： 按確定鈕，取消選取可以得到下列結果，結果存入 ch12_68.xlsx。

深智數位2022年銷售報表						
James	一月	二月	三月	四月	五月	六月
Joe	3900	4500	7820	9910	6340	12000
Alicia	4120	7730	13200	11000	9800	14320
Rebeca	2839	2900	4100	7784	9330	6420
Nelson	4148	5600	7400	9200	8200	2890
Frank	8600	8000	5600	4000	5000	9200
Frankie	7800	8400	9200	6200	7800	15000

❑ 高點與低點

有時為了更清楚走勢圖，也可以為走勢圖重要的點建立標記，例如，最高點或最低點。請選取走勢圖儲存格區間，點選走勢圖 / 顯示 / 高點和低點，結果存入 ch12_69.xlsx。

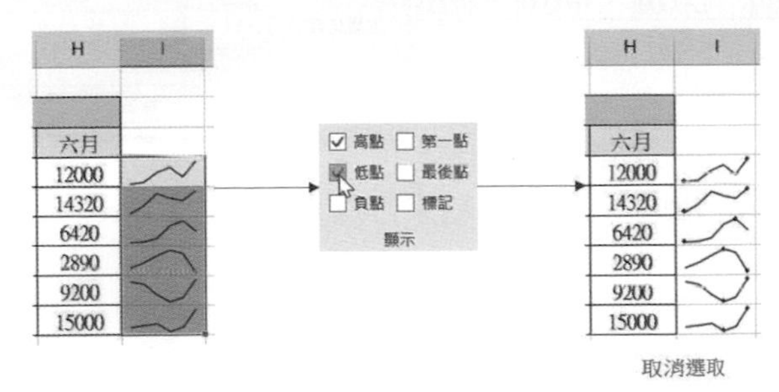

取消選取

❑ 直條圖

繼續使用 ch12_69.xlsx，選取 I4:I9，執行走勢圖 / 類型 / 直條，取消選取後，可以得到下列結果，結果存入 ch12_70.xlsx。

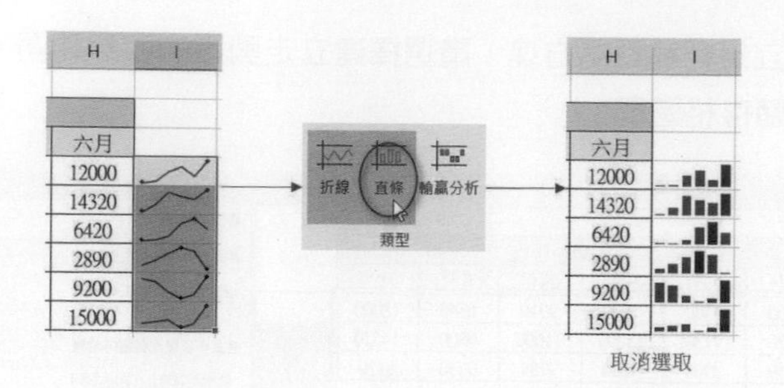

❑ 輸贏分析

在輸贏分析中贏是向上直條圖，輸是向下直條圖，請開啟 ch12_70_1.xlsx，如下：

	A	B	C	D
1	贏 / 輸			
2				
3	月份	預估業績	實季業績	差異
4	一月	80000	89000	9000
5	二月	100000	78000	-22000
6	三月	120000	160000	40000

請將插入點放在 B1 儲存格，執行插入 / 走勢圖 / 輸贏分析，可以看到走勢圖對話方塊，請在資料範圍欄位輸入 D4:D6。

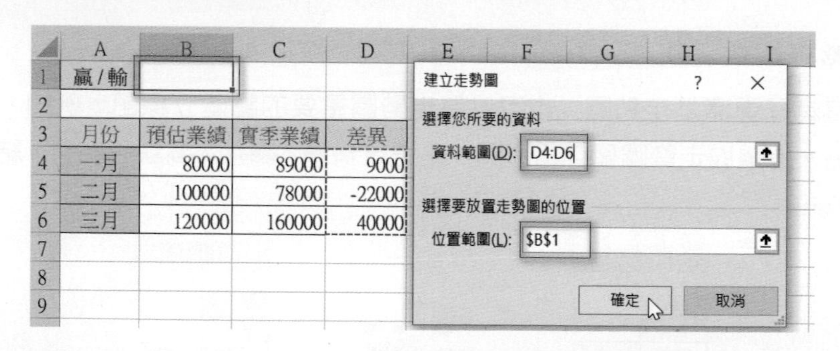

按確定鈕，可以得到下列結果，結果存入 ch12_70_2.xlsx。

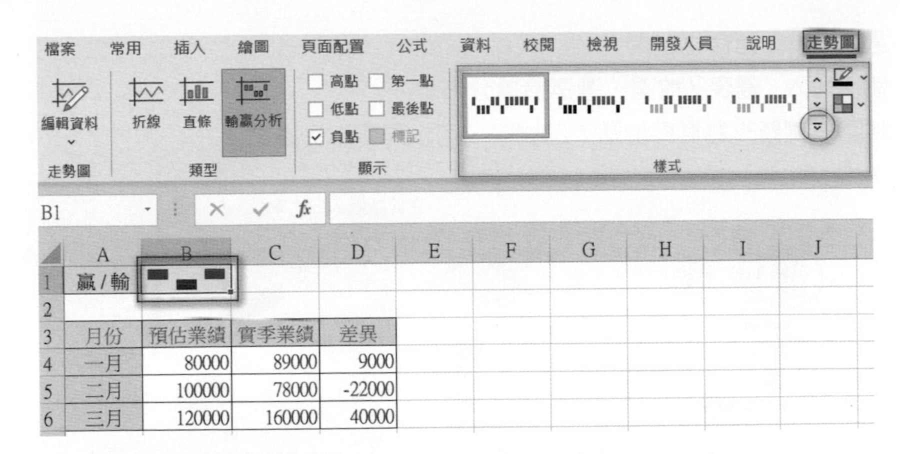

當作用儲存格放在 B2，則可以使用走勢圖 / 樣式功能群組設定色彩，下列是筆者點選樣式鈕▽，選定樣式與執行結果，結果存入 ch12_70_3.xlsx。

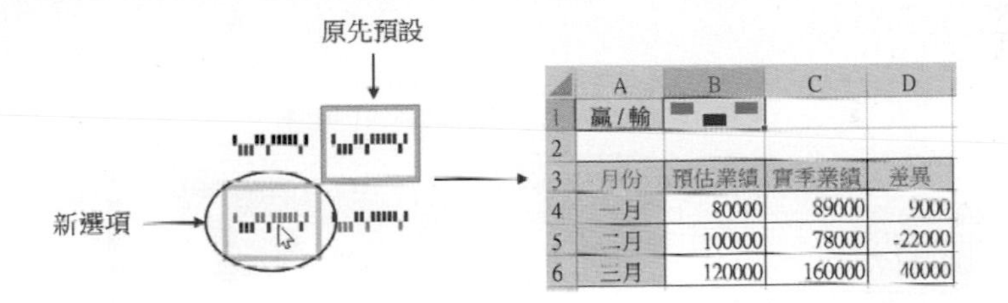

12-14 地圖

這個功能可以讓世界地理資訊取得更容易，只要輸入地理值清單，例如：國家、地區、州、縣、城市、郵遞區號，然後可以使用插入 / 圖表 / 地圖將所選的資料轉成地理資訊。

實例一：將 ch12_71.xlsx 的資訊轉成地理資訊。

	A	B	C
1			
2		世界地圖人口比率	
3		國家	人口占比
4		中國	18.00%
5		美國	4.00%
6		巴西	2.70%
7		俄羅斯	2.70%
8		墨西哥	1.50%
9		法國	0.85%

1： 選取 B3:C9 儲存格區間。

2： 執行插入 / 圖表 / 地圖，選擇區域分佈圖。

3： 將圖表標題改為世界地圖人口比率，可以得到下列結果。

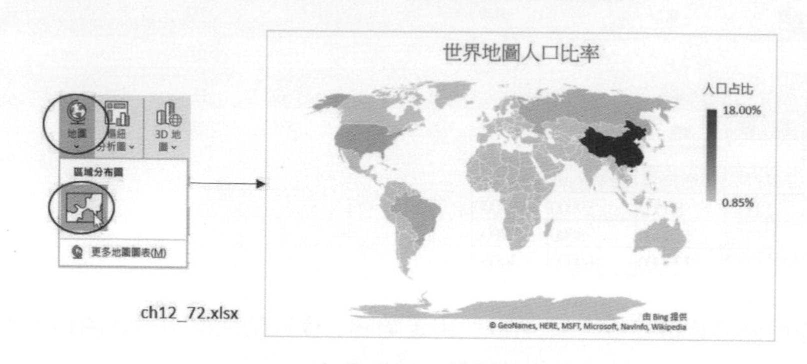

下列是 ch12_72.xlsx，使用圖表設計 / 圖表版面配置 / 快速版面配置 / 版面配置 4 的結果。

12-15 建立 3D 地圖

Excel 的 3D 地圖功能（以前稱為 Power Map）允許您以三維的方式將地理和數據視覺化。這是一個強大的數據視覺化工具，可以幫助您更直觀地了解數據背後的趨勢和模式，以下是關於 3D 地圖的一些主要特點和功能：

1. 地理數據視覺化：您可以選擇一列或多列作為地理數據，例如：國家、州、城市等，並將其映射到全球地圖上。
2. 數據層：您可以添加多個數據層到地圖上，每個層可以有其自己的視覺化設定。

3. 多種視覺化選項：您可以選擇不同的視覺化效果，例如：直條、氣泡、熱點或區域，來展示您的數據。
4. 旋轉和放大：可以自由地旋轉和放大地圖，查看不同的角度和細節。
5. 定製地圖主題和設置：提供多種定製選項，讓您可以改變地圖的外觀和感覺。

總之，3D 地圖是一個極具吸引力的工具，尤其適用於那些需要在全球範圍內分析地理數據的人。

實例一：將 ch12_74.xlsx 的資訊轉成 3D 地圖。

1： 選取 B3:C8 儲存格區間。

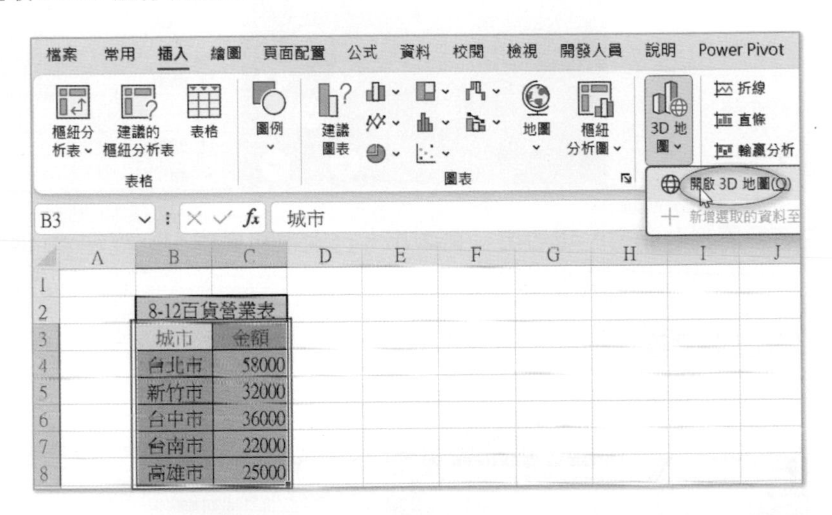

2： 執行插入 / 導覽 /3D 地圖 / 開啟 3D 地圖，可以看到下列啟動 3D 地圖。

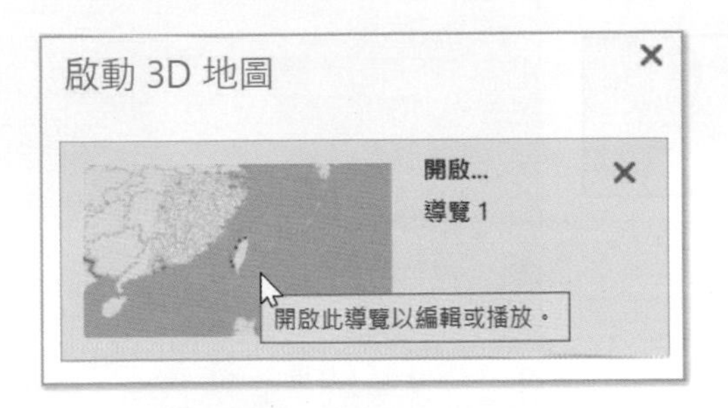

3： 按一下可以啟動 3D 地圖，你會看到欄位清單，請按右上方的關閉鈕 ✕ ，關閉此欄位清單。下列是筆者調整地圖大小和位置的結果。

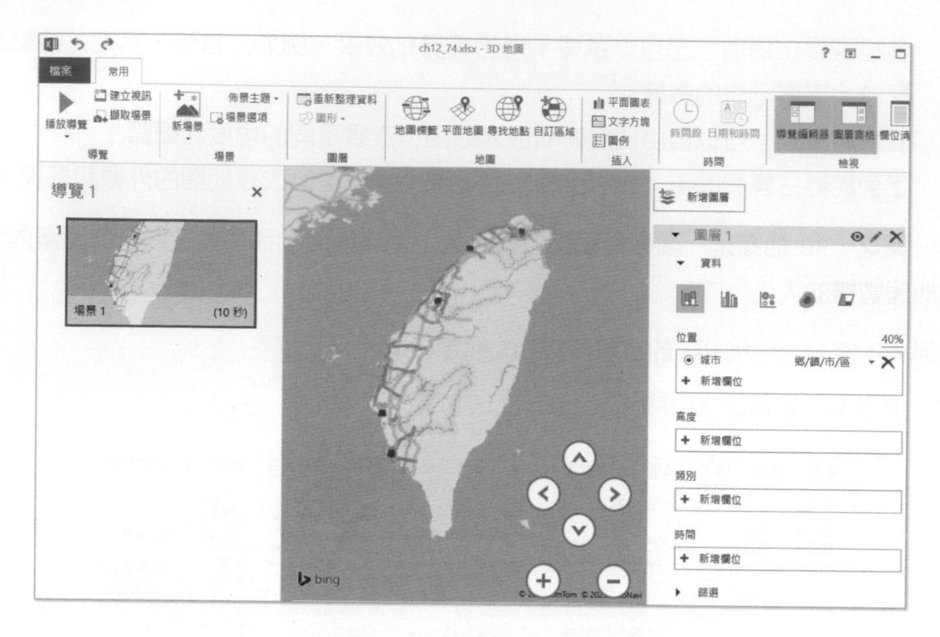

現在可以看到台北市、新竹市、台中市、台南市和高雄市已經在 3D 地圖上標示了。

實例二：增加地圖標籤。

1： 請參考下圖，點選地圖標籤，可以顯示城市標記。

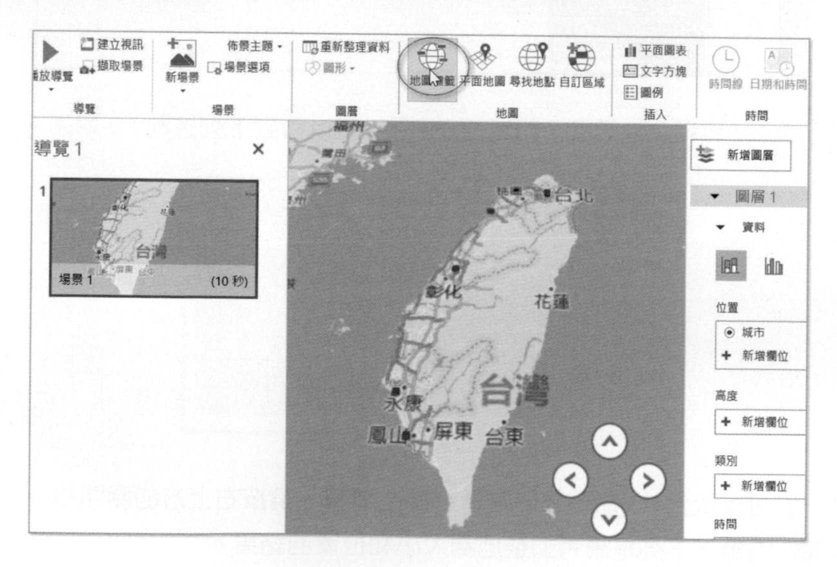

實例三：建立 C4:C8 營業額的資料高度。

1： 點選高度欄位的新增欄位，請參考下方左圖。

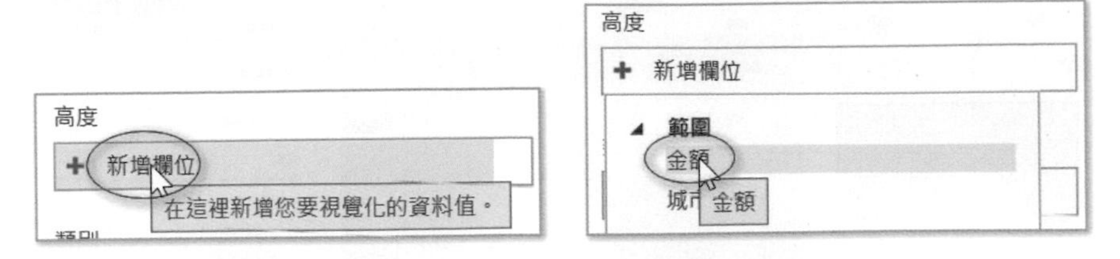

2： 點選金額當作高度來源，請參考上方右圖，可以得到下列結果。

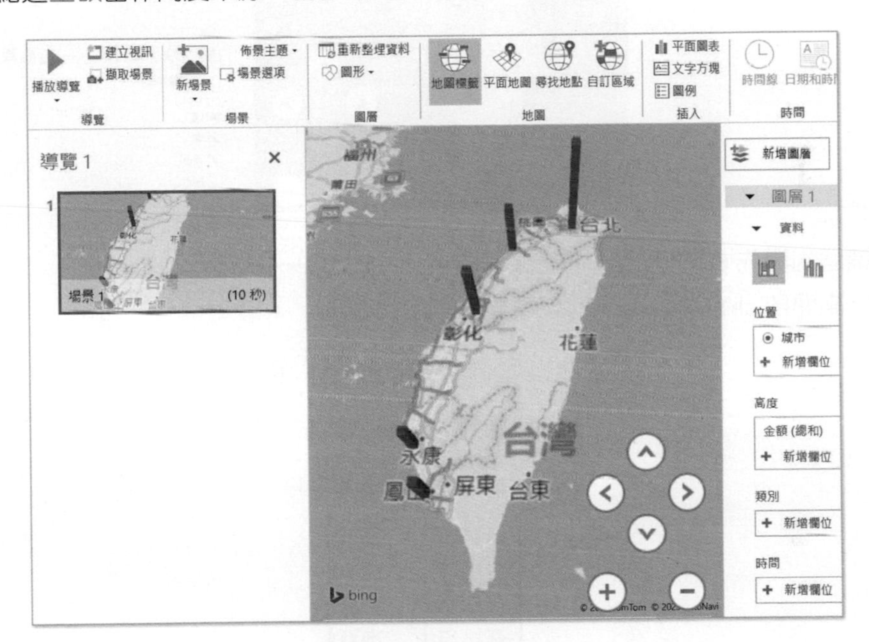

如果出現「圖層 1」，可以按滑鼠右鍵，執行移除，將此「圖層 1」刪除。從上述可以看到各縣市依據銷售數據建立了長條高度。

實例四：格式化數據長條。

1： 請點選圖層選項。

2： 請設定色彩為綠色，不透明度是 50%，可以得到下列結果。

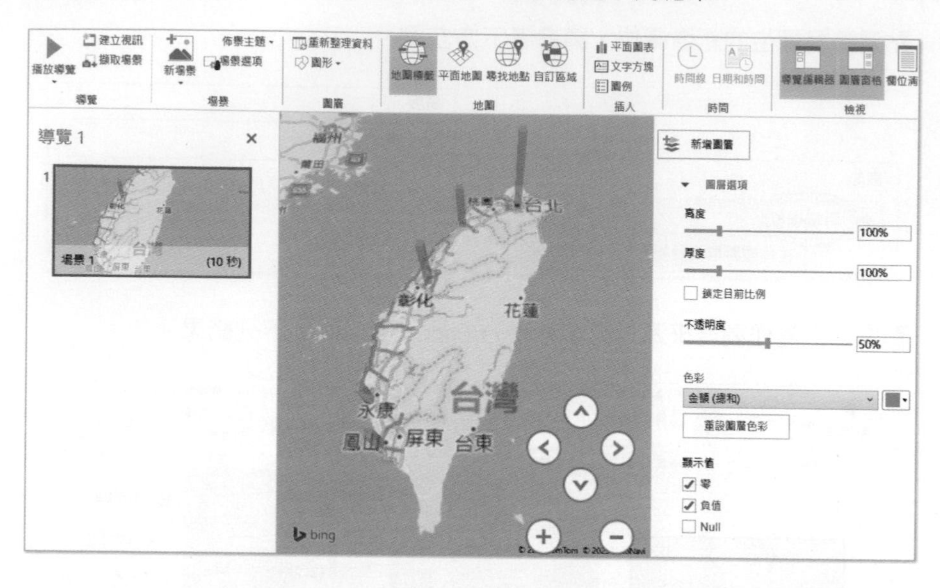

3： 請回到原先 Excel 視窗，將結果儲存至 ch12_75.xlsx。

未來開啟 ch12_75.xlsx，可以看到下列工作表。

	A	B	C	D
1				
2	3D 地圖導覽			
3	這份活頁簿提供 3D 地圖導覽。			
4	開啟 3D 地圖編輯或播放導覽。			
5		新竹市	32000	
6		台中市	36000	
7		台南市	22000	
8		高雄市	25000	

上述表示此工作表含有 3D 地圖，只要執行插入 / 導覽 /3D 地圖 / 開啟 3D 地圖，就可以開啟 3D 地圖，然後可以選擇前面實例建立的導覽銷售地圖。

CHAPTER

13

編輯與格式化圖表

13-1 圖表資料浮現

13-2 顯示與刪除標題

13-3 格式化圖表與座標軸標題

13-4 座標軸

13-5 圖例

13-6 刪除與增加圖表的資料數列

13-7 改變資料數列順序

13-8 資料標籤

13-9 使用色彩或圖片編輯數列

13-10 圖表區背景設計

13-11 建立趨勢預測線

13-12 顯示資料表

13-13 使用篩選凸顯資料數列

13-14 進一步編修圓形圖表

13-15 圖表範本

前一章筆者說明建立各類圖表的知識，這一章將針對組成圖表各項元素做完整的編輯說明。

13-1 圖表資料浮現

請開啟 ch13_1.xlsx 的圖表工作表，在處理圖表過程，有時可能高度不足，造成圖表失真，如下所示：

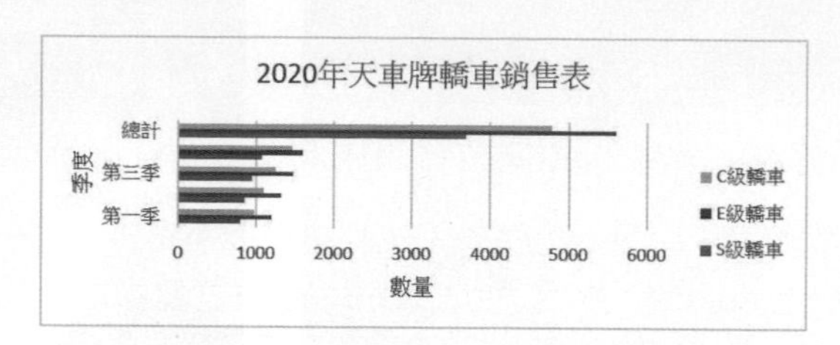

此時點選圖表，將滑鼠游標移到圖表控點。

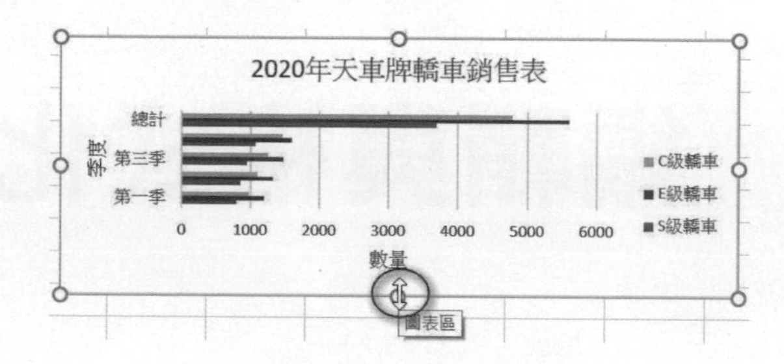

往下拖曳放大圖表高度處理，圖表就可以正常顯示，結果存入 ch13_2.xlsx。

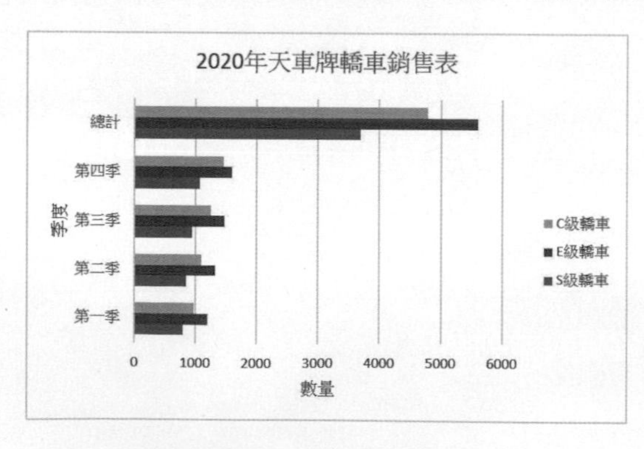

13-2 顯示與刪除標題

圖表右邊有圖表項目鈕＋，點選可以看到所有的圖表項目，當項目框有勾選☑表示目前有顯示，當項目框空白☐則表示目前隱藏。

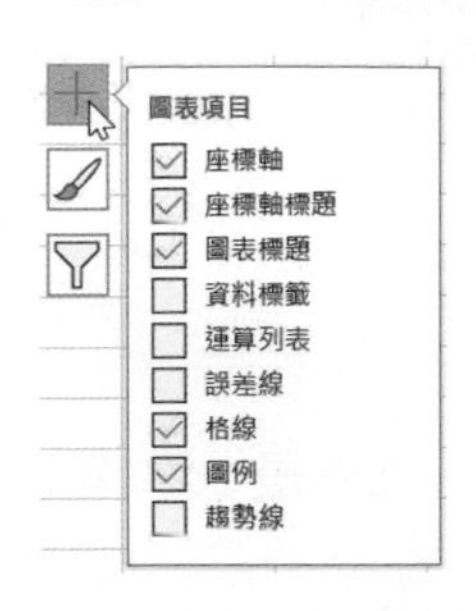

❑ 隱藏標題

請繼續使用 ch13_2.xlsx，請按一下圖表項目鈕，然後取消圖表標題的勾選，如下所示：

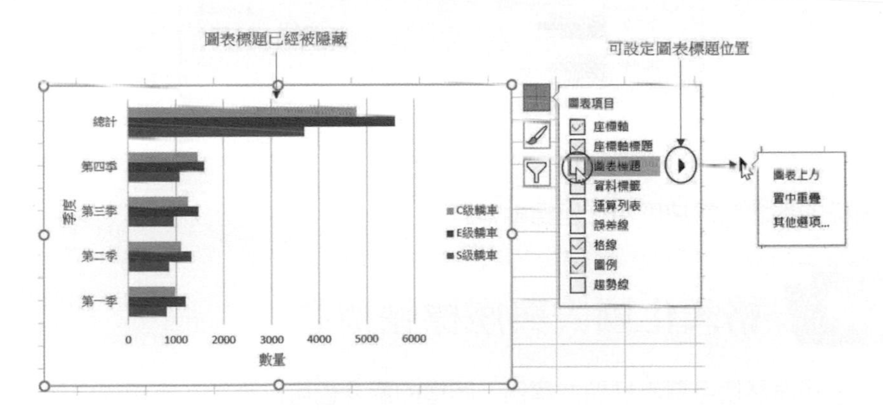

註 也可以使用選擇標題再按 Del 鍵，就可以刪除標題。

❑ 顯示標題

請勾選圖表標題，可以重新顯示圖表標題。

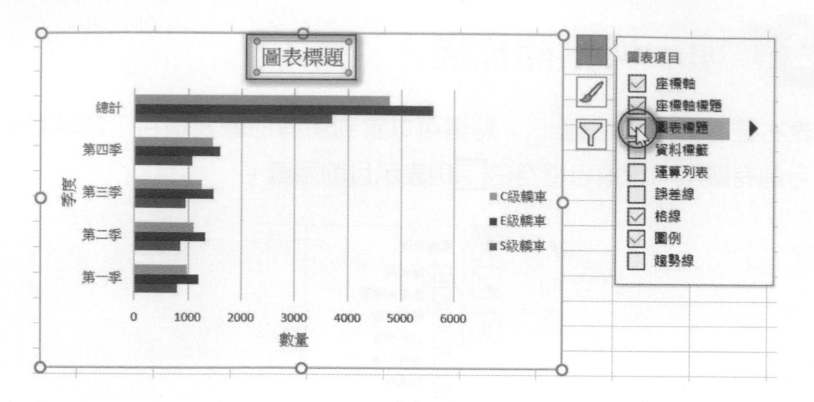

接著只要輸入圖表標題文字，此例是 2020 年天車牌轎車銷售表。

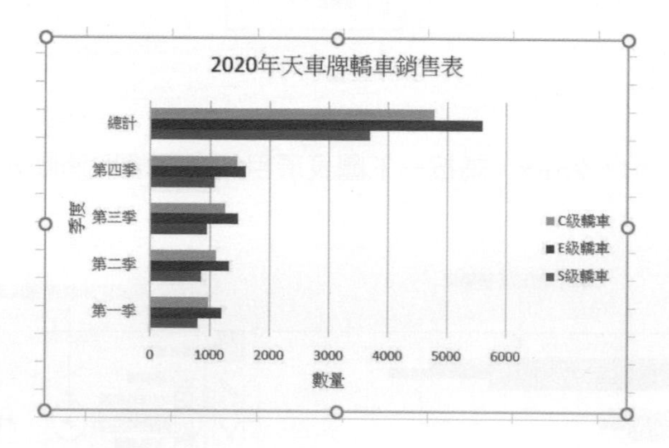

同樣的觀念常常被應用在座標軸標題。

13-3 格式化圖表與座標軸標題

這一節雖然使用圖表標題做實例，同樣的觀念也可以應用在座標軸標題。

13-3-1 字型功能格式化標題

我們可以使用 Excel 的常用 / 字型功能格式化圖表標題或座標軸標題。

下列是選取圖表標題，將標題顏色改為藍色，結果存入 ch13_3.xlsx。

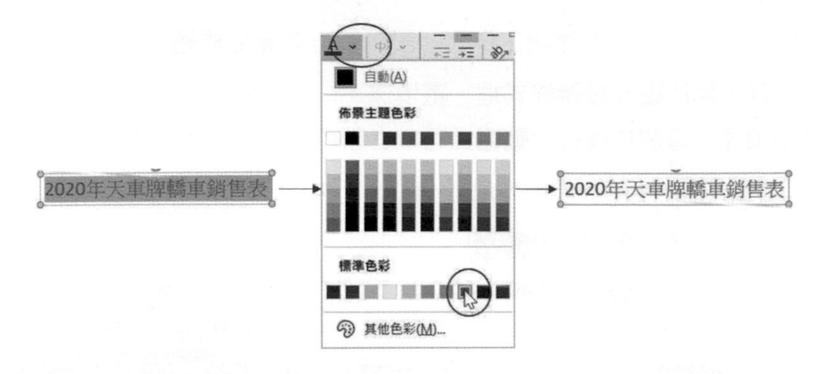

13-3-2 圖表標題格式設定

當選取圖表標題時，若按滑鼠右邊鍵，可以開啟圖表標題的快顯功能表，請執行圖表標題格式指令。執行後可以看到圖表標題格式框。

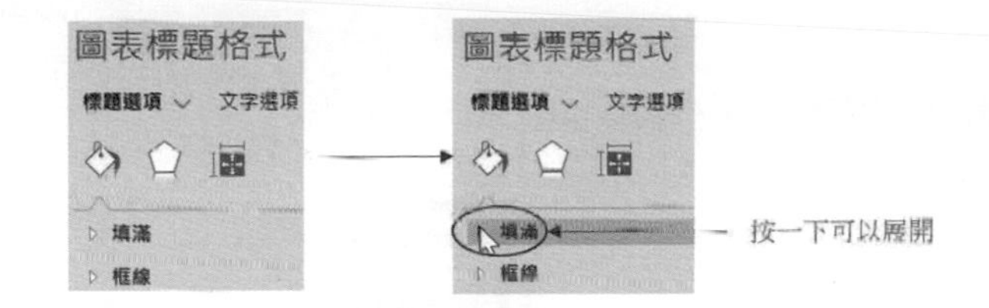

可以看到下列結果。

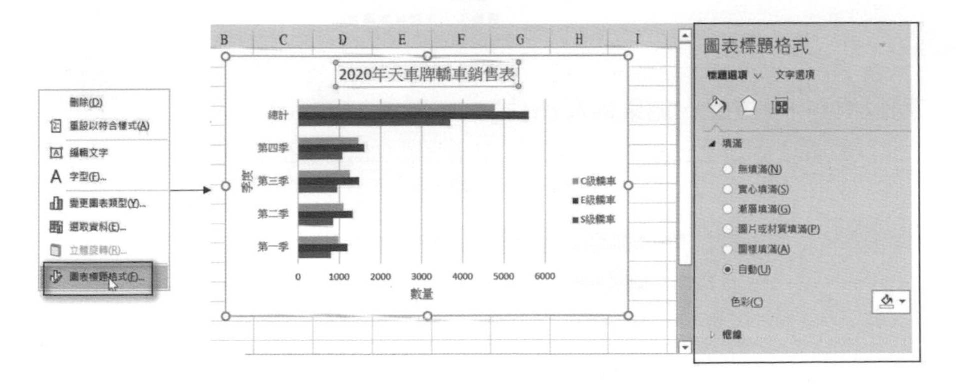

我們可以使用此框執行更進一步圖表標題的格式設定。

❑ 實心填滿

實例一：使用 ch13_2.xlsx 的圖表工作表，設計實心填滿的標題。

1： 選取標題，開啟圖表標題格式框，選填滿。

2： 選實心填滿，這個功能會自動將標題填上顏色，結果存入 ch13_3.xlsx。

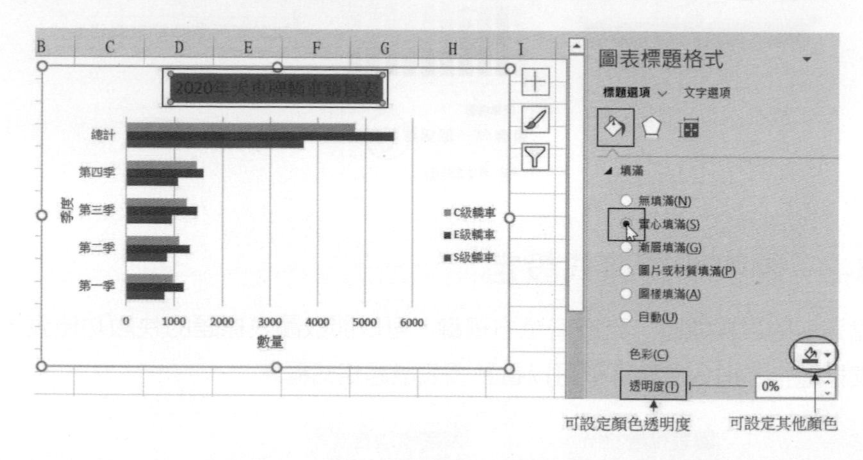

3： 點選色彩欄位，選橄欖綠 - 較淺 80%。

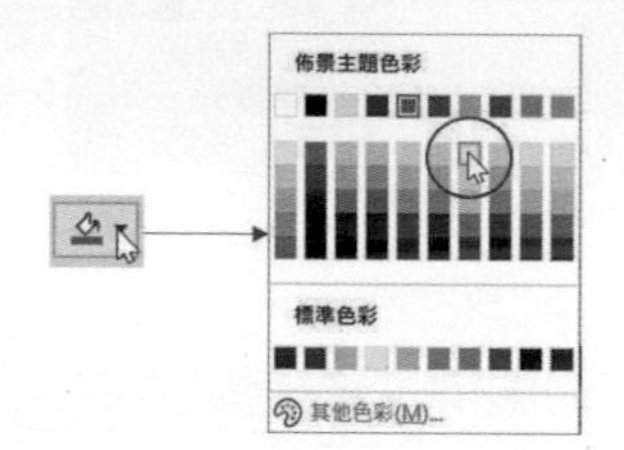

4： 可以得到下列結果，結果存入 ch13_4.xlsx。

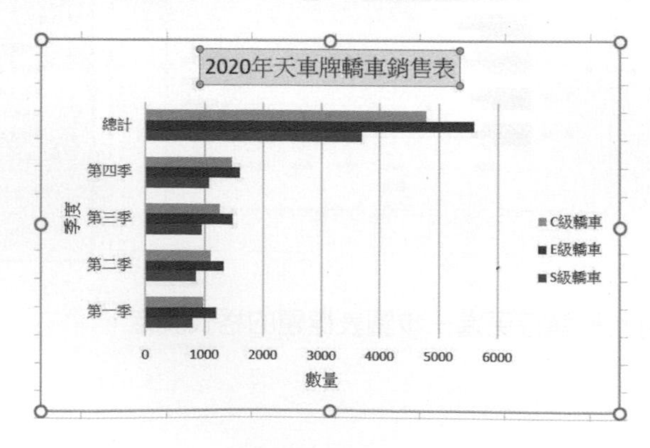

❑ 漸層填滿

實例二：使用 ch13_2.xlsx 的圖表工作表，設計漸層填滿的標題。

1： 選取標題，開啟圖表標題格式框，選填滿。

2： 選漸層填滿，這個功能會自動將標題背景色填上淡色，結果存入 ch13_5.xlsx。

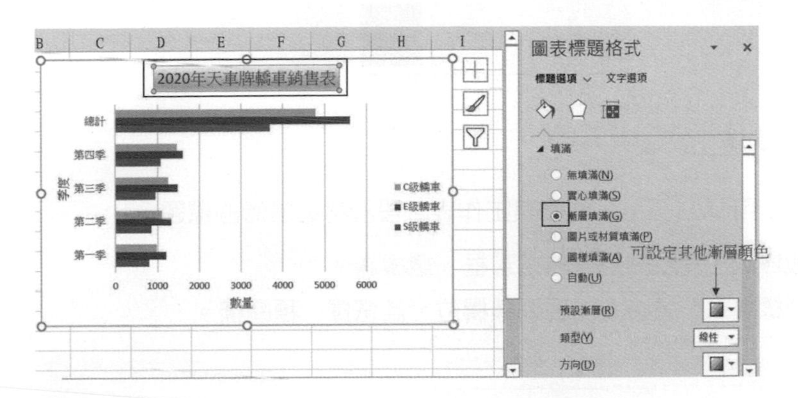

❑ 圖片或材質填滿

實例三：使用 ch13_2.xlsx 的圖表工作表，設計材質填滿的標題。

1： 選取標題，開啟圖表標題格式框，選填滿。

2： 選材質填滿，系統預設會填上材質，結果存入 ch13_6.xlsx。

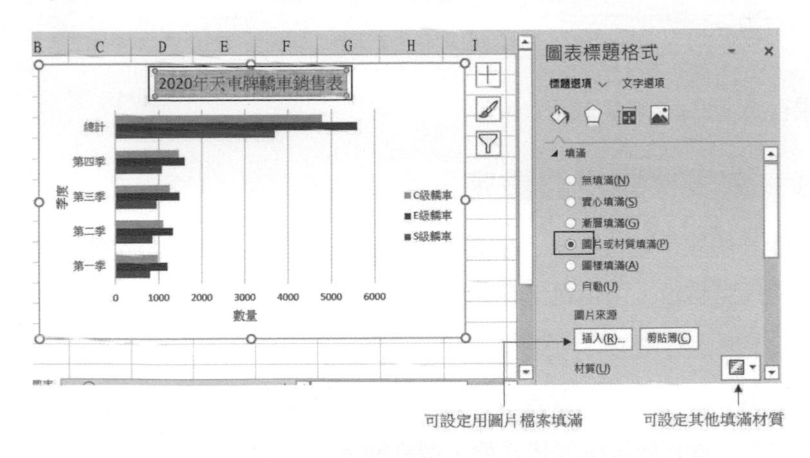

若是點選材質鈕，可以看到所有材質選項。

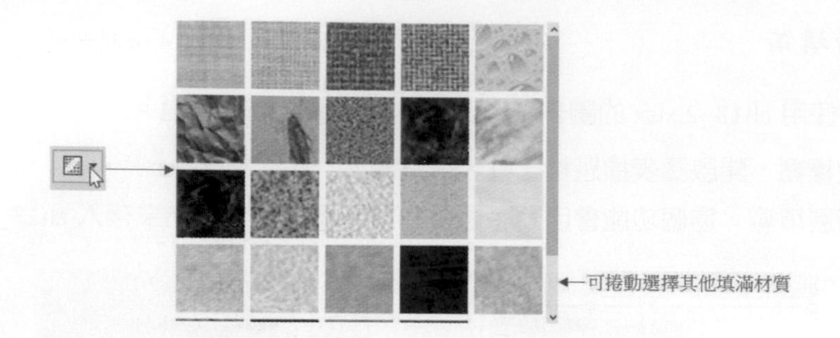

❑ 圖樣填滿

實例四：使用 ch13_2.xlsx 的圖表工作表，設計材質填滿的標題。

1： 選取標題，開啟圖表標題格式框，選填滿。

2： 選圖樣填滿，這時會出現圖樣欄位，請選擇一種圖樣。

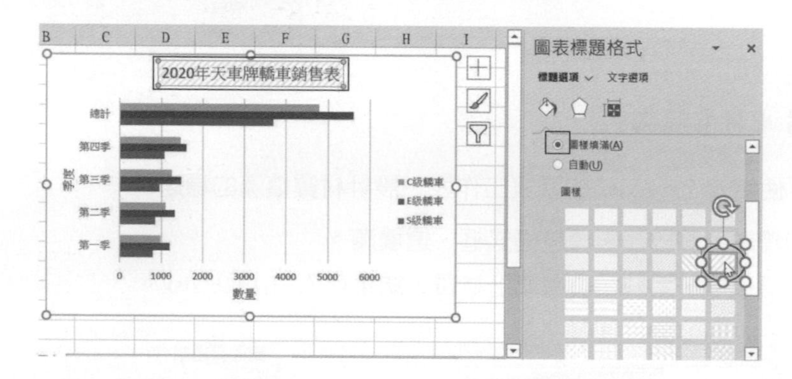

3： 結果存入 ch13_7.xlsx。

13-3-3 圖表標題框線設定

預設圖表標題是沒有框線，在圖表區格式展開框線，可以設定圖表標題是否加框線，如果加框線時，可以選擇框線的樣式。選擇實心線條時，另外可以選擇線條的色彩、透明度、寬度 … 等。

實例一：使用 ch13_2.xlsx 的圖表工作表，設計圖表框線的標題。

1： 選取標題，開啟圖表標題格式框，選框線。

2： 選實心線條，系統預設會填上預設線條，結果存入 ch13_8.xlsx。

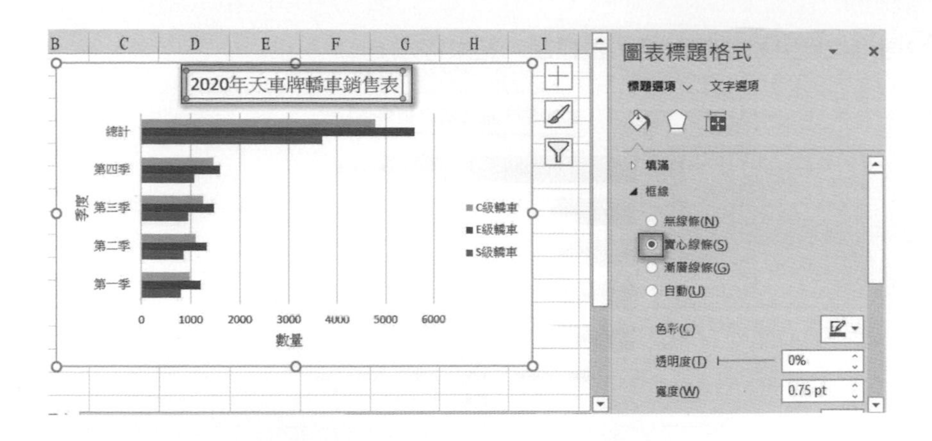

13-3-4 圖表標題效果

Excel 也允許為圖表標題設計陰影、光暈、柔邊、立體格式效果，開啟圖表標題時，可以點選效果鈕，然後可以建立效果。

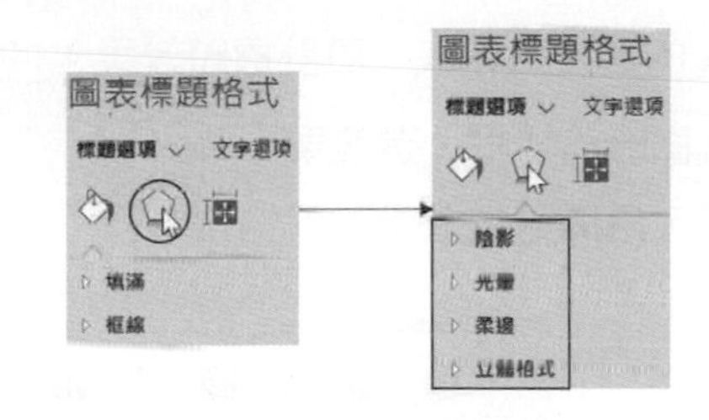

❑ 建立含陰影的圖表標題

陰影可以分內陰影、外陰影、透視圖，也可以為陰影選擇色彩、透明度、大小、模糊、角度、距離。

實例一：使用 ch13_2.xlsx 的圖表工作表，設計標題效果。

1： 選取標題，開啟圖表標題格式框，選效果。

2： 在預設欄位按陰影鈕，選擇陰影格式如下：

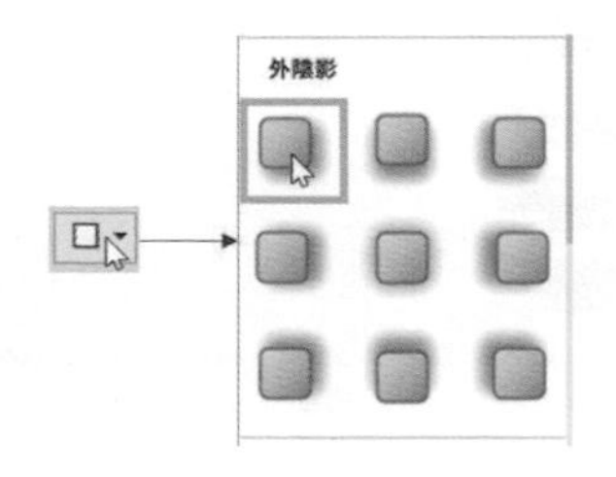

3： 可以得到下列含陰影的圖表標題，結果存入 ch13_9.xlsx。

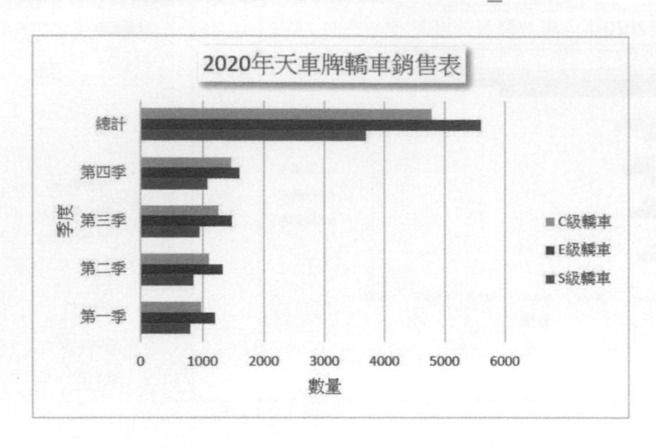

❑ 建立含光暈的圖表標題

除了可以選擇為圖表標題建立光暈，也可以為光暈選擇色彩、大小、透明度。不過使用這個功能前，需要先為圖表標題建立背景顏色，否則功能將沒有效果。

實例二：使用 ch13_5.xlsx 的圖表工作表，設計標題效果。

1： 選取標題，開啟圖表標題格式框，選效果。

2： 在預設欄位按光暈鈕，選擇光暈效果如下：

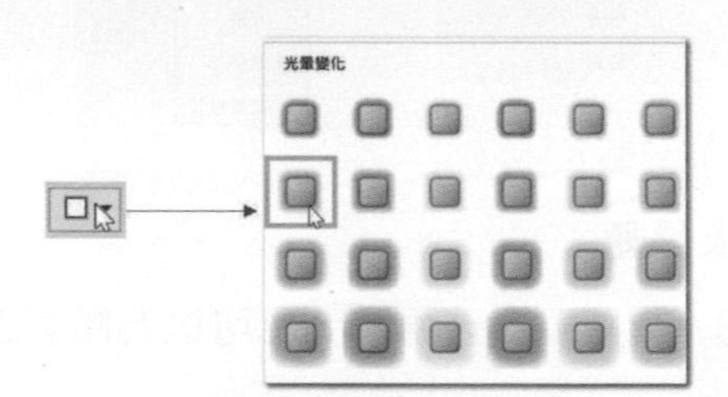

3： 可以得到下列含光暈的圖表標題，結果存入 ch13_10.xlsx。

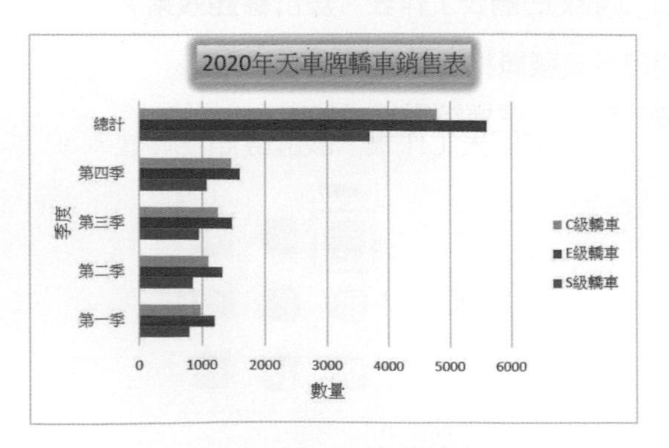

❑ 建立含柔邊的圖表標題

除了可以選擇為圖表標題建立柔邊，也可以為柔邊選擇大小。不過使用這個功能前，需要先為圖表標題建立背景顏色，否則功能將沒有效果。

實例三：使用 ch13_5.xlsx 的圖表工作表，設計標題柔邊。

1： 選取標題，開啟圖表標題格式框，選效果。

2： 在預設欄位按柔邊鈕，選擇柔邊效果如下：

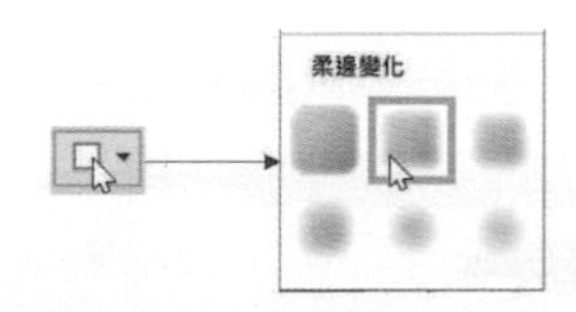

3： 可以得到下列含柔邊的圖表標題，結果存入 ch13_11.xlsx。

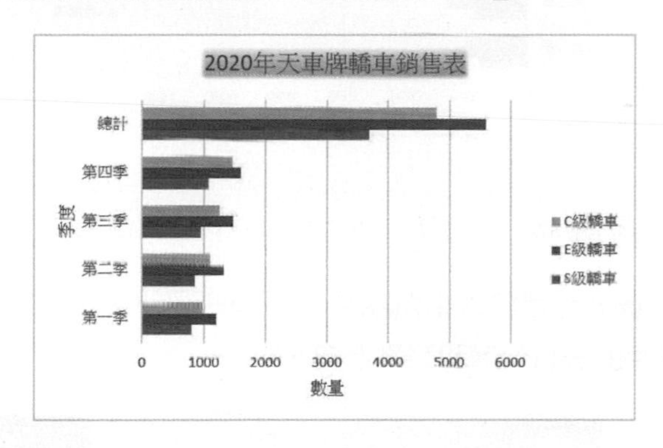

❑ 建立立體格式的圖表標題

除了可以選擇為圖表標題建立立體格式，也可以為立體格式選擇上方浮凸、下方浮凸、深度、輪廓線、材質、光源。不過使用這個功能前，需要先為圖表標題建立背景顏色，否則功能將沒有效果。

實例四：使用 ch13_5.xlsx 的圖表工作表，設計標題立體格式。

1： 選取標題，開啟圖表標題格式框，選效果。

2： 在上方浮凸欄位，選擇一個浮凸樣式如下：

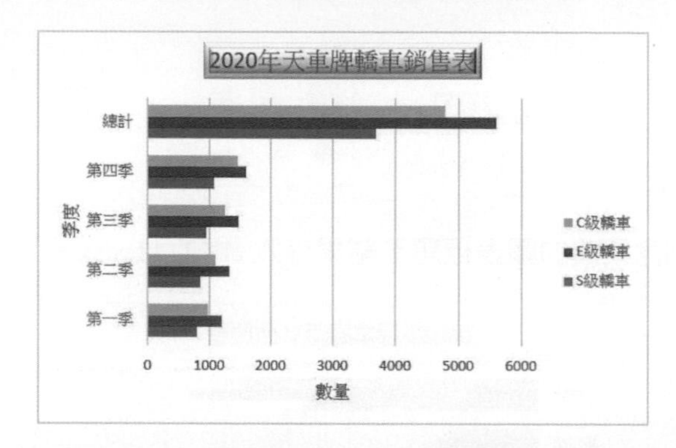

3： 可以得到下列含浮凸效果的圖表標題，結果存入 ch13_12.xlsx。

2020年天車牌轎車銷售表

總計	第四季	第三季

13-3-5 大小與屬性 – 標題文字方向

Excel 可以設定圖表標題的大小與屬性，在這個設定中，主要兩個常用功能是可以分別設定標題文字的垂直位置和文字方向。

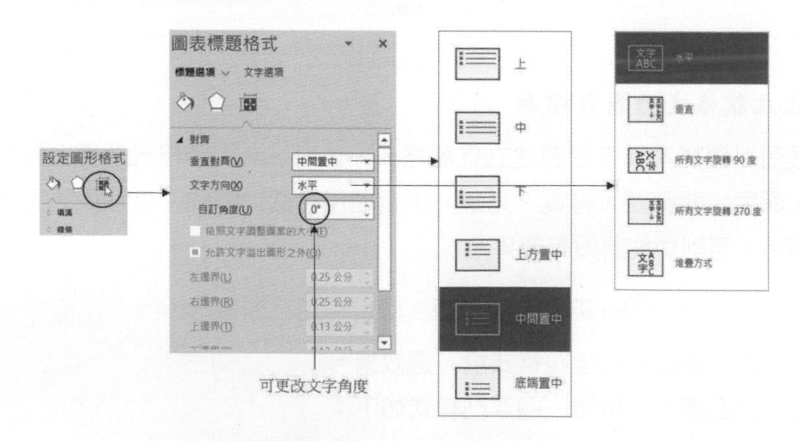

筆者在一開始就說此節雖是圖表標題，但是觀念可以應用在座標軸，接下來將以實例解說。

實例一：請使用 ch13_12.xlsx，目前 Y 軸座標標題 " 季度 " 是旋轉 270 度，調整為水平顯示。

1： 選取 Y 軸座標標題 " 季度 "。

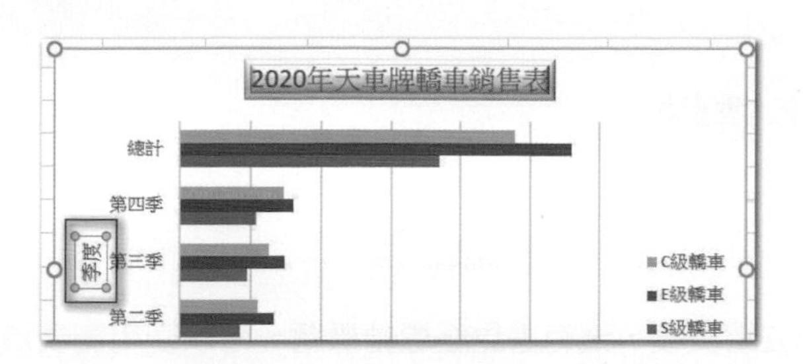

2： 將滑鼠游標移至季度，按一下滑鼠右鍵開啟快顯功能表，選座標軸標題格式。

3： 點選大小與屬性鈕。

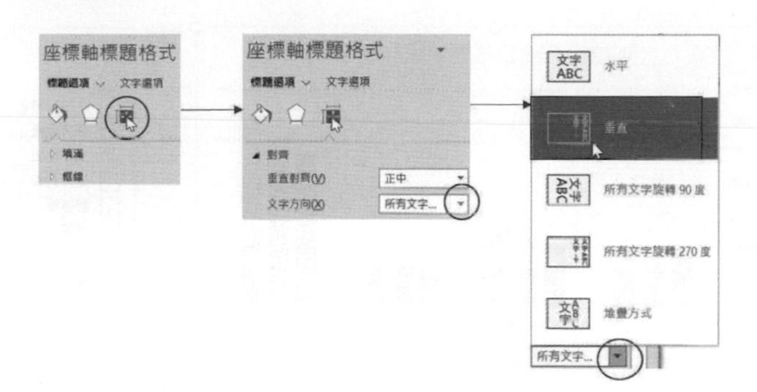

4： 點文字方向欄位的 ▾ 鈕，選垂直，如上方右圖。

5： 可以得到下列結果，儲存至 ch13_13.xlsx。

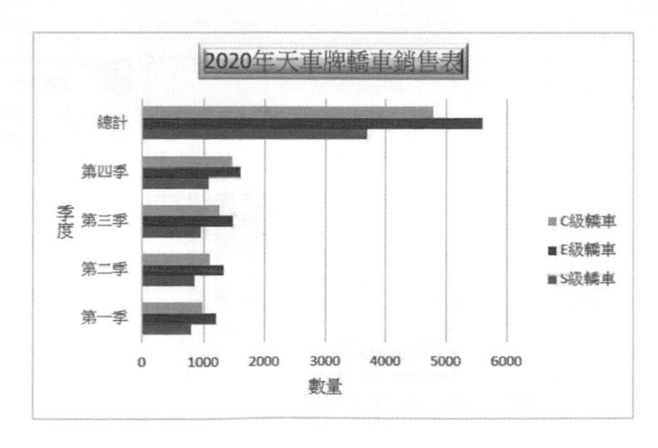

13-3-6 更改圖表標題的位置

如果將滑鼠游標移至圖表標題時，當滑鼠游標外形是✣時，可以拖曳移動圖表標題。

13-4 座標軸

13-4-1 顯示與隱藏座標軸標題

有時候在建立圖表後，沒有看見座標軸標題，可以使用圖表項目鈕新增或移除座標軸標題。請開啟 ch13_14.xlsx 的圖表工作表，目前未顯示座標軸標題，如下所示：

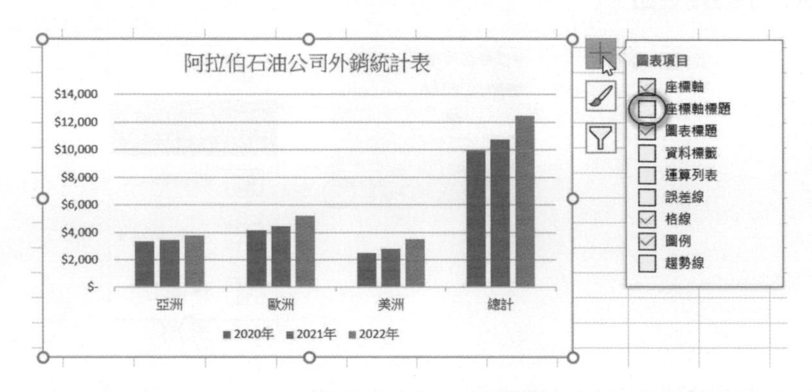

請設定座標軸標題核對框，就可以顯示座標軸標題。如果取消設定核對框，將隱藏顯示座標軸標題。

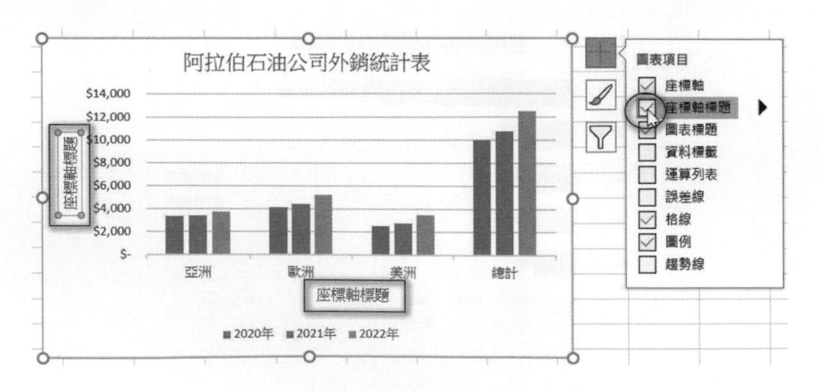

在圖表項目 / 座標軸標題右邊有符號▶，在此可以設定是否顯示主水平或主垂直的標題。

筆者在水平座標軸輸入地區，在垂直座標軸輸入百萬美元，最後將結果存入 ch13_15.xlsx。

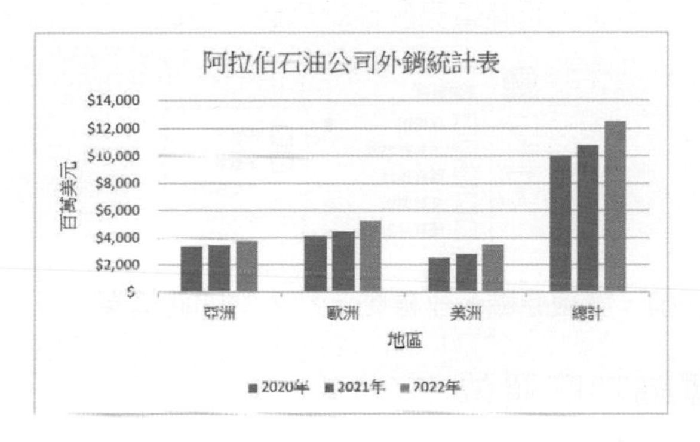

13-4-2 顯示與隱藏座標軸

延續實例，ch13_15.xlsx 有顯示座標軸，如下所示：

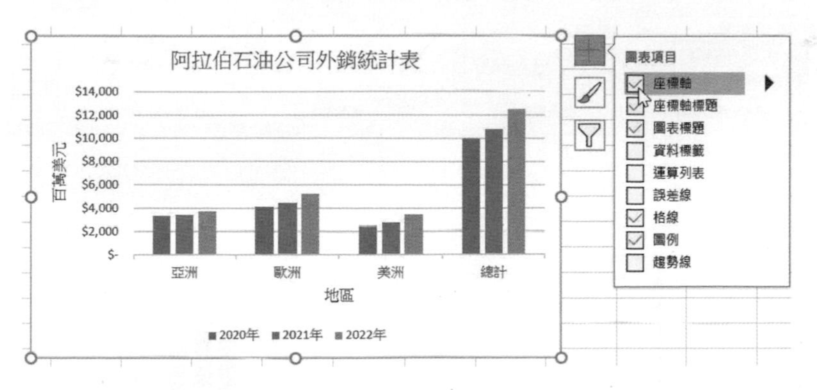

可以使用取消設定座標軸核對框，隱藏座標軸。

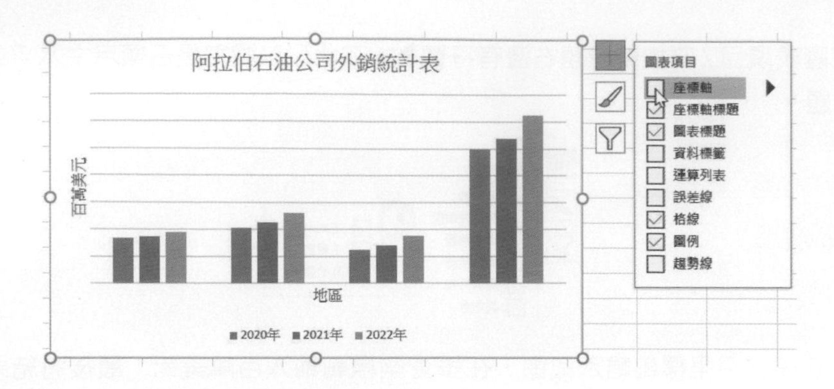

在圖表項目 / 座標軸右邊有符號▶，在此可以設定是否顯示主水平或主垂直的座標軸。

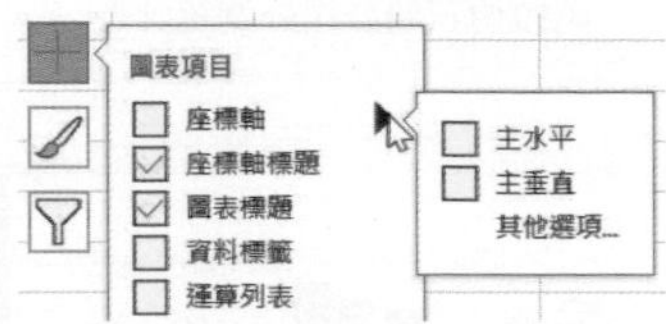

在進入下一節前，請復原顯示座標軸，然後關閉此檔案。

13-4-3 座標軸刻度單位

Excel 在建立圖表時會依照數值資料大小設定座標軸的刻度，不過我們可以更改刻度，請開啟 ch13_14.xlsx 的圖表工作表，點選 Y 軸數值。

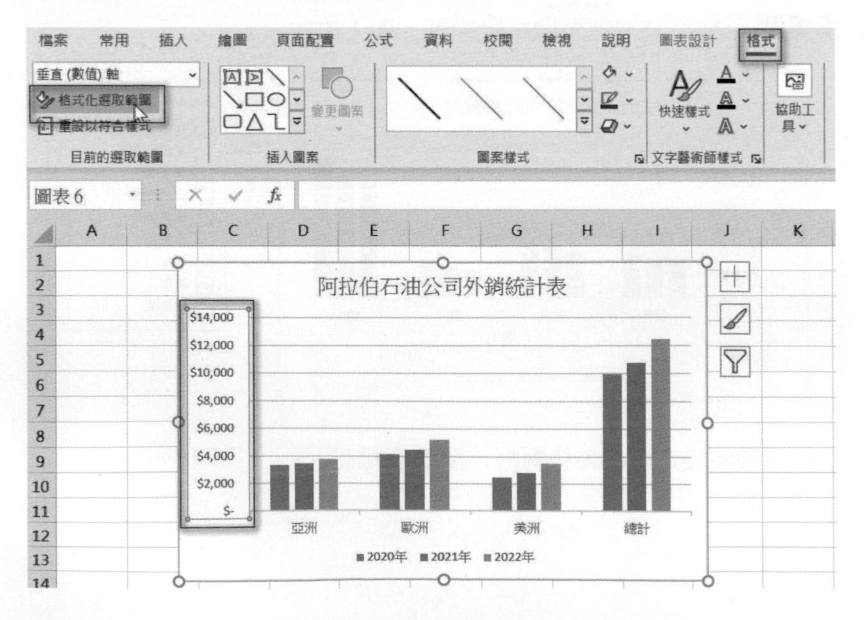

請執行格式 / 目前的選取範圍 / 格式化選取範圍，可以看到座標軸格式框。

註 也可以使用開啟快顯功能表，再執行座標軸格式指令。

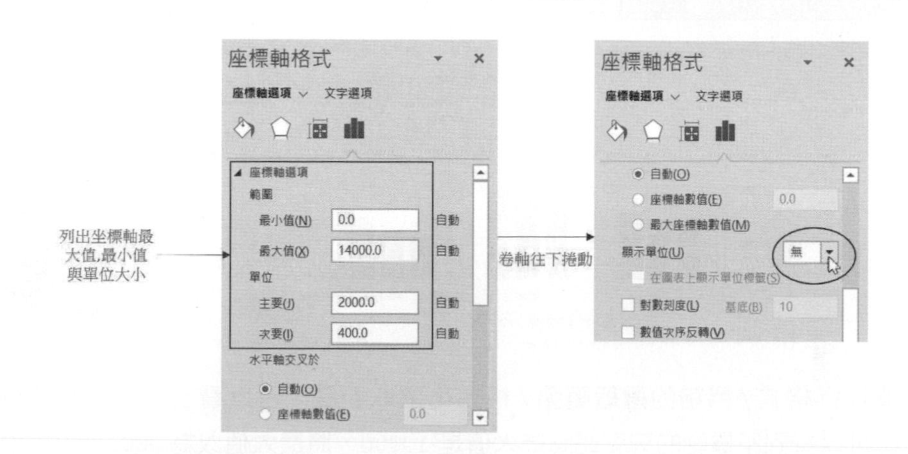

讀者可以將座標軸選項的最大值 14000.0、最小值 0.0，主要單位 2000.0 與圖表做比較，這都是目前圖表的值，將捲軸往下捲動可以看到顯示單位欄位，目前是無，請設定顯示單位千，可以得到 Y 軸數列數字縮小，但是旁邊有千字樣，下列結果，筆者存至 ch13_16.xlsx。

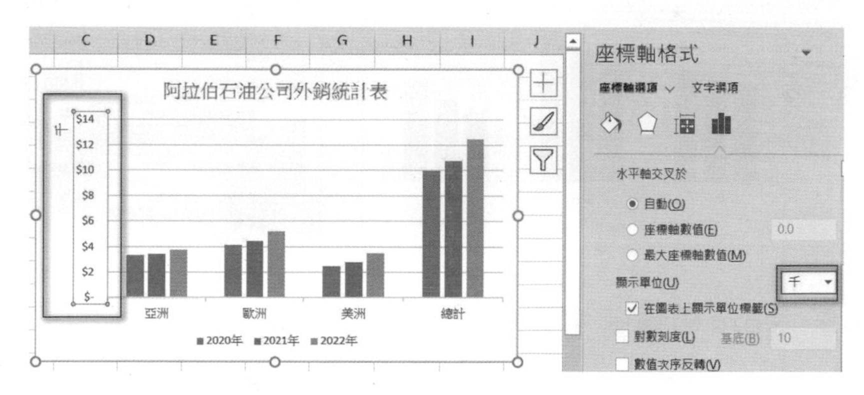

13-4-4 座標軸刻度範圍

有時候刻度範圍太大，可能造成圖表無法呈現精準的變化，所以一個好的圖表應該有一個適度的刻度範圍。請開啟 ch13_17.xlsx 的圖表工作表，點選 Y 軸數值。

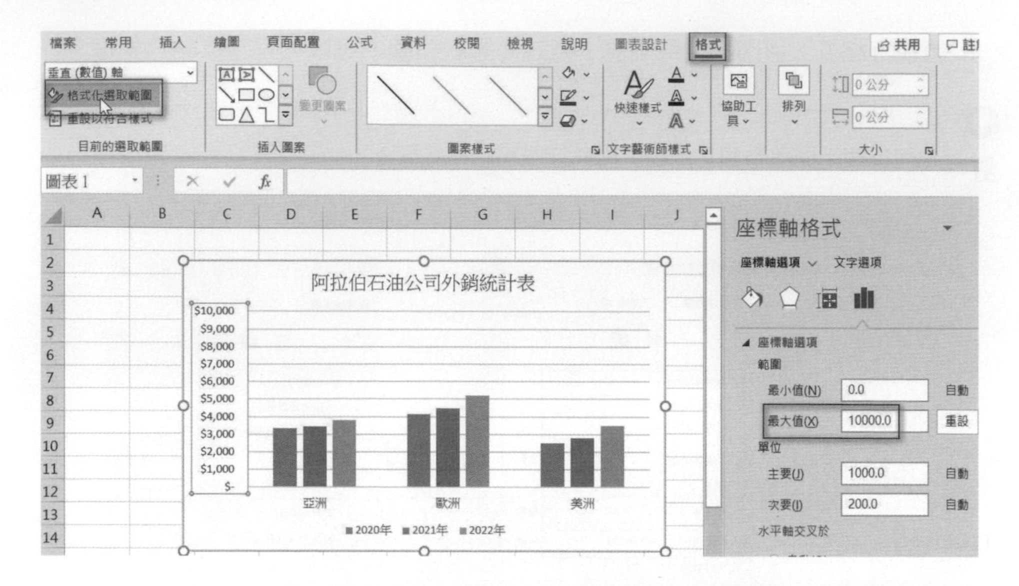

請執行格式 / 目前的選取範圍 / 格式化選取範圍，可以看到座標軸格式框，從上述可以看到座標軸的刻度範圍最大值是 10000，將最大值改為 6000，可以適切地表達圖表，如下所示，執行結果存入 ch13_18.xlsx。

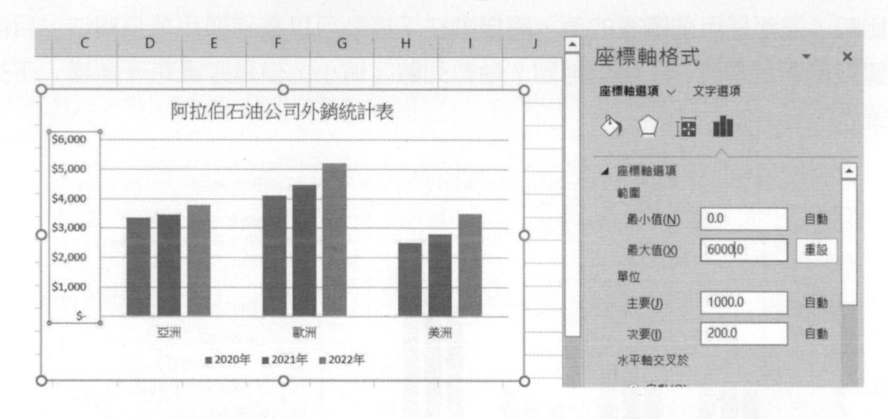

13-4-5　顯示與隱藏主要格線與次要格線

格線可以分為主要水平格線、次要水平格線、主要垂直格線、次要垂直格線，若以前一小節的 ch13_18.xlsx 而言，目前只有顯示主要水平格線。

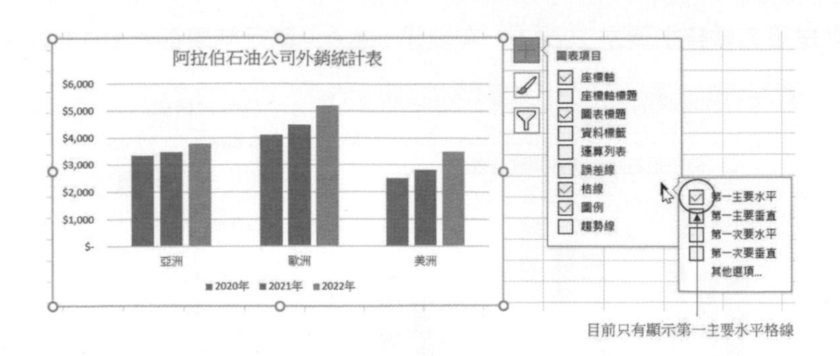

我們可以由上述核對框設定顯示 / 隱藏那些格線，下列是顯示第一次要水平格線的實例。

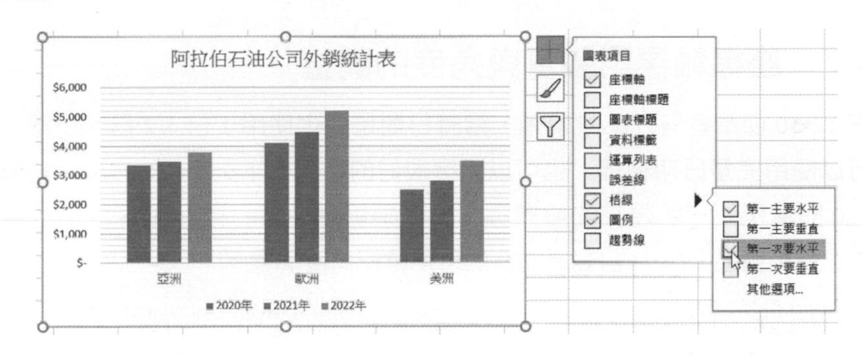

上述可以看到每 1000 之間有 5 條第一次要水平格線，上述將存入 ch13_19.xlsx。

13-4-6 調整主要格線與次要格線的數值間距

請繼續使用 ch13_19.xlsx 的圖表工作表，請參考 13-4-4 節點選 Y 軸數值，開啟座標軸格式框，可以在單位欄位區看到主要欄位是 1000，次要欄位是 200。

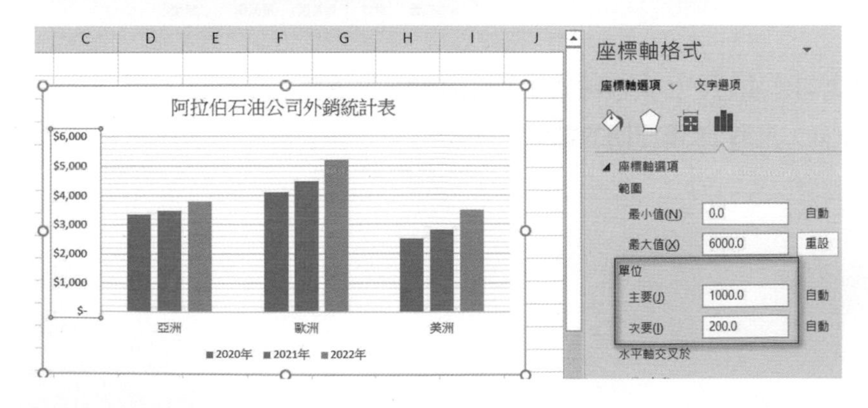

下列是筆者調整主要是 2000.0，次要是 500.0，執行結果存入 ch13_20.xlsx。

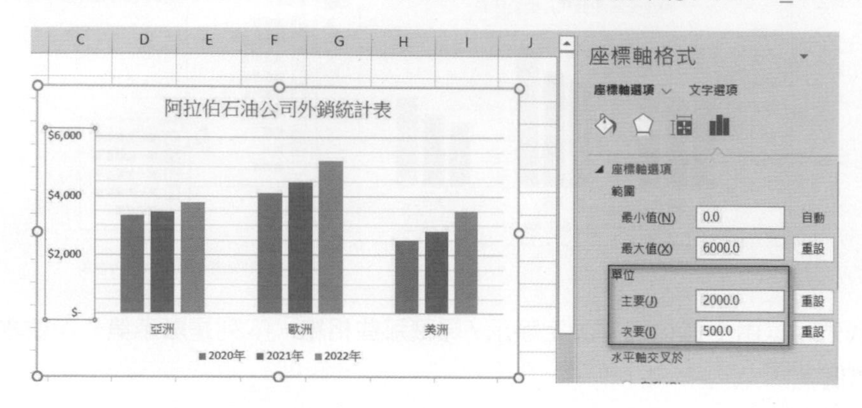

13-4-7 座標軸標記數量與角度的調整

在 12-10 節筆者有介紹股票圖，當時日期是簡化使用 1 日、2 日、…等，其實我們可以使用完整日期格式，也可以獲得很好的結果。下列 ch13_21.xlsx 是筆者依據 12-10 節實例三，所建立的股票圖，讀者須留意 X 軸的標記如果水平放置會重疊，為了避免重疊，Excel 自動將完整的日期標記角度調整。

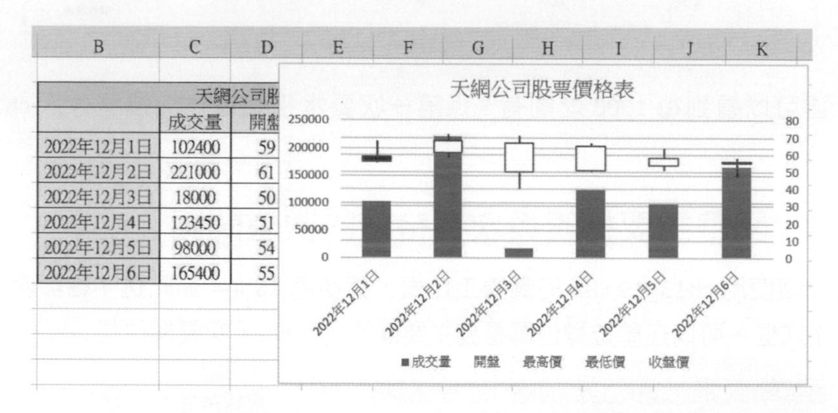

	成交量	開盤
2022年12月1日	102400	59
2022年12月2日	221000	61
2022年12月3日	18000	50
2022年12月4日	123450	51
2022年12月5日	98000	54
2022年12月6日	165400	55

讀者可能會想，如果數據增加，Excel 將如何處理此股票價格的日期標記？下列 ch13_22.xlsx 是有 18 筆日期的結果。

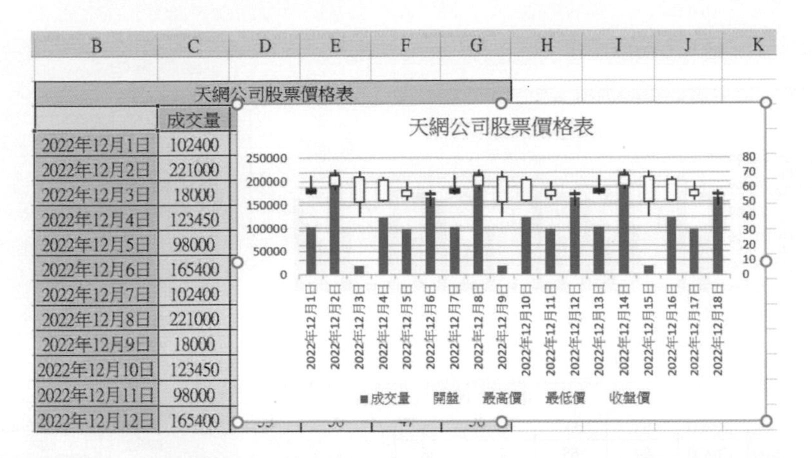

其實上述皆是預設的，請選取此日期標記，執行格式 / 格式化選取範圍，可以看到座標軸格式框，在此框可以看到日期的範圍，以及單位，單位的主要欄位可以設定每隔幾天顯示一次日期標記，目前預設是 1 天。

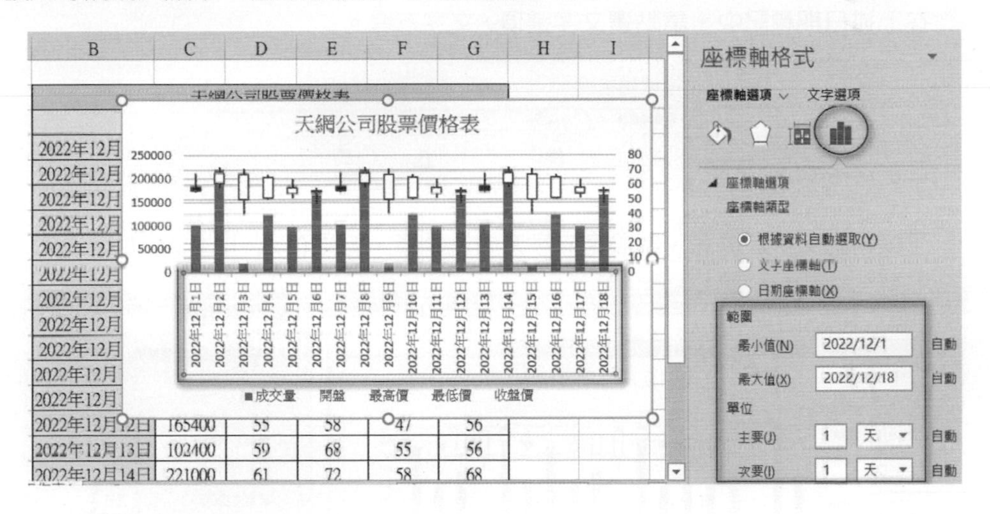

❑ 日期標記間格的調整

下列是筆者設定每 3 天顯示一次日期標記，執行結果存入 ch13_23.xlsx。

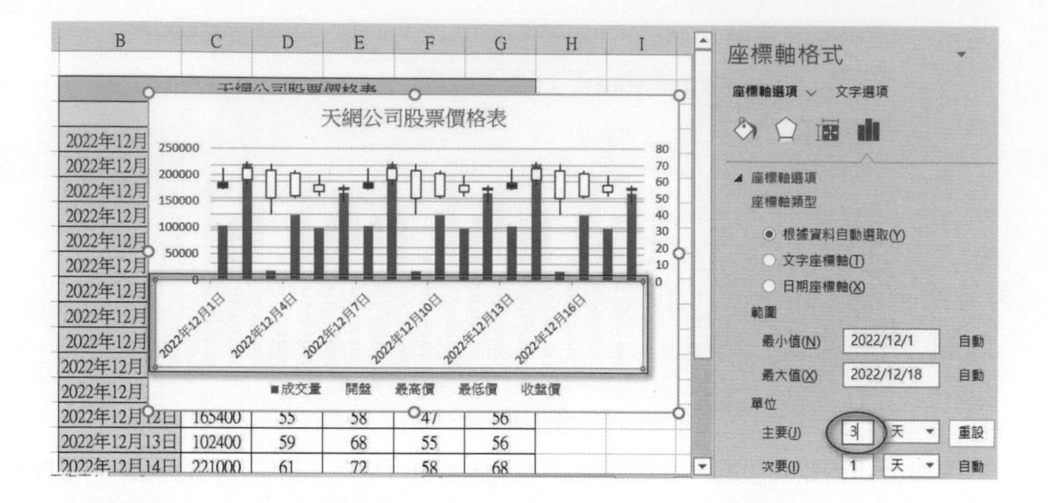

❑ 日期標記調整為垂直

在上述日期標記中，請點選文字選項 / 文字方塊。

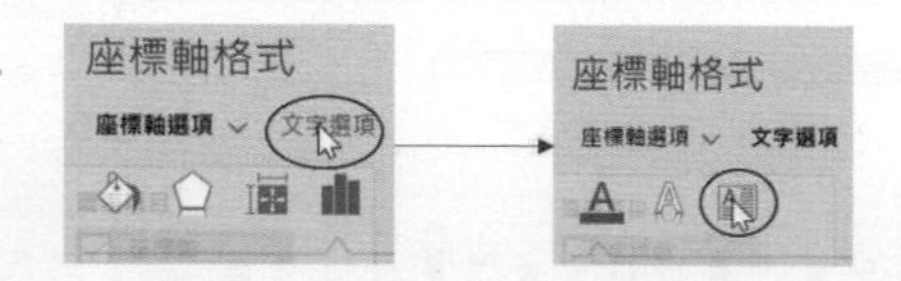

可以看到文字方塊區，請設定文字方向為垂直，結果存入 ch13_24.xlsx。

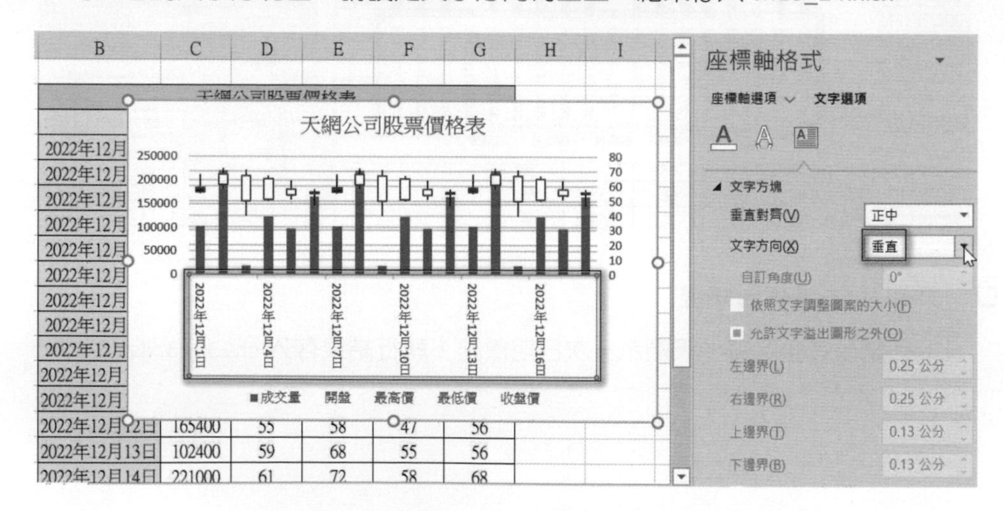

❑ 日期標記角度調整為 -30 度

我們也可以自定日期標記的角度，在調整日期標記角度為 -30 度前，請先設定文字方向為水平顯示。

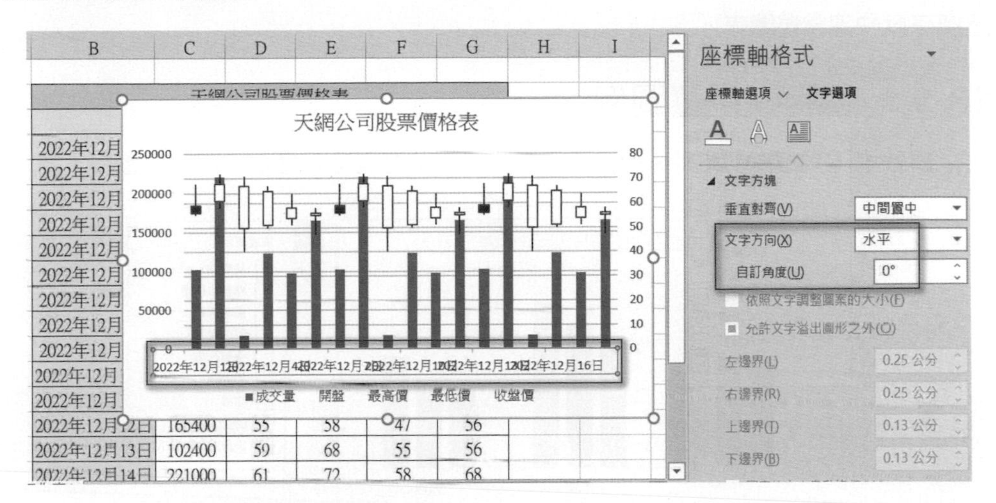

請將自定角度設為 -30，結果存入 ch13_25.xlsx。

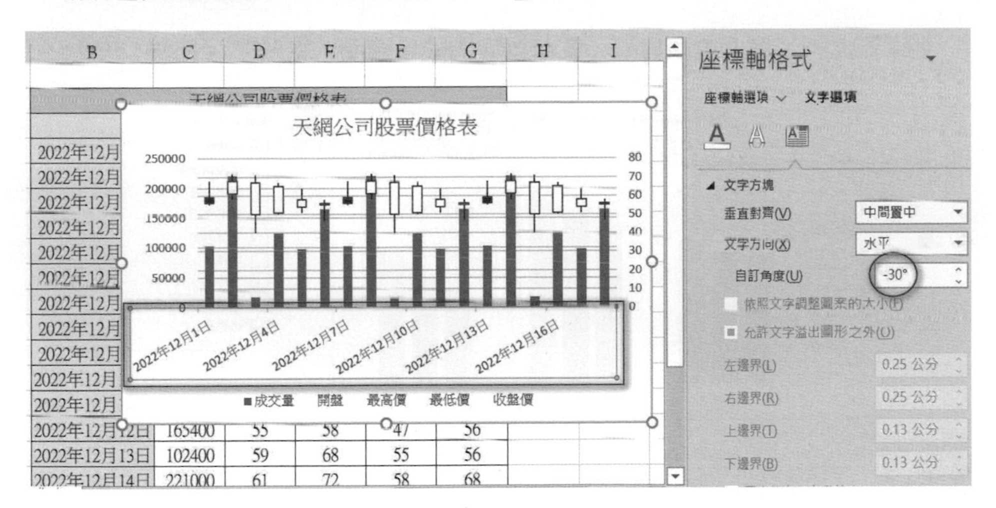

13-5 圖例

一個圖表有圖例可以讓我們很快速地瞭解圖表各線條色彩所代表的數據意義，這樣可以快速掌握圖表。

13-5-1 顯示 / 隱藏圖例

請參考下列 ch13_26.xlsx 的圖表工作表，目前是有顯示圖例，圖例位置在下方。

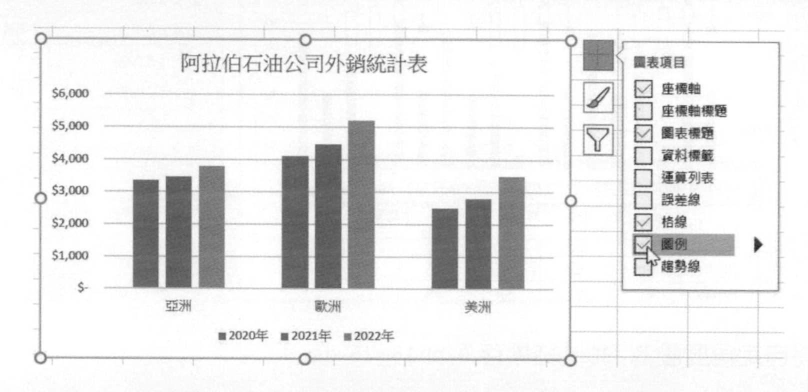

如果取消設定圖例的核對框，就可以取消顯示圖例，結果存入 ch13_27.xlsx。

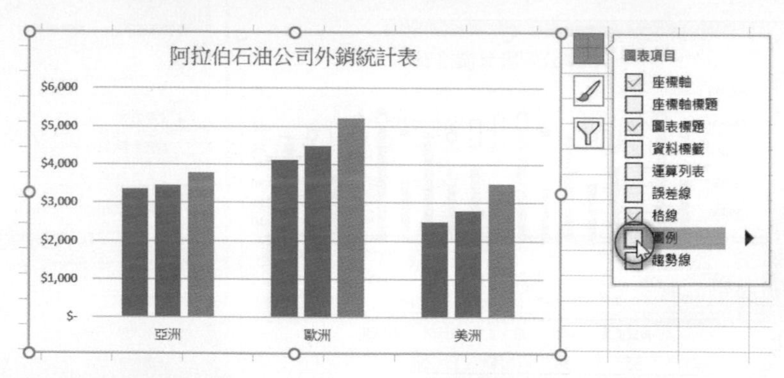

13-5-2 調整圖例位置

圖例一般可以放在上、下、左、右方，若是更進一步設定則可以放在右上方。在圖表項目的圖例右邊有▶，若是點選可以看到有上、下、左、右可以選擇。請使用 ch13_26.xlsx，請點選圖表項目的圖例右邊的▶，可以看到下列選項。

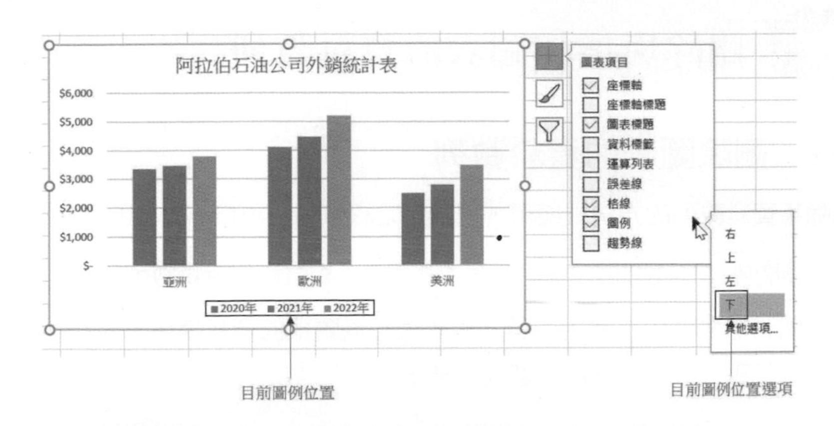

下列是將圖例改至上方，結果儲存至 ch13_28.xlsx。

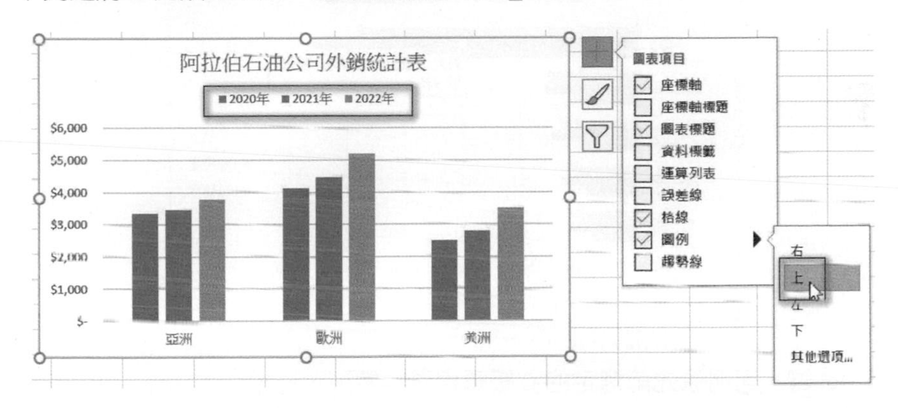

點選圖表項目的圖例右邊的▶，可以看到其他選項指令，點選可以看到右上方選項，這也是一個圖例位置的選項。

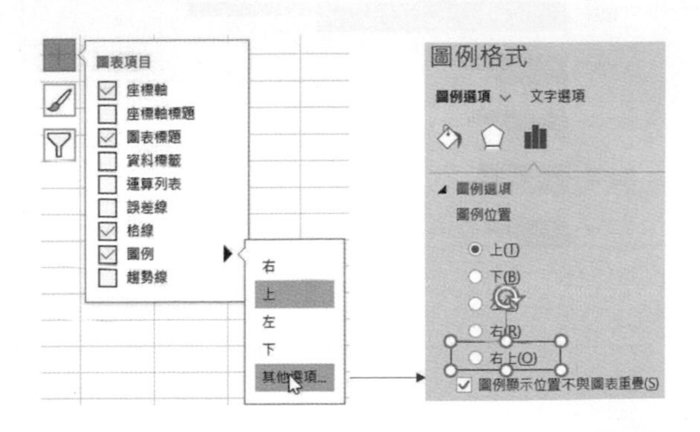

13-6 刪除與增加圖表的資料數列

13-6-1 刪除圖表的資料數列

刪除某資料數列的方法很簡單，只要選定該數列，再按 Del 鍵即可。

實例一：請開啟 ch13_29.xlsx，刪除圖表工作表內 C 級轎車的資料數列。

1： 將滑鼠游標對準橫條圖內，選一個代表 C 級轎車的資料橫條，然後按一下，此時所有代表 C 級轎車的資料數列已被選。

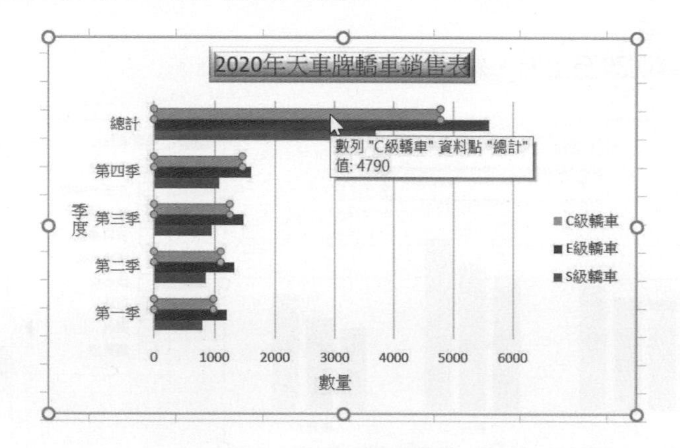

2： 按 Del 鍵，可刪除先前選定的 C 級轎車資料數列，結果存入 ch13_30.xlsx。

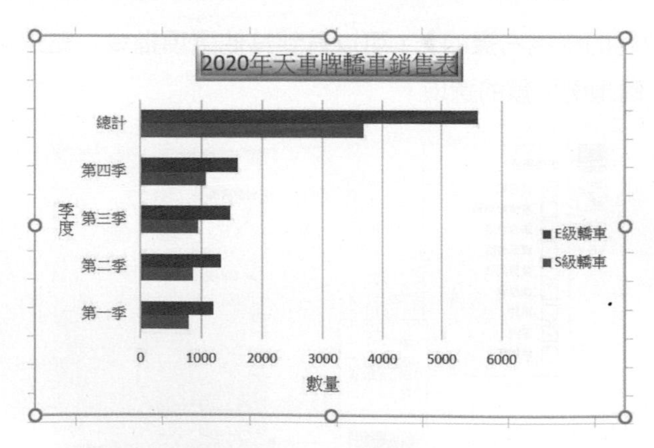

13-6-2 變更或增加圖表的資料數列

可以使用快顯功能表內的選取資料指令在圖表內插入資料數列，或是變更資料數列的範圍。

實例一：使用 ch13_31.xlsx 的圖表工作表，在圖表工作表的圖表內增加 C 級轎車資料數列。

1： 選取圖表，同時將滑鼠游標放在圖表區內，按一下。

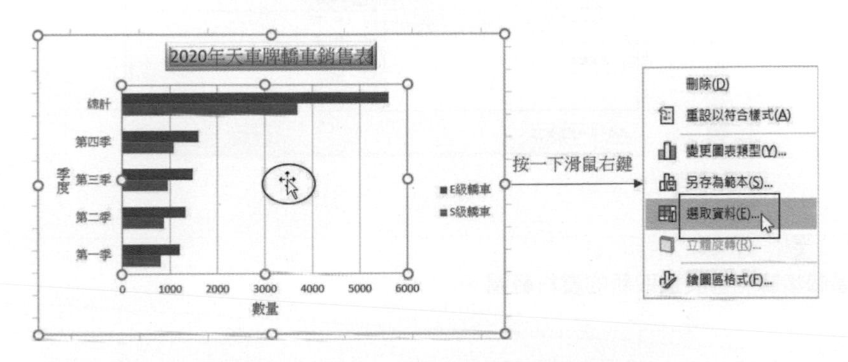

2： 按滑鼠右邊鍵，開啟快顯功能表，同時執行選取資料指令。

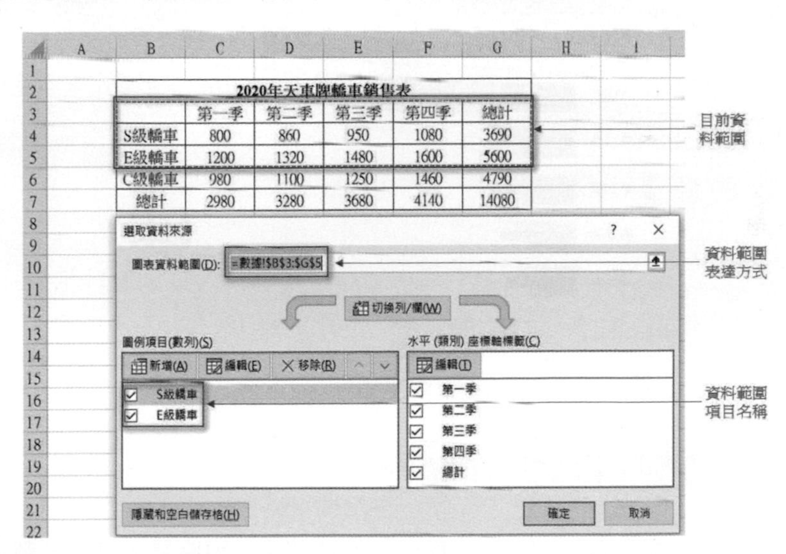

3： 請選取 B3:G6 儲存格區間，選好後結果如下：

註 這個步驟相當於選取新的資料範圍。

4： 按確定鈕可以看到成功加上資料數列了，結果存入 ch13_31.xlsx。

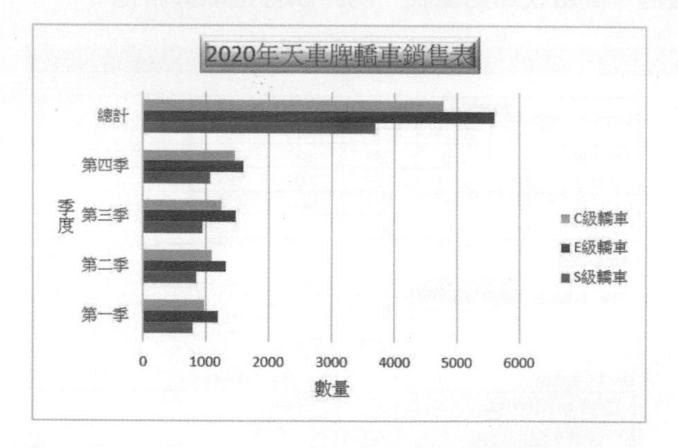

13-7 改變資料數列順序

若是你想要突顯資料數列最大值與最小值的關係，可將最大值資料數列與最小值的資料數列排在一起。若是想方便顯示各數列間的比較關係，也可以採用遞增或是遞減方式排列資料數列。本節將講解改變資料數列順序的方法。

延續 ch13_31.xlsx 實例，與前一小節一樣，先選取繪圖區，再開啟繪圖區的快顯功能表，然後執行選取資料指令，出現選取資料來源對話方塊，在圖例項目(數列)欄位，可選取欲移動的資料數列，此例是選 E 級轎車。

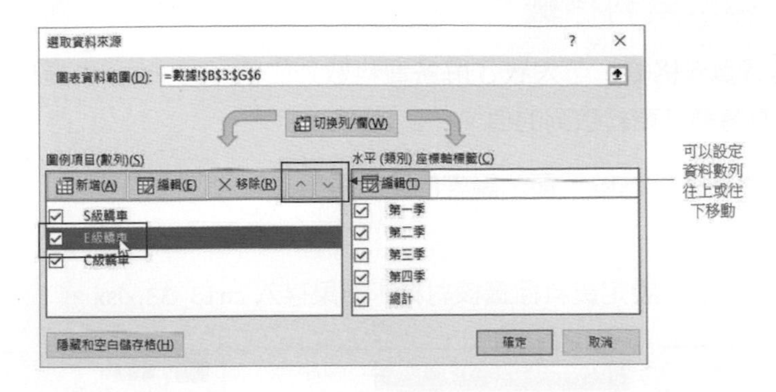

按上移鈕 ^ ，選取資料來源對話方塊將如下所示：

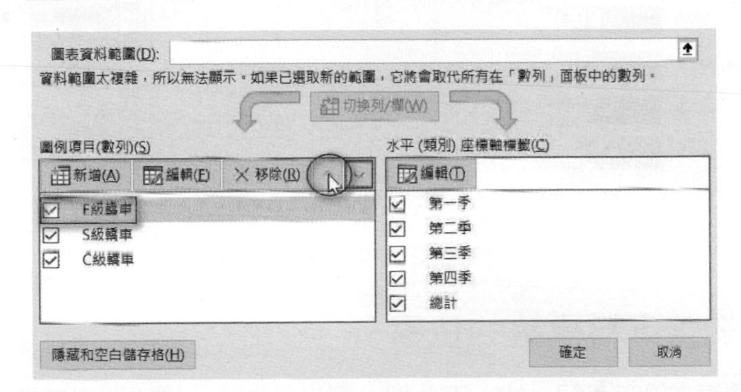

按確定鈕。對上述對話方塊而言，最上方的資料數列項目，在實際圖表數列是在下方，所以對實際圖表而言，圖表數列資料變化如下，結果存入 ch13_32.xlsx。

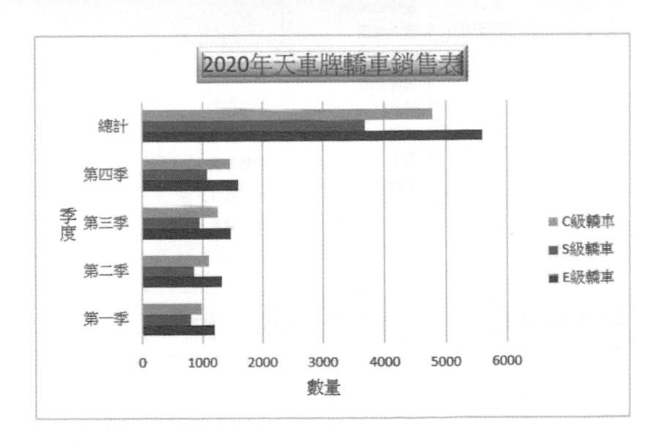

13-8 資料標籤

13-8-1 顯示資料標籤

儘管有了資料格線，可大致了解各資料數列的值，但 Excel 也提供功能，稱資料標籤，可精確顯示資料數列的值。

實例一：使用 ch13_32.xlsx，顯示圖表的資料標籤。

1： 選取圖表。

2： 按圖表項目鈕，設定資料標籤核對框，結果存入 ch13_33.xlsx。

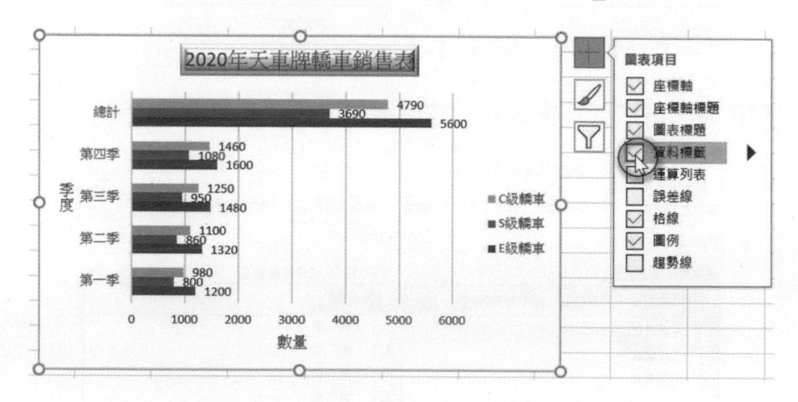

13-8-2 調整資料標籤的位置

在資料標籤右邊有▶鈕，按一下此鈕，可以看到資料標籤可以放置的位置。

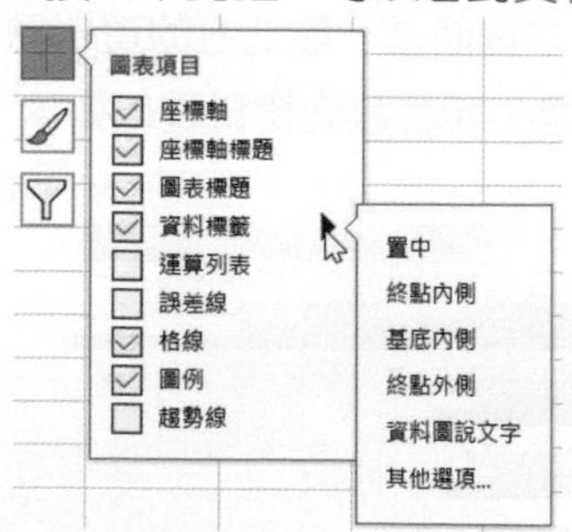

下列是以 ch13_33.xlsx 為例，放置資料標籤的結果。

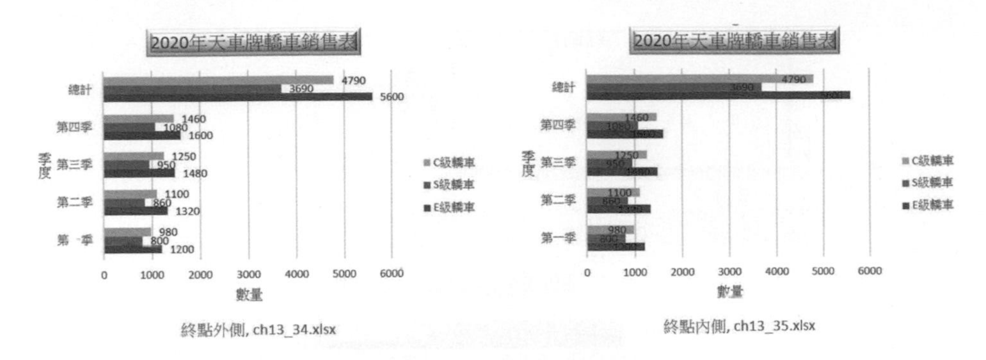

終點外側, ch13_34.xlsx　　　　終點內側, ch13_35.xlsx

下列是資料圖說文字選項，請適度增加寬和高，結果存入 ch13_36.xlsx。

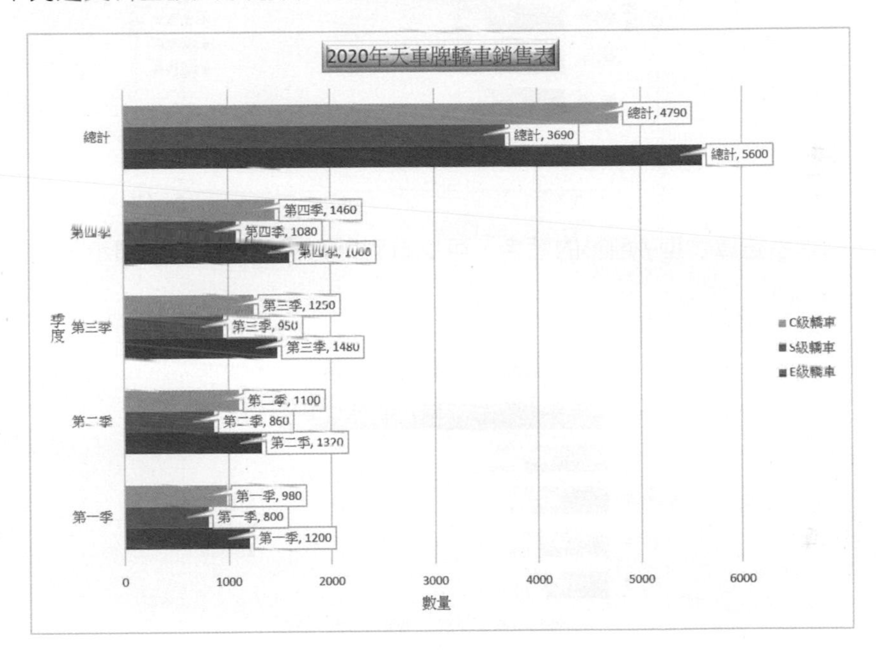

13-8-3 格式化資料標籤

在 Excel 可以使用常用 / 字型功能群組格式化資料標籤，請使用 ch13_34.xlsx，請點選任一 C 級轎車資料標籤，可以看到其他季度的 C 級轎車資料標籤也被選取，可以看到下列畫面。

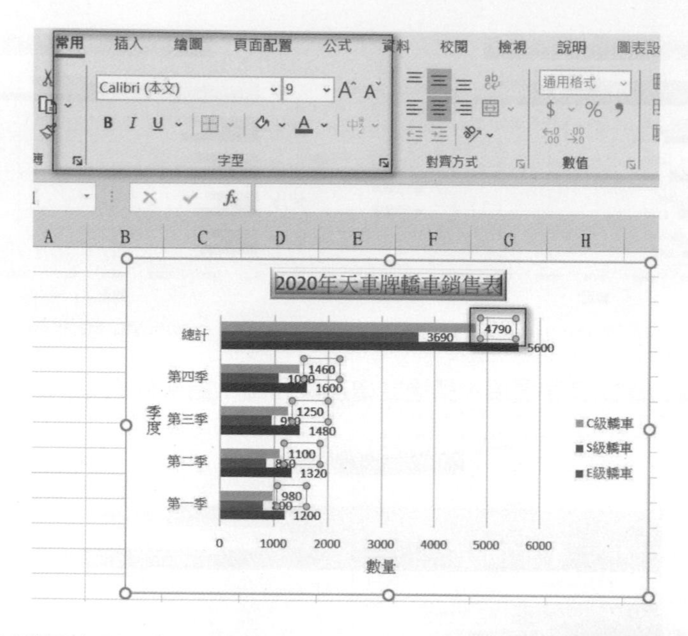

此例筆者選擇字型 / 色彩的藍色，可以看到所有標籤皆以藍色顯示，結果存入 ch12_37.xlsx。

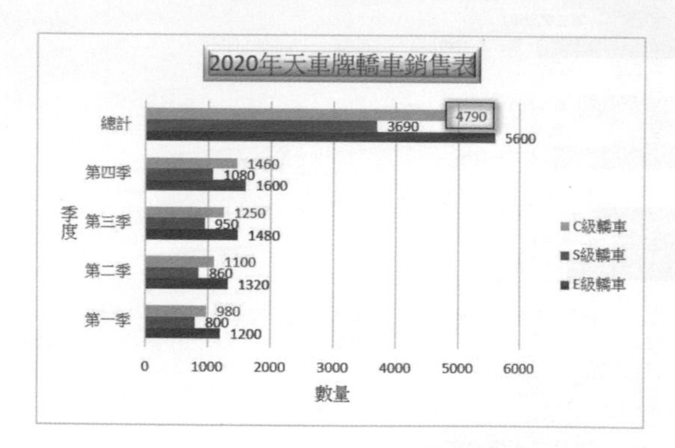

13-8-4 拖曳資料標籤

有時候有些資料標籤數值很重要，也可以拖曳此資料標籤，凸顯此數值，下列是選取一個資料標籤，再往右下方拖曳的結果，筆者存入 ch13_38.xlsx。

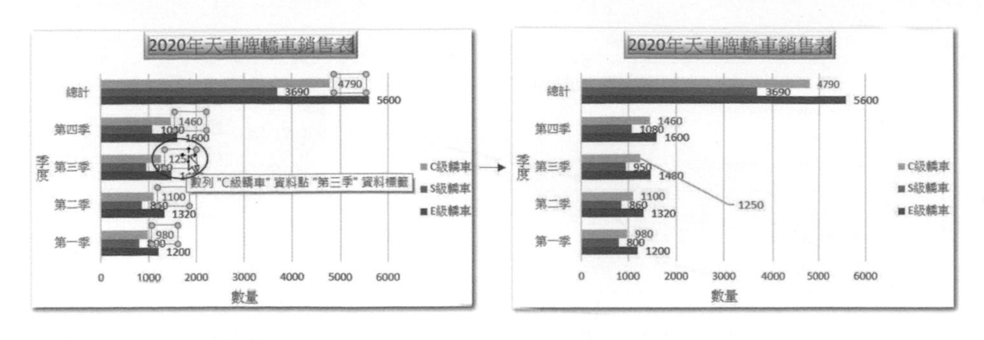

13-8-5 活用圖表 – 單點顯示資料標籤

請開啟 ch12_21.xlsx，有一折線圖，請點選折線圖，可以看到所有點被選取，可參考下方左圖。點選最右點，可以看到只有最右點被選取可參考下方右圖。

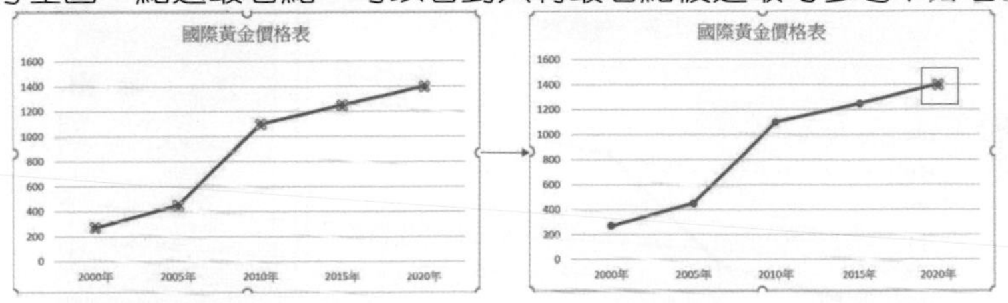

按圖表項目鈕，設定資料標籤核對框，可以得到只有一個點顯示資料標籤，結果存入 ch13_38_1.xlsx。

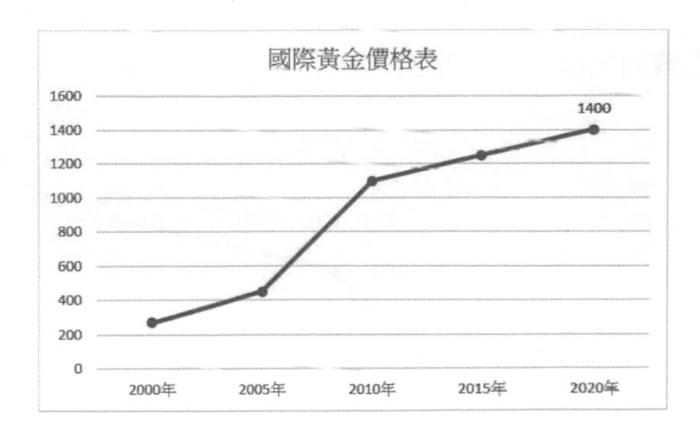

13-8-6 活用圖表 – 將資料標籤改為數列名稱

沿用 ch13_38_1.xlsx 點選資料標籤，再連按兩下資料標籤，可以看到值與顯示指引線被選取。

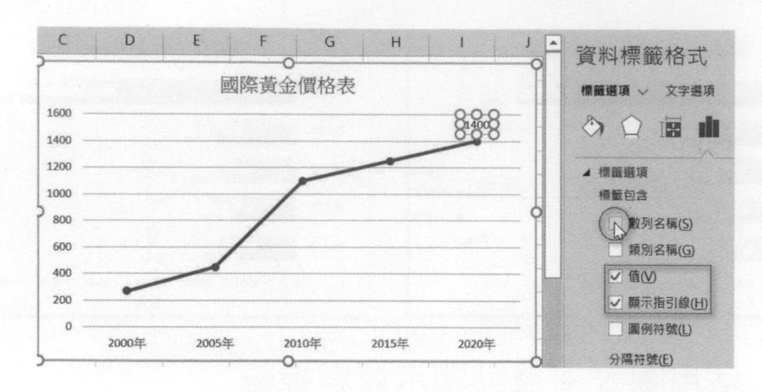

請勾選數列名稱，可以得到顯示數列名稱與值的結果。

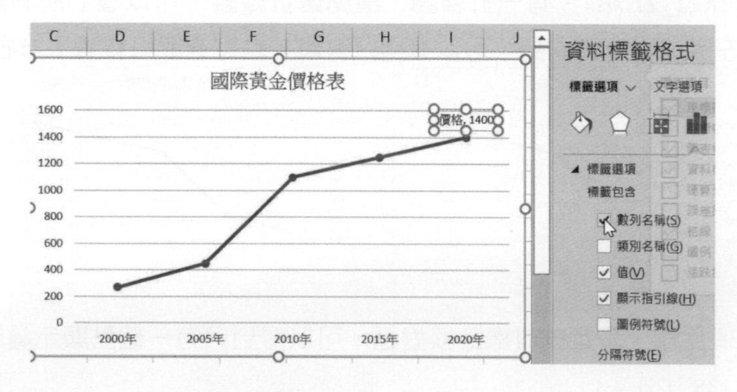

請取消勾選值，可以得到只顯示數列名稱，有時候建立折線圖可以不使用圖例，而用折線加上數列名稱取代，結果存入 ch13_38_2.xlsx。

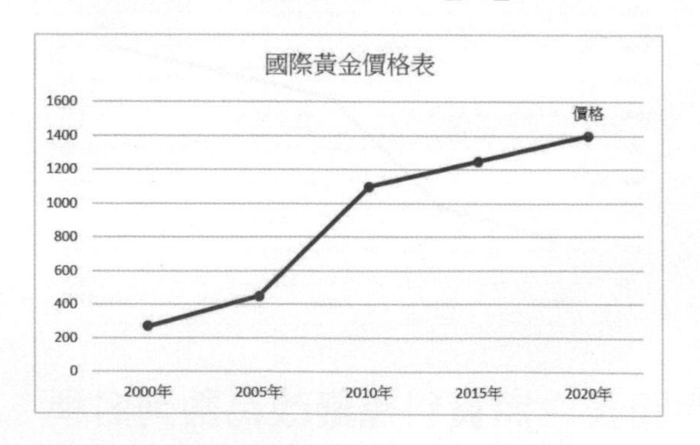

13-8-7 活用圖表 – 堆疊直條圖增加總計數據

在 ch12_13_3.xlsx 的堆疊圖表不含總計銷售數據，不過我們可以活用知識建立此總計銷售數據在堆疊圖的上方，筆者將一步一步解說。

實例一：請使用 ch12_1.xlsx，為堆疊直條圖建立總計銷售數據。

1： 選取 B3:E7 儲存格區間。

2： 執行插入 / 圖表 / 建議的圖表，請選擇堆疊直條圖，同時將圖表標題改為阿拉伯石油公司外銷統計表。

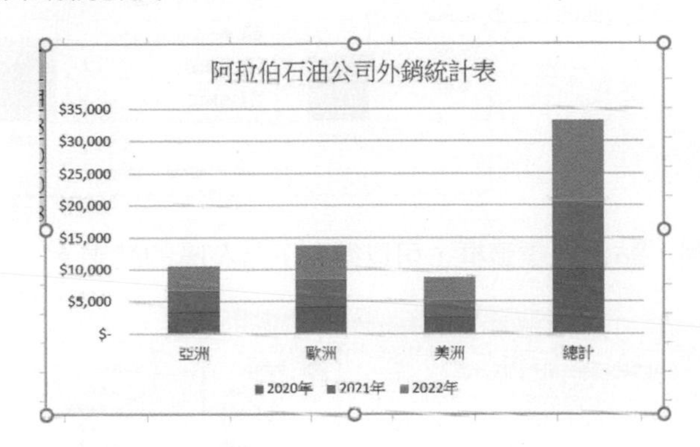

3： 執行圖表設計 / 資料 / 切換欄 / 列，可參考下方左圖。

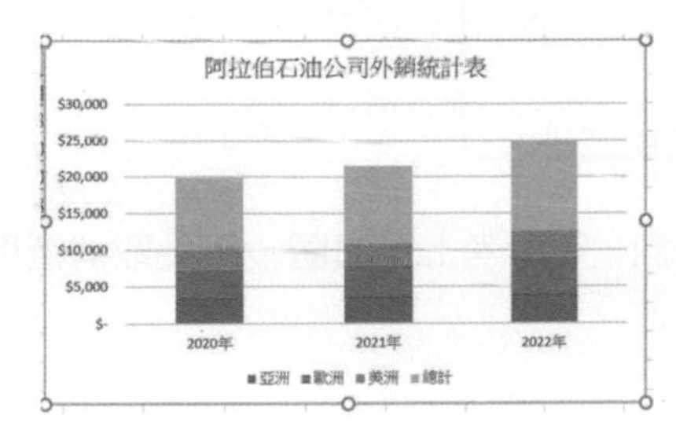

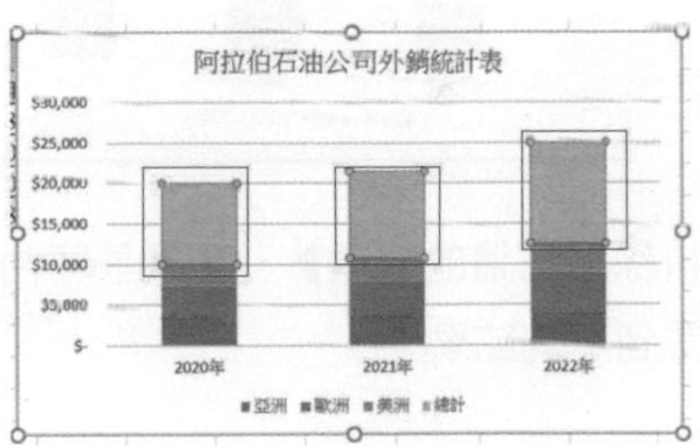

4： 按一下最上方總計資料區塊，可以選取堆疊最上方的總計區塊，可參考上方右圖。

5： 執行格式 / 圖案樣式 / 圖案選滿 / 無填滿。

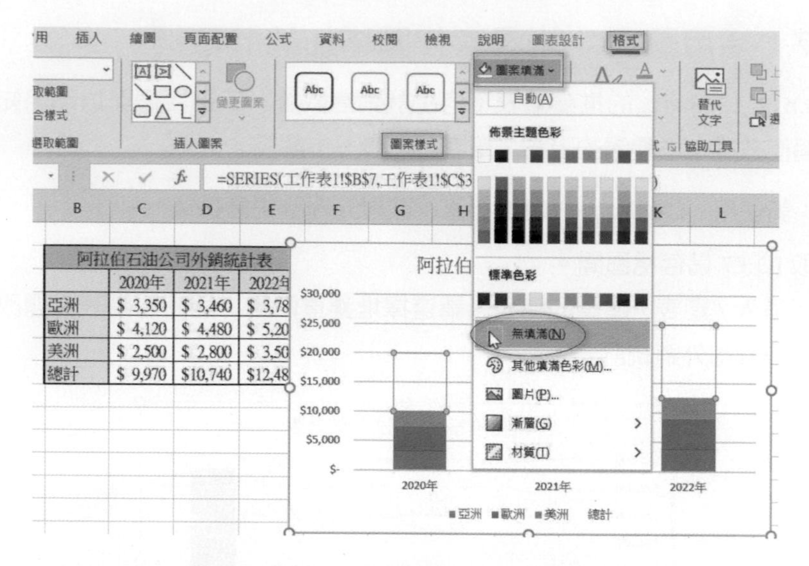

6： 執行圖表項目，點資料標籤框，可以得到下方左圖的結果。

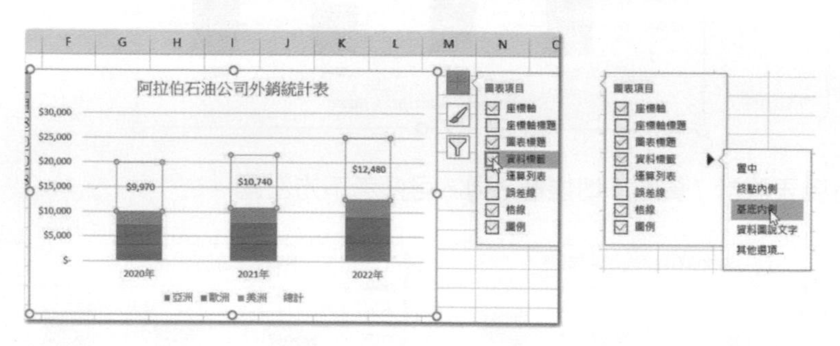

7： 資料標籤右邊的選項▶，選擇基底內側，可參考上方右圖，最後取消選取後可以得到下列結果。

8：由上圖執行結果可以看到缺點是軸的最大值太大，造成圖表不協調，我們可以參考 13-4-4 節的觀念，將軸的最大值改為 15000 即可。請選取座標軸，執行格式 / 目前選取範圍 / 格式化選取範圍。

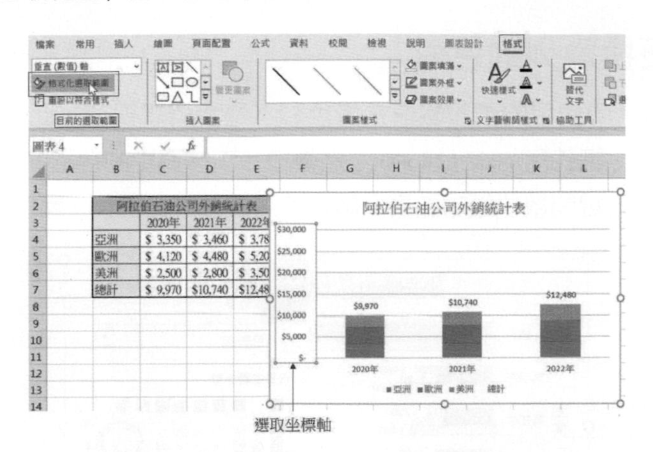

9：右側可以看到座標軸格式框，請將最大值改為 15000，如下所示：

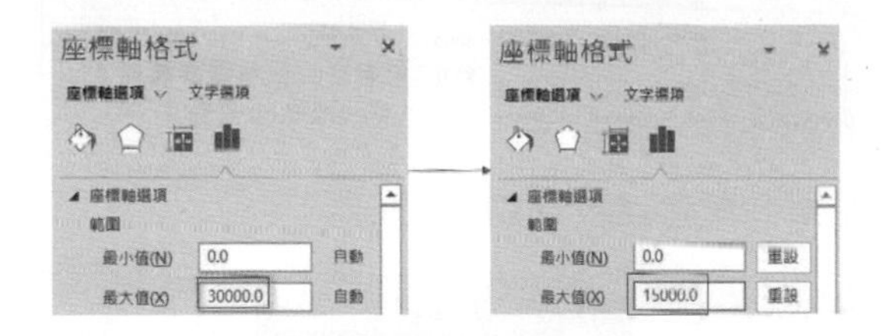

10：最後可以得到下列結果，筆者存入 ch13_38_3.xlsx。

13-9 使用色彩或圖片編輯數列

本節開始是著重講解更換色彩的方法，最後一小節則是簡單講解配色方式。

13-9-1 更換數列的色彩

有時候 Excel 所使用的預設數值長條色彩不是我們想要的，此時可以使用不同色彩填滿此長條，請使用 ch13_37.xlsx，然後按一下想要更動色彩的 E 級轎車長條，接著按一下滑鼠右鍵開啟快顯功能表。請在填滿欄位選擇橙色，輔色 6，較淺 80%。

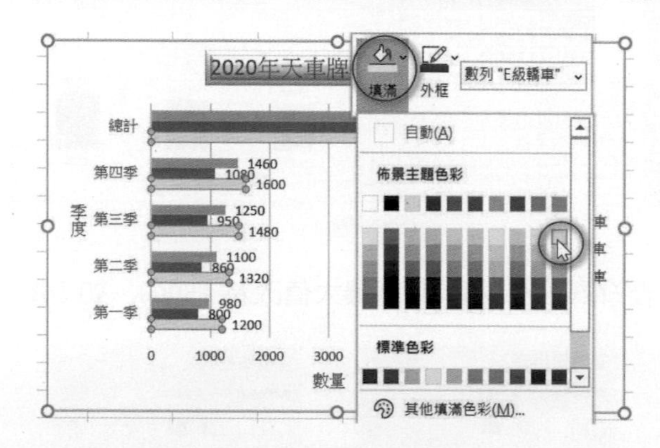

可以得到下列結果，筆者存入 ch13_39.xlsx。

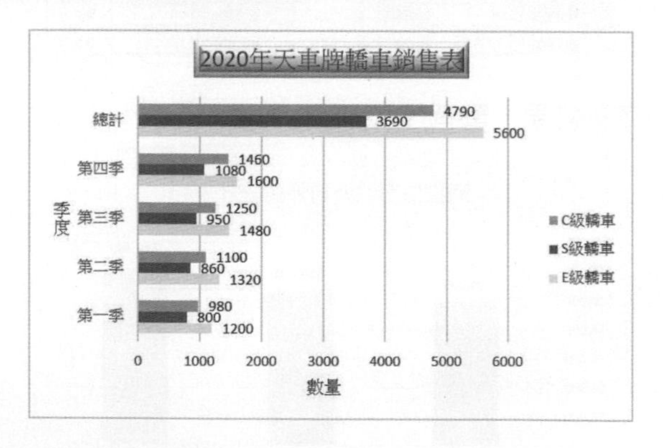

13-9-2 漸層色彩填滿

使用 ch13_39.xlsx，假設想用綠色的漸層色彩填滿，請按一下 E 級轎車長條，接著按一下滑鼠右鍵開啟快顯功能表。請在填滿欄位選擇綠色，接著執行漸層色彩，筆者選擇如下：

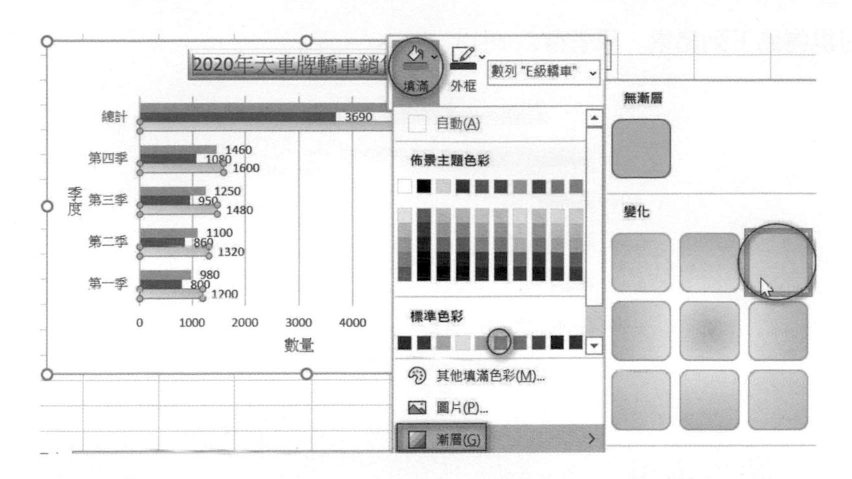

可以得到下列結果，筆者存入 ch13_40.xlsx。

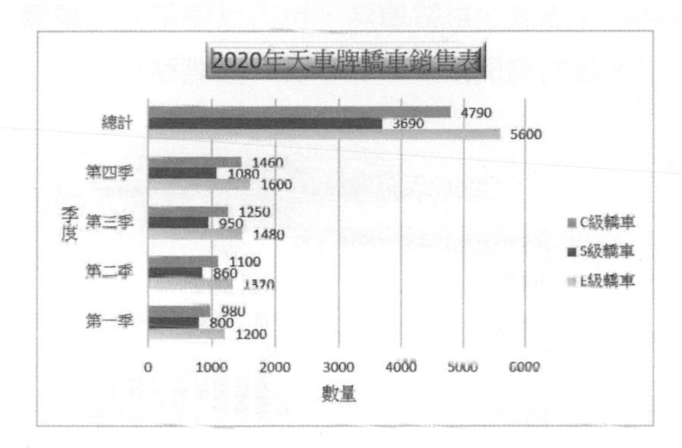

13-9-3 材質填滿

使用 ch13_40.xlsx，假設想用材質填滿，請按一下 E 級轎車長條，接著按一下滑鼠右鍵開啟快顯功能表，接著執行填滿 / 材質，筆者選擇如下：

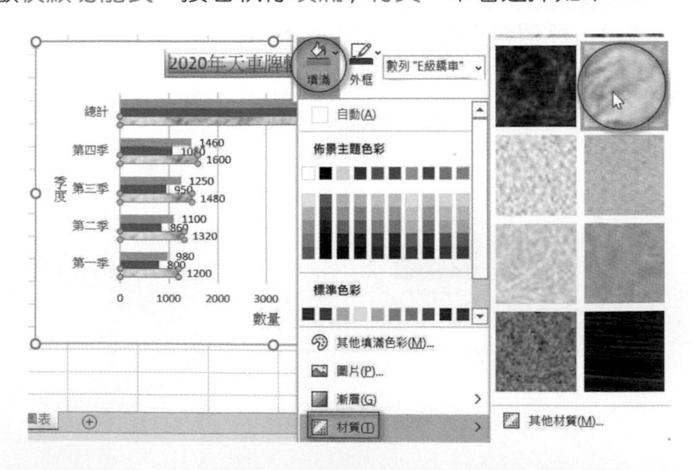

可以得到下列結果，筆者存入 ch13_41.xlsx。

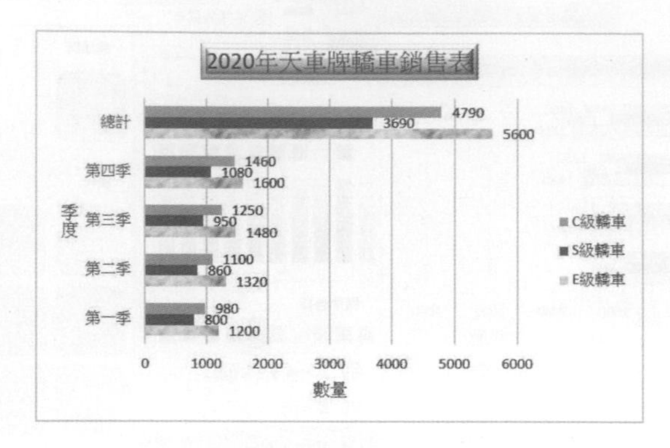

13-9-4 圖片填滿

除了可以使用色彩、漸層、材質填滿，也可以使用圖片填滿，請按一下 E 級轎車長條，接著按一下滑鼠右鍵開啟快顯功能表，接著執行填滿 / 圖片，筆者選擇如下：

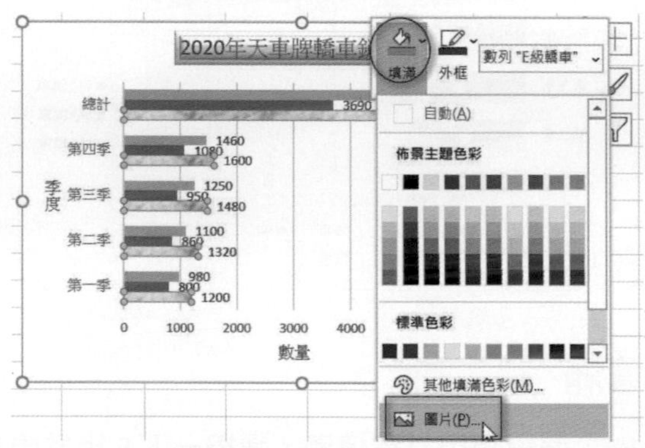

此時會出現插入圖片框，請選擇從檔案，然後出現插入圖片對話方塊，筆者選擇 D:/Excel2019/ch13，此資料夾底下有 rushmore.jpg。

按確定鈕，可以得到下列結果，筆者存入 ch13_42.xlsx。

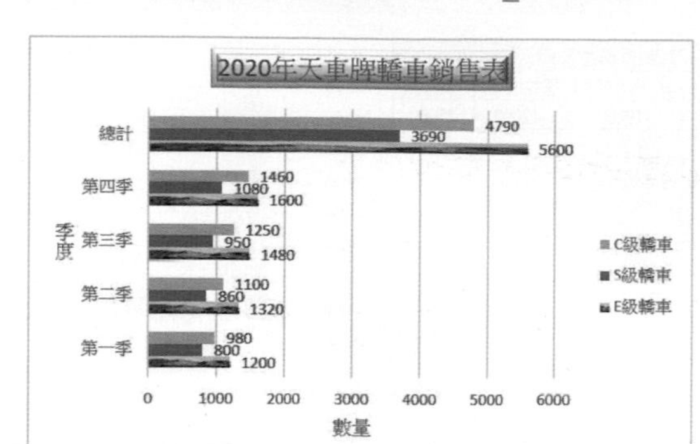

13-9-5 編輯資料長條外框

Excel 也允許為資料長條建立不同粗細的實線、虛線外框，請按一下 E 級轎車長條，接著按一下滑鼠右鍵開啟快顯功能表，接著執行外框，筆者選擇如下：

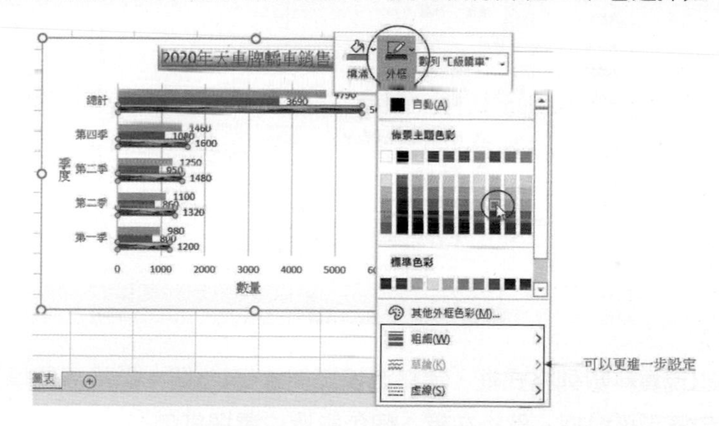

點選紫色後，可以得到 E 級轎車系列資料長條外框是紫色，筆者存入 ch13_43.xlsx。

13-9-6 負值數列使用紅色

請使用 ch13_44.xlsx，在這個圖表中伺服器和雲端部門是虧損，在使用 Excel 時，可以為負數值設為紅色，這樣更可以凸顯資料。

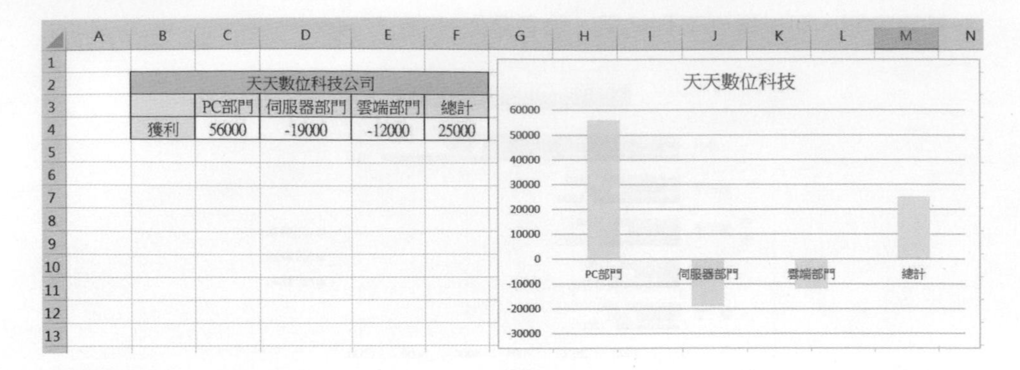

請選取圖表和資料數列，按一下滑鼠右鍵，開啟快顯功能表，執行資料數列格式。

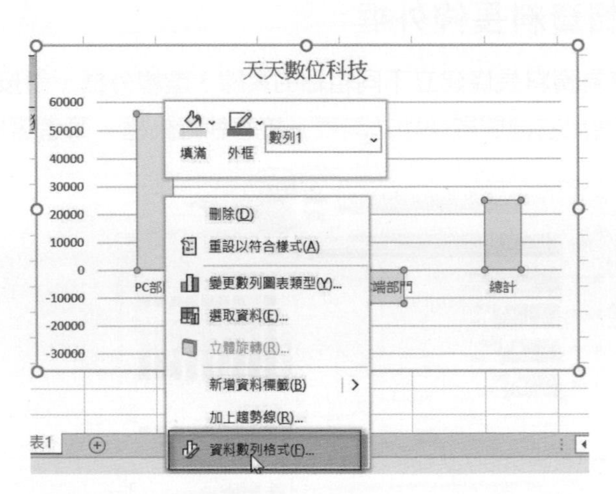

此時會出現資料數列格式框，請點選填滿與線條 鈕。然後展開填滿，接著設定負值以補色顯示核對框。然後在第 2 個色彩欄位選擇紅色。

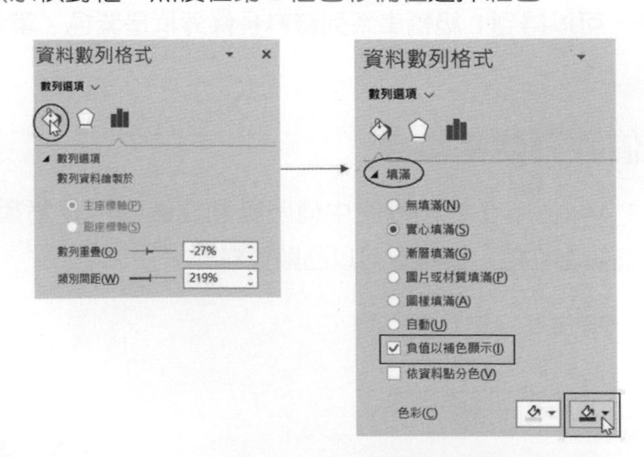

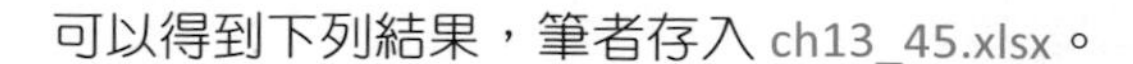
可以得到下列結果，筆者存入 ch13_45.xlsx。

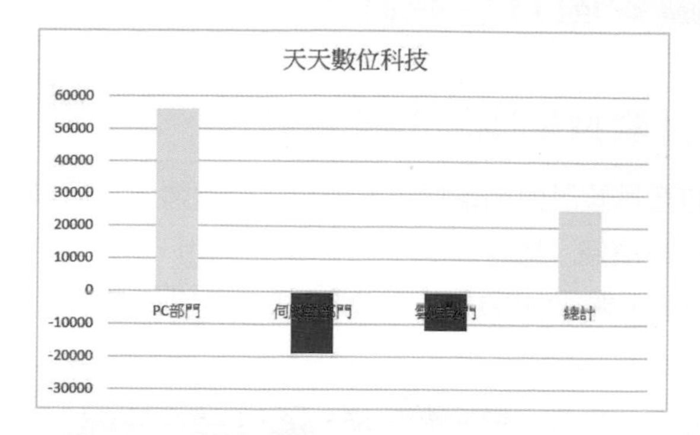

13-9-7 配色知識

前面所有圖表皆是使用 Excel 預設的顏色，坦白說有時候色彩搭配仍有很大的改良空間。一般可以將色彩分為暖色系、冷色系、中性色系。

暖色系：橙色、紅色、黃色。

冷色系：藍色、水藍色。

中性色系：綠色、紫色。

建議重點(主角)數值列採用暖色系，配角數列則可以使用中性或冷色系。下列是以 ch13_39.xlsx 的圖表為例，筆者調整顏色的結果，結果存入 ch13_45_1.xlsx。

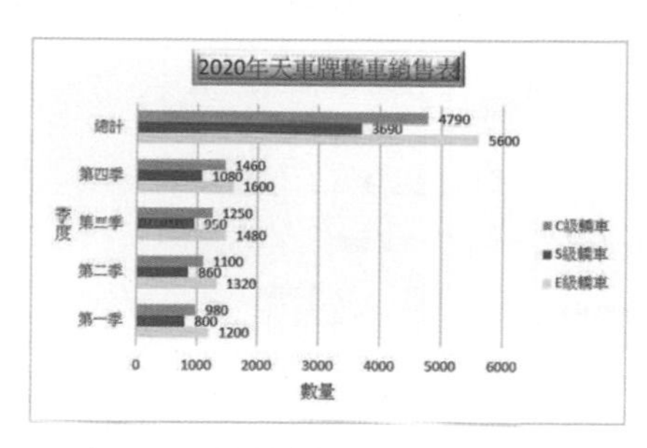

修改前ch13_39.xlsx

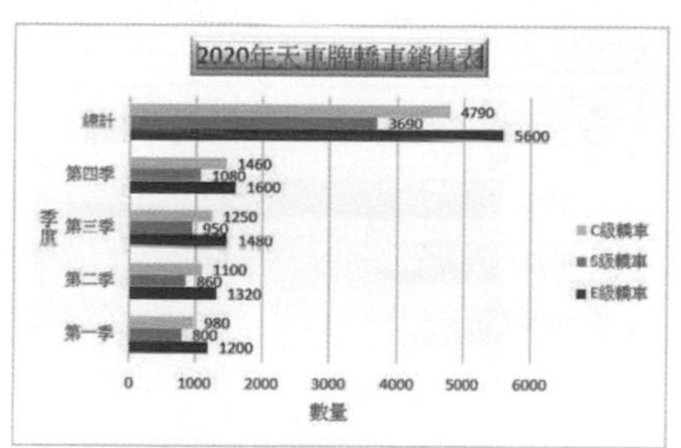

修改後ch13_45_1.xlsx

至於如果未來是用黑白印刷，坦白說，這時要用線條凸顯資料，色彩則是使用黑色凸顯主角色彩，未來筆者還會針對色彩調整舉實例。

13-10 圖表區背景設計

13-10-1 設計數據繪圖區的背景顏色

其實圖表區的背景設計與編輯資料數列長條觀念類似，可以選擇實心填滿、漸層填滿、圖片或材質填滿、圖樣填滿… 等。本節使用 ch13_32.xlsx，請點選圖表，再按一下數據繪圖區，開啟快顯功能表，執行繪圖區格式指令。

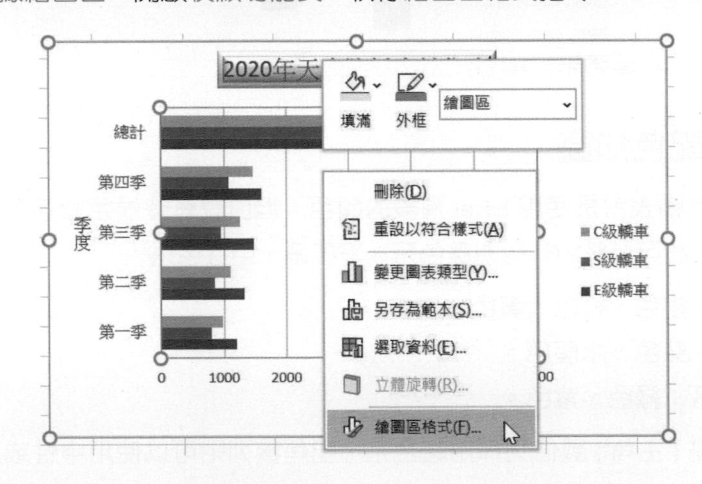

出現繪圖區格式框，選擇漸層填滿，下列是預設結果，筆者存入 ch13_46.xlsx。

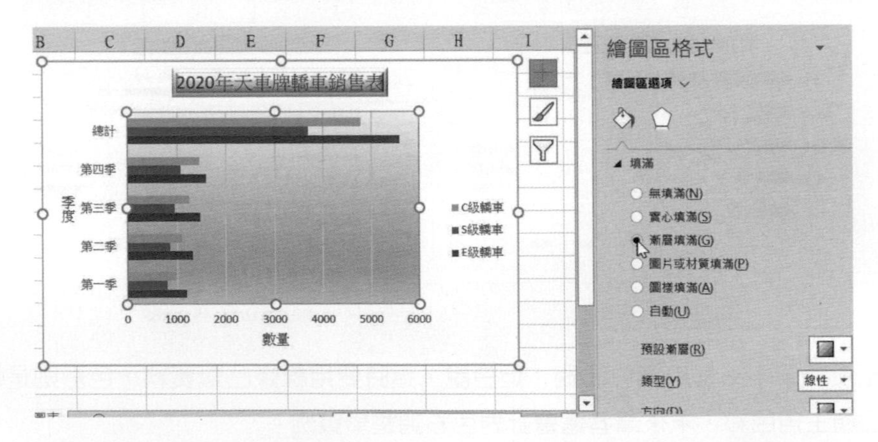

使用 ch13_46.xlsx，上述是預設，也可以在預設漸層欄位挑選漸層色彩。

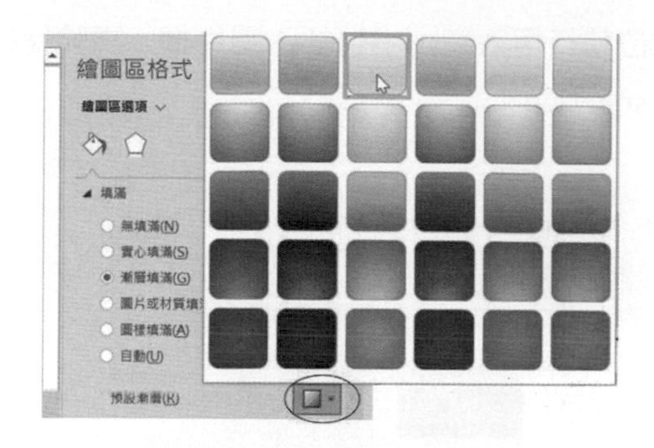

下列是新的漸層結果，筆者存入 ch13_47.xlsx。

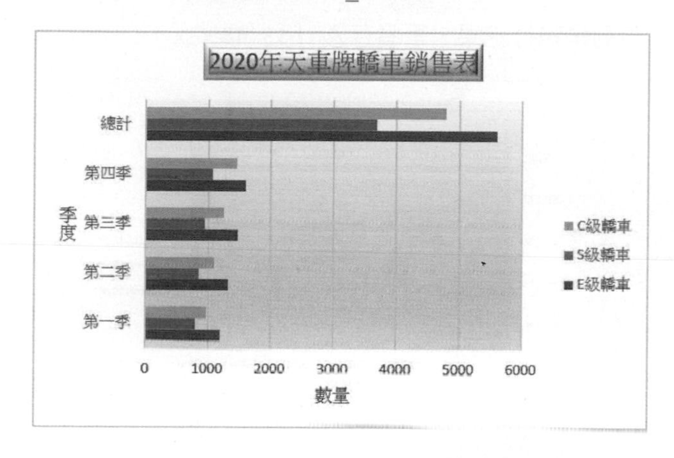

13-10-2 圖片填滿數據繪圖區

請使用 ch13_32.xlsx，請點選圖表，再按一下數據繪圖區，開啟快顯功能表，執行繪圖區格式指令，出現繪圖區格式框，選擇圖片或材質填滿。

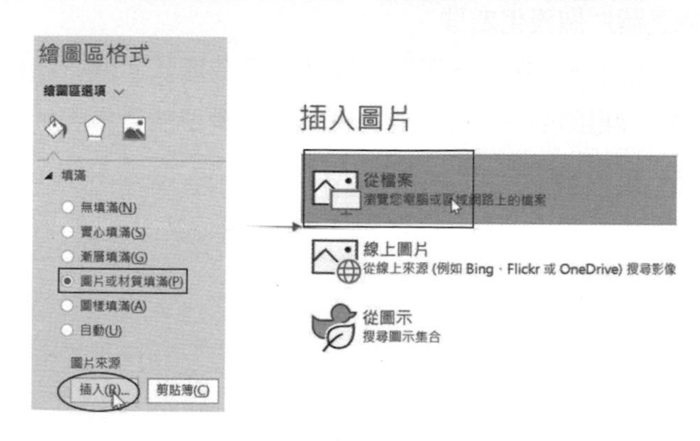

請在圖片來源欄位執行插入鈕，出現插入圖片框，請執行從檔案，出現插入圖片對話方塊，此例選 snow.jpg。

按確定鈕，下列是執行結果，筆者存入 ch13_48.xlsx。

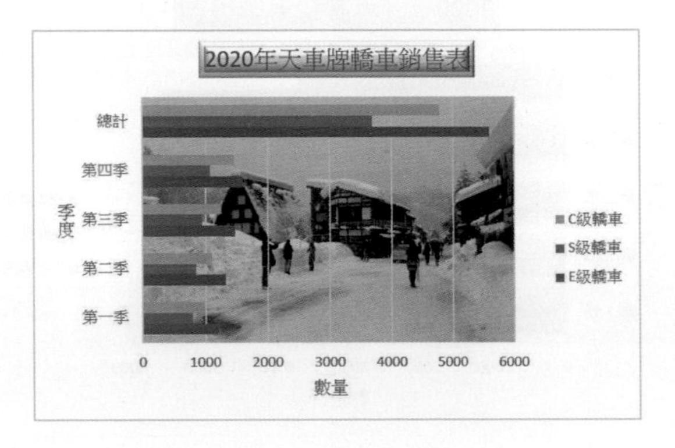

13-10-3 圖表背景圖片透明度處理

在公司設計圖表時，很常看到將公司的 Logo、吉祥動物或是公司代表色放置在圖表內，但是會做淡化處理，這個淡化處理就是所謂的透明度。本節主要是將 ch13_48.xlsx 的圖表圖片做淡化處理。

請點選圖表，再按一下數據繪圖區，開啟快顯功能表，執行繪圖區格式指令，出現繪圖區格式框，開啟填滿選項，請拖曳透明度欄位的滑桿至 80%，可以得到下列結果，筆者存至 ch13_49.xlsx。

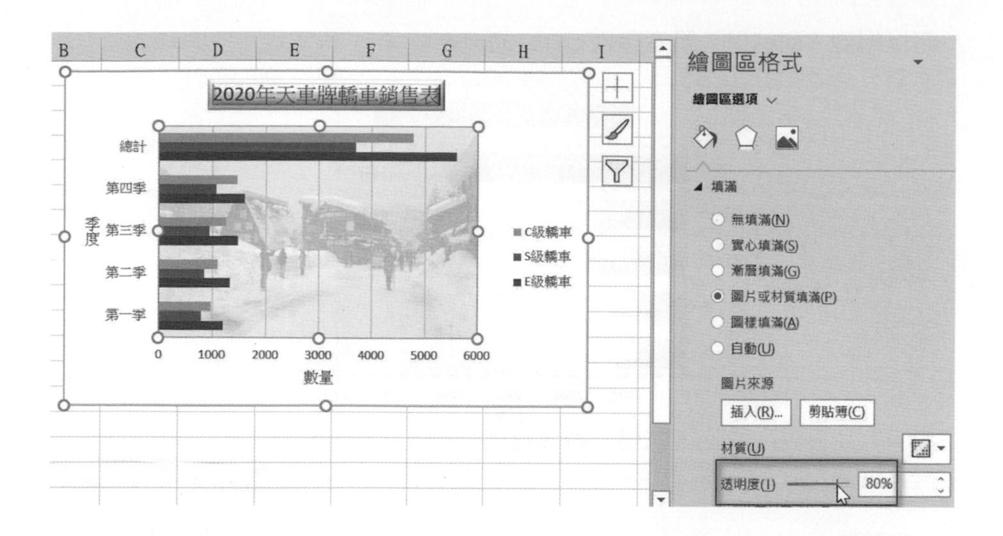

13-10-4 為圖表設計外框

圖表建立完成時，Excel 會自動為此圖表建立外框，不果我們仍可以使用 Excel 的功能更改外框的寬度、線條、色彩、圓角或直角設計。本節主要是將 ch13_49.xlsx 的圖表外框重新設計。

請點選圖表，再按一下數據繪圖區，開啟快顯功能表，執行繪圖區格式指令，出現繪圖區格式框，請展開框線。此例筆者選擇實心線條、虛線、端點和連接類型是圓形。

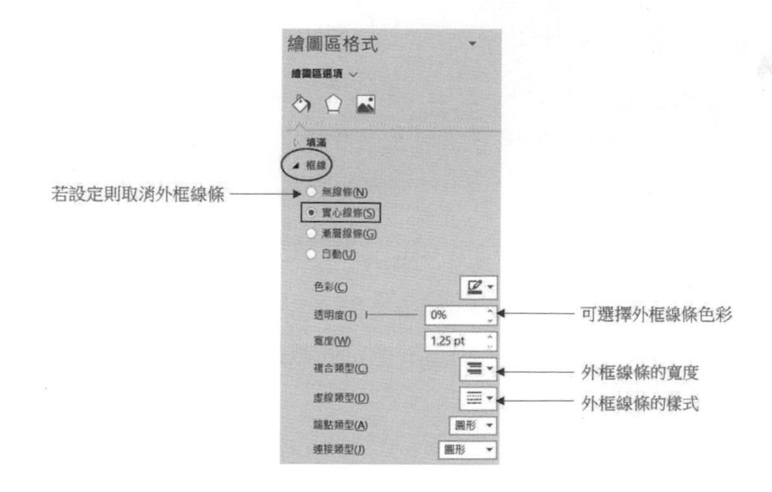

可以得到下列結果，筆者存入 ch13_50.xlsx。

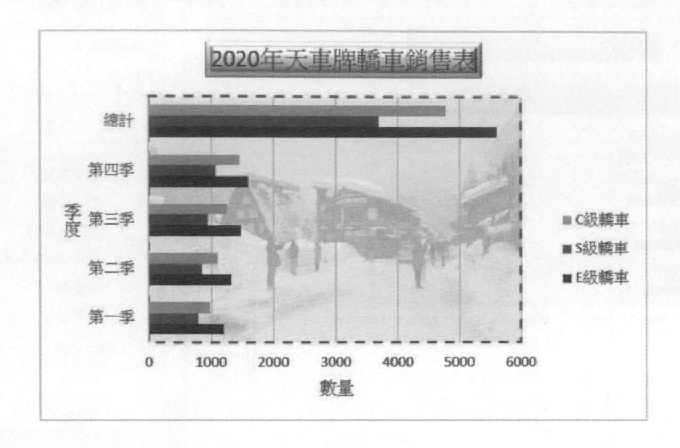

13-11 建立趨勢預測線

所謂的趨勢線是代表特定資料數列的變動過程，這是主管專業判斷所需資訊，並不是所有圖表皆可製作成趨勢線。例如，圓形圖、環圈圖及雷達圖的資料數列即無法製作成趨勢線。而長條圖、橫條圖、折線圖和 XY 散佈圖則可製成趨勢線。

在圖表設計 / 圖表版面設計 / 新增圖表項目 / 趨勢線內有各種趨勢線可以選擇。

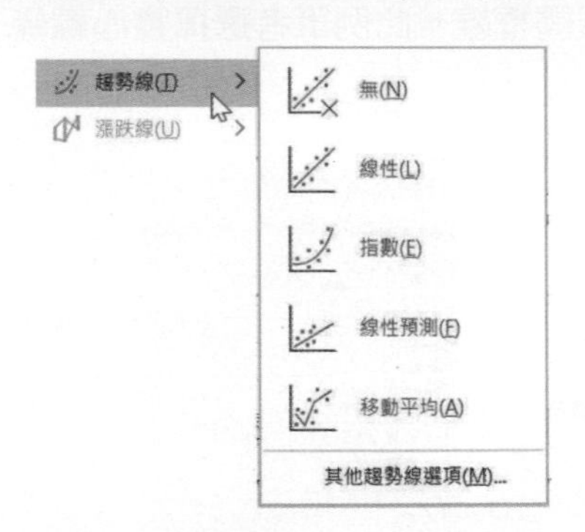

實例一：將 E 級轎車數列上加上指數趨勢線。

1：按一下 E 級轎車的資料數列，相當於選定此數列。

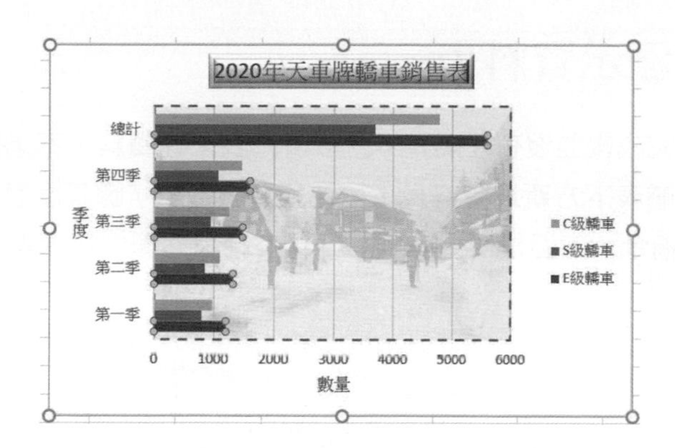

2： 執行圖表設計 / 圖表版面設計 / 新增圖表項目 / 趨勢線 / 指數。

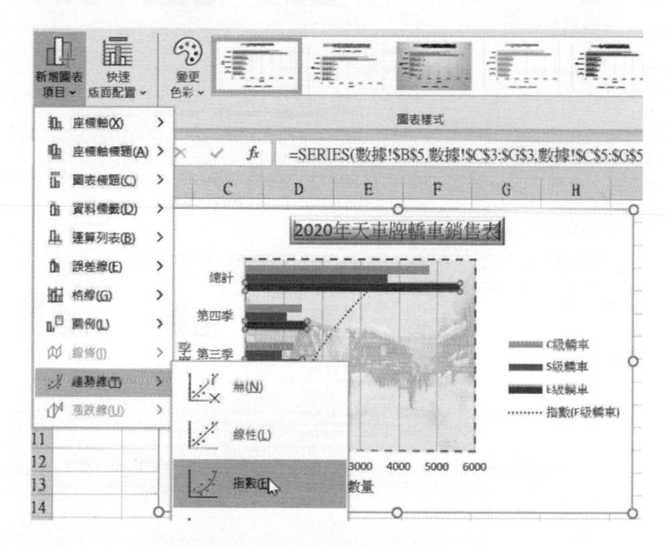

3： 可以得到下列結果，筆者存入 ch13_51.xlsx。

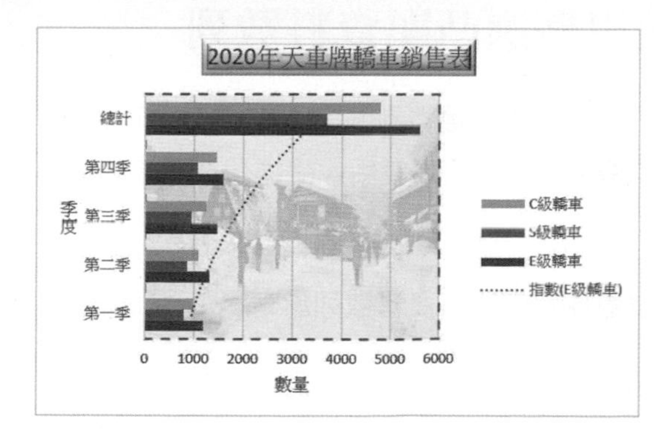

13-12 顯示資料表

圖表在建立完成後並沒有在圖表下方放置圖表來源資料，不過使用者可以使用本節所述功能在圖表下方新增資料表，可執行圖表設計 / 圖表版面設計 / 新增圖表項目 / 運算列表指令，下面是使用 ch12_3.xlsx，使用有圖例符號與無圖利符號的示範結果。

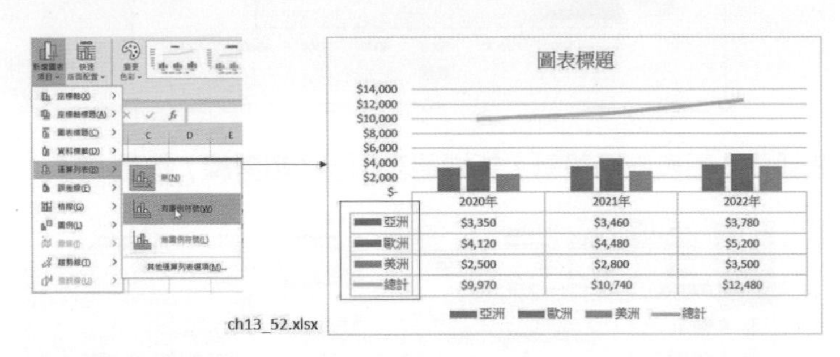

ch13_52.xlsx

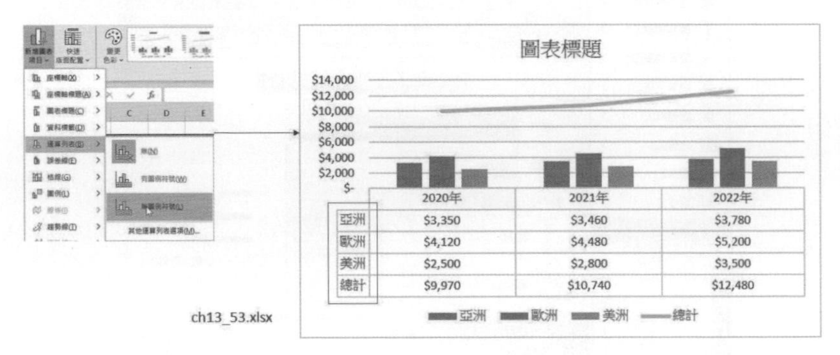

ch13_53.xlsx

13-13 使用篩選凸顯資料數列

當選取圖表後可以在圖表右邊看到篩選鈕，我們可以按一下此篩選鈕，然後看到目前圖表顯示那些資料，也可以使用此篩選想要顯示的資料。

實例一：使用 ch13_26.xlsx，凸顯 2021 年的資料數列。

1： 點選圖表，可以看見目前所有資料數列皆有顯示。

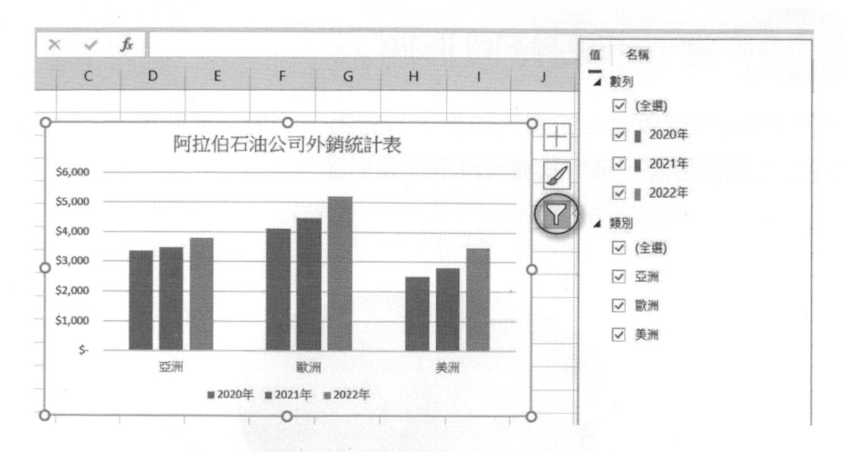

2： 取消勾選 2020 年和 2022 年。

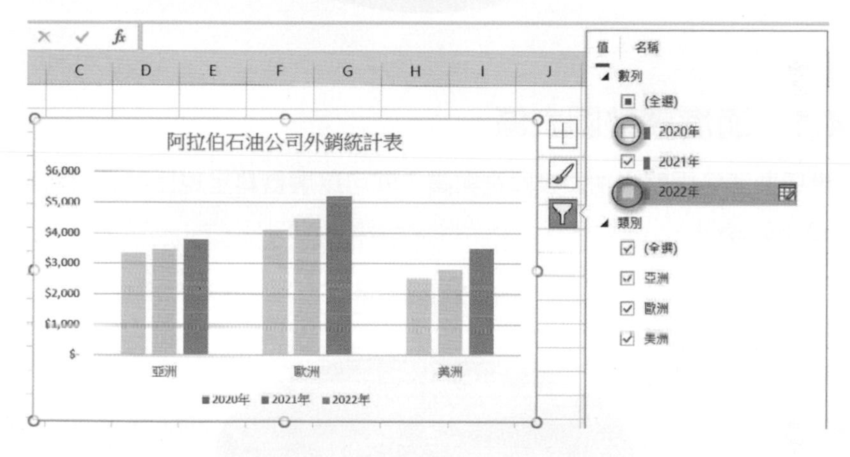

3： 按 Enter 鍵，可以得到下列結果，筆者存入 ch13_54.xlsx。

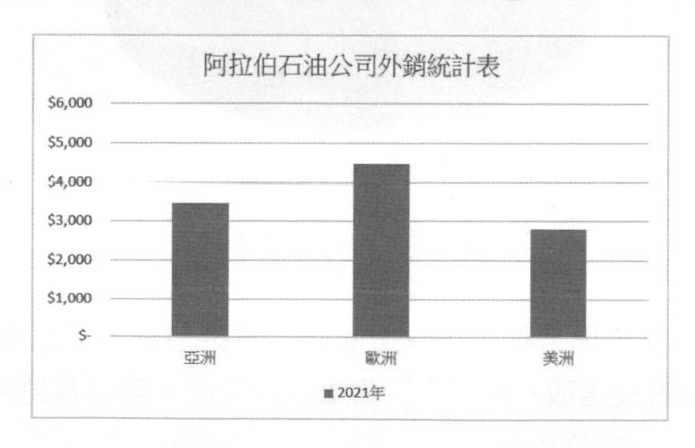

13-14 進一步編修圓形圖表

有時候圖表精靈所建立的圖表並不十分完美，例如：請使用 ch13_55.xlsx，下列是所建的立體圓形表，其中歐洲資料不在圓形圖內。

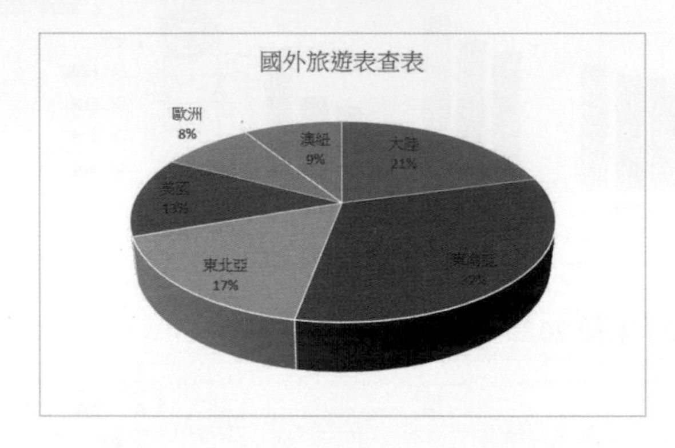

13-14-1 適度調整圖表區

其實只要適度調整增加圖表區寬與高，就可以讓資料呈現比較好的結果，結果存入 ch13_56.xlsx。

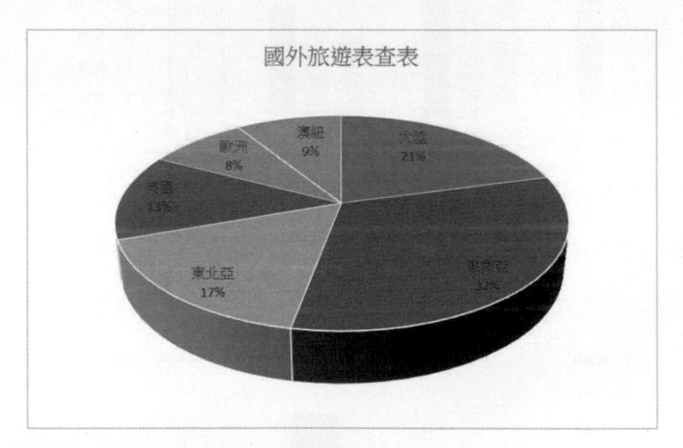

13-14-2 將扇形資料區塊從圓形圖分離

假設想讓歐洲扇形區分離，請先選取此立體圓形圖，可以得到下圖左邊的結果，每個扇形區塊皆被選取。再按一下歐洲扇形區塊，可以看到只有此扇形區塊被選取，可以得到下方右圖的結果。

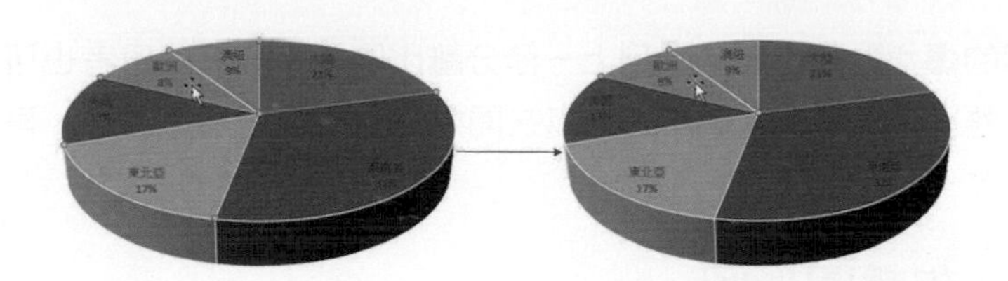

以拖曳方式將目前所選定的資料區塊往外拖曳，下面是執行結果，筆者存入 ch13_57.xlsx。

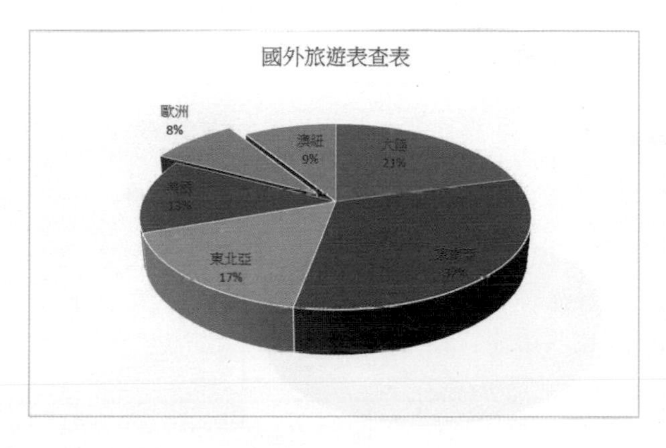

13-14-3 爆炸點

上述使用滑鼠拖曳可以將扇形區塊分離，至於分離多少並沒有很精確的數字，如果想要很精確瞭解分離的數字，可以參考前一節單獨選取歐洲扇形區塊，然後按一下滑鼠右鍵，開啟快顯功能表，執行資料點格式指令。這時可以看到資料點格式框，由這個框的爆炸點可以了解剛剛分離此扇形區的比率。

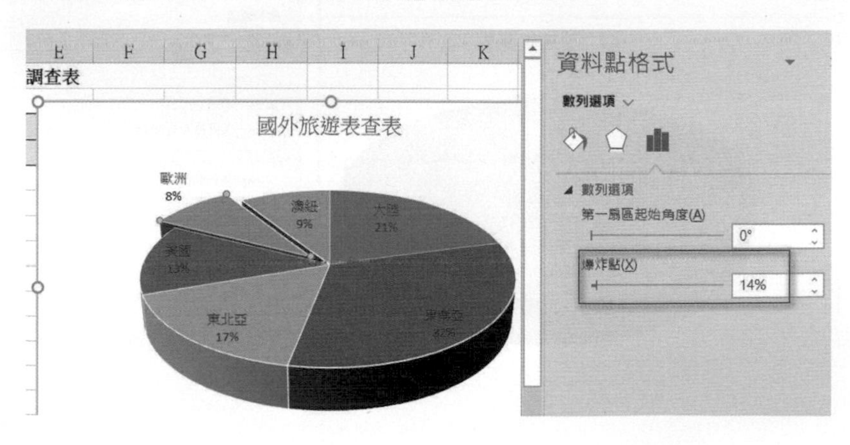

從上圖的爆炸點欄位可以看到上一節分離比例是 14%，使用者也可以從此設定更精確的分離比率。又或是使用者可以在開始時直接選擇扇形區塊，再使用爆炸點設定分離比率。

13-14-4 旋轉圓形圖

在圓形圖中第一筆資料產生的資料稱第一扇形區，這是順時針方向產生角度，使用者可以設定角度讓扇形區旋轉。此例，請使用 ch13_56.xlsx，請選取圖表，參考上一節開啟資料點格式框。

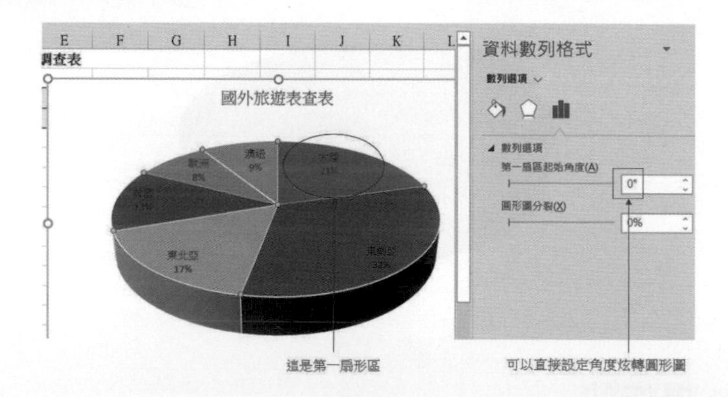

讀者可以在第一扇區起始角度欄位設定旋轉角度，達到旋轉圓形圖的目的，或是也可以按 ⌃ 鈕一度一度逆時針旋轉圓形圖，按 ⌄ 鈕一度一度順時針旋轉圓形圖。下列是旋轉 10 度的結果，筆者存入 ch13_58.xlsx。

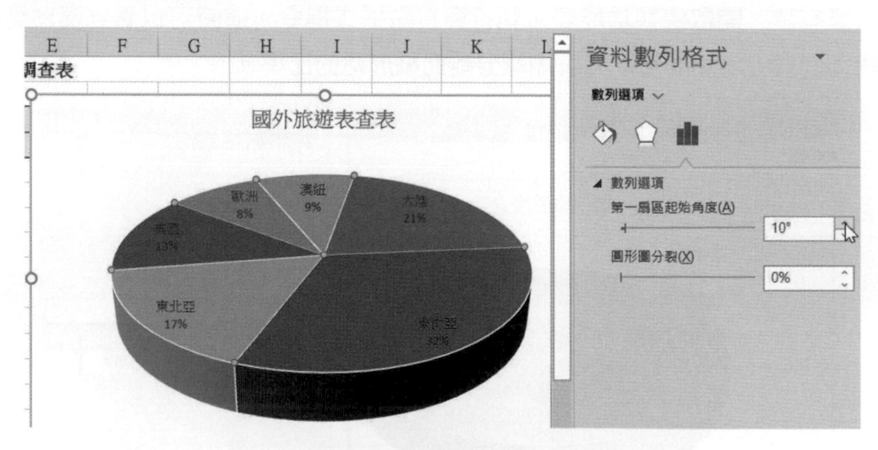

13-14-5 配色應用實例

坦白說 ch13_58.xlsx 的執行結果是好的，不過筆者一直覺得有不完美，重點是色彩處理，在 13-9-7 節筆者有修改配色，產生一個不錯的圖，下列是使用 ch13_58.xlsx，筆者更改配色的應用，讀者可以自行比較兩張圖的效果。

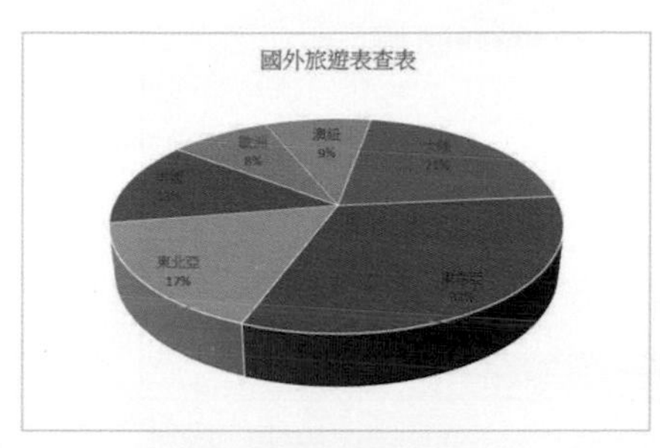

修改前ch13_58.xlsx

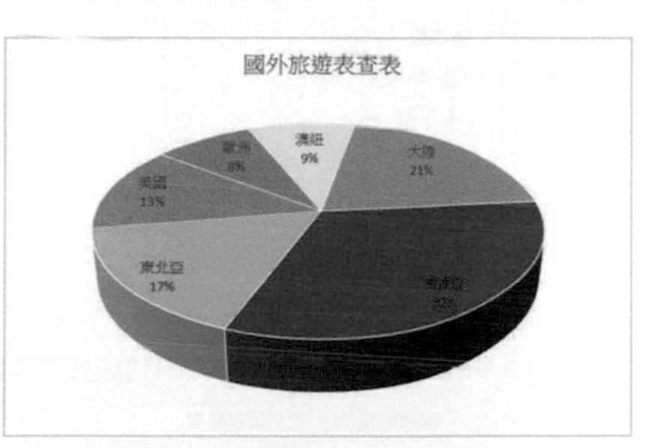

修改後ch13_59.xlsx

13-15 圖表範本

有的公司對於圖表有一定格式，每個月做報表時需要使用相同的圖表，這時可以將圖表存成範本，未來可以將所建的圖表套用即可。這一節將講解建立圖表範本的方法。

實例一：為 ch13_51.xlsx 的圖表建成範本。

1： 請開啟 ch13_51.xlsx。

2： 選取圖表工作表的圖表。

3： 在圖表內按一下滑鼠右鍵開啟快顯功能表，執行另存為範本。

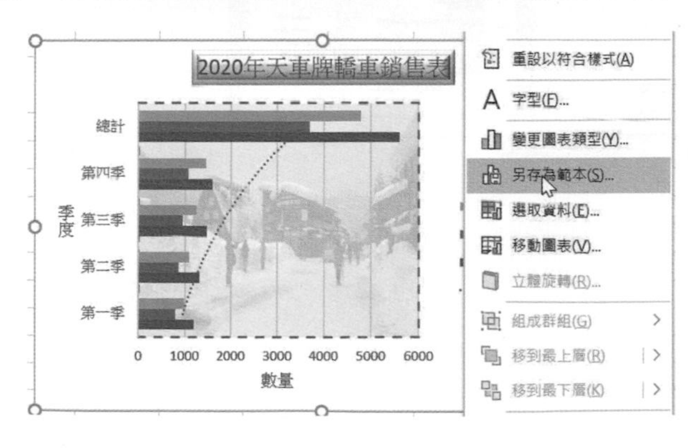

4： 出現儲存圖表範本對話方塊。

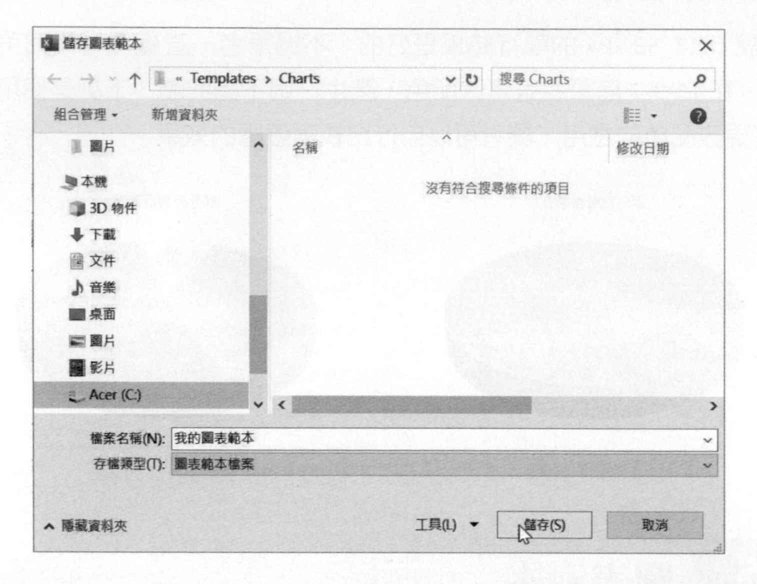

5： 此例筆者輸入我的圖表範本，然後按確定鈕，圖表範本就算建立完成。

未來若要應用此圖表範本，可以選取圖表後，執行圖表設計 / 類型 / 變更圖表類型，出現變更圖表類型對話方塊，選擇範本，可以看到先前所建的範本，就可以點選套用了。

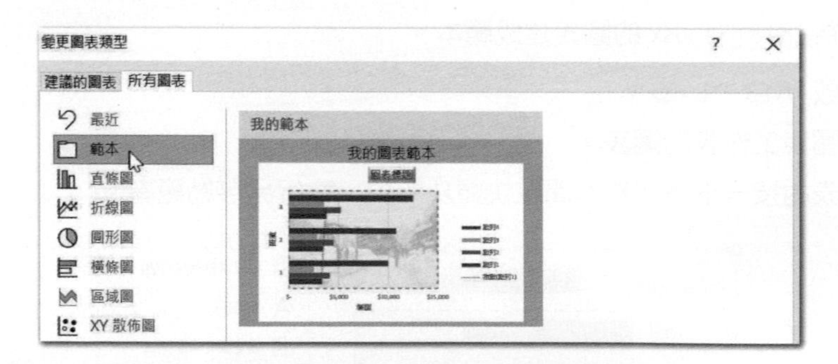

CHAPTER

14 工作表的列印

14-1 示範文件說明

14-2 預覽列印

14-3 真實的列印環境

14-4 版面設定

14-5 再談列印工作表

14-6 一次列印多個工作表實例

14-7 合併列印

本章 2-11 節有以實例簡單的介紹列印工作表的方法，本章將針對工作表的列印做一個完整說明，讀者學完本章後，可以很容易的列印一份精美的工作表。

14-1 示範文件說明

ch14_1.xlsx 文件有 2 個工作表，分別是銷售統計與組合圖表。

萬里牌水泥銷售表				
	2017年	2018年	2019年	2020年
內銷所得	255	280	315	345
外銷所得	140	152	177	205
總計	395	432	492	550

銷售統計 組合圖表

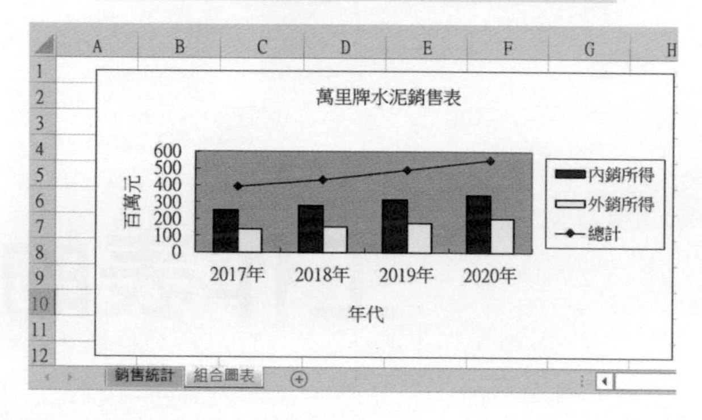

列印工作表前主要考量是：

列印範圍：可以列印整個活頁簿、多張工作表、一張工作表，也可以選擇列印部分儲存格區間。

用紙大小：預設是 A4(長邊 297mm、短邊 210mm)，如果欄位或列位數多可以使用 A3 紙。

列印方向：這也是由欄位或列位數多寡決定列印方向。

14-2 預覽列印

在列印時除了考慮直式列印或橫式列印外，其實是一件很單純的工作。例如：若目前顯示 ch14_1.xlsx 的組合圖表，執行檔案 / 列印可以得到下列結果。

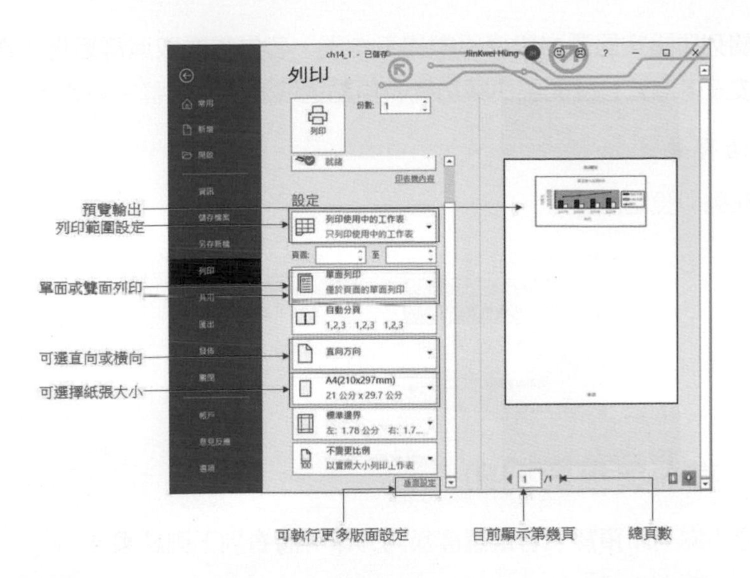

上述左側是相關的列印設定，右側是預覽列印區，在預覽列印區可以看到設定的結果。

14-2-1 選擇列印範圍

在企業上班一個活頁簿可能會有許多工作表，可以選擇列印儲存格區間、單張工作表 (這是預設)、多張工作表或整個活頁簿。

❑ 列印儲存格區間

可以選取要列印的儲存格區間，然後執行檔案 / 列印，在相關列印設定區選列印選取範圍。

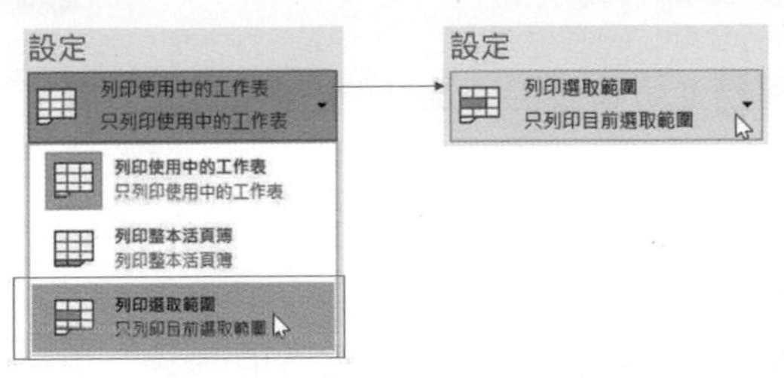

❑ 列印多張工作表

在選擇第 2 張工作表起需要同時按 Ctrl 鍵，這個觀念也稱群組化工作表。

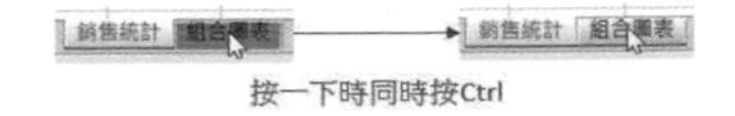

在相關列印設定區選列印使用中的工作表，若是想要取消群組化工作表，可以在標籤區按一下滑鼠右鍵開啟快顯功能表再點選取消工作表群組設定。

❑ **整個活頁簿**

可以在列印設定區設定。

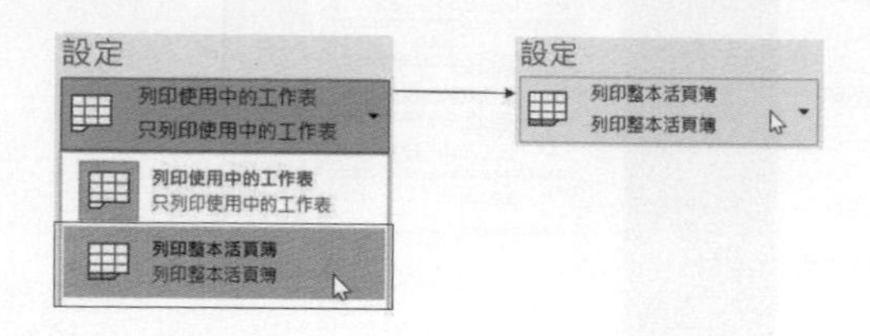

14-2-2 直向與橫向列印

前面是直向列印預覽，若是選擇橫向列印，將看到下列結果。

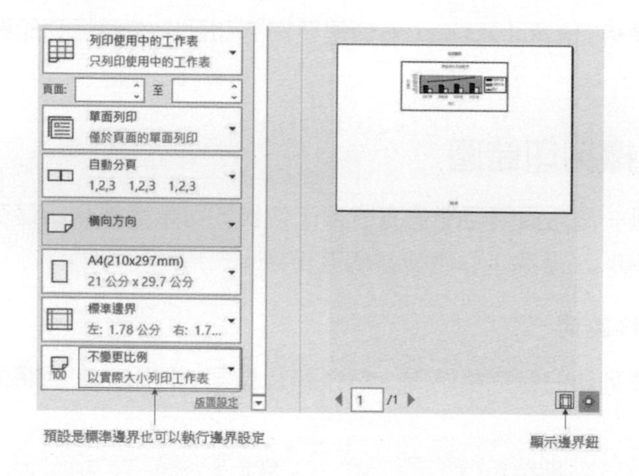

在企業上班，實務上所建立的 Excel 報表可能有許多欄或列，可以是欄、列數量決定列印方向。

14-2-3 列印邊界的設定

對於資料列印而言，接著要考慮的是設定列印邊界，目前是使用標準邊界，執行實例前先改回直向列印。請按右下方的顯示邊界鈕，可預覽邊界。

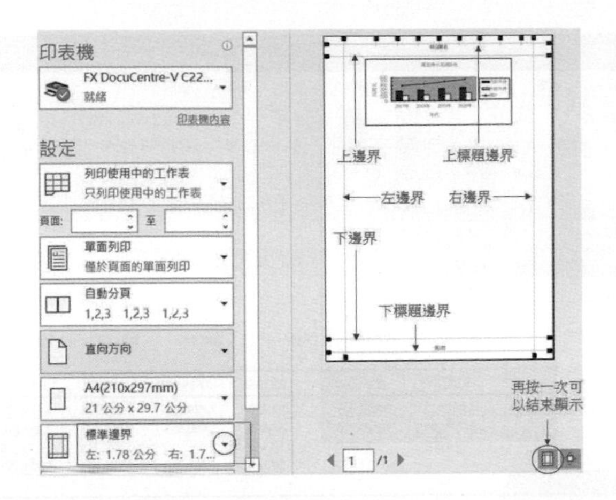

註

也可將滑鼠移至邊界線，當滑鼠游標以雙向箭頭顯示，即可拖曳更改邊界線。

按一下標準邊界右邊的 ▾ 鈕，可以看到其它邊界選項。

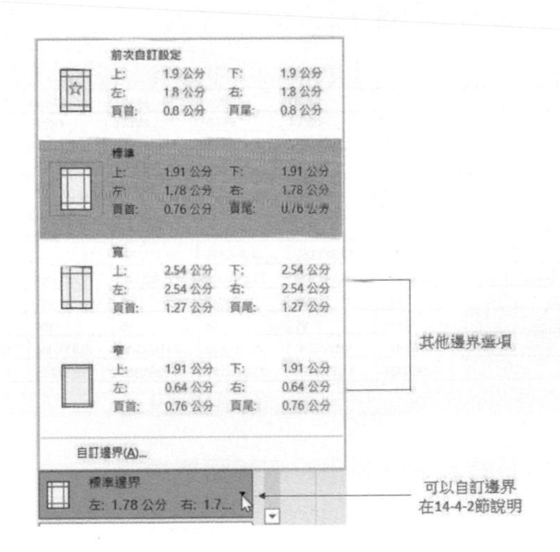

14-3 真實的列印環境

ch14_1.xlsx 是學生版的活頁簿，圖表與工作表均可用一張報表紙列印完成，在真實的商業應用實例中，工作表常常需用多頁報表紙列印，是正常且頻繁的，請參考下列 ch14_2.xlsx 活頁簿。這個活頁簿的 2020 業績工作表，是由 A-Y 欄及 44 列所組成，如下所示：

	A	B	C	D	E	F	G	H
1	Company ：Testing							
2	PRODUCT- Y2022	Jan (A)	Feb (A)	Mar (A)	Apr (A)	May (A)	Jun (A)	Jul (A)
3	Revenue Total	3,047,915	5,893,965	4,252,232	2,829,006	2,398,372	3,522,273	3,211,868
4	External Revenue(by product)	3,047,915	5,893,965	4,252,232	2,829,006	2,398,372	3,522,273	3,211,868
5	Book	3,029,906	5,839,275	4,068,841	2,400,658	1,841,271	3,297,816	2,678,051
6	e-Learning	18,009	12,000	157,143	0	427,333	0	242,115
7	Other& (ACA)		42,690	26,248	428,348	129,768	224,457	291,702
8	Internal Revenue							
9	Cost Total	#REF!	#REF!	#REF!	#REF!	#REF!	#REF!	#REF!
10	External Cost	1,946,509	3,247,808	1,856,429	1,915,060	1,718,913	2,370,416	2,099,361
11	Book	1,904,224	3,212,101	1,732,764	1,665,837	1,410,202	2,184,249	1,699,464
12	e-Learning	42,285	6,608	97,142	0	227,908	0	148,190

下列是此工作表其它部份內容。

	A	B	C	D	E	F	G	H
31	Gross Margin	#REF!	#REF!	#REF!	#REF!	#REF!	#REF!	#REF!
32	External Margin%	#REF!	#REF!	#REF!	#REF!	#REF!	#REF!	#REF!
33	Rental&Management Fee	110,938	121,262	114,096	120,808	114,536	118,685	118,813
34	Expenses Total	110,938	121,262	114,096	120,808	114,536	118,685	118,813
35	G&A Expenses	61,596	54,174	31,562	60,417	59,781	59,086	58,788
37	BU direct profit	#REF!	#REF!	#REF!	#REF!	#REF!	#REF!	#REF!
38	G&A Expenses-From H	389,162	299,091	194,337	288,746	321,395	316,620	327,778
39	Inventory-instant	12,011,940	10,383,063	9,961,872	10,373,333	10,916,604	10,999,829	10,475,424
40	A/R+N/R (Excluding Internal AR)	13,033,200	11,503,378	11,683,729	11,592,710	11,465,368	10,524,514	11,663,079
41	Inventory turnover days	181	126	137	146	157	155	152
42	A/R Collection Days	134	86	88	96	104	101	108
43	A/P+N/P	10,908,903	10,565,298	10,795,827	10,908,246	10,835,586	10,060,349	9,230,124
44	Virtual Equity	16,963,484	13,585,372	13,019,729	13,269,356	13,855,663	13,756,793	15,490,055

請執行檔案 / 列印將看到下列列印設定和預覽環境。

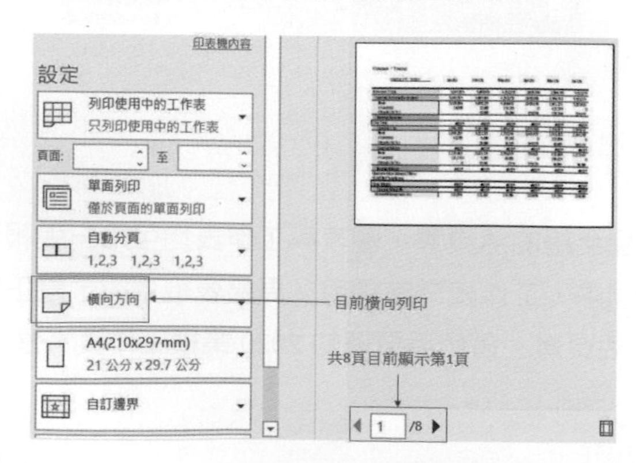

14-3-1 解析此列印環境

此刻若是點選◀ 1 /8 ▶右邊的▶鈕，可以切換顯示第 2 頁，如下方左圖所示：

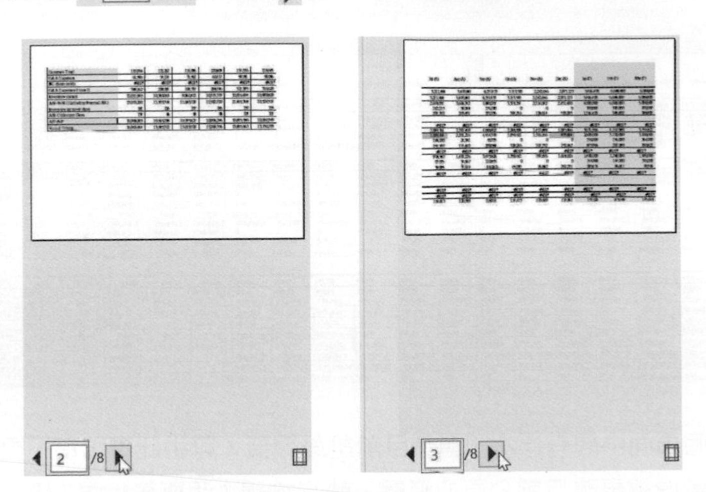

若再按一次▶鈕，將切換至第 3 頁，可以得到上方右圖的結果。由上述實例可以知道此 ch14_2.xlsx 活頁簿，印表機列印需 8 張報表紙，列印次序如下：

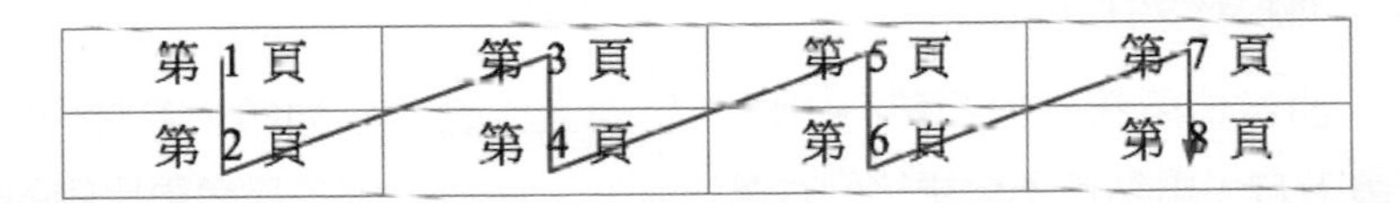

第 1 頁	第 3 頁	第 5 頁	第 7 頁
第 2 頁	第 4 頁	第 6 頁	第 8 頁

上述列印方式稱循欄列印，更多細節將在 14-4-4 節解說。

14-3-2 分頁模式

對於欄數或列數很大的工作表，建議可以執行檢視 / 活頁簿檢視 / 分頁預覽，這樣可以在工作表上看到 Excel 如何分頁範圍，藍色虛線框是分頁範圍，在每一頁面中間會顯示目前編頁方式。

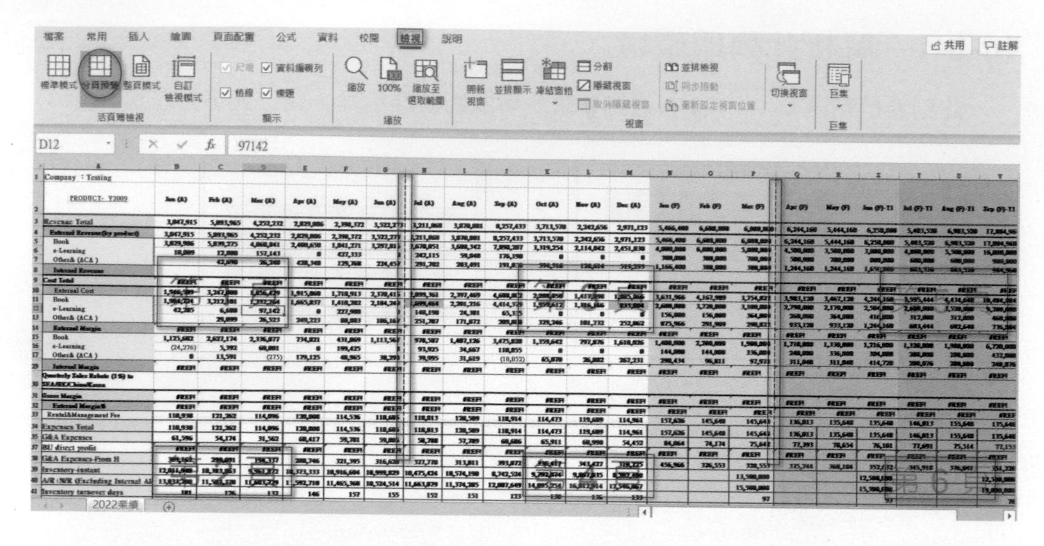

上述每個頁面中間有浮水印顯示目前是第幾頁，可由此看出每一頁的範圍，也可以拖曳藍色虛線更改目前分頁的範圍，執行檢視 / 活頁簿檢視 / 標準模式，可返回正常畫面。

14-3-3 變更列印比例

前一小節各位所看到的預覽列印是此實際工作表大小列印，若將列印選項捲軸，捲至最下方，再點選不變更比例右邊的 ▾ 鈕，可以看到各種變更比例的選項。

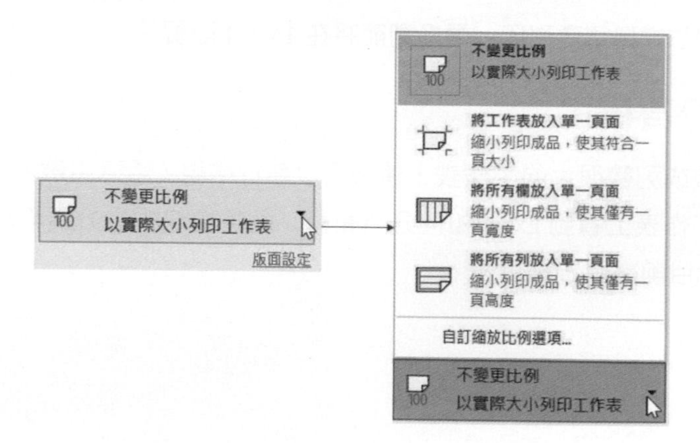

❑ 將工作表放入單一頁面

若選這個選項，則不論工作表多大，所有工作表內容將所放入同一頁面。

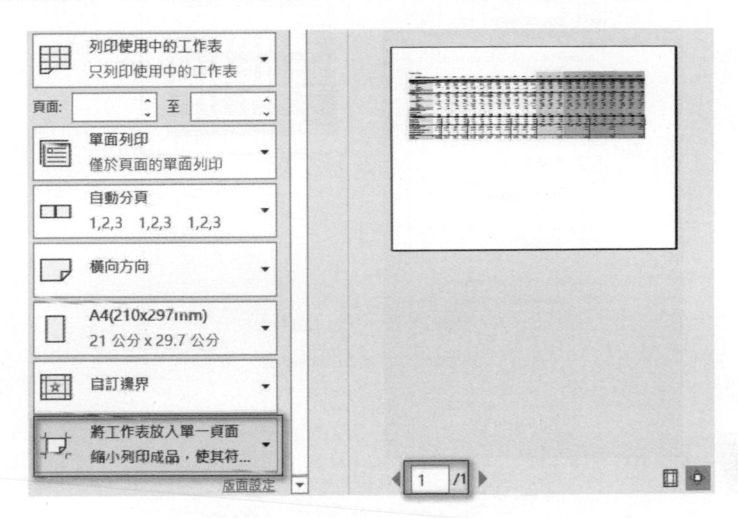

❑ 所有欄放入單一頁面

若選此選項，可以得到下列結果。

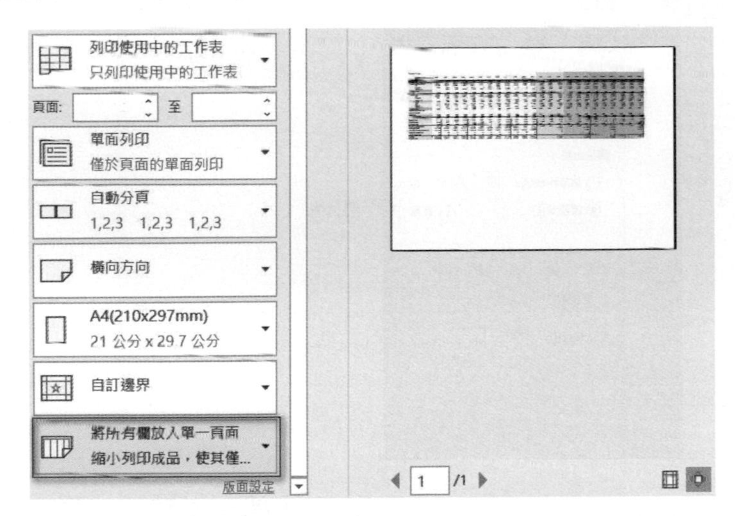

❑ 所有列放入單一頁面

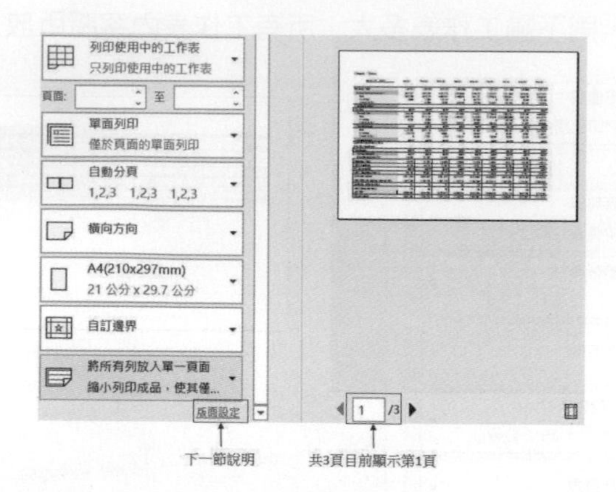

14-4 版面設定

按版面設定鈕，將出現版面設定對話方塊，使用者可以分成頁面、邊界、頁首/頁尾、工作表標籤設定欲列印的工作表格式。

註 在 Excel 視窗的版面配置標籤環境下，若按工作表選項功能群組右邊的 ◲ 鈕，也可以開啟版面設定對話方塊。

14-4-1 頁面的設定

若選頁面標籤時，版面設定對話方塊內容可參考上圖，對話方塊內容如下：

❑ 列印方向

有下列兩種列印格式可選擇。

直向：這是預設，紙張以直式 (相當於紙張的短邊為水平位置) 的格式列印。

橫向：紙張以橫式 (相當於紙張的長邊為水平位置) 的格式列印，適用於工作表內容的欄數很多時，若以直式列印會有部份欄位無法一次印出，則可考慮以此種方式列印。

❑ 縮放比例

放大或是縮小列印的工作表大小，這個選項不會更改工作表在螢幕上的大小，只是會影響列印的結果輸出。有的印表機由於解析度較差，並不支援放大或縮小輸出，碰到這類的情形，此欄位所設定的結果將沒有任何作用。

縮放比例：此欄位可以設定要放大或縮小的比例。如果工作表內容太寬及太長，無法在一頁內輸出，若欲堅持此工作表在一頁內輸出，則可考慮在列印時以縮小方式輸出。

調整成 (頁寬)：此欄位適用於以頁寬的觀點調整欲輸出的頁數，可以從此欄位直接調整所要列印的工作表內容於指定的頁 (寬) 內輸出。

調整成 (頁高)：此欄位適用於以頁高的觀點調整欲輸出的頁數，可以從此欄位直接調整所要列印的工作表內容於指定的頁 (高) 內輸出。

❑ 紙張大小

可從此欄位選擇紙張的規格。

❑ 列印品質

可以選擇工作表內容的輸出品質，可依印表機解析度選擇適當的 dpi 值。

❑ 起始頁碼

輸入此工作表列印頁的起始頁碼，預設值是自動表示將依實際頁碼編號列印。

14-4-2 邊界的設定

下面是版面設定對話方塊，邊界標籤的內容。

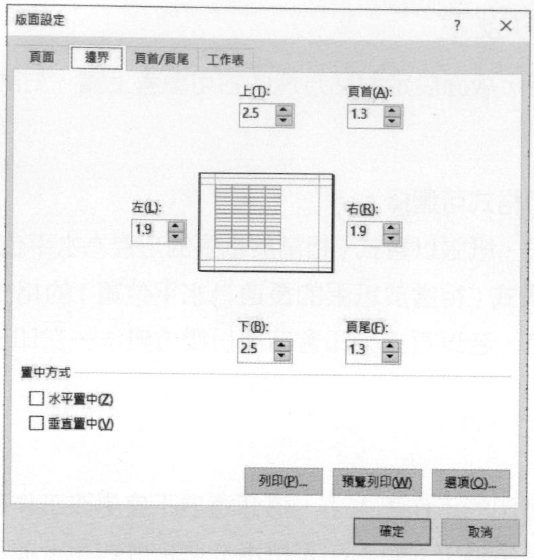

使用上述對話方塊可執行各種邊界的列印調整，同時也可以執行工作表列印位置的調整，整個對話方塊的內容及意義如下：

❑ **上**

可在此欄位直接設定上邊界與列印紙頂端之間的距離。

❑ **下**

可在此欄位直接設定下邊界與列印紙底端之間的距離。

❑ **左**

可在此欄位直接設定左邊界與列印紙左邊之間的距離。

❑ **右**

可在此欄位直接設定右邊界與列印紙右邊之間的距離。

❑ **頁首**

設定頁首距列印紙上端的距離。

❑ **頁尾**

設定頁尾距列印紙下端的距離。

❑ 置中方式

設定欲列印工作表資料在列印頁的位置，有水平置中和垂直置中兩個選項，由這兩個選項可以形成下列四種組合。

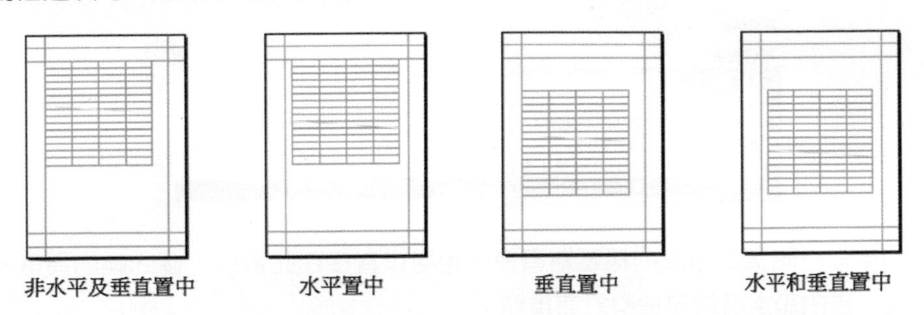

14-4-3 頁首 / 頁尾的設定

下面是版面設定對話方塊，頁首 / 頁尾標籤的內容。建議可以在頁首或是頁尾放置活頁簿名稱、工作表名稱、頁面編號、列印日期。

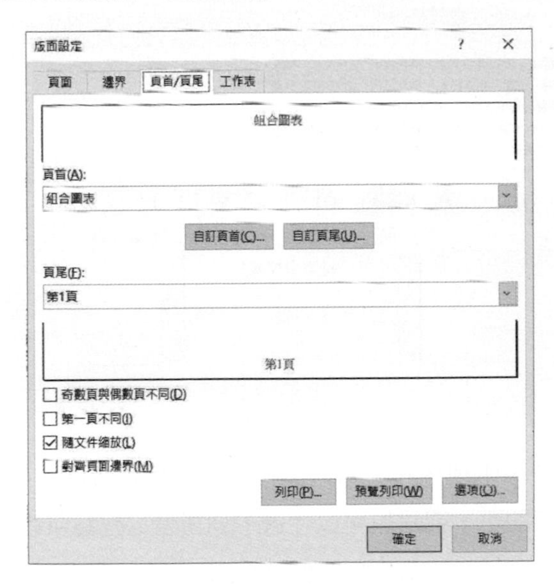

註 上述對話方塊內容將因所選的工作表，而有略微不同的內容，請開啟 ch14_1.xlsx 的組合圖表工作表。上述對話方塊的內容及意義如下：

❑ 頁首

工作表的標籤名稱是預設的頁首，同時此頁首預設的情形是放在列印紙水平中央的頁首區輸出。按頁首欄右側的 ⌄ 鈕，可看到一系列內建的頁首。

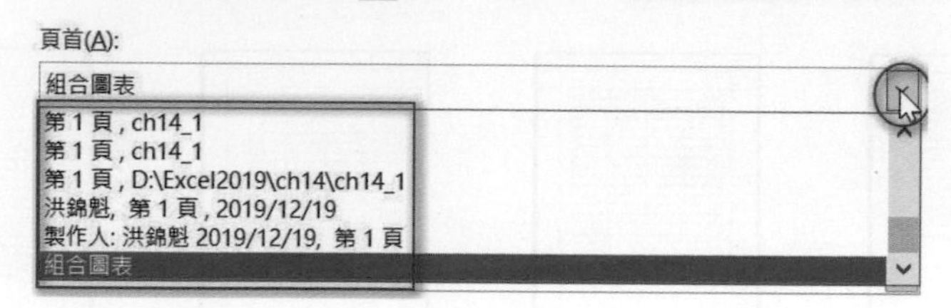

如果你不想讓工作表的標籤為頁首，也可以直接在此選擇一個內建的頁首。若想更進一步的設定頁首可按自訂頁首鈕。

❑ 自訂頁首

按自訂頁首鈕，可以看到下列對話方塊。

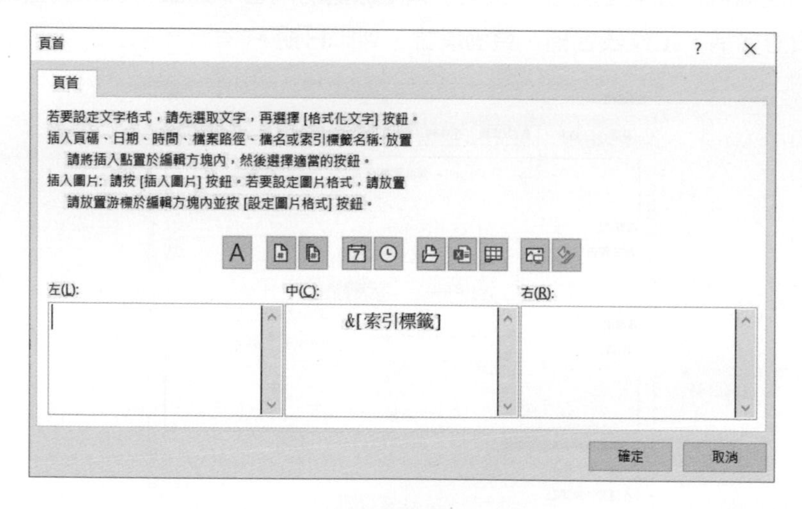

頁首可以放在左、中或是右位置。如果想自行輸入頁首，可以將插入點移至指定位置，再輸入文字即可，或是也可以透過下列鈕設定相關頁首。

- A 格式化文字：可以格式化頁首或頁尾文字。
- 插入頁碼：以頁碼設定頁首。
- 插入頁數：以頁數設定頁首。
- 插入日期：以目前系統日期設定頁首。
- 插入時間：以目前系統時間設定頁首。

- 插入檔案路徑：以活頁簿的檔案路徑設定為頁首。
- 插入檔案名稱：以活頁簿的檔名設定頁首。
- 插入工作表名稱：以工作表的標籤設定頁首。
- 插入圖片：以圖片設定頁首。
- 設定圖片格式：可以格式化圖片。

頁首設定好了以後，如果希望格式化它，可以先選定頁首文字，再按格式化文字鈕，將出現字型對話方塊，就可以格式化頁首文字。

❑ 頁尾

頁碼編號是預設的頁尾，同時此頁尾預設是放在列印紙水平中央的頁尾區。按頁尾欄右側 ⌄ 鈕，此鈕將可看到一系列內建的頁尾。

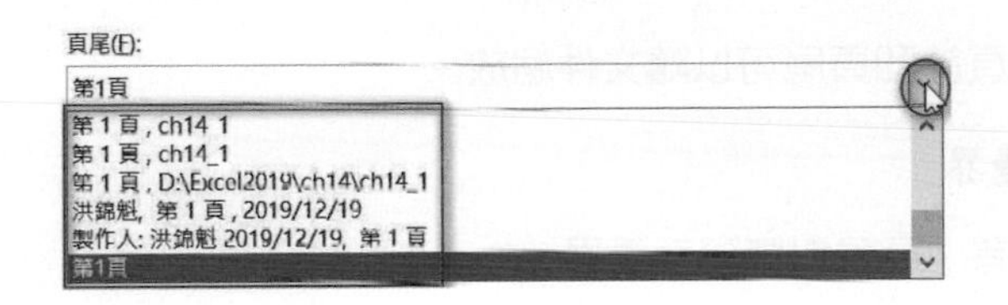

如果你不想讓頁碼編號為頁尾，也可以直接在此選擇一個內建的頁尾。若想更進一步的設定頁尾可按自訂頁尾鈕。

❑ 自訂頁尾鈕

按自訂頁尾鈕，可以看到下列對話方塊。

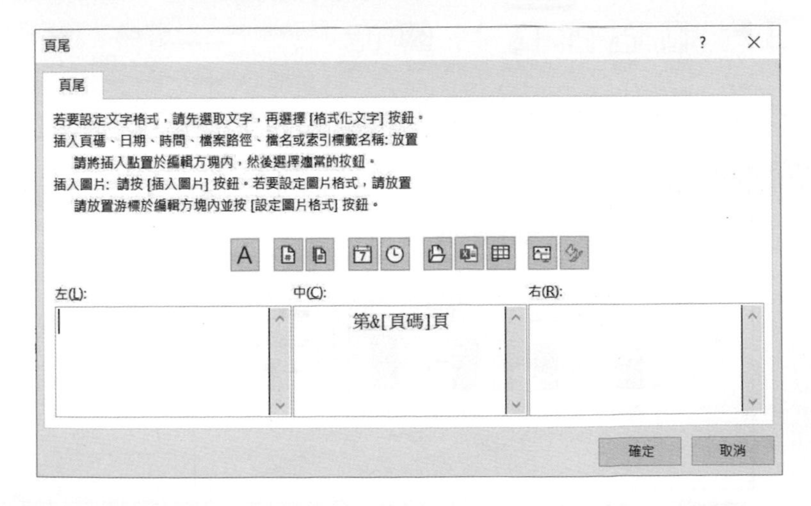

上述頁尾對話方塊的內容，若和頁首對話方塊內容相比，除了顯示的位置不同外，其餘意義是相同的。

❑ 奇數頁與偶數頁不同

若設定可以設計奇數頁與偶數頁有不同的頁首或頁尾。

❑ 第一頁不同

可以設計第一頁與其他頁有不同的頁首或頁尾，是應用在有封面頁的報表。

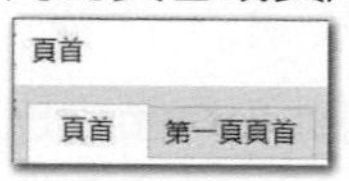

❑ 隨文件縮放

這是預設，頁首和頁尾可以隨文件縮放。

❑ 對齊頁面邊界

可以設定頁首 / 頁尾對齊頁面邊界。

❑ 在頁首或頁尾插入圖片

實例一：使用 ch14_1.xlsx 活頁簿的組合圖表工作表，在頁首加入圖片。

1： 請開啟 ch14_1.xlsx 活頁簿，同時顯示組合圖表工作表。

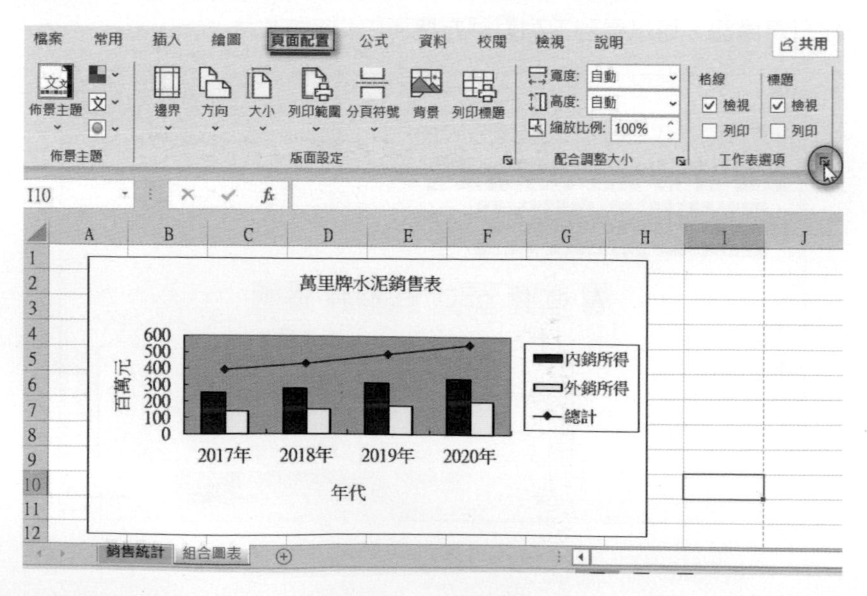

2： 執行頁面配置 / 工作表選項右邊的 鈕。

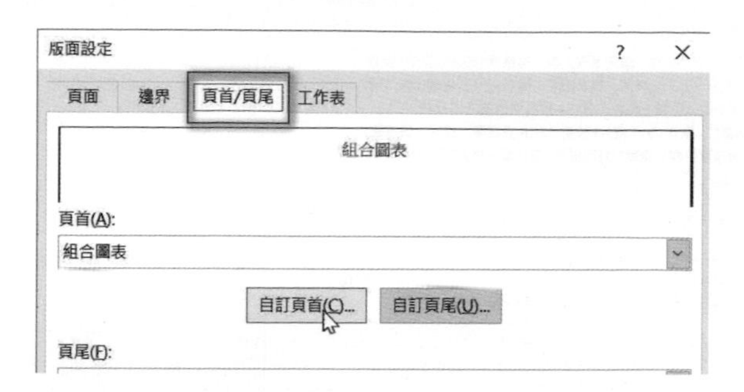

3： 選頁首 / 頁尾標籤，按自訂頁首鈕。

4： 出現頁首對話方塊，在左方塊中按一下，相當於未來插入圖片的位置。

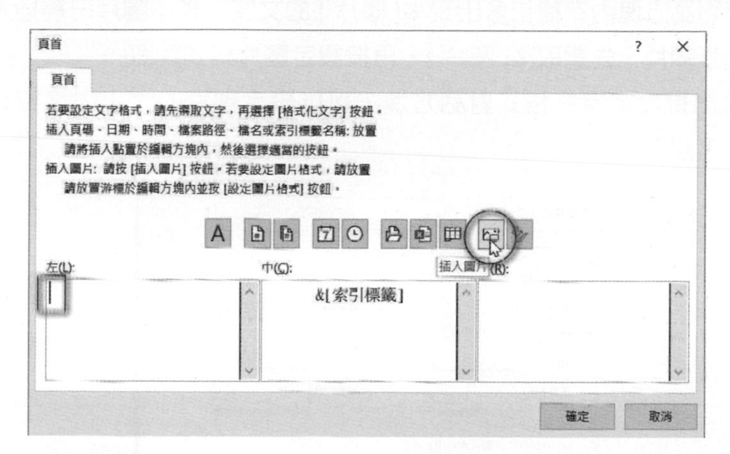

5： 按插入圖片鈕 ，出現插入圖片框，請選從檔案。

6： 出現插入圖片對話方塊。

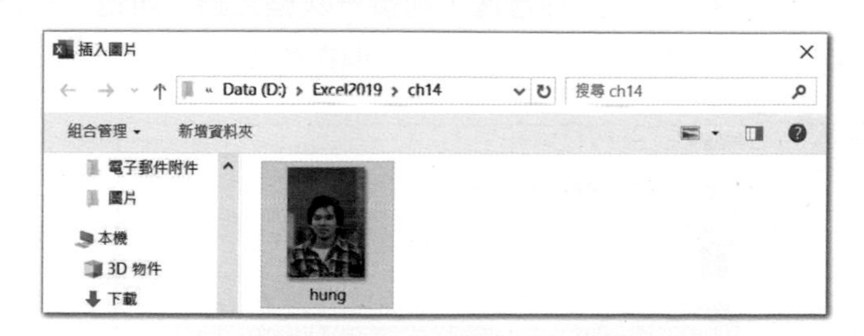

7： 請選擇在 Excel/ch14 資料夾內的 hung.jpg，按插入鈕。

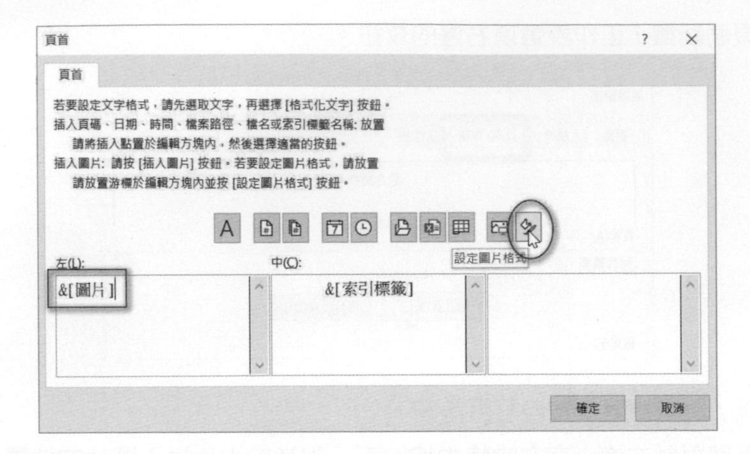

8： 在頁首對話方塊內左欄位會出現 &[圖片] 的文字。表示圖片已經插入頁首。

9： 若想編修圖片，先選取 &[圖片]，再按設定圖片格式 鈕。

10：然後會出現設定圖片格式對話方塊，可以設定圖片的大小與旋轉和比例。在此，筆者設定比例是 5%。

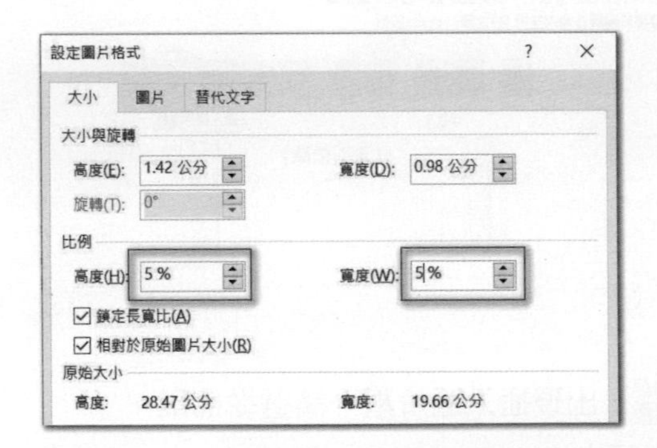

11：按確定鈕，可以返回頁首對話方塊，再按一次確定鈕，可返回版面設定對話方塊，在此可以看到所想要插入的圖片已出現在頁首區。

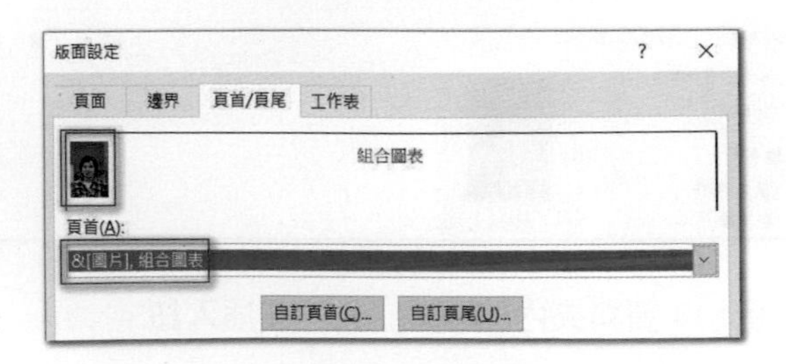

12：再按一次確定鈕。

現在已經建立含圖片的頁首了，若是執行檔案 / 列印進入列印環境，可以看到含圖片的組合圖表，執行結果存入 ch14_3.xlsx。

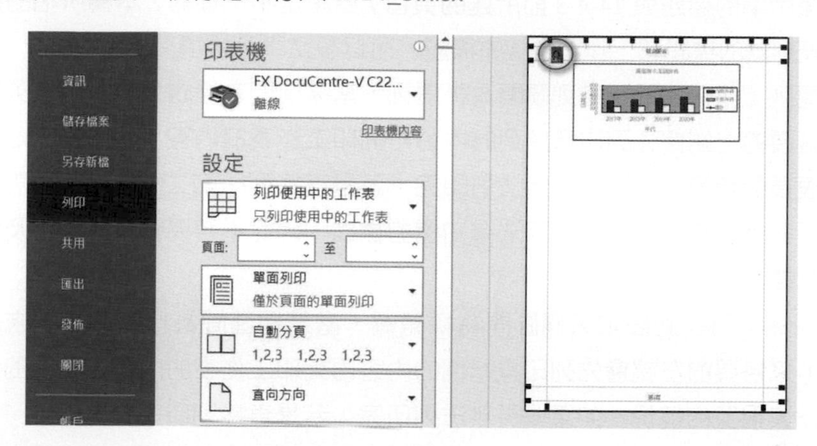

14-4-4 工作表的設定

下面是版面設定對話方塊，工作表標籤的內容。

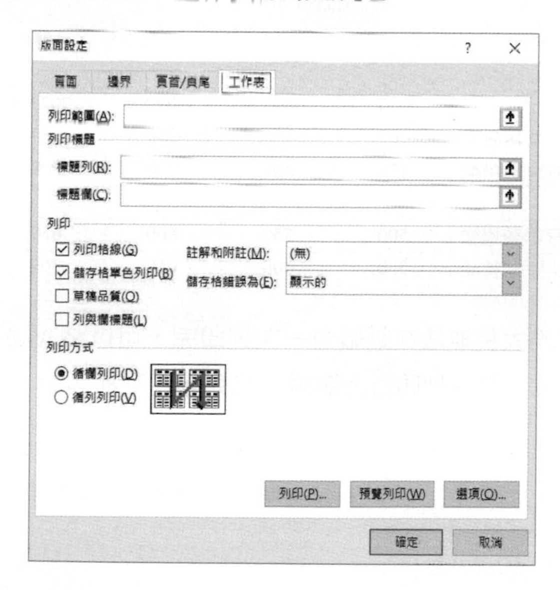

上述對話方塊各欄位的意義如下：

❑ 列印範圍

如果想指定列印的範圍可以在欄位直接設定，如果欲列印的範圍不在連續的區域，可以用逗號隔開。例如：假設欲列印 A2:C3 和 E5:F6，則輸入是 A2:C3,E5:F6。這個欄位右邊有鈕，可以按此鈕，再用滑鼠拖曳方式選取範圍。

❑ 列印標題

這邊所謂的標題與 14-4-3 節所述的頁首 / 頁尾是不一樣的，本欄所指的標題是指工作表列號的標題和工作表欄號的標題。可以設定下列選項：

標題列：可在此設定某列區間為標題列，當某區間為標題列後，未來列印時，接下來各頁的上端會先列印標題列的內容再列印工作表的內容。此項的設定適用於工作表很長的情況，如果一頁無法列印完，若是直接列印第二頁內容，也許會造成看第二頁的列印結果時，由於無法得知欄的標題，因此不容易看懂其內容及各欄所代表的意義。

標題欄：可在此設定某欄區間為標題欄，當某欄區間為標題欄後，未來列印時，接下來各頁的左端會先列印標題欄的內容再列印工作表的內容。此項的設定適用於工作表很寬的情況，如果一頁無法列印完，若是直接列印第二頁內容，也許會造成看第二頁的列印結果時，由於無法得知各列的標題，因此較不易看其內容各列所代表的意義。

假設有一工作表內容如下：

A1 → 第一列左端儲存格；E1 → 第一列右端儲存格

	2020 年	2021 年	2022 年	2023 年
台北銷售額	100	150	200	250
新竹銷售額	150	200	250	300
日本銷售額	500	550	600	650
美國銷售額	550	600	650	700

假設上述工作表太長無法在紙張內一次列印完，可以將 A1:E1 儲存格區間設定為標題列，在列印第二頁的列印紙上端將會先列印下列標題列，再列印實際的工作表資料。

	2020 年	2021 年	2022 年	2023 年

假設有一個工作表的內容如下：

A1 →（第一列左端儲存格）；A5 →（2023 年所在儲存格）

	新竹銷售額	台北銷售	....	日本銷售	美國銷售額
2020 年	100	100	....	450	650
2021 年	150	200	....	500	700
2022 年	200	250	....	550	750
2023 年	250	300	....	600	800

假設上述工作表太寬無法在紙張內一次列印完，則可將 A1:A5 儲存格區間設定為標題欄，如此在列印第二頁起列印紙左端，會先列印標題欄，再列印實際的工作表資料。

2020 年
2021 年
2022 年
2023 年

❑ 列印

列印格線：若設定列印工作表時，在 Excel 視窗內所看到的格線一併列印。

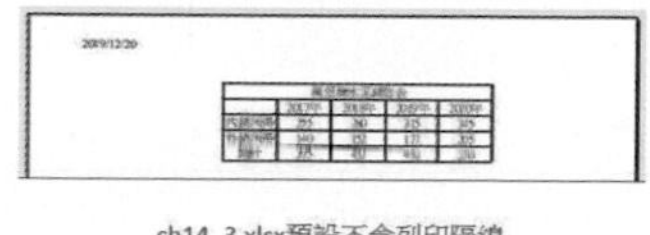
ch14_3.xlsx預設不含列印隔線

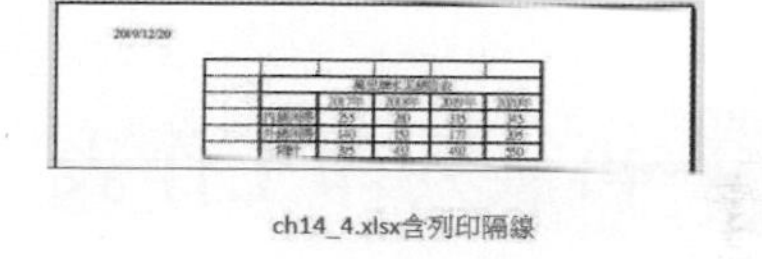
ch14_4.xlsx含列印隔線

儲存格單色列印：如果你是使用彩色印表機可以不必設定此項目。本項目會將工作表或是圖表中，不完全是白色 (或色澤較深) 的物件印成黑色，不完全是黑色 (或色澤較淺) 的物件印成白色。

草稿品質：若設定此項可縮短列印的時間，此種列印方式將不列印格線，同時圖形將以較簡單的方式輸出。

列與欄位標題：若設定可促使列印時，在列印紙內將同時印出欄名和列號，例如：若以 ch14_4.xls 的銷售統計工作表為例，設定後將印出含欄名及列號的結果。

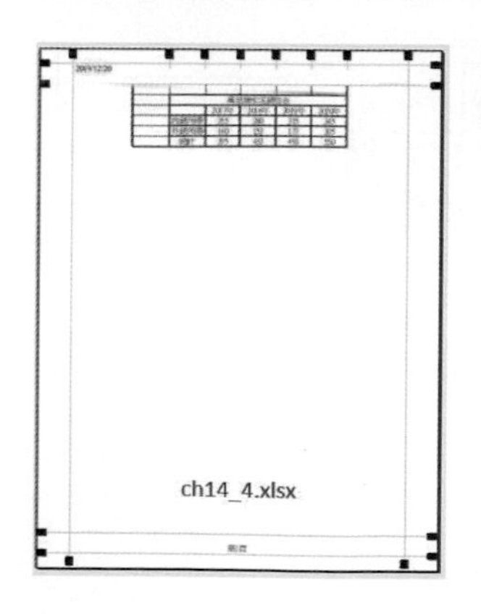
ch14_4.xlsx

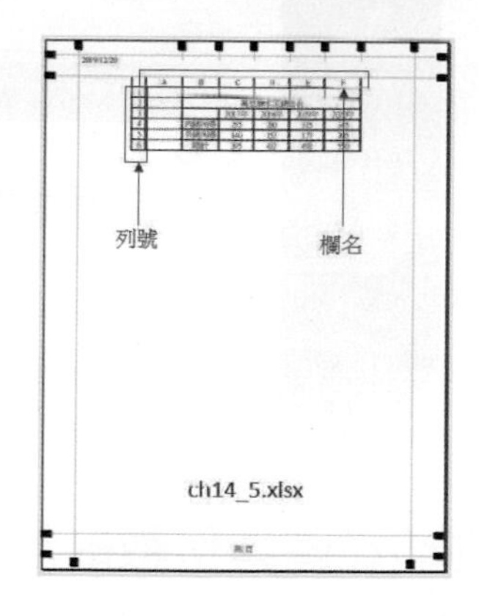

ch14_5.xlsx

❑ 列印方式

只有在一頁內無法列印完工作表的資料時，才需設定本欄位的選項，可由下列兩個選項控制編頁碼的順序和列印的順序。

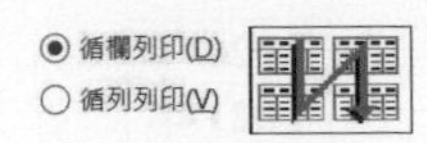

循欄列印：從第一頁向下進行編頁碼和列印，完成後才移到右邊並且再向下列印工作表。

循列列印：從第一頁往右進行編頁碼和列印，完成後才移到下面並且再往右列印工作表。

14-5 再談列印工作表

14-5-1 選擇印表機

工作表版面設定完成後，在正式列印工作表前，可以選擇目前有安裝驅動程式的印表機，如下所示：

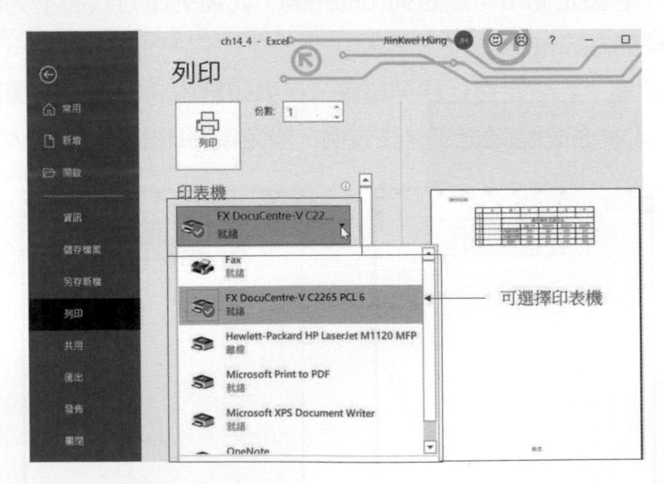

14-5-2 列印範圍與份數的設定

在 Excel 中，有 3 種列印範圍選項。

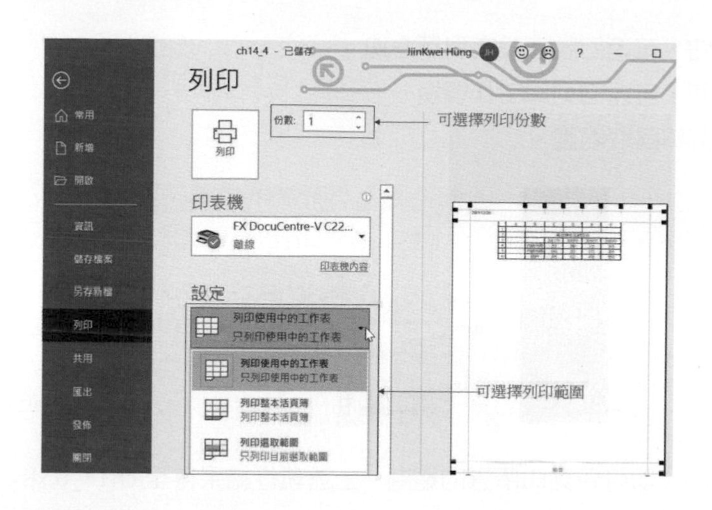

實例一：列印 ch14_1.xlsx 銷售統計工作表 B3:F6 儲存格區間，同時將頁首改成萬里牌晴空萬里，頁首左上方是日期，以水平置中方式輸出。

1： 選定銷售統計工作表 B3:F6 儲存格區間。

	A	B	C	D	E	F
1						
2		萬里牌水泥銷售表				
3			2017年	2018年	2019年	2020年
4		內銷所得	255	280	315	345
5		外銷所得	140	152	177	205
6		總計	395	432	492	550

2： 選擇檔案 / 列印指令，再按版面設定。

3： 出現版面設定對話方塊，按邊界標籤，在置中方式欄位設定水平置中。

4： 按頁首 / 頁尾標籤，按自訂頁首鈕。

5： 出現頁首對話方塊時，在中欄位輸入萬里牌晴空萬里如下所示：

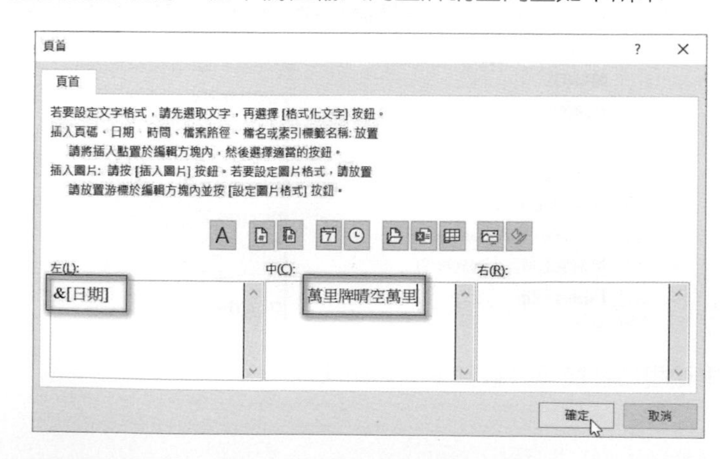

6： 按確定鈕，可返回版面設定對話方塊。

7： 按確定鈕，可返回列印工作環境。

8： 請選擇列印選取範圍。

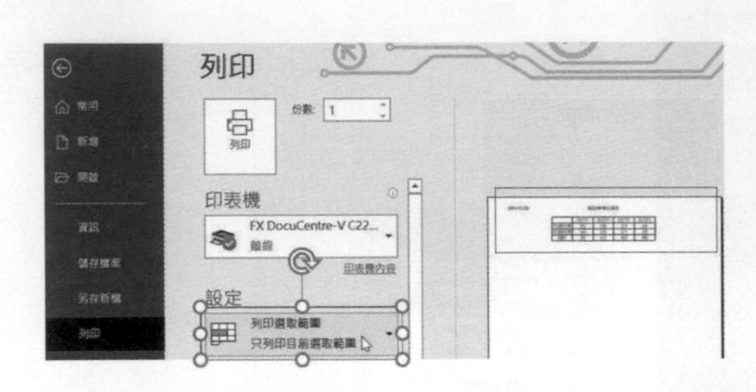

9： 按列印鈕，即可只列印所選的範圍。上述執行結果存至 ch14_6.xlsx 內。

14-6 一次列印多個工作表實例

14-6-1 一次列印多個活頁簿

如果要一次列印多個活頁簿，可以在檔案功能表選取想要列印的活頁簿，如下所示：

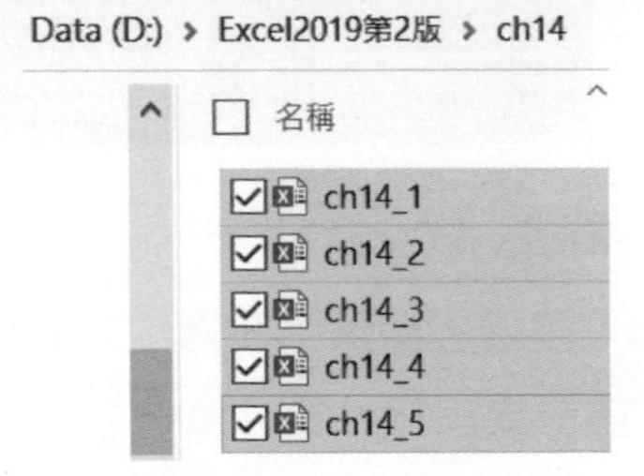

將滑鼠游標移至選取區域，按一下滑鼠右鍵，出現快顯功能表執行列印。

現在如果檢視印表機可以看到下列列印狀況。

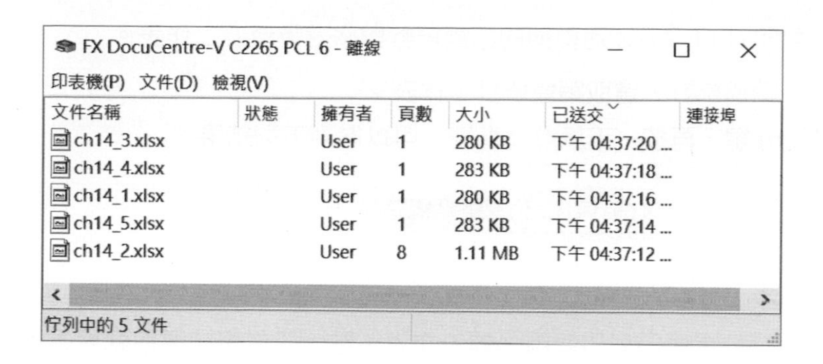

14-6-2 一次列印多張工作表

在 14-2-1 節筆者有使用小段說明一次列印多張工作表，本小節將用實例解說。

實例一：請開啟 ch14_7.xlsx，列印所有工作表。

1： 執行檔案 / 列印。

2： 在設定欄位選擇列印整本活頁簿。

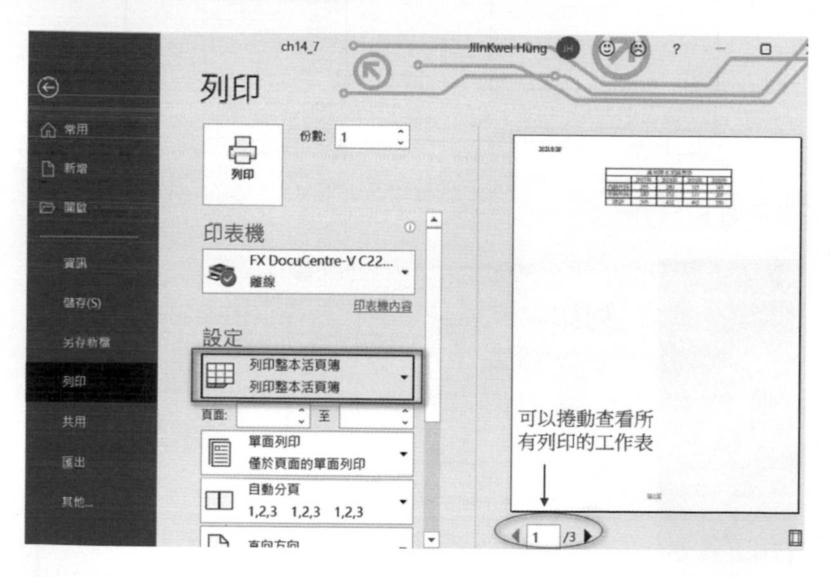

3： 按列印鈕。

註 工作表如果被隱藏，則無法列印。

實例二：列印 ch14_7.xlsx 活頁簿的銷售統計與旅遊調查表工作表。

1： 按一下銷售統計，選取銷售統計工作表。

2： 按住 Ctrl 鍵，再按一下旅遊調查表，可以得到下列結果。

銷售統計 組合圖表 旅遊調查表

3： 執行檔案 / 列印。

4： 在設定欄位選擇只列印使用中的工作表，註：工作表被選取就算是使用中，這時可以在右邊看到列印預覽。

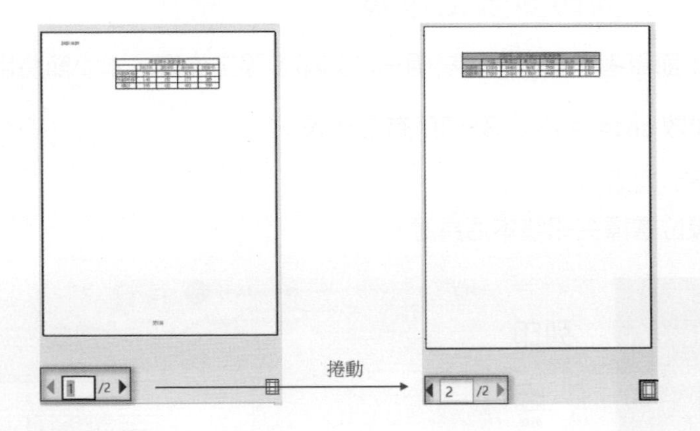

更多設定如下：

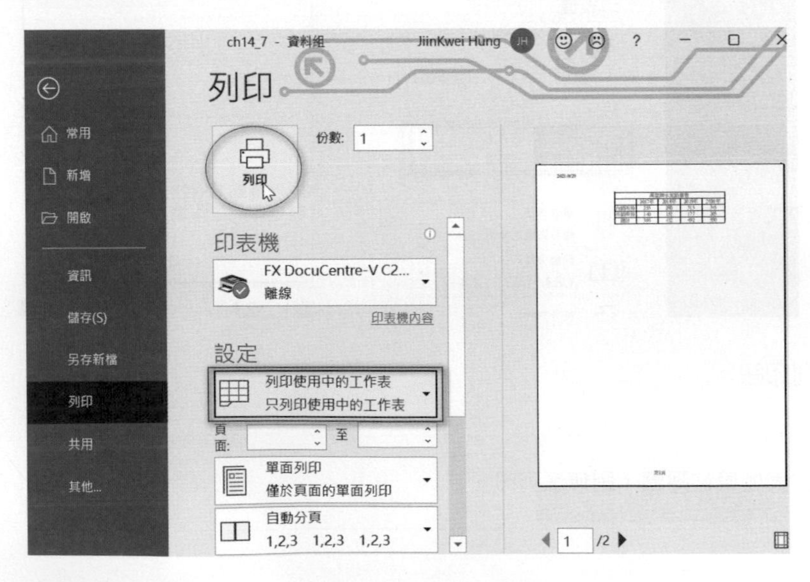

5： 按列印鈕。

14-7 合併列印

通常我們會因為某些原因編寫內容相同，不同收件人的郵件。例如：如果你是準留學生可能要寫許多相同內容，給不同的學校系所，表達你崇拜該校，想取得獎學金到該校就讀。或是你是一位行銷人員，要通知所有客戶某天有產品發表會，請客戶到場。

這一節將講解使用 Excel 工作表儲存客戶資料，使用 Word 寫文件內容，然後將資料合併建立內容相同，收件人不同的郵件。

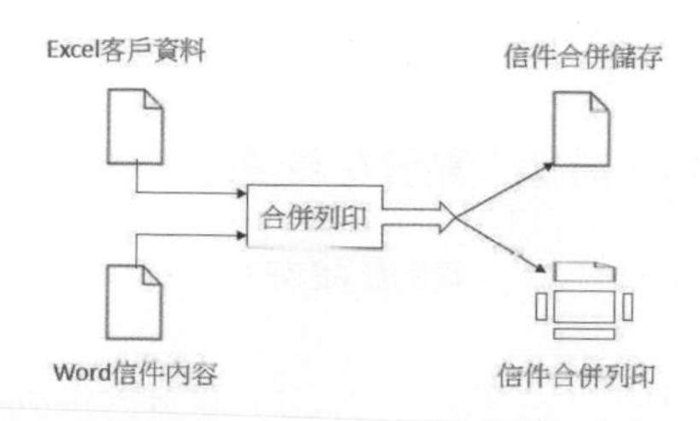

14-7-1 先前準備工作

以下是 word14_8.docx 的文件內容。

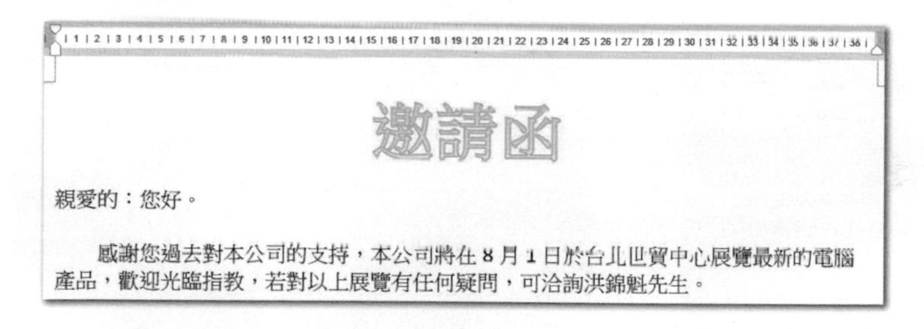

邀請函

親愛的：您好。

感謝您過去對本公司的支持，本公司將在 8 月 1 日於台北世貿中心展覽最新的電腦產品，歡迎光臨指教，若對以上展覽有任何疑問，可洽詢洪錦魁先生。

以下是 Excel 活頁簿 ch14_8.xlsx 的內容。

	A	B	C	D	E
1					
2		姓名	稱呼	郵遞區號	地址
3		洪星宇	先生	11104	台北市忠誠路12號
4		洪冰雨	小姐	11102	台北市仁愛路99號
5		陳長新	先生	11105	台北市信義路66號

將 Excel 的客戶資料合併在 Word 文件中觀念是，在工作表內容中欄位名稱未來將稱作功能變數，例如：假設我們希望的合併效果是：

親愛的洪星宇先生：您好。

親愛的洪冰雨小姐：您好。

親愛的陳常新先生：您好。

合併文件是由 Word 啟動，所以必須開啟 Word，然後可以將姓名和稱呼功能變數用下列方式插入 Word 文件中。

親愛的 << 姓名 >><< 稱呼 >>：您好。

14-7-2 合併列印信件

實例一：請開啟合併列印信件。

1： 請開啟 word14_8.docx，將插入點放在親愛的右邊。

親愛的|：您好。

2： 執行郵件 / 啟動合併列印 / 啟動合併列印 / 逐步合併列印精靈。

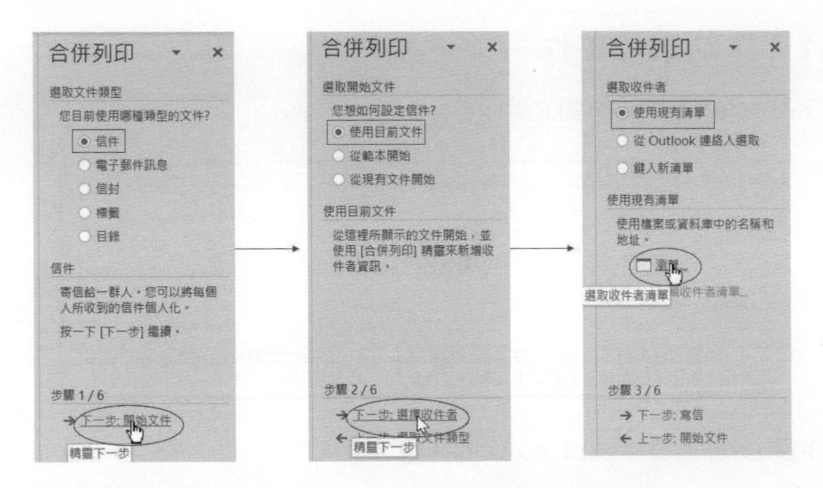

3： 請參考上圖步驟 1/6 至 3/6 操作，當最右邊按瀏覽字串時，相當於要選擇 Excel 的客戶資料活頁簿，請選擇 D:/Excel2019/ch14/ch14_8，如下所示：

4： 按開啟鈕，出現選取表格對話方塊，請選取含客戶資料的客戶表工作表。

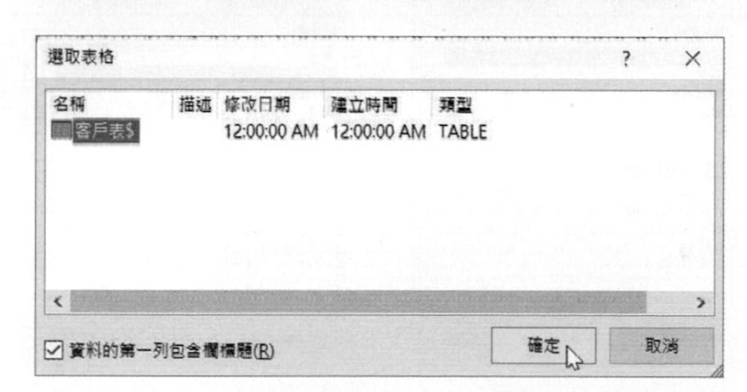

5： 請按確定鈕，出現合併列印收件者對話方塊。

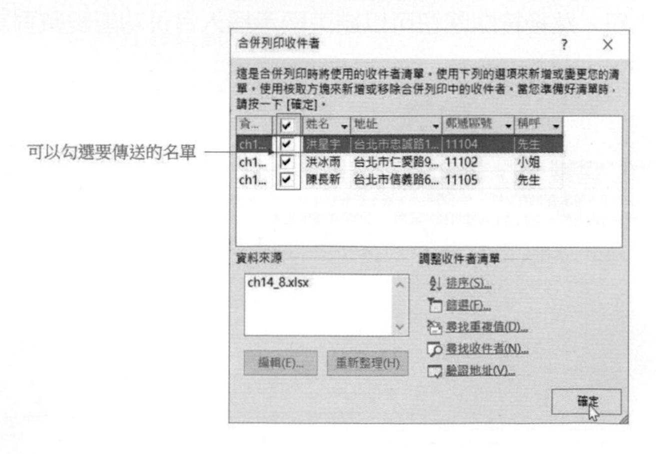

6： 上述階段所有 Excel 工作表的客戶資料已經讀取了，預設是全部合併，使用者也可以勾選合併名單，勾選完成請按確定鈕。

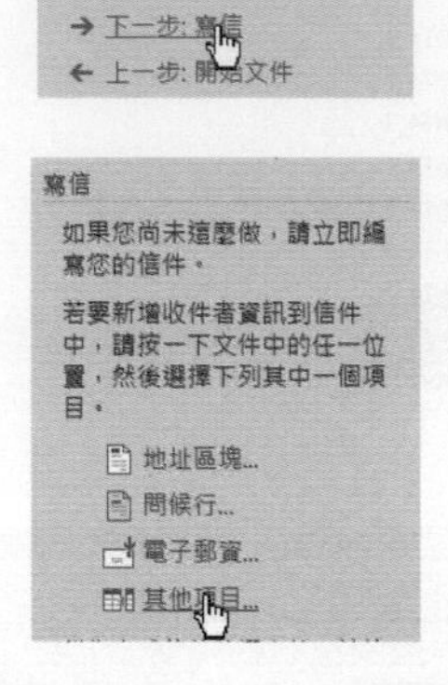

7： 請點選寫信字串。

8： 接下來是要將客戶表內容插入 Word 文件，請點選其他項目。

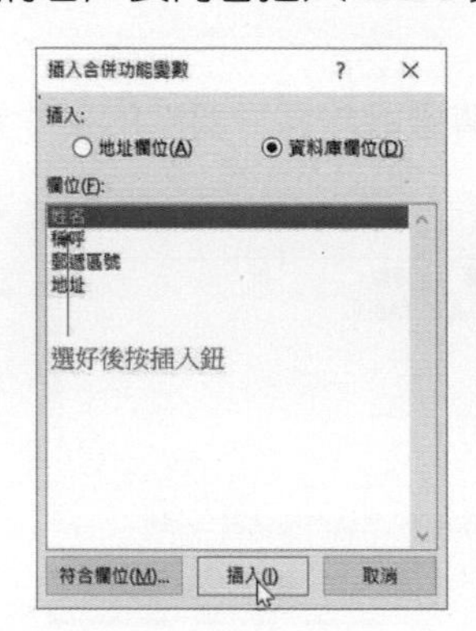

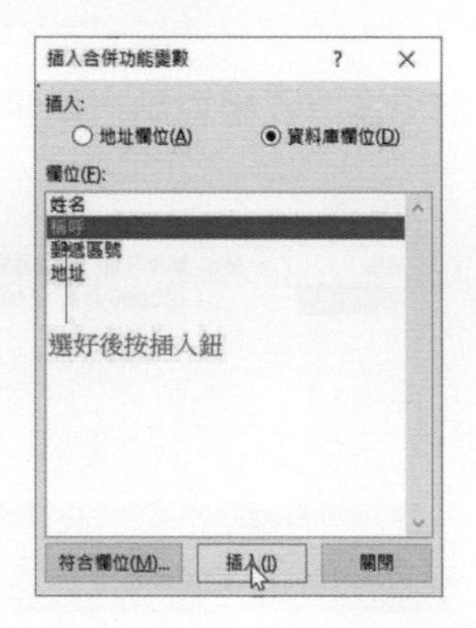

9： 出現插入合併功能變數對話方塊，請在欄位選姓名，然後按插入鈕，接著選稱呼再按插入鈕，然後按關閉鈕可以結束顯示插入合併功能變數對話方塊。

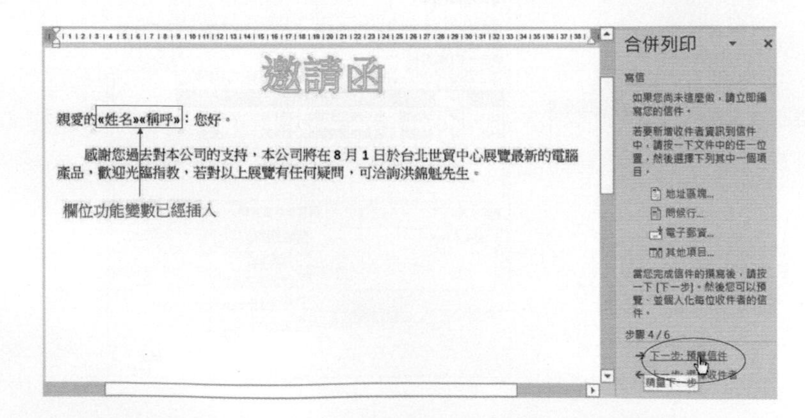

10：按預覽信件字串，可以看到合併列印的信件內容。

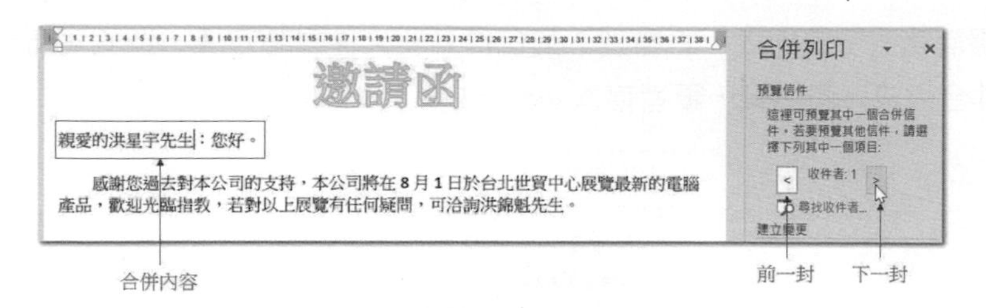

上述可以按 > 鈕，顯示下一封信。或是按 < 鈕，顯示前一封信。合併列印框下方可以看到步驟 5/6。

11：請按完成合併字串。

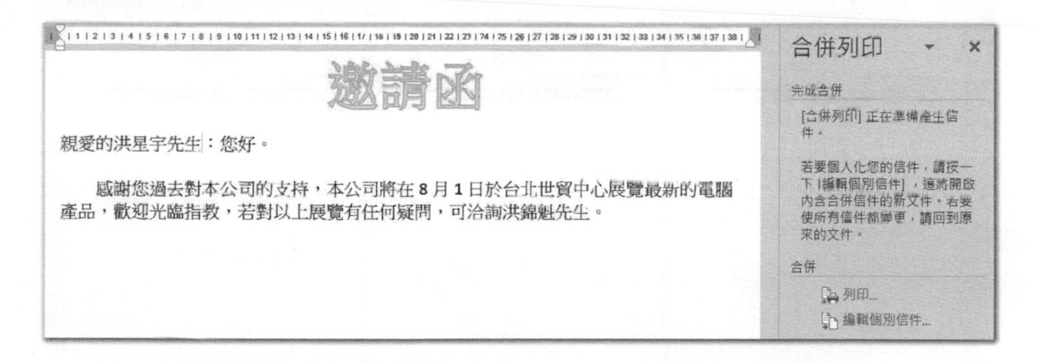

上述就算是合併完成，使用者可以點選列印，直接列印所有信件。或是點選編輯個別信件，將信件檔案儲存。

❑ 直接列印信件

點選列印後，將看到下列合併到印表機對話方塊，按確定鈕就可以列印。

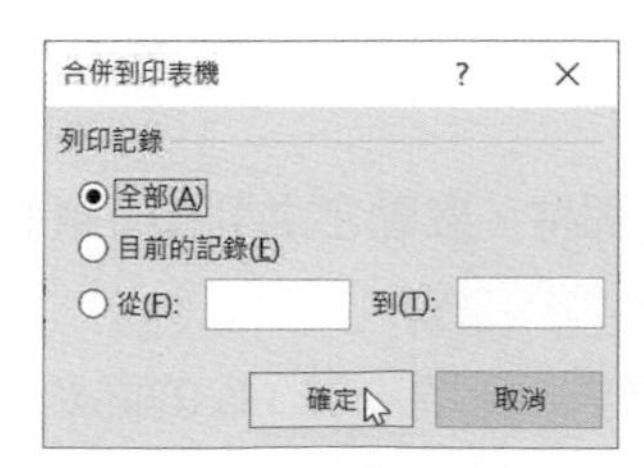

❑ 信件儲存

點選編輯個別信件後，將看到下列合併到新文件對話方塊，按確定鈕就可以將所有信件合併成一個檔案，筆者存入 word14_8_1.docx。

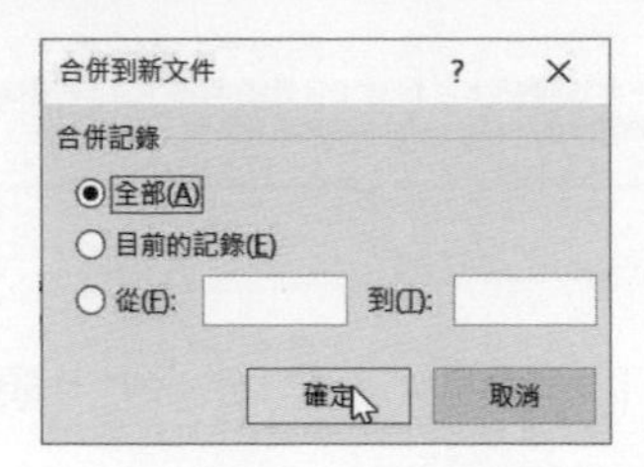

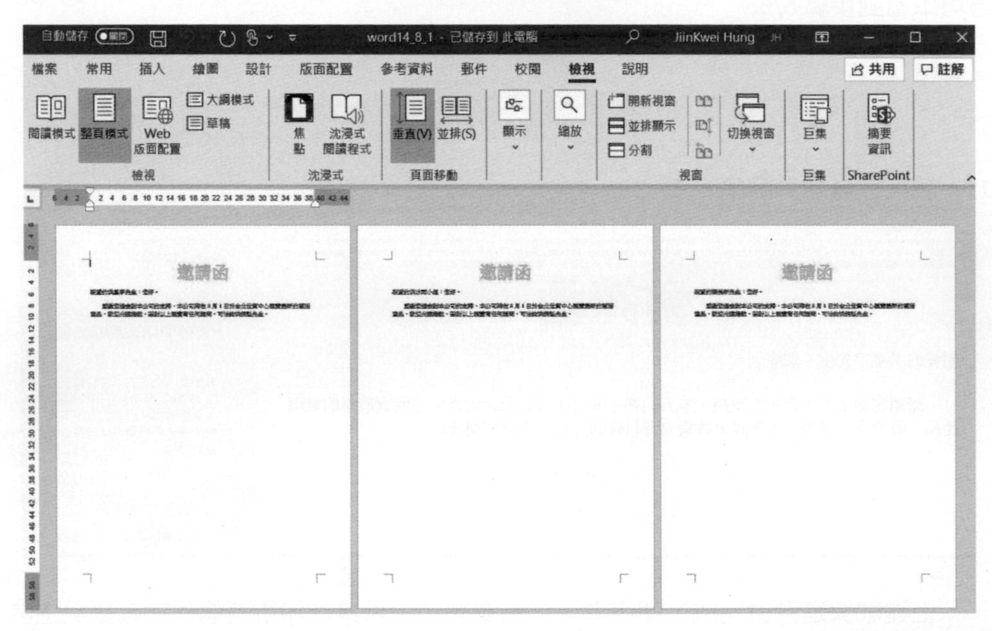

14-7-3 合併列印信封

除了可以合併列印信件，也可以開啟空白的 Word，將 Excel 的客戶表資料列印在信封上。

實例一：合併列印信封。

1： 開啟空白的 Word，執行郵件 / 啟動合併列印 / 啟動合併列印 / 逐步合併列印精靈。

2： 出現合併列印框，請選信封，再按步驟 1/6 的開始文件字串，可參考下方左圖。

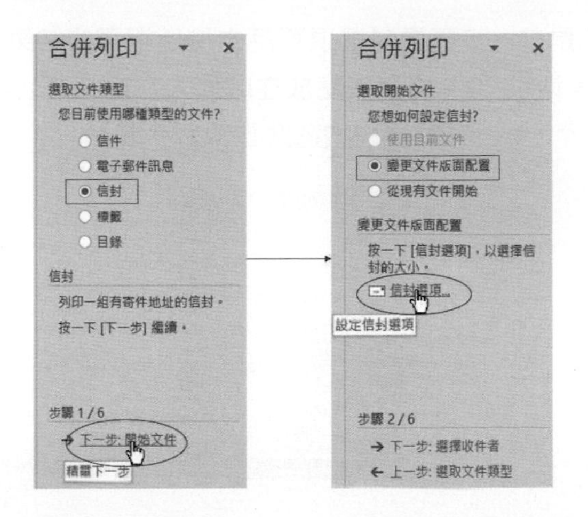

3： 選變更文件版面配置，然後點選信封選項，可參考上方右圖。

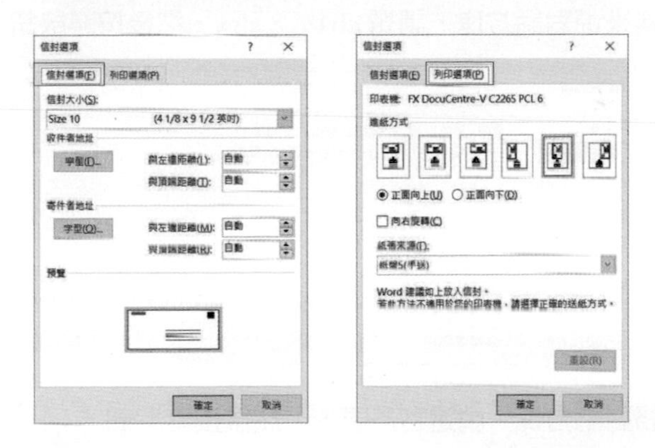

4： 出現信封選項對話方塊，使用者可以執行信封選項標籤和列印選項標籤的設定，如上圖所示，然後按確定鈕。

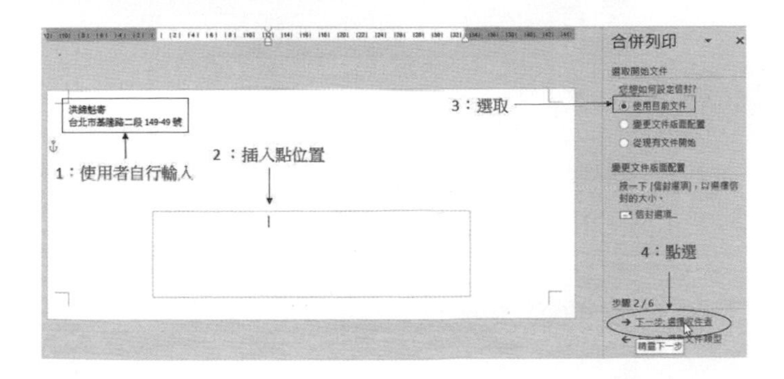

5： 現在頁面大小是前一步驟信封選項對話方塊所選擇的結果，請參考上述步驟 1：輸入寄件人地址，2：將插入點放在收件人方塊，可以看到插入點，3：選取使用目前文件，4：步驟 2/6，按選擇收件者字串。

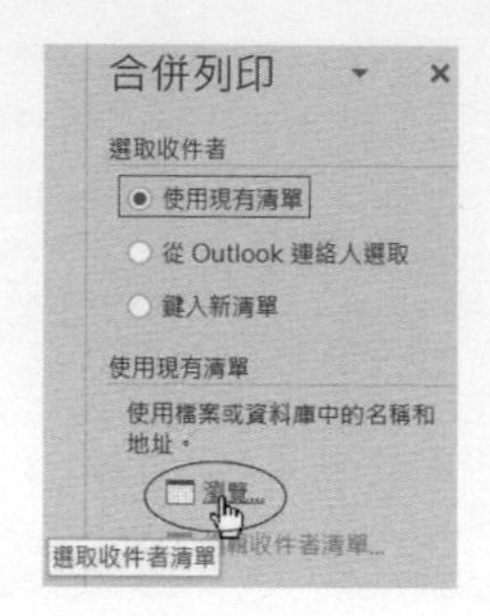

6： 請選擇使用現有清單，然後案瀏覽鈕。

7： 出現選取資料來源對話方塊，請選 ch14_8.xlsx，然後按開啟鈕。

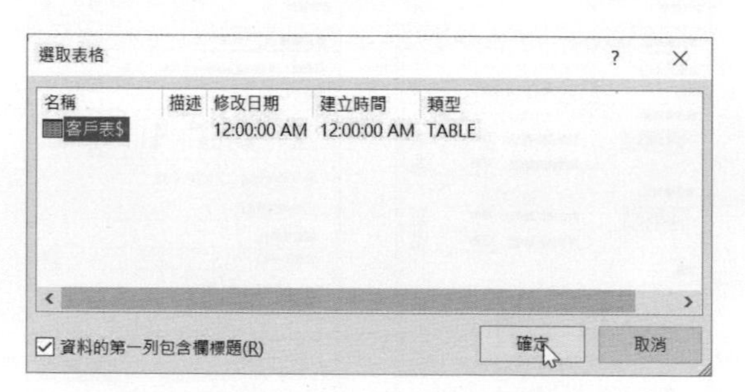

8： 出現選取表格對話方塊，請選客戶表 $，然後按確定鈕。

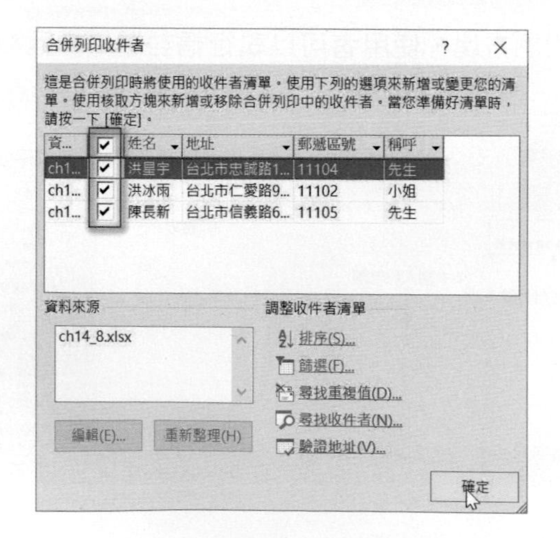

9： 出現合併列印收件者對話方塊，請勾選要列印的名單，然後按確定鈕。

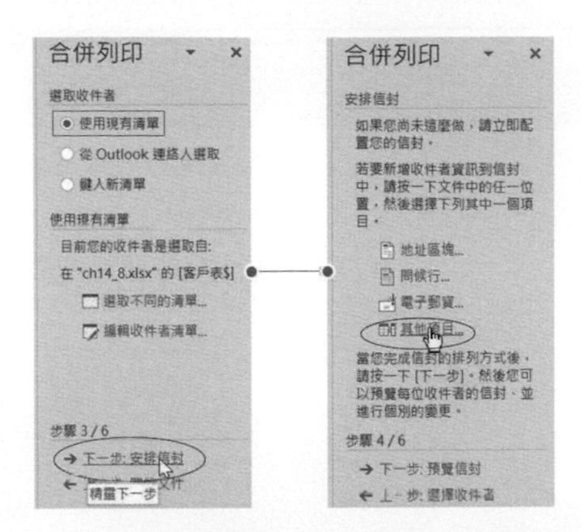

10：上述右邊按其他項目後，可以看到插入合併功能變數對話方塊。

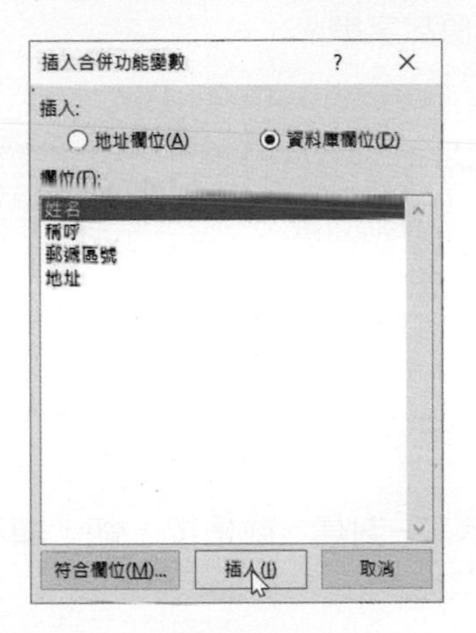

11：請分別選取姓名、稱呼、地址、郵遞區號，每選一個按一次插入鈕，然後按關閉鈕。

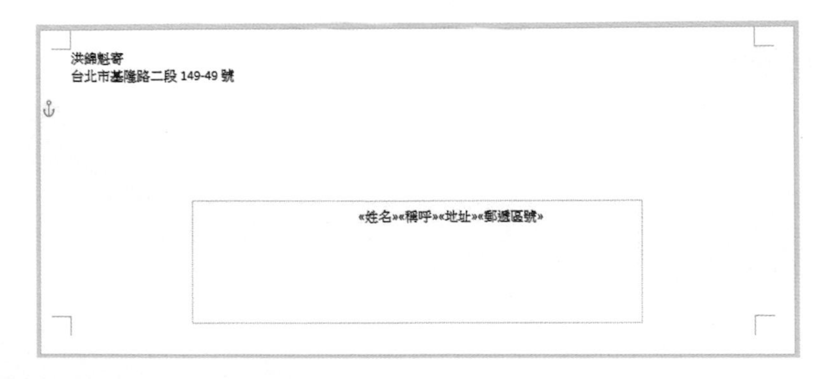

12：上述可以用按 Enter 將功能變數分行，下列是執行結果。

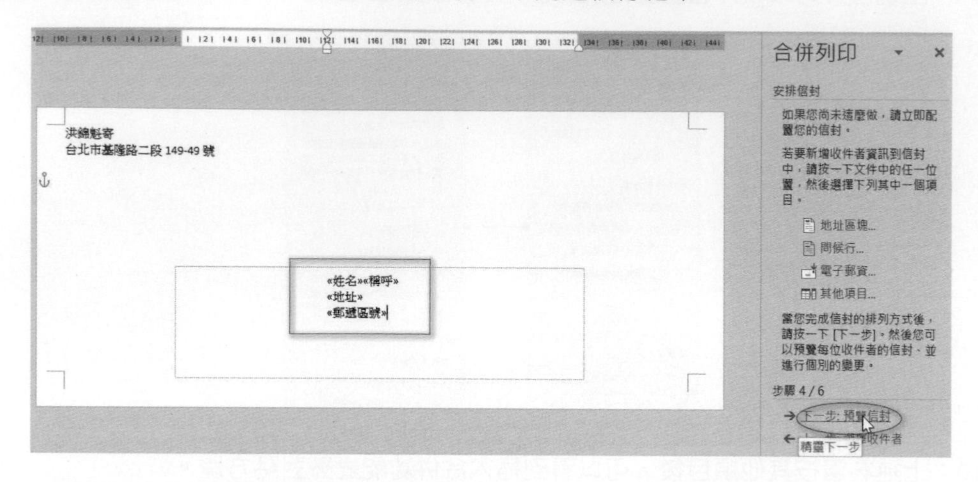

13：請在步驟 4/6，按預覽信封字串。

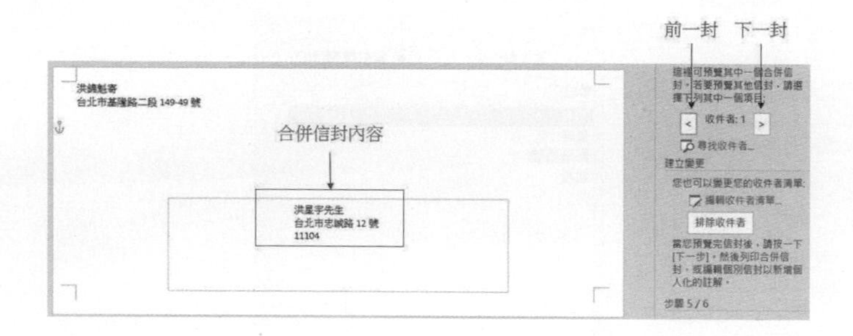

上述可以按 > 鈕，顯示下一封信。或是按 < 鈕，顯示前一封信。合併列印框下方可以看到步驟 5/6。

14：請按完成合併字串。

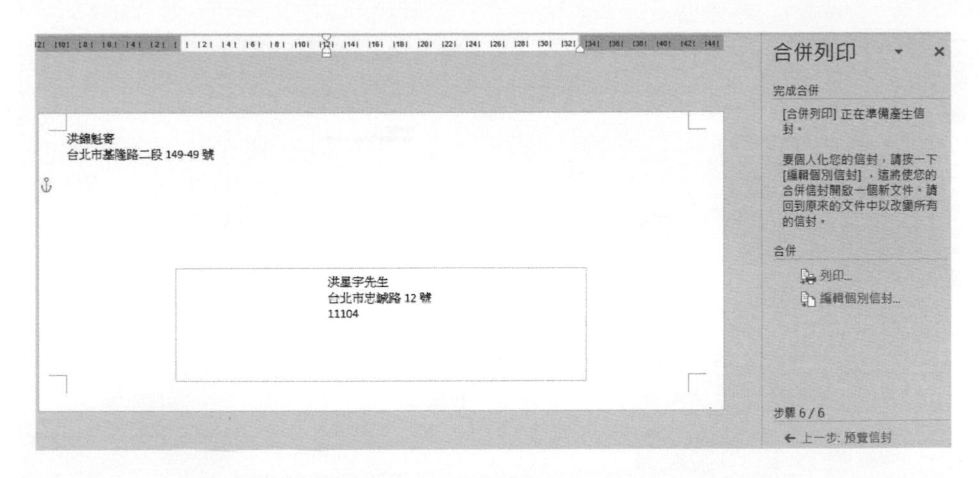

上述就算是合併完成，使用者可以點選列印，直接列印所有信件。或是點選編輯個別信封，將信封檔案儲存。

❑ 直接列印信件

點選列印後，將看到下列合併到印表機對話方塊，按確定鈕就可以列印。

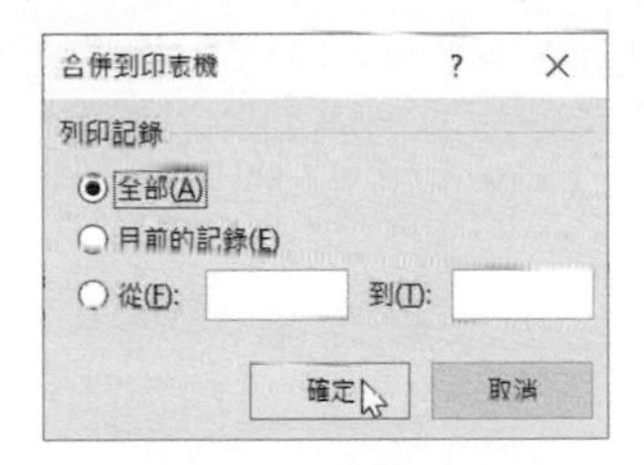

❑ 信件儲存

點選編輯個別信封後，將看到下列合併到新文件對話方塊，按確定鈕就可以將所有信件合併成一個檔案，筆者存入 word14_9.docx。

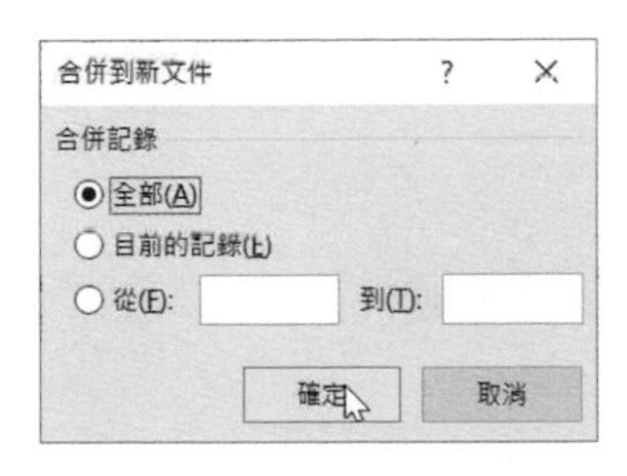

洪錦魁寄
台北市基隆路二段 149-49 號
11104
洪錦魁寄
台北市基隆路二段 149-49 號
台北市仁愛路 99 號
11102
洪錦魁寄
台北市基隆路二段 149-49 號
台北市信義路 66 號
11105

CHAPTER

15

樣式與多檔案的應用

15-1 一般樣式簡介

15-2 先前準備工作

15-3 應用系統內建的樣式

15-4 建立樣式與應用樣式

15-5 樣式的快顯功能表

15-6 修改樣式

15-7 視窗含多組活頁簿的應用

15-8 切換活頁簿的應用

15-9 參照其他活頁簿的儲存格

第 6-8 節筆者已經簡單講解樣式的簡單用法，這一章將針對樣式做完整的說明。

在使用 Microsoft Excel 過程中，您可能會使用到某些常用的格式組合，此格式組合又稱樣式。此時可將常用的格式組合給予一個樣式名稱，未來其它儲存格若是想要使用相同的格式組合，可以直接套用該樣式名稱的格式。

本章另一個主題是，介紹在 Microsoft Excel 視窗同時開啟兩個活頁簿 (或更多活頁簿) 時的相關知識。

15-1 一般樣式簡介

每一本新的活頁簿在剛開始時，皆是設定所有儲存格的格式是通用格式。通用格式是由下列項目所組成。

項目	通用格式
字型	新細明體 , 12
對齊	一般、靠下對齊
框線	無邊框
圖樣	無陰影
保護	鎖定

15-2 先前準備工作

在正式介紹本章的實例前，請先開啟 ch15_1.xls 活頁簿，此活頁簿的第一季業績工作表內容如下：

	A	B	C	D	E	F	G
1							
2		微石軟體第一季業績表					
3		員工編號	姓名	Office軟體	Server軟體	防毒軟體	總計
4		A001	蘇玉朋	7400	13000	42000	62400
5		A002	吳奇其	7600	36000	37000	80600
6		A003	陳志溪	9500	25000	58860	93360
7		A004	劉德全	10800	29000	38000	77800
8		A005	張學林	8300	19800	62000	90100
9							

第一季業績 第二季業績

此活頁簿的第二季業績工作表內容如下：

	A	B	C	D	E	F	G
1							
2		微石軟體第二季業績表					
3		員工編號	姓名	Office軟體	Server軟體	防毒軟體	總計
4		A001	蘇玉朋	8000	12000	41000	61000
5		A002	吳奇其	7600	32000	32000	71600
6		A003	陳志溪	10500	28000	55860	94360
7		A004	劉德全	9800	24000	36000	69800
8		A005	張學林	8600	9800	71000	89400
9							

第一季業績 | 第二季業績

15-3 應用系統內建的樣式

若按常用 / 樣式 / 儲存格樣式鈕，可以看到一系列 Excel 內建的樣式。

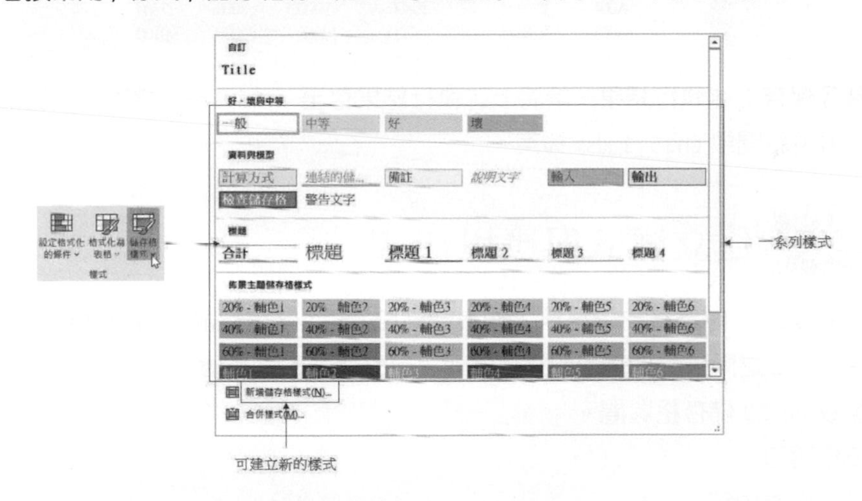

接下來筆者將以實例講解使用上述內建樣式的方法。

實例一：將 40% 輔色 3 應用在 D4:G8 儲存格區間。

1： 請選取第一季業績工作表的 D4:G8 儲存格區間。

	A	B	C	D	E	F	G
1							
2		微石軟體第一季業績表					
3		員工編號	姓名	Office軟體	Server軟體	防毒軟體	總計
4		A001	蘇玉朋	7400	13000	42000	62400
5		A002	吳奇其	7600	36000	37000	80600
6		A003	陳志溪	9500	25000	58860	93360
7		A004	劉德全	10800	29000	38000	77800
8		A005	張學林	8300	19800	62000	90100

2： 按常用 / 樣式 / 儲存格樣式鈕，同時選取 40% 輔色 3。

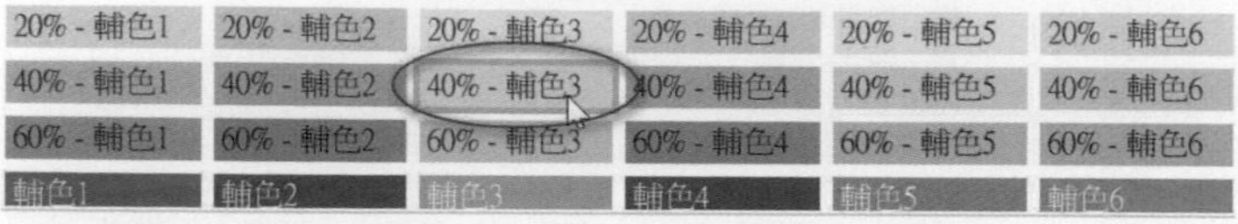

20% - 輔色1	20% - 輔色2	20% - 輔色3	20% - 輔色4	20% - 輔色5	20% - 輔色6
40% - 輔色1	40% - 輔色2	40% - 輔色3	40% - 輔色4	40% - 輔色5	40% - 輔色6
60% - 輔色1	60% - 輔色2	60% - 輔色3	60% - 輔色4	60% - 輔色5	60% - 輔色6
輔色1	輔色2	輔色3	輔色4	輔色5	輔色6

3： 取消所選的儲存格，可以得到將 40% 輔色 3 樣式應用到 D4:G8 儲存格區間。

	A	B	C	D	E	F	G
1							
2		微石軟體第一季業績表					
3		員工編號	姓名	Office軟體	Server軟體	防毒軟體	總計
4		A001	蘇玉朋	7400	13000	42000	62400
5		A002	吳奇其	7600	36000	37000	80600
6		A003	陳志溪	9500	25000	58860	93360
7		A004	劉德全	10800	29000	38000	77800
8		A005	張學林	8300	19800	62000	90100

為了保存上述執行結果，請將上述執行結果存至 ch15_2.xlsx 檔案，同時關閉此檔案。再重新開啟 ch15_1.xlsx 檔案。

15-4 建立樣式與應用樣式

首先請繼續使用第一季業績工作表，然後將 B2 儲存格的內容格式化成粗體，同時在 B2:G2 之間以跨欄置中的方式處理，可以參考下列步驟：

1： 選取 B2:G2 儲存格區間。

2： 按粗體鈕。

3： 按跨欄置中鈕。

	A	B	C	D	E	F	G
1							
2				**微石軟體第一季業績表**			
3		員工編號	姓名	Office軟體	Server軟體	防毒軟體	總計
4		A001	蘇玉朋	7400	13000	42000	62400
5		A002	吳奇其	7600	36000	37000	80600
6		A003	陳志溪	9500	25000	58860	93360
7		A004	劉德全	10800	29000	38000	77800
8		A005	張學林	8300	19800	62000	90100
9							

第一季業績 第二季業績

接著請格式化第一季業績工作表的 B3:G8 儲存格區間，格式化步驟如下：

1： 令 B3:G8 儲存格區間有框線。

2： 令 B3:G8 儲存格區間置中對齊，下面是格式化的結果。

	A	B	C	D	E	F	G
1							
2				微石軟體第一季業績表			
3		員工編號	姓名	Office軟體	Server軟體	防毒軟體	總計
4		A001	蘇玉朋	7400	13000	42000	62400
5		A002	吳奇其	7600	36000	37000	80600
6		A003	陳志溪	9500	25000	58860	93360
7		A004	劉德全	10800	29000	38000	77800
8		A005	張學林	8300	19800	62000	90100
9							

第一季業績 第二季業績

實例一：將 B2:G2 儲存格區間的格式組合定義為樣式業績標題。

1： 選定 B2:G2 儲存格區間。

	A	B	C	D	E	F	G
1							
2				微石軟體第一季業績表			
3		員工編號	姓名	Office軟體	Server軟體	防毒軟體	總計
4		A001	蘇玉朋	7400	13000	42000	62400
5		A002	吳奇其	7600	36000	37000	80600
6		A003	陳志溪	9500	25000	58860	93360
7		A004	劉德全	10800	29000	38000	77800
8		A005	張學林	8300	19800	62000	90100
9							

第一季業績 第二季業績

2： 執行常用 / 樣式 / 儲存格樣式 / 新增儲存格樣式指令。

3： 出現樣式對話方塊，請在樣式名稱欄位輸入業績標題，然後按格式鈕，如下所示：

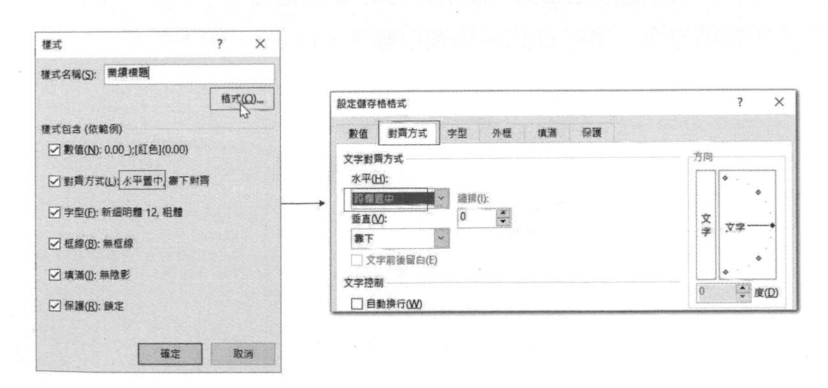

4： 會出現設定儲存格格式對話方塊，點選對齊方式標籤，在水平欄位選跨欄置中，然後按確定鈕。

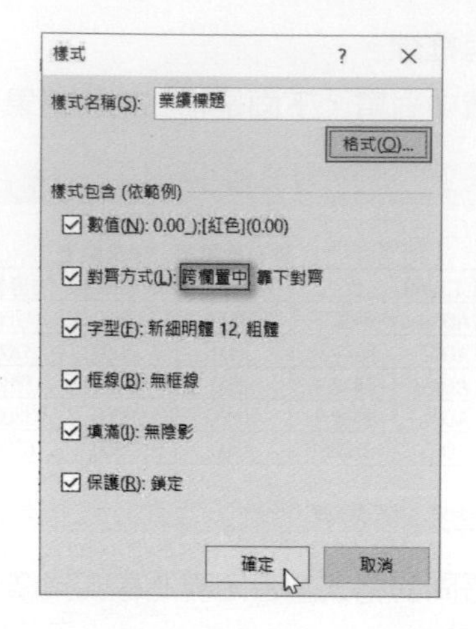

5： 按確定鈕，返回 Excel 視窗後就算正式建立業績標題樣式成功了。

實例二：將 B3:G8 儲存格區間定義為 Sample。

1： 選定 B3:G8 儲存格區間。

	A	B	C	D	E	F	G
1							
2		微石軟體第一季業績表					
3		員工編號	姓名	Office軟體	Server軟體	防毒軟體	總計
4		A001	蘇玉朋	7400	13000	42000	62400
5		A002	吳奇其	7600	36000	37000	80600
6		A003	陳志溪	9500	25000	58860	93360
7		A004	劉德全	10800	29000	38000	77800
8		A005	張學林	8300	19800	62000	90100
9							

第一季業績 第二季業績

2： 執行常用 / 樣式 / 儲存格樣式 / 新增儲存格樣式指令。

3： 出現樣式對話方塊，請在樣式名稱欄位輸入 Sample，如下所示：

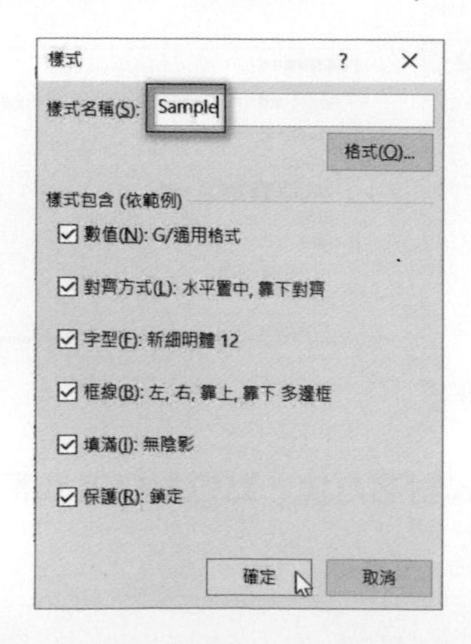

4： 按確定鈕，返回 Excel 視窗後就算正式建立 Sample 樣式成功了。

如果各位使用上述步驟 2，按儲存格樣式鈕，可以發現前面二個實例所建的樣式已出現在樣式區了。

自訂

Sample　Title　業績標題

好、壞與中等

一般　中等　好　壞

資料與模型

計算方式　連結的儲...　備註　說明文字　輸入　輸出

檢查儲存格　警告文字

接下來將以實例說明將先前實例所建的樣式，應用在實際的工作表內。

實例三：將第一季業績工作表業績標題樣式應用到第二季業績工作表的 B2:G2 儲存格區間。

1： 切換到第二季業績工作表，同時選定 B2:G2 儲存格區間。

	A	B	C	D	E	F	G
1							
2		微石軟體第二季業績表					
3		員工編號	姓名	Office軟體	Server軟體	防毒軟體	總計
4		A001	蘇玉朋	8000	12000	41000	61000
5		A002	吳奇其	7600	32000	32000	71600
6		A003	陳志溪	10500	28000	55860	94360
7		A004	劉德全	9800	24000	36000	69800
8		A005	張學林	8600	9800	71000	89400
9							

第一季業績　第二季業績

2： 執行常用 / 樣式 / 儲存格樣式 / 新增儲存格樣式指令，同時選擇業績標題樣式。

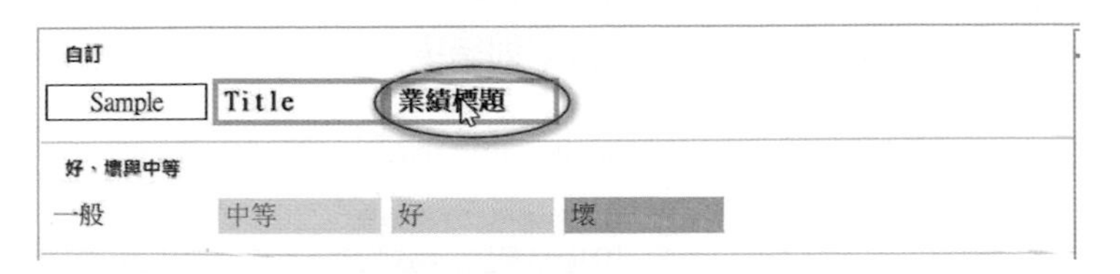

3： 取消所選的 B2:G2 儲存格區間，可以得到下列結果。

	A	B	C	D	E	F	G
1							
2				微石軟體第二季業績表			
3		員工編號	姓名	Office軟體	Server軟體	防毒軟體	總計
4		A001	蘇玉朋	8000	12000	41000	61000
5		A002	吳奇其	7600	32000	32000	71600
6		A003	陳志溪	10500	28000	55860	94360
7		A004	劉德全	9800	24000	36000	69800
8		A005	張學林	8600	9800	71000	89400
9							

第一季業績 第二季業績

實例四：將 Sample 樣式應用到第二季業績工作表的 B3:G8 儲存格區間。

1： 切換到第二季業績工作表，同時選定 B3:G8 儲存格區間。

	A	B	C	D	E	F	G
1							
2				微石軟體第二季業績表			
3		員工編號	姓名	Office軟體	Server軟體	防毒軟體	總計
4		A001	蘇玉朋	8000	12000	41000	61000
5		A002	吳奇其	7600	32000	32000	71600
6		A003	陳志溪	10500	28000	55860	94360
7		A004	劉德全	9800	24000	36000	69800
8		A005	張學林	8600	9800	71000	89400
9							

第一季業績 第二季業績

2： 執行常用 / 樣式 / 儲存格樣式 / 新增儲存格樣式指令，同時選擇 Sample 樣式。

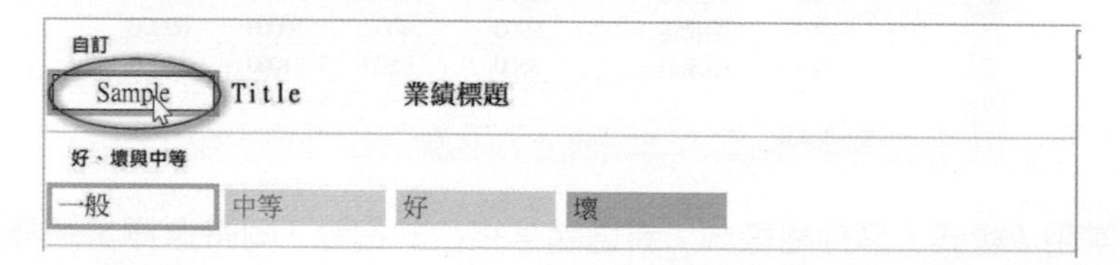

3： 取消所選的儲存格區間後，可以看到下列結果，筆者存入 ch15_3.xlsx。

	A	B	C	D	E	F	G
1							
2				微石軟體第二季業績表			
3		員工編號	姓名	Office軟體	Server軟體	防毒軟體	總計
4		A001	蘇玉朋	8000	12000	41000	61000
5		A002	吳奇其	7600	32000	32000	71600
6		A003	陳志溪	10500	28000	55860	94360
7		A004	劉德全	9800	24000	36000	69800
8		A005	張學林	8600	9800	71000	89400
9							

第一季業績 第二季業績

15-5 樣式的快顯功能表

若將滑鼠游標指向新建樣式 Sample，再按滑鼠右邊鍵，可開啟此 Sample 樣式的快顯功能表。

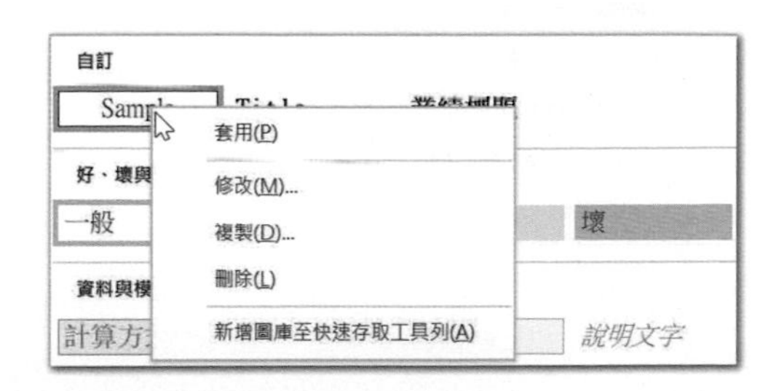

套用：這是預設，將此樣式套用在所選的儲存格內。

修改：可修改樣式，下一小節會說明。

複製：可複製樣式。

刪除：可刪除樣式。

15-6 修改樣式

如果代表某個樣式的儲存格特性被更改，則目前工作表引用該樣式的儲存格皆會隨著更改。

實例一：使用 ch15_3.xlsx 的第二季業績工作表，將 Sample 樣式內儲存格的字型改成粗體，然後觀察是否對第二季業績工作表的 B3:G8 儲存格區間造成影響。

1： 執行常用 / 樣式 / 儲存格樣式 / 新增儲存格樣式指令，同時指向 Sample，開啟快顯功能表，執行修改指令。

2： 出現樣式對話方塊，按格式鈕。

3： 出現設定儲存格格式對話方塊，按字型標籤，同時在字型樣式欄位選粗體。

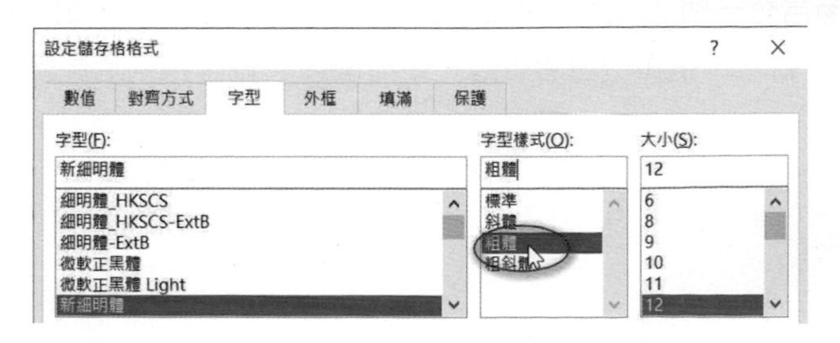

4： 按確定鈕，可返回樣式對話方塊。

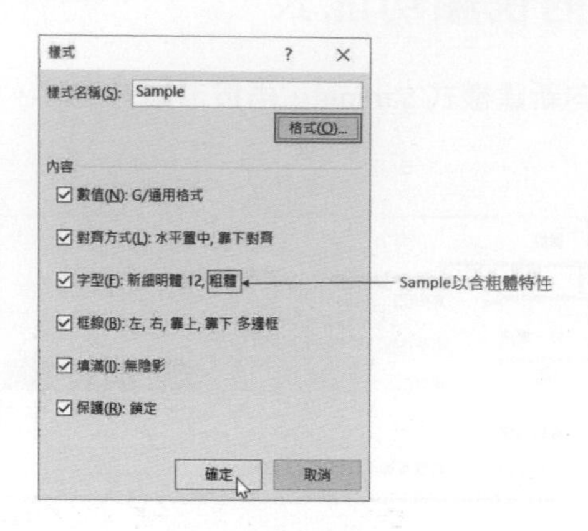

5： 按確定鈕，可返回 Excel 視窗，可以很清楚的看到第二季業績工作表的 B3:G8 儲存格區間的字以粗體顯示。

	A	B	C	D	E	F	G
1							
2		微石軟體第二季業績表					
3		員工編號	姓名	Office軟體	Server軟體	防毒軟體	總計
4		A001	蘇玉朋	8000	12000	41000	61000
5		A002	吳奇其	7600	32000	32000	71600
6		A003	陳志溪	10500	28000	55860	94360
7		A004	劉德全	9800	24000	36000	69800
8		A005	張學林	8600	9800	71000	89400
9							

第一季業績 第二季業績

為了保留上述執行結果，可將上述活頁簿存至 ch15_4.xlsx 內，然後關閉上述活頁簿。

15-7 視窗含多組活頁簿的應用

在正式進入本節內容前請重開啟 ch15_1.xlsx 活頁簿，目前為止所有的實例皆是一個 Excel 視窗含有一個活頁簿，其實 Excel 視窗允許同時存在多組活頁簿。

執行檔案 / 新增，選擇空白活頁簿，便可開啟一個空白的活頁簿。

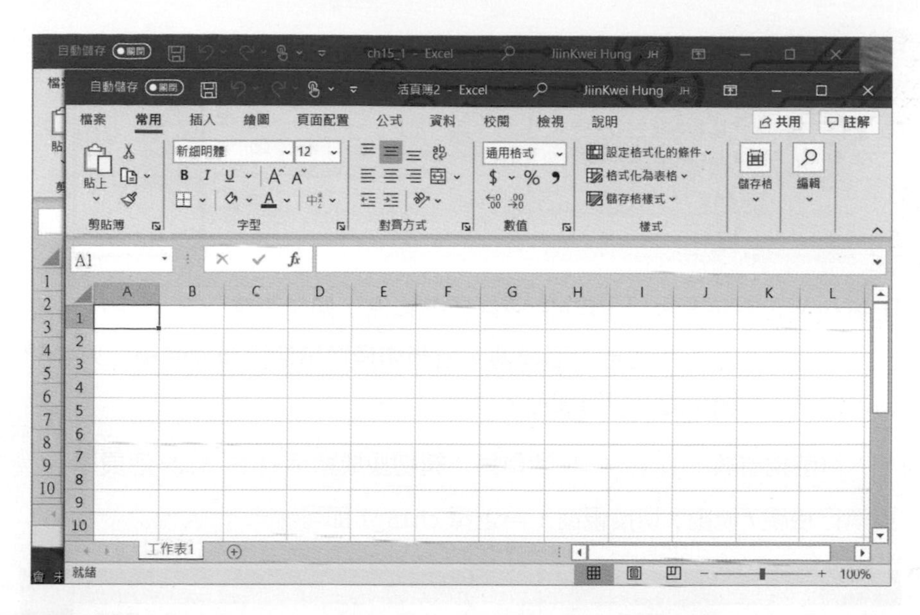

由於此新插入活頁簿尚未有資料，所以它的工作表內容是空，同時 Excel 暫時給它一個名稱活頁簿 2(數字編號依 Excel 開啟新活頁簿狀況遞增)。為了方便接下來幾節以實例解說，請在新的活頁簿內執行下列工作。首先請依下圖所示輸入資料，同時格式化部份資料，同時將工作表名稱設為 H1(在企業這是代表上半季)。

然後將上述資料存入 ch11_5.xlsx 檔案內，下面是執行結果。

	A	B	C	D	E	F	G
1							
2				微石軟體H1業績表			
3		員工編號	姓名	Office軟體	Server軟體	防毒軟體	總計
4		A001	蘇玉朋				
5		A002	吳奇其				
6		A003	陳志溪				
7		A004	劉德全				
8		A005	張學林				
9							

H1

15-8 切換活頁簿的應用

前一節內容可以知道目前有 2 個 Excel 視窗包含 2 個活頁簿，分別是 ch15_1.xls 和 ch15_5.xls，選擇檢視 / 視窗 / 切換視窗，可以看到這個現象。

上述切換視窗鈕下方列出目前 Excel 視窗包含 2 個活頁簿，其中 ch15_5 左邊有符號✔，表示這是目前所開啟的活頁簿，若想切換顯示活頁簿很簡單，只要開啟切換視窗，再選擇欲顯示的活頁簿即可。

實例一：目前視窗顯示 ch15_5.xls 活頁簿，請切換成顯示 ch15_1.xls 活頁簿。

1： 請執行檢視 / 視窗 / 切換視窗，再選擇 ch15_1 即可。

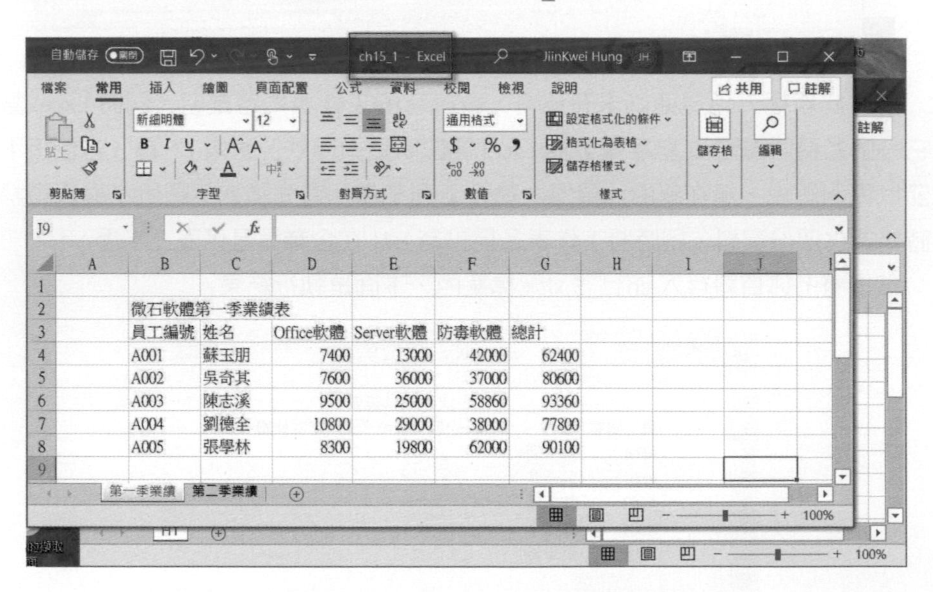

	A	B	C	D	E	F	G
1							
2		微石軟體第一季業績表					
3		員工編號	姓名	Office軟體	Server軟體	防毒軟體	總計
4		A001	蘇玉朋	7400	13000	42000	62400
5		A002	吳奇其	7600	36000	37000	80600
6		A003	陳志溪	9500	25000	58860	93360
7		A004	劉德全	10800	29000	38000	77800
8		A005	張學林	8300	19800	62000	90100

註

您也可以使用 Windows 基本操作功能，直接點選活頁簿 ch15_1.xlsx 檔案視窗，即可切換顯示 ch15_1.xlsx 活頁簿。

在結束本節之前，請切換至顯示 ch15_5.xlsx 活頁簿。

15-9 參照其他活頁簿的儲存格

在 11-8 節筆者介紹在輸入公式時應如何參照同一活頁簿內不同工作表的儲存格位址，本節筆者將更進一步擴充此觀念，講解在輸入公式時應如何參照其它活頁簿工作表的儲存格位址。若要參考不同活頁簿工作表的儲存格位址。其格式如下：

[活頁簿名稱] 工作表 ! 儲存格

例如，若在 ch15_5.xls 活頁簿內想參考 ch15_1.xls 活頁簿第一季業績工作表的 C4 儲存格位址，則應如下所示：

[ch15_1.xlsx] 第一季業績 !D4

有了以上觀念，相信讀者應可了解本節接下來的實例。

實例一：假設微石軟體要計算每位業務員上半年業績，而前 2 季業績是放在 ch15_1.xls 的第一季業績和第二季業績工作表內，請在 ch15_5.xls 活頁簿的 H1 工作表內，計算每一位業務人員上半年業績。

1： 將作用儲存格移至 ch15_5.xls 活頁簿，H1 工作表的 D4 位址。

2： 在 D4 位址輸入下列公式。

=[ch15_1.xlsx] 第一季業績 !D4+[ch15_1.xlsx] 第二季業績 !C4

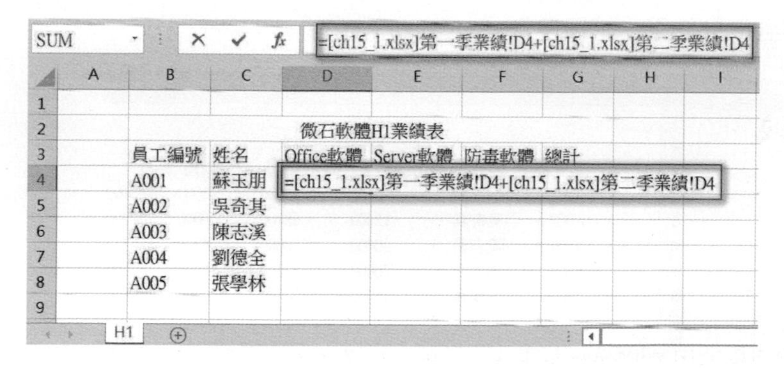

3： 按 Enter 鍵，可看到下列執行結果。

	A	B	C	D	E	F	G
1							
2				微石軟體H1業績表			
3		員工編號	姓名	Office軟體	Server軟體	防毒軟體	總計
4		A001	蘇玉朋	15400			
5		A002	吳奇其				
6		A003	陳志溪				
7		A004	劉德全				
8		A005	張學林				
9							

H1

4： 請將作用儲存格移至 D4，然後拖曳填滿控點至 D8，可以得到下列畫面。

	A	B	C	D	E	F	G
1							
2				微石軟體H1業績表			
3		員工編號	姓名	Office軟體	Server軟體	防毒軟體	總計
4		A001	蘇玉朋	15400			
5		A002	吳奇其	15200			
6		A003	陳志溪	20000			
7		A004	劉德全	20600			
8		A005	張學林	16900			
9							

H1

5： 請拖曳填滿控點至 G8，放開滑鼠按鍵及取消所選的 D4:G8 儲存格區間後，可以得到下列結果，結果存入 ch15_6.xlsx。

	A	B	C	D	E	F	G
1							
2				微石軟體H1業績表			
3		員工編號	姓名	Office軟體	Server軟體	防毒軟體	總計
4		A001	蘇玉朋	15400	25000	83000	123400
5		A002	吳奇其	15200	68000	69000	152200
6		A003	陳志溪	20000	53000	114720	187720
7		A004	劉德全	20600	53000	74000	147600
8		A005	張學林	16900	29600	133000	179500
9							

H1

CHAPTER

16

建立清單統計資料

16-1 小計指令

16-2 顯示或隱藏清單的明細資料

16-3 利用小計清單建立圖表

16-4 刪除大綱結構

在商業處理過程中，一長串的清單資料若能在適當位置加上統計資訊，將讓資料清單更加易懂，本章將講解這方面的應用。例如：有一個 ch16_1.xlsx 清單如下：

	A	B	C	D	E	F
1						
2		白松飲料公司銷售表				
3		業務員	產品	單價	數量	銷售額
4		白冰冰	白松沙士	10	200	2000
5		白冰冰	白松沙士	10	150	1500
6		白冰冰	白松綠茶	8	180	1440
7		白冰冰	白松綠茶	8	220	1760
8		豬哥亮	白松沙士	10	330	3300
9		豬哥亮	白松沙士	10	310	3100
10		豬哥亮	白松綠茶	8	190	1520
11		豬哥亮	白松綠茶	8	230	1840

若能在上述清單的適當位置加上一些統計資料將讓清單更易了解。例如：下面便是根據先前清單所製成，加上每一位業務員銷售小計及總計。

	A	B	C	D	E	F
2		白松飲料公司銷售表				
3		業務員	產品	單價	數量	銷售額
4		白冰冰	白松沙士	10	200	2000
5		白冰冰	白松沙士	10	150	1500
6		白冰冰	白松綠茶	8	180	1440
7		白冰冰	白松綠茶	8	220	1760
8		**白冰冰 合計**				6700
9		豬哥亮	白松沙士	10	330	3300
10		豬哥亮	白松沙士	10	310	3100
11		豬哥亮	白松綠茶	8	190	1520
12		豬哥亮	白松綠茶	8	230	1840
13		**豬哥亮 合計**				9760
14		**總計**				16460

16-1 小計指令

在資料 / 大綱功能群組內有小計鈕，使用者可用此鈕在清單內建立小計資料 (也可稱統計資料)。執行此指令後，將可看到小計對話方塊。

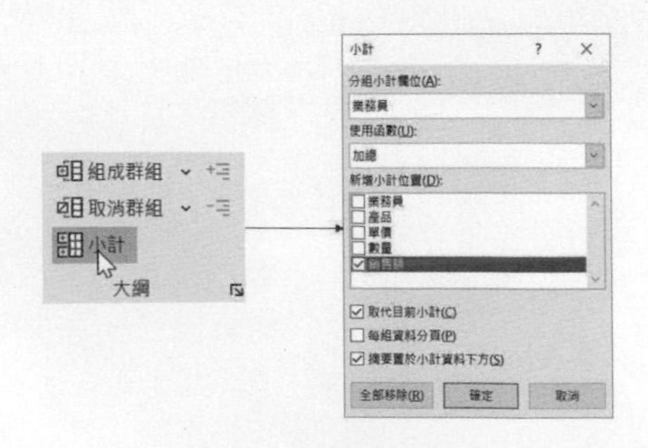

❑ 分組小計欄位

可在此欄選擇欲做小計資料的欄位。

❑ 使用函數

可在此欄選擇小計資料應以哪一種函數做為計算的依據。

❑ 新增小計位置

在此可以選擇小計資料出現的位置，可以在此選擇多個欄位。

❑ 取代現有小計

新設定的小計資料取代原有的小計資料，如果取消此設定可保留目前的小計資料，同時插入新的小計資料。

❑ 每組資料分頁

在小計計算的各群組資料前加上分頁線。

❑ 摘要置於小計資料下方

將小計和總計資料放在相關資料的下方，若不設定則將小計和總計資料放在其相關資料的上方。此項的預設是設定狀態，如果取消此設定，將促使小計資料放在相關資料的上方，而總計資料將放在第一個小計的下方。

❑ 全部移除鈕

在執行小計指令前，一定要將作用儲存格放在清單內任一位置，否則無法執行此指令，在筆者的實例內是將作用儲存格移至 B3 位址。

實例一：在清單內加入每一位銷售員所售每一類產品的銷售額小計。

1： 將作用儲存格移至 B3 位址。

	A	B	C	D	E	F
3		業務員	產品	單價	數量	銷售額
4		白冰冰	白松沙士	10	200	2000
5		白冰冰	白松沙士	10	150	1500
6		白冰冰	白松綠茶	8	180	1440
7		白冰冰	白松綠茶	8	220	1760
8		豬哥亮	白松沙士	10	330	3300
9		豬哥亮	白松沙士	10	310	3100
10		豬哥亮	白松綠茶	8	190	1520
11		豬哥亮	白松綠茶	8	230	1840

2： 執行資料 / 大綱 / 小計鈕。

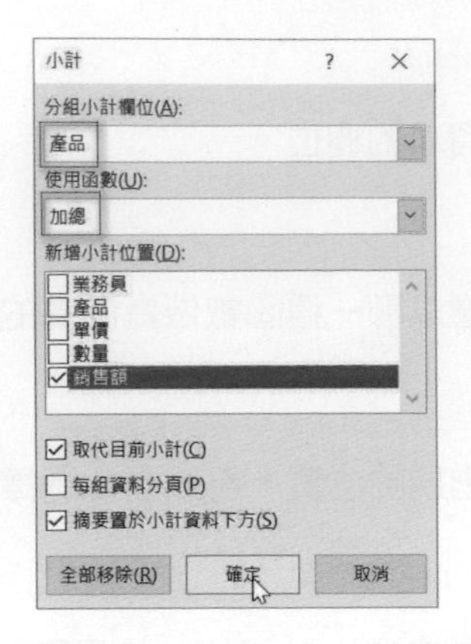

3： 出現小計對話方塊，請執行上述設定，再按確定鈕。

	A	B	C	D	E	F
3		業務員	產品	單價	數量	銷售額
4		白冰冰	白松沙士	10	200	2000
5		白冰冰	白松沙士	10	150	1500
6			**白松沙士 合計**			3500
7		白冰冰	白松綠茶	8	180	1440
8		白冰冰	白松綠茶	8	220	1760
9			**白松綠茶 合計**			3200
10		豬哥亮	白松沙士	10	330	3300
11		豬哥亮	白松沙士	10	310	3100
12			**白松沙士 合計**			6400
13		豬哥亮	白松綠茶	8	190	1520
14		豬哥亮	白松綠茶	8	230	1840
15			**白松綠茶 合計**			3360
16			**總計**			16460

在上述執行結果中，第 16 列的總計資料是自動列出的。

實例二：刪除前一實例所建的小計及總計資料。

1： 將作用儲存格移至 B3。

2： 執行資料 / 大綱 / 小計鈕。

3： 出現小計對話方塊，按全部移除鈕，結果如下。

	A	B	C	D	E	F
3		業務員	產品	單價	數量	銷售額
4		白冰冰	白松沙士	10	200	2000
5		白冰冰	白松沙士	10	150	1500
6		白冰冰	白松綠茶	8	180	1440
7		白冰冰	白松綠茶	8	220	1760
8		豬哥亮	白松沙士	10	330	3300
9		豬哥亮	白松沙士	10	310	3100
10		豬哥亮	白松綠茶	8	190	1520
11		豬哥亮	白松綠茶	8	230	1840

實例三：列出每一類產品的銷售小計。

1： 執行這個實例前需進行產品排序，請將作用儲存格移至 C3 位址。

	A	B	C	D	E	F
3		業務員	產品	單價	數量	銷售額
4		白冰冰	白松沙士	10	200	2000
5		白冰冰	白松沙士	10	150	1500
6		白冰冰	白松綠茶	8	180	1440
7		白冰冰	白松綠茶	8	220	1760
8		豬哥亮	白松沙士	10	330	3300
9		豬哥亮	白松沙士	10	310	3100
10		豬哥亮	白松綠茶	8	190	1520
11		豬哥亮	白松綠茶	8	230	1840

2： 執行常用 / 編輯 / 排序與篩選 / 從 A 到 Z 排序。

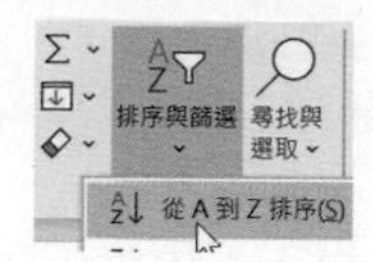

3： 執行資料 / 大綱 / 小計鈕。

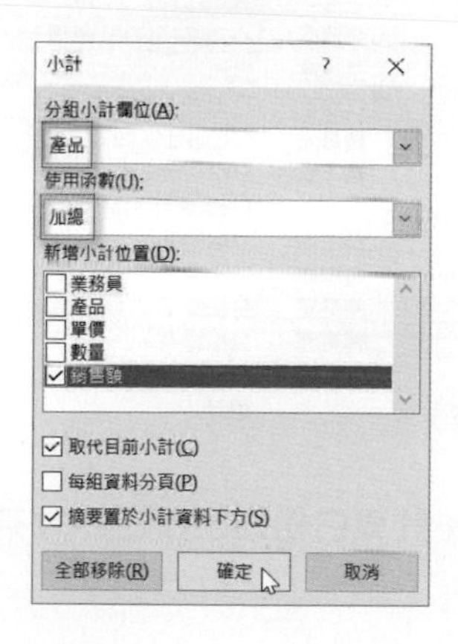

4： 出現小計對話方塊，執行上述設定，按確定鈕，結果存入 ch16_2.xlsx。

	A	B	C	D	E	F
3		業務員	產品	單價	數量	銷售額
4		白冰冰	白松沙士	10	200	2000
5		白冰冰	白松沙士	10	150	1500
6		豬哥亮	白松沙士	10	330	3300
7		豬哥亮	白松沙士	10	310	3100
8			**白松沙士 合計**			9900
9		白冰冰	白松綠茶	8	180	1440
10		白冰冰	白松綠茶	8	220	1760
11		豬哥亮	白松綠茶	8	190	1520
12		豬哥亮	白松綠茶	8	230	1840
13			**白松綠茶 合計**			6560
14			**總計**			16460

實例四：繼續使用 ch16_2.xlsx 計算白松沙士及白松綠茶銷售數量的總計。

1： 將作用儲存格放在 C3。

2： 執行資料 / 大綱 / 小計鈕。

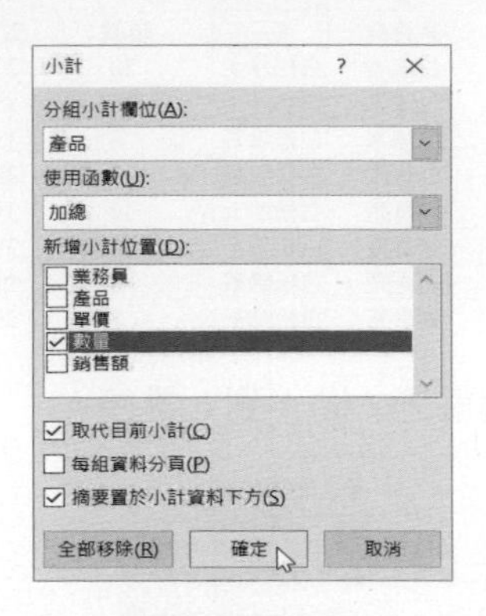

3： 出現小計對話方塊，執行上述設定，按確定鈕，結果存入 ch16_3.xlsx。

	A	B	C	D	E	F
3		業務員	產品	單價	數量	銷售額
4		白冰冰	白松沙士	10	200	2000
5		白冰冰	白松沙士	10	150	1500
6		豬哥亮	白松沙士	10	330	3300
7		豬哥亮	白松沙士	10	310	3100
8			**白松沙士 合計**		990	
9		白冰冰	白松綠茶	8	180	1440
10		白冰冰	白松綠茶	8	220	1760
11		豬哥亮	白松綠茶	8	190	1520
12		豬哥亮	白松綠茶	8	230	1840
13			**白松綠茶 合計**		820	
14			**總計**		1810	

實例五：繼續使用 ch16_3.xlsx 計算白松沙士及白松綠茶每一筆銷售數量的平均值。

1： 將作用儲存格放在 C3。

2： 執行資料 / 大綱 / 小計鈕。

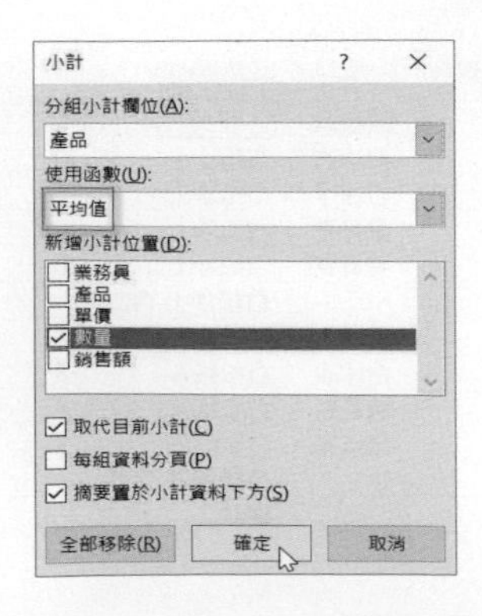

3： 出現小計對話方塊，執行上述設定，按確定鈕，結果存入 ch16_4.xlsx。

	A	B	C	D	E	F
3		業務員	產品	單價	數量	銷售額
4		白冰冰	白松沙士	10	200	2000
5		白冰冰	白松沙士	10	150	1500
6		豬哥亮	白松沙士	10	330	3300
7		豬哥亮	白松沙士	10	310	3100
8			**白松沙士 平均值**		248	
9		白冰冰	白松綠茶	8	180	1440
10		白冰冰	白松綠茶	8	220	1760
11		豬哥亮	白松綠茶	8	190	1520
12		豬哥亮	白松綠茶	8	230	1840
13			**白松綠茶 平均值**		205	
14			**總計平均數**		226	

實例六：使用 ch16_1.xlsx 列出每一位業務員銷售額的小計。

1： 將作用儲存格放在 C3。

2： 執行資料 / 大綱 / 小計鈕。

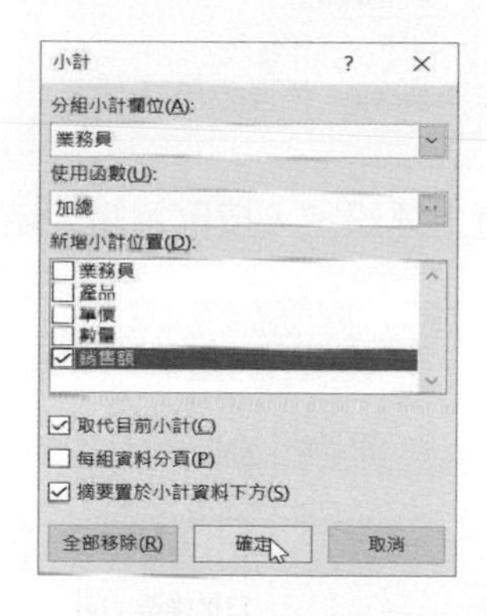

3： 出現小計對話方塊，執行上述設定，按確定鈕，結果存入 ch16_5.xlsx。

	A	B	C	D	E	F
3		業務員	產品	單價	數量	銷售額
4		白冰冰	白松沙士	10	200	2000
5		白冰冰	白松沙士	10	150	1500
6		白冰冰	白松綠茶	8	180	1440
7		白冰冰	白松綠茶	8	220	1760
8		**白冰冰 合計**				6700
9		豬哥亮	白松沙士	10	330	3300
10		豬哥亮	白松沙士	10	310	3100
11		豬哥亮	白松綠茶	8	190	1520
12		豬哥亮	白松綠茶	8	230	1840
13		**豬哥亮 合計**				9760
14		**總計**				16460

有時候我們可能會想要有多層的小計功能，此時在建立另一層小計時，當出現小計對話方塊時，請取消設定取代現有小計核對框。

實例七：延續上述 ch16_5.xlsx 執行結果，同時加入每一位銷售員銷售每一種產品的銷售額小計。

1： 將作用儲存格放在 C3。

2： 執行資料 / 大綱 / 小計鈕。

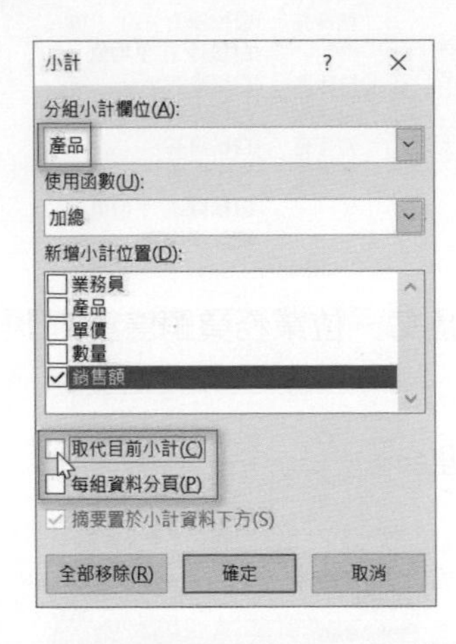

3： 出現小計對話方塊，執行上述設定，按確定鈕，結果存入 ch16_6.xlsx。

	A	B	C	D	E	F
3		業務員	產品	單價	數量	銷售額
4		白冰冰	白松沙士	10	200	2000
5		白冰冰	白松沙士	10	150	1500
6			**白松沙士 合計**			3500
7		白冰冰	白松綠茶	8	180	1440
8		白冰冰	白松綠茶	8	220	1760
9			**白松綠茶 合計**			3200
10		**白冰冰 合計**				6700
11		豬哥亮	白松沙士	10	330	3300
12		豬哥亮	白松沙士	10	310	3100
13			**白松沙士 合計**			6400
14		豬哥亮	白松綠茶	8	190	1520
15		豬哥亮	白松綠茶	8	230	1840
16			**白松綠茶 合計**			3360
17		**豬哥亮 合計**				9760
18		**總計**				16460

16-2 顯示或隱藏清單的明細資料

在前一小節的執行結果內，可以看到欄位左邊有 1、2、3 和 4 等 4 個鈕，這表示所建立的清單大綱結構內可以將它分成 4 個等級，如下所示：

層級代號
大綱結構列出各層級的關係

	A	B	C	D	E	F
3		業務員	產品	單價	數量	銷售額
4		白冰冰	白松沙士	10	200	2000
5		白冰冰	白松沙士	10	150	1500
6			白松沙士 合計			3500
7		白冰冰	白松綠茶	8	180	1440
8		白冰冰	白松綠茶	8	220	1760
9			白松綠茶 合計			3200
10		白冰冰 合計				6700
11		豬哥亮	白松沙士	10	330	3300
12		豬哥亮	白松沙士	10	310	3100
13			白松沙士 合計			6400
14		豬哥亮	白松綠茶	8	190	1520
15		豬哥亮	白松綠茶	8	230	1840
16			白松綠茶 合計			3360
17		豬哥亮 合計				9760
18		總計				16460

在一張工作表內，Excel 最多可允許有 8 層大綱結構，其中層級代號越小代表層級越高級，若以上述畫面而言，可以知道 4 個層級的大綱結構如下：

第一層：所有銷售總計，在第 18 列。

第二層：白冰冰和豬哥亮對每一產品的銷售小計，在第 10 列和 17 列。

第三層：白冰冰和豬哥亮對每一產品的銷售小計，在第 6、9、13、16 列。

第四層：原先清單的資料列。

在層級符號鈕下方的大綱結構內，基本上可以看到下列兩種鈕。

- 此鈕又稱隱藏明細符號鈕，若按此可促使隱藏其底下相關的細目列。

+ 此鈕又稱顯示明細符號鈕，在目前視窗環境內暫時看不到此鈕，下面讀者會看到，若按此鈕可促使顯示其底下相關的細目列。

除了可以使用上述 + 和 - 鈕顯示或隱藏明細列外，也可以按層級符號鈕顯示或隱藏明細列。如果想要隱藏某層次明細，只要按一下該層次上一層的層級符號鈕即可。若想要顯示某層次的明細，只要按該層級符號鈕即可。

實例一：使用 ch16_6.xlsx，隱藏第三層和第四層的明細資料。

1： 按一下第二層級符號鈕 2，(註：作用儲存格仍在清單內，此例是 B3)，結果存入 ch16_7.xlsx。

	A	B	C	D	E	F
3		業務員	產品	單價	數量	銷售額
10		白冰冰 合計				6700
17		豬哥亮 合計				9760
18		總計				16460

實例二：使用 ch16_7.xlsx，顯示第三層的明細資料。

1： 按一下第三層級符號鈕 3，結果存入 ch16_8.xlsx。

	A	B	C	D	E	F
3		業務員	產品	單價	數量	銷售額
6			白松沙士 合計			3500
9			白松綠茶 合計			3200
10		白冰冰 合計				6700
13			白松沙士 合計			6400
16			白松綠茶 合計			3360
17		豬哥亮 合計				9760
18		總計				16460

實例三：使用 ch16_8.xlsx，分別按第 6、9、13、16 列左邊的顯示明細符號鈕 +，以觀察此顯示明細符號鈕如何運作。

1： 按第 6 列左邊的顯示明細符號鈕 +。

	A	B	C	D	E	F
3		業務員	產品	單價	數量	銷售額
4		白冰冰	白松沙士	10	200	2000
5		白冰冰	白松沙士	10	150	1500
6			白松沙士 合計			3500
9			白松綠茶 合計			3200
10		白冰冰 合計				6700
13			白松沙士 合計			6400
16			白松綠茶 合計			3360
17		豬哥亮 合計				9760
18		總計				16460

2： 按第 9 左邊的顯示明細符號鈕 +。

	A	B	C	D	E	F
3		業務員	產品	單價	數量	銷售額
4		白冰冰	白松沙士	10	200	2000
5		白冰冰	白松沙士	10	150	1500
6			白松沙士 合計			3500
7		白冰冰	白松綠茶	8	180	1440
8		白冰冰	白松綠茶	8	220	1760
9			白松綠茶 合計			3200
10		白冰冰 合計				6700
13			白松沙士 合計			6400
16			白松綠茶 合計			3360
17		豬哥亮 合計				9760
18		總計				16460

3： 按第 13 左邊的顯示明細符號鈕 +。

	A	B	C	D	E	F
3		業務員	產品	單價	數量	銷售額
4		白冰冰	白松沙士	10	200	2000
5		白冰冰	白松沙士	10	150	1500
6			**白松沙士 合計**			3500
7		白冰冰	白松綠茶	8	180	1440
8		白冰冰	白松綠茶	8	220	1760
9			**白松綠茶 合計**			3200
10		**白冰冰 合計**				6700
11		豬哥亮	白松沙士	10	330	3300
12		豬哥亮	白松沙士	10	310	3100
13			**白松沙士 合計**			6400
16			**白松綠茶 合計**			3360
17		**豬哥亮 合計**				9760
18		**總計**				16460

4： 按第 16 左邊的顯示明細符號鈕 + ，結果存入 ch16_9.xlsx。

	A	B	C	D	E	F
3		業務員	產品	單價	數量	銷售額
4		白冰冰	白松沙士	10	200	2000
5		白冰冰	白松沙士	10	150	1500
6			**白松沙士 合計**			3500
7		白冰冰	白松綠茶	8	180	1440
8		白冰冰	白松綠茶	8	220	1760
9			**白松綠茶 合計**			3200
10		**白冰冰 合計**				6700
11		豬哥亮	白松沙士	10	330	3300
12		豬哥亮	白松沙士	10	310	3100
13			**白松沙士 合計**			6400
14		豬哥亮	白松綠茶	8	190	1520
15		豬哥亮	白松綠茶	8	230	1840
16			**白松綠茶 合計**			3360
17		**豬哥亮 合計**				9760
18		**總計**				16460

實例四：使用 ch16_9.xlsx，隱藏第 4 列至第 9 列屬於白冰冰的第三層及第四層級明細列。

1： 按第 10 列左邊的隱藏明細符號鈕 - ，結果存入 ch16_10.xlsx。

	A	B	C	D	E	F
3		業務員	產品	單價	數量	銷售額
10		**白冰冰 合計**				6700
11		豬哥亮	白松沙士	10	330	3300
12		豬哥亮	白松沙士	10	310	3100
13			**白松沙士 合計**			6400
14		豬哥亮	白松綠茶	8	190	1520
15		豬哥亮	白松綠茶	8	230	1840
16			**白松綠茶 合計**			3360
17		**豬哥亮 合計**				9760
18		**總計**				16460

16-3 利用小計清單建立圖表

當使用小計功能在清單內建立一些小計的統計資料後，也可以用這些資料建立圖表。

實例一：使用 ch16_7.xlsx，以立體圓形圖表列出白冰冰和豬哥亮銷售額的小計。

1： 選定 B10:B17 及 F10:F17 儲存格區間。

	A	B	C	D	E	F
3		業務員	產品	單價	數量	銷售額
10		白冰冰 合計				6700
17		豬哥亮 合計				9760
18		總計				16460

2： 執行插入 / 圖表 / 插入圓形圖或環圈圖鈕，同時選擇下列圖表副類型，下列是筆者將圖表標題改為白松飲料業績表的結果，結果存入 ch16_11.xlsx。

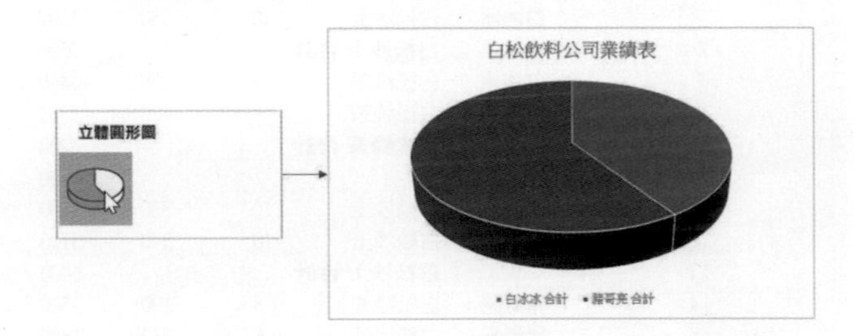

下列是使用圖表設計 / 圖表樣式選擇一款樣式的結果，筆者存入 ch16_12.xlsx。

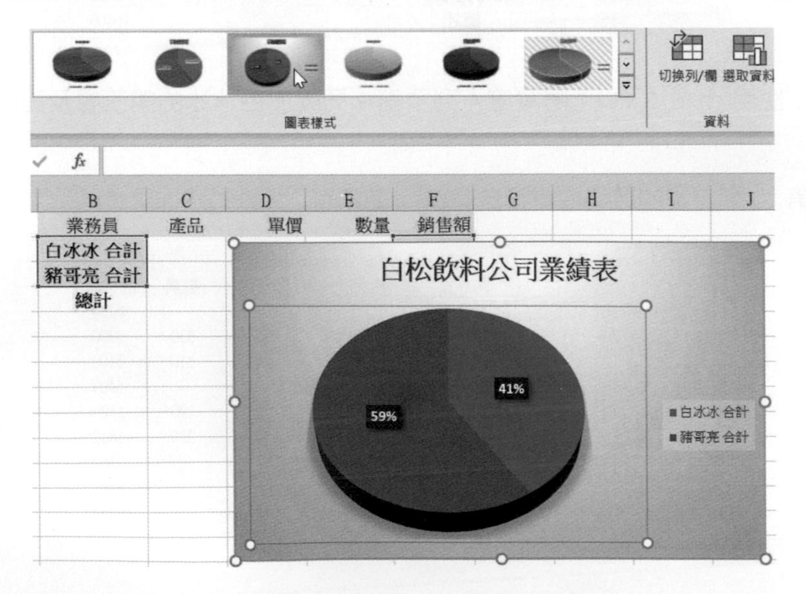

16-4 刪除大綱結構

在 Excel 內若是感覺不想再使用大綱了，可以考慮將大綱刪除，在刪除大綱後，原先使用小計指令所產生的小計及總計資料是可以被保留下來。資料 / 大綱 / 取消群組 / 清除大綱指令可以刪除大綱，不過在執行前需將作用儲存格移至清單內。

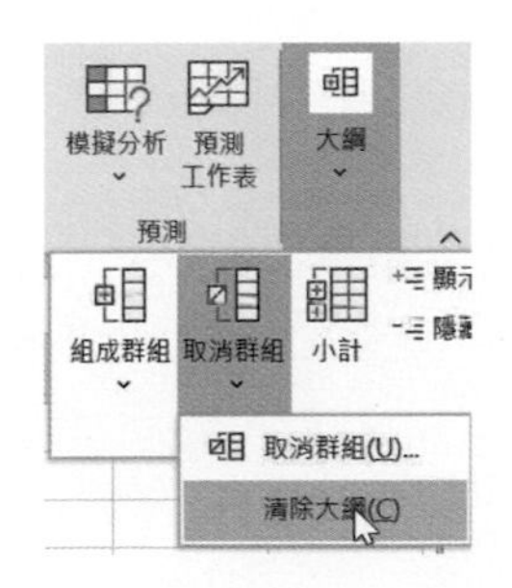

實例一：使用 ch16_9.xlsx，清除清單內的大綱。

1： 將作用儲存格移至 B3 位置。

2： 執行資料 / 大綱 / 取消群組 / 清除大綱指令，結果存入 ch16_13.xlsx。

	A	B	C	D	E	F
3		業務員	產品	單價	數量	銷售額
4		白冰冰	白松沙士	10	200	2000
5		白冰冰	白松沙士	10	150	1500
6			**白松沙士 合計**			3500
7		白冰冰	白松綠茶	8	180	1440
8		白冰冰	白松綠茶	8	220	1760
9			**白松綠茶 合計**			3200
10		**白冰冰 合計**				6700
11		豬哥亮	白松沙士	10	330	3300
12		豬哥亮	白松沙士	10	310	3100
13			**白松沙士 合計**			6400
14		豬哥亮	白松綠茶	8	190	1520
15		豬哥亮	白松綠茶	8	230	1840
16			**白松綠茶 合計**			3360
17		**豬哥亮 合計**				9760

CHAPTER

17

樞紐分析表

17-1 建立樞紐分析表的步驟

17-2 建立樞紐分析表

17-3 修訂樞紐分析表

17-4 樞紐分析圖

樞紐分析表是一種動態的工作表，它可以依照所選的格式，快速的摘要及總計出所需要的資訊。為什麼筆者說樞紐分析表是一種動態的工作表呢？因為在同一個清單資料中，您可以根據需求，任意的安排各欄各列的資料位置，並以不同的角度來檢視清單內容，獲得不同結果的樞紐分析表。

假設有一個清單資料 ch17_1.xlsx 如下：

	A	B	C	D	E	F	G	H
2		白松飲料公司銷售表						
3		業務員	年度	產品	單價	數量	銷售額	地區
4		白冰冰	2021	白松沙士	10	200	2000	台北市
5		白冰冰	2021	白松綠茶	8	220	1760	台北市
6		白冰冰	2022	白松沙士	10	250	2500	台北市
7		白冰冰	2022	白松綠茶	8	300	2400	台北市
8		周慧敏	2021	白松沙士	10	400	4000	台北市
9		周慧敏	2022	白松沙士	10	420	4200	台北市
10		豬哥亮	2021	白松沙士	10	390	3900	高雄市
11		豬哥亮	2021	白松綠茶	8	420	3360	高雄市
12		豬哥亮	2022	白松沙士	10	450	4500	高雄市
13		豬哥亮	2022	白松綠茶	8	480	3840	高雄市

讀者可利用上述清單，製作一份以各年度銷售不同地區統計資訊為主的樞紐分析表，可參考下方左圖，從這個報表主管可以了解不同時間與不同地區目前銷售實況與趨勢。

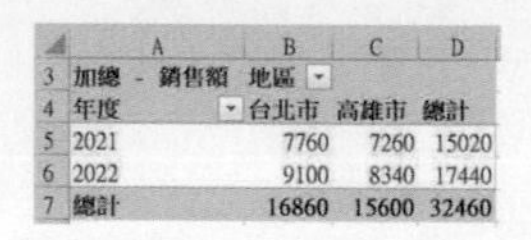

	A	B	C	D
3	加總 - 銷售額	地區		
4	年度	台北市	高雄市	總計
5	2021	7760	7260	15020
6	2022	9100	8340	17440
7	總計	16860	15600	32460

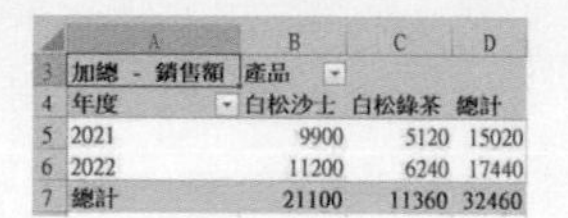

	A	B	C	D
3	加總 - 銷售額	產品		
4	年度	白松沙士	白松綠茶	總計
5	2021	9900	5120	15020
6	2022	11200	6240	17440
7	總計	21100	11360	32460

上方右圖是用相同清單，製作一份以各年度各種產品銷售統計資訊為主的樞紐分析表，從這個報表主管可以了解不同時間各種產品銷售實況與趨勢。

下方左圖是用相同清單，製作一份以各年度各銷售員銷售各種產品的統計資訊樞紐分析表，從這個報表主管可以了解各業務員在不同時間各種產品銷售實況與趨勢。

	A	B	C	D
2				
3	加總 - 銷售額	產品		
4	年度	白松沙士	白松綠茶	總計
5	⊟2021	9900	5120	15020
6	白冰冰	2000	1760	3760
7	周慧敏	4000		4000
8	豬哥亮	3900	3360	7260
9	⊟2022	11200	6240	17440
10	白冰冰	2500	2400	4900
11	周慧敏	4200		4200
12	豬哥亮	4500	3840	8340
13	總計	21100	11360	32460

	A	B	C	D
1	業務員	白冰冰		
2				
3	加總 - 銷售額	欄標籤		
4	列標籤	白松沙士	白松綠茶	總計
5	2021	2000	1760	3760
6	2022	2500	2400	4900
7	總計	4500	4160	8660

上方右圖是用相同清單，所製作的樞紐分析表，這個分析表有一個很大的特色是含有分頁欄表，樞紐分析表所顯示的資料內容是由此分頁欄表決定。從上圖可以

知道，樞紐分析表所顯示的是業務員白冰冰的銷售統計資料。在上圖白冰冰位址含有▼，用此鈕可開啟下拉式選單，樞紐分析表可列出其它業務員或全部業務員的銷售統計。

本章筆者除了介紹上述建立樞紐分析表的方法外，同時也將講解修訂樞紐分析表的方法。

17-1 建立樞紐分析表的步驟

17-1-1 使用基本功建立樞紐分析表

本小節將大致說明建立樞紐分析表的步驟，下一節筆者則計劃以實例說明各類樞紐分析表的建立。建立樞紐分析表的步驟如下：

1： 將作用儲存格移至欲建樞紐分析表的表單上。

2： 執行插入 / 表格 / 樞紐分析表。

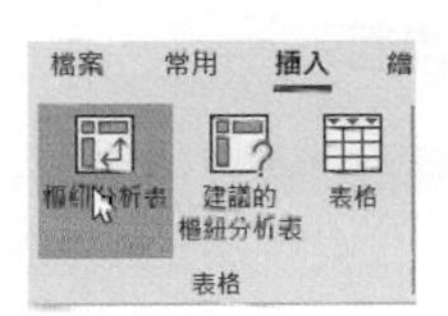

3： 出現建立樞紐分析表對話方塊，須執行相關設定，Excel 會自行判斷所選取的表格和範圍同時顯示在表格 / 範圍欄位，如果這不是你要的儲存格區間，也可按此欄位右邊的⬆鈕，自行選擇儲存格區間。

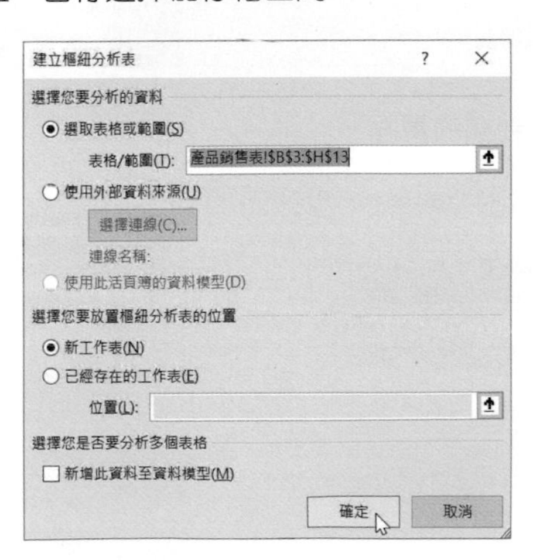

4： 按確定鈕。

5： 接下來只要將原先所選的資料清單項目欄位拖曳至報表篩選、欄、列及 Σ 值，很輕鬆的就可建立樞紐分析表。

其中在拖曳各個項目過程，我們就可以在工作表看到樞紐分析表的構建過程，例如：下列是將年度拖曳到列的畫面：

下列是將地區拖曳到欄的畫面。

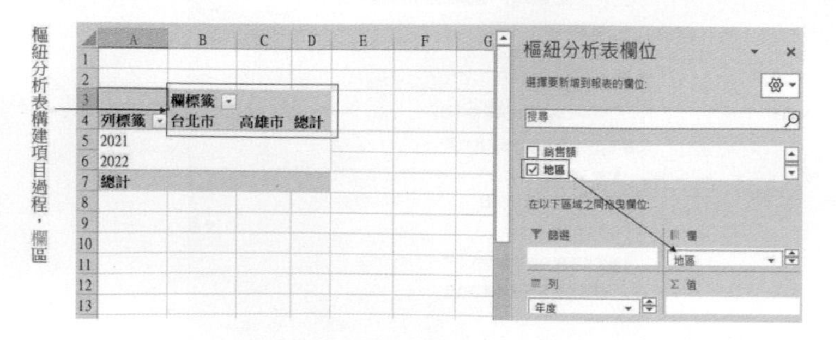

Σ 值區其實就是表單的數據區，下列是將銷售額拖曳到 Σ 值區的畫面。

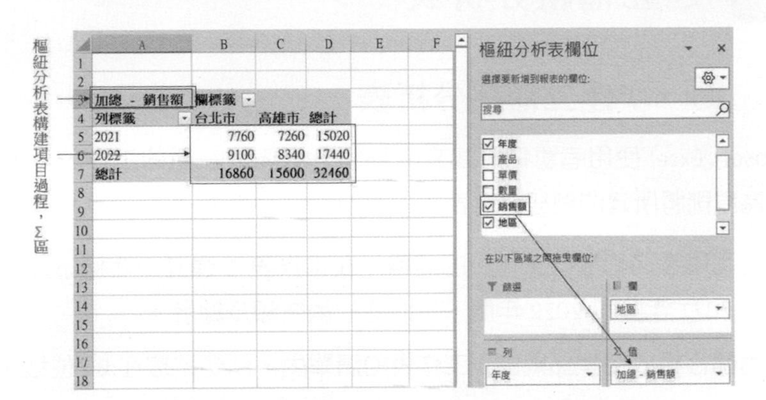

建議讀者要體會每一項目拖曳到樞紐分析表欄位的功能和意義。

17-1-2 Excel 建議的樞紐分析表

其實也可以使用 Excel 建議的樞紐分析表功能建立樞紐分析表，執行插入 / 表格 / 樞紐分析表，可以看到一系列 Excel 建議的樞紐分析表可以使用。

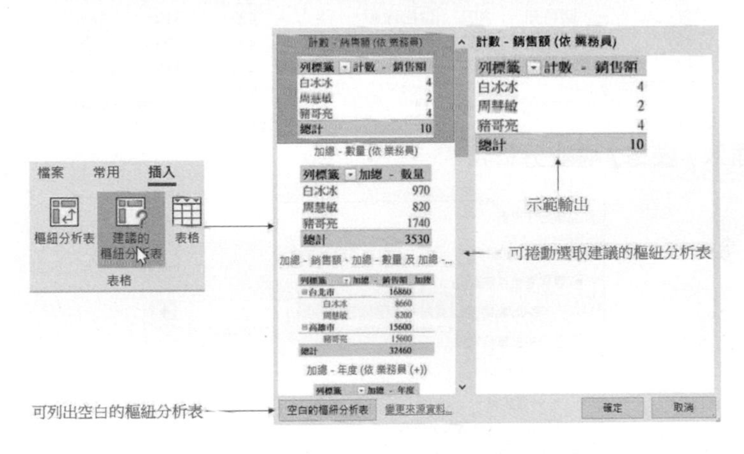

儘管 Excel 有提供建議的樞紐分析表供使用，筆者還是期待從基本樞紐分析表建立開始，引導讀者一步一步徹底學會建立樞紐分析表。

17-2 建立樞紐分析表

17-2-1 第一次建立樞紐分析表

Microsoft Excel 使用者喜歡將建立的樞紐分析表放在新的工作表內，本章的實例將以此為原則將所建的樞紐分析表放在新的工作表內。

實例一：請利用產品銷售表工作表的清單，在工作表 1 建立一個樞紐分析表，此表主要是列出 2021 年度和 2022 年度，各地區的銷售額及總計。

1： 將作用儲存格放在產品銷售表工作表的清單內，此例是放在 B3 位址。

	A	B	C	D	E	F	G	H
3		業務員	年度	產品	單價	數量	銷售額	地區
4		白冰冰	2021	白松沙士	10	200	2000	台北市
5		白冰冰	2021	白松綠茶	8	220	1760	台北市
6		白冰冰	2022	白松沙士	10	250	2500	台北市
7		白冰冰	2022	白松綠茶	8	300	2400	台北市
8		周慧敏	2021	白松沙士	10	400	4000	台北市
9		周慧敏	2022	白松沙士	10	420	4200	台北市
10		豬哥亮	2021	白松沙士	10	390	3900	高雄市
11		豬哥亮	2021	白松綠茶	8	420	3360	高雄市
12		豬哥亮	2022	白松沙士	10	450	4500	高雄市
13		豬哥亮	2022	白松綠茶	8	480	3840	高雄市

產品銷售表

2： 執行插入 / 表格 / 樞紐分析表。

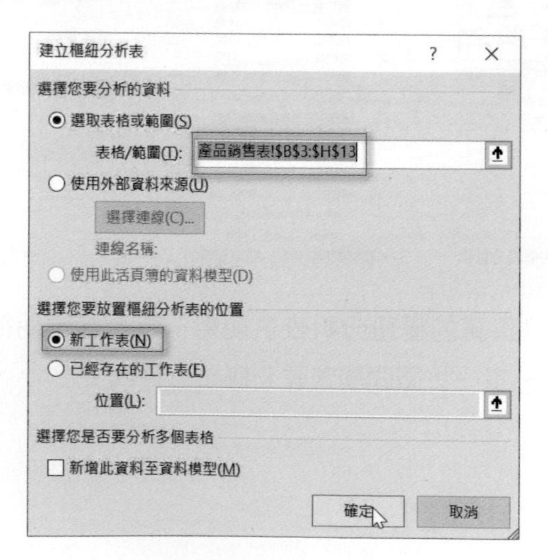

3： 出現建立樞紐分析表對話方塊，請執行上述設定，按確定鈕。

接下來請執行下列設定。

- 將年度拖曳到列區。
- 將地區拖曳到欄區。
- 將銷售額拖曳到 Σ 值區。

上述處理觀念如下所示：

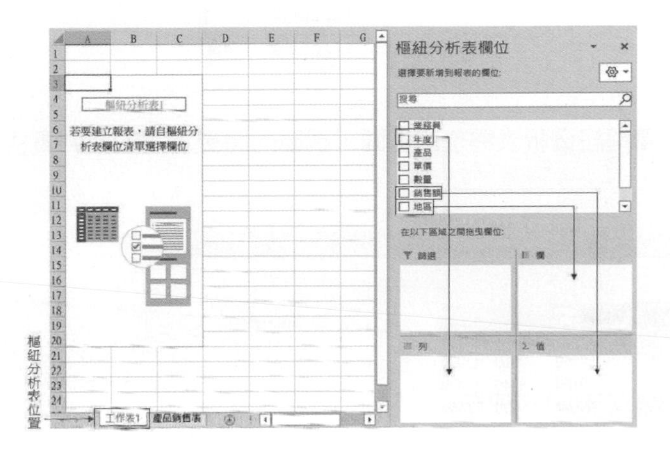

上述拖曳後可以得到下列結果，筆者存入 ch17_2.xlsx。

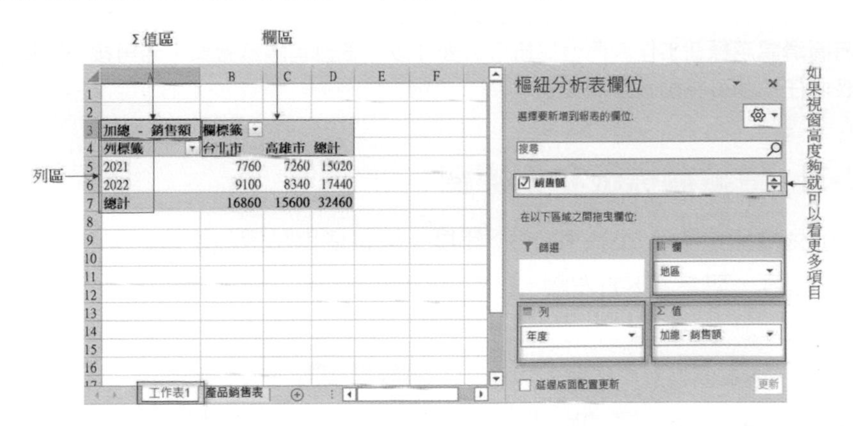

由上圖我們已經成功的建立一個樞紐分析表，由此表可以很清楚的看到 2021 和 2022 年度各地區 (台北市及高雄市) 的銷售及總計。同時讀者也須了解欄、列、Σ 值區在樞紐分析表中的位置與意義。

17-2-2 隱藏或顯示樞紐分析表欄位

Excel 可以使用樞紐分析表 / 顯示 / 欄位清單切換顯示或隱藏此樞紐分析表欄位。

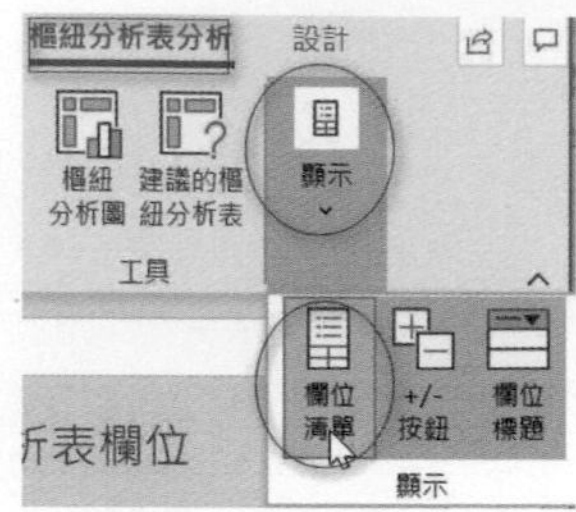

下列是隱藏樞紐分析表欄位的畫面，視窗內將更清楚的看到實例一所建的樞紐分析表。

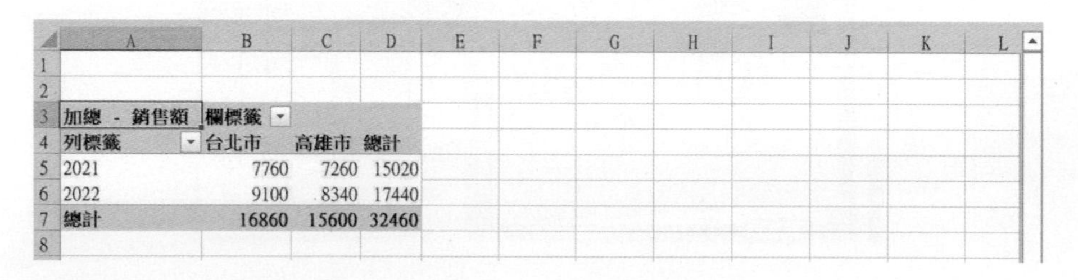

加總 - 銷售額	欄標籤		
列標籤	台北市	高雄市	總計
2021	7760	7260	15020
2022	9100	8340	17440
總計	16860	15600	32460

註 若將滑鼠游標在工作表內但樞紐分析表外按一下也有隱藏效果，若再按一下樞紐分析表內任一儲存格則有顯示效果。

17-2-3 隱藏欄標籤和列標籤

目前列標籤是顯示 2021 和 2022 年度，可以使用點選列標籤右側的 ▾，篩選所要顯示的年度，可參考下方左圖。

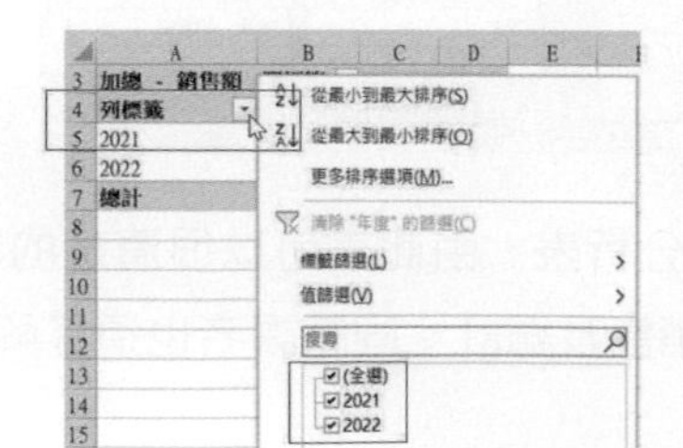

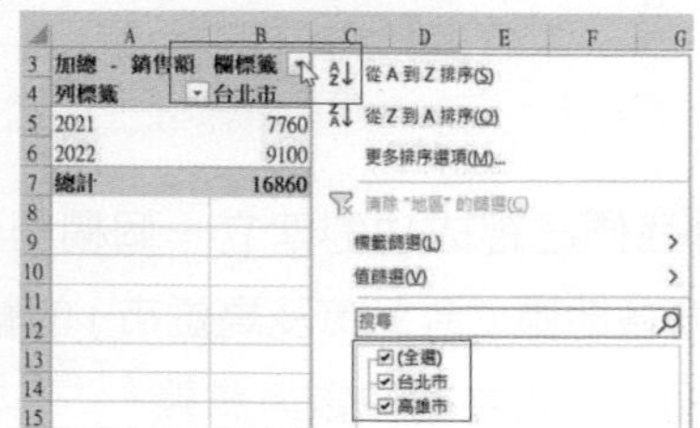

目前欄標籤是顯示台北市和高雄市，可以使用點選欄標籤右側的▾，篩選所要顯示的城市，可參考上方右圖。

樞紐分析表分析 / 顯示 / 欄位標題功能，可以顯示或隱藏樞紐分析表的列標籤或欄標籤。

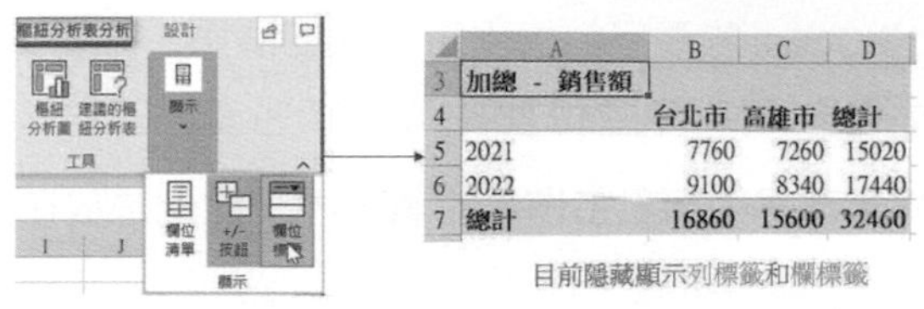

目前隱藏顯示列標籤和欄標籤

不過筆者建議是讓樞紐分析表顯示列標籤和欄標籤。

17-2-4 建立易懂的列標籤和欄標籤名稱

列標籤和欄標籤是預設的樞紐分析表列與欄的名稱，樞紐分析表建立完成後，可以針對列與欄內容，更改為易懂的名稱，下列是將列標籤改為年度，欄標籤改為地區的實例解說。

將作用儲存格放在 A4，目前顯示列標籤。

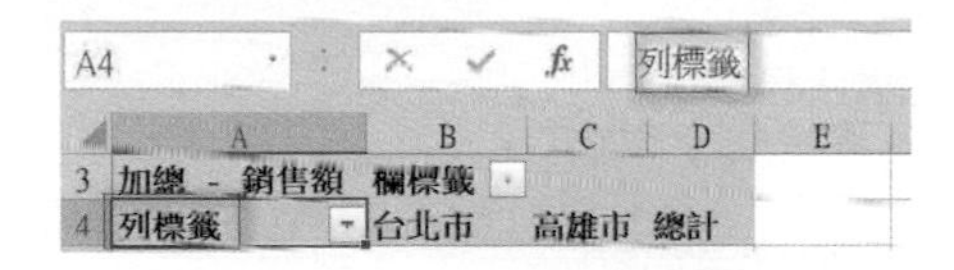

我們可以直接用更改儲存格內容方式將列標籤修改為年度，下列是修改結果。

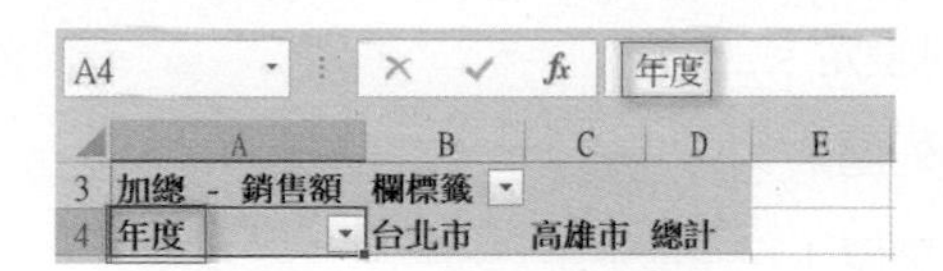

使用相同觀念將欄標籤修改為地區，下列是修改結果，筆者存入 ch17_3.xlsx。

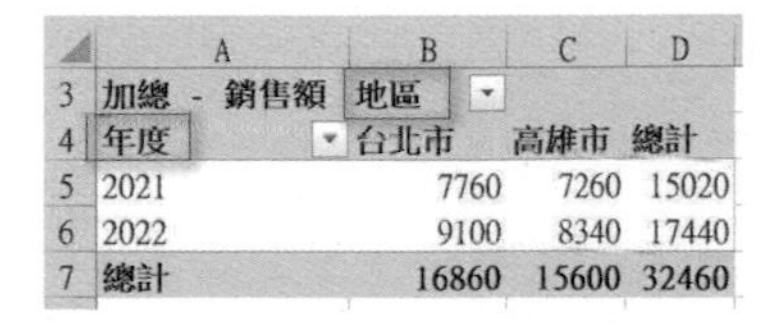

17-2-5 一系列樞紐分析表實作

第一個實例是要了解所有產品在各年度的銷售金額，可以讓企業個了解自己產品的銷售趨勢。

實例一：請使用 ch17_1.xlsx 的產品銷售表工作表的清單，在新工作表建立一個樞紐分析表，此表主要是列出 2021 年度和 2022 年度，各產品的銷售額及總計。

1： 將作用儲存格移至產品銷售表工作表的清單內，此例是放在 B3 位址。

2： 執行插入 / 表格 / 樞紐分析表。

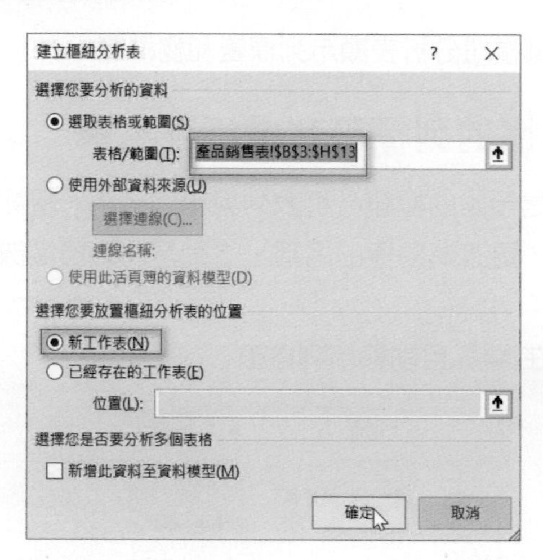

3： 出現建立樞紐分析表對話方塊，請執行上述設定，按確定鈕。

接下來請執行下列設定。

- 將年度拖曳到列區。
- 將產品拖曳到欄區。
- 將銷售額拖曳到 Σ 值區。

上述處理觀念如下所示：

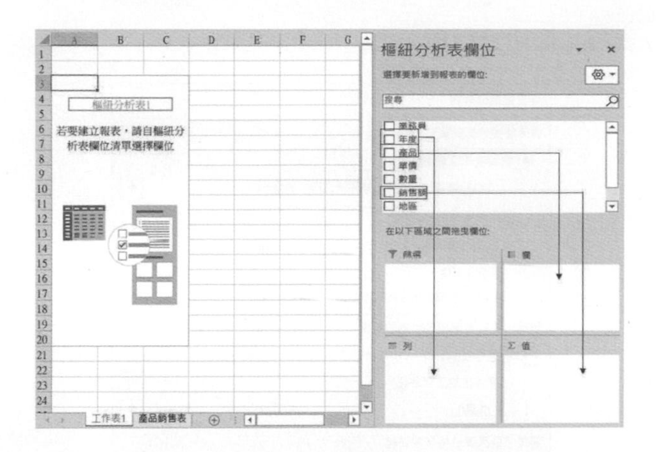

上述拖曳後可以得到結果，下列是筆者將列標籤改為年度，欄標籤改為產品的結果，筆者存入 ch17_4.xlsx。

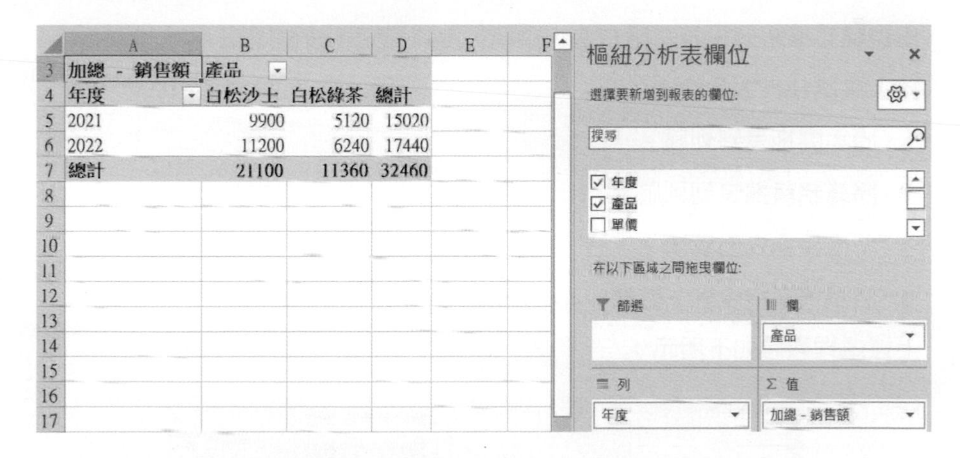

由上述執行結果可以很清楚的看到新建的樞紐分析表被放在新工作表內，同時從此表可以了解各產品於 2021 和 2022 年度的銷售金額及總計。

第二個實例是要了解所有產品在各年度的所有業務員銷售各產品的金額和總計，可以讓企業了解不同業務員的表現。

實例二：請使用 ch17_1.xlsx 的產品銷售表工作表的清單，在新工作表建立一個樞紐分析表，此表主要是列出 2021 年度和 2022 年度，所有業務員銷售各產品的銷售額及總計。

1： 將作用儲存格移至產品銷售表工作表的清單內，此例是放在 B3 位址。

2： 執行插入 / 表格 / 樞紐分析表。

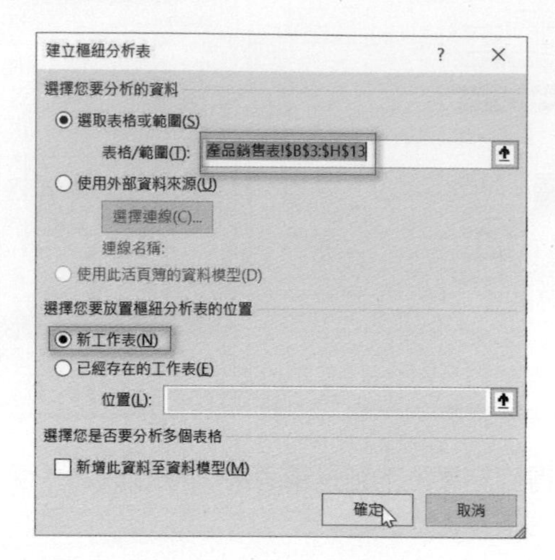

3： 出現建立樞紐分析表對話方塊，請執行上述設定，按確定鈕。

接下來請執行下列設定。

- 將年度拖曳到列區。
- 將業務員拖曳到列區。
- 將產品拖曳到欄區。
- 將銷售額拖曳到 Σ 值區。

上述處理觀念如下所示：

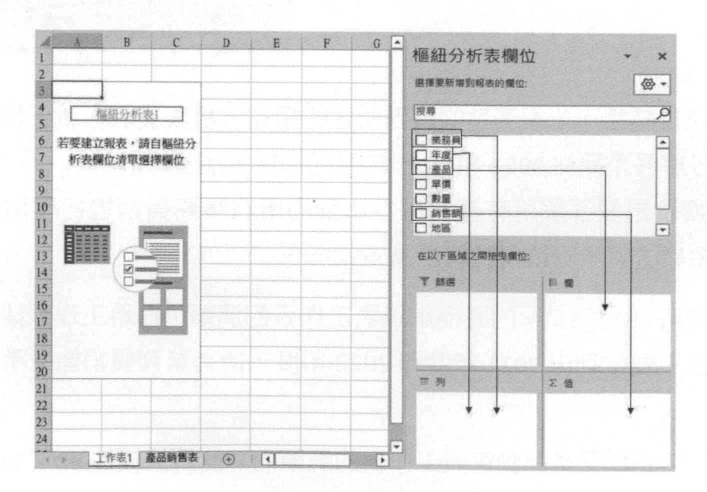

上述拖曳後可以得到結果，下列是筆者將列標籤改為年度，欄標籤改為產品的結果，筆者存入 ch17_5.xlsx。

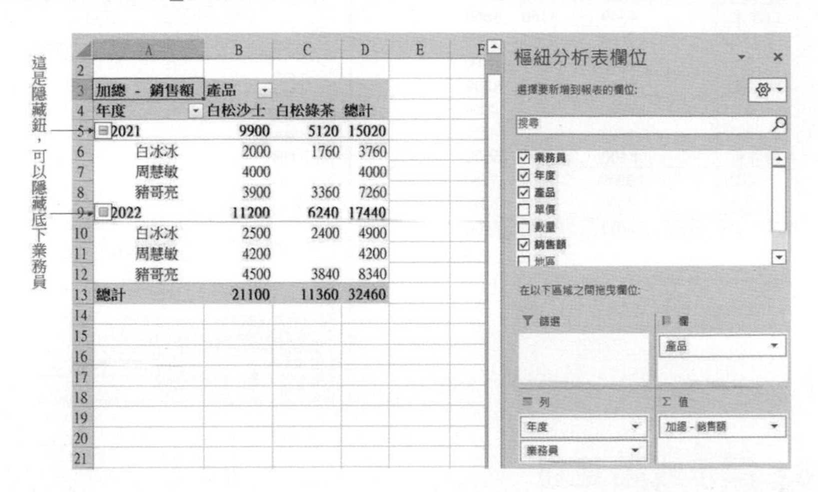

上述年度 2021 和 2022 左邊有隱藏鈕⊟，按此鈕可以隱藏底下的業務員，相當於折疊樞紐分析表的項目，同時隱藏鈕將變為顯示鈕⊞，按顯示鈕則可以恢復顯示業務員，相當於展開樞紐分析表的項目。

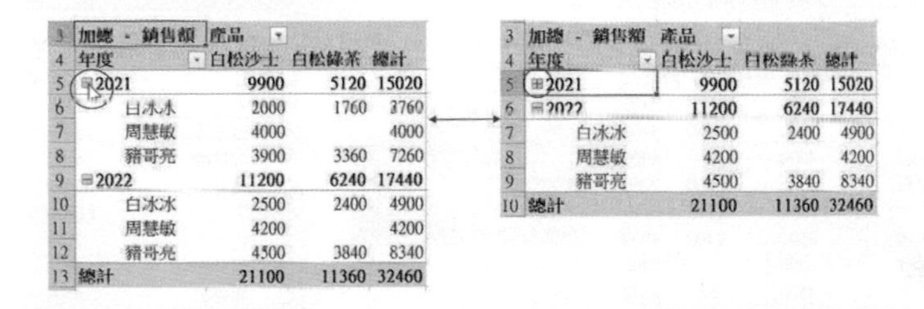

註 在這一節實例二，分別將年度和業務員拖曳至列區，筆者是先拖曳年度，再拖曳業務員，這個順序不可錯，否則將產生不同的樞紐分析表效果。下列是使用 ch17_1.xlsx 建立樞紐分析表，結果存至 ch17_6.xlsx，主要是在步驟 3，先拖曳業務員再拖曳年度的結果。

	A	B	C	D
3	加總 - 銷售額	欄標籤		
4	列標籤	白松沙士	白松綠茶	總計
5	⊟白冰冰	4500	4160	8660
6	2021	2000	1760	3760
7	2022	2500	2400	4900
8	⊟周慧敏	8200		8200
9	2021	4000		4000
10	2022	4200		4200
11	⊟豬哥亮	8400	7200	15600
12	2021	3900	3360	7260
13	2022	4500	3840	8340
14	總計	21100	11360	32460

樞紐分析表欄位
選擇要新增到報表的欄位:
搜尋
☑ 產品
☐ 單價
☐ 數量
☑ 銷售額
☐ 地區
在以下區域之間拖曳欄位:
篩選 | 欄: 產品
列: 業務員, 年度 | 值: 加總 - 銷售額

17-2-6 顯示或隱藏鈕

樞紐分析表分析 / 顯示 /+/- 按鈕功能，可以顯示或隱藏樞紐分析表的顯示鈕⊞或隱藏鈕⊟，下列是以 ch17_5.xlsx 做說明。

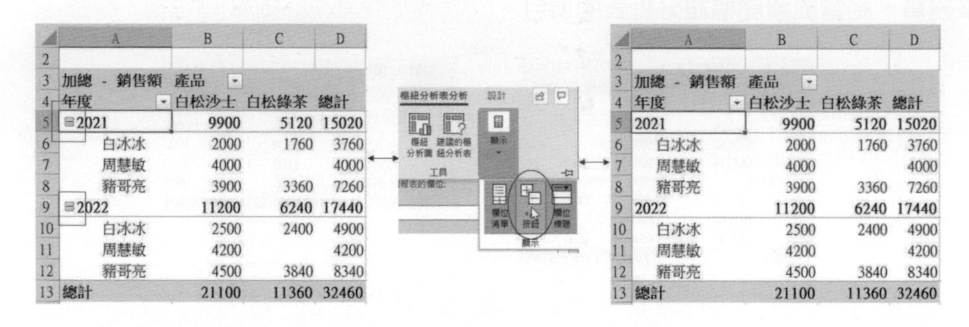

	A	B	C	D
3	加總 - 銷售額	產品		
4	年度	白松沙士	白松綠茶	總計
5	⊟2021	9900	5120	15020
6	白冰冰	2000	1760	3760
7	周慧敏	4000		4000
8	豬哥亮	3900	3360	7260
9	⊟2022	11200	6240	17440
10	白冰冰	2500	2400	4900
11	周慧敏	4200		4200
12	豬哥亮	4500	3840	8340
13	總計	21100	11360	32460

	A	B	C	D
3	加總 - 銷售額	產品		
4	年度	白松沙士	白松綠茶	總計
5	2021	9900	5120	15020
6	白冰冰	2000	1760	3760
7	周慧敏	4000		4000
8	豬哥亮	3900	3360	7260
9	2022	11200	6240	17440
10	白冰冰	2500	2400	4900
11	周慧敏	4200		4200
12	豬哥亮	4500	3840	8340
13	總計	21100	11360	32460

不過筆者建議是讓樞紐分析表顯示顯示鈕⊞和隱藏鈕⊟。

17-2-7 建立分頁欄表

樞紐分析表也可以提供功能建立分頁資訊，有了分頁資訊，我們可以了解各項目的內容。要建立分頁資訊須使用樞紐分析表的篩選區，主要是針對需要做分頁的項目拖曳至此篩選區，下列實例是建立業務員的分頁資訊，所以關鍵是將業務員項目拖曳至此篩選區。

實例一：請使用 ch17_1.xlsx 的產品銷售表工作表的清單，在新工作表建立一個樞紐分析表和分頁欄表，分頁欄表的內容是業務員名稱，當在分頁欄選擇一位業務員

後，將在樞紐分析表內顯示該位業務員於 2021 年度和 2022 年度所銷售產品的統計資訊。

1： 將作用儲存格移至產品銷售表工作表的清單內，此例是放在 B3 位址。

2： 執行插入 / 表格 / 樞紐分析表。

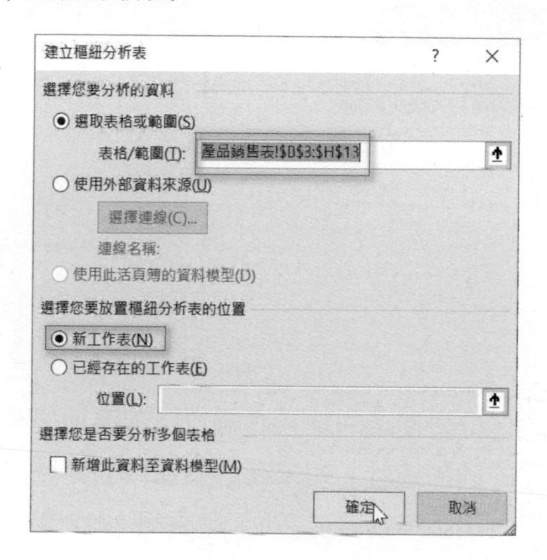

3： 出現建立樞紐分析表對話方塊，請執行上述設定，按確定鈕。

接下來請執行下列設定。

- 將業務員拖曳到報表篩選區。
- 將年度拖曳到列區。
- 將產品拖曳到欄區。
- 將銷售額拖曳到 Σ 值區。

上述處理觀念如下所示：

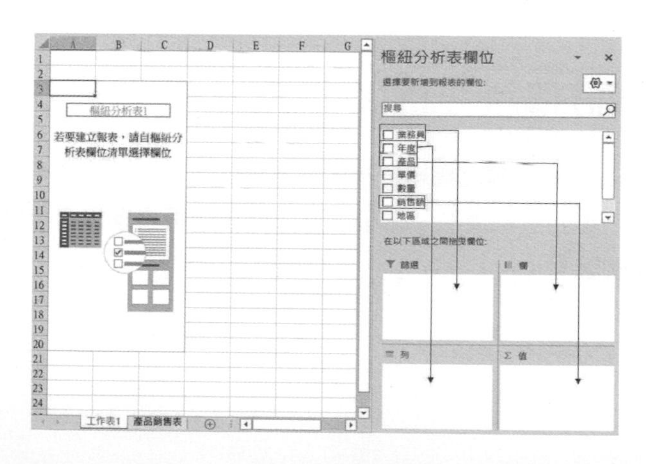

上述拖曳後可以得到結果，下列是筆者將列標籤改為年度，欄標籤改為產品的結果，筆者存入 ch17_7.xlsx。

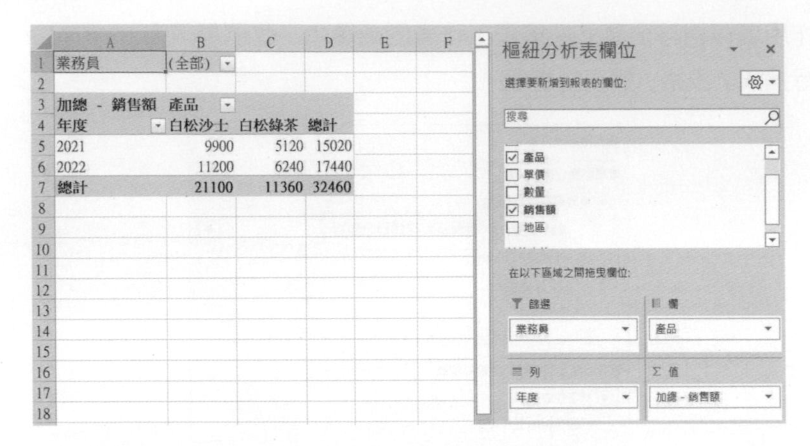

	A	B	C	D
1	業務員	(全部)		
2				
3	加總 - 銷售額	產品		
4	年度	白松沙士	白松綠茶	總計
5	2021	9900	5120	15020
6	2022	11200	6240	17440
7	總計	21100	11360	32460

在上述執行結果內，分頁區域的業務員欄位目前選項是全部，因此樞紐分析表將顯示各年度各項產品的銷售總計。如果在分頁區域的業務員欄位內選擇某特定的業務員，則樞紐分析表列出該業務員於 2021 年度和 2022 年度的銷售統計，下面是選業務員為白冰冰 (B1 位址選白冰冰) 時的執行結果。

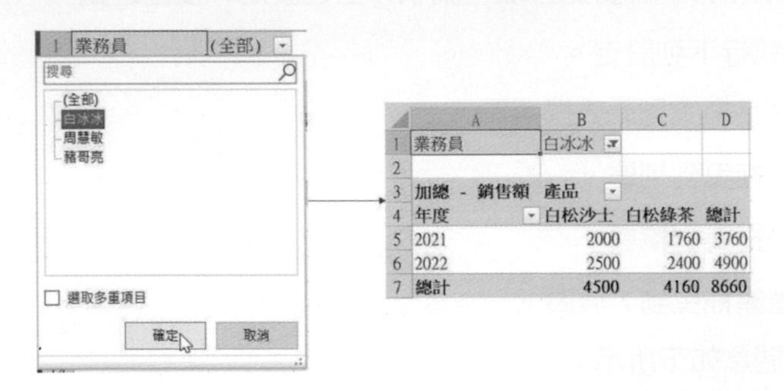

	A	B	C	D
1	業務員	白冰冰		
2				
3	加總 - 銷售額	產品		
4	年度	白松沙士	白松綠茶	總計
5	2021	2000	1760	3760
6	2022	2500	2400	4900
7	總計	4500	4160	8660

17-3 修訂樞紐分析表

在 17-2 節筆者介紹了建立樞紐分析表的方法了，也許會發生所建的樞紐分析表不符合您的期望，碰到這種情形，你可以進入樞紐分析表環境直接拖曳資料執行修改，下面將以實例說明。

17-3-1 增加列或欄

實例一：請使用 ch17_3.xlsx 工作表 1 的樞紐分析表，增加業務員欄位資料至列區。

1： 將作用儲存格移至樞紐分析表內，此例是放在 A3 位址。

2： 將業務員拖曳至列區，年度的下方，可以得到下列結果，筆者存入 ch17_8.xlsx。

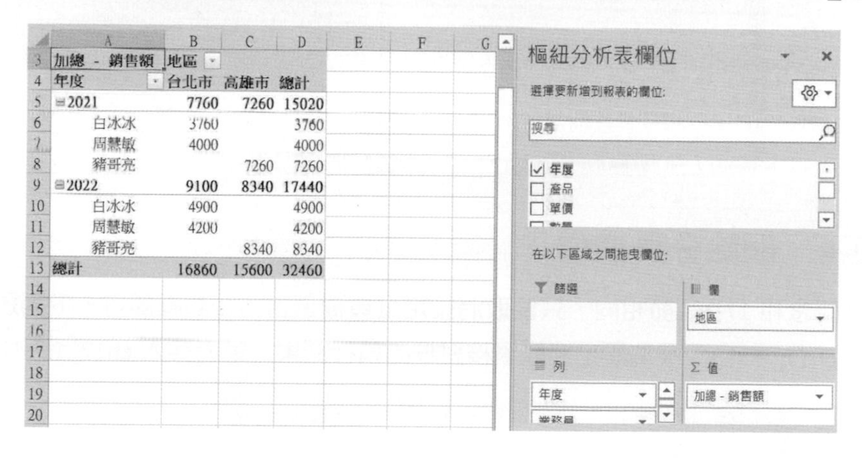

17-3-2 刪除列或欄

若想刪除樞紐分析表列或欄區域內的明細項目，只要將該項目的核對框按一下取消設定即可，下面是延續使用 ch17_8.xlsx 實例，刪除業務員資料項目的結果，結果存入 ch17_8_1.xlsx。

加總 - 銷售額	地區		
年度	台北市	高雄市	總計
2021	7760	7260	15020
2022	9100	8340	17440
總計	16860	15600	32460

樞紐分析表欄位

選擇要新增到報表的欄位:

搜尋

業務員

年度

產品

17-3-3 增加分頁欄位

其觀念不難，只要將欲增加的項目拖曳至報表篩選區即可，下列是延續前一小節實例，將業務員拖曳至報表篩選區的執行結果，筆者存入 ch17_9.xlsx。

17-3-4 刪除分頁欄位

其觀念和 17-3-3 節相同，只要取消設定分頁欄項目的核對框即可，下列是延續前一節 ch17_9.xlsx，取消設定業務員核對框的執行結果，筆者存入 ch17_10.xlsx。

17-3-5 組成群組或取消群組

你可以將樞紐分析表的某些欄位組成群組，以便可以使用較高的類別項。在樞紐分析表分析 / 群組 / 將欄位組成群組功能，可完成上述作業，欲取消群組，可以使用樞紐分析表分析 / 群組 / 取消群組功能。

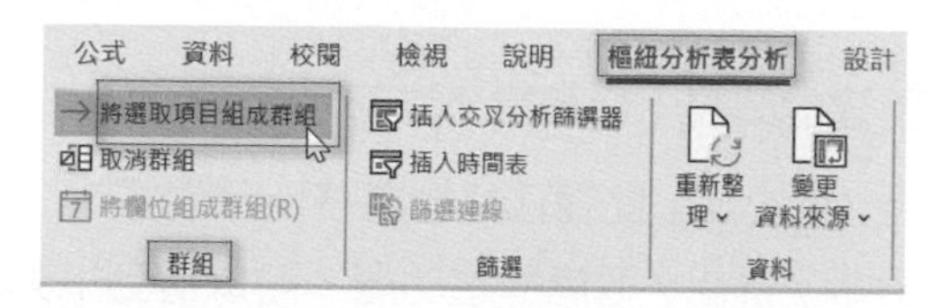

實例一：使用 ch17_5.xlsx 工作表 1，將白冰冰和周慧敏業務員擴充改組成業務一部，將豬哥亮改組成業務二部。

1： 選定 A6:A7 儲存格區間。

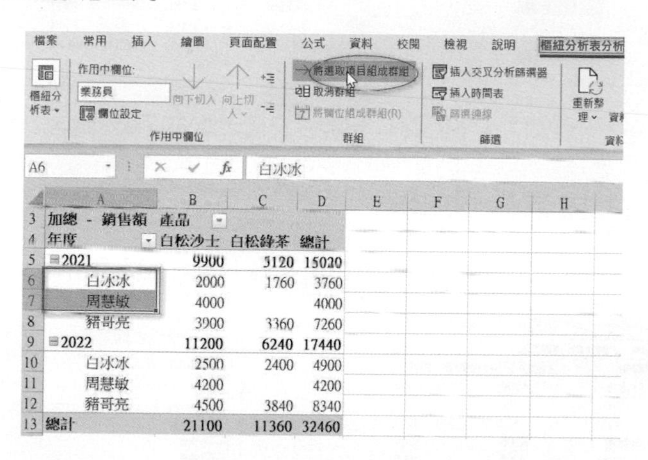

2： 執行樞紐分析表分析 / 群組 / 將欄位組成群組功能，可以得到下方左圖的結果。

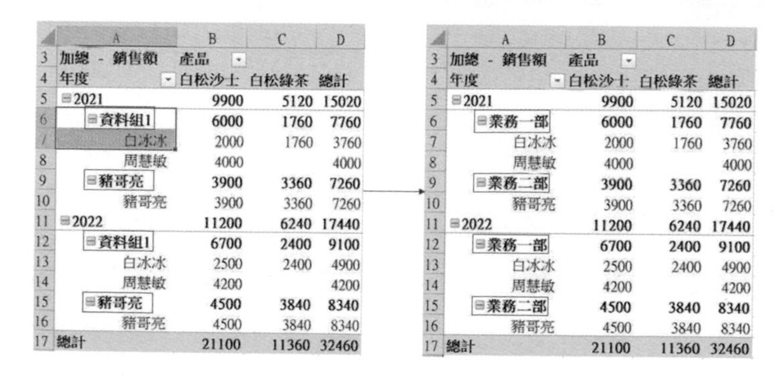

3： 請以更改儲存格資料方式執行下列修改。

步驟一：將 A6 儲存格由資料組 1 改成業務一部。

步驟二：將 A9 儲存格由豬哥亮改成業務二部。

經上述修改後 A12 和 A15 儲存格資料將隨著更改，上方右圖是執行結果，筆者存入 ch17_11.xlsx。

實例二：取消實例一所建的業務一部和業務二部群組。

1： 將作用儲存格移至 A6 位址，此儲存格含業務一部內容。

2： 執行樞紐分析表分析 / 群組 / 取消群組功能，可以得到下列結果。

→ 將選取項目組成群組
取消群組
將欄位組成群組(R)
群組

	A	B	C	D
3	加總 - 銷售額	產品		
4	年度	白松沙士	白松綠茶	總計
5	⊟2021	9900	5120	15020
6	白冰冰	2000	1760	3760
7	周慧敏	4000		4000
8	豬哥亮	3900	3360	7260
9	⊟2022	11200	6240	17440
10	白冰冰	2500	2400	4900
11	周慧敏	4200		4200
12	豬哥亮	4500	3840	8340
13	總計	21100	11360	32460

ch17_12.xlsx

17-3-6 更改列區數列順序

在 ch17_6.xlsx 的工作表 1，年度是在業務員下方，如下所示：

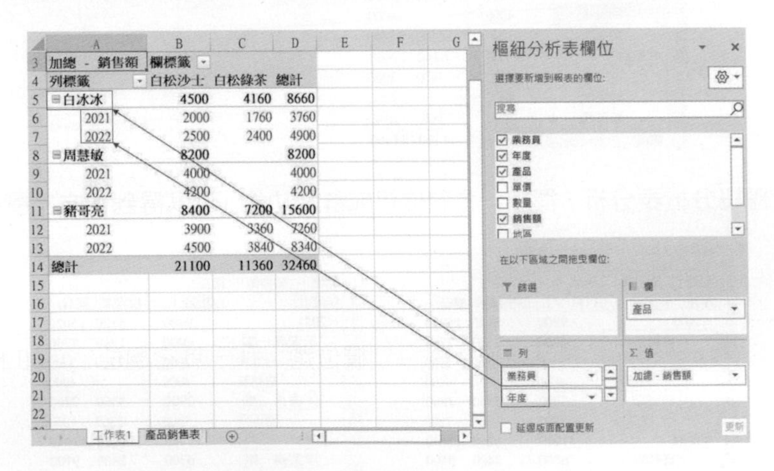

	A	B	C	D
3	加總 - 銷售額	欄標籤		
4	列標籤	白松沙士	白松綠茶	總計
5	⊟白冰冰	4500	4160	8660
6	2021	2000	1760	3760
7	2022	2500	2400	4900
8	⊟周慧敏	8200		8200
9	2021	4000		4000
10	2022	4200		4200
11	⊟豬哥亮	8400	7200	15600
12	2021	3900	3360	7260
13	2022	4500	3840	8340
14	總計	21100	11360	32460

如果要將年度放在業務員的上方，可以點選年度，再執行上移。

上移(U)
下移(D)
移動到開頭(G)
移動到最後(E)
移到報表篩選
移到列標籤
移到欄標籤
移到值
移除欄位
欄位設定(N)...
年度

	A	B	C	D
3	加總 - 銷售額	欄標籤		
4	列標籤	白松沙士	白松綠茶	總計
5	⊟2021	9900	5120	15020
6	白冰冰	2000	1760	3760
7	周慧敏	4000		4000
8	豬哥亮	3900	3360	7260
9	⊟2022	11200	6240	17440
10	白冰冰	2500	2400	4900
11	周慧敏	4200		4200
12	豬哥亮	4500	3840	8340
13	總計	21100	11360	32460

ch17_13.xlsx

17-3-7 更改資料區域的數字格式

若想更改樞紐分析表的資料格式，可以將作用儲存格移至資料區任一儲存格，再按一下滑鼠右邊鍵，開啟快顯功能表，同時執行數字格式指令。

實例一：使用 ch17_5.xlsx 的工作表 1，令樞紐分析表的資料欄含金錢符號 $，及每 3 位數有一個逗點。

1： 選取 B5:D13 儲存格區間。

	A	B	C	D
3	加總 - 銷售額	產品		
4	年度	白松沙士	白松綠茶	總計
5	⊟2021	9900	5120	15020
6	白冰冰	2000	1760	3760
7	周慧敏	4000		4000
8	豬哥亮	3900	3360	7260
9	⊟2022	11200	6240	17440
10	白冰冰	2500	2400	4900
11	周慧敏	4200		4200
12	豬哥亮	4500	3840	8340
13	總計	21100	11360	32460

2： 將滑鼠游標移至 B5 位址，按一下滑鼠右邊鍵，開啟快顯功能表，執行儲存格格式指令。

3： 出現設定儲存格格式對話方塊，在類別欄位選貨幣，其它欄位設定如下：

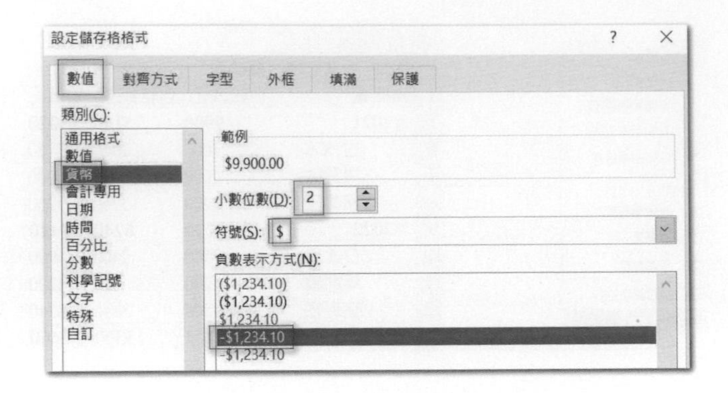

4： 按確定鈕，可以得到下列執行結果，筆者存入 ch17_14.xlsx。

	A	B	C	D
3	加總 - 銷售額	產品		
4	年度	白松沙士	白松綠茶	總計
5	⊟2021	**$9,900.00**	**$5,120.00**	**$15,020.00**
6	白冰冰	$2,000.00	$1,760.00	$3,760.00
7	周慧敏	$4,000.00		$4,000.00
8	豬哥亮	$3,900.00	$3,360.00	$7,260.00
9	⊟2022	**$11,200.00**	**$6,240.00**	**$17,440.00**
10	白冰冰	$2,500.00	$2,400.00	$4,900.00
11	周慧敏	$4,200.00		$4,200.00
12	豬哥亮	$4,500.00	$3,840.00	$8,340.00
13	總計	**$21,100.00**	**$11,360.00**	**$32,460.00**

17-3-8 找出年度最好的業務員

可以使用排序功能將業務員一業績由大到小排序，就可以找出最優秀的業務員，同時當我們對某一年度執行排序時，其他年度也將連動排序。

實例一：使用 ch17_14.xlsx 的工作表 1，將業務員一業績由大到小排序。

1： 選取 D6:D8。

2： 執行常用 / 編輯 / 排序與篩選 / 從最大到最小排序。

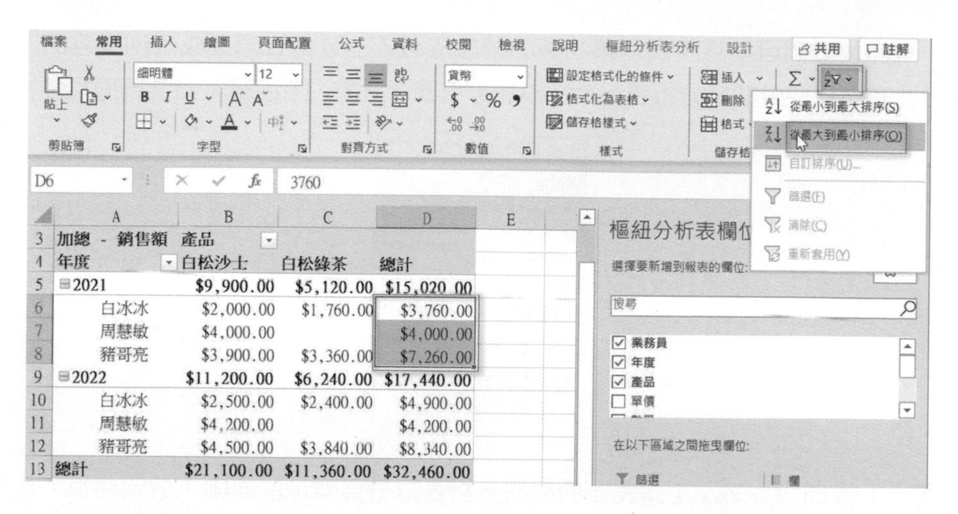

3： 可以得到 2021 和 2022 年度已經依業務員的業績由大到小排序了，結果存入 ch17_15.xlsx。

	A	B	C	D
3	加總 - 銷售額	產品		
4	年度	白松沙士	白松綠茶	總計
5	2021	$9,900.00	$5,120.00	$15,020.00
6	豬哥亮	$3,900.00	$3,360.00	$7,260.00
7	周慧敏	$4,000.00		$4,000.00
8	白冰冰	$2,000.00	$1,760.00	$3,760.00
9	2022	$11,200.00	$6,240.00	$17,440.00
10	豬哥亮	$4,500.00	$3,840.00	$8,340.00
11	白冰冰	$2,500.00	$2,400.00	$4,900.00
12	周慧敏	$4,200.00		$4,200.00
13	總計	$21,100.00	$11,360.00	$32,460.00

17-3-9 分頁的顯示

請參考 ch17_7.xlsx 的工作表 1，有建立一個含分頁的樞紐分析表，請選定分頁欄位的業務員為 (全部)，可得到下列結果。

	A	B	C	D
1	業務員	(全部)		
2				
3	加總 - 銷售額	產品		
4	年度	白松沙士	白松綠茶	總計
5	2021	9900	5120	15020
6	2022	11200	6240	17440
7	總計	21100	11360	32460

有時候我們可能想將個別業務員的銷售成績依上述格式建立成個別獨立的工作表，此時可以使用樞紐分析表分析 / 樞紐分析表 / 選項 / 顯示報表篩選頁面功能。

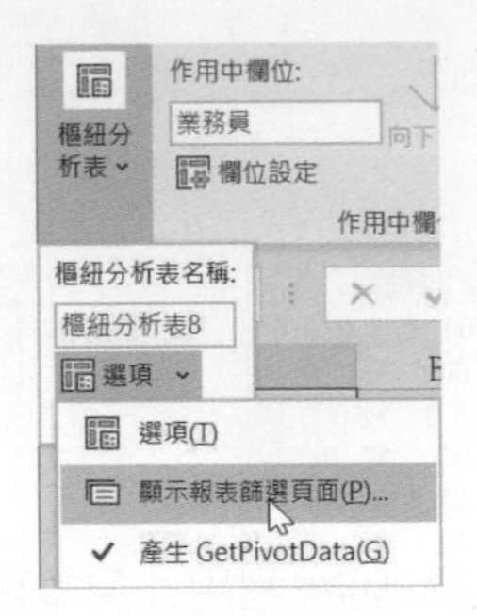

實例一：將 ch17_7.xlsx 工作表 1 的樞紐分析表以分頁顯示的原則，分別將每一個業務員的銷售資料建立成個別獨立的工作表。

1： 將作用儲存格移至工作表 1 的樞紐分析表內，此例是 A1。

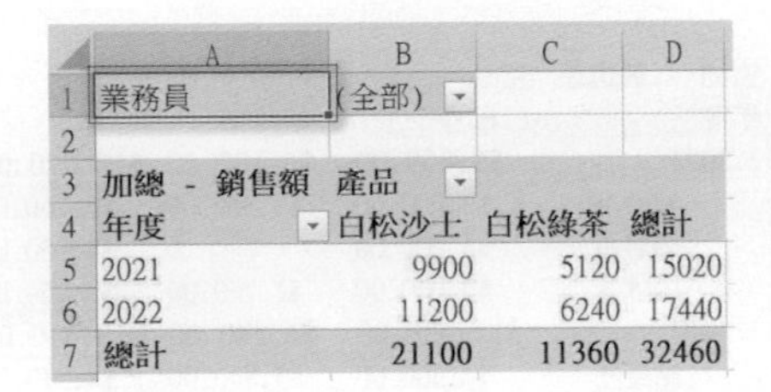

	A	B	C	D
1	業務員	(全部)		
2				
3	加總 - 銷售額	產品		
4	年度	白松沙士	白松綠茶	總計
5	2021	9900	5120	15020
6	2022	11200	6240	17440
7	總計	21100	11360	32460

2： 執行樞紐分析表分析 / 樞紐分析表 / 選項 / 顯示報表篩選頁面。

3： 出現顯示報表篩選頁面對話方塊。

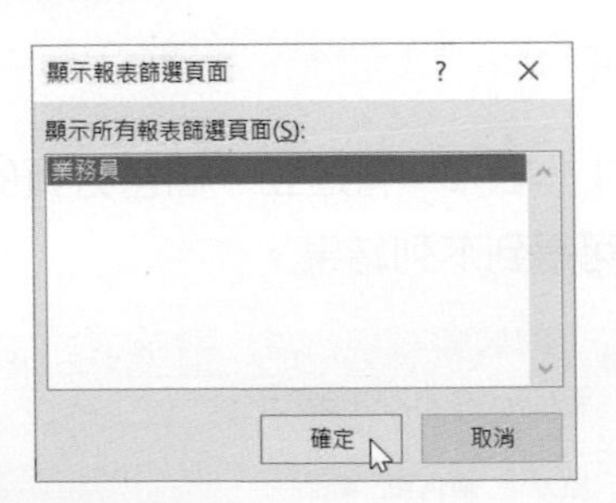

4： 如果篩選頁面含有多個欄位，則必須在上述對話方塊內選擇適當的欄位名稱，此例由於篩選頁面區域只有業務員欄位，所以碰上上述對話方塊只要按下確定鈕即可，執行結果存入 ch17_16.xlsx。

	A	B	C	D	E
1	業務員	白冰冰			
2					
3	加總 - 銷售額	產品			
4	年度	白松沙士	白松綠茶	總計	
5	2021	2000	1760	3760	
6	2022	2500	2400	4900	
7	總計	4500	4160	8660	
8					

白冰冰 | 周慧敏 | 豬哥亮 | 工作表1 | 產品銷售表

17-3-10 更新資料

若是發生更改來源清單的資料時，利用此清單所建的樞紐分析表內的資料是不會自動更新的，若是希望也能更新樞紐分析表的資料，必須執行樞紐分析表分析 / 資料 / 重新整理 / 重新整理指令。

實例一：請繼續使用 ch17_16.xlsx，嘗試更改來源清單的工作表資料，再執行重新整理，以觀察樞紐分析表的執行結果。

1： 從樞紐分析表可知，2021 年度白冰冰銷售白松沙士是 2000(B5 位址)。

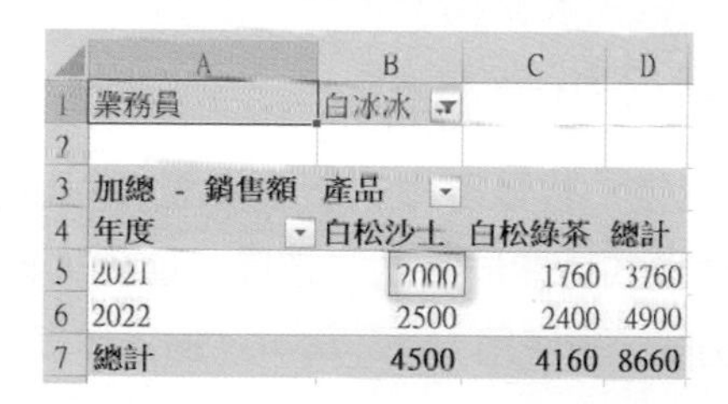

	A	B	C	D
1	業務員	白冰冰		
2				
3	加總 - 銷售額	產品		
4	年度	白松沙士	白松綠茶	總計
5	2021	2000	1760	3760
6	2022	2500	2400	4900
7	總計	4500	4160	8660

2： 請切換回產品銷售表工作表，同時將 F4 儲存格白松沙士銷售數量改成 300，此時 G4 儲存格自動改成 3000，如下所示：

	A	B	C	D	E	F	G	H
2		白松飲料公司銷售表						
3		業務員	年度	產品	單價	數量	銷售額	地區
4		白冰冰	2021	白松沙士	10	300	3000	台北市
5		白冰冰	2021	白松綠茶	8	220	1760	台北市
6		白冰冰	2022	白松沙士	10	250	2500	台北市

3： 此時若切換回白冰冰工作表，可以看到 2021 年度白冰冰所銷售的白松沙士銷售額未更改，如下所示：

	A	B	C	D
1	業務員	白冰冰		
2				
3	加總 - 銷售額	產品		
4	年度	白松沙士	白松綠茶	總計
5	2021	2000	1760	3760
6	2022	2500	2400	4900
7	總計	4500	4160	8660

4： 執行樞紐分析表分析 / 資料 / 重新整理 / 重新整理指令。

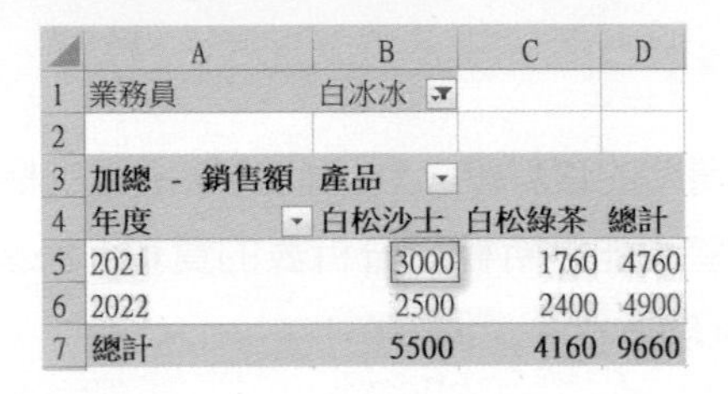

	A	B	C	D
1	業務員	白冰冰		
2				
3	加總 - 銷售額	產品		
4	年度	白松沙士	白松綠茶	總計
5	2021	3000	1760	4760
6	2022	2500	2400	4900
7	總計	5500	4160	9660

其實如果讀者現在切換至其它工作表也將發現其它工作表內有關白冰冰年度銷售的白松沙士已經更新了。為了保存上述執行結果，請將上述執行結果存至 ch17_17.xlsx 檔案內。

17-3-11 套用樞紐分析表樣式

樞紐分析表建立完成後，若覺得樣式不太滿意，可以使用樞紐分析表工具，設計標籤，在樞紐分析表樣式功能群組內，選擇一種樣式套用在所建的樞紐分析表內。在講解接下來的實例前，請使用 ch17_15.xlsx 的工作表 1。

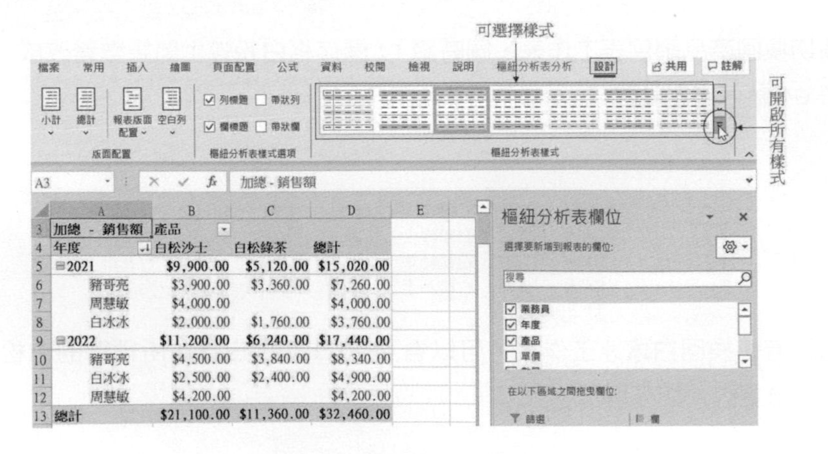

只要將滑鼠游標移至某一樣式，樞紐分析表將立即更新供您預覽，下列是示範輸出。

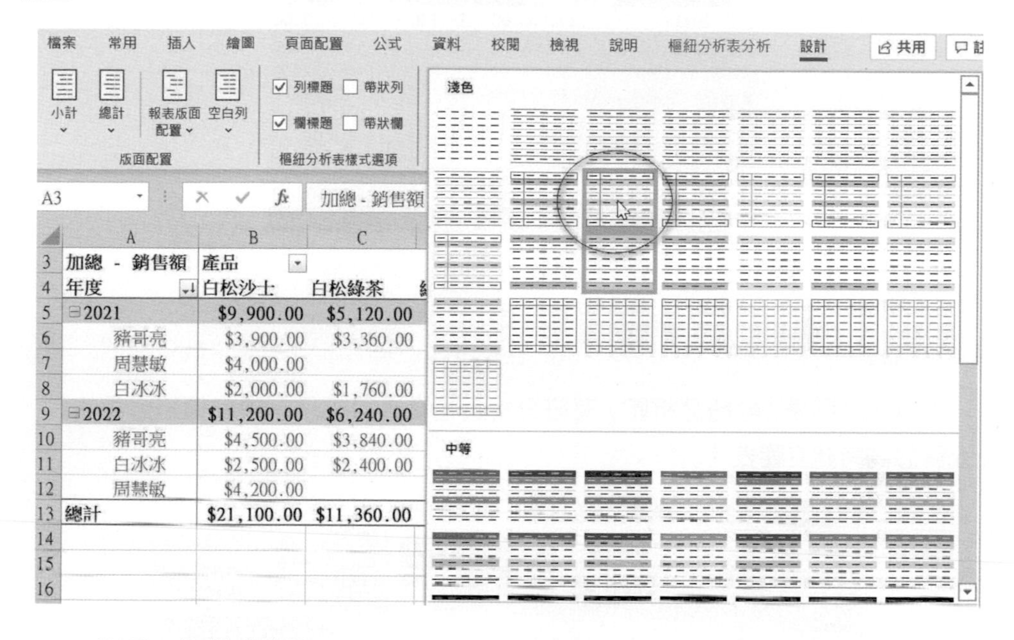

下列是一個樣式實例。

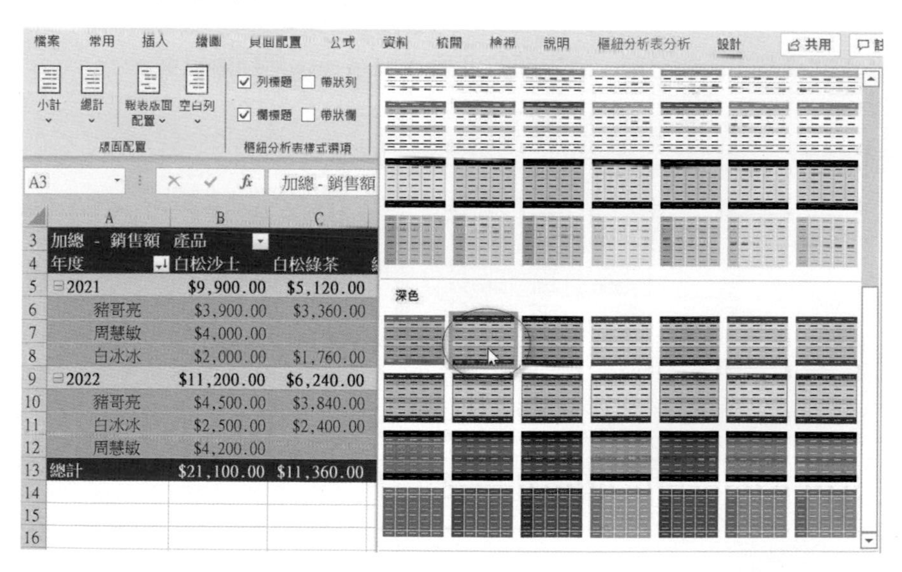

可以得到下列結果，筆者存入 ch17_18.xlsx。

	A	B	C	D
3	加總 - 銷售額	產品		
4	年度	白松沙士	白松綠茶	總計
5	⊟2021	$9,900.00	$5,120.00	$15,020.00
6	豬哥亮	$3,900.00	$3,360.00	$7,260.00
7	周慧敏	$4,000.00		$4,000.00
8	白冰冰	$2,000.00	$1,760.00	$3,760.00
9	⊟2022	$11,200.00	$6,240.00	$17,440.00
10	豬哥亮	$4,500.00	$3,840.00	$8,340.00
11	白冰冰	$2,500.00	$2,400.00	$4,900.00
12	周慧敏	$4,200.00		$4,200.00
13	總計	$21,100.00	$11,360.00	$32,460.00

17-4 樞紐分析圖

在插入 / 圖表 / 樞紐分析圖 / 樞紐分析圖指令，可供您在建立樞紐分析表時，也允許您同時建立圖表。

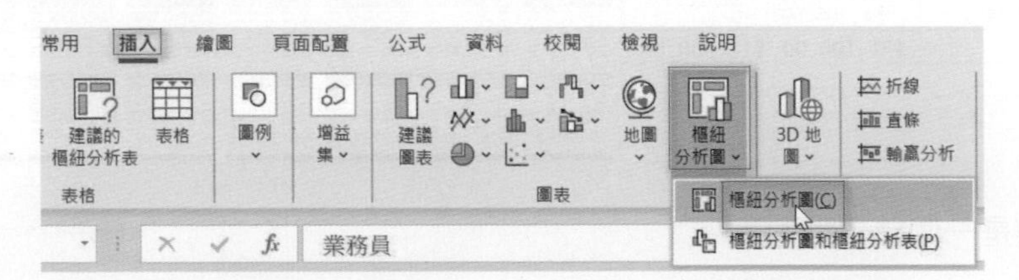

在正式講解本節觀念前，請先開啟下列 ch17_1.xlsx 活頁簿檔案。

	A	B	C	D	E	F	G	H
2		白松飲料公司銷售表						
3		業務員	年度	產品	單價	數量	銷售額	地區
4		白冰冰	2021	白松沙士	10	200	2000	台北市
5		白冰冰	2021	白松綠茶	8	220	1760	台北市
6		白冰冰	2022	白松沙士	10	250	2500	台北市
7		白冰冰	2022	白松綠茶	8	300	2400	台北市
8		周慧敏	2021	白松沙士	10	400	4000	台北市
9		周慧敏	2022	白松沙士	10	420	4200	台北市
10		豬哥亮	2021	白松沙士	10	390	3900	高雄市
11		豬哥亮	2021	白松綠茶	8	420	3360	高雄市
12		豬哥亮	2022	白松沙士	10	450	4500	高雄市
13		豬哥亮	2022	白松綠茶	8	480	3840	高雄市

請將作用儲存格放在 B3，執行插入 / 圖表 / 樞紐分析圖 / 樞紐分析圖指令，出現建立樞紐分析圖對話方塊。

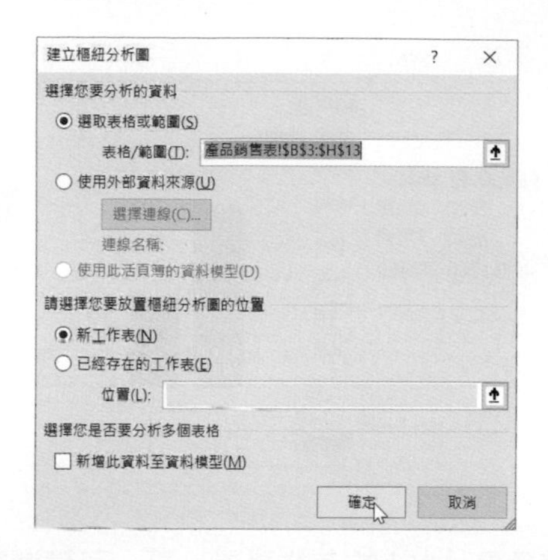

請參考上述設定，請按確定鈕。

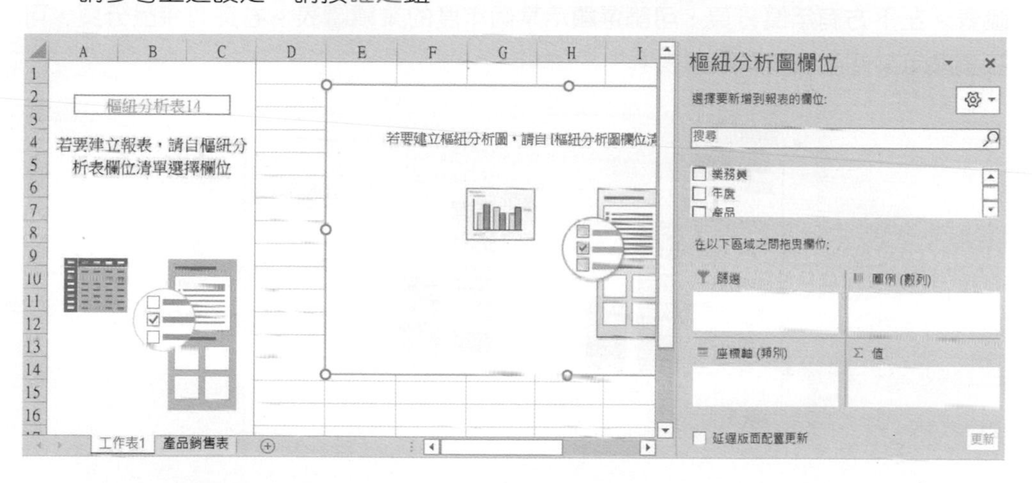

請執行下列設定。

將業務員欄位移至篩選欄位。

將年度欄位移至座標軸欄位。

將產品欄位移至圖例 (數列) 欄位。

將銷售額欄位移至 Σ 值欄位。

將 B3 的欄標籤改為產品，將 A4 的列標籤改為年度，可以得到下列同時建立樞紐分析表和圖表的結果，筆者存入 ch17_19.xlsx。

	A	B	C	D
1	業務員	(全部)		
2				
3	加總 - 銷售額	產品		
4	年度	白松沙士	白松綠茶	總計
5	2021	9900	5120	15020
6	2022	11200	6240	17440
7	總計	21100	11360	32460

業務員
加總 - 銷售額
12000
10000
8000
6000
4000
2000
0
2021
2022
產品
白松沙士
白松綠茶
年度

上述圖表最大的特色是，左上方有業務員分頁，可篩選顯示某個業務員的業績圖表。左下方有年度分頁，可篩選顯示某個年度的業績圖表。右邊有產品分頁，可篩選顯示某個產品的業績圖表。

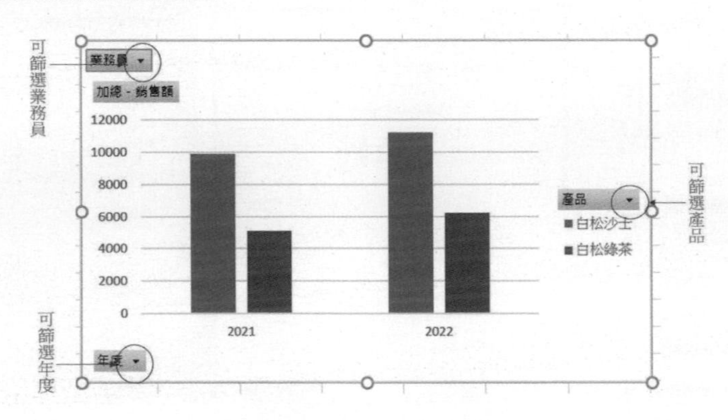

同時上述圖表是和樞紐分析表連動，當有篩選發生時，樞紐分析表將同步變更顯示，下列是筆者篩選年度是 2022 年的結果。

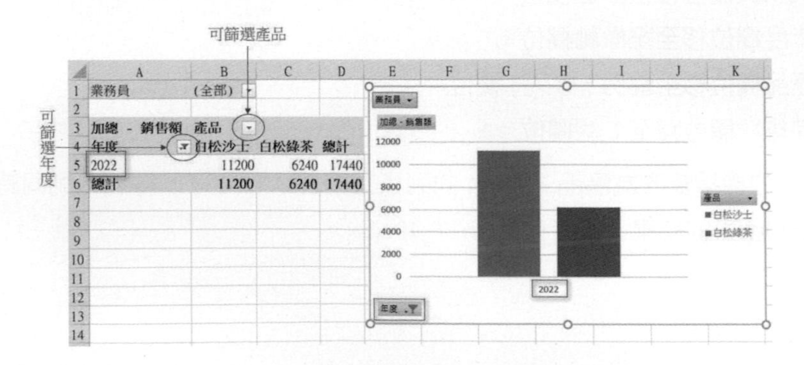

為了保存上述執行結果，請將上述篩選的執行結果存至 ch17_20.xlsx 檔案內。

CHAPTER

18

規劃求解的應用

18-1 目標

18-2 資料表的應用

18-3 分析藍本管理員

如果您購買了一幢房子，此時您必須考慮銀行所提供的貸款金額、年利率及還款期限，也許每家銀行所提供的條件不盡相同，應如何選擇一個最有利於自己且自己能負擔的貸款呢？

Microsoft Excel 提供了上述問題的解決方法，可立即分析各種條件及列出分析結果，使用者可依自己的狀況做最佳的抉擇。

18-1 目標

18-1-1 基本觀念

如果您有一間公司，可能會為公司設定一個營業淨利的目標，但是您可能不知道究竟要銷售多少產品的業績才可達到這個目標，此時可以藉助目標搜尋功能。

一般 Excel 要計算這類問題須使用下列方法：

業績 * 毛利 – 公司開銷 = 營業淨利 (???)

目標搜尋觀念是先有目標值，例如：先假設公司要獲利 100 萬，再推算需要做多少業績才可達到獲利 100 萬：

業績 (???) * 毛利 – 公司開銷 = 營業淨利 100 萬

實例一：假設有一間公司每年開銷是 100 萬的營業淨利計算方式是，如下所示：

營業額 (???) * 20% = 營業毛利

公司若是希望當年度可以獲利 200 萬，必須做到多少營業額。

營業毛利 – 100 萬 = 營業淨利 200 萬

1： 首先將上述問題轉成 Excel 表單 ch18_1.xlsx。

	A	B	C
1			
2		深智公司	
3		營業額	
4		毛利率	20%
5		毛利	0
6		費用	1000000
7		淨利	-1000000

變數儲存格（C3）

目標儲存格（C7）

我們的目標是獲利 200 萬，我們將放置此目標的儲存格 C7 稱目標儲存格，不同的營業額會影響獲利，我們將放置此會變化的儲存格稱 C3 稱變數儲存格，上述有幾個儲存格是用公式產生，如下所示：

C5 = C3*C4 ---- 計算毛利
C7 = C5-C6 ---- 計算淨利

由於我們尚未給出營業額，所以毛利是 0，造成 C7 的淨利暫時是 -1000000。

2： 將作用儲存格移至 C7。

3： 執行資料 / 預測 / 模擬分析 / 目標搜尋指令。

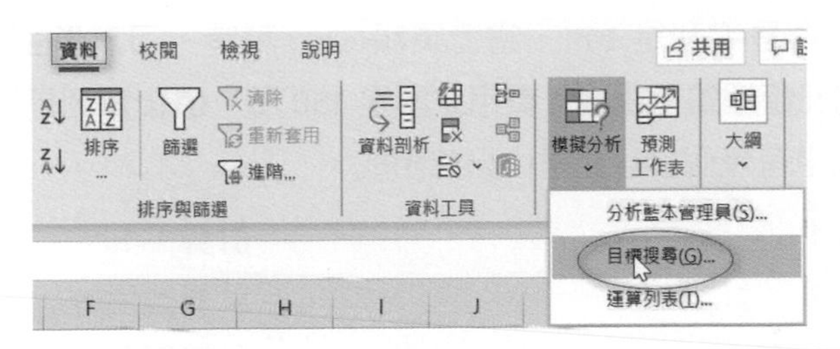

4： 出現目標搜尋對話方塊，將目標儲存格欄位填上 C7，目標值欄位填上 2000000，變數儲存格欄位填上 C3。

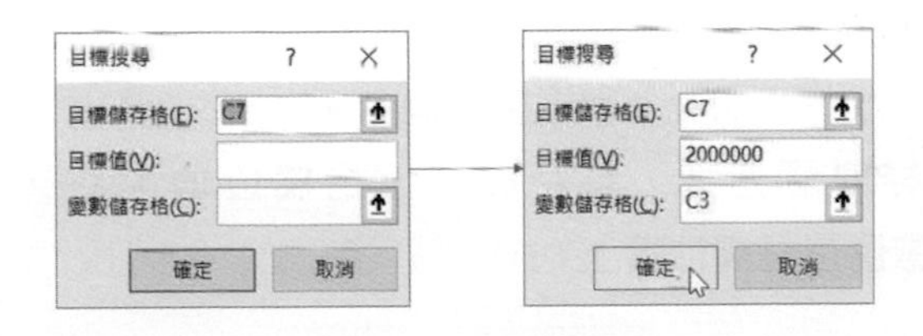

5： 上述按確定鈕，可以得到下列結果，筆者存入 ch18_2.xlsx。

	A	B	C
1			
2		深智公司	
3		營業額	15000000
4		毛利率	20%
5		毛利	3000000
6		費用	1000000
7		淨利	2000000
8			

目標搜尋狀態
對儲存格 C7 進行求解，已求得解答。
目標值: 2000000
現有值: 2000000
逐步執行(S)
暫停(P)
確定
取消

從上述可以看到營業額需要做到 1500 萬，才可以達到獲利 200 萬。

18-1-2 企業案例 – 需要達到多少業績才可達到獲利目標

實際企業我們可能已經有一個報表了，如下 ch18_3.xlsx 所示：

	A	B	C	
1				
2		深智公司		
3		營業額	12000000	← 變數儲存格
4		毛利率	30%	
5		毛利	3600000	
6		費用	1500000	
7		人事費用	900000	
8		管理費用	600000	
9		淨利	2100000	← 目標儲存格

上述報表內容是毛利是 30%，當營業額 1200 萬時，可以產生 360 萬毛利，費用是由人事費用和管理費用組成，費用金額是 150 萬，最後淨利是 210 萬。

在這個報表中有幾個儲存格是由公式組成。

C5 = C3*C4 ---- 計算毛利

C6 = C7+C8 ---- 計算費用

C9 = C5-C6 ---- 計算淨利

實例一：計算當業績要達到多少，才可以達到獲利 300 萬。

1： 將作用儲存格放在 C9。

2： 執行資料 / 預測 / 模擬分析 / 目標搜尋指令。

3： 出現目標搜尋對話方塊，將目標儲存格欄位填上 C9，目標值欄位填上 3000000，變數儲存格欄位填上 C3。

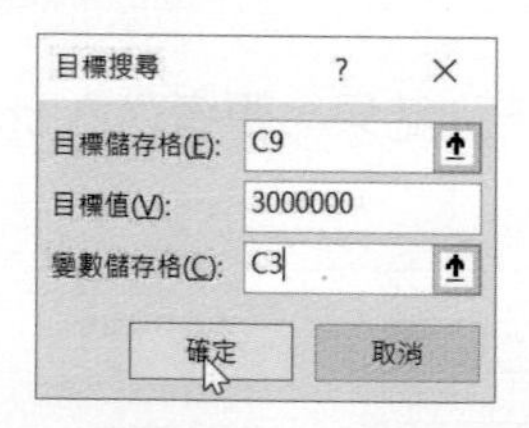

4： 上述按確定鈕，可以得到下列結果，筆者存入 ch18_4.xlsx。

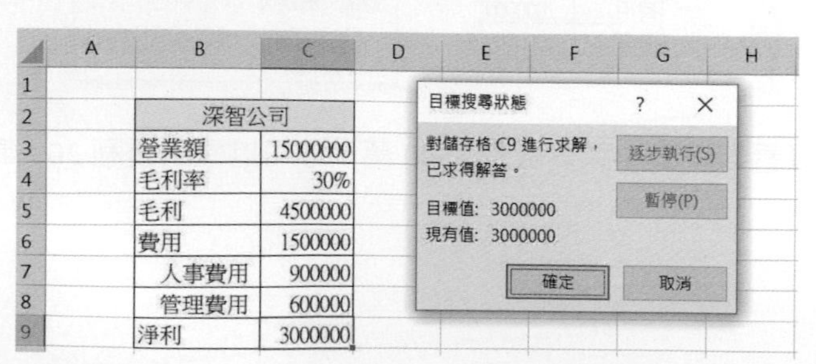

從上述可以看到業績需要 1500 萬，才可以達到淨利是 300 萬。

18-2 資料表的應用

資料表主要目的是提供一種計算法則，供您在一次操作中便可完成多組數值資料的運算，以便可觀察各項變數在某範圍內更動時對結果所產生的影響。

資料表的類型有下列兩類。

❑ **單變數資料表**

利用輸入一個變數的不同值，然後觀察此變數對一個或多個公式的影響。例如：

❑ **雙變數資料表**

利用輸入兩個變數的不同值，然後觀察這些變數對某個公式的影響。

18-2-1 PMT() 函數

由於接下來介紹運算列表的實例前需使用 PMT() 函數，因此，筆者特別先介紹此函數的用法。PMT() 函數 (Periodic Payment) 主要是根據固定利率、分期付款和貸款金額，以求出每期應償還貸款金額，本函數的使用格式如下：

PMT(rate,nper,pv,fv,type)

上述各參數的意義如下：

rate：每期的利率。

nper：付款期數。

pv：貸款金額。

fv：未來的終值，一般銀行貨款此值是 0，省略此欄則預設值為 0。

type：為 0 或省略此欄位值時，代表期末付款。為 1 則為期初付款。

實例一：列出 PMT(10%/12,20,5000) 的執行結果。

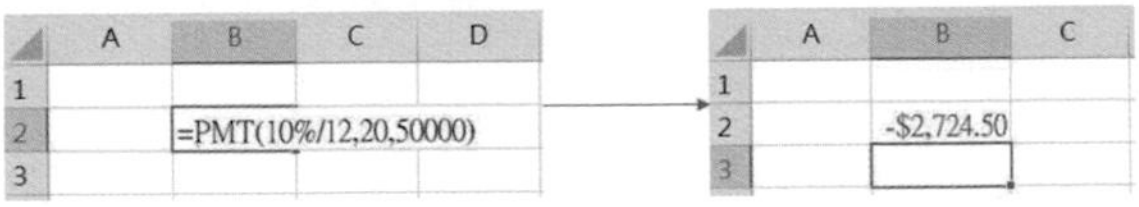

	A	B	C	D
1				
2		=PMT(10%/12,20,50000)		
3				

	A	B	C
1			
2		-$2,724.50	
3			

上述函數將傳回 -2724.5。上述實例是指當貸款為 50000 元時，若年利率是 10%，若分 20 期 (每期一個月) 時，每期應付 2724.5 元。

實例二：列出 PMT(8%/12,60,0,50000) 的執行結果。

	A	B	C	D
1				
2		=PMT(8%/12,60,0,50000)		
3				

→

	A	B	C
1			
2		-$680.49	
3			

上述函數將傳回 -680.49。上述實例是指若年利率是 8%，若期待每個月定期存錢，連續存 5 年 (5*12=60 個月)，若想在 5 年後有存款 50000 元，則每月需存款 680.49 元。

在上述實例中，傳回值皆是負值，因為這是還款的關係，若希望傳回值是正值，請在 PMT() 函數第 3 個參數或第 4 個參數輸入負值。或是有的人直接使用在 "=" 後面加上 "- “符號。

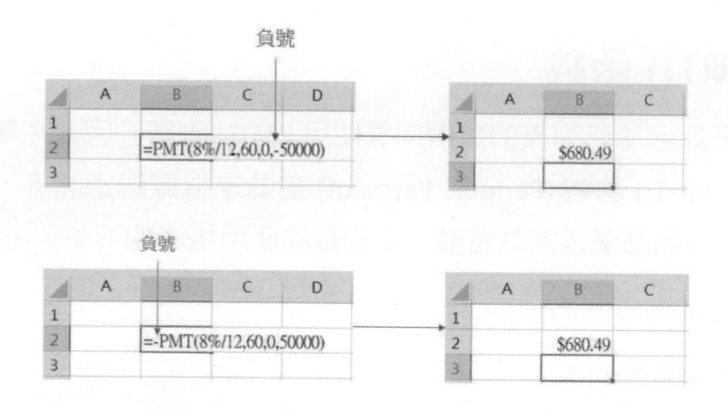

若想觀察某個變數的更動對一個公式的影響，可使用單變數資料表。

18-2-2 單變數資料表

企業經營貸款是很平凡的事，我們可以使用本節的觀念計算可以貸款的金額，與在不同貸款期限下，企業應支付的每個月還款金額。

實例一：請參考 ch18_5.xlsx 的貸款計畫工作表，假設貸款金額是 100 萬，貸款年限是 3 年，每期一個月相當於是 36 期，請計算當年利率為 2.00% 時，每期付款金額。

	A	B	C	D	E	F	G
1							
2		貸款計劃書				貸款計劃書	
3		貸款金額	元	1000000		貸款金額	1000000
4		利息	%	2.00%		利息	2.00%
5		貸款期限	年	3		貸款期限(年)	每月還款金額
6		每月還款金額	元			3	
7						4	
8						5	
9						6	

1： 請將作用儲存格放在 D6。

2： 在 D6 儲存格輸入公式 "=-PMT(D4/12,D5*12,D3)"。

SUM　=-PMT(D4/12,D5*12,D3)

	A	B	C	D	E	F	G
1							
2		貸款計劃書				貸款計劃書	
3		貸款金額	元	1000000		貸款金額	1000000
4		利息	%	2.00%		利息	2.00%
5		貸款期限	年	3		貸款期限(年)	每月還款金額
6		每月還款金額	元	=-PMT(D4/12,D5*12,D3)			
7						4	
8						5	
9						6	

3： 按 Enter 鍵可以得到每個月的還款金額是 28643，筆者將結果存入 ch18_6.xlsx。

	A	B	C	D	E	F	G
1							
2		貸款計劃書				貸款計劃書	
3		貸款金額	元	1000000		貸款金額	1000000
4		利息	%	2.00%		利息	2.00%
5		貸款期限	年	3		貸款期限(年)	每月還款金額
6		每月還款金額	元	28643		3	
7						4	
8						5	
9						6	

上述是單一公式可以處理，如果變更貸款期限或其他條件時，必須重新輸入或建立資料，有一點不方便。

接著我們要擴充上述觀念到相同的貸款利率與貸款金額條件，然後計算不同貸款年限，這就是本節的主題單變數資料表，由於貸款年限是變化的，所以貸款年限就是所謂的變數，因為這類應用變數只有一個所以稱單變數。

實例二：使用 ch18_6.xlsx 的貸款計畫工作表，計算當貸款 100 萬，利息 2%，貸款期限是 4、5、6 年時，每個月的還款金額。

1： 請將作用儲存格放在 G6，這個儲存格必須含有前一個實例的運算列表公式，此例請輸入 "=D6"。

SUM =D6

	A	B	C	D	E	F	G
1							
2		貸款計劃書				貸款計劃書	
3		貸款金額	元	1000000		貸款金額	1000000
4		利息	%	2.00%		利息	2.00%
5		貸款期限	年	3		貸款期限(年)	每月還款金額
6		每月還款金額	元	28643		3	=D6
7						4	
8						5	
9						6	

2： 請按 Enter 鍵，這時 G6 儲存格的值是一個數值，不過數值底下隱含的是運算列表的公式。

	A	B	C	D	E	F	G
1							
2		貸款計劃書				貸款計劃書	
3		貸款金額	元	1000000		貸款金額	1000000
4		利息	%	2.00%		利息	2.00%
5		貸款期限	年	3		貸款期限(年)	每月還款金額
6		每月還款金額	元	28643		3	28643
7						4	
8						5	
9						6	

3： 選取 F6:G9 儲存格區間。

4： 執行資料 / 預測 / 模擬分析 / 運算列表功能。

5： 出現運算列表對話方塊，對這個實例而言是一個單變數的應用，變數是還款期限 (年)。貸款金額是固定 100 萬，由於還款年限是欄變數，所以在欄變數儲存格輸入絕對參照 "$D$5"。最後運算列表對話方塊如下：

	A	B	C	D	E	F	G
1							
2		貸款計劃書				貸款計劃書	
3		貸款金額	元	1000000		貸款金額	1000000
4		利息	%	2.00%		利息	2.00%
5		貸款期限	年	3		貸款期限(年)	每月還款金額
6		每月還款金額	元	28643		3	28643
7						4	
8						5	
9						6	
10							
11							
12							

欄變數儲存格

欄

運算列表 ? ×
列變數儲存格(R):
欄變數儲存格(C): $D$5
確定 取消

6： 按確定鈕後，可以得到下列結果，筆者存入 ch18_7.xlsx。

	A	B	C	D	E	F	G
1							
2		貸款計劃書				貸款計劃書	
3		貸款金額	元	1000000		貸款金額	1000000
4		利息	%	2.00%		利息	2.00%
5		貸款期限	年	3		貸款期限(年)	每月還款金額
6		每月還款金額	元	28643		3	28643
7						4	21695
8						5	17528
9						6	14750

18-2-3 雙變數資料表

若想觀察兩個變數的更動對一個公式的影響，可使用雙變數資料表觀念，這一節我們將擴充前一小節的實例。

實例一：請參考 ch18_8.xlsx 的貸款計畫工作表，假設貸款金額是 100 萬，貸款年限是 5 年，每期一個月相當於是 60 期，請計算當年利率為 2.00% 時，每期付款金額。這個實例的步驟與 18-2-2 節實例一的步驟相同，只是右邊 F2:H7 儲存格區間有一些差異。

	A	B	C	D	E	F	G	H
1								
2		貸款計劃書				貸款計劃書		
3		貸款金額	元	1000000			貸款金額	
4		利息	%	2.00%				1000000
5		貸款期限	年	5		貸款期限(年)	4	
6		每月還款金額	元				5	
7							6	

1： 請將作用儲存格放在 D6。

2： 在 D6 儲存格輸入公式 "=-PMT(D4/12,D5*12,D3)"。

SUM =-PMT(D4/12,D5*12,D3)

	A	B	C	D	E	F	G	H
1								
2		貸款計劃書				貸款計劃書		
3		貸款金額	元	1000000			貸款金額	
4		利息	%	2.00%				1000000
5		貸款期限	年	5		貸款期限(年)	4	
6		每月還款金額	元	D5*12,D3)			5	
7							6	

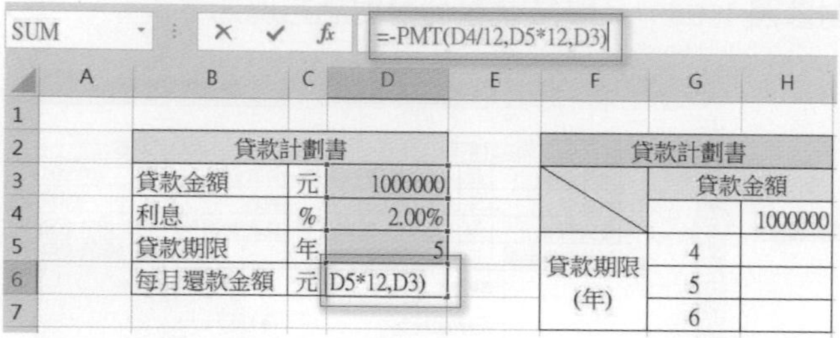

3： 按 Enter 鍵可以得到每個月的還款金額是 17528，筆者將結果存入 ch18_9.xlsx。

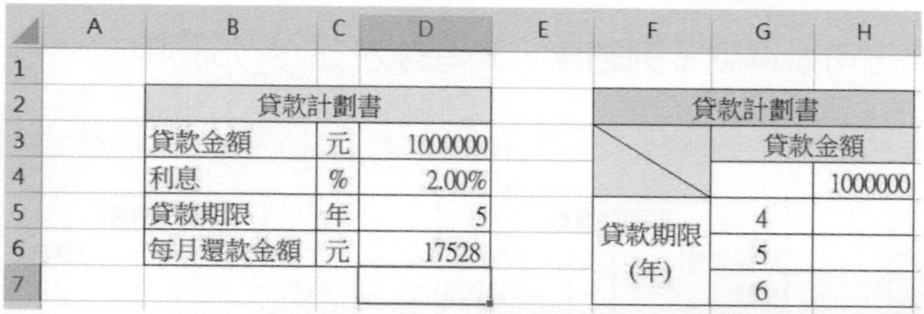

	A	B	C	D	E	F	G	H
1								
2		貸款計劃書				貸款計劃書		
3		貸款金額	元	1000000			貸款金額	
4		利息	%	2.00%				1000000
5		貸款期限	年	5		貸款期限(年)	4	
6		每月還款金額	元	17528			5	
7							6	

接著我們要擴充上述觀念到相同的貸款利率與貸款金額條件，然後計算不同貸款年限，請注意：雖然貸款金額不變，但是筆者增加一列放置貸款金額，這時就產生了列變數，貸款年限則仍然是所謂的欄變數，因為這類應用變數有 2 個所以稱雙變數。

實例二：使用 ch18_9.xlsx 的貸款計畫工作表，計算當貸款 100 萬，利息 2%，貸款期限是 4、5、6 年時，每個月的還款金額。

1： 請將作用儲存格放在 G4，這個儲存格必須含有前一個實例的運算列表公式，此例請輸入 "=D6"。

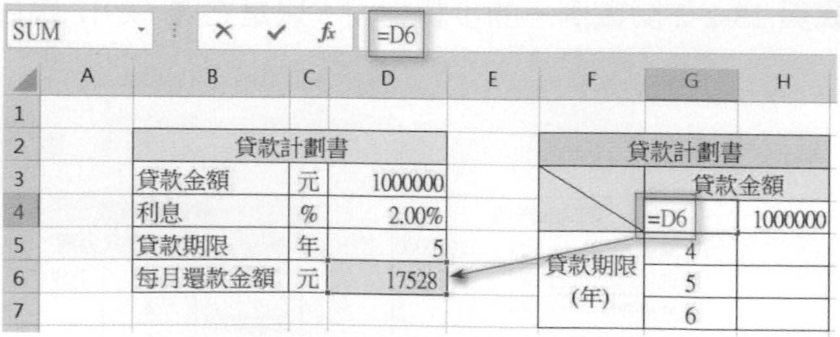

SUM =D6

	A	B	C	D	E	F	G	H
1								
2		貸款計劃書				貸款計劃書		
3		貸款金額	元	1000000			貸款金額	
4		利息	%	2.00%			=D6	1000000
5		貸款期限	年	5		貸款期限(年)	4	
6		每月還款金額	元	17528			5	
7							6	

2： 請按 Enter 鍵，這時 G4 儲存格的值是一個數值，不過數值底下隱含的是運算列表的公式。

貸款計劃書		
貸款金額	元	1000000
利息	%	2.00%
貸款期限	年	5
每月還款金額	元	17528

貸款計劃書		
	貸款金額	
	17528	1000000
貸款期限 (年)	4	
	5	
	6	

3： 選取 G4:H7 儲存格區間。

4： 執行資料 / 預測 / 模擬分析 / 運算列表功能。

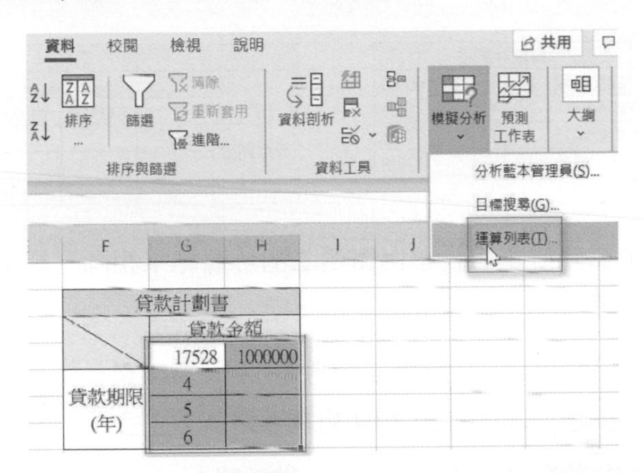

5： 出現運算列表對話方塊，對這個實例而言是一個雙變數的應用，變數是還款期限 (年) 和貸款金額這雖是固定 100 萬，但仍視為這是列變數，所以在列變數儲存格輸入絕對參照 "$D$3"。由於還款年限是欄變數，所以在欄變數儲存格輸入絕對參照 "$D$5"。最後運算列表對話方塊如下：

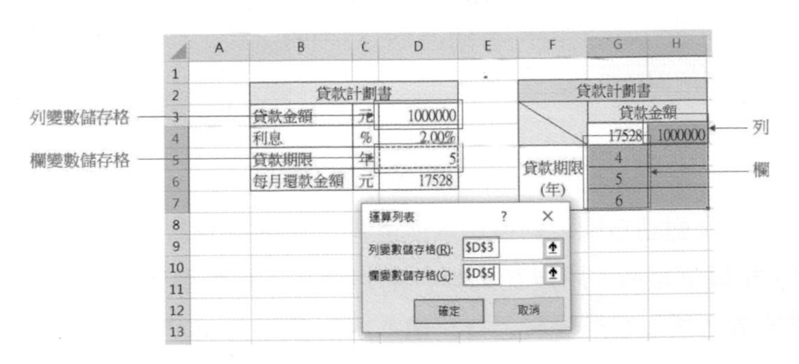

6： 按確定鈕後，可以得到下列結果，筆者存入 ch18_10.xlsx。

	A	B	C	D	E	F	G	H
1								
2		貸款計劃書				貸款計劃書		
3		貸款金額	元	1000000			貸款金額	
4		利息	%	2.00%			17528	1000000
5		貸款期限	年	5		貸款期限(年)	4	21695
6		每月還款金額	元	17528			5	17528
7							6	14750

對上述實例而言，更重要的應用是可以擴充到相同貸款利率、不同貸款期限與不同貸款金額，接下來筆者將用 ch18_11.xlsx 檔案解說。

	A	B	C	D	E	F	G	H	I	J
1										
2		貸款計劃書				貸款計劃書				
3		貸款金額	元	1000000			貸款金額			
4		利息	%	2.00%				1000000	2000000	3000000
5		貸款期限	年	5		貸款期限(年)	4			
6		每月還款金額	元	17528			5			
7							6			

上述 B2:D6 的貸款計畫書表單與實例二的計算結果相同，相當於 D6 儲存格的值是用 PMT( ) 公式產生。

實例三：請使用 ch18_11.xlsx，計算當利息是 2%，貸款是 4 年、5 年、6 年或貸款金額是 100 萬、200 萬、300 萬時，每個月需要還款多少金額。

1： 請將作用儲存格放在 G4，輸入 "=D6"，然後按 Enter 鍵。

2： 選取 G4:J7 儲存格區間。

	A	B	C	D	E	F	G	H	I	J
1										
2		貸款計劃書				貸款計劃書				
3		貸款金額	元	1000000			貸款金額			
4		利息	%	2.00%			17528	1000000	2000000	3000000
5		貸款期限	年	5		貸款期限(年)	4			
6		每月還款金額	元	17528			5			
7							6			

3： 執行資料 / 預測 / 模擬分析 / 運算列表功能。

4： 出現運算列表對話方塊，對這個實例而言是一個雙變數的應用，變數是還款期限 (年) 和貸款金額，所以在列變數儲存格輸入絕對參照 "$D$3"。由於還款年限是欄變數，所以在欄變數儲存格輸入絕對參照 "$D$5"。最後運算列表對話方塊如下：

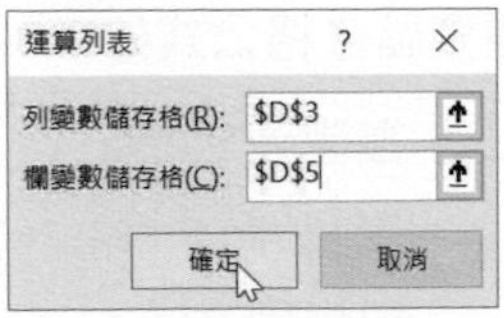

運算列表

列變數儲存格(R): $D$3

欄變數儲存格(C): $D$5

確定 取消

5： 按確定鈕後，可以得到下列結果，筆者存入 ch18_12.xlsx。

	A	B	C	D	E	F	G	H	I	J
1										
2		貸款計劃書				貸款計劃書				
3		貸款金額	元	1000000			貸款金額			
4		利息	%	2.00%			17528	1000000	2000000	3000000
5		貸款期限	年	5		貸款期限(年)	4	21695	43390	65085
6		每月還款金額	元	17528			5	17528	35056	52583
7							6	14750	29501	44251

上述我們獲得一個很好的貸款計畫書表單，如果有缺點是在 G4 儲存格的數字，一般人看了不會了解此數字的意義，解決方式是將字的顏色改成白色，結果存入 ch18_13.xlsx。

	A	B	C	D	E	F	G	H	I	J
1										
2		貸款計劃書				貸款計劃書				
3		貸款金額	元	1000000			貸款金額			
4		利息	%	2.00%				1000000	2000000	3000000
5		貸款期限	年	5		貸款期限(年)	4	21695	43390	65085
6		每月還款金額	元	17528			5	17528	35056	52583
7							6	14750	29501	44251

18-2-4 企業業績預估計畫

在 ch18_14.xlsx 的業績與獲利計劃書工作表，有一個天天公司業績表與未來獲利計劃書，內容如下：

	A	B	C	D	E	F	G	H	I	J	K	L	M
1													
2		天天公司業績表						未來獲利計畫書					
3			單位	2021年	2022年	2023年			平均單價				
4		業績	元	2400000	3190000	4030000				250	300	350	400
5		平均單價	元	300	290	260		銷售數量	15000				
6		銷售數	個	8000	11000	15500			18000				
7		費用	元	1600000	2000000	2800000			20000				
8		人事費用	元	800000	1200000	2000000			23000				
9		員工人數	人	2	3	5			26000				
10		每人成本	元	400000	400000	400000							
11		他項費用	元	800000	800000	800000							
12		獲利金額	元	800000	1190000	1230000							
13													

業績與獲利計劃書

上述天天公司業績表幾個重要儲存格公式如下：

D4 = D5*D6 --- 複製到 E4:F4

D8 = D9*D10 --- 複製到 E8:F8

D7 = D8+D11 --- 複製到 E7:F7

D12 = D4-D7 --- 複製到 E12:F12

從上述我們可以看到為了要衝高銷售數，平均商品售價有降低的趨勢，為了要提高未來的獲利，我們將平均單價 250、300、350、400 當做列變數。同時將銷售數 15000、18000、20000、23000、26000 當做欄變數。

實例一：使用未來獲利計劃書表單計算未來在不同平均單價與不同銷售數量下的獲利金額。

1： 將作用儲存格移至 I4，然後輸入 "=F12"，然後按 Enter 鍵。

2： 選取 I4:M9 儲存格區間。

H	I	J	K	L	M
未來獲利計畫書					
	平均單價				
	1230000	250	300	350	400
	15000				
	18000				
銷售數量	20000				
	23000				
	26000				

3： 執行資料 / 預測 / 模擬分析 / 運算列表功能。

4： 出現運算列表對話方塊，對這個實例而言是一個雙變數的應用，變數是平均單價和銷售數量，所以在列變數儲存格輸入絕對參照 "$F$5"。由於還款年限是欄變數，所以在欄變數儲存格輸入絕對參照 "$F$6"。最後運算列表對話方塊如下：

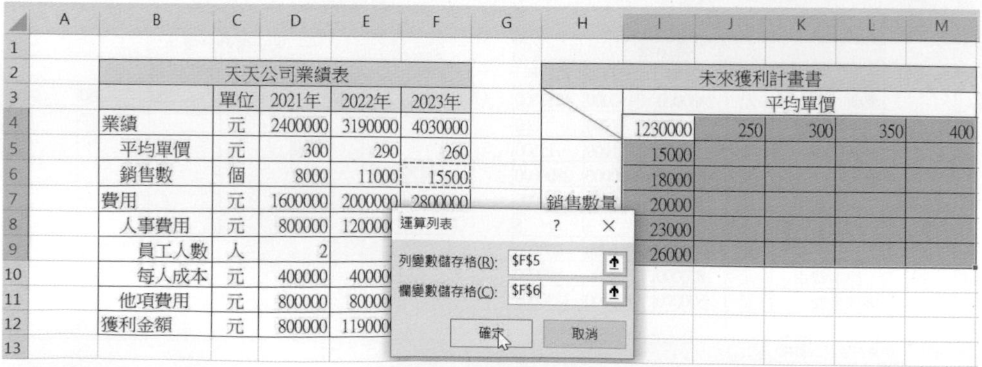

	A	B	C	D	E	F
1						
2		天天公司業績表				
3			單位	2021年	2022年	2023年
4		業績	元	2400000	3190000	4030000
5		平均單價	元	300	290	260
6		銷售數	個	8000	11000	15500
7		費用	元	1600000	2000000	2800000
8		人事費用	元	800000	120000	
9		員工人數	人	2		
10		每人成本	元	400000	40000	
11		他項費用	元	800000	80000	
12		獲利金額	元	800000	119000	
13						

	H	I	J	K	L	M
2	未來獲利計畫書					
3		平均單價				
4		1230000	250	300	350	400
5		15000				
6		18000				
7	銷售數量	20000				
8		23000				
9		26000				

運算列表 ? ×

列變數儲存格(R): $F$5

欄變數儲存格(C): $F$6

確定 取消

5： 按確定鈕後可以得到下列結果，筆者存入 ch18_15.xlsx。

H	I	J	K	L	M
未來獲利計畫書					
	平均單價				
	1230000	250	300	350	400
銷售數量	15000	950000	1700000	2450000	3200000
	18000	1700000	2600000	3500000	4400000
	20000	2200000	3200000	4200000	5200000
	23000	2950000	4100000	5250000	6400000
	26000	3700000	5000000	6300000	7600000

從上述執行結果，經理人可以獲得不同單價與銷售數量的獲利情況，進而判斷未來是否使用提高單價增加獲利。下列是參考第 7 章，為獲利超過 4999999 使用淺綠色填滿與深綠色文字。請先選取 J5:M9 儲存格區間，執行常用 / 樣式 / 設定格式化條件 / 醒目提示儲存格規則 / 大於。

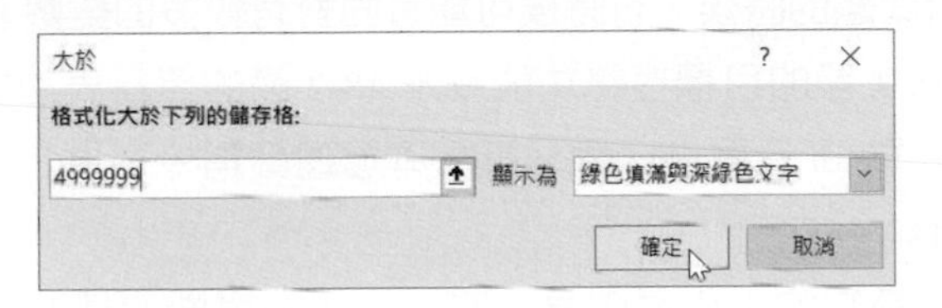

按確定鈕可以得到下列結果。

H	I	J	K	L	M
未來獲利計畫書					
	平均單價				
	1230000	250	300	350	400
銷售數量	15000	950000	1700000	2450000	3200000
	18000	1700000	2600000	3500000	4400000
	20000	2200000	3200000	4200000	5200000
	23000	2950000	4100000	5250000	6400000
	26000	3700000	5000000	6300000	7600000

下列是將獲利小於 2500000 設為淺紅色填滿與深紅色文字。請選取 J5:M9 儲存格區間，執行常用 / 樣式 / 設定格式化條件 / 醒目提示儲存格規則 / 小於。

按確定鈕可以得到下列結果，下列結果含醒目提示，主要可以方便經理人一眼看出個數據的差異，筆者將結果存入 ch18_16.xlsx。

H	I	J	K	L	M
未來獲利計畫書					
	平均單價				
	1230000	250	300	350	400
銷售數量	15000	950000	1700000	2450000	3200000
	18000	1700000	2600000	3500000	4400000
	20000	2200000	3200000	4200000	5200000
	23000	2950000	4100000	5250000	6400000
	26000	3700000	5000000	6300000	7600000

18-3 分析藍本管理員

當我們在分析問題的時候，有時候可能會面對有較多的變數 (多於兩個)，此時將無法再度使用 18-1 節的目標搜尋功能或是 18-2 節的資料表功能協助我們分析問題。不過 Microsoft Excel 仍提供一個分析藍本管理員指令，供我們在較複雜較多變數的情況下分析資料。

分析藍本管理員它的工作原則是，將一組含多變數的情況建立成一份分析藍本，使用者可視情況建立多組分析藍本，所有分析藍本建好後，可以個別觀察每一種可能情況的執行結果，也可以將所有分析藍本組合建立在一個工作表內，最後使用者再自行判斷那一種條件的分析藍本最符合自己的需要，進而做出有利的抉擇。

18-3-1 先前準備工作

在正式介紹本節有關分析藍本的實例講解前，請先開啟 ch18_17.xlsx 檔案，此檔案內含下列資料。

	A	B
1	貸款金額	2000000
2	付款期數	120
3	年利率	9.75%
4		
5	每期付款	

實例一：請利用上述資料 (A1:B3 的資料)，求每期應付款多少，將計算結果放在 B5 儲存格位址。

1： 將作用儲存格移至 B5 位址，然後輸入 " =-PMT(B3/12,B2,B1)"，按 Enter 鍵。

	A	B
1	貸款金額	2000000
2	付款期數	120
3	年利率	9.75%
4		
5	每期付款	$26,154.05

上述執行結果存入 ch18_18.xlsx。

為了有利於未來所建的分析藍本摘要報告能明確指出變數儲存格及目標儲存格各位址所表的意義，請為儲存格命名。

實例二：請將 B1 儲存格命名為貸款金額。

1： 將作用儲存格移至 B1 位址。

2： 將滑鼠游標移至 B1，按滑鼠右邊鍵，開啟快顯功能表，執行定義名稱指令。

3： 出現新名稱對話方塊，請在名稱欄輸入貸款金額，其實這也是預設的名稱。

4： 按確定鈕，未來 B1 儲存格名稱將被稱為是貸款金額，如下所示：

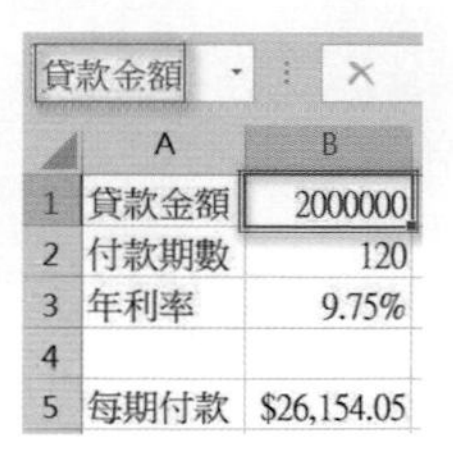

貸款金額

	A	B
1	貸款金額	2000000
2	付款期數	120
3	年利率	9.75%
4		
5	每期付款	$26,154.05

請依照上述實例觀念，分別執行下列工作。

1： 將 B2 儲存格命名為付款期數。

2： 將 B3 儲存格命名為年利率。

3： 將 B5 儲存格命名為每期付款。

完成上述工作後，請將上述結果存入 ch18_19.xlsx。下一小節起，將正式介紹分析藍本的主題。

18-3-2 建立分析藍本

本節實例主要的觀念是，假設您購買房子想向銀行貸款，經接洽後，三家銀行所提供的貸款條件如下：

1： 第一銀行：可貸款 2000000 元，未來付款期數 120 期 (每月一期，相當於可借 10 年)，年利率是 9.75%。

2： 彰化銀行：可貸款 2500000 元，未來付款期數 180 期 (每月一期，相當於可借 15 年)，年利率 10.25%。

3： 台灣銀行：可貸款 3000000 元，未來付款期數是 240 期 (每月一期，相當於可借 20 年)，年利率 11.00%。

碰到上述問題，很明顯每組實例皆有 3 個變數存在，分別如下所示：

1： 貸款金額。

2： 付款期數。

3： 年利率。

使用者必須依照上述 3 個變數，為每一種情況建立一個分析藍本，最後使用者再依實際情形選擇一個最有利的抉擇。

實例一：建立名稱為第一銀行的分析藍本。

1： 選定 B1:B3 儲存格區間。

2： 執行資料 / 預測 / 模擬分析 / 分析藍本管理員。

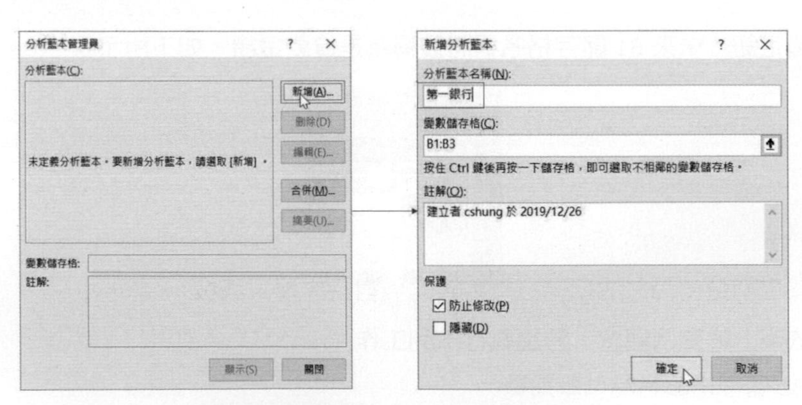

3： 出現分析藍本管理員對話方塊，按新增鈕。出現新增分析藍本對話方塊，請在分析藍本名稱欄位輸入第一銀行，然後按確定鈕。

4： 出現分析藍本變數值對話方塊，請執行下列輸入。

貸款金額欄輸入 2000000。

付款期數欄輸入 120。

年利率欄輸入 0.0975。

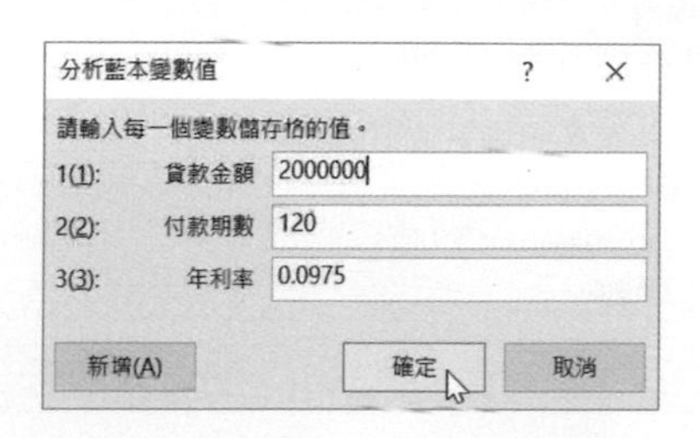

5： 按確定鈕後，就算是正式成功的建立一個名稱為第一銀行的分析藍本了。同時分析藍本管理員對話方塊將再次顯示在螢幕上。

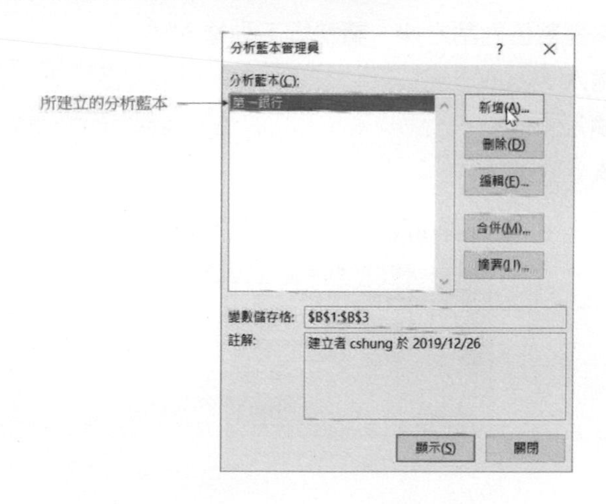

實例二：建立彰化銀行及台灣銀行分析藍本，同時在建立過程中，故意將台灣銀行所提供的年利率弄錯寫成 11.00%。

1： 由於目前螢幕仍然顯示分析藍本管理員對話方塊，請按新增鈕。

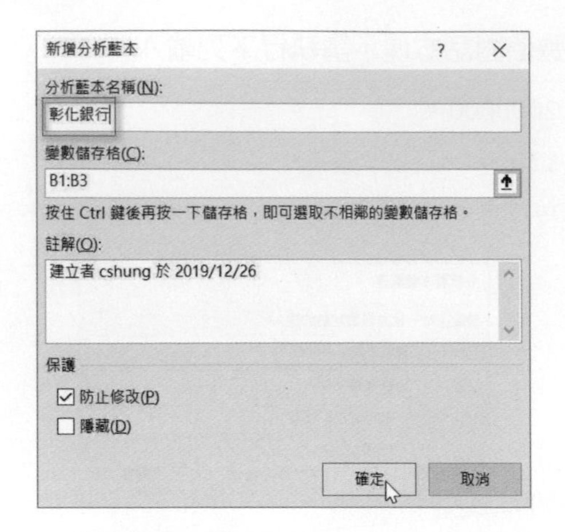

2： 出現新增分析藍本對話方塊，請在分析藍本名稱欄位輸入彰化銀行，然後按確定鈕。

3： 出現分析藍本變數值對話方塊，請執行下列輸入。

貸款金額欄輸入 2500000。

付款期數欄輸入 180。

年利率欄輸入 0.1025。

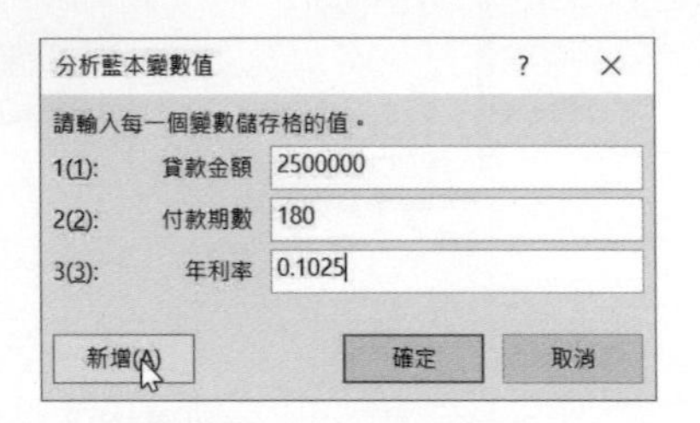

4： 按新增鈕。

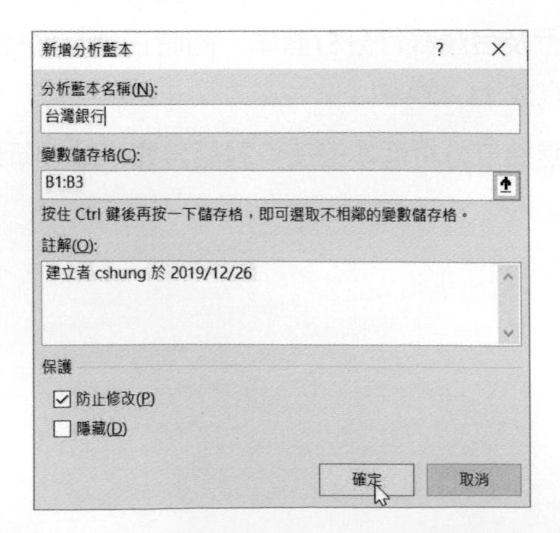

5： 出現新增分析藍本對話方塊，請在分析藍本名稱欄位輸入台灣銀行，然後按確定鈕。

6： 出現分析藍本變數值對話方塊，請執行下列輸入。

貸款金額欄輸入 3000000。

付款期數欄輸入 240。

年利率欄輸入 0.12(這是故意的)。

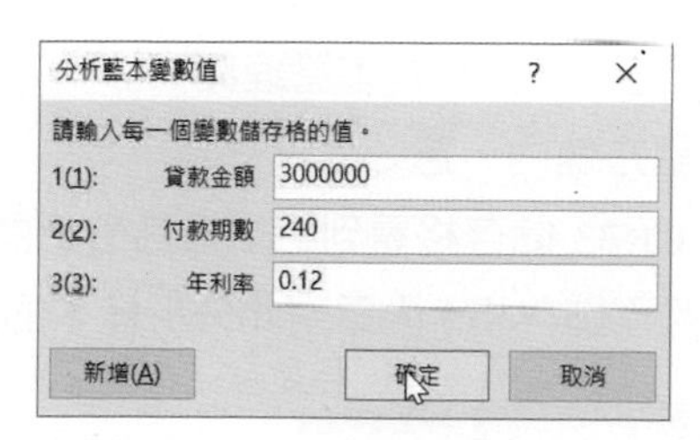

7： 按確定鈕，將出現分析藍本管理員對話方塊，從此對話方塊可以看到所建的 3 個分析藍本。

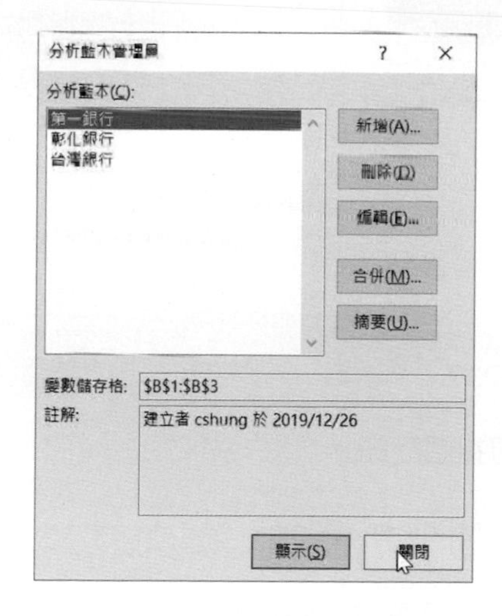

請按關閉鈕，上述建立分析藍本的工作就算是完成了。

在 18-3-1 節筆者曾經為 B1、B2 和 B3 儲存格命名，此項命名的工作將影響先前實例的分析藍本變數值對話方塊，若是 18-3-1 節未做命名的工作，則此對話方塊將有下列影響。

1： 貸款金額由實際位址 $B$1 取代。

2： 付款期數由實際位址 $B$2 取代。

3： 年利率由實際位址 $B$3 取代。

因此，事先為儲存格命名，最大的好處是可讓您的對話方塊更令人易懂。

18-3-3 顯示分析藍本的結果

當你建好分析藍本後，隨時可以利用下面實例的方法顯示某個分析藍本及其分析結果。

實例一：顯示彰化銀行分析藍本及其分析結果。

1： 執行資料 / 預測 / 模擬分析 / 分析藍本管理員。

2： 在分析藍本管理員對話方塊內，選彰化銀行。

3： 按顯示鈕，然後可在 B1:B3 儲存格看到彰化銀行分析藍本的變數，同時在 B5 儲存格 (此儲存格又稱目標儲存格) 內看到此分析藍本的分析結果。

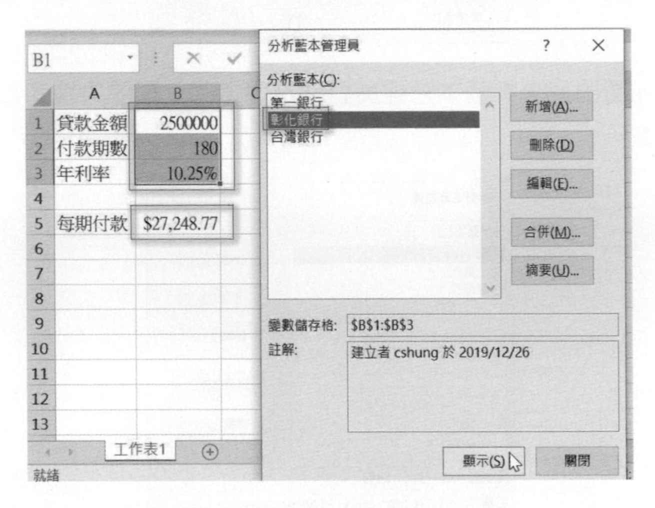

若是想結束顯示，可按關閉鈕。

18-3-4 編輯所建的分析藍本

在建立分析藍本時，也許會發生藍本的變數資料有誤，此時就必須要編修所建的藍本了。

實例一：修改台灣銀行分析藍本，將年利率由 12% 改成 11%。

1： 執行資料 / 預測 / 模擬分析 / 分析藍本管理員。

2： 在分析藍本管理員對話方塊內，選台灣銀行。

3： 按編輯鈕。

4： 出現編輯分析藍本對話方塊，按確定鈕。

5： 出現分析藍本變數值對話方塊，請執行下列修改。

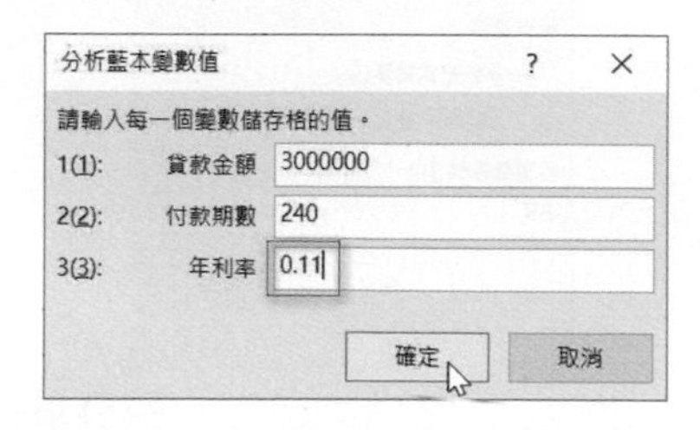

6： 上述按確定鈕，出現分析藍本管理員對話方塊，按顯示鈕將可以看到修改後的分析藍本及分析結果。

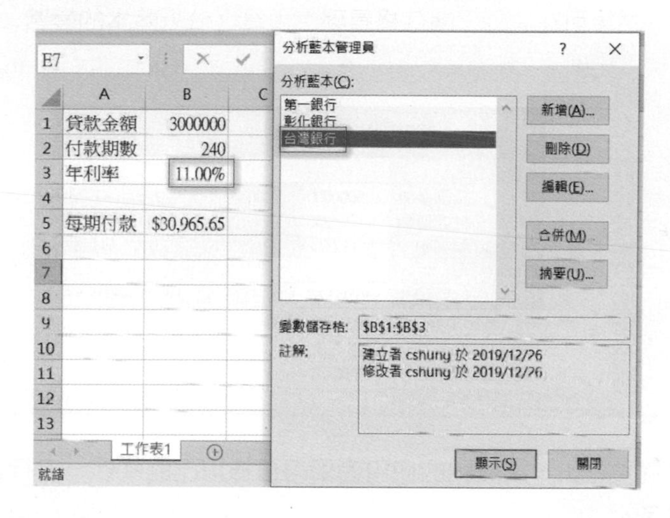

請按關閉鈕。

18-3-5 分析藍本的摘要報告

建立好分析藍本後，儘管可以參照 15-3-3 節的方法顯示所建的分析藍本及分析結果，此外也可將所有所建的分析藍本編製成一份摘要報告，這將是本節的重點。

實例一：將所建立的 3 個分析藍本編製成一份摘要報告。

1： 將作用儲存格移至 B5 位址，相當於目標儲存格位址。

2： 執行資料 / 預測 / 模擬分析 / 分析藍本管理員。

3： 出現分析藍本管理員對話方塊，按摘要鈕。

4： 出現分析藍本摘要對話方塊，如下所示：

分析藍本摘要 ? ×

報表類型

◉ 分析藍本摘要(S)

○ 分析藍本樞紐分析表(P)

目標儲存格(R):

B5

確定 取消

5： 按確定鈕，然後 Microsoft Excel 將自動建立一份分析藍本摘要報告工作表，此工作表將包含所有分析藍本的變數及分析結果，執行結果存入 ch18_20.xlsx。

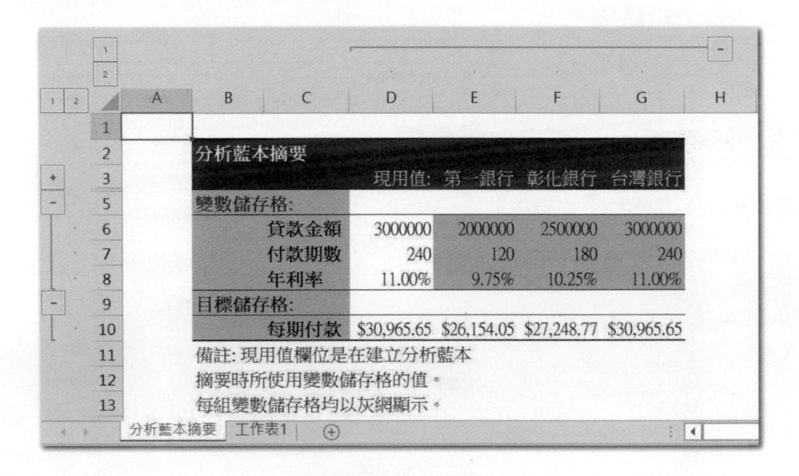

	分析藍本摘要				
		現用值:	第一銀行	彰化銀行	台灣銀行
變數儲存格:					
	貸款金額	3000000	2000000	2500000	3000000
	付款期數	240	120	180	240
	年利率	11.00%	9.75%	10.25%	11.00%
目標儲存格:					
	每期付款	$30,965.65	$26,154.05	$27,248.77	$30,965.65

備註: 現用值欄位是在建立分析藍本摘要時所使用變數儲存格的值。每組變數儲存格均以灰網顯示。

有了上述摘要報告，欲貸款的使用者即可依據自己的條件，自行選擇應和那一家銀行打交道了。

在 18-3-1 節筆者曾經為 B5 儲存格命名為每期付款，在上述摘要報告中，此名稱出現在 C10 儲存格位址，若是事先未替此儲存格命名，則 C10 儲存格的內容將是 $B$5，因此，事先替 B5 儲存格命名（這是目標儲存格）將可讓摘要報告更加清晰易懂的。

電子書

CHAPTER

19

建立與套用範本

19-1 使用 Excel 內建的範本

19-2 網路搜尋範本

19-3 公司預算

19-4 個人每月預算

19-5 建立自訂範本

CHAPTER

20

巨集

20-1　先前準備工作

20-2　建立巨集

20-3　執行巨集

20-4　巨集的儲存

20-5　巨集病毒

在使用 Excel 期間，可能您會經常使用系列相同的步驟，您可以將這些相同的系列步驟儲存成一個巨集，未來於需要時，只要執行這個巨集即可執行一系列巨集所代表的動作。

有兩種方法可以建立巨集：

1： 使用內建的巨集記錄器。

2： 使用 Visual Basic 編輯程式建立 VBA 碼。

本章筆者將介紹使用巨集記錄器編輯巨集的方法，下一章則介紹撰寫 VBA 碼的方法。

20-1 先前準備工作

假設有一個活頁簿 ch20_1.xls 檔案，此檔案包含期中考、期末考、學期成績等 3 個工作表，其內容分別如下：

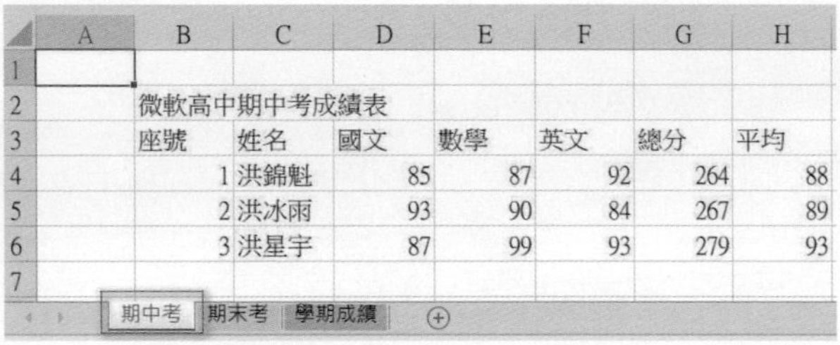

	A	B	C	D	E	F	G	H
1								
2		微軟高中期中考成績表						
3		座號	姓名	國文	數學	英文	總分	平均
4		1	洪錦魁	85	87	92	264	88
5		2	洪冰雨	93	90	84	267	89
6		3	洪星宇	87	99	93	279	93
7								

期中考　期末考　學期成績

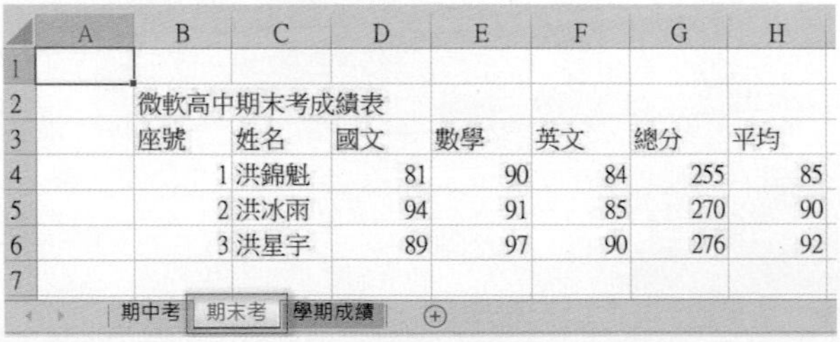

	A	B	C	D	E	F	G	H
1								
2		微軟高中期末考成績表						
3		座號	姓名	國文	數學	英文	總分	平均
4		1	洪錦魁	81	90	84	255	85
5		2	洪冰雨	94	91	85	270	90
6		3	洪星宇	89	97	90	276	92
7								

期中考　期末考　學期成績

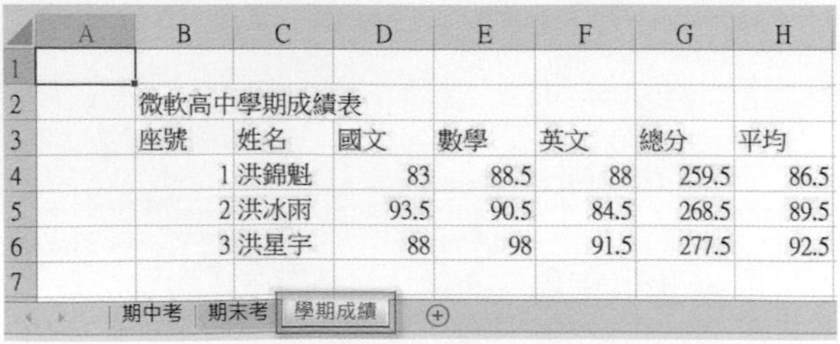

	A	B	C	D	E	F	G	H
1								
2		微軟高中學期成績表						
3		座號	姓名	國文	數學	英文	總分	平均
4		1	洪錦魁	83	88.5	88	259.5	86.5
5		2	洪冰雨	93.5	90.5	84.5	268.5	89.5
6		3	洪星宇	88	98	91.5	277.5	92.5
7								

期中考　期末考　學期成績

20-2 建立巨集

假設我們欲為期中考工作表建立下列巨集格式。

1： 將期中考工作表 B2 儲存格內容格式化成 16 點，粗體字。

2： 將 B2 儲存格列內容置中放在 B2:H2 間。

3： 為 B3:H6 儲存格加上格線，同時資料置中對齊。

若是將上述巨集程式儲存後，未來您可以直接將此巨集應用在期末考及學期成績工作表內，如此可以很便利的設定期中考、期末考和學期成績等 3 個工作表有相同資料格式。

接下來筆者將直接以實例講解建立巨集的步驟。

實例一：為 ch20_1.xls 檔案的期中考工作表，建立下列格式的巨集。

A：將期中考工作表 B2 儲存格內容格式化成 16 點，粗體字。

B：將 B2 儲存格列內容置中放在 B2:H2 間。

C：為 B3:H6 儲存格加上格線，同時資料置中對齊。

1： 假設目前視窗內容如下：

	A	B	C	D	E	F	G	H
1								
2		微軟高中期中考成績表						
3		座號	姓名	國文	數學	英文	總分	平均
4		1	洪錦魁	85	87	92	264	88
5		2	洪冰雨	93	90	84	267	89
6		3	洪星宇	87	99	93	279	93
7								

期中考　期末考　學期成績

2： 執行檢視 / 巨集 / 錄製巨集。

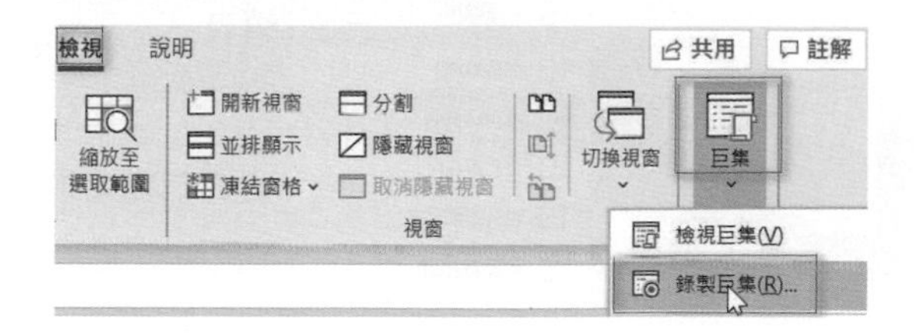

3： 出現錄製巨集對話方塊，請執行下列設定。

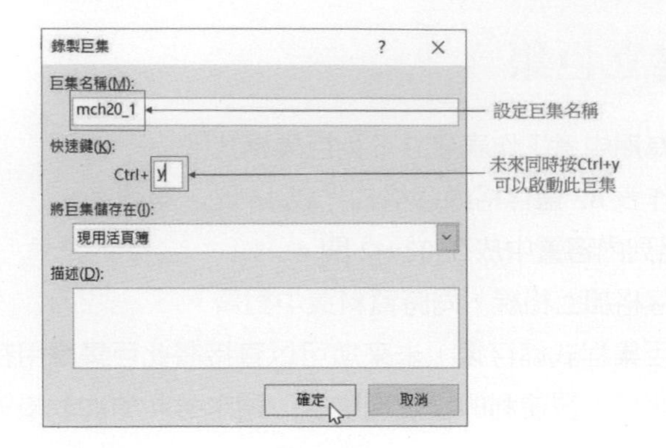

4： 按確定鈕，可返回 Excel 視窗。

5： 選取 B2:H2 儲存格區間，將字型大小設為 16，按粗體鈕，同時按跨欄置中對齊鈕，下列是執行結果。

	A	B	C	D	E	F	G	H
1								
2		微軟高中期中考成績表						
3		座號	姓名	國文	數學	英文	總分	平均
4		1	洪錦魁	85	87	92	264	88
5		2	洪冰雨	93	90	84	267	89
6		3	洪星宇	87	99	93	279	93
7								

期中考 期末考 學期成績

6： 選取 B3:H6 儲存格區間，按框線鈕，同時選擇所有框線。

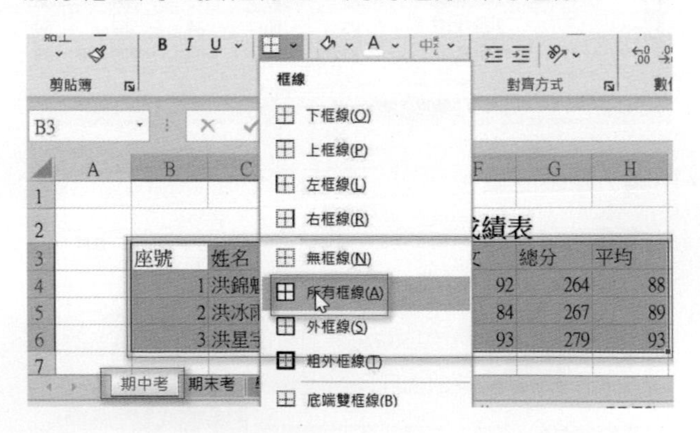

7： 再按置中鈕。

微軟高中期中考成績表

座號	姓名	國文	數學	英文	總分	平均
1	洪錦魁	85	87	92	264	88
2	洪冰雨	93	90	84	267	89
3	洪星宇	87	99	93	279	93

期中考 期末考 學期成績

8： 執行檢視 / 巨集 / 停止錄製。

9： 如此就算整個錄製巨集工作已完成。

10：執行檔案 / 另存新檔指令，出現另存新檔對話方塊，請在存檔類型選 Excel 啟用巨集的活頁簿，再輸入欲存檔名 ch20_2。

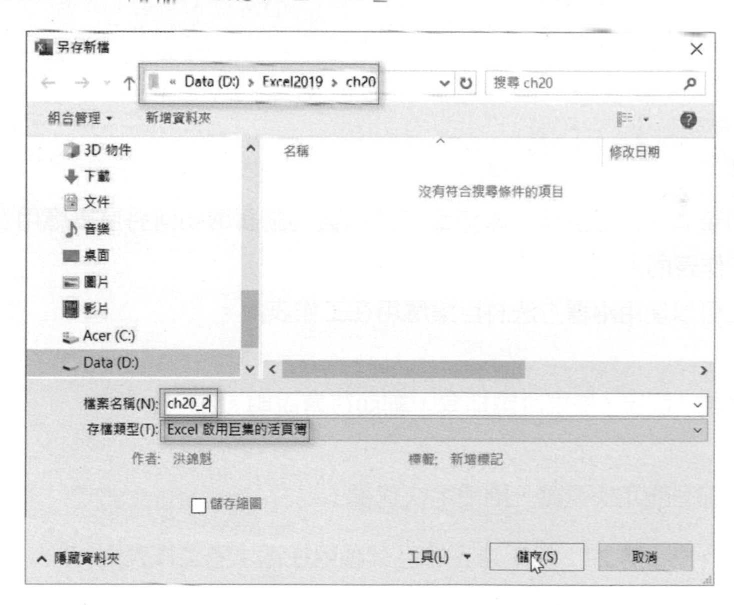

11：按儲存鈕後，可以得到下列結果。

座號	姓名	國文	數學	英文	總分	平均
1	洪錦魁	85	87	92	264	88
2	洪冰雨	93	90	84	267	89
3	洪星宇	87	99	93	279	93

註 含巨集的 Excel 檔案延伸檔名是 xlsm。

20-3 執行巨集

前一節筆者建立了巨集，本節筆者將以實例講解應如何將巨集應用在期末考、學期成績工作表內。

基本上可以使用兩種方法將巨集應用在工作表內。

方法 1

執行檢視 / 巨集 / 檢視巨集指令，細節待會說明。

方法 2

如果先前有設定快速鍵，則使用快速鍵。

實例一：以方法 1 將 20-2 節所建立的巨集應用在期末考工作表內。

1： 首先切換至期末考工作表。

	A	B	C	D	E	F	G	H
1								
2		微軟高中期末考成績表						
3		座號	姓名	國文	數學	英文	總分	平均
4		1	洪錦魁	81	90	84	255	85
5		2	洪冰雨	94	91	85	270	90
6		3	洪星宇	89	97	90	276	92
7								

期中考　期末考　學期成績

2： 執行檢視 / 巨集 / 檢視巨集指令，可以看到巨集對話方塊。

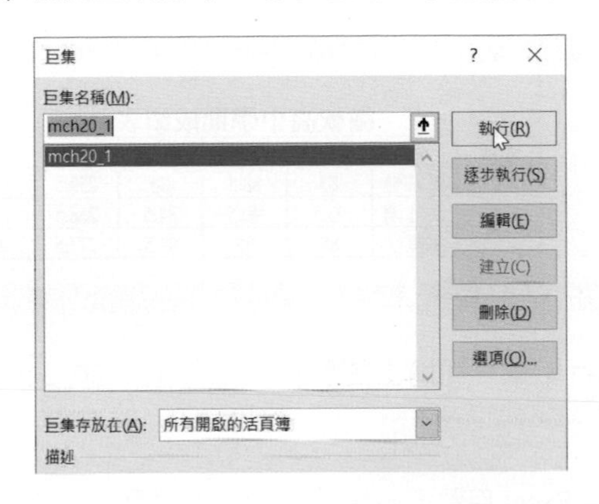

3： 選好欲應用的巨集後，按執行鈕，可以得到前一節所建立的巨集實際應用在期末考工作表的結果。

	A	B	C	D	E	F	G	H
1								
2		微軟高中期末考成績表						
3		座號	姓名	國文	數學	英文	總分	平均
4		1	洪錦魁	81	90	84	255	85
5		2	洪冰雨	94	91	85	270	90
6		3	洪星宇	89	97	90	276	92
7								

期中考　期末考　學期成績

實例二：以方法 2 將 20-2 節所建立的巨集應用在學期成績工作表內。

1： 由 20 2 節實例一的步驟 3 得知，同時按 Ctrl + y 鍵，可啟動此巨集，首先切換至學期成績工作表。

	A	B	C	D	E	F	G	H
1								
2		微軟高中學期成績表						
3		座號	姓名	國文	數學	英文	總分	平均
4		1	洪錦魁	83	88.5	88	259.5	86.5
5		2	洪冰雨	93.5	90.5	84.5	268.5	89.5
6		3	洪星宇	88	98	91.5	277.5	92.5
7								

期中考 | 期末考 | 學期成績

2： 同時按 Ctrl + y 鍵，可以得到將巨集應用在學期成績工作表的結果。

	A	B	C	D	E	F	G	H
1								
2		微軟高中學期成績表						
3		座號	姓名	國文	數學	英文	總分	平均
4		1	洪錦魁	83	88.5	88	259.5	86.5
5		2	洪冰雨	93.5	90.5	84.5	268.5	89.5
6		3	洪星宇	88	98	91.5	277.5	92.5
7								

期中考 | 期末考 | 學期成績

為了保存上述執行結果，可將上述執行結果存至 ch20_3.xlsx 活頁簿內。

註 儲存時在檔案類型 Excel 自動選 Excel 啟用巨集的活頁簿。

20-4 巨集的儲存

在 20-2 節實例一的步驟 3 錄製巨集對話方塊內的將巨集儲存在欄位，可設定儲存巨集的位置，如下所示：

❑ 個人巨集活頁簿 (Personal Macro Workbook)

此時巨集是存在 Personal.xls 活頁簿檔案內，如果電腦內沒有這個檔案，系統將自動建立這個檔案。

這個活頁簿一個重大的特色是，它位於啟動 (startup) 資料夾，未來只要執行 Excel，將立即載入此檔案。

同時若將巨集存放在此活頁簿另一個特性是，您可以將此活頁簿的巨集應用在目前所編的其它活頁簿內。

❑ 新的活頁簿 (New Workbook)

若選此項，將建立一個新的活頁簿，然後巨集將存放在此活頁簿內，未來如果您要應用此巨集時，必須記得先開啟此活頁簿。

❑ 現用活頁簿 (This Workbook)

將巨集存放在目前這個活頁簿內，如此，未來只有此活頁簿被開啟時，才可以使用此巨集，如果所建立的巨集主要是為了目前活頁簿而建立，則可以使用這個選項。

常聽人說巨集病毒，巨集病毒就是以現用活頁簿方式儲存。

20-5 巨集病毒

對 Excel 檔案而言，特別要小心的是巨集病毒，這是一個藏身在巨集中的病毒，若不小心感染則相關的檔案可能會損毀。為了保護您的檔案，每當開啟含有巨集的 Excel 檔案時會發出警告。例如：若是開啟 ch20_3.xlsm 檔案，將看到下列畫面。

有關更進一步的巨集與安全設定，可參考下列步驟。

1： 執行檔案 / 選項。

2： 點選信任中心。

3： 按信任中心鈕。

4： 點選巨集設定。

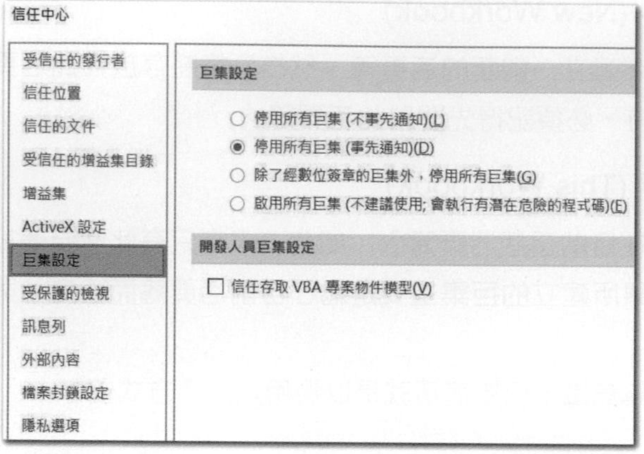

信任中心

受信任的發行者
信任位置
信任的文件
受信任的增益集目錄
增益集
ActiveX 設定
巨集設定
受保護的檢視
訊息列
外部內容
檔案封鎖設定
隱私選項

巨集設定

○ 停用所有巨集 (不事先通知)(L)
◉ 停用所有巨集 (事先通知)(D)
○ 除了經數位簽章的巨集外，停用所有巨集(G)
○ 啟用所有巨集 (不建議使用; 會執行有潛在危險的程式碼)(E)

開發人員巨集設定

☐ 信任存取 VBA 專案物件模型(V)

電子書

CHAPTER

21 VBA設計基礎

21-1 開發人員索引標籤
21-2 一步一步建立一個簡單的 VBA 碼
21-3 選取儲存格的觀念
21-4 設定特定儲存格的內容
21-5 資料型態
21-6 If ... Then ... End If
21-7 Select Case ... End Select
21-8 Do ... Loop Until
21-9 Do ... Loop while
21-10 For ... Next
21-11 清除儲存格內容
21-12 列出對話方塊 MsgBox
21-13 讀取輸入資訊 InputBox
21-14 範圍物件
21-15 目前活頁簿 ActiveWorkbook
21-16 程式物件 Application
21-17 VBA 應用
21-18 ChatGPT 輔助 Excel VBA - Line 訊息貼到工作表

CHAPTER

22

翻譯功能

22-1 中文繁體與簡體的轉換

22-2 翻譯工具

Excel 除了有提供中文簡繁體轉換，也提供各類語言轉換，這些功能可以讓使用者很容易建立跨國使用的 Excel 圖表。

22-1 中文繁體與簡體的轉換

兩岸已通航，可遇見的將來兩岸往來將更密切，Excel 內有中文繁體與簡體互換的功能。在校閱 / 中文繁簡轉換功能群組內有繁轉簡、簡轉繁、繁簡轉換功能，可以執行此轉換。

實例一：將 ch22_1.xlsx 檔案轉換成簡體中文字。

1： 請開啟 ch22_1.xlsx 檔案，執行校閱 / 中文繁簡轉換 / 繁轉簡。

2： 正常轉換後可以得到下列結果。

天天软件公司业绩表

员工编号	姓名	一月	二月	三月	Q1	四月	五月	六月	Q2	H1
1	王立宏	67800	88000	94000	249800	83000	83660	75980	242640	492440
2	顺子	79290	77640	95000	251930	88790	82900	88990	260680	512610
3	张惠梅	74840	74990	78980	228810	75000	77660	82120	234780	463590
4	杨心文	88110	82890	82880	253880	72990	89120	90000	252110	505990
5	哈林林	83900	91330	74900	250130	80000	92340	93870	266210	516340
6	林欣如	69200	86770	90230	246200	91230	94950	94000	280180	526380
7	黄大伟	92010	73770	89110	254890	73770	85000	88650	247420	502310
8	陈琪贞	81470	68880	75770	226120	75000	90340	96990	262330	488450
9	李文	76330	89110	83880	249320	82120	91000	90240	263360	512680
10	季巧君	80230	78990	88900	248120	81900	77980	88600	248480	496600
11	阿牛	74980	84840	82220	242040	90000	82800	84880	257680	499720
12	武佰	87870	83000	68000	238870	92880	89770	94200	276850	515720

2022年H1业绩表

為了保存上述執行結果，可將上述執行結果存至 ch22_2.xls 檔案內。在中文繁簡轉換功能群組內，可以看到簡轉繁功能，這個功能可以直接將工作表內的簡體字轉換成繁體字，讀者可以自行體會。另外，在這個功能群組內，可以看到繁簡轉換指令，執行此指令可以看到下列對話方塊。

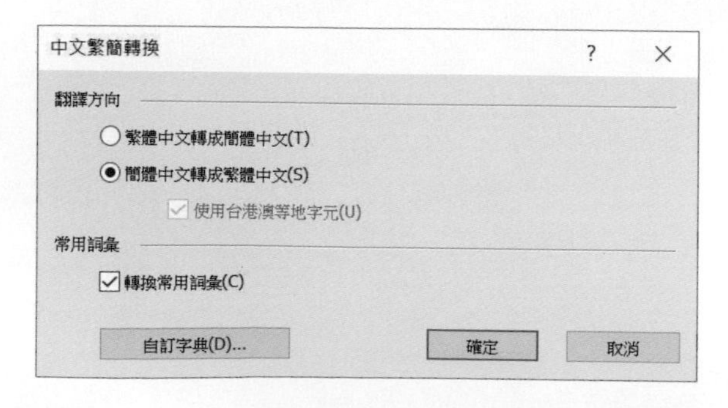

上述除了可以選擇兩岸語文的轉換方式，也可以按自訂字典鈕，執行更多的轉換設定。

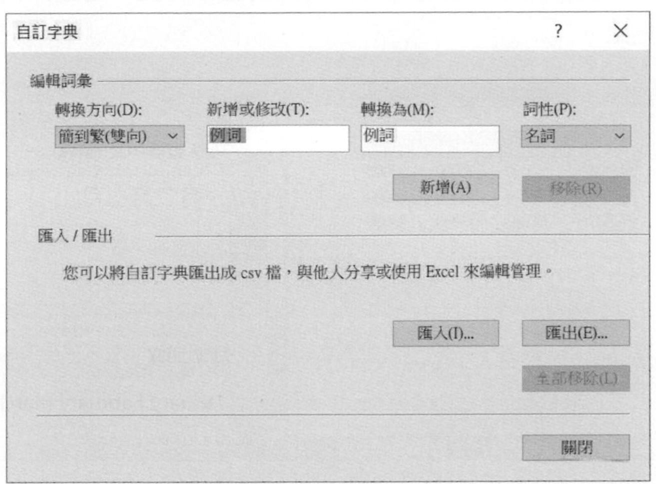

長久的分離，令兩岸文字在專有名詞的使用仍有少許的不同，例如：Laser 在台灣稱雷射，在大陸稱激光，如果直接以文字轉換，對一般使用者而言，可能不太清楚，此時可藉助上述對話方塊，例如，將激光填入新增或修改欄位，將雷射放在轉換為欄位，未來這個名詞就可以互相執行轉換了。

22-2 翻譯工具

如果你是從事國際業務性質，Excel 的翻譯工具對你將有很大的幫助，你可以先用自己的母語製作報表，再執行不同語言的轉換，世界各主要國家的語言皆在翻譯工具的服務範圍。

實例一：將 ch22_3.xlsx 的 B3:B5 儲存格內容轉換為英文。

1： 選取要做翻譯的儲存格，此例是 C2:E2 儲存格區間。

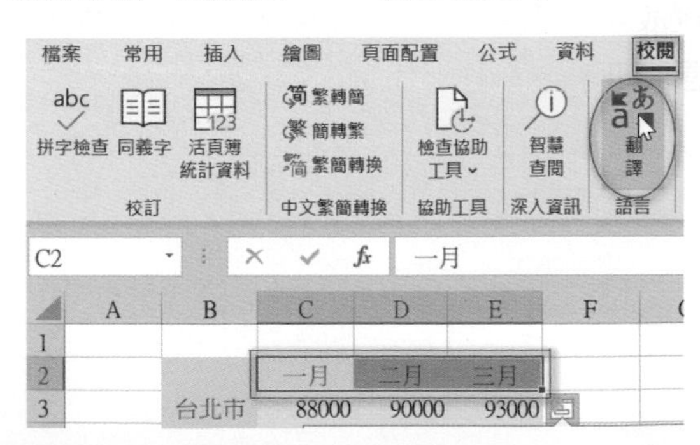

2： 執行校閱 / 語言 / 翻譯，可以在視窗右邊出現翻譯工具窗格，請在來源欄位選擇繁體中文，請在目標欄位選擇要翻譯的語言，此例筆者選擇英文，可以得到下列翻譯結果。

上述翻譯工具窗格可以看到翻譯結果，下圖是筆者目標欄位用韓文測試的結果。

上述實例是將中文轉成國外語言，也可以使用上述功能將國外語言的 Excel 檔案轉成中文，只要選取含外國語言字串的儲存格後，執行翻譯功能時，在來源欄位選擇適當的外國語言即可。

CHAPTER

23

凍結、分割與隱藏視窗

23-1 凍結窗格

23-2 分割視窗

23-3 隱藏與取消隱藏部分欄位區間

23-4 隱藏與顯示視窗

23-1 凍結窗格

在企業的 Excel 工作表中，很可能會編輯資料列或欄位數大於視窗顯示的範圍，由於內容太寬及太長促使在捲動視窗時往往由於標題也被捲動，而無法很明確的看到某些儲存格內所代表的意義，這時就需要使用凍結窗格功能。

在檢視 / 視窗 / 凍結窗格功能內可以看到凍結窗格、凍結頂端列、凍結首欄，這 3 個指令，主要是令捲動工作表時，讓一部份工作表維持可見。下面筆者將以實例說明這 3 個指令的使用方式及意義。

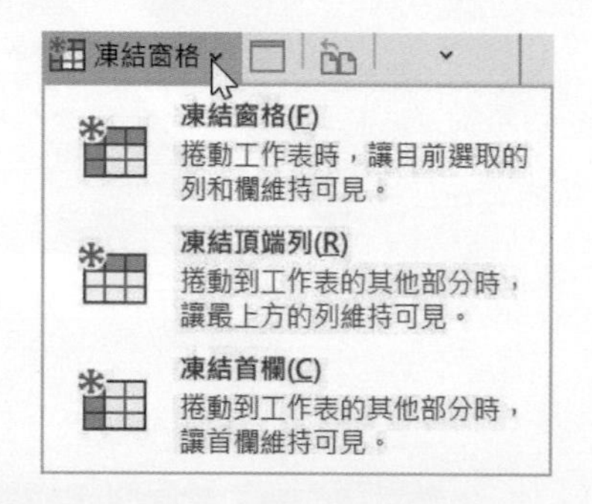

❑ 凍結頂端列

若想凍結列標題，可將欲凍結列標題放在視窗最上方一列，再執行凍結頂端列指令。

實例一：使用 ch23_1.xlsx 檔案凍結第 3 列標題，並實際捲動視窗觀察執行結果。

1： 將第 3 列移至視窗最上方。

	A	B	C	D	E	F	G	H	I	J	K
3		員工編號	姓名	一月	二月	三月	四月	五月	六月	小計	
4		1	王立宏	67800	88000	94000	83000	83660	75980	492440	
5		2	順子	79290	77640	95000	88790	82900	88990	512610	
6		3	張惠梅	74840	74990	78980	75000	77660	82120	463590	
7		4	楊心文	88110	82890	82880	72990	89120	90000	505990	
8		5	哈林林	83900	91330	74900	80000	92340	93870	516340	
9		6	林欣如	69200	86770	90230	91230	94950	94000	526380	
10		7	黃大偉	92010	73770	89110	73770	85000	88650	502310	
11		8	陳琪貞	81470	68880	75770	75000	90340	96990	488450	
12		9	李文	76330	89110	83880	82120	91000	90240	512680	
13		10	季巧君	80230	78990	88900	81900	77980	88600	496600	
14		11	阿牛	74980	84840	82220	90000	82800	84880	499720	
15		12	武佰	87870	83000	68000	92880	89770	94200	515720	

2： 執行檢視 / 視窗 / 凍結窗格 / 凍結頂端列。

3： 下面是適度縮減視窗的高度，捲動視窗時，被凍結的列標題沒有捲動的實例。

	A	B	C	D	E	F	G	H	I	J	K
3		員工編號	姓名	一月	二月	三月	四月	五月	六月	小計	
11		8	陳琪貞	81470	68880	75770	75000	90340	96990	488450	
12		9	李文	76330	89110	83880	82120	91000	90240	512680	
13		10	季巧君	80230	78990	88900	81900	77980	88600	496600	
14		11	阿牛	74980	84840	82220	90000	82800	84880	499720	
15		12	武佰	87870	83000	68000	92880	89770	94200	515720	

視窗被凍結後，若按凍結窗格鈕，可以看到取消凍結窗格指令，此指令可以解除鎖定所有列和欄，恢復為未凍結前的狀態。繼續下一單元前，請執行此指令。

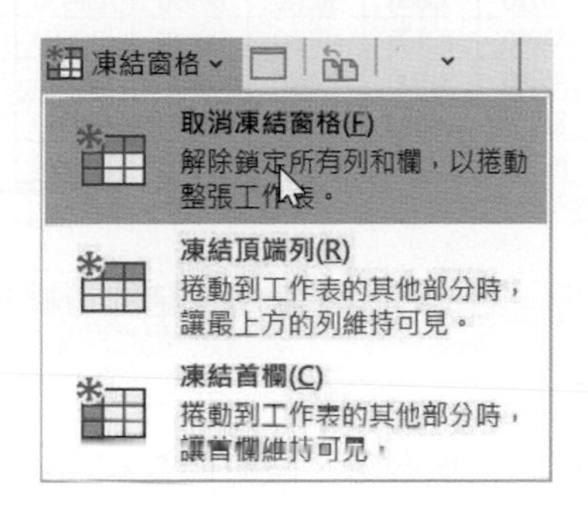

❑ 凍結首欄

若想凍結欄標題，可將欲凍結欄標題放在視窗最左列，再執行凍結首欄。

實例二：凍結 C 欄的標題，並實際捲動視窗觀察執行結果，最後取消凍結。

1： 請適度縮減視窗的寬度，再左右捲動視窗，重覆上述步驟，可將 C 欄捲動到首欄位置。

	C	D	E	F	G	H	I	J	K
3	姓名	一月	二月	三月	四月	五月	六月	小計	
4	王立宏	67800	88000	94000	83000	83660	75980	492440	
5	順子	79290	77640	95000	88790	82900	88990	512610	
6	張惠梅	74840	74990	78980	75000	77660	82120	463590	
7	楊心文	88110	82890	82880	72990	89120	90000	505990	
8	哈林林	83900	91330	74900	80000	92340	93870	516340	
9	林欣如	69200	86770	90230	91230	94950	94000	526380	
10	黃大偉	92010	73770	89110	73770	85000	88650	502310	
11	陳琪貞	81470	68880	75770	75000	90340	96990	488450	
12	李文	76330	89110	83880	82120	91000	90240	512680	
13	季巧君	80230	78990	88900	81900	77980	88600	496600	
14	阿牛	74980	84840	82220	90000	82800	84880	499720	
15	武佰	87870	83000	68000	92880	89770	94200	515720	

2022年H1業績表

2： 執行檢視 / 視窗 / 凍結窗格 / 凍結首欄。

3： 下面是筆者捲動視窗時，被凍結的欄標題沒有捲動的實例。

	C	F	G	H	I	J	K
3	姓名	三月	四月	五月	六月	小計	
4	王立宏	94000	83000	83660	75980	492440	
5	順子	95000	88790	82900	88990	512610	
6	張惠梅	78980	75000	77660	82120	463590	
7	楊心文	82880	72990	89120	90000	505990	
8	哈林林	74900	80000	92340	93870	516340	
9	林欣如	90230	91230	94950	94000	526380	
10	黃大偉	89110	73770	85000	88650	502310	
11	陳琪貞	75770	75000	90340	96990	488450	
12	李文	83880	82120	91000	90240	512680	
13	季巧君	88900	81900	77980	88600	496600	
14	阿牛	82220	90000	82800	84880	499720	
15	武佰	68000	92880	89770	94200	515720	

2022年H1業績表

4： 同樣取消凍結窗格指令，可以取消先前所凍結的首欄標題。

❑ 凍結窗格

在執行凍結窗格 / 凍結窗格指令後，原先儲存格所在位址左邊及上方的儲存格均被凍結了，所以只要適度的選擇作用儲存格的位址可以同時凍結所想要的列和欄標題。

實例三：凍結 1-3 列和 A-C 欄，並實際捲動視窗觀察執行結果，最後取消凍結。

1： 將作用儲存格移至 D4 位址。

	B	C	D	E	F	G	H	I	J	K
2	天天軟體公司業績表									
3	員工編號	姓名	一月	二月	三月	四月	五月	六月	小計	
4	1	王立宏	67800	88000	94000	83000	83660	75980	492440	
5	2	順子	79290	77640	95000	88790	82900	88990	512610	
6	3	張惠梅	74840	74990	78980	75000	77660	82120	463590	
7	4	楊心文	88110	82890	82880	72990	89120	90000	505990	
8	5	哈林林	83900	91330	74900	80000	92340	93870	516340	
9	6	林欣如	69200	86770	90230	91230	94950	94000	526380	
10	7	黃大偉	92010	73770	89110	73770	85000	88650	502310	
11	8	陳琪貞	81470	68880	75770	75000	90340	96990	488450	
12	9	李文	76330	89110	83880	82120	91000	90240	512680	
13	10	季巧君	80230	78990	88900	81900	77980	88600	496600	
14	11	阿牛	74980	84840	82220	90000	82800	84880	499720	
15	12	武佰	87870	83000	68000	92880	89770	94200	515720	

2022年H1業績表

2： 執行檢視 / 視窗 / 凍結窗格 / 凍結窗格。

下面是筆者垂直捲動視窗的實例。

	B	C	D	E	F	G	H	I	J
1									
2			天天軟體公司業績表						
3	員工編號	姓名	一月	二月	三月	四月	五月	六月	小計
10	7	黃大偉	92010	73770	89110	73770	85000	88650	502310
11	8	陳琪貞	81470	68880	75770	75000	90340	96990	488450
12	9	李文	76330	89110	83880	82120	91000	90240	512680
13	10	季巧君	80230	78990	88900	81900	77980	88600	496600
14	11	阿牛	74980	84840	82220	90000	82800	84880	499720
15	12	武佰	87870	83000	68000	92880	89770	94200	515720

下面是筆者水平捲動視窗的實例。

	B	C	E	F	G	H	I	J	K
1									
2			天天軟體公司業績表						
3	員工編號	姓名	二月	三月	四月	五月	六月	小計	
10	7	黃大偉	73770	89110	73770	85000	88650	502310	
11	8	陳琪貞	68880	75770	75000	90340	96990	488450	
12	9	李文	89110	83880	82120	91000	90240	512680	
13	10	季巧君	78990	88900	81900	77980	88600	496600	
14	11	阿牛	84840	82220	90000	82800	84880	499720	
15	12	武佰	83000	68000	92880	89770	94200	515720	

在結束本節內容前，請執行取消凍結窗格指令。

23-2 分割視窗

在處理表格內容太長及太寬的另一個方法是使用分割視窗技術。檢視 / 視窗 / 分割指令，可將視窗分割，未來若想查看某些超出視窗範圍的儲存格內容，只要捲動需要捲動的分割視窗。

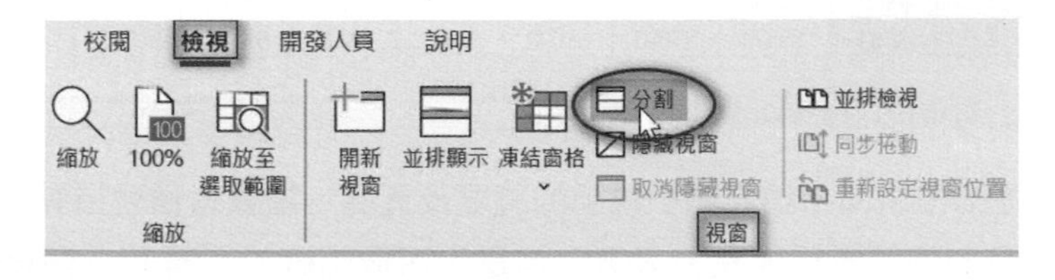

註 如果視窗已被分割，按此鈕，可以取消分割。

實例一：將作用儲存格放在 D4 位址，再執行檢視 / 視窗 / 分割指令，並觀察執行結果，最後再取消分割視窗。

1： 將作用儲存格移至 D4 位址。

	B	C	D	E	F	G	H	I	J	K
2	天天軟體公司業績表									
3	員工編號	姓名	一月	二月	三月	四月	五月	六月	小計	
4	1	王立宏	67800	88000	94000	83000	83660	75980	492440	
5	2	順子	79290	77640	95000	88790	82900	88990	512610	
6	3	張惠梅	74840	74990	78980	75000	77660	82120	463590	
7	4	楊心文	88110	82890	82880	72990	89120	90000	505990	
8	5	哈林林	83900	91330	74900	80000	92340	93870	516340	
9	6	林欣如	69200	86770	90230	91230	94950	94000	526380	
10	7	黃大偉	92010	73770	89110	73770	85000	88650	502310	
11	8	陳琪貞	81470	68880	75770	75000	90340	96990	488450	
12	9	李文	76330	89110	83880	82120	91000	90240	512680	
13	10	季巧君	80230	78990	88900	81900	77980	88600	496600	
14	11	阿牛	74980	84840	82220	90000	82800	84880	499720	
15	12	武佰	87870	83000	68000	92880	89770	94200	515720	
16										

2022年H1業績表

2： 執行檢視 / 視窗 / 分割。

	B	C	D	E	F	G	H	I	J	K
2			天天軟體公司業績表							
3	員工編號	姓名	一月	二月	三月	四月	五月	六月	小計	
4	1	王立宏	67800	88000	94000	83000	83660	75980	492440	
5	2	順子	79290	77640	95000	88790	82900	88990	512610	
6	3	張惠梅	74840	74990	78980	75000	77660	82120	463590	
7	4	楊心文	88110	82890	82880	72990	89120	90000	505990	
8	5	哈林林	83900	91330	74900	80000	92340	93870	516340	
9	6	林欣如	69200	86770	90230	91230	94950	94000	526380	
10	7	黃大偉	92010	73770	89110	73770	85000	88650	502310	
11	8	陳琪貞	81470	68880	75770	75000	90340	96990	488450	
12	9	李文	76330	89110	83880	82120	91000	90240	512680	
13	10	季巧君	80230	78990	88900	81900	77980	88600	496600	
14	11	阿牛	74980	84840	82220	90000	82800	84880	499720	
15	12	武佰	87870	83000	68000	92880	89770	94200	515720	
16										

3： 有了上述分割視窗，請先縮小視窗的高度及寬度，當讀者適度捲動視窗時，相信應可看到儘管表格太長及太寬，但是仍可很明確的了解每一個儲存格的意義，下面是一個捲動的示範輸出。

	B	C	F	G	H	I	J	K
2	體公司業績表							
3	員工編號	姓名	三月	四月	五月	六月	小計	
8	5	哈林林	74900	80000	92340	93870	516340	
9	6	林欣如	90230	91230	94950	94000	526380	
10	7	黃大偉	89110	73770	85000	88650	502310	
11	8	陳琪貞	75770	75000	90340	96990	488450	
12	9	李文	83880	82120	91000	90240	512680	
13	10	季巧君	88900	81900	77980	88600	496600	
14	11	阿牛	82220	90000	82800	84880	499720	
15	12	武佰	68000	92880	89770	94200	515720	

4： 執行檢視 / 視窗 / 分割，可復原視窗成原來格式。

23-3 隱藏與取消隱藏部分欄位區間

在企業的正式報表，至少會有各月份業績表欄位、每 3 個月右邊欄位會有季報表欄位，每半年會有半年報表欄位，同時年度會有年度報表欄位，一個視窗是無法顯示這麼多欄位，這時可以依需要適時的隱藏部分欄位。本節將使用 ch23_2.xlsx 檔案，這是一個半年的業績表。

	A	B	C	D	E	F	G	H	I	J	K	L	M
1													
2		天天軟體公司業績表											
3		員工編號	姓名	一月	二月	三月	Q1	四月	五月	六月	Q2	H1	
4		1	王立宏	67800	88000	94000	249800	83000	83660	75980	242640	492440	
5		2	順子	79290	77640	95000	251930	88790	82900	88990	260680	512610	
6		3	張惠梅	74840	74990	78980	228810	75000	77660	82120	234780	463590	
7		4	楊心文	88110	82890	82880	253880	72990	89120	90000	252110	505990	
8		5	哈林林	83900	91330	74900	250130	80000	92340	93870	266210	516340	
9		6	林欣如	69200	86770	90230	246200	91230	94950	94000	280180	526380	
10		7	黃大偉	92010	73770	89110	254890	73770	85000	88650	247420	502310	
11		8	陳琪貞	81470	68880	75770	226120	75000	90340	96990	262330	488450	
12		9	李文	76330	89110	83880	249320	82120	91000	90240	263360	512680	
13		10	季巧君	80230	78990	88900	248120	81900	77980	88600	248480	496600	
14		11	阿牛	74980	84840	82220	242040	90000	82800	84880	257680	499720	
15		12	武佰	87870	83000	68000	238870	92880	89770	94200	276850	515720	

2022年H1業績表

註 在企業通常將 H1 稱上半年，H2 稱下半年。

上述只是 1-6 月的報表，如果是年度報表將是更多欄位內容，對於上述欄位而言，有時為了讓報表容易檢視，常常隱藏部分欄位。

實例一：隱藏 D-F 欄位。

1： 將滑鼠游標移至 D 欄，同時按 Ctrl 鍵，然後拖曳滑鼠至 F 欄，可以選取 D-F 欄。

	A	B	C	D	E	F	G	H	I	J	K	L
1												
2		天天軟體公司業績表										
3		員工編號	姓名	一月	二月	三月	Q1	四月	五月	六月	Q2	H1
4		1	王立宏	67800	88000	94000	249800	83000	83660	75980	242640	492440
5		2	順子	79290	77640	95000	251930	88790	82900	88990	260680	512610
6		3	張惠梅	74840	74990	78980	228810	75000	77660	82120	234780	463590
7		4	楊心文	88110	82890	82880	253880	72990	89120	90000	252110	505990

2： 將滑鼠游標移至選取的欄位區，按一下滑鼠右邊鍵開啟快顯功能表，執行隱藏，可以隱藏 D-F 欄位。

	A	B	C	G	H	I	J	K	L
1									
2		天天軟體公司業績表							
3		員工編號	姓名	Q1	四月	五月	六月	Q2	H1
4		1	王立宏	249800	83000	83660	75980	242640	492440
5		2	順子	251930	88790	82900	88990	260680	512610
6		3	張惠梅	228810	75000	77660	82120	234780	463590
7		4	楊心文	253880	72990	89120	90000	252110	505990

請將上述隱藏 D-F 欄位的執行結果存入 ch23_3.xlsx。

實例二：取消隱藏 ch23_3.xlsx 的 D-F 欄位。

1： 這時需要選取包夾 D-F 的欄位，此例是選取 C-G 欄位，將滑鼠游標移至 C 欄，同時按 Ctrl 鍵，然後拖曳滑鼠至 G 欄，可以選取 C-G 欄。

	A	B	C	G	H	I	J	K	L
1									
2		天天軟體公司業績表							
3		員工編號	姓名	Q1	四月	五月	六月	Q2	H1
4		1	王立宏	249800	83000	83660	75980	242640	492440
5		2	順子	251930	88790	82900	88990	260680	512610
6		3	張惠梅	228810	75000	77660	82120	234780	463590
7		4	楊心文	253880	72990	89120	90000	252110	505990

2： 將滑鼠游標移至選取的欄位區，按一下滑鼠右邊鍵開啟快顯功能表，執行取消隱藏，可以取消隱藏 D-F 欄位，下列是取消選取儲存格區間的結果，筆者存入 ch23_4.xlsx。

天天軟體公司業績表										
員工編號	姓名	一月	二月	三月	Q1	四月	五月	六月	Q2	H1
1	王立宏	67800	88000	94000	249800	83000	83660	75980	242640	492440
2	順子	79290	77640	95000	251930	88790	82900	88990	260680	512610
3	張惠梅	74840	74990	78980	228810	75000	77660	82120	234780	463590
4	楊心文	88110	82890	82880	253880	72990	89120	90000	252110	505990
5	哈林林	83900	91330	74900	250130	80000	92340	93870	266210	516340
6	林欣如	69200	86770	90230	246200	91230	94950	94000	280180	526380
7	黃大偉	92010	73770	89110	254890	73770	85000	88650	247420	502310
8	陳琪貞	81470	68880	75770	226120	75000	90340	96990	262330	488450
9	李文	76330	89110	83880	249320	82120	91000	90240	263360	512680
10	季巧君	80230	78990	88900	248120	81900	77980	88600	248480	496600
11	阿牛	74980	84840	82220	242040	90000	82800	84880	257680	499720
12	武佰	87870	83000	68000	238870	92880	89770	94200	276850	515720

2022年H1業績表

23-4 隱藏與顯示視窗

此節功能適用在 Excel 視窗同時開啟多個檔案的情況。

檢視 / 視窗 / 隱藏視窗指令可用於隱藏目前所編輯的活頁簿，如此可以減少在螢幕上顯示的視窗及工作表的數量，並可防止內容不慎被更改的情形。

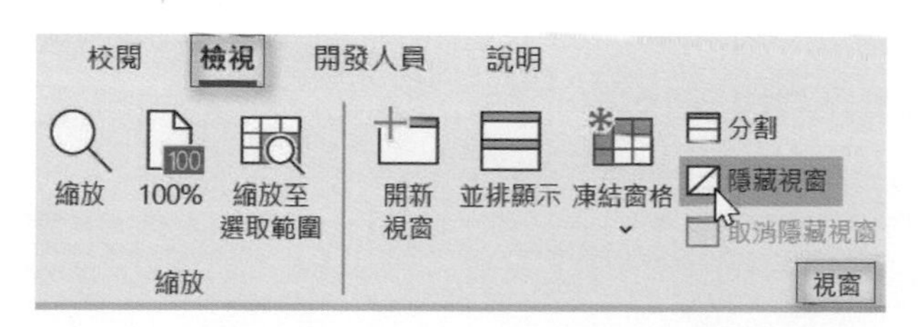

假設目前是顯示 ch23_4.xlsx 檔案，請執行檢視 / 視窗 / 隱藏視窗功能，就可以隱藏 ch23_4.xlsx 檔案的 Excel 視窗。某個活頁簿被隱藏後，若想復原顯示，可使用目前其他正使用 Excel 的視窗，然後執行檢視 / 視窗 / 取消隱藏視窗指令。

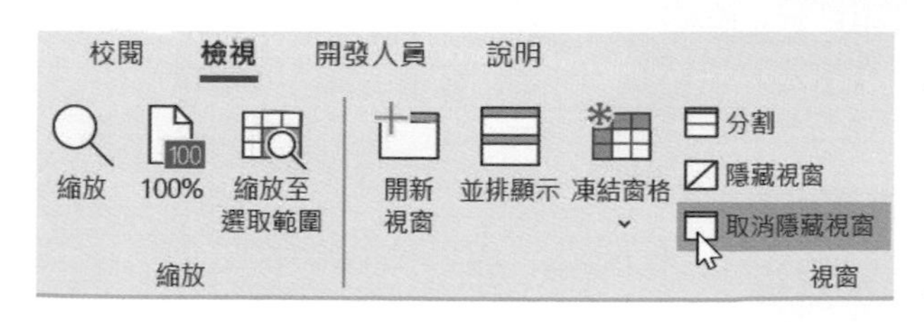

請執行檢視 / 視窗 / 取消隱藏視窗，可以看到取消隱藏對話方塊，如下所示：

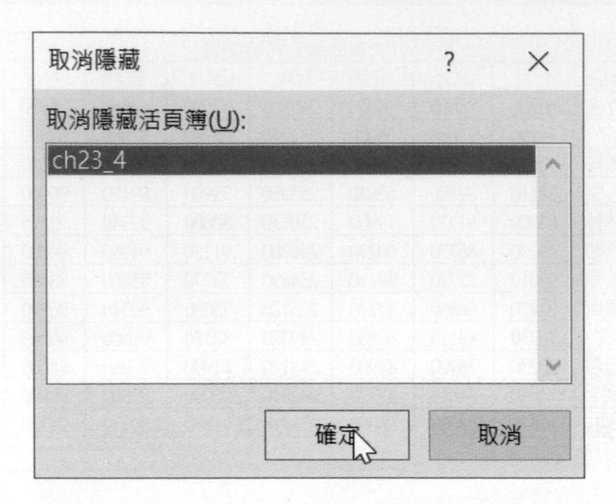

上述按確定鈕，就可以取消隱藏 ch23_4.xlsx 檔案。

CHAPTER

24

插入圖片、圖案、圖示與3D模型

24-1 圖片
24-2 圖示
24-3 3D 模型
24-4 圖案
24-5 編輯圖案
24-6 將圖案應用在報表
24-7 建立含圖片的人事資料表
24-8 文字藝術師
24-9 建立 Excel 工作表的浮水印
24-10 編輯圖片
24-11 建立 Excel 表格的圖片背景

Excel 是 Office 家族成員，因此可以使用 Office 成員共享的圖片、圖案、圖示與 3D 模型，在工作表中加上這些元素可以豐富所建的工作表。這些元素在工作表中是以物件方式存在，類似第 12 章的圖表是獨立存在於工作表內，並不屬於儲存格內的內容，我們可以使用拖曳方式將物件放在適當位置。

24-1 圖片

24-1-1 圖片來源

執行插入 / 圖例 / 圖片，可以選擇圖片來源。

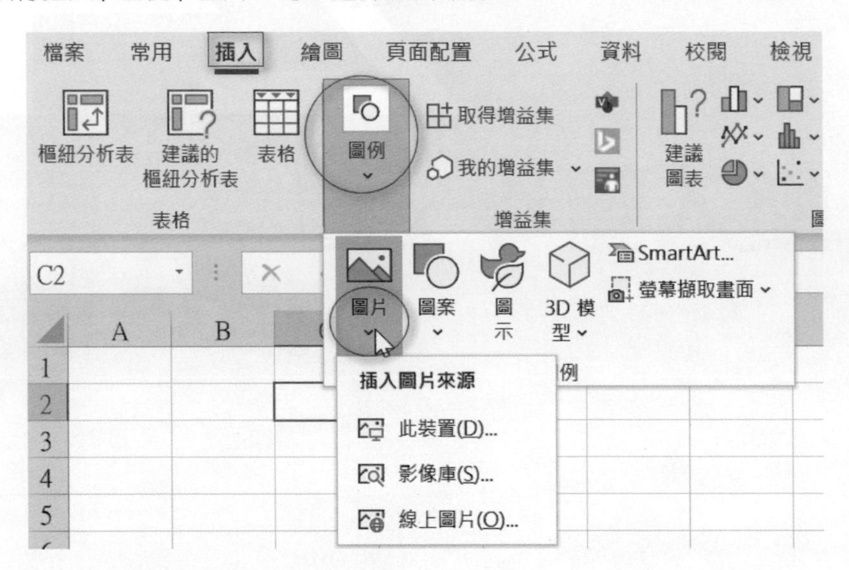

上述插入圖片來源可以有下列 3 種。

此裝置：是指目前的電腦，可以選擇圖片所在的資料夾。

影像庫：是指 Office 的影像庫。

線上圖片：電腦會連線網路供下載圖片。

24-1-2 影像庫

在影像庫內有 5 大類別，每一項類別又有細項類別可以選擇。

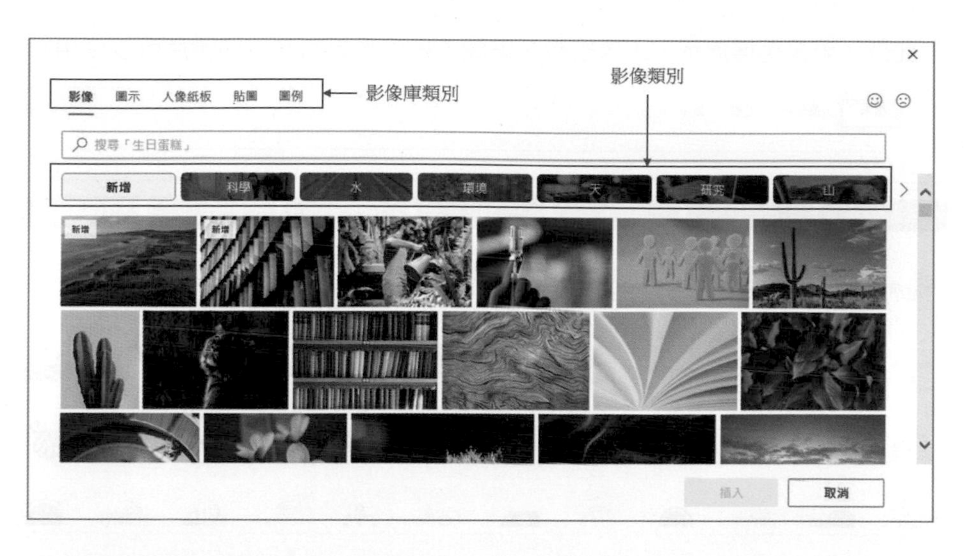

下列是研究和辦公室的影像庫類別。

註 選了圖片後再按插入鈕，可以插入圖片。

此外，若是選擇圖示、人像紙板、貼圖、圖例也是有豐富的圖片可以使用。

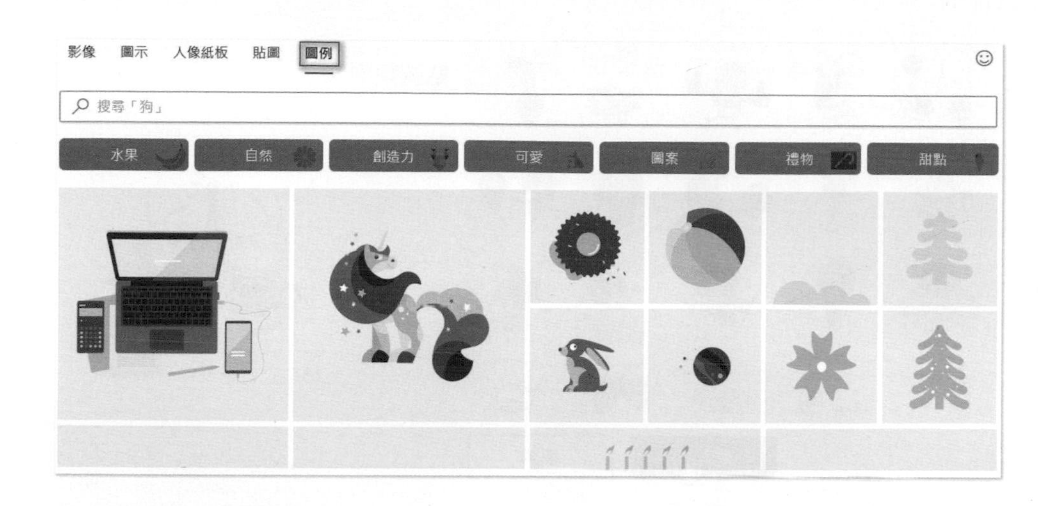

24-1-3 線上圖片

線上圖片有各種圖片類別可以插入使用。

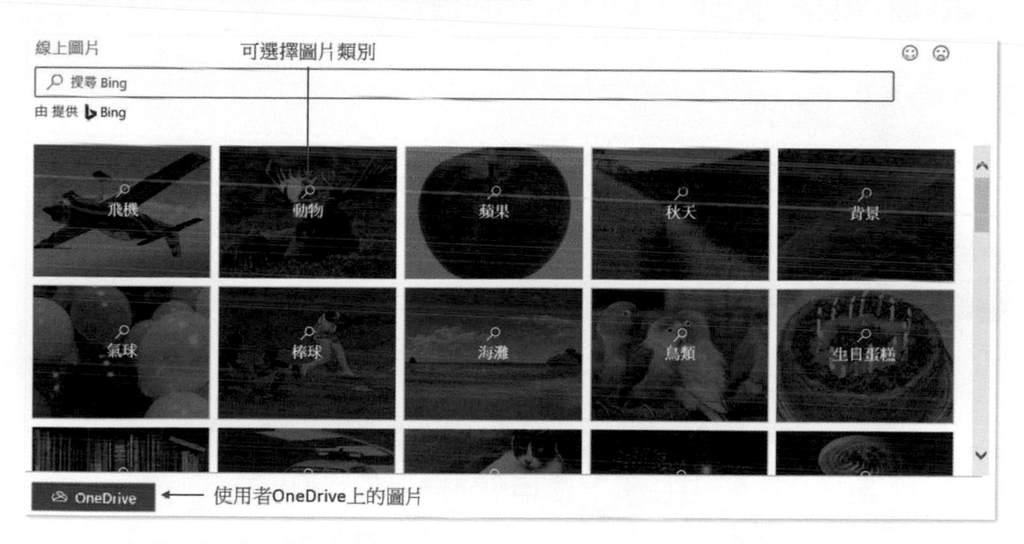

24-1-4 插入圖片實例

任選一張圖片後，插入鈕會用實體顯示，下列是實例畫面。

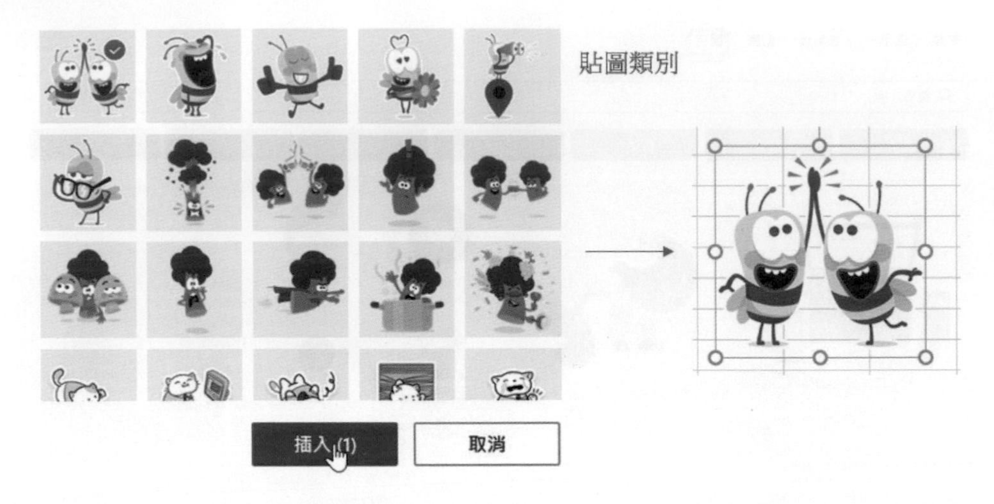

插入圖片物件後，可以拖曳物件更改物件位置，也可以拖曳物件四周控點更改物件大小，若是要更精確控制物件大小可以選取此物件，再使用圖形格式 / 大小功能更改物件高與寬，這個觀念適用本章所有的物件。

24-2 圖示

執行插入 / 圖例 / 圖示，可以得到和 24-1-2 節相同畫面，再選擇圖示即可。

24-3 3D 模型

執行插入 / 圖例 /3D 模型，可以得到下列畫面。

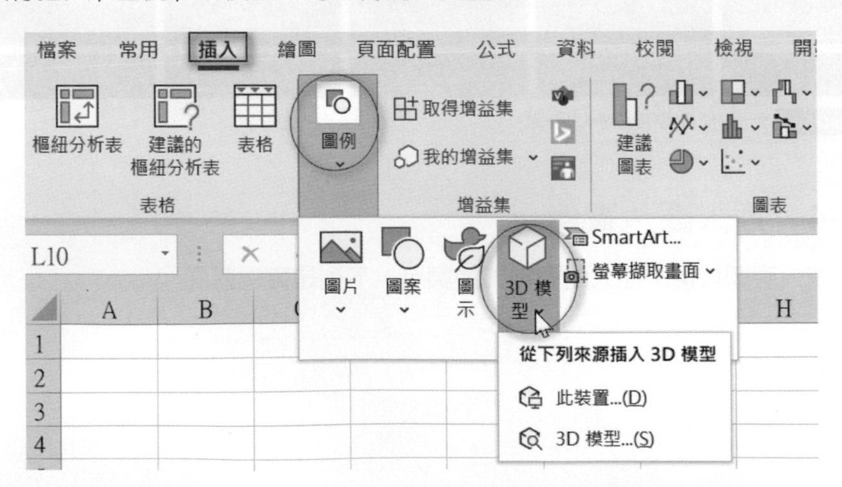

此裝置是指目前使用電腦的 3D 模型，下列是點選 3D 模型的結果。

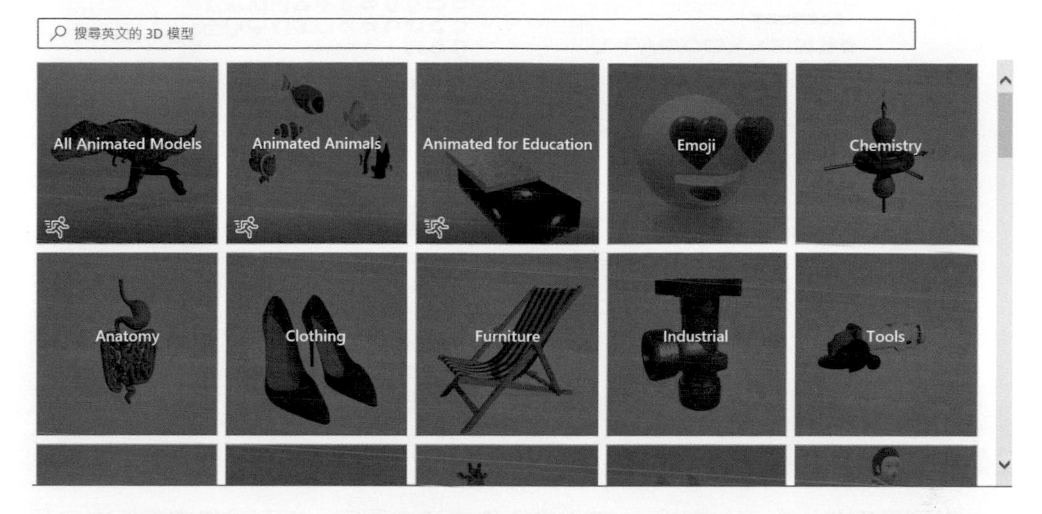

3D 模型的類別有許多，下列是點選 Robots 類別的結果。

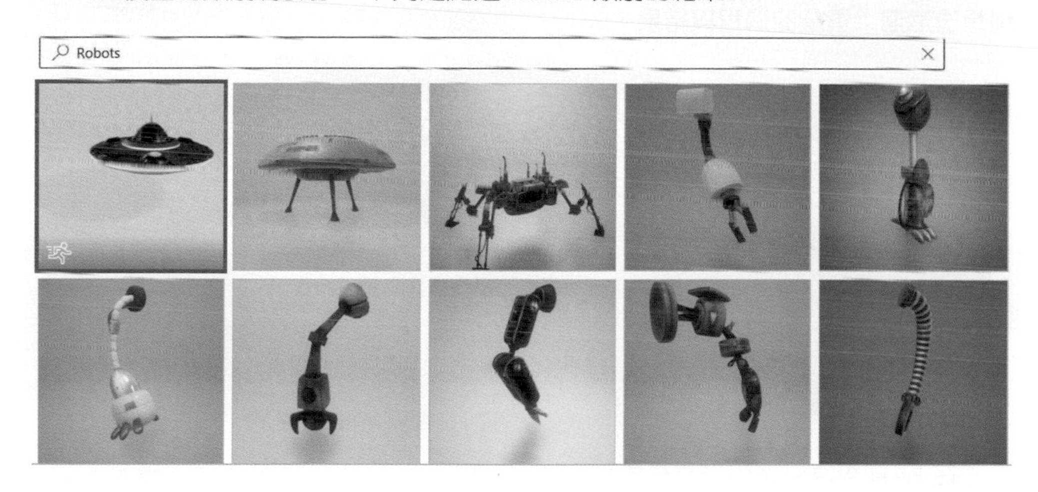

24-4 圖案

24-4-1 插入圖案功能

執行插入 / 圖例 / 圖案，可以有最近使用的圖案、線條、矩形、基本圖案、箭號圖案、方程式圖案、流程圖、星星及綵帶、圖說文字類別可以使用。

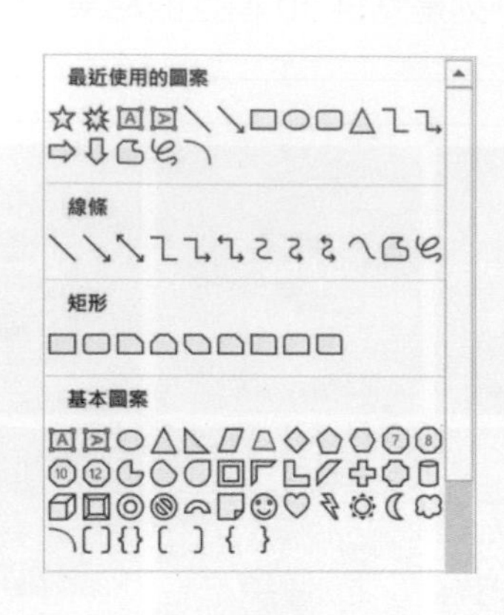

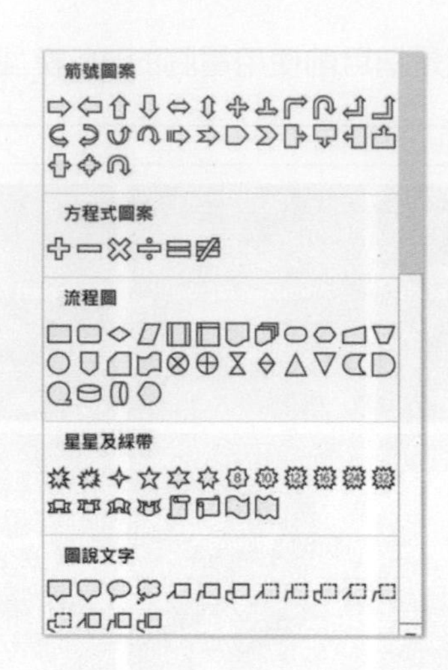

24-4-2 建立圖案

點選圖案後，就可以在 Excel 工作表內拖曳建立圖案，下列是建立圖說文字類別想法泡泡：雲朵的過程與結果。

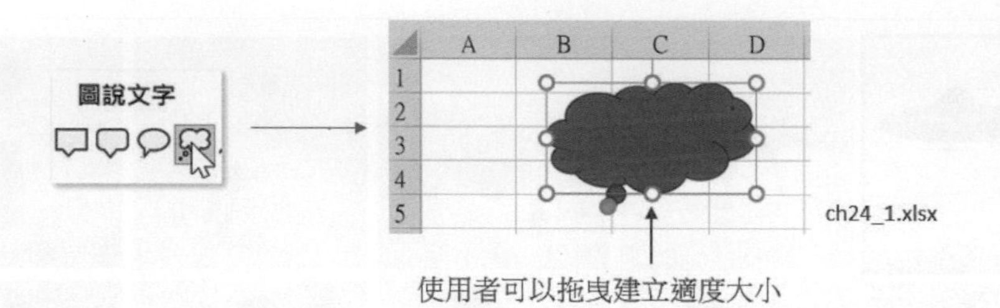

24-5 編輯圖案

在 Excel 視窗點選圖形格式標籤，可以使用圖案樣式功能群組的功能編輯圖案。

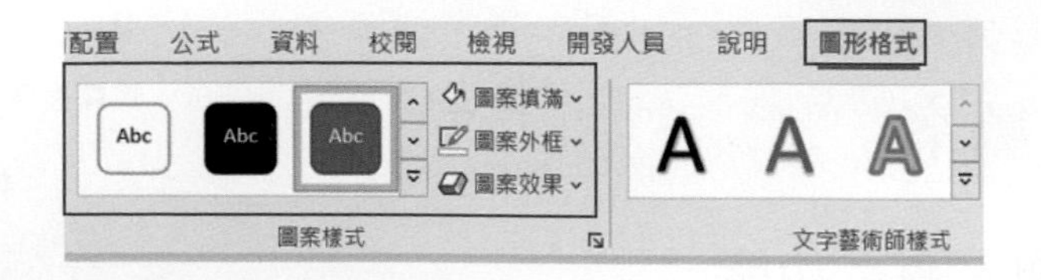

24-5-1 圖案填滿

下列是點選圖案填滿再選擇黃色的結果。

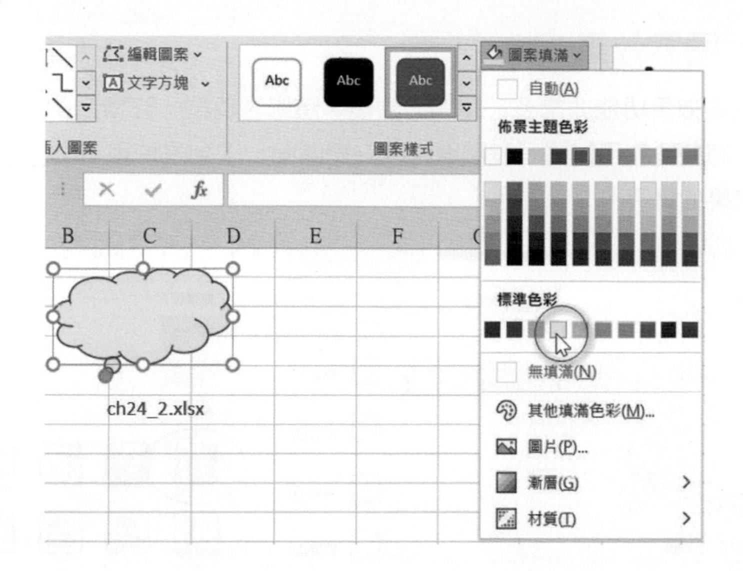

此外，也可以使用其他填滿色彩(自行調色)、圖片、漸層、材質方式填滿圖案底色。

24-5-2 建立圖案外框

圖案外框可以選擇圖案顏色、粗細、虛線等，下列是選擇海藍色的實例，可以參考下列畫面。

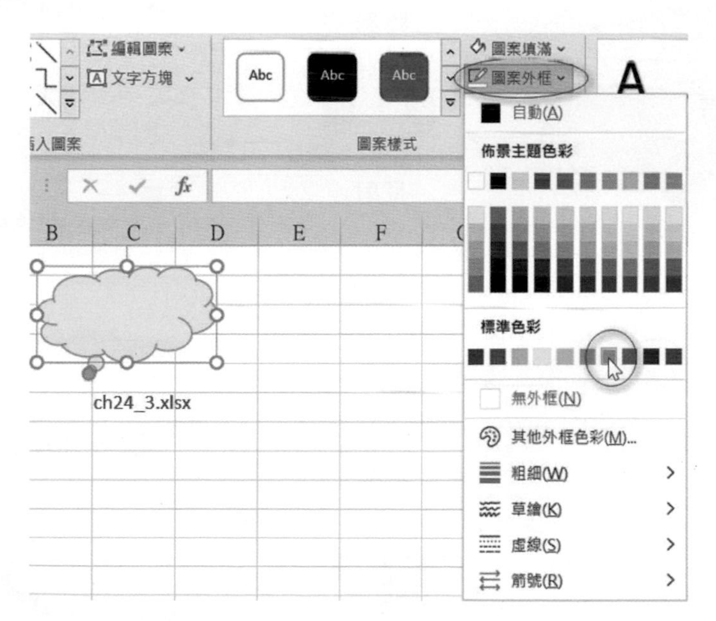

24-5-3 圖案效果

其實圖案效果功能非常多，例如：預設、陰影、反射、光暈、柔邊、浮凸、立體旋轉等，有些功能可以將一般圖案轉成立體圖案，下列是使用 ch24_3.xlsx 圖案，套用各種效果的實例。

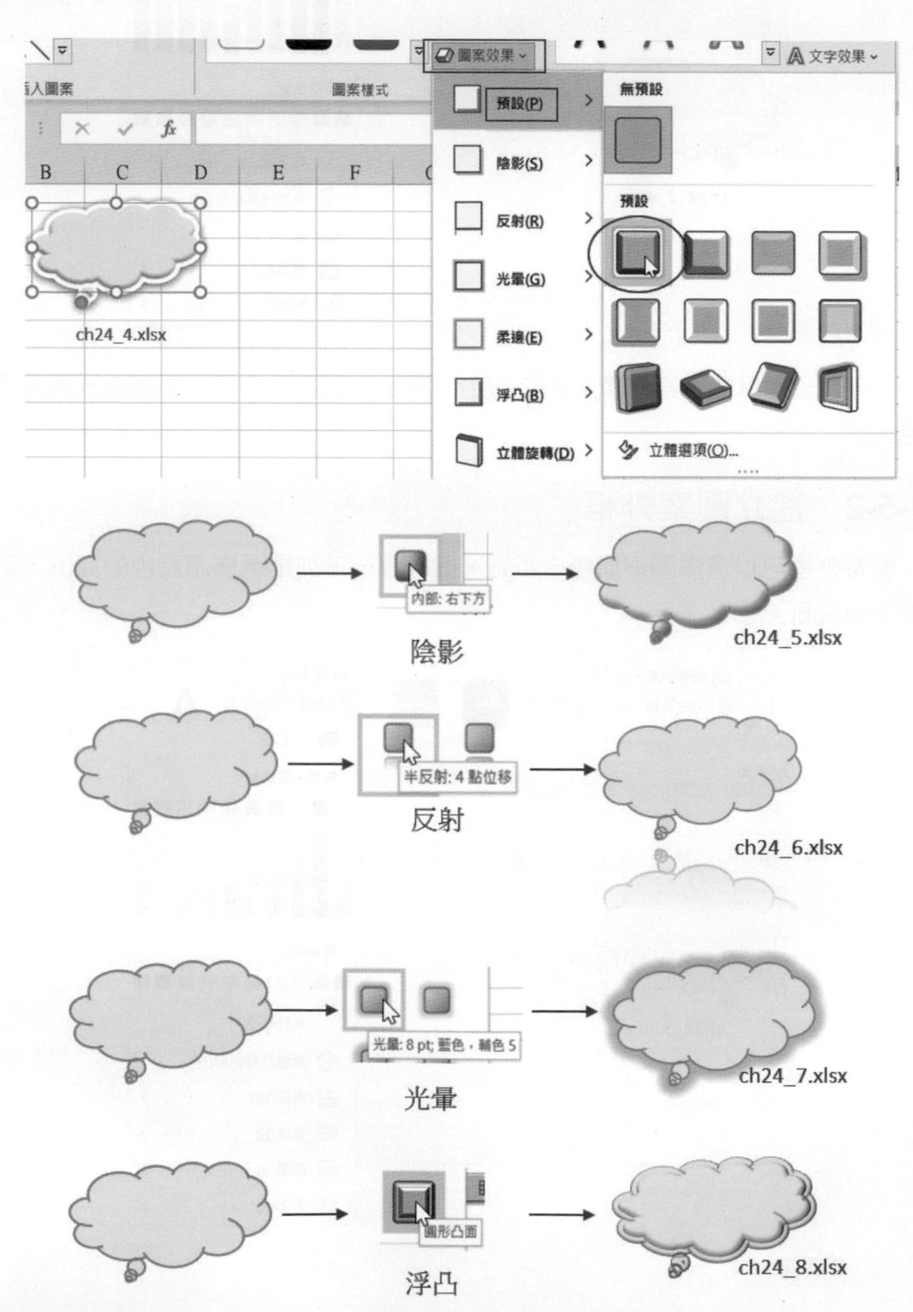

24-5-4 編輯圖案端點

請使用 ch24_8.xlsx，將滑鼠游標移至圖案，再按一下滑鼠右鍵，執行快顯功能表的編輯端點，可以編輯端點。

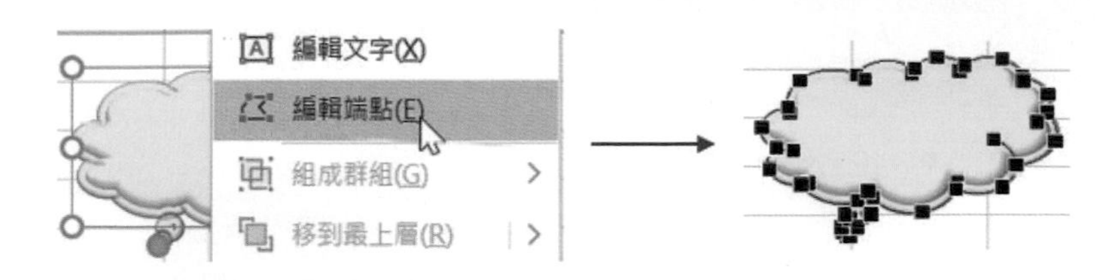

下列是筆者拖曳一個端點的畫面與執行結果。

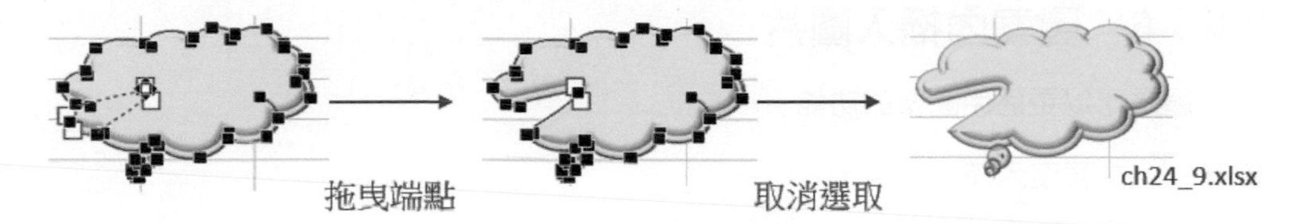

24-5-5 編輯圖片文字

請開啟 ch24_10.xlsx，將滑鼠游標移至圖案，再按一下滑鼠右鍵，執行快顯功能表的編輯文字，可以在圖案內輸入文字。

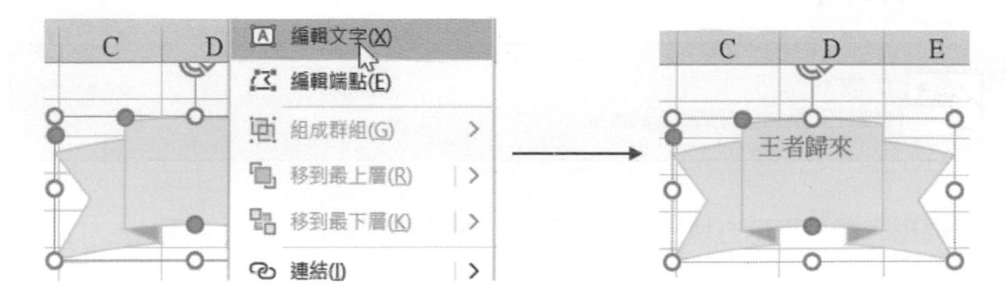

輸入完文字後，可以使用可以使用常用 / 對齊功能群組，設定文字上下置中與左右置中，下列結果存入 ch24_11.xlsx。

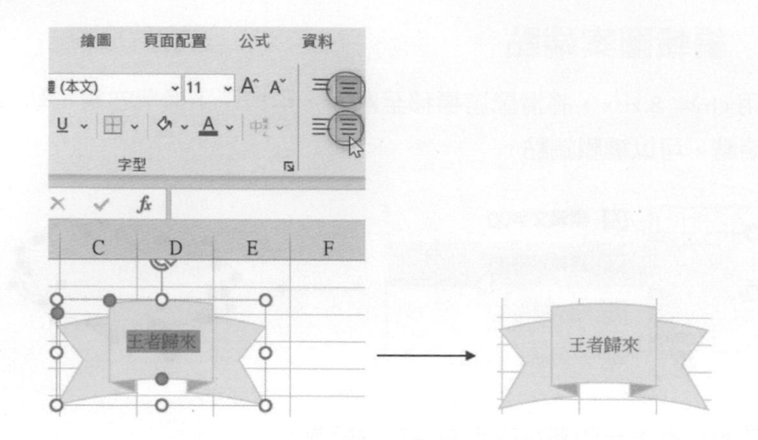

24-5-6 圖案內插入圖片

這是可以更活用圖案的功能。

實例一：在圖案內插入圖片。

1： 請開啟 ch24_3.xlxs，選取此圖案。

2： 執行圖形格式 / 圖案樣式 / 圖案填滿 / 圖片。

3： 出現插入圖片框，請選擇從檔案，如下：

4： 出現插入圖片對話方塊，筆者選擇 ch13 資料夾內的 rushmore 圖片。

5： 按確定鈕，可以得到下列執行結果，結果存入 ch24_11_1.xlsx。

24-6 將圖案應用在報表

24-6-1 世界地圖人口比率與箭號符號圖案

適度應用圖案可以建立一個更完整的報表，請開啟 ch24_12.xlsx 內容如下：

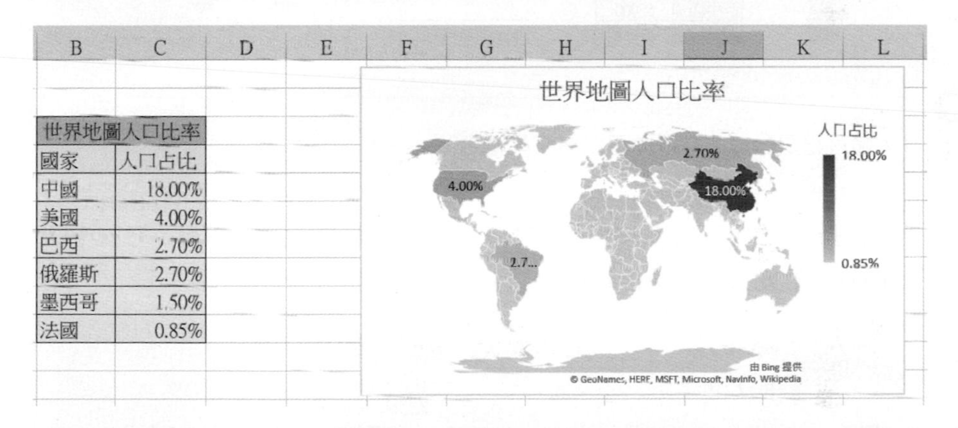

世界地圖人口比率	
國家	人口占比
中國	18.00%
美國	4.00%
巴西	2.70%
俄羅斯	2.70%
墨西哥	1.50%
法國	0.85%

若是使用插入 / 圖例 / 圖案 / 箭號圖案的符號➡，將圖案改為黃色，箭號內輸入視覺化文字，上下與左右置中，可以得到下列效果，結果存入 ch24_13.xlsx。

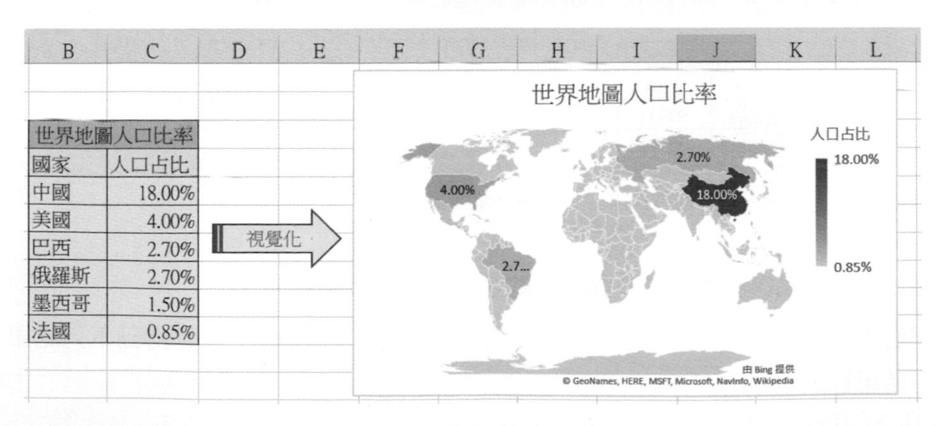

世界地圖人口比率	
國家	人口占比
中國	18.00%
美國	4.00%
巴西	2.70%
俄羅斯	2.70%
墨西哥	1.50%
法國	0.85%

24-6-2 美化連鎖店業績工作表

其實也可以將公式計算結果儲存在圖案物件內，方法是先將公式的計算結果以字串方式儲存在某一個儲存格，然後在圖形內參照該儲存格即可。

實例一：將公式計算結果顯示在儲存格內。

1： 請開啟 ch24_14.xlsx，請將作用儲存格放在 E7 儲存格，這個儲存格雖是字串但是也隱含了 C7 儲存格的計算結果。

E7　="總金額"&C7&"元"

	A	B	C	D	E
1					
2		連鎖店業績表			
3		地區	金額		
4		台北店	80000		
5		新北店	66000		
6		台中店	58000		
7		總計	204000		總金額204000元

註 E7 儲存格是公式，& 符號可以將字串組合。

2： 選取圖形，然後在資料編輯列輸入 =E7，按一下上下置中鈕和左右置中鈕，可以得到下列結果，結果存入 ch24_15.xlsx。

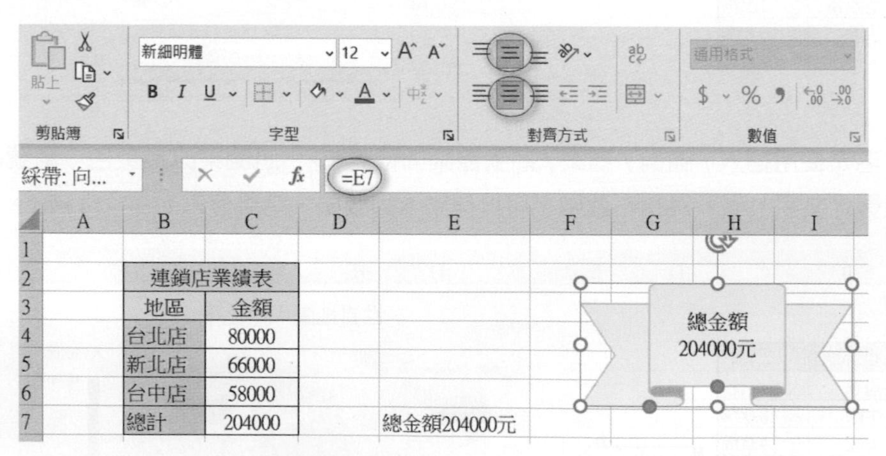

實例二：更動儲存格內容，在圖形內的金額也將同步更新。

1： 沿用 ch24_15.xlsx，請將 C4 儲存格的內容更改為 90000，可以得到下列結果，結果存入 ch24_16.xlsx。

	A	B	C	D	E	F	G	H	I
1									
2		連鎖店業績表							
3		地區	金額						
4		台北店	90000					總金額 214000元	
5		新北店	66000						
6		台中店	58000						
7		總計	214000		總金額214000元				

實例三：業績好插入 3D 模型給自己開心。

1： 執行插入 / 圖例 /3D 模型 /3D 模型，選擇 Emoji，再選下列 3D 模型。

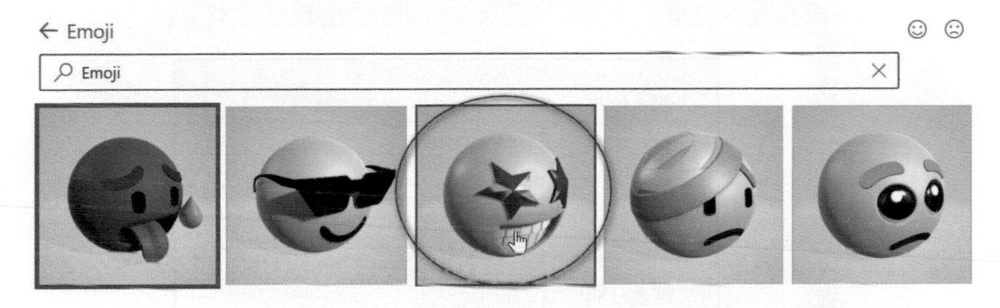

2： 按插入鈕，可以在工作表內產生 3D 模型。

	A	B	C	D	E	F	G	H	I
1									
2		連鎖店業績表							
3		地區	金額						
4		台北店	90000					總金額 214000元	
5		新北店	66000						
6		台中店	58000						
7		總計	214000		總金額214000元				

3： 請適度捲動模型中間圖示，可以控制笑臉方向，下列是執行結果，結果存入 ch24_17.xlsx。

	A	B	C	D	E	F	G	H	I
1									
2		連鎖店業績表							
3		地區	金額						
4		台北店	90000					總金額 214000元	
5		新北店	66000						
6		台中店	58000						
7		總計	214000		總金額214000元				

24-7 建立含圖片的人事資料表

24-7-1 建立含圖片的人事資料表

您也可以在活頁簿內插入美工圖片，類似在 Word 內插入美工圖片，增加活頁簿的美觀。

實例一：在人事資料表插入相片。

1： 請開啟 ch24_18.xlsx，這是人事資料表，在該工作表有預留相片空間，如下：

	A	B	C	D	E	F	G
1							
2		深智公司人事資料表					
3		個人近照		個人資料			
4				姓名			
5				出生日期			
6				性別			
7				聯絡電話			
8				地址			
9		填表日期					

2： 在 ch24 資料夾有 hung.png 圖片檔案，執行插入 / 圖例 / 圖片 / 此裝置指令，會出現插入圖片對話方塊，請選擇 ch24 資料夾的 hung.png 檔案。

3： 按插入鈕即可插入圖片，適度縮小圖片，然後將圖片拖曳至儲存格位置，下列是執行結果，筆者存入 ch24_19.xlsx。

	A	B	C	D	E	F	G
1							
2		深智公司人事資料表					
3		個人近照		個人資料			
4				姓名			
5				出生日期			
6				性別			
7				聯絡電話			
8				地址			
9		填表日期					

24-7-2　將圖片固定在儲存格內

若是讀者覺得 ch24_19.xlsx 缺點是圖片與儲存格間有空白，這不是好的設計，其實可以縮小 B 欄位寬度，下列是將 B 欄位縮小至 3.45，可以得到下列結果。

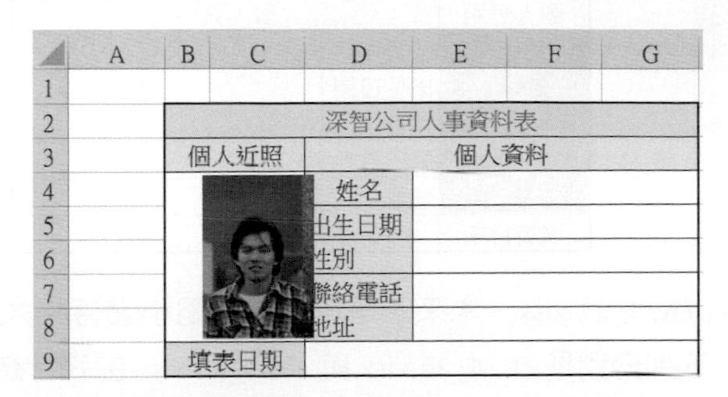

上述由於圖片位置固定，因此若是調整儲存格高度或是寬度，將造成上述結果，也就是圖片與儲存格沒有切齊，上述結果存至 ch24_20.xlsx。

實例一：沿用 ch24_20.xlsx，將圖片固定在儲存格內。

1：　選取圖片，將圖片四周端點切齊預留的儲存格區間。

2：　將滑鼠游標移至圖片位置，按一下滑鼠右鍵，開啟快顯功能表執行大小與內容。

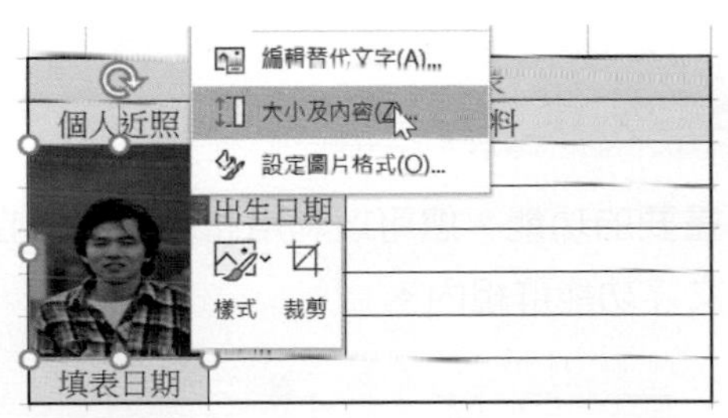

3：　在 Excel 視窗右邊可以看到設定圖片格式窗格，請點選屬性，然後選擇大小位置隨儲存格而變。

4： 可以關閉設定圖片格式窗格，這個設定就算完成，可以得到下列結果。

	A	B	C	D	E	F	G
1							
2		深智公司人事資料表					
3		個人近照		個人資料			
4				姓名			
5				出生日期			
6				性別			
7				聯絡電話			
8				地址			
9		填表日期					

上述結果存入 ch24_21.xlsx，未來若是放大或是縮小儲存格大小，圖片將隨著儲存格更改大小，下列分別是 ch24_22.xlsx 與 ch24_23.xlsx 的執行結果。

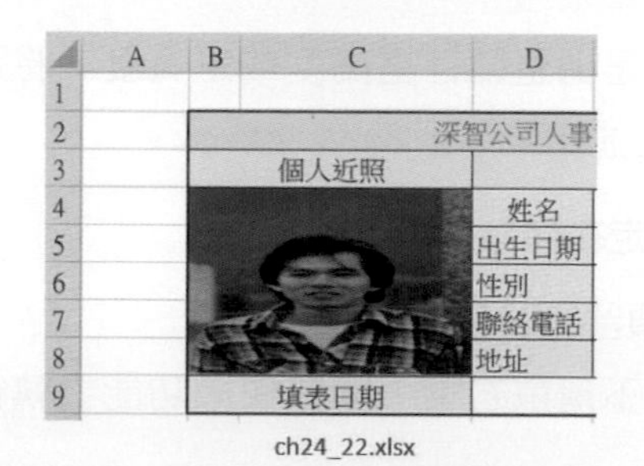

ch24_22.xlsx

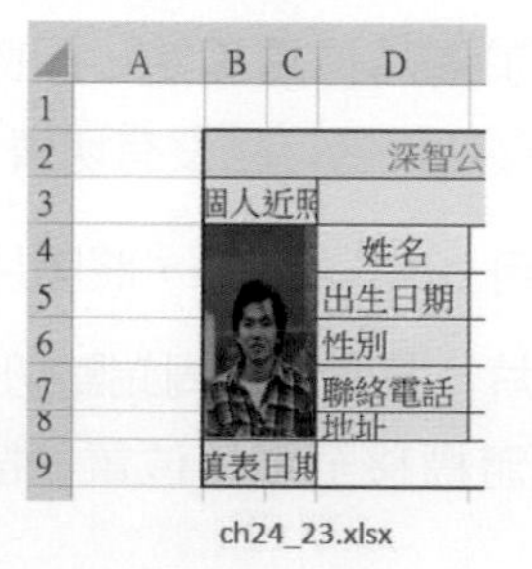

ch24_23.xlsx

24-8 文字藝術師

這也是過去 Word 重要的功能，您可以利用此功能，建立優美的藝術文字，這個功能是被放在插入 / 文字功能群組內。

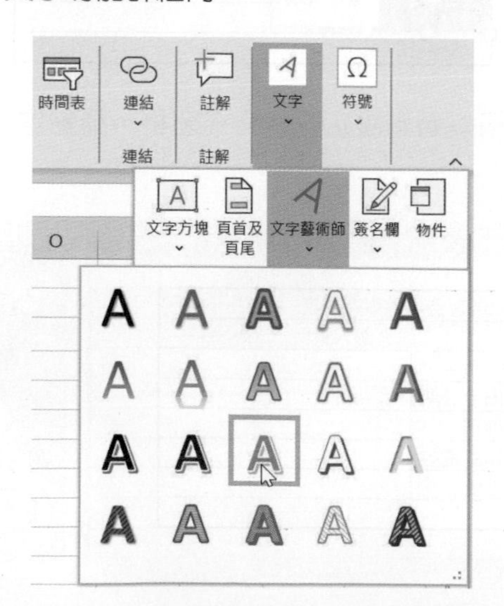

請開啟 ch24_24.xlsx 檔案，請執行上述所選的文字藝術字體，可以看到畫面如下 (筆者有適度拖移文字藝術字)：

在這裡加入您的文字

職棒七年打擊排行榜					
編號	姓名	打數	安打	打點	全壘打
1	李居明	112	39	18	0
2	廖敏雄	114	45	20	3
3	曾貴章	125	47	26	4
4	林仲秋	144	50	12	2
5	呂明賜	139	44	12	1
6	陳大順	123	38	13	0

下列是輸入中華職棒，以及適度更改字的大小、位置的結果。

中華職棒

職棒七年打擊排行榜					
編號	姓名	打數	安打	打點	全壘打
1	李居明	112	39	18	0
2	廖敏雄	114	45	20	3
3	曾貴章	125	47	26	4
4	林仲秋	144	50	12	2
5	呂明賜	139	44	12	1
6	陳大順	123	38	13	0

上述執行結果將存入 ch24_25.xlsx。

24-9 建立 Excel 工作表的浮水印

Excel 本身沒有提供浮水印功能，但是我們可以使用設定文字與圖片的透明度建立浮水印。

24-9-1 建立文字格式的浮水印

實例一：建立字串是 SSE 的浮水印。

1： 請開啟 ch24_26.xlsx。

2： 執行插入 / 文字 / 文字藝術師，選擇下列字型。

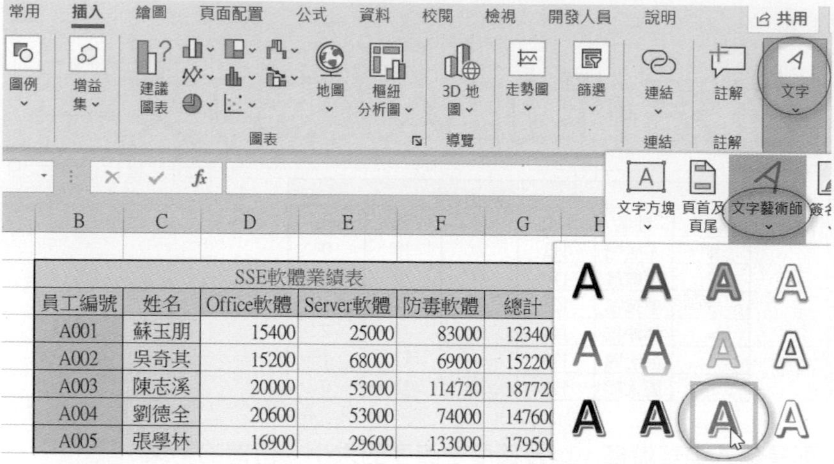

SSE軟體業績表					
員工編號	姓名	Office軟體	Server軟體	防毒軟體	總計
A001	蘇玉朋	15400	25000	83000	12340
A002	吳奇其	15200	68000	69000	15220
A003	陳志溪	20000	53000	114720	18772
A004	劉德全	20600	53000	74000	14760
A005	張學林	16900	29600	133000	17950

3： 建立浮水印字 SSE Secret，適度控制大小，然後先拖曳所建的文字到適當位置。

SSE軟體業績表					
員工編號	姓名	Office軟體	Server軟體	防毒軟體	總計
A001	蘇玉朋	15400	25000	83000	123400
A002	吳奇其	15200	680	690	15 00
A003	陳志溪	20000	530		1877
A004	劉德全	20600	53000	74000	147600
A005	張學林	16900	29600	133000	179500

4： 下列是旋轉結果。

SSE軟體業績表					
員工編號	姓名	Office軟體	Server軟體	防毒軟體	總計
A001	蘇玉朋	15400	25000	83000	123400
A002	吳奇其	15200	68000	69000	15 00
A003	陳志溪	20000	53000	1147	1877
A004	劉德全	20600	53000	400	147600
A005	張學林	16900	29600	133 00	179500

5： 將滑鼠游標移至 SSE Secret 文字物件，按一下右鍵開啟快顯功能表，然後執行設定圖形格式。

6： 可以看到設定圖形格式窗格，請選擇文字選項，在文字填滿欄位將透明度設為 90%，如下方左圖所示：

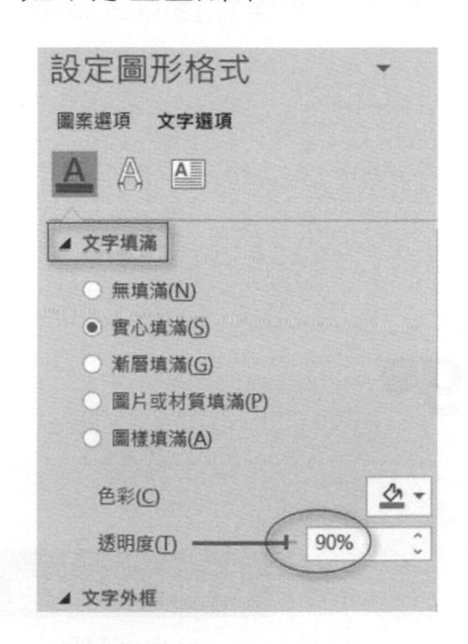

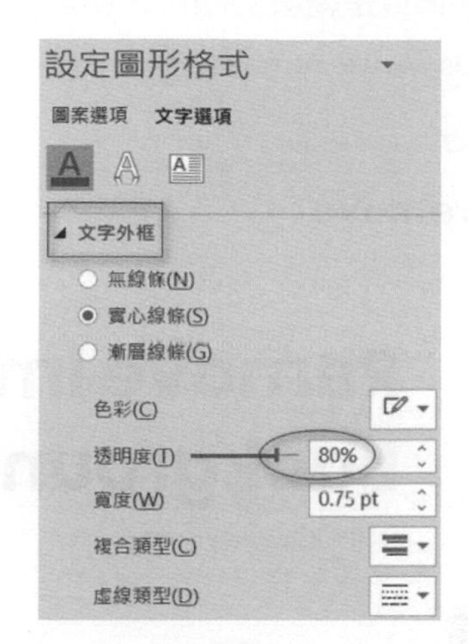

7： 在文字外框欄位將透明度設為 80%，如上方右圖所示：

8： 請關閉設定圖形格式窗格。

B	C	D	E	F	G	H	I	J
SSE軟體業績表								
員工編號	姓名	Office軟體	Server軟體	防毒軟體	總計			
A001	蘇玉朋	15400	25000	83000	123400			
A002	吳奇其	15200	68000	69000	152200			
A003	陳志溪	20000	53000	114720	187720			
A004	劉德全	20600	53000	74000	147600			
A005	張學林	16900	29600	133000	179500			

9： 將上述浮水印拖曳至適當位置，取消選取後可以得到下列結果。

	A	B	C	D	E	F	G
1							
2		SSE軟體業績表					
3		員工編號	姓名	Office軟體	Server軟體	防毒軟體	總計
4		A001	蘇玉朋	15400	25000	83000	123400
5		A002	吳奇其	15200	68000	69000	152200
6		A003	陳志溪	20000	53000	114720	187720
7		A004	劉德全	20600	53000	74000	147600
8		A005	張學林	16900	29600	133000	179500

結果存入 ch24_27.xlsx。

24-9-2 建立圖片格式的浮水印

一般拍照或是繪製的圖片大都含有背景，如果想要建立透明背景圖可以使用下列網站 https://www.remove.bg/：

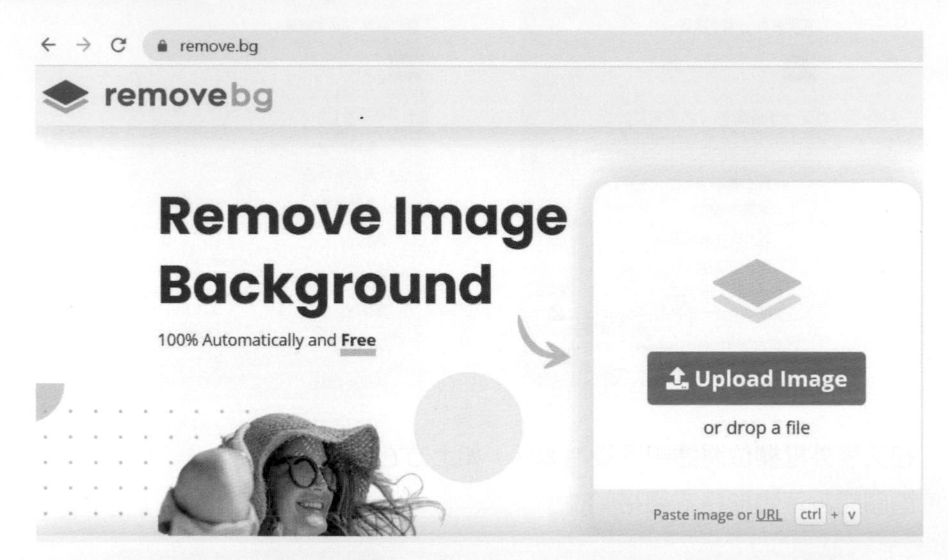

只要將圖片拖曳至上述指定位置，很快就可以取得該圖片的透明背景，上述網站所產生的透明背景圖片副檔名是 png。

實例一：建立圖片是 sselogo.png 的浮水印，sselogo.png 是由上述網站產生。

1： 請開啟 ch24_26.xlsx。

2： 執行插入 / 圖例 / 圖片 / 此裝置，請選擇 ch24 資料夾的 sselogo.png，插入圖片後適度旋轉圖片、調整位置與大小可以得到下列結果。

SSE軟體業績表

員工編號	姓名	Office軟體	Server軟體	防毒軟體	總計
A001	蘇玉朋	15400	25000	83000	123[illegible]
A002	吳奇其	15200	68000	69000	15[illegible]
A003	陳志溪	20000	53000	114720	18772[illegible]
A004	劉德全	20600	53000	74000	14[illegible]60[illegible]
A005	張學林	16900	29600	133000	[illegible]

3： 將滑鼠游標移至 sselogo 物件，按一下右鍵開啟快顯功能表，然後執行設定圖形格式。

4： Excel 視窗右邊會出現設定圖片格式窗格，請選擇圖片 / 圖片透明度，然後設定透明度是 80%。

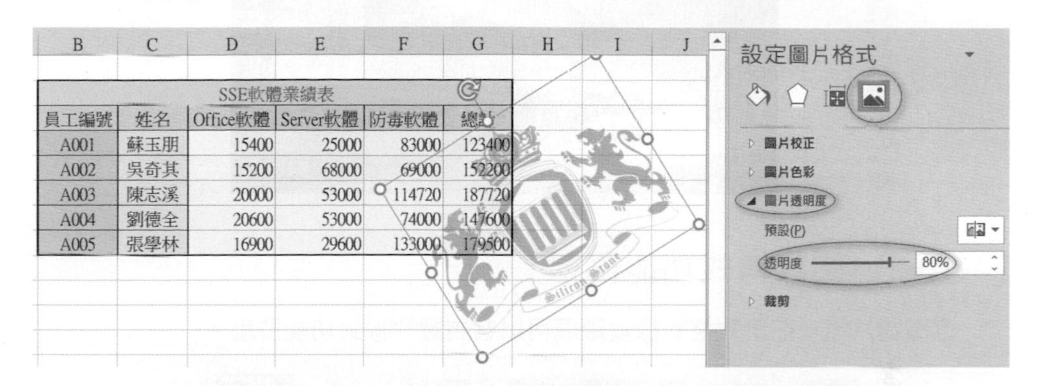

5： 關閉設定圖片格式窗格，適度拖曳圖片到適當位置，可以得到下列結果。

	A	B	C	D	E	F	G
1							
2		SSE軟體業績表					
3		員工編號	姓名	Office軟體	Server軟體	防毒軟體	總計
4		A001	蘇玉朋	15400	25000	83000	123400
5		A002	吳奇其	15200	68000	69000	152200
6		A003	陳志溪	20000	53000	114720	187720
7		A004	劉德全	20600	53000	74000	147600
8		A005	張學林	16900	29600	133000	179500
9							
10							
11							

上述成功建立了浮水印的圖片背景，執行結果存入 ch24_28.xlsx。

24-10 編輯圖片

請開啟 ch24_29.xlsx，這一個檔案含有一張圖片，要編輯圖片前必須要先選取此圖片，本節筆者將講解編輯圖片的相關知識。

24-10-1 圖片樣式功能群組

選取圖片後，在圖片格式標籤環境可以看到圖片樣式功能群組。

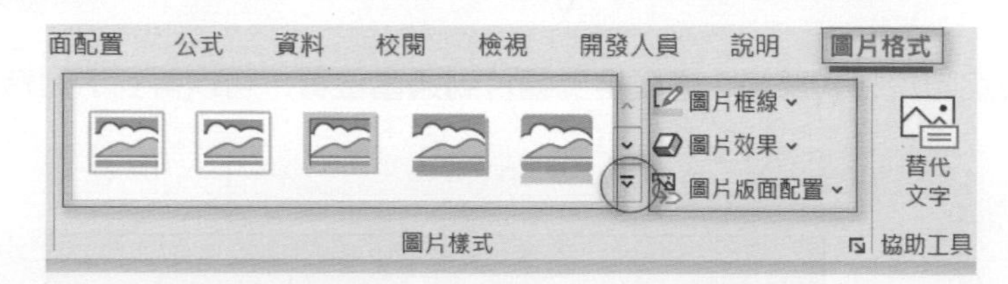

使用者可以針對選取的圖片設定圖片框線、圖片效果、圖片版面配置，也可以直接點選 ▿ 鈕，快速選擇適合的圖片樣式。

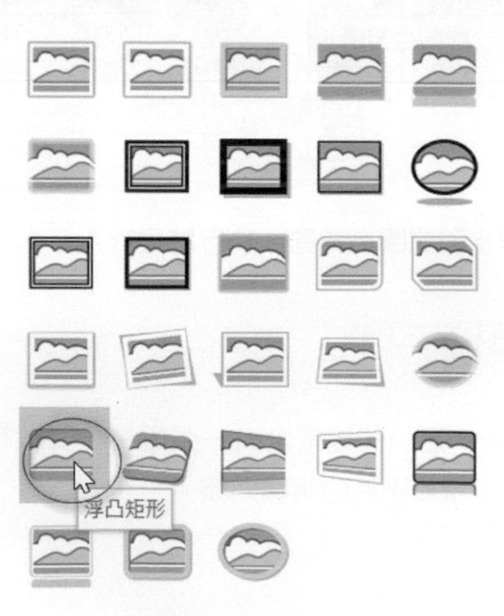

將滑鼠移到圖示可以看到圖示名稱，下列是 ch14_29.xlsx 圖片的執行結果。

浮凸矩形 – ch24_30.xlsx

金屬橢圓形 – ch24_31.xlsx

24-10-2 色彩效果

在圖片格式標籤的調整功能群組有色彩功能可以調整圖片的色彩飽和度、色調與重新著色，下列是 Excel 已經依據色彩飽和度、色溫與重新著色，自動調好的選項：

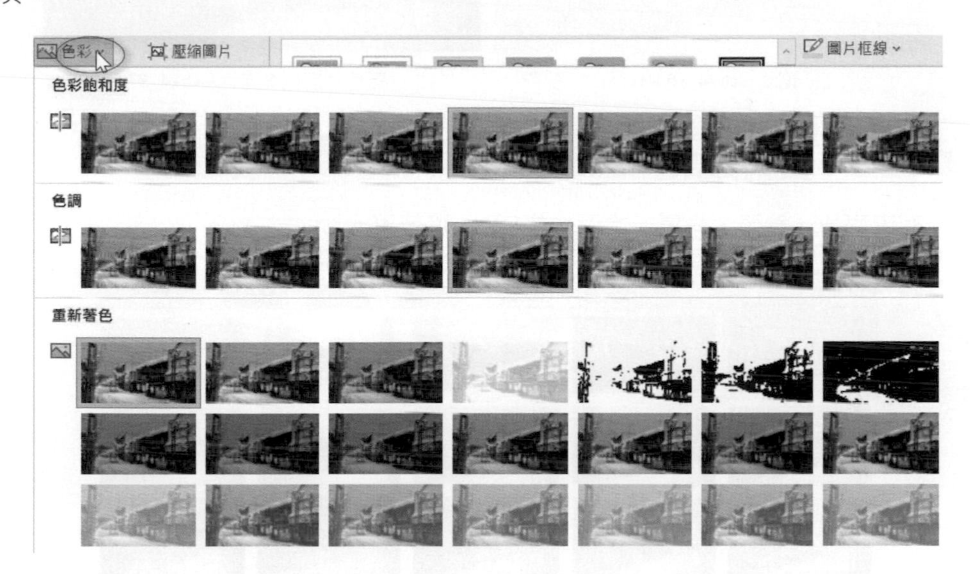

下列是系列實例與結果。

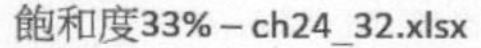

飽和度33% – ch24_32.xlsx

飽和度300% – ch24_33.xlsx

色溫4700K – ch24_34.xlsx

色溫11200K – ch24_35.xlsx

刷淡 – ch24_36.xlsx

藍色強調色 1 淺色 – ch24_37.xlsx

24-10-3 美術效果

有麥克筆、鉛筆、光幕、水泥、拓印 … 等效果。

下列是實例與結果。

刷淡 – ch24_38.xlsx

拓印 – ch24_39.xlsx

24-10-4 透明度

下列是從 0% 到 95% 透明度的選項。

下列是實例與結果。

透明度50% – ch24_40.xlsx

透明度80% – ch24_41.xlsx

24-10-5 壓縮圖片

調整功能群組的壓縮圖片可以縮減文件大小。

24-10-6 變更圖片

可以更改圖片，同時選擇圖片的來源。

24-10-7 重設圖片

可以放棄對圖片所做的變更。

24-10-8 大小功能群組

在圖片格式標籤環境，大小功能群組在最右邊，如下：

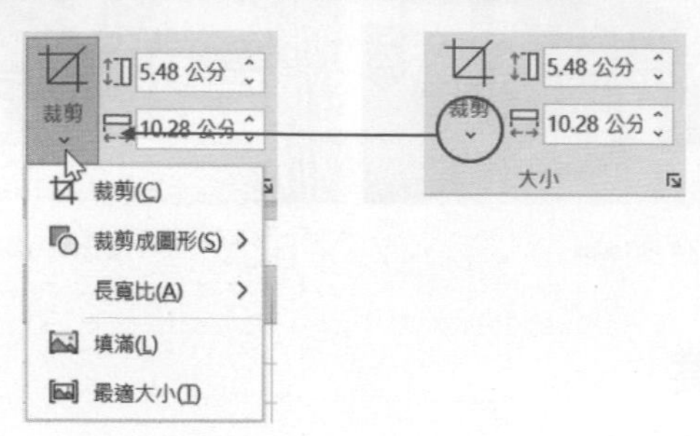

使用者可以直接設定圖片的高度與寬度，也可以點選裁剪鈕，裁剪此圖片。甚至可以使用裁剪鈕將圖片依所選的圖案作裁剪，可以參考下列實例。

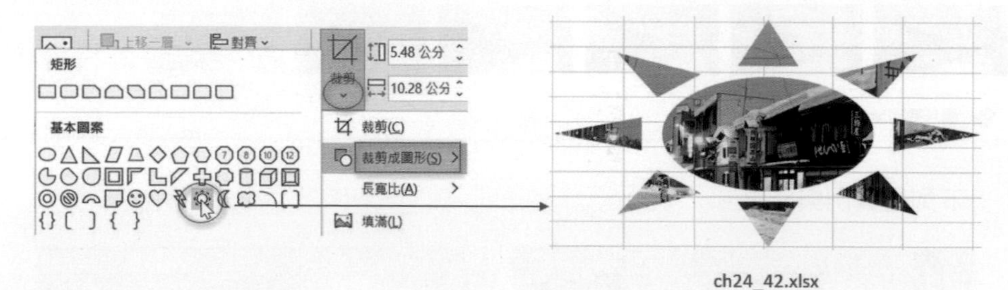

ch24_42.xlsx

24-10-9 另存圖片

圖片特效建立完成後，也可以將此工作內的圖片另外儲存，請選取此圖片，將滑鼠游標移至此圖片，按一下滑鼠右鍵開啟快顯功能表，然後執行另存成圖片。下列是以 ch24_39.xlsx 為實例：

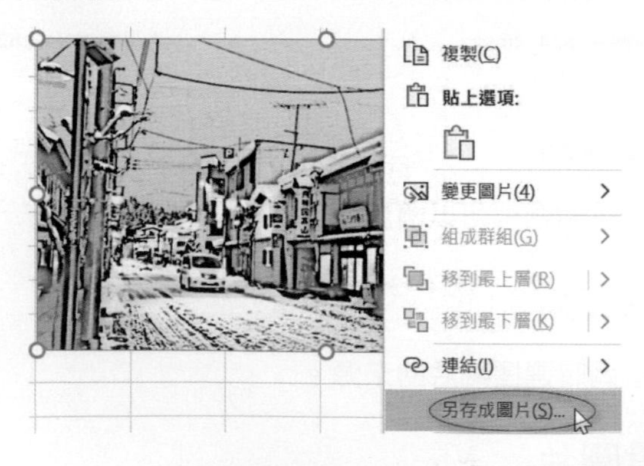

出現另存成圖片對話方塊，再選擇適當的資料夾與檔名即可，此例筆者選擇 ch24 資料夾，檔名是 street.png，讀者可以從所下載的資料夾查看此檔案。

24-11 建立 Excel 表格的圖片背景

為表格建立背景圖案，可以讓表格更加精彩，一般是要列印時會用到，例如公告業績排名、中獎名單等，請開啟 ch24_43.xlsx，這個檔案有圖片與業績英雄榜表單。

實例一：為深智業績英雄榜建立背景圖案。

1： 選取 I4:K8 儲存格區間。

2： 執行常用 / 剪貼簿 / 複製。

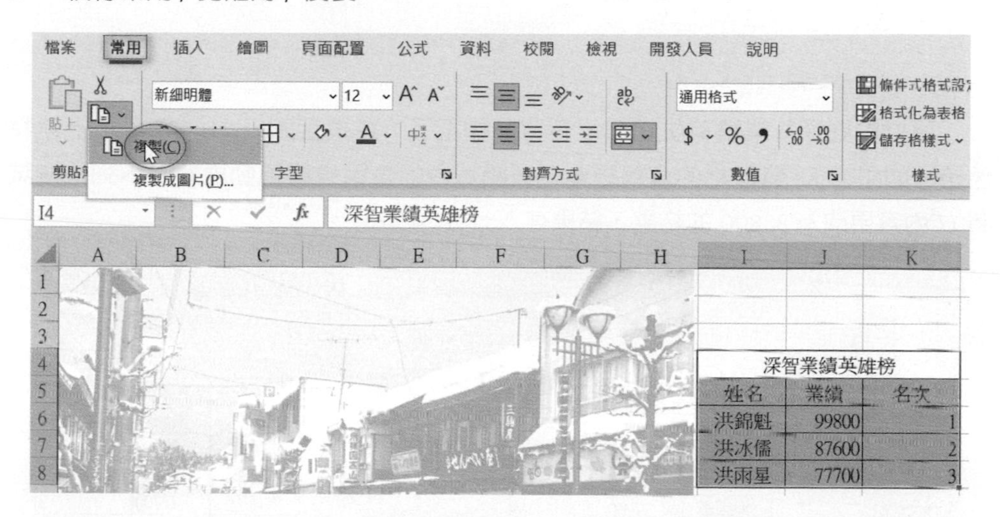

3： 執行常用 / 剪貼簿 / 貼上 / 連結的圖片。

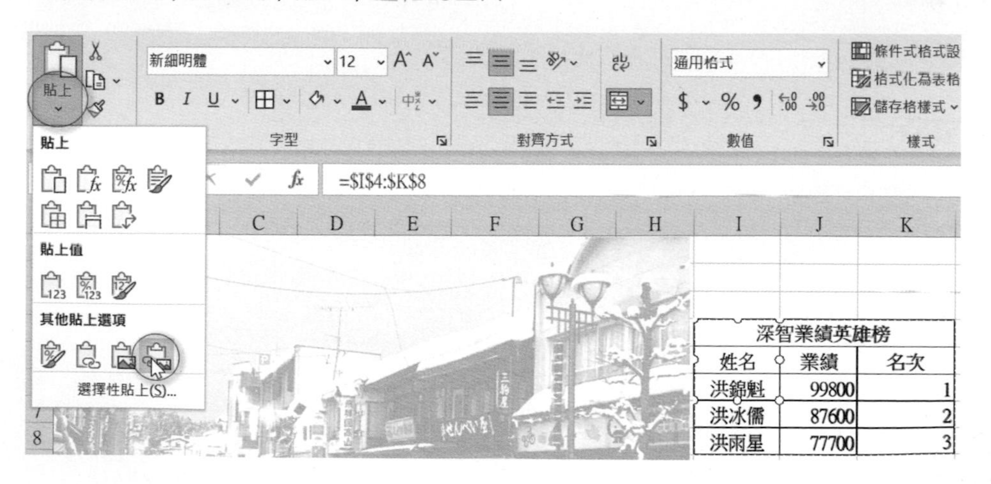

4： 將所複製的工作表拖曳至背景圖片中央，如下所示：

深智業績英雄榜		
姓名	業績	名次
洪錦魁	99800	1
洪冰儒	87600	2
洪雨星	77700	3

深智業績英雄榜		
姓名	業績	名次
洪錦魁	99800	1
洪冰儒	87600	2
洪雨星	77700	3

可以得到深智業績英雄榜已經有背景圖案了，結果存入 ch24_44.xlsx。上述特色是，如果 I4:K8 儲存格的資料更動，在圖片內的表單也將連動更新，下列是測試將 J7 內容更改為 88800 的結果，結果存入 ch24_45.xlsx。

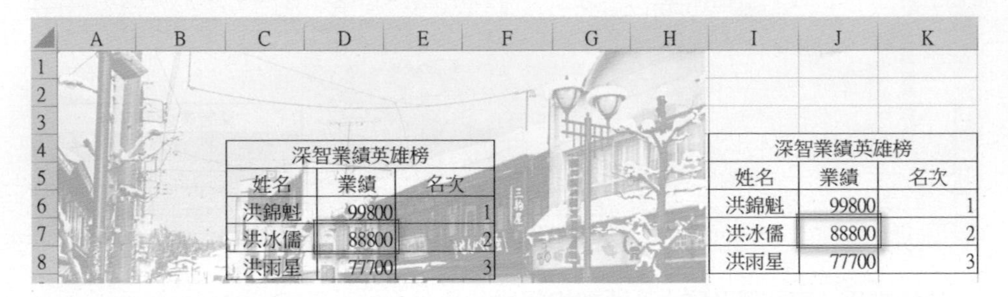

深智業績英雄榜		
姓名	業績	名次
洪錦魁	99800	1
洪冰儒	88800	2
洪雨星	77700	3

深智業績英雄榜		
姓名	業績	名次
洪錦魁	99800	1
洪冰儒	88800	2
洪雨星	77700	3

CHAPTER

25

視覺化圖形Smart Art的應用

25-1　插入 SmartArt 圖形

25-2　實際建立 SmartArt 圖形

25-3　變更色彩

25-4　變更 SmartArt 樣式

25-5　新增圖案

25-6　針對個別清單調整圖案格式

25-7　版面配置

使用 Excel 建立工作表時，除了建立表單、使用圖表、為工作表增加圖片、圖案、圖示外，也可以使用 SmartArt 工具建立相關資料。

25-1 插入 SmartArt 圖形

執行插入 / 圖例 /SmartArt 圖形，可以啟動 SmartArt 功能。

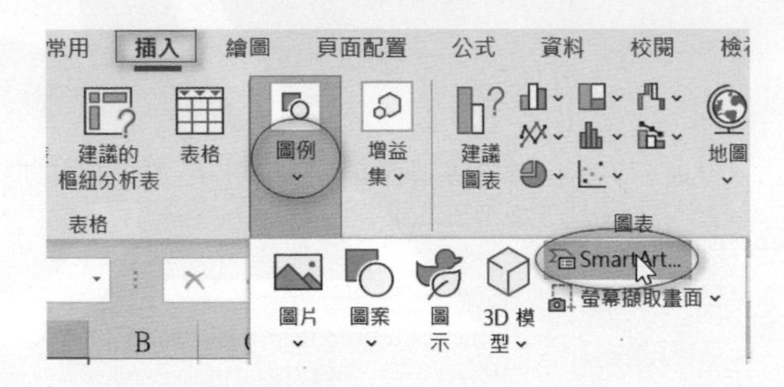

可以看到下列選擇 SmartArt 圖形對話方塊。

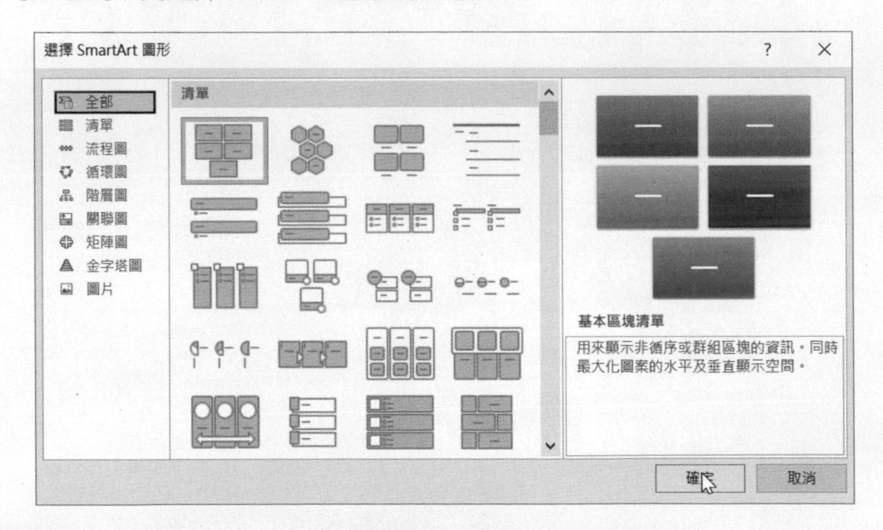

點選任一種圖形後，就可以在工作表使用拖曳方式建立 SmartArt 圖形物件，或是用拖曳方式更改大小或位置。下列是各種 SmartArt 圖形，以及使用時機的說明。

清單：顯示清單資訊，這些資訊不需要有一定順序，同時最大化圖案的水平與垂直顯示空間。

流程圖：顯示一系列步驟過程或是時序的過程。

循環圖：顯示階段、工作或事件的順序。

階層圖：應用在組織的階層順序。

關聯圖：顯示各部分的關聯。

矩陣圖：顯示每個組件與整體的關係。

金字塔圖：可將最大組建放最下面(金字塔)或最上面(倒金字塔)，可以用逐漸向上縮減(金字塔)方式顯示比例。

25-2 實際建立 SmartArt 圖形

25-2-1 插入 SmartArt 圖形

請開啟 ch25_1.xlsx，假設目前選擇清單項目，同時所選項目如下：

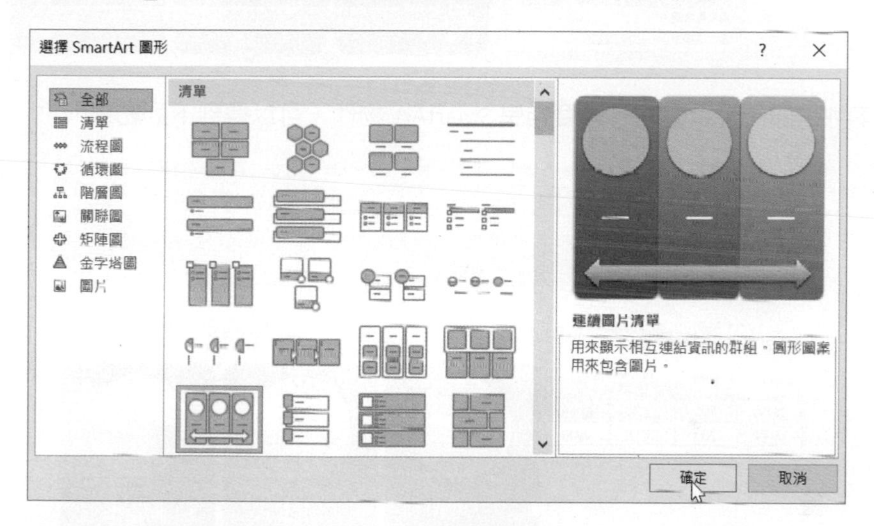

請按確定鈕。

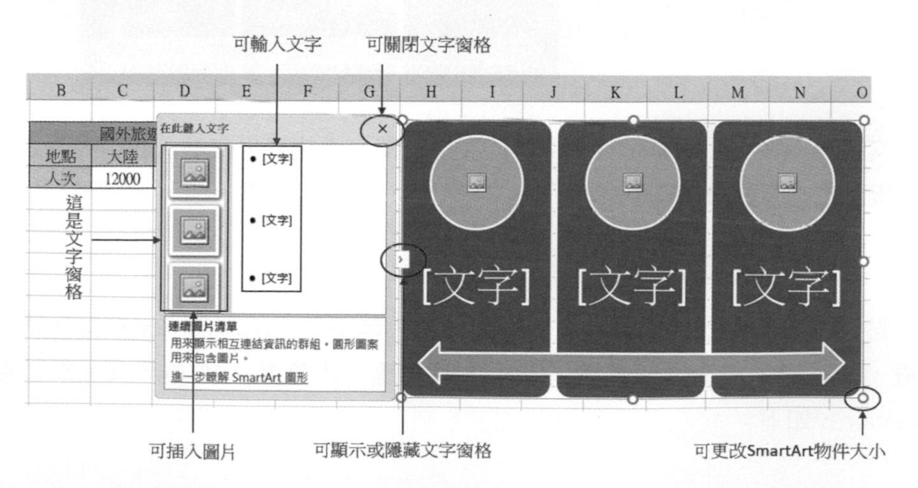

25-2-2 插入文字資料

有的 SmartArt 圖形樣式只能輸入文字，有的除了可以輸入文字外，也可以輸入圖片如上所示，下列是輸入文字的結果。

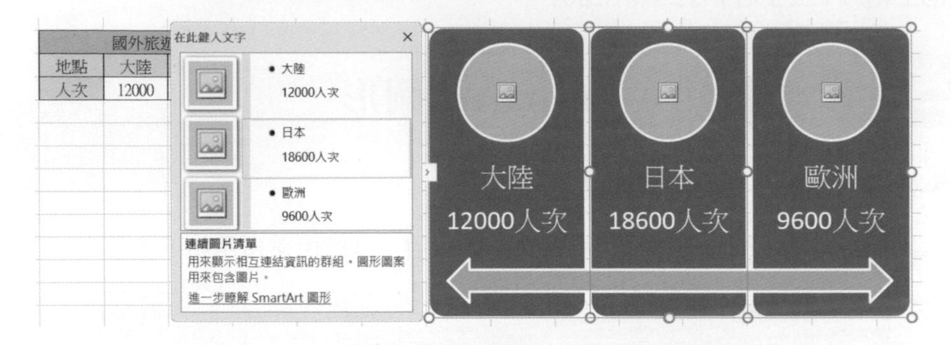

下列是關閉文字窗格，適度拖曳 SmartArt 物件，可以得到下列結果。

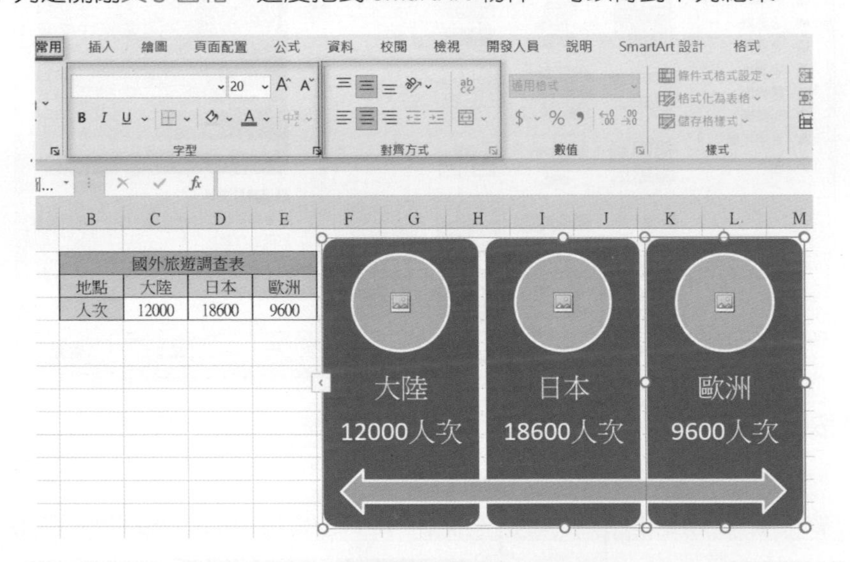

文字插入後，可以使用常用標籤的字型功能群組格式化文字，使用對齊方式功能群組設定文字對齊方式。

25-2-3 插入圖片

點選圖示可以插入圖片，下列是點選大陸清單內的圖示，出現插入圖片對話框，請點選從檔案，出現插入圖片對話方塊，請選擇 ch25 資料夾，然後選擇 mountain，如下：

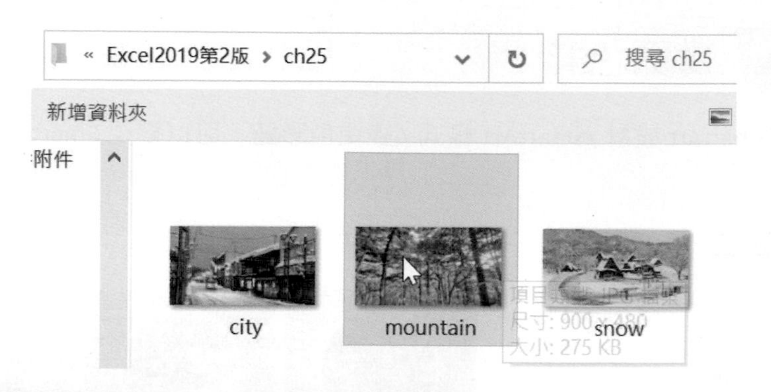

按插入鈕，可以得到下列結果。

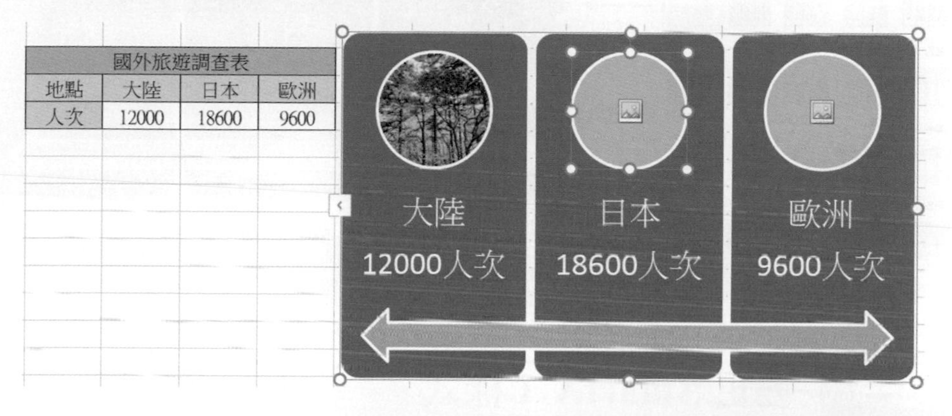

下列是分別插入日本與歐洲圖片的結果，結果存入 ch25_2.xlsx。

國外旅遊調查表			
地點	大陸	日本	歐洲
人次	12000	18600	9600

大陸
12000人次
日本
18600人次
歐洲
9600人次

25-3 變更色彩

執行 SmartArt 設計 /SmartArt 樣式 / 變更色彩鈕，可以變更 SmartArt 物件的色彩，如下：

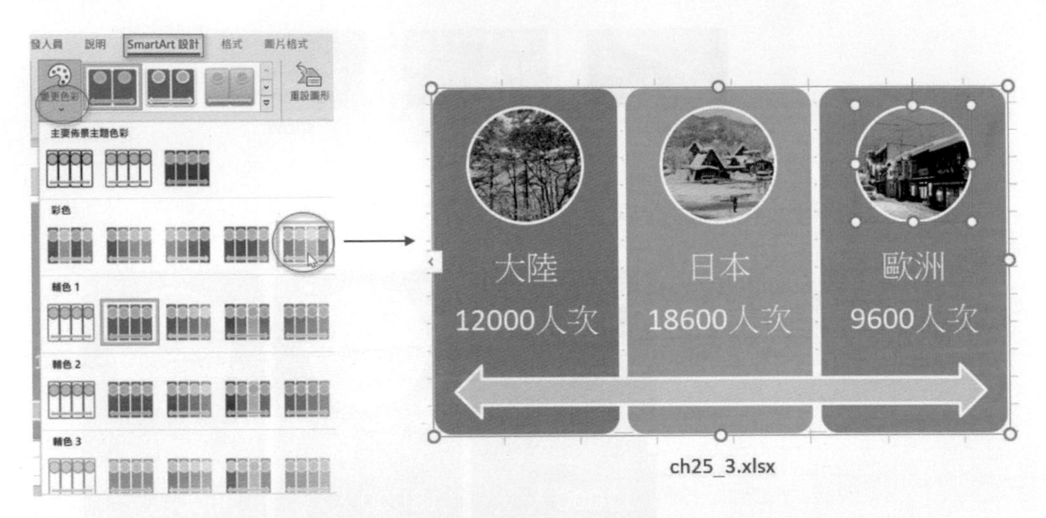

ch25_3.xlsx

25-4 變更 SmartArt 樣式

執行 SmartArt 設計標籤，點選樣式鈕 ，可以選擇 SmartArt 樣式。

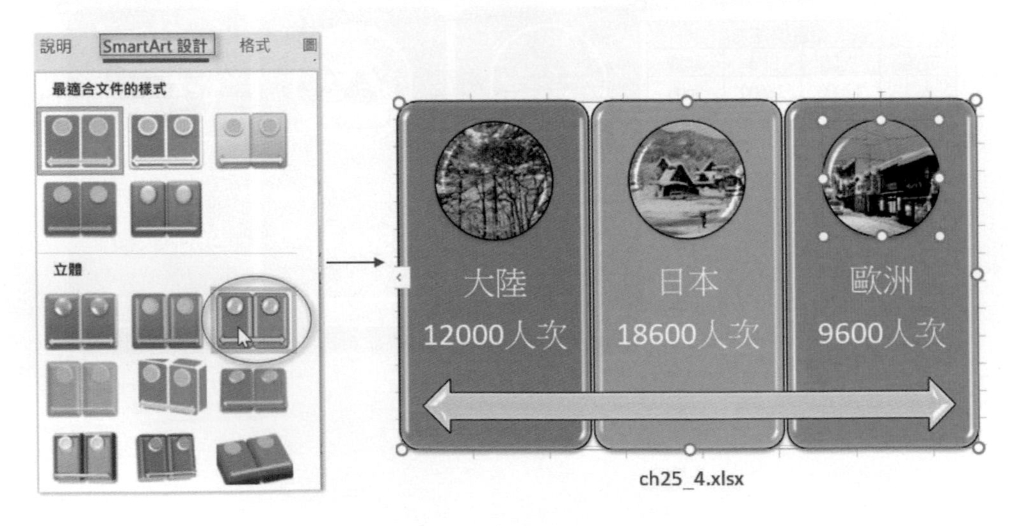

ch25_4.xlsx

25-5 新增圖案

SmartArt 設計 / 建立圖形 / 新增檔案內有系列新增圖案位置的方法，下列是選擇新增後方圖案的結果。

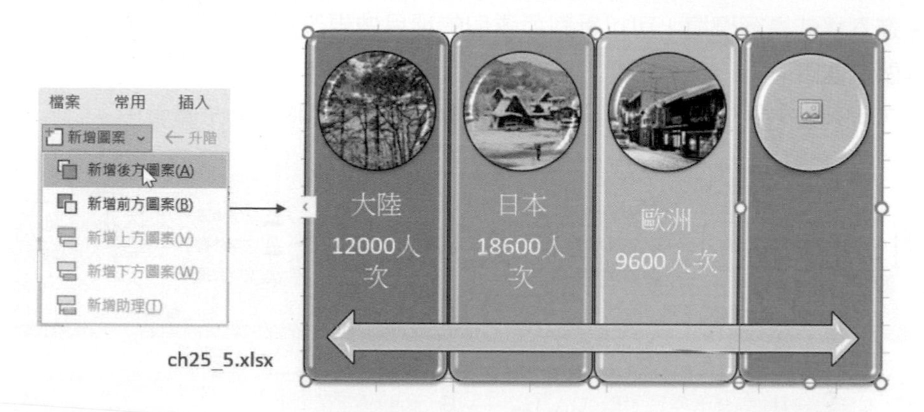

ch25_5.xlsx

上述可以看到人次已經不切齊，下列是縮小人次字型大小為 12 的結果，結果存入 ch25_6.xlsx。

25-6 針對個別清單調整圖案格式

在檢視清單時，如果單一項目上方四周中點有小方格，代表此項目被選取，若是以上述圖為例是選取大陸項目，如果要選取多個項目，可以按住 Ctrl 再點選項目。進入格式標籤環境，可以針對所選取的項目做更改圖案、圖案樣式、文字藝術師等做處理。

下列是筆者在選取大陸項目，將滑鼠游標移至不同格式的示範輸出。

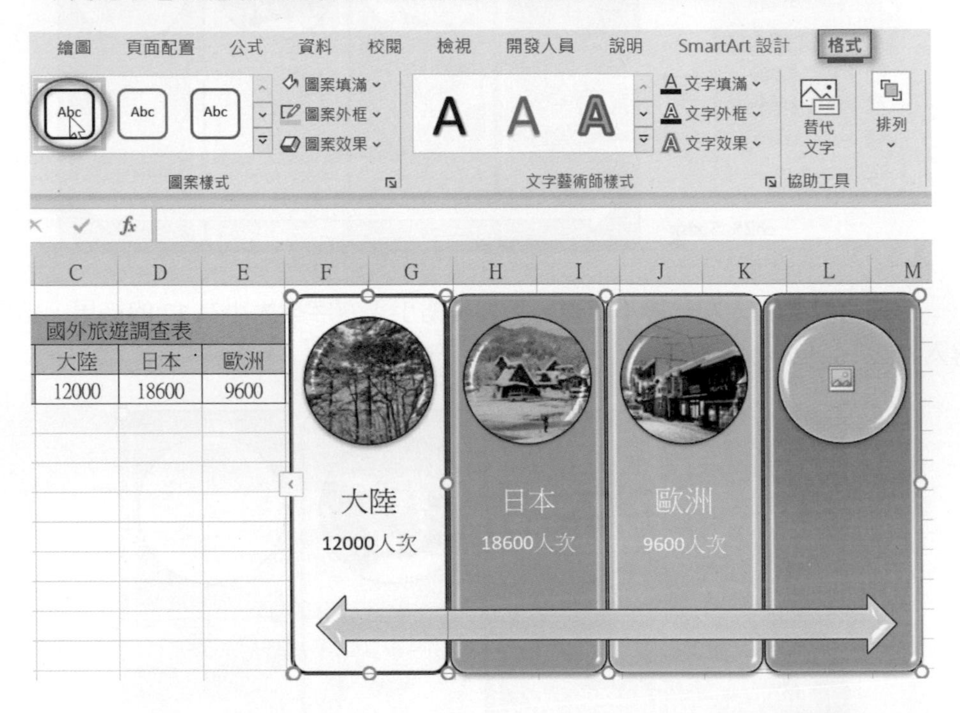

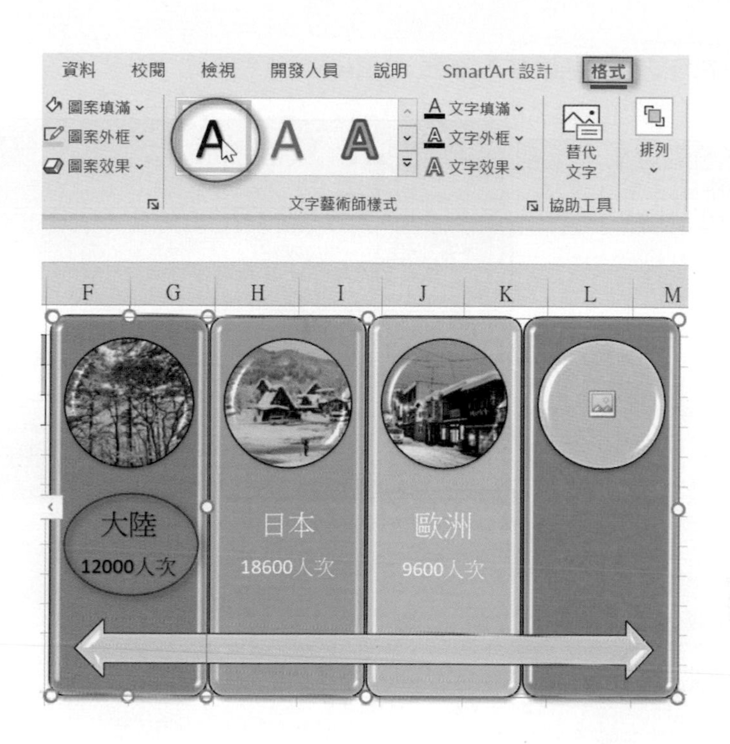

25-7 版面配置

點選 SmartArt 設計 / 版面配置的鈕，可以選擇其他版面，如下：

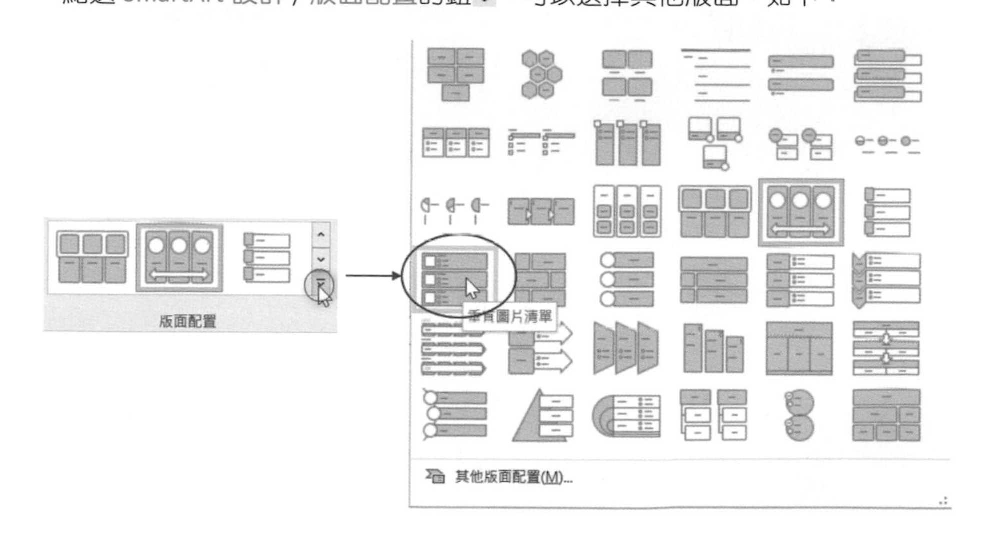

下列是執行結果，結果存入 ch25_7.xlsm。

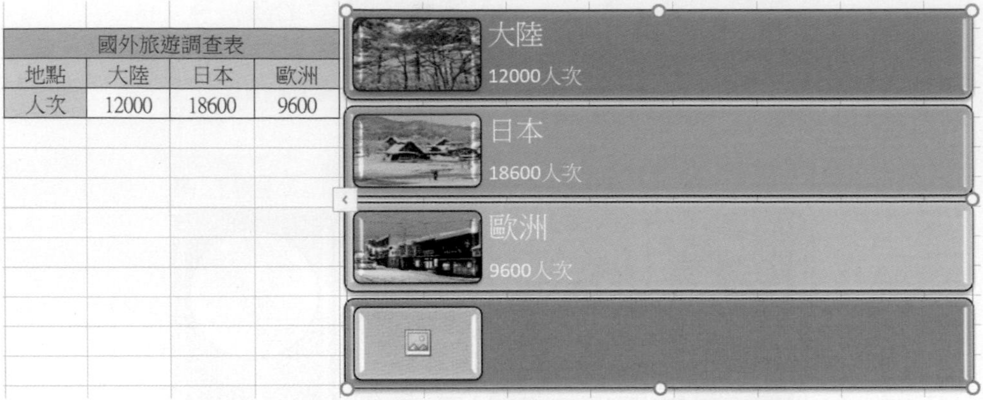

國外旅遊調查表			
地點	大陸	日本	歐洲
人次	12000	18600	9600

大陸
12000人次
日本
18600人次
歐洲
9600人次

CHAPTER

26

文件的保護

26-1　唯讀保護

26-2　保護工作表

26-3　保護活頁簿

26-4　標示為完稿

2-3-6 節筆者使用實例講解可以用設定檔案密碼方式保護活頁簿，這一章將講解更完整的保護方法。

26-1 唯讀保護

請開啟 ch26_1.xlsx，可以得到下列大樂透開獎數據的工作表。

B	C	D	E	F	G	H	I
大樂透							
期數	開獎日期	號碼					
#097000098	2022年12月5日	2	3	8	31	40	44
#097000099	2022年12月9日	1	5	6	16	26	41
#097000100	2022年12月12日	2	28	34	36	39	46
#097000101	2022年12月16日	14	25	26	34	39	40

有時為了保護活頁簿內容，避免一時疏忽造成資料被更改，可以將資料處理成唯讀。

實例一：將上述檔案處理成只能使用唯讀方式開啟。

1： 可以執行檔案 / 資訊 / 保護活頁簿 / 一律開啟為唯讀檔案。

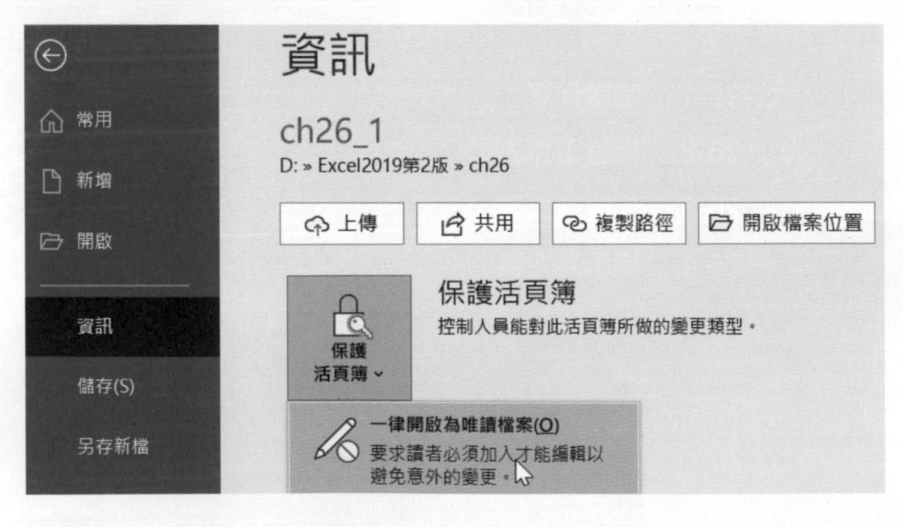

可以得到下列結果。

請將上述執行結果存入 ch26_2.xlsx，則 ch26_2.xlsx 就具有唯讀保護，未來讀者開啟此檔案將看到下列對話方塊。

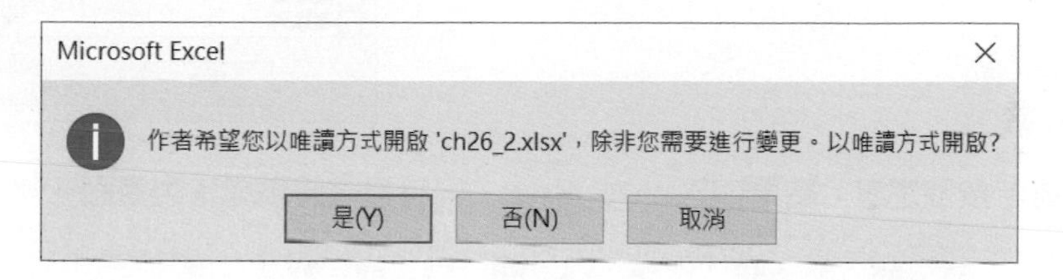

26-2 保護工作表

26-2-1 保護完整工作表

除了 2-3-6 節和 26-1 節 Excel 檔案保護觀念外，Excel 也允許您另外再針對工作表的內容做一些保護，請開啟 ch26_3.xlsx 檔案。

	A	B	C	D	E	F
1						
2		深智數位業務員銷售業績表				
3		姓名	一月	二月	三月	總計
4		李安	4560	5152	6014	15726
5		李連杰	8864	6799	7842	23505
6		成祖名	5797	4312	5500	15609
7		張曼玉	4234	8045	7098	19377
8		田中千繪	7799	5435	6680	19914
9		周華健	9040	8048	5098	22186
10		張學友	7152	6622	7452	21226

執行校閱 / 保護 / 保護工作表，可以保護整個工作表，首先可以看到下列對話方塊。

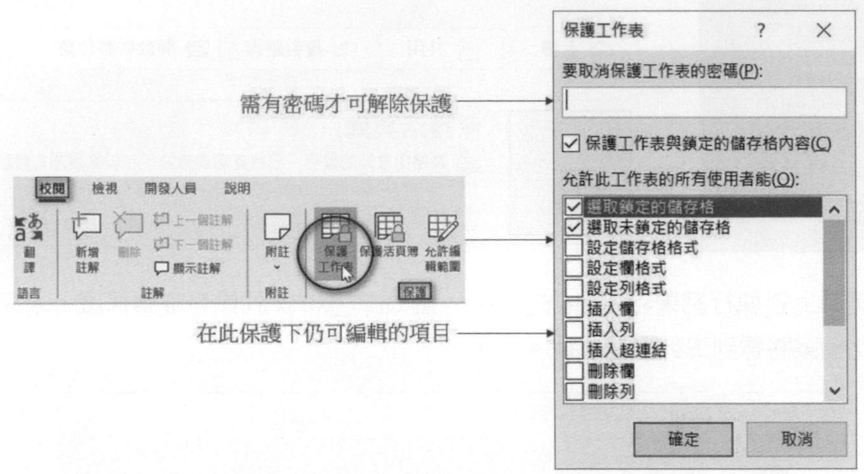

上述若按確定鈕，結果存入 ch26_4.xlsx，同時視窗將變成下列畫面。

在保護狀態下，若是修改被保護的儲存格範圍，將看到下列對話方塊。

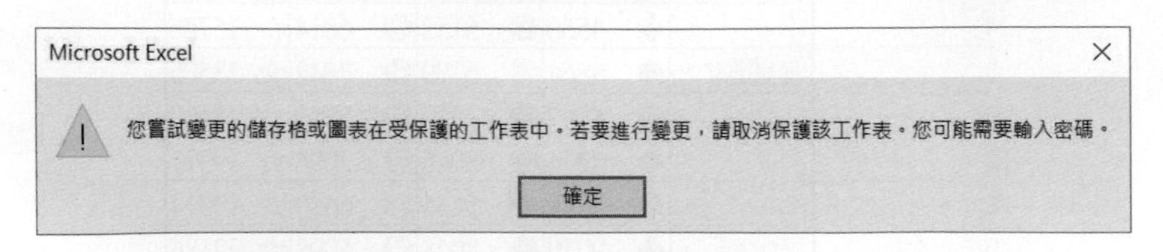

上述表示工作表被保護無法更改，當然這時保護功能群組上的保護工作表鈕，變成取消保護工作表鈕，若按此鈕可取消保護狀態。

26-2-2 保護部分工作表

除了可以整個工作表保護外，也可針對部份儲存格區間做保護，方法是使用保護功能群組上的允許編輯範圍鈕。

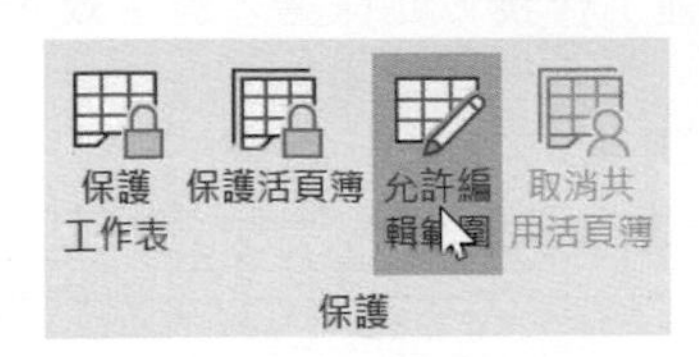

實例一：設定 C4:F10 儲存格區間的保護密碼是 aaa。

1：請開啟 ch26_3.xlsx，選取 C4:F10 儲存格區間。

2：執行校閱 / 保護 / 允許編輯範圍。

3：出現允許使用者編輯範圍對話方塊。

允許使用者編輯範圍

工作表在保護狀態時，需要密碼解除鎖定的範圍(R):

標題　參照儲存格

新範圍(N)...　修改(M)...　刪除(D)

指定不需密碼而可在範圍內編輯儲存格的使用者:

權限(P)...

將權限資訊貼到新活頁簿(S)

保護工作表(O)...　確定　取消　套用(A)

4：按新範圍鈕，出現新範圍對話方塊，請在範圍密碼欄位輸入 aaa。

新範圍

標題(T):

範圍1

參照儲存格(R):

=$C$4:$F$10

範圍密碼(P):

***

權限(E)...　確定　取消

5： 按確定鈕，出現確認密碼對話方塊，請輸入 aaa 再按確定鈕，將返回允許使用者編輯範圍對話方塊。

6： 按確定鈕。

7： 請執行校閱 / 保護 / 保護工作表，此保護才算生效。

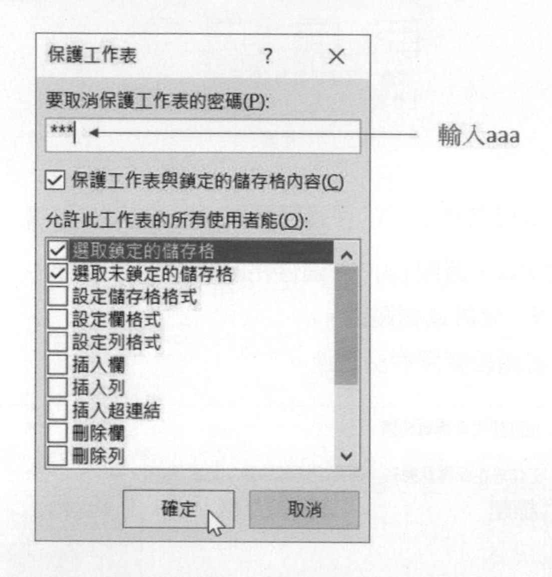

8： 按確定鈕後，會再要求確定密碼，請輸入 aaa，然後按確定鈕。

請將此檔案存至 ch26_5.xlsx 檔案內，未來若再開啟此檔案，若想編輯 C4:F10 儲存格區間，將看到下列對話方塊：

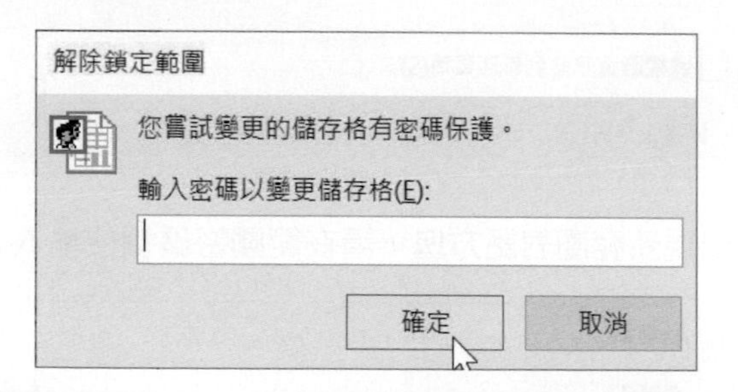

此時唯有知道密碼，才可以編輯 C4:F10 儲存格區間。

26-3 保護活頁簿

在保護功能群組內有保護活頁簿鈕，按此鈕可以看到下列對話方塊。

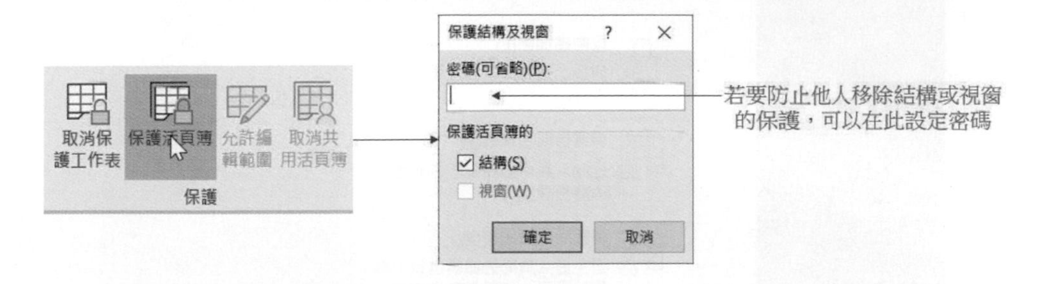

❑ 結構 (若設定可防止)

1： 檢視已經藏起來的工作表。

2： 移動、刪除或隱藏工作表，或變更工作表名稱。

3： 插入新工作表或圖表。

4： 將工作表移動或複製到另一個活頁簿中。

5： 建立分析藍本的摘要表。

6： 錄製巨集。

❑ 視窗 (若設定可防止)

1： 變更活頁簿的視窗大小和位置。

2： 移動視窗、調整視窗大小或關閉視窗。

26-4 標示為完稿

Excel 檔案標示為完稿後，此檔案就會變成唯讀，也就是未來對此檔案的輸入、編輯、校訂皆會被停用，文件狀態會被標記完稿。

實例一：標記完稿的應用。

1： 開啟 ch26_6.xlsx。

2： 執行檔案 / 資訊，然後執行保護活頁簿的標示為完稿。

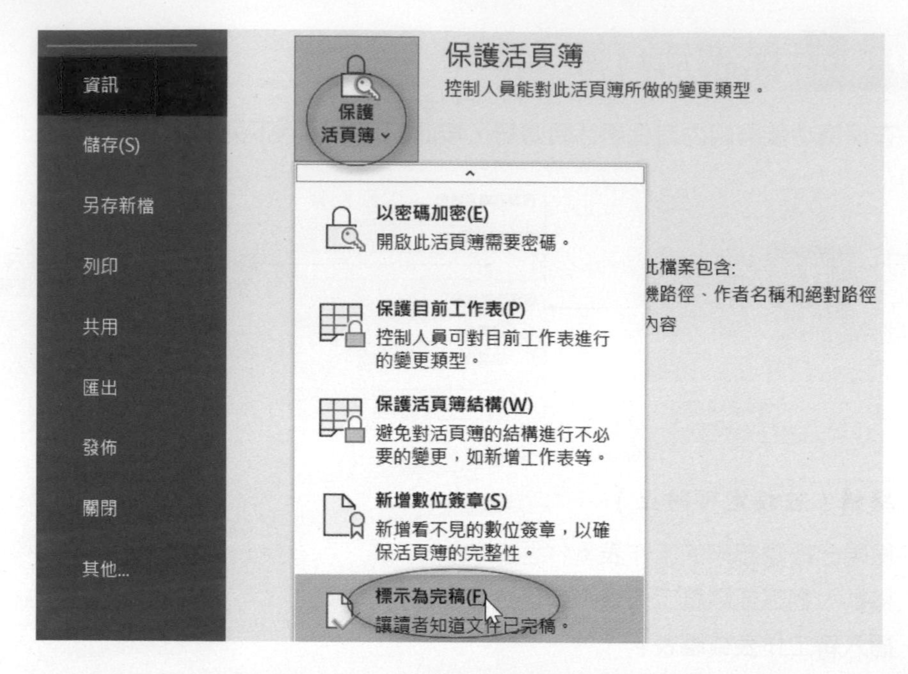

3： 可以看到下列對話方塊。

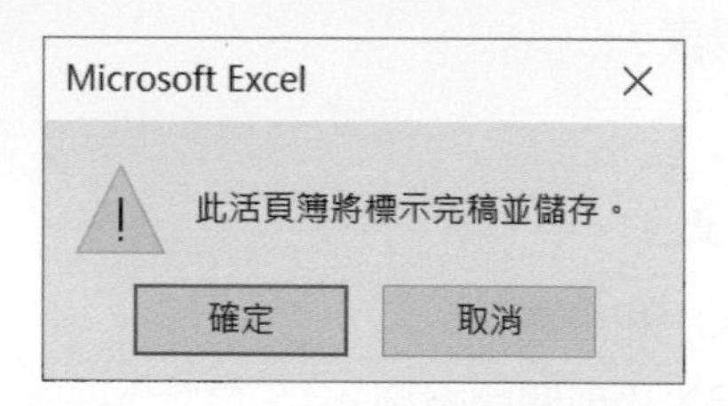

4： 請按確定鈕。

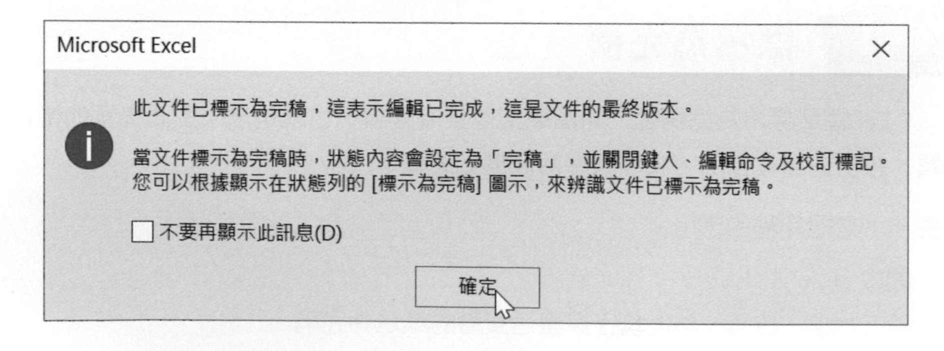

5：請按確定鈕。

深智數位業務員銷售業績表				
姓名	一月	二月	三月	總計
李安	4560	5152	6014	15726
李連杰	8864	6799	7842	23505
成祖名	5797	4312	5500	15609
張曼玉	4234	8045	7098	19377
田中千繪	7799	5435	6680	19914
周華健	9040	8048	5098	22186
張學友	7152	6622	7452	21226

上述視窗標題 ch26_6.xlsx 已經標記為唯讀的提醒，筆者將上述執行結果存入 ch26_7.xlsx，所以 ch26_7.xlsx 是標記為完稿，另為本書 ch26 資料夾所附的 ch26_6.xlsx 則是未標記完稿的檔案。

CHAPTER

27 尋找/取代與前往指定儲存格

27-1 字串的尋找
27-2 字串的取代
27-3 前往指定的儲存格
27-4 公式
27-5 常數
27-6 設定格式化的條件
27-7 特殊目標

10-2 節筆者有說明搜尋與取代的功能，這一章將做更完整的解說。

27-1 字串的尋找

在實際的職場應用中，所編輯的工作表資料量可能很大，如果要尋找或取代某一筆資料，如果使用捲動視窗的方式不太容易，建議可以使用 Excel 的字串搜尋功能或取代功能 (下一節解說)。

常用 / 編輯 / 尋找與選取 / 尋找，可以執行找尋某些特定的字串，若執行此指令可以看到下列對話方塊。

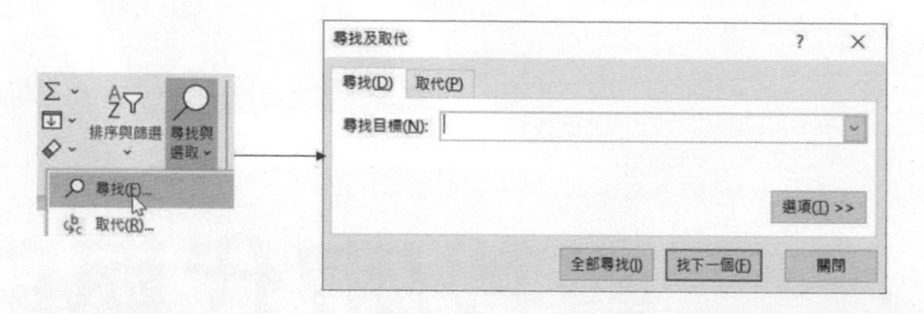

由上述對話方塊，可以輸入欲尋找的字串，再按全部尋找鈕 (可找出整份工作表內相同的字串) 或找下一個鈕 (找距離目前工作儲存格最近的字串)。若按選項鈕，將出現含更多設定的對話方塊。

尋找及取代
尋找(D) 取代(P)
尋找目標(N): 未設定格式 格式(M)...
搜尋範圍(H): 工作表
搜尋(S): 循列
搜尋(L): 公式
大小寫須相符(C)
儲存格內容須完全相符(O)
全半形須相符(B)
選項(T) <<
全部尋找(I) 找下一個(F) 關閉

尋找目標：可在此輸入欲尋找的字串。

搜尋範圍：可選擇工作表或是活頁簿。

搜尋 (S)：設定尋找指定字串的順序，有循列和循欄兩種尋找順序。

搜尋 (L)：可選擇在儲存格公式、內容或註解中搜尋。

大小寫須相符：適用英文字串的搜尋，搜尋時即使英文字母相同若大小寫不同仍算是不同的字。

儲存格內容須完全相符：若設定則在搜尋時，要整個儲存格內容與搜尋的字串相同，才算相符。

全半形須相符：一般英文或阿拉伯數字有所謂的全形字或半形字，一定要全形或半形也相同才算是相同的字。

找下一個鈕：執行尋找。

格式：可選擇不同的格式進行搜尋。

關閉鈕：尋找結束，返回 Microsoft Excel 環境。

取代標籤：顯示取代對話方塊。

實例一：使用 ch27_1.xlsx 檔案，作用儲存格在 A1 位址，請尋找字串阿牛。

1： 執行常用 / 編輯 / 尋找與選取 / 尋找。

2： 出現尋找對話方塊，點選尋找標籤，在尋找目標欄位輸入阿牛。

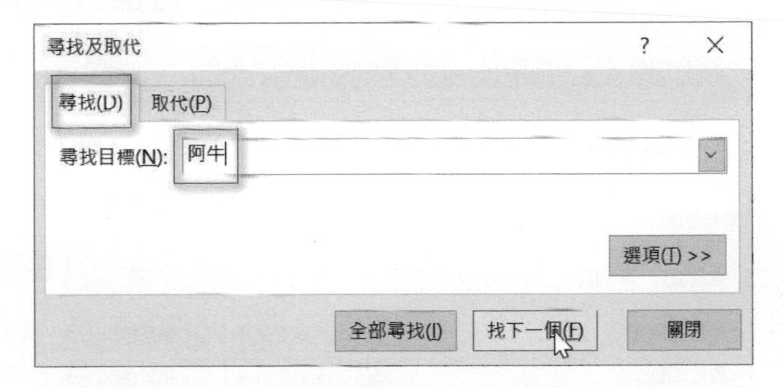

3： 按找下一個鈕。找到時作用儲存格將移到阿牛位置，如果要繼續尋找可以按找下一個鈕，按關閉鈕可以執行結束。

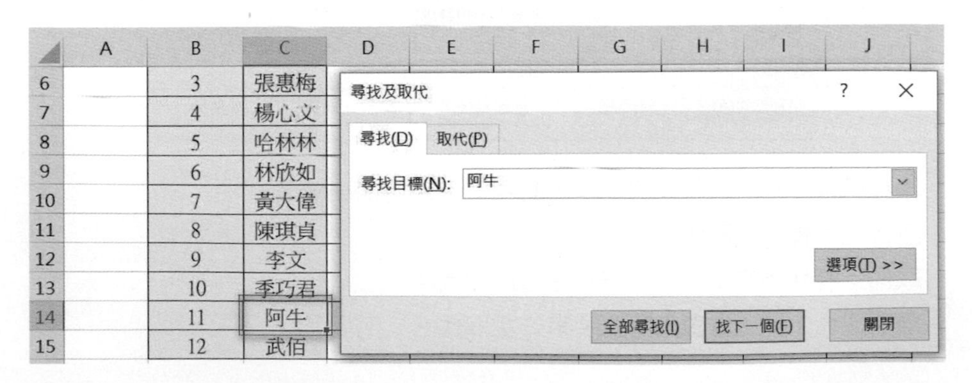

27-2 字串的取代

在大型的試算表中，檔案可能非常龐大，可能想某個字串改為另一個字串，則這是很好的功能。例如：如果你將簡中軟體稱軟件，假設想將工作表中所有字串軟件改為軟體，就非常適合使用此功能。

Excel 將取代與尋找整合在一個對話方塊內，按常用 / 編輯 / 尋找與選取 / 取代，在尋找與取代對話方塊，按取代標籤，這個取代標籤環境，可以在工作表內以某字串取代另一個字串。

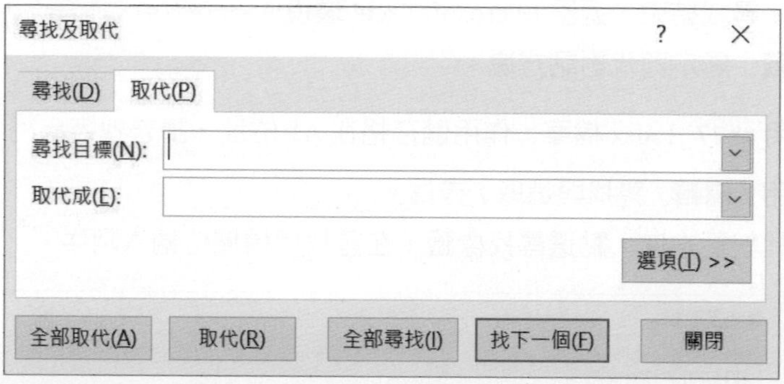

尋找及取代 ? ×
尋找(D) 取代(P)
尋找目標(N):
取代成(E):
選項(T) >>
全部取代(A) 取代(R) 全部尋找(I) 找下一個(F) 關閉

按選項鈕，可看到下列對話方塊。

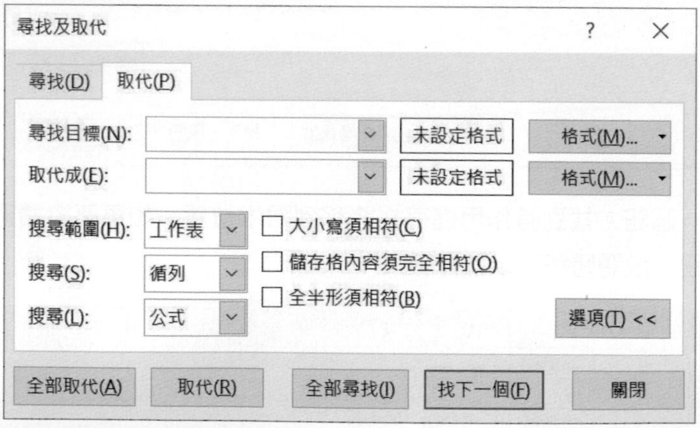

尋找及取代 ? ×
尋找(D) 取代(P)
尋找目標(N): 未設定格式 格式(M)...
取代成(E): 未設定格式 格式(M)...
搜尋範圍(H): 工作表 □ 大小寫須相符(C)
搜尋(S): 循列 □ 儲存格內容須完全相符(O)
搜尋(L): 公式 □ 全半形須相符(B)
選項(T) <<
全部取代(A) 取代(R) 全部尋找(I) 找下一個(F) 關閉

尋找目標：輸入欲尋找的字串，此字串未來可能被取代。

取代成：輸入欲取代的字串。

取代：尋找到字串後，若按此鈕可以取代。

全部取代：將工作表內所有字串一次取代。

實例一：使用 ch27_1.xlsx 檔案，作用儲存格在 A1 位址，將武佰改為武大郎。

1： 執行常用 / 編輯 / 尋找與選取 / 取代。

2： 出現尋找與取代對話方塊，請分別在尋找目標及取代成欄位輸入武佰和武大郎。

3： 按找下一個鈕，此時若適度移開尋找與取代對話方塊，可以看到作用儲存格已移至 C12 儲存格武佰位址。這種做法最大好處是，在執行取代前可以確認。

註：也可以直接按全部取代鈕取代所有字串。

4： 按取代鈕，可以得到下列結果。

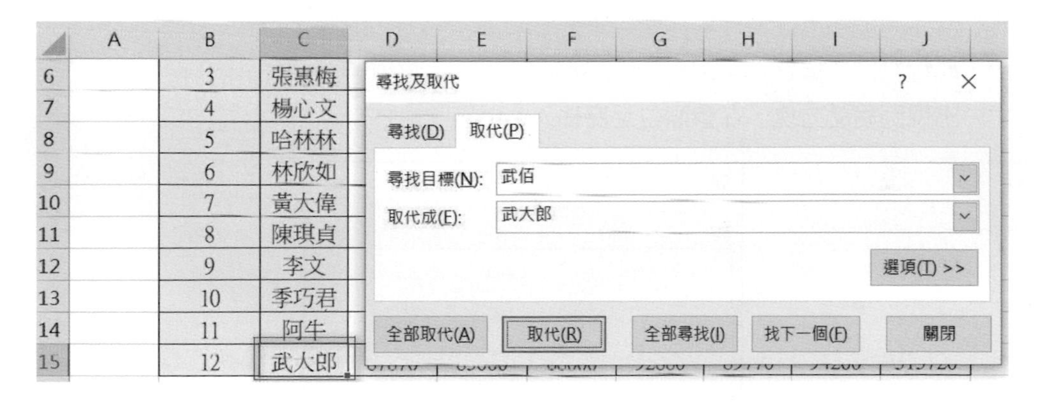

5： 按關閉鈕，可以關閉尋找與取代對話方塊，請將結果存至 ch27_2.xlsx。

27-3 前往指定的儲存格

按常用 / 編輯 / 尋找與選取 / 到，可前往指定的儲存格，如果前往某儲存格區間，相當於是前往並選取它們。執行此指令時，可以看到下列左方對話方塊。

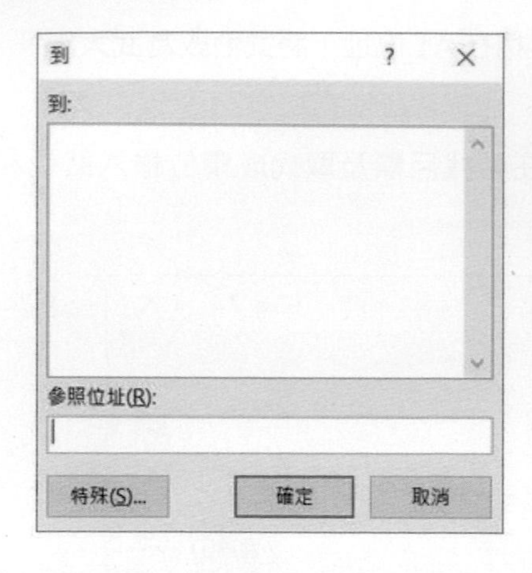

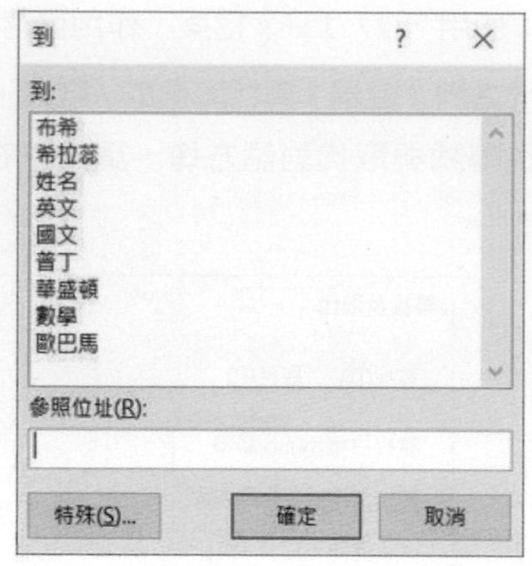

如果先前曾為某些儲存格區間定義範圍名稱，例如：ch4_2.xlsx 檔案，則該範圍名稱將出現在到欄的方塊內 (可參考上方右圖)，由於筆者並沒有為任何儲存格定義範圍名稱，所以到欄位是空白 (可參考上方左圖)。

上述到對話方塊內，您可以在到欄位選擇範圍名稱，亦可在參照位址欄輸入儲存格位址，按確定鈕作用儲存格將移至指定位址。

實例一：使用 ch27_1.xlsx 檔案，作用儲存格在 A1 位址，將作用儲存格移至 E10 位址。

1： 執行常用 / 編輯 / 尋找與選取 / 到。

2： 出現到對話方塊，在參照位址欄輸入 E10。

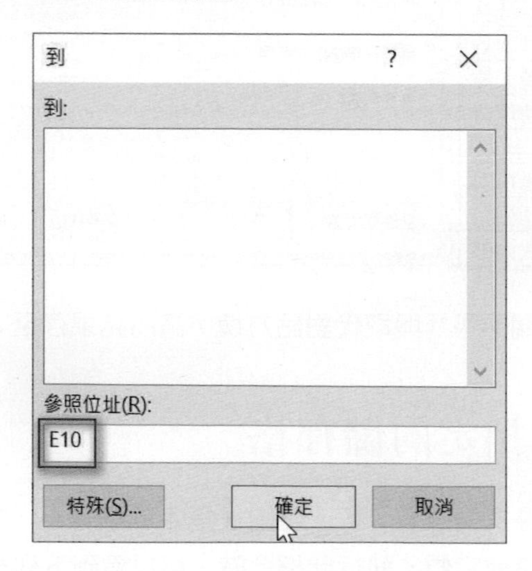

3：　按確定鈕，可得到作用儲存格移至 E10 位址。

	A	B	C	D	E	F	G	H	I	J
2		天天軟體公司業績表								
3		員工編號	姓名	一月	二月	三月	四月	五月	六月	小計
4		1	王立宏	67800	88000	94000	83000	83660	75980	492440
5		2	順子	79290	77640	95000	88790	82900	88990	512610
6		3	張惠梅	74840	74990	78980	75000	77660	82120	463590
7		4	楊心文	88110	82890	82880	72990	89120	90000	505990
8		5	哈林林	83900	91330	74900	80000	92340	93870	516340
9		6	林欣如	69200	86770	90230	91230	94950	94000	526380
10		7	黃大偉	92010	73770	89110	73770	85000	88650	502310
11		8	陳琪貞	81470	68880	75770	75000	90340	96990	488450
12		9	李文	76330	89110	83880	82120	91000	90240	512680
13		10	季巧君	80230	78990	88900	81900	77980	88600	496600
14		11	阿牛	74980	84840	82220	90000	82800	84880	499720
15		12	武佰	87870	83000	68000	92880	89770	94200	515720

實例二：請先將作用儲存格移至 A1，然後以到指令前往並選定 B13:E13。

1：　將作用儲存格移至 A1 位址。

2：　執行常用 / 編輯 / 尋找與選取 / 到。

3：　出現到對話方塊，在參照位址欄輸入 B13:E13。

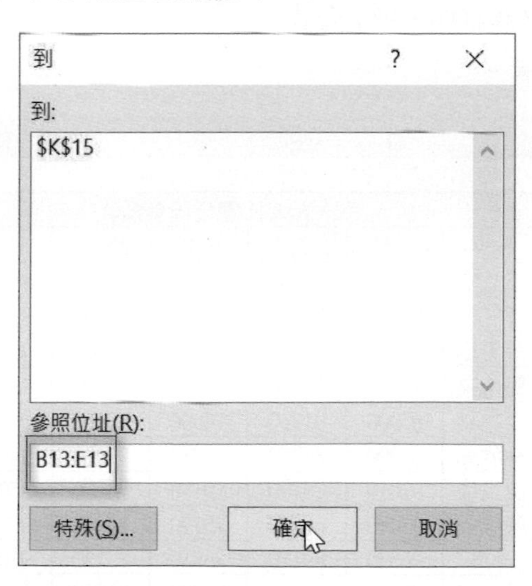

4：按確定鈕。

	A	B	C	D	E	F	G	H	I	J
2		天天軟體公司業績表								
3		員工編號	姓名	一月	二月	三月	四月	五月	六月	小計
4		1	王立宏	67800	88000	94000	83000	83660	75980	492440
5		2	順子	79290	77640	95000	88790	82900	88990	512610
6		3	張惠梅	74840	74990	78980	75000	77660	82120	463590
7		4	楊心文	88110	82890	82880	72990	89120	90000	505990
8		5	哈林林	83900	91330	74900	80000	92340	93870	516340
9		6	林欣如	69200	86770	90230	91230	94950	94000	526380
10		7	黃大偉	92010	73770	89110	73770	85000	88650	502310
11		8	陳琪貞	81470	68880	75770	75000	90340	96990	488450
12		9	李文	76330	89110	83880	82120	91000	90240	512680
13		10	季巧君	80230	78990	88900	81900	77980	88600	496600
14		11	阿牛	74980	84840	82220	90000	82800	84880	499720
15		12	武佰	87870	83000	68000	92880	89770	94200	515720

27-4 公式

這個功能可以選取所有公式。

實例一：使用 ch27_1.xlsx 檔案，作用儲存格在 A1 位址，選取含公式的儲存格。

1： 執行常用 / 編輯 / 尋找與選取 / 公式。

2： 可以得到下列結果。

	A	B	C	D	E	F	G	H	I	J
1										
2		天天軟體公司業績表								
3		員工編號	姓名	一月	二月	三月	四月	五月	六月	小計
4		1	王立宏	67800	88000	94000	83000	83660	75980	492440
5		2	順子	79290	77640	95000	88790	82900	88990	512610
6		3	張惠梅	74840	74990	78980	75000	77660	82120	463590
7		4	楊心文	88110	82890	82880	72990	89120	90000	505990
8		5	哈林林	83900	91330	74900	80000	92340	93870	516340
9		6	林欣如	69200	86770	90230	91230	94950	94000	526380
10		7	黃大偉	92010	73770	89110	73770	85000	88650	502310
11		8	陳琪貞	81470	68880	75770	75000	90340	96990	488450
12		9	李文	76330	89110	83880	82120	91000	90240	512680
13		10	季巧君	80230	78990	88900	81900	77980	88600	496600
14		11	阿牛	74980	84840	82220	90000	82800	84880	499720
15		12	武佰	87870	83000	68000	92880	89770	94200	515720

27-5 常數

這個功能可以選取所有常數。

實例一：使用 ch27_1.xlsx 檔案，作用儲存格在 A1 位址，選取含常數的儲存格。

1： 執行常用 / 編輯 / 尋找與選取 / 常數。

2： 可以得到下列結果。

	A	B	C	D	E	F	G	H	I	J
2		天天軟體公司業績表								
3		員工編號	姓名	一月	二月	三月	四月	五月	六月	小計
4		1	王立宏	67800	88000	94000	83000	83660	75980	492440
5		2	順子	79290	77640	95000	88790	82900	88990	512610
6		3	張惠梅	74840	74990	78980	75000	77660	82120	463590
7		4	楊心文	88110	82890	82880	72990	89120	90000	505990
8		5	哈林林	83900	91330	74900	80000	92340	93870	516340
9		6	林欣如	69200	86770	90230	91230	94950	94000	526380
10		7	黃大偉	92010	73770	89110	73770	85000	88650	502310
11		8	陳琪貞	81470	68880	75770	75000	90340	96990	488450
12		9	李文	76330	89110	83880	82120	91000	90240	512680
13		10	季巧君	80230	78990	88900	81900	77980	88600	496600
14		11	阿牛	74980	84840	82220	90000	82800	84880	499720
15		12	武佰	87870	83000	68000	92880	89770	94200	515720

因為 I4:I15 是公式，所以沒有被選取。

27-6 設定格式化的條件

這個功能可以選取所有含有格式化條件的儲存格，ch27_3.xlsx 其實是複製 ch7_9.xlsx，所以 E4:E10 是格式化的結果。

實例一：使用 ch27_3.xlsx 檔案，作用儲存格在 A1 位址，選取含設定格式化的條件的儲存格。

1： 執行常用 / 編輯 / 尋找與選取 / 設定格式化的條件。

2： 可以得到下列結果。

	A	B	C	D	E
2		暢銷書排行榜			
3		排名	出版社	書名	作者
4		1	大塊文化	海角七號典藏套書	魏德聖
5		2	皇冠	哈利波特(7)：死神的聖物	J.K.羅琳
6		3	時報文化	高地密碼	艾絲特班馬
7		4	皇冠	吟遊詩人皮陀故事集	J.K.羅琳
8		5	遠流	貨幣戰爭	宋宏兵
9		6	皇冠	哈利波特(6)：混血王子的背判	J.K.羅琳
10		7	皇冠	只要一分鐘	原田舞葉
11		8	遠流	天龍八部	金庸
12		9	三采	西伯利亞歷險記	洪在徹
13		10	東立	烏龍派出所	秋本治

27-7 特殊目標

執行常用 / 編輯 / 尋找與取代 / 特殊目標可以得到下列結果。

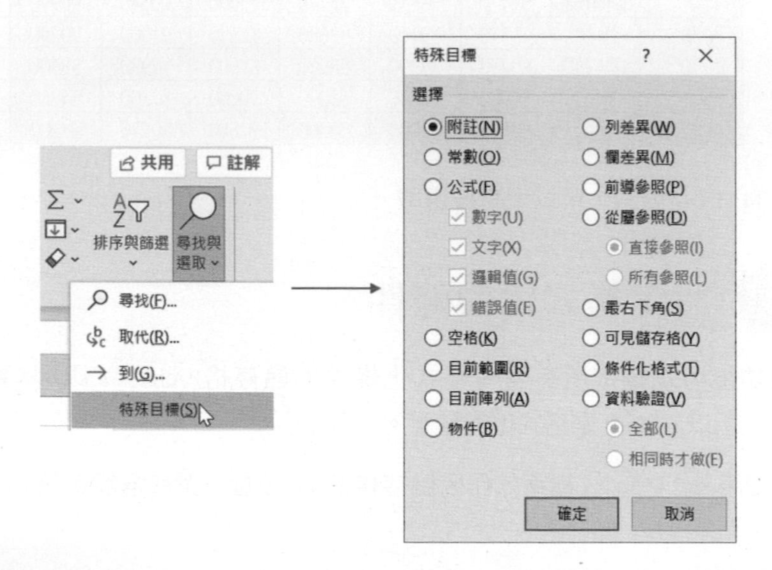

在特殊目標對話方塊我們可以選擇要選取的項目，例如：在大數據資料處理過程可能會有一些疏忽，造成資料遺漏，這時可以使用搜尋空格方式處理。

實例一：搜尋 ch27_4.xlsx，然後選取空格。

1： 執行常用 / 編輯 / 尋找與選取 / 特殊目標。

2： 出現特殊目標對話方塊。

3： 請選擇空白，按確定鈕，可以得到下列結果。

	A	B	C	D	E	F	G	H	I
1	天天軟體公司業績表								
2	員工編號	姓名	一月	二月	三月	四月	五月	六月	小計
3	1	王立宏	67800	88000	94000	83000	83660	75980	492440
4	2	順子	79290	77640	95000	88790	82900	88990	512610
5	3	張惠梅	74840	74990	78980	75000	77660	82120	463590
6	4	楊心文	88110	82890	82880		89120	90000	433000
7	5	哈林林	83900	91330	74900	80000	92340	93870	516340
8	6	林欣如	69200	86770	90230	91230	94950	94000	526380
9	7	黃大偉	92010	73770	89110	73770	85000	88650	502310
10	8	陳琪貞	81470	68880	75770	75000	90340	96990	488450
11	9	李文	76330	89110	83880	82120	91000		422440
12	10	季巧君	80230	78990	88900	81900	77980	88600	496600
13	11	阿牛	74980	84840	82220	90000		84880	416920
14	12	武佰	87870	83000	68000	92880	89770	94200	515720

實例二：繼續前一個實例，將缺失值用 0 取代。

1： 執行常用 / 編輯 / 尋找與選取 / 取代。

2： 出現尋找與取代對話方塊，選擇取代標籤，尋找目標欄位空下來，取代成欄位輸入 0，如下所示：

A	B	C	D	E	F	G	H
天天軟體公司業績表							
員工編號	姓名	一月	二月	三月	四月	五月	六月
1	王立宏	67800	88000	94000	83000	83660	75980
2	順子	79290	77640	95000	88790	82900	88990
3	張惠梅	74840	74990	78980	75000	77660	82120
4	楊心文	88110	82890	82880		89120	90000
5	哈林林	83900	91330	74900	80000	92340	93870
6	林欣如	69200	86770	90230	91230	94950	94000
7	黃大偉	92010	73770	89110	73770	85000	88650
8	陳琪貞	81470	68880	75770	75000	90340	96990
9	李文	76330	89110	83880	82120	91000	
10	季巧君	80230	78990	88900	81900	77980	88600
11	阿牛	74980	84840	82220	90000		84880
12	武佰	87870	83000	68000	92880	89770	94200

3： 按全部取代鈕。

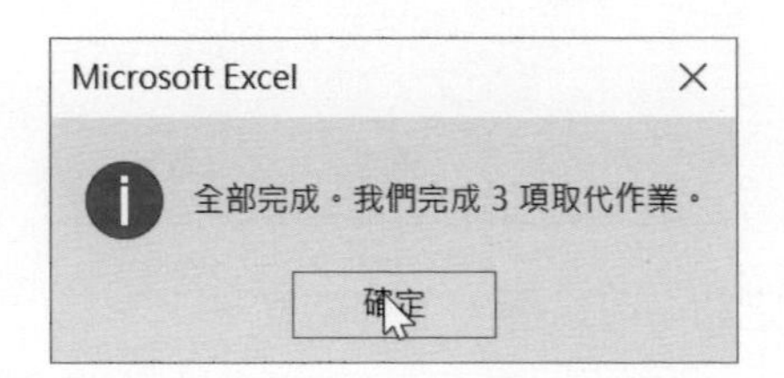

4： 按確定鈕，可以得到空格被 0 取代，下列執行結果存入 ch27_5.xlsx。

	A	B	C	D	E	F	G	H	I
1	天天軟體公司業績表								
2	員工編號	姓名	一月	二月	三月	四月	五月	六月	小計
3	1	王立宏	67800	88000	94000	83000	83660	75980	492440
4	2	順子	79290	77640	95000	88790	82900	88990	512610
5	3	張惠梅	74840	74990	78980	75000	77660	82120	463590
6	4	楊心文	88110	82890	82880	0	89120	90000	433000
7	5	哈林林	83900	91330	74900	80000	92340	93870	516340
8	6	林欣如	69200	86770	90230	91230	94950	94000	526380
9	7	黃大偉	92010	73770	89110	73770	85000	88650	502310
10	8	陳琪貞	81470	68880	75770	75000	90340	96990	488450
11	9	李文	76330	89110	83880	82120	91000	0	422440
12	10	季巧君	80230	78990	88900	81900	77980	88600	496600
13	11	阿牛	74980	84840	82220	90000	0	84880	416920
14	12	武佰	87870	83000	68000	92880	89770	94200	515720

CHAPTER

28

Word與Excel協同工作

28-1 在 Word 內編輯 Excel 表格

28-2 在空白 Word 視窗插入 Excel 圖表

28-3 將 Word 表格插入 Excel

28-4 將圖表嵌入 PowerPoint 檔案

在本書 14-6 與 14-7 已經有 Excel 與 Word、Excel 與 PowerPoint 的協同工作的相關知識，這一節將做更完整的解說。

28-1 在 Word 內編輯 Excel 表格

28-1-1 在 Word 內編輯 Excel 表格

雖然 Word 也有提供建立表格的功能，不過功能仍是有限，我們可以直接在 Word 內啟動 Excel 編輯表格。請開啟 ch28 資料夾的建立表格 .docx 檔案，請留意這是 Word 檔案，然後執行插入 / 表格 / 表格 /Excel 試算表。可以在 Word 內看到 Excel 編輯器，如下：

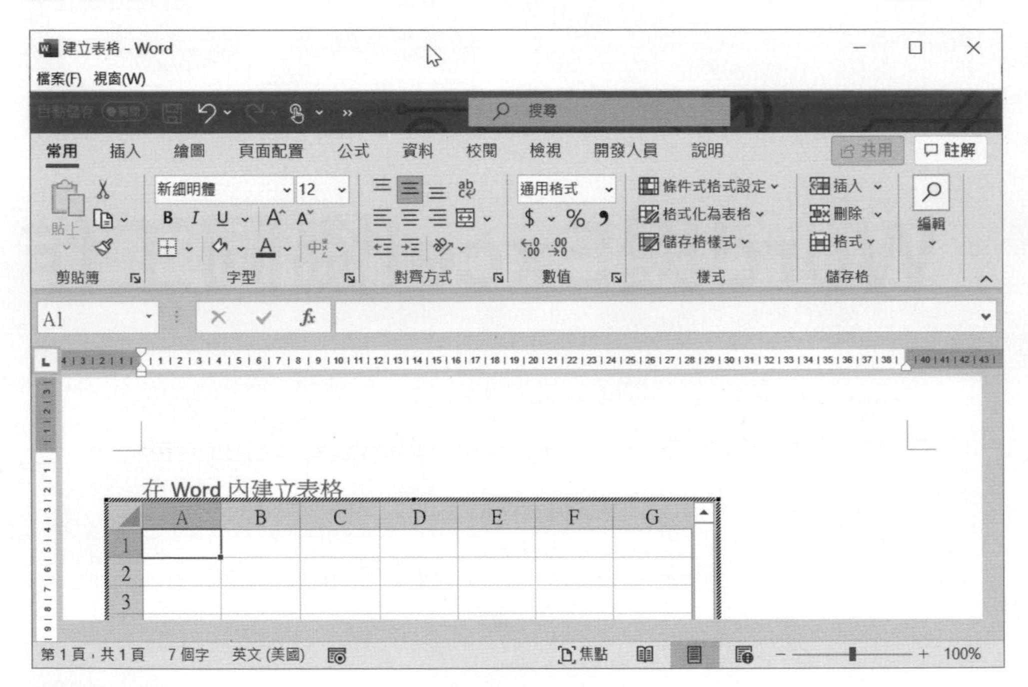

這時可以使用所有 Excel 功能編輯表格，建立表格完成後只要點選 Word 功能區就可以在 Word 內建立表格，所建立的表格內容如下：

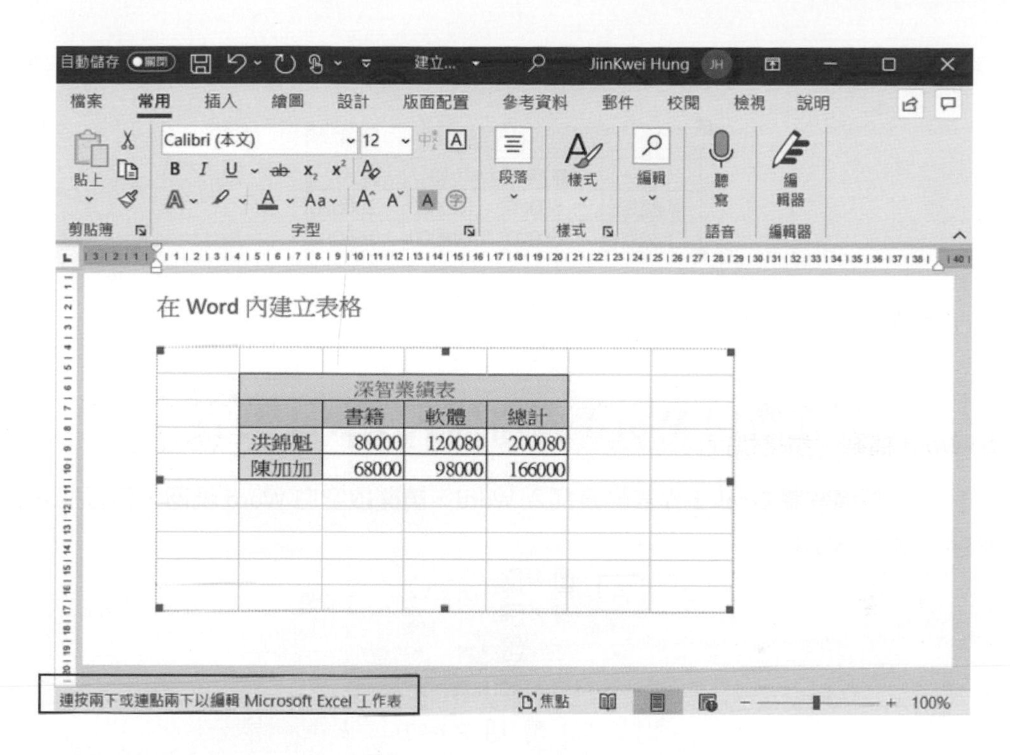

上述 Word 視窗下方有說明，未來只要連點表格物件兩下，就可以編輯 Excel 工作表內容，上述執行結果存入 ch28_1.docx。

28-1-2 裁剪 Excel 物件多餘區域

上一小節我們在 Word 內建立了 Excel 表格，缺點是會有多餘的儲存格，可以先選取此 Excel 表格物件，然後開啟此物件的快顯功能表，然後執行裁剪。

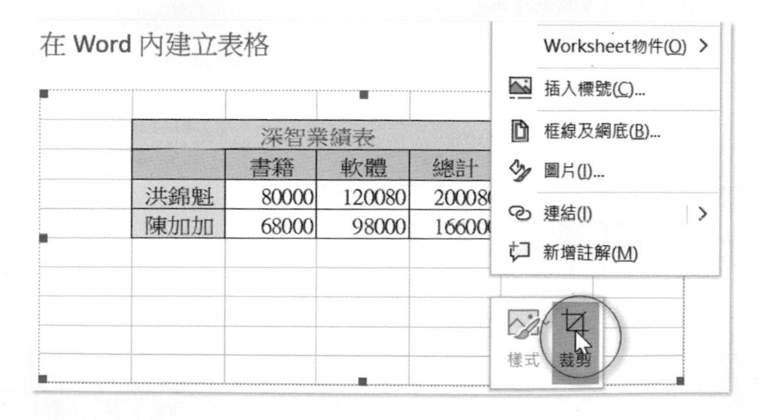

然後可以將多餘的空白儲存格裁剪，下列是執行結果。

在 Word 內建立表格

深智業績表			
	書籍	軟體	總計
洪錦魁	80000	120080	200080
陳加加	68000	98000	166000

上述執行結果存入 ch28_2.docx。

28-2 在空白 Word 視窗插入 Excel 圖表

這節將講解將 Excel 工作表圖表插入 Word，請開啟空白 Word 視窗，執行插入 / 文字 / 物件 / 物件。

出現物件對話方塊，請選檔案來源標籤，在檔案名稱請選 ch28 資料夾的 stock.xlsx。

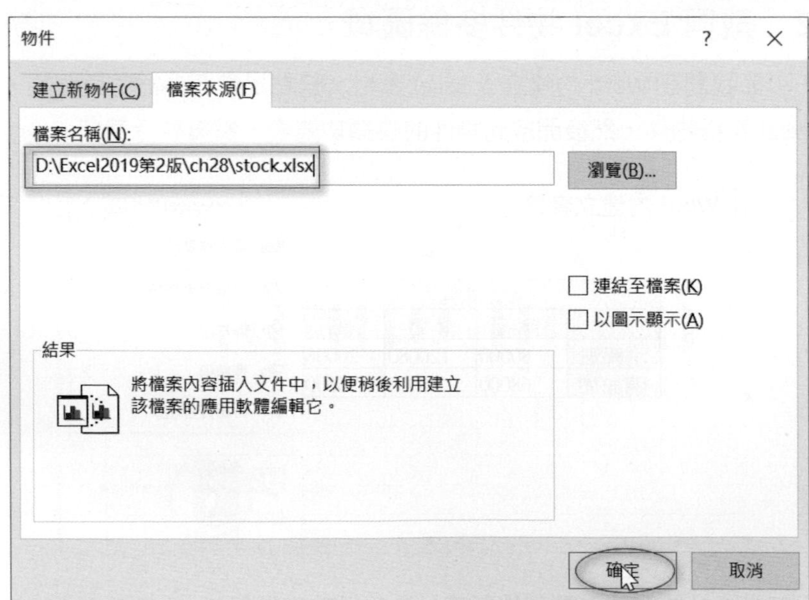

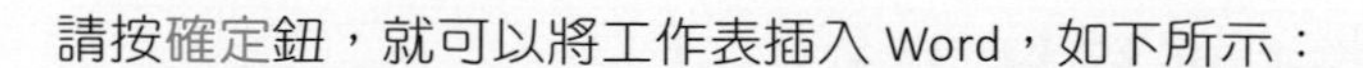
請按確定鈕，就可以將工作表插入 Word，如下所示：

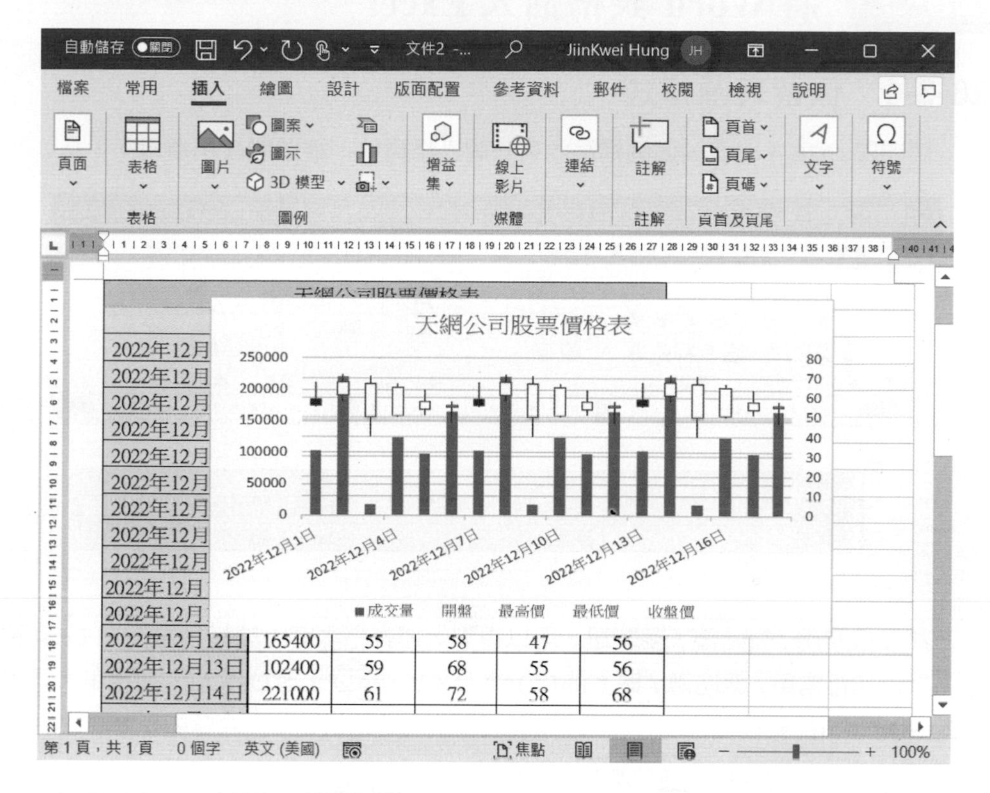

如果我們只想要股票價格圖表，可以選取此 Excel 工作表物件，執行快顯功能表的裁剪，然後裁剪多餘的區域，下列是裁剪結果。

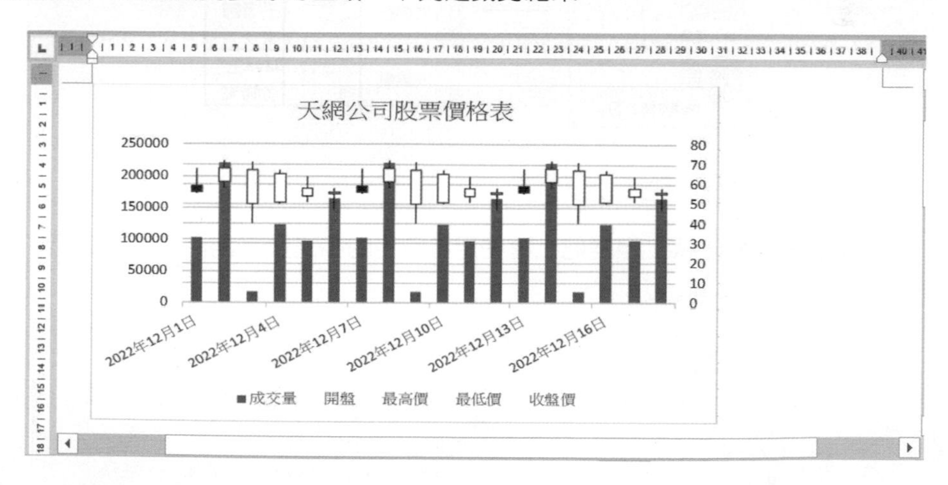

上述執行結果存入 ch28_3.docx。

28-3 將 Word 表格插入 Excel

28-3-1 保留來源格式

請開啟 ch28_4.docx，這個檔案內有一個表格資料，請選取表格資料。

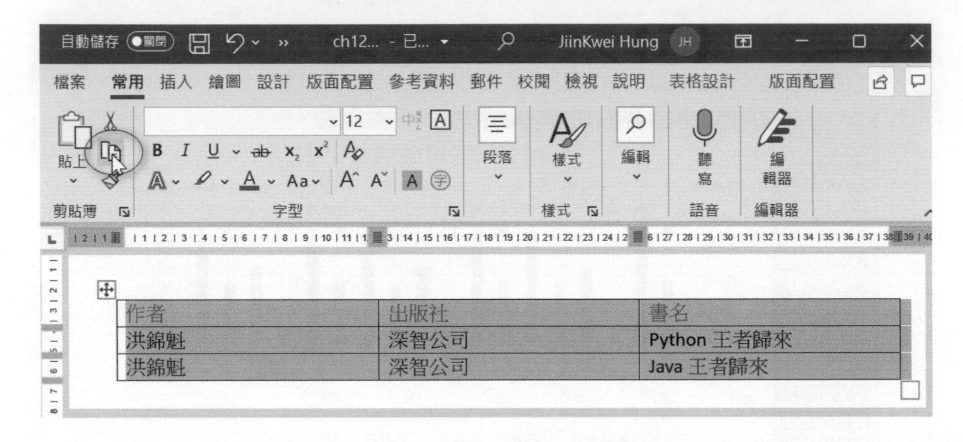

然後按常用 / 剪貼簿 / 複製鈕，可以複製上述表格內容。請切換至空白 Excel 視窗，然後執行常用 / 剪貼簿 / 貼上的保留來源格式鈕，可以得到下列結果，結果存入 ch28_5.xlsx。

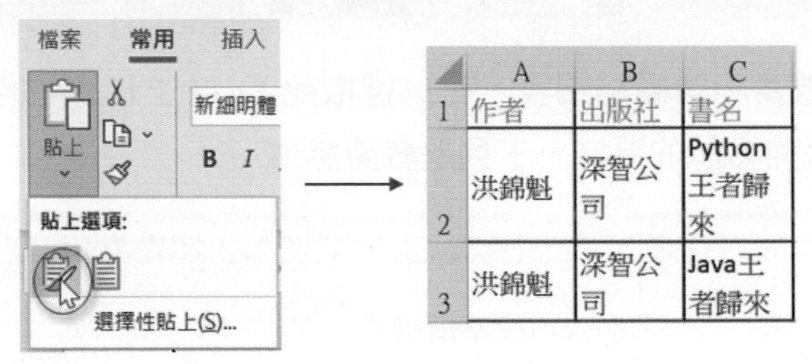

28-3-2 符合目的格式設定

觀念與前一小節一樣，但是貼上時使用符合目的格式設定鈕，可以得到下列結果，結果存入 ch28_6.xlsx。

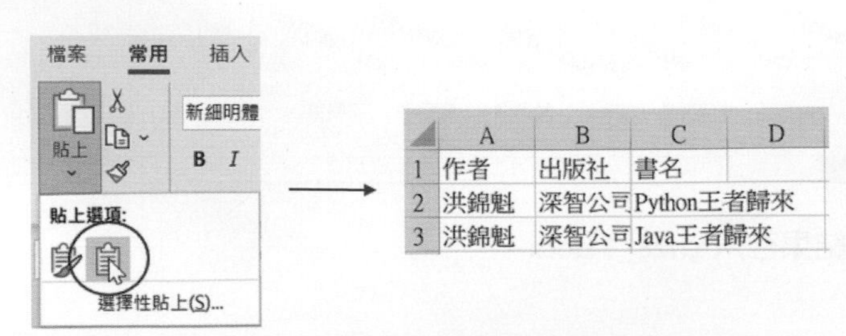

28-4 將圖表嵌入 PowerPoint 檔案

❑ 圖表嵌入簡報檔案

在企業工作一定會依據 Excel 製作的圖表，製作很多 PowerPoint 簡報檔案，如果只是單純使用複製再貼在簡報檔案，未來 Excel 數據改變簡報檔案無法更新，所以建議應該使用嵌入方式，將 Excel 所製作的圖表使用嵌入方式處理。

實例一：將 ch28_7.xlsx 組合圖表工作表的圖表，嵌入簡報檔案 ppt28_1.pttx。

1： 開啟 ch28_7.xlsx，選取組合圖表工作表的圖表。

2： 按常用 / 剪貼簿 / 複製鈕。

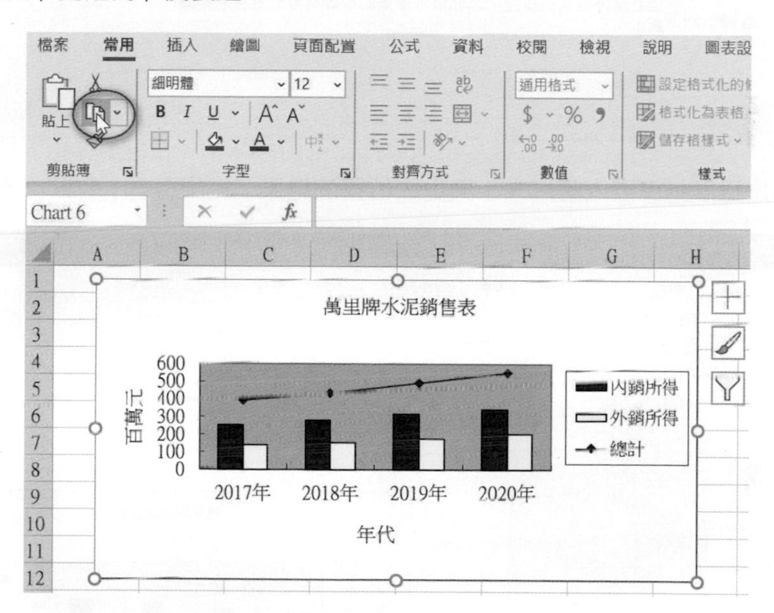

3： 開啟 PowerPoint 檔案 ppt28_1.pptx，進入第 2 頁空白頁，執行檔案 / 剪貼簿 / 貼上 / 選擇性貼上。

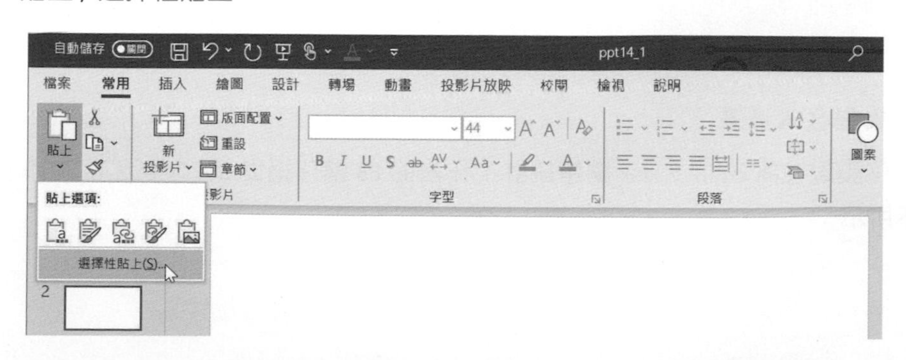

4： 出現選擇性貼上對話方塊，選擇貼上連結，再按確定鈕。

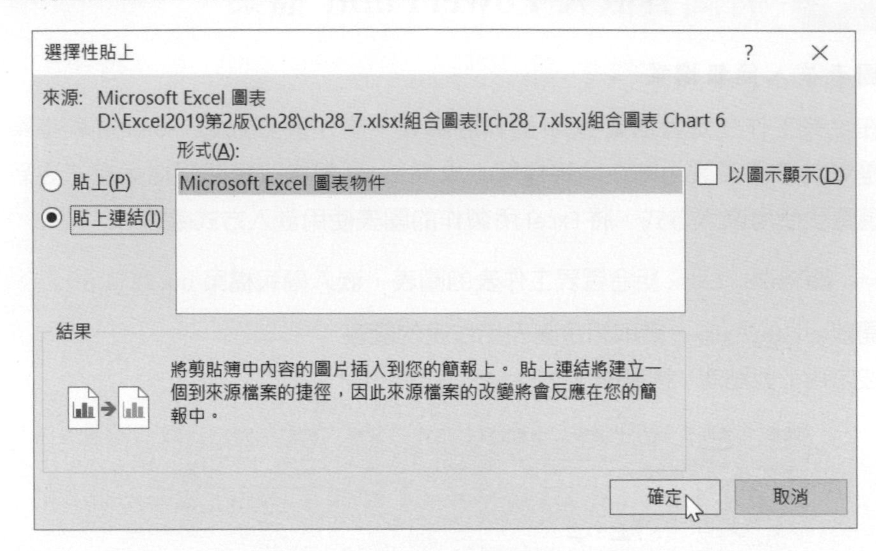

5： 下列是適度拖曳嵌入圖片大小與更改位置的結果，結果存入 ppt28_2.pttx。

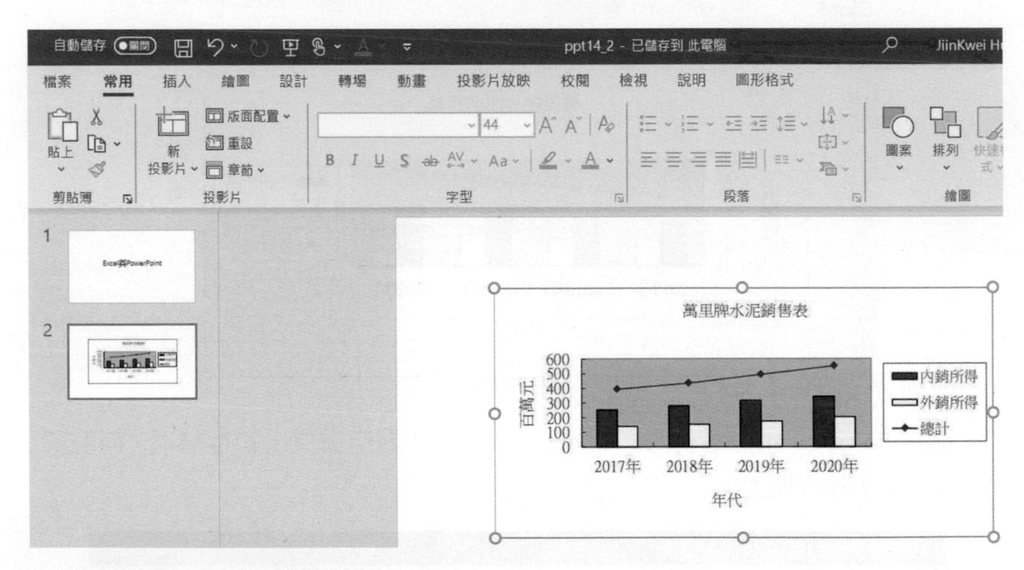

❑ 驗證嵌入效果

假設現在將 ch28_7.xlsx 銷售統計工作表的 F3 儲存格從 2020 年改為 2025 年，如下所示：

	A	B	C	D	E	F
1						
2		萬里牌水泥銷售表				
3			2017年	2018年	2019年	2025年
4		內銷所得	255	280	315	345
5		外銷所得	140	152	177	205
6		總計	395	432	492	550

此時組合圖表工作表的圖表會同步更新。

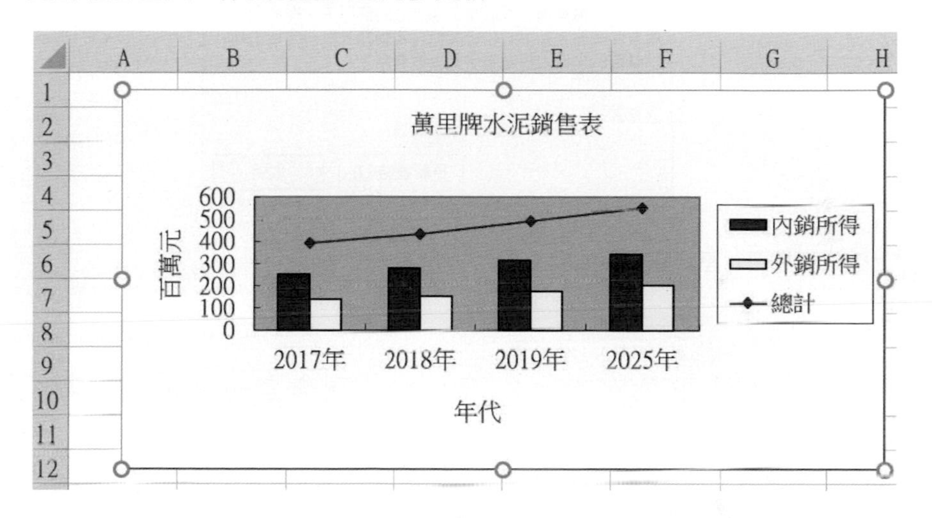

也可以在簡報檔案 ppt28_2.pptx 看到同步更新，下列結果存入 ppt28_3.pptx。

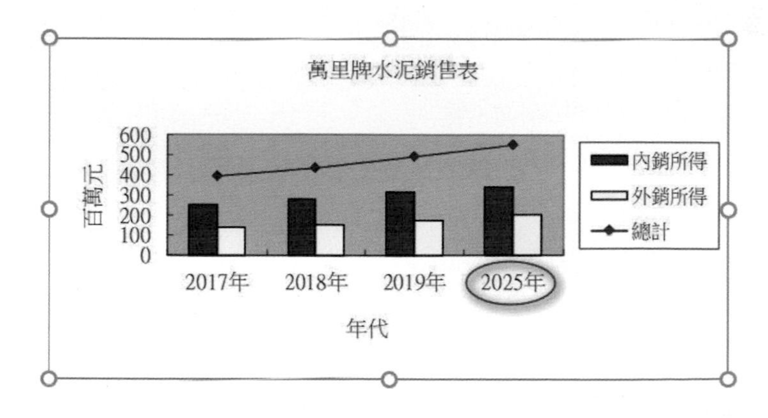

註

如果資料更新時，簡報檔案未開啟，在開啟該簡報檔案後，會看到下列對話方塊。

上述只要按更新連結鈕即可。

電子書

CHAPTER

29

Excel環境設定

29-1 建立開啟 Excel 的超連結

29-2 建立新活頁簿時字型、字型大小與工作表份數的設定

29-3 Office 背景設定

29-4 開啟舊檔的技巧 – 釘選檔案

29-5 顯示最近的活頁簿個數

29-6 幫活頁簿減肥

CHAPTER

30

Excel其他技巧總結

30-1 摘要資訊

30-2 剖析資料

30-3 擷取視窗或部份螢幕畫面

30-4 條碼設計

30-5 Excel 的安全設定

30-6 文字檔與 Excel

30-7 CSV 檔與 Excel

30-8 再談雲端共用

30-1 摘要資訊

下列是本節使用的活頁簿 ch30_1.xlsx。

	A	B	C	D	E	F	G	H	I	J
1										
2		天天軟體公司業績表								
3		員工編號	姓名	一月	二月	三月	四月	五月	六月	小計
4		1	王立宏	67800	88000	94000	83000	83660	75980	492440
5		2	順子	79290	77640	95000	88790	82900	88990	512610
6		3	張惠梅	74840	74990	78980	75000	77660	82120	463590
7		4	楊心文	88110	82890	82880	72990	89120	90000	505990
8		5	哈林林	83900	91330	74900	80000	92340	93870	516340
9		6	林欣如	69200	86770	90230	91230	94950	94000	526380
10		7	黃大偉	92010	73770	89110	73770	85000	88650	502310
11		8	陳琪貞	81470	68880	75770	75000	90340	96990	488450
12		9	李文	76330	89110	83880	82120	91000	90240	512680
13		10	季巧君	80230	78990	88900	81900	77980	88600	496600
14		11	阿牛	74980	84840	82220	90000	82800	84880	499720
15		12	武佰	87870	83000	68000	92880	89770	94200	515720

2022年H1業績表

為了希望建好 Excel 檔案後，能記錄此檔案的一些特性，我們可以使用摘要資訊記錄此檔案的標題、主旨、作者、主管、公司、類別、關鍵字、註解 … 等，接下來筆者想介紹建立摘要資訊的方法。

實例一：請開啟 ch30_1.xlsx，為此檔案建立摘要資訊。

1： 執行檔案 / 資訊 / 摘要內容 / 進階摘要資訊。

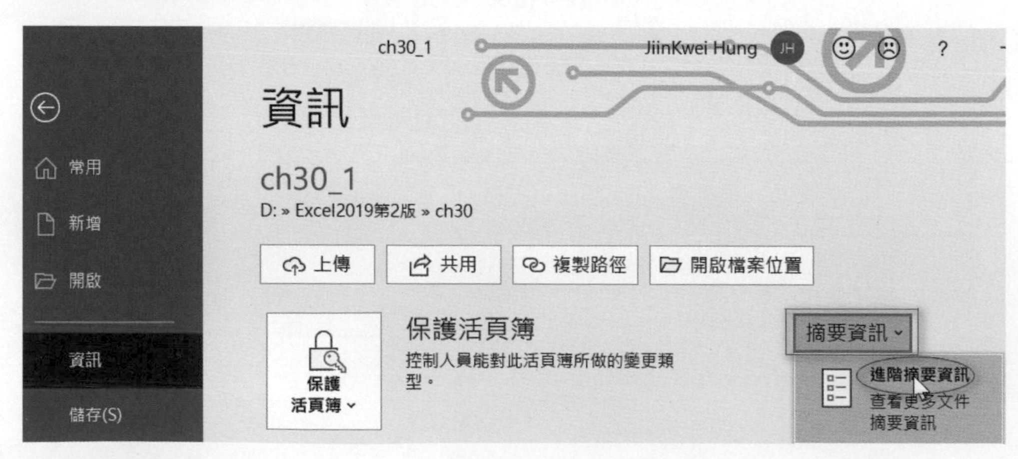

2： 可以看到摘要資訊對話方塊，請選摘要資訊標籤，筆者輸入如下：

3： 讀者也可以在上述空白欄位填上更多資訊，上述按確定鈕就算建立摘要資訊完成，筆者儲存至 ch30_2.xlsx。

30-2 剖析資料

在一個儲存格當中若置入了一串數字資料，那麼對於資料的排序或篩選相 當的不方便，以 ch30_3.xlsx 範例檔為例，C 欄位就存在很多樂透號碼，其實有相當多的樂透網站是以這種方式來記錄開獎號碼。

	A	B	C
1		大樂透	
2	期數	開獎日期	號碼
3	#097000098	2020年12月5日	02, 03, 08, 31, 40, 44
4	#097000099	2020年12月9日	01, 05, 06, 16, 26, 41
5	#097000100	2020年12月12日	02, 28, 34, 36, 39, 46
6	#097000101	2020年12月16日	14, 25, 26, 34, 39, 40

使用資料 / 資料工具 / 資料剖析功能可將這類的儲存格內容剖析出來，一個儲存格放一個號碼，以方便未來可針對個別的儲存格資料做篩選及統計。

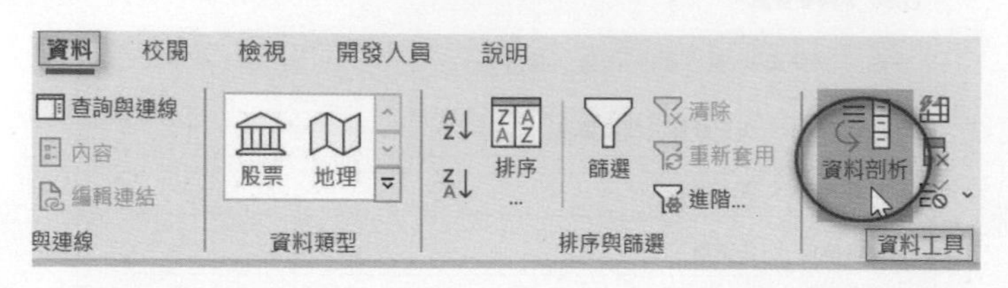

實例一：將 ch30_3.xlsx 內 C 欄的資料進行剖析，用 6 個欄位每一欄位的儲存格放置一組號碼。

1： 選取 C 欄。

	A	B	C	D
1		大樂透		
2	期數	開獎日期	號碼	
3	#097000098	2020年12月5日	02, 03, 08, 31, 40, 44	
4	#097000099	2020年12月9日	01, 05, 06, 16, 26, 41	
5	#097000100	2020年12月12日	02, 28, 34, 36, 39, 46	
6	#097000101	2020年12月16日	14, 25, 26, 34, 39, 40	

2： 執行資料 / 資料工具 / 資料剖析。

3： 出現資料剖析精靈 - 步驟 3 之 1 對話方塊，如下所示：

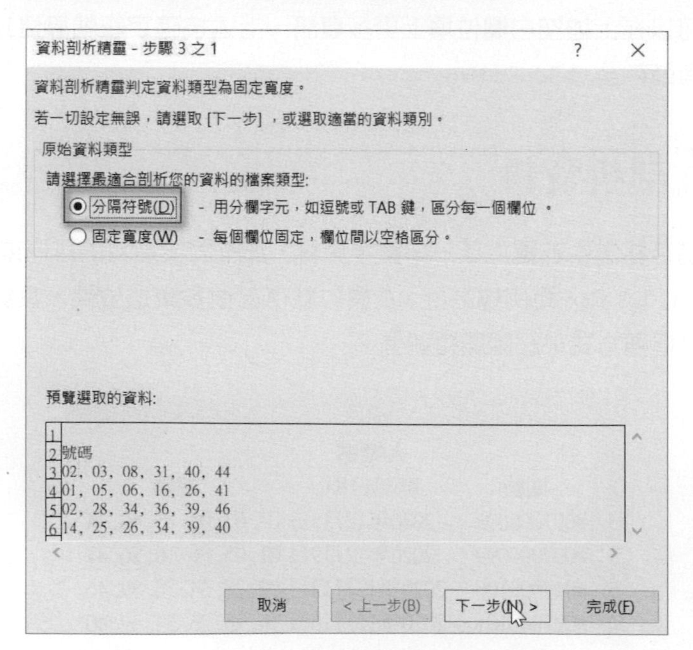

4： 上圖請選分隔符號 (由於原始資料是用逗點隔開)，按下一步鈕。

5： 出現資料剖析精靈 - 步驟 3 之 2 對話方塊，主要是選擇分隔符號，下列是筆者選擇的結果。

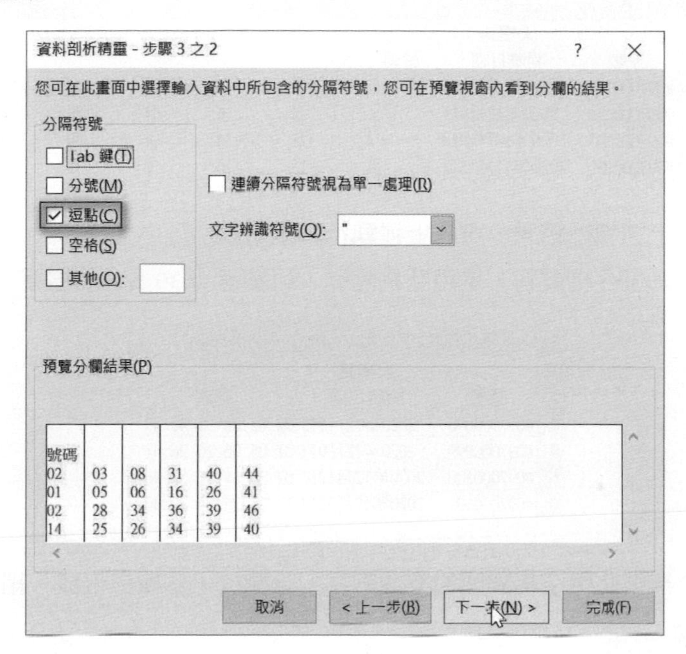

6： 按下一步鈕，出現資料剖析精靈 - 步驟 3 之 3 對話方塊。

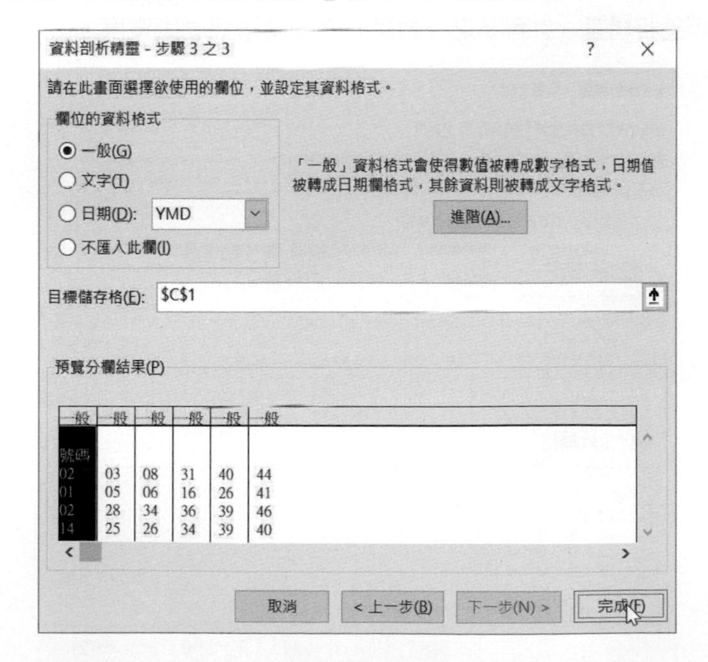

7： 按完成鈕，可以看到資料已被分割成 6 個欄位，適度減少各欄位的寬度，可以得到下列執行結果。

	A	B	C	D	E	F	G	H
1		大樂透						
2	期數	開獎日期	號碼					
3	#097000098	2020年12月5日	2	3	8	31	40	44
4	#097000099	2020年12月9日	1	5	6	16	26	41
5	#097000100	2020年12月12日	2	28	34	36	39	46
6	#097000101	2020年12月16日	14	25	26	34	39	40

為了保存上述執行結果，可將上述執行存至 ch30_4.xlsx 檔案內。

有時候原始儲存格資料，是用空格隔開，可參考 ch30_5.xlsx 檔案，如下所示：

	A	B	C
1		大樂透	
2	期數	開獎日期	號碼
3	#097000098	2020年12月5日	02 03 08 31 40 44
4	#097000099	2020年12月9日	01 05 06 16 26 41
5	#097000100	2020年12月12日	02 28 34 36 39 46
6	#097000101	2020年12月16日	14 25 26 34 39 40

實例二：將 C 欄彼此用空格隔開的樂透數字，分割成一個欄位存放一組數字。

1： 選取 C 欄。

2： 執行資料 / 資料工具 / 資料剖析。

3： 出現資料剖析精靈 - 步驟 3 之 1 對話方塊，請選擇固定寬度。

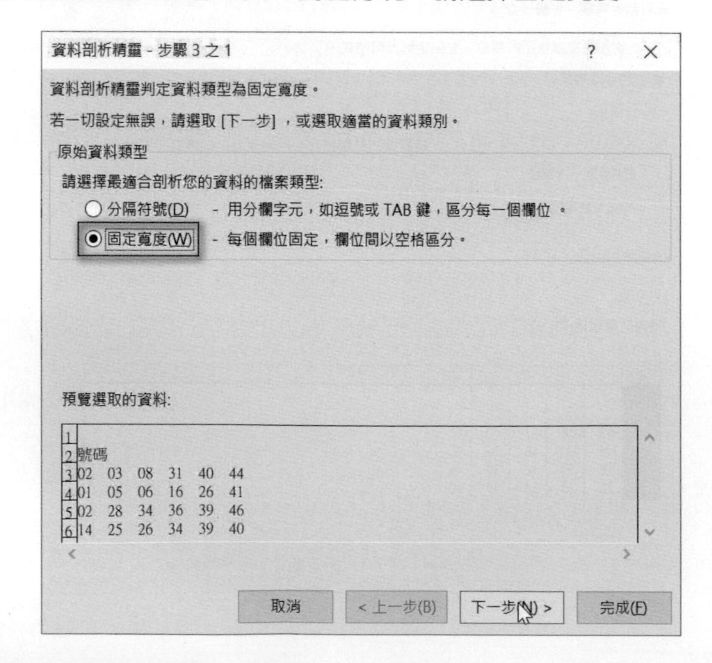

4： 按下一步鈕，出現資料剖析精靈 - 步驟 3 之 2 對話方塊，可以在預覽分欄結果區，看到各數值的分欄線，在適當位置點一下可以增加分欄線、若是拖曳可以移動分欄線，下列是筆者設定結果。

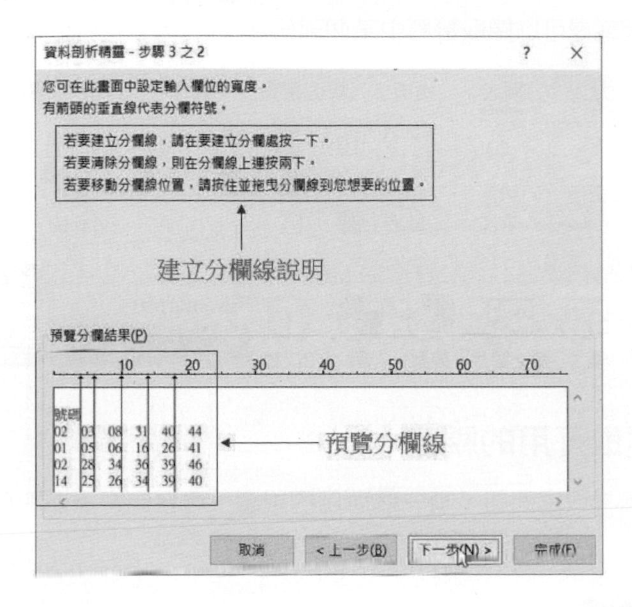

5： 按下一步鈕，出現資料剖析精靈 - 步驟 3 之 3 對話方塊。

6： 按完成鈕，可以看到資料已被分割成 6 個欄位，適度減少各欄位的寬度，可以得到下列執行結果。

	A	B	C	D	E	F	G	H
1		大樂透						
2	期數	開獎日期	號碼					
3	#097000098	2020年12月5日	2	3	8	31	40	44
4	#097000099	2020年12月9日	1	5	6	16	26	41
5	#097000100	2020年12月12日	2	28	34	36	39	46
6	#097000101	2020年12月16日	14	25	26	34	39	40

為了保存上述執行結果，可將上述執行結果存至 ch30_6.xlsx 檔案內。

30-3 擷取視窗或部份螢幕畫面

在插入 / 圖例功能群組有一個螢幕擷取畫面鈕，這個功能鈕可用於擷取目前顯示在螢幕的視窗或是可以擷取螢幕中某個部份。

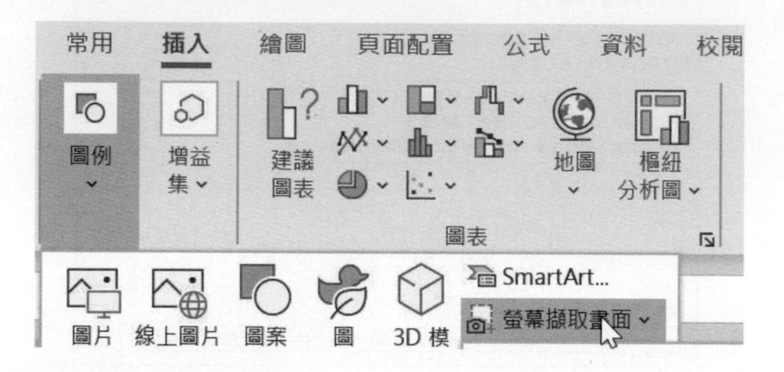

30-3-1 擷取可用的視窗

在上述螢幕擷取畫面鈕，有一個可用的視窗，可在此選擇擷取目前螢幕上的視窗，如下所示：

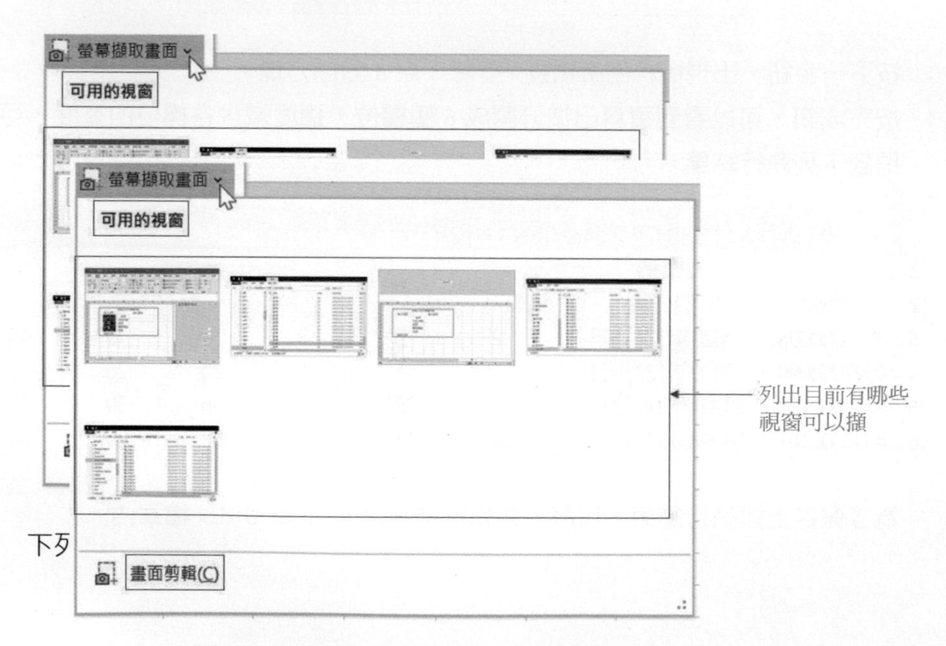

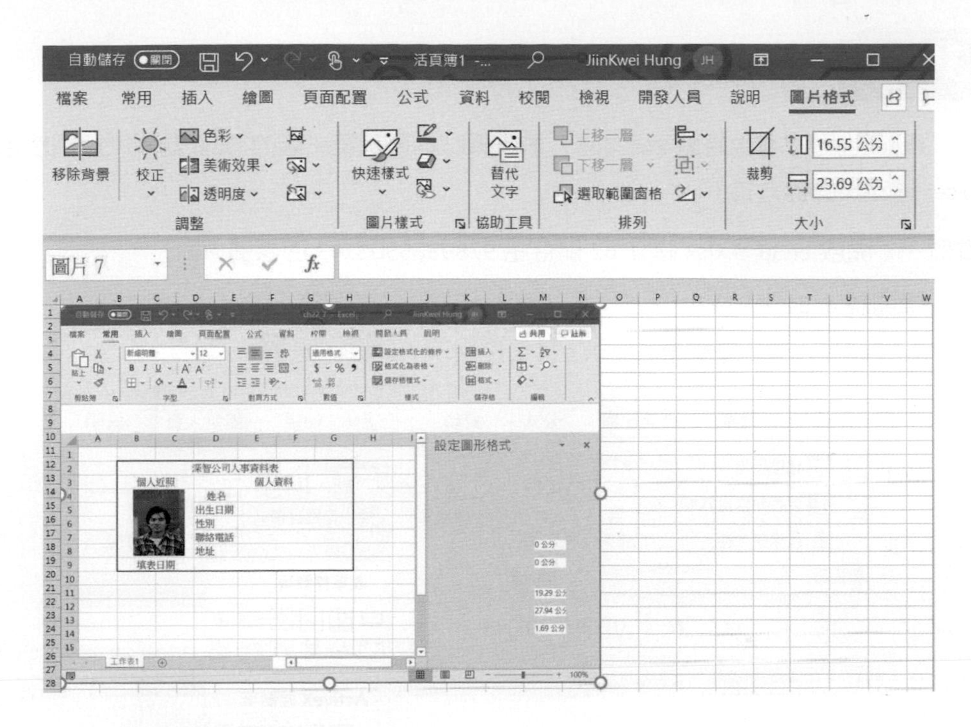

上述擷取結果將存入 ch30_7.xlsx。

30-3-2 擷取部份螢幕畫面

在螢幕擷取畫面鈕內有畫面剪輯指令，執行此指令後，Excel 視窗將暫時隱藏，同時滑鼠游標將變成「+」字形，此時可以按住滑鼠左邊鍵再拖曳選擇想要擷取的螢幕區塊。下列是筆者選擇一個螢幕區塊的結果。

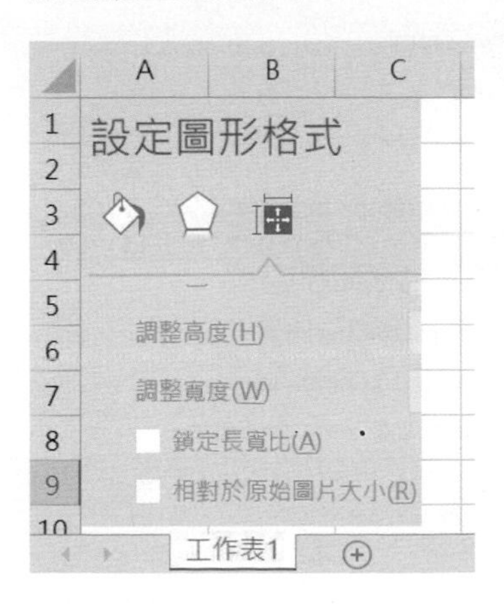

上述擷取結果將存入 ch30_8.xlsx。

30-4 條碼設計

Excel 也可以產生條碼 BarCdoe，本節將以本書籍第一版的 ISBN 為例，說明使用 Excel 建立條碼的方式。

實例一：開啟 ch30_9.xlsx 建立 B2 儲存格 9789865501143 的條碼。

1： 請開啟 ch30_9.xlsx。

2： 執行開發人員 / 控制項 / 插入 / 其他控制項，此圖示是 。

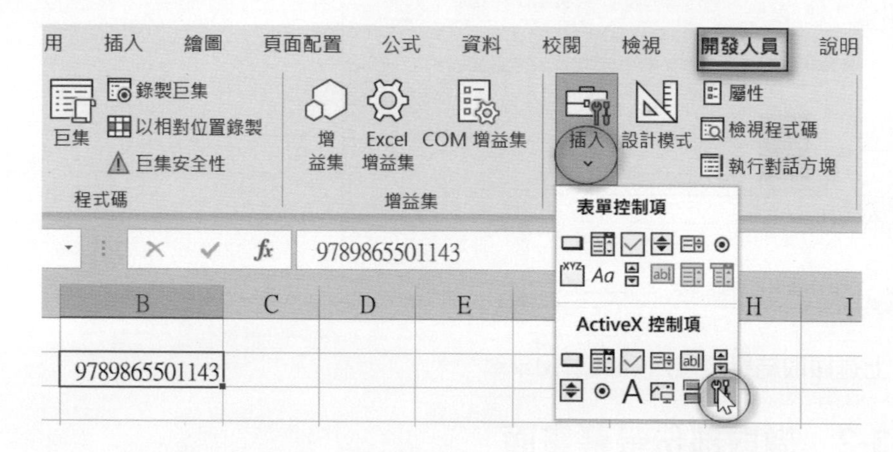

3： 出現其他控制項對話方塊，請選擇 Microsoft BarCode Control 16.0。

4： 按確定鈕，這時將進入設計模式，所以控制項功能群組的設計模式將是啟動狀態。然後滑鼠游標將變為十字形。

5： 請拖曳要建立的條碼區域，筆者設定如下：

6： 如果沒有看到屬性視窗，請點選開發人員 / 控制項 / 屬性。

7： 在上述屬性視窗的 LinkedCell 欄位輸入 B2，因為 B2 儲存格內涵要建立條碼的資訊。

然後可以自動產生條碼，如上所示，執行結果存入 ch30_10.xlsx。現在如果再一次點選開發人員 / 控制項 / 設計模式可以離開設計模式，同時原先選取的條碼也將自動取消選取。

30-5 Excel 的安全設定

在網路下載的檔案，在開啟時皆會出現下列受保護的檢視框。

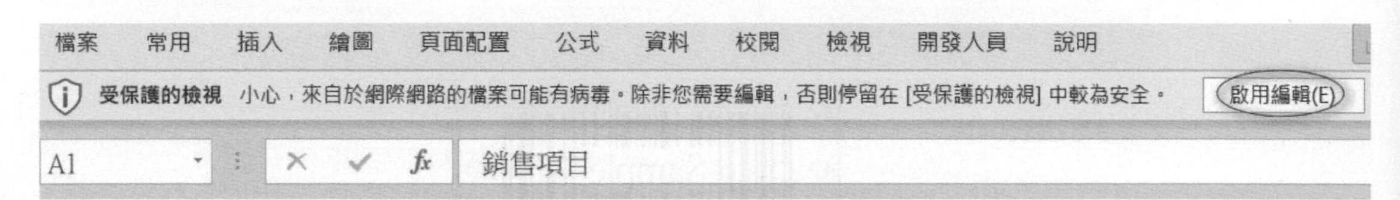

如果你信任此檔案，點選啟用編輯才可以正式編輯此檔案。這是 Excel 的預設設定，有關這方面的設定，可以執行檔案 / 其他 / 選項 / 信任中心，請點選信任中心設定鈕，可以看到這方面設定的相關內容。

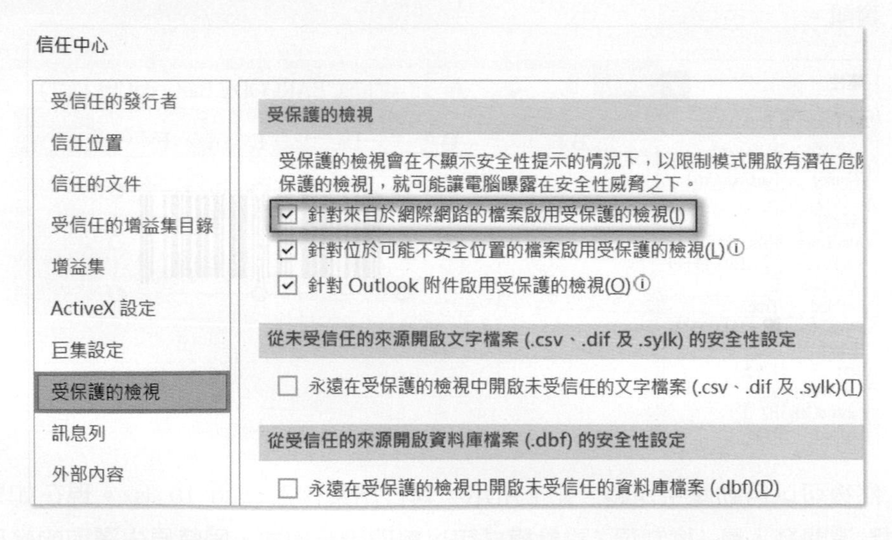

為了保護你的電腦，筆者不建議更改上述設定。

30-6 文字檔與 Excel

30-6-1 Excel 檔案用文字檔儲存

編輯 Excel 完成後，也可以將此 Excel 檔案轉成文字檔 (txt)，在以文字檔案儲存時，各欄位間會用 tab 鍵分隔。

實例一：請開啟 ch30_11.xlsx，將文字檔工作表用 ch30_11.txt 儲存。

1： 開啟 ch30_11.xlsx。

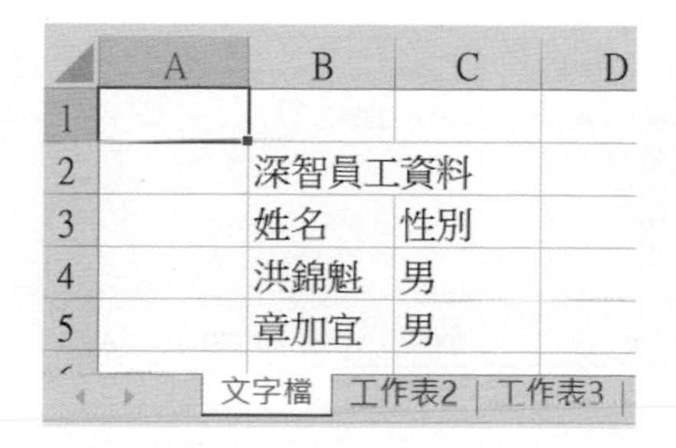

2： 執行檔案 / 另存新檔，點選瀏覽，可以看到另存新檔對話方塊。

3： 在存檔類型欄位選擇文字檔 (Tab 字元分隔)，檔案名稱欄位輸入 ch30_11。

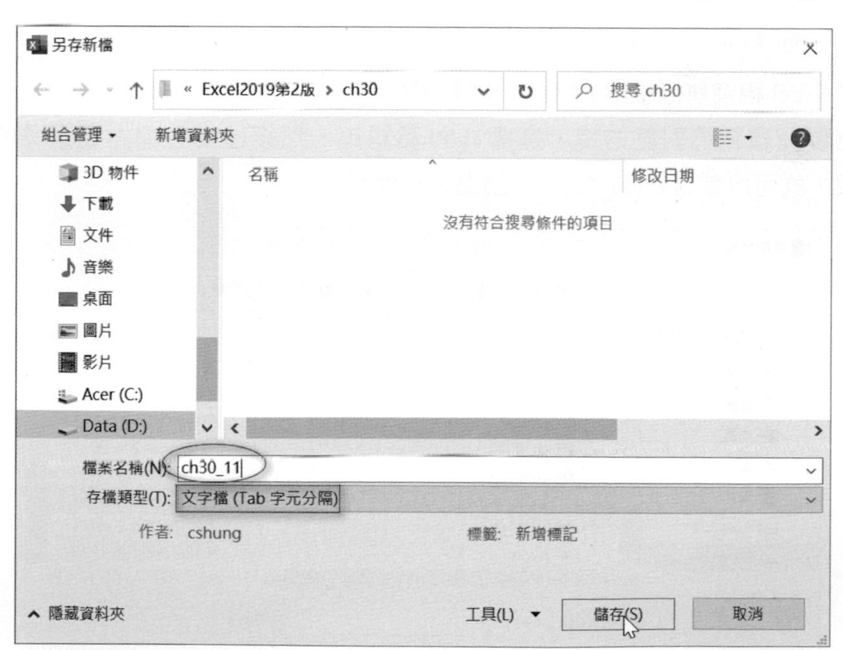

4： 按儲存鈕，會出現下列對話方塊。

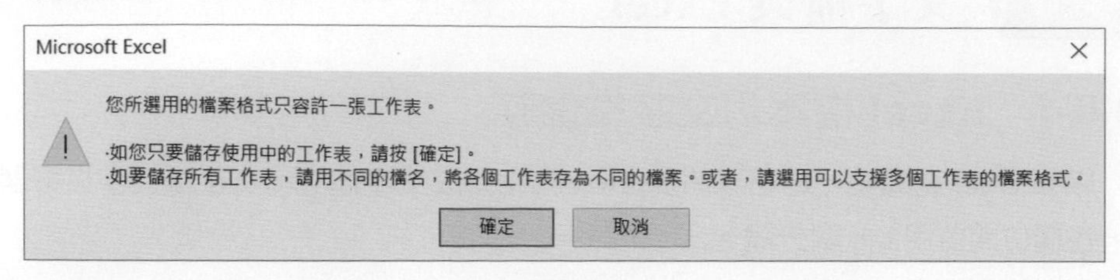

5： 按確定鈕，就可以將 ch30_11.xlsx 的內容用 ch30_11.txt 儲存。

這個 ch30_11.txt 檔案儲存在 ch30 資料夾，未來開啟 ch30_11.txt 可以得到下列結果。

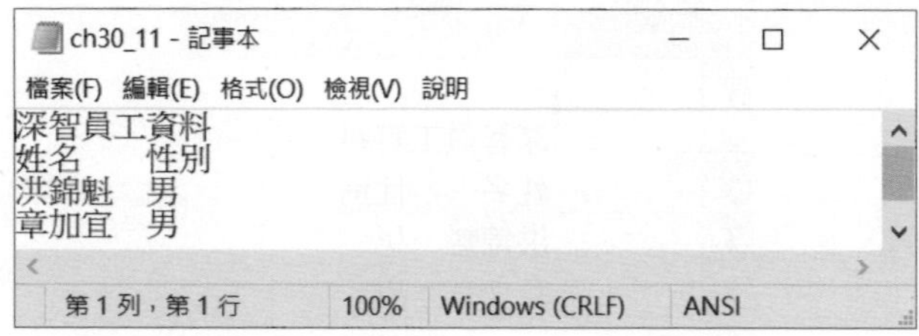

30-6-2 用 Excel 開啟文字檔案

只要文字檔案的格式正確，例如：各欄位間是用 Tab 鍵分隔，則可以正常開啟。

實例一：開啟 ch30_11.txt。

1： 在 Excel 視窗執行檔案 / 開啟，點選瀏覽。

2： 出現開啟舊檔對話方塊，選擇 ch30 資料夾，然後檔案名稱右邊選擇所有檔案，就可以看到 ch30_11.txt，請點選此檔案。

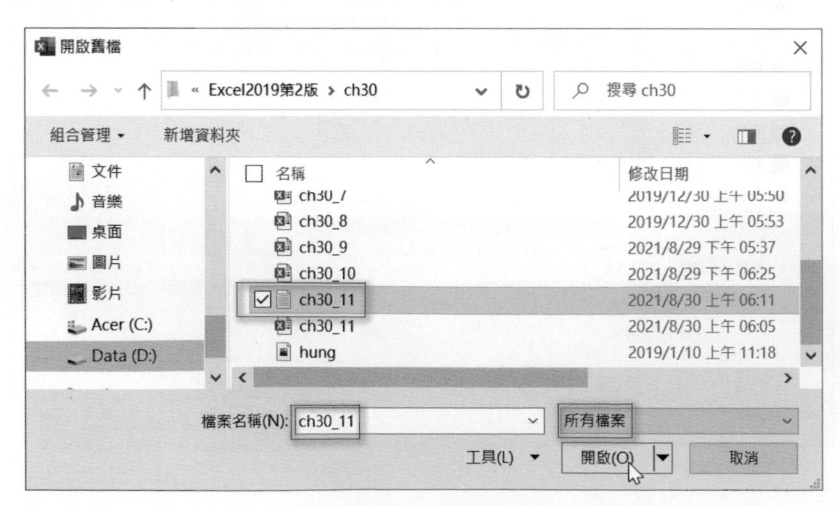

3： 請按開啟鈕，你可以看到匯入字串精靈的步驟，下列是要確定欄位間資料的分隔類型。

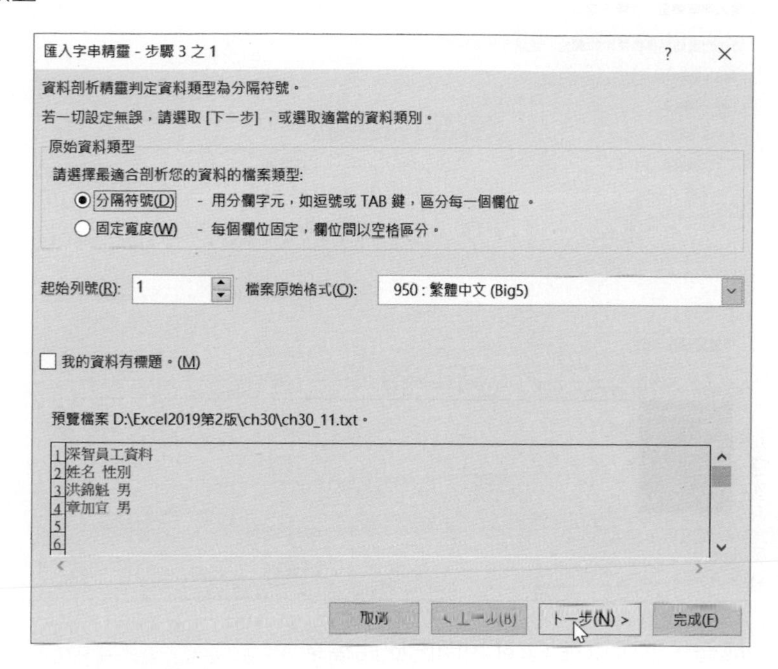

4： 請按下一步鈕，下列是可以預覽分欄的結果。

匯入字串精靈 - 步驟 3 之 2
您可在此畫面中選擇輸入資料中所包含的分隔符號，您可在預覽視窗內看到分欄的結果。
分隔符號
Tab 鍵(T)
分號(M)
逗點(C)
空格(S)
其他(O):
連續分隔符號視為單一處理(R)
文字辨識符號(Q): "
預覽分欄結果(P)
深智員工資料
姓名 性別
洪錦魁 男
章加宜 男
取消
< 上一步(B)
下一步(N) >
完成(F)

5： 請按下一步鈕，下列是可以選擇要使用的欄位。

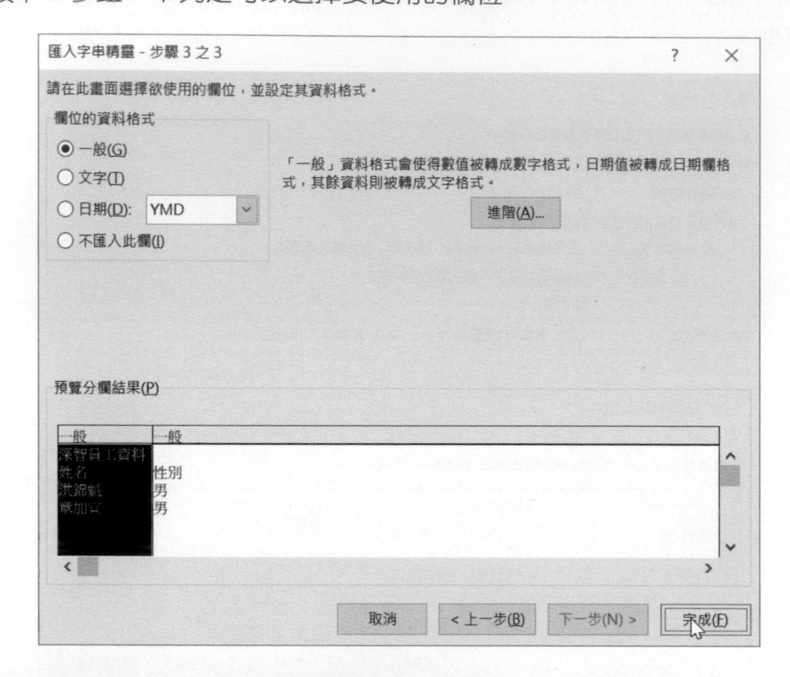

6： 請按完成鈕，就可以在 Excel 視窗開啟此檔案。

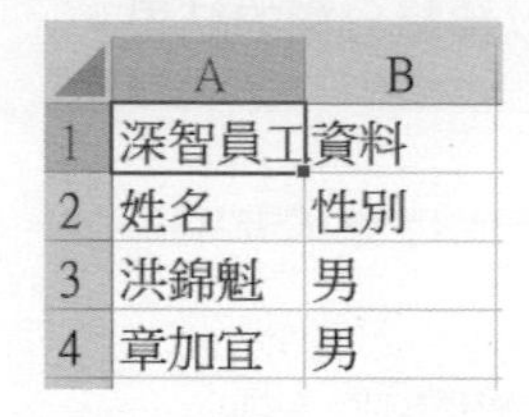

	A	B
1	深智員工資料	
2	姓名	性別
3	洪錦魁	男
4	章加宜	男

30-7 CSV 檔與 Excel

CSV 是一個縮寫，它的英文全名是 Comma-Separated Values，由字面意義可以解說是逗號分隔值，當然逗號是主要資料欄位間的分隔值，不過目前也有非逗號的分隔值。這是一個純文字格式的文件，沒有圖片、不用考慮字型、大小、顏色 … 等。

簡單的說，CSV 數據是指同一列 (row) 的資料彼此用逗號 (或其它符號) 隔開，同時每一列數據資料是一筆 (record) 資料，幾乎所有試算表與資料庫檔案均支援這個文件格式。

註 網路上許多政府公開資料皆是使用 CSV 檔案儲存，這些檔案可以使用 Excel 開啟檢視。

30-7-1 Excel 檔案用 CSV 檔儲存

編輯 Excel完成後，也可以將此 Excel 檔案轉成以 CSV 檔案儲存時，各欄位間會用逗號分隔。

實例一：請開啟 ch30_12.xlsx，將文字檔工作表用 ch30_12.txt 儲存。

1： 開啟 ch30_12.xlsx。

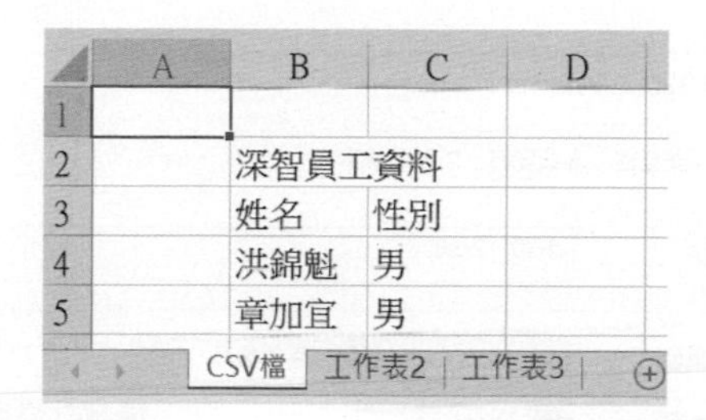

	A	B	C	D
1				
2		深智員工資料		
3		姓名	性別	
4		洪錦魁	男	
5		章加宜	男	

2： 執行檔案 / 另存新檔，點選瀏覽，可以看到另存新檔對話方塊。

3： 在存檔類型欄位選擇 CSV(逗號分隔)，檔案名稱欄位輸入 ch30_12csv。

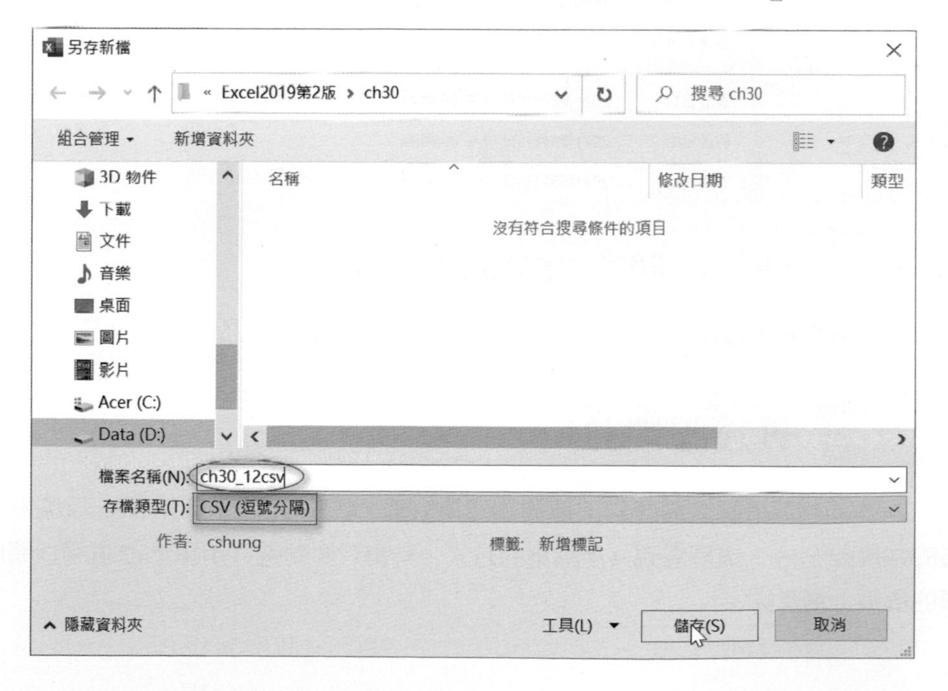

4： 按儲存鈕，會出現下列對話方塊。

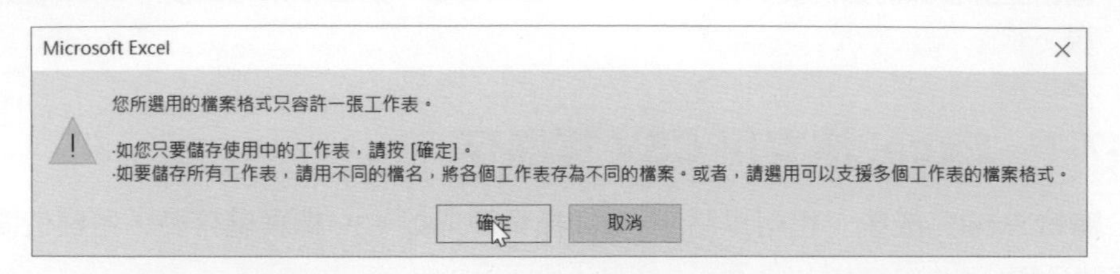

5： 按確定鈕，就可以將 ch30_12.xlsx 的內容用 ch30_12csv.csv 檔案儲存。

存檔完成後，表面上看與一般 Excel 檔案相同，讀者可以進入檔案總管，選取此 ch30_12csv.csv 檔案，按一下滑鼠右鍵，執行內容可以看到此檔案更詳細資訊。

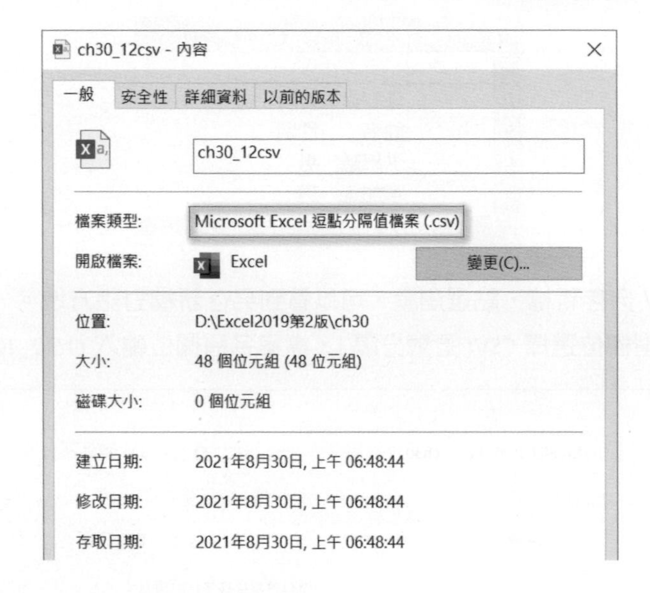

30-7-2 用 Excel 開啟 CSV 檔案

在檔案總管，連點兩下 ch30_12csv.csv 檔案就可以直接開啟 CSV 檔案了。

30-8 再談雲端共用

2-12 節有簡單解說將資料上傳雲端然後分享，這一小節將使用 Excel 視窗右上方的共用圖示，講解雲端共用檔案的方式，其實只要點選共用圖示就可以將所編的檔案上傳雲端。

實例一：請開啟 ch30_13.xlsx，然後將此檔案上傳雲端。

1： 請開啟 ch30_13.xlsx。

自動儲存 關閉 ch30... - 已... JiinKwei Hung JH
檔案 常用 插入 繪圖 頁面配置 公式 資料 校閱 檢視 開發人員 說明
貼上 新細明體 12 B I U A A 中 通用格式 $ % 條件式格式設定 格式化為表格 儲存格樣式
共用
共用這份文件，並且查看與誰共用。
剪貼簿 字型 對齊方式 數值 樣式
J11 fx

	A	B	C	D	E	F	G	H	I	J	K
1											
2		天網公司股票價格表									
3			成交量	開盤	最高價	最低價	收盤價				
4		1日	102400	59	68	55	56				
5		2日	221000	61	72	58	68				
6		3日	18000	50	71	40	67				
7		4日	123450	51	67	50	65				
8		5日	98000	54	64	51	58				
9		6日	165400	55	58	47	56				

2： 然後點選共用圖示，可以看到共用對話方塊，這是要選擇雲端資料夾。

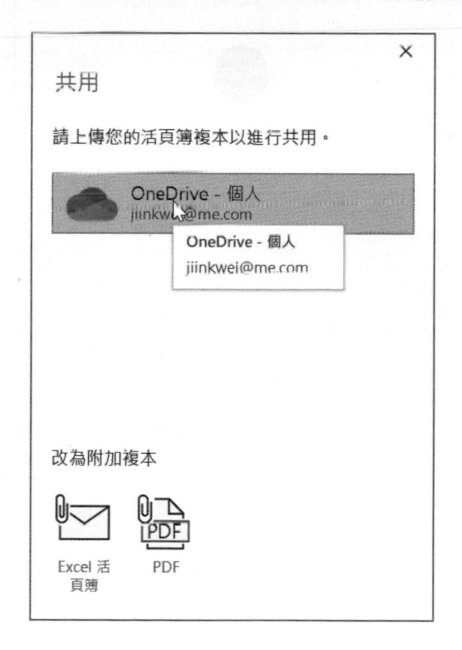

3： 此例，筆者點選 OneDrive，如上可以得到下方左圖的結果。

4： 接著要輸入共享對象，筆者輸入了 2 個帳號，可以參考上方右圖，按傳送鈕就可以將 ch30_13.xlsx 分享給上述 2 人。

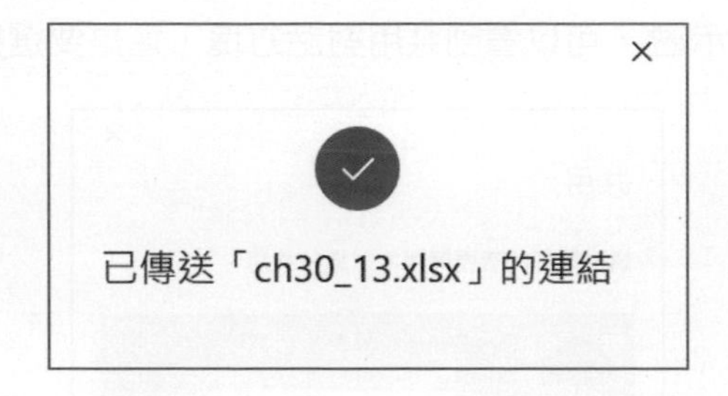

共享完成可以得到上述結果，所指定的人就可以收到該電子郵件，然後開啟與編輯該檔案。

CHAPTER

31

加值你的Excel - 增益集

31-1 認識 Excel 增益集
31-2 安裝 People Graph 增益集
31-3 People Graph 增益集
31-4 People Graph 的設定功能

31-1 認識 Excel 增益集

在 Excel 中「增益集」是一種附加功能，通常由 Microsoft 或第三方供應商開發，可增強或擴展 Excel 的核心功能。這些增益集可以提供額外的數學和統計工具、數據分析功能、視覺化工具或其他特定業務或行業的功能。以下是關於 Excel 增益集的一些重要觀念：

1. 安裝與啟用：一些增益集是預裝在 Excel 中的，但需要手動啟用。另外，您還可以從其他來源下載和安裝增益集。
2. Excel 分析工具包：這是 Excel 的一個內置增益集，它提供了一系列高級的數學和統計函數，例如：假設測試、迴歸分析等。
3. 開發者工具：對於希望開發自己的增益集或自動化 Excel 工作流程的使用者，開發者工具提供了所需的工具和功能。
4. 商店增益集：從 Microsoft Office 商店，您可以找到並安裝第三方開發的增益集，這些增益集提供了許多特定的功能和工具。
5. 巨集：雖然巨集本身並不被認為是傳統意義上的增益集，但透過 VBA (Visual Basic for Applications) 巨集，使用者可以自動化和擴展 Excel 的功能。
6. 管理增益集：在 Excel 中，您可以隨時啟用或禁用安裝的增益集。這可以透過「選項」→「增益集」來管理。

使用增益集可以大大增強 Excel 的功能和多功能性，無論您是一名資料分析師、財務專家還是工程師，都能找到對您有用的增益集工具。最後，值得注意的是，安裝和運行未經認證的第三方增益集可能存在風險，所以在添加任何新增益集之前，都應該進行充分的研究和考量。

31-2 安裝 People Graph 增益集

Excel 視窗的常用 / 增益集 / 增益集可以安裝增益集。

31-3 People Graph 增益集

31-3-1 認識 People Graph 增益集

People Graph 是 Excel 中的一個增益集，它允許使用者輕鬆地將數據轉化為視覺上吸引人的圖表。這個增益集特別適用於那些想要以更直觀和有吸引力的方式展示數據的人，而不只是使用傳統的直條圖或圓餅圖。以下是 People Graph 的一些主要特點：

1. 人物的視覺化：正如其名稱所示，People Graph 允許您使用小人圖形（或其他圖形）來表示數據。例如，如果您正在展示某項調查，100 人中有 60 人喜歡某個產品，您可以使用 60 個小人圖形來表示這些人。
2. 模板選擇：除了人物外，People Graph 還提供其他多種圖形，如星星、愛心、手錶等，以便您可以選擇最能代表您數據的圖形。
3. 自定義顏色和樣式：您可以選擇不同的顏色、背景和樣式來自定義圖表的外觀。

4. 簡單的使用界面：建立 People Graph 非常簡單，選擇您的數據，點擊「插入」選項中的「People Graph」，然後根據指引進行。
5. 適用於各種場合：無論是公司報告、學術研究還是日常生活中的任何場合，只要需要將數據視覺化，People Graph 都是一個很好的選擇。

需要注意的是，雖然 People Graph 提供了一個獨特和有趣的方式來視覺化數據，但它可能不適合所有的情境，特別是當您需要進行複雜的數據分析或精確的數據表示時。在這些情況下，傳統的圖表和圖形可能更為適合。

31-3-2 下載 People Graph 增益集

請執行常用 / 增益集 / 增益集，然後選擇 People Graph 增益集。

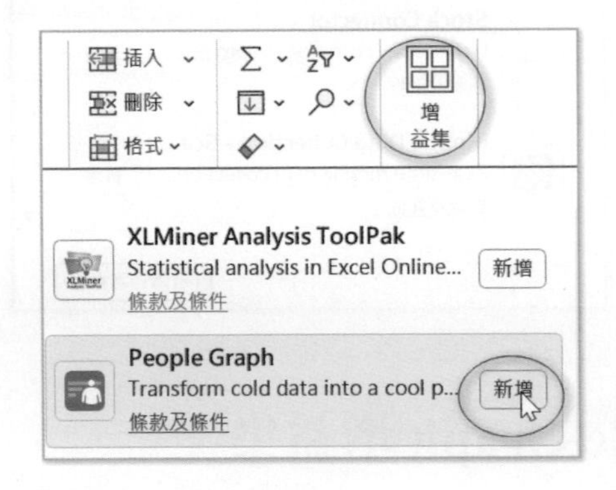

讀者會看到下列左圖畫面，這就代表安裝 People Graph 增益集成功了。

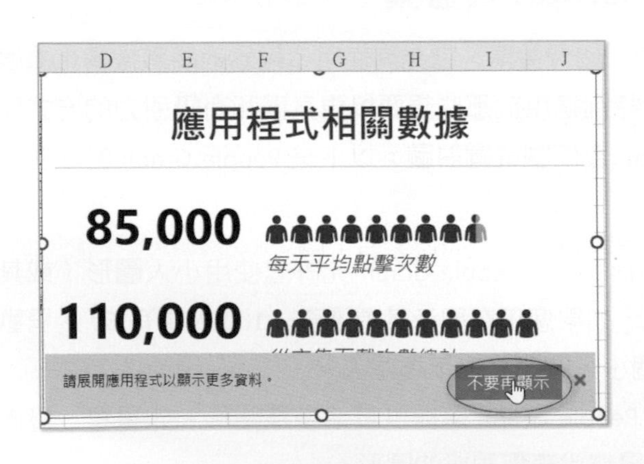

安裝 People Graph 增益集後，未來執行常用 / 增益集 / 增益集，就可以看到此增益集出現在我的增益集內，可以參考上方右圖。

31-3-3 應用 People Graph 增益集

請開啟 ch31_1.xlsx 檔案，如下所示：

	A	B	C
1			
2		AI技術研討會	
3		年度	參加人數
4		2024年	1255
5		2025年	1500
6		2026年	1960

實例一：將上述資料用 People Graph 增益集顯示。

1： 開啟 ch31_1.xlsx。

2： 執行常用 / 增益集 / 增益集，選擇 People Graph 增益集。

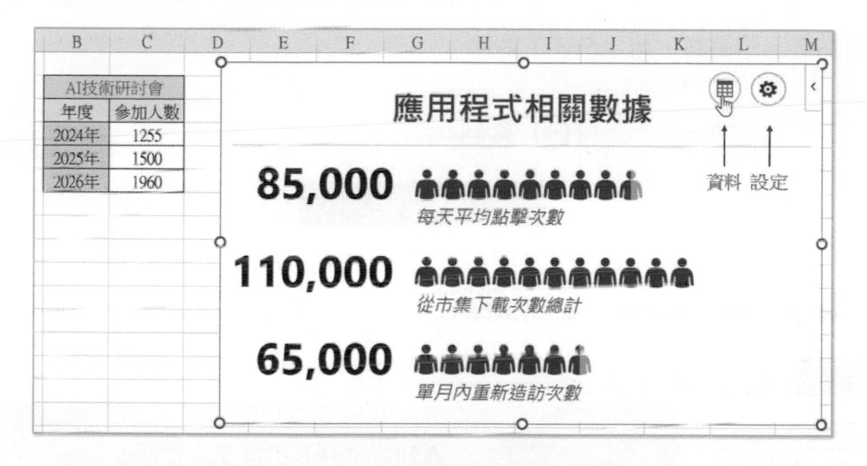

上述可以看到資料圖示，請點選資料圖示。註：如果沒有看到資料圖示，將滑鼠移到該位置，按一下就可以看到資料圖示。

3： 現在可以更改標題，請點選資料圖示，然後參考下圖更改標題。

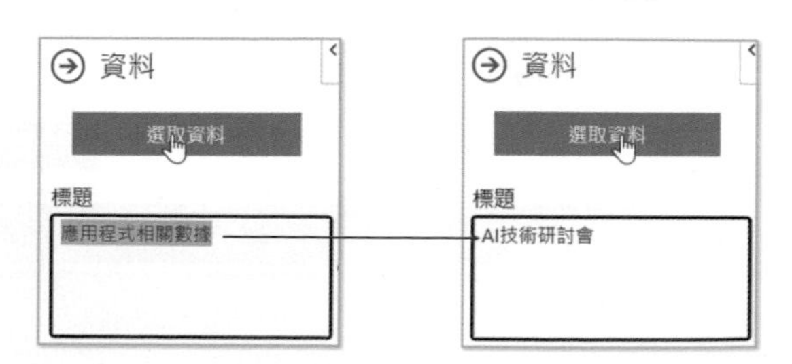

然後可以得到標題更改的結果。

4： 請點選選取資料，可以參考下圖。

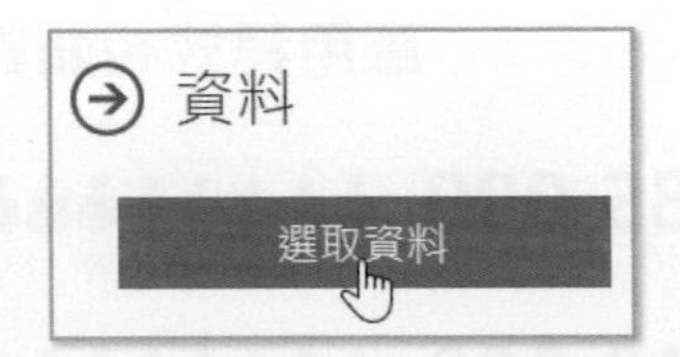

5： 然後選擇資料範圍應用，此例選擇 B3:G6 儲存格區間，可以看到下列畫面。

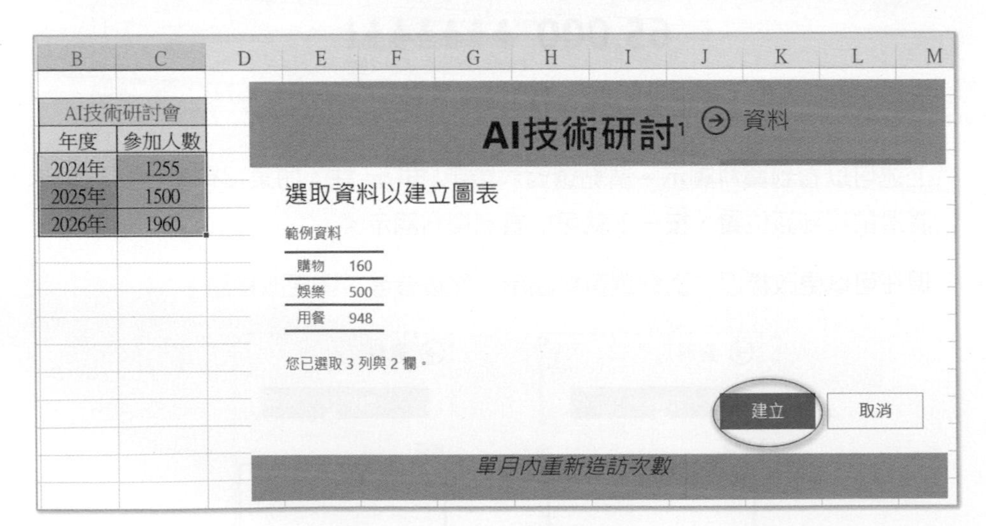

6： 請點選建立鈕，可以得到下列結果，結果儲存在 ch31_2.xlsx 內。

AI技術研討會	
年度	參加人數
2024年	1255
2025年	1500
2026年	1960

AI技術研討會

1,255
2024年

1,500
2025年

1,960
2026年

31-4 People Graph 的設定功能

點選設定圖示，可以看到有類型、佈景主題、圖形標籤可以做進階設定。

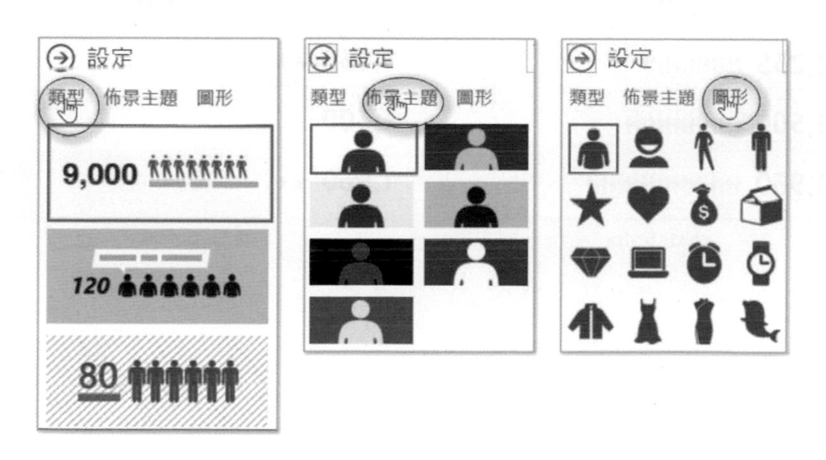

31-4-1 類型的應用

下列是 ch31_2.xlsx 選擇不同類型應用的圖表，請參考下方左圖。

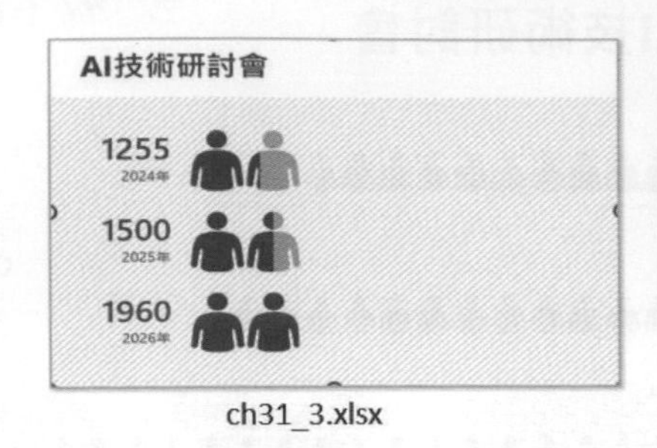

ch31_3.xlsx

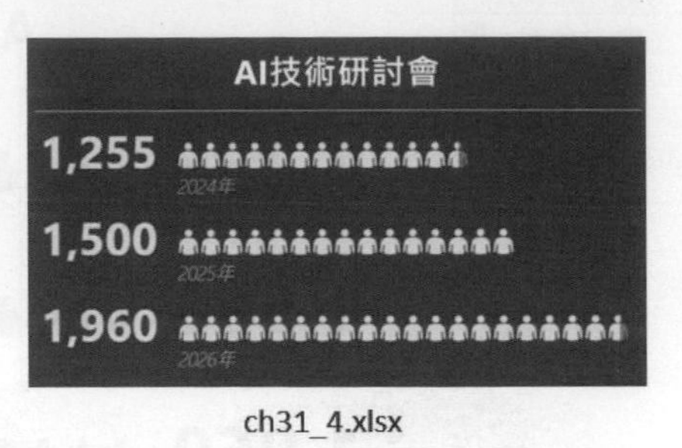

ch31_4.xlsx

31-4-2 佈景主題的應用

下列是 ch31_2.xlsx 選擇不同佈景主題應用的圖表，請參考上方右圖。

31-4-3 圖形的應用

下列是 ch31_2.xlsx 選擇不同圖形應用的圖表。

AI技術研討會

1,255
2024年
1,500
2025年
1,960
2026年

ch31_5.xlsx

ch31_6.xlsx

CHAPTER

32

在Excel內開發聊天機器人

32-1 取得 API 密鑰

32-2 Excel 內執行 ChatGPT 功能

32-3 設計 Excel VBA 程式的步驟重點

32-4 建立 HTTP 物件

32-5 第一次在 Excel 執行 ChatGPT 功能

32-6 情感分析

32-7 在 Excel 內建立含功能鈕的 ChatGPT 聊天機器人

ChatGPT 是 AI 聊天機器人，聊天機器人的引擎已經開放大眾使用，這一章將簡單講解在 Excel 內執行 ChatGPT 的引擎，開發聊天機器人，當然首先讀者要先有 OpenAI 公司開發機器人程式的 API Key。

32-1 取得 API 密鑰

32-1-1 取得 API Key

首先讀者需要註冊，註冊後可以未來可以輸入下列網址，進入開發者環境。

https://platform.openai.com/overview

進入自己的帳號後，可以在瀏覽器右上方看到自己的名稱，請點選 Personal，可以看到 View API keys，如下所示：

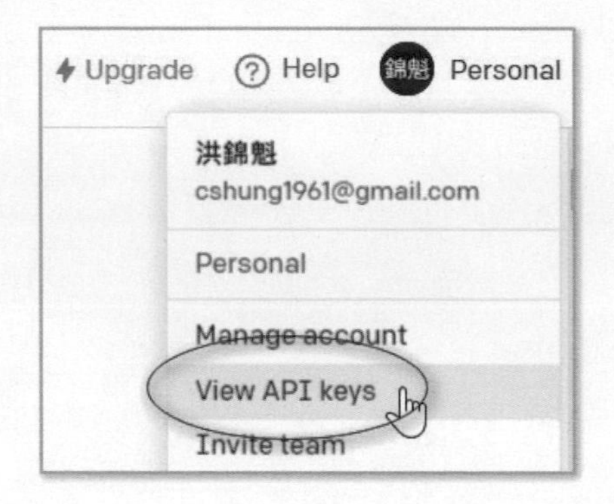

點選 View API Keys 可以進入自己的 API keys 環境。

SECRET KEY	CREATED	LAST USED	
sk-...QXTm	2023年3月20日	Never	🗑
sk-...3Y6a	2023年3月26日	2023年3月27日	🗑

+ Create new secret key

上述是列出 API keys 產生的時間與最後使用時間，如果點選 Create new secret key 鈕，可以產生新的 API keys。

註 使用 API keys 會依據資料傳輸數量收費，因為申請 ChatGPT plus 時已經綁定信用卡，此傳輸費用會記載信用卡上，所以請不要外洩此 API keys。

32-1-2 API Key 的收費

API Key 的收費方式，主要是看所使用的伺服器 (Server) 模型，大概可以區分是使用 GPT-3.5 Turbo 或是 GPT-4 模型，可以參考下表：

模型	流量限制	輸入訊息	輸出訊息
GPT-3.5 Turbo	4K 文字	0.0015/1K tokens	0.002/1K tokens
GPT-3.5 Turbo	16K 文字	0.003/1K token	0.004/1K tokenss
GPT-4	8K 文字	0.03/1K tokens	0.06/1K tokens
GPT-4	32K 文字	0.06/1K tokens	0.12/1K tokens

註
1. 1K = 1024。
2. 這是一個訊息萬變的時代，上述 token 計費方式將隨時改變。

32-2 Excel 內執行 ChatGPT 功能

假設現在想將 A2 儲存格的英文資料翻譯成中文，將「中文」結果儲存到 B2 儲存格，可以參考下列畫面。

	A	B
1	英文	中文
2	Hello, how are you?	你好，你好嗎？

這就是使用 ChatGPT 的好時機。坦白說，在 Excel 內呼叫 ChatGPT 功能步驟比較複雜，不過筆者會用最簡單方式解說。基礎觀念是將要處理的儲存格 A2，透過網路通訊協定傳送給 ChatGPT 的模型，將回傳結果儲存到指定儲存格 B2。

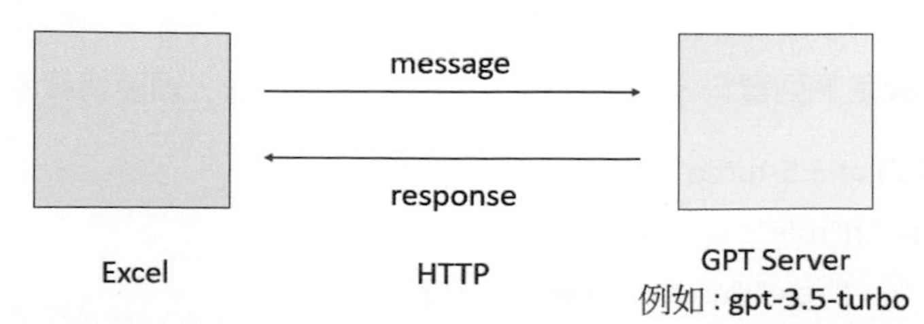

其實上述原理不難，對初學者複雜的原因是要使用 HTTP 通訊協定的呼叫，因為這對於一般程式設計師是陌生的。此外，所回傳的資料是 Json 格式，我們必須將此格式資料取出。

32-3 設計 Excel VBA 程式的步驟重點

這一節將一步一步說明在 Excel 呼叫 ChatGPT 模組的步驟，下列是概觀。

❑ **步驟 1：設定伺服器模型網址**

設定 OpenAPI 的網址，當呼叫 "gpt-3.5-turbo" 模型時，所使用的網址如下：

```
apiURL = "https://api.openai.com/v1/chat/completion
```

❑ **步驟 2：設定你的 OpenAI API Key**

下列是實際指令。

```
apiKey = "YOUR_API_KEY"
```

❑ **步驟 3：設定要送給 "gpt-3.5-turbo" 模型處理的資料**

例如：假設要將「工作表 1」的 A2 儲存格資料送到 "gpt-3.5-turbo" 模型，可以使用下列指令。

```
englishText = Sheets(" 工作表 1").Range("A2").Value
```

上述設定，相當於是「"role":"user", "content": …」的內容。

❑ **步驟 4：說明 ChatGPT 的角色**

例如：我們要設定 ChatGPT 是執行英文翻譯中文的角色，可以使用下列語法設定。

```
job = " 英文翻譯中文 "
```

❑ **步驟 5：設定要使用 ChatCompletion.create( ) 傳遞給 API 模型資料**

這時需要設定下列資料，下列是概念，不是語法本身，細節請參考程式實例：

```
"model":"gpt-3.5-turbo"
"message":[{"role":"system", "content": … },
           {"role":"user","content": … }
```

❑ 步驟 6：建立 HTTP 物件

必須依照規定使用 CreateObject(MSXML2.ServerXMLHTTP.6.0) 建立 HTTP 物件，然後執行傳送資料給指定的 ChatGPT 模型，其中步驟 5 的資料是用 send( ) 函數傳送，回傳的資料是「.responseText」，這是 Json 格式的資料。例如：下列是設定回傳資料儲存到 msgResponse 變數。

```
Set objHTTP = CreateObject("MSXML2.ServerXMLHTTP.6.0")
With objHTTP
    ...
    msgResponse = .responseText
End With
```

上述 CreateObject("MSXML2.ServerXMLHTTP.6.0") 是一個在 VBA (Visual Basic for Applications) 中常用的方法，用於建立一個 HTTP 物件，該物件允許你從 Excel 或其他 Microsoft Office 應用程式發送和接收 HTTP 請求。以下是詳細的解釋：

- CreateObject( )：這是 VBA 的一個內建函數，用於動態地建立物件。這意味著你不需要在程式開始時就設定或參考特定的物件或函數庫，而是可以在運行時動態地建立它。
- MSXML2.ServerXMLHTTP.6.0 參數：這是你想要建立的物件類別，它參考了 Microsoft 的 XML Core Services，這是一組提供 XML 相關功能的服務。
- MSXML2：這是 Microsoft XML Core Services 的版本，MSXML 是一組提供 XML 處理功能的 API。
- ServerXMLHTTP：這是 MSXML 函數庫中的一個物件，專為發送 HTTP 請求而設計。與其相似的另一個物件是 XMLHTTP，但 ServerXMLHTTP 是專為伺服器應用程式設計的，而 XMLHTTP 則是為瀏覽器或客戶端應用程式設計的。
- 6.0：這是 MSXML 的版本號，6.0 是該函數庫的一個版本，並且是目前最新的版本。

當使用 CreateObject("MSXML2.ServerXMLHTTP.6.0")，實際上是在建立一個可以用於發送 HTTP 請求的物件。你可以使用這個物件的方法，例如：".Open" 或 ".send" 來設定和發送請求，並使用其屬性，例如：".responseText" 來獲取回應。

❑ **步驟 7：解析 Json 格式的資料**

可以使用 JsonConverter.bas，假設要將解析結果儲存到 translatedText 變數，指令如下，細節未來會解說。

```
Set json = JsonConverter.ParseJson(msgResonse)
translatedText = json("choice")(1)("message")("content")
```

❑ **步驟 8：將步驟 7 解析結果輸出到指定儲存格**

例如：假設解析結果是 translatedText，要儲存到 B2 儲存格，可以用下列指令。

```
Sheets(" 工作表 1").Range("B2").Value = translatedText
```

32-4 建立 HTTP 物件

對 32-3 節的步驟為例，對讀者而言比較陌生或複雜的是建立 HTTP 物件，其程式碼如下：

```
25        ' 建立一個HTTP物件
26        Set objHTTP = CreateObject("MSXML2.ServerXMLHTTP.6.0")
27        With objHTTP
28            .Open "POST", apiURL, False
29            .setRequestHeader "Content-Type", "application/json"
30            .setRequestHeader "Authorization", "Bearer " & apiKey
31            .send (msgAPI)
32            msgResponse = .responseText
33        End With
```

這段程式碼的主要目的是建立一個 HTTP 物件來與 OpenAI API 進行網路通信，以下是程式碼的逐步解釋：

❑ 第 25 列：「Set objHTTP = CreateObject("MSXML2.ServerXMLHTTP.6.0")」

這列程式碼建立一個 HTTP 物件，這個物件未來主要是用在執行 HTTP 請求，例如：GET 或 POST 等，以及 28 ~ 32 列之間系列指令，執行函數呼叫時使用。「MSXML2.ServerXMLHTTP.6.0」是一個在 Windows 中可用的元件，它提供了進行 HTTP 請求的功能。

❑ 第 27 ~ 33 列：「With objHTTP」…「End With」

「With … End With」語句，在其內部的多個指令列中引用同一個物件，而不必每次都重複該物件的名稱。在這裡我們將對「objHTTP」物件進行一系列的操作。

❑ 第 28 列：「.Open "POST", apiURL, False」

整個 Open 方法完整的語法如下：

物件 .Open 方法 , apiURL, async

這列程式碼開啟一個新的 HTTP 請求。第 1 個參數使用 POST 方法，表示我們將向指定的 OpenAI API 網址 apiURL 發送數據。第 3 個參數 False 參數表示這是一個同步請求，這意味著 VBA 將等待請求完成並收到回應，然後再繼續執行後面的程式碼。

註

"Open" 左邊有「.」，因為前一列有 "With objHTTP"，否則指令將如下：

objHTTP.Open

這個觀念可以應用在之後，但是在 "End With" 之前的程式碼。

❑ 第 29 列：「.setRequestHeader "Content-Type", "application/json"」

這列程式碼設置 HTTP 請求的內容類型 ("Content-Type") 為 "application/json"，這告訴伺服器我們將發送的數據是 JSON 格式的。

❑ 第 30 列：「.setRequestHeader "Authorization", "Bearer " & apiKey」

這列程式碼設置 HTTP 網路通訊認證標頭，它包含您的 OpenAI API 密鑰。這是告訴 OpenAI 伺服器：「嗨，這是我，這是我的 API 密鑰，請允許我訪問您的服務」。

上述指令中的 Bearer 是一種 HTTP 認證方案，用於訪問 OAuth(Open Authorization) 2.0 保護的資源。當使用 Bearer 作為認證方案時，它通常與 OAuth 2.0 令牌一起使用。在這裡的上下文中，Bearer 後面跟隨的是一個 API 密鑰。這個密鑰是從 OpenAI 獲得的，它證明您有權訪問特定的 API 資源。當發送一個帶有 Authorization 標頭的 HTTP 請求時，格式如下：

"Authorization", "Bearer " & YOUR_API_KEY

伺服器會檢查這個 Bearer 令牌，確認它是有效的，然後才允許您訪問該資源。簡單來說，Bearer 就是一種說「我有一個有效的令牌，請允許我訪問」的方式。

註

OAuth 2.0 是一種授權框架，允許第三方應用程式在用戶同意的情況下訪問其帳戶資訊，而無需分享密碼。它被廣泛用於讓用戶可以授予有限的訪問權限給不信任的第三方應用程式，無論是為了分享資訊還是為了獲取資訊。

- 第 32 列：「.send (msgAPI)」

  這列程式碼實際上發送了 HTTP 請求，並將 "msgAPI"(即我們要發送給 OpenAI API 的數據) 作為請求的內容，前一節步驟 5 的內容，也就是我們請求的重點內容。

- 「msgResponse = .responseText」

  一旦請求完成，我們將伺服器的回應 (即 OpenAI 返回的數據) 儲存在 msgResponse 變數中。

- 「End With」

  這搭配「With objHTTP」語句，表示完成對 "objHTTP" 物件的所有操作。

總之，這段程式碼的目的是建立一個 HTTP 物件，設置適當的請求標頭，然後向 OpenAI API 發送一個 POST 請求，並接收其回應，然後將結果儲存在 msgResponse 變數內。

32-5 第一次在 Excel 執行 ChatGPT 功能

32-5-1 建立或開啟程式

請讀者開啟 ch32 資料夾的 Excel 檔案 ch32_1.xlsm，如下所示：

請點選開發人員標籤，然後點選 Visual Basic，就可以開啟此 Excel 檔案的 Excel VBA 程式。

```
1   Sub ch32_1()
2       Dim apiURL As String        ' OpenAI API的網址
3       Dim apiKey As String        ' OpenAI的API金鑰
4       Dim job As String           ' system - content
5       Dim msgAPI As String        ' 儲存發送到API的資料
6       Dim msgResponse As String   ' 儲存API回應的字符串
7       Dim objHTTP As Object       ' 定義HTTP物件
8       Dim json As Object          ' 用於解析JSON的物件
9
10      ' OpenAI API的網址
11      apiURL = "https://api.openai.com/v1/chat/completions"
12
13      ' 你的OpenAI API金鑰
14      apiKey = "YOUR_API_KEY"
15
16      ' 從工作表1的A2儲存格獲取要翻譯的資料
17      englishText = Sheets("工作表1").Range("A2").Value
18
19      ' 設置ChatCompletion.create()的參數
20      job = "英文翻譯中文"          ' 說明ChatGPT的角色
21      msgAPI = "{""model"":""gpt-3.5-turbo""," & _
22              """messages"":[{""role"":""system"",""content"":""" & job & """}," & _
23              "{""role"":""user"",""content"":""" & englishText & """}]}"
24
25      ' 建立一個HTTP物件
26      Set objHTTP = CreateObject("MSXML2.ServerXMLHTTP.6.0")
27      With objHTTP
28          .Open "POST", apiURL, False
29          .setRequestHeader "Content-Type", "application/json"
30          .setRequestHeader "Authorization", "Bearer " & apiKey
31          .send (msgAPI)
32          msgResponse = .responseText
33      End With
34
35      ' 解析API的JSON回應
36      Set json = JsonConverter.ParseJson(msgResponse)
37      translatedText = json("choices")(1)("message")("content")
38
39      ' 將翻譯的文字輸出到工作表1的B2單元格
40      Sheets("工作表1").Range("B2").Value = translatedText
41
42      ' 清理物件
43      Set objHTTP = Nothing
44      Set json = Nothing
45
46  End Sub
```

程式第 2 ~ 8 列是定義變數，上述程式執行的時候會錯，錯誤原因是第 32 列回傳的是 Json 物件，Excel VBA 無法處理 Json 格式的資料，所以這時在第 36 列會有錯誤。

32-5-2 下載與導入 JasonConverter 模組

若是點選 Visual Basic for Application 視窗的執行 / 執行 Sub 或 UserForm 指令，會出現 424 錯誤，這是第 36 列的 JasonConverter 沒有被正確的引用。JsonConverter 是一個外部的 VBA JSON 模組，需要將其添加到 VBA 專案中才能使用。此時解決方式如下：

1： 請進入下列網址，下載 JasonConveter.bas 模組。

https://github.com/VBA-tools/VBA-JSON

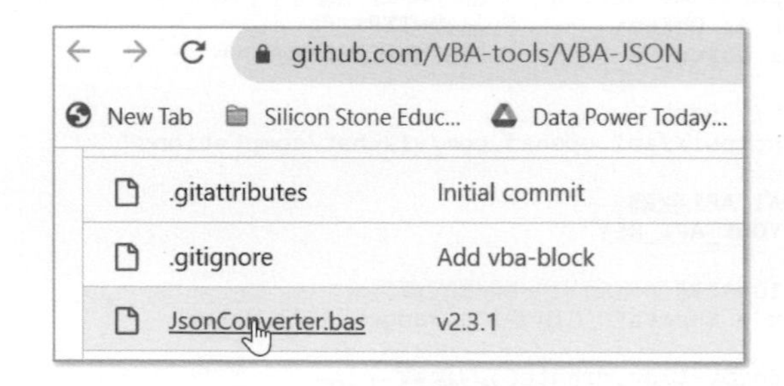

讀者可以將上述檔案下載到 ch32 資料夾。

2： 執行 Visual Basic 編輯器的檔案 / 匯入檔案。

請按開啟鈕，就可以將此模組載入，同時在專案視窗看到此模組。

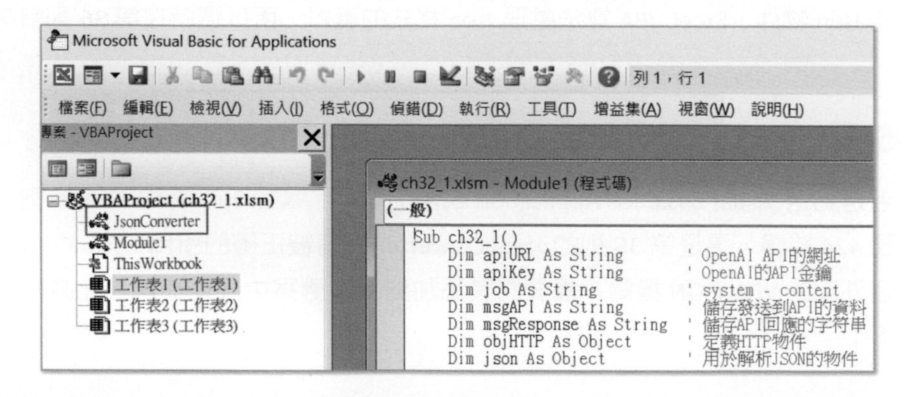

3：　現在要引入 JsonConverter 模組，請執行 Visual Basic 編輯視窗的工具 / 設定引用項目指令。

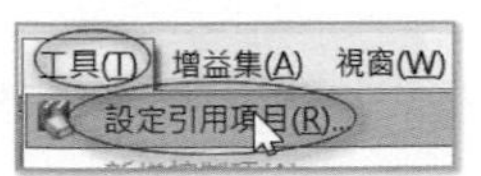

4：　出現設定引用項目對話方塊。

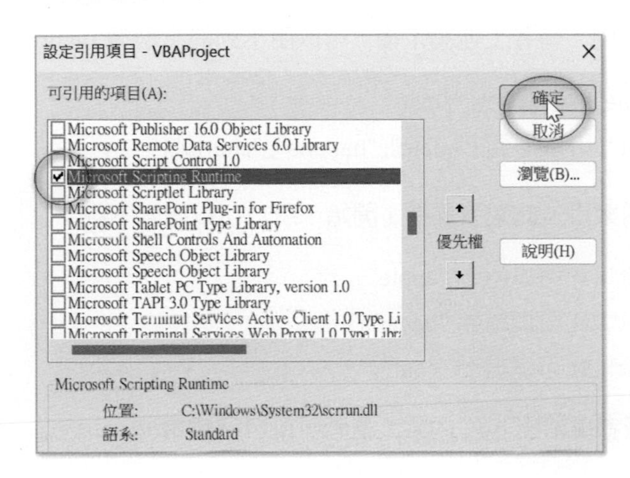

請設定 Microsoft Scriping Runtime 核對框，請按確定鈕。經過上述設定後，我們的 Visual Basic 就可以正式引用 JsonConverter 模組了。

32-5-3　認識 Json 格式資料

當在 Excel VBA 中使用 JsonConverter 模組來解析 Json 數據時，該模組內部依賴於某些特定的數據結構，特別是 Dictionary，這些數據結構用於存儲和操作解析後的 Json 數據。要使用 Dictionary，需要引入 Microsoft Scripting Runtime 參考，這是因為 Dictionary 物件是由 Microsoft Scripting Runtime 函數庫提供的。

Dictionary 是一種特殊的數據結構，允許你存儲鍵值對。他的資料結構類似下列實例：

```
{
    "name":"Kevin",
    "sex":"M",
    "fruit":["apple", "banana", "cherry"]
}
```

程式第 8 列和 36 列的指令如下：

```
Dim json As Object                                    # 第 8 列定義物件 json
Set json = JsonConverter.ParseJson(msgResponse)       # 第 36 列
```

第 36 列是呼叫 JsonConverter 模組中的 ParseJson( ) 函數，此函數的目的是將一個 Json 格式的字串解析為 Excel VBA 可以理解和操作的數據結構，同時將解析結果儲存在 json 變數內。有了上述設定後，可以用下列觀念取得 Dictionary：

json("name") 可以得到 "Kevin"

json("fruit") 可以得到 ["apple", "banana", "cherry"]

也可以使用索引，此索引是從 1 開始，所以可以得到下列：

json("fruit")(1) 可以得到 "apple"

json("fruit")(2) 可以得到 "banana"

json("fruit")(3) 可以得到 "cherry"

32-5-5 節筆者會輸出 json 內容，讀者可以自己體會。

32-5-4 執行程式

點選 Visual Basic for Application 視窗的執行 / 執行 Sub 或 UserForm 指令，可以看到下列視窗，可以在 Excel 視窗看到輸出結果。

	A	B
1	英文	中文
2	Hello, how are you?	你好，你好嗎？

32-5-5 輸出 json 資料

本書 ch32_2.xlsm 資料和 ch32_1.xlsm 幾乎一樣，但是 ch32_2.xlsm 多了第 34 列指令如下：

```
Debug.Print msgResponseText
```

請先執行檢視 / 即時運算視窗，程式執行時可以在即時運算視窗看到原始 Json 資料格式如下：

即時運算


```
{
  "id": "chatcmpl-7xzRJwogXwtU1nysTg7PCPq6fqgI4",
  "object": "chat.completion",
  "created": 1694531881,
  "model": "gpt-3.5-turbo-0613",
  "choices": [
    {
      "index": 0,
      "message": {
        "role": "assistant",
        "content": "嗨，你好嗎？"
      },
      "finish_reason": "stop"
    }
  ],
  "usage": {
    "prompt_tokens": 26,
    "completion_tokens": 10,
    "total_tokens": 36
  }
}
```


讀者可以仔細看上述結構，應該可以了解為何程式第 37 列，可以得到「嗨，你好嗎？」的結果，同時第 40 列將執行結果放在 B2 儲存格。

32-6 情感分析

有時候我們用 Excel 儲存電影評論，例如：A4:A9。這時可以使用迴圈逐一分析電影評論是正向或是負向，然後將分析結果存入 B4:B9。

程式實例 ch32_3.xlsm：電影評論的情感分析，這個程式另一個特色是在 B2 儲存格設定 ChatGPT 扮演的角色。

	A	B
1	ChatGPT電影評論	
2	ChatGPT角色	你是情感分析專家, 請針對評論, 輸出評論是「正向」或是「負向」
3	電影評論	情感分析
4	這是一部好的電影	
5	內容很好	
6	故事很差	
7	故事很好, 拍得很用心	
8	情節很好, 女主角很美	
9	劇情不好, 演技很爛	

```
1  Sub ch32_3()
2      Dim apiURL As String          ' OpenAI API的網址
3      Dim apiKey As String          ' OpenAI的API金鑰
4      Dim job As String             ' system - content
5      Dim msgAPI As String          ' 儲存發送到API的資料
6      Dim msgResponse As String     ' 儲存API回應的字符串
7      Dim objHTTP As Object         ' 定義HTTP物件
8      Dim json As Object            ' 用於解析JSON的物件
9      Dim sentimentText As String
10     Dim analyzedSentiment As String
11     Dim i As Integer
12
13     ' OpenAI API的網址
14     apiURL = "https://api.openai.com/v1/chat/completions"
15
16     ' 你的OpenAI API金鑰
17     apiKey = "YOUR_API_KEY"
18
19     ' 說明ChatGPT的角色
20     job = Sheets("工作表1").Range("B2").Value
21
22     ' 建立一個HTTP物件
23     Set objHTTP = CreateObject("MSXML2.ServerXMLHTTP.6.0")
24
25     ' 循環處理A4:A9中的每一個情感文字
26     For i = 4 To 9
27         ' 從工作表1的A4:A9儲存格獲取要分析的情感文字
28         sentimentText = Sheets("工作表1").Range("A" & i).Value
29
30         ' 設置ChatCompletion.create()的參數
31         msgAPI = "{""model"":""gpt-3.5-turbo""," & _
32                  """messages"":[{""role"":""system"",""content"":""" & job & """}," & _
33                  "{""role"":""user"",""content"":""" & sentimentText & """}]}"
34
35         With objHTTP
36             .Open "POST", apiURL, False
37             .setRequestHeader "Content-Type", "application/json"
38             .setRequestHeader "Authorization", "Bearer " & apiKey
39             .send (msgAPI)
40             msgResponse = .responseText
41         End With
42         Debug.Print msgResponse
43
44         ' 解析API的JSON回應
45         Set json = JsonConverter.ParseJson(msgResponse)
46         analyzedSentiment = json("choices")(1)("message")("content")
47
48         ' 將分析的情感結果輸出到工作表1的B4:B9儲存格
49         Sheets("工作表1").Range("B" & i).Value = analyzedSentiment
50     Next i
51
52     ' 清理物件
53     Set objHTTP = Nothing
54     Set json = Nothing
55
56 End Sub
```

執行結果

	A	B
1	ChatGPT電影評論	
2	ChatGPT角色	你是情感分析專家, 請針對評論, 輸出評論是「正向」或是「負向」
3	電影評論	情感分析
4	這是一部好的電影	正向
5	內容很好	正向
6	故事很差	負向
7	故事很好, 拍得很用心	評論：正向
8	情節很好, 女主角很美	正向
9	劇情不好, 演技很爛	負向

32-7 在 Excel 內建立含功能鈕的 ChatGPT 聊天機器人

前面幾小節，我們皆是需要在 Visual Basic 編輯環境執行 Excel VBA 程式，其實也可以在工作表建立功能鈕，未來只要按此功能鈕就可以執行指令的巨集功能。

請點選開發人員 / 插入，開啟表單控制項，然後拖曳功能鈕到工作表，這時可以在工作表建立一個功能鈕，同時可以看到指定巨集對話方塊，請在巨集名稱欄位輸入 ch32_4，按新增鈕。

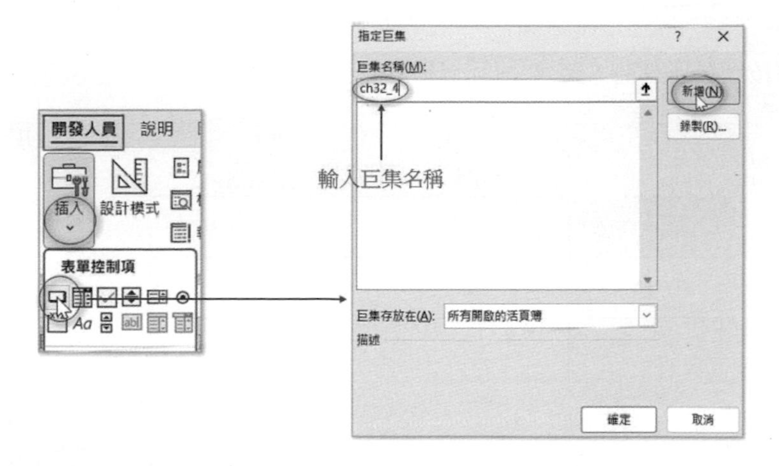

上述按確定鈕，就可以建立 ch32_4 巨集，未來可以在此巨集建立 Excel VBA 程式，這個巨集會和功能鈕綁在一起。

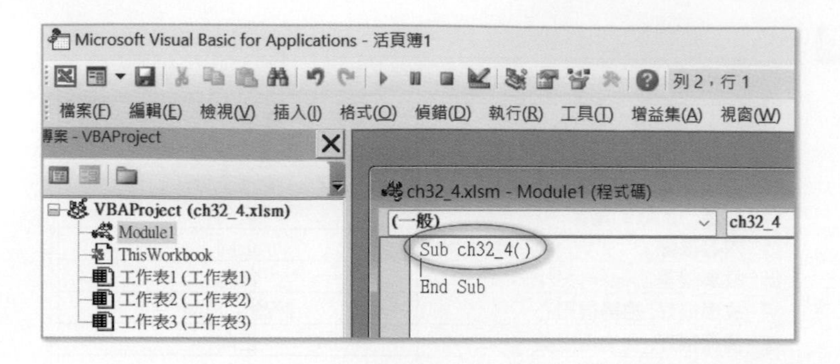

回到原始工作表，請將滑鼠游標移到按鈕，按一下滑鼠右鍵，選擇編輯文字，如下所示：

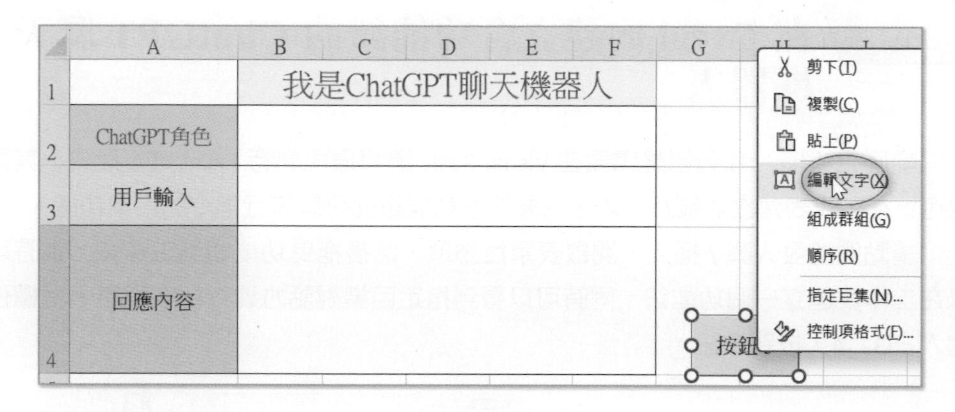

請將按鈕名稱改為「確定」，可以得到下列結果。

	A	B	C	D	E	F	G	H
1		我是ChatGPT聊天機器人						
2	ChatGPT角色							
3	用戶輸入							
4	回應內容						確定	

經過上述設定後，未來按一下確定鈕，相當於可以執行 ch32_4 巨集。

```
1   Sub ch32_4()
2       Dim apiURL As String          ' OpenAI API的網址
3       Dim apiKey As String          ' OpenAI的API金鑰
4       Dim job As String             ' system - content
5       Dim msgAPI As String          ' 儲存發送到API的資料
6       Dim msgResponse As String     ' 儲存API回應的字符串
7       Dim objHTTP As Object         ' 定義HTTP物件
8       Dim json As Object            ' 用於解析JSON的物件
9       Dim userText As String        ' 使用者的文字
10
11      ' OpenAI API的網址
12      apiURL = "https://api.openai.com/v1/chat/completions"
13
14      ' 你的OpenAI API金鑰
15      apiKey = "Your_APT_Key"
16
17      ' 從工作表1的B2和B3儲存格獲取ChatGPT的功能和使用者的文字
18      job = Sheets("工作表1").Range("B2").Value
19      userText = Sheets("工作表1").Range("B3").Value
20
21      ' 設置ChatCompletion.create()的參數
22      msgAPI = "{""model"":""gpt-3.5-turbo""," & _
23               """messages"":[{""role"":""system"",""content"":""" & job & """}," & _
24               "{""role"":""user"",""content"":""" & userText & """}]}"
25
26      ' 建立一個HTTP物件
27      Set objHTTP = CreateObject("MSXML2.ServerXMLHTTP.6.0")
28      With objHTTP
29          .Open "POST", apiURL, False
30          .setRequestHeader "Content-Type", "application/json"
31          .setRequestHeader "Authorization", "Bearer " & apiKey
32          .send (msgAPI)
33          msgResponse = .responseText
34      End With
35
36      ' 解析API的JSON回應
37      Set json = JsonConverter.ParseJson(msgResponse)
38      responseText = json("choices")(1)("message")("content")
39
40      ' 將回應的結果輸出到工作表1的B4單元格
41      Sheets("工作表1").Range("B4").Value = responseText
42
43      ' 清理物件
44      Set objHTTP = Nothing
45      Set json = Nothing
46  End Sub
```

執行結果

	A	B–F	G	H
1		我是ChatGPT聊天機器人		
2	ChatGPT角色	你是創意家		
3	用戶輸入	請用50個字描述大海的故事		
4	回應內容	大海無止境的湧潮，裡面充滿了神秘與無窮的力量。魚兒隨波逐流，而海豚跳躍於浪花之中。漁船破浪而行，漁夫帶著希望撒網。燦爛的陽光映照著浩瀚的海洋，大海總是給人無盡的遐想和夢想。	確定	

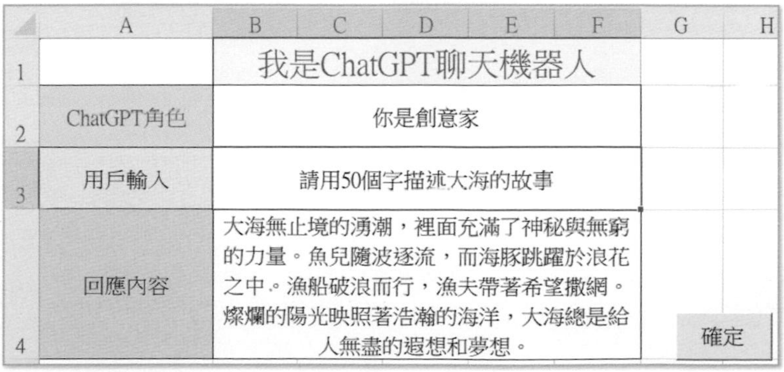

	A	B–F	G	H
1		我是ChatGPT聊天機器人		
2	ChatGPT角色	你是創意家		
3	用戶輸入	請用50個字行銷深智公司的電腦書籍		
4	回應內容	解鎖您的數位智慧。深智公司的電腦書籍，助您創造革命性科技，開拓未來之門。從程式碼到資安，我們賦予您無盡的知識，喚醒您的創意，引領您登上成功巔峰。這是您通往智慧世界的必備指南！	確定	

Note

Note